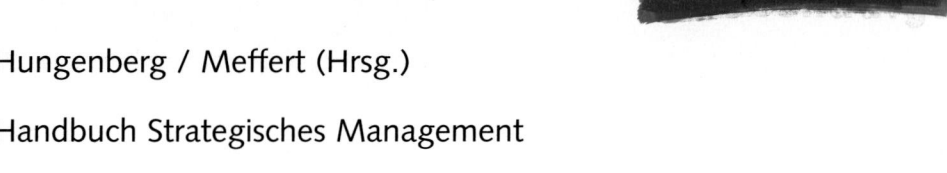

Hungenberg / Meffert (Hrsg.)

Handbuch Strategisches Management

Harald Hungenberg / Jürgen Meffert (Hrsg.)

Handbuch
Strategisches
Management

Bibliografische Information Der Deutschen Bibliothek
Die Deutsche Bibliothek verzeichnet diese Publikation in der Deutschen Nationalbibliografie;
detaillierte bibliografische Daten sind im Internet über <http://dnb.ddb.de> abrufbar.

Univ.-Professor Dr. Harald Hungenberg ist Inhaber des Lehrstuhls für Allgemeine Betriebswirtschaftslehre, insbesondere Unternehmensführung, an der Universität Erlangen-Nürnberg und
Gastprofessor an der ENPC in Paris.

Dr. Jürgen Meffert ist Director bei McKinsey & Company Inc. in Düsseldorf. Seine gegenwärtigen
Tätigkeitsschwerpunkte sind Unternehmensstrategien, Organisation, Innovations- und Technologie-
managementthemen sowie operative Verbesserungsprogramme international tätiger Unternehmen
der High Tech-, Telekommunikations- und Automobilbranchen.

1. Auflage November 2003 $S\omega\beta\text{-}\text{ID}: \wedge 0 \quad 5\, 6 \quad 27 \quad 929$

Alle Rechte vorbehalten
© Betriebswirtschaftlicher Verlag Dr. Th. Gabler/GWV Fachverlage GmbH, Wiesbaden 2003

Lektorat: Barbara Roscher / Ute Grünberg

Der Gabler Verlag ist ein Unternehmen von Springer Science+Business Media.
www.gabler.de

Umschlaggestaltung: Regine Zimmer, Dipl.-Designerin, Frankfurt am Main
Druck und buchbinderische Verarbeitung: Wilhelm & Adam, Heusenstamm
Gedruckt auf säurefreiem und chlorfrei gebleichtem Papier
Printed in Germany

ISBN 3-409-12312-1

Geleitwort

Es wird heute gelegentlich behauptet, dass Strategien und strategisches Management in immer turbulenter werdenden Zeiten an Bedeutung verlieren. Es komme auf die Ausführung an, nicht auf die gedankliche Vorbereitung. Ich bin davon überzeugt, dass genau das Gegenteil der Fall ist. In einer für Unternehmen zunehmend schwerer zu kalkulierenden globalen Wirtschaft mit teils dramatischen Veränderungen der Märkte, der Verhaltensweisen ihrer handelnden Personen sowie des politischen Umfelds ist es wichtiger denn je, ein langfristiges Verständnis davon zu entwickeln, wie ein Unternehmen seine Zukunft sieht. Heute gilt es ganz besonders, Bahnen abzustecken, an denen sich das Denken und Handeln aller Mitarbeiter orientieren kann. Ein Unternehmen strategisch zu führen heißt, ihm Ziele zu geben, die von kurzfristigen Veränderungen unabhängig sind und zu nachhaltigen Erfolgen führen.

Das „Handbuch Strategisches Management" soll eine Hilfestellung für jene sein, die diese Herausforderung annehmen. Es will einen aktuellen Überblick darüber geben, was erfolgreiches strategisches Management heute in Theorie und Praxis bedeutet, indem es die Erfahrungen der Unternehmenspraxis, der Wissenschaft und des Beratungsunternehmens McKinsey & Company in strukturierter Form zusammenbringt. Gerade auf dem Gebiet des strategischen Managements sind Praxis, Wissenschaft und Beratung aufeinander angewiesen und gerade hier entsteht neues Wissen vor allem durch das Zusammenspiel aller drei Kräfte. Die beiden Herausgeber, Harald Hungenberg und Jürgen Meffert, zeichnen sich auch persönlich durch ausgeprägtes praktisches Verständnis, wissenschaftliche Kompetenz und Beratungserfahrung aus und haben dies in vielfältigen Publikationen dokumentiert. Nicht zuletzt deshalb ist es ihnen gelungen, herausragende Persönlichkeiten der Wirtschaft sowie bekannte Wissenschaftler und namhafte Unternehmensberater zur Mitarbeit zu gewinnen. Sie geben einen intensiven und lehrreichen Einblick in ihre Arbeitsergebnisse und persönlichen Erfahrungen.

Ich bin daher sicher, dass mit diesem „Handbuch Strategisches Management" ein Standardwerk geschaffen worden ist, das sowohl in der Wissenschaft als auch in der unternehmerischen Praxis ein Höchstmaß an Beachtung finden wird.

Herbert A. Henzler

Vorwort

Im Verlauf der letzten Jahre haben sich die Anforderungen an Unternehmen und an Unternehmensstrategien stark verändert. Dominierten am Ende der 80er Jahre noch Rationalisierung und Kostenminimierung jede Unternehmensagenda, wurden die 90er Jahre durch den strategischen Fokus auf Globalisierung und einen erfolgreichen Auftritt am Kapitalmarkt geprägt. Zum Ausklingen des Jahrtausends stellte die New Economy vieles Alte und Bewährte in Frage. Unternehmensstrategie beschäftigte sich vor allem mit der Suche nach neuen und vermeintlich wachstumsstarken Geschäftsmodellen.

Doch das spektakuläre Platzen der Internet-Blase und die weltweite Firmenpleitewelle, die besonders in den USA nicht nur kleine und mittlere Unternehmen erfasste, sondern auch einige der führenden Unternehmen in den Abgrund riss, hat der Diskussion um Grundprinzipien des strategischen Managements eine neue Qualität verliehen.

Moderne Strategieentwicklung im 21. Jahrhundert muss aus der Vergangenheit lernen, bewährte Konzepte aufgreifen und trotzdem den Schritt ins Unbekannte wagen, um erfolgreich zu sein. Vor diesem Hintergrund bereitet das „Handbuch Strategisches Management" die Themen Unternehmensstrategien, das Zusammenspiel von Strategien und Kapitalmärkten sowie Konzepte für Innovationen und Wachstum auf. Es beschäftigt sich mit Geschäftsmodellen und Prozessen sowie „Intangible Assets" und deren Beitrag zur Nachhaltigkeit dieser Strategien und Konzepte. Damit folgt das Handbuch einer klaren, übergreifenden Konzeption und Argumentationslogik.

Unser Anspruch war es, die wesentlichen Teilaspekte dieser Konzeption in einer Serie in sich abgeschlossener Einzelbeiträge zu behandeln. Wir haben besonderen Wert darauf gelegt, eine Vielzahl unterschiedlicher Branchen und Unternehmensfunktionen einzubeziehen. Für dieses Vorhaben konnten wir herausragende Persönlichkeiten aus Wissenschaft und Praxis begeistern. Ihnen ist es gelungen, wissenschaftlich anspruchsvolle Konzepte und Inhalte auf eine anregende und spannende Art zu präsentieren. Für ihre Bereitschaft, an diesem Werk mitzuwirken, und für ihr großes Engagement danken wir unseren Autoren ganz besonders – ohne sie wäre dieses Handbuch nicht möglich gewesen. Die Zusammenarbeit mit ihnen war inspirierend und hat uns beiden großen Spaß gemacht.

An dieser Stelle möchten wir Jürgen Kluge dafür danken, dass er uns in der Idee bestärkt hat, dieses Werk in Angriff zu nehmen. Seine persönliche Unterstützung war für uns unersetzlich. Das professionelle Projektmanagement von Thorben Finken, Oliver Rutz und Stephan Stubner hat es uns ermöglicht, dieses Buch in kurzer Zeit zu veröffentlichen und so die Aktualität und Relevanz der Beiträge zu sichern. Für ihren herausragenden Einsatz danken wir Dagmar Böss und Jutta Scherer (Editing), Gabriele Kandlin, Kristina Leppien, Kerstin Polchow, Monika Orthey, Hella Reese und Gabriele Schmitz (Copy

Editing), Tanja Barrall (Visual Media Services), Martin Lochner, Michael Prifling und Dirk Schneider (Formatierung).

Dieses Buch hat uns die Gelegenheit gegeben, unsere persönliche Freundschaft zu vertiefen und erneut zu erleben, dass 1 + 1 auch 3 ergeben kann. Unsere Familien haben uns mit ihrer Geduld, ihrem Verständnis und ihrer stetigen Ermutigung großartig dabei unterstützt.

Harald Hungenberg und Jürgen Meffert

Inhaltsverzeichnis

Einführung

Strategisches Management aus der Perspektive von Wissenschaft, Praxis
und Beratung – Ein Überblick

Kapitel 1

Neue strategische Managementansätze –
Die Antwort auf veränderte Wettbewerbsfelder

Aktuelle Herausforderungen an das strategische Management

Veränderte Wettbewerbsbedingungen erfordern neue Geschäftsmodelle

Deutsche Post World Net – Von der nationalen Behörde zum globalen Konzern

Strategische Globalisierungspfade

Das global führende Automobilunternehmen DaimlerChrysler –
Strategieentwicklung und deren konsequente Umsetzung

Kapitel 2

Kapitalmärkte machen Strategien – Strategien machen Kapitalmärkte

Kapitel 3

Innovation und Wachstum –
Basis für eine erfolgreiche Zukunft

Kapitel 4

Geschäftsmodelle und Prozesse –
Durch IT einerseits verbessert und andererseits bedroht

Kapitel 5

Intangible Assets –
Quelle des nachhaltigen Unternehmenserfolgs

Ausblick

Unternehmensstrategien und deren normative Basis

Harald Hungenberg/Jürgen Meffert

Strategisches Management aus der Perspektive von Wissenschaft, Praxis und Beratung – Ein Überblick

Strategisch entscheiden, strategisch planen, strategisch denken – in der Unternehmens-führung hat die strategische Komponente weiter an Bedeutung gewonnen. Unternehmen konzipieren neben der übergreifenden Unternehmensstrategie auch Produkt-, Markt- und Entwicklungsstrategien für einzelne Geschäfte, die deren Einkaufs- und Fertigungs-, aber auch Risikostrategien prägen. Strategien sind – wie diese Beispiele zeigen – heute weit mehr als nur grobe Weichenstellungen, sie steuern bis ins Detail, wie sich das Unternehmen in den unterschiedlichsten Feldern aufstellt.

Die Spezialisierung, die immer weiter um sich greift, erhöht die Komplexität des strate-gischen Managements, aber nicht nur sie. Hinzu kommen entscheidende strategische Einflussfaktoren – die Anforderungen der Kapitalmärkte, die Forderung nach Innovation und Wachstum, die Absicherung der Geschäfte durch IT-gestützte Geschäftsmodelle und Prozesse, die Zukunftssicherung durch Vergrößerung der „Intangible Assets".

Dieses Buch trägt mit seinem umfassenden Ansatz der Komplexität des Themas Rech-nung – es deckt die fünf Kernbereiche ab, die nach unserer Auffassung erfolgreiches strategisches Management definieren.

1. Neue strategische Managementansätze – Die Antwort auf veränderte Wettbewerbsfel-der: Strategie galt Unternehmen einst als langfristiges Instrument zur Sicherung von Wettbewerbsvorteilen. Sie blieb über längere Zeit stabil und orientierte sich weniger an äußeren Einflüssen. In der heutigen Betrachtungsweise ist Strategie keineswegs zeitlos. Im Gegenteil – sie reagiert sehr sensibel auf sich verändernde Kontexte, Situationen und Aktionsmöglichkeiten. Neue Managementansätze haben entsprechend im Bereich der „klassischen" Strategieentwicklung Einzug gehalten.

Auf welche veränderten Rahmenbedingungen muss sich das strategische Management heute einstellen? Welches sind die wesentlichen Veränderungen und Diskontinuitäten im Wettbewerb? Wie wirken sich die neuen Wettbewerbsbedingungen auf einzelne Geschäfte aus? Wie stellt sich ein Unternehmen auf die fortschreitende Globalisierung ein? Wie verbessert ein Unternehmen seine Position durch Mergers & Acquisitions? Was zeichnet erfolgreiches Portfoliomanagement aus?

Wir wollen in diesem ersten Kapitel den aktuellen Stand der Strategiediskussionen dar-stellen und zeigen, wie unterschiedliche Unternehmen sich auf das neue Wettbewerbs-umfeld einstellen.

2. Kapitalmärkte machen Strategien – Strategien machen Kapitalmärkte: Unternehmen hängen zunehmend von der Finanzierung durch die Kapitalmärkte ab. Um sich hier das erforderliche Kapital zu sichern und Aktionäre „bei Laune" zu halten, ist messbarer Unternehmenserfolg vonnöten. Der Einfluss der Kapitalmärkte auf die Unternehmens-strategie lässt sich inzwischen nicht mehr leugnen. Unternehmen haben aber andererseits auch die Möglichkeit, über konsistente, überzeugende Strategien die Kapitalmärkte zu beeinflussen. Deshalb ist es umso wichtiger, das Zusammenspiel von Kapitalmärkten und Strategie zu verstehen.

Warum ist der Wert eines Unternehmens, also die Marktkapitalisierung, für Strategieentwicklung und Unternehmenserfolg einer der Kernfaktoren? Wie beeinflussen sich Strategie und Kapitalmarkt gegenseitig? Wie sehen wertorientierte Managementansätze aus? Welche Möglichkeiten hat ein Unternehmen, die Erwartungen der Kapitalmärkte zu managen? Wie kann ein Unternehmen abseits vom Aktienmarkt erfolgreich sein?

Die Beiträge in diesem zweiten Teil gehen auf die Wechselwirkungen von Kapitalmarkt und Strategie in Theorie und Praxis ein und zeigen auf, wie Unternehmen wertorientiertes Management, integrierte Programme und Risikomanagement nutzen, um den Kapitalmarktanspruch ganzheitlich im Unternehmen zu verankern. Ein Ausblick auf die neuesten Entwicklungen im Bereich Corporate Governance und Investor Relations bzw. Unternehmenskommunikation mit dem Kapitalmarkt runden diesen Teil ab.

3. Innovation und Wachstum – Basis für eine erfolgreiche Zukunft: Wesentliche Treiber für die Unternehmensentwicklung sind Wachstum und Innovationskraft – an ihnen bemisst sich nicht zuletzt auch der Unternehmenserfolg. Denn Wachstumsaussichten und Innovationspotenzial bestimmen die Zukunftserwartungen eines Unternehmens. Diese haben maßgeblichen Anteil an der Unternehmensbewertung.

Wie kann die Innovationsfähigkeit großer Unternehmen gesteigert werden – können große Unternehmen von Start-ups lernen, wie managen Start-ups Innovationen? Welches ist der Beitrag innovativer Produkte und Geschäftsmodelle? Wie geht man mit Innovationen um, die nicht nur graduelle Verbesserungen, sondern Quantensprünge darstellen? Wie kann ein Unternehmen in reifen Märkten erfolgreich sein?

Im Kapitel 3 beschäftigen wir uns mit Wachstum in verschiedenen Umfeldern – in reifen Märkten, in dynamischen und wettbewerbsintensiven Märkten. Wir diskutieren, warum ohne Innovation keine nachhaltige Wertsteigerung möglich ist, und untersuchen, in welchem Umfang innovative Produkte und Dienstleistungen erforderlich sind, um die "Pipeline der Zukunft" zu füllen.

4. Geschäftsmodelle und Prozesse – Durch IT einerseits verbessert und andererseits bedroht: Mit IT – sagt man – lassen sich Geschäftsmodelle und Prozesse auf Vordermann bringen. IT gilt als „Wunderwaffe" zur Stabilisierung des (Kern-)Geschäfts und kontinuierlicher Effizienzsteigerung. Entsprechend hoch sind die IT-Investitionen beispielsweise für Enterprise Resource Planning, Supply Chain Management oder Customer Relationship Management. Gleichzeitig eröffnen sich mit dem IT-Einsatz Chancen, Teile der Wertschöpfungskette fremdzuvergeben oder völlig neue Geschäfte zu entwickeln.

Ist IT wirklich notwendige Voraussetzung für erfolgreiche Geschäftsmodelle – und insbesondere für erfolgreiches Prozessmanagement? Welchen Beitrag leistet IT? Welche Potenziale lassen sich erschließen? Welche neuen Geschäftsmöglichkeiten eröffnen sich?

Diesen und ähnlichen Fragestellungen gehen wir im vierten Kapitel nach. Zusätzlich diskutieren wir das Thema kontinuierliche Prozess- und Qualitätsverbesserungen am Beispiel von Six Sigma.

5. Intangible Assets – Quelle des nachhaltigen Unternehmenserfolgs: Als Basis langfristig anhaltender Wettbewerbsvorteile entdecken immer mehr Unternehmen immaterielle Werte wie Marken, Patente und Wissen. Diese Intangible Assets gewinnen zunehmend an Bedeutung, sie bestimmen schon heute zu einem großen Teil den Unternehmenswert. Damit wächst auch ihre Rolle im strategischen Management.

Wird die Bedeutung immaterieller Werte in den Unternehmen richtig eingeschätzt? Wie wichtig sind Marken in der Konsum- und Investitionsgüterindustrie? Kann man den Erfolgsbeitrag von Marken bewerten und quantifizieren? Ist Wissen ein entscheidender Wettbewerbsvorteil? Was ist Wissensmanagement und wie sieht funktionsfähiges Wissensmanagement heute aus? Welche Bedeutung kommt in diesem Zusammenhang dem Talentmanagement zu? Wie können Unternehmen ihr intellektuelles Eigentum absichern?

Die Vorstellung von Intangible Assets als Unternehmensschatz beginnt sich erst langsam durchzusetzen. Wir wollen mit den Beiträgen in diesem fünften Kapital dazu anregen, diesem Thema mehr Aufmerksamkeit zu schenken.

Die Unternehmensstrategien, die unter Berücksichtigung der Einflussfaktoren entstehen, müssen ihren Erfolg im gesellschaftlichen Kontext beweisen. Wie sieht dieser Kontext aus – können Unternehmen unter dem heutigen Gesellschaftsmodell in Europa erfolgreich sein? Oder muss sich etwas an den Rahmenbedingungen ändern? Diese Fragen werden im abschließenden Beitrag behandelt.

Wissenschaft, Praxis und Beratung stellen in diesem Buch die neuesten Konzepte und Ansätze im strategischen Management vor. Dies macht den besonderen Reiz aus: Theoretische Abhandlungen ergänzen Erfahrungen und Fallbeispiele aus der Praxis – von deutschen wie ausländischen Unternehmen, von Unternehmen, die national und global agieren. Die Darstellung der Strategieentwicklung aus verschiedenen Blickwinkeln ermöglicht eine eindrucksvolle Bestandsaufnahme der heutigen Strategiediskussion.

Kapitel 1

Neue strategische Managementansätze –
Die Antwort auf veränderte Wettbewerbsfelder

Wilhelm Rall/Birgit König

Aktuelle Herausforderungen an das strategische Management

Dr. Wilhelm Rall ist Director bei McKinsey & Company, Inc. Dr. Birgit König ist Principal bei McKinsey & Company, Inc.

1. Einleitung

In der Strategie geht es um Führungspositionen im Wettbewerb, Stärke, Macht, Zukunftssicherung[1]. Seit den früheren, auf militärische Macht abzielenden Überlegungen zur Strategie werden die generellen Herausforderungen ähnlich formuliert. Auch bei der Anwendung der Strategie in der Wirtschaft bleiben sowohl die Definition, was unter Strategie zu verstehen ist, als auch der allgemeine Anspruch relativ stabil. Zum Ersten ist Chandlers[2] Dreiklang aus Zielen, Aktionen und Ressourcenallokation wenig hinzuzufügen, zum Zweiten spiegeln Formulierungen wie „an integrated set of actions aimed to achieve a sustainable competitive advantage"[3] noch immer eine verbreitete Vorstellung wider, obwohl heute die Nachhaltigkeit des angestrebten Wettbewerbsvorteils als eher unrealistisch eingeschätzt werden muss und es darum geht, eine Sequenz temporärer Vorteile zu erzielen. Sind die Herausforderungen der Strategie damit „zeitlos"? Natürlich nicht. Auf konkreter handlungsbestimmender Ebene verändern sich Kontexte, Situationen und Aktionsmöglichkeiten grundlegend, strategische Fragestellungen und Antworten müssen zeitgemäß interpretiert werden.

Der vorliegende Beitrag versucht nicht, einen Überblick über heutige Strategieansätze zu geben, das würde den Rahmen dieses Artikels bei weitem sprengen. Vielmehr wird nach einem sehr kurzen strukturierenden Teil eine Tour d'Horizon durch aktuelle Herausforderungen angeboten, vor denen Strategen heute stehen. Da es nicht nur um die Entwicklung einer konkreten Unternehmensstrategie, sondern um generelle Überlegungen geht, sind die Herausforderungen eher grundsätzlich konzeptioneller Natur, Beispiele dienen der Illustration.

2. Ein Ordnungsrahmen für das strategische Denken

Da Strategie ein sehr weites Feld ist und der Begriff geradezu inflationär gebraucht wird, ist es nützlich, einen strukturierenden Rahmen zu verwenden, in den verschiedene Überlegungen eingeordnet werden können. Er wird hier in den Dimensionen Strategieebenen und Ziel-Handlungs-Relationen aufgespannt.

2.1 Ebenen der Strategie

Die Frage der strategischen Ausrichtung stellt sich für Unternehmen auf verschiedenen Ebenen, die unterschiedliche Märkte abbilden (Abbildung 1). Es ist wichtig, im Auge zu behalten, dass sich jede Ebene der Strategie auf definierten Märkten bewegt und damit eine Strategie im Spannungsfeld von Stakeholdern und Wettbewerbern ist. Allzu häufig wird dieser Aspekt nur bei Geschäftsfeldstrategien in den Vordergrund gestellt.

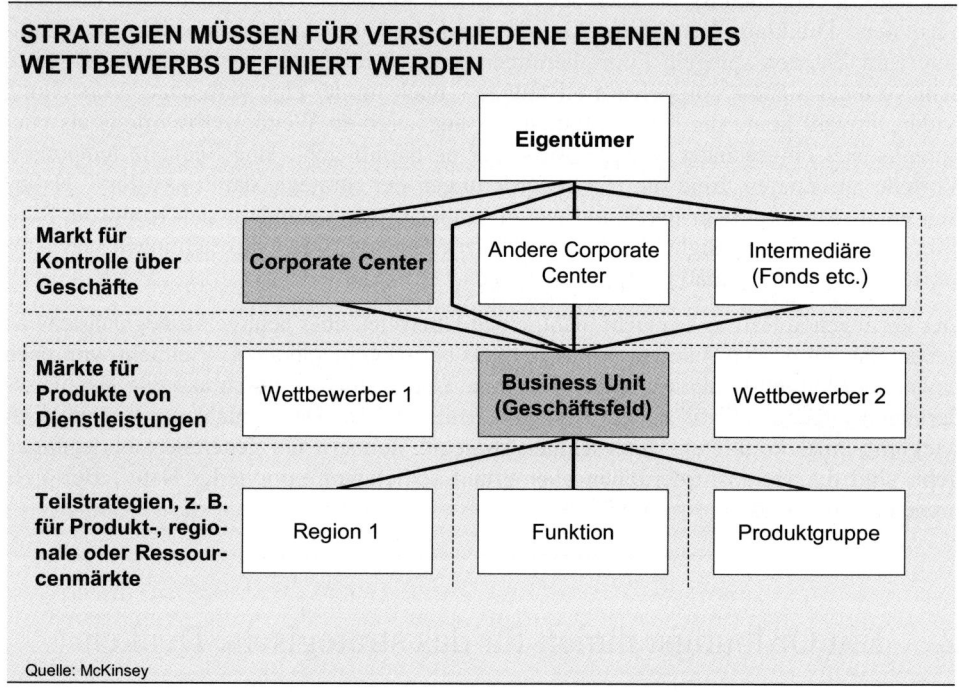

Abbildung 1

Unternehmen, die (potenziell) ein Portfolio von mehreren Geschäften haben, stehen mit anderen Unternehmen und Investoren im Wettbewerb um die Kontrolle von Geschäften. Erfolgreich sind sie dann, wenn sie den Wert der Geschäfte über den Stand-alone-Wert hinaus maximieren können. Dazu gehören Entscheidungen zu Portfolioselektion und Ressourcenbereitstellung, aber auch z. B. zur Strukturierung der Beziehungen zum Kapitalmarkt. Strategien für diesen Markt der Kontrolle von Geschäften heißen *Corporate Strategy* (Gesamtunternehmensstrategie).

Ganz andere strategische Fragen stellen sich auf den Märkten für Produkte und Dienstleistungen, also i. d. R. für das einzelne Geschäft. Hier geht es z. B. darum, überlegene Produkte einzuführen, Marktanteile zu erringen oder eine attraktive Preispositionierung

zu erreichen, allgemeiner: eine rentable Führungsposition in einem Geschäft einzunehmen. Strategien dieser Art heißen *Produkt-/Marktstrategien* (Geschäftsstrategien).

Die dritte Ebene der Strategiebildung lässt sich weniger homogen beschreiben. Ihr
gemeinsamer Nenner besteht darin, dass es sich um nachgeordnete oder abgeleitete
Strategien von Geschäftsstrategien handelt. Sie können entweder geografische Teilmärkte betreffen (z. B. Regionalstrategien in einem grundsätzlich globalen Geschäft)
oder Märkte für einzelne Produkte eines zusammengehörenden Geschäfts, Märkte für
funktionale Konzepte und Fähigkeiten oder Ressourcenmärkte.

2.2   Ziele und Handlungsräume

Strategie als Integration von Ziel-, Aktions- und Ressourcenentscheidungen sollte in der
Praxis eher ein nahezu kontinuierlicher Prozess von Entscheidung, Überprüfung und
Revision sein als eine einmalige Anstrengung (Abbildung 2).

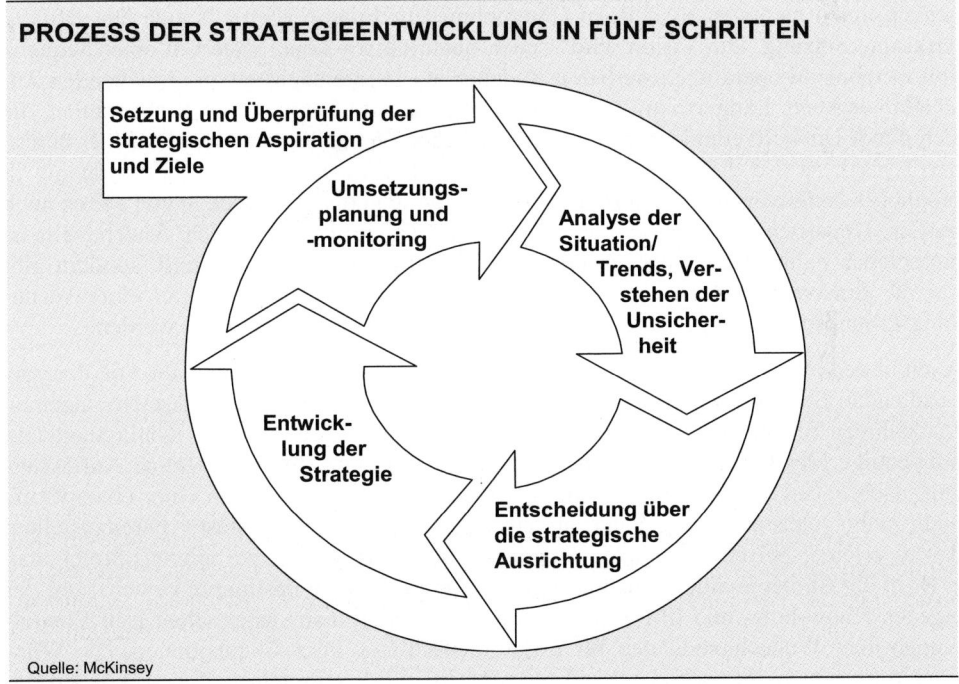

PROZESS DER STRATEGIEENTWICKLUNG IN FÜNF SCHRITTEN

Setzung und Überprüfung der strategischen Aspiration und Ziele

Umsetzungs-planung und -monitoring

Analyse der Situation/ Trends, Ver-stehen der Unsicher-heit

Entwick-lung der Strategie

Entscheidung über die strategische Ausrichtung

Quelle: McKinsey

Abbildung 2

Denn Märkte und Wettbewerbsstrategien verändern sich rasch und teilweise nicht
antizipierbar und eigene Handlungsmöglichkeiten können ebenfalls nicht unbedingt auf

Jahre hinaus prognostiziert und festgelegt werden. Strategische Planung im Sinne disziplinierter Exekution eines einmal beschlossenen Plans ist bei Unsicherheit obsolet. Gleichzeitig muss Strategie dem Unternehmen Richtung geben, und dies erfordert eine gewisse Konstanz und Stabilität der Ausrichtung.

Der Widerspruch zwischen den beiden Forderungen ist zumindest zum Teil ein scheinbarer – zum anderen Teil repräsentiert er eines der schwierigeren methodischen Probleme von Strategie. Der nur scheinbare Teil des „Widerspruchs" kann aufgelöst werden, wenn man berücksichtigt, dass man in der Ziel- und in der Handlungskomponente hierarchische Strukturen vor sich hat, deren verschiedene Ebenen eine unterschiedliche intertemporale Stabilität aufweisen.

In der Zieldimension lässt sich die Hierarchie als „Mission – Vision – Ziel" definieren. Die Mission beschreibt in dieser Terminologie den Unternehmenszweck (die „raison d'être") und ist typischerweise ein Element hoher Stabilität. Die Vision gibt die generelle Stoßrichtung einer Entwicklung wieder, sie beschreibt mit groben Strichen die angestrebte Zukunft und den damit verbundenen Führungsanspruch. (Noch) nicht präzise genug für konkrete Aktionen ist sie ein wesentlicher Faktor für die Herausbildung eines gemeinsamen mentalen Modells in Unternehmen und damit ebenfalls eine längerfristig wirksame Setzung. Die Vision wird – auch quantitativ – konkretisiert in einer Sequenz von zunehmend operationalisierbaren Zielebenen, die die nächsten zu erreichenden Zustände vorgeben. Längerfristig haben sie aber eher den Charakter von Richtstrahlen, die sich durch Umweltveränderungen und Lernen über Zeit ändern können. Und hier beginnen typischerweise die Missverständnisse. Natürlich muss einerseits jede Strategie in möglichst konkreten und quantifizierbaren Zielen abgebildet werden – und sei es auch nur, um Konsistenz und Implikationen (modellmäßig) prüfen zu können. Andererseits ist ein solches Zahlenwerk nicht ein unbewegliches Korsett für die Zukunft, sondern gibt nur die Entscheidungsrichtung vor. Bestenfalls nimmt es den Charakter einer Wenn-dann-Prognose an, bei der die Annahmen möglichst transparent gemacht werden.

Auch in den Handlungsdimensionen haben wir eine Hierarchie vor uns, die von der vorbereitenden Strukturierung von „Möglichkeitsräumen" bis zu sehr konkreten einzelnen Maßnahmen reicht. Dabei gilt wieder, dass für längere Zeithorizonte Konkretheit und notwendige Flexibilität überwiegend invers korreliert sind. Es gibt extreme Auffassungen, nach denen auf wichtigen Feldern, wie z. B. M&A, ohnehin in einer ersten Stufe nicht mehr geleistet werden kann, als ein Such- und Bewertungsraster bereitzustellen, das es erlaubt, bei auftauchenden Opportunitäten sehr schnell zu agieren. Strebt man z. B. in der Strategie eine Industriekonsolidierung oder eine bestimmte Erweiterung der eigenen Know-how- und IP-Plattform an, so entwickelt man sicher schon früh Vorstellungen über Wunschkandidaten für Zusammenschlüsse oder Akquisitionen. Die Wünsche können sich aber schon schnell als unrealistisch herausstellen. Zudem können unerwartet andere Kandidaten auftauchen. Folglich ist es wichtig, zunächst zu definieren, wonach man sucht und wie man verschiedene Konstellationen bewerten würde, bevor man sich zu schnell auf wenige in Frage kommende Unternehmen einigt.

2.3 Instrumentarium der Strategen

Die Diskussionen über „richtige" Strategien und Strategieentwicklung, insbesondere zwischen Wissenschaft und Praxis, leiden darunter, dass in verschiedenen Begriffswelten diskutiert wird. Zunächst: Eine Unternehmensstrategie ist immer sehr spezifisch und gewissermaßen maßgeschneidert. Aussagen über generell richtige strategische Ansätze sind mit größter Vorsicht zu genießen, selbst wenn sie nur für eine bestimmte Industrie gemacht werden. Und: Eine gute Strategie ist in gleichem Maße Kunst (Intuition, Kreativität) wie Wissenschaft (Analyse, Bewertung). Es gibt jedoch ein Instrumentarium, das beim Durchlaufen des Strategieprozesses (gemäß Abbildung 2) nützlich ist und das bessere Ergebnisse erleichtert – aber nicht garantiert. Dabei ist es allerdings wichtig, die Natur der einzelnen Instrumente zu verstehen und sie weder überzuinterpretieren noch zu überfordern (Abbildung 3).

DREI KATEGORIEN VON INSTRUMENTEN ERLEICHTERN DEN PROZESS DER STRATEGIEFORMULIERUNG

	Konzepte	Frameworks	Tools
Beschreibung	• Sind **präskriptiv** • Beschreiben die optimale(n) Strategie(n) unter Berücksichtigung bestimmter Voraussetzungen	• Sind **deskriptiv** • Beschreiben strukturierte Analysen/Entscheidungslogik zur Entwicklung und Kommunikation der Strategie	• Sind **prozessbezogen** • Bieten Prozesse/Methoden für eine kreativere und effektivere Entwicklung der Strategie
Beispiel	• „Creative Destruction": „Erschließen von und Ausstieg aus Geschäftsfeldern je nach Marktdynamik und -größe" • „Shaper"-Strategien • „Pure Play"	• MACS- oder SCP-Frameworks • Portfoliomatrizen • Drei Wachstumshorizonte • Porters Industrieanalyse	• Workshops zu „Killer Ideas" • Kreative Strategieentwicklung
Hauptanwendungsgebiet	• Erzeugung strategischer Optionen (Inhalt)	• Analyse des Kontexts • Bewertung strategischer Optionen (Inhalt)	• Erzeugung strategischer Optionen (Prozess) • Bewertung strategischer Optionen (Prozess)

Quelle: McKinsey

Abbildung 3

3. Aktuelle Herausforderungen in der Strategieentwicklung

In den letzten beiden Jahrzehnten nahm die Zahl der Geschäfte stark zu, für die die geografisch definierte strategische Arena expandierte. „Globalisierung" wurde damit zur dominierenden Herausforderung in der Unternehmensstrategie, mit deren Bewältigung viele Unternehmen noch immer kämpfen.[4] Nach der dramatischen Korrektur der Kapitalmärkte seit 2001 und der damit verbundenen skeptischeren Einschätzung hoch expansiver Strategien rückte Konsolidierung in den Mittelpunkt – bis hin zur Abkehr von jeder längerfristigen Ausrichtung und der reinen Konzentration auf kurzfristige Ergebnisse. Dies mag zur Überlebenssicherung in Einzelfällen notwendig sein, ist aber als generelle Unternehmensausrichtung natürlich wenig erfolgversprechend. Folglich werden wir in naher Zukunft die Frage nach Wachstumsoptionen wieder vermehrt hören und Strategie wird für Unternehmensführungen auf den angestammten Platz zurückkehren.

Diese Prognose wird für viele Manager verwegen klingen. Die letzten zwei Jahre waren geprägt durch die Konsolidierung des Geschäfts, die Bemühung, Schieflagen in Bilanz und Ergebnissituation zu bereinigen, und Programme, die auf kurzfristige Cashflow- und Gewinneffekte abzielten. Die aktuelle weltweite makroökonomische Lage wirkt auch nicht eben stimulierend auf weitreichende strategische Visionen. Die Renaissance der Strategie wird aber nicht nur von dem schlichten Faktum getrieben werden, dass die längerfristige Entwicklung des Unternehmenswerts primär vom Wachstum motiviert sein wird – angemessene Rentabilität vorausgesetzt. Wichtiger ist, dass für viele Unternehmen die Zukunft ihrer Geschäfte in den grundsätzlichen Strukturen und Erfolgsfaktoren klärungsbedürftig ist.

Die Telekommunikation z. B. wird nach einer Phase der Überinvestition heute sicher primär als Konsolidierungsfall gesehen, zugleich ist aber die künftige Struktur des Geschäfts im Zusammenspiel von Festnetz und Mobiltelefonie, Daten und Stimme, traditionellen Netzen und Internet usw. keineswegs entschieden und muss gestaltet werden. Oder die Pharmaindustrie: In ihr wird nach einer Phase sehr hoher Wachstumsraten eine Periode schwächeren Wachstums erwartet; gleichzeitig vollzieht sich aber in den wissenschaftlichen Grundlagen dieser Industrie eine Revolution, die nicht nur Forschung und Entwicklung, sondern potenziell auch einen erheblichen Teil der Produktpalette radikal verändern wird.

Sicher, der Zeitraum für diesen Prozess wird wahrscheinlich länger sein, als von vielen Vertretern der Biotechnologie prognostiziert, aber auf Grund des langen Handlungsvorlaufs schließt sich das strategische Fenster zur Partizipation in nicht zu ferner Zukunft. Oder: Trotz des Platzens der „New-Economy-Blase" am Kapitalmarkt setzen sich die zu Grunde liegenden technischen Entwicklungen durch und verändern die Grundlagen vieler Geschäfte dramatisch. Die Implikationen und Gestaltungsmöglichkeiten, die in solchen Beispielen zu Tage treten, sind allesamt strategischer

Natur; eine ausschließlich kurzfristige operative Orientierung wird nicht nur keine Lösung bringen, sondern wird Unternehmen auch in ihrer längerfristigen Existenz gefährden. Das derzeitige Missbehagen vieler Führungskräfte gegenüber der Strategie rührt aber nicht nur von der Priorität kurzfristiger Programme her, es ist auch in Enttäuschungen über die Leistungsfähigkeit von Strategieprozessen und den Erfolg von Strategien begründet. Diese Enttäuschungen haben auch mit dem konkreten Inhalt von Strategien zu tun, vor allem aber mit Beobachtungen, wie etwa der Schwierigkeit, Zukunftstrends zu antizipieren, mit zukunftsimmanenter Unsicherheit umzugehen oder erfolgversprechende Strategien tatsächlich zum Erfolg zu führen. Obwohl es verlockend wäre, sich mit dem Phänomen der wechselnden Themenstellungen im Management auseinander zu setzen und über das nächste große strategische Thema nach der Globalisierung zu spekulieren, sollen im Folgenden die Herausforderungen in den Vordergrund gestellt werden, die eher methodischer Natur sind. Sie lassen sich dem Prozess der Strategieentwicklung zuordnen (Abbildung 4).

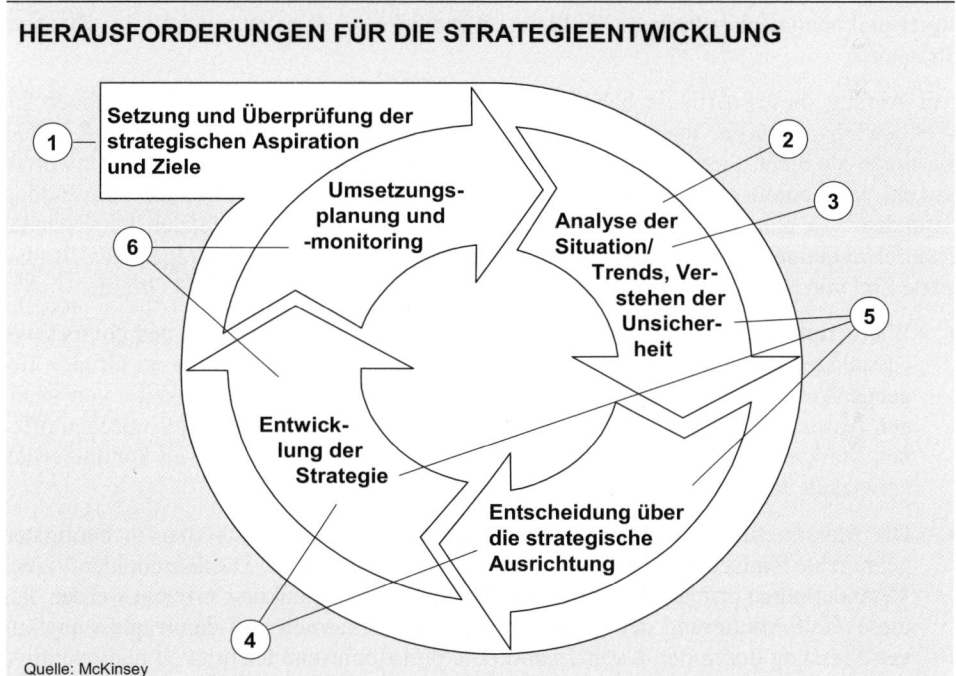

Abbildung 4

① Was ist das Ziel von Strategie?

② Wie können wir die entscheidenden Trends verstehen und interpretieren?

③ Welche Rolle spielt der strategische Kontext?

④ Wie sollte man über Portfolios nachdenken?

⑤ Welche Bedeutung hat Unsicherheit für die Strategie?

⑥ Wie kann man den Erfolg einer Strategie sichern?

3.1   Was ist das Ziel von Strategie?

Mit Strategie muss ein Unternehmen sich in eine gewünschte Richtung ausrichten und die Ziele dabei so formulieren, dass Fortschritt gemessen werden kann. Auf der Ebene der strategischen Visionen geben Formulierungen wie „beste Qualität im Premium-Automobilmarkt" (Mercedes), „Nr. 1 oder 2 in allen Industrien, in denen wir aktiv sind" (General Electric) oder das aggressive „Crush Adidas" (Nike Anfang der 70er Jahre) eine grobe Richtung vor. Das Herunterbrechen auf konkretere Ziele ist zugleich ein kreativer und analytischer Prozess. Es bleibt aber die Frage: Was ist generell das Ziel von Strategie?

Am Anfang dieses Artikels haben wir Formulierungen wie „Führungspositionen im Wettbewerb", „Stärke" usw. benutzt und in der Tat scheint im weitgehenden Konsens die Frage als nicht übermäßig relevant. In der Vergangenheit wurden valide Antworten sowohl in theoretischen Auseinandersetzungen und in der praktischen Anwendung gefunden. Wir glauben jedoch, dass die Veränderungen gerade der letzten Jahre wieder Zweifel an einigen dieser Antworten aufkommen ließen und dass die Frage: „Was ist das letzte Ziel von Strategie?" neu diskutiert werden muss. Dafür gibt es drei Gründe:

- Wie bereits erwähnt, kann die Lehrbuchdefinition „achieving sustained competitive advantage" nicht mehr als gültige Basis verwendet werden, da die zu Grunde liegende Auffassung von strukturellen Vorteilen und von Nachhaltigkeit – von wenigen Ausnahmen abgesehen – heute nicht mehr gültig ist. In hoch dynamischen offenen Märkten sind Wettbewerbsvorteile immer temporär und müssen kontinuierlich entwickelt und erneuert werden.

- Die Maximierung von Shareholder Value war wahrscheinlich die am häufigsten gebrauchte Zielsetzung für Strategien im letzten Jahrzehnt. Da Shareholder-Value-Veränderungen primär über die Veränderungen der Aktienkurse erreicht werden, hat diese Zielformulierung den großen Vorteil einer externen und damit quasi objektiven Messung durch den Kapitalmarkt. Die philosophische Richtigkeit und operative Brauchbarkeit des Ansatzes hängt jedoch von zwei Grundannahmen ab, die in Frage gestellt oder zumindest diskutiert werden können. Erstens muss die Verlässlichkeit von Aktienkursbewegungen als Indikator für strategischen Erfolg hinterfragt werden. Es wird kaum ernsthaft in Frage gestellt, dass der Kapitalmarkt *langfristig* die Wertentwicklung von Unternehmen zutreffend wiedergibt. Für die Eignung als Strategieindikator sind die Unternehmensführungen jedoch auf kurz- und mittelfristige Signale angewiesen; und in diesen Fristen gibt es zahlreiche Faktoren, die Kurse beeinflussen und die die Signalfunktion der Strategiebewertung überlagern, selbst wenn man unterstellt, dass Strategien und ihre Implikationen für den Kapital-markt hinreichend transparent sind. Zweitens ist Shareholder-Value-Maximierung in einer Situation, in der nicht nur Kapital, sondern z. B. auch Managementtalent oder Know-how knappe Ressourcen sind, nur dann ein geeignetes generelles Ziel für Strategie, wenn Formen für die Verknüpfung der Vergütung für die verschiedenen knappen Faktoren gefunden werden können. Dies schien mit Share Options oder an-deren Kopplungen der Führungskräfte-/Talentvergütung an die Aktienkursentwick-lung gelungen. Erfahrungen aus jüngerer Zeit zeigen jedoch, dass dieses Instrument seine Schwächen hat und zumindest in der Verknüpfung mit einer zu kurzfristigen Orientierung Fehlverhalten induzieren kann.

- Der Erfolg von Strategie hängt immer von der Qualität der Strategie per se *und* von der Leistungsfähigkeit der Organisationen ab, die sie formulieren und umsetzen. Forschungen zur Effektivität von Organisationen haben gezeigt, dass primär finanziell orientierte Zielsetzungen nicht ausreichen, um eine maximale Leistungs-fähigkeit zu erreichen.[5] Finanzielle Ergebnisse sind eher Nebenprodukte in leis-tungsfähigen Organisationen, die von einer Mission und von Zielen getrieben sind, welche eine starke Identifikation jedes einzelnen Mitarbeiters bewirken und damit Innovation und Produktivität treiben.

Bei der Entwicklung von Strategien sollte deshalb zunächst Übereinstimmung darüber erzielt werden, was als Anspruch hinter der Strategie steht und woran und in welcher Zeitdimension Erfolg gemessen werden soll. Das Resultat könnte sein, dass man stärker auf den Intrinsic Value eines Unternehmens als Indikator abzielt.[6] Dies würde allerdings voraussetzen, dass es gelingt, die Schwächen dieses Ansatzes, wie z. B. relativ willkür-liche „Long-Tail-Annahmen" oder das Fehlen externer Überprüfung etc., zu überwinden. Ein ergänzender Ansatz ist die Verwendung von umfassenden Zukunftsbeschreibungen („Stories"), wie sie typischerweise in organisatorischen Transformationsprozessen genutzt werden, als Zieldefinition für langfristige Strategien. Mit diesem Ansatz lassen sich auch zu eng finanziell orientierte Definitionen von Zielen vermeiden und „höhere" Ziele mit aufnehmen. Auf diese Weise kann man auch die oben beschriebenen generel-len Ansätze von ökonomischer Stärke, Macht, Führungsposition in einer Industrie, Gestaltungskraft *und* überlegene finanzielle Performance in einer operationalisierbaren Metrik kombinieren.

Bisher zeichnet sich – nach einer Phase der ausschließlichen Konzentration auf den Shareholder Value – noch keine übergreifende neue Zielsetzung von Strategie ab. Die Zieldiskussion muss deshalb auf allen Ebenen bei der Entwicklung von Strategien neu und spezifisch geführt werden. Ohne diese eingehende Diskussion von Zielen bestünde die Gefahr, zu kurz zu springen.

3.2   Wie sind Trends zu verstehen und zu interpretieren?

Erfolgreiche Strategien gestalten die Zukunft von Unternehmen, dies geht nur mit und nicht gegen die treibenden Kräfte eines Geschäfts. Eine gute Strategie zu entwickeln bedeutet deshalb auch, die das Geschäft beeinflussenden Trends zu verstehen. Diese Aufgabe ist einfach, wenn die Entwicklungen manifest sind. So ist z. B. heute die Entwicklung des chinesischen Markts und die daraus resultierende Bedeutung für das Wachstum in vielen Geschäften allgemeiner Kenntnisstand (jedoch ist die Neigung zur Trendextrapolation statt der Annahme von Wachstum unter Friktionen einigermaßen überraschend). Allerdings lässt sich auf manifesten Trends kaum mehr eine Strategie aufbauen, zumindest keine, die differenziert.

Es geht also um das frühzeitige Erkennen und Antizipieren von neuen Trends und das ist einerseits sehr viel chancenreicher, andererseits aber auch sehr viel schwieriger. Ausmaß und Zeitverlauf von neuen Entwicklungen werden mit hoher Regelmäßigkeit falsch eingeschätzt und Firmen entdecken plötzlich, dass eine hervorragende strategische Chance verpasst worden ist. Ein gemeinsames Muster solcher Versäumnisse ist, dass Signale nicht rechtzeitig identifiziert und verarbeitet worden sind. Dies mag daran liegen, dass man nur bereit ist, auf harte und hinreichend gesicherte Fakten hin strategisch zu reagieren. Ganz offensichtlich ist diese Haltung aber nur dann vertretbar, wenn nach der „harten" Information genügend Zeit bleibt, um noch optimal zu agieren. Dies ist bei hohen Veränderungsgeschwindigkeiten von Situationen oder langen Vorlaufzeiten von Aktionen (z. B. Investitionen in Know-how, Aufbau von Vertrautheit mit neuen Märkten usw.) nicht der Fall. Dazu einige Beispiele: Welche Informationen und Entwicklungen deuteten darauf hin, dass sich die „stabilen" regionalen Märkte für Konsumelektronik innerhalb von weniger als zehn Jahren in einen globalisierten Markt verwandeln würden? Welche Entwicklungen haben dazu geführt, dass die Attraktivität des SUV-Segments im Automobilmarkt so stark zunahm? Sind die jüngsten Fortschritte der Gentechnik eine ausreichende Plattform für neuartige Therapien in diesem Jahrzehnt? Mit Fragen dieser Art werden Unternehmen permanent konfrontiert. Um künftige Entwicklungen frühzeitig antizipieren zu können, müssen drei Fragenkomplexe beantwortet werden:

1. Welche Signale sind für die das Geschäft beeinflussenden Entwicklungen entscheidend? Jedes Geschäft hat einen spezifischen Satz von wichtigen Determinanten wie Käuferpräferenzen, technische Möglichkeiten, Marktregulationen usw. Die Frage nach den relevanten Signalen kann beantwortet werden, wenn man die Faktoren hinter den Veränderungen dieser Determinanten versteht. Einige davon sind leicht zu erkennen und zu identifizieren, wie z. B. unmittelbar geschäftsbezogene technologische Innovationen, angekündigte Marktliberalisierungen bzw. -deregulierungen mit üblichem Realisierungsvorlauf oder regionale Märkte, die im Begriff sind, kritische Einkommensschwellen zu überschreiten. (Für viele Geschäfte, z. B. Pharmazeutika, Standardunterhaltungselektronik, Telefone, Kfz, gibt es gut definierte Schwellenwerte des BIP pro Kopf der Bevölkerung, ab denen sie sich von einem

Markt für wenige Kunden zu einem Markt für viele Kunden entwickeln.) Interessanter sind die Faktoren, die nicht so leicht erkannt oder interpretiert werden können. Sie lassen sich in zwei große Gruppen einordnen: (1) Interpretation von weitgehend bekannten „Megatrends", deren Bedeutung für ein bestimmtes Geschäft aber sehr sorgfältig durchdacht werden muss. In diese Kategorie fallen z. B. die Veränderung der demografischen Struktur fast aller entwickelten Volkswirtschaften oder die Verschiebungen der weltwirtschaftlichen Arbeitsteilung. (2) Entwicklungen, die sich früh in schwachen oder in ihrer Komplexität schwer interpretierbaren Signalen ankündigen, deren Relevanz nicht leicht zu erkennen ist. In diese Kategorie fallen häufig Veränderungen in Basistechnologien, bei denen wegen vieler konkurrierender Entwicklungen Richtung, Tragweite und Geschwindigkeit nicht von vornherein ohne weiteres ersichtlich sind, aber auch z. B. langsame Präferenz- und Verhaltensänderungen in der Bevölkerung. Verändert sich beispielsweise das Freizeitverhalten, so dürfte dies in der Touristikbranche relativ früh wahrgenommen werden, daraus resultierende Veränderungen für den Automobilmarkt bedürfen dagegen ggf. einer sehr kreativen Interpretation der Signale.

2. Welchem Muster folgen die Entwicklungen, die durch die Signale angekündigt werden? Muster heißt in diesem Zusammenhang Zeit bzw. Geschwindigkeit, Intensität und Form (gewissermaßen die mathematische Funktion), in der sich eine Entwicklung aufbaut. In ihrer Bedeutung unterscheiden sich quasi lineare Verläufe sehr stark von Diskontinuitäten mit dem Charakter einer Sprungfunktion oder von schnellen exponentiellen Wachstumsverläufen. Diese Unterschiede werden jedem sofort einleuchten, aber ist es nicht viel zu kompliziert, Verlaufstypen zu modulieren? Überraschenderweise nicht. Bestimmte Klassen von Entwicklungen haben ihre spezifischen Muster, die wirkliche Herausforderung besteht in der einigermaßen zutreffenden Prognose der kritischen Zeitpunkte und Zeiträume. Manchmal hilft es auch schon, sich über die Grundcharakteristika solcher Muster klar zu werden. Wem z. B. Eigenschaften von exponentiellen Wachstumsfunktionen bewusst sind, der wird nicht davon überrascht, dass hohe zweistellige Wachstumsraten von Geschäften nicht über einen längeren Zeitraum erreicht werden können.

3. Wie sollte auf Signale und darauf aufbauende Entwicklungen reagiert werden? Wenn man im Hinblick auf die Klarheit von Signalen drei Stufen unterscheidet – Entdeckung, Verständnis der Charakteristika, Verständnis der Implikationen für das Geschäft –, so wird man dem zunächst instinktiv die Handlungssequenz „Beobachten", „Aktionen vorbereiten", „Aktionen durchführen" gegenüberstellen. Aus strategischer Sicht ist diese Handlungsstruktur aber nicht jederzeit sinnvoll, nämlich immer dann nicht, wenn entweder große Vorteile dadurch erzielt werden können, dass ein Unternehmen den ersten Zug macht (First-Mover Advantage), oder wenn die strategischen Aktionen einen hohen Zeitbedarf haben. In beiden Fällen ist es richtig, bereits bei relativ schwachen oder unklaren Signalen zu handeln. Dies ist umso mehr der Fall, als in der Strategie eben kein einseitig ausgerichtetes Stimulus-Response-Schema besteht. Entwicklungen und Trends werden durch strategische

Aktionen beeinflusst, beschleunigt oder verstärkt. Kehren wir zur Verdeutlichung nochmals zu unserem SUV-Beispiel zurück: Die stark zunehmende Attraktivität des SUV-Segments wurde nicht nur durch komplexe, aber beobachtbare Entwicklungen in den Käuferpräferenzen ausgelöst, sondern auch dadurch, dass einzelne Anbieter attraktive Fahrzeuge in diesem Segment entwickelten und damit wiederum das Nachfrageverhalten beeinflussten.

3.3   Welche Bedeutung hat der strategische Kontext?

Es besteht eine breite Übereinstimmung darüber, dass die konkrete Situation, in der sich ein Unternehmen befindet, einen erheblichen Einfluss auf die Strategie hat. Strategie wird in einem Kontext, einem Bezugsrahmen definiert. Ein solcher Bezugsrahmen lässt sich unter verschiedenen Gesichtspunkten beschreiben, davon seien nur zwei hervorgehoben: Einbettung in eine Industrie und situative Konstellationen.

Industrie bezeichnet traditionell einen Bezugsrahmen, der eine bestimmte Markt- und Wettbewerbsstruktur, hinreichend homogene Erfolgsfaktoren der Geschäfte und eine gut definierte, für die meisten Unternehmen ähnliche Wertschöpfungskette beschreibt. Einfach gestellt lautet die Frage: In welchem Geschäft bin ich und wer sind meine Wettbewerber? In der Vergangenheit war dieser Kontext relativ stabil, da seine Grenzen keinen sehr schnellen Veränderungen unterlagen und auf jeden Fall die Veränderungsdynamik an den Grenzen geringer war als die innere Dynamik einer bestimmten Industrie.[7] Es gibt zahlreiche Indikationen dafür, dass dies in dieser Form nicht länger gültig ist und „Industrie" für viele Geschäfte keine strategisch relevante Kategorie mehr sein wird. Die Ursache liegt letztlich darin, dass industrielle Wertschöpfungsketten, deren Abschnitte in traditioneller Weise entweder innerhalb von Unternehmen abgebildet wurden oder zwischen denen sich Märkte etabliert hatten, auf innovative Weise desaggregiert und ggf. reaggregiert werden können. Die dahinter stehenden Kräfte sind Veränderungen der Informations- und Kommunikationstechnologie, der geschäftsspezifischen Technik, aber auch Deregulierung oder organisatorisches Lernen. Diese Faktoren schlagen sich nieder in der Veränderung der Interaktionskosten zwischen den verschiedenen Stufen der Wertschöpfungskette und der Veränderung der industriespezifischen Größendegressionseffekte (Economies of Scale) und der Economies of Scope. Im Extremfall können so aus integrierten Wertschöpfungsketten sehr kleine Segmente („Microindustries") entstehen, die bei Vorliegen entsprechender Scale- oder Scope-Effekte über traditionelle Industrien hinweg reaggregiert werden können und die damit wiederum einen industrieartigen Cluster, allerdings mit völlig anderem Zuschnitt, bilden können. Vorgänge dieser Art nennen wir „Redefinition von Industrien".

Prozesse dieser Art vollzogen und vollziehen sich in vielen Industrien. Ein Beispiel dafür ist die Telekommunikation. Unter den Bedingungen regulierter Märkte, aber auch bedingt durch die vorhandene Technik, waren Telekommunikationsunternehmen typischerweise vertikal tief integriert. Solche Unternehmen existieren auch heute noch.

Daneben haben sich aber zahlreiche Firmen etabliert, die nur einzelne Teile dieser Wertschöpfungskette abdecken, z. B. nur die Bereitstellung von Infrastruktur, den Zugang zum Netz oder die Bündelung von Einzelkundennachfrage zu für große Netzbetreiber attraktiven Paketen. Auch bei Finanzdienstleistungen ist der Prozess in vollem Gange, neue Anbieter entstehen, die sich nicht in die traditionelle Banken-/Versicherungsklassifikation einordnen lassen. Die Automobilindustrie hat sich in ihrer Zulieferstufe und in der vertikalen Integration der Autohersteller selbst in den letzten zehn Jahren dramatisch verändert. Die Chemieindustrie befindet sich in einem Prozess, in dem überwiegend „konglomerate" Spieler durch stärker spezialisierte Firmen ergänzt werden. Neue Cluster wie „Facility Management" sind entstanden.

In Situationen dieser Art finden sich Unternehmen – teilweise recht unvermittelt – Wettbewerbern oder auch Partnern gegenüber, die sie bisher in ihrem Terrain nicht vermutet hatten. Pharmafirmen können auf führende Firmen der Informationstechnik treffen, die sich über Allianzen mit Biotechnologiefirmen die Plattform geschaffen haben, um zentrale Positionen im „Discovery"-Teil der Wertschöpfungskette einzunehmen. Integrierte Touristikunternehmen stehen in ihrem Feld anderen Dienstleistungsunternehmen mit direktem Kundenzugang gegenüber, die auf vorhandene Datenbasen und Internet-Plattformen zurückgreifen, um kundenspezifische Angebote zu machen. Nahrungsmittelhersteller kooperieren mit Biotech- oder Kosmetikfirmen bei der Entwicklung und Vermarktung von „Functional Food". Die aktuelle Entscheidung von Nestlé und Colgate zu Zusammenarbeit und Entwicklung eines neuartigen Kaugummis ist ein sehr typisches, aber gemessen am Vorstellbaren beileibe noch kein sehr weitreichendes Beispiel. Ob Entwicklungen dieser Art möglich, strategisch wichtig und ökonomisch attraktiv sind, lässt sich systematisch analysieren (Abbildung 5).

Das Phänomen der Redefinition von Industrien könnte so interpretiert werden, dass sich der strategische Kontext ändert und Unternehmen darauf reagieren müssen. Dies wäre aber zu kurz gesprungen. In Wirklichkeit bedeutet es, dass „Industrie" eben kein relativ stabiler Bezugsrahmen für Unternehmen ist, dass ein Bezugsrahmen nicht mehr als exogen gegeben angenommen werden kann, sondern dass er vom Unternehmen gestaltet werden kann. In der Konsequenz bedeutet dies, dass sich ein Unternehmen im Extremfall zumindest zeitweilig eine „Industry of One" gestalten und damit eine extrem starke strategische Position erreichen kann. Dieses Thema der Interdependenz von exogenen Faktoren und endogenen Handlungsmöglichkeiten ist in unseren Überlegungen schon wiederholt aufgetaucht und wird uns auch weiterhin begleiten.

Situative Konstellationen sind z. B. die Deregulierung einer Industrie, ausgedehnte Phasen einer erheblichen Überkapazität oder stark endogene Industriezyklen. Daneben gibt es aber auch Konstellationen, die überwiegend unternehmensintern sind, wie Turnarounds, Privatisierung von Unternehmen oder Nachfolgesituationen, vor allem in Familienunternehmen. Solche Konstellationen, konkretisiert durch die spezifischen Bedingungen des jeweiligen Unternehmens, bestimmen in hohem Maße Handlungsräume und Freiheitsgrade. Insofern bedeutet ihre Berücksichtigung nicht mehr als die normale Situationsanalyse als wichtiges Element jeder Strategiebildung. Die methodisch interessante Frage ist dabei, ob Erfahrungen zwischen Unternehmen in vergleichbaren situativen Konstellationen übertragen werden können oder ob vielleicht sogar bestimmte Konstellationen gewissermaßen strategische Standardantworten nahe legen. Inwieweit haben z. B. Strategien für Telekommunikationsunternehmen im Deregulierungsprozess ihrer Industrie und Energieunternehmen in der gleichen Situation vergleichbare Module? Oder, um eine heute sehr aktuelle Frage zu stellen: Gibt es übergreifende strategische Antworten für Industrien, welche sich in einer Spirale gefangen haben, die sich durch strukturelle Überkapazitäten, schwache technologische und Kundennutzendifferenzierung sowie flache Industriekostenkurven charakterisieren lässt und deren typische Wettbewerbsdynamik nahezu alle Teilnehmer in die Unternehmenswertvernichtung treibt? In dieser Situation sind heute z. B. so weit voneinander entfernte Geschäfte wie Teile der chemischen Industrie und die Luftfahrt. Ohne hier auf Details eingehen zu können, zeigt es sich, dass in der Tat für solche ähnlichen situativen Konstellationen zumindest teilweise Lösungsmuster bestehen, die relativ breit übertragbar sind.

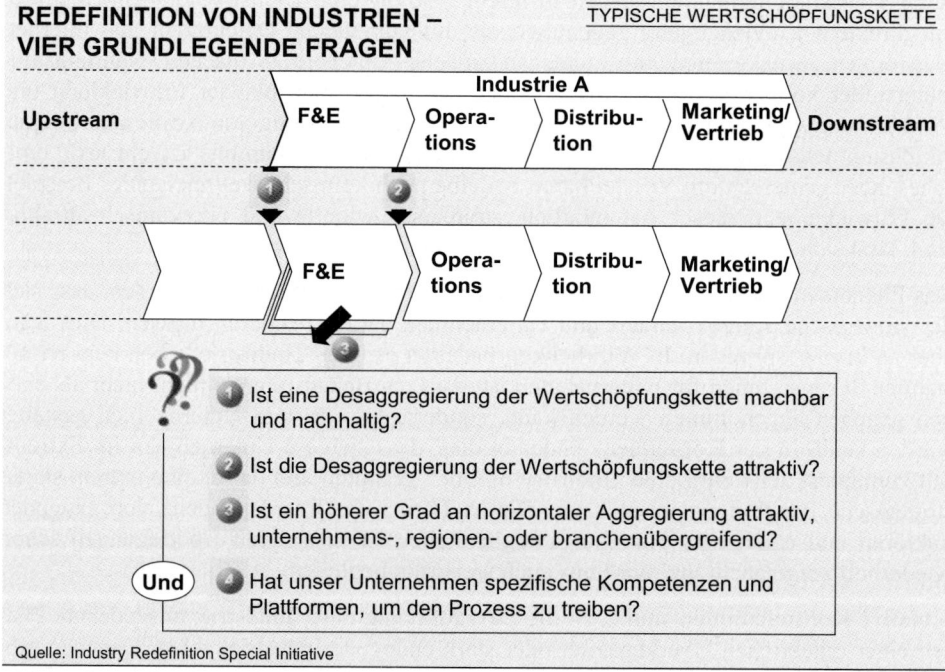

Abbildung 5

Die Überlegungen zum strategischen Kontext in seinen verschiedenen Betrachtungsweisen machen auch deutlich, wie wichtig es ist, dass Unternehmen ihre strategische Diskussion nicht nur auf Lehren aus und Beobachtungen der eigenen Industrie aufbauen dürfen. Ebenfalls sollten Unternehmen berücksichtigen, dass Strategieentwicklung von teilweise weitgespannten Querverbindungen enorm profitiert. Bei den situativen Konstellationen ist es primär ein produktives Lernen, beim Thema der potenziellen Industrieredefinition kann es eine Frage der längerfristigen Existenz werden. Das schon lange bekannte Phänomen von Industrien auf Kollisionskurs hat durch die neuen strategischen Möglichkeiten eine andere Dimension gewonnen, die Führungskräfte zwingt, nicht nur das unmittelbare Umfeld, sondern eine sehr viel größere Arena im Auge zu behalten.

3.4   Was ist zeitgemäßes Portfoliodenken?

Die Frage nach dem optimalen Portfolio hat die Unternehmensstrategie von ihren Anfängen an begleitet. Und dies nicht nur auf der Corporate-Strategy-Ebene, wo das Geschäftsportfolio eines mehr oder weniger breit diversifizierten Unternehmens zur Diskussion steht, sondern nahezu auf jeder Strategieebene. Zumindest in Geschäften, die ihrer Natur nach nicht extrem global sind und in denen es dementsprechend eine Alternative zur weltweiten Präsenz gibt, stellt sich die Frage des geografischen Portfolios. Und nahezu jedes Geschäft steht vor dem Problem der richtigen Breite des Produktportfolios. Welche Therapiegebiete möchte man mit wie vielen Produkten als erfolgreiches Pharmaunternehmen idealerweise abdecken (immer vorausgesetzt, dass man das Zielportfolio selbst entwickeln oder einlizenzieren kann)? In welchen Segmenten und Nischen des Automobilmarkts kann und sollte man als einer der größeren Hersteller aktiv sein? Welches Produktportfolio sollte ich als Hersteller von „weißer Ware" oder Elektrowerkzeugen oder Werkzeugmaschinen abdecken? Dies alles sind Portfoliothemen, die sich innerhalb eines Geschäfts stellen.

Auf der Corporate-Strategy-Ebene schien die Antwort lange Zeit relativ einfach: Analysten verlangten von Unternehmen idealerweise ein „Pure Play", d. h. die Konzentration auf nur ein Geschäft, da auf diese Weise der Investor sein Portfolio nach eigenen Risikopräferenzen optimieren konnte und nicht auf von Unternehmen vorgefertigte Portfolios zurückgreifen musste. Auf die in jüngerer Zeit wieder aufgeworfene Frage, inwieweit es sich hierbei um einen nicht nur konzeptionell richtigen, sondern auch realistischen Ansatz handelt, soll hier nicht eingegangen werden. Aus Sicht eines Unternehmens, das längerfristig gute Wachstumsraten realisieren will, ist eine zu enge Spezialisierung auf jeden Fall nicht das Optimalkonzept, da jedes Geschäft natürliche Reifezyklen hat und langfristiges Wachstum in gewissem Rahmen Portfolioerneuerung und Diversifikation verlangt.[8] Andererseits ist es aber auch empirisch weitgehend unbestritten, dass – von wenigen Ausnahmen abgesehen – Portfoliodiversifikation das Risiko einer Performance-Reduzierung der einzelnen Geschäfte in sich birgt. Die bewusste und gewollte Risikodiversifizierung degeneriert dann zu einer Haltung, bei der sich Führungskräfte darauf verlassen, dass temporär schlechte Ergebnisse innerhalb des Unternehmens durch andere Bereiche ausgeglichen werden können. Die Frage nach dem optimalen Portfolio bleibt damit ein zentraler Punkt bei strategischen Überlegungen. Es wäre vermessen, versuchen zu wollen, sie hier in aller Kürze zu beantworten. Stattdessen sollen einige Überlegungen weiterverfolgt werden, wie heute über Portfolios methodisch nachgedacht werden sollte.

Wenn man sich mit traditionellen Portfoliokonzepten in der Strategie auseinander setzt, fällt zunächst auf, dass der Grundgedanke der Finanzportfolio-Theorie – das intensive Zusammenwirken der verschiedenen Portfolioelemente in der Bewertung des Portfolios – relativ zu kurz kommt. Viele Portfolioüberlegungen in der Strategie sind letztlich die Summation von unabhängigen Attraktivitätsbewertungen der Portfoliobestandteile (Geschäfte, Produkte, Märkte). Worauf es bei strategischer Portfoliobetrachtung jedoch zusätzlich ankommt, ist die absolute Transparenz von Synergieeffekten und die Berücksichtigung von Risiko und Risikoveränderung. Dabei ist auch zu beachten, dass es bei den meisten Portfolioentscheidungen in der Realität nicht darum geht, z. B. ein völlig neues Geschäftsportfolio zusammenzustellen, sondern dass meistens ein Ausgangsportfolio besteht. Dann muss bewertet werden, inwieweit das Hinzufügen oder Weglassen von Elementen die Attraktivität des Portfolios verändert.

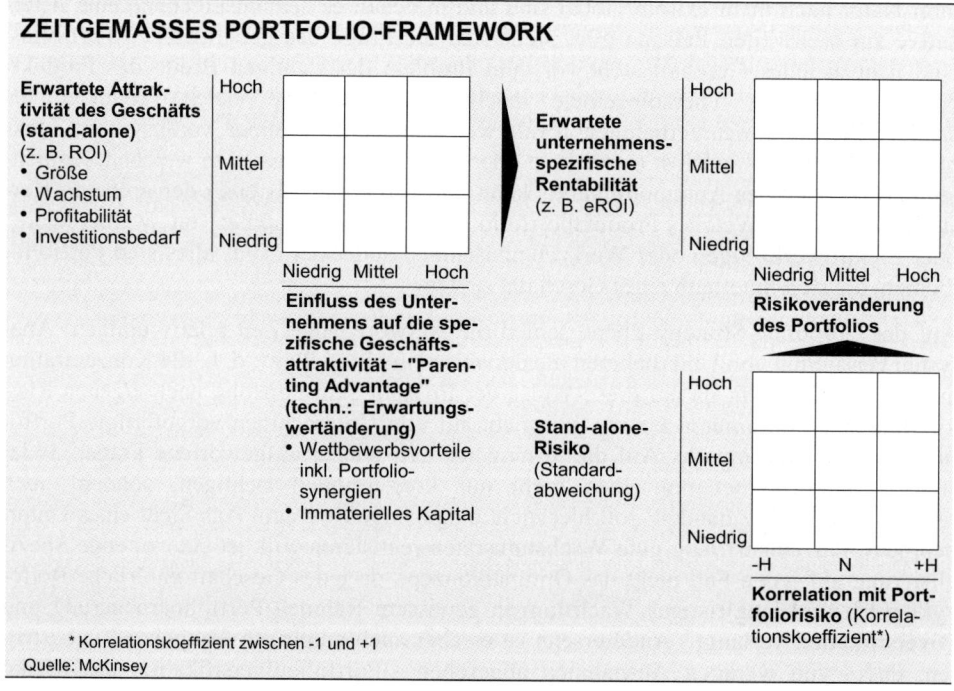

Abbildung 6

Maximale Transparenz der Zusammenhänge in einem Portfolio lässt sich herstellen, wenn man die Attraktivitäts-/Wertkomponente eines Geschäfts und seine Risikokomponente separat betrachtet und gleichzeitig auch zwischen Stand-alone-Bewertungen und Interdependenzeffekten im Portfolio unterscheidet. Dies lässt sich in einem Prozess abbilden, der letztlich in einer Risk-Return-Matrix für Portfolios resultiert, wie sie ähnlich auch in der Finanzportfolio-Theorie verwendet wird (Abbildung 6).

Dieser Prozess läuft in vier Stufen ab, die alle wesentlichen Elemente klassischer Geschäftsportfolioanalyse, aber auch – insbesondere hinsichtlich der Risikobewertung – einige Ansätze enthalten, die aus der Finanzportfolio-Theorie übernommen sind. Stark vereinfacht sieht der Prozess wie folgt aus:

- Kalkulation der relevanten Rentabilitätskennziffer für das Geschäft, die Akquisition, die Investition usw. Die optimale Kennziffer ist von Geschäft zu Geschäft unterschiedlich, häufig ist es der ROI, aber auch ROCE und andere Eckdaten werden verwendet. Die für diese Berechnungen notwendigen Analysen entsprechen dem Standardvorgehen. Da es sich um Zukunftswerte handelt, wird man natürlich nicht von einer Punktschätzung ausgehen können, man muss sich vielmehr ein Bild von der erwarteten Wahrscheinlichkeitsverteilung der Attraktivität des Geschäfts aus isolierter Sicht machen.

- Die Tatsache, dass ein bestimmtes Unternehmen eine Investition tätigt oder ein Geschäft besitzt, beeinflusst den Erwartungswert der Stand-alone-Rentabilitätskennziffer positiv (oder – wenn Konflikte mit dem sonstigen Portfolio bestehen – auch negativ). Das Ausmaß der Beeinflussung hängt von Ressourcen, Fähigkeitsprofil, Managementprozessen, Erfahrungen usw. ab.

- Bei der Risikobewertung wird ebenfalls zunächst die Stand-alone-Situation bewertet, d. h. zum Beispiel die Erfassung von wesentlichen Risikofaktoren und die Abschätzung ihrer Implikationen für finanzielle und andere Risiken. Das Stand-alone-Risiko wird natürlich wesentlich durch die in der Strategie vorgesehenen Risikomanagementansätze wie zeitlich gestreckte Investitionen oder Joint Ventures beeinflusst.

- Als letzter Schritt wird die Korrelation dieses Risikos mit den sonstigen im Portfolio enthaltenen Risiken ermittelt. Neue Geschäfte oder Aktivitäten können vorhandene Risikoprofile weiter verstärken, sie können sie aber auch kompensieren. Durch die Hinzunahme eines OTC-Geschäfts können z. B. bestimmte Risiken eines Pharmaunternehmens, das bisher nur auf dem Gebiet der verschreibungspflichtigen Medikamente tätig war, zum Teil aufgefangen werden.

Vorgehensweisen dieser Art erlauben in der Strategiebildung eine sehr hohe Transparenz der Bewertung und schaffen damit die Voraussetzung für gute Entscheidungen.

3.5 Wie beeinflusst Unsicherheit die Strategiebildung?

Jede Strategieformulierung erfolgt unter Unsicherheit, da Zukunft nie präzise vorausgesehen werden kann. Die inhärente Unsicherheit in jeder zukunftsorientierten Entscheidung kann jedoch sehr unterschiedliche Ausprägungen annehmen. Es hat sich als zweckmäßig erwiesen, diese Unsicherheit in vier Stufen oder Klassen einzuteilen (Abbildung 7).[9] Für die Betrachtung von Unsicherheit aus strategischer Sicht ist es wichtig, nicht das zu Grunde zu legen, was ein Unternehmen nicht weiß, sondern das, was es zu einem gegebenen Zeitpunkt trotz Informationsbeschaffung, Analysen oder ausgefeilter Methodik nicht wissen kann, weil viele Faktoren, die die Entwicklungen in Zukunft bestimmen werden, entweder als solche oder in ihrem Zusammenwirken unbekannt sind. (Mit dieser Klarstellung wird die wichtige Grenze zwischen fehlender Vertrautheit und echter Unsicherheit gezogen. Das erste Kriterium ist unternehmensspezifisch, das zweite trifft auf alle Unternehmen gleichermaßen zu.)

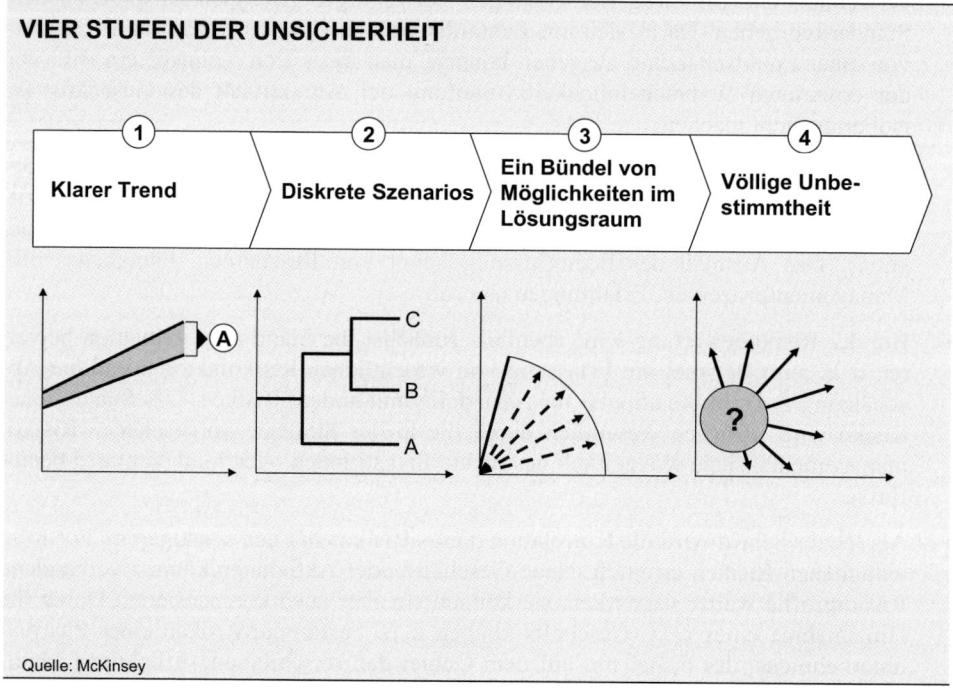

VIER STUFEN DER UNSICHERHEIT

1 Klarer Trend
2 Diskrete Szenarios
3 Ein Bündel von Möglichkeiten im Lösungsraum
4 Völlige Unbestimmtheit

Quelle: McKinsey

Abbildung 7

In der *ersten Stufe* ist das künftige Ergebnis zwar unsicher, kann aber doch auf eine hinreichend enge Bandbreite eingegrenzt werden. Ein Beispiel dafür ist die Entwicklung der quantitativen Automobilnachfrage, die sich relativ gut modellieren lässt, wenn man plausible Hypothesen zu einigen zentralen Parametern aufstellen kann. Generell liegen solche Situationen vor, wenn über ein Geschäft und sein Umfeld viele Informationen vorhanden sind und wenn die Situation sich nicht allzu schnell verändert. Dies bedeutet aber nicht, dass man für bestimmte Industrien eine bestimmte inhärente Unsicherheitsklasse annehmen kann. Als z. B. die Telekommunikationsindustrie in Europa in den 90er Jahren dereguliert wurde, stand sie vor einer völlig neuen Situation: Sie musste den Übergang von einem Zustand, der von relativ guter Vorhersagbarkeit geprägt war, zu einer Phase mit sehr hoher Unsicherheit meistern.

In der *zweiten Stufe* kann die Zukunft nicht in einer relativ engen Bandbreite – idealerweise mit einer Wahrscheinlichkeitsverteilung – beschrieben werden, sondern es gibt diskrete Alternativen, die in sich wieder ein Spektrum an möglichen Ausprägungen haben können. Dies ist immer dann der Fall, wenn in einem Geschäft die Wahl zwischen alternativen Technologien ansteht oder wenn mit einer gewissen Wahrscheinlichkeit eine starke Veränderung der Marktdynamik, z. B. in Form einer Deregulierung, zu erwarten ist. Faktisch gibt es also eine beschränkte Zahl von möglichen Szenarien für die Zukunft, die als solche zwar hinreichend gut beschrieben werden können, deren Eintrittswahrscheinlichkeit aber noch unklar ist.

In der *dritten Stufe* ist es schon wesentlich komplizierter, die Unsicherheit einzuschätzen. Die Zukunft liegt in einer relativ großen Bandbreite von Erwartungen, diskrete Alternativszenarien sind nicht auf eine relativ geringe Zahl beschränkt. Allerdings lassen sich repräsentative Ausprägungen der Zukunft darstellen, wodurch sich gedanklich ein Raum aufspannen lässt, der die strategischen Möglichkeiten beschreibt. Solche Situationen treten dann auf, wenn sehr viele Einflussfaktoren wirken und die Veränderungsgeschwindigkeit relativ hoch ist. Entscheidungen über die Einführung einer neuen Flugzeuggeneration, über die Entwicklung von Therapiegebieten in der Pharmaindustrie oder über die Strukturierung von Breitbandangeboten fallen in diese Klasse.

In der *vierten Stufe* ist die Zukunft weitgehend unbestimmt, da eine Vielzahl von Unsicherheitsfaktoren und ihr komplexes Zusammenwirken noch nicht einmal eine repräsentative Beschreibung von möglichen Zukunftsausprägungen zulassen. Das Ergebnis kann gewissermaßen über das gesamte denkbare Feld verteilt sein, ohne dass dieses schon heute vernünftig strukturiert werden könnte. Glücklicherweise sind diese Situationen selten, charakteristisch sind sie allerdings zu Beginn ganz neuer Entwicklungen, wie z. B. E-Commerce, Genomforschung, oder bei starken Turbulenzen im sozioökonomischen Umfeld.

Die strategische Diskussion über Unsicherheit wäre eine theoretische Übung, wenn sie nicht gravierende Implikationen für die rationalen Strategieausprägungen hätte. Grundsätzlich gilt: Je höher die Unsicherheit wird, desto stärker muss man von eindeutig definierter Richtungsfestlegung und klaren strategischen Plänen Abschied nehmen und stattdessen stärker über Optionen, Flexibilität und Investitionen in hohe Reaktionsgeschwindigkeit nachdenken, die es einem erlauben, schnell zu handeln, sobald sich der Zukunftsnebel etwas lichtet.

Grundsätzlich gibt es drei Handlungsmöglichkeiten, um auf Unsicherheit unterschiedlicher Ausprägung zu reagieren:

(1) Aufbau eines Portfolios von aktuellen und potenziellen Geschäften, um das Risiko im Gleichgewicht zu halten, (2) Verschiebung von sehr teuren Entscheidungen auf einen Zeitpunkt höherer Sicherheit und (3) Gestaltung des Markts in der vom Unternehmen

gewünschten Richtung (Shaper Strategy). Diese drei Grundansätze lassen sich den verschiedenen Unsicherheitsstufen mit einer gewissen Trennschärfe zuordnen. In *Stufe 1* sind die Risiken überschaubar. Innovative Ansätze sind damit nicht nötig. Dies schließt aber nicht aus, dass Risiken zwischen verschiedenen Spielern optimal verteilt und Absicherungsmaßnahmen (z. B. gegen Währungsrisiken bei der Expansion in einen neuen Markt) ergriffen werden. *Stufe 2* mit ihren diskreten Zukunftsszenarien kann – je nach Größenordnung – bereits die Verzögerung von größeren Investitionen nahe legen. Dies bedeutet normalerweise, dass man (philosophisch nicht notwendigerweise exakt quantitativ) einen Realoptionsansatz wählt.[10] Bereits in diesem Fall kann es aber auch sinnvoll sein, mittels eines „Big Bet" die Wahrscheinlichkeit zu erhöhen, mit der ein präferiertes Szenario eintritt, und damit die strategische Zukunft zu gestalten. In *Stufe 3* stellt sich die Wahl des Abwägens zwischen einer eher abwartenden Strategie, die man z. B. auch durch eine verstärkte Portfoliodiversifikation absichern kann, und einer Big-Bet-/Shaper-Strategie in verstärktem Maße. Einerseits ist die Unsicherheit hier größer und die notwendigen Reaktionsmuster werden komplexer, andererseits werden Gestaltungsmöglichkeiten zwar unübersichtlicher, versprechen vielleicht aber auch einen größeren Erfolg. Die Wahl hängt dabei von zwei Dingen ab: zum einen von der Wichtigkeit, dass man selbst der Erste oder unter den Ersten ist, die das neue Terrain besetzen, und zum anderen von den eigenen internen Fähigkeiten, sehr aggressive strategische Moves durchzuziehen. In vielen Fällen, z. B. bei der Durchsetzung bestimmter Industriestandards, ist es zweckmäßig, relativ früh Netzwerke oder Konsortien zu bilden. *Stufe 4* legt meist ein Portfolio von Realoptionen nahe. Wenn man eine Shaper-Strategie wählt, weil man sich zutraut, eine ganz neue Entwicklung zu definieren, so kommt dem richtigen Timing eine enorme Bedeutung zu. Außer wenn Unternehmen einen sehr langen Atem und eine sehr starke Kapitalausstattung haben, ist das Risiko von „First-Mover Failures" in solch komplett unstrukturierten Situationen relativ groß; es gibt in der Strategie eben nicht nur die Möglichkeit des Zu-spät-Handelns, sondern auch manchmal die des Zu-früh-Agierens.

Aus den systematischen Überlegungen zur Strategie unter Unsicherheit resultieren einige Erkenntnisse, die für traditionelles Denken recht kontraintuitiv sein können. Z. B. kann in Situationen mit sehr hoher Unsicherheit eine Shaper-Strategie sehr viel weniger riskant sein als eine Anpassungsstrategie, wenn dahinter eine gute Durchführung steht. Die verschiedenen strategischen Antworten auf spezifische Unsicherheitssituationen müssen jeweils auf ihre optimale Eignung in einer konkreten Situation und unter konkreten Implementierungsbedingungen geprüft werden. Geschieht dies, so lässt sich die Unsicherheit zwar nicht beseitigen, sie verliert aber einen gehörigen Teil ihres potenziellen Schreckens.

3.6   Wie kann man Umsetzungserfolg sichern?

Diese Frage bewegt viele Unternehmen, bis hin zu dem Punkt, wo sie systematische Strategieentwicklung in Frage stellen. Zu viele haben schon aus dem Abstand von einigen Jahren festgestellt, dass ihre gut konzipierten und damals gefeierten Strategien letztlich nicht realisiert worden sind. Dafür kann es viele Gründe geben: ein Zurückbleiben im Wettbewerb, da andere besser waren; oder eine nicht als Möglichkeit antizipierte, starke Diskontinuität im Umfeld, die die Basis der Strategie obsolet machte. Dies sind Entwicklungen, die in der Dynamik des Wettbewerbs und in den Grundcharakteristika von Unsicherheit begründet sind, vor ihnen kann man sich letztlich nicht vollkommen schützen. Viele Strategien scheitern aber auch aus unternehmensinternen Gründen, die in der Entwicklungs- oder in der Umsetzungskomponente von Strategie liegen können. Die am häufigsten beobachteten Ursachen für das Scheitern von Strategien sind:

- Die Führungskräfte des Unternehmens haben kein gemeinsames „mentales" Modell für ihr Geschäft, d. h., es gibt unterschiedliche Auffassungen, was die Erfolgsfaktoren und die Spielregeln des Geschäfts sind und sein werden, wohin sich Schwerpunkte entwickeln werden usw. Dies scheint überraschend, da eine gut eingespielte Führungsmannschaft gemeinsame Erfahrungen gesammelt hat und hinreichend vertraut mit dem eigenen Geschäft ist. Was wirklich zählt und in Zukunft zählen wird, wird aber viel zu wenig thematisiert.

- Das Topmanagement einigt sich zwar im Verlaufe des Strategieentwicklungsprozesses auf eine Zielformulierung und die damit verbundene zahlenmäßige Konkretisierung, letztlich werden die Ergebnisse jedoch nicht wirklich von allen mitgetragen. Dies kann u. a. daran liegen, dass die persönlichen Agenden nicht ausreichend abgebildet sind und die Verbindlichkeit des Kompromisses nicht sehr ernst genommen wird, da der Realisierungstest ohnehin erst in der unsicheren Zukunft liegt. Auf die berüchtigten „Hockey Stick"-Strategien, bei denen die nähere Zukunft noch realistische Erwartungen widerspiegelt und danach das Wunschdenken regiert, ist auf diesen psychologischen Mechanismus zurückzuführen, wenn nicht einfach eine unzureichende Zieldiskussion und damit ein „handwerklicher" Fehler die Ursache ist.

- Die Strategie bezieht die relevanten Entscheidungsträger in der Organisation zu wenig ein. Sie bildet für die breitere Organisation keine Identifikationskerne, aus denen der Einzelne Motivation und Richtung gewinnt. Die Strategie ist nicht konkret genug, um allen Mitarbeitern klar zu machen, was sie für sie selbst bedeutet. Diese Phänomene treten immer dann auf, wenn Strategie nur als Angelegenheit der Unternehmensführung und nicht als etwas verstanden wird, bei dem die ganze Organisation motiviert werden muss.

- Strategie ist in der Organisation als starrer Umsetzungsplan kommuniziert. Sobald sich wesentliche Veränderungen im Markt oder im Wettbewerb einstellen, geht die Strategie aus Sicht der Mitarbeiter an der Realität vorbei, man resigniert und gibt gewissermaßen auf.

Die Schwierigkeit bei der Bewältigung dieser Probleme liegt darin, dass sie in tieferen Schichten der Organisation verwurzelt sind, selten an der Oberfläche sichtbar werden und kaum eine offene Diskussion initiieren. In jedem Falle spielen sich die zu Grunde liegenden Prozesse außerhalb der Analysen und Wirtschaftlichkeitsüberlegungen ab, die häufig als Kern der Strategieentwicklung angesehen werden. Wir befinden uns hier im Überlappungsprozess zwischen den Themen Organisation und Strategie, deshalb würde es auch zu weit führen, detailliert auf die Lösungsansätze einzugehen. Sie sind aber vorhanden und einsetzbar. Instrumente wie Zielbestimmungsworkshops, Tiefeninterviews, gemeinsame Entwicklung einer strategischen Story, Action Learning oder Großgruppeninterventionen sind verfügbare Instrumente, mit denen man zumindest die Wahrscheinlichkeit vermindern kann, dass die geschilderten Probleme auftreten.

Über allen instrumentellen Hebeln aber gilt: Überzeugende Führung ist ein Eckpfeiler des strategischen Erfolgs. Voraussetzung ist, dass man Strategie nicht als analytische Übung begreift, deren Ergebnisse anschließend einfach umgesetzt werden, sondern als Transformation des Unternehmens.

Referenzen

[1] Das erste noch heute bekannte Werk ist wohl von SUN TSU, ca. 500 v. Chr. (Deutsch, Übers. a. d. Am., SUN TSU (2001)). Die „neuere" strategische Diskussion wurde Anfang des 19. Jahrhunderts durch von Clausewitz begründet, vgl. VON CLAUSEWITZ, C. (1980).

[2] Vgl. CHANDLER, A. D. (1962).

[3] Vgl. GLUCK, F. W., KAUFMAN, S. P., WALLECK, A. S. (1978), ähnlich: PORTER, M. E. (1980).

[4] Für einen kurzen Überblick siehe RALL, W. (2001), S. 6 ff. Für eine ausführlichere Darstellung dieses Themas siehe BRYAN, L. et al. (1999).

[5] Noch immer eines der lesenswerten Bücher dazu: COLLINS, J. C., PORRAS, J. I. (1994).

[6] Vgl. dazu z. B. COPELAND, T., KOLLER, T., MURRIN, J. (2000), S. 56 f.

[7] Für eine detailliertere Diskussion dieser Gesichtspunkte vgl. RALL, W. (2002).

[8] Siehe dazu HARPER, N. W. C., VIGUERIE, S. P. (2002), S. 29 ff.

[9] Diese Klassifikation wurde im Rahmen eines internen Projekts von McKinsey zuerst in den 90er Jahren kodifiziert. Siehe dazu: COURTNEY, H. (2001), S. 20 ff.

[10] Realoptionen erlauben durch zeitlich gestaffeltes Vorgehen eine signifikante Erhöhung des Erwartungswerts von strategischen Investitionen bzw. einen Abbruch des Vorhabens ohne allzu dramatische Verluste. Bei pragmatischem Vorgehen sind sie relativ leicht handhabbar, die exakte Methode ist schwierig. Siehe dazu z. B. TRIGEORGIS, L. (1998).

Literaturverzeichnis

BRYAN, L. et al. (1999): Race for the World, Cambridge (MA): 1999. (Deutsch: Die neue Weltliga, Frankfurt am Main: 2000.)

CHANDLER, A. D. (1962): Strategy and Structure: Chapters in the History of the Industrial Enterprise, Cambridge: 1962.

CLAUSEWITZ, VON C. (1980): Vom Kriege, 19. Aufl., Bonn: 1980.

COLLINS, J. C., PORRAS, J. I. (1994): Built to Last, New York: 1994.

COPELAND, T., KOLLER, T., MURRIN, J. (2000): Valuation. Measuring and managing the value of companies, 3rd ed., New York, Chichester u. a.: 2000.

COURTNEY, H. (2001): 20/20 Foresight – Crafting Strategy in an Uncertain World, Boston: 2001.

GLUCK, F. W., KAUFMAN, S. P., WALLECK, A. S. (1978): The evolution of strategic management, McKinsey Staff Paper, 1978, zitiert nach: The McKinsey Quarterly, Anthology on Strategy, 2000, S. 10 ff., GLUCK, F. W. (1980): Strategic Choice and Resource Allocation, The McKinsey Quarterly, Winter 1980, S. 22 - 23.

HARPER, N. W. C., VIGUERIE, S. P. (2002): Are you too focused?, in: Risk and Resilience, The McKinsey Quarterly (2002), Special Edition, S. 29 ff.

PORTER, M. E. (1980): Competitive Strategy, London, New York: 1980.

RALL, W. (2001): Globalisierung – Chancen und Herausforderungen für Unternehmen, in: IAW Mitteilungen I/2001, S. 6 ff.

RALL, W. (2002): Unternehmen im Wandel oder: Ist der Begriff der Industrie noch zu retten?, in: Unternehmen in der Statistik, Forum der Bundesstatistik, Band 39 (2002), Wiesbaden: 2002.

SUN TSU (2001): Die Kunst des Krieges, in: CLEARY, T. (Hrsg.), München, Zürich: 2001.

TRIGEORGIS, L. (1998): Real Options – Managerial Flexibility and Strategy in Resource Allocation, Cambridge: 1998.

Paul Achleitner/Thorsten Waldow

Veränderte Wettbewerbsbedingungen erfordern neue Geschäftsmodelle

Dr. Paul Achleitner ist Mitglied des Vorstands der Allianz AG. Dr. Thorsten Waldow ist Vorstandsassistent im Ressort Group Finance der Allianz AG.

Die Allianz hat mit der Akquisition der Dresdner Bank und dem Ausbau zu einem „integrierten Finanzdienstleister" nicht nur das eigene Geschäftsfeld erweitert, sondern im Grunde eine neue Struktur für die Finanzdienstleistungsbranche vorgezeichnet. Die Hintergründe und Auswirkungen einer solchen Strategie werden im vorliegenden Beitrag beschrieben.

1. Einleitung

Das Thema „Allfinanz" oder „Bankassurance" ist derzeit Gegenstand unzähliger Diskussionen und Niederschriften, in deren Zusammenhang die entsprechenden Termini regelmäßig nur vage definiert werden. Gedacht wird dabei zumeist entweder an „Finanzsupermärkte", bei denen alle Finanzprodukte gewissermaßen im Regal stehen, oder einfach an den Verkauf von Versicherungspolicen über den Bankschalter.

Den strategischen Überlegungen der Allianz Gruppe, die im Jahr 2001 zum Erwerb der Dresdner Bank geführt haben, werden derartige, relativ oberflächliche Konzepte nicht gerecht. Vielmehr war der Grundgedanke des Allianz-Managements, das eigene Geschäftsmodell rechtzeitig auf die sich abzeichnenden Veränderungen der Wettbewerbsbedingungen auszurichten.

Im Zentrum der Überlegungen stand und steht dabei der Bereich der privaten und betrieblichen (Alters-)Vorsorge und Vermögensbildung. Angesichts der geradezu dramatischen demografischen Entwicklungen und der faktischen Unmöglichkeit, die Altersvorsorge langfristig in den bestehenden Systemen zu sichern, ist die öffentliche Hand aktiv geworden. Mit der so genannten Riester-Reform wurde ein erster wesentlicher Schritt in die Richtung der Stärkung von privater und betrieblicher Altersvorsorge vorgenommen.

Dies implizierte aber auch, dass sich die Marktdefinition insbesondere im Bereich steuerlich geförderter Vorsorgeprodukte nachhaltig zu ändern begann. In der Vergangenheit gab es in diesem Bereich mit der „klassischen Lebensversicherung" im Wesentlichen ein Monoproduktumfeld. Die Implikationen für ein erfolgreiches Geschäftsmodell in einem derartigen Wettbewerbsumfeld liegen auf der Hand: die Nutzung von Skaleneffekten und Kostendegression auf der Produktseite und die Etablierung einer effektiven „Push-Organisation" des Vertriebs.

Durch die Riester-Reform kam es mit Beginn des Jahres 2002 zu einem Einstieg in eine steuerlich geförderte Multiproduktwelt, insbesondere im Hinblick auf Fondsprodukte sowie auf den gesamten Bereich der betrieblichen Altersvorsorge. Selbstverständlich kann man in einem derartigen, veränderten Wettbewerbsumfeld auch weiterhin mit Fokus auf nur ein wesentliches Produkt und einer entsprechenden Vertriebsorganisation reüssieren. Bei stark wachsenden und erweiterten Märkten muss man dabei allerdings erhebliche Marktanteilsverluste in Kauf nehmen.

Für die Allianz hat jedoch der Erhalt bzw. der Ausbau des Marktanteils im Vorsorge- und Vermögensbereich Priorität. Eine Anpassung des Geschäftsmodells sowohl im Bereich der Produktgestaltung als auch im Vertrieb stellt somit die logische Konsequenz aus den sich verändernden Rahmenbedingungen dar.

Durch den Erwerb der Dresdner Bank sowie durch die in diesem Zusammenhang mög- lich gewordene Aufstockung der Beteiligung an Allianz Leben verfügt die Allianz Gruppe über eine umfassende Produktpalette von der klassischen Lebensversicherung über vielfältige Fonds- und Anlageformen bis hin zu Bank- und Bausparprodukten. Dem Kunden kann somit ein produktunabhängiges, seinen Bedürfnissen angemessenes Ange- bot gemacht werden. Dies bedingt auch eine Verbreiterung der Distribution, bei der neben den traditionellen Versicherungsvertrieb insbesondere die Beratung und der Ver- kauf in den Bankfilialen tritt („Pull-Organisation“).

Die langfristige strategische Bedeutung dieses zusätzlichen Vertriebskanals für Vor- sorge- und Vermögensprodukte darf nicht auf Grund kurzfristiger konjunktureller oder kapitalmarktbezogener Schwankungen unterschätzt werden.

Die in diesem Zusammenhang häufig gestellte Frage, ob für den Produzenten die Kon- trolle des jeweiligen Vertriebskanals erforderlich ist oder ob eine Kooperation genügt, muss jeder Wettbewerber selbst beantworten. Die Erfahrung auch anderer Industrien zeigt jedoch die Bedeutung des direkten Kundenzugangs sowie die zunehmende Mar- genverteilung zu Gunsten der Vertriebsorganisation und zu Lasten des Produzenten. Die Allianz hat für sich das Geschäftsmodell eines reinen „Wholesaler“ ausgeschlossen und sich für einen „integrierten Finanzdienstleister“ entschieden, der auf Basis einer breiten Produktpalette Produktion und Distribution in einer Unternehmensgruppe vereint.

Mit den Akquisitionen der Asset Manager Pimco, Nicholas Applegate und Dit, des Allianz-Leben-Anteils sowie der Dresdner Bank hat die Allianz insgesamt eine klare Anpassung des Geschäftsmodells an die antizipierten nachhaltigen Wettbewerbsverände- rungen vollzogen. Die Allianz Gruppe befindet sich im Hinblick auf die Erreichung der angestrebten Ziele gerade im Vorsorge- und Vermögensbereich somit in einer hervorra- genden Ausgangslage.

Im folgenden Kapitel 2 werden die zentralen strategischen Überlegungen, die dem Zusammenschluss von Allianz und Dresdner zu Grunde liegen, im Einzelnen detailliert beschrieben. Kapitel 3 schließt mit einem Ausblick auf Auswirkungen der Fusion und mögliche Zukunftsperspektiven.

2.   Die strategischen Hintergründe der Fusion von Allianz und Dresdner Bank im Einzelnen

Die dem Zusammenschluss von Allianz und Dresdner zu Grunde liegende Ratio ergibt sich einerseits aus der Möglichkeit eines beschleunigten Wachstums und damit einhergehend aus der Sicherstellung angestrebter Marktanteile und verbesserter Ertragsaussichten in der Zukunft und andererseits aus den erwarteten kostenwirksamen Synergien.[1] Im Folgenden werden die wichtigsten Aspekte der strategischen Überlegungen erläutert, wobei der Schwerpunkt auf die beiden zentralen Bereiche Vertrieb und „neue Produktvielfalt" (speziell Asset Management) gelegt werden soll.

An erster Stelle der strategischen Überlegungen für den Vertrieb steht die konsequente Fortführung der Kundenorientierung. Der Kunde kann nach seinen aktuellen Präferenzen zwischen der Versicherungsagentur, dem Bankschalter, dem Telefon, dem Internet oder dem Hausbesuch frei wählen. Für den Kunden ergibt sich hierbei ein so genannter Convenience-Vorteil, da alle Produkte über einen Ansprechpartner erworben werden können („One-Stop Shopping"). Der Zusammenschluss ermöglicht des Weiteren eine bedarfsgerechte und neutrale Beratung des Kunden, da gleichermaßen ein Interesse am Verkauf von Bank-, Asset-Management- und Versicherungsprodukten im fusionierten Konzern besteht.

Das neue Geschäftsmodell im Vertrieb besteht im Wesentlichen darin, mehr Versicherungskompetenz in die Bankfilialen und mehr Bankwissen in die Versicherungsagenturen zu bringen. Dazu sind bereits knapp 1.000 Versicherungsexperten der Allianz in den Filialen der Dresdner Bank eingesetzt und über 350 Wertpapierberater unterstützen die Versicherungsagenturen der Allianz. Darüber hinaus können die Versicherungsvertreter ihren Kunden standardisierte Bankdienstleistungen auch direkt anbieten. Die räumliche Zusammenführung der jeweiligen Experten ermöglicht eine gemeinsame Nutzung deren Know-hows zum Vorteil des Kunden. Dieser Effekt lässt sich als Verbund- oder Breitenvorteil bezeichnen („Economies of Scope"). Abbildung 1 enthält eine grafische Darstellung der neuen Vertriebskanalstruktur.

Der in der beschriebenen Art erweiterte Vertriebsbereich ist damit auch in der Lage, den unlängst gestiegenen Kundenanforderungen – gerade im Hinblick auf die mit der neuen Produktvielfalt einhergehende Beratungskomplexität – gerecht zu werden. Seitens der Nachfrager zeichnet sich in diesem Zusammenhang verstärkt der Wunsch nach finanziellen Gesamtlösungen ab („ganzheitliche Finanzplanung"). Derartige Gesamtlösungen erfordern, dass die Versicherungs-, Vorsorge- und Vermögensentscheidungen simultan berücksichtigt werden, wobei konsequenterweise das gesamte Spektrum der (geförderten) Produkte mit einzubeziehen ist.

Im Hinblick auf die geografische Aufteilung verhalten sich die beiden Vertriebskanäle komplementär. In den Städten kommt dem engen Netzwerk der Bankfilialen und in den ländlichen Regionen den Agenturen die jeweils größere Bedeutung zu. Die regionale Präsenz bzw. der unmittelbare Kundenkontakt der Allianz hat sich durch die Kombination der beiden Vertriebswege somit weiter verbessert.

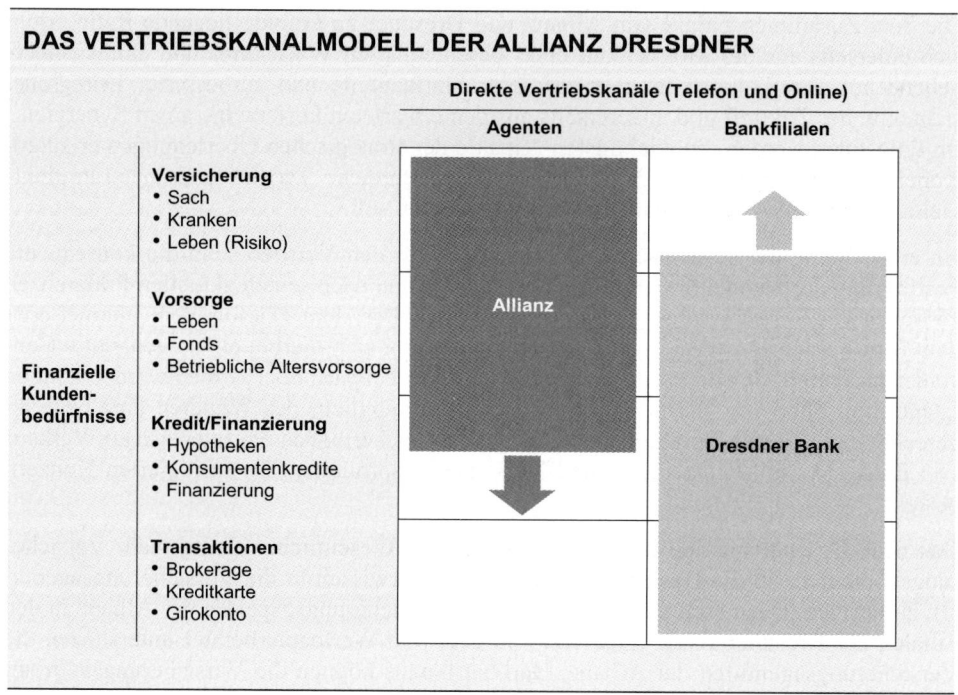

Abbildung 1

Aus der Möglichkeit, an die bestehenden Kundenbeziehungen beider Häuser anzuknüpfen, ergibt sich ein besonderer Beschleunigungsfaktor für das zukünftige Wachstum des fusionierten Konzerns. Zum einen können die bestehenden Bankkunden mit Versicherungsprodukten versorgt werden. Durch die Einführung des neuen Vertriebsmodells hat sich die Produktivität der Dresdner Bank beim Verkauf von Lebens- und Sachversicherungen bereits etwa verdreifacht. Abbildung 2 zeigt den sprunghaften Anstieg der Verkaufserfolge, sowohl im Hinblick auf die Anzahl der abgeschlossenen Verträge als auch auf deren Geschäftswert.[2] Gemessen am Neugeschäft der Allianz Lebensversicherungs-AG ist der Anteil der Dresdner Bank im Jahr 2002 von ca. 8 Prozent im Vorjahr auf rund 12 Prozent gestiegen.[3] Zum anderen können analog die Geschäftsbeziehungen zu den Versicherungskunden um das Angebot aus dem Bankenbereich erweitert werden. Derzeit besitzen ca. 13 Millionen Allianz-Kunden beispielsweise noch keine Fondsprodukte. Im Jahr 2002 wurden bereits konzerneigene Fonds im Wert von rund 544 Millionen EUR über Allianz-Vertreter vermittelt.

Die Vertriebskanal-Diversifikation besitzt darüber hinaus aus Unternehmenssicht insbesondere vor dem Hintergrund einer zunehmenden Produktvielfalt und einer zunehmenden Unvorhersehbarkeit des Kundenverhaltens besondere strategische Bedeutung. Im Bereich der Altersvorsorge besteht nach wie vor Unsicherheit darüber, ob mittel- bis langfristig eher einem Bank- oder einem Versicherungsprodukt die größere Bedeutung zukommen wird. Die Kontrolle über beide Vertriebswege ist in diesem Sinne auch eine grundlegende Risikomanagement-Maßnahme.

Die Rolle des Bankvertriebswegs ist des Weiteren vor dem Hintergrund zu beurteilen, dass der Vertrieb von Fondsprodukten in Deutschland derzeit zu über 70 Prozent über Banken erfolgt. Dabei verbleibt in der Regel die Hälfte des Ertragspotenzials beim Verkauf dieser Produkte bei der vertreibenden Bank („Margin Split"). Im Zuge der zunehmenden Bedeutung von Fonds – aktuell durch die neue Förderungsfähigkeit – ist dieser Vertriebsweg somit unverzichtbar. Kurzfristige konjunkturelle bzw. kapitalmarktgetriebene Schwankungen im Anlageverhalten ändern diese strategisch relevanten Tatsachen nicht.

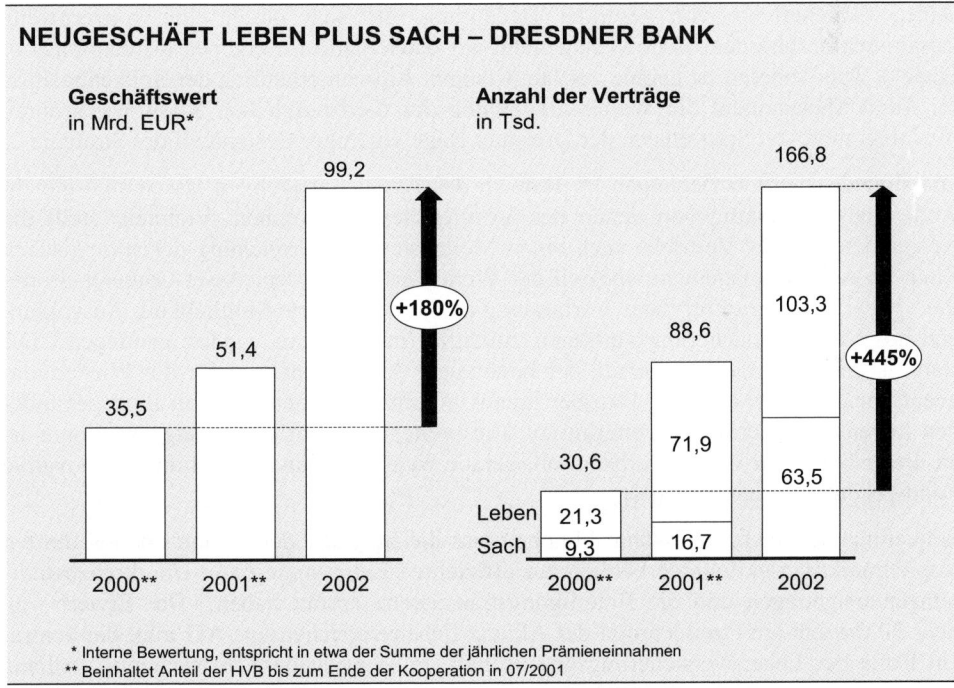

Abbildung 2

Als wichtiger Erfolgsfaktor im Rahmen der betrieblichen Altersvorsorge ist zudem die große Anzahl von Firmenkundenkontakten zu nennen, die Allianz und Dresdner zusammen aufweisen. Gemeinsam besitzen sie einen Kundenzugang zu über 95 Prozent der

200 größten Untenehmen und zu über 50 Prozent der Unternehmen insgesamt in Deutschland. Des Weiteren verfügt die Bank typischerweise eher über die Informationen, die für das Design optimaler Lösungen für betriebliche Vorsorgepläne notwendig sind („Payroll Information"). Aufbauend auf dieser Basis konnten die Prämieneinnahmen in diesem Geschäftsfeld im Jahre 2002 um rund 37 Prozent gesteigert werden. Schätzungen gehen davon aus, dass in Deutschland zukünftig mehr als die Hälfte der staatlich geförderten Vorsorgeinvestitionen durch betriebliche Vereinbarungen geregelt sein werden.

Schließlich ist im Zusammenhang mit dem Vertrieb zu erwähnen, dass die besonders starke Stellung im Fondsgeschäft langfristig neue Optionen bietet, beispielsweise im Sinne von internationalen strategischen Vertriebspartnerschaften über gemeinsame Plattformen.

Durch den Zusammenschluss mit der Dresdner ist die Allianz auch zu einem der weltweit größten Kapitalanleger geworden. Insgesamt stehen bei ihr rund eine Billion „Assets under Management". In diesem Zusammenhang sind zum einen die kostenwirksamen Skaleneffekte von zentraler Bedeutung, die sich durch eine konzernweite Zusammenführung des Asset Management auf einer Plattform ergeben („Economies of Scale"). Zum anderen ist gerade zur langfristigen Aufrechterhaltung der Spitzenposition im Asset Management die Weiterentwicklung des diesbezüglichen Know-hows durch die Integration von Spezialisten der Dresdner Bank wichtiger Bestandteil der Strategie.

Die strategischen Überlegungen im Bereich des Asset Management lassen sich gleichwohl nicht vollständig von denen des Vertriebsbereichs trennen. Vielmehr stellt die Neuausrichtung des Vertriebs auch einen Meilenstein zur Erreichung der strategischen Ziele im Asset Management, speziell der Weiterverfolgung der „Asset-Gatherer-Strategie", dar. Ein Beispiel für diese Verbindung ist die verbreiterte Möglichkeit, Auszahlungen aus Lebensversicherungsverträgen zukünftig im Konzern wieder anzulegen.[4] Die Bank ist hierbei erfahrungsgemäß der bevorzugte Ansprechpartner für die Wiederanlageentscheidung des Kunden. Darüber hinaus nimmt die Bedeutung von fondsgebundenen Lebensversicherungen weiterhin zu. Ein breites Angebot an hauseigenen Fonds ist an dieser Stelle ein Wettbewerbsvorteil, gerade wenn der Kunde zunehmend innovative Fondsproduktlösungen erwartet.[5]

Schließlich soll nicht unerwähnt bleiben, dass die im Zuge der Fusion durchgeführten Kapitalmarkttransaktionen erheblich zur effizienten Entspannung von Überkreuzbeteiligungen beigetragen und die Beteiligungstransparenz erhöht haben.[6] Der Erwerb von über 90 Prozent am Grundkapital der Allianz Lebensversicherungs-AG trägt der zentralen Rolle der Lebensversicherungsgesellschaft im Vorsorgebereich Rechnung. Allianz Leben ist bei den bisher abgeschlossen Riester-Verträgen mit einem Marktanteil von rund 20 Prozent unangefochtener Marktführer. Der durch die Transaktionen gestiegene Anteil von Allianz-Aktien in Streubesitz erhöht darüber hinaus die Liquidität des Papiers und steigert dessen Gewichtung in den meisten bedeutenden Indizes.

Abschließend sei auch darauf hingewiesen, dass zu der Unternehmenskultur von Allianz und Dresdner eine hohe Beratungs- und Servicequalität sowie die auf Langfristigkeit angelegten Geschäftsbeziehungen gehören. Das gemeinsame Auftreten gegenüber Kunden sowie auch die interne Zusammenarbeit ist vor diesem Hintergrund leichter umsetzbar.

3. Auswirkungen der Umsetzung und Zukunftsperspektiven

In aktuellen Pressebeiträgen wird im Zusammenhang mit der Riester-Reform bisweilen von einem Misserfolg gesprochen. Derartige Aussagen sind aus verschiedenen Gründen unzutreffend. Zum einen wurden allein im Jahr 2002 rund fünf Millionen Riester-Verträge in Deutschland abgeschlossen.[7] Zum anderen zeigen die Erfahrungen aus den USA, dass die Etablierung neuer Altersvorsorgemöglichkeiten viele Jahre bis Jahrzehnte in Anspruch nehmen kann. Die US-amerikanische Reform ERISA aus den 70er Jahren kann als Pendant zur deutschen Riester-Reform im betrieblichen Bereich angesehen werden. Die Entwicklung der so genannten „401(k) Plans" im Rahmen von ERISA ist in Abbildung 3 dargestellt. Es zeigt sich eine beachtliche und kontinuierliche Bedeutungszunahme der Verträge bis zum Jahr 2000.

Insbesondere auf Grund der demografischen Entwicklung werden die staatlichen Sicherungssysteme allein zukünftig nicht mehr in der Lage sein, ein ausreichendes Einkommen im (Renten-)Alter für breite Teile der Bevölkerung zu gewährleisten. Auch wenn Modifikationen der Riester-Reform in ihrer jetzigen Fassung notwendig werden sollten, wird die Bedeutung der privaten und betrieblichen Altersvorsorge insgesamt nachhaltig zunehmen.[8]

Die allgemeinen Deregulierungstendenzen lassen in diesem Zusammenhang erwarten, dass der Katalog der staatlich förderungsfähigen Vorsorgeprodukte zukünftig weiteren Veränderungen unterworfen sein wird. Darüber hinaus ist mit einer zunehmenden Unsicherheit bezüglich der Präferenzen und des Verhaltens der Nachfrager insbesondere bei der Markteinführung neuer Produkte zu rechnen. Seitens der Finanzdienstleistungsunternehmen wird somit eine schnelle Adaptionsfähigkeit an die sich ändernden Marktbedingungen im Vorsorge- und Vermögensbereich zum zentralen Erfolgsfaktor werden. Das mit dem Zusammenschluss von Allianz und Dresdner geschaffene, für den deutschen Raum neuartige Geschäftsmodell eines „integrierten Finanzdienstleisters" besitzt vor diesem Hintergrund das Potenzial, eine neue Struktur für die gesamte deutsche Finanzdienstleistungsbranche vorzuzeichnen.

Auf internationaler Ebene haben sich Zusammenschlüsse von Banken und Versicherern schon in den frühen 90er Jahren etabliert. Hierzu zählen beispielsweise die Fusionen von NMB und Postbank zu ING, von Crédit Suisse und Winterthur und von Gan und CIC. Mit Ende des letzten Jahrtausends hat sich der Konzentrationsprozess von Banken und Versicherern tendenziell beschleunigt. Aktuellere Beispiele für Zusammenschlüsse wären Générale de Banque und Fortis sowie Prudential und Zebank.

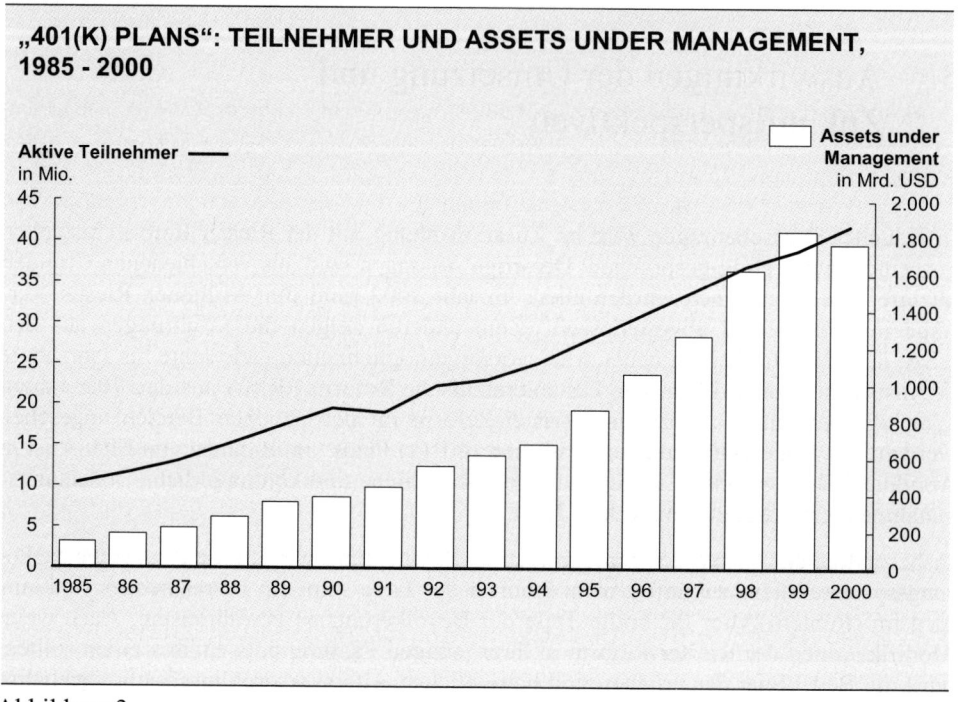

„401(K) PLANS": TEILNEHMER UND ASSETS UNDER MANAGEMENT, 1985 - 2000

Abbildung 3

Eine denkbare Alternative zum „integrierten Finanzdienstleister" stellen Kooperationsvereinbarungen – entweder mit oder ohne Kapitalverflechtung – zwischen Versicherern und Banken dar. Für die Integration in Abgrenzung zur reinen Kooperation sprechen allerdings vor allem drei Gründe. Erstens hält nur der „integrierte Finanzdienstleister" alle entstehenden Gewinne vollständig in seinen Büchern, unabhängig davon, welchen Vertriebsweg der Kunde gewählt hat. Zweitens lässt sich nur bei dem Integrationsmodell die strategische Sicherheit erreichen, auf deren Basis langfristig geplant und investiert werden kann. Schließlich hat drittens die Erfahrung von Allianz und Dresdner gezeigt, dass erst die einheitliche Steuerung und die operative Kontrolle die gewünschten Resultate liefert. So stieg der Vertriebserfolg der Dresdner Bank nach der Integration gegenüber der zuvor praktizierten Kooperation um ein Mehrfaches an.

Die folgerichtige Konsequenz liegt in der Erwartung einer steigenden Bedeutung des Integrationsmodells in der Zukunft. Die Allianz ist in Deutschland hierbei in der Rolle des Schrittmachers. Neben den großen Finanzgruppen werden aber auch die kleineren, klar positionierten Anbieter, die sich auf bestimmte Nischen oder Regionen konzentrieren, aller Voraussicht nach im deutschen Finanzdienstleistungsmarkt weiterhin ihre Existenzberechtigung behalten.

Referenzen

[1] Im Jahr 2002 wurden die ursprünglich angestrebten Synergien von 290 Millionen EUR mit insgesamt ca. 376 Millionen EUR bereits deutlich übertroffen. Dabei ist planungsgemäß ein Großteil der realisierten Synergieeffekte dem Kostenbereich zuzuordnen. Durch die Zusammenführung der IT-Systeme AGIS und DREGIS zu einer Plattform mit Beginn des Jahres 2003 werden sich zusätzliche Kosteneinsparungen im IT-Bereich ergeben.

[2] Der Großteil des Geschäftszuwachses im Jahr 2001 entfällt auf die zweite Jahreshälfte, nachdem die Integration der Dresdner Bank vollzogen wurde.

[3] Die Vorjahreszahl von ca. 8 Prozent enthält auch das Ergebnis der HypoVereinsbank, die im Jahr 2002 kein Geschäft für die Allianz Lebensversicherungs-AG mehr vermittelt hat. Nach internen Schätzungen kann davon ausgegangen werden, dass der Anteil der Dresdner Bank am Lebensversicherungsneugeschäft im Jahr 2003 auf rund 20 Prozent steigen wird.

[4] Das Reinvestitionspotenzial aus den Leistungen der Allianz Lebensversicherungs-AG beträgt jährlich ca. 6 Milliarden EUR.

[5] Ein aktuelles Beispiel für eine Produktinnovation in diesem Zusammenhang stellt die Allianz Dresdner FondsPolice dar, die die Vorteile von Versicherung und Wertpapieranlage kombiniert und dem Kunden ein aktives Anlagemanagement durch Spezialisten der Dresdner Bank bietet.

[6] In ummittelbarem Zusammenhang mit der Übernahme der Dresdner Bank stehen insbesondere die folgenden Transaktionen: 1. Die Übernahme des indirekt von der Münchener Rück gehaltenen Anteils in Höhe von 40,6 Prozent an der Allianz Leben. 2. Die Veräußerung des 13,55-prozentigen Anteils an der HypoVereinsbank an die Münchener Rück. 3. Die Reduktion der Überkreuzbeteiligungen von Allianz und Münchener Rück.

[7] Davon sind ca. drei Millionen Verträge der privaten und ca. zwei Millionen der betrieblichen Altersvorsorge zuzuordnen. Die Sparleistung dieser Verträge betrug insgesamt rund 870 Millionen EUR im Jahr 2002. Das Marktpotenzial kann zurzeit auf ca. 36 Millionen Verträge geschätzt werden. Nach einer Prognose des Deutschen

Instituts für Altersvorsorge (DIA) wird im Jahr 2008 eine jährliche Sparleistung in Höhe von 6,5 Milliarden EUR im Rahmen der Riester-Verträge erwartet.

[8] Nach einer Schätzung von Allianz Dresdner Asset Management wird das in Altersvorsorgeprodukte investierte Kapital innerhalb der nächsten sieben Jahre von derzeit 2,4 Billionen EUR auf 4,1 Billionen EUR anwachsen.

Klaus Zumwinkel

Deutsche Post World Net – Von der nationalen Behörde zum globalen Konzern

Dr. Klaus Zumwinkel ist Vorsitzender des Vorstands der Deutsche Post World Net AG.

1. Einleitung

Auf kaum einem anderen Markt haben politische und wirtschaftliche Veränderungen der letzten Jahrzehnte so deutliche Spuren hinterlassen wie in der Logistikbranche. Im Zeichen der Globalisierung und des europäischen Einigungsprozesses haben sich internationale Handelsmärkte und -ströme grundlegend verändert. Der Transport von Gütern und Waren findet heute unter anderen Bedingungen statt als noch vor wenigen Jahren. Heute fragen Kunden nicht mehr allein die reine Transportleistung nach, sondern erwarten integrierte, zeitdefinierte Mehrwertlösungen auf internationalem Niveau. Das Zusammenwachsen von Wirtschaftsräumen und die fortschreitende Liberalisierung ehemals staatlich geschützter Wirtschaftsbereiche erfordern von Unternehmen globales Denken und Handeln, wollen sie im Wettbewerb bestehen.

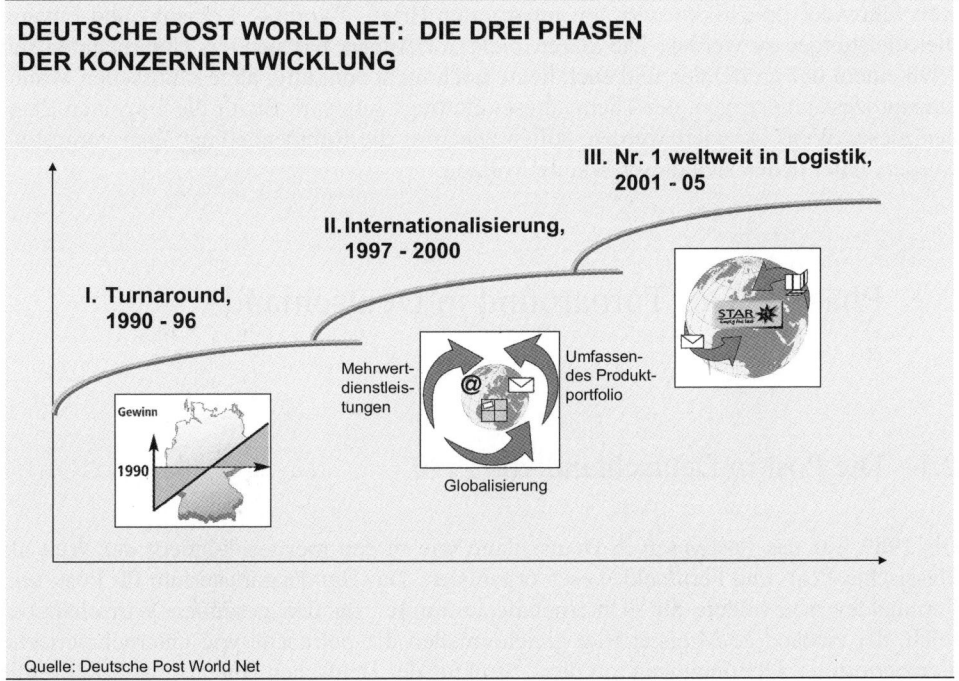

Abbildung 1

In diesem stark wachsenden und sich rasch wandelnden Markt kommt dem strategischen Management als Instrument der Unternehmensführung eine entscheidende Bedeutung zu. Welche langfristigen Ziele werden verfolgt? Über welche Kernkompetenzen verfügt man im Wettbewerb? Inwieweit können bisherige Geschäftsfelder – aufbauend auf diesen Kompetenzen – systematisch erweitert werden? Gerade die Identifizierung und Besetzung von zukünftigen Wachstumsmärkten gerät heute zum entscheidenden Wettbewerbsvorteil. Und das in einer Branche, die ihre Spielregeln in dynamischen Sprüngen verändert. Beispielhaft für die erfolgreiche Umsetzung eines strategischen Managements steht hier die Entwicklung des Konzerns Deutsche Post World Net von einer nationalen Postbehörde zum global operierenden Logistikdienstleister. Innerhalb eines Jahrzehnts konnte die ehemals defizitär arbeitende Behörde in ein wirtschaftlich gesundes Privatunternehmen überführt werden, das 2002 rund 380.000 Mitarbeiterinnen und Mitarbeiter weltweit beschäftigte und einen Umsatz von knapp 40 Milliarden EUR vorwies. Möglich wurde dieser Aufstieg durch die konsequente Umsetzung einer 3-Phasen-Strategie, die Anfang der 90er Jahre des vorigen Jahrhunderts vor dem Hintergrund der im Postwesen einsetzenden Deregulierung ihren Anfang fand: 1. die Sanierung und Konsolidierung der Deutschen Post (1990 - 1996), 2. die Internationalisierung des Unternehmens (1997 - 2000) sowie 3. die Integration der Unternehmensbereiche zu einem globalen Logistikonzern (ab 2001). Diese Schritte erfolgten mit dem langfristigen Ziel, weltweit führender Logistikkonzern mit integrierten Brief-, Express-, Logistik- und Finanzdienstleistungen zu werden. Die klaren Ziele vor Augen, hat sich das Unternehmen seit 1990 einem tief greifenden und auch heute noch nicht endgültig abgeschlossenen Wandlungsprozess unterzogen, der Thema dieses Beitrags sein soll. Bevor die einzelnen Etappen dieses Wegs skizziert werden, sollen zunächst die Rahmenbedingungen vorgestellt werden, unter denen sich dieser Wandel vollzog.

2.   Phase 1: Der Turnaround in Deutschland

2.1   Die Post in Deutschland vor 1990

Bis 1989 war das Postwesen in Deutschland wie in den meisten Ländern der Welt als klassisches Post- und Fernmeldewesen organisiert. Das Bundesministerium für Post- und Fernmeldewesen bildete die „Unternehmenszentrale" für den gesamten Wirtschaftsbereich, der zuständige Minister trug gleichermaßen die politische wie unternehmerische Verantwortung. Überlegungen, ob diese Struktur der Deutschen Bundespost als öffentliche Verwaltung überhaupt den Anforderungen eines modernen Wirtschaftsgefüges genügen konnte, reichen bis in die frühen 60er Jahre zurück. Bereits mit dem Bundestagsbeschluss vom 16. April 1964 wurde die Bundesregierung aufgefordert, eine Kommission von Sachverständigen mit der Untersuchung zu beauftragen, „wie die Deutsche

Bundespost ihre Aufgaben auf die Dauer in optimaler Weise ohne Defizit erfüllen kann"[1]. Obwohl die Kommission zu dem Ergebnis kam, dass die rechtlichen und organisatorischen Grundlagen der Deutschen Bundespost einer positiven Entwicklung entgegenstünden, blieben die Reformvorschläge der folgenden Jahre zunächst ohne Ergebnis. Erst Ende der 80er Jahre konnte man sich dazu durchringen, bestimmte hoheitlich-politische Aufgaben von betrieblich-unternehmerischen zu trennen. Damit sollten die Unabhängigkeit und die Wirtschaftlichkeit der Deutschen Post gestärkt werden. Die von der Bundesregierung eingeleitete Reform des Post- und Fernmeldewesens konzentrierte sich zunächst auf zwei Schwerpunkte: die Eröffnung erweiterter Wettbewerbschancen durch neue ordnungspolitische Rahmenbedingungen und die Neustrukturierung der Deutschen Bundespost durch die Trennung der Hoheits- und Unternehmensaufgaben.

2.2   Das politische und rechtliche Umfeld 1990 - 1998

Der erste Schritt zur politischen Deregulierung der Postmärkte in Deutschland erfolgte 1989 mit der so genannten Postreform I. Durch das neue Poststrukturgesetz wurde der Staatsbetrieb Deutsche Bundespost in die drei eigenständigen Unternehmen Deutsche Bundespost TELEKOM, Deutsche Bundespost POSTDIENST und Deutsche Bundespost POSTBANK aufgeteilt. Während die politisch-hoheitlichen Aufgaben beim Bundesministerium für Post und Telekommunikation verblieben, oblagen die unternehmerischen Belange den Vorständen und Aufsichtsräten der neu gebildeten Unternehmen, die rechtlich allerdings Teil der Bundesverwaltung blieben. Das staatliche Briefmonopol wurde im Zuge der Reformen auf die Deutsche Bundespost POSTDIENST übertragen, um die Universaldienstleistung Post auch weiterhin für alle Bürgerinnen und Bürger Deutschlands zu gewährleisten. Auch wenn die Reform von 1989 in erster Linie eine Organisationsreform war[2], wurde mit ihr nicht nur eine größere politische Unabhängigkeit, sondern auch deutlich mehr Freiraum für ein Handeln nach marktwirtschaftlichen Prinzipien geschaffen. Getreu dem Leitmotiv „Wettbewerb ist die Regel und das Monopol des staatlichen Anbieters die zu begründende Ausnahme"[3] wurden mit der Reform die Voraussetzungen dafür geschaffen, dass die Deutsche Bundespost unter Wettbewerbsbedingungen am Markt agieren konnte. Gleichzeitig musste sie aber auch die ihr auferlegten öffentlichen Interessen angemessen berücksichtigen.

Die formelle Privatisierung der drei Postunternehmen erfolgte fünf Jahre später im Rahmen der so genannten Postreform II, mit der die Umwandlung in Aktiengesellschaften vollzogen wurde. Vorausgegangen war diesem Schritt eine Grundgesetzänderung, die es möglich machte, das bundeseigene Sondervermögen Deutsche Bundespost per Bundesgesetz in Unternehmen privater Rechtsform umzuwandeln. Alleiniger Anteilseigner blieb bis zu den Börsengängen der Deutschen Telekom AG (1996) und der Deutschen Post AG (2000) zunächst der Bund. Mit der Entkoppelung der Bundespost von der Bundesverwaltung verpflichtete sich der Bund, im Postwesen „angemessene und ausreichende Dienstleistungen flächendeckend zu sichern"[4]. Die infrastrukturelle Grundversorgung mit Postdienstleistungen in Deutschland sollte ab sofort als privatwirtschaftliche Tätigkeit durch die neu geschaffene Deutsche Post AG und andere private Unternehmen abgedeckt werden. Damit hatte das Postneuordnungsgesetz nicht nur den Weg für die Umwandlung der vormals öffentlichen Postunternehmen in Aktiengesellschaften bereitet, sondern auch die Voraussetzungen für die angestrebte Liberalisierung im Bereich der Europäischen Union geschaffen.

Eine erste Marktöffnung im Briefbereich erfolgte durch eine Neufassung des Postgesetzes vom 22. Dezember 1997. Darin wurde erstmals klargestellt, dass „nach einer Übergangszeit alle Postdienstleistungen im Wettbewerb angeboten werden sollen". Um „den Übergang von einer Behörde zu einem privatwirtschaftlichen Unternehmen" zu erleichtern[5] und die Finanzierung der Umwandlungskosten zu sichern, wurde an die Deutsche Post AG für die Dauer von zunächst fünf Jahren eine Exklusivlizenz vergeben, die den Kernbereich des Briefgeschäfts umfasste. So blieb dem Unternehmen laut Postuniversaldienstleistungsverordnung vom 15. September 1999 die Beförderung von Briefsendungen und adressierten Katalogen unter 200 g vorbehalten. Die übrigen Bereiche (beispielsweise Kuriersendungen, Briefe ab 200 g oder Massensendungen ab 50 g) wurden für den Wettbewerb geöffnet. Für die Dauer der Exklusivlizenz war die Deutsche Post AG verpflichtet, die angemessene Versorgung der Bevölkerung mit Postdienstleistungen sicherzustellen. Trotz der nur in Teilen vollzogenen Öffnung des deutschen Briefmarkts für den Wettbewerb stellte das Postgesetz von 1998 einen wichtigen Schritt auf dem Weg zu seiner Liberalisierung dar. Der Deutschen Post bot es den Freiraum privatwirtschaftlich zu handeln, um Postdienstleistungen effizienter und stärker als bislang an den Bedürfnissen der Kunden orientiert anzubieten. Die Voraussetzungen für die erfolgreiche Umsetzung dieses gesetzlichen Auftrags hatte man in den zurückliegenden Jahren durch deutliche Verbesserungen hinsichtlich der Produktion, der Qualität und des Service geschaffen.

2.3   Strategie des Turnarounds

Noch 1990 hatte die nationale Behörde Deutsche Bundespost POSTDIENST bei einem Umsatz von 9,5 Milliarden EUR ein Defizit von rund 720 Millionen EUR „erwirtschaftet".[6] Neben der starren Bindung an verwaltungs- und dienstrechtliche Grundsätze verhinderten vor allem die niedrigen Qualitäts- und Servicelevels eine positive Entwicklung. Als schwere Hypothek erwies sich die deutsche Wiedervereinigung und die damit verbundene Übernahme der völlig maroden Post der ehemaligen DDR. Denn in den neuen Bundesländern musste als Voraussetzung für den angestrebten wirtschaftlichen Aufschwung erst eine neue, leistungsfähige Infrastruktur in den Bereichen Post und Telekommunikation geschaffen werden. Unter diesen Bedingungen genoss daher zunächst die Sanierung und Konsolidierung des Unternehmens Deutsche Post mit dem Ziel der stärkeren Industrialisierung und Automatisierung der Produktions- und Vertriebsstrukturen absolute Priorität. Finanziert werden sollten diese Strukturmaßnahmen unter anderem aus den Erlösen von betriebswirtschaftlich nicht mehr genutzten Immobilien und Liegenschaften. Auf Grund seiner dominanten Stellung richtete sich das Hauptaugenmerk zunächst auf den Briefbereich, zu diesem Zeitpunkt unbestrittenes Kerngeschäft des Unternehmens, dessen Leistungsfähigkeit 1990 allerdings begrenzt war. Im internationalen Vergleich waren Qualität und Laufzeiten nur unterdurchschnittlich, die Struktur der Produkte veraltet und ineffizient. Um hier nachhaltige Verbesserungen zu erzielen, waren die Entwicklung neuer Produktionsverfahren und der Aufbau einer völlig neuen Infrastruktur für Briefdienstleistungen in Deutschland nötig. Mit einem Investitionsvolumen von rund 4 Milliarden DM wurden Mitte der 90er Jahre 84 hochmoderne Briefzentren errichtet, über die heute der Briefversand in Deutschland abgewickelt wird. Moderne IT-Systeme lenken nicht nur den gesamten Produktionsprozess, sondern liefern auch wichtige Daten für Planung und Steuerung des hochleistungsfähigen Netzes, über das in Deutschland 42 Millionen Haushalte und etwa 3,5 Millionen Geschäftskunden versorgt werden. Diese Verbesserungen in der Produktivität schlugen sich in deutlichen Qualitätssteigerungen nieder: So konnte die durchschnittliche Laufzeit der inländischen Briefsendungen bereits 1998 auf 1,06 Tage verbessert werden.[7]

Mit den Verbesserungen im Briefbereich ging die vollständige Restrukturierung des Distributionssystems im Paket- und Frachtbereich einher. Ein geringer Automatisierungsgrad, mehrtägige Laufzeiten und bis zu neun verschiedene Bearbeitungsschritte in den 140 Paketzentren machten die vollständige Neugestaltung der Produktpalette sowie der Logistik- und Vertriebssysteme zwingend notwendig. Kernstück der Umstrukturierungsmaßnahmen war der konsequente betriebliche Ausbau des nationalen Netzwerks. Binnen weniger Jahre entstanden mit einem Investitionsvolumen von 4 Milliarden DM 34 vollautomatisierte Paketverteilzentren und mehrere Hundert Zustellbasen, über die nun der Transport von Paket- und Expresssendungen in Deutschland abgewickelt wird. Die Einführung des E+1-Service, d.h. der Paketzustellung am Tag nach der Einlieferung, und der Einsatz von modernen IT-Systemen in allen Niederlassungen des Brief- und Frachtpostdienstes sorgten nicht nur für die deutliche Reduzierung der Laufzeiten (1998 1,1 Tage pro Sendung), sondern schlugen sich auch in beträchtlichen Kostenersparnissen nieder.

Am deutlichsten sichtbar wurde die Betonung der Werte Kundenorientierung und Servicequalität in der völligen Umgestaltung des Filialnetzes, das tagtäglich von zwei bis drei Millionen Kunden genutzt wird. Die Anfang der 90er Jahre noch existierenden 30.000 Filialen wurden auf rund 13.000 reduziert, unwirtschaftliche Strukturen zu Gunsten neuer, innovativer Filial- und Vertriebskonzepte beseitigt. Dazu zählten die Einrichtung von privat geführten Postagenturen ebenso wie der im April 1998 begonnene Aufbau von 750 so genannten Centerfilialen. Die neuen Kompetenzzentren der Deutschen Post verfügten neben zeitgemäßen Open-Service-Bedienplätzen über separate Beratungsbereiche, in denen alle Fragen rund um die Post- und Finanzdienstleistungen des Unternehmens bearbeitet werden konnten. Für rund 1 Milliarde DM wurden die Postfilialen in Deutschland darüber hinaus mit modernster Computer- und Büroraumtechnik ausgestattet, trennende Glasscheiben und veraltete Postämter zu Gunsten moderner und kundenorientierter Raumgestaltungskonzepte aufgegeben.

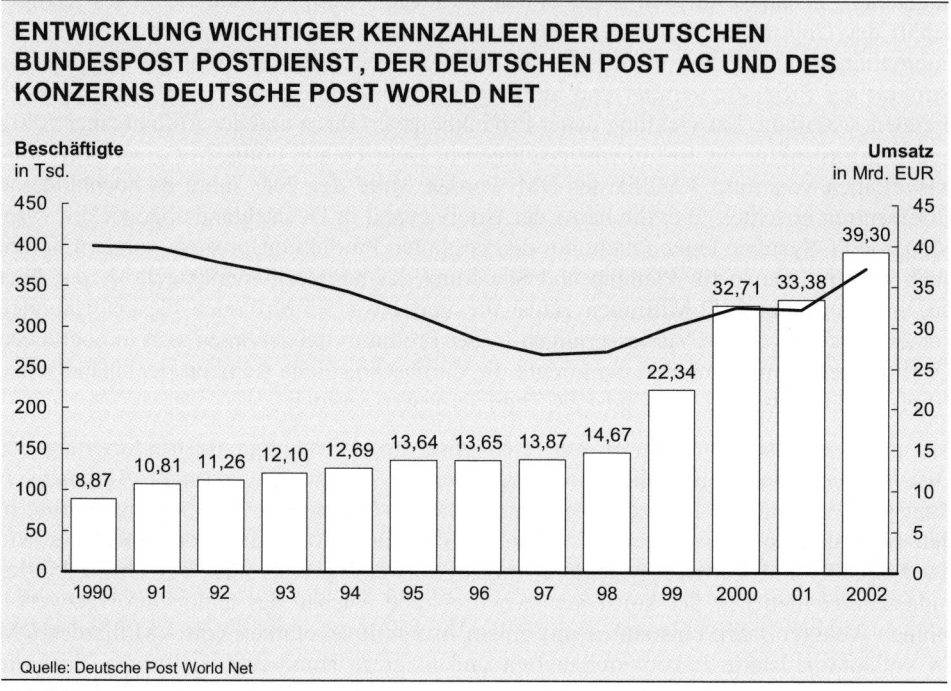

ENTWICKLUNG WICHTIGER KENNZAHLEN DER DEUTSCHEN BUNDESPOST POSTDIENST, DER DEUTSCHEN POST AG UND DES KONZERNS DEUTSCHE POST WORLD NET

Quelle: Deutsche Post World Net

Abbildung 2

Mit dem Geschäftsjahr 1997 ging die erste Phase der Strategie der neuen Deutschen Post zu Ende. Der Turnaround war vollständig gelungen. Aus einem defizitär arbeitenden Staatsunternehmen war innerhalb weniger Jahre ein modernes Dienstleistungsunternehmen geworden, das bestens auf den internationalen Wettbewerb vorbereitet war. Den Umsatz von rund 16 Milliarden EUR hatte man gegenüber 1990 fast verdoppelt, das Sendungsvolumen von 15,8 auf 24,9 Milliarden Stück gesteigert.[8] Verbunden mit dieser Entwicklung war ein Abbau des Personals der Deutschen Post AG um rund 120.000 Beschäftigte in den Jahren bis 1998. Bemerkenswert ist, dass diese deutliche Reduzierung ohne eine einzige betriebsbedingte Kündigung und im Einvernehmen mit dem Sozialpartner vorgenommen werden konnte. Hiermit war die Basis für die zweite Strategiephase gelegt: die Internationalisierung des Unternehmens. Damit verbunden waren drei Zielsetzungen: 1. der Aufbau neuer Netzwerke im europäischen Paketmarkt durch gezielte Akquisitionen, Beteiligungen und Kooperationen, 2. die systematische Erweiterung des Produkt- und Leistungsspektrums um Express- und Logistikangebote und 3. der Ausbau der Mehrwertdienstleistungen. Damit entsprach man den gestiegenen Ansprüchen der Kunden, die von ihren Logistikdienstleistern mittlerweile qualitativ hochwertige Angebote aus einer Hand für nationale und internationale Märkte erwarteten.

3. Die Internationalisierung des Unternehmens

3.1 Von Deutschland aus in Richtung globale Märkte

Trotz der strukturellen und qualitativen Verbesserungen im nationalen Brief- und Paketgeschäft hatten sich die Aktivitäten der Deutschen Post bis Anfang 1998 weitestgehend auf den deutschen Markt beschränkt. Lediglich 2 Prozent des Umsatzes wurden zu diesem Zeitpunkt im internationalen Geschäft generiert.[9] Mit der gelungenen Sanierung des Unternehmens Deutsche Post AG und der langfristigen Absicherung der deutschen Marktanteile hatte man nun die Bedingungen geschaffen, um auch international auf Expansionskurs gehen zu können. Begünstigt wurde die Entscheidung durch zwei wichtige Entwicklungen: Wie zahlreiche Gespräche und Analysen mit den Kunden der Deutschen Post gezeigt hatten, forderten diese international ausgerichtete Lösungen für ihre Wünsche im Hinblick auf Transport und Logistik. Die Fähigkeit des beauftragten Dienstleisters, Waren und Güter schnell und zuverlässig an jeden Punkt der Erde zu bringen, entschied über den Erfolg des meistens selbst global aufgestellten Unternehmens im Wettbewerb. Um bei der Auftragsvergabe von Waren und Gütern berücksichtigt zu werden, waren daher internationale Netzwerke nötig, die diesem Anspruch gerecht wurden. Gleichzeitig wurde der Faktor Zeit für viele Unternehmen immer wichtiger. Immer kürzer werdende Lebenszyklen von Produkten, die Forderung nach einer schnelleren Verfügbarkeit von Informationen und vor allem die rasant wachsende Bedeutung des E-Commerce, beispielsweise die elektronische Bestellung im Versandhandel, stellten Logistikdienstleister weltweit vor neue Aufgaben. Das Schlüsselwort lautete Beschleunigung. Damit bot der bereits vollständig liberalisierte Kurier-, Express- und Paketmarkt, und hier vor allem das Expressgeschäft, hervorragende Wachstumschancen.

3.2 Der Aufbau des internationalen Expressnetzwerks

Der Startschuss für den Aufbau des paneuropäischen Expressnetzwerks der Deutschen Post erfolgte 1997. Durch Kooperationen mit ausländischen Partnerunternehmen wurde das bereits existierende Paketnetz zunächst auf die Schweiz, Belgien, Österreich und

Polen ausgeweitet. Nachdem man in Tschechien mit „Quickstep" ein eigenes Tochterunternehmen gegründet hatte, folgten 1998 unter anderem ein Joint Venture mit „Securi-
cor" in Großbritannien/Irland sowie Mehrheitsübernahmen der Express- und Paket-
dienste „Ducros Services Rapide" in Frankreich und „MIT" in Italien. Bis Anfang 1999
war man bereits in mehr als zehn europäischen Ländern vertreten, darunter mit England,
Frankreich und Italien in den wichtigsten und wachstumsstärksten Paket- und Express-
märkten Europas. Damit war der Grundstein für den weiteren Aufbau eines leistungsfähigen Paketnetzes für insgesamt rund 420 Millionen Menschen in Europa gelegt. Durch
Investitionen in Zukäufe, den Erwerb von Beteiligungen und den Neuaufbau von Unternehmen wurde dieses Netz 1999 auf mehr als 20 Länder Europas ausgedehnt. Bereits
1999 war Deutsche Post Euro Express mit einem Umsatz von rund 4,6 Milliarden EUR
Marktführer im europäischen Express- und Paketmarkt.[10]

Dem erklärten Ziel, „best of class" in Europa zu werden und damit in dieser Region eine
Position wie UPS oder FedEx auf dem nordamerikanischen Markt einzunehmen, war
man somit einen entscheidenden Schritt näher gekommen. Wollte man das Expressgeschäft allerdings global betreiben und die lukrativen Märkte in den USA oder Asien bedienen, bedurfte es darüber hinausgehender internationaler Kooperationen. Ein wichtiger
Schritt in diese Richtung erfolgte im März 1998 durch die Übernahme eines 25-Prozent-
Anteils am Expressunternehmen DHL International Ltd. Der weltweit führende Express-
versand für grenzüberschreitende Sendungen bediente mehr als 635.000 Bestimmungs-
orte in 227 Ländern und Territorien und stellte mit seinem weltweiten Netzwerk für Ex-
pressprodukte und einer umfassenden Produktpalette eine ideale Ergänzung für die
Deutsche Post und deren Kunden dar. Durch die strategische Kooperation mit DHL hatte
die Deutsche Post AG nun Zugang zu einem weltweiten Logistiknetzwerk für Express-
dienstleistungen in fast allen Ländern der Erde. Auf Grund des erweiterten Produktange-
bots im Expressbereich konnten nahezu alle von Kunden nachgefragten Dienstleistungen
erbracht sowie Paket- und Distributionsnetzwerke ideal auf deren Wünsche und Anforderungen eingestellt werden. Woran es noch mangelte, war die Harmonisierung der nach
wie vor separat angebotenen Leistungen beider Unternehmen. Dieser wichtige Schritt
sollte erst in der dritten Strategiephase erfolgen.

3.3   Neue Kompetenzen im Logistikgeschäft

Um die steigende Nachfrage von Kunden nach integrierten Lösungen auf hohem Niveau
zu befriedigen, bedurfte es neben der Expertise im Brief- und Expressgeschäft auch einer
erhöhten Kompetenz im Logistiksektor. Abgesehen vom Tochterunternehmen Deutsche
Kontrakt Logistik GmbH war das Unternehmen in diesem Bereich bis 1999 kaum aktiv
geworden. Der entscheidende Durchbruch gelang im März 1999 durch die Akquisition
des Schweizer Logistikunternehmens Danzas sowie durch die kurz darauf erfolgenden
Übernahmen und die Integration von Nedlloyd (1999) mit Schwerpunkt in den Benelux-
Ländern, ASG (1999) mit Schwerpunkt in Skandinavien und Air Express International

(2000) mit Sitz in den USA. Mit diesen Erwerbungen wurde die Deutsche Post über Nacht die Nr. 1 im weltweiten Luftfrachtspeditionsgeschäft, gehörte zu den weltweit führenden Anbietern von Dienstleistungen in der Seefrachtlogistik und war durch die Integration von rund 45.000 Danzas-Mitarbeitern in 150 Ländern nun auch im Logistik-bereich global aufgestellt. Mit den drei Geschäftsfeldern Solutions (individuelle Lösungen entlang der Versorgungskette), Intercontinental (globale Luft- und Seefracht sowie Projektspedition) und Eurocargo (Straßen-, Schienen- und kombinierte Verkehre, Stück-gut- und Landungstransporte, Messelogistik) deckte Danzas das ganze Spektrum integrierter logistischer Dienstleistungen ab. Das Leistungsportfolio umfasste durch die konsequente Integration von Produktions-, Informations- und Finanzdienstleistungen alle Stationen der Wertschöpfungskette und bot Kunden individuelle Lösungen zu Land, zu Wasser und in der Luft. Möglich wurden diese Leistungen unter anderem durch den Einsatz moderner Informationstechnologien, von deren rasanter Entwicklung die Logistik-branche im besonderen Maße profitierte. Der Erwerb dieser Kompetenz verschaffte der Deutschen Post nicht nur einen deutlichen Vorsprung auf einem Markt, von dem die zunehmende Internationalisierung der Güter- und Warenströme hohe Wachstumsraten erwarten ließ. Er dokumentierte gleichzeitig die dynamische Entwicklung des Unternehmens Deutsche Post, das sich, ausgehend vom Kerngeschäft Brief, innerhalb nur weniger Jahre zum Anbieter hochwertiger Express- und Logistikdienstleistungen entwickelt hatte.

3.4   Mit Global Mail auf den internationalen Briefmarkt

Mit der Entscheidung, die europäischen Briefmärkte schrittweise zu öffnen, und dem Erlass einer entsprechenden EU-Richtlinie im Dezember 1997 hatten das Parlament und der Rat der Europäischen Union die entscheidende Weichenstellung in Richtung Liberalisierung der europäischen Postmärkte vorgenommen. Ziel der Richtlinie waren die Einführung gemeinsamer Vorschriften für die Entwicklung des Postsektors, die Verbesserung der Qualität der Postdienste sowie eine schrittweise und kontrollierte Öffnung der Märkte. Für die Deutsche Post bedeutete dieser Schritt nicht nur die Notwendigkeit, den nationalen Marktanteil gegenüber Wettbewerbern abzusichern, sondern auch die Möglichkeit, im internationalen Briefversand auf den europäischen Briefmärkten außerhalb Deutschlands und weltweit aktiv zu werden. Genutzt werden sollte diese Chance über das 1997 gegründete Tochterunternehmen International Mail Services GmbH bzw. das 1998 eingeführte Geschäftsfeld Deutsche Post Global Mail.

Innerhalb von knapp drei Jahren gelang es, das Unternehmen – teils durch den Aufbau eigener Verkaufsbüros und Niederlassungen, teils durch die Akquisition international führender Firmen – in den wichtigsten Märkten weltweit zu etablieren. Zu den wichtigsten Stationen zählen die Übernahmen von Global Mail Ltd. (1998 in den USA), Yellowstone International (1999 in den USA), Herald International Mailings Ltd. (2000 in UK) und Sky Mail (2000 in Australien). Bereits im Jahr 2000 verfügte man über ein internationales Netzwerk in 14 Ländern, unter anderem in Großbritannien, den USA, Österreich, Frankreich, Italien, Belgien, den Niederlanden, Singapur und Australien.

3.5   Die Akquisition der Postbank

Der letzte Baustein der zweiten Strategiephase der Deutschen Post war der Ausbau der eigenen Kompetenz in Fragen der Finanzdienstleistungen Ende der 90er Jahre. Nachdem man bereits im Mai 1997 einen Kooperationsvertrag mit der 1995 in eine Aktiengesellschaft umgewandelten Deutschen Postbank AG geschlossen hatte, erwarb das Unternehmen zum 1. Januar 1999 die hundertprozentige Beteiligung an der mit rund zehn Millionen Privatkunden führenden Retail-Bank Deutschlands. Ergänzt wurde das Engagement durch den kurz danach erfolgten Erwerb der Anteile an der DSL Bank, Spezialistin für private und gewerbliche Baufinanzierungen sowie für die Emission von Wertpapieren.

Der Ausbau des Bereichs Finanzdienstleistungen im Unternehmen war die logische Konsequenz aus den gestiegenen Marktanforderungen. Über gezielte Privat- und Firmenkundenstrategien bietet die Postbank nationalen und internationalen Kunden alle Leistungen rund um den Zahlungsverkehr, Finanzierungen und Anlagemöglichkeiten ebenso wie Immobilienfinanzierungen, Spezialfinanzierungen im Bauträgergeschäft oder Leasingmöglichkeiten. Durch die enge Verschmelzung mit dem Filialnetz der Deutschen Post können gleichzeitig starke Cross-Selling-Effekte in den Vertriebsstrukturen genutzt werden, unter anderem durch die effiziente Auslastung der 13.000 Filialen der Deutschen Post oder die daraus resultierende Erweiterung der Produktpalette.

Mit dem Erwerb von der BHF Holdings Inc. in den USA gelang es darüber hinaus, eine zusätzliche strategische Plattform für weltweite Logistikfinanzierungen aufzubauen.

3.6   Auf dem Weg zum globalen Konzern

Mit dem Aufbau des weltweiten Express- und Logistiknetzwerks, dem Erwerb von DHL und Danzas und der Erweiterung der Kompetenzen in Fragen der Finanzdienstleistungen hatte sich die Deutsche Post endgültig vom Image des nationalen Postunternehmens gelöst und war zu einem der führenden Global Player der Logistiksparte aufgestiegen. Diese Entwicklung spiegelte sich auch in der neuen Konzernorganisation und Markenarchitektur wider, die Anfang 2000 eingeführt wurde. Unter dem neuen Konzernnamen Deutsche Post World Net wurden nun die drei Leistungsmarken Deutsche Post, Postbank und Danzas installiert. Das operative Geschäft wurde über vier Unternehmensbereiche gesteuert, die ihrerseits von Bereichsvorständen angeführt wurden: BRIEF (V1), EXPRESS (V2), LOGISTIK (V3) und FINANZ DIENSTLEISTUNGEN (V4). Diese zukunftsweisenden Veränderungen in der Konzernstruktur setzten den Schlusspunkt unter die Internationalisierungsbestrebungen des Unternehmens und bildeten gleichzeitig den Auftakt für Phase drei der Managementstrategie: die Globalisierung des Konzerns Deutsche Post World Net und sein Ziel, die Nr. 1 in der Welt der Logistik zu werden. Eingeläutet wurde dieser neue Abschnitt in der Unternehmensentwicklung durch den Börsengang des Konzerns im November 2000.

4.   Der Konzern auf dem Weg zur Nr. 1 in der globalen Logistik

4.1   November 2000: Der Börsengang

Die Börseneinführung der „Aktie Gelb" im November 2000 stellt einen wichtigen Meilenstein in der Entwicklung des Unternehmens zum weltweit führenden Logistikkonzern dar. Durch die Marktkapitalisierung von rund 23,4 Milliarden EUR gelang der Aufstieg zum größten börsennotierten Logistikkonzern Europas. Mit einer Einnahme von rund 6,6 Milliarden EUR erwies sich die Veräußerung von rund 320 Millionen Aktien und damit 25 Prozent des Aktienkapitals der Deutschen Post AG auf dem Aktienmarkt auch für den Eigentümer, die Bundesrepublik Deutschland, als voller Erfolg. Nach dem Börsengang der Deutschen Telekom 1996 war das IPO der Deutschen Post damit der zweite wichtige Schritt auf dem Weg der Privatisierung des ehemals staatlichen Post- und Telekommunikationssektors. Die in der achtfachen Zeichnung der Aktie zum Ausdruck kommende enorm große Nachfrage dokumentiert gleichzeitig die in den Jahren deutlich erhöhte Wahrnehmung der Wachstumspotenziale des Logistikmarkts. Bereits im März 2001 erfolgte die Aufnahme der „Aktie Gelb" in den Deutschen Aktienindex (DAX).

Der Börsengang der Deutschen Post war aber nicht nur aus wirtschaftlicher Sicht ein voller Erfolg. Er bestätigte gleichzeitig die Strategie des Unternehmens, dem es gelungen war, nach der Phase der Sanierung und Konsolidierung die Geschäftsaktivitäten in einem zweiten Schritt international auszurichten und durch den Erwerb weiterer Express-, Logistik- und Finanzkompetenz Kunden durchgängige Lösungen bieten zu können. Im eigentlichen Kerngeschäft des Unternehmens, dem Briefgeschäft, eröffnete gleichzeitig die von Brüssel aus betriebene schrittweise Öffnung des europäischen Briefmarkts weiteres Entwicklungspotenzial.

4.2   Europa auf dem Weg zu liberalisierten Postmärkten

Mit der Entscheidung, die europäischen Briefmärkte in den kommenden Jahren schrittweise für den Wettbewerb zu öffnen, hat die EU-Kommission dem Wettbewerb um
diese Märkte neuen Auftrieb gegeben. Auch die Deutsche Post hat mit Beginn des 21.
Jahrhunderts ihre Bemühungen intensiviert, sich in den Briefmärkten Europas eine gute
Ausgangsposition für den Wettbewerb zu schaffen. Beispiel dafür ist das jüngste Engagement in den Niederlanden und in Großbritannien. Während man im niederländischen
Nachbarmarkt über ein Joint Venture mit dem niederländischen Medienkonzern Wege-
ner N.V. auf dem besten Weg zu einem führenden Anbieter für adressierte Post im bereits liberalisierten Bereich ist, stellte die im August 2002 erteilte Lizenz zur Postverteil-
lung in Großbritannien den ersten Schritt zur Erschließung dieses nationalen Markts dar.

Der Liberalisierungsgrad in den EU-Mitgliedsstaaten ist allerdings nach wie vor der nationalen Gesetzgebung überlassen und damit abhängig von den rechtlichen Rahmenbedingungen und der politischen Willensbildung vor Ort. Unmittelbares Resultat: Die
Marktöffnung in den verschiedenen Mitgliedsstaaten ist bis heute höchst unterschiedlich
vollzogen. Während die Liberalisierung der Briefmärkte in Schweden, Finnland und
Deutschland vorangeschritten ist, sind die Märkte beispielsweise in Italien und Frankreich auch heute noch weitestgehend geschützt. Angesichts der schleppenden Entwicklung auf europäischer Ebene und um durch eine einseitige deutsche Marktöffnung das
Prinzip der Chancengleichheit nicht ad absurdum zu führen, wurde daher im September 2001 durch die Bundesrepublik die Exklusivlizenz bis zum 31. Dezember 2007 verlängert. Der an diese Entscheidung geknüpfte Stufenplan sieht vor, durch die schrittweise Reduzierung der Gewichtsgrenzen der Exklusivlizenz auf zunächst 100 g ab 2003
(dreifacher Standardtarif) und 50 g ab 2006 (2,5facher Standardtarif) den deutschen
Briefmarkt im Einklang mit der europäischen Gesetzgebung dem Wettbewerb zu
öffnen.[11] Bestätigt wurde diese Entscheidung durch die Verabschiedung eines gemeinsamen Standpunkts der für den Postsektor zuständigen Minister der EU-Mitgliedsländer
am 6. Dezember 2001, der die künftigen Liberalisierungsschritte und damit die Kern-
punkte einer neuen europäischen Postdienste-Richtlinie aufzeigte. Danach sollen Europäisches Parlament und Europäischer Rat auf Grundlage eines bis 2006 vorzulegenden
Vorschlags der Kommission bis Ende 2007 über weitere Liberalisierungsschritte entscheiden, die dann ab 2009 zum Tragen kommen könnten.[12]

4.3   Herausforderungen: Die Integration der Zukäufe und das
     globale Netz

Durch den Erwerb von DHL, Danzas und anderen namhaften Logistikunternehmen hatte
sich Deutsche Post World Net bis Anfang des Jahres 2000 eine hervorragende Ausgangsposition für den globalen Wettbewerb geschaffen. Um die Möglichkeiten, die sich

aus diesen Akquisitionen ergaben, optimal nutzen zu können, musste es nun darum gehen, die Integration dieser Unternehmen in den Konzern zielstrebig voranzutreiben. Dazu zählte der Aufbau eines globalen, qualitativ hochwertigen Transportnetzwerks ebenso wie die Harmonisierung und Verschmelzung der verschiedenen Produktportfolios. Durch die enge Abstimmung der verschiedenen Unternehmensbereiche sollten so die entstandenen Wachstums- und Kostensenkungspotenziale im Konzern sinnvoll zum Vorteil von Kunden, Mitarbeitern und Aktionären genutzt werden.

Ein gelungenes Beispiel für die Nutzung globaler Synergien in den Geschäftsfeldern von Deutsche Post World Net stellt die Kooperation mit dem Internet-Unternehmen amazon.com dar. Der Versandhändler nimmt seit 1999 über die Zusammenarbeit mit DHL, Danzas und Global Mail Leistungen aller Geschäftsbereiche des Konzerns in Anspruch: Rund drei Millionen Briefsendungen von Amazon werden jährlich von der Deutschen Post zugestellt, DHL ist der bevorzugte internationale Kurierdienst für Amazon in den USA und Europa, und Danzas befördert die Amazon-Pakete zwischen Nordamerika, Europa und Asien. Möglich wird diese Leistungserbringung durch ein in den vergangenen Jahren gewachsenes und im Wettbewerb einmaliges Produktportfolio, welches das Management kompletter Wertschöpfungsketten ebenso ermöglicht wie das präzise Handling von zeitdefinierten Einzelaufträgen.

Trotz der Anschläge vom 11. September 2001, die für die Logistikbranche und insbesondere den Luftfrachtsektor gravierende Folgen hatten, trotz einer weltweiten Konjunkturschwäche und des gestiegenen Wettbewerbsdrucks gelang es, den Konzern Deutsche Post World Net weiter auf Erfolgskurs zu halten. So übertraf der Konzern in der Geschäftsbilanz 2002 bei Umsatz (rund 39,3 Milliarden EUR) und EBITA (rund 2,4 Milliarden EUR) die Rekordmarken des Jahres 2001. Die Bereiche EXPRESS, LOGISTIK und FINANZ DIENSTLEISTUNGEN machten dabei bereits über 70 Prozent des Gesamtumsatzes aus. Diese Zahlen dokumentieren die wachsende Bedeutung dieser Geschäftsbereiche im Konzern, die zum Ende des Jahres 2002 durch die Aufstockung der Anteile des Konzerns an DHL auf 100 Prozent nochmals bekräftigt wurde. Diese Entwicklung erforderte aber auch eine entscheidende Intensivierung der Integrationsanstrengungen im Konzern, wollte man die gewachsenen Anforderungen des Markts auch in der Praxis realisieren können.

4.4   Mit STAR zur Nr. 1 in der Logistik

Deutsche Post World Net hat sich in den Jahren 1990 bis 2001 ein solides Fundament für den Ausbau seiner Marktposition gelegt: Der Umsatz wurde in dieser Zeit mehr als vervierfacht, das Unternehmen international aufgestellt und erfolgreich an den Kapitalmärkten etabliert. Mit dem Wertschöpfungsprogramm STAR, das im Oktober 2002 der Öffentlichkeit und den Kapitalmärkten vorgestellt wurde, soll in den kommenden Jahren diese Erfolgsstory konsequent weitergeschrieben werden. Durch die bessere Ausschöpfung vorhandener Synergien wird nicht nur der Unternehmenswert langfristig gesteigert, sondern auch die Profitabilität der einzelnen Unternehmensbereiche und der konzernübergreifenden Funktionen deutlich verbessert. Ziel ist es, den EBITA des Konzerns bis zum Jahr 2005 um 1,4 Milliarden EUR auf etwa 3,1 Milliarden EUR zu erhöhen.[13] Gleichzeitig wird durch das Programm die Integration der in den letzten Jahren erworbenen Unternehmen in den Konzern Deutsche Post World Net abgeschlossen. So wurden Deutsche Post Euro Express, DHL und Danzas Eurocargo im Unternehmensbereich EXPRESS zusammengeführt. Danzas mit den Bereichen Solutions und Intercontinental verblieben im Unternehmensbereich LOGISTIK.

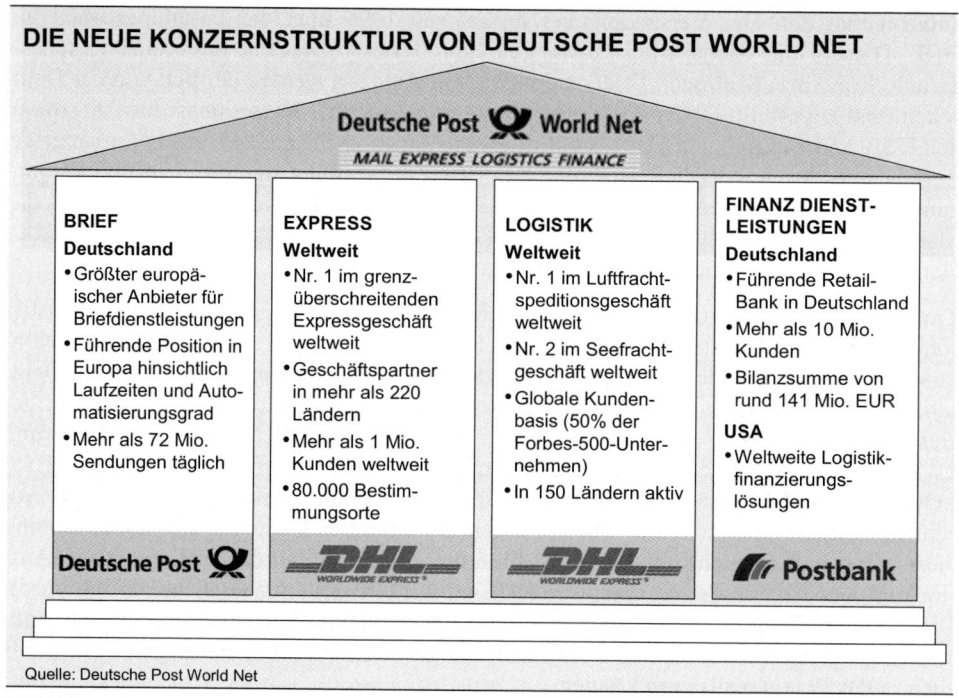

Abbildung 3

Alle angebotenen Leistungen werden unter der neuen Dachmarke DHL für das internationale Geschäft gebündelt. Kunden können damit integrierte globale Express- und Logistiklösungen aus einer Hand erhalten. Das von vielen proklamierte, aber nur von wenigen Anbietern tatsächlich leistbare Prinzip des „One-Stop-Shopping" wird durch das Zusammenspiel der drei starken Marken Deutsche Post, DHL und Postbank in eine neue Dimension gehoben. Die Zusammenführung von Organisationsformen, Netzwerken und Produktpaletten im neuen Unternehmensbereich und die intensive Kooperation mit den beiden anderen Unternehmensbereichen BRIEF und FINANZ DIENSTLEISTUNGEN ermöglichen eine effizientere Ausschöpfung von Synergien im Konzern, von der Mitarbeiter, Aktionäre und Kunden gleichermaßen profitieren.

Die in der neuen Konzernstruktur zum Ausdruck kommende Ausrichtung trägt den veränderten Anforderungen des Logistikmarkts Rechnung und verbessert nachhaltig die Wettbewerbsfähigkeit des Konzerns Deutsche Post World Net. Diese Neuaufstellung ist nicht nur der vorläufige Höhepunkt einer mittlerweile 13-jährigen Erfolgsstory, sondern bedeutet auch den Aufbruch in eine neue Ära. Die stärkere Ausrichtung auf die Bedürfnisse und Anforderungen von Kunden über „One-Stop-Shopping"- oder „Customer Relationship Management"-Lösungen und die Fähigkeit, durchgängige Wertschöpfungsketten abzubilden und abzuwickeln, werden in Zukunft zum Anforderungsprofil eines jeden Logistikdienstleisters zählen, der international erfolgreich sein will. Deutsche Post World Net ist heute schon auf dem besten Weg, diesen Ansprüchen zu genügen.

5. Ausblick

Zu Beginn des 21. Jahrhunderts stehen Global Player wie Deutsche Post World Net vor neuen Aufgaben und Herausforderungen. Die Welt wächst zusammen, die Grenzen zwischen Ländern, Regionen und Menschen verschwinden. Auch die Post- und Logistikmärkte weltweit befinden sich im Umbruch. Die Öffnung der Märkte, neue Wettbewerber und technologische Veränderungen schaffen völlig veränderte Rahmenbedingungen. Vormals getrennte Teilmärkte wie Express und Paket wachsen zusammen, neue Nischenmärkte entstehen. Gleichzeitig werden Kunden weltweit anspruchsvoller. Sie erwarten nicht nur hohe Qualität, sondern in zunehmendem Maße integrierte Problemlösungen. Der zeitdefinierte Einzeltransport wird heute ebenso gefordert wie das Management kompletter Wertschöpfungsketten, beides wenn möglich aus einer Hand.

In diesen neuen Herausforderungen liegen die besonderen Chancen für leistungsfähige und innovative Dienstleister wie Deutsche Post World Net. Große Kompetenz, hohe Flexibilität und umfassende Serviceleistungen sind Voraussetzungen für den Erfolg, ebenso wie Innovationsfähigkeit und Weitsicht. Denn eines steht fest: Der strategische Erfolg eines Unternehmens wird in Zukunft weniger von seinen gegenwärtigen Produkten abhängen als vielmehr von seiner Fähigkeit, die Märkte der Zukunft zu besetzen. Dazu zählen in erster Linie die Logistik- und Expressmärkte in Asien, wo in den nächsten Jahren große Wachstumsschübe erwartet werden. Dies unterstreicht unter anderem auch das jüngste Engagement von Deutsche Post World Net in der Volksrepublik China, wo der Konzern einen 5-Prozent-Anteil an dem führenden chinesischen Transport- und Logistikunternehmen Sinotrans[14] erwarb.

Deutsche Post World Net ist heute auf dem besten Wege zum Logistikdienstleister Nr. 1 weltweit. Möglich ist dieser Aufstieg vom nationalen Postunternehmen zum Global Player durch die konsequente Umsetzung einer Managementstrategie, die unter Berücksichtigung der vorhandenen Kompetenzen die Herausforderungen des Markts einbezieht. Zu diesen aktuellen Trends zählen die langfristige positive Entwicklung der Weltwirtschaft, die Globalisierung und die Liberalisierung ebenso wie die vermehrten Forderungen der Kunden nach Supply-Chain-Management- und One-Stop-Shopping-Lösungen. Internet und Digitalisierung stellen Logistikdienstleister ebenfalls vor neue Aufgaben, bieten aber auch bislang ungeahnte Chancen. Das wohl wichtigste strategische Handlungsfeld liegt jedoch in der Fähigkeit, hervorragend ausgebildete Fach- und Führungskräfte aus aller Welt für den Konzern zu gewinnen. Sie bilden nicht nur das Rückgrat für jedes erfolgreiche Unternehmen, sondern sind gleichzeitig auch dessen wichtigstes Kapital – heute und in Zukunft.

Referenzen

[1] Vgl. KÜHN, D. (1999), S. 3.

[2] Vgl. BUNDESMINISTERIUM FÜR DAS POST- UND FERNMELDEWESEN (1989), BUSCH, B. (2001), S. 19.

[3] Vgl. KÜHN, D. (1999), S. 12.

[4] Vgl. KÜHN, D. (1999), S. 16, Artikel 87 f. Abs. 1 GG.

[5] Vgl. BUNDESREGIERUNG (1997), S. 3294 ff.

[6] Vgl. ZUMWINKEL, K. (2001), S. 2.

[7] Vgl. DEUTSCHE POST (1998), S. 23.

[8] Vgl. BUNDESMINISTERIUM FÜR WIRTSCHAFT UND TECHNOLOGIE (2002), S. 8.

[9] Vgl. DEUTSCHE POST WORLD NET (1999), S. 26.

[10] Vgl. DEUTSCHE POST WORLD NET (1999), S. 6.

[11] Vgl. BUNDESMINISTERIUM (2002), S. 3.

[12] Vgl. EUROPÄISCHE UNION (O.A.), BUNDESMINISTERIUM (2002), S. 10 f.

[13] Vgl. DEUTSCHE POST WORLD NET (2002).

[14] Vgl. DEUTSCHE POST (2003).

Literaturverzeichnis

BUNDESMINISTERIUM FÜR DAS POST- UND FERNMELDEWESEN (1989): Gesetz zur Neustrukturierung des Post- und Fernmeldewesens und der Deutschen Bundespost, Heidelberg: 1989.

BUNDESMINISTERIUM FÜR WIRTSCHAFT UND TECHNOLOGIE (2002): Das Postwesen im Umbruch – Ziele und Perspektiven der deutschen Postpolitik, Berlin: 2002.

BUNDESREGIERUNG (1997): Postgesetz (PostG) vom 22. Dezember 1997, in: Bundesgesetzblatt 1997, Teil I, S. 3294 ff.

BUSCH, B. (2001): Deregulierung der Postmärkte in Deutschland und Europa, Köln: 2001.

DEUTSCHE POST (1998): Wachstum in globalen Märkten, Geschäftsbericht 1998.

DEUTSCHE POST (2003): Pressemitteilung vom 13. Februar 2003, Bonn: 2003.

DEUTSCHE POST WORLD NET (1999): Deutsche Post World Net auf dem Weg zur Nummer Eins weltweit, Geschäftsbericht 1999.

DEUTSCHE POST WORLD NET (2002): Pressekonferenz vom 31. Oktober 2002, Frankfurt am Main: 2002.

EUROPÄISCHE UNION (O.A.): Postdienste-Richtlinie 97/67/Europäisches Gesetzbuch.

KÜHN, D. (1999): Die Reformen der Deutschen Bundespost, in: BÜCHNER, L. M. (Hrsg.): Post und Telekommunikation – Eine Bilanz nach zehn Jahren Reform, Heidelberg: 1999, S. 3 ff.

ZUMWINKEL, K. (2001): Rede des Vorstandsvorsitzenden der Deutschen Post World Net, Dr. Klaus Zumwinkel, anlässlich des 10. deutsch-französischen Unternehmertreffens vom 20. - 22. September 2001, Evian: 2001.

Klaus Backhaus/Christian Braun/Helmut Schneider

Strategische Globalisierungspfade

Prof. Dr. Klaus Backhaus ist Direktor des Betriebswirtschaftlichen Instituts für Anlagen und Systemtechnologien der Universität Münster. Christian Braun ist wissenschaftlicher Mitarbeiter am dortigen Institut. Dr. Dr. Helmut Schneider ist Akademischer Oberrat des Marketing Centrums Münster (MCM).

1. Einleitung

Kaum ein Schlagwort hat die öffentliche Diskussion im zurückliegenden Jahrzehnt in derart kontroverser Weise geprägt wie die Globalisierung. So heißt es im 2002 veröffentlichten Abschlussbericht der vom Deutschen Bundestag eingesetzten Enquete-Kommission „Globalisierung der Weltwirtschaft. Herausforderungen und Antworten": „Sehr viele politische Streitfragen unserer Tage haben einen direkten oder indirekten Bezug zur Globalisierung. Der Streit um die beste Strategie zur Überwindung der Arbeitslosigkeit, über die Verschuldung von Entwicklungsländern, über die optimale Steuerpolitik oder über Klimaschutz und Atomausstieg, fast alles wird heute im Zusammenhang der Globalisierung gesehen und diskutiert."[1]

Obgleich die damit angesprochene hohe öffentliche Aufmerksamkeit, die dem Globalisierungsprozess zuteil wird, eine noch vergleichsweise junge Erscheinung ist, hat der Mediensoziologe Marshall McLuhan bereits in den 60er Jahren seine oft zitierte Vision von der Welt als einem globalen Dorf entwickelt.[2] Insbesondere aus ökonomischer Perspektive scheint sich die Realität angesichts einer wachsenden Verflechtung der Volkswirtschaften und einer damit einhergehenden Orientierung betrieblichen Handelns am Weltmarkt dieser Vision in immer stärkerem Maße anzunähern. Allerdings werden durch eine solch monoperspektivische Sicht des Globalisierungsphänomens die globalisierungsrelevanten Parameter der kulturellen, rechtlichen und politischen Dimension vernachlässigt, die nicht nur für die Reflexion der Vision vom globalen Dorf essenziell sind, sondern ihrerseits auch den ökonomischen Globalisierungsprozess nachhaltig beeinflussen. Sie konstituieren die Rahmenbedingungen globalen Handelns und sind deshalb in die strategische Unternehmensplanung zu integrieren.

Die Nutzung des aus der Globalisierung erwachsenden Chancenpotenzials bedarf insofern einer mehrdimensionalen Analyse der Globalisierung, um den erfolgsrelevanten Fit zwischen unternehmerischem Handeln und der durch rechtliche, politische und kulturelle Einflüsse determinierten Umweltsituation sicherzustellen. Nicht zuletzt vor dem Hintergrund variierender Rahmenbedingungen ist der Globalisierungsprozess weder für alle Unternehmen in gleichem Maße relevant noch erfolgversprechend. Insofern gilt es, die unterschiedlichen Globalisierungsdimensionen und die darauf wirkenden Faktoren differenziert zu analysieren, um darauf aufbauend Chancen und Risiken der Globalisierung fundiert abwägen und den für das jeweilige Unternehmen angemessenen Globalisierungspfad wählen zu können. Ungeachtet der im Kontext der Globalisierung ex definitione unternehmensindividuell sehr heterogenen Ausgangssituationen lassen sich unterschiedliche strategische Gruppen von „Globalisierern" identifizieren, für die in diesem Beitrag typische Globalisierungspfade entwickelt werden sollen.

2.   Dimensionen der Globalisierung

Der Globalisierungsprozess ist in ein komplexes Wirkungsgefüge unterschiedlicher Parameter eingebunden. Entsprechend der Interpretation von Globalisierung als einem primär, aber nicht ausschließlich ökonomischen Phänomen wird nachfolgend der Stand der Globalisierung in den Bereichen Ökonomie, Kultur, Recht und Politik nachgezeichnet. Diese vier untereinander interdependenten Globalisierungsdimensionen werden durch zahlreiche Faktoren berührt, die den dynamischen Globalisierungsprozess beeinflussen.

2.1   Ökonomie

Der fortschreitende Prozess der internationalen wirtschaftlichen Vernetzung, der mit einer wachsenden grenzüberschreitenden Integration einhergeht, kann an einer Reihe von Indikatoren illustriert werden, von denen hier nur einige beispielhaft angeführt sind:

- Der Anstieg des Welthandels in den vergangenen 50 Jahren übersteigt den des Welt-Bruttoinlandsprodukts um das Achtfache, die global orientierten Investitionen sind noch rasanter angestiegen.[3]

- Unternehmen richten ihre Produktpolitik zumindest partiell auf den Weltmarkt aus. Beispiele dafür sind der als „Weltauto" konzipierte Ford Mondeo (mondial = weltweit), Speicherchips oder der „Big Mac" von McDonald's. Auf Grund des weltweit standardisierten Angebots wird der Big Mac sogar bereits als Indikator zum Kaufkraftvergleich unterschiedlicher Länder herangezogen.

- Unternehmen agieren zunehmend in globalen Netzwerken. Prominentes Beispiel für diesen Trend ist der Luftverkehr, wo die drei dominierenden Unternehmenskooperationen „Star Alliance", „oneworld" und „SkyTeam" den Weltluftverkehrsmarkt beherrschen.[4]

- Die Kapitalbeschaffung von Unternehmen ist zunehmend global orientiert. So sind seit dem Gang der damaligen Daimler-Benz AG an die New York Stock Exchange im Jahr 1996 bis heute 16 weitere deutsche Unternehmen diesem Beispiel gefolgt.

Der skizzierte wirtschaftliche Fokus dominiert den Großteil der Globalisierungsdiskussion und spiegelt sich dementsprechend auch in den meisten Globalisierungsdefinitionen wider. Stellvertretend für eine solch ökonomiezentrierte Sichtweise der Globalisierung sei hier der Definition des HWWA gefolgt: „Der Begriff Globalisierung steht zum einen für das Zusammenwachsen von Produktmärkten über nationale Grenzen hinweg, zum anderen für die immer stärkere direkte Unternehmensverflechtung mit dem Ausland."[5]

Die in den genannten Beispielen zum Ausdruck kommende ökonomische Vernetzung hat vielfältige Ursachen. Zentrale ökonomische Parameter, die globalisierungstreibend wirken, sind Skaleneffekte, sinkende Transaktionskosten[6] und die Internationalisierung der Konkurrenz. Nicht zuletzt forcieren darüber hinaus global agierende Kunden die Globalisierungsbemühungen von Unternehmen. Beispiele hierfür sind Banken, deren Kunden weltweite Lösungen für die Zahlungsabwicklung und das Liquiditätsmanagement erwarten, oder Telekommunikationsunternehmen, die infolge globaler Kommunikationserfordernisse ebensolche Kommunikationsnetze schaffen.

Die Ökonomie ist unter Zugrundelegung wohlfahrtsökonomischer Zielsetzungen in der Lage zu begründen, warum die so verstandene Globalisierung wirtschaftlich sinnvoll ist.[7] Unter dieser Maxime sprechen vor allem die aus der Öffnung der Märkte resultierenden Wohlfahrtsgewinne, die im Sinne Ricardos Ergebnis der mit komparativen Kostenvorteilen verbundenen Spezialisierung und darauf basierenden internationalen Handelsgewinne der Volkswirtschaften sind, für eine globalisierte Wirtschaft. Allerdings abstrahieren diese Überlegungen weitestgehend von den mit der Globalisierung einhergehenden Verteilungsproblemen. So entsteht beispielsweise in Deutschland durch die Intensivierung des internationalen Wettbewerbs Druck auf die Löhne, da die komparativen Vorteile Deutschlands weniger im Lohnbereich zu finden sind.[8]

Derartige globalisierungsinduzierte Verteilungsfragen berühren nicht nur die binnenwirtschaftliche funktionale Einkommensverteilung, sondern auch die unterschiedliche Partizipation einzelner Volkswirtschaften am internationalen Handel. Entgegen der dem Globalisierungsbegriff inhärenten Annahme einer weltweit wachsenden Verflechtung der Volkswirtschaften ist diese Integration nicht nur primär auf die Länder der so genannten Triade (Nordamerika, Westeuropa, Asien-Pazifik) beschränkt,[9] sondern findet zudem überwiegend innerhalb dieser Regionen statt. Insofern handelt es sich eher um eine Regionalisierung denn eine Globalisierung des Welthandels.[10]

Insgesamt deutet die ökonomisch ausgerichtete Analyse der Globalisierung darauf hin, dass zwar zahlreiche Indizien für eine wachsende Integration der nationalen Volkswirtschaften auszumachen sind, diese aber nur sehr eingeschränkt als global im ursprünglichen Wortsinn zu interpretieren ist und Globalisierung insofern eher Mythos denn Realität ist.

In die Ursachenanalyse für diesen ambivalenten Befund sind nicht zuletzt außerökonomische Dimensionen zu integrieren, die ihrerseits die ökonomische Entwicklung beeinflussen und in diesem Sinne auch ökonomisch globalisierungsrelevant sind. Hierzu zählen vor allem die Bereiche Kultur, Recht und Politik. Dabei bestimmt die rechtliche und politische Dimension die Spielregeln, unter denen sich Globalisierung vollzieht, während der Faktor Kultur ganz wesentlich die Bereitschaft der Menschen zur Globalisierung determiniert. Vor dem Hintergrund dieses erweiterten Globalisierungsverständnisses, das eine integrative Sichtweise aller Parameter induziert, sollen diese untereinander und zum ökonomischen Kontext interdependenten Faktoren nachfolgend im Hinblick auf den jeweiligen Stand der Globalisierung analysiert werden.

2.2   Kultur

Im Hinblick auf die kulturelle Dimension wurde die Globalisierungsdiskussion lange Zeit von der Anfang der 80er Jahre aufgestellten These Levitts bestimmt, wonach unterschiedliche kulturelle Präferenzen, nationale Geschmäcker und Institutionen Relikte der Vergangenheit seien[11] und international agierende Unternehmen daher so handeln müssten, als ob sie auf einem einzigen großen Markt operierten. Rund 20 Jahre nach Publikation dieser These ist offensichtlich, dass die Konvergenz der Kulturen nicht das von Levitt damals vermutete Ausmaß erreicht hat.

So zeugen zwar global präsente Marken wie Coca-Cola oder Marlboro ebenso wie weltweite Musiktrends, global vertriebene Hollywood-Filme oder die auf dem gesamten Globus verbreitete Begeisterung für „König" Fußball von einem kulturellen Zusammenwachsen. Dem steht jedoch die Beobachtung eines sich stärker ausprägenden kulturellen und ethnischen Bewusstseins[12] gegenüber, das sich nicht zuletzt in Protesten gegenüber globalen Unternehmen – wie beispielsweise McDonald's – niederschlägt, die für die Abkehr von kultureller Vielfalt und damit auch von der eigenen Kultur verantwortlich gemacht werden. Aus dieser Perspektive wird Globalisierung als ein in erster Linie unternehmensgetriebener Prozess interpretiert, der die Macht der Unternehmen zu Lasten der Regierungen vergrößert, einzig profitorientiert ist, den Menschen die eigene Identität/Kultur nimmt und im Ergebnis die Welt zum Spielball globaler Konzerne macht. Die Skepsis findet ihren Niederschlag u. a. in der die Risiken der Globalisierung betonenden öffentlichen Diskussion und den im Zusammenhang mit den Tagungen internationaler Organisationen regelmäßig einhergehenden Globalisierungsprotesten. In einer sich schneller wandelnden, globalisierten Welt werden kulturell geprägte Werte, die Bestandteil der individuellen Identität sind, offenbar für immer mehr Menschen zu einem Schutzwall gegen die subjektiv empfundenen Risiken der Globalisierung.[13] Ohne dass an dieser Stelle eine vertiefende Auseinandersetzung mit diesen Ängsten möglich wäre, ist doch zu konstatieren, dass die Globalisierungsdiskussion lange Zeit ökonomiezentriert geführt wurde und dabei die „menschlichen Grenzen" der Globalisierung eher vernachlässigt wurden.[14]

2.3   Recht

Im rechtlichen Bereich ist festzustellen, dass nationale Institutionen immer stärker zusammenarbeiten und gemeinsam mit globalen Institutionen wie z. B. der UN oder der WTO bemüht sind, weltweit einheitliche Regelungen zu definieren, die das Fundament für ein grenzüberschreitendes, friedliches Zusammenleben sind und somit eine wichtige Determinante für die weitere Fortentwicklung des Globalisierungsprozesses darstellen.

Rechtliche Harmonisierungstendenzen sind beispielsweise im Zusammenhang mit der Schaffung eines international gültigen Handelsrechts zu konstatieren. So soll u. a. durch die Vereinbarung des UN-Kaufrechts, dem bis dato 61 Staaten beigetreten sind, das Kaufrecht für bewegliche Gegenstände und damit grenzüberschreitender Handel vereinheitlicht werden. Die tiefer gehende Analyse der rechtlichen Dimension verdeutlicht jedoch, dass zwar bis zu einem gewissen Grad globale Regelungen geschaffen werden, Staaten sich aber vehement dagegen wehren, Kompetenzen abzutreten und damit eine wirkliche Harmonisierung des internationalen Rechts blockieren. Sogar in der Europäischen Union werden vielfach keine einheitlichen Regelungen vereinbart, sondern nur Mindestvorschriften gesetzt, innerhalb derer die EU-Mitgliedsstaaten selbst nationale Bedingungen erlassen können, weswegen für EU-Bürger weiterhin Unklarheit herrscht, welche konkreten Regelungen in den einzelnen Ländern bestehen. Europäische Richtlinien – wie z. B. die EU-Verkaufsrichtlinie – bewirken folglich kein einheitliches Rechtssystem, sondern führen unterschiedliche Rechtsgrundlagen fort.[15] Auf Grund der oftmals fehlenden Bereitschaft, nationale durch internationale Regelungen zu ersetzen, sind im rechtlichen Bereich erhebliche Globalisierungsdefizite auszumachen, die zudem den weiteren Globalisierungsprozess immens behindern.

2.4 Politik

Die Analyse der politischen Dimension zeigt ein dem rechtlichen Sektor ähnliches Spannungsfeld. So demonstriert zwar die steigende Anzahl internationaler Organisationen eine fortschreitende politische Verflechtung, jedoch werden genau diesen Organisationen keine weitreichenden Kompetenzen zugesprochen. Es ist festzustellen, dass die Nationalstaaten weiterhin primär länderspezifische Interessen verfolgen, statt übergeordnete Zielsetzungen zu fokussieren. Als Beispiele hierfür können der Streit um die Intervention im Irak oder die immer wieder aufschwellenden Handelskriege wie jüngst der Stahlstreit zwischen der EU und den USA genannt werden. In der politischen Dimension sind deswegen allenfalls geringfügige Globalisierungstendenzen zu konstatieren, eine wirkliche Globalisierung hat im politischen Bereich noch nicht Platz gegriffen.

Aus den Darstellungen der vier Globalisierungsdimensionen wird deutlich, dass zwar ein voranschreitender Globalisierungsprozess festzustellen ist, jedoch in allen Dimensionen, insbesondere in den kulturellen, rechtlichen und politischen Bereichen, auch erhebliche Widerstände und Defizite erkennbar sind. Gerade die letzten Beispiele aus dem Bereich der Politik verdeutlichen, dass der Globalisierungsprozess keinesfalls einen kontinuierlichen, linearen Prozess darstellt, sondern es gab und gibt – abhängig von situativen Faktoren – Globalisierungsrückschläge, die Unternehmen bei der Strategieentwicklung berücksichtigen müssen. In der ersten Hälfte des 20. Jahrhunderts behinderten die beiden Weltkriege und die Weltwirtschaftskrise den weiteren Fortschritt der Globalisierung. Nun sind ganz neue Themen in den Mittelpunkt getreten, die den Globalisierungsprozess hemmen: steigende Transaktionskosten infolge der Terroranschläge des 11. September

(z. B. steigende Versicherungsprämien, steigende Sicherheitskosten)[16] oder globale Infektionen wie beispielsweise die SARS-Epidemie.[17] Auf Grund der kontinuierlich auftretenden Globalisierungsrückschläge und der unterschiedlich ausgeprägten Rückstände in den ökonomischen, kulturellen, rechtlichen und politischen Dimensionen bleibt festzuhalten, dass wir auch zu Beginn des 21. Jahrhunderts nicht in einem globalen Dorf leben, sondern in einer sich globalisierenden Welt mit allerdings unterschiedlichen Globalisierungsgeschwindigkeiten.

Je nach Entwicklung der sich im Zeitablauf in ihrer Bedeutung verändernden Globalisierungsparameter ist entweder eine Beschleunigung oder eine Verlangsamung des Globalisierungsprozesses zu erwarten. Vor diesem Hintergrund erscheint es für Unternehmen nicht nur empfehlenswert, die Einflussfaktoren der Globalisierung im Sinne eines Monitoring kontinuierlich zu beobachten, sondern darüber hinaus globalisierungsbezogene Strategiebestandteile hinreichend flexibel auszugestalten, um bei sich verändernden Rahmenbedingungen u. U. erforderliche Strategieanpassungen oder Strategiewechsel[18] durchführen zu können.[19]

Damit sind bereits die sich aus einer differenzierten Analyse des Globalisierungsprozesses ableitbaren Implikationen für die Unternehmensführung angesprochen. Obgleich aus unternehmerischer Sicht die ökonomische Dimension der Globalisierung im Sinne betriebswirtschaftlicher Vorteilhaftigkeit den Initialpunkt von Globalisierungsbemühungen darstellt, verdeutlichen die aufgezeigten Zusammenhänge die Notwendigkeit einer umfassenden Betrachtung sowohl der Globalisierungsdimensionen als auch der auf sie wirkenden Parameter, etwa weil diese eine angestrebte Globalisierung verhindern oder seine ökonomische Vorteilhaftigkeit nachhaltig beeinträchtigen können. So werden beispielsweise starke kulturelle Identitäten besondere Anstrengungen im Kontext eines Globalisierungsprozesses erforderlich machen, die nicht ohne Auswirkungen auf den mit einer Globalisierungsentscheidung angestrebten unternehmerischen Nutzen bleiben können.

Auf Grundlage einer Einteilung der globalisierungsbeeinflussenden Faktoren in einerseits ökonomische und andererseits nicht ökonomische Faktoren lassen sich unterschiedliche strategische Gruppen von Globalisierern mit dementsprechend variierenden Strategieempfehlungen identifizieren.

3. Implikationen für Unternehmen: Strategische Globalisierungsgruppen

Aus einer Gegenüberstellung von ökonomischen und nicht ökonomischen Einflussgrößen der Globalisierung ergeben sich vier Globalisierungstypen (Abbildung 1), die sich im Sinne strategischer Gruppen in ihren Ausgangssituationen bezüglich der Globalisierung deutlich unterscheiden und für die dementsprechend nachfolgend alternative Strategiemuster entwickelt werden sollen.

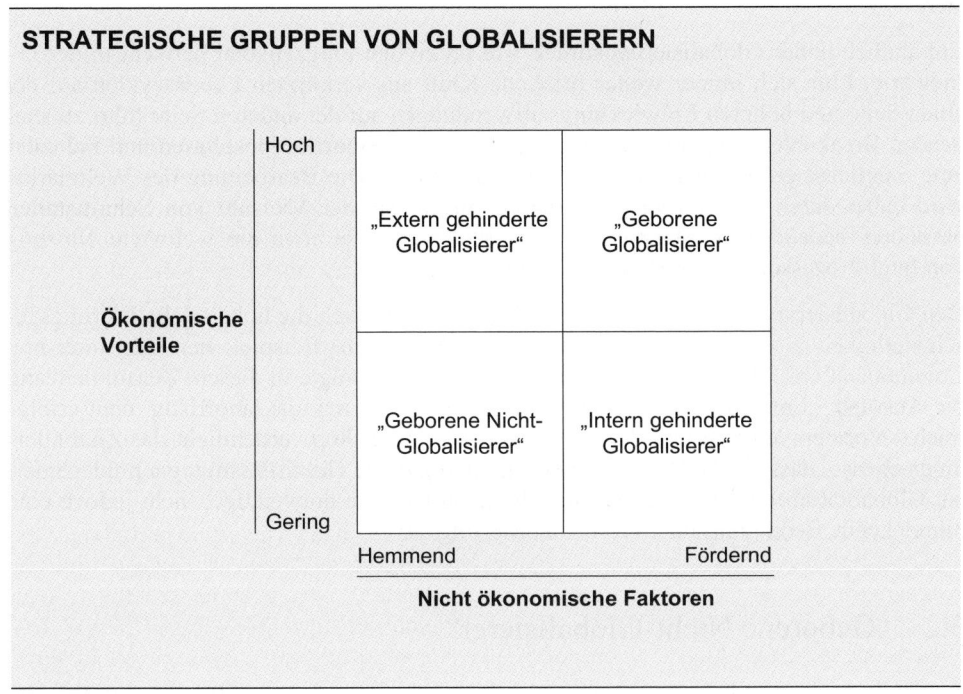

Abbildung 1

3.1 „Geborene Globalisierer"

Die Gruppe der „Geborenen Globalisierer" zeichnet sich dadurch aus, dass nicht nur die grundsätzlich globalisierungsbegünstigenden ökonomischen Einflussgrößen ein hohes Gewicht besitzen, sondern darüber hinaus auch die nicht ökonomischen Faktoren globalisierungsfördernd wirken. Vor dem Hintergrund dieser Rahmenbedingungen erscheint es für Unternehmen dieses Globalisierungstyps sinnvoll – wenn nicht sogar zwingend –, eine Globalisierungsstrategie aktiv zu verfolgen.

„Geborene Globalisierer" sind beispielsweise Unternehmen in der zivilen Flugzeugindustrie. In dieser Branche hängt der Erfolg auf Grund hoher Entwicklungskosten im Wesentlichen von großen Absatzmengen ab,[20] die sich angesichts der Nachfragerstruktur nur über das weltweite Angebot eines Flugzeugtyps realisieren lassen. Die hierzu erforderliche Entwicklung globaler Produkte wird durch weltweit weitgehend homogene Nachfragerpräferenzen begünstigt. Zwar wird der weltweite Wettbewerb durch öffentliche Subventionen verzerrt, der Zugang zum Weltmarkt ist aber grundsätzlich liberalisiert.[21]

Ein ähnlich hoher Globalisierungsdruck wie im zivilen Flugzeugbau herrscht in der IT-Industrie. Eine sich immer weiter öffnende Kluft aus verkürzten Lebenszyklen auf der einen Seite und höheren Entwicklungsaufwendungen auf der anderen Seite führt zu steigenden Break-even-Mengen bei kürzeren zulässigen Amortisationsphasen und induziert eine möglichst große geografische Marktausdehnung. Die Bearbeitung des Weltmarkts wird dabei durch eine für die IT-Branche angesichts der Vielzahl von Schnittstellen besonders bedeutsamen Standardisierung erleichtert, wie etwa die weltweite Nutzung von Intel-Prozessoren oder Microsoft-Software belegt.

Den Globalisierungsdruck in der IT-Branche illustriert auch die hohe Globalisierungsgeschwindigkeit von High-tech Start-ups[22] – wie zum Beispiel bei der Intershop Communications AG. Deren Gründer, Wilfried Beeck, prägte in diesem Zusammenhang die Aussage: „Entweder man ist global erfolgreich oder man ist langfristig nicht erfolgreich." Vor dem Hintergrund der Turbulenzen um Intershop verdeutlicht das Zitat allerdings ebenso, dass die IT-Industrie zwar für eine globale Geschäftsstrategie prädestiniert ist, Globalität aber auch in dieser Branche lediglich eine notwendige, nicht jedoch eine hinreichende Bedingung für Unternehmenserfolg ist.

3.2 „Geborene Nicht-Globalisierer"

Im Gegensatz zu den „Geborenen Globalisierern" resultieren für Unternehmen vom Typ „Geborene Nicht-Globalisierer" kaum ökonomische Vorteile aus einer potenziellen Globalisierung. Zudem wirken nicht ökonomische Faktoren globalisierungshemmend, weshalb es für Unternehmen dieser Gruppe nicht geboten ist, globale Aktivitäten zu verfolgen. Dieser strategischen Gruppe sind beispielsweise persönliche Dienstleistungen wie etwa Rechts- oder Steuerberatung zuzuordnen. Steuerberater sehen sich in unterschiedlichen Ländern stark variierenden Steuersystemen gegenüber, überdies kommt kulturellen Aspekten auf Grund der erforderlichen individuellen Beratung eine besondere Bedeutung zu. Schließlich beschränken viele Länder das Angebot von Dienstleistungen durch gesetzliche Regelungen.[23] Obgleich die Gruppe der „Geborenen Nicht-Globalisierer" zahlenmäßig relativ klein ist, bleibt doch festzuhalten, dass es eine Gruppe von Unternehmen gibt, die nicht oder nur in geringem Ausmaß von Globalisierungstendenzen betroffen ist.

3.3 „Extern gehinderte Globalisierer"

Die Ausgangssituation der „Extern gehinderten Globalisierer" ist dadurch gekennzeichnet, dass zwar auf der einen Seite ökonomische Anreize zur Globalisierung bestehen,
diesen jedoch auf der anderen Seite nicht ökonomische Globalisierungshemmnisse ent-
gegenstehen.

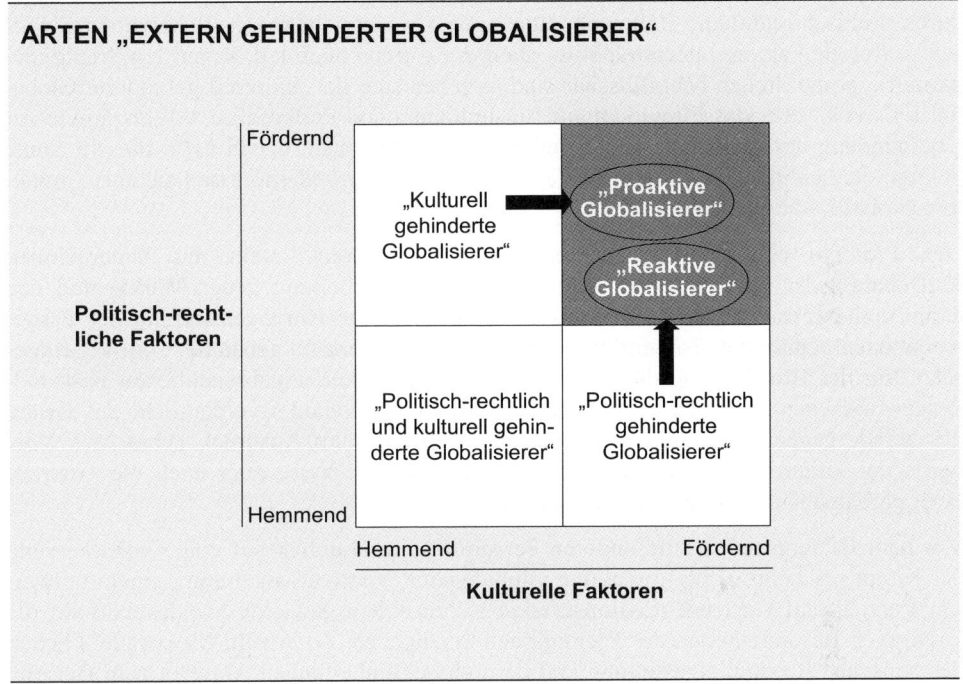

ARTEN „EXTERN GEHINDERTER GLOBALISIERER"

Abbildung 2

Da die nicht ökonomischen Globalisierungsparameter eine ökonomisch vorteilhafte Globalisierung be- respektive verhindern, sollen diese nachfolgend unter dem Aspekt ihrer
potenziellen Beeinflussbarkeit näher analysiert werden. Dazu werden die nicht ökonomischen Einflussgrößen der Globalisierung in kulturelle Faktoren einerseits und politisch-
rechtliche Faktoren andererseits unterteilt. Die dabei vorgenommene Zusammenfassung
der politisch-rechtlichen Aspekte liegt in der engen Verknüpfung beider Globalisierungsdimensionen begründet. So sind beispielsweise protektionistische Maßnahmen, die
ihren Niederschlag in rechtlichen Bestimmungen finden, in der Regel politisch motiviert.

Auf Basis dieser zweidimensionalen Systematisierung lassen sich drei Typen „Extern
gehinderter Globalisierer" unterscheiden: erstens „Kulturell gehinderte Globalisierer",

zweitens „Politisch-rechtlich gehinderte Globalisierer" sowie drittens schließlich „Politisch-rechtlich und kulturell gehinderte Globalisierer".

3.3.1 „Kulturell gehinderte Globalisierer"

Die Globalisierungsbemühungen „kulturell gehinderter Globalisierer" werden weniger durch politisch-rechtliche Rahmenbedingungen als vielmehr durch globalisierungswidrige kulturelle Faktoren beeinträchtigt. Da diese – wenn auch i. d. R. nur langfristig und partiell – grundsätzlich beeinflussbar sind, ergeben sich für „kulturell gehinderte Globalisierer", etwa über das Einwirken auf Einstellungen und Präferenzen, Ansatzpunkte zur Überwindung der Globalisierungshemmnisse. Unternehmen, denen es in diesem Sinne gelingt, die hemmenden kulturellen Faktoren aktiv zu verändern, lassen sich als „proaktive Globalisierer" kennzeichnen.

Den Prototyp eines solchen „proaktiven Globalisierers" stellt das Unternehmen McDonald's dar, das unter der Zielsetzung der Erschließung neuer Märkte und den damit einhergehenden Skaleneffekten um eine weltweite Homogenisierung der Essgewohnheiten bemüht ist. So wurden beispielsweise in China so genannte Voresser eingesetzt, um der Bevölkerung die für die chinesische Kultur ungebräuchlichen Fastfood-Essgewohnheiten näher zu bringen. Das Beispiel McDonald's verdeutlicht auf Grund des gerade gegenüber diesem Unternehmen vielfältig zum Ausdruck gebrachten Vorwurfs der kulturellen Amerikanisierung in besonderer Weise aber auch die Grenzen einer globalen Kulturhomogenisierung.

Vor dem Hintergrund der besonderen Sensibilität im Hinblick auf eine Globalisierung der Kultur erscheint es für „proaktive Globalisierer" sinnvoll, auch unter einem teilweisen Verzicht auf Kostendegressionseffekte bis zu einem gewissen Mindestmaß auf die kulturellen Besonderheiten der Zielregionen einzugehen. So erlaubt McDonald's neben der typischen Restaurantgestaltung und dem global einheitlichen Angebot zum Beispiel geringe Anpassungen in den Ländermärkten, beispielsweise das Angebot regionaler Spezialitäten. Der Büromöbelhersteller Steelcase bietet sein Schreibtischsystem zwar weltweit standardisiert an, berücksichtigt bei der Farbgebung jedoch landesspezifische Nachfragepräferenzen.[24]

Das aufgezeigte Spannungsfeld zwischen kulturell induzierter Differenzierung und kostengetriebener Standardisierung lässt sich besonders deutlich am Verlagsgeschäft illustrieren. Auf der einen Seite stehen medientypisch stark sinkende Stückkosten bei steigender Auflage, die für eine weitgehende Standardisierung von Format und Inhalt auf möglichst großen Märkten sprechen; auf der anderen Seite verhindern kulturelle Eigenheiten – etwa in den Ländern der Europäischen Union – eine Globalisierungsstrategie, die sich in der bloßen Anpassung an die jeweilige Landessprache erschöpft. Ein möglicher Weg aus diesem Zielkonflikt ist die Einbindung in strategische Allianzen zwischen Verlagshäusern – z. B. die European Dailies Alliance zwischen „Die WELT", „The

Daily Telegraph", „ABC" und „Le Figaro".[25] Auf diese Weise können sowohl die kulturellen Besonderheiten der Kunden angemessen berücksichtigt als auch über den Austausch einzelner Beiträge kostensenkende Synergien realisiert werden.

3.3.2 „Politisch-rechtlich gehinderte Globalisierer"

„Politisch-rechtlich gehinderte Globalisierer" sehen sich zwar nicht unterschiedlichen Präferenzen der Nachfrager gegenüber, ihnen ist eine Globalisierung der Unternehmenstätigkeit aber auf Grund politisch-rechtlicher Behinderungen nicht oder nur mit großen Einschränkungen möglich.

Der exogene Charakter der politisch-rechtlichen Faktoren macht es für diese Gruppe im Gegensatz zu den „kulturell gehinderten Globalisierern" auch nur in sehr eingeschränktem Maße – etwa durch Lobbying – möglich, die globalisierungshemmenden Parameter aktiv zu gestalten. Da eine globale Geschäftsstrategie für Unternehmen dieses Typs insofern nur realisierbar ist, wenn die Rahmenbedingungen durch Dritte (z. B. politische Institutionen) geändert werden, sollen sie als „reaktive Globalisierer" charakterisiert werden.

In der Vergangenheit war es beispielsweise Telekommunikationsunternehmen kaum möglich, eine globale Geschäftsstrategie zu verfolgen, da die nationalen Märkte durch in der Regel im Staatsbesitz befindliche Monopolunternehmen beherrscht wurden.[26] Erst die Liberalisierung der Telekommunikationsmärkte[27] hat es Unternehmen wie Vodafone oder der Deutschen Telekom gestattet, ihre Unternehmensstrategie global auszurichten, was im Ergebnis zu einem zunehmend globalen Wettbewerb in der Telekommunikationsbranche geführt hat.

Ein weiteres typisches Beispiel für „politisch-rechtlich gehinderte Globalisierer" findet sich im nach wie vor nicht vollständig liberalisierten Luftverkehrsmarkt. Zwischen vielen Ländern bestehen noch heute restriktive bilaterale Abkommen, zudem ist ausländischen Fluggesellschaften der Binnenverkehr in vielen Ländern untersagt.

Da ein aktives Einwirken auf die globalisierungshemmenden politisch-rechtlichen Rahmenbedingungen kaum möglich ist, bleibt für „politisch-rechtlich gehinderte Globalisierer" der Weg einer Umgehung der Globalisierungsbarrieren. Die Deutsche Lufthansa hat sich beispielsweise durch die Gründung der Star Alliance die Möglichkeit eröffnet, über Bündnispartner auf bislang verschlossenen Strecken Verkehr zu generieren.[28] Allerdings ist auch ein solches, vor allem auf Partnerschaften mit lokalen Unternehmen basierendes Ausweichen nur eingeschränkt möglich, da derartige Kooperationen oftmals durch rechtliche Beschränkungen restringiert sind.

3.3.3 „Politisch-rechtlich und kulturell gehinderte Globalisierer"

Die Globalisierungsbemühungen dieser Gruppe werden gleichermaßen von politisch-rechtlichen wie kulturellen Faktoren behindert. Daher bestehen kaum Chancen für eine Globalisierung. Beispiele für diese Gruppe sind in der Lebensmittelindustrie (z. B. Walfischfleischproduzenten) zu finden. Auf der einen Seite bestehen Vorbehalte gegen die Konsumierung von Walfischfleisch (ähnliches gilt auch für die Nutzung von Elfenbein, Pelzen etc.), auf der anderen Seite werden der Handel und die Einfuhr entsprechender Güter gesetzlich verboten.

3.4 „Intern gehinderte Globalisierer"

Der Typ des „intern gehinderten Globalisierers" ist dadurch gekennzeichnet, dass zwar weder politisch-rechtliche noch kulturelle Globalisierungshemmnisse bestehen, eine Globalisierung aber zumindest im Status quo kaum mit ökonomischen Vorteilen verbunden wäre. Gleichwohl kann Globalisierung für Unternehmen dieser Gruppe bei einer grundlegenden Neuausrichtung der Marktbearbeitung – und nicht nur der Ausweitung der bisherigen Geschäftstätigkeit auf den Weltmarkt – ökonomisch attraktiv werden. Da Unternehmen vom Typ „intern gehinderte Globalisierer" somit durch eine eigeninitiierte Veränderung der Marktbearbeitungsstrategie die Globalisierung für sich ökonomisch nutzbar machen, werden sie hier als „Self-made Globalisierer" charakterisiert.

Das mittelständische Unternehmen Winterhalter Gastronom ist ein Beispiel für einen solchen „Self-made Globalisierer".[29] Das Unternehmen produzierte in der Vergangenheit Geschirrspülmaschinen für verschiedene Marktsegmente, z. B. für Krankenhäuser, Hotels und Unternehmenskantinen, in denen sich die Kundenanforderungen nachhaltig unterschieden. Eine Ausweitung der Geschäftstätigkeit auf den Weltmarkt war in dieser Situation mit einem spürbaren Komplexitätsanstieg verbunden. Die Unternehmensführung hat in der Folge erkannt, dass es für das Unternehmen zielführender ist, die Produkte für eine Nachfragergruppe verstärkt weltweit anzubieten, statt viele Marktsegmente in ausgewählten Ländermärkten zu bedienen. Jürgen Winterhalter, Geschäftsführer von Winterhalter Gastronom, beschreibt dies folgendermaßen: „Hotels in Asien und Europa sind sich ähnlicher als Krankenhäuser und Hotels in Deutschland."[30] Dieser Erkenntnis folgend hat sich das Unternehmen auf den Gastronomiesektor konzentriert und ist in diesem Segment zum Weltmarktführer aufgestiegen.

Auf Basis des dargestellten Strategiewandels hat sich das Unternehmen eigenständig Wachstumspotenziale eröffnet und von den Globalisierungsmöglichkeiten profitiert. Zwar werden angestammte Märkte nicht mehr bearbeitet, dafür ist das Unternehmen verstärkt international aktiv geworden und nutzt die weltweit ähnlichen Kundenbedürfnisse. Insgesamt konnte durch diesen Schritt die Marktbearbeitungskomplexität deutlich reduziert werden, da die Kundenstruktur homogener geworden ist. Dies wiederum ermöglicht wachsende Lerneffekte, die den Vorsprung auf Konkurrenten im bearbeiteten Geschäftsfeld weiter erhöhen dürften. Die am Beispiel von Winterhalter Gastronom aufgezeigte Fokussierung auf ein enges und klar umrissenes Betätigungsfeld im Zuge der Globalisierung ist typisch für erfolgreiche „Self-made Globalisierer".

Die Chancen der Globalisierung können insofern von „intern gehinderten Globalisierern" aktiv genutzt werden, indem durch innovative Marktbearbeitungsstrategien bislang nur latent vorhandene ökonomische Vorteile realisiert werden. Dazu müssen Unternehmen jedoch bisherige Denkweisen reflektieren und systematisch analysieren, welche Chancen ein Agieren auf dem Weltmarkt bietet.

4.   Fazit

Globalisierung ist ein mehrdimensionales und dynamisches Phänomen, das zudem in ein komplexes Wirkungsgefüge von globalisierungstreibenden und -bremsenden Faktoren eingebettet ist. Auf Basis einer Systematisierung dieser Faktoren konnten typische respektive empfehlenswerte Globalisierungspfade abgeleitet werden. Dabei wurde deutlich, dass erstens das Chancenpotenzial der Globalisierung nicht für alle Unternehmen gleichermaßen Gültigkeit besitzt und zweitens der Weg zur Globalisierung auch nicht immer aktiv beschritten werden kann, sondern mitunter auch durch exogene Faktoren – etwa im politisch-rechtlichen Bereich – dominiert wird. Insofern scheint eine kontinuierliche Beobachtung der aufgezeigten globalisierungsrelevanten Parameter ebenso empfehlenswert wie eine sorgfältige Analyse der Möglichkeiten zur eigenständigen Gestaltung der Globalisierung. Dies gilt nicht zuletzt deshalb, weil zwar die Vision vom globalen Dorf sicher immer ein Mythos bleiben wird, aber vieles dafür spricht, dass der Globalisierungsprozess weiter voranschreitet.

Referenzen

[1]   ENQUETE-KOMMISSION (2002), S. 49.

[2]   Vgl. MCLUHAN, M. (1968).

[3]   Vgl. WTO (2003).

[4]   Im Jahr 2000 betrug der Weltmarktanteil der drei Allianzen am Weltluftverkehrsmarkt kumuliert 53,7 Prozent. Vgl. IATA (2001).

[5] Vgl. HÄRTEL, H.-H., JUNGNICKEL, R. et al. (1996), S. 17.

[6] Die globalisierungsbegünstigenden bzw. -bremsenden Faktoren berühren überwiegend nicht nur eine, sondern gleich mehrere der vier skizzierten Globalisierungsdimensionen. So begünstigen geringere Transportkosten nicht nur die ökonomische Dimension der Globalisierung, da bei sinkenden Transaktionskosten ein steigendes Welthandelsvolumen zu erwarten ist, sondern darüber hinaus auch gleichzeitig die kulturelle Dimension, da ein infolge geringerer Transportkosten wachsendes internationales Reiseaufkommen den kulturellen Austausch zwischen unterschiedlichen Regionen unterstützt.

[7] Eine präzise Beschreibung bietet Sinn. Vgl. SINN, H.-W. (2002).

[8] Vgl. SINN, H.-W. (2002).

[9] Vgl. OHMAE, K. (1985).

[10] Vgl. BACKHAUS, K., BÜSCHKEN, J., VOETH, M. (2001), S. 26 f. Im Jahr 2002 wurden beispielsweise 28 Prozent des Welthandels innerhalb Westeuropas, 6,5 Prozent innerhalb Nordamerikas und 12,1 Prozent innerhalb Asiens abgewickelt. Vgl. WTO (2003).

[11] Vgl. LEVITT, T. (1983).

[12] Vgl. HUNTINGTON, S. (1998).

[13] Vgl. SCHUMANN, H. (1999), S. 132.

[14] Vgl. HUGHES, L. R. (1997), S. 155, MARTIN, H.-P., SCHUMANN, H. (1996), S. 251 f.

[15] Vgl. Richtlinie 1999/44/EG des Europäischen Parlaments und des Rates vom 25. Mai 1999 zu bestimmten Aspekten des Verbrauchsgüterkaufs und der Garantien für Verbrauchsgüter.

[16] Vgl. SIMON, H. (2002).

[17] Vgl. GERSEMANN, O., GINGSBURG, H. J., HEISE, S., LOSSE, B., METHFESSEL, K., SIEREN, F. (2003) S. 22 - 29.

[18] Vgl. BURMANN, C. (2002).

[19] Die Lufthansa ist ein Beispiel dafür, wie sich ein Unternehmen einen sehr hohen Flexibilitätsgrad erhält, um schnellstmöglich auf geänderte Rahmenbedingungen zu reagieren. Zwar ist auf Grund neuer Technologien und fortschreitender internationaler Verflechtung mit einem Anstieg des Luftverkehrs zu rechnen, das Unternehmen setzt jedoch nicht ohne Vorbehalt auf ein kontinuierliches Wachstum des Luftverkehrs. Durch ein hochflexibles Flottenmanagement ist es der Lufthansa möglich,

auch kurzfristig auf negative Einflüsse (z. B. Terroranschläge, Kriege, Seuchen) zu reagieren und die Kapazitäten daran anzupassen.

[20] Vgl. BACKHAUS, K., BÜSCHKEN, J., VOETH, M. (2001), S. 64.

[21] Frankreich, Großbritannien, Spanien und Deutschland unterstützen die Finanzierung der Entwicklungskosten für den Airbus 380, die USA fördern Boeing indirekt über hohe Ausgaben in die zivile Luftfahrtforschung, um Airbus bzw. Boeing im globalen Wettbewerb zu unterstützen. Vgl. BACKHAUS, K., BÜSCHKEN, J., VOETH, M. (2001), S. 126 f.

[22] Vgl. SCHMIDT-BUCHHOLZ, A. (2001).

[23] Vgl. HÄRTEL, H.-H., JUNGNICKEL, R. et al. (1996), S. 26.

[24] Vgl. YIP, G. S. (1996), S. 109 f.

[25] Vgl. BOLZEN, S. (2001).

[26] Vgl. VOETH, M. (1996).

[27] Die Liberalisierung der Telekommunikationsmärkte wird im Telekommunikations-abkommen der WTO festgelegt. Es gelten jedoch zahlreiche Ausnahmeregelungen, weshalb viele Telekommunikationsmärkte, auch von WTO-Mitgliedsstaaten, weiterhin stark beschränkt sind. Vgl. LANGENFURTH, M. (2000), S. 244.

[28] Vgl. NETZER, F. (1999), S. 53 f.

[29] Vgl. SIMON, H. (1996), S. 52 ff.

[30] Vgl. SIMON, H. (1996), S. 70.

Literaturverzeichnis

BACKHAUS, K., BÜSCHKEN, J., VOETH, M. (2001): Internationales Marketing, 4. Aufl., Stuttgart: 2001.

BOLZEN, S. (2001): Ein europäisches Netzwerk, in: DIE WELT, 9. Mai 2001, S. 33.

BURMANN, C. (2002): Strategische Flexibilität und Strategiewechsel als Determinanten des Unternehmenswertes, Wiesbaden: 2002.

ENQUETE-KOMMISSION (2002): Schlussbericht der Enquete-Kommission: Globalisierung der Weltwirtschaft – Herausforderungen und Antworten, eingesetzt durch den Deutschen Bundestag, Drucksache 14/9200, 12. Juni 2002.

GERSEMANN, O., GINGSBURG, H. J., HEISE, S., LOSSE, B., METHFESSEL, K., SIEREN, F. (2003): Globalisierung in Gefahr, in: Wirtschaftswoche (2003), Nr. 16, S. 22 - 29.

HÄRTEL, H.-H., JUNGNICKEL, R. et al. (1996): Grenzüberschreitende Produktion und Strukturwandel – Globalisierung der deutschen Wirtschaft, Veröffentlichungen des HWWA-Instituts für Wirtschaftsforschung, Hamburg, Bd. 29, Baden-Baden: 1996.

HUGHES, L. R. (1997): Mobilität "made by Opel" – Der Weg zur Weltmarke und der Standort Deutschland: Erfordernisse, Möglichkeiten und Grenzen der Globalisierung, in: HÜLSBÖMER, A., SACH, V. (1997): Globalisierung – eine Satellitenaufnahme, Frankfurt am Main: 1997.

HUNTINGTON, S. (1998): Kampf der Kulturen. Die Neugestaltung der Weltpolitik im 21. Jahrhundert, Berlin: 1998.

IATA (2001): World Air Transport Statistics 2001.

LANGENFURTH, M. (2000): Der globale Telekommunikationsmarkt – Telekommunikationsdienste als international handelbare Dienstleistung, Frankfurt am Main u. a.: 2000.

LEVITT, T. (1983): The Globalization of Markets, in: Harvard Business Review (1983), Nr. 5, S. 87 - 91.

MARTIN, H.-P., SCHUMANN, H. (1996): Die Globalisierungsfalle – Der Angriff auf Demokratie und Wohlstand, Reinbek: 1996.

MCLUHAN, M. (1968): War and peace in the global village, New York: 1968.

NETZER, F. (1999): Strategische Allianzen im Luftverkehr: nachfrageorientierte Problemfelder ihrer Gestaltung, Frankfurt am Main u. a.: 1999.

OHMAE, K. (1985): Macht der Triade. Die neue Form des weltweiten Wettbewerbs, Wiesbaden: 1985.

SCHMIDT-BUCHHOLZ, A. (2001): Born globals – Die schnelle Internationalisierung von High-tech Start-ups, Köln: 2001.

SCHUMANN, H. (1999): Die Globalisierung, in: Der Spiegel (1999), Nr. 25, S. 121 - 137.

SIMON, H. (1996): Die heimlichen Gewinner: Die Erfolgsstrategien unbekannter Weltmarktführer – (Hidden Champions), Frankfurt am Main, New York: 1996.

SIMON, H. (2002): Terrorismus: Bremse des Welthandels, in: Internationale Politik, 57. Jg. (2002), Nr. 5, S. 17 - 22.

SINN, H.-W. (2002): Wie viel Globalisierung verträgt die Welt, in: ifo-Schnelldienst, 55. Jg. (2002), Nr. 24.

VOETH, M. (1996): Entmonopolisierung von Märkten – Das Beispiel Telekommunikation, Baden-Baden: 1996.

WTO (2003): Trade Statistics, http://www.wto.org/english/res_e/statis_e/statis_e.htm (Stand: 11. Mai 2003).

YIP, G. S. (1996): Die globale Wettbewerbsstrategie: weltweit erfolgreiche Geschäfte, Wiesbaden: 1996.

Rüdiger Grube

Das global führende Automobilunternehmen DaimlerChrysler – Strategieentwicklung und deren konsequente Umsetzung

1. Treiber der Globalisierung in der Automobilindustrie

2. Globalisierung bei DaimlerChrysler

3. Management der globalen Präsenz

4. Auswirkungen der automobilen Globalisierung

5. Gesellschaftliche Auswirkungen der Globalisierung und Zusammenfassung

Dr. Rüdiger Grube ist Mitglied des Vorstands der DaimlerChrysler AG.

1. Treiber der Globalisierung in der Automobilindustrie

> *„Globalisierung ist für unsere Volkswirtschaften das, was für die Physik die Schwerkraft ist. Man kann nicht für oder gegen das Gesetz der Schwerkraft sein – man muss damit leben."*
>
> Alain Minc, frz. Ökonom

In der gesamten Automobilindustrie haben sich Globalisierung und Konsolidierung in den letzten Jahren gegenseitig bedingt. Von 270 Automobilherstellern in 1930 sind heute weltweit gerade einmal 11 Hersteller übrig geblieben (Abbildung 1). Alle diese Hersteller verkaufen und produzieren ihre Produkte mittlerweile weltweit.

Das Ergebnis der Globalisierung in der Automobilindustrie ist ein stark konzentrierter Pkw-Markt, in dem die fünf größten Hersteller mit ihren Partnern 73 Prozent Weltmarktanteil haben. Und auch im Nutzfahrzeugmarkt teilen sich mittlerweile die fünf größten Hersteller 64 Prozent des Weltmarkts.

Für die starke Globalisierung in der Automobilindustrie gibt es im Wesentlichen drei Gründe:

- *Weltweit technisch weitgehend gleiche Anforderungen an das Produkt*

  Mobilität ist ein Grundbedürfnis des Menschen, welches weltweit gleich ist. Mit dem Automobil kann die Mobilität und damit meist auch die Produktivität des Menschen um ein Vielfaches gesteigert werden.

  Allerdings erfordert der breitflächige Einsatz von Automobilen auch Regeln und staatliche Beschränkungen, um die Sicherheit und Umweltverträglichkeit von Mobilität zu gewährleisten.

  Mit geringem zeitlichem Abstand werden daher von staatlicher Seite weltweit zunehmend ähnliche Anforderungen an die Sicherheitsausstattung und die Abgasqualität sowie an das Verbrauchsverhalten von Automobilen gestellt, die sich zeitnah an dem aktuell technisch Machbaren orientieren. Die Anforderungen an das Automobil sind daher mittlerweile weltweit standardisiert und werden oftmals durch politische Institutionen vorgegeben.

  Zur Realisierung dieser Anforderungen muss eine Vielzahl verschiedener Technologien im Automobil vereint werden. Angefangen bei der Materialtechnik zur Gewichtsverringerung durch Leichtbau über hochkomplexe und vernetzte Elektrik/Elektroniksysteme zur Fahrzeugsteuerung bis zur Beherrschung von Verbren-

nungsprozessen sowie der chemischen und elektronisch gesteuerten Abgasaufberei-
tung.

Die Integration dieser Technologien in einem Produkt erfordert viel Erfahrung und
ist entsprechend kapital- und ressourcenintensiv.

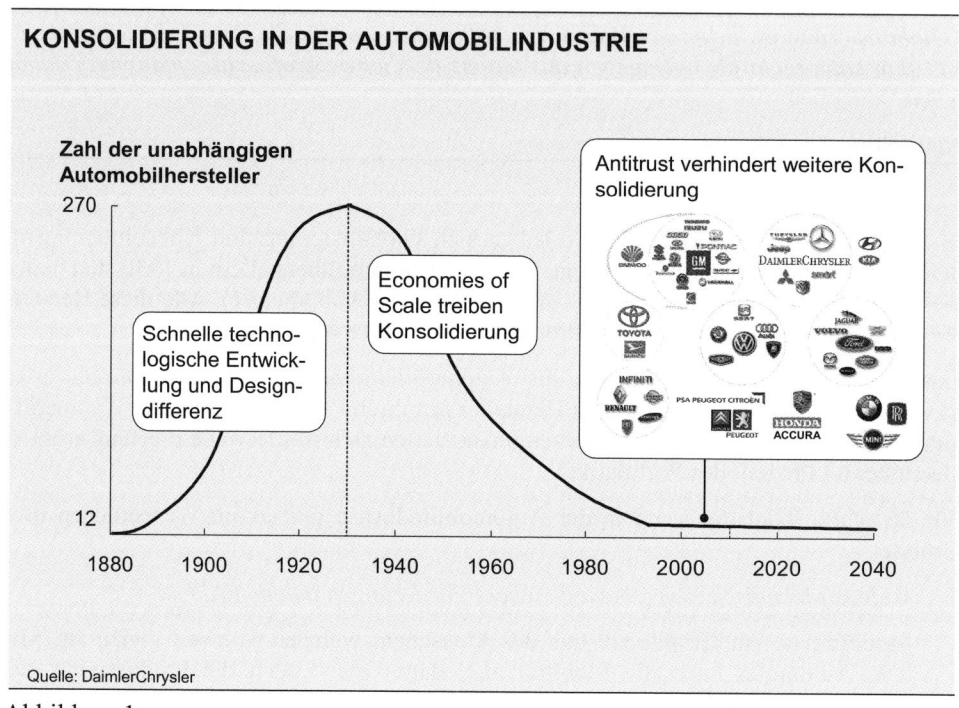

KONSOLIDIERUNG IN DER AUTOMOBILINDUSTRIE

Abbildung 1

- *Notwendigkeit hoher Investitionen in Entwicklung und Produktionsanlagen*

  Die Entwicklung eines neuen Automobils kostet heute mit Erprobung bis zu
  1 Milliarde EUR. Für die Fabriken, Produktionsanlagen und Werkzeuge werden
  allerdings nochmals 1 Milliarde EUR benötigt. Bis das erste Fahrzeug an einen
  Kun-den verkauft werden kann, müssen die Hersteller und ihre Zulieferanten also
  mehr als 2 Milliarden EUR vorfinanzieren. Ob das Fahrzeug dann über den Produkt-
  lebenszyklus von fünf bis sieben Jahren 500.000 Mal oder 3 Millionen Mal gebaut
  und verkauft wird, macht für die Amortisation dieser Kosten und damit letztlich den
  Verkaufspreis einen großen Unterschied.

  Es ist daher wirtschaftlich sinnvoll, die technische Basis für bestimmte Fahrzeuge
  möglichst häufig und damit weltumspannend einzusetzen und die individuellen
  Kundenwünsche der jeweiligen Märkte mit regionalen Anpassungen zu realisieren.

- *Teilweise hohe Importbeschränkungen und Auflagen*

  Die Automobilindustrie ist global mit weltweit verteilter Wertschöpfung und nicht mehr nur international mit weltweitem Vertrieb aus einem zentralen Stammhaus organisiert. Mittlerweile sind fast alle Automobilhersteller in den Weltmärkten mit lokaler Fertigung vertreten. Hintergrund dafür ist die Nähe zu den Kunden und damit die Möglichkeit, schnell auf Nachfrageänderungen reagieren zu können. Darüber hinaus haben hohe tarifäre und nicht tarifäre Auflagen bei der Einfuhr von Fertigfahrzeugen und die bessere Akzeptanz von lokal produzierten Produkten im Markt die Globalisierung in der Automobilindustrie in den letzten Jahren gefördert. Da die wirtschaftlich optimale Größe zur Fertigung von Fahrzeugen oder Fahrzeugkomponenten nicht immer mit dem Marktbedarf eines einzelnen Landes oder einer Wirtschaftszone übereinstimmt, hat sich ein weltweiter Produktionsverbund von Teilen, Komponenten und Fertigfahrzeugen bewährt, der auch lokale und industrielle Kompetenzen berücksichtigt.

DaimlerChrysler ist ein gutes Beispiel für den strategischen Trend der Globalisierung in der Automobilindustrie.

2. Globalisierung bei DaimlerChrysler

Die Unternehmensstrategie der DaimlerChrysler AG basiert heute auf vier Säulen:

- Globale Präsenz

- Breites Produktspektrum

- Starke Marken

- Innovations- und Technologieführerschaft

„Für uns ist bei Standortentscheidungen immer eine Maxime maßgebend – ‚go where the markets are'" – damit bringt der Vorstandsvorsitzende Jürgen E. Schrempp die Bedeutung der globalen Präsenz als wesentliche strategische Säule auf den Punkt. Sie wird durch das breite Produktspektrum sowie die Innovations- und Technologieführerschaft positiv beeinflusst.

Das Ziel eines global ausgeglichenen Produktportfolios war bereits bei dem Zusammenschluss der Daimler-Benz AG und der Chrysler Corporation zur DaimlerChrysler AG eine wesentliche strategische Motivation. Vor dem Merger erzielte die Chrysler Corporation 92 Prozent des Umsatzes auf dem nordamerikanischen Markt und war damit auch den konjunkturellen Schwankungen dieses sehr zyklischen Automobilmarkts ausgesetzt.

Die Daimler-Benz AG dagegen erzielte in 1997 mehr als 64 Prozent des Umsatzes in Westeuropa.

Mit 53 Prozent des Umsatzes in den USA, 31 Prozent in Westeuropa und 11 Prozent in Asien entspricht die globale Umsatzverteilung der DaimlerChrysler AG und ihrer strategischen Partner heute weitgehend dem Anteil des weltweiten Bruttosozialprodukts, das in der jeweiligen Region erwirtschaftet wird.

In 2002 hat DaimlerChrysler mehr als 4,5 Millionen Fahrzeuge hergestellt, die in mehr als 200 Länder weltweit verkauft wurden. Um der Marktnähe und der sozialen Verantwortung vor Ort nachkommen zu können, hat DaimlerChrysler nicht nur 58 Produktions- und Servicestandorte in Nordamerika und 29 Standorte in Europa, sondern bereits heute 7 Standorte in Asien, 6 in Südamerika und 4 in Afrika.

Dies zeigt sich auch in der weltweiten Verteilung der Mitarbeiter. Von rund 365.000 Mitarbeitern arbeiteten Ende 2002 bereits 2.665 in Asien, 5.288 in Afrika, 12.776 in Lateinamerika, 127.000 in Nordamerika und 216.000 in Europa für DaimlerChrysler.

Dabei sind die strategischen Allianzen und Joint Ventures noch nicht berücksichtigt, die einen wichtigen Bestandteil der Globalisierungsstrategie darstellen.

Nach der Fusion in die DaimlerChrysler AG 1998 wurde das Asiengeschäft mit den strategischen Partnern Mitsubishi Motors Corporation (MMC) und Hyundai Motor Company (HMC) ausgebaut.

Der asiatische Markt für Nutzfahrzeuge macht heute bereits 41 Prozent des Weltmarkts aus und wird bis 2012 nach Branchenschätzungen auf 43 Prozent anwachsen (Abbildung 2). Auch der Pkw-Markt wird in Asien in den nächsten Jahren von 22 Prozent Weltmarktanteil auf 27 Prozent bzw. 16,8 Millionen Fahrzeuge pro Jahr steigen.

Um an diesem überproportionalen Wachstum im Automobilmarkt zu partizipieren, wurden Kooperationen in Japan, Korea und China etabliert – drei Märkten, die zusammen 70 Prozent des asiatischen Markts ausmachen.

Mit einer Beteiligung von 37,3 Prozent an Mitsubishi Motors wurde der Zugang zum japanischen Pkw-Markt erschlossen, in dem Mitsubishi einen Marktanteil von 8 Prozent hat. Die Nutzfahrzeugsparte Mitsubishi Fuso hält am japanischen Nutzfahrzeugmarkt sogar einen Marktanteil von 31 Prozent und ist damit Marktführer. Mitsubishi Fuso wurde Anfang 2003 von der Mitsubishi Motors Company abgespalten. An der neuen Gesellschaft hat DaimlerChrysler einen Anteil von 43 Prozent erworben und ist damit in der Lage, das weltweite Nutzfahrzeuggeschäft auf eine noch breitere Basis zu stellen.

Auch der koreanische Markt ist für ein europäisches Unternehmen auf der Absatz- und Beschaffungsseite nur mit einem lokalen Partner zugänglich. Mit einer Beteiligung von 10,3 Prozent an Hyundai Motor Company ist DaimlerChrysler im „Board of Directors" vertreten. Eines der Projekte mit Hyundai sieht die Entwicklung und Fertigung eines Reihen-4-Zylindermotors vor, der in Modellen von Chrysler, Mitsubishi und Hyundai mit jeweiligen markenspezifischen Applikationen zum Einsatz kommen wird. Durch diese globale Bündelung des Motors über Marken und Märkte hinweg wird der Rumpfmotor 1,5 Millionen Mal pro Jahr produziert, was erhebliche Skaleneffekte ermöglicht und gleichzeitig dem Kunden ein günstiges und technisch hochwertiges Produkt bietet.

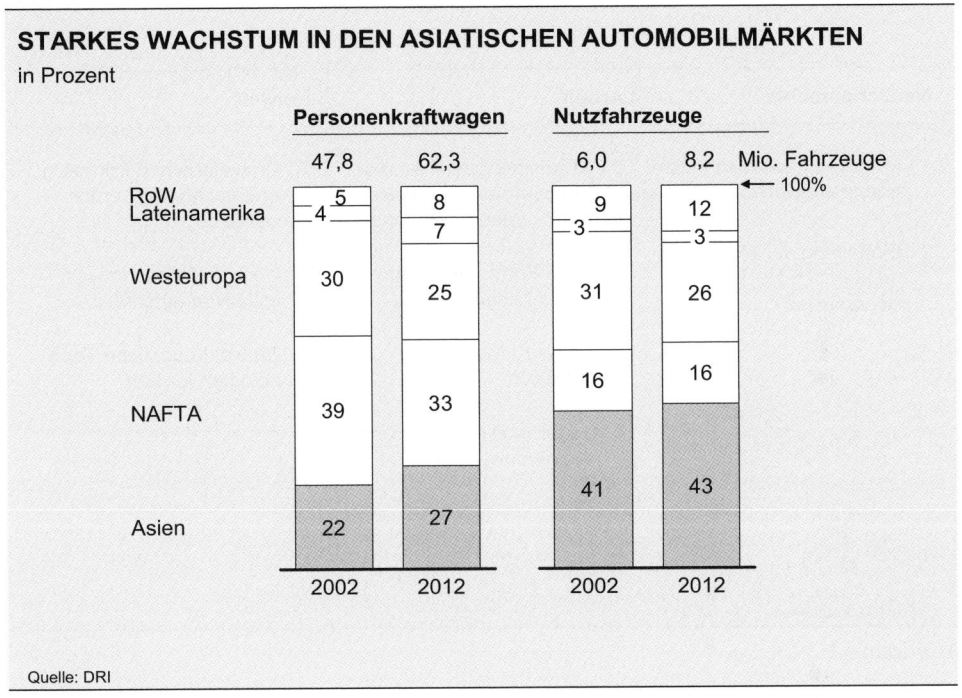

STARKES WACHSTUM IN DEN ASIATISCHEN AUTOMOBILMÄRKTEN
in Prozent

Abbildung 2

Die Nutzfahrzeugsparte der Hyundai Motor Company wird voraussichtlich im Herbst 2003 in die Daimler Hyundai Truck Corporation (DHTC) ausgegründet, an der die DaimlerChrysler AG einen Anteil von 50 Prozent hat. Dieses Unternehmen hält einen Marktanteil von 63 Prozent des koreanischen Markts und bietet eine Produktpalette, welche für die Expansion in die asiatischen Emerging Markets ideal positioniert ist.

Ein zentraler asiatischer Wachstumsmarkt ist China mit jährlichen Absatzsteigerungen von 11 Prozent im Vergleich zu weniger als 1 Prozent in Europa oder auch den USA. China ist bereits seit 1984 ein wesentlicher Baustein der Globalisierungsstrategie, denn Chrysler hat damals die erste Produktionslizenz für Pkw in China erhalten und hat seither das Geschäft erheblich ausgebaut. Eine Ausweitung der Aktivitäten mit der Fertigung von Mercedes-Benz-Fahrzeugen der E- und C-Klasse vor Ort ist darüber hinaus geplant.

Je mehr Aktivitäten weltweit lokal durchgeführt werden, desto wichtiger sind Prinzipien für eine verantwortungsvolle Globalisierung. DaimlerChrysler hat sich daher frühzeitig dem Corporate-Citizenship-Kodex der UN angeschlossen (Abbildung 3).

NEUN PRINZIPIEN EINES GUTEN CORPORATE CITIZEN

Menschenrechte	**Arbeit**	**Umwelt**
(1) Menschenrechte schützen und respektieren	(3) Vereinigungsfreiheit respektieren und Tarifverhandlungen anerkennen	(7) Umweltthemen frühzeitig und nachhaltig berücksichtigen
(2) Einhaltung der Menschenrechte auch im Umfeld sicherstellen	(4) Jede Form von Zwangsarbeit beseitigen	(8) Übergreifende Umweltinitiativen unterstützen
	(5) Keine Kinderarbeit zulassen	(9) Umweltfreundliche Technologien fördern
	(6) Jegliche Diskriminierung vermeiden	

Quelle: UN, Kofi Annan

Abbildung 3

Die Verwirklichung der Prinzipien eines verantwortungsvollen „Corporate Citizen" erfolgt mit Maßnahmen und Programmen in Abhängigkeit von der jeweiligen Situation vor Ort, die mit dem Weltbetriebsrat konkretisiert und weltweit als Handlungsrichtlinie um-gesetzt wurden. Aus den Erfahrungen der Globalisierungsaktivitäten bei DaimlerChrysler lassen sich Thesen zu den Auswirkungen einer weltweit vernetzten Wirtschaft ableiten.

These 1: Globalisierung schafft Wertschöpfung und damit Arbeitsplätze vor Ort

Die Einhaltung dieser Prinzipien zu Menschenrechten, Arbeitsbedingungen und Umweltschutz ist die Basis für lokale Verantwortung und Akzeptanz in der Bevölkerung. In Südafrika ist DaimlerChrysler auf diese Weise bereits zum größten Investor geworden. Durch die über 5.000 Arbeitsplätze in Südafrika erhalten beispielsweise 23.000 Mitarbeiter und deren Angehörige freien Zugang zu Medikamenten im Rahmen einer Anti-Aids-Initiative.

These 2: Globalisierung verbessert die soziale und gesundheitliche Absicherung

Als Vorsitzender der „Global Business Coalition on HIV/AIDS" setzt sich Jürgen E. Schrempp für den weltweiten Kampf gegen Aids ein. Bei der Auszeichnung für das umfassende Vor- und Fürsorgeprogramm von DaimlerChrysler für seine Mitarbeiter und Familien durch den UN-Generalsekretär Kofi Annan betonte er: „Wir werden nur dann als globales Unternehmen erfolgreich sein, wenn wir in den unterschiedlichen Märkten der Welt zu Hause sind. Dazu gehört natürlich auch, aktiv daran mitzuwirken, die große Seuche Aids/HIV im südlichen Afrika zu bekämpfen. Ich freue mich, dass wir mit der Global Business Coalition jetzt unsere Kräfte mit anderen namhaften Unternehmen bündeln können."

These 3: Globalisierung erhöht die Qualifizierung vor Ort

Viele solcher Projekte führen dazu, dass verantwortungsvolle Globalisierung den Wohlstand und die Ausbildung vor Ort nachweislich erhöht und damit Probleme lösen hilft, die gelegentlich leichtfertig der Globalisierung zugeschrieben werden.

Die Globalisierung in der Automobilindustrie hat aber auch die Anforderungen an das Management in einer vernetzten Organisation erhöht, die über Distanzen und Zeitzonen hinweg im wahrsten Sinne des Wortes nicht mehr „schläft" und nach dem Lauf der Sonne strukturiert ist.

3. Management der globalen Präsenz

DaimlerChrysler hat eine an den Produkten und Marken ausgerichtete Organisationsstruktur, die sich in vier Geschäftsfelder (Divisionen) und strategische Partner aufteilt (Abbildung 4).

Die Marken Mercedes-Benz, smart und Maybach sind in der Mercedes Car Group zusammengefasst und haben sich mit ihren Produkten auf Personenkraftwagen im Premium- und Luxussegment spezialisiert, in dem sie mit 1,2 Millionen Fahrzeugen pro

Jahr weltweit eine führende Position einnehmen. Der Umsatz dieses Geschäftsfelds betrug in 2002 mehr als 50 Milliarden EUR.

Mit den Marken Chrysler, Dodge und Jeep ist die Chrysler Group im Segment der Pkw und leichten Nutzfahrzeuge insbesondere bei den Minivans, Sport-Utility- und Pick-up-Fahrzeugen vertreten. Mit 2,8 Millionen abgesetzten Einheiten hat dieses Geschäftsfeld in 2002 einen Umsatz von 60 Milliarden EUR erzielt.

Abbildung 4

Der Nutzfahrzeugbereich vertreibt weltweit Transporter, Lkw und Busse. Die acht Marken, darunter Mercedes-Benz, Freightliner, Setra, Sterling usw., werden teilweise nur in einzelnen Märkten angeboten und dienen damit der regionalen Differenzierung. Mit 485.000 verkauften Fahrzeugen pro Jahr und 28 Milliarden EUR Umsatz ist der Nutzfahrzeugbereich mit seinen strategischen Partnern weltweiter Marktführer mit einem Weltmarktanteil von 17 Prozent.

Das vierte Geschäftsfeld, die DaimlerChrysler Services, stellt den drei Fahrzeugdivisionen Finanzdienstleistungen mit dem Fokus auf Absatzfinanzierung zur Verfügung. Mit einem Portfolio von 103 Milliarden EUR ist die DaimlerChrysler Services der drittgrößte Automobilfinanzdienstleister weltweit mit Dependancen rund um den Globus.

Ergänzt werden diese vier Geschäftsfelder durch die strategischen Allianzen mit den Partnern Mitsubishi Motors Corporation und Hyundai Motor Company.

Auf Grund dieser Organisation ergeben sich drei wesentliche globale Schnittstellen, die gezielt koordiniert werden müssen (Abbildung 5).

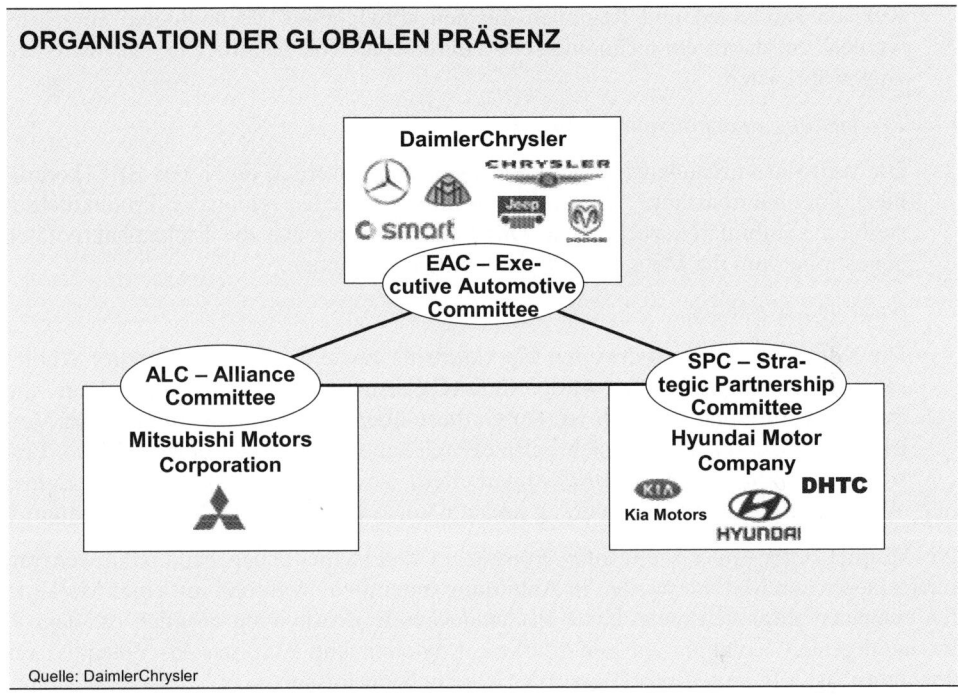

Abbildung 5

Die geschäftsfeldübergreifenden Themen innerhalb der DaimlerChrysler AG werden durch das Executive Automotive Committee (EAC) wahrgenommen, einem Vorstands-gremium, das sich unter Leitung des Vorstandsvorsitzenden aus den Verantwortlichen für die Mercedes Car Group, Chrysler Group, Nutzfahrzeuge und Konzernentwicklung zusammensetzt.

Die Aufgabe des EAC ist die globale und geschäftsfeldübergreifende Koordination fol-gender Themen:

- *Produktportfolio*

  Welche Produkte wann in welchem Markt angeboten werden, wird in einem „Long-Range Product-Plan" auf Jahre im Voraus festgelegt: Allein bis 2005 werden von DaimlerChrysler und seinen Partnern mehr als 53 neue Produkte weltweit auf den Markt gebracht. Dabei wird nicht nur die Markteinführung, sondern vor allem auch die gemeinsame Nutzung von Fahrzeugplattformen und -komponenten koordiniert.

*   *Technologie und Innovation*

    In einem Technologiekalender wird zwischen den Geschäftsfeldern festgelegt, in welchen Produkten und Regionen die neu entwickelten Technologien eingesetzt werden, um damit die technologische Führerschaft von DaimlerChrysler dauerhaft zu gewährleisten.

*   *Produktionskapazitäten und Einkauf*

    Die weltweit vorhandenen Produktionskapazitäten werden durch das EAC koordiniert, um eine konstante Auslastung mit einer optimalen regionalen Produktbereitstellung kombinieren zu können. Darüber hinaus werden die Einkaufsaktivitäten abgestimmt, um die Mengen weltweit bündeln zu können.

*   *Sales und Marketing*

    Die Koordination des weltweiten Marktauftritts sowie der Organisation der Wholesale- und Retail-Aktivitäten wird vom EAC übernommen, wenn dies regionen- und markenübergreifend sinnvoll ist. Durch diese übergeordnete Abstimmung der Vertriebsorganisationen ergibt sich beispielsweise die Möglichkeit einer globalen Personalentwicklung von Vertriebsmitarbeitern sowie der Nutzung gemeinsamer Werkzeuge zur Vertriebssteuerung und zur Verwaltung von Landesgesellschaften.

Die Möglichkeiten einer weltweiten Präsenz in unterschiedlichen Produktklassen mit unterschiedlichen Marken werden in Abbildung 6 deutlich. Während mit einer Marke in den einzelnen Regionen meist keine flächendeckende Bearbeitung möglich ist, liegt in der intelligenten Kombination von Marken, Regionen und Märkten das Potenzial für eine möglichst effiziente Befriedigung der Kundenbedürfnisse.

Seit über drei Jahren arbeitet das EAC kontinuierlich an der Realisierung von bereichsübergreifenden Potenzialen. Der Start war dadurch geprägt, dass die eingesetzten Werkzeuge und Prozesse über die Geschäftsbereiche hinweg vereinheitlicht werden mussten. Diese Standardisierung umfasste neben Entwicklungsabläufen und ihrer Meilensteine sowie einer einheitlichen Kommunikationsplattform vor allem auch die Organisation. So sind heute alle Entwicklungsbereiche grundsätzlich gleich aufgebaut: Jede Fahrzeugbaureihe hat die gleichen Funktionsgruppen und Themenzugehörigkeiten. Dadurch findet beispielsweise ein Fachentwickler im Chrysler Technology Center sofort seinen deutschen Partner in der Mercedes Car Group und kann damit auch direkt auf den Einkäufer dieser Funktionsgruppe zugreifen, um eine Komponente für den globalen Einsatz zu optimieren.

Mit dieser vereinheitlichten Prozessbasis wurde in mehreren Wellen eine Reihe von Komponenten standardisiert. Gebündelt wurden dabei nur Komponenten, die nicht entscheidend für den Markencharakter sind. Sauerstoffsensoren, Airbag-Steuergeräte, aber auch Kraftstoffpumpen zum Beispiel machen bis zu 30 Prozent des gesamten Einkaufs-potenzials aus und können ohne das Risiko der Markenverwässerung vereinheitlicht wer-den. Mit einer solchen Bündelung können erhebliche Einspareffekte ohne Einschränkung des Kundennutzens realisiert werden. Gleichzeitig wurden die Positionierungen der ein-zelnen Marken und ihrer Werte festgelegt und in ein Mehr-Marken-Management einge-bunden, welches den Wettbewerb der DaimlerChrysler-Produkte untereinander mini-miert.

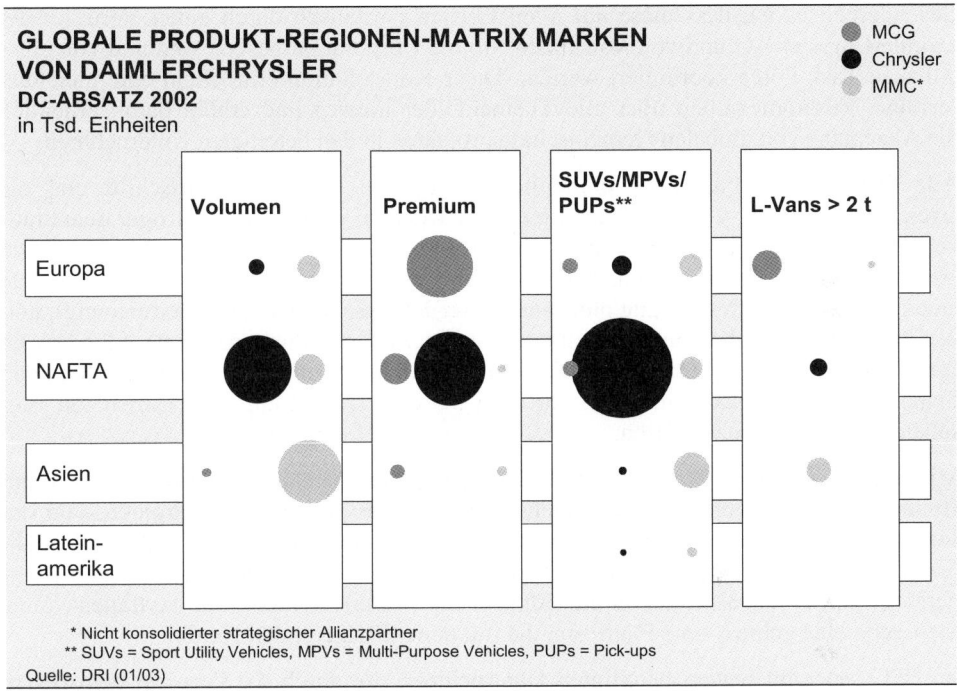

Abbildung 6

Trotz der langen Produktentwicklungs- und Lebenszyklen in der Automobilindustrie konnten bereits nach drei Jahren EAC-Arbeit die ersten in diesem Gremium initiierten Fahrzeuge in den Markt eingeführt werden – zum Beispiel erst jüngst das Chrysler Sportcoupé Crossfire. Seitdem wird die Wertschöpfungskette von standardisierten Pro-zessen und gemeinsamen Komponenten innerhalb des DaimlerChrysler-Konzerns und mit den strategischen Partnern weiter optimiert.

Das EAC ist als Gremium damit die Plattform zur Diskussion und Vorbereitung von strategischen Produktentscheidungen hinsichtlich Pkw- und Transportermarken von DaimlerChrysler. Als internes Gremium entscheidet es nicht über die Projekte mit den strategischen Partnern Mitsubishi Motors und Hyundai Motor.

Aus diesem Grund wurde mit dem Alliance Committee (ALC) eine Plattform geschaffen, auf der die Entscheidungsträger von DaimlerChrysler und von Mitsubishi Motors zusammentreffen. Alle Projekte zwischen den beiden Allianzpartnern werden in diesem Gremium vorbereitet und nach Entscheidung im jeweiligen Vorstand der beiden Unternehmen umgesetzt und gesteuert.

Um die Komplexität Dutzender globaler Projekte zu managen, gibt es unterhalb des ALC eine Struktur aus Projekt-Steering-Committees und Alliance-Projekten, deren Besonderheit es ist, dass diese auf allen Ebenen paritätisch durch einen Vertreter der DaimlerChrysler AG und von Mitsubishi Motors Corporation besetzt sind und von einer Alliance Task Force koordiniert werden. Diese Konstellation ermöglicht eine gleichberechtigte Zusammenarbeit über alle Themenfelder hinweg und erhöht damit erheblich die Akzeptanz von globalen Gemeinschaftsprojekten in den beteiligten Unternehmen.

Alle Projekte berichten nach einheitlichen Kriterien den Arbeitsfortschritt und die erreichten Ziele. Die Vereinheitlichung einiger weniger, aber aussagekräftiger quantitativer Zielgrößen hat in der Abarbeitung der Projekte die Steuerung erheblich vereinfacht. Mit Hilfe von Ampelsystemen, die auf Grund des Zielerreichungsgrads der Projekte einen roten (grobe Abweichung ohne ausreichende Maßnahmen zur Zielerreichung), gelben (Abweichung, aber mit Maßnahmen ist die Zielerreichung möglich) oder grünen (keine Zielabweichung) Status zeigen, kann das Alliance Committee auf einen Blick den Stand der Projekte nachvollziehen und sich bei den Treffen auf die Themen mit Entscheidungsbedarf konzentrieren.

Mit ähnlichen Zielen wurde auch das Strategic Partnership Committee (SPC) mit Hyundai Motor eingerichtet. Die wachsende Zahl der gemeinsamen Projekte von der Industrialisierung eines Nutzfahrzeugmotors in Korea über die Entwicklung und Produktion eines Welt-4-Zylinder-Motors bis zur Ausgliederung des gesamten Nutzfahrzeugbereichs von Hyundai Motor in ein 50:50-Joint-Venture erfordert zur vertrauensvollen Steuerung eine gemeinsame Plattform, die mit dem SPC gefunden wurde.

Im SPC sind von beiden beteiligten Unternehmen die durch die Projekte betroffenen Vorstandsmitglieder vertreten. Damit konzentriert sich die Arbeit im SPC auf die Abweichungsanalyse bestehender Projekte sowie auf die Verständigung über weitere gemeinsame Projekte. Mit dem Commitment des SPC wird die Abarbeitung der Projekte auf Arbeitsebene erheblich vereinfacht. Die gestarteten Projekte markieren nur den Beginn einer Reihe von weiteren Kooperationen, die mit dem Allianzpartner erarbeitet werden.

Denn die Bedeutung von globalen Projekten für die Automobilindustrie wird in den nächsten Jahren weiter zunehmen und das Management von globalen Netzwerken wird immer mehr zum Erfolgsfaktor für die Automobilunternehmen. Der nächste Abschnitt macht deutlich, wie sich die Globalisierung der Automobilindustrie auf die Wirtschaftsstrukturen auswirkt.

4. Auswirkungen der automobilen Globalisierung

Das Thema Globalisierung und seine Auswirkungen auf die politische und ökonomische Welt wird seit einigen Jahren sehr kontrovers diskutiert und ist eine Diskussion, die von vielen Missverständnissen geprägt ist.

DaimlerChrysler hat eine lange Historie im Bestreben um eine verträgliche Globalisierung seiner geschäftlichen Aktivitäten. Aus dieser Erfahrung können drei Thesen abgeleitet werden, die deutlich machen, welche Auswirkungen die automobile Globalisierung auf die Weltwirtschaft und vor allem die beteiligten Länder hat.

> *These 4: Globalisierung erhöht den weltweiten Wohlstand und bedeutet nicht den Abbau sozialer Standards*

Bereits seit mehreren Jahrzehnten ist das Wirtschaftswachstum der Entwicklungsländer mit durchschnittlich 5 Prozent/Jahr doppelt so hoch wie das der Industrieländer, die in der gleichen Zeit nur um etwa 2,5 Prozent/Jahr wachsen konnten. Natürlich startet dieses Wachstum von einem niedrigeren Niveau, aber Länder wie Südkorea und Mexiko sind dadurch bereits vom Entwicklungsland zur Industrienation aufgestiegen, und ein Land wie China wird sich durch die Öffnung möglicherweise noch in diesem Jahrhundert zur dominierenden Wirtschaftsmacht entwickeln.

Verlierer sind die Länder, die sich der Globalisierung entziehen, mit verheerenden Auswirkungen auf die Wohlstandsverhältnisse der dort lebenden Bevölkerung.

Der Anteil der Direktinvestitionen, die in die Entwicklungsländer gehen, hat sich von 15 Prozent in 1980 auf 30 Prozent in 2002 verdoppelt. Direktinvestitionen haben fast ausschließlich positive Auswirkungen auf die jeweilige Region, weil sie dort neue Arbeitsplätze bei lokalen Unternehmen schaffen, das Steueraufkommen erhöhen, für die Ausbildung von Mitarbeitern verwendet werden und damit letztendlich einen Technologie- und Know-how-Transfer erzeugen.

Beispielsweise wurden durch die Bündelung der Produktion aller rechtsgelenkten Fahrzeuge der Mercedes-Benz C-Klasse in Südafrika zusätzlich 3.500 Arbeitsplätze direkt bei DaimlerChrysler geschaffen. Dazu kommen zahlreiche zusätzliche Jobs bei Zulieferern, die sich in der Folge vor Ort ansiedeln.

These 5: Globalisierung nutzt auch dem Heimatstandort

Da Globalisierung nicht den Rückzug aus den traditionellen Standorten bedeutet, sondern Investition in Zukunftsmärkte, nutzt sie auch dem Heimatstandort von Unternehmen.

Bei DaimlerChrysler wird beispielsweise durch drei neue Stellen im Ausland etwa ein vollwertiger Arbeitsplatz in Deutschland geschaffen. Letztendlich wird durch die Einrichtung produktiver Arbeitsplätze im Ausland das Unternehmen zu Hause wettbewerbsfähiger und robuster, wodurch die bestehende Beschäftigung gesichert wird.

Ein gutes Beispiel bei DaimlerChrysler ist hier die Mercedes-Benz M-Klasse, ein Sport-Utility-Fahrzeug, das dort gefertigt wird, wo der Markt für sportliche Offroad-Fahrzeuge am größten ist, nämlich in den USA. Die Motoren und andere Komponenten für diese Fahrzeuge kommen aber weiterhin aus Deutschland, so dass auch hier neue Arbeitsplätze geschaffen wurden.

These 6: Nachhaltige Globalisierung stabilisiert die Weltwirtschaft

---

Im Zusammenhang mit Globalisierung wird gelegentlich der Vorwurf erhoben, die Unternehmen würden auf der Suche nach schnellen Profiten eine eher sprunghafte Investitionspolitik betreiben. Tatsache ist, dass sich selbst in den volkswirtschaftlichen Krisen der letzten Jahre keines der großen multinationalen Unternehmen aus diesen Regionen zurückgezogen hat. Von allen großen Unternehmen wurden die langfristig angelegten Investitionen auch in schwierigen Zeiten fortgeführt. Belegt wird das durch die Tatsache, dass selbst im Krisenjahr 1998 die Direktinvestitionen ausländischer Unternehmen in Entwicklungs- und Schwellenländer mit 155 Milliarden USD nur 5 Prozent unter dem Vorjahresniveau lagen.

Berücksichtigt man zusätzlich den massiven Rückgang von inländischen Investitionen in nationalen Krisenzeiten, kann die stabilisierende Wirkung ausländischer Investoren gar nicht hoch genug eingeschätzt werden.

5. Gesellschaftliche Auswirkungen der Globalisierung und Zusammenfassung

Etwa die Hälfte der Weltbevölkerung lebt heute mit einem Einkommen von weniger als zwei Dollar pro Tag. Eine Milliarde Menschen muss sogar mit einem Dollar pro Tag auskommen und die Bevölkerung wird sich in den ärmsten Ländern bis 2050 voraussichtlich verdoppeln, während sie in Summe „nur" um 50 Prozent wächst. Allein diese demografische Entwicklung wird dafür sorgen, dass weltweite Armut und Unterernährung die zentrale Herausforderung der nächsten Jahre bleibt.

These 7: Globalisierung steigert die Kaufkraft der Bevölkerung

Die Frage ist, ob Globalisierung diese Entwicklung positiv oder negativ beeinflusst. Durch die mit der Globalisierung einhergehende Vernetzung der Medien werden weltweite Wohlstandsunterschiede immer transparenter. Dabei fällt kaum auf, dass der Anteil der Weltbevölkerung, die ihr tägliches Leben mit nur einem Dollar bestreiten muss, in den letzten Jahren kontinuierlich gesunken ist und trotz des starken Bevölkerungszuwachses in den armen Ländern auch in Zukunft sinken wird. Hatten in 1987 noch etwa 28 Prozent der Weltbevölkerung nur einen Dollar täglich zur Verfügung, so sind es in 2002 noch 22 Prozent und bis 2008 wird dieser Anteil voraussichtlich auf 12,3 Prozent zurückgegangen sein. In den letzten 30 Jahren wurden mehr Menschen aus der Armut befreit als jemals zuvor in der Geschichte und heute lebt erstmals mehr als die Hälfte der Weltbevölkerung unter Regierungen, die sie selbst gewählt hat.

Dabei sind es die globalisierten Länder, die von dieser Entwicklung am stärksten profitieren. Während nämlich das Wirtschaftswachstum der wenig globalisierten Entwicklungsländer zwischen 1980 und 1990 mit einem Wachstum von etwa 12 Prozent auf sehr niedrigem Niveau fast stagnierte, haben die stärker globalisierten Entwicklungsländer in der gleichen Zeit ein mehr als doppelt so hohes Wirtschaftswachstum von etwa 30 Prozent realisiert. Übertragen auf das Bruttosozialprodukt pro Kopf bedeutet das wegen des Bevölkerungswachstums in den weniger globalisierten Ländern eine Abnahme um etwa 2 Prozent pro Jahr, während in den der Globalisierung offen gegenüberstehenden Entwicklungsländern das Bruttosozialprodukt pro Einwohner jährlich um fast 6 Prozent steigt. Die Agrarindustrie wäre heute in der Lage, etwa zwölf Milliarden Menschen zu ernähren, wenn sie global organisiert würde.

These 8: Globalisierung hilft bei der Harmonisierung von Wohlstandsunterschieden

Globalisierung ist zwar sicher kein Allheilmittel, um Wohlstandsunterschiede weltweit zu reduzieren, aber sie ist ein möglicher Ansatzpunkt. Der Schlüssel zu mehr Wohlstand und Freiheit liegt in der Integration aller Staaten und Gruppen und nicht in nationaler Abgrenzung. Für globale Unternehmen wie DaimlerChrysler ist dieser grenzüberschreitende Ansatz die Grundlage des Handelns.

Eine konsequente und verantwortungsvolle Globalisierung hat in der Geschichte von DaimlerChrysler seit jeher eine wesentliche Rolle gespielt. In der Automobilindustrie hat sich das erfolgreiche Management der Globalisierung als zentrale Herausforderung in der Konsolidierung herausgestellt und wird wohl auch für die weitere Entwicklung dieser Industrie eine entscheidende Rolle spielen. Für Jürgen E. Schrempp ist es „eine Tatsache, dass globale Geschäfte das Potenzial haben, den Wohlstand und die Lebensstandards weltweit anzuheben. Die Herausforderung besteht darin, den Wohlstand so gut zu verteilen wie möglich. Natürlich müssen die Geschäfte profitabel sein, aber bei der Globalisierung geht es nicht nur um die Maximierung von Profiten, sondern auch darum, überall dort ein guter ‚corporate citizen‘ zu sein, wo wir Geschäfte machen – und das sind mittlerweile mehr als 200 Staaten“.

Auf Grund dieser Überzeugung ist die verantwortungsvolle Globalisierung eine der strategischen Säulen der DaimlerChrysler AG.

Siegfried Luther/Alexander Broich

Diversifikation versus Fokussierung – Strategisches Portfoliomanagement am Beispiel der Bertelsmann AG

Dr. Siegfried Luther ist Stellvertretender Vorsitzender des Vorstands der Bertelsmann AG. Dr. Alexander Broich ist Senior Vice President Corporate Development der Bertelsmann AG in New York.

1. Portfoliostrategien – Paradigmen in Theorie und Unternehmenspraxis

Managementliteratur und Unternehmenspraxis unterliegen Modeerscheinungen, genau wie die Bekleidungs- oder Musikindustrie. Anders ist die immer wieder von teilweise gegenläufigen Konzepten geprägte Diskussion um das Portfoliomanagement kaum zu erklären. Von Risikodiversifizierung durch Konglomerate zu Fokussierung auf Kernkompetenzen, vom expansiven M&A-Boom zum Konsolidierungsgebot – innerhalb weniger Jahre lassen sich schlagartig wechselnde Paradigmen in Theorie und Unternehmenspraxis beobachten.

Beim Portfoliomanagement geht es um die zentrale Frage der Allokation von Unternehmensressourcen. Unternehmen legen im Rahmen ihres Portfoliomanagements fest, ob und mit welchem Gewicht sie in bestimmten Märkten tätig sein wollen. Portfoliomanagement ist damit systematischer Bestandteil strategischer Unternehmensführung.

Die konzeptionelle Basis des Portfoliomanagements geht auf die Portfolioanalyse von Nobelpreisträger HARRY M. MARKOWITZ im Jahre 1952 zurück[1], die Investoren bei der optimalen Zusammensetzung eines Wertpapier-Portefeuilles helfen soll. Diese ursprünglich finanzwirtschaftliche Analysemethode verwendet die zwei zentralen Merkmale „Ertragskraft" und „Risiko" zur Beurteilung von Wertpapieren und ermöglicht anhand einer matrixartigen Darstellung die anschauliche Visualisierung des Gesamtportfolios eines Investors.

Dieses Grundkonzept wurde von der Boston Consulting Group (BCG) zur Darstellung von Produkt-Markt-Beziehungen für die strategische Unternehmensführung weiterentwickelt. Das Ergebnis ist die Marktwachstum-Marktanteil-Matrix: Für jedes Matrixfeld (Stars, Cash Cows, Dogs, Question Marks) werden Normstrategien definiert, aus denen sich die spezifischen Strategien für die einzelnen Geschäftseinheiten ableiten lassen.[2]

McKinsey entwickelte in Zusammenarbeit mit General Electric auf Basis des Grundprinzips der BCG-Matrix das Marktattraktivitäts-Wettbewerbsvorteils-Portfolio[3]. Im Wesentlichen handelt es sich hierbei um eine differenziertere Definition der Matrixachsen: Marktattraktivität schließt nicht nur das Marktwachstum ein (wie bei der BCG-Matrix), sondern auch Merkmale wie Marktstruktur, Gewinnspanne, Wettbewerbsintensität etc. Die Dimension Wettbewerbsvorteil umfasst neben dem Marktanteil Faktoren wie Qualität der Produkte, F&E-Potenzial etc.

In ihrer traditionellen Anwendungsform unterstützt die Portfolioanalyse einen Investor dabei, ein seinen Erwartungen und Risikoeinschätzungen entsprechend optimales, balanciertes Portfolio zusammenzustellen. Die Attraktivität der Assets leitet sich rein aus Ertragspotenzial und relativem Risiko ab. Bei Finanzinvestoren wie Private-Equity- oder Venture-Capital-Unternehmen spielt dieses Ertragspotenzial-Risiko-Kalkül die zentrale Rolle. Das Ergebnis sind häufig Portfolios, deren Assets in keinerlei operativem Zusammenhang stehen und sich aus vollkommen unterschiedlichen Branchen zusammensetzen. So gehören zum Portfolio der Private-Equity-Firma Kohlberg Kravis Roberts & Co. (KKR) u. a. Beteiligungen an dem Consumer Magazinverlag PrimeMedia, der kanadischen Drogeriekette Shoppers Drug Mart Corporation oder an Owens-Illinois, einem Hersteller von Glas- und Plastikverpackungen.

Im Gegensatz zu einem reinen Finanzinvestor lassen sich operative Unternehmen bei ihren Portfolioentscheidungen neben dem Ertrags-Risiko-Kalkül von strategisch langfristigen Grundsatzentscheidungen in Bezug auf Geschäftszweck und Diversifikationsstrategie leiten. Im Rahmen ihrer Diversifikationsstrategie legen Unternehmen fest, welche Logik sie für Expansion oder auch Rückzug aus Geschäftsfeldern prinzipiell anwenden wollen (und damit auch, welche Basis für den Budgetprozess gilt) und in welchem Zusammenhang einzelne Geschäftsfelder stehen sollen. Der Grad der Diversifikation nimmt mit der Breite bzw. Heterogenität des Portfolios zu[4]. Man unterscheidet bei der Diversifikation vor allem zwischen vertikaler und horizontaler Integration.

Bei der vertikalen Integration diversifiziert ein Unternehmen entweder rückwärts in Richtung vorgelagerter Stufen der Wertschöpfungskette oder vorwärts in Richtung Endkunden (vgl. Abbildung 1). Carnegie besaß z. B. Anfang des vergangenen Jahrhunderts nicht nur Bahnlinien, sondern auch Stahlproduktion und Erzbergwerke und deckte durch Rückwärtsintegration die gesamte Wertschöpfungskette zur Produktion von Bahntrassen ab. Verkaufen Fluglinien ihre Tickets nicht mehr nur durch einen Mittelsmann (Agentur, Reisebüro), sondern bspw. über ein eigenes Internet-Portal, handelt es sich um Vorwärtsintegration.

Grundannahme ist, dass durch solche (vorwärts-/rückwärts integrierten) Prozessketten Synergieeffekte entstehen, die im Gesamtportfolio zu überdurchschnittlichen Renditen bzw. sinkendem Risiko führen. Dieser Sichtweise folgend muss die Carnegie-Investition in ein Stahlwerk nicht per se profitabel sein, sofern sie zur Senkung des Versorgungsrisikos mit einem (damals) knappen Rohstoff und/oder zu höheren Gewinnen im Gesamtunternehmen führt.

PRAHALAD und HAMEL beschreiben in der Theorie der Kernkompetenzen[5] eine weitere Dimension der Diversifikation. Erfolgreiche Diversifikationen sind dieser Theorie zufolge geprägt durch die synergistische Verwendung einer oder mehrerer Kernkompetenzen in allen Unternehmenseinheiten (horizontale Integration). Canon nutzte z. B seine Kernkompetenz im Bereich Miniaturisierung und Optik für – marktseitig bzw. hinsichtlich Wertschöpfungskette – vollkommen unabhängige Produkte wie Kopierer oder Kameras.

Eine weitere horizontale Dimension stellt die geografische Diversifikation dar, bei der gleiche oder ähnliche Geschäftsfelder systematisch internationalisiert werden. Neben diesen Reinformen findet sich in der Praxis eine Vielzahl von Varianten und Mischformen: Bei der konzentrischen Diversifikation bildet ein Unternehmen z. B. Cluster von Geschäften, wobei diese Cluster in einem mehr oder weniger engen Zusammenhang stehen können. Eine weitere Diversifikationsform stellt die laterale Diversifikation dar, bei der reine Konglomerate ohne Zusammenhänge zwischen den einzelnen Geschäftsfeldern entstehen.

VON DER PAPIERHERSTELLUNG BIS ZUM ENDKUNDENGESCHÄFT: VERTIKALE INTEGRATION BEI BERTELSMANN

Quelle: Bertelsmann AG

Abbildung 1

In der Praxis lassen sich beim Portfoliomanagement über die vergangenen Jahrzehnte zweifellos Trends für eine gewisse Zeit identifizieren, die dann häufig eine Gegenbewegung auslösten. Die vertikale Integration war für viele Unternehmen das leitende Paradigma des strategischen Portfoliomanagements, insbesondere zu Beginn des 20. Jahrhunderts. Dies hängt wohl damit zusammen, dass angesichts weniger entwickelter Märkte und knapper Ressourcen die Versorgungssicherheit das Denken und Handeln bestimmte. Das Primat der Risikodiversifikation führte in den 60er und 70er Jahren zum Aufstieg der großen Konglomerate. Eine häufig schwache Ergebnis-Performance dieser Konglomerate führte wiederum zu einer Gegenbewegung, d. h. zur

Refokussierung auf Kerngeschäfte bzw. -kompetenzen und zur Desintegration durch Outsourcing.

Im folgenden Artikel sollen diese Entwicklungen anhand des strategischen Portfoliomanagements der Bertelsmann AG nachgezeichnet werden. Konkrete Beispiele machen die zentralen Entscheidungen im Rahmen des Portfoliomanagements im Spannungsfeld von strategischen Grundsätzen, gesamtwirtschaftlichen Rahmenbedingungen und generellen Trends deutlich.

2. Vom Buchclub zum Medienkonzern – Verschiedene strategische Entwicklungsphasen

Das Portfolio von Bertelsmann hat sich innerhalb der vergangenen 15 Jahre fundamental verändert – viele neue Geschäftsfelder sind entstanden, viele bestehende wurden aufgegeben.

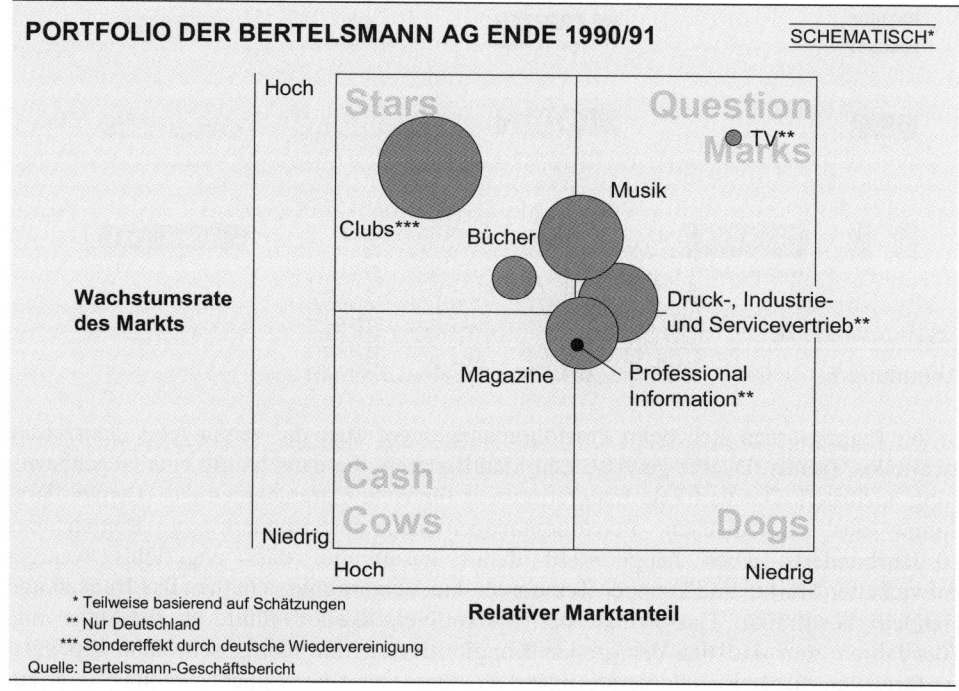

Abbildung 2

Über Jahre hinweg hat die Bertelsmann AG ein sehr aktives Portfoliomanagement betrieben. Die grundlegenden Schwerpunktverschiebungen innerhalb des Portfolios sind allerdings nicht ausschließlich aus der Logik eines reinen Finanzinvestors heraus zu verstehen. Auch bei Bertelsmann finden sich die im vorangegangenen Kapitel diskutierten Diversifikationslogiken in verschiedener Form wieder.

Im Einklang mit den generellen Diversifikationstrends prägte die vertikale Integration das Portfolio von Bertelsmann in den ersten Nachkriegsdekaden: Von Papierfabrik und Druckereien über Verlage bis hin zum Endkonsumentengeschäft Buchclub besaß Bertelsmann bei Büchern eine nahezu lückenlose Wertschöpfungskette.

Die zweite Stufe der Diversifikation vollzog sich entlang der horizontalen, geografischen Dimension. Dies ist bis heute eine Stoßrichtung der Diversifikationsstrategie von Bertelsmann geblieben.

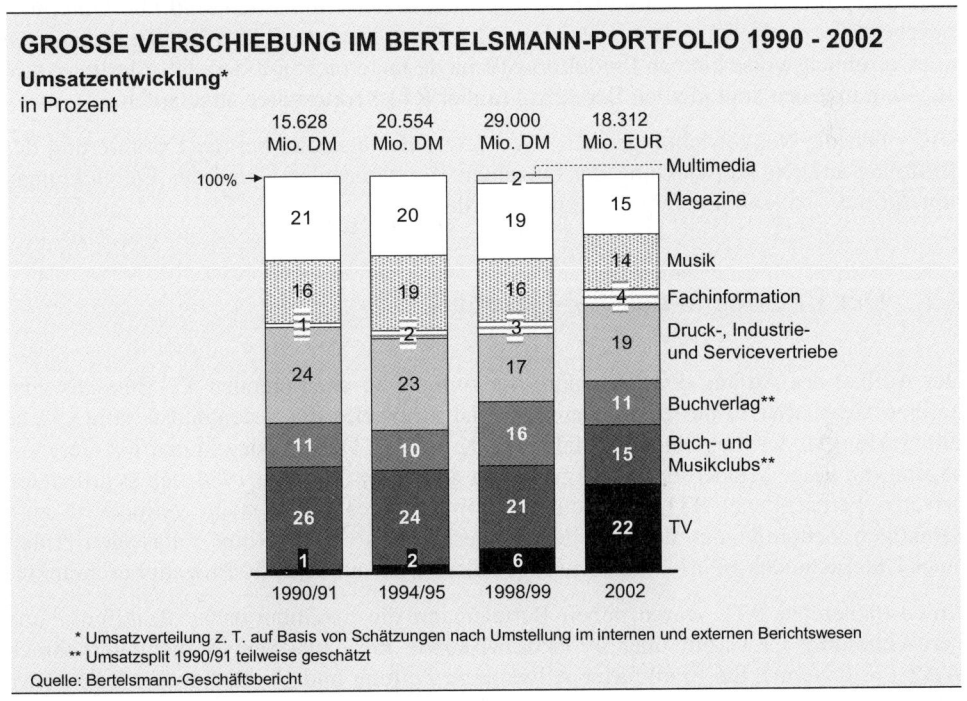

Abbildung 3

Zu diesen beiden – direkt am Stammgeschäft ausgerichteten – Diversifikationsrichtungen kamen aber auch grundlegende Neugewichtungen innerhalb des Portfolios. Der Auslöser war eine Konstellation Ende der 80er/Anfang der 90er Jahre, als das Bertelsmann-Portfolio – abgesehen von durch die Wiedervereinigung verursachten Sondereffekten besonders im deutschen Buchclub – wenig wachstumsstarke Geschäfte aufwies (vgl. Abbildung 2). Mittelfristig war allerdings zu erwarten, dass der Club nach der Sonderkonjunktur zu den geringeren Wachstumsraten der 80er Jahre zurückkehren würde.

Die Verschiebungen im Bertelsmann-Portfolio seither führten von einem auf Printmedien fokussierten Unternehmen zu einem Medienkonzern, der Medien macht, Dienste für Medien leistet und Medien vertreibt. Inhalte kommen von der RTL Group, der Nr. 1 im europäischen Rundfunkgeschäft, von Random House, der größten Buchverlagsgruppe der Welt, von Gruner+Jahr, dem stärksten Zeitschriftenhaus Europas, sowie von BMG, einem der weltweit führenden Musikunternehmen. Mediendienstleistungen steuert arvato bei. Und die DirectGroup ist der weltweit führende Betreiber von Buch- und Musikclubs – online und offline (vgl. Abbildung 3).

Das Unternehmen erzielt heute jeweils rund ein Drittel seines Umsatzes in Deutschland, USA und Europa (ohne Deutschland). In diesen drei Kernmärkten sind alle Unternehmensbereiche vertreten – mit Ausnahme der Fernsehsparte RTL, die abgesehen von einer vergleichsweise kleinen Produktionsfirma de facto nicht auf dem US-Markt präsent ist. Auch in Asien sind in allen Bereichen (außer RTL) Aktivitäten angelaufen.

Wie sahen die Neugewichtungen aus? Wo setzte Bertelsmann bei der Optimierung des Portfolios an? Die Entwicklung der einzelnen Konzernsäulen – und der Entwicklungshintergrund – sollen kurz veranschaulicht werden.

2.1   Der Einstieg in das TV-Geschäft

Der Aufbau des Anfang der 90er Jahre nur rudimentär existierenden TV-Bereichs zum größten Geschäftsfeld der Bertelsmann AG ist zweifellos die bedeutendste strategische Entwicklung in der jüngeren Geschichte des Konzerns. Der Einstieg in das TV-Geschäft begann mit einer Minderheitsbeteiligung von 40 Prozent an dem 1984 neu gegründeten privaten Fernsehkanal RTL Deutschland. Ein größeres Engagement verhinderte zum damaligen Zeitpunkt das deutsche Mediengesetz, das den maximal zulässigen Anteil eines Unternehmens an privaten Fernsehgesellschaften auf unter 50 Prozent beschränkte.

Anteilseigner bei RTL waren neben Bertelsmann die luxemburgische Rundfunk- und Fernsehholding CLT (mit über 40 Prozent) sowie die deutschen Medienunternehmen WAZ (10 Prozent), die Frankfurter Allgemeine Zeitung und Burda (jeweils 2 Prozent). Im Zuge der Liberalisierung des Medienrechts, das ab 1996 auch Mehrheitsbeteiligungen erlaubte, erwarb Bertelsmann zunächst durch eine Allianz mit der WAZ-Gruppe und durch den Aufkauf der FAZ- und Burda-Anteile im selben Jahr auf über 50,1 Prozent ausgebaut.

Die Expansion vom deutschen in den europäischen Fernsehmarkt war der nächste Schritt. Bertelsmann erwarb 1996/97 durch Einbringen des Mehrheitsanteils an RTL Deutschland und weiterer Fernsehbeteiligungen (z.B. Vox) 50 Prozent an der CLT

Holding, die – neben einem Anteil an RTL Deutschland – über Beteiligungen an mehreren TV-Sendern in Europa verfügte. Unter dem Namen RTL wurde die CLT im Jahr 2000 börsennotiert. Bertelsmann erhöhte sukzessive 2001 und 2002 seinen Anteil auf 67 Prozent bzw. rund 90 Prozent und wurde so zum größten Fernsehunternehmen in Europa (vgl. Abbildung 4).

Wie grundlegend sich das Portfolio veränderte, wird noch deutlicher, bezieht man die Anteile der einzelnen Geschäftsfelder am Firmengewinn mit in die Analyse ein. 2002 steuerte RTL nicht nur 20 Prozent des Umsatzes, sondern auch 40 Prozent des Unternehmensgewinns bei. Einen solchen Anteil hatten noch vor zehn Jahren die Buchclubs inne, die heute ihre Rolle als größter Umsatz- und Gewinnbringer eingebüßt haben.

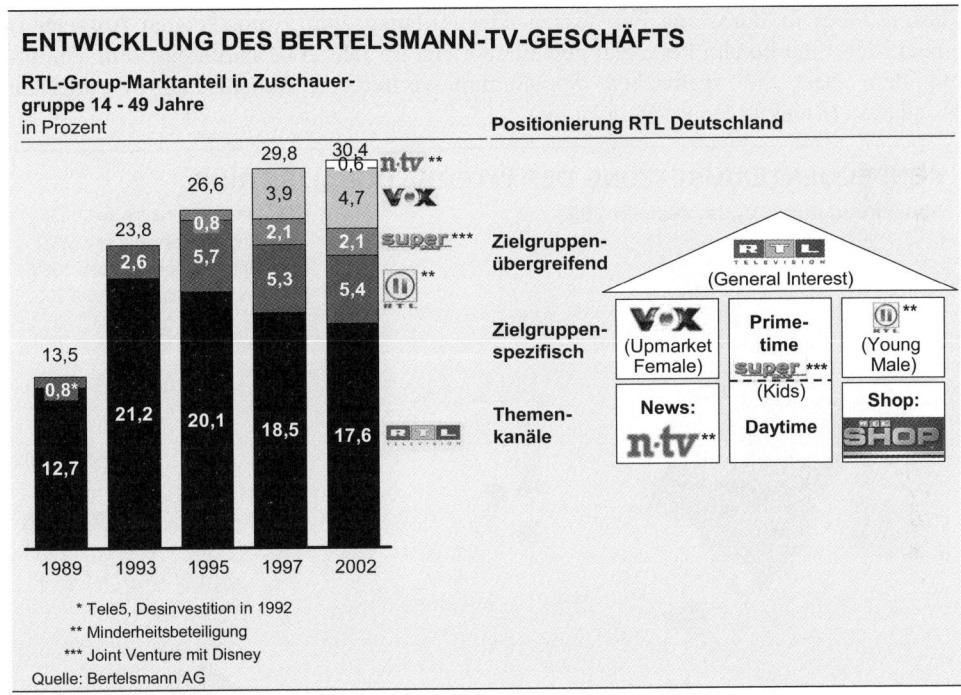

Abbildung 4

2.2   Vom regionalen Buchverleger zum Weltmarktführer

Der systematische Ausbau des Buchverlagsgeschäfts von einem primär auf den deutschen Markt fokussierten Unternehmen zum weltweit größten Publikumsverlag ist ein weiterer Meilenstein in der Unternehmensgeschichte. Deutliche Schritte in Richtung

Internationalisierung des historischen Kerngeschäfts unternahm Bertelsmann bereits in den 80er Jahren.

Dem einstmals ausschließlich im deutschsprachigen Raum operierenden Unternehmen gelang der Einstieg in den englischsprachigen Markt in den 80er Jahren durch Akquisition der amerikanischen Verlage Bantam, Doubleday und Dell. Mit dem Erwerb von Random House im Jahre 1998 – interessanterweise zu einem Zeitpunkt als im Zuge der Internet-Euphorie der Erwerb eines Buchverlags viele überraschte – setzte Bertelsmann sein Streben nach Marktführerschaft im englischsprachigen Raum erfolgreich um.

Das Vorgehen im spanischen Sprachraum sah etwas anders aus. Auch hier konnte Bertelsmann zwar vergleichsweise früh durch den Erwerb des Verlagshauses Plaza & Janés in Barcelona Fuß fassen. Der Aufstieg zum zweitstärksten Anbieter in einem Markt mit hohem Potenzial gelang aber erst im Jahr 2001 durch ein Joint Venture mit dem stark im spanischen Sprachraum vertretenen italienischen Verlagshaus Mondadori (Random House Mondadori).

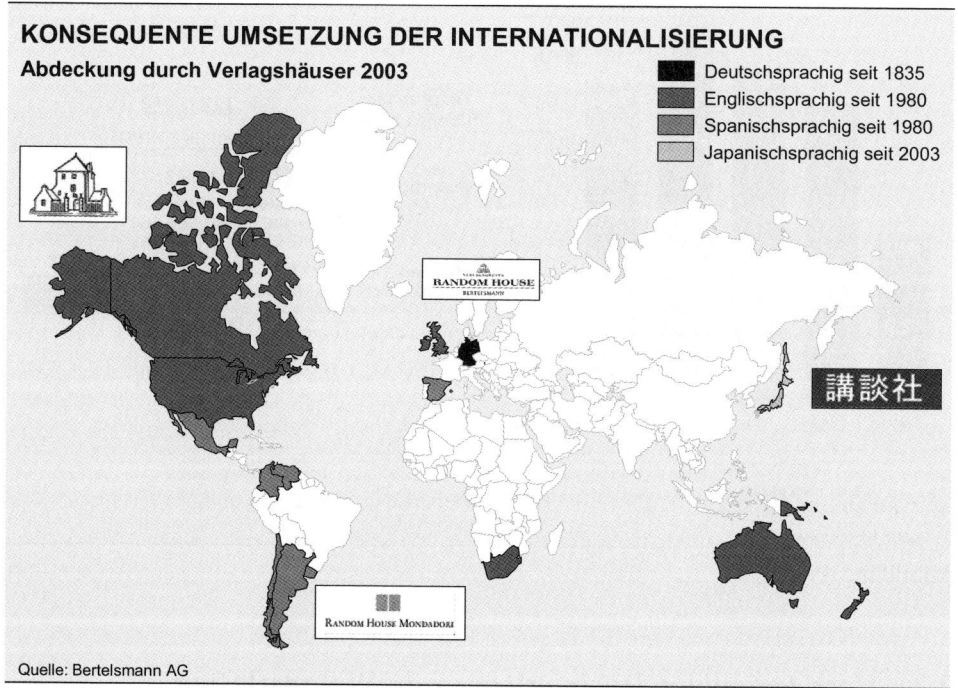

Abbildung 5

Das Instrument des Joint Venture wählte Bertelsmann auch für den Einstieg in den – im asiatischen Raum – extrem attraktiven Markt Japan. Hier ging Bertelsmann 2003 eine

Partnerschaft mit dem etablierten Kodansha-Verlag ein, um so einen schnellen und effizienten Marktzugang sicherzustellen.

Die Weltkarte verdeutlicht die große Marktabdeckung im Buchverlagsgeschäft. Zum Bertelsmann-Verlagsbereich gehören heute mehr als 100 Verlage in 16 Ländern (vgl. Abbildung 5)

2.3   Multimedia: Einstieg und Ausstieg

Mit dem Aufkommen des Internets Mitte der 90er Jahre traf Bertelsmann eine Vielzahl systematischer Portfolioentscheidungen, die das Unternehmen in diesem schnell wachsenden Markt positionieren sollten. Die Idee war, entlang der sich gerade erst entwickelnden Multimedia-Wertschöpfungskette Unternehmen zu gründen bzw. zu akquirieren. Eine solche – letztlich dem Prinzip der vertikalen Integration entsprechende – breit angelegte Diversifikation erschien sinnvoll, da sich zum damaligen Zeitpunkt die Profitabilitätsperspektiven der einzelnen Stufen der Wertschöpfungskette noch nicht ausmachen ließen.

Kern dieser Aufbauphase war 1995 der Einstieg bei AOL, dem Joint-Venture-Partner für die europäischen Online-Dienste in Deutschland, Großbritannien und Frankreich. Für dieses Engagement sprachen zwei strategische Überlegungen: Bertelsmann wollte zum einen sicherstellen, dass der Zugang zum Endkunden nicht in irgendeiner Form monopolisiert und die Vermarktung eigener Inhalte über dieses neue Medium erschwert würde. Zum anderen wies das auf Subskription basierende Geschäftsmodell der Online-Dienste Ähnlichkeiten zu anderen Bertelsmann-Geschäften auf. Ob bei Zeitschriften, Buch- und Musikclubs oder dem damals noch zum Konzern gehörenden Pay-TV-Geschäft – überall stand das Management von Mitgliederbeziehungen im Mittelpunkt.

Bertelsmann entschied zu Beginn des neuen Jahrtausends, das Multimedia-Geschäft nicht weiter auszubauen, als sich abzeichnete, dass eine Marktführerschaft in diesem Bereich angesichts großer internationaler Wettbewerber nicht zu realisieren ist. Bertelsmann hat sich inzwischen durch z. T. sehr profitable Verkäufe, aber auch Schließungen nahezu vollständig aus diesem Geschäft zurückgezogen (siehe auch Kapitel 3.5).

2.4   Vom Druckunternehmen zum integrierten Industriedienstleister

Auch innerhalb einzelner Geschäftsfelder sind grundlegende Portfolioverschiebungen zu beobachten: Während der Industriebereich Anfang der 90er Jahre noch primär aus Druckereien bestand, sind 2002 Logistikservice und Customer Relationship Management ein Hauptumsatz- und Profitbringer der heute arvato genannten Industriesparte.

Die Expansion war ursprünglich von der vertikalen Diversifikation geprägt. Ausgehend von etablierten Geschäftsbeziehungen im Druckbereich bot Bertelsmann seinen Kunden ergänzende Dienstleistungen an: So wurden zunächst Handbücher z. B. für die IT-Branche nicht nur auf Papier gedruckt, sondern auch auf CD-ROM gebrannt. Diese Produkte wurden im Rahmen des Logistikservices an den Endkunden versandt (z. T. gebündelt mit anderen Produkten). Callcenter-Dienste ergänzten schließlich das Servicespektrum. Diese Services stellen heute jeweils eigene hoch profitable Geschäftsfelder von arvato dar.

Wesentliche Treiber der Expansion in den vergangenen Jahren waren nicht, wie bei RTL, veränderte regulatorische Rahmenbedingungen, sondern technologische Entwicklungen wie Electronic Data Interchange und das Internet. arvato gilt mit seinen Geschäftsfeldern arvato direct services, arvato logistics services, arvato print, arvato storage media und arvato systems als einer der größten Mediendienstleister der Welt (siehe hierzu auch Kapitel 3.1).

3. Prinzipien des Portfoliomanagements – Weichen immer wieder neu stellen

Die Darstellung der historischen Entwicklung des Portfolios und ihrer strategischen Treiber hat bereits einige Grundsätze des Portfoliomanagements bei Bertelsmann deutlich gemacht. Bertelsmann gründet sein Handeln nicht auf die primäre Logik eines Finanzinvestors. Auch wenn bei der Beurteilung von Geschäftsfeldern natürlich Dimensionen wie Marktattraktivität und Marktposition eine wesentliche Rolle spielen, ist Bertelsmann kein Konglomerat unzusammenhängender Geschäfte. Der strategische Rahmen „Medien- und (Medien-)Servicegeschäfte" ist trotz weitreichender Umschichtungen im Portfolio über die Jahrzehnte stets gleich geblieben.

Innerhalb dieses Rahmens wurde allerdings im Portfoliomanagement keine eindimensionale, gleich bleibende Diversifikationslogik verfolgt. So lassen sich Beispiele für vertikale Integration und für synergistische, horizontale Diversifikation oder auch für die Expansion in vollkommen neue, wachstumsintensive (Medien-)Geschäfte finden. Portfoliomanagement bei Bertelsmann ist daher weniger von einer bestimmten konstanten Diversifikationstypologie geprägt, sondern vielmehr von einem Set strategischer Grundsätze. Diese Grundsätze sollen im Folgenden diskutiert werden.

3.1 Strategisch agieren: Zielportfolio unter Einbeziehung der Diskontinuitäten erneuern

Portfolioentscheidungen fallen bei Bertelsmann vor dem Hintergrund eines strategisch definierten Zielportfolios und nach systematischem Monitoring grundlegender Trends und Diskontinuitäten. Das Fernsehgeschäft war bspw. in den 80er und insbesondere den 90er Jahren ein typisches „Question Mark" im Portfolio mit außergewöhnlichen Wachstumschancen, aber geringem eigenen Marktanteil. Die aus Portfoliosicht sinnvolle Expansion war jedoch durch regulatorische Rahmenbedingungen eingeschränkt. Entsprechend konzentrierte Bertelsmann Ressourcen auf das Monitoring und die Teilnahme am medienpolitischen Diskurs, um eine mögliche Liberalisierung der Eigentumsregelung antizipieren und entsprechende Handlungsoptionen frühzeitig entwickeln zu können.

Im Fall des Industriegeschäfts von Bertelsmann (arvato services) wurden grundlegende Diskontinuitäten zu einem erheblichen Teil durch Technologiewandel ausgelöst. Electronic Data Interchange (EDI) und später das Internet ermöglichten in bisher nicht bekannter Form die Koordination von disaggregierten Wertschöpfungsprozessen: Prozesse, die vorher als Stammgeschäft definiert wurden, konnten so ausgegliedert werden – ein wesentlicher Treiber für die in den 90er Jahren explosionsartig expandierende Outsourcing-Industrie. arvato dehnte sein Angebotsspektrum im Zuge einer vertikalen Expansion vom reinen Druckbetrieb zum integrierten Mediendienstleister aus. Nicht die regulatorischen Rahmenbedingungen wie bei RTL waren hier der Treiber, sondern die technologische Entwicklung als zentrale Diskontinuität, die Gegenstand eines Monitoring war.

3.2 Topziele setzen: Konsequent Marktführerschaft anstreben

Nicht die Breite des Portfolios, sondern die Durchdringung eines bestimmten Geschäfts bis zur Marktführerschaft ist ein weiteres Grundprinzip von Bertelsmann. Die Existenz eines „Marktführer-Premiums" ist in der empirischen Forschung nachgewiesen und bildet bei herausragenden Unternehmen wie General Electric[6] einen expliziten Bestandteil der Unternehmensstrategie.

Auf dieses Prinzip gründen sich bei Bertelsmann viele Portfolioentscheidungen: Die Entwicklung zum größten Anbieter auf dem Weltbuchmarkt oder die Eroberung des europäischen TV-Markts können hier angeführt werden. Gruner+Jahr ist Marktführer im deutschen Zeitschriftenmarkt. Sämtliche Buchclubs sind in ihren Ländern durch Zukäufe oder Fusionen Marktführer. In den USA bspw. wurde der Bertelsmann-Buchclub mit dem zu Time Warner gehörenden Book of the Month Club zu dem 50/50 Joint Venture Bookspan zusammengeführt.

Aber auch der Umkehrschluss wird angewendet, wie noch weiter unten zu zeigen sein wird: die konsequente Veräußerung der Geschäfte, die keine Perspektiven auf eine dominante Marktposition haben.

3.3   Beherzt zugreifen: Chancen pragmatisch nutzen

Marktführerschaft ist zwar ein prinzipielles Portfolioziel, der Weg dorthin ist jedoch oft nicht einmal in Planspielen abzusehen. Der Markteintritt lässt sich häufig nur über Minderheitsbeteiligungen an komplizierten Joint Ventures (wie bei TV) oder vergleichsweise bedeutungslosen Start-ups erreichen. Diese „Fuß in die Tür"-Strategie reduziert das Risiko, historische Gelegenheiten durch Abwarten der optimalen Eintrittssituation zu verpassen, und ermöglicht zudem frühe Einsichten und Erfahrungen in einem neuen Geschäft.

Trotz aller strategischen Planung ist Portfoliomanagement in der Praxis stets von Opportunitäten geprägt. Chancen tun sich auf, die schnell und pragmatisch ergriffen werden müssen. Basierend auf seiner berühmten Studie „The Nature of Managerial Work"[7] beschreibt HENRY MINTZBERG Manager mehr als „adaptive information manipulators – opportunists – rather than conductors" und unterstreicht den Ad-hoc-Charakter des strategischen Managements. Auch wenn alle diskutierten Portfolioentwicklungen in den strategischen Rahmen und die Portfoliostrategie von Bertelsmann passen, sind die einzelnen Entscheidungen, z. B. für die Akquisition einer Firma, nicht selten das Ergebnis einer Opportunität. So eröffnete die Verkaufsbereitschaft der Eignerfamilie von Random House die Gelegenheit, die Marktführerschaft im Verlagswesen zu erlangen. Eine solche Gelegenheit fehlte dagegen in der Fachinformationssparte, von der man sich schließlich trennte (siehe auch Kapitel 3.6).

3.4   Durchhaltevermögen zeigen: Misserfolge tolerieren, wenn die grundlegende Strategie stimmt

Ausgehend von einer umfassenden empirischen Studie identifizierte JIM COLLINS Prinzipien, die herausragende Firmen über Jahre befolgen[8]. „Confront the brutal facts – yet never lose faith" ist ein Prinzip, das ganz besonders für das Portfoliomanagement gilt. Bertelsmanns Weg zum größten Fernsehunternehmen Europas sollte im Licht dieses Prinzips und nicht nur als eine Abfolge von Erfolgsgeschichten gesehen werden.

1991 gründete Bertelsmann zusammen mit anderen den Fernsehsender VOX, der mit einem anspruchsvolleren inhaltlichen Format neben RTL im Markt platziert werden sollte. Das Konzept ging nicht auf: Reichweiten waren extrem klein, Werbeerlöse blieben aus, und das Unternehmen erwirtschaftete 1994 einen Verlust von mehreren Hundert

Millionen DM. Dies war ein massiver Rückschlag zu einem relativ frühen Zeitpunkt der Erschließung des TV-Markts.

Davon überzeugt, dass nicht nur das grundsätzliche Engagement im TV-Bereich, sondern auch das Anbieten eines weiteren Senders sinnvoll ist, hielt Bertelsmann an VOX fest, übernahm die Anteilsmehrheit und restrukturierte Programm und Senderauftritt. Heute ist VOX zwar weiterhin deutlich kleiner als RTL oder SAT1 und PRO7, aber eine Profit bringende Ergänzung in der Senderfamilie der RTL Gruppe.

Bertelsmann hielt allerdings nicht an allen TV-Beteiligungen fest. 1999 gelangte der Vorstand zu der Einsicht, dass in Deutschland die Marktsituation für das Pay-TV nicht erfolgversprechend ist, und verkaufte die Anteile am zusammen mit Kirch geführten Pay-TV-Sender Premiere (ein Unternehmen, das bis heute nicht profitabel geworden ist). Dies führt uns bereits zum nächsten Portfolioprinzip.

3.5   Fehler korrigieren: Fehlentwicklungen eingestehen und handeln

„Confront the brutal facts" war letztlich das Prinzip, das für Bertelsmann bei der Desinvestition der Multimedia-Geschäfte galt. So auch beim Verkauf der Anteile an AOL Europa für fast 7 Milliarden USD und der Anteile an Mediaways für gut 1 Milliarde USD. Bertelsmann ging u. a. bei diesen Verkäufen von der Einschätzung aus, dass die Höhe des Anfang 2000 erzielbaren Verkaufserlöses aller Voraussicht nach eine historische Chance darstellte. Außerdem stand dieser Verkaufserlös in einem sehr attraktiven Verhältnis zur operativen Profitabilität der Unternehmen.

In anderen Fällen bedingte eine neue Art des Wettbewerbs die „brutal facts". Bertelsmann-Start-ups waren in der Vergangenheit im Vergleich zum (meist rein deutschen) Wettbewerb immer relativ gut mit Ressourcen ausgestattet. Im Multimedia-Bereich dominierten jedoch international operierende Unternehmen, die ihre Gründungen mit historisch einmaliger Kapitalausstattung versahen. So konnte das Start-up-Unternehmen amazon.com über 3 Milliarden USD Anlaufverluste verkraften, ohne Gewinne zu produzieren und dabei gleichzeitig aggressiv wachsen. Ähnliche Konstellationen ergaben sich bei anderen Geschäftsfeldern wie Suchmaschinen und Auction Sites.

Aus all diesen Geschäftsfeldern zog sich Bertelsmann durch (Anteils-)Verkauf oder Schließung wieder zurück. Inzwischen nutzt Bertelsmann zwar das Internet erfolgreich als integrierten Vertriebskanal – so erzielen z. B. die Buch- und Musikclubs z. T. über 20 Prozent ihres Umsatzes über das Internet und gehören damit zu den weltgrößten Internet-Händlern –, hat aber sein Portfolio konsequent um nahezu alle Internet-Stand-alone-Geschäfte mit schlechter Wettbewerbsposition bereinigt.

3.6   Exit non-core: Portfolio regelmäßig überprüfen

Neben Fehlentwicklungen, die zu einer Neu- oder Umbewertung eines Investments führen können, sollten Desinvestitionen auch durch die regelmäßige Überprüfung des Portfolios hinsichtlich Kompatibilität mit dem Kerngeschäft eines Unternehmens angestoßen
werden. Eine solche Überprüfung erfolgt häufig im Anschluss an eine intensive Wachstumsphase, zu der in der Regel auch Ausdehnungen des Portfolios beigetragen haben.

Diese Konsolidierungen werden typischerweise sowohl von Fragen der finanziellen
Machbarkeit als auch der strategischen Fokussierung des Portfolios getrieben. Die Definition des Kerngeschäfts erfährt in diesem Zusammenhang selbst eine Überprüfung. So
können Expansionen in neue Geschäftsfelder, die zu einem bestimmten Zeitpunkt durchaus als kompatibel mit dem Kerngeschäft betrachtet wurden, nach einer gewissen Zeit –
z. B. auf Grund mangelnder kritischer Masse – eher zu Randgeschäften werden.

Bertelsmann verkaufte deshalb Mitte der 90er Jahre seine – hoch profitable – italienische
Papierfabrik, da sie in das sich zum Serviceunternehmen wandelnde Portfolio von arvato
nicht mehr passte und für die Eigenproduktion von Büchern keine große Rolle mehr
spielte. Auch in der Bertelsmann-Fachinformationssparte lässt sich dieses Prinzip erkennen: Ursprünglich auf ein relativ breites Spektrum von Fachinformations-Mediageschäf-
ten ausgerichtet, wurde die Sparte sukzessive zu einem Business-to-Business- und
Wissenschaftsverlag   entwickelt.   Profitable   Unternehmen   wie   der   Schweizer
Telefonbuchverlag oder das Fernlerninstitut wurden so zu Randgeschäften und deshalb
verkauft. Obwohl die Sparte durch den Zukauf des Julius Springer Verlags 1998 Marktführerschaft in Deutschland erlangte, sah man für die in BertelsmannSpringer umbe-
nannte Sparte international keine Perspektive für das Erreichen einer signifikanten
Marktstellung. Zu groß war der Abstand zu den Weltmarktführern Reed Elsevier und
Wolters Kluwer. Im Jahre 2003 verkaufte Bertelsmann daher die gesamte Sparte an
einen Finanzinvestor.

4.   Die Zukunft des Portfoliomanagements – Fundamen-
tale Neuausrichtung durch „Creative Destruction"?

Sowohl die Darstellung der methodischen Grundlagen als auch die Diskussion der Praxis
bei Bertelsmann haben gezeigt, dass Portfoliomanagement nicht nur im Spannungsfeld
zwischen Diversifikation und Fokussierung steht, sondern vor allem auch Ausdruck
einer spezifischen unternehmerischen Konstellation in einem bestimmten zeitlichen
Kontext ist. So war Portfoliomanagement in der Medienindustrie Ende der 90er Jahre
nahezu mit Expansion ins Internet gleichzusetzen. Diese Ausrichtung wurde 2000/01

von einer Phase abgelöst, in der Portfoliomanagement im Wesentlichen dem Schuldenabbau und der Konsolidierung diente. Damit wurde Fokussierung zum Paradigma. Und diese Fokussierung hält auch heute noch an. AOL Time Warner plant z. B. in nur ein bis zwei Jahren einen Schuldenabbau durch Veräußerungen von nahezu 10 Milliarden USD.

Nach einer Konsolidierungsphase sehen sich Unternehmen – so auch die Medienindustrie bzw. Bertelsmann – einer neuen grundlegenden Herausforderung gegenüber: der Wiedererlangung von Momentum und Wachstum. Eine wieder expansivere Grundstrategie erfordert jedoch besondere Rahmenbedingungen, die derzeit so nicht gegeben sind. Denn massive Investitionen bzw. Unternehmensübernahmen in der Boomphase Ende der 90er Jahre, gefolgt von dem Zusammenbruch des Internet-Booms und genereller Rezession in nahezu allen großen Wirtschaftsräumen haben (auch in der Medienindustrie) zu einer hohen Verschuldungsrate geführt. Zwar haben Konsolidierungsmaßnahmen in der Folgezeit einen Abbau von Schulden bewirkt, aber dennoch keine ausreichenden Finanzierungsspielräume schaffen können, wie sie den Unternehmen in der letzten Expansionsphase in den 90er Jahren zur Verfügung standen.

Strategisches Portfoliomanagement wird sich daher in der nächsten Phase nicht allein auf das richtige Verteilen frei verfügbarer Finanzmittel nach verschiedenen Portfoliologiken beschränken können. Vielmehr wird Portfoliomanagement sich verstärkt den internen Kapitalströmen zuwenden müssen. In einem Unternehmen binden häufig traditionsreiche, kaum oder nicht wachsende Geschäftseinheiten einen substanziellen Teil des Cashflow (Portfolio-Dogs) oder sind in einem hohen Maße kapitalintensiv (typischerweise Portfolio-Cash-Cows). Auch wenn diese Geschäftseinheiten in der Summe keine negativen Cashflows produzieren, kann ein Festhalten an ihnen unter Opportunitätsaspekten zu einer Fehlsteuerung im Gesamtunternehmen führen.[9] Mittel werden gebunden, die in anderen Geschäftsfeldern zu höherem Wachstum und Gewinn führen können. Beispiele wie Philip Morris, Walgreens oder Circuit City[10] zeigen, dass strategisches Portfoliomanagement weit mehr sein kann als die Ergänzung eines bestehenden Portfolios um Wachstumsträger. Strategisches Portfoliomanagement kann auch eine fundamentale Neuausrichtung herbeiführen – bis hin zur vollständigen Aufgabe ehemaliger Stammgeschäfte. Diese Notwendigkeit zur „Creative Destruction"[11] wird in der aktuellen Managementliteratur zunehmend betont. Strategisches Portfoliomanagement in erfolgreichen Unternehmen wird diesen Prozess in der Zukunft aktiv gestalten müssen.

Referenzen

[1] MARKOWITH, H. M. (1959): Eine aktuelle Übersicht findet sich in: FABOZZI, F. J., MARKOWITZ, H. M. (2002).

[2] HENDERSON, B. D. (O.A.).

[3]   VGL. TIMMERMANN, A. (1988), S. 85ff.

[4]   Grundlagen zum Thema Diversifikationsstrategie wurden insbesondere von ANSOFF, I. gelegt: ANSOFF, I. (1965).

[5]   PRAHALAD, C.K., HAMEL, G. (1990).

[6]   SLATER, R. (1998).

[7]   MINTZBERG, H. (1973).

[8]   COLLINS, J. C. (2001), S. 65ff.

[9]   Siehe hierzu auch ROXBURGH, C. (2003).

[10] Siehe ausführliche Fallstudien in COLLINS, J. C., PERRY, J. I. (1994).

[11] FOSTER, R., KAPLAN, S. (2001).

Literaturverzeichnis

ANSOFF, I. (1965): Corporate Strategy; ders.: Strategies for Diversification, Harvard Business Review, Vol. 35 (1957).

COLLINS, J. C. (2001): Good to Great.

COLLINS, J. C., PERRY, J. I. (1994): Built to Last.

FABOZZI, F. J., MARKOWITZ, H. M. (Hrsg.) (2002): The Theory and Practice of Investment Management.

FOSTER, R., KAPLAN, S. (2001): Creative Destruction.

HENDERSON, B.D. (o.A.): TITEL, in: STERN, C. W., STALK, G. JR. (Hrsg.): Perspectives on Strategy from The Boston Consulting Group.

HENZLER, H. (1988): Handbuch Strategische Führung, Wiesbaden: 1988.

MARKOWITH, H. M. (1959): Portfolio Selection – Efficient Diversification of Investments.

MINTZBERG, H. (1973): The Nature of Managerial Work; oder auch: The Rise and Fall of Strategic Planning.

PRAHALAD, C. K., HAMEL, G. (1990): The Core Competence of the Corporation, in: Harvard Business Review.

ROXBURGH, C. (2003): Hidden Flaws in Strategy, in: The McKinsey Quarterly (2003).

SLATER, R. (1998): Jack Welch & The G.E. Way – Management Insights and Leadership Secrets of the Legendary CEO.

TIMMERMANN, A. (1988): Evolution des strategischen Management, in: Henzler, H. (Hrsg.): Handbuch Strategische Führung, Wiesbaden (1988), S. 85 ff

Edward G. Krubasik

Wertsteigerung durch überlegenes Post-Merger Management – Am Beispiel Siemens

Prof. Dr. Edward G. Krubasik ist Mitglied des Zentralvorstands der Siemens AG.

1. Wachstumsstrategie für Großunternehmen: Mit M&A-Aktivitäten zu Führungspositionen in High-Margin-Märkten

Aventis, HypoVereinsbank, DaimlerChrysler, Danzas-DHL-Deutsche Post, Novartis, E.ON, Vodafone, Tiscali – wer kennt sie nicht, die prominenten Beispiele für die Mergers & Acquisitions der letzten Jahre. Hinzu kommen eine ganze Reihe weiterer Zusammenschlüsse und Zukäufe, die ohne große Anteilnahme der Öffentlichkeit vonstatten gingen. Bis etwa Mitte der 90er Jahre bewegte sich das M&A-Volumen weltweit – mit kleinen Ausnahmen – auf einem annähernd gleichen, niedrigen Niveau. 1994 stieg die M&A-Tätigkeit zunächst langsam, aber stetig, später jedoch während des New-Economy-Booms sprunghaft an.

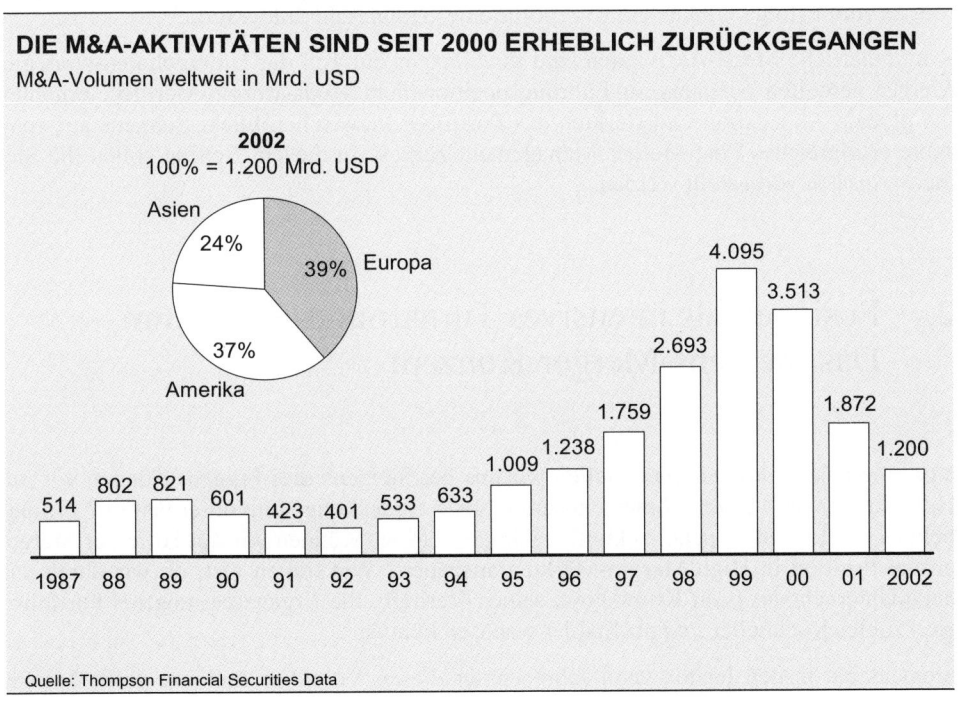

DIE M&A-AKTIVITÄTEN SIND SEIT 2000 ERHEBLICH ZURÜCKGEGANGEN

M&A-Volumen weltweit in Mrd. USD

Quelle: Thompson Financial Securities Data

Abbildung 1

Nach dem Abflauen des Booms ging das M&A-Volumen weltweit wieder deutlich zurück, dennoch liegt das Niveau heute weit höher als vor zehn Jahren (vgl. Abbildung 1).

Der Grund: Große Unternehmen – so auch Siemens – setzen weiterhin auf kontinuierliche M&A-Aktivitäten. Sie sehen darin angesichts der Globalisierung der Märkte eine Möglichkeit, ihre regionale Abdeckung zu verbessern und neues Wachstumspotenzial zu erschließen, das sich mit endogenen Methoden nicht oder nur schwer realisieren lässt. Und in der Tat bieten M&As – sorgfältig ausgewählt und zielstrebig durchgeführt – die Chancen,

- die globale Abdeckung des Unternehmens zu erhöhen,
- neue, profitable Märkte zu erschließen,
- eine Führungsposition im Markt zu erzielen,
- zusätzliches Know-how zu gewinnen und
- das Produkt- und Dienstleistungsportfolio zu ergänzen.

Doch längst nicht alle Fusionen und Unternehmenskäufe erweisen sich als erfolgreich; viele scheitern und erreichen nicht die angestrebten Ziele. Wie werden – so die Frage – M&As zum Erfolg? Gibt es ein Rezept für eine erfolgreiche Integration?

Kontinuierliche M&A-Aktivitäten sind für Siemens ein Teil der Unternehmensstrategie. Merger verhalfen Siemens zu Führungspositionen in High-Margin-Märkten, erhöhten die globale Abdeckung und stärkten das Portfolio. Inzwischen blickt Siemens auf zehn Jahre erfolgreiches Post-Merger Management zurück. In diesem Beitrag sollen die Siemens-Ansätze vorgestellt werden.

2. Fusionen als intensives Turnaround-Programm – Das Siemens-Merger-Konzept

Vor möglichen Akquisitionen stellen wir uns bei Siemens drei Fragen: Können wir mit Hilfe des „neuen" Unternehmens unsere globale Abdeckung sinnvoll erweitern? Ermöglicht es den Eintritt in neue, zukunftsträchtige Märkte? Können wir mit Hilfe des Merger unsere Position in High-Margin-Märkten ausbauen? Wir stellen fest, ob wir durch das neue Unternehmen (sein Know-how, seinen Vertrieb, die Ergänzung unseres Portfolios etc.) zugleich schneller *und* profitabler wachsen können.

Siemens hat in den letzten zehn Jahren unter diesen Vorgaben mehrere große Merger durchgeführt (vgl. Abbildung 2).

- *Osram Sylvania*: Die Fusion verbesserte die regionale Abdeckung und bescherte Osram weltweit die Position als zweitgrößter Leuchtmittelhersteller. Osram erreichte eine kritische Größe im Leuchtmittelmarkt, die es erlaubte, die Kostenführerschaft anzustreben.

- *Siemens Westinghouse*: Zum Zeitpunkt des Merger ging es vor allem darum, die USA-Position von KWU auszubauen. Siemens sicherte sich mit der Übernahme von Westinghouse außerdem den Einstieg in die 60-Hz-Technologie und schaffte so eine wesentliche Voraussetzung für die Durchdringung des US-Markts. Bei schwachem Markt galt es zunächst, in einem harten *top+*-Programm Kostensynergien zu realisieren. Als Energieengpässe in den USA zu einem Nachfrageboom für Gasturbinen führten, konnte das fusionierte Unternehmen unter Nutzung der Siemens-Produktionskapazitäten voll einsteigen. Siemens Westinghouse war auf Grund der US-Marktpräsenz und -bekanntheit von Westinghouse gut positioniert und erreichte eine erhebliche Steigerung seines Umsatzes im Gasturbinengeschäft.

- *Siemens Medical Solutions:* Die Fusion mit Shared Medical Solutions ermöglichte Siemens den Einstieg in den Markt für Krankenhaus-Informationssysteme. Für Siemens MED war die Integration dieses zukunftsträchtigen Geschäftsfelds ein wichtiger Schritt auf dem Weg von der traditionellen Medizintechnik hin zu Dienstleistungen und Komplettlösungen im Gesundheitswesen. Als Application Service Provider wickelt Siemens Medical Solutions heute täglich mehr als 140 Millionen Transaktionen für über 200.000 Ärzte in den USA ab. Die USA sind inzwischen der wichtigste Markt des Unternehmens.

- *Siemens VDO:* Markt- und Technologieergänzung waren die Ziele bei der Integration von VDO in das Siemens-Automotive-Geschäft. Mit dem Zusammenschluss gelang der Aufbau einer Führungsposition in den Bereichen Cockpit-Elektronik und Motor- und Getriebesteuerung sowie Komfort- und Sicherheitselektronik. Bei Fahrer-Informationssystemen entwickelte sich Siemens VDO inzwischen zum Weltmarktführer. Regional ergänzten sich die beiden Unternehmen optimal: Der Siemens-Automotive-Vertrieb war in den USA stark, VDO dagegen nur schwach vertreten. Der gemeinsame Auftritt brachte neue Umsätze. Umgekehrt war es in Asien. Hier verschaffte VDO Siemens Automotive durch seine Marktaufstellung eine verstärkte Fertigungs- und Vertriebspräsenz im asiatischen Markt. Die ungefähr gleich großen Fusionspartner stiegen in der Fahrzeugelektronik gemeinsam weltweit von Rang 6 auf Rang 3. Siemens VDO wird voraussichtlich bereits drei Jahre nach der Fusion die vorgegebene Zielmarge erreichen.

- *Siemens Dematic:* Im Rahmen der Atecs-Mannesmann-Akquisition erwarb Siemens auch das Dematic-Geschäft und legte es in der Folge mit dem Siemens-Bereich Produktions- und Logistikautomatisierung zu einem neuen Geschäftsbereich zusammen. Die Dematic-Logistik-Produkte waren eine wertvolle Ergänzung der Logistik-Informationstechnologien von Siemens. So entstanden integrierte Automatisierungslösungen neu, d. h., um die Kern-Produktionstechnologien der Zielkunden gruppieren sich modular aufgebaute Produkte und Services für den inner- und außerbetrieblichen Materialfluss. Das Unternehmen schreibt schon 2002 – im zweiten Jahr nach der Fusion – schwarze Zahlen, und das trotz eines allgemeinen Marktrückgangs von 20 Prozent.

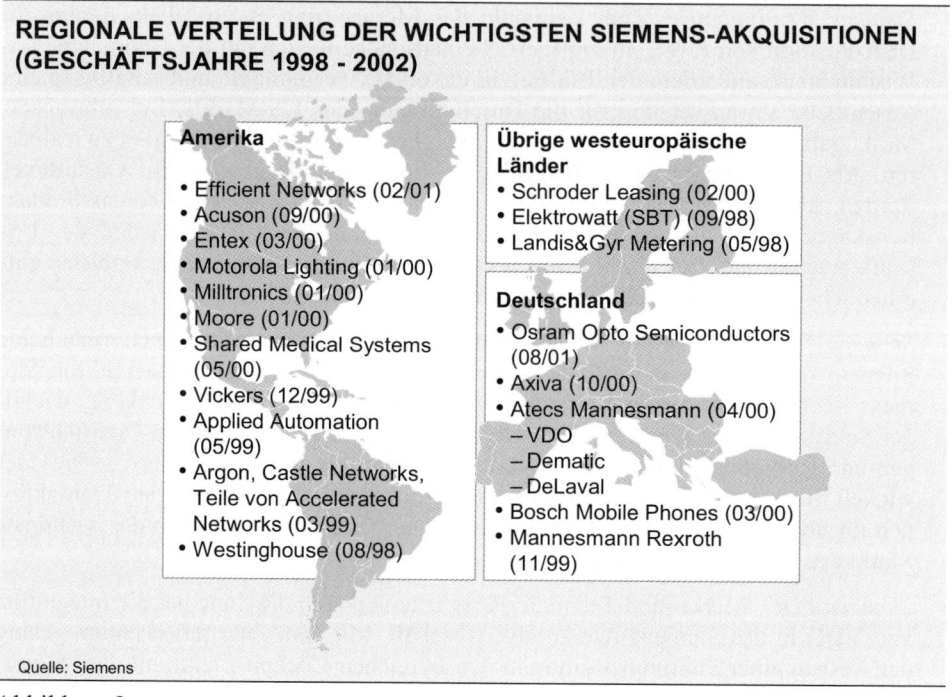

REGIONALE VERTEILUNG DER WICHTIGSTEN SIEMENS-AKQUISITIONEN (GESCHÄFTSJAHRE 1998 - 2002)

Amerika
- Efficient Networks (02/01)
- Acuson (09/00)
- Entex (03/00)
- Motorola Lighting (01/00)
- Milltronics (01/00)
- Moore (01/00)
- Shared Medical Systems (05/00)
- Vickers (12/99)
- Applied Automation (05/99)
- Argon, Castle Networks, Teile von Accelerated Networks (03/99)
- Westinghouse (08/98)

Übrige westeuropäische Länder
- Schroder Leasing (02/00)
- Elektrowatt (SBT) (09/98)
- Landis&Gyr Metering (05/98)

Deutschland
- Osram Opto Semiconductors (08/01)
- Axiva (10/00)
- Atecs Mannesmann (04/00)
  - VDO
  - Dematic
  - DeLaval
- Bosch Mobile Phones (03/00)
- Mannesmann Rexroth (11/99)

Quelle: Siemens

Abbildung 2

Der außerordentliche Merger-Erfolg von Siemens wird umso deutlicher, misst man ihn an der durchschnittlichen – von vielen internationalen Unternehmensberatungen ermittelten – Erfolgsquote von Fusionen. Das Ergebnis: 50 bis 80 Prozent aller Merger scheitern. Viele der ursprünglich angestrebten Ziele werden nicht erreicht. Allein durch den Abschluss eines Merger-Vertrags steigt der Wert eines Unternehmens sicher nicht. Erst die Integration beider Unternehmen zu einer schlagkräftigen Einheit versprechen Erfolg und Wertsteigerungen.

2.1 Merger-Kultur: M&As als etwas Normales betrachten

Zu Zeiten des New-Economy-Hype schien die bloße Größe des fusionierten Unternehmens ein Wert an sich – dies zeigte sich nicht zuletzt auch an den Börsennotierungen.

Die Orientierung am Shareholder Value lieferte entsprechend die Argumentation für weitere Akquisitionen; schließlich stiegen doch die Kurse und der Wert des Unternehmens für die Aktionäre. Heute sieht das anders aus. Die Börse beobachtet das Geschäftsgeschehen sehr genau und bewertet die Erfolgsaussichten, die dem Unternehmen beigemessen werden. Daher ist es umso wichtiger, an Merger richtig heranzugehen.

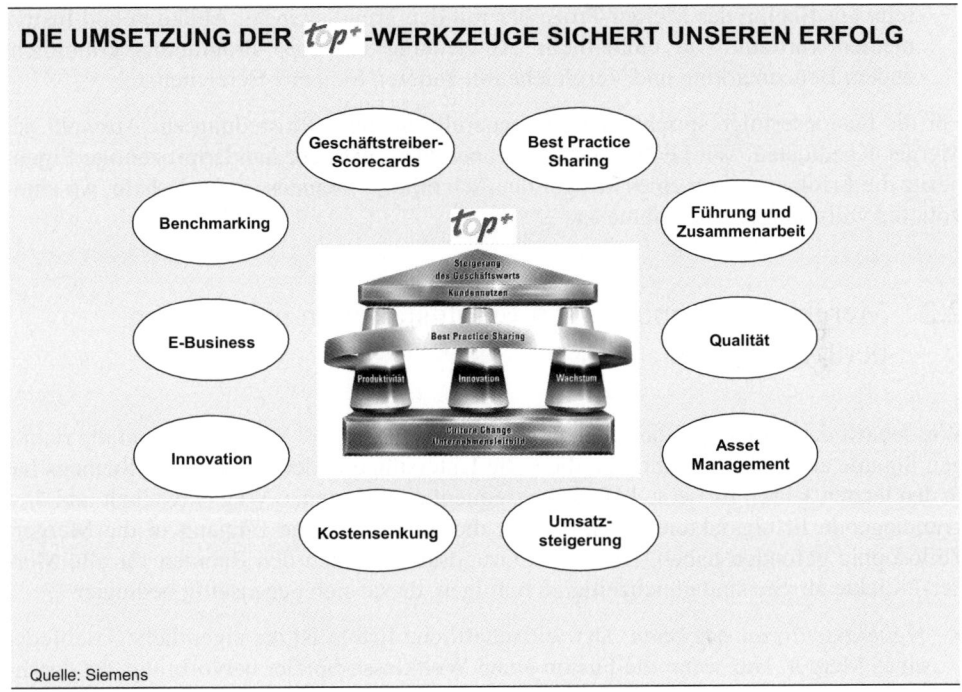

Abbildung 3

Bei Siemens gleicht die Umsetzung eines Merger einem intensiven Turnaround-Programm. Ziel ist es, die Effizienz des Unternehmens deutlich zu steigern. Dies gilt als Orientierung für die Umsetzung der Fusion, um nicht mehr Probleme anzuhäufen als Synergien zu erzielen. In den letzten zehn Jahren hat Siemens in allen Unternehmensbereichen eine Vielzahl von Restrukturierungsmaßnahmen durchgeführt. Diese Erfahrung erweist sich als großer Vorteil bei der Bewältigung des Merger.

- Die Benchmarking-Kultur ist bereits fest im Unternehmen verankert. Jede Führungskraft ist daran gewöhnt, mit Zielvorgaben zu arbeiten, die sich am jeweils besten Unternehmen im Markt orientieren.

- In allen Einheiten des Siemens-Konzerns laufen kontinuierlich Programme zur Produktivitätssteigerung, um die Effizienz des Unternehmens zu erhöhen. Merger-Programme stellen insofern keine Ausnahmesituation dar. Sie fügen sich in die übrigen Maßnahmen ein.

- Siemens nutzt für einen Turnaround weltweit dieselben Werkzeuge und Maßnahmen. Dieses so genannte *top+*-Programm (vgl. Abbildung 3) findet auch bei allen M&A-Aktivitäten Anwendung. Siemens-Mitarbeiter sind deshalb in der Regel bereits vor Beginn des Merger-Prozesses mit den grundlegenden Abläufen und Instrumenten vertraut. Die einheitliche Anwendung des *top+*-Programms ermöglicht zudem Benchmarking und Vergleiche mit anderen Siemens-Bereichen.

Für die Fusionserfolge spricht auch die generelle Siemens-Einstellung zur Auswahl der Merger-Kandidaten. Wir bei Siemens sind überzeugt, dass der hundertprozentige Eigenbesitz die Erfolgschancen eines Merger deutlich erhöht. Siemens strebt deshalb, wo sinnvoll, die vollständige Übernahme an.

2.2 Merger-Philosophie: Drei Erfolgsfaktoren gleichzeitig berücksichtigen

Wie schafft man günstige Voraussetzungen für einen Merger? Wie sendet man die richtigen Signale aus? Wie erreicht man die volle Unterstützung der Mitarbeiter? Siemens hat in den letzten Jahren für seine M&As konsequent einen eigenen Weg entwickelt und drei grundlegende Erfolgsfaktoren identifiziert, die als Grundsätze Eingang in die Merger-Philosophie gefunden haben. Diese drei Grundsätze stecken den Rahmen für alle Merger-Projekte ab. Sie sind gleichzeitig zu befolgen, da sie sich gegenseitig bedingen.

- *Weltklasseniveau erreichen:* Der wirtschaftliche Erfolg ist die eigentliche Triebfeder eines Merger. Nur wenn die Fusion einen Weltklasse-Spieler hervorbringt, ist durchschlagender Erfolg sichergestellt. Denn zwei mittelmäßige Unternehmen werden durch ein Zusammengehen nicht automatisch zum Weltklasseunternehmen – selbst wenn ein großes Synergiepotenzial besteht. Es ist hierfür – wie bei einem Turnaround – unabdingbar, mit geeigneten Managementmethoden zunächst den Willen zu wecken und die Fähigkeiten zu entwickeln, um dann das Unternehmen entschlossen an die Spitze der Branche zu führen.

  Dabei ist es wichtig, alles auf den Prüfstand zu stellen: Vertrieb, Technologien, Kosten usw. Das Streichen doppelt besetzter Positionen allein nutzt das vorhandene Potenzial bei weitem nicht aus.

- *Die Besten führen:* Nicht die Herkunft der Mitarbeiter – vom Käufer oder vom aufgekauften Unternehmen – bestimmt die Position im Unternehmen. Es entscheidet allein die individuelle Leistung – die Besten übernehmen die Führung. Durch dieses Vorgehen kommt es zu Stolz auf die eigene Rolle, ebenso zu Ausgewogenheit bei der Stellenbesetzung. Bei einer einseitigen Besetzung der Führungspositionen mit Mitarbeitern aus dem Käuferunternehmen entsteht im aufgekauften Unternehmen oft der Eindruck, sie würden geschluckt oder unterworfen. Die Suche nach den Besten setzt stattdessen ein klares Signal: Wir wollen das neue Unternehmen *gemeinsam* an die Spitze bringen. Dies wirkt motivierend auf alle.

- *Identifikation mit dem Unternehmen:* Eine vollständige Integration ist erst erreicht, wenn sich auch die Mitarbeiter des akquirierten Unternehmens mit Siemens identifizieren – wenn sie stolz auf die gemeinsamen Produkte und Leistungen sind. Maßnahmen, die den Austausch zwischen dem fusionierten Unternehmensbereich und dem Konzern fördern, sind hier besonders hilfreich. Bewährt haben sich insbesondere bereichsübergreifende Trainings oder Job-Rotation-Programme; dies gilt für alle Unternehmensbereiche inklusive Regionalgesellschaften. Integration heißt übrigens nicht nur, sich mit dem eigenen (neuen) Unternehmen zu identifizieren, sondern auch einheitlich und gemeinsam mit anderen Siemens-Gesellschaften aufzutreten und zum Wohl des Kunden zu kooperieren.

3.   Mit acht Hebeln zum Erfolg – Das Siemens-Post-Merger-Programm

Das entscheidende Kriterium für eine erfolgreiche Fusion ist die Zusammenführung beider Unternehmen. Wie sieht so eine Post-Merger-Integration aus? Wie treibt man sie voran? Siemens setzt bei der Durchführung des Merger auf seine bewährten Turnaround-Methoden, die an acht Werthebeln gleichzeitig ansetzen (vgl. Abbildung 4).

3.1   Überschaubare vertikale Einheiten formen

Kleine handlungsfähige Einheiten fördern das unternehmerische Denken und Handeln auf allen Ebenen und nehmen den Einzelnen stärker in die Pflicht. Wo möglich untergliedert Siemens deshalb jedes Mergerunternehmen in kleine, überschaubare Einheiten mit eigenem Führungsteam. In diesem kleinen Team wächst die persönliche Verantwortung, kritische Entscheidungen fallen schneller.

Oft sind nicht alle Einheiten direkt von der Integration betroffen. Bei Siemens VDO waren es 11 der 16 Geschäftsgebiete, bei Siemens Dematic sogar nur 1 von 3. Eine Reduzierung des Merger auf wenige Einheiten verringert die Merger-Belastung und beschleunigt den Integrationsprozess.

Neben kleinen vertikalen Einheiten sind auch wichtige Querschnittsfunktionen direkt in die Erarbeitung von Verbesserungsmaßnahmen eingebunden.

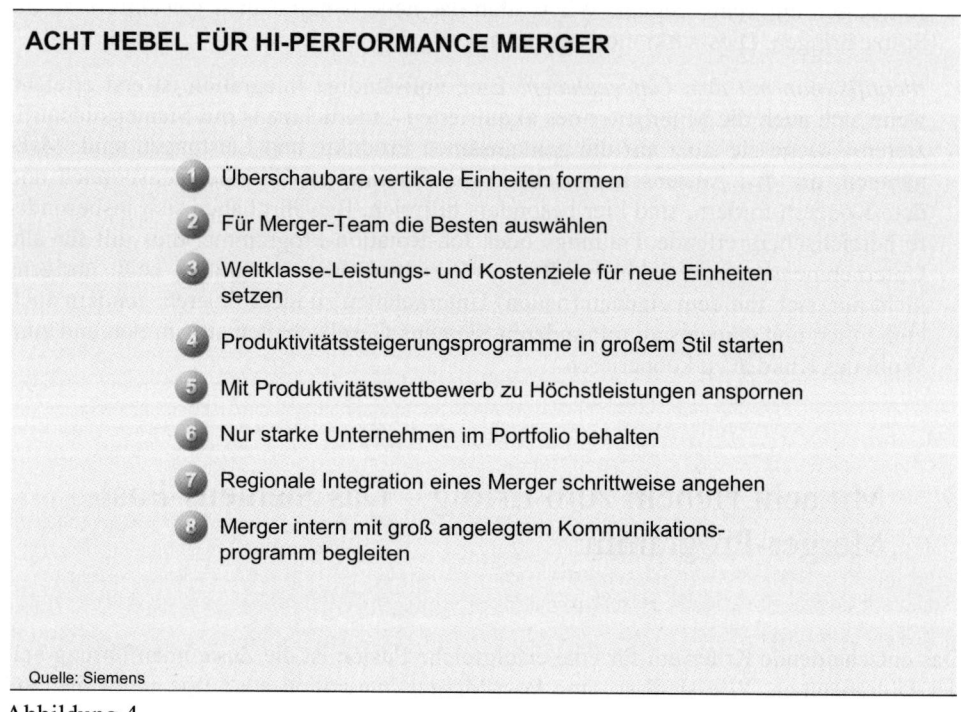

ACHT HEBEL FÜR HI-PERFORMANCE MERGER

1 Überschaubare vertikale Einheiten formen

2 Für Merger-Team die Besten auswählen

3 Weltklasse-Leistungs- und Kostenziele für neue Einheiten setzen

4 Produktivitätssteigerungsprogramme in großem Stil starten

5 Mit Produktivitätswettbewerb zu Höchstleistungen anspornen

6 Nur starke Unternehmen im Portfolio behalten

7 Regionale Integration eines Merger schrittweise angehen

8 Merger intern mit groß angelegtem Kommunikations-programm begleiten

Quelle: Siemens

Abbildung 4

Sie eignen sich besonders für eine möglichst rasche Umsetzung technologischer und regionaler Synergien. Standardisierung und Modularisierung der Produktpalette sowie Mobilisierung der Einkaufspotenziale gehören hierzu. Integrierte Account-Teams vermarkten im Rahmen des Cross-Selling alte und neue Produkte.

3.2 Für Merger-Team die Besten auswählen

Schnell eine gute Führungsmannschaft einzusetzen ist bei einem Merger eine der wichtigsten Aufgaben. Siemens wählt über ein Management-Audit die jeweils Besten aus beiden Teams für das neue Management aus. Für das Audit nutzen wir im Allgemeinen externe Spezialisten, die interne Assessments ergänzen. Im neuen Unternehmen zählen Leistung und Fähigkeiten – es interessiert nicht, ob jemand aus dem gekauften oder dem Käuferunternehmen kommt.

Für den Erfolg bei Merger und Turnaround sind oft drastische Maßnahmen nötig – auch in der Führungsetage. Frühe und klare Entscheidungen des Topmanagements helfen, Leistungsverluste und Unruhe im neuen Unternehmen zu verhindern und eine einheitliche Ausrichtung auf Weltklasseziele sicherzustellen.

Im Rahmen des Merger-Programms stehen die Managementleistungen auf dem Prüfstand. Der Vorstand bewertet die Leistungen regelmäßig neu: Manager und Teams, die schnell Ergebnisse bringen, werden gefördert. Geschäftsgebiete, die hinter den Erwartungen zurückbleiben, werden meist mit neuen „aggressiveren" Führungsteams wieder auf Kurs gebracht.

3.3   Weltklasse-Leistungs- und Kostenziele für neue Einheiten setzen

Benchmarking ist heute ein fester Bestandteil der Siemens-Kultur. Mittelfristig gilt es, die Leistungen der besten Konkurrenten zu erreichen oder zu übertreffen. Zu diesem Zweck analysieren wir die führenden Konkurrenten im Markt sehr genau. Unsere Erfahrung zeigt: Das ehrliche Bekenntnis zu anspruchvollsten Benchmarking-Zielen ist nachweislich erfolgreicher als Konsenskompromisse.

Die Ziele für den Integrationsprozess nach einem Merger leiten wir wie bei Turnarounds aus den Benchmarks ab. Finanz-Benchmarks legen die EBIT-Ziele fest, Operations-Benchmarks bestimmen Kostenstrukturen und optimale Geschäftsprozesse. Jedes Geschäftsgebiet erarbeitet seine Benchmark-Ziele und die notwendigen Maßnahmen selbst. In vielen Siemens-Geschäftsgebieten kam es so innerhalb von drei bis vier Jahren zu Produktivitätssprüngen bzw. Kostensenkungen von 30 bis 40 Prozent.

Die Auftaktphase eines Merger benötigt kurzfristige 2-Jahres-Ziele, um die Mitarbeiter schnell zu mobilisieren und zu motivieren. Mittelfristige Ziele über mehrere Jahre sind aber ebenso erforderlich. Sie geben eine klare Richtung für das fusionierte Unternehmen vor und initiieren mittelfristig wirksame Maßnahmen. Langfristig zielen alle Siemens-Fusionen auf eine deutliche Marktführerschaft ab.

Einmal gesteckte Ziele können korrigiert werden, wenn sich das Unternehmensumfeld und die generelle wirtschaftliche Lage grundlegend verändern. So verlangte der Konjunkturrückgang in jüngster Zeit ein rasches Umsteuern im Post-Merger Management. Lag zunächst beim Siemens-VDO- und beim Siemens-Dematic-Merger der Fokus auf Ergebnisverbesserungen durch Umsatzwachstum, steht nun die Kostenreduktion im Mittelpunkt. Entsprechend konzentrieren sich die Maßnahmen vor allem auf verbesserte operative Ergebnismargen.

Siemens VDO und Siemens Dematic senkten so angesichts der Konjunkturschwäche im Jahr 2002 ihre Wachstumsziele auf ein realistisches, aber dennoch ambitioniertes Maß, anstatt ihren Wachstumskurs auf Kosten der Gewinne weiterzuverfolgen. Siemens VDO ist Anfang 2003 auf gutem Weg, seine EBIT-Margen-Ziele zu erreichen. Siemens Dematic musste dagegen wegen starker Markteinbrüche das Erreichen der Ziele um ein Jahr verschieben.

3.4   Produktivitätssteigerungsprogramme in großem Stil starten

Umfangreiche Maßnahmenbündel sind nötig, um alle Einheiten auf Weltklasseniveau anzuheben. Die zu diesem Zweck eingesetzten Produktivitätsprogramme sind einheitlich strukturiert. Das Arbeiten mit denselben Methoden an ähnlichen Problemen sorgt für eine einheitliche Produktivitätsphilosophie und fördert den Aufbau einer gemeinsamen Kultur in allen Unternehmensbereichen.

Nach einem Benchmarking entwickelt jedes Geschäftsgebiet für jedes seiner Geschäfte dezentral ein umfassendes Maßnahmenpaket. Mehrere Tausend gleichzeitig durchgeführter Maßnahmen sind durchaus üblich. Siemens VDO strebt beispielsweise mit einigen Tausend Maßnahmen zwischen 2002 und 2003 Kosteneinsparungen von 1,5 Milliarden EUR an. Das Value-Generation-Programm von Siemens Power Generation besteht aus fast 4.000 Maßnahmen; Ziel sind Einsparungen von etwa 1,4 Milliarden EUR.

In nahezu jedem Post-Merger-Umstrukturierungs- und Wachstumsprogramm – dem *top+*-Programm – finden sich folgende Maßnahmenblöcke wieder (vgl. Abbildung 5):

- *Optimierung von Einkauf, Produktion und Engineering:* Siemens VDO zum Beispiel bündelte die Beschaffung und betrieb systematische Lieferantenentwicklung. Das Ergebnis: Einsparung dreistelliger Millionenbeträge pro Jahr. Ferner konzentrierte sich Siemens VDO auf High-Margin-F&E-Projekte und senkte so die F&E-Kosten von 12 auf 9 Umsatzprozent. Eine weitere Maßnahme war der Stopp jeglicher Parallelentwicklungen. Außerdem ging Siemens VDO dazu über, die Kapazitäten an Low-Cost-Standorten intensiver zu nutzen und auszubauen, um dem erhöhten Kostendruck in der Automobilindustrie wirksam begegnen zu können.

- *Überarbeitung der Produktpalette:* Mit Design-to-Cost-Programmen (DTC) und einer Standardisierung der Produktlinien werden Prozesskosten und Materialeinsatz verringert. Siemens Power Generation reduzierte z. B. durch DTC die Ursprungskosten der verschiedenen Gasturbinentypen um 10 bis 20 Prozent und senkte – in Abhängigkeit von den Produktionslinien – die Bauteil-Lebenszyklus-Kosten um 35 bis 65 Prozent.

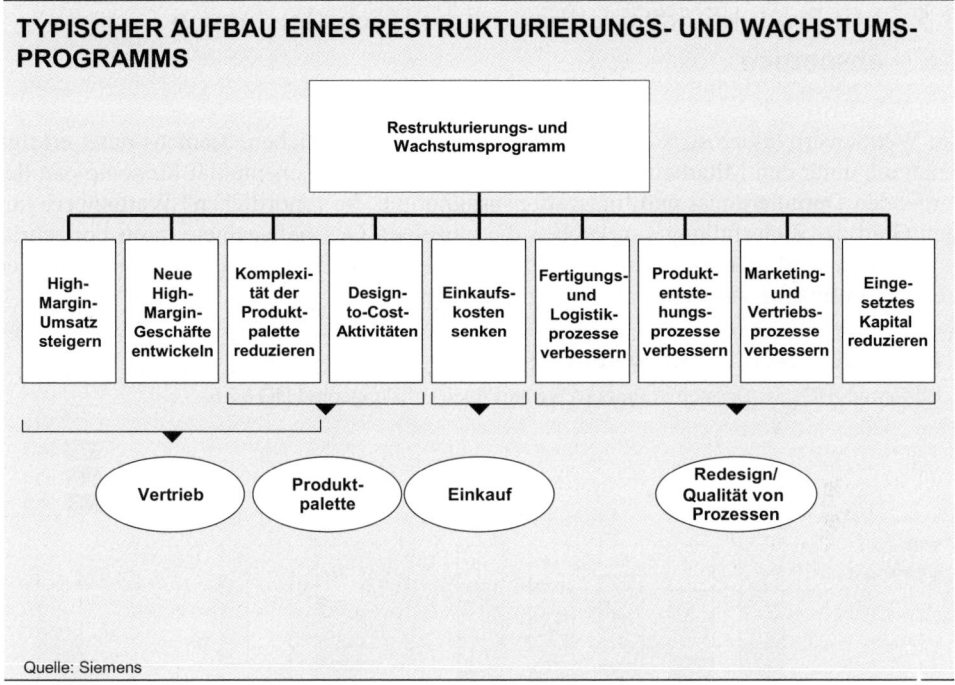

Abbildung 5

- *Verbesserung der Auftragsauswahl:* Ein verbesserter Vertriebsfokus sieht die Konzentration auf Aufträge mit hohen Margen vor. Es gibt strikte Regeln, wer unter welchen Bedingungen Angebote abgeben darf. Hinzu kommt eine monatliche Überprüfung der Margen neuer Aufträge. Ein hartes Projektmanagement mit Bid/No-Bid- und „Limit of Authorities"-Prozessen soll helfen, Projektrisiken rechtzeitig zu erkennen und zu verringern. Regelmäßig wird bei den Projektgeschäften von Siemens Westinghouse und Siemens Dematic die prognostizierte Projektmarge zum Zeitpunkt des Auftragseingangs und zum Betrachtungszeitpunkt verglichen.

- *Verbesserung des Asset Management:* Die Einführung des Geschäftswertbeitrags (GWB) als zentrale Steuerungsgröße jeder Geschäftseinheit führte zur Fokussierung der Führungsteams nicht nur auf die Verbesserung des Geschäftsergebnisses, sondern auch auf den effizienten Einsatz des Geschäftsvermögens. Ziel ist hierbei der Abbau von unproduktivem Vermögen, z. B. durch Abbau von Überbeständen, Verringerung der benötigten Flächen, Verkürzung der Zahlungsziele oder konsequentes Einfordern von überfälligen Zahlungen.

3.5   Mit Produktivitätswettbewerb zu Höchstleistungen anspornen

Im Wettbewerb lassen sich Ziele leichter und schneller erreichen. Siemens nutzt erfolgreich die unter den Mitarbeitern entstehende Höchstleistungsmentalität für seine parallel laufenden Optimierungs- und Integrationsprogramme. Im „sportlichen" Wettbewerb um den Grad der Zielerfüllung vergleichen die einzelnen Geschäftsgebiete ihren Fortschritt – gemessen wird monatlich mit vergleichbaren zentralen Controlling-Mechanismen, wer bei der Umsetzung am weitesten vorangekommen ist.

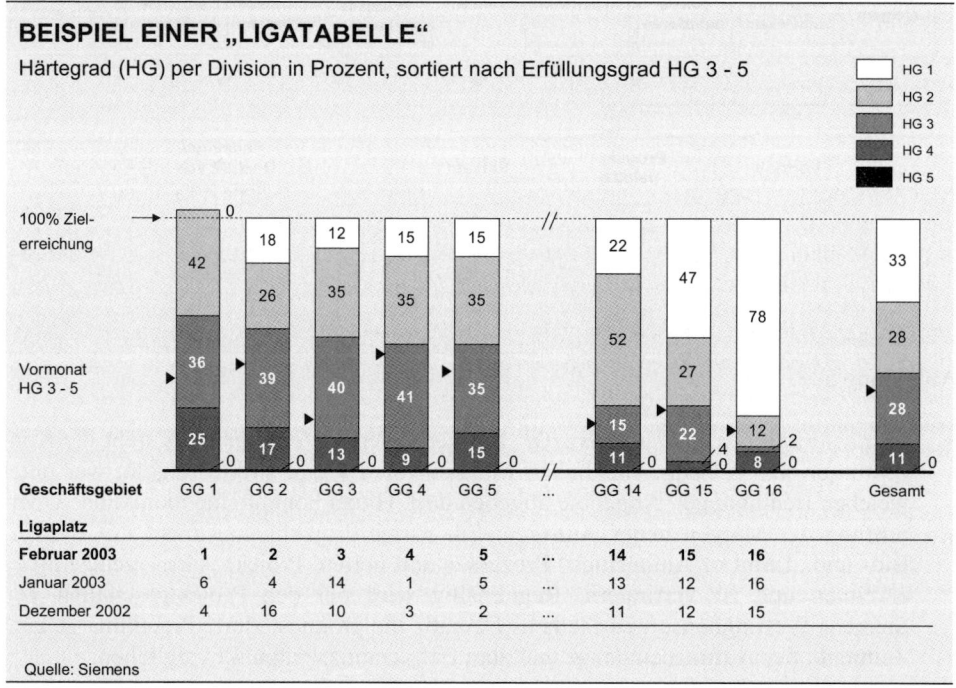

Abbildung 6

Die einzelnen Maßnahmen sind nach einer Härtegradmethodik mit den Stufen 1 bis 5 klassifiziert. Auf dieser Skala werden alle Maßnahmen monatlich bewertet; die Ergebnisse in „Ligatabellen" eingetragen (vgl. Abbildung 6). Monatliche Fort- und Rückschritte werden so deutlich; jedes Geschäftsgebiet weiß, wo es steht.

Die führenden Einheiten dienen als gute Beispiele für das gesamte Programm und setzen den Maßstab. Der Erfolg dieser Einheiten zeigt, dass die Zielvorgaben realistisch und erreichbar sind. Langsamere Einheiten werden ermutigt, die Vorgehensweisen der besseren zu kopieren.

In einer zweiten Integrationsphase werden offene Strategie- und Taktikfragen thematisiert und gelöst. Wir identifizieren z. B. Einheiten, die ihre Ziele nicht erreicht haben. Langsame Geschäftsgebiete, die prinzipiell auf dem richtigen Weg sind, erhalten Unterstützung. Für Geschäftsgebiete, die ihre Ziele auf absehbare Zeit nicht erfüllen können, entwickeln wir neue Strategien. Dazu gehören auch Schließung und Verkauf. Und wir optimieren die Portfoliostrategie weiter. Geschäftsgebiete, die einen hohen Marktanteil und hohe Margen erreichen, werden durch Akquisitionen weiter gestärkt. Für schwache, isolierte Geschäftsgebiete suchen wir Kooperationspartner.

3.6   Nur starke Unternehmen im Portfolio behalten

Die Konzentration der Kräfte ist für Mergers und Turnarounds erfolgsentscheidend: Welche Produktreihen, welche Innovationsprojekte sind zu fördern, abzustoßen oder einzustellen? Wie viele Turnaround-Fronten lassen sich gleichzeitig bewältigen? Welche wenig rentablen Themen, die vor dem Merger aufgegriffen wurden, sind auf Grund der neuen Marktposition nicht mehr sinnvoll?

Unrentable Abenteuer müssen zügig beendet, Marktsegmente mit zu geringem Marktanteil und chronisch niedrigen Margen aufgegeben werden. Nur so lässt sich auf Dauer eine profitable Produktion und eine erstklassige Produktneuentwicklung aufrechterhalten. Schnitte im Produktportfolio verbessern nicht nur schnell die Ertragskraft. Noch wichtiger ist, dass sie die Ressourcen des Unternehmens auf die wichtigen Aufgaben lenken – weg vom Troubleshooting in irrelevanten Problembereichen hin zum Aufbau des profitablen, zukunftsfähigen Geschäfts. Die Strategie heißt: Stärken verstärken, Schwächen abbauen.

- Im Rahmen des Merger hat Siemens VDO diverse Segmente verkauft und Entwicklungsprojekte eingestellt. Siemens VDO konzentriert sich heute auf Elektronik und Mechatronik in den Kompetenzfeldern Powertrain, Infotainment, Chassis und Karosserie.

- Siemens Dematic veräußerte bereits vier Tochterunternehmen sowie das Presort Business. Die Produktions- und Logistikautomation sind jetzt der Fokus.

- Siemens Building Technologies veräußerte zahlreiche Spezialgeschäfte wie Optical Cards, die Bewachung und das Facility Management oder gliederte sie aus. Zum Geschäft gehören heute Brandschutz, elektronische Sicherheit sowie der Bereich Klima- und Komfortautomatisierung.

Parallel zur Optimierung des Produktportfolios arbeitet Siemens konsequent am Kundenportfolio. Ein wesentliches Mittel zur Erhöhung der Kundenprofitabilität ist für

Siemens ein starkes Account Management, das Kundengeschäfte bündelt und die Betreuung verbessert.

3.7   Regionale Integration eines Merger schrittweise angehen

Für jedes Siemens-Unternehmen ist das oberste Ziel der Auftritt als echter Global Player
mit lokaler Präsenz in allen wesentlichen Märkten weltweit. Bei der Integration zweier
Unternehmen besteht die Herausforderung in der Regel darin, auf der regionalen Ebene
die Organisation zu konsolidieren und weltweit einheitliche, schlanke Prozesse
durchzusetzen. Für jeden Bereich soll als erster Schritt nur noch *eine* starke Gesellschaft
in jeder wichtigen Landesregion unterhalten werden.

Zur regionalen Integration wird in jeder Region ein *top+*-Programm durchgeführt. Dort
steht neben der Vereinheitlichung von IT-Systemen und kaufmännischen Prozessen die
Bereinigung der Struktur an.

In einem zweiten Schritt erfolgt dann die Integration in die im Land existierende
Siemens-Regionalgesellschaft. Ziel ist es, mögliche Synergien und Degressionseffekte
maximal auszunutzen. Vorteile sind insbesondere:

- Siemens mobilisiert durch Cross-Selling innerhalb bestehender Kundenbeziehungen
  die Konzernstärke für das neue, fusionierte Unternehmen. Durch seine globale Präsenz kann Siemens dieses Potenzial voll ausschöpfen und das eigene Vertriebsnetz
  schnell für Produkte aufgekaufter Unternehmen nutzen.

- Geschäftsbereichsübergreifende Standorte (Co-Locations) bringen Mitarbeiter über
  Projektarbeit und gemeinsame Kundenbetreuung zusammen. Dadurch entstehen
  neue Impulse für das Gesamtunternehmen.

- Die Shared Services der Siemens AG lassen sich durch die Integration in die Regio-
  nalgesellschaft verstärkt nutzen. Aufgaben wie Lohnabrechnung, Buchhaltung, Einkauf und Logistik werden zentral von spezialisierten Abteilungen erledigt. Diese
  können die Dienstleistungen effizienter und kostengünstiger bereitstellen.

Am Ende des Integrationsprozesses muss eine deutlich straffere regionale Organisationsstruktur stehen. Wir reduzieren dazu die Anzahl der Bereichsgesellschaften, um substanzielle Kosteneinsparungen zu realisieren. Dies unterstützt das Erreichen der mittelfristi-
gen EBIT-Ziele. Siemens Building Technologies reduzierte z. B. die Zahl der Bereichsgesellschaften im zweiten Jahr nach dem Merger von 151 auf 80. Die Planungen sehen
für 2003 nur noch 25 Bereichsgesellschaften vor, die dann in die Siemens-Landesgesell-
schaften integriert werden.

3.8   Merger intern mit groß angelegtem Kommunikations-
programm begleiten

Mergers und Turnarounds setzen ein hohes Maß an Motivation voraus. Motivationsför-
dernd wirkt neben dem internen Wettbewerb vor allem die kontinuierliche Information
der Mitarbeiter (vgl. Abbildung 7) über Ziele, Inhalt und Verlauf des Programms. Ein
breit angelegtes Kommunikationsprogramm schafft ein einheitliches Verständnis auf
jeder Ebene.

Der Wille zum Turnaround wird auf jeder Führungsebene kommuniziert. Um dem Pro-
gramm Nachdruck zu verleihen, hält der Bereichsvorstand Veranstaltungen im gesamten
Bereich und in den Werken ab. Hinzu kommen Workshops auf den einzelnen
Führungsebenen. Vielfach bewährt hat sich zudem zur Förderung des Umsetzungs-
Know-hows ein „Best Practice Sharing" für die zweite und dritte Führungsebene.

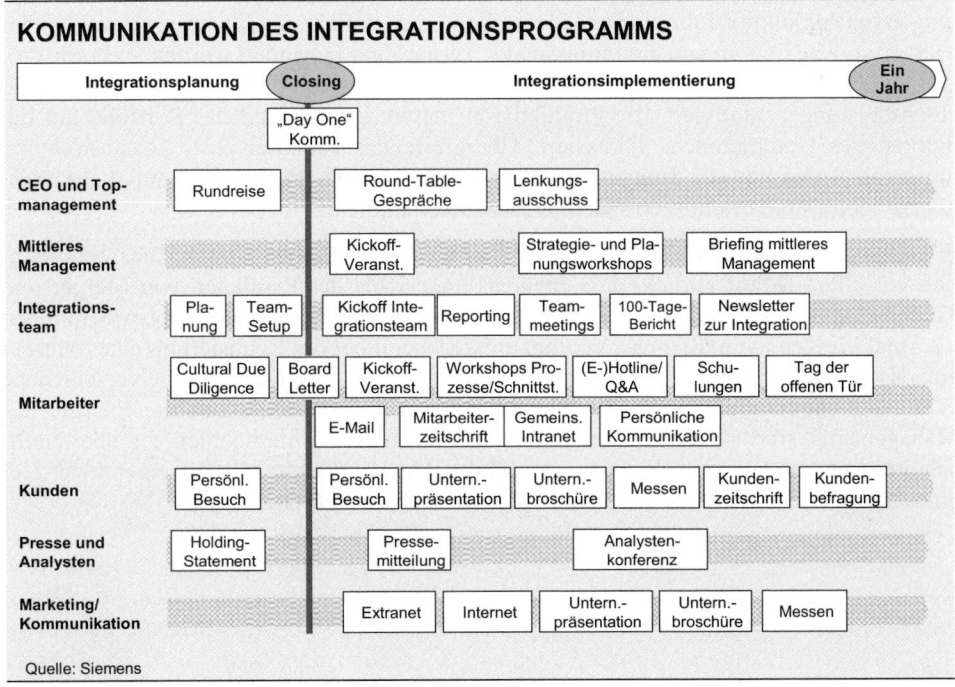

Abbildung 7

Siemens fördert mit seiner Kommunikationsstrategie gezielt die Kooperation der Mitarbeiter. Mitarbeiterbefragungen prüfen regelmäßig, ob das Programm verstanden wurde

und welche Verbesserungsmöglichkeiten die Mitarbeiter sehen. Ein gezieltes Nachsteuern ist so möglich.

4.   Fazit: M&As als Fitmacher

Eine gut durchdachte Akquisitionsstrategie, die Suche nach dem geeigneten Unternehmen sowie eine solide Due Diligence sind wesentliche Voraussetzungen, um die Risiken eines Merger von vornherein zu minimieren. Der wirtschaftliche Erfolg eines Unternehmenszusammenschlusses lässt sich allerdings nur mit einer aggressiven Post-Merger-Integration sicherstellen.

Die rein organisatorische Integration beider Unternehmen sowie der Abbau von Dopplungen im Produktportfolio und bei Planstellen reichen nicht aus. Stattdessen sollte jeder Merger von Beginn an wie ein umfassender Turnaround behandelt werden – als ein Programm, das alle Verbesserungsmöglichkeiten lückenlos aufdeckt, die Mitarbeiter zu Höchstleistungen motiviert, die Produktivität massiv steigert und das Portfolio auf die Stärken des Unternehmens fokussiert. Übergreifendes Ziel bei jeder Neuausrichtung muss von Anfang an die Steigerung der Produktivität und Profitabilität auf Weltklasseniveau sein. Daran orientieren sich alle Einzelmaßnahmen.

Siemens verzeichnet bei Fusionen einen überdurchschnittlichen Erfolg. Dies geht letztlich vor allem darauf zurück, dass Siemens angesichts der Parallelen von Merger und Turnaround seine zehnjährige Erfahrung mit intensiven Restrukturierungsprogrammen ins Spiel bringen kann. Siemens vertraut entsprechend bei der Realisierung eines Merger auf das in vielen Turnaround-Projekten bewährte *top+*-Programm. Acht verschiedene Werthebel setzen gleichzeitig an. Die gesamte Aufmerksamkeit und die Energie des Managements sind darauf ausgerichtet, das fusionierte Unternehmen zu überdurchschnittlichem, profitablem Wachstum zu führen. Nur so erreicht man das eigentliche Ziel eines Merger: den Wert des gesamten Unternehmens zu steigern.

Werner Marnette/Marc Fischer

Erfolgreiche Strategien in Commodity-Märkten

Dr. Werner Marnette ist Vorsitzender des Vorstands der Norddeutschen Affinerie AG.
Dr. Marc Fischer ist Principal bei McKinsey & Company, Inc.

Danksagungen:

Die Autoren danken Herrn Karsten Neuffer, Projektleiter im Berliner Büro von McKinsey und Mitglied des Grundstoffindustrie-Sektors, für die Unterstützung bei der Erstellung des Beitrags.

1. Einleitung

Was fällt Ihnen zur Grundstoffindustrie ein? Old Economy … Rauchende Schlote … Alte, traditionsbewusste Stahlwerke … Einst Deutschlands Aushängeschild ... Strukturwandel ... Standortnachteile ... Subventionen ... Drastischer Personalabbau ... Arbeitskämpfe ... Ein Politikum ... Keine Zukunft.

Keine Zukunft? Der vorliegende Beitrag will dieser Frage nachgehen. Die Antwort – so viel vorweg – wird eindeutig ausfallen: Allen Unkenrufen zum Trotz gibt es auch in der Grundstoffindustrie leistungsfähige Unternehmen, die nicht nur am Markt, sondern auch an der Börse reüssieren. Sie haben sich erfolgreich auf die schwierigen Bedingungen in dieser "alten" Industrie eingestellt und steigern Jahr für Jahr den Unternehmenswert.

Laut Brockhaus-Enzyklopädie gehören zur Grundstoffindustrie "... die Betriebe der eisenschaffenden Industrie, des Kohlenbergbaus und der Energiewirtschaft. Durch ihre Tätigkeit schaffen sie die Grundlage für die Produktion von Investitions- und Konsumgütern".[1] Das Statistische Bundesamt zählt dazu auch die Industrie der Steine und Erden, die NE-Metall-Industrien, die chemische Industrie sowie die Holz bearbeitende und die Papier erzeugende Industrie. Sie alle verbindet eine Eigenschaft: Aus natürlichen Rohstoffen erzeugen sie höherveredelte Produkte, die dann direkt oder indirekt in unzählige weitere Güter eingehen.

Gerade die Hightech-Produkte unserer Zeit wären ohne den Beitrag der Grundstoffindustrie nicht denkbar. So hat fast jedes Handy ein Plastikgehäuse, das aus Polycarbonat/Acryl-Butadien-Styrol besteht – ein Produkt aus der chemischen Industrie. Die Elektronik des Handys, z. B. der Lautsprecher, die Lead Frames oder die Stromversorgung, besteht aus Kupfer, das besonders leitfähig ist. Auf der Leiterplatte (ein Glasfaserkomposit der chemischen Industrie) finden sich Leiterbahnen aus Kupfer und Halbleiter aus Silikon; es wird aus dem gewöhnlichsten aller Rohstoffe erzeugt, nämlich Sand. Und ohne Energie würden die Prozesse zur Herstellung eines Handys gar nicht erst laufen.

Nun lassen sich die einzelnen Branchen der Grundstoffindustrie nicht einfach in einen Topf werfen. So weist bspw. die Energieindustrie im Einzelnen ganz andere Charakteristika auf als z. B. die Chemieindustrie. Die folgenden Ausführungen konzentrieren sich auf die Metallindustrie. Sie soll als Beispiel dienen für die Schwierigkeiten, aber auch für die Chancen, die in der Grundstoffindustrie bestehen. Eine Übertragung der konzeptionellen Ansätze auf andere Branchen der Grundstoffindustrie ist jedoch jederzeit möglich.

2.   Schwierige Rahmenbedingungen in der Metallindustrie

Für die westlichen Industrienationen ist die Metallindustrie nach wie vor von erheblicher Bedeutung – trotz der anhaltenden Verlagerung von Arbeitsplätzen in Schwellen- oder Entwicklungsländer und der wachsenden Bedeutung des Dienstleistungssektors. In Deutschland z. B. trägt die Metallindustrie noch immer etwa 10 Prozent zum Bruttoinlandsprodukt des produzierenden Gewerbes bei. Sie schafft damit rund 1,1 Millionen Arbeitsplätze. Die Rahmenbedingungen haben sich in den vergangenen Jahrzehnten jedoch deutlich verschlechtert, teilweise verursacht durch externe Einflüsse wie steigende Faktorkosten und staatliche Auflagen, aber auch auf Grund globaler Wettbewerbsverzerrungen durch die Einführung von Schutzzöllen. Zum Teil sind es aber auch "hausgemachte" Probleme der Industrie, wie bspw. der Aufbau von Überkapazitäten, die den Wettbewerbsdruck zusätzlich erhöhen.

Für die Analyse der Rahmenbedingungen ist es erforderlich, die unterschiedlichen Wertschöpfungsstufen in der Metallindustrie besser zu verstehen:

- *Gewinnung von Rohstoffen:* Am Anfang steht die Gewinnung der Rohstoffe. Minen holen Eisenerze, Kupfererze, Bauxit oder andere Rohstoffe direkt durch Tage- oder Untertagebau aus der Erde. Sekundärmärkte führen darüber hinaus "gebrauchte" Rohstoffe in Form von Schrotten in den Wirtschaftskreislauf zurück.

- *Erzeugung des Rohmaterials:* Auf der zweiten Stufe wird aus Erzen und Schrotten Metall in Reinform erzeugt. Es geht als Rohmaterial in die nächste Stufe der Weiterverarbeitung ein.

- *Weiterverarbeitung:* Auf der dritten Stufe der Wertschöpfungskette werden Halbzeuge wie Bänder, Bleche, Stangen, Rohre und Draht hergestellt. Durch gezielte Beimischung anderer Metalle, technologisch anspruchsvolle Gieß- und Umschmelzverfahren sowie Warm- und Kaltumformungen werden Halbzeuge mit den jeweils gewünschten Eigenschaften erzeugt.

- *Veredelung:* Auf der letzten Stufe werden die Halbzeuge durch Endverarbeiter zu industriespezifischen Fertigprodukten weiterveredelt, z. B. zu Kabeln für die Elektroindustrie, zu Turbinenschaufeln für Flugzeuge oder zu Karosserien für Autos.

Für die Analyse dieser verschiedenen Märkte und die Entwicklung einer erfolgversprechenden Unternehmensstrategie bieten sich zum einen natürlich traditionelle Konzepte wie PORTER's Five Forces oder die klassische 2x2-Marktattraktivität-Wettbewerbsposition-Matrix an. Zum anderen muss aber auch den besonderen Gegebenheiten der Metallindustrie Rechnung getragen werden. Das Konzept der Preis-Kosten-Schere hilft, externe Einflüsse auf die Industrie – sowohl von Seiten der Lieferanten als auch von

Seiten der Abnehmer – zu bewerten. Mit dem Konzept der Industriekostenkurve lassen sich die internen Wechselwirkungen in der Industrie erfassen (Abbildung 1).

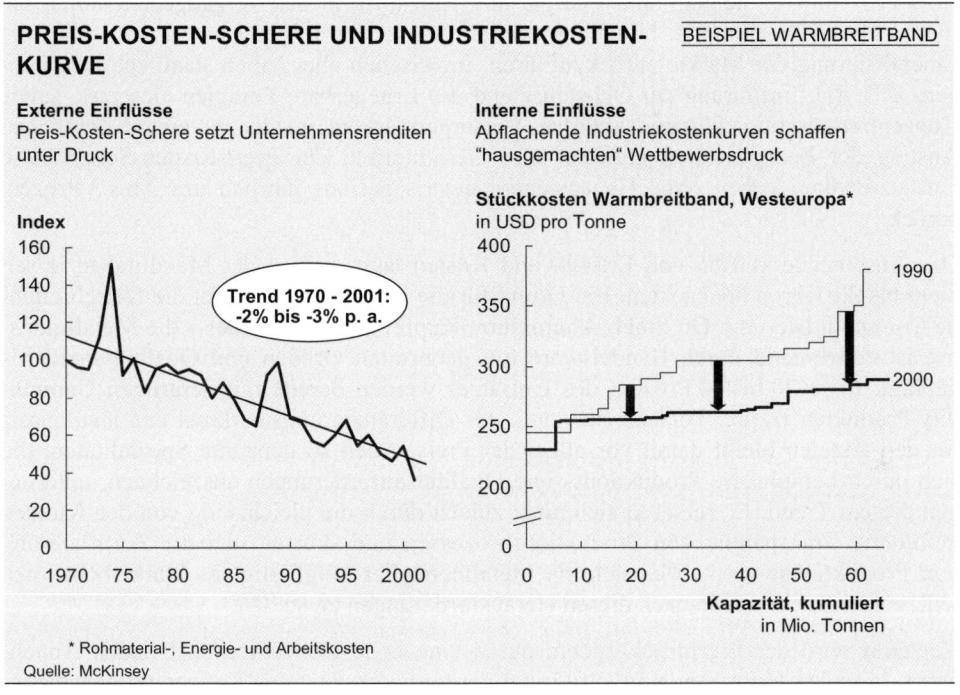

PREIS-KOSTEN-SCHERE UND INDUSTRIEKOSTEN-KURVE   BEISPIEL WARMBREITBAND

Abbildung 1

2.1 Zyklizität und Preis-Kosten-Schere

Die Metallindustrie ist durch eine hohe Zyklizität geprägt. Regelmäßige industriespezifische Konjunkturschwankungen führen zu stark volatilen Ergebnissen bei den Unternehmen. Die Vor-Steuer-Umsatzrendite variiert z. B. bei Stahlherstellern um im Durchschnitt ca. 10 Prozentpunkte zwischen dem besten und dem schlechtesten Jahr eines Zyklus. Dieses starke Auf und Ab darf jedoch nicht darüber hinwegtäuschen, dass es in der Metallindustrie langfristige, die Zyklen überlagernde Entwicklungen gibt, die zu einem kontinuierlichen Druck auf die Renditen der Unternehmen führen.

Eine solche Entwicklung ist die sich immer weiter öffnende Preis-Kosten-Schere: Die im Markt durchsetzbaren Preise fallen im Durchschnitt um ca. 1,5 bis 2 Prozent p. a. Eine Tonne Warmbreitband aus Stahl z. B. kostete Ende der 70er Jahre real noch knapp 600 USD, Ende 2002 nur noch gut 200 USD. Den sinkenden Marktpreisen stehen steigende Kosten bei den Einsatzfaktoren Arbeit, Rohstoffe und Energie von insgesamt 0,5 bis 1 Prozent p. a. gegenüber. Während die Personalfaktorkosten im Durchschnitt um ca. 2 Prozent p. a. steigen, sind Energie und Rohstoffe in den vergangenen Jahren um rund 1 bis 1,5 Prozent p. a. billiger geworden. Diese Verbilligung ist vor allem auf die Liberalisierung der Märkte zurückzuführen. Inzwischen aber haben staatliche Belastungen, z. B. die Einführung der Ökosteuer und des Erneuerbare-Energien-Gesetzes, sowie Konzentrationsentwicklungen auf den Versorgermärkten wieder zu einem deutlichen Anstieg der Energiekosten geführt.[2] Der Gesamteffekt der Preis-Kosten-Schere: Die Umsatzrenditen gehen ohne Gegensteuern ceteris paribus jährlich um 2 bis 3 Prozent zurück.

Das Auseinanderklaffen von Erlösen und Kosten lässt sich in der Metallindustrie seit mehr als 30 Jahren beobachten. Ein Grund für die sinkenden Preise ist die fortschreitende Commoditisierung: Ob Stahl, Aluminium, Kupfer, Zink oder Blei – die Metallindustrie ist zunehmend durch Handelsware mit genormten Größen und Qualitätsstandards geprägt. Etwa 70 bis 80 Prozent des Umsatzes werden bereits mit derartigen Commodity-Produkten erzielt, Tendenz steigend. Als Differenzierungsmerkmal und Kaufanreiz für den Kunden bleibt damit vor allem der Preis. Auch so genannte Spezialitäten, die sich durch komplexere Produktions- und Qualitätsanforderungen auszeichnen, unterliegen diesem Trend. Er verstärkt sich nicht zuletzt durch die gleichzeitig von den Kunden geforderte Transparenz von Produktionsprozessen und -kosten und die Zertifizierung von Produktionswegen. Wer sich als Metallhersteller langfristig im Markt behaupten will, kommt nicht umhin, sich diesen Herausforderungen zu stellen.

Verstärkt wird der Preisdruck zudem durch eine hohe Konzentration bei den Abnehmern. In vielen Industrien sind auf Grund der zu beobachtenden Konzentrationstendenzen nur noch wenige große Unternehmen übrig geblieben. Sie nutzen ihre Einkaufsmacht, um Preisnachlässe bei den Lieferanten durchzusetzen. Die Luftfahrtindustrie bspw. ist durch das Duopol Boeing und Airbus geprägt; bei ihren Außenhautlieferanten aus der Aluminiumindustrie setzen sie jährliche Preissenkungen von rund 5 Prozent durch. Die zunehmende Konkurrenz durch Metallunternehmen aus so genannten Low Cost Countries (LCC) tut ein Übriges, den Druck auf Preise aufrechtzuerhalten. Die Substitution von Metallen durch preiswertere Kunststoffe, z. B. der Einsatz von Kunststoff- statt Kupferrohren im Abwasser- und Heizungsbereich, stellt eine weitere Herausforderung dar.

Den durch die Abnehmer ausgelösten Preisdruck können die Metallunternehmen typischerweise kaum an ihre eigenen Lieferanten weitergeben. Wer nicht gerade eigene Minen besitzt, sieht sich auch hier einem stark konzentrierten Industriesegment gegenüber. In der Regel ist daher eher mit steigenden Rohstoffpreisen zu rechnen.

Grundsätzlich gilt damit für die Industrie: Solange ein Unternehmen auf seiner spezifischen Wertschöpfungsstufe keine einflussreiche Position aufbauen kann, bleibt es den negativen Auswirkungen der Preis-Kosten-Schere ausgeliefert – ohne diese Effekte an andere Marktteilnehmer weitergeben zu können.

2.2 Abflachende Industriekostenkurve und zunehmende Überkapazitäten

Externe Einflussfaktoren setzen die Unternehmen der Metallindustrie unter erheblichen Handlungsdruck. Doch damit nicht genug. Die Metallindustrie weist weitere Charakteristika auf, die einen "hausgemachten". Wettbewerbsdruck erzeugen. Die Betrachtung der Industriekostenkurve hilft, diese Mechanismen zu verstehen.

Industriekostenkurven dienen vor allem als Erklärungsmodell für die Preisbildung in Commodity-Märkten. "Die Kapazitäten der einzelnen Anbieter sind auf der Achse in der Reihenfolge zunehmender Stückkosten angeordnet. Greift man auf der Achse die gesamte Marktnachfrage ab, so ergibt sich ein Unternehmen als "Grenzanbieter", der zur Nachfragedeckung gerade noch erforderlich ist. Empirische Studien in zahlreichen Branchen haben erhärtet, dass sich der Marktpreis etwa auf der Höhe der Stückkosten des so definierten Grenzanbieters einspielt."[3]

Vor zehn Jahren noch verliefen die Industriekostenkurven in der Metallindustrie relativ steil – die Stückkostenunterschiede zwischen den besten 10 Prozent der Unternehmen und den schlechtesten 10 Prozent betrugen rund 50 Prozent. In der Stahlbranche z. B. summierten sich die Stückkostenunterschiede bei Warmbreitband 1990 noch auf rund 90 USD. Mittlerweile sind es nur noch etwa 40 USD. Diese Nivellierung dürfte sich auch in Zukunft fortsetzen.

Früher konnte ein Unternehmen mit guter Stückkostenposition (die es sich z. B. durch Investitionen in neue Technologien oder Prozessverbesserung erarbeitet hat) der weiteren Marktentwicklung relativ entspannt entgegensehen. Heute hat es diese Sicherheit nicht mehr. Schon bei kleineren Kostenverbesserungen der Wettbewerber droht das Unternehmen zum Grenzanbieter zu werden und aus dem profitablen Bereich "links" der Nachfragedeckung herauszufallen. Zusätzlich müssen einige Unternehmen noch externe, wettbewerbsverzerrende Faktoren kompensieren. Zollschutzbestimmungen zur Protektion heimischer Industrien sowie unterschiedliche Umweltschutzstandards vor allem in europäischen Ländern erhöhen den operativen Kostendruck. Um im Markt bestehen zu können, sind Unternehmen also gezwungen, sich ständig technologisch zu erneuern und operativ zu verbessern. Hinzu kommt, dass die Kapazitäten in der Metallindustrie lediglich zu 70 bis 80 Prozent ausgelastet sind. Durch fortschreitende Prozessverbesserungen, technische Kapazitätserhöhungen und Beseitigung von Engpässen werden die Überkapazitäten künftig weiter zunehmen – wenn nicht bestehende Kapazitäten aktiv aus dem Markt genommen bzw. Spieler wegen schlechterer Kostenposition verdrängt werden. Auf Grund der kapitalintensiven Anlagen sind die Fixkosten in der Metallindustrie allerdings hoch. Damit bestehen relativ hohe Barrieren nicht nur für den Einstieg in den Markt, sondern auch für den Ausstieg. Die Folge: Um die eigenen Kapazitäten möglichst weitgehend auslasten zu können, schrecken die Unternehmen nicht davor zurück, Preiskämpfe auf Basis von Grenzkosten zu führen.

3.   Vorgehen erfolgreicher Unternehmen

Die schwierige Situation in der Metallindustrie spiegelt sich auch am Kapitalmarkt wider. So schneidet die Metallindustrie in punkto Börsen-Performance deutlich schlechter ab als viele andere Branchen.[4] Während der Dow Jones Industrials Index seit 1990 um über 300 Prozent gestiegen ist, hat sich der World-DS Steel and Other Metals Index negativ entwickelt und 25 Prozent seines Werts verloren. Ein genauerer Blick auf einzelne Indices und Unternehmen ergibt jedoch ein differenzierteres Bild.

Die Aluminiumindustrie hat es z. B. geschafft, gegenüber dem Metall-Index gut 80 Prozent zu gewinnen, gegenüber dem Kupfer-Index sogar gut 110 Prozent. Gleichzeitig haben eine ganze Reihe von Metallunternehmen bewiesen, dass es auch unter schwierigen Rahmenbedingungen möglich ist, gesundes Wachstum zu schaffen und einträgliche Renditen zu erwirtschaften. So haben seit 1992 jeweils die besten 10 Prozent der Unternehmen der Metallindustrie ihren Marktwert zwischen 20 und 50 Prozent gesteigert – auch in schlechten Jahren.[5] Die gesamte Industrie konnte allenfalls in guten Jahren den Marktwert um maximal 20 Prozent erhöhen, meistens aber war die Wertschaffung negativ. Mit dieser Leistung waren die besten 10 Prozent der Metall-Unternehmen auch im Vergleich zur Marktentwicklung für Anleger attraktiv. Eine risikoadjustierte Renditebetrachtung ergibt sogar ein noch positiveres Bild, denn Unternehmen der Metallindustrie weisen im Vergleich zum Markt meist ein geringeres Risiko auf.

Anscheinend gibt es also in jedem Segment der Metallindustrie einige Spieler, die besonders in einem schwierigen Wettbewerbsumfeld Werte schaffen.[6] Wie gehen diese Unternehmen vor? Welche gemeinsamen Erfolgsfaktoren kennzeichnen ihre Entwicklung? Welchen strategischen Erfolgsmodellen folgen die Gewinner im Markt?

3.1   Klare strategische Ausrichtung

Ein Patentrezept für die richtige Strategie gibt es natürlich nicht. Erfolgreiche Metallunternehmen haben keineswegs alle den gleichen strategischen Weg eingeschlagen. Sie haben jedoch alle die möglichen strategischen Optionen systematisch geprüft und sich dann bewusst für einen strategischen Weg, für *ihren* Weg, entschieden. Diesen Weg zu finden ist nicht immer leicht. Die Entscheidung für eine Strategie muss von jedem Unternehmen individuell getroffen werden. Dazu ist die Ausgangsposition im Markt genau zu bestimmen und Vor- und Nachteile verschiedener Optionen sind abzuwägen. Dabei können Frameworks behilflich sein, indem sie z. B. einen Überblick über erfolgreiche historische und aktuelle Beispiele geben und gleichzeitig potenzielle, noch unbeschrittene Wege aufzeigen.[7] Im hier gewählten Modell werden Strategien entlang ihrem

Potenzial zur Wertschaffung und zur Industrieveränderung in drei Phasen angeordnet; ein solches Modell spiegelt gleichzeitig die Entwicklung der Industrie wider:

- *Phase 1 – Industrieweite Leistungsverbesserungen*: Erfolgreichen Metallunternehmen ist es in der Vergangenheit immer wieder gelungen, aus strukturellen Ineffizienzen Kapital zu schlagen, als Vorreiter technologische Verbesserungen einzuführen oder allgemein das Leistungsniveau in der Industrie anzuheben. Die Industriestrukturen blieben in dieser Phase unverändert. Ein Beispiel ist das amerikanische Stahlunternehmen Nucor. 1965 entging das Unternehmen nur knapp dem Bankrott. 1968 führte es dann die Minimill-Technologie ein und konnte damit Anfang der 80er Jahre den direkten Wettbewerb mit integrierten Stahlherstellern für Langprodukte aufnehmen. In den 90er Jahren schaffte Nucor mit Einführung des Dünnbrammengießens auch in der Produktion von Flachstahl den Durchbruch. Aus eigener Kraft, über technologische Innovation, ist es Nucor so gelungen, seinen Marktanteil zu verdoppeln – ohne die Strukturen der Industrie zu verändern.

- *Phase 2 – Industriekonsolidierung:* Erfolgreiche Unternehmen nutzen Unternehmenszusammenschlüsse, um Economies of Scale oder Economies of Scope aufzubauen und so neue Wertschaffungspotenziale zu erschließen. Im Zuge dieser zweiten Phase verändern sich die Größenverhältnisse in der Industrie signifikant. Gerade in der Metallindustrie ist die Konsolidierung in den vergangenen Jahren deutlich vorangeschritten, vertikal, horizontal oder auch regional.[8]

  - *Horizontal integriert* haben sich z. B. der luxemburgische Stahlkocher Arbed, die französische Usinor und die spanische Aceralia. Durch Zusammenschluss zum Stahlkonzern Arcelor konnten sie eine einflussreiche Marktposition aufbauen. Mit Flachprodukten, Langprodukten und Edelstahl ist das neue Unternehmen zudem relativ breit aufgestellt. Verbund- und Skalenvorteile sollen bis 2006 Synergiepotenziale in Höhe von rund 900 Millionen EUR erschließen.

  - Im Zuge einer *vertikalen Integration* ist z. B. VoestAlpine dabei, sich von einem reinen Stahlhersteller zu einem Stahlverarbeitungskonzern weiterzuentwickeln. Durch ein ambitioniertes Akquisitions- und Investitionsprogramm hat das Unternehmen in den vergangenen Jahren die Segmente Automobilzulieferung und Bahnsysteme erschlossen. Seit 1997 ist der Umsatzbeitrag der Stahlproduktion von 75 auf 47 Prozent gefallen. Bis 2006 soll der Stahl verarbeitende Sektor rund 60 Prozent des Umsatzes erwirtschaften. Umsatzrentabilität, Kapitalrendite und Erlöse sollen als Folge deutlich steigen.

  - Auf *regionale Expansion* hat Ispat gesetzt. Durch Akquisition und schnellen Turnaround ist die LNM-Gruppe, zu der Ispat International gehört, zum zweitgrößten Rohstahlhersteller weltweit geworden. Akquisitionen werden in Europa, Nordamerika, Südamerika und Asien getätigt. Der Umsatz ist seit 1992 um jährlich ca. 33 Prozent gestiegen.

- *Phase 3 – Neudefinition der Industrie:* Diese Phase verspricht das höchste Wert-
  schaffungspotenzial. Es kommt zu dramatischen, irreversiblen Veränderungen in der
  Struktur und bei den Spielregeln der Industrie.[9] Ein strategischer Ansatz, der in
  diese Kategorie fällt, ist das so genannte Slivering, bei dem ein Unternehmen
  selektiv einzelne Wertschöpfungsstufen besetzt und diese zu dominieren versucht.
  Die Entwicklung der Automobilindustrie ist hierfür ein Beispiel: Viele integrierte
  Automobilkonzerne konzentrieren sich zunehmend auf Entwicklung, Marketing und
  Finanzierung, während die Produktion zumindest in Teilen von eng angebundenen
  Systemlieferanten übernommen wird.[10] In der Metallindustrie ist eine solche Entwicklung derzeit noch nicht erkennbar, da die Phase der Industriekonsolidierung
  insgesamt noch lange nicht abgeschlossen ist. In einigen Teilsegmenten, wie der
  bereits stärker konsolidierten Aluminiumindustrie, dürfte eine derartige Veränderung der Industriestrukturen in den nächsten Jahren aber durchaus wahrscheinlich
  sein.

3.2   Konsequente Verfolgung und Umsetzung der Strategie

Erfolgreiche Metallunternehmen weisen zwar hinsichtlich der gewählten Strategie keine
Gemeinsamkeiten auf. Doch wenn es um die Art und Weise geht, wie sie ihre Strategie
verfolgen und umsetzen, lassen sich klare Erfolgsmuster erkennen.

In der ersten Phase geht es um die Schaffung von operativer Exzellenz als Voraussetzung für Wachstum, das so genannte V-Konzept. In der zweiten Phase steht der Aufbau
eines ausgewogenen Geschäftsportfolios, das so genannte Drei-Horizonte-Modell, im
Vordergrund.

3.2.1 Phase 1: Schaffung von operativer Exzellenz als Voraussetzung für
         Wachstum (V-Konzept)

Profitables Wachstum spielt in jeder Erfolgsgeschichte eine herausragende Rolle. Erfolgreiche Metallunternehmen haben dies erkannt. Sie setzen gleichzeitig auf radikale
Restrukturierung und auf Wachstum (V-Konzept) (Abbildung 2).[11]

Im Zuge der Restrukturierung gilt es, die Kosten im gesamten Unternehmen drastisch zu
reduzieren (der linke Arm des V). Produkt- und Kundenportfolios werden bereinigt,
Produktionsprozesse und -abläufe optimiert, Kosten in Verwaltung und Vertrieb gesenkt,
das Net Working Capital abgebaut. Ziel ist es, eine schlanke, schlagkräftige Organisation
zu schaffen, die sich durch operative Exzellenz auszeichnet. Wer diese Exzellenz erreicht, hat sich das "Recht" auf Wachstum erworben. Aufbauend auf den Verbesserun-

gen können jetzt Wettbewerber verdrängt oder neue Wachstumsfelder erschlossen werden. Umsatz und Ergebnis steigen (der rechte Arm des V).

Der zentrale Punkt bei dem Konzept ist, zu wirklich radikalen Verbesserungen zu kommen – und dies fortwährend zu wiederholen. Je tiefer das V geht, so zeigt eine empirische Untersuchung, desto höher ist das nachfolgende Wachstum. Wird hingegen zu zögerlich agiert, verpufft der Wachstumseffekt.[12] Dass die Mitarbeiter von Anfang an beide Zielsetzungen, Restrukturierung und Wachstum, kennen, erhöht die Motivation, an den Veränderungen mitzuwirken.[13] Die Restrukturierung erzeugt eine Aufbruchstimmung, die dann unmittelbar für die Wachstumsphase genutzt werden kann.

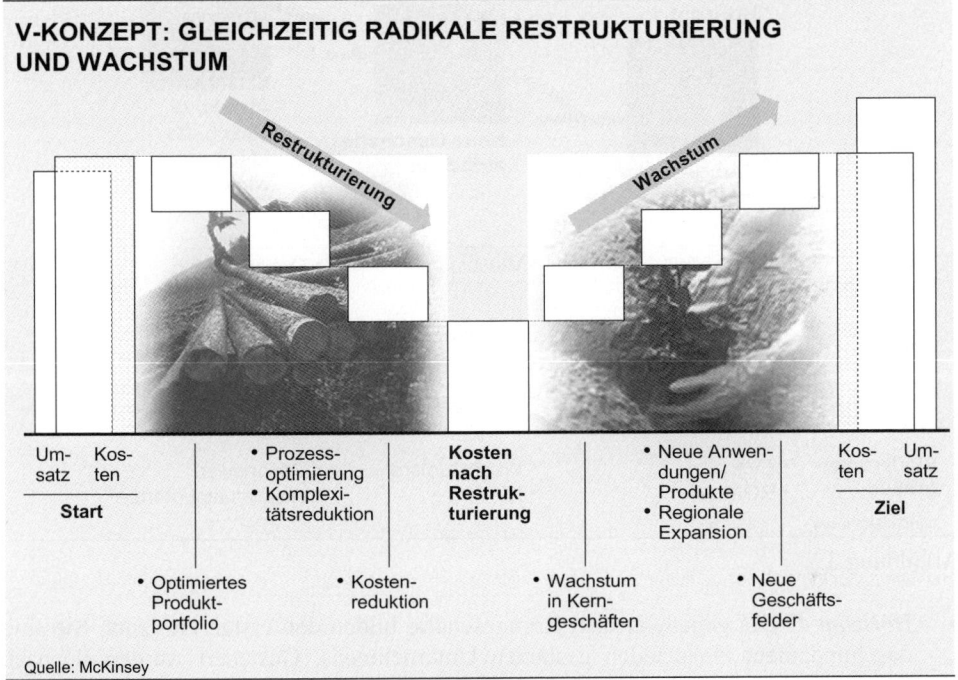

V-KONZEPT: GLEICHZEITIG RADIKALE RESTRUKTURIERUNG UND WACHSTUM

Quelle: McKinsey

Abbildung 2

3.2.2 Phase 2: Aufbau eines ausgewogenen Geschäftsportfolios (Drei-Horizonte-Modell)

Metallunternehmen, die auch langfristig attraktive Wachstumsraten über mehrere Zyklen hinweg erzielen, verfügen über ein ausgewogenes Geschäftsportfolio. Sie pflegen und erneuern dieses Portfolio kontinuierlich, wobei sie nicht nur einen kurzfristigen, sondern auch einen mittel- und langfristigen Zeithorizont im Blick haben: Jenseits des aktuellen Kerngeschäfts müssen die noch im Aufbau befindlichen Aktivitäten von morgen ebenso entwickelt werden wie bereits klar umrissene Optionen von übermorgen (Drei-Horizonte-Modell). Die einzelnen Geschäfte werden dann differenziert nach ihrer Lebenszyklusphase geführt (Abbildung 3).[14]

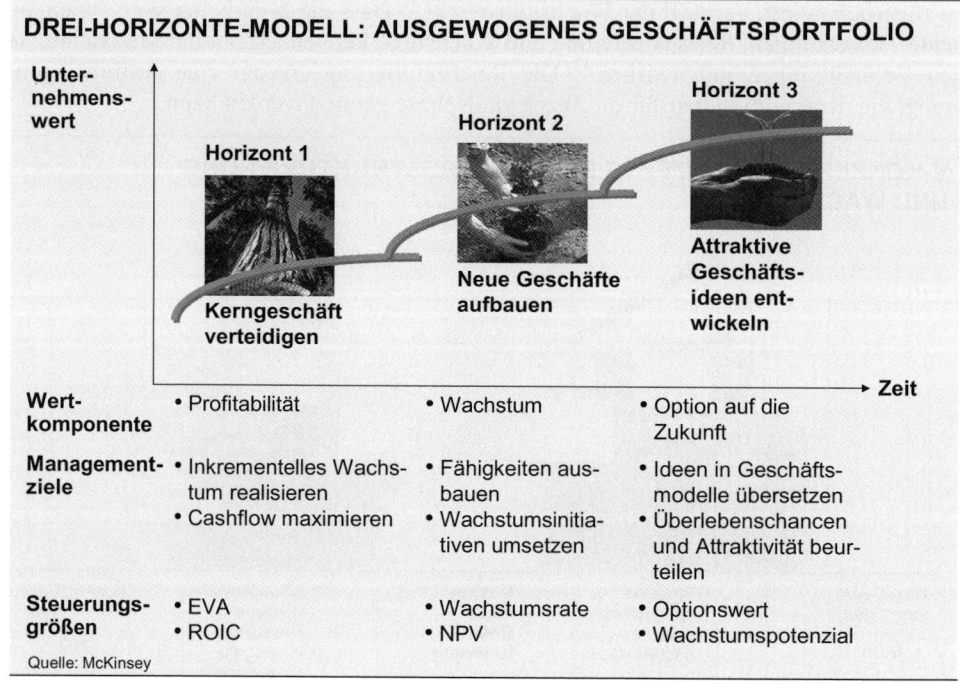

Abbildung 3

- *Horizont 1:* Die gegenwärtigen Kerngeschäfte bilden den ersten Horizont. Sie sind das Fundament eines jeden gesunden Unternehmens. Gesteuert werden sie nach ihrem individuellen Wertbeitrag und dem Return on Invested Capital. Ziel dabei ist die Maximierung des Cashflows, um in neue Geschäfte (Horizonte 2 und 3) investieren zu können.

- *Horizont 2:* Jedes Unternehmen besitzt auch junge "Geschäfts-Pflänzchen", die ein großes Wachstumspotenzial versprechen. Diese werden dem zweiten Horizont zugerechnet. Bevor sie einen signifikanten Ergebnisbeitrag leisten können, sind zunächst weitere Investitionen erforderlich. Auch müssen die benötigten Fähigkeiten im Unternehmen nach und nach aufgebaut werden. In absehbarer Zukunft sollen sich diese Geschäfte so zu einem Kerngeschäft weiterentwickeln. Steuerungsgrößen sind vor allem die Wachstumsraten und der Net Present Value.

- *Horizont 3:* Zum dritten Horizont gehört ein breites Spektrum an Geschäftsideen und -optionen. Hier kommt es darauf an, die Ideen mit dem größten Erfolgspotenzial zu identifizieren, weiterzuentwickeln und sie sukzessive in den Horizont 2 zu überführen.

Unternehmen mit einem ausgewogenen Geschäftsportfolio haben immer eine gut gefüllte "Ideenpipeline". Das erfordert vor allem ein funktionierendes Innovationsmanagement.[15] In der Regel werden mindestens fünf bis zehn Geschäftsideen im dritten Horizont benötigt, um ein neues Geschäft für den zweiten Horizont zu gewinnen. Und nur aus jedem dritten bis fünften Geschäft im Horizont 2 entsteht letztlich tatsächlich ein neues Kerngeschäft. Das bedeutet aber auch: Geschäfte, die den Sprung zum nächsten Horizont nicht schaffen, müssen konsequent aufgegeben werden.[16]

Diese beiden Konzepte sollen an einem Unternehmensbeispiel näher illustriert werden.

4.   Erfolgsbeispiel Norddeutsche Affinerie

Die Norddeutsche Affinerie AG (NA) ist einer der führenden europäischen Kupfererzeuger und -weiterverarbeiter. Sie gehört zu den Unternehmen der Metallindustrie, die es in den vergangenen Jahren immer wieder geschafft haben, sich positiv von ihren Wettbewerbern abzusetzen.

Die NA wurde 1866 als Aktiengesellschaft gegründet, blickte zu diesem Zeitpunkt aber bereits auf eine fast 100-jährige Tradition als Edelmetall erzeugendes Unternehmen zurück. Zehn Jahre später leistete die NA Pionierarbeit, als sie die Kupferelektrolyse in Betrieb nahm – die erste kontinuierlich arbeitende Anlage dieser Art in der Welt. Weitere technische Innovationen folgten, wie die Einführung des vollkontinuierlichen Stranggussbetriebs 1949, die Inbetriebnahme der ersten Gießwalzdrahtanlage 1973 oder die Entwicklung des Energie sparenden Contimelt-Verfahrens 1979.

1998 ging das Unternehmen an die Börse. Damit wurde die Grundvoraussetzung für eine Vorwärtsintegration in die Stufe der Kupferweiterverarbeitung geschaffen. Heute ist die NA im MDAX gelistet mit einer Marktkapitalisierung von rund 350 bis 400 Millionen EUR.

4.1 Marktbedingungen und Positionierung der Norddeutschen Affinerie

Kupfer ist nach Stahl und Aluminium das Metall mit der dritthöchsten weltweiten Nachfrage von rund 15 Millionen Tonnen pro Jahr. Mit einem Wachstum von 2 bis 3 Prozent folgt der Kupferbedarf dem wirtschaftlichen Wachstum; Kupfer wird auch als "Metall des Fortschritts" bezeichnet. Zu den herausragendsten Eigenschaften des Kupfers gehört, dass es beliebig oft recyclebar ist. Was die Kupferindustrie betrifft, so ist sie sehr stark fragmentiert und teilweise durch erhebliche Überkapazitäten geprägt.

In der Kupferindustrie lassen sich, wie bei allen Metallindustrien, vier Wertschöpfungsstufen unterscheiden.[17]

- *Minen und Sekundärmärkte:* Auf der ersten Stufe erzeugen Minen Kupferkonzentrat aus Kupfererz, während Sekundärmärkte Altkupfer anbieten. Minengesellschaften haben sich in den vergangenen zehn Jahren stark konsolidiert; auf ca. zehn große profitable Minenunternehmen entfallen rund 70 Prozent der Konzentratherstellung. In Minenhand sind darüber hinaus auch etwa zwei Drittel der Produktion der nächsten Wertschöpfungsstufe. Das restliche Drittel wird zunehmend mit globalen Vertragsbedingungen konfrontiert. Dies setzt die freien Hütten zusätzlich unter Druck, da deren spezielle wirtschaftliche oder politische Situation kaum berücksichtigt wird. Die NA gehört zu diesen Kunden, die nicht von großen Spielern der ersten Stufe kontrolliert werden. Allerdings ist es der NA gelungen, rund 80 bis 90 Prozent der Konzentratlieferungen über langfristige Verträge zu sichern, die teilweise über die gesamte Laufzeit der Mine gehen – quasi eine vertragliche Rückwärtsintegration.

- *Kupfererzeugung:* Auf der zweiten Stufe werden aus Kupferkonzentrat und Altkupfer Anoden geschmolzen und dann durch Elektrolyse hochreines Kupfer in Form von Kathoden gewonnen. Mit einer Kathodenproduktion von rund 550.000 Tonnen p. a. nimmt die NA die führende Marktposition in Europa ein. Das Unternehmen ist zudem der weltgrößte Kupferrecycler und setzt in den Bereichen Umweltschutz und Arbeitsproduktivität internationale Benchmarks. Im Vergleich zu ihren internationalen Wettbewerbern besitzt die NA im Umweltschutz einen Investitionsvorsprung von über 400 Millionen USD. Am Ende der zweiten Wertschöpfungsstufe stehen mit den Kupferkathoden börsenfähige Produkte, die regelmäßig an den Metallbörsen LME und COMEX gehandelt werden. Verarbeitung und Wertschöpfung haben also ein Höchstmaß an Standardisierung erreicht. Nur wenige Spieler sind über diese Stufe hinweg vorwärts integriert.

- *Kupferweiterverarbeitung:* Auf der dritten Stufe werden aus reinem Kupfer unter Beimischung von anderen Metallen durch Gießen und anschließende Warm- und Kaltumformung Kupferhalbzeuge gefertigt. Im Vergleich zur ersten Wertschöpfungsstufe ist der Konzentrationsprozess hier weit weniger fortgeschritten. Die einzelnen Spieler haben sich meist auf bestimmte Halbzeugsegmente wie Band, Blech, Draht, Stangen und Rohre fokussiert. Die NA ist durch Vorwärtsintegration in Teilsegmenten dieser Stufe vertreten. Sie produziert insgesamt 500.000 Tonnen Gießwalzdraht und Stranggussformate. Gießwalzdraht wird direkt an Weiterverarbeiter zur Herstellung von gezogenen Drähten und Kabeln geliefert. In diesem Segment ist die NA die Nummer drei in Europa, ihr Marktanteil beträgt gut 10 Prozent. Bei Stranggussformaten nimmt die NA mit einem Marktanteil von ca. 40 Prozent am freien Markt den europäischen Spitzenplatz ein. Die Formate werden in Form von Rundbarren oder Walzplatten der nächsten Kupferverarbeitungsstufe zur Verfügung gestellt. Rundbarren werden zur Erzeugung von Rohren und Profilen ausschließlich an Drittkunden geliefert. Einen Teil der Walzplatten, die zur Herstellung von Bändern, Blechen und Folien dienen, verarbeitet die NA selbst weiter. Denn im Jahr 2000 hat das Unternehmen einen weiteren Schritt zur Vorwärtsintegration getan: Die 50-Prozent-Tochter Schwermetall produziert rund 300.000 Tonnen Vorwalzband p. a., die 100-Prozent-Tochter Prymetall ca. 60.000 Tonnen Band sowie 12.000 Tonnen Draht p. a.

- *Endverarbeitung:* Auf der letzten Wertschöpfungsstufe tritt die NA nur noch indirekt als Lieferant auf. Die Kunden sind hier meist schon klar nach Branchen wie Automobil, Bau oder Chemie differenziert.

Insgesamt erwirtschaftete die NA im Geschäftsjahr 2001/02 mit rund 3.600 Mitarbeitern einen Umsatz von ca. 1,9 Milliarden EUR. Das Ergebnis (EBIT) lag bei 50 Millionen EUR.

4.2   Meilensteine auf dem Weg zum Erfolg

Am 7. Juli 1998 wurde die NA zum ersten Mal an der Frankfurter Wertpapierbörse gelistet. Im Zeitraum Juni 1999 bis März 2003 hat die NA-Aktie den MDAX um 33 Prozent übertroffen, den TECDAX um 48 Prozent, den DAX um 52 Prozent. Nur ein halbes Jahr nach dem weltweiten Einbruch der Aktienkurse infolge des 11. September 2001 konnte die NA-Aktie die Höchstwerte von Anfang 2001 überbieten. Damit konnte sich die NA entgegen dem allgemeinen Trend und dem Trend in der Kupferindustrie als Substanzwert und als Dividendenpapier behaupten. Ursache des Erfolgs? Die richtige strategische Weichenstellung.

4.2.1 Vision NA 2000: Schaffung der Grundlagen für profitables Wachstum

Als Vorbereitung auf den Börsengang hat die NA ihre strategischen Ziele in der Vision NA 2000 klar formuliert.[18] Um das angestrebte profitable Wachstum sicherzustellen, wurde das Unternehmen daraufhin konsequent umstrukturiert.

4.2.1.1 Vorwärtsintegration als attraktiver Wachstumspfad

Ausgangspunkt war zunächst eine strategische Standortbestimmung: Welche Stufen der Wertschöpfungskette bieten der NA die attraktivsten Chancen für künftiges Wachstum? Die vertikale Vorwärtsintegration zeigte sich dabei als die strategisch geeignetste Variante.

Eine horizontale Integration kam angesichts der dominanten Stellung einiger großer Minen, die in den Bereich der Kupfererzeugung vorwärts integriert sind, nicht in Frage. Strukturelle Schwierigkeiten auf dieser Wertschöpfungsstufe, wie Überkapazitäten oder Zollschutz im Ausland, ließen vergleichsweise geringe Durchschnittsrenditen und Synergiepotenziale – und diese nur auf der Kostenseite – erwarten. Obwohl Minen eine attraktive Rendite erwirtschaften, wurde auch eine Rückwärtsintegration ausgeschlossen. Die NA besitzt in diesem extrem kapitalintensiven Bereich keine Kompetenz und hätte sich gegen die mächtigen Minen in ihrem angestammten Geschäft nur schwer behaupten können.

Für eine Vorwärtsintegration sprachen hingegen mehrere Gründe: Der Markt für Kupferverarbeitung ist stark fragmentiert. Die NA kann vorhandene Erfahrungen aus dem Gießwalzdraht und den Stranggussformaten nutzen. Der Einstieg in die Weiterverarbeitung sichert die eigenen Absatzmärkte für Kupferkathoden. Die größere Nähe zum Endverbraucher eröffnet Chancen für eine stärkere Produktdifferenzierung und damit prinzipiell höhere Margen.

4.2.1.2 Tiefgehende Restrukturierung als Voraussetzung

Die Stoßrichtung stand damit fest. Es galt jetzt, das Unternehmen für diese Strategie fit zu machen. Zur Vorbereitung auf den Börsengang wurden in den 90er Jahren umfassende Restrukturierungsmaßnahmen im Sinne des V-Konzepts durchgeführt. Die erste Wachstumsphase wurde also mit einer Restrukturierung des Unternehmens eingeläutet.

Um sich noch stärker auf das Kerngeschäft konzentrieren zu können, wurden zum einen das Produktions- und Produktportfolio konsequent restrukturiert. So hat sich die NA etwa von den Aktivitäten im Bereich Metallpulver und Kupferchemikalien getrennt und ist heute ausschließlich auf das Metall Kupfer konzentriert. Zum anderen wurden vielfältige Maßnahmen zur Produktivitätssteigerung und Kostensenkung umgesetzt. Operative Exzellenz galt (und gilt) als vorrangiges Ziel. Prozessverbesserungen z. B. führten zu einer deutlichen Produktionssteigerung beim Konzentratdurchsatz. Parallel hat die NA ihre Anlagen modernisiert und dabei rund 410 Millionen EUR am Standort Hamburg investiert, davon allein ca. 30 Prozent für den Umweltschutz. Die Mitarbeiterzahl wurde – trotz kontinuierlich steigender Absatzmengen – von ca. 2.420 im Geschäftsjahr 1995/96 auf knapp 2.190 im Geschäftsjahr 1998/99 reduziert.

Aufbauend auf diesen operativen Erfolgen hat die NA dann den Expansionskurs eingeschlagen. Im Zuge des Projekts RWO 2000 wurde die Kapazität der Rohhütte Werk Ost (RWO) auf rund 1 Million Tonnen Konzentratdurchsatz erweitert. Die Akquisition der Hüttenwerke Kayser erhöhte die Kathodenkapazität auf 560.000 Tonnen. Mit der Akquisition von Schwermetall (50 Prozent) und Prymetall wurden schließlich die Weichen für eine Vorwärtsintegration im Bereich der Kupferflachprodukte gestellt und damit eine wichtige Ausgangsplattform für internationales Wachstum geschaffen.

Zur nachhaltigen Optimierung der gesamten Kostenposition und zur aktiven Steuerung des im Unternehmen gebundenen Kapitals hat die NA im Jahre 2002 Value-based Management als Instrument zur Unternehmenssteuerung eingeführt.[19] Die NA wird seitdem konsequent nach Rohergebnisrendite (Zielwert > 15 Prozent ROCE) und Eigenkapitalrendite (Zielwert > 20 Prozent ROE) geführt.

Mit diesem "tiefen V" konnte die NA nicht nur den Kapitalmarkt überzeugen, sondern auch die eigenen Mitarbeiter. Die klare strategische Zielsetzung hat entscheidend zur Motivation der Belegschaft beigetragen und das notwendige Momentum zur Durchsetzung von Veränderungen erzeugt.

4.2.2 Vision 2000 PLUS: Weiterentwicklung zu einem globalen Kupferkonzern

Um den eingeschlagenen Wachstumskurs fortführen zu können, muss sich die NA kontinuierlich weiterentwickeln. In der Vision 2000 PLUS wurden – in Anlehnung an das Drei-Horizonte-Modell – die nächsten Ziele festgelegt (Abbildung 4).

• *Horizont 1: Stärkung des bestehenden Geschäfts:* Zur Absicherung des Kerngeschäfts strebt die NA die Technologieführerschaft im Bereich Kupfererzeugung an. Die Kupfererzeugung wird schrittweise ausgebaut, Prozesse und Abläufe sind kontinuierlich weiterzuentwickeln. Darüber hinaus hat sich die NA das Ziel gesetzt, Exzellenz im Recycling zu erreichen und löst sich dabei gezielt von ihrer Abhängigkeit vom traditionellen Kupferschrottgeschäft. Durch Spezialisierung auf die Verarbeitung kupfer- und edelmetallhaltiger komplexer Recyclingrohstoffe aus der Aufarbeitung moderner Gebrauchsgüter und eine stärkere Integration in Sekundär-Stoffkreisläufe soll die NA zum führenden Recyclingunternehmen werden.

• *Horizont 2: Nutzung von Wachstumschancen im Kupfermarkt bzw. im kupfernahen Markt:* Mit dem Ziel, "Anbieter intelligenter Kupferlösungen für unsere Kunden" zu werden, liegt dem zweiten Horizont ein klares Leitbild zu Grunde. Der mit der Akquisition von Schwermetall und Prymetall eingeschlagene Weg wird konsequent weiterverfolgt. Die besondere Stärke der NA, auch im internationalen Vergleich, liegt gerade in dieser Kombination von Kupfererzeugung und -weiterverarbeitung. Wachstumsmöglichkeiten bei Kupferprodukten bieten sich z. B. durch geografische Ausweitung, Vervollständigung von Produktqualitäten, Ausbau von Spezialprodukten, Verbreiterung des Dienstleistungsangebots oder eine stärkere Kundenintegration. Ein weiterer Schritt im Zuge der Vorwärtsintegration ist der selektive Einstieg in zusätzliche Kupfersegmente oder der Einsatz der Dünnbandtechnologie in Kooperation mit Kunden.

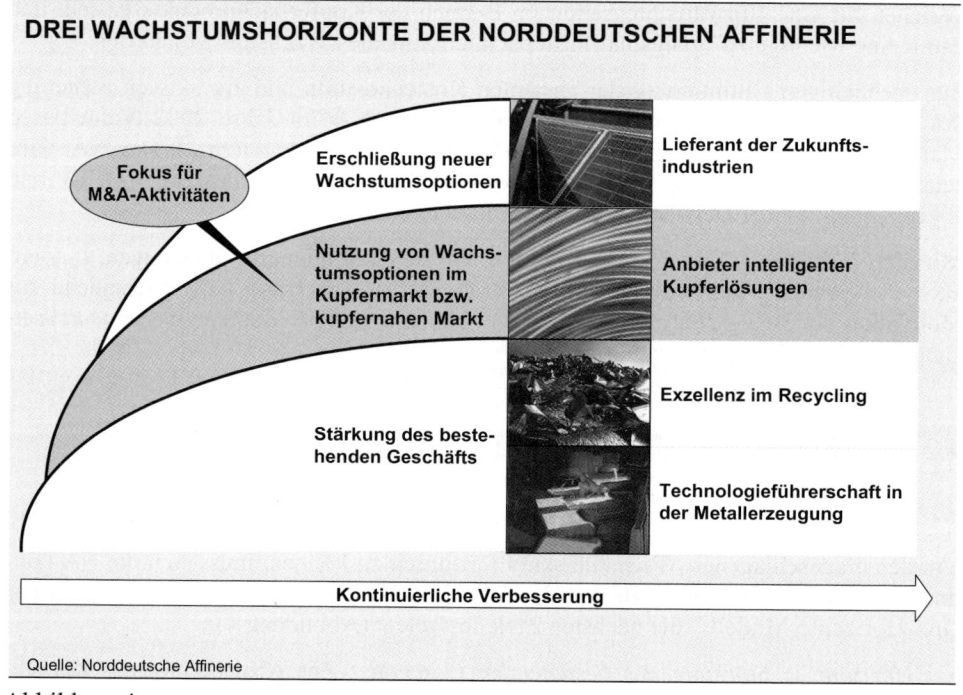

Abbildung 4

- *Horizont 3: Erschließung neuer Wachstumsoptionen:* Für diesen langfristigen Horizont hat sich die NA der Leitidee verpflichtet, "Lieferant der Zukunftsindustrien" zu werden. Durch selektiven Einstieg in neue Anwendungsgebiete über innovative Produkte bzw. Anwendungen (z. B. hochwarmfeste Kupferwerkstoffe) und Produktion von Hightech-Werkstoffen (z. B. Kupferdünnstbänder für Kupferflachkabel in der Automobilindustrie) soll bereits heute die Tür zu neuen attraktiven Geschäftsfeldern von morgen geöffnet werden.

Diese außergewöhnliche Erfolgsgeschichte hat es der NA erlaubt, sich über einen langen Zeitraum von der schwachen konjunkturellen Entwicklung abzukoppeln. Jedoch leidet sie aktuell auch unter der generellen Wachstumsschwäche in Europa und in den USA sowie unter dem lang anhaltend niedrigen Kupferpreis.

Dennoch blickt die NA sehr optimistisch in die Zukunft. Operativ setzt sie konsequent auf Continuous Improvement und führt ständig Verbesserungsprojekte zu Schwerpunktthemen durch. Durch "eNergiA" bspw. konnte der spezifische Energieverbrauch um mehr als 20 Prozent reduziert werden. Gleichzeitig entwickelt die NA auch ihre strategische Ausrichtung weiter. Zukünftige Schwerpunkte liegen dabei in der Ausweitung der Vorwärtsintegration und der Internationalisierung des Kupferproduktgeschäfts.

5.   Ausblick

Das Beispiel der Norddeutschen Affinerie hat gezeigt: Auch in schwierigen Märkten lässt sich mit der richtigen Strategie profitables Wachstum erzielen. Die Metallindustrie mag auf den ersten Blick wenig attraktiv erscheinen – für entschlossene Unternehmen bietet sie dennoch gute Chancen, nachhaltig Werte zu schaffen.

Die Marktbedingungen werden auch in den nächsten Jahren grundsätzlich nicht leichter werden. Der anhaltende Druck durch die Preis-Kosten-Schere kann aber durch eine veränderte Marktbearbeitung zumindest gelindert werden. Eine konsequente Kundenorientierung etwa, die Produktdifferenzierungen stärker in den Vordergrund stellt, würde zu einer Decommoditisierung der Industrie beitragen. Dafür müssen die Unternehmen in ihren Organisationen schlagkräftige, spezialisierte Einheiten aufbauen, die den Kunden optimale, maßgeschneiderte Lösungen anbieten.[20]

Darüber hinaus haben die Unternehmen der Metallindustrie die Möglichkeit, durch aktive Gestaltung der Industriestruktur Verbesserungen herbeizuführen. So könnten durch stärkere Konsolidierung auf bestimmten Wertschöpfungsstufen Überkapazitäten in Teilmärkten abgebaut werden. Dies würde zu einer günstigeren Industriekostenkurve führen und den "hausgemachten" Kostendruck reduzieren. Denn die Phase der Konsolidierung ist mit Sicherheit noch nicht abgeschlossen. Der Herfindahl-Index, der den Grad der Konsolidierung einer Industrie misst, liegt für einzelne Bereiche der Metallindustrie noch weit unter 1.800 – dem Wert, der vom europäischen Kartellamt als kritisch betrachtet wird. Der Upstream-Bereich der Kupferindustrie etwa erreicht gerade einmal Index-Werte zwischen 300 und 500, der Upstream-Bereich der Aluminiumindustrie Werte zwischen 500 und 800. Die Stahlindustrie kommt in Europa auf einen Wert von erst ca. 1.100, weltweit gesehen gilt die Rohstahlerzeugung noch als völlig fragmentiert.

Haben die Metallunternehmen die Chancen der Konsolidierung genutzt, steht dann als nächste Entwicklungsphase die Neudefinition der Industrie an. Die Zukunft der Metallindustrie verspricht spannend zu bleiben.

Referenzen

[1]   Vgl. BROCKHAUS-ENZYKLOPÄDIE (1989), S. 230

[2]   Vgl. MARNETTE, W. (2001).

[3]   Vgl. HENZLER, H.A. (1988), S. 727ff.

[4]   Vgl. FISCHER, M., RIESE, J., SANDER, P. (2000).

[5]   Vgl. CAMPELL, D., HULME, R. (2001), FOSTER, R., KAPLAN, S. (2002).

[6]   Vgl. FISCHER, M. (2001).

[7]   Vgl. COENENBERG, A. G., SALFELD, R. (2003).

[8]   Vgl. BLEEKE, J., ERNST, J. (1994).

[9]   Vgl. RALL, W. (2001).

[10] Vgl. BRYAN, L., FRASER, J., OPPENHEIM, J., RALL, W. (2000).

[11] Vgl. FISCHER, M. (1996).

[12] Vgl. KLUGE, J. et al. (1994), S. 26ff.

[13] Vgl. BOSSIDY, L., CHARAN, R. (2002).

[14] Vgl. FISCHER, M., FISCHER, A. (2001).

[15] Vgl. EGLAU, H. O., KLUGE, J., MEFFERT, J., STEIN, L. (2000), WATERMAN (1988), FOSTER, R. (1986).

[16] Vgl. BAGHAI, M., COLEY, S., WHITE, D. (1999).

[17] Vgl. FISCHER, M., SANDER, P., WITZIG, A. (2001).

[18] Vgl. MARNETTE, W. (2001).

[19] Vgl. COPELAND, T., KOLLER, T., MURRIN, J. (2002).

[20] Vgl. FISCHER, M., FRANKEMÖLLE, H., BERENSMANN, D., PAPE, L.-P. (1997).

Literaturverzeichnis

BAGHAI, M., COLEY, S., WHITE, D. (1999): Die Alchemie des Wachstums. Die McKinsey-Strategie für nachhaltig profitable Unternehmensentwicklung, Düsseldorf: 1999.

BLEEKE, J., ERNST, J. (1994): Rivalen als Partner – Strategische Allianzen und Akquisitionen im globalen Markt, Frankfurt am Main, New York: 1994.

BOSSIDY, L., CHARAN, R. (2002): Execution – The discipline of getting things done, New York: 2002.

BROCKHAUS-ENZYKLOPÄDIE (1989): 19. Auflage, Mannheim: 1989

BRYAN, L., FRASER, J., OPPENHEIM, J., RALL, W. (2000): Die Neue Weltliga – Wie Unternehmen von grenzenlosen Märkten profitieren, Frankfurt am Main: 2000.

CAMBELL, D., HULME, R. (2001): The winner-takes-all economy, in: The McKinsey Quarterly 1 (2001), S. 82 - 93.

COENENBERG, A. G., SALFELD, R. (2003): Wertorientierte Unternehmensführung. Vom Strategieentwurf zur Implementierung, Stuttgart: 2003.

COPELAND, T., KOLLER, T., MURRIN, J. (2002): Unternehmenswert – Methoden und Strategien für eine wertorientierte Unternehmensführung, Frankfurt am Main: 2002.

EGLAU, H. O., KLUGE, J., MEFFERT, J., STEIN, L. (2000): Durchstarten zur Spitze – McKinseys Strategien für mehr Innovation, Frankfurt am Main, New York: 2000.

FISCHER, M. (1996): Wachstumsperspektiven für Grundstoffindustrien: Fokussierung – Leitgedanke bei Kostensenkung und Umsatzsteigerung, in: ERZMETALL, 49. Jg. (1996), Nr. 12, S. 762 - 769.

FISCHER, M. (2001): The Non-Ferrous Metals Industry: How to Win Against the Permafrost, in: ERZMETALL, 54. Jg. (2001), Nr. 11, S. 543 - 548.

FISCHER, M., FISCHER, A. (2001): Neue Konzepte für das Controlling der Zukunft, in: Krp – Kostenrechnungspraxis, 45. Jg. (2001), Heft 1, S. 29 - 35.

FISCHER, M., FISCHER, A. (2001): Wertorientiertes Wachstum durch dynamisierte Balanced Scorecard, in: Controlling & Finance (2001), Heft 12, S. 1 - 2.

FISCHER, M., FRANKEMÖLLE, H., BERENSMANN, D., PAPE, L.-P. (1997): Neue Wege zur Decommoditisierung, in: METALL, 51. Jg. (1997), Heft 4, S. 173 - 175.

FISCHER, M., FRANKEMÖLLE, H., PAPE, L.-P., SCHWEEN, K. (1997): Serving your customer's customer: A strategy for mature industries, in: The McKinsey Quarterly 2 (1997), S. 80 - 89.

FISCHER, M., RIESE, J., SANDER, P. (2000): Was lässt Metallunternehmen profitabel wachsen, in: METALL, 54. Jg. (2000), Heft 4, S. 173 - 175.

FISCHER, M., SANDER, P., WITZIG, A. (2001): Chancen in der Kupferindustrie – Rückbesinnung auf alte Werte, in : METALL, 55. Jg. (2001), Heft 5, S. 182 - 187.

FOSTER, R. (1986): Innovation – Die technologische Offensive, Wiesbaden: 1986.

FOSTER, R., KAPLAN, S. (2002): Schöpfen und Zerstören – Wie Unternehmen langfristig überleben, Frankfurt am Main, Wien: 2002.

HENZLER, H.A. (Hrsg.) (1988): Handbuch strategische Führung, Wiesbaden: 1988.

KLUGE, J. et al. (1994): Wachstum durch Verzicht. Schneller Wandel zur Weltklasse: Vorbild Elektronikindustrie, Stuttgart: 1994.

MARNETTE, W. (2000): Werkstoffe des modernen Lebens, in: ERZMETALL, 53. Jg. (2000), Nr. 10, S.589 - 594.

MARNETTE, W. (2001): Quo vadis Kupferindustrie?, in: BASICS (2001), Heft 3, S. 33 - 36 (McKinsey-Veröffentlichung).

RALL, W. (2001): Unternehmen im Wandel oder: Ist der Begriff der Industrie noch zu retten? Vortrag auf dem 10. wissenschaftlichen Kolloquium "Unternehmen in der Statistik – Konzepte, Strukturen, Dynamik", Statistisches Bundesamt, 22. November 2001, Wiesbaden: 2001.

WATERMAN, R.H (1988): Leistung durch Innovation, Hamburg: 1988.

Harald Hungenberg/Torsten Wulf

Strategisches Management – Was die Wissenschaft für die Praxis leisten kann

Prof. Dr. Harald Hungenberg ist Inhaber des Lehrstuhls für Unternehmensführung an der Universität Erlangen-Nürnberg. Dr. Torsten Wulf ist Wissenschaftlicher Assistent am dortigen Lehrstuhl.

1. Strategisches Management als Paradebeispiel einer Wissenschaft für die Praxis?

Das strategische Management hat sich erst in jüngerer Zeit als eigenständige wissenschaftliche Disziplin etabliert. Seine Geburtsstunde als akademisches Forschungsfeld wird meist auf die 60er Jahre des 20. Jahrhunderts datiert. Die Ursprünge des Fachs liegen vor allem in der akademischen Lehre, insbesondere an amerikanischen Business Schools. Kurse zu „Business Policy" dienten dort dazu, ergänzend zu dem ansonsten funktional in Fächer wie Marketing, Produktion oder Finanzierung gegliederten Curriculum, Managementprobleme aus einer übergreifenden, gesamtunternehmensbezogenen Perspektive zu betrachten[1]

Zu einer eigenständigen wissenschaftlichen Disziplin hat sich das strategische Management dann vor allem durch das gestiegene praktische Interesse an strategischen Fragestellungen entwickelt.[2] Insbesondere in den 50er und 60er Jahren des vergangenen Jahrhunderts durchliefen viele Unternehmen in entwickelten Volkswirtschaften einen Prozess starken Wachstums und zunehmender Diversifikation. Gleichzeitig sahen sie sich einer gestiegenen Umweltdynamik und -komplexität ausgesetzt. Angesichts dieser Entwicklungen entstand für Unternehmen in viel stärkerem Maße als jemals zuvor die Notwendigkeit, sich aus einer ganzheitlichen Perspektive mit Fragen der Strategieanalyse, -formulierung und insbesondere -implementierung auseinander zu setzen. In diesem Nährboden haben drei zentrale Werke –„Strategy and Structure" von CHANDLER (1962), „Corporate Strategy" von ANSOFF (1965) und „The Concept of Corporate Strategy" von ANDREWS (1971) – die wesentlichen Ziele und Inhalte für das strategische Management formuliert und damit die Basis für seine Entwicklung zu einer eigenständigen akademischen Disziplin gelegt.[3]

Angesichts dieser Entstehungsgeschichte ist es nicht verwunderlich, dass das Selbstverständnis des strategischen Managements als wissenschaftliches Forschungsfeld von einer starken Praxisorientierung – von einer Ausrichtung auf Problemstellungen der Praxis und auf Lösungen für die Praxis – geprägt ist.[4] Verschiedene Institutionen, wie z. B. die Strategic Management Society oder die Academy of Management, die auf ihren Konferenzen den Austausch zwischen Wissenschaftlern, Praktikern und Unternehmensberatern fördern, oder wichtige Zeitschriften des Fachs, wie der Harvard Business Review, der Sloan Management Review oder das California Management Journal, die vor allem Forschungsergebnisse mit einem klar erkennbaren praktischen Nutzen für das Management von Unternehmen veröffentlichen, haben diese Ausrichtung über die Jahre weiter verstärkt.

Eine große Bedeutung für die enge Verbindung von Forschung und Praxis im strategischen Management besitzt auch die Managementaus- und -weiterbildung. Insbesondere die privaten Business Schools in den USA finanzieren sich ganz wesentlich aus Studiengebühren sowie Spenden von Privatpersonen und Unternehmen. Dementsprechend haben sie ein vitales Interesse daran, ihre Forschungs- und Ausbildungsprogramme, vor allem die immer wichtiger werdende Managementweiterbildung, an den Interessen und Erwartungen der Unternehmenspraxis auszurichten.[5] Nicht zuletzt besitzen gerade im Bereich des strategischen Managements Unternehmensberatungen, vor allem Topmanagement-Beratungen wie McKinsey & Company oder die Boston Consulting Group, eine große Bedeutung für die Förderung des Austauschs zwischen Wissenschaft und Praxis, indem sie selbst Konzepte entwickeln oder von Wissenschaftlern entworfene Modelle aufgreifen und für die Praxis „übersetzen".

Trotz dieser vielfältigen Ansatzpunkte, die alle darauf abzielen, die Praxisorientierung als zentrales Kennzeichen des Fachs zu bewahren, wird gerade in jüngerer Zeit die wissenschaftliche Ausrichtung des strategischen Managements zunehmend diskutiert. So befürworten einige Fachvertreter eine stärkere Abkoppelung der Forschung von der Praxis und schlagen vor, mehr Gewicht auf die Entwicklung konsistenter, theoretischer Grundlagen des Fachs zu legen. In ihren Augen sollte die Forschung im strategischen Management zwar letztendlich auch zur Lösung praktischer Probleme beitragen; dieser Beitrag muss jedoch nicht unmittelbar sein.[6] Ein anderer Teil der Forschergemeinschaft im strategischen Management beklagt hingegen eine zunehmende Entfremdung der Forschung von Problemen der Praxis und fordert, auch weiterhin die unmittelbare Praxisorientierung in den Mittelpunkt zu stellen.[7] Diese Diskussion über die Ausrichtung des Fachs hat in den Augen mancher Beobachter mittlerweile zu einer Zweiteilung der wissenschaftlichen Gemeinschaft geführt – in „praxis- bzw. beratungsorientierte" und in „wissenschaftsorientierte" Vertreter des Fachs.[8]

Vor dem Hintergrund dieser Entwicklungen innerhalb des strategischen Managements als akademische Disziplin besteht das Ziel dieses Aufsatzes darin, den Beitrag zu erörtern, den die Forschung im strategischen Management für die Praxis heute tatsächlich leistet. Zu diesem Zweck wird zunächst gezeigt, dass Praxisorientierung in der sozialwissenschaftlichen Forschung – dazu zählt auch die Strategieforschung – generell eine zentrale Rolle spielt, dass diese Praxisorientierung aber auch auf ganz unterschiedliche Art und Weise umgesetzt werden kann. Vor diesem Hintergrund werden dann Praxisorientierung und Praxisrelevanz der Forschung im strategischen Management untersucht, indem der Praxisbeitrag seiner beiden zentralen Forschungsbereiche – der Strategieprozessforschung („Strategy Process Research") und der Strategieinhaltsforschung („Strategy Content Research") – beschrieben wird. Abschließend werden Implikationen für die zukünftige Ausrichtung der Forschung im strategischen Management erörtert.

2. Praxisorientierung als zentrales Kennzeichen sozialwissenschaftlicher Forschung

Das strategische Management ist ein Teilbereich der Sozialwissenschaften und versteht sich damit als eine Real- oder Erfahrungswissenschaft. Realwissenschaftliche Forschung wiederum beschäftigt sich – grob vereinfacht dargestellt – damit, Ereignisse und Phänomene der realen Welt möglichst objektiv zu beschreiben und allgemein gültige Regeln für ihre Erklärung bzw. Vorhersage zu finden.[9] Entsprechend diesem grundsätzlichen wissenschaftlichen Selbstverständnis sind Forschungsprogramme in den Sozialwissenschaften im Allgemeinen durch drei wesentliche Elemente gekennzeichnet:[10]

1. Sozialwissenschaftliche Forschungsprogramme greifen – im so genannten *Entdeckungszusammenhang* – praktische Probleme und Fragestellungen auf. Dabei sind prinzipiell drei Anlässe denkbar, die zu einem sozialwissenschaftlichen Forschungsprogramm führen. Auslöser eines Programms kann erstens das individuelle Interesse eines Forschers sein, der ein praktisches Problem wahrnimmt und darauf eine Antwort sucht. Zweitens kann ein Forschungsprogramm durch einen Auftrag, z. B. von einem Unternehmen, initiiert werden. Schließlich ist es möglich, dass ein Forschungsprogramm durch Probleme der Theoriebildung, also z. B. durch Widersprüche zwischen vorhandenen Theorien und Beobachtungen in der Praxis, ausgelöst wird.

2. Sozialwissenschaftliche Forschungsprogramme liefern darüber hinaus – im so genannten *Begründungszusammenhang* – mit Hilfe wissenschaftlicher Methoden Lösungen, d. h. Beschreibungen, Klassifizierungen und Erklärungen zu den aufgegriffenen praktischen Problemen und Fragestellungen. Zu diesem Zweck werden Hypothesen formuliert, Forschungsmethoden ausgewählt sowie Daten (aus der Praxis) erhoben, ausgewertet und interpretiert.

3. Sozialwissenschaftliche Forschungsprogramme spielen schließlich – im so genannten *Verwertungszusammenhang* – ihre Ergebnisse in Form von Vorträgen, Veröffentlichungen, Projektberichten oder Ähnlichem wieder an die Praxis zurück.

Diese oberflächliche Darstellung des Selbstverständnisses und der wesentlichen Elemente realwissenschaftlicher Forschung verdeutlicht bereits, dass Praxisorientierung in den Sozialwissenschaften eine zentrale Rolle spielt und dass die Aufgabe der Forschung letztlich immer darin besteht, einen Beitrag zur Lösung praktischer Probleme zu leisten. Ein Überblick über sozialwissenschaftliche Forschungsprogramme lässt aber auch erkennen, dass die Umsetzung dieser Praxisorientierung durchaus unterschiedlich erfolgen kann, nämlich in Form von anwendungsorientierter Forschung oder in Form von Grundlagenforschung:

- *Anwendungsorientierte Forschung* zielt darauf ab, unmittelbar Lösungen für praktische Fragestellungen zu liefern. Das Hauptaugenmerk liegt dabei auf der zeitge-
  rechten Präsentation von Ergebnissen, die für die Praxis nützlich und umsetzbar
  sind. Wissenschaftliche Kriterien wie Präzision und Allgemeingültigkeit der Aussagen treten zunächst einmal in den Hintergrund.

- Die *Grundlagenforschung* zielt dagegen primär darauf ab, unabhängig von einem
  konkreten Anwendungsnutzen die Wissensbasis einer Disziplin um möglichst allgemein gültige und präzise Aussagen zu erweitern. Die Lösung praktischer Probleme und Fragestellungen ist hier zwar letztliches, jedoch nicht unmittelbares Ziel
  der Forschung.[11]

Auch im strategischen Management liegt der Ausgangspunkt der Forschung grundsätzlich in den Problemen der Praxis. Viele Forscher bemühen sich sogar, im *Entdeckungszusammenhang* möglichst aktuelle Probleme von Unternehmen aufzugreifen. Erkennbar
wird dieses Bemühen an der für das strategische Management typischen zyklischen
Zunahme der Veröffentlichungen zu Themen, die Unternehmen und Manager gerade
besonders beschäftigen. So ist z. B. die Zahl der Beiträge zu Themen wie Business Process Reengineering oder Prozessorganisation zu Beginn der 90er Jahre stark gestiegen –
nachdem Fragen der Restrukturierung und Effizienzsteigerung auch für Unternehmen
eine besondere Bedeutung gewonnen hatten. Daneben nimmt seit Beginn der 80er Jahre
aber auch die Zahl der Veröffentlichungen zu, die nicht mehr direkt an Problemstellungen von Unternehmen, sondern an theoretischen Diskussionen innerhalb des Fachs
ansetzen und somit nur indirekt mit den praktischen Problemen verknüpft sind.[12] Während also vor allem in den 60er und 70er Jahren des 20. Jahrhunderts die
anwendungsorientierte Forschung das strategische Management dominierte, hat seit den
80er Jahren – im Zusammenhang mit der stärkeren wissenschaftlichen Institutionalisierung der Disziplin – die Grundlagenforschung ein zunehmendes Gewicht erhalten. Heute
existieren Grundlagenforschung und anwendungsorientierte Forschung bzw. eine
Mischung aus beidem im strategischen Management nebeneinander. Die Forschungs-
landschaft ist ausgesprochen vielfältig geworden.[13]

Diese Vielfalt zeigt sich noch deutlicher im *Begründungszusammenhang*, also bei der
Entwicklung von Lösungen für die aufgegriffenen Fragestellungen. Dies gilt sowohl in
theoretischer als auch in methodischer Hinsicht. Manche Forschungsprogramme, insbesondere die eher anwendungsorientierten wie z. B. das PIMS-Projekt, besitzen gar kein
theoretisches Fundament.[14] Andere, wie etwa das von PORTER initiierte Programm zur
Untersuchung des Zusammenhangs zwischen Branchenstruktur und Unternehmenserfolg, haben ihre Basis in der ökonomischen Theorie; wieder andere, aus denen z. B.
mehrere der deskriptiven Prozessmodelle des strategischen Managements hervorgegangen sind, bauen auf verhaltenswissenschaftlichen Grundlagen auf – um nur zwei der
wichtigsten Theorierichtungen zu nennen, die im strategischen Management anzutreffen
sind.[15] In methodischer Hinsicht gilt Ähnliches: Zwar ist vor allem seit den 80er Jahren
eine gewisse Tendenz zu großzahligen empirischen Untersuchungen erkennbar; dies gilt

jedoch vornehmlich für den US-amerikanischen Bereich und dort insbesondere für eher wissenschaftliche, d. h. mehr auf Grundlagenforschung ausgerichtete Publikationen. Daneben spielen aber auch Fallstudien immer noch eine wichtige Rolle – insbesondere in der europäischen Forschung.[16]

Im *Verwertungszusammenhang* wird die Praxisorientierung des strategischen Managements wieder eindeutig sichtbar. Kaum ein veröffentlichter Beitrag schließt, ohne die Relevanz und die Implikationen der Ergebnisse für die Praxis herauszustellen.[17] Allerdings gelingt es nur sehr begrenzt, diese (angestrebte) Praxisorientierung auch Realität werden zu lassen, denn viele Forschungsergebnisse werden in der Praxis gar nicht oder nur selektiv wahrgenommen. Entscheidend für die Sichtbarkeit in der Praxis ist dabei weniger, ob die Forschungsergebnisse theoretisch und methodisch fundiert sind, sondern vielmehr,

- ob sie gerade zum richtigen Zeitpunkt zur Verfügung stehen,

- ob sich aus ihnen klare und vor allem auch einfache Handlungsempfehlungen ableiten lassen und

- ob sie „in die Sprache von Praktikern" übersetzt sind.[18]

Der Großteil der Forschungsergebnisse des strategischen Managements wird von Unternehmen und Managern kaum wahrgenommen, weil sie diese Merkmale nicht oder nur unzureichend erfüllen. So werden Ergebnisse zu aktuellen Fragestellungen von der Forschung oft erst mit einiger zeitlicher Verzögerung veröffentlicht. Ergebnisse liegen häufig erst dann vor, wenn Unternehmen bereits wieder mit anderen Problemen beschäftigt sind. Darüber hinaus kommen viele Forschungsprojekte nicht zu klaren und einfachen Ergebnissen, sondern legen differenzierte und teilweise widersprüchliche Resultate vor, aus denen sich keine einfachen Handlungsempfehlungen ableiten lassen. Außerdem werden Forschungsergebnisse häufig nicht für die Praxis aufbereitet, sondern – den Interessen der Wissenschaftler folgend – vorwiegend in forschungsorientierten Zeitschriften veröffentlicht, die von Praktikern wiederum kaum beachtet werden.[19]

Aber auch die kaum überschaubare Vielfalt der Forschungsansätze im strategischen Management selbst dürfte hier eine Rolle spielen. Angesichts dieser Vielfalt ist es nämlich für Forscher und erst recht für Praktiker fast unmöglich, einen Überblick über den Stand der Forschung zu gewinnen und jeweils geeignete von nicht geeigneten Forschungsergebnissen zu trennen.

Insgesamt zeigt die Darstellung, dass die Forschung im strategischen Management sich (mittelbar oder sogar unmittelbar) als Forschung für die Praxis begreift. Sie versucht, einen Beitrag für die Praxis zu leisten, was ihr allerdings nicht immer gelingt. Wo Forschungsergebnisse in den vergangenen Jahren tatsächlich Beachtung in der Praxis gefunden haben und wo nicht, wird im Folgenden exemplarisch für einige bedeutende Themen aus den beiden zentralen Forschungsbereichen des strategischen Managements – der Strategieprozessforschung und der Strategieinhaltsforschung – näher untersucht.[20]

Auf Basis dieser Erkenntnisse können dann im letzten Kapitel Empfehlungen für eine nicht nur von der Intention her praxisorientierte, sondern tatsächlich von der Praxis beachtete Strategieforschung abgeleitet werden.

3. Praxisorientierung und Praxisbeitrag der Forschung im strategischen Management

3.1 Praxisbeitrag der Strategieprozessforschung

Die Frage, wie der Prozess der Strategieformulierung und -umsetzung abläuft bzw. ablaufen sollte, ist von zentralem Interesse für Unternehmen. Dementsprechend hat auch die Forschung im strategischen Management dieses Thema bereits sehr früh aufgegriffen. Ergebnis der Auseinandersetzung mit der effizienten Gestaltung von Strategieprozessen war zunächst das so genannte *Planungsmodell*, das vor allem mit dem Namen ANSOFF verbunden ist.[21] Dieser Ansatz ist präskriptiv, d. h. er macht Gestaltungsempfehlungen darüber, wie der Prozess des strategischen Managements ablaufen sollte, um möglichst effizient zu sein. Zentrale Annahme ist dabei, dass der strategische Entscheidungsprozess aus einer systematischen Abfolge von Teilschritten besteht, die sukzessive durchlaufen werden. Meist werden die Teilschritte Zielformulierung, strategische Analyse sowie Bewertung und Auswahl von Strategiealternativen unterschieden. Träger der strategischen Planung muss nach Auffassung der Vertreter des Planungsmodells die Unternehmensführung sein. Nur durch Ansiedelung dieser Aufgabe auf einer hohen Unternehmensebene kann nämlich gewährleistet werden, dass die Planung umfassend ist, d. h., dass sämtliche als wichtig erachtete Faktoren und Aktivitätsbereiche im Rahmen der Planung berücksichtigt werden.[22]

Das Planungsmodell ist sowohl in der Praxis als auch in der akademischen Lehre weit verbreitet – sicherlich auch, weil es einige der oben formulierten Kriterien für eine positive Aufnahme wissenschaftlicher Beiträge in der Praxis erfüllt hat. So wurde das Planungsmodell zum „richtigen" Zeitpunkt entwickelt, also zu einer Zeit, als sich viele Unternehmen mit der Einführung bzw. Systematisierung strategischer Planungen befassten. Zusätzlich enthält das Planungsmodell – als präskriptives Modell – sehr klare Handlungsanweisungen und schließlich wurde es von einem Praktiker – ANSOFF gehörte dem Management der Lockheed Electronics Company an – für Praktiker und in der Sprache der Praxis verfasst.[23]

In der Praxis gilt das Planungsmodell bis heute als Orientierungspunkt für die Gestaltung des strategischen Entscheidungsprozesses. Es wurde im Laufe der Zeit teilweise angepasst, jedoch nie grundsätzlich in Frage gestellt. In der Forschung zum strategischen Management dagegen hat die Frage, wie Strategien in Unternehmen entstehen, eine der ersten bedeutenden wissenschaftlichen Diskussionen des Fachs ausgelöst. Im Rahmen dieser Diskussion wurde eine Reihe unterschiedlicher Prozessmodelle als Alternative zum Planungsmodell entwickelt. Manchmal spricht man von zwei, vier oder gar zehn unterschiedlichen Denkrichtungen oder Schulen. Abstrahiert man ein wenig von der Vielfalt, so bleibt neben dem Planungsmodell nur ein grundsätzlich anderer Ansatz übrig: das so genannte Inkrementalmodell.[24]

Das *Inkrementalmodell* basiert auf der empirischen Analyse von strategischen Entscheidungsprozessen in Unternehmen. Es handelt sich folglich um einen deskriptiven Ansatz, der eng mit den Namen MINTZBERG und QUINN verbunden ist.[25] Anders als von den Vertretern des Planungsmodells postuliert, konnten die Vertreter des Inkrementalmodells bei der Beobachtung strategischer Entscheidungsprozesse keine eindeutige, phasendeterminierte Folge von Aktivitäten nachweisen. Vielmehr ergaben empirische Untersuchungen, dass Strategien und Strategieveränderungen auf ganz anderen Wegen entstehen – unregelmäßig, dezentral, nicht nach einem strengen Muster ablaufend. Die Rolle der Unternehmensführung besteht dementsprechend lediglich in der Entwicklung von Globalzielen und Gesamtstrategien, die jedoch nur als grobe Richtlinien dienen, innerhalb derer untergeordnete Einheiten detaillierte Planungen entwerfen.[26]

In der Praxis ist die Kontroverse zwischen dem Planungs- und dem Inkrementalmodell kaum wahrgenommen worden. Vielmehr wird weiterhin das Planungsmodell präferiert, obwohl es im Gegensatz zum Inkrementalmodell, das vor allem auf verhaltenswissenschaftlichen Theorien aufsetzt, weder theoretisch noch empirisch fundiert ist. Das Inkrementalmodell weist jedoch aus der Perspektive der Praxis mehrere Mängel auf. So ist seine Entwicklung Resultat einer theoretischen Kontroverse innerhalb des strategischen Managements und wurde nicht von einem praktischen Interesse geleitet. Dementsprechend ist das Inkrementalmodell von Wissenschaftlern für Wissenschaftler verfasst und in einer wissenschaftlichen Sprache diskutiert worden. Zudem lassen sich aus dem Inkrementalmodell auch keine klaren Handlungsanweisungen ableiten. Diese Aspekte haben dazu beigetragen, dass das Inkrementalmodell und damit wesentliche Teile der Strategieprozessforschung in der Praxis so gut wie keine Berücksichtigung finden.[27]

3.2   Praxisbeitrag der Strategieinhaltsforschung

Die Strategieinhaltsforschung beschäftigt sich, wie der Name bereits andeutet, mit den konkreten Inhalten von strategischen Entscheidungsprozessen. Der Begriff Strategieinhalte wird dabei relativ breit definiert und umfasst neben der konkreten Ausgestaltung von Strategien auch deren Einflussgrößen und Wirkungen. Eine ganz dominante Rolle im Rahmen der Strategieinhaltsforschung nehmen Studien ein, die sich mit *Erfolg und Erfolgsursachen unterschiedlicher Strategien* auseinander setzen. Diese Erfolgsorientierung der Forschung macht bereits deutlich, dass praktische Problemstellungen bei der Strategieinhaltsforschung – genauso wie bei der Strategieprozessforschung – eine zentrale Rolle einnehmen, denn das Aufdecken der Ursachen erfolgreichen Managements ist sicher eines der wichtigsten Anliegen der Praxis.

Vor diesem Hintergrund haben sich in der Strategieinhaltsforschung zunächst zwei wesentliche Forschungsbereiche herausgebildet. Ein erster Bereich behandelt strategische Fragestellungen für das Management einzelner Geschäfte bzw. Geschäftsfelder. Er widmet sich insbesondere dem Zusammenhang zwischen *Wettbewerbsstrategie und Erfolg*. Der zweite Bereich der Forschung stellt auf das strategische Management auf Unternehmensebene ab und untersucht vor allem den *Erfolg unterschiedlicher Diversifikationsstrategien* von Unternehmen. Darüber hinaus hat sich vor allem seit den 80er Jahren ein dritter Forschungsbereich entwickelt, der sich – für beide Ebenen des strategischen Managements gemeinsam – mit Fragen der *Strategieimplementierung*, insbesondere der Rolle von Strukturen und Führungssystemen, auseinander setzt. Wesentliche Ergebnisse aus diesen drei Forschungsbereichen und ihr Praxisbeitrag werden im Folgenden untersucht.

Im Bereich der Forschung zu *Wettbewerbsstrategien* dominierte vor allem in den 60er und 70er Jahren die so genannte Erfolgsfaktorenforschung, die ohne klares theoretisches Fundament zunächst auf Basis von Fallstudien, später auf Basis großzahliger Untersuchungen Ursachen für Erfolgsunterschiede zwischen Unternehmen zu ermitteln versuchte. Beispielhaft für die zahlreichen Studien, die in diesem Zusammenhang unternommen worden sind, sind das Erfahrungskurvenkonzept und das so genannte PIMS-Projekt.

- Die Entwicklung des Erfahrungskurvenkonzepts geht auf eine Studie der Boston Consulting Group in der britischen Motorradindustrie zurück. Das Erfahrungskurvenkonzept basiert auf der Erkenntnis, dass nicht nur Individuen, sondern auch Unternehmen lernen, und zeigt, dass sich solche Lerneffekte im Zeitablauf in sinkenden Stückkosten niederschlagen. Daraus folgt dann unter anderem, dass ein hoher Marktanteil eine entscheidende Bedeutung für den Erfolg von Unternehmen besitzt.[28]

- Das bereits angesprochene PIMS-Projekt wurde in den 60er Jahren zunächst als internes Projekt von General Electric initiiert und zu Beginn der 70er Jahre dann für andere Unternehmen geöffnet. Das zentrale Ziel dieses Projekts bestand darin, Gesetzmäßigkeiten des Markts („Laws of the Marketplace") aufzudecken, um auf Basis dieser Erkenntnis den Erfolg von Unternehmen zu steigern. Im Rahmen des PIMS-Projekts werden bis heute in regelmäßigen Abständen strategisch relevante Merkmale von ca. 3.000 Geschäftsbereichen aus insgesamt 450 Unternehmen unterschiedlicher Branchen erhoben und ausgewertet. Als wichtige Erfolgsfaktoren von

Unternehmen hat die PIMS-Forschung unter anderem einen hohen Marktanteil und eine hohe Produktqualität ermittelt.[29]

In der Praxis haben Untersuchungen aus dem Bereich der Erfolgsfaktorenforschung starke Beachtung gefunden. Die bekannten Gründe sind dafür verantwortlich: So wurden vor allem diejenigen Erfolgsfaktorenstudien, die die Praxis besonders positiv aufgenommen hat, zum „richtigen" Zeitpunkt veröffentlicht – d. h. zu einer Zeit, als viele Unternehmen sich gerade in einer Erfolgskrise befanden und erkannten, dass neue strategische Ansätze notwendig waren.[30] Für diese Unternehmen halten Studien aus dem Bereich der Erfolgsfaktorenforschung typischerweise sehr klare und einfache Aussagen zu relevanten Erfolgsfaktoren bereit, aus denen sich dann leicht Handlungsempfehlungen ableiten lassen. Verstärkt wird diese Handlungsorientierung noch dadurch, dass insbesondere die in der Praxis stark beachteten Studien von Praktikern durchgeführt und in der Sprache der Praxis, d. h. mit vielen Fallbeispielen und Implementierungshinweisen, veröffentlicht wurden.[31]

Im Gegensatz zu ihrer positiven Aufnahme in der Praxis ist die Erfolgsfaktorenforschung im wissenschaftlichen Bereich wegen ihres mangelnden theoretischen und methodischen Fundaments, aber auch wegen ihrer zweifelhaften Ergebnisse stark kritisiert worden. Allerdings richtete sich diese Kritik nur in sehr wenigen Fällen generell gegen die Suche nach Erfolgsfaktoren von Unternehmen.[32] Die Mehrheit der Forscher plädierte und plädiert – sicherlich auch wegen des großen Interesses der Praxis an dieser Frage – eher dafür, auch weiterhin die Erfolgsursachen von Unternehmen zu erforschen – allerdings auf Basis eines klareren theoretischen und methodischen Fundaments. Als Ergebnis dieser Neuausrichtung der Forschung sind in den 80er Jahren zwei wesentliche theoretische Ansätze zur Erklärung der Erfolgsunterschiede zwischen Unternehmen entwickelt worden. Beide Ansätze basieren auf der ökonomischen Theorie und wurden in der Folgezeit mehrfach mit Hilfe großzahliger Untersuchungen überprüft und präzisiert.

Der erste dieser Ansätze, der so genannte *marktorientierte Ansatz*, der eng mit dem Namen PORTER verbunden ist, baut auf Grundideen der Industrieökonomie auf, insbesondere dem so genannten „Structure-Conduct-Performance"-Paradigma, das bereits in den 40er Jahren von MASON und BAIN entwickelt wurde. Das „Structure-Conduct-Performance"-Paradigma unterstellt, dass der Erfolg eines Unternehmens ganz wesentlich von externen Bedingungen abhängt, nämlich von der Attraktivität der Branche (Structure), in der es tätig ist, sowie von seiner Positionierung innerhalb dieser Branche (Conduct). PORTER hat diese industrieökonomischen Grundideen auf die Managementlehre übertragen und so ein theoretisch fundiertes Instrumentarium zur Analyse der Branchenattraktivität – das so genannte Branchenstrukturmodell – sowie eine Systematik von Wettbewerbsstrategien entwickelt. Insbesondere wegen ihrer klaren Handlungsorientierung haben diese Konzepte in der Praxis sehr starke Beachtung gefunden.[33]

In der Forschung zum strategischen Management hat die Entwicklung des marktorientierten Ansatzes eine weitere wichtige theoretische Kontroverse angestoßen. Insbesondere die Annahme, dass ausschließlich die Branchenattraktivität für die Erfolgsunterschiede von Unternehmen verantwortlich ist, hat Widerspruch hervorgerufen und zur Entwicklung des so genannten *ressourcenorientierten Ansatzes* geführt. Dieser Ansatz unterstellt, dass die Ursachen für den Unternehmenserfolg vor allem in der besonderen Ressourcenausstattung eines Unternehmens bzw. in der Nutzung dieser Ressourcen liegen. Als Ressource gelten in diesem Zusammenhang materielle und immaterielle Güter, Systeme und Prozesse, die einem Unternehmen exklusiv zur Verfügung stehen und die die Basis für eine Stärke oder Schwäche im Wettbewerb sein können.[34] Obwohl der ressourcenorientierte Ansatz bereits 1984 zum ersten Mal erwähnt und in der Folge wissenschaftlich mehrfach untersucht worden ist, fand er erst zu Beginn der 90er Jahre unter dem Schlagwort „Kernkompetenz" stärkere Beachtung in der Praxis. Auslöser war auch hier wieder eine mehr praxisorientierte Aufbereitung – in diesem Fall durch PRAHALAD und HAMEL –, u. a. mit zahlreichen Fallbeispielen und einem handlungsorientierten Instrumentarium zur Kernkompetenzanalyse.[35]

Der markt- und der ressourcenorientierte Ansatz sind in der Folgezeit im Rahmen der theoretischen Diskussion im strategischen Management präzisiert und weiter entwickelt worden. Der marktorientierte Ansatz wurde insbesondere um spieltheoretische Überlegungen ergänzt, während der ressourcenorientierte Ansatz vor allem durch die Berücksichtigung von Pfadabhängigkeiten und von Lerneffekten eine dynamischere Perspektive erhielt.[36] Auch die auf PORTER zurückgehende Systematik von Wettbewerbsstrategien wurde in diesem Zusammenhang erweitert. Vor allem so genannte hybride Strategien spielen dabei eine Rolle.[37] Diese Weiterentwicklungen und Präzisierungen – und damit wesentlichen Teile der Strategieinhaltsforschung – sind jedoch in der Praxis (bisher), abgesehen von einzelnen Ausnahmen, kaum wahrgenommen worden.[38]

Im zweiten Zweig der Strategieinhaltsforschung, der Forschung zu *Unternehmensstrategien*, zeigt sich hinsichtlich des Praxisbeitrags der Forschung ein ähnliches Bild. Hier hat sich die Forschung insbesondere mit dem Erfolg von Diversifikationsstrategien beschäftigt. Zunächst – in den 60er und 70er Jahren – dominierten dabei Studien, die eine generelle Überlegenheit einer bestimmten Diversifikationsstrategie, meist der so genannten verwandten Diversifikation, nachzuweisen versuchten. Seit Mitte der 80er Jahre hat dann die Zahl der Untersuchungen zugenommen, die einen kontingenztheoretischen Ansatz zu Grunde legen und auf diesem Wege zeigen, dass bestimmte Strategien unter bestimmten Branchenbedingungen bzw. bei bestimmten Ressourcenkonstellationen überlegen sind.[39] Darüber hinaus sind auch die Voraussetzungen, Erscheinungsformen und Erfolgswirkungen unterschiedlicher Wege, wie ein Unternehmen diversifizieren kann (z. B. Akquisitionen, strategische Allianzen), empirisch und konzeptionell untersucht worden.[40]

Die Ergebnisse der Forschung zu Unternehmensstrategien ergeben jedoch ein sehr uneinheitliches Bild und erlauben daher keine klaren Handlungsempfehlungen. Dementsprechend ist es nicht verwunderlich, dass diese Forschungsrichtung – abgesehen von einigen Ausnahmen – in der Praxis kaum Beachtung gefunden hat.[41] Zu diesen Ausnahmen zählen insbesondere die so genannten *Portfoliomodelle*. Ihre wesentliche Leistung liegt darin, dass sie die strategische Situation eines Unternehmens auf eine systematische und leicht nachvollziehbare Weise wiedergeben – und zwar sowohl hinsichtlich der Zusammensetzung des Geschäftsfeldportfolios als auch bezüglich der strategischen Position einzelner Geschäftsfelder. Durch die einfache Visualisierung dieser Zusammenhänge sind Portfoliomodelle zugleich wirkungsvolle Kommunikationsinstrumente, die auch klare Handlungsempfehlungen erkennen lassen. Für den Erfolg der Portfoliomodelle in der Praxis ebenfalls bedeutend war die Tatsache, dass sie zum „richtigen" Zeitpunkt entwickelt wurden. So sahen sich viele Großunternehmen, nachdem sie in den 50er und 60er Jahren stark diversifiziert hatten, zu Beginn der 70er Jahre mit zunehmenden Problemen konfrontiert. Gerade diese Unternehmen suchten nach neuen Ansatzpunkten zur Führung ihrer Geschäftsfelder. Daher kann es nicht überraschen, dass Portfoliomodelle in ihrer Blütezeit, Anfang und Mitte der 80er Jahre, von nahezu jedem Großunternehmen angewendet wurden.[42]

Neben der Forschung zu Wettbewerbs- und Unternehmensstrategien hat seit den 80er Jahren ein dritter Zweig der Strategieinhaltsforschung zunehmend an Bedeutung gewonnen. Anknüpfend an das grundlegende Werk von CHANDLER (1962) beschäftigt sich dieser Zweig nicht mehr direkt mit der Gestaltung von Strategien, sondern vielmehr mit deren *Umsetzung*. Wichtige Fragen, die dabei adressiert werden, betreffen die *Organisation* von Unternehmen und die Gestaltung von *Führungssystemen*. Die Forschung in diesem Bereich ist inzwischen so vielfältig, dass ein umfassender Überblick an dieser Stelle nicht möglich ist.[43] Hinsichtlich des Praxisbeitrags der Forschung ergibt sich jedoch ein ähnliches Bild wie in den anderen beiden Zweigen der Strategieinhaltsforschung: Die meisten Forschungsarbeiten haben in der Praxis kaum Beachtung gefunden.

Eine Ausnahme bildet wiederum eine kleine Zahl von Arbeiten, die meist von Unternehmensberatungen oder beratungsorientierten Wissenschaftlern hervorgebracht wurden. Auch für diese Arbeiten ist charakteristisch, dass sie jeweils zu einem günstigen Zeitpunkt veröffentlicht wurden und sehr handlungsorientiert aufbereitet sind. Ein wichtiges Beispiel ist das von HAMMER und CHAMPY zu Beginn der 90er Jahre propagierte Konzept des „Reengineering". Die beiden Autoren zeigten zu einem Zeitpunkt, als sich viele Unternehmen in den USA und in Europa unter sehr starkem (Kosten-)Druck sahen, wie Unternehmen durch Einführung einer Prozessorganisation, die stärkere informationstechnische Unterstützung ihrer Prozesse sowie andere flankierende Maßnahmen ihre Kosten radikal senken können.[44] Weitere Beispiele für in der Praxis wahrgenommene Forschungsergebnisse bzw. Konzepte aus diesem Bereich sind die Balanced Scorecard oder Konzepte zur wertorientierten Unternehmensführung, mit denen der zunehmenden Bedeutung des Shareholder-Value-Gedankens Rechnung getragen wurde.[45]

Insgesamt zeigt die Darstellung, dass der Praxisbeitrag der Strategieinhaltsforschung trotz – oder vielleicht gerade wegen – einer steigenden Anzahl an Forschungsarbeiten im Zeitablauf eher abgenommen hat. Hier drängt sich der Eindruck auf, dass Praktiker von der großen Zahl oft widersprüchlicher Ergebnisse der Forschung im strategischen Management zunächst einmal abgeschreckt werden. Beachtung in der Praxis finden dann nur wenige Arbeiten, die sich aus der Masse der Forschungsbeiträge herausheben, indem sie (1) ein Problem adressieren, das für Unternehmen gerade besonders relevant ist, (2) einfache und klare Lösungen liefern sowie zusätzlich deutlich machen, wie diese Lösungen umgesetzt werden können, und (3) gut aufbereitet und vermarktet sind – sowohl hinsichtlich einer stark mit praktischen Beispielen angereicherten Darstellung als auch hinsichtlich ihrer Platzierung in Zeitschriften oder Verlagsserien, die tatsächlich von Praktikern gelesen werden.

4. Implikationen für die zukünftige Ausrichtung der Forschung im strategischen Management

Die vorangegangene Darstellung hat gezeigt, dass sich die Forschung im strategischen Management zwar sehr stark darum bemüht, anwendungsorientiert zu sein und für die Praxis relevante Ergebnisse zu liefern; gleichzeitig wurde aber auch deutlich, dass dieses Ziel im Zeitablauf immer weniger erreicht worden ist. Tatsächlich gewinnt man den Eindruck, dass Forschungsergebnisse, die besondere Beachtung in der Praxis gefunden haben, vor allem aus den ersten zwei Jahrzehnten der wissenschaftlichen Beschäftigung mit Fragen des strategischen Managements stammen, während in jüngerer Zeit Forschungsergebnisse des Fachs immer weniger von Unternehmen und Managern wahrgenommen werden.[46]

Die mangelnde Beachtung der Forschung in der Praxis resultiert jedoch nicht daraus, dass zu wenig oder zu schlechte Forschung betrieben wird. Tatsächlich ist gerade in den vergangenen zwei Jahrzehnten in diesem Bereich viel unternommen worden.[47] Die Ursachen scheinen vielmehr in der Ausrichtung von Forschungsprojekten sowie in der Aufbereitung und Vermarktung der Forschungsergebnisse zu liegen. Konkret spielen insbesondere drei Ursachenbereiche eine Rolle:[48]

1. Forschungsprojekte sind zunehmend darauf ausgerichtet, ein (häufig recht eng) abgegrenztes Phänomen mittels wissenschaftlicher Methoden tief gehend, sorgfältig und umfassend zu analysieren und möglichst theoretisch zu erklären. Für Praktiker, die eine Vielzahl von Einflussfaktoren bei Entscheidungen berücksichtigen müssen, besitzen Forschungsprojekte damit häufig eine zu geringe Breite, eine zu große Tiefe und sind auch nicht aktuell genug.

2. Die Forschung im strategischen Management hat mittlerweile eine große Vielfalt von Konzepten, Instrumenten und Modellen hervorgebracht, die auf sehr unterschiedlichen theoretischen und methodischen Fundamenten beruhen. Diese Vielfalt macht es für Wissenschaftler und erst recht für Praktiker schwer, einen Überblick

über den Stand der Forschung zu gewinnen und bei Entscheidungen tatsächlich auf Forschungsergebnisse zurückzugreifen.

3. Schließlich sind Forschungsergebnisse in der Regel nicht in einer Art und Weise aufbereitet, die das Interesse von Praktikern trifft. Vielmehr nehmen theoretische und methodische Darstellungen in den meisten Forschungsbeiträgen einen großen Raum ein. Praktiker sind jedoch eher an Fallbeispielen, Implikationen der Forschung sowie an Umsetzungshilfen interessiert.

An diesen drei Ursachenbereichen muss die Forschung im strategischen Management ansetzen, wenn sie – ihrem ursprünglichen Selbstverständnis folgend – in der Praxis stärkere Beachtung finden will. Dabei kann es allerdings nicht darum gehen, die grundsätzliche Ausrichtung der Forschung zu verändern, die theoretische und methodische Vielfalt zu verringern oder auf die Darstellung verwendeter Theorien und Methoden in Forschungsbeiträgen zu verzichten. Vielmehr erscheint es sinnvoll, Forschungsergebnisse neben der wissenschaftlichen Veröffentlichung auch in einer für Praktiker ansprechenden Form aufzubereiten und gleichzeitig Praktiker stärker in die Forschung einzubinden.[49]

Hinsichtlich einer an Unternehmen und Manager gerichteten Aufbereitung von Forschungsergebnissen bietet es sich z. B. an, in periodischen Abständen Übersichtsartikel zum Stand der Forschung in unterschiedlichen Forschungsfeldern zu verfassen und jeweils in praxisorientierten Zeitschriften zu veröffentlichen. Diese Übersichtsartikel sollten, um den Anforderungen von Praktikern gerecht zu werden, Ergebnisse verschiedener, inhaltlich verwandter Studien zusammenfassen, die Ergebnisse an Fallbeispielen illustrieren und insbesondere die Implikationen der Forschungsergebnisse verdeutlichen. Solche Artikel finden sich teilweise heute schon in Zeitschriften wie dem Harvard Business Review oder dem McKinsey Quarterly.

Neben einer mehr praxisorientierten Vermarktung der Forschung wird in jüngster Zeit auch ein anderer, direkterer Weg diskutiert, um eine größere Beachtung von Forschungsergebnissen durch die Praxis zu erreichen – nämlich die unmittelbare Einbindung von Praktikern in einzelne Forschungsprojekte. Neben besserer finanzieller Förderung und einem leichteren Zugang zu Informationen versprechen sich Wissenschaftler davon insbesondere eine größere Praxisrelevanz der Forschung – sowohl bei der Auswahl der Forschungsfragen als auch bei der Aufbereitung und Veröffentlichung der Ergebnisse. Verschiedene Studien verdeutlichen, dass eine solche Zusammenarbeit nicht nur zu fruchtbaren Ergebnissen führen kann, sondern tatsächlich auch die Wahrnehmung von Forschungsergebnissen durch Praktiker fördert.[50]

Insgesamt scheinen ein besseres Forschungsmanagement und -marketing sowie eine stärkere Einbindung von Praktikern wichtig, um die für das Selbstverständnis des strategischen Managements bedeutende Praxisrelevanz der Forschung dauerhaft sicherzustellen. Ohne diese Maßnahmen würde in der Praxis eine Dominanz von meist völlig unwissenschaftlichen Managementmoden drohen, während die Forschung im strategischen

Management nur noch ein Eigenleben führt und für die Praxis weiter an Bedeutung verliert – eine wenig wünschenswerte Perspektive für eine einst aus der Praxis heraus entstandene Disziplin.[51]

Referenzen

[1] Vgl. zur Entwicklung des strategischen Managements und zu seinen Vorläufern aus den Bereichen der Management- und Bürokratieforschung RUMELT, R. P., SCHENDEL, D., TEECE, D. J. (1995), S. 10 ff.

[2] Daneben spielten auch Entwicklungen im wissenschaftlichen Bereich eine Rolle. So befand sich die Managementlehre zu Beginn der 60er Jahre in einer generellen Umbruchphase, die einen positiven Nährboden für neue theoretische Entwicklungen lieferte. So entstanden in dieser Zeit unter anderem die „Verhaltenswissenschaftliche Theorie der Unternehmung" von Cyert/March oder die „Kontingenztheorie" von Lawrence/Lorsch, aber eben auch das strategische Management. Vgl. CYERT, R., MARCH, J. (1963), LAWRENCE, P., LORSCH, J. (1967).

[3] Vgl. CHANDLER, A. (1962), ANSOFF, H. I. (1965), ANDREWS, K. (1971), erstmals veröffentlicht als LEARNED, E. et al. (1965).

[4] Vgl. RUMELT, R. P., SCHENDEL, D., TEECE, D. J. (1991), S. 6 f.

[5] Diese Verbindung von Forschung und Praxis wird gerade an Business Schools häufig noch dadurch verstärkt, dass Persönlichkeiten aus der Praxis als Beiräte fungieren und so die Ausrichtung von Forschung und Lehre beeinflussen, gleichzeitig aber auch von der Diskussion mit Wissenschaftlern profitieren. Durch die akademische Ausbildung formt die Wissenschaft gleichzeitig aber auch die Denkwelt der bereits aktiven oder angehenden Manager, die dann wiederum auf die von Wissenschaftlern erarbeiteten bzw. vermittelten Konzepte zurückgreifen, um praktische Probleme zu lösen oder sogar Forschungs- bzw. Beratungsaufträge an diese Wissenschaftler vergeben. Vgl. KNYPHAUSEN-AUFSEß, D. zu (1995), S. 280 ff.

[6] Vgl. z. B. MONTGOMERY, C. A., WERNERFELT, B., BALAKRISHNAN, S. (1989), S. 191 ff.

[7] Vgl. z. B. BETTIS, R. A. (1991), S. 315 ff., RYNES, S. L., BARTUNEK, J. M., DAFT, R. L. (2001), S. 340 ff.

[8] Vgl. MARCH, J. G., SUTTON, R. I. (1997), S. 698 ff., NICOLAI, A., KIESER, A. (2002), S. 590 ff.

[9] Vgl. KROMREY, H. (1991), S. 22.

[10] Vgl. FRIEDRICHS, J. (1990), S. 50 ff.

[11] Vgl. KROMREY, H. (1991), S. 19 f.

[12] Diese Abkoppelung der Forschung von konkreten praktischen Fragestellungen ist auch eine Folge der stärkeren wissenschaftlichen Institutionalisierung des Fachs seit Beginn der 80er Jahre. Diese Institutionalisierung äußerte sich z. B. in der Gründung der Strategic Management Society sowie des Strategic Management Journal. Eine besondere Bedeutung für die Entwicklung einer Eigendynamik in der Forschung des strategischen Managements besaßen auch mehrere Konferenzen und daraus resultierende Veröffentlichungen, in denen Forschungsprogramme für das strategische Management formuliert wurden, die nur bedingt die Interessen von Praktikern wiedergaben. Vgl. SCHENDEL, D., HOFER, C. W. (1979), SAUNDERS, C. B., THOMPSON, J. C. (1980), S. 119 ff., GOPINATH, C., HOFFMAN, R. C. (1995), S. 581 ff.

[13] Vgl. KNYPHAUSEN-AUFSEß, D. zu (1997), S. 74 ff., RUMELT, R. P., SCHENDEL, D., TEECE, D .J. (1995), S. 19 ff. In dieser wenig einheitlichen Forschungsausrichtung im strategischen Management spiegelt sich die Diskussion darum wider, ob Anwendungsbezug („Relevance") oder die Einhaltung wissenschaftlicher Standards („Rigor") in der Forschung höher bewertet werden soll. Diese Diskussion ist bisher nicht eindeutig entschieden worden. Vielmehr wird häufig versucht, beides miteinander zu verbinden – oft ohne den erwünschten Erfolg. Vgl. SHRIVASTAVA, P. (1987), S. 77 ff.

[14] Das PIMS (Profit Impact of Market Strategies)-Projekt startete ursprünglich als internes Projekt von General Electric und hatte das Ziel, Gesetzmäßigkeiten aufzudecken, um die Rentabilität von Unternehmen zu verbessern. Damit war das PIMS-Projekt eine der ersten Studien, die ohne klare theoretische Basis aus einer großen Menge von Daten Zusammenhänge abzulesen versuchte. Vgl. SCHOEFFLER, S., BUZZELL, R. D., HEANY, D. F. (1974), S. 137 ff., NICOLAI, A., KIESER, A. (2002), S. 584 ff.

[15] Vgl. PORTER, M. E. (1980), S. 3 ff., MINTZBERG, H., AHLSTRAND, B., LAMPEL, J. (1998), S. 123 ff.

[16] Diese Tendenz ist ebenfalls eine Folge der stärkeren wissenschaftlichen Institutionalisierung des Fachs zu Beginn der 80er Jahre. Im Zusammenhang mit dem Bemühen, das Fach stärker wissenschaftlich auszurichten, wurde die Suche nach allgemein gültigen Aussagen verstärkt. Großzahlige Untersuchungen, die statistisch ausgewertet werden können, sind dafür besser geeignet als die traditionell im strategischen Management stark vertretenen Fallstudienanalysen. Vgl. SCHWENK, C. R., DALTON, D. R. (1991), S. 290 f., KNYPHAUSEN-AUFSEß, D. zu (1995), S. 29 ff.

[17] Vgl. MONTGOMERY, C. A., WERNERFELT, B., BALAKRISHNAN, S. (1989), S. 193 f.

[18] Kieser nennt – etwas sarkastisch – sogar zehn solcher „Erfolgsfaktoren", auf Basis derer ein Managementbuch zum auch in der Praxis wahrgenommenen Bestseller avancieren kann. Vgl. KIESER, A. (1996), S. 23 ff., KNYPHAUSEN-AUFSEß, D. zu (1997), S. 81 ff.

[19] Vgl. GOPINATH, C., HOFFMAN, R. C. (1995), S. 587.

[20] Vgl. BRESSER, R. (1998), S. 7.

[21] Vgl. ANSOFF, H. I. (1965).

[22] Vgl. BRESSER, R. (1998), S. 12, MINTZBERG, H. (1990), S. 14 ff.

[23] Vgl. RUMELT, R. P., SCHENDEL, D., TEECE, D. J. (1995), S. 17 ff.

[24] Einen Überblick über die Vielfalt der Modelle liefern MINTZBERG, H., AHLSTRAND, B., LAMPEL, J. (1998), BRESSER, R. (1998), S. 11 ff.

[25] Vgl. MINTZBERG, H. (1978), S. 44 ff., QUINN, J. B. (1980).

[26] Vgl. MINTZBERG, H., LAMPEL, J. (2003), S. 22 ff.

[27] Vgl. CHAKRAVARTHY, B. S., DOZ, Y. (1992), S. 9 f., BRESSER, R. (1998), S 65 f.

[28] Vgl. THE BOSTON CONSULTING GROUP (1975).

[29] Vgl. BUZZELL, R. D., GALE, B. T. (1987), S. 7 ff.; darüber hinaus hat das PIMS-Projekt zahlreiche weitere Untersuchungen von Erfolgsfaktoren stimuliert.

[30] Besonders deutlich wird die Bedeutung des richtigen Zeitpunkts an der Studie von PETERS und WATERMAN, die unter dem Titel „In Search of Excellence" veröffentlicht wurde. Dieses Buch war wohl auch deshalb so einflussreich, weil es zu einem Zeitpunkt, als besonders amerikanische Unternehmen sich in einer Krise befanden, neue Lösungsansätze lieferte. Vgl. PETERS, T., WATERMAN, R. (1982).

[31] Vgl. DILLER, H., LÜCKING, J. (1993), S. 1.236 ff.

[32] Vgl. NICOLAI, A., KIESER, A. (2002), S. 580 ff., MARCH, J. G., SUTTON, R. I. (1997), S. 699 ff.

[33] Vgl. PORTER, M. (1980) sowie zur Verbreitung MONTGOMERY, C. A., WERNERFELT, B., BALAKRISHNAN, S. (1989), S. 194, GRANT, R. M. (2002), S. 72.

[34] Vgl. BAMBERGER, I., WRONA, T. (1996), S. 132 f., BARNEY, J. B. (1991), S. 101, WERNERFELT, B. (1984), S. 172.

[35] Vgl. PRAHALAD, C. K., HAMEL, G. (1990), S. 79 ff.

[36] Vgl. z. B. TEECE, D. J., PISANO, G., SHUEN, A. (1997), S. 511 f.

[37] Vgl. HILL, C. W. L. (1988), S. 459 ff., GILBERT, X., STREBEL, P. (1987), S. 22 ff.

[38] Zu solchen Ausnahmen zählen z. B. GHEMAWAT, P. (1991), KAY, J. (1993); siehe auch KNYPHAUSEN-AUFSEß, D. zu (1997), S. 81 ff.

[39] Vgl. z. B. FEY, A. (2000), S. 62 ff.

[40] Vgl. z. B. HAMEL, G., DOZ, Y., PRAHALAD, C. K. (1989), S. 133 ff., BÜHNER, R. (1993), S. 350 ff.

[41] Vgl. KNYPHAUSEN-AUFSEß, D. zu (1997), S. 74.

[42] Vgl. HASPESLAGH, P. (1982), S. 58 ff.

[43] So wurden z. B. auch Fragen nach der Zusammensetzung von Topmanagement-Teams adressiert. Vgl. SCHRADER, S. (1995). Vgl. im Überblick z. B. GALBRAITH, J., KAZANJIAN, R. (1986).

[44] Vgl. HAMMER, M., CHAMPY, J. (1993).

[45] Vgl. COPELAND, T., KOLLER, T., MURRIN, J. (1991), KAPLAN, R., NORTON, D. (1996), STEWART, G. (1991), RAPPAPORT, A. (1998).

[46] Vgl. RYNES, S. L., BARTUNEK, J. M., DAFT, R. L. (2001), S. 340.

[47] Vgl. KNYPHAUSEN-AUFSEß, D. zu (1997), S. 74.

[48] Vgl. WOOD, D. (1988), S. 91 ff.

[49] Vgl. HATCHUEL, A. (2001), S. S39.

[50] Vgl. AMABILE, T. et al. (2001), S. 419 ff.

[51] Vgl. KIESER, A. (1996), S. 21 ff., RYNES, S. L., BARTUNEK, J. M., DAFT, R. L. (2001), S. 340 ff.

Literaturverzeichnis

AMABILE, T. et al. (2001): Academic-Practitioner Collaboration in Management Research – A Case of Cross-Profession Collaboration, in: Academy of Management Journal, Vol. 44 (2001), S. 418 - 431.

ANDREWS, K. (1971): The Concept of Corporate Strategy, Homewood: 1971.

ANSOFF, H. I. (1965): Corporate Strategy, New York: 1965.

BAMBERGER, I., WRONA, T. (1996): Der Ressourcenansatz und seine Bedeutung für die Strategische Unternehmensführung, in: Zeitschrift für betriebswirtschaftliche Forschung, 48. Jg. (1996), S. 130 - 153.

BARNEY, J. B. (1991): Firm Resources and Sustained Competitive Advantage, in: Journal of Management, Vol. 17 (1991), S. 99 - 120.

BETTIS, R. A. (1991): Strategic Management and the Straightjacket: An Editorial Essay, in: Organization Science, Vol. 2 (1991), S. 315 - 319.

BRESSER, R. (1998): Strategische Managementtheorie, Berlin: 1998.

BÜHNER, R. (1993): Strategie und Organisation, 2. Aufl., Wiesbaden: 1993.

BUZZELL, R. D., GALE, B. (1987): The PIMS Principles, New York: 1987.

CHAKRAVARTHY, B. S., DOZ, Y. (1992): Strategy Process Research: Focusing on Corporate Self-Renewal, in: Strategic Management Journal, Vol. 13 (1992), S. 5 - 14.

CHANDLER, A. (1962): Strategy and Structure, Cambridge: 1962.

COPELAND, T., KOLLER, T., MURRIN, J. (1991): Valuation, New York: 1991.

CYERT, R., MARCH, J. G. (1963): A Behavioral Theory of the Firm, Englewood Cliffs: 1963.

DILLER, H., LÜCKING, J. (1993): Die Resonanz der Erfolgsfaktorenforschung beim Management von Großunternehmen, in: Zeitschrift für Betriebswirtschaft, 63. Jg. (1993), S. 1.229 - 1.249.

FEY, A. (2000): Diversifikation und Unternehmensstrategie, Frankfurt am Main: 2000.

FRIEDRICHS, J. (1990): Methoden empirischer Sozialforschung, 14. Aufl., Opladen: 1990.

GALBRAITH, J., KAZANJIAN, R. (1986): Strategy Implementation, 2. Aufl., St. Paul: 1986.

GHEMAWAT, P. (1991): Commitment – The Dynamic of Strategy, New York: 1991.

GILBERT, X., STREBEL, P. (1987): Strategies to Outpace the Competition, in: Journal of Business Strategy, Vol. 8 (1987), S. 28 - 36.

GOPINATH, C., HOFFMAN, R. C. (1995): The Relevance of Strategy Research: Practitioner and Academic Viewpoints, in: Journal of Management Studies, Vol. 32 (1995), S. 575 - 594.

GRANT, R. M. (2002): Contemporary Strategy Analysis, 4. Aufl., Malden: 2002.

HAMEL, G., DOZ, Y., PRAHALAD, C. K. (1989): Collaborate with Your Competitors – And Win, in: Harvard Business Review, Vol. 67, No. 1 (1989), S. 133 - 139.

HAMMER, M., CHAMPY, J. (1993): Reengineering the Corporation, New York: 1993.

HASPESLAGH, P. (1982): Portfolio Planning – Uses and Limits, in: Harvard Business Review, Vol. 60, No. 1 (1982), S. 58 - 73.

HATCHUEL, A. (2001): The Two Pillars of New Management Research, in: British Journal of Management, Vol. 12, Special Issue (2001), S. S33 - S39.

HILL, C. W. L. (1988): Differentiation versus Low Cost or Differentiation and Low Cost – A Contingency Framework, in: Academy of Management Review, Vol. 13 (1988), S. 401 - 412.

HUNGENBERG, H. (2001): Strategisches Management in Unternehmen, 2. Aufl., Wiesbaden: 2001.

KAPLAN, R., NORTON, D. (1996): The Balanced Scorecard, Boston: 1996.

KAY, J. (1993): Foundations of Corporate Success, Oxford: 1993.

KIESER, A. (1996): Moden & Mythen des Organisierens, in: Die Betriebswirtschaft, 56. Jg. (1996), S. 21 - 39.

KNYPHAUSEN-AUFSEß, D. (1997): Strategisches Management auf dem Weg ins 21. Jahrhundert, in: Die Betriebswirtschaft, 57. Jg. (1997), S. 73 - 90.

KNYPHAUSEN-AUFSEß, D. zu (1995): Theorie der strategischen Unternehmensführung, Wiesbaden: 1995.

KROMREY, H. (1991): Empirische Sozialforschung, 5. Aufl., Opladen: 1991.

LAWRENCE, P., LORSCH, J. (1967): Organization and Environment, Boston: 1967.

LEARNED, E., CHRISTENSEN, C., ANDREWS, K., GUTH, W. (1965): Business Policy, Homewood: 1965.

MARCH, J. G., SUTTON, R. I. (1997): Organizational Performance as a Dependent Variable, in: Organization Science, Vol. 8 (1997), S. 698 - 706.

MINTZBERG, H. (1978): Patterns in Strategy Formation, in: Management Science, Vol. 24 (1978), S. 934 - 948.

MINTZBERG, H. (1990): The Design School: Reconsidering the Basic Premises of Strategic Management, in: Strategic Management Journal, Vol. 11 (1990), S. 171 - 195.

MINTZBERG, H., AHLSTRAND, B., LAMPEL, J. (1998): Strategy Safari, London: 1998.

MINTZBERG, H., LAMPEL, J. (2003): Reflecting on the Strategy Process, in: MINTZBERG, H., LAMPEL, J., QUINN, J. B., GHOSHAL, S. (Hrsg.): The Strategy Process, Harlow 2003.

MONTGOMERY, C. A., WERNERFELT, B., BALAKRISHNAN, S. (1989): Strategy Content and the Research Process: A Critique and Commentary, in: Strategic Management Journal, Vol. 10 (1989), S. 189 - 197.

NICOLAI, A., KIESER, A. (2002): Trotz eklatanter Erfolglosigkeit: die Erfolgsfaktorenforschung weiter auf Erfolgskurs, in: Die Betriebswirtschaft, 62. Jg. (2002), S. 579 - 596.

PETERS, T., WATERMAN, R. (1982): In Search of Excellence, New York: 1982.

PORTER, M. (1980): Competitive Strategy, New York: 1980.

PRAHALAD, C. K., HAMEL, G. (1990): The Core Competence of the Corporation, in: Havard Business Review, Vol. 68, No. 3 (1990), S. 79 - 90.

QUINN, J. B. (1980): Strategies for Change – Logical Incrementalism, Homewood: 1980.

RAPPAPORT, A. (1998): Creating Shareholder Value, 2. Aufl., New York: 1998.

RUMELT, R. P., SCHENDEL, D., TEECE, D. J. (1995): Fundamental Issues in Strategy, in: RUMELT, R. P., SCHENDEL, D., TEECE, D. J. (Hrsg.): Fundamental Issues in Strategy, Boston 1995, S. 9 - 53.

RUMELT, R. P., SCHENDEL, D., TEECE, D. J. (1991): Strategic Management and Economics, in: Strategic Management Journal, Vol. 12 (1991), S. 5 - 29.

RYNES, S. L., BARTUNEK, J. M., DAFT, R. L. (2001): Across the Great Divide: Knowledge Creation and Transfer between Practitioners and Academics, in: Academy of Management Journal, Vol. 44 (2001), S. 340 - 355.

SAUNDERS, C. B., THOMPSON, J. C. (1980): A survey of the Current State of Business Policy Research, in: Strategic Management Journal, Vol. 1 (1980), S. 119 - 130.

SCHENDEL, D., HOFER, C. W. (1979): Strategic Management – A New View of Business Policy and Planning, Boston: 1979.

SCHOEFFLER, S., BUZZELL, R. D., HEANY, D. F. (1974): Impact of Strategic Planning on Profit Performance, in: Harvard Business Review, Vol. 52, No. 2 (1974), S. 137 - 144.

SCHRADER, S. (1995): Spitzenführungskräfte, Unternehmensstrategie und Unternehmenserfolg, Tübingen: 1995.

SCHWENK, C. R., DALTON, D. R. (1991): The Changing Shape of Strategic Management Research, in: Advances in Strategic Management, Vol. 7 (1991), S. 277 - 300.

SHRIVASTAVA, P. (1987): Rigor and Practical Usefulness of Research in Strategic Management, in: Strategic Management Journal, Vol. 8 (1987), S. 77 - 92.

STEWART, G. (1991): The Quest for Value, New York: 1991.

TEECE, D. J., PISANO, G., SHUEN, A. (1997): Dynamic Capabilities and Strategic Management, in: Strategic Management Journal, Vol. 18 (1997), S. 509 - 533.

THE BOSTON CONSULTING GROUP (1975): Strategy alternatives for the British motor-cycle industry, London: 1975.

WELGE, M., AL-LAHAM, A. (2001): Strategisches Management, 3. Aufl., Wiesbaden: 2001.

WERNERFELT, B. (1984): A Resource-based View of the Firm, in: Strategic Management Journal, Vol. 5 (1984), S. 171 - 180.

WOOD, D. (1988): Bridging the Gap between Researcher and Practitioner, in: International Studies of Management and Organization, Vol. 18, No. 3 (1988), S. 88 - 98.

Kapitel 2

Kapitalmärkte machen Strategien – Strategien machen Kapitalmärkte

Bernd Heinemann/Benno Gröniger

Shareholder Value – Warum es auf den Unternehmenswert ankommt

Bernd Heinemann ist Principal bei McKinsey & Company, Inc. Benno Gröniger ist Associate Principal bei McKinsey & Company, Inc.

1. Mehr als eine Managementmode: Eine Maxime mit Tradition

Die Ausrichtung auf den „Shareholder-Value", also auf eine Steigerung des Unternehmenswerts für die Aktionäre[1], ist als primäres Leitziel der modernen Unternehmensführung inzwischen fest etabliert. Wissenschaft und unternehmerische Praxis sind sich grundsätzlich darüber einig, dass die Orientierung am Unternehmenswert von zentraler Bedeutung ist. Generationen von Managern wurden – nicht nur an den angelsächsischen Universitäten – in Vorlesungen zu Wohlfahrtsökonomik, Kapitalmarkttheorie und Unternehmensfinanzierung in dieser Tradition ausgebildet. Und für die moderne Finanzierungstheorie ist die Unternehmenszielsetzung „Wertmaximierung" heute eine geradezu paradigmatische Annahme. Längst haben wertorientierte Kenngrößen im Controlling vieler Unternehmen Einzug gehalten.

Auch in Deutschland haben die Shareholder-Value-Orientierung und die mit ihr verbundenen Planungs- und Steuerungsinstrumente unter der Bezeichnung „wertorientierte Unternehmensführung" eine weite Verbreitung in der Praxis gefunden, und zwar verstärkt seit Mitte der 90er Jahre. So stufen gemäß einer Untersuchung von Achleitner/Bassen knapp 80 Prozent aller DAX-100-Unternehmen die Bedeutung der Shareholder-Value-Orientierung als „hoch" für ihr Unternehmen ein; dabei nutzen nur ein knappes Fünftel der befragten Unternehmen Shareholder-Value-Ansätze länger als drei Jahre.[2] Diese Entwicklung lässt sich als ganz natürliche Reaktion auf veränderte Rahmenbedingungen erklären: Die Kapitalmärkte gewinnen für die Unternehmensfinanzierung zunehmend an Bedeutung. Renditeorientierte Investoren fordern Wertorientierung aktiver ein und nehmen Einfluss auf die Unternehmenspolitik.[3] Die Anforderungen derjenigen, die die knappe Ressource „Kapital" bereitstellen, finden – begünstigt durch die Deregulierung des Kapitalmarkts und des Gesellschaftsrechts[4] sowie durch ein Aufbrechen der Strukturen der so genannten Deutschland AG[5] – eine immer größere Beachtung.

Kaum jemand scheint also noch zu bezweifeln, dass Wertschaffung zu den zentralen Unternehmenszielen gehört. Warum ist ein Beitrag zum Thema Wertorientierung heute dennoch zeitgemäß? Vor allem aus zwei Gründen: Erstens hat die Kritik am Shareholder-Value-Konzept im Zuge der jüngsten Kapitalmarktentwicklungen neue Nahrung erhalten. So mancher Kritiker sieht in der Wertorientierung nur noch eine „Managementmode", die sich nach den massiven Wertkorrekturen an der Börse schon selbst widerlegt hat.[6] Zweitens ist die Etablierung einer wirklich umfassenden wertorientierten Unternehmensführung bisher nur wenigen Firmen gelungen. Dies führt insbesondere in wirtschaftlich schwierigen Zeiten auch zu Kritik an den Grundüberzeugungen der Wertorientierung.

Besinnt man sich allerdings bei aller – berechtigten und unberechtigten – Kritik an den Begleiterscheinungen der Shareholder-Value-Orientierung auf das, was eine langfristig erfolgreiche Unternehmensführung ausmacht, wird schnell klar, dass kein Weg an der Unternehmenszielsetzung Wertmaximierung vorbeiführt.

2. Nach dem Siegeszug nun in der Defensive: Die Argumente der Kritiker gegen den Shareholder Value

Die Kritik am Konzept der wertorientierten Unternehmensführung ist fast so alt wie seine Umsetzung in die Praxis. Sie brandet immer dann besonders stark auf, wenn sich Strukturbrüche an den Güter- oder Kapitalmärkten abzeichnen. Haben in den 80er Jahren die Begleiterscheinungen der Raider-Welle in den USA die einseitige Orientierung am Marktwert in Frage gestellt,[7] so war es Anfang der 90er Jahre der Verlust der Wettbewerbsfähigkeit der USA gegenüber Japan[8] oder in den letzten Jahren das Platzen der Hightech-Blase.

Einzelne, für sich durchaus bedenkenswerte Kritikpunkte werden dabei zum Anlass genommen, das Shareholder-Value-Konzept insgesamt zu verwerfen, ohne allerdings fundierte Alternativkonzepte vorzulegen. Im Wesentlichen lässt sich die vielfältige Kritik auf zwei Argumente reduzieren:

- *Shareholder Value vs. Stakeholder Value:* Die Orientierung am Shareholder – so das erste Argument der Kritiker – vernachlässige die Bedürfnisse anderer am Unternehmen beteiligter Gruppen („Stakeholder"); sie sei deshalb auf Dauer nicht im Interesse des Unternehmens. Ein verwandter Kritikpunkt verweist auf den angeblichen Widerspruch zwischen der Konzentration auf die Interessen der Kapitalgeber, die in der Wertorientierung verankert sind, und dem „Gemeinwohl" der Gesellschaft.

- *Aktienkurssteigerung vs. langfristige Wertsteigerung:* Die Shareholder-Value-Orientierung führe zu kurzsichtiger Fokussierung auf den Aktienkurs. Dies gefährde die langfristige Wertsteigerung des Unternehmens, da die Kursreaktionen an der Börse nur wenig mit der tatsächlichen Veränderung langfristiger Wertsteigerungspotenziale zu tun hätten – so das zweite Argument der Kritiker.

Eine genauere Betrachtung dieser Kritikpunkte zeigt, dass das Grundkonzept der Wertorientierung keineswegs in Frage zu stellen ist, ja sogar als Leitbild der Unternehmensführung ohne wirkliche Alternative ist. Allerdings werden in der gegenwärtigen Anwendung des Shareholder-Value-Konzepts auch einige Probleme deutlich, die auf die Notwendigkeit einer fortschrittlicheren Umsetzung der Wertorientierung hinweisen.

2.1 Shareholder Value vs. Stakeholder Value

Als Gegenposition zur Shareholder-Value-Orientierung wird allgemein die Ausrichtung auf den „Stakeholder Value" genannt. Der Fokus liegt hier auf den Interessen aller am Unternehmensgeschehen beteiligten Anspruchsgruppen, wie Kapitalgeber, Mitarbeiter, Kunden, Lieferanten oder die breite Öffentlichkeit. Die Rolle des Managements wird bei der Stakeholder-Value-Orientierung darin gesehen, die unterschiedlichen Interessen der Anspruchsgruppen auf einen Nenner zu bringen, um so das langfristige Überleben der Interessenkoalition „Unternehmung" zu sichern.

Motivierte und gut ausgebildete Mitarbeiter, langfristige Kundenbeziehungen und ein gutes Image des Unternehmens in der Öffentlichkeit sind zweifelsohne entscheidend, um das Ziel der langfristigen Wertmaximierung zu erreichen; sie sind aber keine Ziele per se. Dem Stakeholder-Konzept fehlt entsprechend eine klare Zielfunktion, die es dem Management erlaubt, zwischen bestimmten miteinander konkurrierenden Zielen abzuwägen oder die erzielte Performance eindeutig zu kontrollieren. Der Stakeholder-Ansatz ist deshalb für eine zielorientierte Unternehmensführung nicht geeignet.[9] Denn wie sollte man angesichts allgegenwärtiger Trade-offs zwischen den Interessen diverser Anspruchsgruppen messen, ob in einem Jahr der „Stakeholder Value" eines Unternehmens gesteigert oder gar maximiert wurde?

Manche Shareholder-Value-Kritiker erhoffen sich unter Verweis auf den Stakeholder-Ansatz eine andere *Wertverteilung* zu Gunsten einzelner Anspruchsgruppen. Doch Fragen einer angemessenen oder gar gerechten Wertverteilung entziehen sich naturgemäß der betriebswirtschaftlichen Analyse. Wird die Verteilungsfrage in den Vordergrund gestellt, gerät die Maximierung des zu verteilenden Ganzen leicht in den Hintergrund. Längerfristig betrachtet führt dies zu weniger verteilbarem Wohlstand für alle Anspruchsgruppen. Beim Shareholder-Value-Ansatz ist dies anders: Er bietet eine klare Zielfunktion, die auf die langfristige *Wertschaffung* des Unternehmens ausgerichtet ist, und maximiert so den unter verschiedenen Stakeholdern zu verteilenden Wert. Eine wesentliche Leistung des Managements ist hier, tragfähige Kompromisse zwischen verschiedenen Anspruchsgruppen zu erzielen.

Auch die Behauptung, die Shareholder-Value-Orientierung stehe im Widerspruch zum „Gemeinwohl", erscheint bei näherer Betrachtung wenig plausibel. Definiert man Gemeinwohl als den „verteilbaren Wohlstand" in einer Volkswirtschaft, so herrscht – ausgehend von Adam Smith – zumindest akademisch die Meinung vor, dass Unternehmen, die ihren Unternehmenswert nachhaltig steigern, auch einen positiven Beitrag für die gesamte Volkswirtschaft leisten.[10] Aus theoretischer Sicht setzt das wertmaximierende Unternehmen die zur Verfügung stehenden Ressourcen am effizientesten ein, d. h. erzeugt den höchsten Mehrwert pro eingesetzte Einheit.

In der öffentlichen Diskussion scheinen viele Kritiker der Shareholder-Value-Orientierung „Gemeinwohl" weniger abstrakt vor allem mit dem Beschäftigungsniveau zu verbinden. Auch hier erscheint der postulierte Widerspruch wenig plausibel: Der Treiber langfristig hoher Aktionärsrenditen – überdurchschnittliches und profitables Wachstum – kann auf Dauer nur durch einen höheren Output und somit auch erhöhten Personaleinsatz erzielt werden.

Tatsächlich lässt sich dieser Zusammenhang zwischen Wertsteigerung und Beschäftigung auch empirisch nachweisen (Abbildung 1).

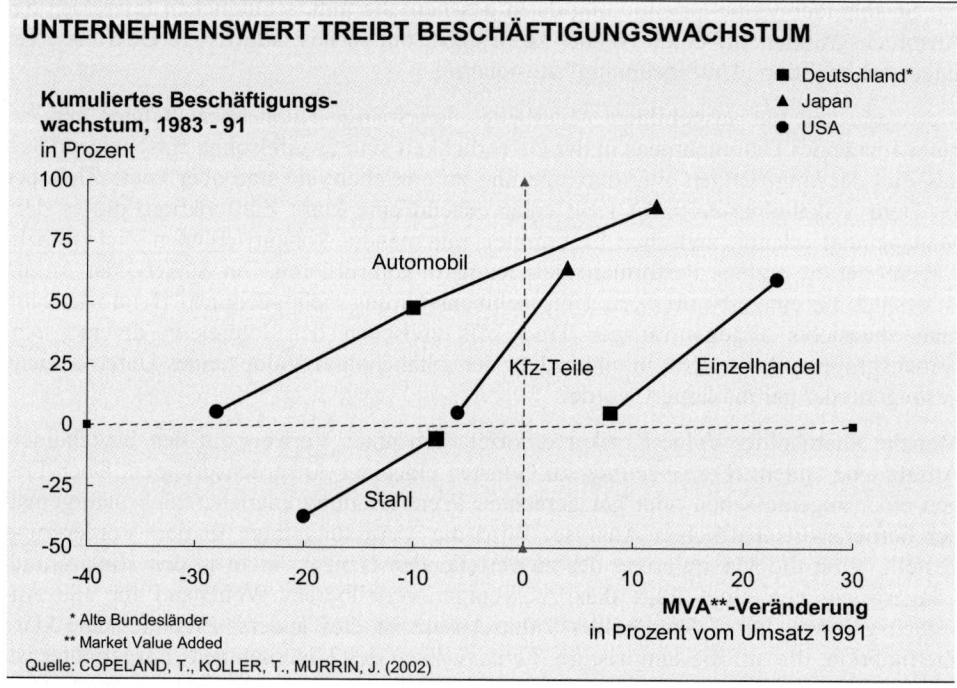

Abbildung 1

Die Kritik der Verfechter des Stakeholder-Value-Ansatzes an der Shareholder-Value-Orientierung ist also nicht berechtigt: Praktisch umsetzbar ist aus den oben genannten Gründen allein der Shareholder-Value-Ansatz; und statt auf einen Konflikt zwischen den Zielen „Steigerung des Marktwerts" und „Steigerung des Gemeinwohls" deuten Theorie und Empirie eher darauf hin, dass beide Ziele langfristig kongruent sind.

2.2   Aktienkurssteigerung vs. langfristige Wertsteigerung

Ein weiterer Kritikansatz, der sich gegen das Konzept der Shareholder-Value-Orientierung wendet, akzeptiert zwar deren primäre Ausrichtung an den Interessen der Kapitalgeber – also der langfristigen Wertmaximierung –, stellt aber in Frage, dass sich diese

Langfristperspektive auch in der Bewertung an den Kapitalmärkten widerspiegelt. Wäre das tatsächlich nicht der Fall, wäre der Shareholder-Value-Orientierung ein entscheidender Vorteil genommen: Denn die Messbarkeit der langfristigen Wertorientierung eines Unternehmens an seiner tatsächlichen Bewertung an der Börse ist eines der Kernelemente des Shareholder-Value-Ansatzes.

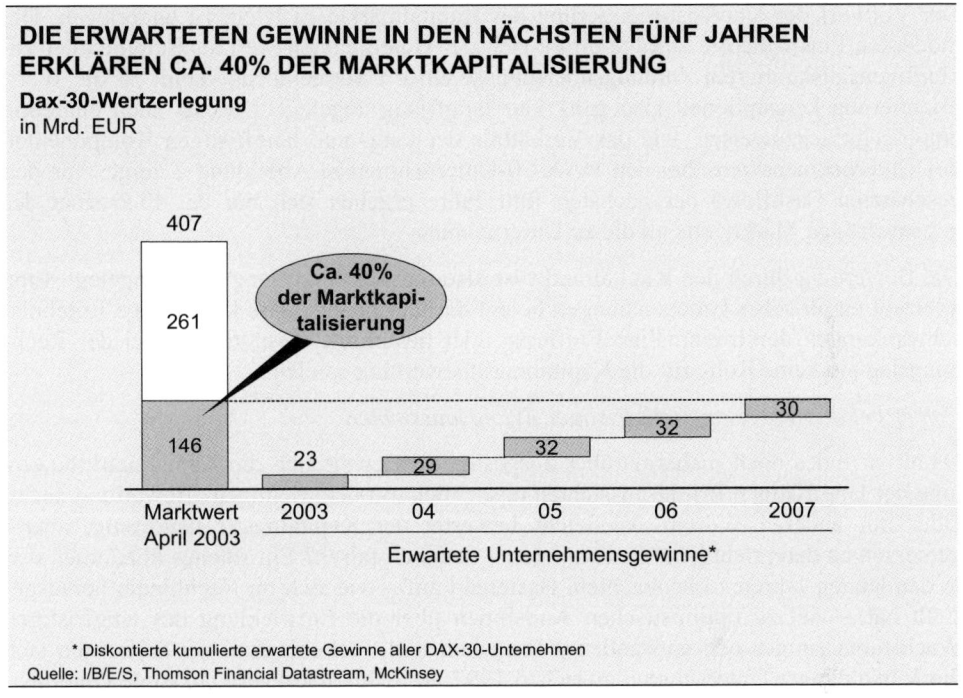

DIE ERWARTETEN GEWINNE IN DEN NÄCHSTEN FÜNF JAHREN ERKLÄREN CA. 40% DER MARKTKAPITALISIERUNG

Dax-30-Wertzerlegung
in Mrd. EUR

* Diskontierte kumulierte erwartete Gewinne aller DAX-30-Unternehmen
Quelle: I/B/E/S, Thomson Financial Datastream, McKinsey

Abbildung 2

Gegen die im Shareholder-Value-Konzept enthaltene Prämisse, dass die Börse eine erfolgreiche Wertorientierung eines Unternehmens durchaus honoriert, werden meist die folgenden – hier etwas pointiert dargestellten – drei Argumente ins Feld geführt:

1. Kapitalmärkte seien inhärent kurzfristig orientiert, d. h., Gradmesser der Bewertung an der Börse seien hauptsächlich die aktuellen Unternehmensergebnisse und nicht die mittel- bis langfristigen Ergebnispotenziale eines Unternehmens.

2. Die Börsenentwicklung der letzten Jahre, insbesondere der Internet- und Technologie-Hype, habe gezeigt, dass der Kapitalmarkt bei der Bewertung der langfristigen Erfolgsaussichten systematische Fehler macht.

3. Wenn man die täglichen Kursschwankungen beobachte, stelle sich die Frage, inwieweit die Börse überhaupt irgendeinem einheitlichen Muster folge oder nicht viel-

mehr dem Zufall. In jedem Fall lasse sich ein Bezug der Kursschwankungen zu der Einschätzung der fundamentalen Wertgenerierung eines Unternehmens nicht erkennen.

Inhärente Kurzfristorientierung

Der Vorwurf der Kurzfristorientierung der Kapitalmärkte ist leicht zu widerlegen: Der modernen Finanztheorie zufolge ergibt sich der Unternehmenswert als Summe aller zukünftigen, diskontierten Zahlungsüberschüsse eines Unternehmens; damit ist die Wertorientierung konzeptionell also ganz klar langfristig angelegt. Dies ist auch eindeutig empirisch nachzuweisen, wie das Verhältnis der kurz- und langfristigen Komponenten des Unternehmenswerts bei den DAX-30-Unternehmen in Abbildung 2 zeigt: Aus den geschätzten Cashflows der nächsten fünf Jahre ergeben sich nur ca. 40 Prozent des gegenwärtigen Marktwerts all dieser Unternehmen.

Die Bewertung durch den Kapitalmarkt ist also unzweifelhaft langfristig angelegt. Eine Vielzahl empirischer Untersuchungen belegt darüber hinaus, dass kurzfristige Ergebnisschwankungen durch einmalige Einflüsse oder bestimmte Gestaltungen bei der Rechnungslegung keine Rolle für die Kapitalmarktbewertung spielen.[11]

Fehler bei der Bewertung langfristiger Erfolgsaussichten

Damit ist indes noch nichts darüber ausgesagt, inwieweit sich die Kapitalmarktbewertung der langfristigen Erfolgsaussichten tatsächlich mit der „richtigen" Bewertung deckt. Oder mit anderen Worten: Vielleicht bewertet der Kapitalmarkt langfristig, aber – gemessen an den „richtigen" Erwartungen – dennoch falsch? Ein solches Phänomen war in den letzten Jahren zu beobachten. Basierend auf – wie sich im Nachhinein herausgestellt hat – viel zu optimistischen Annahmen über die Entwicklung des langfristigen Wachstums einiger neu entstandener Branchen und Technologien, vervielfachten sich die Kurse einiger Unternehmen zwischen 1997 und 2001 und kaum bekannte Unternehmen aus diesen Branchen wurden zu sehr hohen Marktbewertungen an die Börse gebracht. Nachdem offensichtlich wurde, dass die Annahmen größtenteils ungerechtfertigt waren, kam es zu einer nachhaltigen Korrektur der Marktbewertungen.

Wenn derartige massive Abweichungen vom fundamentalen Unternehmenswert ein generelles Phänomen wären, müsste man die Sinnhaftigkeit der Shareholder-Value-Orientierung tatsächlich grundlegend in Frage stellen. Dazu besteht jedoch kein Anlass, da solche Bewertungsanomalien – über die vergangenen Jahrzehnte betrachtet – zwar vorkommen, sich aber auch wieder ausgleichen, also vorübergehender Natur sind. Abbildung 3 zeigt, dass die extreme Börsenentwicklung der vergangenen Jahre mit dem Aufbau und Platzen der „Blase" ein im Wesentlichen auf die Sektoren TMT (Telekommunikation, Medien, Technologie) und Finanzdienstleistungen beschränktes Phänomen war.

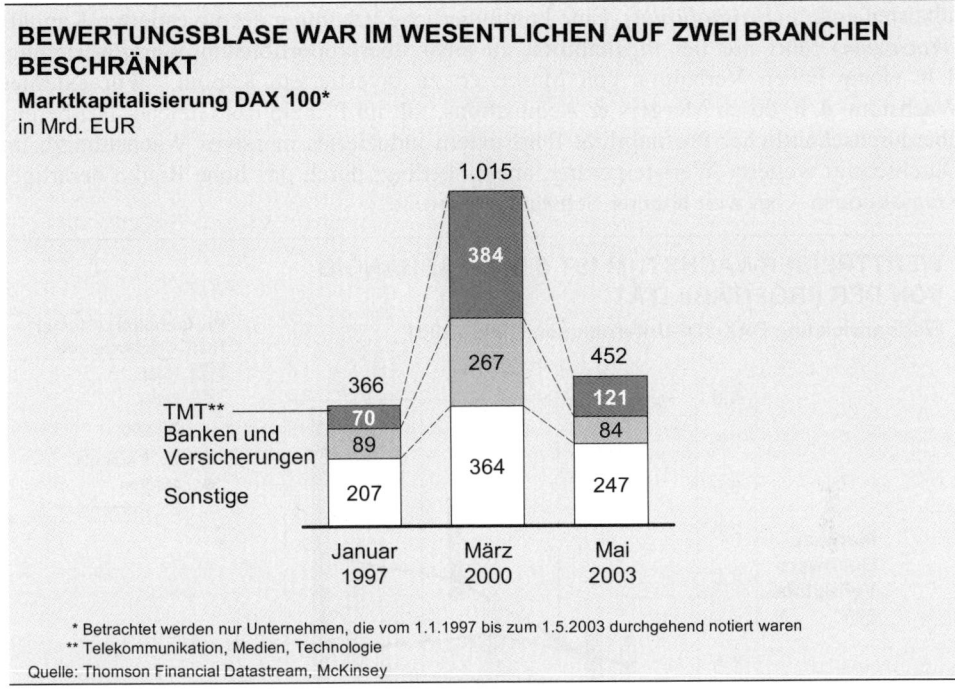

BEWERTUNGSBLASE WAR IM WESENTLICHEN AUF ZWEI BRANCHEN BESCHRÄNKT

Marktkapitalisierung DAX 100*
in Mrd. EUR

* Betrachtet werden nur Unternehmen, die vom 1.1.1997 bis zum 1.5.2003 durchgehend notiert waren
** Telekommunikation, Medien, Technologie
Quelle: Thomson Financial Datastream, McKinsey

Abbildung 3

Kein Bezug zu fundamentaler Wertgenerierung

Die täglich beobachtbaren Kursschwankungen sind das Resultat der Anlageurteile einer Vielzahl von Investoren, die ihre Preisvorstellungen in Abhängigkeit neuer Information stetig revidieren. Im Ergebnis können die Kursschwankungen in der Tat als Zufallspro- zess – ein so genannter „Random Walk" – beschrieben werden. Hier muss jedoch diffe- renziert werden: Das *Auftreten* neuer Informationen selbst kann nur zufällig sein – ansonsten wären sie nicht „neu". Daraus resultierende Kursschwankungen sind daher nicht Zeichen von unerklärlicher Beliebigkeit, sondern grundsätzlich Ausdruck effizien- ter Informationsverarbeitung[12]. Die Shareholder-Value-Orientierung würde indes dann erschüttert, wenn die *Reaktion der Kapitalmärkte* auf neue Informationen „zufällig" wäre oder zumindest nicht die Bedeutung der jeweiligen Informationen für den Unter- nehmenswert widerspiegelte.

Zieht man als Annäherung für die zu einem Zeitpunkt vorliegenden Informationen die durchschnittliche vergangene Performance von Unternehmen heran, lässt sich zeigen, dass die Börse im Durchschnitt durchaus „richtig" bewertet, also Wertsteigerung im Einklang mit den Prinzipien fundamentaler Wertgenerierung gemäß der Werthebel *Pro- fitabilität* und *Wachstum* widerspiegelt (Abbildung 4). Wert wird geschaffen, wenn das investierte Kapital eine Rendite (ROIC, Return on Invested Capital) oberhalb der Kapitalkosten erzielt (*Profitabilität*). Eine kontinuierliche Erhöhung des investierten Kapitals (*Wachstum*) führt nur bei Profitabilität zu einer überproportionalen Wertgenerierung, d. h. einem hohen Verhältnis von Marktwert zu investiertem Kapital.[13] Für externes Wachstum, d. h. durch Mergers & Acquisitions, gilt im Prinzip das Gleiche: Bei bereits überdurchschnittlicher Profitabilität führt extern induziertes massives Wachstum zu im Durchschnitt weiterer Wertsteigerung, aber – bedingt durch das hohe Risiko derartiger Transaktionen – bei weit höherer Schwankungsbreite.

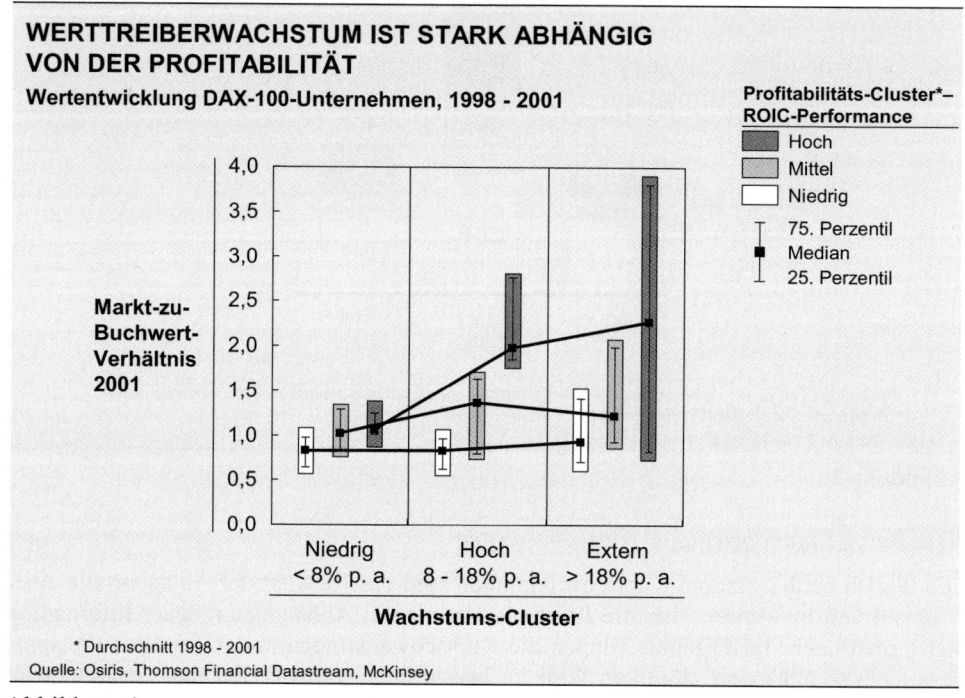

Abbildung 4

Kapitalmärkte bewerten also nicht nur langfristig, sondern im Durchschnitt auch „richtig" im Sinne der Prinzipien fundamentaler Wertgenerierung. Dennoch wurde deutlich, dass es kurzfristig und auf einzelne Unternehmen bzw. Sektoren beschränkt zu erheblichen Fehlbewertungen kommen kann.

Dies birgt Gefahren und die Kritik an der Kurzfristorientierung des Unternehmensmanagements weist hierauf ausdrücklich hin: Denn die Fehlbewertungen sind eine Quelle möglicher Fehlentscheidungen der Manager. So ist wohl unbestreitbar, dass Unternehmen in den Hochzeiten des Hightech-Börsenbooms Investitionsentscheidungen getroffen haben, die den Aktionären nach dem Platzen der Spekulationsblase einen massiven Wertverlust bescherten. Genauso wenig sind einige rein auf eine bessere Marktbewertung zielende Maßnahmen, wie die Fokussierung auf Geschäftsbereiche mit höheren Bewertungsmultiples, ein Ersatz für tatsächliche, fundamentale Wertgenerierung.

Die zentrale Herausforderung für die Anwender des Shareholder-Value-Konzepts ist daher die Orientierung an der langfristigen Wertmaximierung. Das Unternehmensmanagement muss vermeiden, nur kurzfristig auf den Aktienkurs zu schielen, und gegebenenfalls auch einmal negative Kapitalmarktreaktionen durchstehen, bis der Kapitalmarkt von den realisierten Ergebnissen überzeugt ist und seine kritische Einschätzung der Strategie revidiert – mit der entsprechenden Wirkung auf die Marktbewertung.

3. Noch längst nicht überall Managementpraxis: Fortschrittliche Wertorientierung

In der modernen Unternehmensführung führt an der Unternehmenszielsetzung Wertmaximierung kein Weg vorbei. Allerdings gibt es auch so manches Defizit in der aktuellen Anwendung des Ansatzes. Wertorientierte Unternehmensführung im Tagesgeschäft umzusetzen, gelingt selbst Unternehmen, die das Konzept an sich bejahen, nur selten.

Die fortschrittliche, d. h. zeitgemäße und erfolgreiche Anwendung des Shareholder-Value-Ansatzes umfasst die folgenden vier Kernelemente:

1. *Analyse von Kapitalmarktsignalen:* Zu Beginn einer am Marktwert orientierten Unternehmensstrategie stellt sich die Frage, warum der Kapitalmarkt dem Unternehmen den aktuellen Wert zumisst und wie sich dieser Wert im Zeitverlauf entwickelt hat. Wichtige Indikatoren dafür sind insbesondere die im Börsenwert reflektierten externen Erwartungen sowie die Abweichungen zwischen beobachtetem und fundamentalem Unternehmenswert.

2. *Wertbasierte Performance-Steuerung:* Um den Wert des bestehenden Geschäfts zu erhöhen, müssen alle Wertsteigerungshebel in Bewegung gesetzt werden. Dazu gehören neben dem Wachstum nicht nur die klassischen Maßnahmen der Profitabilitätssteigerung (z. B. Erhöhung der Produktivität, Kostensenkungen); auch die Reduzierung des gebundenen Kapitals und die Optimierung der Gesamtfinanzierung eröffnen oft erhebliche Wertpotenziale.

3. *Wertorientierte Strategieentwicklung:* Auch bei der Entwicklung einer Unternehmensstrategie gibt idealerweise der Unternehmenswert die Richtung vor, d. h., strategische Optionen sind konsequent auf ihren Beitrag zur Steigerung des Unternehmenswerts hin zu überprüfen. Neben dem Wachstum in bestehenden Geschäftsfeldern bietet vielen Unternehmen die richtige Zusammensetzung des Portfolios ihrer Geschäftsaktivitäten die Chance zu signifikanter Wertsteigerung.

4. *Festlegung und Nutzung von Steuerungs- und Kennzahlensystemen zur Performance-Kontrolle:* Steuerungs- und Kennzahlensysteme müssen so konzipiert sein, dass sie eine Erfolgskontrolle ermöglichen, die sich an der Wertsteigerung orientiert. Sie müssen Wachstum ebenso berücksichtigen wie Profitabilität und auf langfristige, nachhaltige Ziele ausgerichtet sein, um eine Kurzfristorientierung des Managements zu verhindern.

Wie Unternehmen, die eine fortschrittliche Wertorientierung anstreben, diese vier Kernelemente umsetzen sollten und welche Anwendungsprobleme auftreten können, erläutern wir in den folgenden Abschnitten.

3.1   Analyse von Kapitalmarktsignalen

Shareholder-Value-Orientierung bedeutet wörtlich Orientierung am Unternehmenseigner und dessen Auffassung vom Unternehmenswert. Und in der Tat ist das genaue Verständnis, wie das eigene Unternehmen am Kapitalmarkt bewertet wird und warum es genau so bewertet wird, der zwingende Ausgangspunkt des fortschrittlichen Shareholder-Value-Managements.

Bei der Analyse der Kapitalmarktsignale, wie Kursbewegungen, Großverkäufe usw., geht es aber nicht allein um die Frage, warum der Kapitalmarkt dem Unternehmen zum jetzigen Zeitpunkt gerade diesen Wert zumisst. Genauso relevant ist es, zu untersuchen, wie sich dieser Wert im Lauf der Zeit entwickelt hat. Wichtige Hinweise auf Defizite in Unternehmensperformance oder -strategie, die sich – relativ zum fundamentalen Wert – in zu niedrigen Börsenkursen niederschlagen, ergeben sich auch aus der Analyse der explizit formulierten Erwartungen von Analysten und Anlegern.

- *Der derzeitige Unternehmenswert:* In einer ersten Analyse ist zu klären, wie der aktuelle Marktwert entstanden ist. Die impliziten Erwartungen der Marktteilnehmer lassen sich durch ein „Reengineering" des Marktwerts abschätzen. Hierbei wird der aktuelle Marktwert „nachgebaut", indem in einem Discounted-Cashflow-Modell Annahmen zu Wachstum, Profitabilität usw. so eingestellt werden, dass das Ergebnis der Unternehmensbewertung der Marktwert ist. Die Dechiffrierung der Annahmen zu Profitabilität und Wachstum, die sich im Börsenkurs spiegeln, sowie deren Abgleich mit internen Planungen oder der Performance anderer Unternehmen geben Aufschluss über bewertungsrelevante Unterschiede. So kann das Unternehmen konkrete Rückschlüsse auf eventuelle Wettbewerbsvorteile oder -nachteile ziehen. Unterschiede zwischen dem fundamentalen Unternehmenswert und dem Marktwert geben darüber hinaus Hinweise auf ein etwaiges Informationsgefälle zwischen Management und Anlegern.

- *Die Wertentwicklung im Zeitverlauf:* Mit einer vergleichenden Analyse des Marktwerts über Zeit lassen sich der Einfluss der kurzfristig realisierten Ergebnisentwicklung und die Bedeutung der langfristigen Wachstumserwartungen auf den Börsenkurs einschätzen. Außerdem kann eine solche Analyse aufzeigen, welche operativen oder strategischen Verbesserungen notwendig sind und welche Maßnahmen das Unternehmen treffen sollte, um geplante Entwicklungen klarer zu kommunizieren.[14]

- *Explizit formulierte Erwartungen:* Als Ergänzung der eher technischen Analysen des Börsenkurses in den ersten beiden Punkten bieten die explizit formulierten Erwartungen der Anlegergemeinschaft eine nicht zu unterschätzende Informationsquelle. Das gilt auch für die Einschätzungen der Analysten als Indikatoren für die Meinung des Kapitalmarkts: Die Konsensusschätzungen, also der Mittelwert der Schätzungen aller Analysten, in Bezug auf künftige Ergebnisse bzw. erwartetes Wachstum weisen zumeist sehr deutlich auf Defizite in der jeweils aktuellen Unternehmensperformance oder -strategie hin.[15]

Mit diesen Analysen lassen sich wichtige Erkenntnisse für die operative Steuerung und die Entwicklung oder Anpassung der Unternehmensstrategie gewinnen. Außerdem können sie die Basis für eine neue, bessere Informationspolitik gegenüber dem Markt sein – eine Politik, die bewirkt, dass sich in der Bewertung des Unternehmens der fundamentale Unternehmenswert stärker widerspiegelt.[16]

3.2 Wertbasierte Performance-Steuerung

Die Erhaltung und kontinuierliche Steigerung des Werts der schon bestehenden Geschäftsaktivitäten ist – auch wenn sie vorübergehend aus der Mode gekommen zu sein schien – eine der vordringlichsten Managementaufgaben. Wenn das Management den schon sehr lange bestehenden Geschäftsfeldern zu wenig Aufmerksamkeit schenkt und „die Zügel schleifen lässt", besteht die Gefahr, dass diese Geschäfte immer weniger neuen Wert für das Unternehmen schaffen oder gar Wert vernichten. Das gilt umso mehr, wenn gleichzeitig der Wettbewerb in diesen Geschäftsfeldern zunimmt.

Gegen diese Gefahren wendet sich die wertbasierte Performance-Steuerung. Sie zielt darauf ab, den Wert der bestehenden Geschäfte zu maximieren, indem sie die Produktivität und die Kapitaleffizienz steigert sowie die Kapitalkosten durch Wahl der geeigneten Finanzierung optimiert. Dazu kontrolliert sie kontinuierlich die operativen Leistungsdaten, die Kapitalallokation sowie die Finanzierungsentscheidungen, misst die Wertbeiträge der bestehenden Aktivitäten und gibt Anreize zu deren Erhöhung.

Die sich gegenseitig verstärkende Wirkung der drei Ansatzpunkte der Performance-Steuerung auf den Unternehmenswert lässt sich am besten im so genannten Werttreiberbaum darstellen (Abbildung 5).

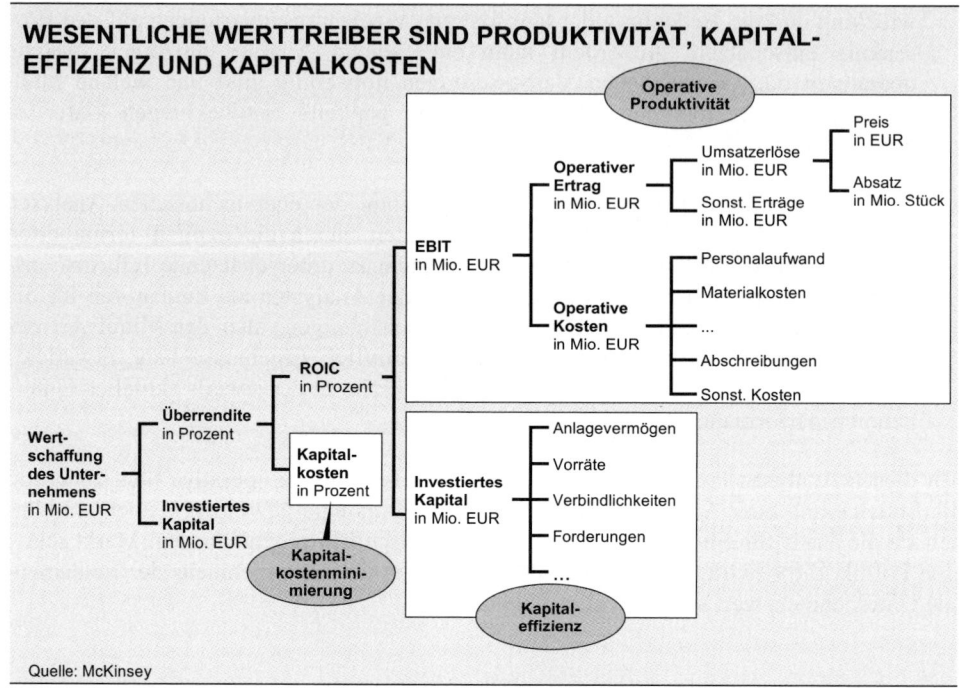

WESENTLICHE WERTTREIBER SIND PRODUKTIVITÄT, KAPITAL-EFFIZIENZ UND KAPITALKOSTEN

Quelle: McKinsey

Abbildung 5

Die *Steuerung der operativen Produktivität* setzt an der Steigerung des operativen Ertrags an. Die primären Hebel sind hier Umsatzsteigerung und Kosteneffizienzmanagement. Umsatzsteigerungen sind oftmals – selbst in bestehenden Marktstrukturen – durch gezielte Absatzprogramme oder differenzierte Preispolitik möglich. Wichtig ist auch, in regelmäßigen Abständen Kostensenkungsprogramme durchzuführen – das zwingt alle Bereiche zu höherer Effizienz und hilft, eine Verkrustung der unternehmensinternen Strukturen zu vermeiden. Derartige Programme sollten aber nicht erst als Antwort auf eine bedrohliche Schieflage bei der Wertentwicklung eingesetzt werden; sie müssen vielmehr integraler Bestandteil der Unternehmenspolitik werden. Dann können auch die negativen Wirkungen von Massenrestrukturierungen und Notprogrammen minimiert werden. Gemein ist all diesen Maßnahmen, dass sie sich direkt auf die Gewinn- und Verlustrechnung sowie das operative Ergebnis bzw. den operativen Cashflow auswirken.

Die *Steuerung der Kapitaleffizienz* setzt im Gegensatz dazu bei den Bilanzpositionen an. Das Ziel ist hier, die zu einem gegebenen Zeitpunkt in den operativen Aktivitäten gebundenen Mittel – wie sie sich in der Bilanz widerspiegeln – zu minimieren. Unterschieden werden dabei im Wesentlichen zwei Ansätze: die Optimierung der Kapitalbindung in langfristigen Vermögensgegenständen mittels geeigneter Investitionsprogramme und Kapitalallokationskriterien sowie die Optimierung der kurzfristigen operativen Mittelbindung im Umlaufvermögen (inkl. abgezogener operativer Verbindlichkeiten). Obwohl ein direkter Zusammenhang zwischen der Kapitaleffizienz und der operativen Produktivität besteht, kann dieser Hebel weitgehend separat optimiert werden, solange alle Vermögensgegenstände, die für das operative Geschäft benötigt werden, erhalten bleiben und nicht pauschalen oder vorschnellen Kapitalreduzierungsmaßnahmen zum Opfer fallen.

Die *Minimierung der Kapitalkosten* als letzter Hebel der Wertsteigerung setzt bei der Finanzierung des eingesetzten Kapitals an. Dabei geht es um mehr als nur die Senkung der Kosten einer gegebenen Finanzierungsquelle oder die rechnerische Senkung der gewichteten Kapitalkosten durch Optimierung der Kapitalstruktur. Vielmehr müssen die operativen Aktivitäten, die finanziert werden sollen, ganzheitlich betrachtet werden. Die Wahl der Kapitalstruktur (Verhältnis von Eigen- zu Fremdkapital) und der Finanzierungsinstrumente (Arten der Verbriefung der Eigen- und Fremdkapitalanteile) muss sich dabei sowohl an den Bilanzrelationen und den im eingesetzten Kapital enthaltenen Vermögensgegenständen als auch an der Unternehmensstrategie orientieren. Die Kapitalstruktur muss nicht nur die Fristigkeit der Mittelbindung widerspiegeln, sondern auch robust gegenüber zu erwartenden Schwankungen im operativen Cashflow sein: Durststrecken beim operativen Mittelzufluss, die auf Grund der gewählten Strategie zu erwarten sind, muss das Unternehmen ohne Existenzgefahr überwinden können.[17]

3.3 Wertorientierte Strategieentwicklung

Die Zielfunktion „Unternehmenswert" bietet nicht nur für die Steuerung der operativen Leistung die beste Orientierung, sondern auch für die Entwicklung der Unternehmensstrategie. Anhand des Unternehmenswerts kann das Unternehmen einzelne strategische Maßnahmen bewerten, vergleichen und priorisieren sowie Ressourcen optimal zuweisen und die Ergebnisse in einem insgesamt wertmaximierenden strategischen Handlungsprogramm zusammenführen.

Die Entwicklung einer umfassenden Wertsteigerungsstrategie ist alles andere als einfach. Wenn die operative Performance sichergestellt ist, stehen zwei weitere grundlegende Herausforderungen im Vordergrund: die richtige Definition und Umsetzung des Wertsteigerungshebels „Wachstum" und – gerade auch bei komplexeren Unternehmen – die richtige Zusammensetzung des Portfolios der Geschäftsaktivitäten.

Für die Wertsteigerung durch Wachstum gelten die in Abschnitt 2.2 dargestellten fundamentalen Prinzipien: Wachstum führt nur dann zu einer fundamentalen Wertsteigerung, wenn eine Profitabilität oberhalb der Kapitalkosten erreicht wird. Wachstum bei einer durchschnittlichen Profitabilität etwa in Höhe der Kapitalkosten vernichtet zwar keinen Wert, erhöht ihn jedoch auch nicht. Wachstum bei einer Profitabilität unterhalb der Kapitalkosten führt zu Wertvernichtung. Wachstum sollte also genau dort starker Bestandteil einer Geschäftsfeldstrategie sein, wo auf lange Sicht eine ausreichende, über

den Kapitalkosten liegende Profitabilität – beispielsweise auf Basis hoher operativer
Exzellenz – sichergestellt ist.

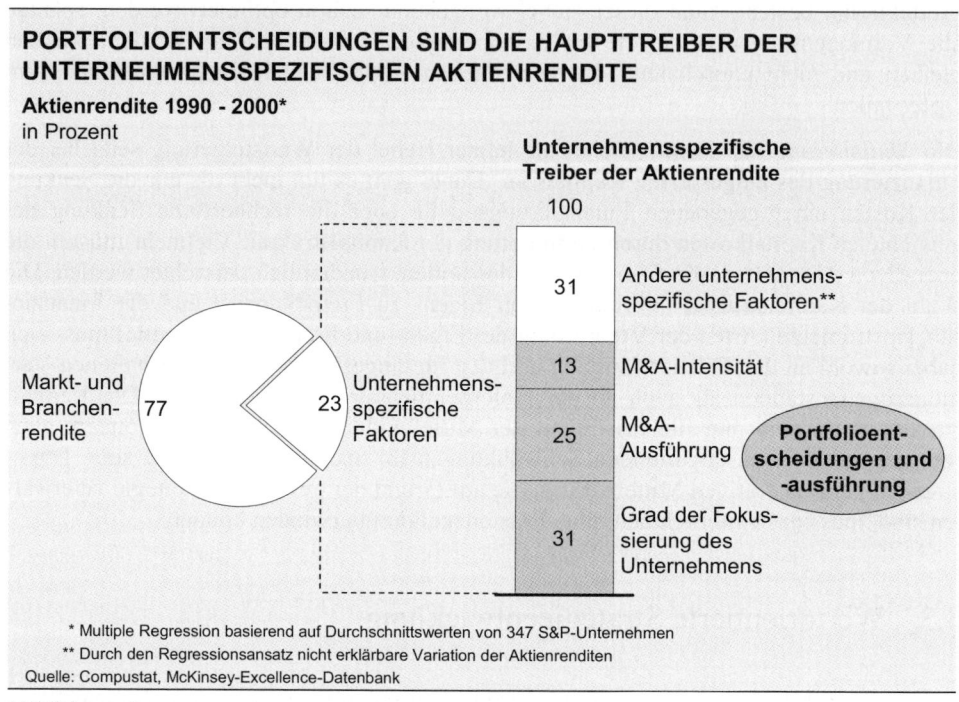

Abbildung 6

Der Wert eines einzeln betrachteten Geschäftsfelds wird also durch angemessene Profitabilität in Verbindung mit Wachstum maximiert. Wie sieht es aber in einem Unternehmen mit mehreren Geschäftsfeldern aus? Welche Geschäfte oder Kombinationen von
Geschäften sollte das Unternehmen betreiben, welche Bereiche sollte es entsprechend
hinzukaufen bzw. veräußern? Welcher Grad an Diversifikation ist überhaupt geeignet,
Wert zu schaffen? Das richtige Portfoliomanagement ist ein weiterer wesentlicher Werttreiber in der Strategieentwicklung. Dies kann auch empirisch belegt werden: Für ein
Sample von 347 Unternehmen im S&P-Index machten Portfolioentscheidungen und die
damit verbundenen M&A-Aktivitäten fast 70 Prozent der auf unternehmensspezifische
Faktoren entfallenden Aktienrendite aus (Abbildung 6).[18]

Die Geschäftsaktivitäten sollten dabei ein weiteres Mal anhand der schon dargestellten
Kriterien Profitabilität und Wachstum priorisiert werden. Dabei helfen die folgenden
Fragen: Ist diese Aktivität für das Unternehmen auf Dauer profitabel? Ist das Unternehmen in der Lage, die Profitabilität dieser Geschäftsaktivität besser als andere auf einem
erreichten Niveau zu halten oder wiederherzustellen? Kann das Unternehmen Wachstum
in dem Geschäftsfeld effizienter erreichen als andere? Die Aktivitäten, für die diese Fragen mit „ja" beantwortet werden, passen gut ins Geschäftsportfolio.

Die Frage nach der angemessenen Diversifikation des Unternehmensportfolios beant-wortet die Kapitalmarkttheorie eindeutig: Diversifikation auf Unternehmensebene kann keinen Wert schaffen; einen größeren Wert erreichen Anleger, wenn sie ihre Investitio-nen selbst diversifizieren. Diese Einschätzung ist allerdings ambivalent: Einerseits leuchtet ein, dass konglomerate[19] Strukturen, die beispielsweise nur mit dem Ziel erhal-ten werden, das Risiko auf Unternehmensebene zu verringern, in der Regel nichts zur Unternehmenswertsteigerung beitragen.

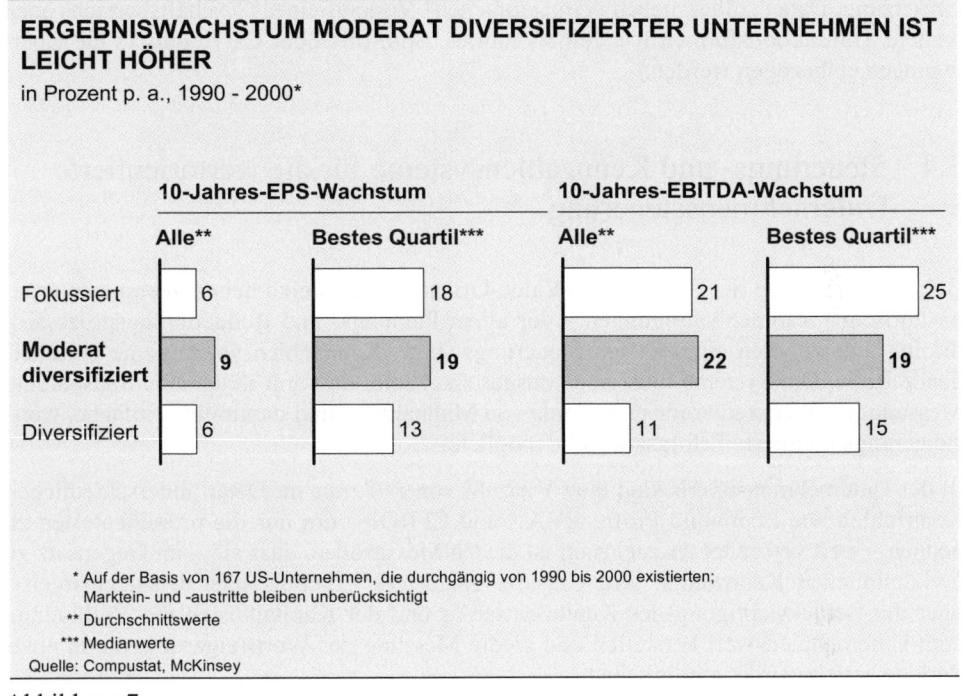

ERGEBNISWACHSTUM MODERAT DIVERSIFIZIERTER UNTERNEHMEN IST LEICHT HÖHER
in Prozent p. a., 1990 - 2000*

	10-Jahres-EPS-Wachstum		10-Jahres-EBITDA-Wachstum	
	Alle**	Bestes Quartil***	Alle**	Bestes Quartil***
Fokussiert	6	18	21	25
Moderat diversifiziert	9	19	22	19
Diversifiziert	6	13	11	15

 * Auf der Basis von 167 US-Unternehmen, die durchgängig von 1990 bis 2000 existierten; Marktein- und -austritte bleiben unberücksichtigt
 ** Durchschnittswerte
 *** Medianwerte
 Quelle: Compustat, McKinsey

Abbildung 7

Oft laufen diese Unternehmen durch mangelnden Performance-Druck und Quersubventionierung unrentabler Geschäftsbereiche Gefahr, Shareholder Value zu vernichten. Jedenfalls lassen sich gute Gründe dafür finden, dass Kapitalmärkte derartige konglomerate Strukturen häufig mit einem Bewertungsabschlag („Conglomerate Discount") versehen. Nicht zuletzt wegen der Skepsis des Kapitalmarkts gegenüber konglomeraten Strukturen wurde und wird deshalb propagiert, die Fokussierung des Unternehmens auf möglichst wenige Geschäftsfelder sei die langfristig beste Strategie zur Wertsteigerung.[20] Übersehen wird dabei jedoch, dass neben rein güterwirtschaft-lichen Synergien ein richtig konzipiertes Corporate Center durch Portfolio- und Finanz-management durchaus Wert schaffen kann – das prominenteste Beispiel dafür war in der Vergangenheit sicherlich General Electric.

Die „wertsteigernde Wahrheit" liegt für die meisten Unternehmen irgendwo zwischen den beiden Extremen eines breit diversifizierten bzw. hochfokussierten Unternehmens. Neuere empirische Ergebnisse der Diversifikationsforschung zeigen, dass eine moderate Diversifikation fokussierten Strategien beim Vergleich der durchschnittlichen Performance nicht unterlegen ist (Abbildung 7).[21] Oftmals schafft eine moderat diversifizierende Strategie durchaus mehr Wert als Fokussierungsstrategien.

Erfolgsfaktor für die Restrukturierung des Portfolios ist die zielstrebige und schnelle Umsetzung. Dabei sollten neben dem „einfachen" Verkauf eines Geschäftsbereichs auch weitere Transaktionsformen wie Joint Ventures, Spin-offs oder Carve-outs in die Überlegungen einbezogen werden.

3.4   Steuerungs- und Kennzahlensysteme für die wertorientierte Unternehmenssteuerung

Bei der Einführung der Shareholder-Value-Orientierung spielen neben geeigneten organisatorischen Rahmenbedingungen – vor allem Planungs- und Budgetierungsprozesse – die im Unternehmen eingesetzten Steuerungs- bzw. Kennzahlensysteme eine entscheidende Rolle. Die Systeme müssen so ausgerichtet sein, dass mit ihnen eine transparente Messung des Wertsteigerungspotenzials von Maßnahmen und damit eine einfache, wertsteigerungsorientierte Erfolgskontrolle möglich ist.

In der Unternehmenspraxis sind eine Vielzahl von z. T. nur im Detail unterschiedlichen Kennzahlen wie Economic Profit, EVA[22] und CFROI – um nur die prominentesten zu nennen – weit verbreitet. Gemeinsam ist diesen Messgrößen, dass sie – im Gegensatz zu herkömmlichen Kennzahlen wie Umsatz, operatives Ergebnis oder Umsatzmargen – über die Berücksichtigung des Kapitaleinsatzes und der Kapitalkosten die Verbindung zum Unternehmenswert herstellen und so die Messung der Wertsteigerung, die in einer Periode erzielt wurde, ermöglichen.

Steuerungssysteme, die sich allein auf periodenbasierte Kennzahlen stützen, können allerdings auf Grund von Fehlschlüssen oder allzu kurzfristiger Ausrichtung zu falschen Weichenstellungen führen. Die zwei häufigsten Fehlerquellen sind die zu geringe Orientierung am Anspruchsniveau und die ungenügende Berücksichtigung von Wachstumsfaktoren.

- *Nicht ausreichende Orientierung am Anspruchsniveau:* Wie die Erfahrungen zeigen, führt ein positiver EVA oder ein CFROI oberhalb der Kapitalkosten nicht zwangsläufig zu einer Wertsteigerung am Kapitalmarkt. Er bedeutet zwar, dass mit dem eingesetzten Kapital Wert geschaffen wurde; auf eine Erhöhung des Marktwerts wirkt sich dieser neu generierte Wert aber nur aus, wenn die Wertsteigerung größer ist als die Erwartungen, die im heutigen Marktwert bereits enthalten sind. Für die Kennzahlensysteme heißt dies, dass bei der Festlegung von Wertsteigerungszielen immer die Kapitalmarkterwartungen einzubeziehen sind, damit die Ziele das reale Anspruchsniveau widerspiegeln.[23]

- *Ungenügende Berücksichtigung von Wachstumsfaktoren:* Während sich Verbesserungen der Profitabilität auf die heute üblichen wertorientierten, periodenbasierten Kennzahlen positiv auswirken, führt wertsteigerndes Wachstum zunächst oft zu einer Verschlechterung dieser Zahlen. Adjustierungen der Ausgangsdaten zur Berechnung derartiger Kennzahlen, wie z. B. die Aktivierung von Forschungsaufwendungen, lösen dieses Problem allenfalls bedingt. Eine solche Verschlechterung verleitet Unternehmen, die sich zu stark an diesen Kennzahlen orientieren, dazu, langfristige wertsteigernde Investitionen zu unterlassen. Damit Unternehmen Wachstumsmaßnahmen ebenso rasch und rigoros umsetzen wie Programme zur Steigerung der Profitabilität, müssen deshalb Korrektive in das Kennzahlensystem eingebaut werden. Dabei gilt es, den Einfluss der Maßnahmen einer Periode auf die Wertsteigerung künftiger Perioden in Zahlen zu fassen und diese Werte in das Kennzahlensystem einfließen zu lassen. Die Steuerung der gegenwärtigen Profitabilität mittels wertorientierter Kennzahlen wird auf diese Weise durch ein Konzept der Bewertung von Wachstumstreibern und langfristigen Wachstumsoptionen ergänzt.

Sinnvoll sind unternehmenswertorientierte Kennzahlensysteme natürlich nur dann, wenn sie auch zum Leitfaden unternehmerischen Handelns werden. Dazu muss das System einfach anzuwenden sein und an bestehende Anreizsysteme gekoppelt werden.

4. Fazit: Tradition mit Aktualisierungsbedarf

Auch wenn die Shareholder-Value-Orientierung theoretisch noch so sicher fundiert erscheint und auf eine lange Tradition zurückblicken kann, so bleibt sie – wie die meisten Traditionen – nicht vor der Forderung bewahrt, sich im praktischen Einsatz an die Gegebenheiten der Zeit und die Entwicklung der Märkte anzupassen. Gerade die Kritik am Shareholder Value zeigt, wie stark die Akzeptanz, aber auch der Erfolg des wertorientierten Managements von der konsequenten Umsetzung der Grundlagen und von der Anpassung an neue Rahmenbedingungen abhängen.

Damit steht auch in Zukunft nicht das „Ob", sondern das „Wie" der Anwendung des Shareholder-Value-Konzepts im Fokus des strategischen wertorientierten Managements.

Referenzen

[1] Die Begriffe Shareholder Value und Unternehmenswert werden nachfolgend synonym verwendet. Gleiches gilt für Shareholder-Value-Orientierung, Unternehmenswertmaximierung und wertorientierte Unternehmensführung.

[2] Vgl. ACHLEITNER, A. K., BASSEN, A. (2002), S. 620 f.

[3] Siehe hierzu auch BRINKER, B., MUTH, M. (2003).

[4] Exemplarisch sei auf die Finanzmarktförderungsgesetze verwiesen, die eine Vielzahl von Hemmnissen beiseite räumten.

[5] Vgl. bspw. HEINEMANN, B., GRÖNIGER, B., AUGAT, T. (2001).

[6] Siehe auch MALIK, F. (2002), S. 25, BLAIR, M., IG METALL.

[7] Vgl. bspw. STEIN, J. (1989).

[8] Vgl. bspw. PORTER, M. (1992).

[9] Vgl. dazu insbesondere JENSEN, M. (2001).

[10] Vgl. bspw. COPELAND, T., KOLLER, T., MURRIN, J. (2002), JENSEN, M. (2001).

[11] Vgl. zu einem Überblick bspw. COPELAND, T., KOLLER, T., MURRIN, J. (2002), S. 105 ff.

[12] Die hier nur grob angerissenen Fragen der Informationsverarbeitung auf Kapitalmärkten sind ein Schwerpunkt der empirischen Kapitalmarktforschung. Dabei werden vermehrt gerade auch Kapitalmarktineffizienzen diskutiert, z. B. ob und inwieweit Kapitalmärkte auf bestimmte Informationen überreagieren.

[13] Bei angenommener Konstanz aller Parameter lässt sich der hier empirisch identifizierte Zusammenhang auch einfach analytisch als sog. ewige Rente herleiten: $M/B = (ROIC - g)/(WACC - g)$ für $g < WACC$ und $g < ROIC$

[14] Vgl. zu einem Beispiel eines derartigen Analyseansatzes, der sog. TRS-Dekomposition, COENENBERG, A. G., SALFELD, R. (2003), S. 41 ff.

[15] Natürlich sind Analystenschätzungen nicht zu verabsolutieren – vgl. bspw. GOEDHART, M., RUSSELL, B. (2001), S. 11 ff.

[16] Der Umkehrschluss aus kurzfristigen Bewertungsdivergenzen ist, dass zumindest kurzfristig durch ein aktives Management der Investorenbasis die Kapitalmarktbewertung positiv beeinflusst werden kann. Vgl. zu einem derartigen Ansatz des „Investor Based Finance" COYNE, K., WITTER, J. (2002), S. 29 f.

[17] Vgl. zu derartigen neueren Ansätzen „Strategie-orientierter Finanzierung" bspw. CULP, C. (2002), CULP, C. (2002) und HEINE, HARBUS (2002).

[18] Bei dieser Analyse von VIGUERIE, P. und HARPER, N. (McKinsey-Arbeitspapier, unveröffentlicht) ist selbstverständlich zu berücksichtigen, dass auch andere Werttreiber und Strategien zur Steigerung des Unternehmenswerts führen, jedoch fallen sie nicht separat auf, wenn auch die übrigen Unternehmen diese Methoden angewandt haben und u. a. dadurch Wert gesteigert haben.

[19] Konglomerate sind nach üblicher Definition unverbunden diversifizierte Unternehmen, d. h. solche, bei denen die einzelnen Geschäftsfelder unterschiedlichen Branchen zuzurechnen sind.

[20] Auf die zusätzliche Gefahr zu einem Zeitpunkt existierender Abweichungen zwischen Marktwert und Fundamentalwert wurde bereits hingewiesen.

[21] Moderate Diversifikation ist dabei definiert als Streuung der Geschäftsaktivitäten über mehrere eng verwandte Branchen.

[22] EVA steht für „Economic Value Added" und ist ein eingetragenes Markenzeichen von Stern Stewart & Co., New York.

[23] Vgl. bspw. RICHTER, F. (2000).

Literaturverzeichnis

ACHLEITNER, A. K., BASSEN, A. (2002): Entwicklungsstand des Shareholder Value-Ansatzes in Deutschland – Empirische Befunde, in: SIEGWART, H., MAHARI, J., RUFFNER, M. (Hrsg.) (2002): Meilensteine im Management, Band IX: Corporate Governance, Shareholder Value & Finance, Basel u. a. O.: 2002, S. 611 - 635.

AGRAWAL, R. u. a. (1996): Why the US leads and why it matters, The McKinsey Quarterly 3 (1996), S. 39 - 55.

BLAIR, M.: Shareholder Value, Corporate Governance, and Corporate Performance: A Post-Enron Reassessment of the Conventional Wisdom, Working Paper, http://papers.ssrn.com/sol3/papers.cfm?abstract_id=320114.

BRINKER, B., MUTH, M.: Einfluss institutioneller Anleger auf Führung und Strategie börsennotierter Unternehmen.

COENENBERG, A. G., SALFELD, R. (2003): Wertorientierte Unternehmensführung – Vom Strategieentwurf zur Implementierung, Stuttgart: 2003.

COPELAND, T., KOLLER, T., MURRIN, J. (2002): Unternehmenswert – Methoden und Strategien für eine wertorientierte Unternehmensführung, Frankfurt am Main, New York: 2002.

COYNE, K., WITTER, J. (2002): What makes your stock price go up and down, The McKinsey Quarterly 2 (2002).

CULP, C. (2002): Contingent Capital; Integrating corporate financing and risk management decisions, in: Journal of Applied Corporate Finance, Vol. 15 (2002), No. 1, S. 46 - 56.

CULP, C. (2002): The Art of Risk Management – Alternative Risk Transfer, Capital Structure and the Convergence of Insurance and Capital Markets, New York: 2002.

GOEDHART, M., RUSSELL, B. (2001): Prophets and Profits, McKinsey on Finance, Autumn 2001.

HEINE, HARBUS (2002): Toward a more complete model of optimal capital structure, in: Journal of Applied Corporate Finance, Vol. 15 (2002), No. 1, S. 31 - 45.

HEINEMANN, B., GRÖNIGER, B., AUGAT, T. (2001): Die Deutschland AG in 3 Jahren, erster Teil der Serie, Handelsblatt, 15. August 2001.

IG METALL (Hrsg.): Shareholder Value – Kapitalmarktorientierte Konzepte auf dem Prüfstand, Frankfurt am Main. (Homepage IG Metall)

JENSEN, M. (2001): Value Maximization, Stakeholder Theory, and the Corporate Objective Function, in: Journal of Applied Corporate Finance, Vol. 14 (2001), No. 3, S. 8 - 21.

MALIK, F. (2002): Corporate Governance – Falsche Frage, falsche Logik, in: Student Business Review, Herbst 2002, S. 25 f.

PORTER, M. (1992): Capital Choices: Changing the way America invests in industry. Research Report presented by the Council on Competitiveness and cosponsored by Harvard Business School, Washington: 1992.

RICHTER, F. (2000): Das Schöne, das Unattraktive und das Hässliche an EVA & Co., in: Der Finanzbetrieb, Nr. 5 (2000), S. 265 - 274.

STEIN, J. (1989): Takeover threats and Managerial Myopia, in: Journal of Political Economy 1989, S. 61 - 80.

Wolfgang Gerke

Kapitalmärkte – Funktionsweisen, Grenzen, Versagen

Prof. Dr. Wolfgang Gerke ist Inhaber des Lehrstuhls für Bank- und Börsenwesen an der Universität Erlangen-Nürnberg.

1. Einführung

Der Begriff „Kapitalmarkt" bzw. „Finanzmarkt" bezeichnet die verschiedenen Märkte, deren Hauptaufgabe eine effektive Allokation von Kapitalangebot und -nachfrage aller Wirtschaftssubjekte auf aggregierter Ebene ist. Je nach Untersuchungsgegenstand lassen sich verschiedene (Teil-)Märkte unterscheiden. So ist eine Differenzierung nach Art der Wertpapiere zwischen dem Aktien- und Rentenmarkt oder nach Art der zeitlichen Vertragserfüllung zwischen Kassa- und Terminmarkt möglich. Eine weitere gängige Unterscheidung besteht zwischen der Kapitalaufbringungsfunktion und der Kapitalbewertungsfunktion. Als Primärmarkt bezeichnet man hierbei jene Märkte, auf denen Finanzmittel erstmalig von Kapitalanbietern angeboten und von Kapitalnachfragern übernommen werden. Unter Sekundärmarkt versteht man den Markt, auf dem die bereits emittierten Finanztitel gehandelt werden. Anleger können hier ihre im Portefeuille befindlichen Finanztitel ihren Zielvorstellungen entsprechend umschichten.

Ausgehend von dem Idealbild des „vollkommenen Kapitalmarkts" der neoklassischen Kapitalmarkttheorie wird im Folgenden das Beziehungsgeflecht zwischen Kapitalnehmern und Kapitalgebern untersucht. Hieraus werden u.a. Hypothesen über die Preisbildung und Preisentwicklung von Finanztiteln sowie über Interdependenzen zwischen Finanztiteln abgeleitet. Durch die schrittweise Aufhebung der Prämissen eines vollkommenen Kapitalmarkts können durch verschiedene Modellklassen Aussagen getroffen werden, die das Geschehen an den realen Kapitalmärkten besser zu erklären vermögen. Eine besondere Rolle spielen in der neoinstitutionellen Kapitalmarkttheorie die stückweise Aufhebung der Prämisse der Informationseffizienz und die Berücksichtigung von Transaktionskosten. Aus der Kapitalmarkttheorie können somit auch Ursachen und Lösungen für Kapitalallokationsprobleme bzw. Kapitalmarktversagen abgeleitet werden.

2. Kapitalmarktfunktionen

Der „vollkommene Kapitalmarkt" symbolisiert das Idealbild eines friktionslosen, vollkommen transparenten Markts, auf dem weder Transaktionskosten und Marktein- oder -austrittsbarrieren existieren noch asymmetrisch verteilte Informationen vorhanden sind. Nur rationale Marktteilnehmer (Homines oeconomici) agieren auf diesen Märkten, an denen faire Preise vorliegen. Die realen Kapitalmärkte entsprechen nur mit Einschränkung diesem Idealbild. So bestehen z.B. Markteintrittsbarrieren, es fallen Transaktionskosten an und asymmetrisch verteilte Informationen sind vorhanden. Die neoinstitutionelle Kapitalmarkttheorie begründet auf Basis dieser Abweichungen die Existenz von Finanzintermediären und die Notwendigkeit von Transformationsleistungen.[1] Tatsächlicher ist jedoch, dass Kapitalmärkte dem neoklassischen Idealbild des vollkommenen Markts im Vergleich zu anderen Märkten am nächsten kommen.

Die auf den realen Kapitalmärkten agierenden Unternehmen und Individuen können nicht durch zwei homogene Gruppen, die die Kapitalnachfrage und das Kapitalangebot repräsentieren, subsumiert werden. Ursächlich hierfür ist, dass die einzelnen Kapitalmarktteilnehmer unterschiedliche individuelle Präferenzen bezüglich erwarteter Rendite, Risiko, Fälligkeiten und Losgröße des Kapitals haben. Ohne die Existenz von organisierten Kapitalmärkten und Finanzintermediären würden sich somit Kapitalgeber und -nehmer vielfach nur unter großen Schwierigkeiten finden.[2] Um die benötigten Informationen über geeignete Vertragspartner zu erhalten, müssten beide Vertragsseiten in unorganisierten Kapitalmärkten Ressourcen aufwenden, die sich in Such- und Kreditprüfungskosten niederschlagen.[3]

Finanzintermediäre nutzen Economies of Scale und Economies of Scope zur Minimierung dieser Kosten, indem sie verschiedene Transformationsleistungen erbringen. Zu den Transformationsleistungen[4] gehören

- Risikotransformation,

- Fristentransformation,

- Losgrößentransformation und

- Informationstransformation.

Die Risikotransformation bezeichnet die Fähigkeit von Finanzintermediären, den Investoren durch Umwandlung der Kapitalnachfrage in verschiedene Kontrakte Anlagemöglichkeiten anzubieten, die ihrer jeweiligen Risikoneigung entsprechen und zudem durch die Haftungsfunktion des Eigenkapitals der Finanzintermediäre und durch Einlagensicherungssysteme abgesichert sind. Durch Portefeuillebildung können Finanzintermediäre Risiken diversifizieren und somit auch Kredite vergeben, die höhere Risiken in sich bergen.[5] Als Fristentransformation versteht man die Fähigkeit von Finanzintermediären, durch „Poolen" von Kapital die Wünsche vieler Kapitalanbieter und -nachfrager in zeitlichen Einklang zu bringen, sowohl bezüglich der Kapitalbindungs- als auch der Zinsbindungsfrist.[6] Losgrößentransformationen vollbringen Finanzintermediäre, indem sie unterschiedlich hohe finanzielle Beträge in die gewünschten Kapitalanlage- und -nachfragevolumina umwandeln. Schließlich verbessern Finanzintermediäre den Informationsstand von Marktteilnehmern, indem sie durch ihre Spezialisierungsvorteile Treffpunkte, Marktinformationen und Qualitätsbeurteilungen (Ratings) zur Verfügung stellen.[7]

3.   Kapitalmarkteffizienz

3.1   Informationseffizienz

Aus der Analyse des Beziehungsgeflechts zwischen Kapitalanbietern und Kapitalnehmern leitet die Kapitalmarkttheorie Hypothesen über die Preisbildung und -entwicklung von Finanztiteln ab.[8] Entsprechen die Preise der Finanztitel jederzeit den zukünftigen abdiskontierten Cashflows, die dem Finanztitelinhaber hieraus zufließen, und sind alle bewertungsrelevanten Informationen „rational"[9] in den Preisen berücksichtigt, bezeichnet man den Kapitalmarkt als informationseffizient.[10] Am informationseffizienten Kapitalmarkt existieren keine Kosten für die Informationssuche und für den Handel von Finanztiteln.[11] Die Frage, ob die Preise an realen Kapitalmärkten tatsächlich sämtliche verfügbaren Informationen beinhalten, ist ein in der Theorie und Praxis vielfach untersuchtes Thema.[12] Nach FAMA (1970) wird hierbei zwischen drei verschiedenen Graden der Informationseffizienz – je nach Ausmaß der Informationsverarbeitung, unterschieden – um die mit Hilfe empirischer Analysen ermittelten tatsächlichen Markteffizienzen erklären zu können.

Bei der schwachen Form der Informationseffizienz sind in den aktuellen Preisen stets sämtliche Informationen aus historischen Kursen verarbeitet. Hiernach sind keine systematischen Überrenditen durch technische Analysen möglich. Die mittelstrenge Informationseffizienz impliziert, dass alle öffentlich zugänglichen Informationen bereits in den Preisen berücksichtigt sind. Ist ein Kapitalmarkt im mittelstrengen Sinne informationseffizient, so ist es nicht möglich, methodische Überrenditen bspw. mit Hilfe einer Fundamentalanalyse zu erzielen. Die strenge Form der Informationseffizienz besagt, dass sämtliche Informationen, somit auch Insiderinformationen, zu jeder Zeit vollständig in den Preisen widergespiegelt werden.[13] Die Hypothese effizienter Kapitalmärkte schließt somit die Erzielung von systematischen, nachhaltigen Überrenditen am Kapitalmarkt auch für Insider aus. Unsystematische, d.h. zufällige Überrenditen, sind jedoch möglich.[14]

3.2   Random-Walk-These und Fair-Game-Modelle

Effiziente Kapitalmärkte implizieren nach der Random-Walk-These, dass die Entwicklung der Preise von Finanztiteln, die Gegenstand der Random-Walk-These sind, im Zeitablauf einem Zufallspfad folgt.[15] Da unterstellt wird, dass der Kapitalmarkt informationseffizient ist, müssen alle preisrelevanten Informationen zu jeder Zeit in den

Kursen enthalten sein. Kursänderungen können nur dann erfolgen, wenn neue, nicht vorhersehbare bewertungsrelevante Informationen eintreffen und den Gleichgewichtspreis verändern. Dementsprechend ist es nicht möglich vorherzusagen, wann und in welcher Höhe sich Preise zukünftig verändern werden.[16] Sämtliche kursrelevante Informationen müssen somit zwangsläufig zufällig, stochastisch unabhängig und identisch verteilt und daher nicht vorhersehbar sein, da sie anderenfalls bereits in den Preisen berücksichtigt wären.[17] Vereinfacht besagt die Random-Walk-These somit, dass der beste Schätzer für zukünftige Kurse der aktuelle Kurs ist und dass es auf Basis von aktuellen Informationen nicht möglich ist, Arbitragegewinne zu erzielen.[18]

Empirisch lässt sich nicht nachweisen, ob die Marktpreise entsprechend der Random-Walk-These tatsächlich sämtliche Informationen vollständig widerspiegeln. Aus diesem Grunde versuchen die Fair-Game-Modelle anhand der Renditen, die durch Preisbewegungen entstehen, Aussagen über die tatsächliche Effizienz von Kapitalmärkten zu gewinnen. Die Fair-Game-Modelle besagen, dass unter der Annahme effizienter Kapitalmärkte jeder Marktteilnehmer bei gleichem Informationsstand identische Gewinn- und Verlustmöglichkeiten hat. Das Erzielen von systematischen Überrenditen ist somit nicht möglich.[19]

3.3   Das Informationsparadoxon

Aus obiger Diskussion über Informationen und Preise wird die Bedeutung der Informationseffizienz für Kapitalmärkte deutlich. Jedoch impliziert die Diskussion, dass es ein Paradoxon hinsichtlich der unverzüglichen Einpreisung von Informationen einerseits und der Suche und Verwertung von Informationen andererseits gibt. Sind stets sämtliche relevante Informationen korrekt in den Preisen verarbeitet, so lohnt sich die Suche und Verwertung von Informationen nicht.[20] Der erwartete individuelle Nutzenzuwachs aus der Verwendung privater Informationen ist gleich null, da der Marktpreis stets der richtige Preis ist. Trifft dies zu, dann lohnt sich die individuelle Informationsgewinnung und -verwertung nicht. Die effiziente Nutzung aller verfügbaren Informationen auf Marktebene macht es für den Einzelnen uninteressant, Informationen zu beschaffen. Sind zudem Informationen kostenlos, ist ein Entscheidungsträger indifferent zwischen Informationsbeschaffung und sofortiger Entscheidung.[21]

Das Informationsparadoxon zeigt, dass zwischen der Annahme der Hypothese effizienter Kapitalmärkte und dem theoretischen Fundament für ihre Gültigkeit ein Widerspruch besteht. Zur Lösung dieses Widerspruchs müssten folglich Einschränkungen der Informationseffizienz vorgenommen werden. Ein Ansatz schwächt die Annahme der sofortigen Anpassung von Preisen an neue Informationen insoweit ab, als kurzfristige Verzögerungen stattfinden, um zumindest die Kosten für die Informationssuche und -verwertung zu decken.[22] Alternativ hierzu zeigen GROSSMAN (1976) und GROSSMAN/STIGLITZ (1980), dass für Preise mit zusätzlichem „Noise"-Faktor bzw. Störterm besser informierte Investoren für die Informationssuche und -verwertung belohnt werden, da sie bessere Einschätzungen vornehmen können als schlechter informierte Investoren. Aus beiden Ansätzen geht hervor, dass Investoren für die Informationssuche und -verwertung belohnt werden, wodurch alle preisrelevanten Informationen fast unverzüglich in den Marktpreisen enthalten sind und die Annahme der Informationseffizienz von Kapitalmärkten weitestgehend aufrechterhalten werden kann.

4. Modelle des vollkommenen Kapitalmarkts

Grundlage der neoklassischen Kapitalmarkttheorie bildet die Portefeuilletheorie[23], welche auf den Annahmen eines vollkommenen Kapitalmarkts beruht und als Modell für Investitionsentscheidungen unter Risiken dient. Im Rahmen der Portefeuilletheorie werden die Rendite-Risiko-Eigenschaften von Vermögensgegenständen durch die erwartete Rendite und Standardabweichung erfasst. Durch die Bildung von Portefeuilles mittels Kombination von mindestens zwei Vermögensgegenständen ist ein Diversifikationseffekt, d. h. die Vernichtung von Risiko, möglich. Hierzu dürfen die Vermögensgegenstände nicht perfekt miteinander korreliert sein, d. h. die Entwicklung der Preise der Vermögensgegenstände darf nicht vollständig identisch sein. Durch das Hinzunehmen von weiteren Vermögensgegenständen wird der Diversifikationsgrad erhöht, wodurch das Portefeuillerisiko sinkt. In Abhängigkeit von der individuellen Risikoeinstellung lässt sich das optimale Portefeuille für jeden Investor bestimmen. Als effizientes Portefeuille bezeichnet man hierbei ein Portefeuille, welches für eine bestimmte Rendite das niedrigste Risiko beinhaltet bzw. für ein bestimmtes erwartetes Risiko die höchste Rendite erbringt.

Das Capital Asset Pricing Model (CAPM) baut auf der Portefeuilletheorie auf und erweitert das Anlagespektrum um eine risikofreie Anlage. Es ermöglicht verschiedene Aussagen über das Marktgleichgewicht und über die von Anlegern erwartete objektive Risikoprämie für das Halten von einzelnen Finanztiteln.[24] Nach dem CAPM halten alle Anleger im Kapitalmarktgleichgewicht unabhängig von der individuellen Risikoneigung ein Portefeuille, das sich aus einem Anteil am Marktportefeuille und einer Anlage bzw. Verschuldung zu einem risikolosen Zinssatz zusammensetzt. Das Marktportefeuille beinhaltet sämtliche risikobehaftete Vermögensgegenstände einer Wirtschaft und ist daher vollständig diversifiziert.[25] Auf Grund homogener Erwartungen halten alle Anleger das gleiche Marktportefeuille. Das individuelle, nutzenoptimale Portefeuille ergibt sich für jeden Anleger ausschließlich durch die Bestimmung der Anteile von risikobehafteten und risikofreien Vermögensgegenständen.

Das CAPM unterscheidet zwischen systematischem, bewertungsrelevantem Risiko und unsystematischem, bewertungsirrelevantem Risiko. Das systematische Risiko bzw. Marktrisiko kann nicht weiter diversifiziert werden. Das unsystematische, firmenspezifi-

sche Risiko kann durch Portefeuillebildung vernichtet werden und ist somit nicht bewertungsrelevant. Das für die Portefeuilles von Anlegern relevante systematische Risiko
eines Wertpapiers ist der Risikobeitrag eines Wertpapiers zum Gesamtrisiko des Portefeuilles.

Im Kapitalmarktgleichgewicht lässt sich mit Hilfe des CAPM die Gesamtrendite eines
Vermögensgegenstands bestimmen, die Anleger in Abhängigkeit von dem systematischen Risiko eines Vermögensgegenstands in Relation zum Marktportefeuille erwarten.
Das Maß hierfür ist der Faktor β, der die Kovarianz der Rendite eines Wertpapiers mit
der Rendite des Marktportefeuilles geteilt durch die Varianz der Marktrendite widerspiegelt.[26] Die erwartete Gesamtrendite für ein bestimmtes Wertpapier setzt sich schließlich
aus einer reinen Zeitprämie, dem risikolosen Zins, und einer Risikoprämie – die linear
von der erwarteten Rendite des Marktportefeuilles, dem risikolosen Zins, und dem Beta-
faktor abhängt – zusammen.

5. Modelle des unvollkommenen Kapitalmarkts

Die Modelle des vollkommenen Kapitalmarkts beruhen auf der Annahme der symme-
trischen Informationsverteilung zwischen Marktteilnehmern, die in der Realität jedoch
nicht gegeben ist. Aus diesem Grunde ist die neoklassische Kapitalmarkttheorie nicht in
der Lage, zahlreiche Marktvorkommnisse zu erklären.[27] Die neoinstitutionalistische Kapitalmarkttheorie setzt an diesen Erklärungsschwächen an und versucht, verschiedene
Phänomene an unvollkommenen Kapitalmärkten, z.B. Underpricing, zu erklären. Sie
thematisiert explizit das Verhalten von einzelnen Kapitalmarktteilnehmern vor dem
Hintergrund asymmetrisch verteilter Informationen. Untersuchungsgegenstand ist hierbei nicht primär der Kapitalmarkt, sondern die einzelne Beziehung zwischen Kapitalgeber und Kapitalnehmer. Ist eine Marktseite besser informiert als die andere, lassen sich
Informationsasymmetrien gar nicht oder nur unter hohen Kosten beheben. Für die informierten Kapitalanbieter besteht der Anreiz, den Informationsvorsprung zu Lasten der
schlechter informierten Kapitalnachfrager auszunutzen. Hierbei lassen sich zwei Formen
opportunistischen Verhaltens unterscheiden. Adverse Selektion bezeichnet opportunistisches Verhalten vor Vertragsabschluss, Moral Hazard opportunistisches Verhalten einer
Vertragspartei nach Vertragsabschluss.

5.1 Adverse Selektion

Adverse Selektion charakterisiert eine Situation, in der die schlechter informierte Vertragsseite unterschiedliche exogen gegebene Qualitätsmerkmale vor Vertragsabschluss
nicht unterscheiden kann. Kapitalanbieter, denen die Wertpapiere eines Emittenten zur

Zeichnung angeboten werden, können die Qualität des Wertpapiers nicht erkennen. Die Zeichner sind daher nur bereit, den Preis für die durchschnittliche Qualität aller angebotenen Wertpapiere zu bezahlen. Die Anbieter von Wertpapieren überdurchschnittlicher Qualität ziehen sich vom Markt zurück. Dies führt zu einer zunehmenden Qualitätsverschlechterung der angebotenen Wertpapiere und kann im schlimmsten Fall zum vollständigen Marktzusammenbruch führen.[28]

Eine Lösung des Akerlof-Problems besteht in der Aufhebung der Informationsunterschiede seitens des Kapitalanbieters durch Informationsübermittlung (Signaling).[29] Hierzu werden in der Kapitalmarkttheorie verschiedene Möglichkeiten dargestellt. Kapitalnachfrager, die zur Durchführung von Unternehmensprojekten auf eine externe Finanzierung angewiesen sind, können die Qualität ihrer Vorhaben über den Eigenkapitalselbstbehalt signalisieren.[30] Der nicht veräußerte Eigenkapitalanteil wirkt als positives Signal für die schlechter informierten Kapitalgeber, da zum einen der Kapitalnehmer durch den Einbehalt auf Diversifikation seines Vermögens verzichtet und zum anderen ein positiver Erwartungswert der Unternehmensprojekte indiziert wird. Weitere potenzielle Signalmöglichkeiten bestehen in einem überdurchschnittlich hohen Verschuldungsgrad[31], da sich nur „gute" Kapitalnehmer einem so hohen Konkursrisiko aussetzen, oder durch die Signalisierung von Informationen über die Dividendenpolitik.[32]

5.2 Moral Hazard

Der Begriff Moral Hazard bezieht sich auf eine Vertragskonstellation, in der sich die Informationsasymmetrie auf das Verhalten von Personen auswirkt (Agency-Theorie[33]). Die informierte Vertragsseite, der Agent bzw. die Unternehmensführung, verfügt über die Möglichkeit, Entscheidungsspielräume zur Maximierung des persönlichen Nutzens auszunutzen. Durch die Abweichung von den nutzenmaximierenden Entscheidungen der schlechter informierten Vertragsseite entstehen dem Prinzipal bzw. Kapitalgeber Agency-Kosten.[34] Diese gehen zu Lasten des Unternehmensergebnisses und schmälern folglich den Unternehmenswert, ohne dass der Prinzipal eindeutige Rückschlüsse auf das opportunistische Verhalten des Agenten ziehen kann, da auch zufällige Ereignisse das Unternehmensergebnis beeinflussen können. Die Kapitalgeber versuchen deshalb, schädigende Verhaltensweisen der Unternehmensführung zu minimieren. Fehlanreize, die zu Agency-Kosten führen, werden hierzu verringert.

Stellen Kapitalgeber Beteiligungskapital zur Verfügung, so unterliegen sie dem Risiko, dass die Unternehmensführung durch opportunistisches Verhalten den Gewinn bzw. Firmenwert schmälert.[35] Dies kann durch einen geringeren Arbeitseinsatz der Unternehmensführung geschehen, wenn die persönliche Freizeit an relativem Wert gegenüber der Arbeitszeit gewinnt. Zudem besteht für die Unternehmensführung der Anreiz, Unternehmensressourcen zu ihrem eigenen Vorteil zu nutzen, wie z. B. für luxuriöse Diensträume oder Firmenwagen.[36] Je geringer jeweils die Beteiligungsquote der Unternehmensführung am Unternehmen ist, umso höher ist der Anreiz für die Agenten zu opportunistischem Verhalten. Zusätzliche vom Unternehmen erwirtschaftete Gewinne fließen ihnen nur zu einem geringen Teil zu. Zur Minimierung der Agency-Kosten treffen die Kapitalgeber vertragliche Vereinbarungen mit den Kapitalnehmern. Hierzu zählen z. B. Einwirkungsrechte der Kapitalgeber, Beschränkungen des Handlungsspielraums der Agenten und Informationspflichten. Diese können jedoch nur durchgesetzt werden, wenn hierzu geeignete Kontrollmechanismen vorhanden sind. Weiterhin können Agency-Kosten durch Anreizsysteme für die Agenten gesenkt werden. Als Anreizsysteme dienen z. B. Aktienoptionspläne und Bonuszahlungen, durch die Agenten direkt an der Unternehmensentwicklung beteiligt werden.[37]

Wird seitens der Kapitalgeber Fremdkapital zur Verfügung gestellt, schmälert eigensüchtiges Verhalten der Manager zunächst nur die Gewinnhöhe der Unternehmensführung bzw. der Eigentümer. Erst wenn die Gefahr der Insolvenz steigt, entstehen potenzielle Verlustmöglichkeiten für die Kapitalgeber. Mit der Realisierung von besonders riskanten Investitionsvorhaben können Agenten, die zugleich Eigentümer sind, die eigenen Gewinnmöglichkeiten verbessern. Bei erfolgreicher Verwirklichung der Investition profitiert alleinig die Unternehmensführung, während das Risiko des Scheiterns das Verlustrisiko des Fremdkapitalgebers erhöht.[38] Zur Minimierung der Agency-Kosten vereinbaren die Fremdkapitalgeber mit dem Kapitalnehmer verschiedene Vertragsklauseln. Gegenstand der Klauseln können z.B. Sicherheiten, die persönliche Haftung des Kreditnehmers oder Kontrollrechte sein. Des Weiteren werden die Kapitalgeber eine risikogerechte Verzinsung verlangen.

6. Kapitalmarktversagen

Kapitalmarktversagen bezeichnet eine Situation, in der die Zusammenführung von Kapitalnachfrage und -angebot auf Grund von Marktunvollkommenheiten, wie z. B. Informationsasymmetrien oder hohen Transaktionskosten, nicht gegeben ist, obwohl Kapitalnehmer ökonomisch effiziente Investitionsprojekte vorweisen können. Hiervon betroffen sind zumeist kleine und mittelständische Unternehmen (KMUs) sowie neu gegründete Unternehmen. Volkswirtschaftlich bedeutet es eine Ressourcenverschwendung, wenn Kapitalnehmer nicht nach Rendite- und Risikokriterien evaluiert werden, sondern die Unternehmensgröße als Bewertungsmaßstab dient. So verfügen kleinere Unternehmen über schlechtere Kapitalbeschaffungsmaßnahmen. Betroffen hiervon kann die Kapitalbeschaffung in Form von Eigenkapital als auch von Fremdkapital sein. Kennzeichnend für Kapitalmarktversagen sind eine geringe Anzahl an Initial Public Offerings (IPOs) sowie eine zurückhaltende Kreditvergabe durch institutionelle Finanzmarktakteure.

Die Entwicklung von IPOs am Primärmarkt in Deutschland zu Beginn dieses Jahrhunderts ist ein Musterbeispiel für Marktversagen. Die Anzahl von IPOs sank um 95 Prozent gegenüber 2000. Der Kurswert von Neuemissionen schrumpfte im gleichen Zeitraum um 99 Prozent von 26.558 Millionen EUR auf 249 Millionen EUR.[39] Bedingt wurde dies durch die erheblichen Kursverluste an den Aktienmärkten und durch die Schließung des Neuen Marktes. Ursächlich hierfür war auch der Missbrauch durch betrügerische Unternehmen und unseriöse Anlageberater. Ungeachtet des Einflusses der Euphorie am Neuen Markt auf die Investitionsentscheidungen, haben private Anleger auf den Informationsgehalt der damaligen Unternehmensmitteilungen vertraut. Seitdem ist das Interesse an risikoreichen Investitionen verloren gegangen.

Für viele Kapitalnehmer bedeutet das verloren gegangene Interesse an IPOs einen Zusammenbruch des Primärmarkts. Des Weiteren verschlechterte sich die Möglichkeit, Eigenkapital zu einem risikoadjustierten Preis am Kapitalmarkt aufzunehmen. Um Neuemissionen erfolgreich zu platzieren, müssen Kapitalnehmer erheblich höhere Risikoprämien in Form von niedrigeren Emissionspreisen einräumen.

Venture-Capital-Gesellschaften fehlen als Folge der Vertrauenskrise lukrative Exit-Möglichkeiten für ihre Beteiligungen. Während Venture Capitalists in der Vergangenheit durch wenige erfolgreich platzierte IPOs ihre Verluste aus anderen verlustbringenden Engagements kompensierten, fehlt diese Möglichkeit der Quersubventionierung heutzutage weitgehend. Folglich ging die Risikobereitschaft und somit auch das zur Verfügung gestellte Kapital seitens der Venture Capitalists erheblich zurück. Für junge mittelständische Unternehmen und Start-ups haben sich die Möglichkeiten zur Eigenkapitalbeschaffung verschlechtert.

Für Kapitalanbieter bedeutet die fehlende Investitionsmöglichkeit in junge, börsennotierte KMUs, dass für sie das in der CAPM-Welt angestrebte Marktportefeuille nicht realisierbar ist. Zum einen ist die private Investition in KMUs, ohne dass diese börsennotiert sind, in der Realität kaum erreichbar. Zum anderen sind die zur Überwindung von Informationsasymmetrien zwischen den Investoren und jungen, mittelständischen Unternehmen notwendigen Bemühungen für eine private Beteiligung mit erheblichen Such- und Informationskosten verbunden. Vor allem Kleinanleger investieren in wenige bekannte Unternehmen. Die Anleger erreichen hierdurch einen geringeren Grad der Diversifikation und müssen einen größeren Teil an unsystematischem Risiko in Kauf nehmen. Sie werden somit nicht das Nutzenniveau erreichen, das in der neoklassischen Modellwelt angenommen wird.[40]

Wäre es so einfach, firmeninterne Risiken zu identifizieren und zu evaluieren, wie es in der Kapitalmarkttheorie angenommen wird, würde jedes Unternehmen Kredite zu risikoadjustierten Preisen erhalten. Im Hinblick auf die mit jungen, innovativen Unternehmen verbundenen höheren Chancen und Risiken wäre die Finanzierung dieser zu erhöhten Zinsen möglich.

Die realen Kapitalmärkte divergieren von diesem Ideal. Es bestehen Informationsasymmetrien zwischen den Kredit beantragenden Unternehmen und den Kapital gebenden Finanzinstituten. Letztere erhalten häufig beschönigte Daten von den Unternehmen.

Den Kreditsachbearbeitern fällt es schwer, die zukünftigen Cashflows eines Unternehmens zu bewerten. Handelt es sich bei dem zu finanzierenden Unternehmensprojekt zudem um ein neues Produkt oder Produktionsverfahren, stoßen Kreditsachbearbeiter relativ schnell an die Grenzen ihrer Urteilskraft. Da sie dies erkennen, gewähren sie vorsichtshalber Kreditnehmern ohne ausreichende Sicherheiten keinen Kredit, unabhängig von der tatsächlichen Bonität des Kapitalnehmers.

Auf Grund von asymmetrischen Informationen müssten Banken eine Risikoprämie auf die risikoadäquate Verzinsung aufschlagen, um das durch einen Informationsnachteil hervorgerufene subjektive Risikoempfinden zu kompensieren. Für Kredite an KMUs kann der daraus entstehende Zinssatz so hoch sein, dass sie befürchten müssen, des Zinswuchers bezichtigt zu werden. Des Weiteren besteht die Gefahr, dass tatsächlich nur schlechtere Unternehmen Kreditverträge zu diesem Zins abschließen (Adverse Selektion). Sollte ein wahrheitsgemäß informierendes Unternehmen bereit sein, zu diesem Zins einen Vertrag abzuschließen, besteht im Nachhinein ein Anreiz für das Unternehmen, mit den aufgenommenen Mitteln ein riskanteres Projekt zu finanzieren (Moral Hazard).[41] Nur das Unternehmen profitiert von den hieraus resultierenden höheren Gewinnchancen, während das Finanzinstitut lediglich an dem höheren Verlustrisiko partizipiert. Als Folge werden Kreditinstitute vorsichtshalber eine Kreditrationierung betreiben und keine Kredite vergeben, bei denen sie einen risikoadjustierten hohen Zinssatz verlangen müssen.

7.   Schlussbetrachtung

Organisierte Kapitalmärkte besaßen ursprünglich eine ortsgebundene Treffpunktfunktion. Zu festen Zeitpunkten trafen sich an festgelegten Orten ausgewählte Marktteilnehmer, um nach festen Regeln standardisierte Finanztitel zu handeln. Die Funktionen der Finanzintermediation haben sich bis heute wenig geändert. Dramatisch verändert haben sich aber die Kommunikationsmöglichkeiten. Wichtige Informationen verbreiten sich weltweit in Sekundenschnelle. Die Kapitalmärkte wachsen dadurch zusammen. Großanlegern und -investoren eröffnet sich ein globalisierter Markt. Die Kosten der Abwicklung von Finanztransaktionen schrumpfen. Technisch nähern sich die Kapitalmärkte immer stärker dem theoretischen Idealbild vom vollkommenen Markt.

Mit dieser rasanten Entwicklung kann die fundamentale Verbesserung der Qualität der Finanzmarktinformationen nicht Schritt halten. Marktmissbrauch durch bewusste Falschmeldungen und aktive Marktmanipulation bewirken ungleich verteilte Marktchancen. Obwohl sich die dezentralen und beschwerlich erreichbaren Marktplätze zu einem globalen und offenen Kapitalmarktplatz entwickelt haben, führt Marktmissbrauch in Teilbereichen immer noch zu Marktversagen. Es bleibt die Aufgabe der Marktteilnehmer, Anlegerschützer und Gesetzgeber, weltweit mehr Fairness für alle Marktteilnehmer herbeizuführen.

Referenzen

[1] Vgl. PRINGLE, J. (1970), S. 780.

[2] Vgl. GERKE, W. (1980), S. 130 - 137.

[3] Für eine ausführliche Darstellung zur Theorie der Finanzintermediation siehe BANK, M. (2001).

[4] Vgl. hierzu auch COASE, R. (1960), GURLEY, J., SHAW, E. (1960), BENSTON, G., SMITH, C. (1976) und DIAMOND, D. (1984).

[5] Vgl. GERKE, W., BANK, M. (2003), S. 318 - 321.

[6] Vgl. SCHIERENBECK, H. , HÖLSCHER, R. (1998), S. 23 - 25.

[7] Vgl. BANK, M. (2001), Sp. 838.

[8] Der Begriff Kapitalmarkteffizienz ist vielfältig interpretierbar. Für eine Übersicht zu den verschiedenen Formen der Kapitalmarkteffizienz vgl. LOISTL, O. (1994).

[9] Verhalten wird als rational bezeichnet, wenn ein Entscheidungsträger eine eindeutige Nutzenfunktion besitzt und stets so entscheidet, dass der eigene Nutzen maximiert wird. Des Weiteren wird die Hypothese rationaler Erwartungen unterstellt, dass Entscheidungsträger im Zeitablauf sämtliche verfügbare Informationen korrekt verarbeiten und keine systematischen Prognosefehler machen. Vgl. hierzu MUTH, J. (1961).

[10] Vgl. FAMA, E. (1970) und FAMA, E. (1976).

[11] Vgl. GROSSMAN, S., STIGLITZ, J. (1980).

[12] Ein Überblick relevanter Studien befindet sich bei MÖLLER, H., HÜFNER, B. (2001).

[13] FAMA (1991) überarbeitete die Definition der schwachen Informationseffizienz, indem er Finanztitelpreisvorhersagen, basierend z.B. auf Dividendenrenditen oder Zinsstrukturkurven mit einschließt. Vgl. FAMA, E. (1991), S. 1582 - 1586.

[14] Vgl. GERKE, W., BANK, M. (2003), S. 94 - 97.

[15] Die ursprüngliche Idee, dass Aktienkurse einem Zufallspfad folgen könnten, geht bereits auf BACHELIER, L. (1900) zurück.

[16] Demnach besteht ein klarer Zusammenhang zwischen der Random-Walk-These und der schwachen Informationseffizienz. Vgl. FRANKE, G., HAX, H. (1994), S. 394.

[17] Vgl. SCHWARTZ, R. (1993), S. 403 - 405.

[18] Neben dieser ursprünglichen Version der Random-Walk-These haben sich weitere Varianten etabliert, die auf unterschiedlichen stochastischen Prozessen basieren. So unterscheidet z.B. LOISTL, O. (1990) zwischen Random Walks nach Wiener Prozess, Martingale, und Random Walk im engeren Sinne. Vgl. hierzu auch z.B. GRANGER, C. (1975).

[19] Vgl. FAMA, E. (1970), S. 384 - 386.

[20] Vgl. hierzu GROSSMAN, S. (1976) und GROSSMAN, S., STIGLITZ, J. (1980).

[21] GROSSMAN, S., STIGLITZ, J. (1980) zeigen jedoch, dass kostenlose Informationen eine notwendige Bedingung für einen effizienten Kapitalmarkt sind.

[22] Vgl. NEUMANN, M., KLEIN, M. (1982) und HELLWIG, M. (1982).

[23] Vgl. MARKOWITZ, H. (1952, 1959).

[24] Das CAPM wurde von SCHARPE, W. (1964) und LINTNERM, J. (1965) entwickelt.

[25] Als Marktportefeuille dient hierbei oftmals ein breiter Aktienindex, wie z. B. der CDAX oder S&P 500.

[26] Das Marktrisiko ist auf $\beta_m = 1$ normiert. Ist β größer als eins, beinhaltet der Vermögensgegenstand mehr systematisches Risiko, weshalb eine höhere Risikoprämie verlangt wird. Ist β kleiner als eins, wird dementsprechend eine geringere Risikoprämie gefordert.

[27] Vgl. hierzu auch LOISTL, O. (1994).

[28] Vgl. hierzu das Gebrauchtwagenbeispiel von AKERLOF, G. (1970).

[29] Weitere Möglichkeiten zur Behebung von Informationsasymmetrien sind Screening und Self-Selection. Vgl. hierzu GERKE, W., BANK, M. (2003), S. 526 - 533 und MAGER, F. (2001), S. 10 - 46.

[30] Vgl. LELAND, H., PYLE, D. (1977).

[31] Vgl. ROSS, S. (1977).

[32] Vgl. MILLER, M., ROCK, K. (1985) und BHATTACHARYA, S. (1979).

[33] Vgl. hierzu GERKE, W. (1995), Sp. 17 - 26.

[34] Vgl. NEUS, W. (1989), S. 107 - 109.

[35] Eine zusammenfassende Darstellung befindet sich bei MAGER, F. (2001), S. 46 - 67.

[36] Vgl. JENSEN, M., MECKLING, W. (1976).

[37] Vgl. GERKE, W., BANK, M. (2003), S. 538 - 540.

[38] Vgl. FRANKE, G., HAX, H. (1994), S. 421 - 425.

[39] Vgl. o. V. (2003), S. 03-2-a, 03-3-1.

[40] Vgl. GERKE, W. (1998), S. 614 - 616.

[41] Vgl. STIGLITZ, J., WEISS, A. (1981).

Literaturverzeichnis

AKERLOF, G. (1970): The Market for „Lemons": Quality Uncertainty and the Market Mechanism, in: Quarterly Journal of Economics, Vol. 84 (1970), S. 488 - 500.

BACHELIER, L. (1900): Théorie de la Spéculation, zitiert bei: COOTNER, P. (Hrsg.): The Random Character of Stock Market Prices, Cambridge: 1964, S. 17 - 78.

BANK, M. (2001): Finanzintermediation, in: GERKE, W., STEINER, M. (Hrsg.): Handwörterbuch des Bank- und Finanzwesens, 2. Auflage, Stuttgart: 2001, Sp. 836 - 847.

BHATTACHARYA, S. (1979): Imperfect Information, Dividend Policy, and the „Bird in the Hand" Fallacy, in: Bell Journal of Economics, Vol. 10 (1979), S. 259 - 270.

BENSTON, G., SMITH, C. (1976): A Transactions Cost Approach to the Theory of Financial Intermediation, in: Journal of Finance, Vol. 31 (1976), S. 215 - 231.

COASE, R. (1960): The Problem of Social Cost, in: Journal of Law and Economics, Vol. 3 (1960), S. 1 - 44.

DIAMOND, D. (1984): Financial Intermediation and Delegated Monitoring, in: Review of Economic Studies, Vol. 51 (1984), S. 393 - 414.

FAMA, E. (1970): Efficient Capital Markets: A Review of Theory and Empirical Work, in: Journal of Finance, Vol. 25 (1970), S. 383 - 417.

FAMA, E. (1976): Foundations of Finance, New York: 1976.

FAMA, E. (1991): Efficient Capital Markets: II, in: Journal of Finance, Vol. 46 (1991), S. 1575 - 1617.

FRANKE, G., HAX, H. (1994): Finanzwirtschaft des Unternehmens und Kapitalmarkt, 3. Auflage, Berlin: 1994.

GERKE, W. (1980): Gleitklauseln im Geld- und Kapitalverkehr. Mark = Mark?, Wiesbaden: 1980.

GERKE, W. (1995): Agency-Theorie, in: GERKE, W., STEINER, M. (Hrsg.): Handwörterbuch des Bank- und Finanzwesens, Stuttgart: 1995, Sp. 17 - 26.

GERKE, W. (1998): Market Failure, in: Venture Capital Markets for New Medium and Small Enterprises, in: HOPT, K. et al. (Hrsg.): Comparative Corporate Governance, Oxford: 1998, S. 607 - 635.

GERKE, W., BANK, M. (2003): Finanzierung, 2. Auflage, Stuttgart: 2003.

GRANGER, C. (1975): A Survey of Empirical Studies on Capital Markets, in: ELTON, E., GRUBER, M. (Hrsg.): International Capital Markets, Amsterdam: 1975, S. 3 - 36.

GROSSMAN, S. (1976): On the Efficiency of Capital Markets where Traders have Diverse Information, in: Journal of Finance, Vol. 31 (1976), S. 573 - 585.

GROSSMAN, S., STIGLITZ, J. (1980): On the Impossibility of Informationally Efficient Markets, in: American Economic Review, Vol. 70 (1980), S. 393 - 408.

GURLEY, J., SHAW, E. (1960): Money in a Theory of Finance, Washington: 1960.

HELLWIG, M. (1982): Zur Informationseffizienz des Kapitalmarkts, in: Zeitschrift für Wirtschafts- und Sozialwissenschaften, 102. Jg. (1982), S. 1 - 27.

JENSEN, M., MECKLING, W. (1976): Theory of the Firm: Managerial Behavior, Agency Costs, and Ownership Structure, in: Journal of Financial Economics, Vol. 3 (1976), S. 306 - 360.

LELAND, H., PYLE, D. (1977): Informational Asymmetries, Financial Structure, and Financial Intermediation, in: Journal of Finance, Vol. 32 (1977), S. 371 - 387.

LINTNER, J. (1965): The Valuation of Risk Assets and the Selection of Risky Investments in Stock Portfolios and Capital Budgets, in: The Review of Economics and Statistics, Vol. 47 (1965), S. 13 - 37.

LOISTL, O. (1990): Zur neueren Entwicklung der Finanzierungstheorie, in: Die Betriebswirtschaft, 50. Jg. (1990), S. 47 - 84.

LOISTL, O. (1994): Kapitalmarkttheorie, München: 1994.

MAGER, F. (2001): Die Performance von Unternehmen vor und nach dem Börsengang, Wiesbaden: 2001.

MARKOWITZ, H. (1952): Portfolio Selection, in: Journal of Finance, Vol. 7 (1952), S. 77 - 91.

MARKOWITZ, H. (1959): Portfolio Selection: Efficient Diversification of Investments, New York: 1959.

MILLER, M., ROCK, K. (1985): Dividend Policy under Asymmetric Information, in: Journal of Finance, Vol. 40 (1985), S. 1031 - 1051.

MÖLLER, H., HÜFNER, B. (2001): Kapitalmarktforschung, empirische, in: GERKE, W., STEINER, M. (Hrsg.): Handwörterbuch des Bank- und Finanzwesens, 2. Auflage, Stuttgart: 2001, Sp. 1275 - 1293.

MUTH, J. (1961): Rational Expectations and the Theory of Price Movements, in: Econometrica, Vol. 29 (1961), S. 113 - 125.

NEUMANN, M., KLEIN, M. (1982): Probleme der Theorie effizienter Märkte und ihrer empirischen Überprüfung, in: Kredit und Kapital, Vol. 15 (1982), S. 165 - 187.

NEUS, W. (1989): Ökonomische Agency-Theorie und Kapitalmarktgleichgewicht, Wiesbaden: 1989.

O. V. (2003): DAI-Factbook, Stand Mai 2003.

PRINGLE, J. (1970): The Capital Decision in Commercial Banks, in: Journal of Finance, Vol. 29 (1970), S. 779 - 795.

Ross, S. (1977): The Determinants of Financial Structure: The Incentive Signalling Approach, in: Bell Journal of Economics, Vol. 8 (1977), S. 23 - 40.

Sharpe, W. (1964): Capital Asset Prices: A Theory of Equilibrium under Conditions of Risk, in: Journal of Finance, Vol. 19 (1964), S. 425 - 442.

Schierenbeck, H., Hölscher, R. (1998): Bankassurance, Stuttgart: 1998.

Schwartz, R. (1993): Reshaping the Equity Markets: A Guide for the 1990s, Homewood: 1993.

Stiglitz, J., Weiss, A. (1981): Credit Rationing in Markets with Imperfect Information, in: American Economic Review, Vol. 71 (1981), S. 393 - 410.

Axel Wieandt/Marc Siemes/Michael Bachschuster

Wechselwirkungen zwischen Strategie und Kapitalmarkt am Beispiel der Deutschen Bank

Dr. Axel Wieandt ist Global Head Corporate Investments (CI)/Corporate Development (AfK) der Deutsche Bank AG. Dr. Marc Siemes und Michael Bachschuster sind Mitarbeiter im Bereich Corporate Development (AfK) der Deutsche Bank AG. Der Artikel gibt die persönliche Meinung der Autoren wieder.

1. Überblick

- Bei börsennotierten Publikumsgesellschaften gibt es zwischen der Strategie und dem Kapitalmarkt eine enge, wechselseitige Beziehung.

- Der Kapitalmarkt beeinflusst auf unterschiedliche Weise die Strategie und bewertet letztendlich den Erfolg des Unternehmens anhand des Aktienkurses.

- Das Unternehmen darf sich nicht zum Spielball der Märkte machen lassen. Ganz im Gegenteil – es muss die Marktteilnehmer „führen". Wichtigste Voraussetzung, dass dies gelingt, ist die Glaubwürdigkeit des Unternehmens.

- Banken sind den Kapitalmarkteinflüssen doppelt unterworfen: Neben der Bewertung des eigenen Unternehmens durch den Kapitalmarkt sind die operativen Erträge abhängig von dessen Entwicklung.

- In den letzten zehn Jahren hat die Deutsche Bank „Bulge Bracket"-Status[1] in den meisten ihrer Kerngeschäftsfelder erzielt. Im Verlauf des Jahres 2002 wurde mittels vier „strategischer Initiativen" die Bank zu einer flexiblen, effizienteren und (kapital-)starken Einheit geformt sowie die Glaubwürdigkeit an den Märkten erhöht. Nun stehen die Signale auf Wachstum.

2. Strategie und Kapitalmarkt: Freunde oder Feinde?

Seit der Industrialisierung ist die ökonomische Entwicklung wesentlich durch den Auf- und Ausbau von Unternehmen zur Realisierung von Vorhaben und Projekten bestimmt. Parallel zum technischen Fortschritt war auch mit Blick auf die Finanzierung eine äußerst dynamische Entwicklung zu verzeichnen. Vor diesem Hintergrund lässt sich unmittelbar nachvollziehen, dass „[d]ie große kapitalistische Publikumsgesellschaft [...] in den letzten 150 Jahren zu einer besonders erfolgreichen Institution geworden [ist]."[2] Gerade ihr Erfolg darf jedoch nicht darüber hinwegtäuschen, dass erst die Kapitalbereitstellung durch den Markt den Publikumsgesellschaften ermöglicht, sich am Wirtschaftskreislauf zu beteiligen.

Ein tief greifendes Verständnis der Wechselwirkungen zwischen Kapitalmarkt und börsennotierten Publikumsunternehmen ist deshalb unerlässlich. In einer eingehenden Betrachtung kann die Einflussnahme des Kapitalmarkts auf das Unternehmen und umgekehrt die Reaktion der Kapitalmärkte auf die Umsetzung von Unternehmensstrategien verdeutlicht werden. Diese Analyse gewinnt besonders an Relevanz, wenn sie im Nachgang zum Börsenboom Ende der 90er Jahre angestellt wird und darüber hinaus eine Industrie, namentlich die Finanzdienstleister, betrifft, für die die Absorption von Risiko durch Kapital ein entscheidender Wettbewerbsfaktor ist.[3]

Unter „Kapitalmarkt" subsumieren wir für diesen Zweck alle Marktteilnehmer, die den Prozess der Kapitalallokation mittelbar (z. B. Analysten) und unmittelbar (z. B. Investoren) beeinflussen. „Strategie" meint die übergeordnete, systematische und langfristige Planung, Steuerung und Kontrolle der Unternehmensaktivitäten.

Ziel dieses Artikels ist es, die impliziten und expliziten Wechselwirkungen zwischen Kapitalmarkt und Unternehmensstrategie zu untersuchen und am Beispiel der Deutschen Bank aufzuzeigen, wie sich ein Unternehmen auf Grund des evolutionären Charakters der Beziehung zwischen Kapitalmarkt und Unternehmensstrategie wandelt.

3.   Beeinflussung: Ja! – Abhängigkeit: Nein!

3.1   Einflussfaktoren des Kapitalmarkts auf das Unternehmen

Die Vielzahl der Ursache-Wirkung-Zusammenhänge zwischen dem Kapitalmarkt auf der einen Seite und börsennotierten Publikumsgesellschaften auf der anderen Seite erschwert die eingangs beschriebene Analyse. Aus diesem Grund erscheint es unvermeidbar, einzelne, für den Gesamtzusammenhang besonders wesentliche Aspekte herauszugreifen und zu hinterfragen. Zur besseren Systematisierung werden zunächst diejenigen Transmissionsmechanismen untersucht, die vom Kapitalmarkt auf das Unternehmen wirken, bevor die umgekehrte Betrachtung angestellt wird. Darüber hinaus wird später die besondere Rolle des Kapitalmarkts in der Strategiefindung von Banken erörtert.

Auf den ersten Blick unmittelbar ersichtlich wird die Wirkung des Kapitalmarkts auf ein Unternehmen durch die Bewertung des Eigen- und Fremdkapitals. Zunächst zum Eigenkapital: Der Aktienkurs wird gemeinhin als „Fieberkurve" der Unternehmensverfassung interpretiert. Sie gibt nicht nur Auskunft darüber, wie sich der Unternehmenszustand im Zeitablauf verändert hat, sondern kann auch genutzt werden, um die relative Leistungsstärke bzw. -schwäche im Vergleich zum Gesamtmarkt oder einer Vergleichsgruppe zu ermitteln. Nimmt man in der Betrachtung als zweiten Parameter die Anzahl der (ausstehenden) Aktien hinzu, so erhält man die Marktkapitalisierung, die im Rahmen der Unternehmensstrategie eine zentrale Bedeutung hat.

Die Marktkapitalisierung stellt zunächst einen Unternehmenswert und damit den „Reichtum" der Aktionäre dar. Darüber hinaus ist dieser Unternehmenswert auch

Ausgangspunkt für zahlreiche abgeleitete Größen wie z. B. Multiples (Price/Book, Price/Earnings etc.), die Aussagen bezüglich der Ertragsstärke erlauben und Unternehmensvergleiche ermöglichen. Außerdem stellt die Marktkapitalisierung üblicherweise das Gewicht eines Unternehmens bei einer Fusion dar und kann somit eine Indikation über die Senior- bzw. Junior-Rolle in einer Transaktion geben. Schließlich kommt der Marktkapitalisierung eine überragende Rolle im Hinblick auf das ultimative Korrektiv für eine börsennotierte Publikumsgesellschaft mit Streubesitz zu. Durch einen sinkenden Aktienkurs und Marktwert steigt idealtypisch das Risiko einer feindlichen Übernahme. Insofern hat der Marktwert eine hohe disziplinierende Wirkung auf das Management.[4]

Auch die Bewertung des Fremdkapitals ist ein Indikator für die vergangene und insbesondere die erwartete Unternehmensentwicklung. Die Bewertung kann unmittelbar z. B. bei einer Anleihe oder mittelbar durch Derivate erfolgen und gibt eine Indikation über die Bonitätseinstufung bzw. das mit dem Titel verbundene (Ausfall-)Risiko. Insbesondere die Preise von Credit Default Swaps[5] reagieren sehr sensitiv.

In diesem Zusammenhang sind die Rating-Agenturen zu sehr mächtigen und nicht unumstrittenen Marktteilnehmern avanciert. Ihre Bewertungen finden umgehend Niederschlag in den Marktpreisen der Wertpapiere des Unternehmens; damit sind sie zu wichtigen Informationsintermediären geworden. Aber insbesondere durch die Konzentration auf nur drei große Unternehmen (S&P, Moody's, Fitch) ist hier eine enorme, von keiner Marktaufsicht regulierte Macht entstanden. Jede Form der nicht „richtigen" Bonitätsklassifizierung eines Unternehmens hat eine erhebliche verzerrende Wirkung. So suggeriert z. B. ein zu gutes Rating eine Bonität, die nicht vorhanden ist (Enron), oder eine sehr schnelle Herabstufung führt zu Unsicherheit bei den Investoren, die sogar das bewertete Unternehmen in ernsthafte Schwierigkeiten bringen kann.

Einen weiteren Transmissionsmechanismus vom Kapitalmarkt zum Unternehmen stellen die Kapitalkosten dar. Auch hier ist die Wirkung vielschichtig. Offensichtlich werden die Kapitalkosten, wenn sie pagatorisch anfallen, z. B. wenn Zinszahlungen auf Anleihen fällig sind. Darüber hinaus können die Kapitalkosten konzeptionell in die Entwicklung der Unternehmensstrategie einfließen, wenn das Unternehmen entsprechende Konzepte (NPV, EVA etc.) zur Geschäftssteuerung oder bei Investitionsentscheidungen anwendet.

Auch Äußerungen von Marktteilnehmern wirken auf die Entwicklung der Unternehmensstrategie. Exemplarisch kann dies am Beispiel der Analysten gezeigt werden, die trotz umfangreicher und auch teilweise berechtigter Kritik an möglichen Interessenkonflikten ein wichtiger Multiplikator sind. Mittelbar können Analystenreports durch Aktienkursreaktionen, wie oben beschrieben, auf ein Unternehmen wirken. Wie Beispiele in jüngster Vergangenheit gezeigt haben, können sie im Extremfall eine so nachhaltige und zweifelhafte Wirkung entfalten, dass Aufsichtsbehörden nähere Untersuchungen anstellen. Daneben ist auch eine unmittelbare Wirkung denkbar, wenn das Unternehmen Analystenreports zur Erlangung von Feedback auswertet.

3.2 Einflussfaktoren des Unternehmens auf den Kapitalmarkt[6]

Bei der Kommunikation des Unternehmens mit dem Kapitalmarkt geht es ultimativ darum, die gegenwärtigen und potenziellen Investoren, die ihr Geld in den emittierten Finanzierungsinstrumenten (Aktien + Anleihen) anlegen, mit Informationen zu versorgen. Da die Investoren ihre Entscheidungen selten allein auf die unmittelbaren Informationen des Unternehmens stützen, sind alle Personen von Bedeutung, die als Informationsmittler auftreten. Dazu zählen insbesondere Journalisten, Anlageberater und Analysten. Letzteren wird auf Grund ihrer Fachkenntnis häufig die Funktion der Meinungsführer zugewiesen.

An Kommunikationsmaßnahmen stehen hierfür vielfältige Möglichkeiten zur Verfügung: Zunächst sind die Berichte zu nennen, die publiziert werden müssen, weil das Unternehmen verschiedenen Regularien unterworfen ist. Neben dem von einem Wirtschaftsprüfer einmal jährlich im Rahmen eines ausführlichen Geschäftsberichts testierten Jahresabschluss sind auf Grund der Börsennotierung an einem geregelten Markt in Deutschland drei (untestierte) Berichte für die einzelnen Quartale notwendig. Dazu kommen die hohen Publizitätsanforderungen der Securities and Exchange Commission (SEC) in den USA, sofern die Aktie, wie die der Deutschen Bank, in den USA notiert ist. Insbesondere der jährlich eingereichte und öffentlich verfügbare Bericht „20-F" verlangt eine wesentlich größere Detaillierung als deutsche Reports.

Neben dieser schriftlichen Information bildet die persönliche Kommunikation des Topmanagements den Kern der Kapitalmarktkommunikation: Analystenpräsentationen zu den jeweiligen Quartals-/Jahresergebnissen, Auftritte bei organisierten Investorenkonferenzen, Treffen mit Rating-Agenturen und so genannte „One-on-Ones", also die Gelegenheit für einen einzelnen Analysten/Investor, direkt mit einer Führungskraft zu sprechen. Diese Veranstaltungen werden häufig im Zusammenhang mit Kapitalmaßnahmen systematisch und umfangreich durchgeführt („Roadshow"), um ein konkretes Ziel (z. B. Kapitalerhöhung) zu unterstützen.

Weitere Möglichkeiten der Kommunikation könnten noch beliebig ergänzt werden, z. B. um die zweifellos wichtige regelmäßige Tätigkeit von Investor Relations oder um Presse- und Ad-hoc-Mitteilungen. Dies soll an dieser Stelle jedoch genügen. Umso wichtiger ist es, dass alle Formen und alle Medien inhaltlich konform sind und keine unterschiedlichen Botschaften kommuniziert werden. Denn nichts wirkt verunsichernder auf Investoren als inkonsistente Meldungen, die letztlich dazu führen würden, dass die Investoren sich vom Unternehmen abwenden.

Ein wichtiges Schlagwort stellt in diesem Zusammenhang die „Equity Story" dar. In der Equity Story werden die Ziele des Unternehmens zusammen mit der Strategie und den Maßnahmen zu ihrer Umsetzung dargestellt. Hierbei weicht der Grad der Genauigkeit der Angaben, die von Unternehmen gemacht werden, stark voneinander ab. Werden in Zeiten des Booms häufig eigene Gewinnerwartungen genannt, sind diese in der Baisse selten zu vernehmen, weil ihre Verfehlung gerade dann mit herben Kursrückgängen bestraft wird.

„Expectation Management" ist eine hohe Kunst: Wer sie beherrscht, wird mit der Gunst der Investoren belohnt. Dazu gehört nicht nur, die Erwartungen zu wecken, sondern aktiv und frühzeitig über den Stand der Umsetzung der Strategie zu berichten und ggf. Abweichungen ehrlich und plausibel zu erläutern. Wirkliche Überraschungen sowohl nach unten als auch nach oben sollten möglichst vermieden werden. Nur so gelingt es, das wichtigste Ziel der Kapitalmarktkommunikation zu erreichen: die Glaubwürdigkeit des Managements für die Umsetzung der Equity Story. Investoren, die dem Unternehmen vertrauen, sind beständiger, was letzten Endes zu einem stabilen und hohen Aktienkurs führt.

Immer bedeutender für die gesamte Kommunikation des Unternehmens nach außen werden aufsichtsrechtliche Bestimmungen. So gelten für in den USA notierte Unternehmen die Anforderungen der SEC. Der Begriff „Fair Disclosure" fasst eine Reihe von Anforderungen zusammen; eine wichtige besagt, dass keine selektive Weitergabe von Informationen erfolgen darf („Selective Disclosure"). Kein Marktteilnehmer darf mit kursrelevanten Hinweisen besser gestellt werden als die anderen. Außerdem dürfen z. B. alle in die Zukunft gerichteten Aussagen nur unter Verweis auf die möglichen Risiken erfolgen.

Eine neue konzeptionelle Zusammenfassung des Unternehmensauftritts gegenüber dem Kapitalmarkt stellt das so genannte „Investor Marketing" dar.[7] Nachdem einzelne Instrumente des Marketingmix, wie sie üblicherweise bei Gütern und Dienstleistungen eingesetzt werden, bereits im Zusammenhang mit Kapitalbeschaffung genutzt wurden,[8] wird gefordert, das gesamte Spektrum des Marketing systematisch zu nutzen. Hierbei stellen die Finanzierungsinstrumente, in erster Linie die Aktie, das jeweilige Produkt dar und die Investoren die Kunden. Auch wenn diese Sichtweise noch in den Anfängen steckt, werden sicherlich mehr und mehr Elemente in Zukunft zu beobachten sein.

3.3 „Double Impact" bei Banken

Banken sind den Auswirkungen des Kapitalmarkts auf Grund ihrer Geschäftstätigkeit in doppelter Weise ausgesetzt: zum einen, wie bisher beschrieben, bei der Finanzierung über den Kapitalmarkt sowie den damit zusammenhängenden wechselseitigen Einflüssen. Dieser Punkt gilt ebenso für alle anderen börsennotierten Publikumsgesellschaften. Zum anderen beeinflussen die Entwicklungen des Kapitalmarkts direkt die Ertragssituation einer Bank. So ist die Ertragslage tendenziell besser, wenn das Marktniveau und die Handelstätigkeit hoch sind; umgekehrt ist sie eher schlechter, wenn das Marktniveau und das Handelsvolumen niedrig sind.

Exemplarisch lässt sich dies sowohl auf der Investoren- als auch auf der Issuer-Seite des Bankgeschäfts zeigen. Investoren – dazu zählen alle Käufer von Wertpapieren, z. B. Privatkunden im Retail-Geschäft, Anleger in Investmentfonds oder institutionelle Kunden im Broker-Geschäft – zahlen Provisionen für jede Order. Eine niedrige Handelstätigkeit senkt direkt die Erträge und vice versa. Zudem atmen im Asset Management die Bestandsprovisionen mit den Schwankungen des Kapitalmarkts, da diese als Prozentsatz des verwalteten Vermögens („Assets under Management") definiert sind.

Auch auf der Issuer-Seite, also dem Geschäft mit der Emission von Aktien und Anleihen, wirken sich Entwicklungen und Stimmungen am Kapitalmarkt unmittelbar auf die Ertragssituation der Banken aus. So ist z. B. das Aktienemissionsgeschäft weltweit in den Jahren 2001/2002 eingebrochen, während die Emission von Anleihen auf hohem Niveau blieb. Hinzu kam im gleichen Zeitraum, bedingt durch die allgemeine Investitionszurückhaltung, eine signifikante Verminderung des M&A-Geschäfts.

Außerdem wirkt sich das Zinsniveau auf die Marge zwischen Einlagen und Krediten aus. Je niedriger das Zinsniveau ist, desto geringer fällt tendenziell auch die Zinsmarge für die Banken aus und vice versa. Der Grund hierfür liegt darin, dass Einlagenzinsen in der Regel weniger sensitiv als Kreditzinsen auf Veränderungen des allgemeinen Zinsniveaus reagieren.

Dies alles hat erhebliche Auswirkungen auf die Gewinn- und Verlustrechnungen und zwingt die Banken in schlechten Zeiten dazu, die Kostenseite, die zunächst weniger variabel ist, zumindest entsprechend anzupassen. Nicht zuletzt hängt somit die Strategie einer Bank davon ab, wie sie die Entwicklung der Märkte einschätzt.

Wie sich die Deutsche Bank in der Evolution der Märkte in den vergangenen Jahren strategisch positioniert hat, wird im nachfolgenden Kapitel beschrieben.

4. Strategie- und Unternehmensentwicklung der Deutschen Bank im Wechselspiel mit den Kapitalmärkten

4.1 Aufbau der globalen Franchise

In den 80er Jahren war die Deutsche Bank gemessen an der Marktkapitalisierung und der Bilanzsumme die größte Bank der Welt außerhalb Japans. Damals war das Bankgeschäft stark national geprägt, d. h. der größte Teil der Erträge wurde mit einheimischen Kunden im Firmen- und Privatkundenbereich erzielt. Das heutige Investmentbanking war eine Domäne angelsächsischer Broker-Häuser und Merchant-Banken, die in Deutschland in dieser Form nicht existierten.

Mitbegründet durch das Ende des Kalten Krieges und die einsetzende Friedensperiode verstärkten sich Ende der 80er/Anfang der 90er Jahre einige Megatrends, die die Bankenlandschaft stark beeinflussen sollten: Die Globalisierung, im Laufe der Zeit unterstützt durch die einsetzende elektronische Vernetzung, erweiterte den geografischen Aktionsradius der großen Institute; die Disintermediation, d. h. die zunehmende Unternehmensfinanzierung durch Anleihen anstatt über Bankkredite, verlagerte den Schwerpunkt vom bilanzwirksamen Einlagen- und Kreditgeschäft in Richtung Kapitalmarktgeschäft.

Die Deutsche Bank hatte sich im Jahre 1989 bereits frühzeitig mit der Akquisition der Londoner Investmentbank Morgan Grenfell für rund 1,4 Milliarden EUR eine breite Ausgangsbasis geschaffen. Damit war sie die erste deutsche Bank, die das internationale Investmentbanking-Geschäft gezielt verstärkte. Obwohl Morgan Grenfell zunächst unter eigenständiger Führung belassen wurde (die vollständige Integration in die Deutsche Bank erfolgte erst Mitte der 90er Jahre), bewirkte die neue Tochtergesellschaft zwei entscheidende Lerneffekte für den Konzern: Zum einen war das provisionsbasierte Geschäft in dieser Form Neuland gegenüber dem bis dato vorherrschenden zinsbasierten Geschäft, zum anderen fand der „Clash of Cultures" zu einem vergleichsweise frühen Zeitpunkt statt, was der Deutschen Bank einen wichtigen Vorsprung sicherte.

In den 90er Jahren folgten zunächst keine größeren Akquisitionen, während die internationale Konkurrenz konsolidierte und die Deutsche Bank aus der internationalen Spitzengruppe verdrängte. Erst ein Jahrzehnt nach der Akquisition von Morgan Grenfell folgte 1999 mit der Übernahme von Bankers Trust für rund 8,7 Milliarden EUR der konsequente Schritt in Richtung des größten Kapitalmarkts der Welt in den USA und in Richtung „Bulge Bracket"-Investmentbank.

Der Kapitalmarkt nahm die Nachricht allerdings zunächst mit Skepsis auf, wie die Kursentwicklung der Deutschen Bank relativ zu ihrer Peergroup[9] verdeutlicht (vgl. Abbildung 1). Nach der öffentlichen Ankündigung am 23. November 1998 und der Analystenpräsentation am 30. November 1998 ging der Aktienkurs in den nächsten Monaten um 16 Prozent zurück, während die Vergleichsgruppe im gleichen Zeitraum um 25 Prozent zulegte. Insbesondere wurde bezweifelt, ob die Transaktion sich finanziell rechnen würde bzw. die anvisierten Kostensynergien nicht überschätzt und Ertragsverluste unterschätzt werden würden.

Das Bild begann sich jedoch zu wandeln, als im April 1999 eine Roadshow zur Begleitung der notwendigen Kapitalerhöhung über 3 Milliarden EUR durchgeführt und der Deal am 4. Juni 1999 erfolgreich abgeschlossen wurde. In den fünf Monaten nach Erreichen des Tiefststandes im April konnte die Aktie um knapp 40 Prozent zulegen, während die Vergleichsgruppe im gleichen Zeitraum 7 Prozent verlor. „Die Stärken von Bankers Trust ermöglichen es der Deutschen Bank, ihre global ausgerichteten Geschäftsfelder auf eine transatlantische Plattform zu stellen", so der damalige Vorstandssprecher Rolf-E. Breuer. „Die Akquisition vermittelt nicht nur eine starke Präsenz in den Vereinigten Staaten, sondern bringt uns in einer ganzen Reihe von Geschäftsfeldern unter die ersten unserer Wettbewerber weltweit." Durch organisches Wachstum wäre ein solcher Sprung nicht möglich gewesen.

KURSENTWICKLUNG DER DEUTSCHE-BANK-AKTIE RELATIV ZUR PEERGROUP
in Prozent

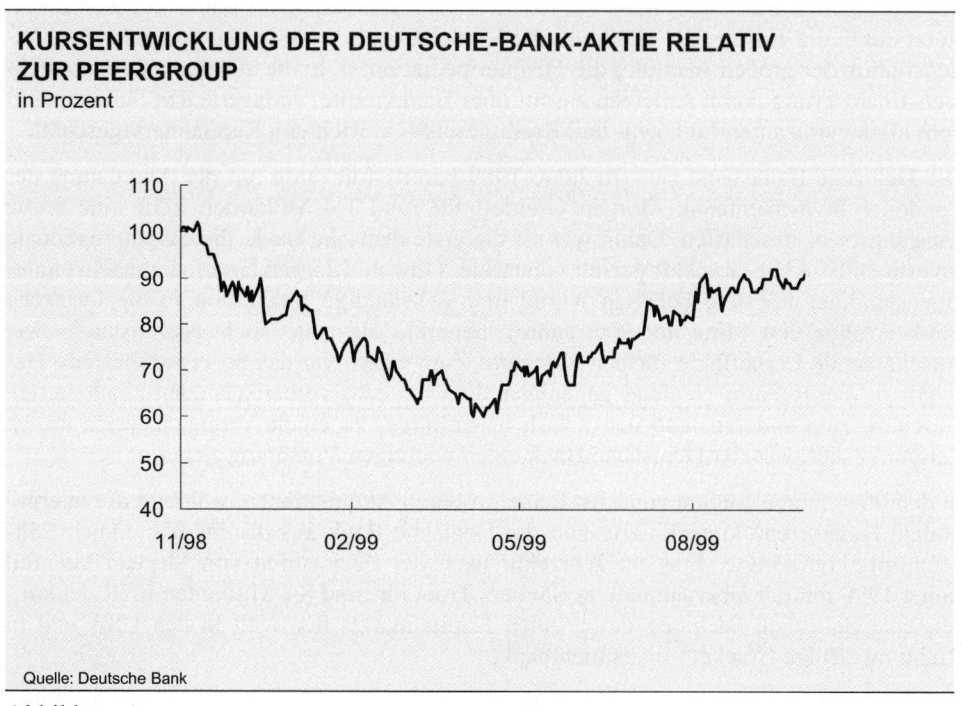

Quelle: Deutsche Bank

Abbildung 1

Weniger als ein Jahr später folgten im März 2000 die Verhandlungen mit der Dresdner Bank, die vom Kapitalmarkt auf Grund der Struktur und der Konditionen des Deals negativ aufgenommen wurden (Deutsche-Bank-Aktie: -23 Prozent in drei Tagen). Als die Gespräche nach vier Wochen wegen Differenzen bezüglich der Behandlung der Investmentbanking-Aktivitäten zwischen den Häusern für gescheitert erklärt wurden, erholte sich der Kurs um 15 Prozent.

Einem Jahrzehnt des Wachstums folgte ab dem Frühjahr 2000 der weltweite Einbruch der Wirtschaft: die Rezession lähmte Investitionen, die Aktienkurse sanken z. T. auf einen Bruchteil ihres Höchstkurses, „Corporate Scandals" und Unternehmenspleiten erschütterten das Vertrauen der Investoren, Terrorismus und Kriegsangst verstärkten die wirtschaftliche Lethargie. Die Banken waren davon in mehrfacher Hinsicht betroffen (vgl. Kapitel 2.3).

Die Deutsche Bank war in den Vorjahren sowohl intern als auch extern stark gewachsen und hatte sich zu einem komplexen Gebilde mit Aktivitäten in den unterschiedlichsten Bereichen entwickelt. Das Ende des Booms läutete nun auch hier eine Ära der Rückbesinnung auf Kernkompetenzen ein: „Fokussierung auf Kerngeschäfte" heißt das Gebot der Stunde.[10] Der Asset-Tausch „Scudder" gegen „Herold" im Jahre 2001 stellte den ersten Schritt in diesem Zusammenhang dar. Durch den Einkauf von Scudder, den Asset-Management-Aktivitäten von Zurich Financial Services, konnte dieser Geschäftsbereich signifikant gestärkt werden (Top-5-Position weltweit nach Assets under Management), während gleichzeitig das Versicherungsgeschäft (Deutscher Herold), das nicht zu den Kerngeschäften zählte, abgegeben wurde. Das Feedback der Märkte hierauf war positiv: Die Aktienmärkte belohnten die Ankündigung mit einem Zuwachs von 5,1 Prozent (vs. DAX 1,3 Prozent) bzw. die erste Bekanntgabe von Details mit 13,4 Prozent (vs. DAX 6,6 Prozent) und von der renommierten Zeitschrift „Institutional Investor" wurde die Transaktion zu den „Deals des Jahres" gezählt.[11]

4.2   Konzentration auf Kerngeschäftsfelder (Phase I)

Trotz des erfolgreichen Scudder-Herold-Deals wurde die Deutsche Bank zu Beginn des Jahres 2002 von den Kapitalmärkten noch als komplexes, unscharfes Gebilde wahrgenommen, was sich nicht zuletzt in negativen Analystenkommentaren und breit gestreuten Gewinnschätzungen ausdrückte. Vergleicht man z. B. die Gewinnschätzungen der Analysten für die Deutsche Bank mit fokussierteren Banken wie Goldman Sachs oder Barclays, stellt man fest, dass letztere eine wesentlich geringere Standardabweichung besitzen.

Weit gestreute Gewinnschätzungen sind letztendlich Ausdruck von Unsicherheit,[12] die an den Kapitalmärkten regelmäßig abgegolten werden muss: Wären die zukünftigen Gewinne eines Unternehmens sicher und bekannt, würde man theoretisch durch relativ einfache Diskontierung den fairen Unternehmenswert erhalten. Je unsicherer jedoch die Zukunft wahrgenommen wird, desto größer wird der Diskontierungszinssatz gewählt oder der Zahlungsstrom entsprechend angepasst. Eine klar umrissene Geschäftstätigkeit und die korrespondierende Kommunikation dem Kapitalmarkt gegenüber wird somit tendenziell die Kapitalkosten senken und den Aktienkurs erhöhen. Eine wichtige Voraussetzung für das Funktionieren dieser Steuerung des Kapitalmarkts ist jedoch die Glaubwürdigkeit des Unternehmens. Ansonsten läuft jegliche bewusste Kommunikation ins Leere.

Die Schaffung einer kosteneffizienten, schlanken und klar profilierten Struktur sowie die Stärkung der Glaubwürdigkeit in Bezug auf die Umsetzung von Maßnahmen waren somit die Herausforderungen, denen sich das neu konstituierte Group Executive Committee im Frühjahr 2002 zu stellen hatte.

Als erste Phase der Transformation der Deutschen Bank wurden im April 2002 vier strategische Initiativen verkündet:[13]

• Konzentration auf laufende Erträge

• Fokussierung auf das Kerngeschäft

- Weitere Verbesserung der Kapital- und Bilanzsteuerung

- Optimierung des PCAM-Konzernbereichs[14].

Diese wurden begleitet von umfangreicher und sowohl zeitlich als auch hinsichtlich der Adressaten (intern und extern, gegenüber Analysten und Presse etc.) transparenter und konsistenter Darstellung.

Hinter den vier strategischen Initiativen stehen konkrete Maßnahmen, die im Folgenden kurz erläutert werden:

Konzentration auf laufende Erträge

Das Ziel dieser Maßnahme besteht darin, die Kosten der Bank absolut zu senken sowie die Kostenstruktur flexibler zu gestalten. Dies wurde mit Hilfe von insgesamt zehn Maßnahmen aus allen Bereichen des Konzerns operationalisiert, die jeweils konkrete Kosteneinsparungen wie etwa Personalabbau umfassten. Insgesamt sollte eine Senkung der laufenden operativen Kosten („Run Rate") um 2 Milliarden EUR, d. h. ca. 9 Prozent, bis Ende 2003 erreicht werden.

Im Laufe des Jahres 2002 wurde jedoch die Strategie noch von den einbrechenden Märkten überholt, so dass die Maßnahmen noch schneller und umfangreicher greifen mussten. Im ersten Quartal 2003 lag die annualisierte operative Kostenbasis mit 17,1 Milliarden EUR sogar um 6,2 Milliarden EUR[15] unter dem Vergleichswert des Vorjahres.

Fokussierung auf das Kerngeschäft

Das zweite große Ziel des Programms umfasste die Trennung von Randaktivitäten der Bank, die Nutzung von frei werdendem Kapital und Konzentration des Managements auf die Kerngeschäftsfelder. Innerhalb eines Jahres trennte sich die Bank u. a. von Passive Asset Management, Global Securities Services sowie DFS und lagerte die europäischen Datenzentren aus. Die Aufwand-Ertrag-Relation dieser Geschäftsbereiche lag insgesamt bei über 100 Prozent, so dass der Ausstieg das laufende Ergebnis verbesserte. Es konnten insgesamt Kosten von ca. 1,4 Milliarden EUR eingespart und die risikogewichteten Aktiva um 10 Milliarden EUR gesenkt werden. Darüber hinaus umfasste dieser Teil des Programms den Management-Buyout des Großteils des Late-Stage-Private-Equity-Geschäfts sowie den Abbau von Industriebeteiligungen.

Gleichzeitig wurden die Marktanteile in vielen Kerngeschäftsfeldern z. T. kräftig ausgeweitet: Beispielsweise konnte bei der M&A-Beratung in den USA im ersten Quartal 2003 ein Marktanteil von 15,2 Prozent im Vergleich zu 5,5 Prozent für das Gesamtjahr 2002 erzielt werden. Im besonders interessanten Geschäft mit Derivaten (hohe Margen, hohe Markteintrittsbarrieren und hohes Wachstum) wuchs das Volumen der Deutschen Bank im Jahr 2002 deutlich stärker als der Gesamtmarkt (z. B. Kreditderivate:

DB 170 Prozent vs. Markt 119 Prozent; Aktienderivate: DB 106 Prozent vs. Markt 17 Prozent; Zinsderivate: DB 70 Prozent vs. Markt 40 Prozent). Zudem wurde der Vertrieb von Investmentfonds durch Vermittler in Europa signifikant erhöht.

Weitere Verbesserung der Kapital- und Bilanzsteuerung

Als dritter Schwerpunkt sollte im Jahr 2002 die Bilanzqualität verbessert und die Kernkapitalquote erhöht werden. Auch dieses Ziel wurde übererfüllt: Die risikogewichteten Aktiva konnten von 305 Milliarden EUR per Ende 2001 um 22 Prozent auf 239 Milliarden EUR per Ende des ersten Quartals 2003 durch Maßnahmen in allen Bereichen, insbesondere hinsichtlich des Kreditportfolios, gesenkt werden. Gleichzeitig stieg die Kernkapitalquote von 8,1 Prozent über den Zielkorridor von 8 bis 9 Prozent hinaus auf 9,6 Prozent.

Außerdem wurde ein Aktienrückkaufprogramm durchgeführt, wodurch den Aktionären überschüssiges Kapital zurückgegeben wurde. Insgesamt wurden über 60 Millionen Aktien zu einem Durchschnittskurs von 48,32 EUR zurückgekauft, wovon 40 Millionen Stück im Jahr 2003 eingezogen wurden.

Optimierung des PCAM-Konzernbereichs

Die Hebung des Potenzials im PCAM-Geschäftsbereich und somit die Steigerung von Effizienz und Profitabilität stellte die vierte strategische Initiative dar. Notwendige Maßnahmen hierzu umfassten eine klarere Struktur und die Straffung des europäischen Filialnetzes, z. B. durch Aufgabe der unrentablen Aktivitäten in Frankreich. Außerdem konnte durch den Kauf und die schnelle Integration von Scudder und RREEF, einer amerikanischen Immobilienanlagegesellschaft, der Sprung in die Spitzengruppe der Asset Manager weltweit erreicht werden. In Summe hat PCAM im Jahr 2002 einen bereinigten Gewinn vor Steuern von 1,1 Milliarden EUR erzielt und damit das Vorjahresergebnis mehr als verdoppelt. Somit ist es gelungen, die Ausgewogenheit zwischen den beiden Bereichen der Bank – neben PCAM ist im Bereich CIB das Kapitalmarkt- und Beratungsgeschäft gebündelt – zu verbessern.

Die Kapitalmärkte konnten den Prozess hautnah begleiten: Verkäufe wurden in Presseerklärungen eingehend kommentiert, Fortschritte des Aktienrückkaufprogramms konnten auf der Homepage verfolgt werden, und der Vorstand berichtete regelmäßig und konsistent über den Stand der Umsetzung.

Waren die Beobachter anfänglich noch kritisch im Hinblick auf den Fortgang des Programms, wich die Skepsis nach und nach der Überzeugung, dass es der Bank gelungen sei, ihre Versprechen einzuhalten.

„Die Bank ist nicht mehr dieselbe wie zu Beginn des vorigen Jahres ...", formulierte Dr. Ackermann anlässlich der Hauptversammlung der Deutschen Bank im Juni 2003. Die konsequente und erfolgreiche Umsetzung aller vier strategischen Initiativen ohne ein signifikantes „Schneiden ins Fleisch", also einen Rückzug aus Regionen oder Produkten, wie ihn viele Wettbewerber vorgenommen haben, positioniert die Bank Mitte 2003 hervorragend für die Zukunft.

ZITATE VON ANALYSTEN

„We believe Deutsche Bank has credibly addressed its traditional demons – delivering impressively on cost reductions; its disposals of non-core and industrial holdings have been rapid (…). All operating divisions are profitable."
UBS Warburg, 10. Februar 2003

„Deutsche Bank has largely delivered on its most recent restructuring package. Non-core businesses have been sold, excess capital has been returned to shareholders via share buybacks, and efficiency has been improved. (…) Deutsche Bank looks to be in excellent shape."
Banc of America Securities, 12. Februar 2003

„Management delivers on Phase I of the restructuring plan."
Goldman Sachs, 10. Februar 2003

„Deutsche Bank's 4Q 02 results clearly showed how the bank has become a better capitalized, a more focused and streamlined entity."
BNP Paribas, 10. Februar 2003

„Strategically well set for the future."
M.M. Warburg, 12. Februar 2003

Quelle: Deutsche Bank

Abbildung 2

4.3 Profitables Wachstum (Phase II)

Nachdem im ersten Schritt drei der vier wesentlichen Werttreiber einer Bank – namentlich die Kosten (operative Kostenbasis: -6,2 Milliarden EUR, bereinigte Aufwand-Ertrag-Relation: 77 Prozent ggü. 89 Prozent), das Risiko (Industriebeteiligungen: -21 Prozent, Private-Equity-Beteiligungen: -56 Prozent) und das Kapital (RWA: -22 Prozent, bereinigte Eigenkapitalrendite vor Steuern: 13 Prozent ggü. 5 Prozent)[16] – erfolgreich verbessert wurden, ist die zukünftige Herausforderung für die Deutsche Bank, die Erträge zu steigern. Das bedeutet im Wesentlichen, dass die Aufmerksamkeit aller Mitarbeiter noch stärker als bisher dem Kunden gelten muss, um Geschäftspartner erster Wahl zu bleiben oder zu werden.

Um dieses Ziel zu erreichen, wird zum einen die Produkt- und Servicepalette stärker an maßgeschneiderten und innovativen Lösungen ausgerichtet, um den anspruchsvollen Kunden gerecht zu werden. Zum anderen wird die Zusammenarbeit innerhalb und zwischen den Konzernbereichen CIB und PCAM weiter intensiviert. Dadurch sollen bestehende Kundenpotenziale umfangreicher als bisher bedient und zudem die Marktdurchdringung in den jeweiligen Zielkundensegmenten gesteigert werden. Das angestrebte organische Wachstum kann dabei durch wertschaffende, fokussierte Akquisitionen ergänzt werden. Ein Beispiel hierfür ist der Kauf der angesehenen Schweizer Privatbank „Rüd, Blass & Cie AG" Anfang des Jahres 2003.

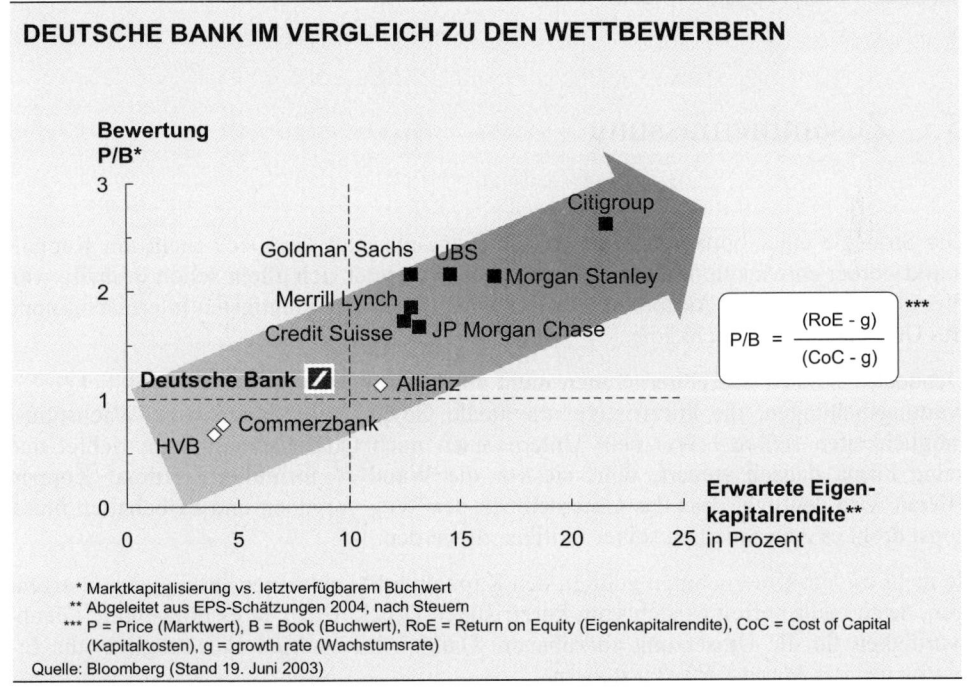

DEUTSCHE BANK IM VERGLEICH ZU DEN WETTBEWERBERN

$$P/B = \frac{(RoE - g)}{(CoC - g)}$$

* Marktkapitalisierung vs. letztverfügbarem Buchwert
** Abgeleitet aus EPS-Schätzungen 2004, nach Steuern
*** P = Price (Marktwert), B = Book (Buchwert), RoE = Return on Equity (Eigenkapitalrendite), CoC = Cost of Capital (Kapitalkosten), g = growth rate (Wachstumsrate)
Quelle: Bloomberg (Stand 19. Juni 2003)

Abbildung 3

Analog der vier strategischen Initiativen der „Phase I" hat sich die Bank wiederum vier Imperative für die bevorstehende Zeit gegeben, die jeweils wieder mit konkreten Maßnahmen hinterlegt sind. Dadurch ist sie auf dem Weg, ihr Potenzial zu nutzen, um nachhaltiges, wertschaffendes Wachstum zu generieren. Die neuen strategischen Initiativen lauten:

- Deutsche Bank als die führende Marke etablieren
- Globale Führungsrolle von CIB ausschöpfen
- Profitables Wachstum in PCAM sichern

- Strikte Kosten-, Kapital- und Risikodisziplin beibehalten.

Die Abbildung 3 zeigt die Ausgangsbasis und die Zielrichtung für die Bewertung der Deutsche-Bank-Aktie.

Die Formel P/B = (RoE-g)/(CoC-g) erklärt den Zusammenhang. Im ersten Schritt wurden die Kosten (in RoE enthalten), das Kapital (in RoE und CoC) und das Risiko (in CoC) zurückgefahren. Nun kann der Hebel zum einen über die Erträge (RoE) und zum anderen über das Wachstum (g) in Bewegung gesetzt werden, um die Bewertung der Deutschen Bank anhand des Price-to-Book-Verhältnisses in den Bereich unserer internationalen Peergroup zu bringen.

5.   Zusammenfassung

Die Strategie einer börsennotierten Publikumsgesellschaft lässt sich nicht am Kapitalmarkt vorbei entwickeln und durchführen. Dies verbietet sich allein schon deshalb, weil dies einer Ignoranz der Aktionäre, also der Eigentümer und wichtigsten Interessengruppe des Unternehmens, gleichkäme.

Dennoch darf sich das Unternehmen nicht abhängig machen von z. T. schädlichen Erwartungshaltungen, die kurzfristige, maximale Gewinne vor langfristige Wachstumsmöglichkeiten stellen. „Wer sein Unternehmen nach Quartalsergebnissen richtet und seine Firma danach steuert, fährt sie vor die Wand",[17] formulierte Hilmar Kopper. Hieran wird deutlich, dass das Unternehmen den Weg vorgeben und beibehalten muss, sonst droht es zum Spielball seiner Kritiker zu werden.

Je mehr es dem Unternehmen gelingt, den Kapitalmarkt von seiner Strategie zu überzeugen, desto mehr befreit es sich vom kurzfristigen Druck. Dazu ist es notwendig, Glaubwürdigkeit für die Umsetzung aufzubauen. Damit wird es wiederum möglich, die Erwartungen des Markts aktiv zu steuern.

Am Beispiel der Deutschen Bank, die wie alle Finanzinstitute dem Kapitalmarkt doppelt ausgesetzt ist, weil auch die operativen Erträge von dessen Entwicklung abhängen, wurde das Wechselspiel zwischen Kapitalmarkt und Unternehmen illustriert. Einer langen Phase des Wachstums in Bullen-Märkten folgte ab 2001 und verstärkt ab April 2002 mit der Ankündigung der strategischen Initiativen die „Fokussierung auf Kerngeschäftsfelder". Das z. T. vorzeitige Erreichen der Ziele hat der Deutschen Bank zum einen eine gesteigerte Glaubwürdigkeit für die Umsetzung ihrer Strategie eingebracht und es ihr zum anderen ermöglicht, in Phase II einzutreten: Hier wird durch Verstärkung der Kundenorientierung primär auf die Ertragsseite abgestellt. Die Deutsche Bank ist somit gut positioniert für nachhaltiges und profitables Wachstum.

Referenzen

[1] Die Bezeichnung „Bulge Bracket" entstammt dem Investmentbanking und umfasst Banken, die auf Grund ihrer globalen Präsenz, des breiten Produktspektrums, der Gesamtgröße und ihrer Reputation als erste Adressen gelten. Vgl. ACHLEITNER, A.-K. (2002), S. 15.

[2] Vgl. WEIZSÄCKER, C.C. VON (1999), S. 95.

[3] Es sei angemerkt, dass nicht alle Finanzdienstleister kapitalintensives Geschäft betreiben und Risiko auf die Bücher nehmen (z. B. M&A-„Boutiquen").

[4] Allerdings ist nicht jede feindliche Übernahme durch eine schwache Performance und einen entsprechend niedrigen Marktwert zu erklären, wie das Beispiel Vodafone/Mannesmann eindrucksvoll zeigt.

[5] Credit Default Swaps sind derivative Finanzinstrumente, bei denen der Verkäufer dem Käufer das Ausfallrisiko einer zu Grunde liegenden Anleihe absichert.

[6] Zur Vertiefung vgl. u. a. ACHLEITNER, P., WICHELS, D. (2003), WICHELS, D. (2002) und MILLER, A. C. (2003).

[7] Vgl. SIMON, H., EBEL, B., POHL, A. (2002).

[8] Z. B. intensive Verbraucherwerbung auch mit bekannten Persönlichkeiten bei Kapitalerhöhungen und Börsengängen, zeitliche Preisdifferenzierung mittels „Frühzeichnerrabatt", Produktbündelung zwischen Aktie und Hauptprodukt des Unternehmens.

[9] Die Peergroup besteht aus Citigroup, JP Morgan Chase, Morgan Stanley, Merrill Lynch, Goldman Sachs (seit dem IPO im Mai 1999), UBS, Credit Suisse.

[10] Zur Vertiefung der Konzeption vgl. u. a. ZOOK, C., ALLEN, J. (2001).

[11] Vgl. INSTITUTIONAL INVESTOR (2002), S. 61-68.

[12] Gleiches gilt für eine hohe Volatilität des Durchschnitts der Schätzungen über die Zeit.

[13] Vgl. hierzu insbesondere: Form 20-F der Deutschen Bank AG, eingereicht bei der Securities and Exchange Commission (SEC) am 27. März 2003 und Rede von Dr. Josef Ackermann auf der Hauptversammlung der Deutschen Bank 2003.

[14] PCAM steht für „Private Clients & Asset Management". In diesem Geschäftsbereich sind das Privatkundengeschäft und das Asset Management zusammengefasst.

[15] Einschließlich Dekonsolidierung verkaufter Geschäftsbereiche, erfolgsabhängiger Leistungsvergütungen u. a.

[16] Alle genannten Zahlen in Klammern beziehen sich auf das erste Quartal 2003 (im Vergleich zum Geschäftsjahresende 2001).

[17] WIRTSCHAFTSWOCHE (13.02.03).

Literaturverzeichnis

ACHLEITNER, A.-K. (2001): Handbuch Investmentbanking, 2. Auflage, Wiesbaden: 2001.

ACHLEITNER, P., WICHELS, D. (2003): Management von Kapitalmarkterwartungen, in: EBEL, B., HOFER, M. B. (Hrsg.): Investor Marketing – Börsenwerte erfolgreich steigern, Wiesbaden: 2003, S. 51 - 62.

ACKERMANN, J. (2003): Rede auf der Hauptversammlung der Deutschen Bank, 10. Juni 2003, Download unter: http://www.deutsche-bank.de/hv/.

DEUTSCHE BANK AG (2003): Form 20-F, eingereicht bei der Securities and Exchange Commission (SEC) am 27. März 2003.

INSTITUTIONAL INVESTOR (2002): The 2001 Deals of the Year (2002), January, S. 61 - 68.

MILLER, A. C. (2003): Erwartungsbildung von ökonomischen Akteuren, Dissertation, Wissenschaftliche Hochschule für Unternehmensführung, Koblenz, Wiesbaden: 2003.

SIMON, H., EBEL, B., POHL, A. (2002): Investor Marketing, in ZfB, 72. Jg. (2002), H. 2, Seiten 117 - 140.

WEIZSÄCKER, C. C. VON (1999): Logik der Globalisierung, Göttingen: 1999.

WICHELS, D. (2002): Gestaltung der Kapitalmarktkommunikation mit Finanzanalysten – Eine empirische Untersuchung in der Automobilindustrie, Dissertation, European Business School, Wiesbaden: 2002.

WIRTSCHAFTSWOCHE (2003): „Wir sind durch" – Aufsichtsratschef Hilmar Kopper über die Entwicklung von DaimlerChrysler, 13. Februar 2003.

ZOOK, C., ALLEN, J. (2001): Erfolgsfaktor Kerngeschäft. Zeitlose Strategien für Wachstum und Innovation, München: 2001

Rainer Salfeld

Wertsteigerung in Unternehmen

Dr. Rainer Salfeld ist Director bei McKinsey & Company, Inc.

1. Einleitung

Nachhaltige, kontinuierliche Steigerung des Unternehmenswerts ist in den letzten Jahren zum Leitbegriff moderner Unternehmensführung geworden.

Konzentrierte sich die öffentliche Diskussion anfänglich noch auf das Reizthema „Shareholder Value", so wurde die Bedeutung eines hohen Unternehmenswerts spätestens mit dem Aktienboom zur Jahrtausendwende für jeden evident. Das Streben nach immer höherer Marktkapitalisierung wurde denn auch, vor allem in den Zeiten der New Economy, als Kernziel aller Managementanstrengungen verstanden – und entsprechend galt die Entwicklung überzeugender Wertsteigerungsansätze als strategischer Königsweg. Oft genug gehörten dazu Unternehmensübernahmen und -fusionen. Die Zahl solcher M&A-Transaktionen schoss gegen Ende der 90er Jahre in geradezu schwindelerregende Höhen.

Auch wenn es mit der Aussicht auf nachhaltige Wertsteigerungen gelang, den Börsenwert von Unternehmen kurzfristig in die Höhe zu treiben, so erwiesen sich solche Erfolge doch in aller Regel als Strohfeuer. Für kurze Zeit schienen alle Beteiligten zu vergessen, dass die Implementierung einer Strategie nicht weniger wichtig – und zudem meist schwieriger – ist als ihre Konzeption. So wurden Wachstumskonzepte entwickelt, die schon auf Grund fehlender operativer Exzellenz und kontinuierlicher Prozessverbesserung nicht wirschaftlich umsetzbar waren. „Wachstum um jeden Preis" lässt sich nur begrenzt durchhalten – und nur ertragreiches Wachstum schafft dauerhafte Unternehmenswertsteigerungen.

Inzwischen hat sich in den Führungsetagen deutscher Unternehmen ein neues Verständnis durchgesetzt. Nicht Strategie allein schafft Unternehmenswert, sondern das systematische Management der jeweils zu adressierenden Wertsteigerungshebel. Diese lassen sich aus der Mechanik der Unternehmenswertberechnung ableiten und in vier Kategorien fassen: *Wachstum, operative Exzellenz, Finanz- und Vermögensstruktur* sowie *Portfoliosteuerung*. Nur das tägliche, konsequente Management dieser Kenngrößen schafft echte Wertsteigerung, nicht ihre Abbildung durch mathematische Rechenmodelle.

2.   Grundlagen und Optionen wertorientierter Unternehmensführung

Die theoretischen Grundlagen wertorientierter Unternehmensführung wurden bereits 1986 durch die Arbeiten von RAPPAPORT[1] geschaffen; in den Folgejahren wurden sie dann durch STEWART[2] sowie COPELAND et al.[3] erweitert und präzisiert. Anfang der 90er Jahre erfolgten erste Praxisanwendungen auch in Deutschland, vor allem bei der VEBA, bei Mannesmann und nachfolgend auch bei Siemens und Bayer.

Der Siegeszug der Wertorientierung vollzog sich nicht ohne größere öffentliche Debatten. Das angloamerikanische Konzept des „Shareholder Value" wurde rasch zum Reizthema par excellence und dominierte die Schlagzeilen der Wirtschaftspresse. Heute herrscht Einigkeit, dass eine kontinuierliche Steigerung des Unternehmenswerts ökonomisch notwendig ist. Wem allerdings der geschaffene (zusätzliche) Wert zu Gute kommen soll – den Anteilseignern, der Belegschaft oder dem Staat – ist weiterhin ein heiß diskutiertes Thema.[4]

Zum endgültigen Durchbruch verhalf der wertorientierten Führungsphilosophie die New Economy. Im Zuge der neuen Hightech- und Internet-getriebenen Gründerwelle rückte die Marktkapitalisierung wie von selbst ins Zentrum unternehmerischen Denkens: Hohe Börsenbewertungen eröffneten neue strategische Freiheitsgrade bei der Kapitalbeschaffung, aber auch beim Aufkauf von Unternehmen. Gleichzeitig wuchs an den Kapitalmärkten die Bereitschaft, die Bewertung von Unternehmen auf zukunftsorientierte wertbasierte Kennzahlen zu stützen statt wie bisher auf die traditionellen stichtagsbezogenen Bewertungsmaßstäbe. Entsprechend stieg der Marktwert von Unternehmen – im Durchschnitt auf mehr als das Doppelte ihres Buchwerts.

Hoch bewerteten Unternehmen bieten sich dabei drei wichtige strategische Handlungsoptionen, die niedriger bewerteten Unternehmen schlichtweg verwehrt bleiben:

*   Sie können ihre Unternehmensaktivitäten direkt über den Kapitalmarkt finanzieren anstatt indirekt über Bankkredite. In der derzeitigen Börsenkrise mag dies wenig verlockend erscheinen. Auf längere Sicht kann jedoch die Bedeutung des Kapitalmarkts als Finanzierungsquelle für Unternehmen nicht hoch genug eingeschätzt werden. Gilt es doch, rapide anwachsende Anlagevolumina zu platzieren und unsere öffentlichen Sozialversicherungssysteme mit einer privaten, kapitalmarktbasierten Altersvorsorge zu unterlegen.

*   Hoch bewertete Aktien sind und bleiben eine hervorragende „Ersatzwährung" bei Mergers & Acquisitions. Mehr als 50 Prozent des Werts aller Akquisitionen wurden in den USA im Peak-Jahr 2000 mehrheitlich unbar, d. h. über die Ausgabe von Aktien des übernehmenden bzw. aufnehmenden Unternehmens finanziert. Auch wenn dieser Wert derzeit nicht annähernd erreicht wird, so darf doch die Bedeutung von „Share Swaps" auf längere Sicht nicht unterschätzt werden.

- Hoch bewertete Unternehmen können ihre Mitarbeiter auch künftig über attraktive Aktienoptionspläne motivieren und an sich binden. Solche Optionspläne sind zwar auf Grund ihrer unerwünschten Steuerungswirkungen sowie der impliziten Verwässerung des Aktienwerts ziemlich in Verruf geraten. Das muss aber keineswegs so bleiben, denn man kann sie kontinuierlich weiterverbessern und erkannte Mängel schrittweise abstellen.

In Summe kommt man nicht umhin zu konstatieren, dass wertorientierte Unternehmen klare Wettbewerbsvorteile besitzen. Und letztlich gibt es auch keine echte Alternative zu wertorientierter Unternehmensführung.

3.   Kontinuierliche Steigerung des Unternehmenswerts – von der Zielformulierung zum strategischen Gesamtkonzept

Mit seinem Buch „Creating Shareholder Value" hat RAPPAPORT nicht nur die Idee der Wertsteigerung als übergeordnetes Ziel unternehmerischer Aktivitäten etabliert, sondern auch die Discounted-Cashflow (DCF)-Methode als ökonomisch fundierte Berechnungsweise des Unternehmenswertes auf breiter Front in die Praxis eingeführt. Prinzipiell ergibt sich der Wert eines Unternehmens aus der Summe des für die Zukunft erwarteten Free Cashflow (FCF), den das Unternehmen erwirtschaften und an Eigentümer und Fremdkapitalgeber ausschütten kann – diskontiert mit dem am spezifischen Unternehmensrisiko orientierten durchschnittlichen Kapitalkostensatz.[5]

Der Unternehmenswert lässt sich mithin erhöhen, indem man den Free Cashflow jeweils gezielt steigert und/oder den Kapitalkostensatz senkt.

- *Steigerung des Free Cashflow:* Die zentralen Ansatzpunkte sind hier: Steigerung des Betriebsergebnisses einerseits (definiert als EBIT – Earnings before Interests and Tax), Verringerung der Kapitalbindung in Anlage- und Umlaufvermögen andererseits.

  Die Steigerung des Betriebsergebnisses hängt dabei wesentlich ab von Umsatzwachstum und erreichbarer Profitabilität: Motor der Unternehmenswertsteigerung ist das Umsatzwachstum. Dieses ist Maßstab dafür, wie gut es dem Unternehmen gelingt, echten, von den Kunden wahrgenommenen Mehrwert zu schaffen. Nur durch Umsatzwachstum kann der Free Cashflow massiv erhöht werden. Daher hat es maßgeblichen Einfluss auf die Erwartungsbildung am Kapitalmarkt – und somit insbesondere auf den Unternehmenswert. Umsatzwachstum ohne Profitabilität hat allerdings die Wirkung einer Fata Morgana. Nur wenn es gelingt, wachsenden

Umsatz durch rationales Wirtschaften zumindest proportional in steigende Gewinne umzumünzen, kann ein Anstieg des Marktwerts nachhaltig sein.

Parallel dazu hilft auch die Verringerung der Kapitalbindung, den Free Cashflow zu verbessern. Logischerweise sollte sich ein Unternehmen darauf beschränken, nur betriebsnotwendige Sachanlagen vorzuhalten. Zudem gilt es, das Umlaufvermögen so zu begrenzen, dass keine unnötigen Vorräte an Fertig- oder Halbfertigwaren entstehen, die Lieferfähigkeit aber voll gewahrt bleibt.

- *Senkung des Kapitalkostensatzes*: Nach den klassischen wirtschaftswissenschaftlichen Theorien bemisst sich die Höhe des Kapitalkostensatzes ausschließlich nach dem inhärenten Geschäftsrisiko. Um den Kostensatz zu senken, bedarf es mithin tiefer Eingriffe ins strategische Geschäftsmodell des Unternehmens – soweit diese überhaupt sinnvoll realisierbar sind. Bisher bestehen hier zwischen der Qualität der diskutierten Lösungsansätze und ihrer Realitätsnähe jeweils solche Diskrepanzen, dass dieser Ansatzpunkt nur begrenzte Relevanz besitzt.

Betrachtet man nun die möglichen Wertsteigerungsaktivitäten, so lassen sich drei zentrale Stellhebel identifizieren: (1) Umsatzwachstum, (2) operative Exzellenz sowie (3) verminderte Kapitalbindung und Senkung des Kapitalkostensatzes. Während Umsatzwachstum und operative Exzellenz jeweils eigenständige strategische Handlungsfelder darstellen, sind Kapitalbindung und Kapitalkostensatz inhaltlich eng verknüpft. Die Kapitalbindung bestimmt die Menge der benötigten Finanzmittel, der Kapitalkostensatz gibt den Preis wieder.

Für Unternehmen, die nur ein Produkt produzieren oder nur in einem Geschäftsfeld tätig sind, spannen diese drei Handlungsfelder bereits den Lösungsraum für alle denkbaren Ansätze zu nachhaltiger Wertsteigerung auf. Größere Unternehmen sind heutzutage jedoch in einer Vielzahl von Geschäftsfeldern tätig, für sie erweitert sich dieser Lösungsraum um ein weiteres Handlungsfeld: die Steuerung des Portfolios möglicher Einzelgeschäfte mit dem Ziel, den Wert des Gesamtunternehmens entsprechend zu maximieren.

Im Regelfall muss deshalb ein strategisches Handlungsprogramm zur Wertsteigerung, soll es wirklich umfassend sein, alle vier Wertsteigerungshebel adressieren: Wachstum, operative Exzellenz, Finanz- und Vermögensstruktur sowie Portfoliosteuerung. Wertorientierte Strategieentwicklung unterscheidet sich dabei deutlich von traditionellen Vorgehensweisen: Nicht mehr die sequenzielle Analyse von Unternehmen und Umwelt – mit Abgleich von Stärken/Schwächen bzw. Chancen/Risiken – steht im Mittelpunkt, sondern vielmehr die Frage: Welche konkreten Aktivitäten können dazu beitragen, den Umsatz zu steigern, Spitzenleistung bei Produkt und Prozess zu erreichen, die Kapitalkosten zu senken und/oder das bestehende Geschäftsportfolio zu optimieren?

Auf Grund unzureichender empirischer Fundierung lässt sich heute nicht genau bestimmen, welche Gewichtung in den Handlungsprogrammen der Unternehmen üblicherweise zwischen den vier Wertsteigerungshebeln besteht. Man kann aber davon ausgehen, dass Wachstum und operative Exzellenz praktisch immer adressiert werden müssen, während

Aktivitäten im Bereich Finanz- und Vermögensstruktur sowie Portfolioaktivitäten nur eher fallweise eine Rolle spielen.

In den 80er und 90er Jahren ist eine Vielzahl strategischer Einzelkonzepte entwickelt worden, die mal den einen, mal den anderen Wertsteigerungshebel stärker herausstellen. In aller Regel sind solche „Magic Formula"-Ansätze nicht breit genug angelegt, um wirklich *alle* für die Steigerung des Unternehmenswerts relevanten Themenkreise abzudecken. Damit kann auch keiner diese Ansätze für sich allein als Fundament praktischer Strategieentwicklung dienen. Vielmehr empfiehlt es sich, die vorhandenen Ansätze der fünf großen strategischen Denkschulen – Positionierungs-, Interdependenz-, Leistungsprozess-, Transaktionskosten- und Ressourcenschule – so miteinander zu kombinieren, dass, als Ergebnis der Strategieentwicklung, ein integriertes und in sich konsistentes Handlungsprogramm entsteht, das jeweils alle relevanten Wertsteigerungshebel adressiert.[6] So verstanden erhebt wertorientierte Strategieentwicklung keineswegs den Anspruch, eine eigenständige Denkschule des strategischen Managements zu etablieren. Vielmehr gestattet sie es, die bereits vorhandenen Ansätze integrativ für die praktische Entwicklung einer wertorientierten Strategie nutzbar zu machen.[7]

4. Profitables Wachstum – Grundvoraussetzung für jede nachhaltige Wertsteigerung

Mit dem Thema Wachstum verbinden kritische Geister heute Schlagworte wie „Globaler Wachstumswahn", „Ausbeutung der Umwelt" oder „Endlichkeit aller Ressourcen". Aus philosophischen, gesellschaftspolitischen oder ökologischen Erwägungen mögen Fragen, ob ständiges Wachstum überhaupt möglich und wünschenswert sei, durchaus diskussionswürdig sein. Aus Unternehmenssicht stellen sich solche Ziel- und Sinnfragen in der Regel nicht. Schon aus Eigeninteresse kommen die Unternehmen kaum umhin, die Erhöhung ihres Werts als ökonomische Zielsetzung zu verfolgen.

Nachhaltige Wertsteigerung ist jedoch ohne profitables Wachstum nicht zu erreichen und nicht jedem Unternehmen gelingt es, die eigenen Wachstumsziele durchzusetzen. Gerade in reiferen Märkten schafft man Umsatzsteigerung meist nur über den Verdrängungswettbewerb. Während ältere Industrien auf diese Weise immer stärker konsolidieren oder sogar obsolet werden, bilden sich umgekehrt immer wieder neue Märkte und Branchen heraus.

Vergleicht man die im Dow-Jones-Aktienindex vertretenen Unternehmen hinsichtlich ihrer jährlichen durchschnittlichen Umsatzsteigerung, so lässt sich für den Betrachtungszeitraum 1992 bis 2001 aufzeigen, dass die wachstumsstärksten Unternehmen jeweils auch die höchste Börsenwertsteigerung zu verzeichnen haben.

Umgekehrt weisen die wachstumsschwächsten Unternehmen die niedrigsten Wertsteige-rungen auf. Damit besteht, statistisch betrachtet, insgesamt eine starke Korrelation zwi-schen dem Umsatzwachstum und der Wertsteigerung eines Unternehmens.

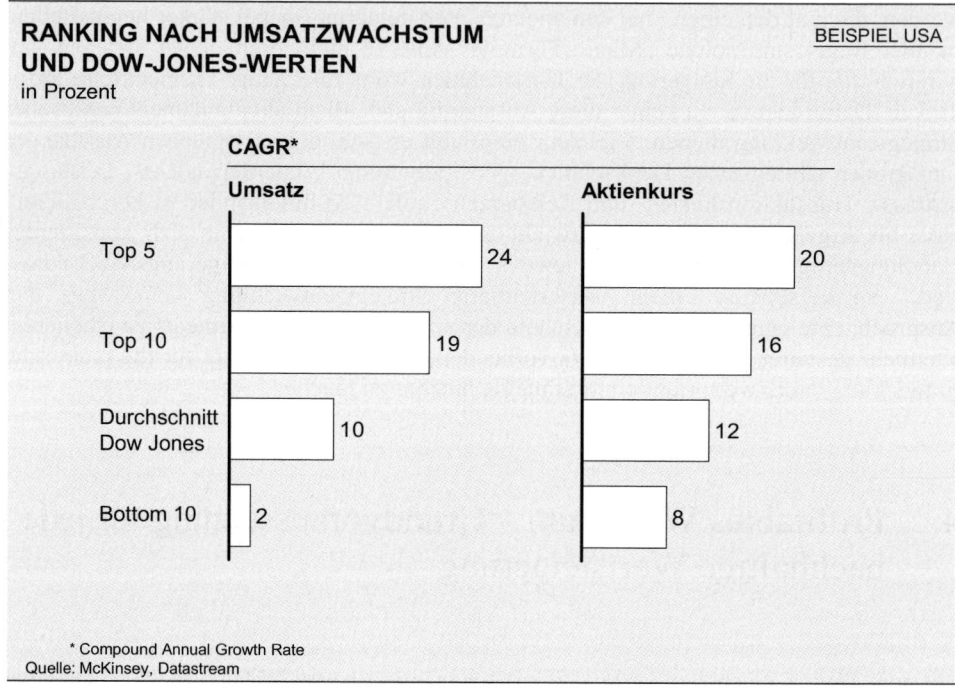

RANKING NACH UMSATZWACHSTUM UND DOW-JONES-WERTEN
in Prozent

BEISPIEL USA

CAGR*

Abbildung 1

Dass Wachstum Wert schafft, fehlendes Wachstum hingegen Wert vernichtet, wird auch durch andere Untersuchungen belegt. Wie eine Analyse der Wertentwicklung der For-tune-500-Unternehmen zwischen 1980 und 1990 verdeutlicht, erzielten die 100 besten Unternehmen in puncto Umsatzwachstum einen Wertzuwachs von rund 200 Milliarden USD. Die 100 umsatzschwächsten Unternehmen vernichteten hingegen im gleichen Zeitraum Werte in Höhe von ca. 50 Milliarden USD.[8]

Hohes Umsatzwachstum allein, d. h. ohne entsprechende Ertragszuwächse, schafft indes noch keine überdurchschnittliche Wertsteigerung. Erst profitables Wachstum, d. h. die Kombination von hohem Umsatzwachstum und vergleichbar hoher Profitabilität, führt zur wirklich nachhaltigen Wertsteigerung. Dies wird logisch plausibel, wenn man sich die Aussage der DCF-Bewertungsformel vergegenwärtigt. Nach RAPPAPORT entspricht der Wert eines Unternehmens jeweils dem Barwert der künftigen Einzahlungsüber-schüsse, meist als Discounted Cashflows (DCF) bezeichnet.[9] Vor allem die über den Prognosezeitraum von üblicherweise fünf Jahren hinaus erzielbaren DCFs – auch Ter-minal Value genannt – haben einen maßgeblichen Einfluss auf den Unternehmenswert. Vielfach macht der Terminal Value über 50 Prozent des gesamten Unternehmenswerts aus.[10] Wichtigster Treiber des Terminal Value ist nach der DCF-Formel die *langjährige Wachstumsrate g*. Trauen die Investoren, aus welchen Gründen auch immer, dem Unternehmen keinen hohen *g*-Wert zu, so hat dies negative Auswirkungen auf den aktuellen Unternehmenswert. Beschränkt sich das Management bei ansonsten marginalem Umsatzwachstum darauf, lediglich die Profitabilität zu verbessern, so ist das Potenzial zur Unternehmenswertsteigerung zwangsläufig begrenzt. Denn während der Umsatz im Prinzip unbegrenzt wachsen kann, wird die Margenausweitung stets limitiert durch die Kosten der Inputfaktoren.

Darüber hinaus ist Wachstum unverzichtbar, um ein Geschäft in jeder Phase seines Lebenszyklus erfolgreich zu managen. In neu entstehenden Geschäften ist schnelle Marktdurchdringung vielfach der entscheidende Erfolgsfaktor, um Industriestandards zu setzen und sich damit langfristig im Wettbewerb zu positionieren. Als Modellbeispiele mögen die Popularisierung von Kreditkarten, die Einführung von Mobilfunknetzen oder die Durchsetzung von PC-Betriebssystemen wie Microsoft Windows dienen. Bei zunehmender Geschäftsreife muss Wachstum über Branchenkonsolidierung angestrebt werden, um Skaleneffekte maximal auszuschöpfen. Und selbst in Degenerations- oder Restrukturierungsphasen ist Wachstum unentbehrlich, um für frei werdende Personalressourcen neue Beschäftigungsmöglichkeiten zu schaffen.

Typischerweise konzentrieren sich Unternehmen auf einen überschaubaren Zeitraum – in der Regel die nächsten fünf Jahre –, wenn es gilt, ein für die Kapitalmärkte glaubhaftes Wachstumsszenario zu entwerfen. Im Mittelpunkt stehen damit meist kurz- bis mittelfristig wirksame Wachstumskonzepte. Angesichts der hohen Bedeutung der Wachstumsrate *g* sollte jedoch ergänzend dazu auch der Langfristentwicklung mehr Aufmerksamkeit gewidmet werden. Auf längere Sicht spielen fundamentale Faktoren, die nachhaltiges Wachstum stimulieren können, eine weitaus größere Rolle als spezifische Pläne. Solche fundamentalen Faktoren werden vor allem in immateriellen Vermögenswerten gesehen. Die wichtigsten sind: geistiges Eigentum (Patente, Urheberrechte), Markenwert, Einbindung des Unternehmens in Netzwerke sowie – last but not least – seine Fähigkeit, hervorragende Manager heranzubilden und dauerhaft ans Unternehmen zu binden.[11]

Zusammenfassend lässt sich festhalten, dass zur Erarbeitung von Wachstumsstrategien heutzutage eine Vielzahl von Konzepten zur Verfügung steht. Ausschlaggebend ist, ob es gelingt, eine gute Balance zu finden zwischen evolutionären und revolutionären Themenfeldern einerseits sowie den verschiedenen Zeithorizonten andererseits. Wachstumsprogramme, die jeweils kurz- bis mittelfristig wirksam werden, müssen dabei ergänzt werden um Langfristoptionen, die sich erst in der Zukunft zu Wachstumsprogrammen konkretisieren lassen.

5. Operative Exzellenz – zur fortschreitenden Erschließung von Effizienz- und Effektivitätspotenzialen

In den 80er Jahren wurden Programme zur Verbesserung der operativen Exzellenz (OE) häufig als Einmalchance begriffen, die Kostenstruktur in der Leistungserstellung zu verbessern. Heute hat sich das Verständnis deutlich gewandelt: Kontinuierliches Streben nach operativer Exzellenz bringt einen selbstverstärkenden Erfolgskreislauf in Gang, der das Unternehmen dauerhaft vom Wettbewerb absetzt: Eine gesunde Kostenstruktur steigert den Kundennutzen – und das wiederum schafft nachhaltiges profitables Wachstum. Dabei genügt es nicht, nur *die Dinge richtig zu tun,* mindestens ebenso wichtig ist es, die *richtigen Dinge zu tun*. Es gilt, alle Effizienz- und Effektivitätspotenziale des Unternehmens im Verlauf dieses Prozesses systematisch und kontinuierlich zu erschließen.

Operativ exzellente Unternehmen können Skalenvorteile nutzen und bestehende Leistungsreserven gewissermaßen durch Anpassung in ihrer Wertsteigerungskette ausschöpfen. Damit sind sie im Stande, ihre Kostenstruktur laufend weiterzuverbessern, ohne den Widerstand des Mitarbeiters fürchten zu müssen. Denn frei werdende Kapazitäten lassen sich jeweils für die Expansion in „mehr" und idealerweise auch „neues" Geschäft einsetzen. Dieser Erfolgskreislauf ist mithin Garant für eine dauerhaft konstruktive Zusammenarbeit im Unternehmen.

Für operativ schwächere Unternehmen mit ungünstiger Kostenstruktur und schlechteren Wachstumsaussichten gilt das genaue Gegenteil. Bei Effizienzverbesserung drohen hier stets Überkapazitäten und mangels Auslastbarkeit letztlich der Abbau von Arbeitsplätzen – mit allen damit verbundenen Konflikten und Friktionen unter den Mitarbeitern. Und wer sägt schon gerne an dem Ast, auf dem er sitzt?

Überdies zeigt sich immer deutlicher, dass Wachstum und operative Exzellenz untrennbar miteinander verbunden sind. Ohne operative Exzellenz wird die Leistungserstellung eines Produkts oder einer Dienstleistung zu teuer, um sie zu einem attraktiven Preis dem Kunden anbieten zu können. Stimmt aber das Verhältnis zwischen Preis und Leistung – mithin der Kundennutzen – nicht, dann fehlt eine wesentliche Voraussetzung für das Wachstum des Unternehmens. Mit gehörigen Anstrengungen in Vertrieb und Marketing lässt sich zwar manches erreichen – nur eines nicht: ein nachhaltiger Wachstumssprung bei fehlendem Kundennutzen. Wachstum und operative Exzellenz sind das Yin und Yang der modernen Unternehmensführung und die Grundlage jeder wertorientierten Unternehmensphilosophie.

In der praktischen Anwendung bedeutet operative Exzellenz nicht anderes als die Konzentration aller Anstrengungen auf das Ziel, das Verhältnis von In- und Output in den verschiedenen Unternehmensprozessen systematisch zu verbessern. Erfolgskritisch sind vor allem die Kernprozesse von der Produktentwicklung über die Produkterstellung bis hin zu Vertrieb und Distribution. Damit die angestrebten Prozessverbesserungen überhaupt eine Realisierungschance haben, ist es vordringlich, das jeweils bestehende Input-zu-Output-Verhältnis messbar zu machen. Die Messung der operativen Leistungsfähigkeit steht daher immer am Anfang jeglicher OE-Aktivität. Moderne Messverfahren stellen dabei immer auf drei Dimensionen ab: Kosten, Qualität und Zeit.[12]

Von der Leistungsmessung zur Leistungsoptimierung: Leider lassen sich diese drei Dimensionen unter den Bedingungen eines laufenden Geschäftsbetriebs nicht immer zeitnah messen – es sei denn, man nimmt einen völlig unverhältnismäßigen Aufwand in Kauf. Als Surrogat bieten sich daher die in den vergangenen Jahren entwickelten Key Performance Indicators (KPIs) an. Idealerweise zu Balanced Scorecards zusammengefasst, liefern sie schnelle Informationen, sind relativ einfach zu messen und lenken den Fokus des Managements auf zeitnahe und aussagekräftige Informationen – als wichtigste Treiber der unternehmerischen Leistungsfähigkeit.[13]

Zur Optimierung der so messbar gemachten operativen Exzellenz haben Wissenschaft und Praxis inzwischen eine Reihe ganz unterschiedlicher Verbesserungskonzepte entwickelt: Kaizen, Kanban, Plattformstrategie, Lean Production, Six Sigma oder Supply Chain Management sind längst auch einem breiteren Publikum ein Begriff geworden. Wie die Praxis zeigt, sind solche Methoden hilfreich, um die operative Leistungsfähigkeit zu verbessern. Für das Management besteht die Schwierigkeit jedoch unverändert darin, in einer spezifischen Geschäftssituation die richtigen Maßnahmen zu ergreifen, sie richtig zu kombinieren und richtig zu priorisieren.

Drei Schritte zu operativer Exzellenz: Als Ausweg aus dem Entscheidungsproblem hat es sich bewährt, operative Exzellenz im Rahmen von drei Schritten anzustreben: In einer ersten Phase geht es meist darum, die gesamte Leistungserstellung, soweit sie zur Erzeugung des Kundennutzens notwendig ist, konsequent zur vereinfachen. Darauf abgestimmt gilt es in einer zweiten Phase, unter Nutzung der wachsenden Möglichkeiten digitaler Transformation, die Wertschöpfungskette, wie sie bislang zur Erzeugung des Kundennutzens benutzt wurde, von Grund auf neu zu gestalten. Dazu ist sie in ihre jeweiligen Einzelelemente zu zerlegen und neu zu rekombinieren. In der dritten Phase schließlich sollten dann bekannte Methoden zur Produktivitätssteigerung zum Einsatz kommen. Ziel ist hier, anhaltende langfristige Verbesserungen in all jenen Teilen des Leistungserstellungsprozesses sicherzustellen, die auch weiterhin vom Unternehmen selbst erbracht werden.

In der Unternehmenspraxis werden die drei Phasen, auch wenn sie von der Logik her sequenziell aufeinander folgen, zwangsläufig partiell überlappen. Offensichtliche und gravierende Effizienz-/Effektivitätsprobleme sollten natürlich zuallererst angegangen werden. Vorzugsweise noch ehe überhaupt über eine tiefer greifende Veränderung der Leistungserstellung nachgedacht wird.

Anhaltende Disaggregation von Wertschöpfungsketten: Im Zuge der Veränderungen in der Informationstechnologie sowie der weltweiten Deregulierungsbestrebungen haben sich völlig neue Optionen zur Umgestaltung der Wertschöpfungsketten ergeben, wie sie in den 80er Jahren, in der Blütezeit der „operativen Optimierung", einfach noch nicht denkbar waren.[14]

Auf Grund der dramatisch gesunkenen Interaktionskosten zwischen den einzelnen Wertschöpfungsstufen erscheint heute ein generell höherer Grad der Arbeitsteilung ökonomisch erstrebenswert, während es früher erklärtes Ziel war, durch Integration aller Wertschöpfungsstufen im eigenen Unternehmen Arbeitsteilung nach Möglichkeit zu vermeiden. Auch in Zukunft wird der Trend zu reduzierter Wertschöpfungstiefe aller Voraussicht nach anhalten.

Deutliche Indizien hierfür können insbesondere in der Elektronikindustrie beobachtet werden: Selbst hoch integrierte Hersteller wie Siemens betrachten heute nicht mehr den gesamten Fertigungsbereich als Kern ihrer Aktivitäten. Anbieter wie DELL verdanken ihre starke Stellung – und ihren exzeptionell hohen Unternehmenswert – vor allem einer hervorragenden Orchestrierung der Wertschöpfungskette. DELL ist in der Lage, in so unterschiedlichen Funktionen wie Entwicklung, Fertigung, Logistik und Services beliebige Subunternehmer in seine Leistungserbringungskette einzubauen, ohne dass der Kunde dies überhaupt wahrnimmt. Markenname, Definition des Angebotsportfolios sowie Orchestrierung der Leistungserbringungskette sind die eigentlichen Assets von DELL, nicht aber Fabriken, Lieferfahrzeuge oder Kundendiensttechniker.

6.   Optimierung der Finanz- und Vermögensstruktur – zwei zentrale Ansatzpunkte, um die Kapitalkosten zu senken

Welche Relevanz der Finanz- und Vermögensstruktur als Wertsteigerungshebel zukommt, hängt nicht nur von der spezifischen Unternehmenssituation, sondern unternehmensübergreifend auch von der Kapitalintensität der einzelnen Branchen ab. Operieren Unternehmen branchentypisch bereits auf einer schmalen Kapitalbasis, so hat die Reduktion des Kapitaleinsatzes verständlicherweise nur geringe Hebelwirkung. Personalintensive Dienstleister, wie etwa Reinigungsunternehmen, haben in der Regel nur ein sehr geringes Umlauf- und Anlagevermögen. Der mit Abstand größte Kostenblock sind hier die Personalkosten – durch die Verbesserung der Vermögensstruktur ist kaum ein nennenswerter Effekt zu erzielen.

Anders sieht es in kapitalintensiven Branchen wie etwa in der Halbleiter- oder Stahlindustrie aus: Hier lassen sich durch Verbesserung der Finanz- und Vermögensstruktur erhebliche Wertsteigerungseffekte erzielen. Diese Effekte resultieren generell aus der Minimierung der Kapitalkosten.

Zur Verbesserung der Finanz- und Vermögensstruktur gibt es im Prinzip zwei Ansatzpunkte; sie leiten sich direkt aus der Berechnungsformel der Kapitalkosten ab. Die Kapitalkosten entsprechen dem Produkt aus benötigtem Kapital (Menge) und Kapitalkostensatz (Preis des Kapitals). Folglich lässt sich der Unternehmenswert steigern durch Reduktion des benötigten Kapitals sowie des Kapitalkostensatzes.

Die Reduktion des Kapitalbedarfs setzt auf der Aktivseite der Bilanzen an, die des Kapitalkostensatzes auf der Passivseite. Geringerer Kapitalbedarf hat in der Regel ungleich höhere Hebelwirkung, denn oft genug können, wie Praxisbeispiele zeigen, erhebliche Mittel freigesetzt und produktiver genutzt werden. Der Kapitalkostensatz lässt sich dagegen nur in relativ engen Bandbreiten beeinflussen. Um beide Ansatzpunkte konzertiert zu nutzen, empfiehlt sich im Regelfall ein umfassendes Handlungsprogramm zum aktiven Management der Kapitalkosten.

Wege zu geringerem Kapitalbedarf: Ziel muss hier sein, Umlauf- und Anlagevermögen jeweils auf das betriebsnotwendige Minimum zurückzuführen. Welcher Vermögensbestandteil das größere Einsparpotenzial bietet, ist dabei branchenabhängig. Für Handelsunternehmen etwa ist das konsequente Management ihres Umlaufvermögens überlebenswichtig, für die Schwerindustrie eher die effiziente Planung des Anlagevermögens.

Überschüssiges Umlaufvermögen lässt sich abbauen durch Optimierung der Nettoforderungspositionen und Reduktion der Lagerbestände. In beiden Fällen handelt es sich um unternehmerische Entscheidungen, die unmittelbar die Steuerung des Geschäftsbetriebs betreffen.

Wie viel Anlagevermögen tatsächlich benötigt wird, hängt von der Gestaltung der Prozesskette ab. Welche Prozessstufen auf Dauer im Unternehmen verbleiben oder – alternativ dazu – fremdvergeben werden sollen, ist eine Frage der Gesamtstrategie.

Wege zu niedrigeren Zinskosten: Die Kapitalkosten eines Unternehmens sind abhängig vom gewählten Finanzierungsmodell sowie vom Geschäftsrisiko des Unternehmens. Sie lassen sich reduzieren durch Änderung der Kapitalstruktur und/oder Senkung des Kapitalkostensatzes.

Die Entscheidung, welche Kapitalstruktur, d. h. welches Verhältnis von Eigen- und Fremdkapital, gewählt werden soll, kann man im Prinzip zunächst unabhängig vom operativen Geschäftsbetrieb treffen.[15]

Der Kapitalkostensatz – d. h. die erwartete Verzinsung auf das eingesetzte Eigen- und Fremdkapital, auch als gewichtete durchschnittliche Kapitalkosten (WACC) bezeichnet – hängt dagegen ab vom jeweils gewählten Verhältnis zwischen Eigen- und Fremdkapital sowie von der spezifischen Risikoposition (Credit Rating) des Unternehmens. Auch wenn es in der Theorie inzwischen exzellent untermauerte Ansatzpunkte zu seiner Absenkung gibt, so haben diese in der Praxis doch kaum Relevanz.

7. Portfoliosteuerung – von der Arenawahl zur Technik von M&A-Aktivitäten

Mit Portfoliosteuerung bezeichnet man das Management der Geschäfte und Geschäfts-
beteiligungen eines Unternehmens. Werden Wachstum, operative Exzellenz und Finanz-
und Vermögensstruktur im Wesentlichen benutzt, um den Unternehmenswert in einem
als vorgegeben betrachteten Geschäftsfeld zu optimieren, so adressiert die Portfoliosteuerung die Grundsatzfrage, in welcher Arena das Unternehmen überhaupt aktiv sein soll.
Welche Geschäfte soll das Unternehmen selbst betreiben, welche hinzuerwerben, welche
ggf. ausgliedern und veräußern?

Für die Unternehmensführung hat diese Frage enorm an Bedeutung gewonnen – denn
inzwischen eröffnen sich bislang kaum vorstellbare Möglichkeiten, die Wertschöpfungskette von Unternehmen ebenso rigoros wie kontinuierlich um- und neu zu gestalten. Als
Folge gehören Merger- und Demerger-Aktivitäten, Geschäftsübernahmen und
-entflechtungen heute zum Tagesgeschäft im Topmanagement.

Seit Anfang der 90er Jahre ist die Anzahl solcher „M&A-Transaktionen" weltweit rasant
angestiegen.[16] Im Jahr 2000 wurde mit ca. 35.000 Transaktionen weltweit der vorläufige
Höhepunkt erreicht. Das Gesamtvolumen dieser Transaktionen belief sich auf
3.500 Milliarden USD, das entspricht etwa dem Anderthalbfachen des damaligen Brut-
toinlandsprodukts der Bundesrepublik Deutschland.

Stimuliert wurde der M&A-Boom durch makroökonomische Trends – den Abbau von
Handelsschranken, die Deregulierung ganzer Wirtschaftssektoren sowie die Verfügbarkeit neuer Technologien in Telekommunikation und Informationstechnologie. Außerdem
dürften der große Applaus, den die Kapitalmärkte jeder neuen Transaktion zukommen
ließen, und der Erwartungsdruck, den international agierende Investmentbanken erzeugten, eine nicht unerhebliche Rolle gespielt haben.

Gleichwohl sind M&A-Transaktionen alles andere als ein Königsweg zur Steigerung des
Unternehmenswerts. Wie empirische Untersuchungen belegen, sind die Resultate von
M&A eher ernüchternd. Über die Zeit betrachtet, sind im günstigsten Fall knapp über die
Hälfte aller M&A-Transaktionen als qualifizierter Erfolg einzustufen; der Rest ist ent-
weder als Misserfolg zu bewerten oder nicht klar zu beurteilen.[17]

Analysiert man die Gründe für den Misserfolg, so erweist sich als wichtigste Barriere
immer wieder eine unklare M&A-Vision, gefolgt von unklarer Machtverteilung und
inkompatibler Unternehmenskultur.[18] Erfolgreich verlaufen Transaktionen erfahrungsgemäß dann, wenn die Neuerwerbung im gleichen bzw. verwandten Geschäftsfeld aktiv
ist und der Aufkäufer als fokussiertes Unternehmen sie operativ kontrollieren kann.
Erfolgreiche Akquisiteure sind auch Finanzholdings: Sie beschränken sich bewusst auf
die Rolle des Investors und strategischen Kontrolleurs und lassen ihren Neuerwerbun-
gen, die z. T. in völlig unterschiedlichen Branchen tätig sein können, operativ freie

Hand. Weniger erfolgreich mit ihren Akquisitionen sind dagegen Mischkonzerne sowie fragmentierte Unternehmen.[19]

Wertorientierte Unternehmensführung ist, wie der vorliegende Artikel verdeutlichen dürfte, kein singuläres Strategiekonzept. Richtig verstanden und angewandt ist sie vielmehr eine Führungsphilosophie für das gesamte Unternehmen.

Ihre erfolgreiche Einführung und Verankerung stellt dabei für jedes Unternehmen eine erhebliche Herausforderung dar. Denn das Denken der Menschen zu verändern, ist weitaus schwieriger als die Weiterentwicklung der Systeme.

Gleichwohl beginnt sich in den Unternehmen immer mehr die Einsicht durchzusetzen, dass eine eher mathematische denn inhaltliche Realisierung der Wertorientierung kaum die erhoffte Wirkung entfaltet. Ihre eigentlichen Probleme, aber auch ihre Chancen liegen im Management des Tagesgeschäfts, nicht in der immer sophistizierteren Berechnung des Unternehmenswerts.[20]

Referenzen

[1] Vgl. RAPPAPORT, A. (1986).

[2] Vgl. STEWART, B., STERN, J. (1991).

[3] Vgl. COPELAND, T., KOLLER, T., MURRIN, J. (1990 und 2000).

[4] Die Grundidee des „Shareholder Value"-Konzepts geht zurück auf das „Coalition"-Modell, vgl. dazu CYERT, R., MARCH, G. (1963). Weiterentwickelt wurde sie durch FREEMAN, E. (1984). In die politische Diskussion eingeführt wurde sie schließlich durch Tony Blair, vgl. hierzu O.V. (1996).

[5] Vereinfacht lässt sich Free Cashflow (FCF) wie folgt definieren: FCF = EBIT x (1-Steuersatz) + Abschreibungen Sachanlagen - Investitionen Sachanlagen +/-Veränderung des Umlaufvermögens. EBIT steht dabei für Earnings before Interest and Tax.

[6] Zur *Positionierungsschule* vgl. PORTER, M. E. (1980), WATTERS, D. C. (1981), sowie GLUCK, F. W. (1985).

Zur *Ressourcenschule* vgl. PRAHALAD, C. K., HAMEL, G. (1990), sowie HAMEL, G., PRAHALAD, C. K. (1994). Außerdem HALL, R. (1992), sowie COLLIS, D. J., MONTGOMERY, C. A. (1995).

Zur *Transaktionskostenschule* vgl. WILLIAMSON, O. E. (1975). Außerdem BUTLER, P. et al. (1997), sowie WESTON, J. F. et al. (1998).

Zur *Leistungsprozessschule* vgl. PORTER, M. E. (1985), HAMMER, M., CHAMPY, J. (1993), sowie STALK, G., HOUT, T. M. (1990).

Zur *Interdependenzschule* vgl. Business dynamics, New York: 1990. Außerdem LIEBL, F. (1995), sowie DIXIT, A. K., NALEBUFF, B. J. (1993).

[7] Vgl. hierzu auch umfassend COENENBERG, A., SALFELD, R. (2003).

[8] Vgl. hierzu auch umfassend COENENBERG, A., SALFELD, R. (2003).

[9] Vgl. Braxton Associates, Fortune-Magazine.

[10] Vgl. RAPPAPORT, a. a. O. (1986).

[11] Zur Differenzierung nach Short-Term und Long-Term Value sowie zur Bedeutung des Terminal Value vgl. BRUCKNER, K. et al.

[12] Zur wachsenden Bedeutung immaterieller Vermögenswerte vgl. STEWART, T. A. (2001). Außerdem SULLIVAN, P. H. (2000), sowie SVEIBY, K. E. (1997).

[13] Vgl. dazu ROMMEL, G. et al. (1993).

[14] Vgl. KAPLAN, R. S., NORTON, D. P. (1992).

[15] Vgl. PICOT, G. et al. (2002).

[16] Vgl. PERRIDON, L., STEINER, M. (2002).

[17] Einen Überblick zum säkularen M&A-Boom bietet JANSEN, S. A. (2001).

[18] Vgl. hierzu MÖLLER, W. - P. (1983) und ASQUITH, P. et al. (1983). Außerdem SIROWER, M. (1997), sowie BAMBERGER, B. (1993).

[19] Vgl. hierzu HASPELAGH, P. C., JEMISON, D. B. (1992). Außerdem GERPOTT, T. J. (1993).

[20] Eine ausführliche Diskussion wertsteigernder und wertvernichtender Unternehmensstrukturen findet sich bei RINGLSTETTER, M. (1995).

Literaturverzeichnis

ASQUITH, P. et al. (1983): The gains to bidding firms from mergers, in: Journal of Financial Economics, 11 (1983).

BAMBERGER, B. (1993): Der Erfolg von Unternehmensakquisitionen in Deutschland: Eine theoretische und empirische Untersuchung, Bergisch Gladbach: 1993.

BRUCKNER, K. et al. (o. A.): What is the market telling you about your strategy?

BUTLER, P. et al. (1997): A revolution in interaction, in: The McKinsey Quarterly 1 (1997).

COENENBERG, A., SALFELD, R. (2003): Wertorientierte Unternehmensführung, Stuttgart: 2003.

COLLIS, D. J., MONTGOMERY, C. A. (1995): Competing on resources: Strategy in the 1990s, in: Harvard Business Review (1995), July - August.

COPELAND, T., KOLLER, T., MURRIN, J. (1990 und 2000): Valuation: Measuring and managing the value of companies, New York: 1990 und 2000.

CYERT, R., MARCH, G. (1963): A behavioral theory of the firm, Englewood: 1963.

DIXIT, A. K., NALEBUFF, B. J. (1993): Thinking strategically, New York, London: 1993.

FREEMAN, E. (1984): Strategic management: A stakeholder approach, Boston: 1984.

GERPOTT, T. J. (1993): Integrationsgestaltung und Erfolg von Unternehmensakquisitionen, Stuttgart: 1993.

GLUCK, F. W. (1985): A fresh look at strategic management, in: The Journal of Business Strategy, 6. Jg. (1985), Nr. 2.

HALL, R. (1992): The strategic analysis of intangible resources, in: Strategic Management Journal (1992).

HAMEL, G., PRAHALAD, C. K. (1994): Competing for the future, Boston: 1994.

HAMMER, M., CHAMPY, J. (1993): Reengineering the corporation, London: 1993.

HASPELAGH, P. C., JEMISON, D. B. (1992): Akquisitionsmanagement, Frankfurt am Main, New York: 1992.

JANSEN, S. A. (2001): Mergers & Acquisitions, Wiesbaden: 2001.

KAPLAN, R. S., NORTON, D. P. (1992): The balanced scorecard – Measures that drive performance, in: Harvard Business Review (1992), January - February.

LIEBL, F. (1995): Simulation, München, Wien: 1995.

MÖLLER, W. - P. (1983): Der Erfolg von Unternehmenszusammenschlüssen, München: 1983.

PERRIDON, L., STEINER, M. (2002): Finanzwirtschaft der Unternehmung, München: 2002.

PICOT, G. et al. (2002): Handbuch Mergers & Acquisitions, Stuttgart: 2002.

PORTER, M. E. (1980): Competitive strategy, New York: 1980.

PORTER, M. E. (1985): Competitive advantage, New York: 1985.

PRAHALAD, C. K., HAMEL, G. (1990): The core competence of the corporation, in: Harvard Business Review (1990), May - June.

RAPPAPORT, A. (1986): Creating shareholder value: The new standard for business performance, New York: 1986.

RINGLSTETTER, M. (1995): Konzernentwicklung: Rahmenkonzepte zu Strategien, Strukturen und Systemen, Herrsching: 1995.

ROMMEL, G. et al. (1993): Einfach überlegen. Das Unternehmenskonzept, das die Schlanken schlank und die Schnellen schnell macht, Stuttgart: 1993.

SIROWER, M. (1997): The synergy trap. How firms lose the acquisition game, New York: 1997.

STALK, G., HOUT, T. M. (1990): Competing against time, New York: 1990.

STEWART, B., STERN, J. (1991): The quest for value: The EVA management guide, New York: 1991.

STEWART, T. A. (2001): The wealth of knowledge: Intellectual capital and the twenty-first century organization, New York: 2001.

SULLIVAN, P. H. (2000): Value-driven intellectual capital. How to convert intangible corporate assets into market value, New York: 2000.

SVEIBY, K. E. (1997): The new organizational wealth: Managing and measuring knowledge-based assets, San Francisco: 1997.

WATTERS, D. C. (1981): The industry cost curve as a strategic tool, in: The McKinsey Quarterly 3 (1981).

WESTON, J. F. et al. (1998): Takeovers, restructuring & corporate governance, New Jersey: 1998.

WILLIAMSON, O. E. (1975): Market and hierarchies: Analysis and antitrust implications. A study in the economics of internal organizations, New York: 1975.

Karl-Gerhard Eick/Guido Kerkhoff

Wertorientiertes Management bei einem integrierten Telekommunikationsunternehmen

Dr. Karl-Gerhard Eick ist Mitglied des Vorstands der Deutschen Telekom AG. Guido Kerkhoff ist Leiter des Zentralbereiches Konzerncontrolling der Deutschen Telekom AG.

1. Anforderungen des Kapitalmarkts an einen börsennotierten Telekommunikationskonzern

Die Deutsche Telekom ist heute ein weltweit agierender, in vielen Telekommunikationsmärkten führender Konzern. Hervorgegangen ist er aus der ehemaligen Deutschen Bundespost. In einer ersten Postreform wurde 1989 die Deutsche Bundespost Telekom gegründet. In einer weiteren Postreform erfolgte zum 2. Januar 1995 schließlich die Umwandlung in eine Aktiengesellschaft.

Im Zuge dieser Reformen wurde auch der bis dahin monopolistisch strukturierte Telekommunikationsmarkt dem Wettbewerb geöffnet. Hierdurch bestand die Notwendigkeit, die Deutsche Telekom im globalen und nationalen Wettbewerb strategisch zu positionieren.

Die Deutsche Telekom AG hat in den vergangenen Jahren ihre Internationalisierung in den Wachstumsmärkten der Zukunft kontinuierlich vorangetrieben. Heute ist der Konzern in mehr als 65 Ländern rund um den Globus vertreten. Mehr als ein Drittel der Umsätze im Geschäftsjahr 2002 wurde außerhalb Deutschlands erwirtschaftet. National wie auch international werden Synergie- und Konvergenzpotenziale genutzt, um die Wettbewerbspositionen in den jeweiligen Märkten zu stärken und den Unternehmenswert im Sinne der Aktionäre, Kunden und Mitarbeiter zu steigern. Die Internationalisierung der Deutschen Telekom geht Hand in Hand mit dem strategischen Portfoliomanagement. Neben dem Ausbau der Marktposition steht die Fokussierung auf die Kerngeschäftsfelder dabei im Mittelpunkt.

Die Kerngeschäftsfelder decken die wichtigsten Zukunftsbereiche der Informationsgesellschaft ab: T-Com im Festnetz, T-Systems bei Systemlösungen und Sicherheitsdienstleistungen, T-Mobile im Mobilfunk und T-Online im Internet. Durch die konsequente strategische Ausrichtung auf das Wachstum der vier Konzernsäulen steht die Deutsche Telekom an der Spitze der technologischen Entwicklung.

Diese im Rahmen der Positionierung im Wettbewerb vorgenommene strategische Positionierung erforderte in der Vergangenheit einen hohen Kapitalbedarf für Investitionen in den Netzauf- und -ausbau, für den Erwerb von Mobilfunklizenzen und für Unternehmenskäufe international und national. Die Deckung dieses Kapitalbedarfs erfolgte durch die Akquisition von Eigenkapital im Rahmen von Börsengängen und die Begebung von Fremdkapitaltiteln.

Weit mehr als in der Vergangenheit notwendig erfordert die langfristige Sicherstellung der Kapitalbeschaffung (Eigen- wie Fremdkapital) die Berücksichtigung der Ansprüche des Kapitalmarkts in der Entscheidungsfindung des Unternehmens.

Die Deutsche Telekom ist an den nationalen und internationalen Kapitalmärkten in besonderer Weise sichtbar. Sie ist:

• seit dem ersten Börsengang 1996 eine der bestimmenden Aktien des DAX

• an der größten Börse der Welt, der New York Stock Exchange, gelistet

• gemessen am Emissionsvolumen der größte jemals in Deutschland durchgeführte Börsengang (IPO)

Die Maximierung des Marktwerts des Eigenkapitals ist entsprechend in den Vordergrund der Geschäftspolitik gerückt worden. Hierzu diente neben den bereits verwendeten Kennzahlen Free Cashflow und EBITDA die Einführung wertorientierter Steuerungsinformationen, insbesondere des Economic Value Added (EVA).

Aber auch auf den Fremdkapitalmärkten steht die Deutsche Telekom mit ihrem großen Emissionsvolumen im Fokus. Die Signale des Kapitalmarkts haben hier dazu geführt, dass die Deutsche Telekom die Reduzierung der Nettoverschuldung als eines ihrer maßgeblichen Ziele für die nächsten Jahre definiert hat.

Aus den dargestellten Herausforderungen, die sich für die Deutsche Telekom an den Eigen- und an den Fremdkapitalmärkten ergeben, resultieren also erhöhte Anforderungen an die betriebswirtschaftliche Steuerung im Konzern.

Die Antwort des Controllings auf diese Anforderungen bestand in der Einführung von Instrumenten der wertorientierten Unternehmenssteuerung, die im folgenden Abschnitt näher erläutert werden.

2.   Wertorientierte Steuerung bei der Deutschen Telekom

Über die Anforderungen des Kapitalmarkts hinaus war es wichtig, bei der Einführung eines wertorientierten Steuerungskonzepts die Brücke zwischen Konzernzielen und operativem Management herzustellen. Ein gutes Steuerungsinstrument sollte es ermöglichen, die mittel- und langfristige Strategie des Konzerns mit den Erwartungen der Kapitalgeber und gleichzeitig mit den Entscheidungsprozessen im Tagesgeschäft zu vereinbaren.

Vor dem ersten Börsengang 1996 bzw. bis zur Mitte der 90er Jahre waren im operativen Management der Deutschen Telekom, damals „Direktion für Post und Telekom", die Begriffe Kapitalkosten oder Kapitalbindung weitgehend unbekannt, da sie im der Behördenwelt entspringenden kameralistischen Buchungssystem nicht vorhanden waren. Die kalkulatorischen Kapitalkosten waren daher weit von der Position entfernt, die sie im heutigen Entscheidungsprozess belegen.

Ab 1993 erscheinen in der Managementerfolgsrechnung die ersten Ansätze einer wertorientierten Steuerung. In dieser Erfolgsrechnung wurden zum ersten Mal angemessene kalkulatorische Zinsen für die Kosten des Eigenkapitals berücksichtigt. Im Folgenden splittete sich dann die Managementerfolgsrechnung in Regionale Erfolgsrechnung, Vertriebserfolgsrechnung und Kundenerfolgsrechnung auf, in der sich Fremd- und Eigenkapitalkosten auf ca. 20 strategische Konzerneinheiten und 200 Produktgruppen verteilen ließen. Jedoch fehlte noch im Unternehmen Deutsche Telekom eine Kerngröße, die operatives Ergebnis, Cashflow und Kapitalbindung in allen Entscheidungsprozessen miteinander verband. Diese Verbindung sollte umfassend sein und sich erstrecken auf:

- das operative Geschäft,

- die Realisierung größerer Projekte im Investitionsprozess,

- die mittel- und langfristige Planung,

- das Belohnungssystem.

Im Jahr 2000 begann die Einführung von Economic Value Added (EVA) als betriebliche Kennzahl. Das Herstellen einer bewertbaren „Brücke" zwischen den Interessen der Aktionäre und Managemententscheidungen begann. Die Implementierung eines solchen Führungsinstruments zeigt, wie die Telekom ihre Strategie auf Wertsteigerung hin ausrichtete.

Mit EVA fängt die wertorientierte Steuerung im Tagesgeschäft an und hilft auch dabei, Investitionen und Projekte im Vorfeld auf ihre Auswirkung auf den Unternehmenswert hin zu prüfen. Bei der vom Konzern in der Zukunft angestrebten höheren dezentralen Verantwortung der Säulen steigt die Bedeutung von EVA im Controlling im ganzen Konzern. Es war wichtig, den Führungskräften eine Kerngröße zur Verfügung zu stellen, welche die Auswirkungen ihrer Entscheidungen im operativen Geschäft auf den Unternehmenswert misst. Dabei kommt die Finanzierungsstruktur des Gesamtkonzerns für alle dezentralen Konzerneinheiten einheitlich zur Anwendung.

Nach der Auswahl konzernspezifischer Anpassungen wurde EVA im Jahr 2001 ein wichtiger Bestandteil des Planungsprozesses. Der erste Schritt war die Identifikation der Hauptwerttreiber in den Divisionen. Es war wichtig für die Verständlichkeit im operativen Geschäft sowie für die Vorbereitung strategischer Entscheidungen, hinter der Spitzenkennzahl EVA Transparenz zu schaffen.

Im Herbst 2002 waren die Werttreiber ein wichtiger Teil der Planung für das Jahr 2003. Seit Januar 2003 sind sie in jeder Division Bestandteil des internen Reportings sowie des Reportings an die Strategische Managementholding. Die Werttreiber werden regelmäßig auf ihre Relevanz überprüft, da die Werttreiberbäume ständig an die Strategie der Divisionen und den technischen Fortschritt angepasst werden müssen.

EVA ist bei der Deutschen Telekom eine der maßgeblichen internen Steuerungsgrößen geworden, nach denen sich das operative Geschäft ausrichtet. Mit ihr soll das Bewusstsein für die Renditeforderungen auf das eingesetzte Kapital in jeder Hierarchieebene auch im operativen Entscheidungsprozess gestärkt werden. Dies ist notwendig, um den Erwartungen der Aktionäre hinsichtlich der Kapitalrenditen gerecht zu werden.

3. Spezifische Aspekte bei der Anwendung wertorientierter Steuerungskonzepte in einem integrierten Telekommunikationskonzern

3.1 Bewertung von Investitionen

Neben dem Kapitalwert und dem Payback-Zeitpunkt ist EVA Teil des Investitionsprozesses der Deutschen Telekom geworden. Viele strategische Investitionen im Telekom-Konzern sind divisionsübergreifend angelegt und die dafür zu erstellende EVA-basierte Wirtschaftlichkeitsrechnung soll auf Konzernebene den Investitionserfolg ermitteln. Entscheidend ist der durch die Investition erwirtschaftete EVA-Zuwachs für den gesamten Konzern.

Unter Investitionen werden bei der Deutschen Telekom auch Projekte verstanden bzw. die Erstellung von Leistungen mit Einmaligkeitscharakter in temporären, speziell zu konzipierenden Prozessen. Der Beitrag jedes Projekts zur Unternehmenswertsteigerung wird vor der Entscheidung zu seiner Realisierung an dem erwirtschafteten EVA-Zuwachs gemessen, der natürlich positiv sein muss.

Da im Rahmen des EVA-Konzepts das investierte Kapital zusammen mit dem Kapitalkostensatz die Kapitalkosten bestimmt, könnten Unternehmensbereiche Miet- und Leasingverträge als „Umgehung" der EVA-Berechnung nutzen. Dies wird aber im EVA-Konzept der Deutschen Telekom dadurch verhindert, dass langfristige Miet- und Leasingverpflichtungen so betrachtet werden, als ob sie aktiviert wären. Deren Barwert wird dem Geschäftsvermögen zugerechnet.

Ziel der Expansion der Deutschen Telekom in den letzten Jahren war es, strategische Positionen auf jedem der Märkte, in denen die Deutsche Telekom präsent ist, zu stärken und möglichst zum Marktführer aufzusteigen. Beim Kauf von Unternehmen entstanden zum Teil erhebliche Goodwill-Werte. Der Goodwill erfordert daher im EVA-Konzept der Deutschen Telekom besondere Beachtung. Er wird im Geschäftsvermögen als nicht planmäßig abschreibbar behandelt und gemäß den historischen Anschaffungskosten beim investierten Kapital angesetzt. Schließlich hat man das Kapital der Kapitalgeber in der entsprechenden Größenordnung für den Kauf eingesetzt.

3.2   Desinvestitionen

Die Kennzahl EVA, die bei der Deutschen Telekom als Maßstab für die wertorientierte Steuerung des Geschäfts genutzt wird, bestimmt sich maßgeblich aus dem investierten Kapital. Im Rahmen der Portfoliosteuerung des Konzerns werden den Divisionen Mindestrenditen für das eingesetzte Kapital vorgegeben, die auf Basis der WACC-Methode (WACC = Weighted Average Cost of Capital) ermittelt werden.

Nur durch dieses Berechnungsverfahren gemäß WACC kann gewährleistet werden, dass die Verzinsungsansprüche der Eigen- und Fremdkapitalgeber der Deutschen Telekom befriedigt werden können. Dabei bildet der WACC die Mindestanforderungen der Kapitalgeber ab. Nur wenn die erzielte Rendite mindestens der auf den Märkten geforderten Verzinsung der einzelnen Kapitalgeber entspricht, werden diese bereit sein, der Deutschen Telekom neues Kapital für die Produktion regulierter Produkte zur Verfügung zu stellen.

Erreicht eine Division nun diese Mindestrendite nicht, so bieten sich zwei grundverschiedene Strategien an, die Konzernvorgabe in der Zukunft zu erreichen. Man kann die Rendite des Geschäfts durch verschiedene Maßnahmen zu verbessern suchen oder Desinvestitionen vornehmen.

Die Deutsche Telekom nutzt beide Maßnahmen zur Verbesserung des EVA. Da die Nettoverschuldung ebenso als bedeutendes Ziel existiert, erhält jedoch die Desinvestition einen besonders hohen Stellenwert, da hier neben der Verbesserung des EVA beim Verkauf von unterhalb der Mindestrendite wirtschaftenden Bereiche dem Konzern auch unmittelbar Liquidität zur Reduzierung des Fremdkapitals zufließt.

Während also in den Kerngeschäftsfeldern vornehmlich die Renditeverbesserung des Geschäfts betrieben wird, trennt sich die Deutsche Telekom von Geschäftsfeldern, die nicht mehr als Kerngeschäft gesehen werden bzw. in denen sie auch auf mittlere Sicht keine durchgreifende, den Konzernvorgaben bzw. Markterwartungen genügende Rendite erwartet. So wurde z. B. durch Verkäufe von Immobilien und Unternehmensanteilen in den vergangenen Jahren ein Finanzmittelzufluss erreicht, der wiederum zum Abbau des Fremdkapitals genutzt werden konnte.

All diese Maßnahmen zeigen, wie ernst es der Deutschen Telekom mit einer durchgreifenden strategischen Neuorientierung des Konzerns durch eine Konzentration auf die Kerngeschäftsfelder ist. Dies geht einher mit einer deutlichen Verbesserung des Unternehmenswerts und dem Zufluss von liquiden Mitteln zur Reduzierung des Fremdkapitals. Die Vorteile eines integrierten Telekommunikationsgeschäfts gehen dabei nicht verloren, da das Kerngeschäft hierbei unangetastet bleibt.

3.3   Verrechnung interner Leistungen

Die Deutsche Telekom ist ein integrierter Telekommunikationskonzern. Das bedeutet, dass viele Leistungen und Produkte, die eine Konzerneinheit anbietet, oft unter Mitarbeit von mehreren Konzerneinheiten produziert worden sind.

Dies drückt sich in einem erheblichen Anteil interner Umsätze bei den Segmenten aus (Abbildung 1):

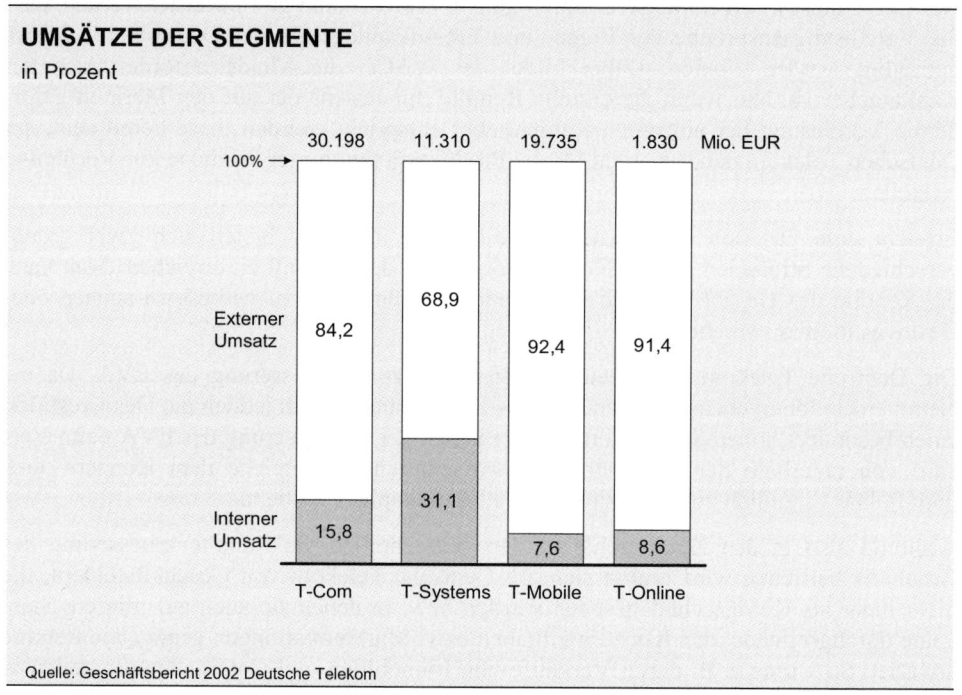

Abbildung 1

Die Nutzung und Optimierung von Synergien ist dabei ein wichtiger Faktor zum Unternehmenserfolg. Dabei ist die Preisgestaltung bei internen Zwischenprodukten, d. h. die Festlegung von Verrechnungspreisen für Lieferungen und Leistungen innerhalb des Konzerns, von großer Bedeutung für den Erfolgsausweis im Rahmen der wertorientierten Steuerung. Entsprechend ergebnisorientiert werden in einem Konzern mit dezentraler Ergebnisverantwortung die Preisverhandlungen für solche Zwischenprodukte geführt.

Bei der Festlegung von Verrechnungspreisen ist auch die Entgeltung der liefernden Einheit für durch die Bestellung induzierte Investitionen zu berücksichtigen. Der Erfolg der Deutschen Telekom als integrierter Telekommunikationskonzern entscheidet sich nicht zuletzt daran, ob es entsprechend gelingt, Synergiepotenziale zu identifizieren bzw. zu nutzen und wettbewerbsfähige Konvergenzprodukte anzubieten. Denn gerade hier kann ein integrierter Konzern seine Stärken ausspielen. Das Zusammenspiel der Divisionen erfordert daher ein ausgeklügeltes und sowohl von den liefernden als auch den abnehmenden Einheiten als gerecht empfundenes Verrechnungssystem interner Lieferungen und Leistungen.

Folgende grundsätzliche Prinzipien liegen den Beziehungen der einzelnen Konzerneinheiten zu Grunde:

- Zur Nutzung von Synergien werden so weit wie möglich spezifisch definierte Leistungen nach jeweils definierten, vertraglich gesicherten Zusagen von den festgelegten Konzerneinheiten bezogen.

- Liefer- und Leistungsbeziehungen im Konzern werden durch Liefer- und Leistungsverträge geregelt, die direkt zwischen Leistungsempfänger und Leistungserbringer je Leistung ausgehandelt werden.

- Jede Division veranlasst induzierte Investitionen grundsätzlich nur zur Erfüllung von Liefer- und Leistungsverträgen oder sonstigen Vereinbarungen.

Es hat sich gezeigt, dass langwierige Verhandlungen und daraus unter Umständen entstehende Konflikte durch effiziente und effektive Eskalationsmechanismen vermieden werden müssen und können. Hierzu hat die Deutsche Telekom eine Clearing-Stelle eingerichtet, die diesen Prozess steuert. Der Entstehung von Bereichsegoismen, die bei einem dezentralen Erfolgsausweis immer entstehen können, kann so wirksam vorgebeugt werden.

3.4   Werttreiber

Die Steuerung des operativen Geschäfts erfolgt bei der Deutschen Telekom auf Basis genau definierter Werttreiber, die im Wirkungszusammenhang zur Steuerungsgröße EVA stehen. So werden z. B. im Mobilfunkbereich die unterschiedlichen Phasen der Kundenbeziehung – Kundenakquisition, laufendes Geschäft, Kundenbindung und Kundenwiedergewinnung – nach z. T. unterschiedlichen Werttreibern gesteuert. Während für die Kundengewinnung die Anzahl und Qualität der abgeschlossenen Verträge im Vordergrund steht, ist es im laufenden Geschäft die Anzahl der abgesetzten Verbindungsminuten oder anderer Produkte.

Die Vorauswahl der Werttreiber erfolgte auf Basis bestehender Kennzahlen anhand der Kriterien Steuerungsrelevanz und Messbarkeit. Basis dafür waren die Kernprozesse der Deutschen Telekom im operativen Geschäft. Nach einer Klassifizierung der Werttreiber nach den Kriterien operativ/nicht operativ, finanziell/nicht finanziell und direkt/indirekt, wurden die Werttreiber in qualitativen Werttreiberbäumen geordnet. Nach der Quantifizierung wurden die Hauptwerttreiber nach ihrer Signifikanz für den Unternehmenswert ausgesucht. Die Auswahl erfolgte mit dem Fokus auf die Werttreiber mit hohem Einfluss auf EVA und hoher Beeinflussbarkeit durch das Management.

Bei der Entwicklung mehrstufiger Werttreiberbäume sollten die Beziehungen der Werttreiber untereinander beachtet werden. Eine Kennzahl zur Messung der durchschnittlichen Dauer zwischen zwei Störungen bei einem Kunden und eine Kennzahl zur Messung der Zeit zwischen aufeinander folgenden netzgetriebenen Störungen sind teilweise voneinander abhängig. Während die erste auf den EVA über das Geschäftsergebnis wirkt – weniger Einsätze bedeuten im Innendienst und im Außendienst weniger Personal und personalgetriebene Kosten – beeinflusst der zweite Werttreiber das Vorratsvermögen (Umfang der Lagerhaltung für besonders störungsanfällige Baugruppen) sowie die Personalkosten (Außendienst im Service und Entstörungs- und Instandhaltungskräfte). Eine Verbesserung bzw. eine Erhöhung beider Werttreiber bedeutet eine Verbesserung des EVA durch eine Reduzierung des Aufwands und des Vermögens.

Das Werttreiberkonzept steht im engen Zusammenhang mit anderen wichtigen Zielen des Unternehmens, Effizienzsteigerung und Reduzierung der Nettoverschuldung, und unterstützt diese auf der operativen Ebene. Die Reduzierung z. B. eines der Hauptwerttreiber Working Capital bedeutet eine Minderung des Geschäftsvermögens und somit eine Verbesserung des EVA. Sie führt aber auch zu einer Reduzierung der Nettoverschuldung. Die Reduzierung des Working Capital war eins der Kernziele, die sich der Konzern Deutsche Telekom für die Jahre 2001 und 2002 vorgenommen und auch erreicht hat.

EVA ist nur auf der Ebene der Divisionen in den Zielvereinbarungen enthalten, aber die einzelnen Bestandteile des Working Capital, des EBITDA und aller anderen Werttreiber, die zu einer Steigerung des Unternehmenswerts führen, sind bereits entgeltrelevant für alle Führungskräfte im operativen Geschäft.

3.5   Regulierung und Economic Value Added

Im Rahmen der Umsetzung der Postreformen war die Schaffung von funktionsfähigem Wettbewerb Auftrag der sektorspezifischen Regulierung, mit der die Regulierungsbehörde für Telekommunikation und Post per Gesetz beauftragt wurde.

Die Deutsche Telekom muss daher einen Teil der Preise auf der Basis der Vorschriften des Telekommunikationsgesetzes (TKG) von der Regulierungsbehörde genehmigen lassen. Dies betrifft insbesondere diejenigen Produkte der T-Com und der T-Systems, die auf Basis des zu Monopolzeiten entstandenen, öffentlichen Telefonnetzes bereitgestellt werden. Ein Hauptbestandteil der zur Genehmigung einzureichenden Unterlagen sind dabei die Kostenkalkulationen dieser Produkte. Wesentliche Größen sind die der internen Kalkulation der Deutschen Telekom entnommenen Kapitalkostenbestandteile, die wie auch bei der EVA-Ermittlung auf der Basis des international anerkannten Verfahrens WACC berechnet werden.

Die Regulierungsbehörde lehnt jedoch die Ermittlung der Kapitalkosten nach der marktorientierten WACC-Methode ab. Stattdessen bestimmt sie den Kapitalkostensatz nach einer eigenen Methode, die insbesondere bei der Ermittlung des Eigenkapitalkostensatzes sowie bei der Gewichtung von Eigen- und Fremdkapital von der Bestimmung des Unternehmenskapitalkostensatzes nach der WACC-Methode erheblich abweicht. Im Ergebnis gelangt die Regulierungsbehörde in ihren Genehmigungserlassen zu deutlich niedrigeren Kapitalkostensätzen als sie sich aus der WACC-Berechnung ergeben.

Dies hat gravierende Konsequenzen für die Deutsche Telekom als Anbieter von regulierten Produkten, aber auch für die Volkswirtschaft im Gesamten. Die verweigerte Möglichkeit, die von den Kapitalanbietern geforderten Renditen mit den genehmigten Preisen zu erwirtschaften, gefährdet auf lange Sicht die Möglichkeit des regulierten Anbieters, diese Produkte überhaupt noch anzubieten, sofern hierzu neues Kapital benötigt wird, denn es wird nahezu unmöglich sein, dieses Kapital an den Kapitalmärkten zu akquirieren. Die streng kostenorientierte Regulierung in Deutschland wirkt darauf hin, dass auch in Zukunft das Netz der Deutschen Telekom wesentliche Vorleistungsbasis für die festnetzbasierten Telekommunikationsmärkte bleiben wird. Von der Kapitalkostenfestlegung der Regulierungsbehörde gehen daher wichtige Signale aus, die auch die Investitionsbereitschaft anderer Netzbetreiber unmittelbar beeinflusst. Ein regulierter Kapitalkostensatz unterhalb des kapitalmarktüblichen wird die Investitionsanreize in der Telekommunikationsbranche insgesamt negativ beeinflussen und volkswirtschaftliche Fehlallokationen hervorrufen.

4.   Zusammenfassung und Ausblick

Economic Value Added ist im Konzern Deutsche Telekom in den letzten Jahren eine der entscheidenden Kennzahlen für die wertorientierte Unternehmenssteuerung geworden. Durch die Berücksichtigung der Kosten des Eigenkapitals in der Wertberechnung konnte sich das Bewusstsein im Unternehmen ausbreiten, dass die Kapitalbindung eine der entscheidenden Erfolgsparameter im Rahmen einer wertorientierten Steuerung ist. So kann jeder noch so kleine Teil des Unternehmens durch effizienten Kapitaleinsatz unmittelbar zur Wertsteigerung beitragen.

Die Umsetzung der Wertorientierung in den Rechenwerken des Unternehmens und den Köpfen der operativ verantwortlichen Führungskräfte und Mitarbeiter wird auch in Zukunft einen entscheidenden Einfluss darauf haben, wie sich die Deutsche Telekom als integrierter Telekommunikationskonzern und damit mit hohem investiven Kapitalbedarf zukünftig an den internationalen Kapitalmärkten mit Kapital für ihr Geschäft versorgen kann. Die wertorientierte Unternehmenssteuerung kann somit definitiv als kritischer Erfolgsfaktor für den Konzern bezeichnet werden.

Mit der Implementierung von EVA als Spitzenkennzahl innerhalb des Konzerns hat die Deutsche Telekom schon ein gutes Stück des erforderlichen Wegs zurückgelegt. Derzeit befindet sich das Unternehmen in der Phase der Implementierung der Werttreiber im operativen Geschäft.

Schwerpunkte der zukünftigen Aktivitäten auf diesem Weg sind eine verstärkte Incentivierung von Managern und Mitarbeitern nach EVA bzw. den daraus abgeleiteten Werttreibern, die Schulung breiterer Kreise des Unternehmens in wertorientierter Unternehmenssteuerung und die konsequente Portfoliosteuerung auf der Basis klarer Renditeziele für die Divisionen. Diese Aktivitäten sollen dazu führen, dass die Deutsche Telekom als wertschaffendes Unternehmen noch stärker in das Bewusstsein der Anleger rückt.

Markus Krall

Risikomanagement als Instrument der strategischen Unternehmensführung

Dr. Markus Krall ist Principal bei McKinsey & Company, Inc.

1. Einleitung

Was ist Risiko? Welche Quellen hat Risiko und wie lässt es sich systematisieren? Was bedeutet Risikomanagement? Wie kann man Risiko messen, zählen, wägen? Welche Risiken sind für ein Unternehmen von Bedeutung? Ist Risiko eine strategische Frage? Oder ist Risikomanagement nur eine Sammlung von „Techniken" operativer Natur? Ist mein Unternehmen ein Risiko für andere? Und wenn ja, hat dies Rückwirkungen? Wie können diese Rückwirkungen abgeschätzt werden? Und wie werden sie gesteuert?

Unternehmerisches Handeln bedeutet Neues wagen. Der Rest ist Verwaltung.

SCHUMPETER beschreibt den Fortschritt des kapitalistischen Wirtschaftens als einen Prozess der „kreativen Zerstörung". Alte, überkommene Strukturen, also nicht mehr effiziente betriebswirtschaftliche Modelle werden ersetzt durch neue, innovativere Konzepte. Unternehmerpersönlichkeiten mit einer Vision davon, wie man es anders – besser – machen kann als bisher, treiben die Entwicklung.

Der so ablaufende Marktprozess generiert erst die Informationen, die eigentlich benötigt würden, um die vorangestellten Entscheidungen im Sinne eines perfekten Planungsprozesses zu treffen. Er ist daher notwendigerweise geprägt von Versuch und Irrtum, also von Unsicherheit und damit von Risiko. Die Übernahme von Risiken und die Erzielung eines „Entrepreneurial Gain" sind also zwei Seiten der gleichen Medaille.

Es stellt sich daher für das Unternehmen die Frage, ob diese Risiken systematisch erfasst, gemessen, gesteuert und eventuell reduziert werden können, um das Verhältnis von Rendite und Gewinn zu verbessern (risikoadjustierte Sicht des Investitionskalküls). Aus einer kapitalmarkttheoretischen Sicht wurde diese Frage bereits intensiv diskutiert und zumindest teilweise auch beantwortet: Die Equity-Investoren bewerten Aktien unter einem Risiko-Rendite-Kalkül, wobei die Volatilität der Aktienkurse Ergebnis der einem Unternehmen intrinsischen Risiken ist. Die Summe aus Wertentwicklung und Dividendenrendite ist die diesem Risiko gegenüberstehende Rendite.

Der positive Zusammenhang von Risiko und Rendite in einem effizienten Kapitalmarkt wird dabei in schon fast normativer Weise postuliert, wenngleich dies nicht immer und überall von der Empirie unterstützt wird. Eine der Ursachen für diesen „Disconnect" liegt in der hoch aggregierten Betrachtung der Risiken durch die Kapitalmarkttheorie. Beta und andere Messgrößen fassen die Risiken einzelner Investments zusammen und stellen sie zugleich in einen Portfoliokontext. Wie wir auf den nächsten Seiten sehen werden, ist diese Kapitalmarktsicht für das strategische Management eines Unternehmens hoch relevant, unterliegt aber in der Realität Nebenbedingungen, insbesondere mit Blick auf die Fragen der Kernkompetenz eines Unternehmens, bestimmte Risiken überhaupt zu tragen sowie auf die Frage der eigenen Kreditwürdigkeit und damit verbunden der Fremdkapital-Refinanzierungskosten, die zu tragen sind.

Die Hypothesen eines strategischen Risikomanagements lassen sich auf dieser Basis wie folgt zusammenfassen:

- Unternehmen sind Träger von vielfältigen Risiken. Ein Teil dieser Risiken betrifft eine Kernkompetenz, während ein anderer Teil das Unternehmen quasi opportunistisch trifft, aber mit seiner Wertschöpfung nicht im engeren Sinne verbunden ist. Ein Beispiel für die Kernkompetenz ist das Risiko von Absatz- oder Margenschwankungen in einer Produktlinie. Währungsschwankungen oder versicherbare Ereignisrisiken (Feuer, Systemausfall etc.) sind jedoch nicht Kernkompetenz.

- Jedes Unternehmen hat eine begrenzte Fähigkeit, Risiken zu tragen. Diese Risikotragfähigkeit hängt von zwei Faktoren ab: die Verfügbarkeit von Puffern, die das Unternehmen trotz Eintretens von Risiken am Leben erhalten, also vor der Insolvenz schützen (d. h. Eigenkapital) und die Bereitschaft des Managements, eine bestimmte Restwahrscheinlichkeit zu akzeptieren, dass die Insolvenz doch eintritt (Risikoappetit oder Risikotoleranz). Je höher die Eigenmittelausstattung und je größer der Risikoappetit des Unternehmens, desto höher auch seine Risikotragfähigkeit.

- Die Elemente Eigenmittelausstattung und Risikoappetit sind keine völlig frei wählbaren Variablen des Unternehmers. Sie sind vielmehr innerhalb einer Bandbreite zu wählen, die von externen Bedingungen und dem Geschäftsmodell des Unternehmens vorgegeben wird.

- Das Eigenkapital unterliegt einem Verzinsungsanspruch, der durch die Summe der Risiken, die es zu tragen hat, bestimmt wird. Je höher die Risiken und damit die Schwankungen seiner Renditeperformance, desto höher sind die Eigenkapitalkosten auch anzusetzen. Dies ist im Wesentlichen validiert durch die moderne Kapitalmarkttheorie.

- Die Fremdmittel sind Gegenstand des Kreditrisikos des Kreditgebers. Die anfallenden Zinslasten sind daher eine direkte Funktion der Ausfallwahrscheinlichkeit des Unternehmens, die wiederum aus Eigenmittelausstattung und Risikoappetit resultiert. Je geringer der Risikopuffer des Eigenkapitals und je größer die Risiken, desto höher auch die Wahrscheinlichkeit, dass Risikoereignisse zu einer Kapitalaufzehrung und damit zu einer Insolvenz des Unternehmens führen. Diese Wahrscheinlichkeit fließt unmittelbar in die Fremdmittel-Refinanzierungskosten ein.

- Eine gesamthafte Optimierung der unternehmerischen Entscheidungen setzt voraus, dass ein einheitliches Verständnis, quasi eine einheitliche Theorie, Risiken, Kapitalstruktur, Zielrendite, Ziel-Rating und Shareholder Value simultan optimiert. Diese komplex anmutende Herausforderung kann aber mit einem vergleichsweise einfachen Steuerungsparadigma, der risikoadjustierten Kapitalrendite, bewältigt werden. Es ist aus dem RAROC-Konzept (RAROC: Risk-adjusted Return on Capital) der Banksteuerung abgeleitet und kann über ein Verständnis des ökonomischen Kapitals (oder Risikokapitals) nahtlos in eine Shareholder-Value-Konzeption überführt werden.

Um die Implikationen dieser Überlegungen für die strategischen Unternehmensentscheidungen aufzuzeigen, werden wir im *Abschnitt 2* zunächst die Frage erörtern, welche Risiken Gegenstand der Betrachtung sind (Typologie), wie ein Unternehmen entscheidet, ob es diese Risiken tragen will und welche Möglichkeiten bestehen, diese Risiken messbar zu machen.

Abschnitt 3 geht der Frage nach, welche Risikotragfähigkeit ein Unternehmen hat und mit welchen Parametern es daher die eigene Kreditwürdigkeit beeinflussen kann. Dabei wird deutlich, dass Risikomanagement der Unternehmung eine Grundvoraussetzung für die Finanzwirtschaft derselben ist.

In *Abschnitt 4* schließlich wird eine einheitliche Steuerung mit Hilfe des Risikokapitalkonzepts dargestellt.

Abschnitt 5 bietet einen Ausblick über die Veränderungen in der makroökonomischen Risikolandschaft und die notwendigen Antworten, die Unternehmen, Kapitalmärkte und Politik entwickeln müssen, um mit einem Bündel neuartiger systemischer Risiken aktiv und gestaltend umzugehen.

2. Risikomanagement als Kernelement des unternehmerischen Kalküls

Risiko als Kernkompetenz des Unternehmers. Risiken außerhalb der Kernkompetenz des Unternehmers. Risiko als Nebenbedingung unternehmerischer Entscheidungen.

Risikomanagement als betriebswirtschaftliches Konzept setzt zunächst ein Verständnis voraus, welchen Risiken Unternehmen überhaupt ausgesetzt sind und welche Eigenschaften ein Ereignis oder eine Entwicklung aufweisen muss, um als Risiko qualifiziert zu werden. Wie definiert sich also Risiko?

Risiko ist ein Einfluss auf das Unternehmen, der mehrere Eigenschaften aufweist:

- Risiko ist unerwartet. Eine erwartete Größe ist planbar, konstituiert also eine Ertrags- oder Kostenposition. Risiko ist gerade die Abweichung von dem, was wir erwarten dürfen.

- Risiko beeinflusst die Cashflows und im Ergebnis die Gewinn- und Verlustrechnung des Unternehmens. Ereignisse ohne gegenwärtigen oder künftigen Bezug zur GuV sind im Sinne dieser Betrachtung nicht relevant.

- Risiko führt im Ergebnis eine Volatilität in die Ergebnisrechnung ein.

- Führt diese Volatilität zu Verlusten, so ist die Eigenkapitalausstattung der Puffer, der das Unternehmen solvent hält.

FUNKTION VON GuV UND BILANZ IM RISIKOMANAGEMENT

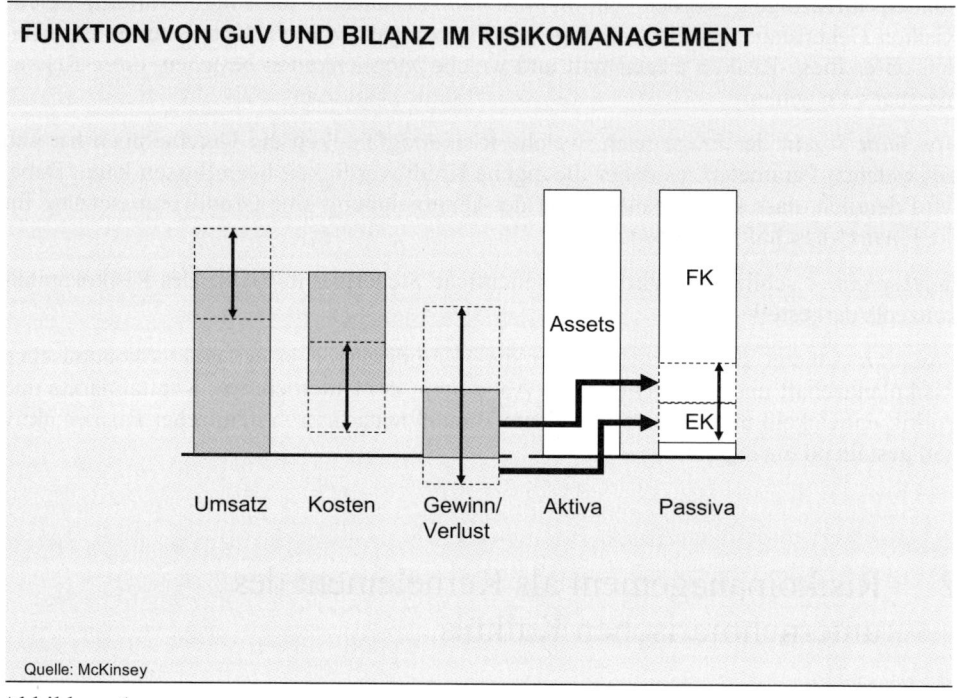

Quelle: McKinsey

Abbildung 1

Bezüglich der möglichen Ursachen von Risiken ist zunächst eine Grobklassifikation sinnvoll. Dabei wird unterschieden zwischen Kreditrisiken, Marktrisiken und operativen Risiken, die sich wiederum in Geschäftsrisiken und Ereignisrisiken zerlegen lassen.

Während Kredit- und Marktrisiken primär die Kernkompetenz von Banken darstellen und Ereignisrisiken Domäne der Versicherungswirtschaft sind, bleiben Geschäftsrisiken im Sinne dieser Typologie Kernelement der unternehmerischen Gestaltung im Nicht-Finanzsektor.

Hierbei wird deutlich, dass die Transformation von Risiken als Geschäftszweck ein konstituierendes Merkmal der Finanzdienstleistung darstellt. Ohne die Notwendigkeit, Risiken zu verstehen und als Intermediär für sie zu dienen, entfällt gewissermaßen die Raison ihrer Existenz:

Kreditrisiko betrifft die Möglichkeit, dass ein Schuldner eine bestehende Forderung nicht bezahlt (Ausfall) oder dass er sich hinsichtlich seiner Bonität verschlechtert (Migration seines Rating).

Marktrisiken entstehen durch die Schwankung von Marktpreisen für Produkte in liquiden Märkten, die Einkauf, Absatz oder Finanzierung des Unternehmens betreffen. Dies bezieht sich in erster Linie auf *Währungsrisiken* (FX), *Investmentrisiken* (Equity), *Zinsrisiken* (IR) und *Rohstoffpreisrisiken*.

Operative Risiken schließlich sind zu trennen in *Geschäftsrisiken* (Volumen- und Margenschwankungen im Absatz, Kostenschwankungen bei Produktionsmitteln) und *Ereignisrisiken* (technisches oder menschliches Versagen, Naturgewalt).

Das Geschäftsrisiko ist im Kern ein unternehmerisches Risiko, während das Ereignisrisiko häufig (aber nicht immer) versicherbar ist.

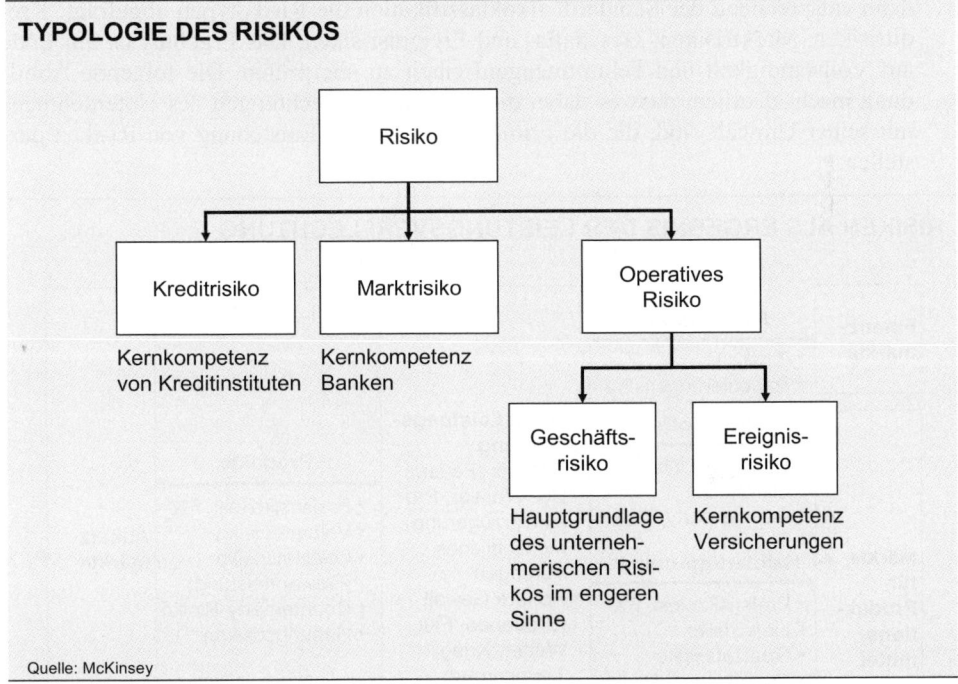

Abbildung 2

Aus dieser Darstellung wird auch klar, worin operatives und strategisches Risikomanagement voneinander zu unterscheiden sind: Operatives RM befasst sich zunächst mit der Identifikation von Risiken und mit der Frage, ob identifizierte Risiken Kernkompetenzen eines Unternehmens darstellen bzw. wie sie vermieden werden können, wenn sie dies nicht sind.

Strategisches Risikomanagement befasst sich mit dem Gleichgewicht von Risikotragfähigkeit insgesamt, Kapitalallokation und Renditezielen auf das durch Risiken gebundene Eigenkapital.

Die operative Fähigkeit, Risiken zu identifizieren, zu messen, zu quantifizieren und zu aggregieren ist dabei Voraussetzung für beides. Bei der Entscheidung, ob ein bestimmtes Risiko eingegangen werden soll, ist daher in drei Schritten vorzugehen:

- *Risikoidentifikation:* Welche Risiken wirken an welcher Stelle auf den Cashflow meines Unternehmens? Diese Identifikation erfolgt in der Regel durch einen systematisch durchgeführten „Risiko-Scan": Jedes Unternehmen hat ein spezifisches Bündel von Risiken. Es gibt jedoch Hilfsmittel der Risikoanalyse, die eine Erfassung beschleunigen und vereinfachen. Startpunkt sollte ein Modell des Unternehmens sein, welches die Wertschöpfung und die Grundstrukturen des Unternehmens-Cashflows transparent macht. Auf die einzelnen Cashflow-Komponenten werden dann entsprechend der Standardrisikoklassifikation die Risikotypen abgefragt: Kreditrisiken, Marktrisiken, Geschäfts- und Ereignisrisiken. Das Ergebnis ist am Ende auf Vollständigkeit und Schnittmengenfreiheit zu überprüfen. Die folgende Abbildung macht deutlich, dass es dabei die Leistungsverflechtungen des Unternehmens mit seiner Umwelt sind, die die primäre Ursache der Entstehung von Risiken darstellen:

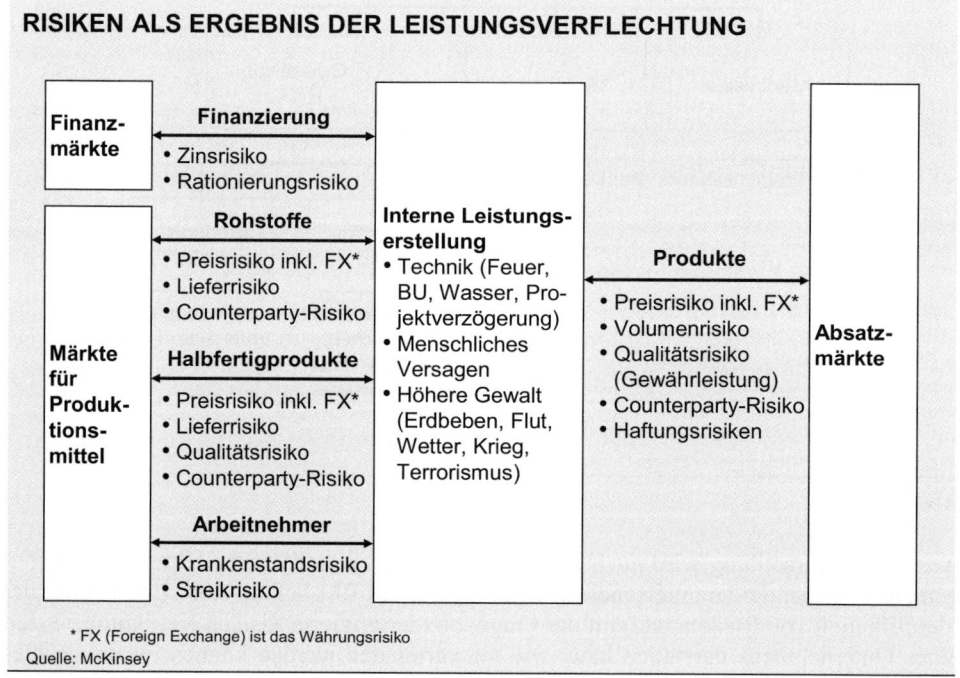

Abbildung 3

- *Risikomessung:* Jedes Risiko hat unterschiedliche Voraussetzungen bezüglich seiner Quantifizierung. Dies betrifft Datenlage und nach dem Stand der Technik verfügbare Methoden. Hier ist eine Kosten-Nutzen-Abschätzung erforderlich, die sich an der Frage orientiert, ob ein bestimmtes, identifiziertes Risiko Kernkompetenz darstellt oder nicht. Festzustellen ist, dass die Technik der Risikomessung in den letzten zehn Jahren Quantensprünge vollzogen hat. Dies hat primär mit der exponentiell ansteigenden Verfügbarkeit von Daten und Rechenkapazität zu tun.

- *Risikonahmeentscheidung:* Ist das erfasste und gemessene Risiko eine Kernkompetenz des Unternehmens? Ist das Unternehmen in der Lage, dieses spezifische Risiko kostengünstiger zu tragen als der Markt, so dass sich eine Überwälzung oder ein Verkauf nicht lohnen? Erzielt das Unternehmen für die Übernahme des Risikos einen Ertrag, der die Höhe des Risikos rechtfertigt? Hat das Unternehmen noch Risikotragfähigkeit zur Verfügung unter der Nebenbedingung der Eigenkapitalrationierung durch das eigene Bonitätsziel? Nur wenn diese Fragen mit „Ja" beantwortet werden können, ist das Risiko in der Bilanz des Unternehmens „gut aufgehoben".

Verfügt das Unternehmen über einen vollständigen Überblick der von ihm getragenen Risiken, so ist es grundsätzlich in der Lage, der resultierenden Volatilität seiner Cashflows Wahrscheinlichkeiten zuzuordnen. Die Summe dieser Wahrscheinlichkeiten bildet eine Verteilung von Cashflow-Szenarien, die die Basis unseres Konzepts der Risikotragfähigkeit bilden.

Da diese Verteilung das Ergebnis eines bestehenden Risikoportfolios ist, lässt sie sich auch durch Risikonahme und Überwälzungsentscheidungen beeinflussen. Dabei stehen dem Unternehmen vier alternative Strategien zur Verfügung:

- Risikonahme auf das eigene Buch, wenn Risikotragfähigkeit gegeben ist und sich das Pricing lohnt

- Risikoverkauf durch Hedging mit Kapitalmarktinstrumenten (z. B. Zins- und Währungsrisiken) oder Versicherungsinstrumente (z. B. bei Betriebsunterbrechungsrisiken, Feuer, Haftpflicht etc.)

- Risikodiversifikation durch gezielte Risikostreuung, also Kombination unterschiedlicher, untereinander negativ oder nicht korrelierter Risiken. Dies setzt jedoch eine Kenntnis der Risiko-Interdependenzen voraus.

- Risikoüberwälzung an Kunden, Lieferanten, Fremdkapitalgeber, den Staat oder Dritte.

In der Regel ist es teurer, Risiken zu halten als abzugeben,

- wenn diese Risiken keine Kernkompetenz des Unternehmens sind. Ob dies für ein bestimmtes Risiko der Fall ist, entscheidet in der Regel die Zugehörigkeit des Unternehmens zu einer Branche

- wenn das Unternehmen keinen Informationsvorsprung bezüglich dieses Risikos gegenüber dem Markt oder Dritten hat (was mit der Kernkompetenz korreliert ist) und

- wenn für ein Risiko ein hoch liquider Markt existiert. Dabei kann ein Unternehmen auch selbst liquide Märkte für bestimmte Risiken schaffen und sich so neue Märkte und Chancen erobern.

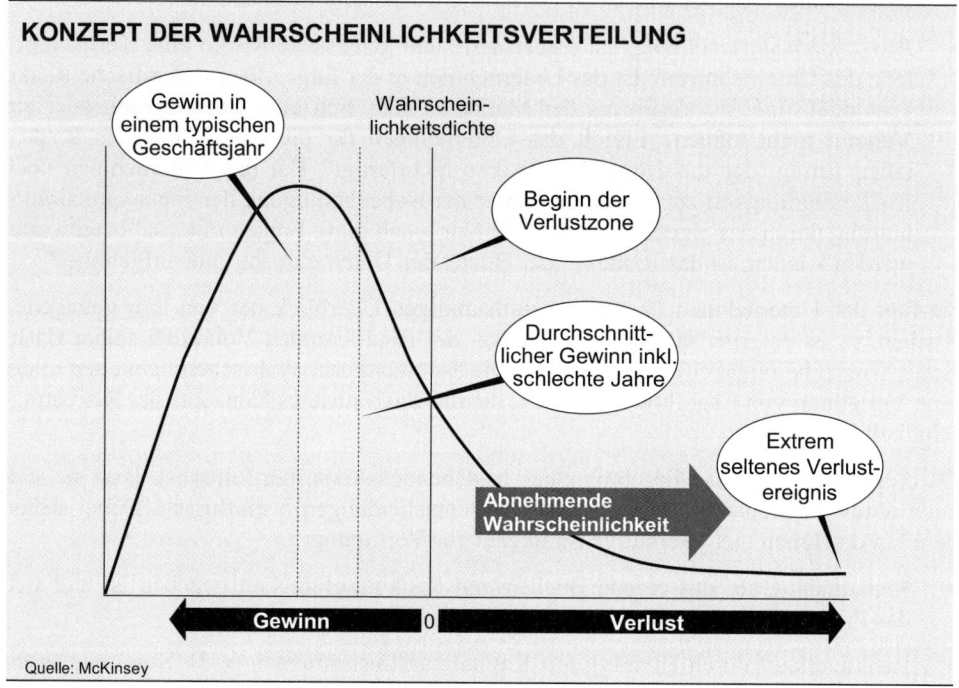

Abbildung 4

Die relevanten Risiken sind dabei stets Nettorisiken. Risiken, die sich im Wertschöpfungsprozess des Unternehmens gegenseitig aufheben, müssen auch nicht „gehedged" oder überwälzt werden. Ein Beispiel hierfür sind Fremdwährungsrisiken im Einkauf und Verkauf.

3.   Risikoneigung Dritter als Nebenbedingung unseres Handelns

Das Unternehmen als Kontrahent im Liefer- und Leistungsgeflecht. Das Unternehmen als Kreditrisiko für Lieferanten und Kreditgeber. Das Rating. Exkurs: Basel II und die Kosten des Fremdkapitals

Die Kenntnis der Verlustverteilung (Abbildung 4) ist das Ergebnis und Ziel eines operativen Risikomanagements. Sie bildet zugleich die Grundlage strategischer Überlegungen, die sich aus dem Konzept der Risikotragfähigkeit ergeben. In unseren bisherigen Ausführungen wurde diese Tragfähigkeit lediglich als Gleichgewicht von Risikokapital und Risikoappetit beschrieben. Die Verfügbarkeit einer Verlustverteilung versetzt uns nunmehr in die Lage, dieses Konzept zu operationalisieren.

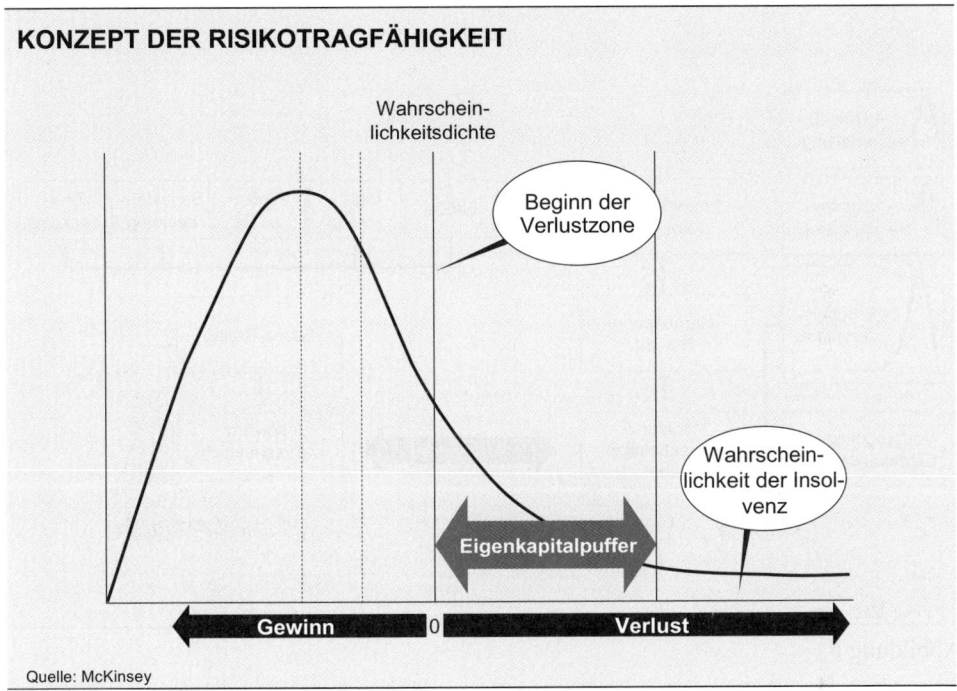

Abbildung 5

Die Kenntnis der Verteilung von Verlustereignissen erlaubt also zugleich eine Aussage über die Wahrscheinlichkeit der Aufzehrung des gesamten Eigenkapitals und damit über die Wahrscheinlichkeit der Unternehmensinsolvenz. Verminderung der Eigenmittel und Erhöhung der aggregierten Risiken führen auch zu einer Erhöhung der Insolvenzwahrscheinlichkeit, die aus Sicht der Kreditgeber eine Ausfallwahrscheinlichkeit darstellt. Zusätzliche Risiken sind daher mit zusätzlichen Fremdkapitalkosten verbunden. Vor dem Hintergrund der Refinanzierungserfordernisse geben sich Unternehmen in der Regel ein eigenes Ziel-Rating, das zugleich Ausdruck der eigenen Risikoneigung ist. Dieses Ziel-Rating ist nichts anderes als eine andere Schreibweise für die tolerierte Ausfallwahrscheinlichkeit des Unternehmens. So steht z. B. AAA für eine Ausfallwahrscheinlichkeit von 0,01 Prozent über einen Zeitraum von zwölf Monaten.

Die Einschätzung der eigenen Ausfallwahrscheinlichkeit als Basis der Kreditkonditionen in der Fremdmittelfinanzierung ist die erste strategische Anwendung des Risikomanagements. Sie ist in der Diskussion um die Implementierung von Basel II in das Zentrum betriebswirtschaftlicher Diskussion gerückt.

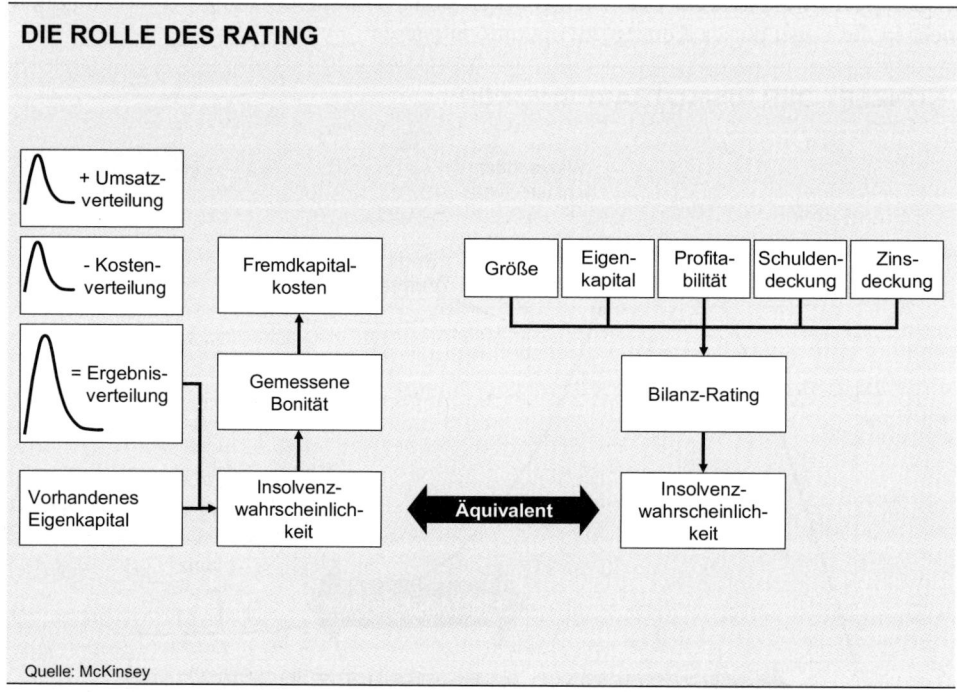

Abbildung 6

Grundsätzlich gibt es zwei Möglichkeiten der Abschätzung einer Unternehmensinsolvenzwahrscheinlichkeit: die Erfassung und Messung aller Risiken und ihre Zusammenfassung in einer Verlustverteilung wie oben beschrieben und die Verwendung von Risikoindikatoren in einem statistisch unterlegten Rating-Verfahren. Letzteres bietet sich primär für eine „Outside-in"-Betrachtung an, da z. B. einer Rating-Agentur oder einem Kreditgeber die Fülle an Informationen zur Modellierung der Verlustverteilung nicht zur Verfügung steht.

Unternehmen, die von Agenturen oder Banken „gerated" werden, müssen sich über mehrere Fragestellungen Klarheit verschaffen:

- Wie wird das Rating meine Fremdkapitalkosten beeinflussen?

- Welche Faktoren bestimmen mein Rating? Wie wird mein Risikoportfolio „outside-in" gemessen?

- Wie optimiere ich mein Rating?

Der Unterschied dieser im Ergebnis eigentlich äquivalenten Konzepte Verlustverteilung und Rating liegt primär in der Genauigkeit ihrer Aussagen.

Der Versuch, das Rating über kurzfristige Veränderungen von Bilanzrelationen zu steuern, ist in diesem Kontext wenig zielführend. Die komplexen Wechselbeziehungen zwischen den einzelnen Messgrößen und Variablen eines Rating führen dazu, dass dies kurzfristig kaum, langfristig überhaupt nicht in eine Verbesserung des Rating-Ergebnisses mündet.

Der strategische Hebel liegt vielmehr in der Übertragung der Entscheidungen auf die tatsächliche Risikosituation auf Kosten-, Ertrags- und Kapitalseite. Letztlich führt nur eine echte Erhöhung der Risikotragfähigkeit auch zu einer nachhaltigen Verbesserung des Rating und damit einer Senkung der Fremdkapitalkosten.

4. Risikokapitalsteuerung oder: Die Verbindung des Debtholder- und des Shareholder-Gedankens

Eigenkapital als Kerngedanke der Risikotragfähigkeit. Das Wechselspiel von Eigenkapitalrendite, risikobereinigter Wertschöpfung, Shareholder Value und Kreditwürdigkeit.

Wie die bisherigen Ausführungen gezeigt haben, stehen Risikoportfolio, Eigenkapital und Fremdkapital in einem komplexen Geflecht von Wirkungsbeziehungen. Es stellt sich die Frage, wie ein Gleichgewicht zwischen diesen Größen im Sinne eines betriebswirtschaftlichen Optimums abgeleitet werden kann.

Hierfür ist es notwendig, eine Zielfunktion und die Nebenbedingungen der Finanzierung und der persönlichen Nutzenfunktion im Sinne des Risikoappetits des Unternehmers zu definieren.

Ziel ist die Maximierung der Rendite auf das durch die Übernahme von Risiken gebundene Eigenkapital. Die Verbindung dieser Zielfunktion mit einer Mindestrendite auf Risikokapital (Hurdle-Rate) stellt die Verbindung des Konzepts zum Shareholder-Value-Paradigma her. Um diese Zielfunktion zu operationalisieren, ist es sinnvoll, zunächst die unterschiedlichen Kapitaldefinitionen genau festzulegen. Wir unterscheiden dabei Eigenkapital, Buchkapital, Goodwill und Risikokapital oder ökonomisches Kapital.

Diese Kapitaldefinitionen spielen in der Zielfunktion unterschiedliche Rollen.

- *Eigenkapital:* Es macht eine Aussage über das im Unternehmen verfügbare Kapital, welches als Risikopuffer agiert. Es setzt sich zusammen aus *Buchkapital* und *stillen Reserven.*

- *Buchkapital:* Auf Basis der Rechnungslegung ausgewiesener Teil des Eigenkapitals. Es umfasst auch den *Goodwill* aus Beteiligungserwerb.

- *Ökonomisches Kapital:* Synonymer Begriff für *wirtschaftliches Kapital* oder *Risikokapital*. Es beschreibt die Menge an Kapital, die erforderlich ist, um bei einem gegebenen Solvenzziel (Rating-Ziel) der Unternehmung ein bestimmtes Risiko oder Portfolio von Risiken tragen zu können.

- *Regulatorisches Kapital:* Unternehmen der Finanzdienstleistung unterliegen zusätzlich dem Zwang, ihr Risikoportfolio nach bestimmten Regeln mit einer Mindestmenge an Kapital zu unterlegen, um regulatorische Solvabilität zu erzielen. Das Konzept ist an das ökonomische Kapitalkonzept angelehnt, weicht jedoch in der Ausgestaltung oft erheblich davon ab. Beispiele für regulatorische Kapitalkonzepte sind Basel I und Basel II sowie die Solvabilitätsvorschriften für Versicherungsunternehmen des BaFin.

Das ökonomische Kapitalkonzept bildet die Basis unseres Optimierungsparadigmas. Der Erfolg wird gemessen als Rendite auf das risikoadjustiert gebundene Kapital (RAROC).

Diese Renditegröße ist im Kern mit wenigen Variablen zu beschreiben:

+ Ertrag	+ Ergebnis
- Kosten	/ Risikokapital
= Ergebnis	= RAROC

Die Verbindung dieser Größe zum Shareholder Value ergibt sich über das Kapitalkostenkonzept. Liegt die risikoadjustierte Rendite einer Investition höher als die Mindestverzinsung am Kapitalmarkt, so wird Shareholder Value geschaffen, liegt sie darunter, so wird Shareholder Value zerstört.

Abbildung 7 macht deutlich, wie RAROC, GuV-Sicht und Wertsicht ineinander greifen.

Dabei ist es entscheidend, dass die Kapitalallokation auf Basis der risikogetriebenen Verlustvolatilität und der Zielsolvenz des Unternehmens abgeleitet ist. Dieser stellt die einheitliche Sicht zwischen Optimierungskalkül der Debtholder und der Shareholder sicher.

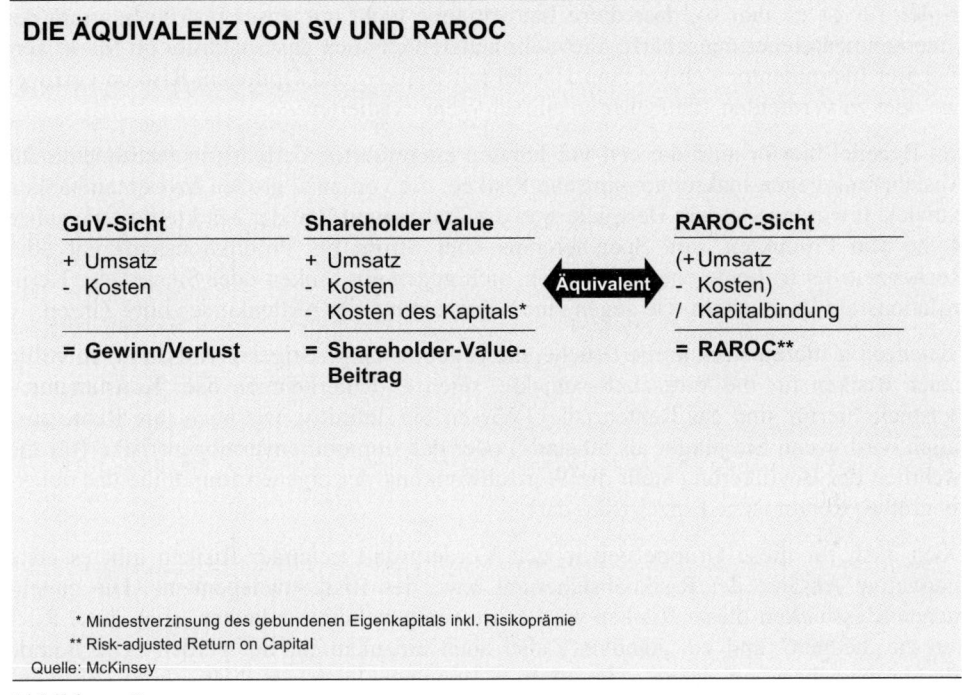

DIE ÄQUIVALENZ VON SV UND RAROC

GuV-Sicht	Shareholder Value		RAROC-Sicht
+ Umsatz	+ Umsatz		(+ Umsatz
- Kosten	- Kosten	**Äquivalent**	- Kosten)
	- Kosten des Kapitals*		/ Kapitalbindung
= Gewinn/Verlust	= Shareholder-Value-Beitrag		= RAROC**

* Mindestverzinsung des gebundenen Eigenkapitals inkl. Risikoprämie
** Risk-adjusted Return on Capital
Quelle: McKinsey

Abbildung 7

5. Ausblick: Wie Innovationen im Risikomanagement unsere wirtschaftlichen Perspektiven verändern werden

Die neuen systemischen Risiken. Die neuen individuellen Risiken. Brauchen wir eine Revolution der Fähigkeit zum Risiko?

Die vorangestellten Ausführungen haben gezeigt, dass Risikomanagement in der Unternehmenssteuerung heute einen anderen, umfangreicheren Anspruch stellt, als dies noch vor wenigen Jahren der Fall war. Auf die Tatsache, dass dies durch Innovationen im Datenmanagement und bei der verfügbaren kostengünstigen Rechenkapazität zurückzuführen ist, wurde dabei nur am Rande eingegangen.

In der Tat ist es aber so, dass diese Innovationen nicht nur unser Instrumentarium der Unternehmenssteuerung schärft. Vielmehr ändert sich auch das Spektrum im Markt verfügbarer Instrumente, Vehikel zum Handel mit Risiken und Optionen, Risiken einzugehen oder zu vermeiden, die früher so einfach nicht existierten.

Ein Beispiel hierfür sind die erst vor kurzem eingeführten derivativen Instrumente zur Absicherung gegen makroökonomische Risiken, die von zwei großen Investmentbanken entwickelt wurden. Andere Beispiele sind die Etablierung liquider Märkte für eine ganze Reihe von Produkten, von Speicherchips über Strom bis Produktionskapazität oder Rechenzeit. Es ist heute ebenso möglich, sich gegen ein Sinken oder Steigen der Kerninflationsrate abzusichern wie gegen eine Schwankung von Aktienkursen oder Zinsen.

Gleichzeitig führen strukturelle Brüche, die Ergebnis langfristiger Trends sind, zu völlig neuen Risiken für die Wirtschaftssubjekte, seien es Unternehmen oder Konsumenten. Beispiele hierfür sind das Rentenrisiko (Wissen Sie definitiv, wie hoch Ihre Rente ausfallen wird, wenn Sie jünger als 50 sind?) oder das Immobilienvermögensrisiko (für die Mehrheit der Bevölkerung stellt die Wertschwankung der eigenen Immobilie das objektiv größte ökonomische Einzelrisiko dar).

Doch auch für diese Gruppe neu in den Vordergrund tretender Risiken gibt es erste innovative Ansätze der Risikoabsicherung bzw. des Risikomanagements. Die zunehmende Messbarkeit dieser Risiken wird es in wenigen Jahren erlauben, auch diese Risiken zu „hedgen" und zu „handlen", also auch einzukaufen. So werden neue liquide Märkte entstehen, auf denen z. B. künftige Rentenzahlungen risikobereinigt abdiskontiert ge- und verkauft werden können. Andere neue Instrumente werden die Produktionsmittel oder Absatzmärkte von Unternehmen oder Branchen betreffen, wieder andere die Entwicklung politischer Variablen, wie z. B. den Korruptionsindex eines Landes, den Ausgang von Wahlen oder die Änderung von Steuern. SHILLER führt dieses Potenzial in seinem neuen Werk „The New Financial Order" eindrucksvoll aus.

Noch ist nicht völlig klar, wie diese neue Welt des Risikos aussehen wird. Unterschiedliche Ideen stehen miteinander im Wettbewerb. Klar ist jedoch, dass die Unternehmen mit der Verfügbarkeit dieser neuen Instrumente im Risikomanagement völlig neue Optionen erhalten werden. Sie können sich künftig auf einer sehr viel detaillierteren Ebene entscheiden, ob sie ein Risiko noch als Kernkompetenz ansehen oder sich dagegen absichern. Gleichzeitig wird die Fähigkeit, das eigene Risikoportfolio zu identifizieren, zu messen und zu steuern mit der zunehmenden Transparenz auch von den Kapitalmärkten bewertet. Für börsennotierte Unternehmen heißt das: Schlechtes Risikomanagement wird mit einem Abschlag der Bewertung bestraft; die Fähigkeit, Eigenmittel im Markt zu bekommen, wird dadurch eingeschränkt. Für alle Unternehmen bedeutet es zugleich Einbußen bei der Kreditwürdigkeitsprüfung, dem Rating. Das wiederum resultiert in zusätzlichen Zinskosten – Kosten, die im Wettbewerb entscheidend sein können.

Fazit: Risikomanagement ist heute ein Element des Wettbewerbs. Es wird in Zukunft diese Rolle noch viel entscheidender einnehmen. Zeit, sich vorzubereiten.

Literaturverzeichnis

SCHUMPETER, J. A. (1911): Theorie der wirtschaftlichen Entwicklung, München: 1911.

SHILLER, R. J. (2003): The New Financial Order: Risk in the 21st Century, Princeton: 2003.

Michael Muth/Bernhard Brinker

Einfluss Institutioneller Anleger auf Führung und Strategie börsennotierter Unternehmen

Dr. Michael Muth ist Mitglied des weltweiten Advisory Board bei McKinsey & Company, Inc. Dr. Bernhard Brinker ist Pincipal bei McKinsey & Company, Inc.

1. Einleitung

Deutsche Blue-Chip-Aktiengesellschaften mussten in den letzten Jahren – bis auf wenige Ausnahmen – enorme, in der Geschichte der Bundesrepublik beispiellose Wertverluste hinnehmen. Auf die Ergebniseinbrüche und hochschnellenden Wertberichtigungen in Einzelunternehmen, aber auch ganzen Branchen reagierten Medien und Öffentlichkeit mit zum Teil erstaunlicher Ungerührtheit.

Einmal mehr zeigte sich, dass Eigentümerinteressen in deutschen Aktiengesellschaften keine starken Fürsprecher haben. Offener Widerspruch gegen als wertvernichtend eingeschätzte Managemententscheidungen kam nur von den traditionell schwachen Schutzgemeinschaften der Klein- und Kleinstaktionäre – sowie vereinzelt von Fondsgesellschaften wie etwa DWS Investment oder SEB Investment. Damit meldeten sich erstmals auch in Deutschland Vertreter der Institutionellen Anleger kritisch zu Wort, die im angloamerikanischen Wirtschaftsraum bereits seit längerer Zeit maßgeblichen Einfluss auf Unternehmensführung und -entwicklung ausüben.

Als Gruppe betrachtet, gehören Institutionelle Anleger (IA) hierzulande schon lange zum etablierten Investorenkreis. Seit den 90er Jahren haben jedoch gerade jene an Bedeutung gewonnen, die selbst unter hohem Performance- und Profilierungsdruck stehen: Investment- und Asset-Management-Gesellschaften sowie international agierende Pensionsfonds meist angelsächsischer Provenienz. Spätestens mit der Etablierung branchenweiter deutscher Pensionsfonds/-kassen im Zuge der Reform der betrieblichen Altersvorsorge („Riester II") werden die IA in die Lage versetzt, zunehmenden Einfluss auf deutsche Aktiengesellschaften auszuüben. Die entscheidende Frage ist, wie sie die ihnen rapide zuwachsende neue Gestaltungsmacht gebrauchen werden. Unklar ist, welchen Beitrag die IA überhaupt zu Unternehmensführung und Strategie leisten können, ja ob ihre Einflussnahme grundsätzlich wünschenswert ist.

2. Institutionelle Anleger auch in Deutschland auf dem Vormarsch

Institutionelle Anleger repräsentieren traditionell ein breites Spektrum von Investoren: Versicherer, Investmentgesellschaften, private und öffentliche Pensionsfonds, Stiftungen sowie kirchliche und gemeinnützige Versorgungseinrichtungen. Typischerweise halten sie 1 bis 5 Prozent der Aktien eines Portfoliounternehmens, meist ohne eigene Vertreter im Aufsichtsrat. Interesse an Fragen der Unternehmensführung und -strategie zeigen in der Regel nur mittel-/langfristig orientierte aktive IA, wie Growth Funds, sowie passive IA mit häufig indexgebundenen Anlagen, z. B. Pensionsfonds, die ihre Beteiligungsportfolios nicht nach Belieben ändern können. Ohne Belang sind in dem hier diskutierten Zusammenhang erfahrungsgemäß Kurzfristanleger (beispielsweise Hedge-Fonds) sowie streng weisungsgebundene IA, etwa unternehmenseigene Versorgungseinrichtungen.

Seit den 90er Jahren sind die IA auch in Deutschland eindeutig auf Expansionskurs. Von 1991 bis 2000 konnten sie ihren Anteil an der Marktkapitalisierung fast verdoppeln – von 17 auf 33 Prozent. Gemessen am Marktanteil US-amerikanischer IA (derzeit 61 Prozent) ist diese Quote allerdings immer noch relativ niedrig, was durchaus als Indikator für weiteres Wachstumspotenzial zu verstehen ist (Abbildung 1).

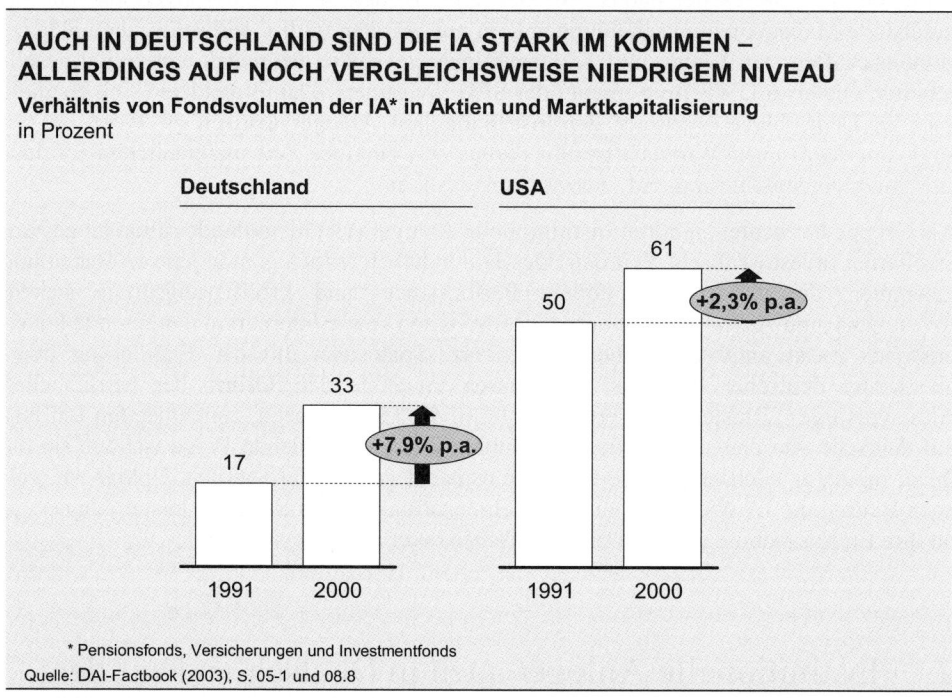

**AUCH IN DEUTSCHLAND SIND DIE IA STARK IM KOMMEN –
ALLERDINGS AUF NOCH VERGLEICHSWEISE NIEDRIGEM NIVEAU**
Verhältnis von Fondsvolumen der IA* in Aktien und Marktkapitalisierung
in Prozent

Deutschland   USA

* Pensionsfonds, Versicherungen und Investmentfonds
Quelle: DAI-Factbook (2003), S. 05-1 und 08.8

Abbildung 1

Gerade Fondsgesellschaften und Versicherer profitierten überproportional vom Börsenboom der 90er Jahre und dem wachsenden Zustrom privater Kapitalanleger. Insbesondere Kleinanleger investierten zunehmend in Investmentfonds und fondsgebundene Kapitallebensversicherungen – aus der richtigen Erkenntnis, dass individuelle Anlagen am Aktienmarkt (unter dem Gesichtspunkt der Risikodiversifikation) erst ab einem Volumen von mindestens 500.000 EUR Sinn machen.

Auch wenn die Aktieneuphorie gegenwärtig etwas abgeklungen ist, so wird sich doch der Trend zum Pooling von Kapitalanlagen und damit der Vormarsch der IA weiter fortsetzen. Vieles spricht dafür, dass sich in Deutschland – vor allem im Zuge von „Riester II" – eine ähnliche Entwicklung wie in den USA und Großbritannien vollziehen wird. Dort dominieren IA schon seit Anfang der 90er Jahre die Investorenszene. Inzwischen halten sie – als Gruppe betrachtet – substanzielle Beteiligungen an vielen US-amerikanischen und britischen Aktiengesellschaften. Für angelsächsische Unternehmensvorstände gehört es daher längst zum Tagesgeschäft, regelmäßig den IA Bericht zu erstatten und mit ihnen über Fragen der Unternehmensentwicklung und -strategie zu diskutieren. Nicht nur Shareholder-Aktivisten wie Warren Buffet (Berkshire Hathaway) und CalPERS („The California Public Employees' Retirement System"), auch weniger interventionistische IA nutzen solche „One-on-One"-Gespräche als Forum, um Einfluss auf die Führung ihrer Portfoliounternehmen zu nehmen und ihre Erwartungen hinsichtlich Unternehmens-Performance und -entwicklung deutlich zu machen.

Was in angelsächsischen Unternehmen die Regel und in deutschen noch die Ausnahme ist, könnte für den Wirtschaftsstandort Deutschland einen echten Entwicklungssprung darstellen. Profitieren würden davon vor allem bisher international weniger beachtete Aktiengesellschaften mit einer noch vorwiegend nationalen Aktionärsbasis.

3.   „Shareholder Value": In deutschen Aktiengesellschaften bisher nur unzureichend wahrgenommen

Vergleicht man die Entwicklung von Aktionärsrendite und Kapitalkosten in Deutschland, so lagen seit 1974 die erzielten Renditen insgesamt nur in 13 von 30 Jahren über den anfallenden Kapitalkosten – d. h., nur in diesen Jahren wurde „Shareholder Value" geschaffen. Im langjährigen (geometrischen) Durchschnitt betrug die Aktionärsrendite (Kursgewinne und Dividende) nur 8,2 Prozent p.a., während die Kapitalkosten sich auf 10,9 Prozent p.a. beliefen. Auch der Börsenboom am Ende der 90er Jahre änderte wenig an der mit -2,7 Prozent (unter Berücksichtigung der Kapitalkosten) negativen langfristigen Renditeentwicklung. Ganz anders die Verhältnisse im angelsächsischen Raum: In Großbritannien übertrifft die Aktionärsrendite die Kapitalkosten im Vergleichszeitraum um durchschnittlich 1,6 Prozent p.a.; in den USA immerhin noch um 0,6 Prozent p.a. (Abbildung 2).

Der unzureichenden Eigenkapitalverzinsung entspricht hier zu Lande eine ebenso schwache Stellung der Aktionäre. Abgesehen von der Grundsatzentscheidung, Anteile zu kaufen oder zu verkaufen, sind die Einflussmöglichkeiten der Aktionäre in Deutschland immer noch gering. Nach wie vor haben, anders als etwa in den USA, Unternehmen mit Blockholdings, große Geschäftsbanken und nicht zuletzt der Staat entscheidenden Einfluss auf die börsennotierten Unternehmen (Abbildung 3).

Mag die „Deutschland AG" mit ihrer Hausbanken-/Kreditkultur, den Überkreuzbeteiligungen von Großunternehmen, wechselseitigen Mitgliedschaften in Aufsichtsräten, kartellierten Arbeitgeber-/nehmer-Beziehungen sowie dem Staat als oberstem Interventionsorgan auch ein Auslaufmodell sein, auf den Hauptversammlungen deutscher Aktiengesellschaften dominieren weiterhin die traditionellen Stakeholder. Gestützt auf ihre Blockholdings, aber auch auf übertragene Stimmrechte von Depotkunden, üben vor allem die großen Geschäftsbanken einen beherrschenden Einfluss auf HV-Entscheidungen aus, zum größten Teil in bestem Einvernehmen mit den Vorständen der Portfoliounternehmen. Vorrangige Bedeutung für Banker und Manager haben in aller Regel Stabilität und Sicherheit des Geschäftsbetriebs; Gläubigerschutz kommt vor der Wahrnehmung von Aktionärs- und Renditeinteressen.

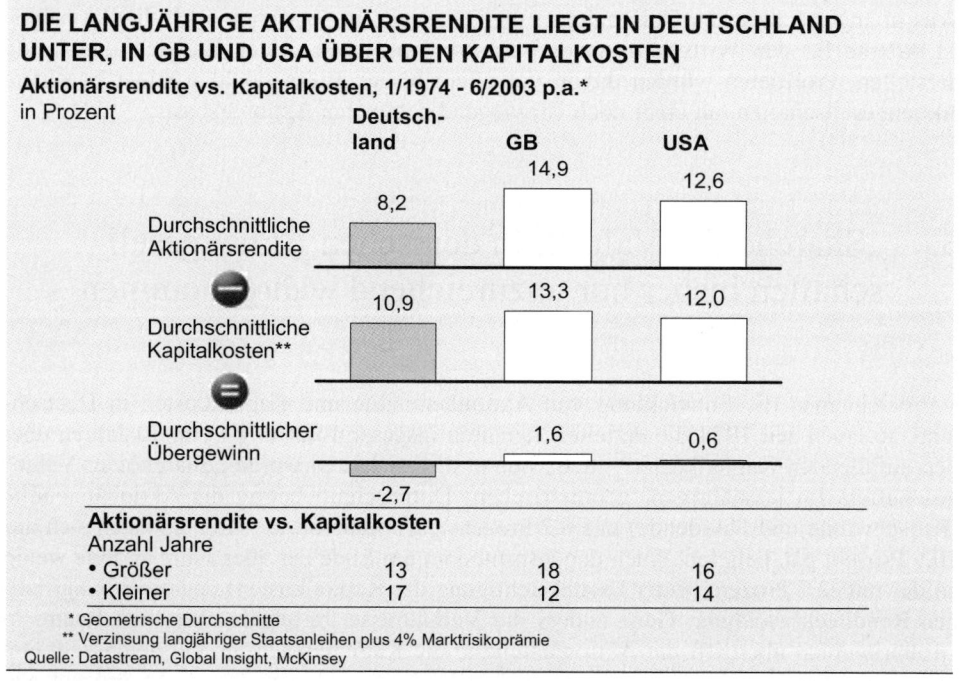

Abbildung 2

Den Einzelaktionären fehlt es nicht nur an Durchsetzungskraft, sondern meist auch an spezifischen Informationen – etwa im Rahmen einer laufenden Quartalsberichterstattung entsprechend dem GAAP- oder dem IAS-Standard –, um wirklich für die Unternehmensführung relevante HV-Initiativen zu starten. In der Regel bleiben sie deshalb den HVs von vornherein fern; lediglich 51 Prozent der Stimmrechte sind derzeit noch im Durchschnitt auf deutschen HVs vertreten – mit fallender Tendenz (Abbildung 4). Treten Einzelaktionäre überhaupt aktiv in Erscheinung, so überwiegen häufig Selbstdarstellungs-interessen.

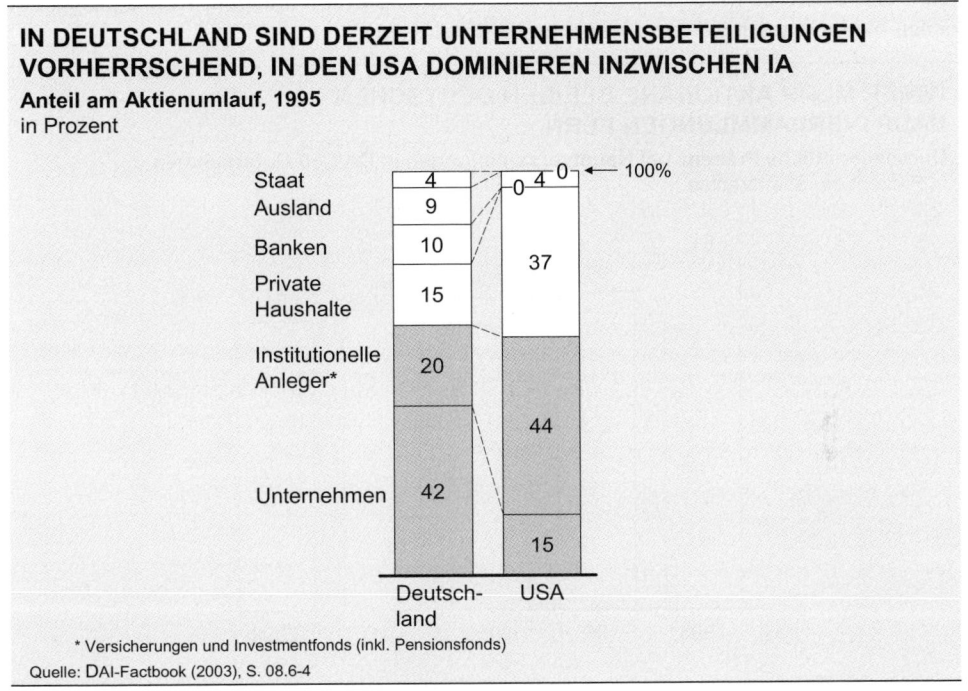

IN DEUTSCHLAND SIND DERZEIT UNTERNEHMENSBETEILIGUNGEN VORHERRSCHEND, IN DEN USA DOMINIEREN INZWISCHEN IA

Anteil am Aktienumlauf, 1995
in Prozent

* Versicherungen und Investmentfonds (inkl. Pensionsfonds)
Quelle: DAI-Factbook (2003), S. 08.6-4

Abbildung 3

Auch der Aufsichtsrat (als Kontrollgremium des Managements) nimmt häufig nicht pri-mär die Performance-Interessen der Eigentümer wahr. Paritätisch besetzt mit Arbeit-nehmervertretern – zu einem Drittel bei Unternehmen ab 500 Mitarbeitern, zur Hälfte bei Unternehmen ab 2.000 Mitarbeitern – sowie mit Repräsentanten der Banken und an-derer Großaktionäre, beschränken sich deutsche Aufsichtsräte vielfach auf formale Kon-trollführung. Rendite-/Wertsteigerungserwartungen der Eigenkapitalgeber können so zwangsläufig nur nachrangig verfolgt werden.

Inzwischen liegt, von der Cromme-Kommission am 21. Mai 2003 endgültig verabschie-det, der neue deutsche *Corporate Governance Code* vor: Mit dem expliziten Ziel, die Rechte der Aktionäre zu „verdeutlichen", schafft der Kodex Transparenz bei Vorstands- und Aufsichtsratsvergütungen und stärkt die Unabhängigkeit der Abschlussprüfer. Zudem begrenzt er die Anzahl früherer Vorstände im Aufsichtsrat auf maximal zwei und untersagt AR-Mitgliedern die Ausübung von Führungs- bzw. Beratungsaufgaben in relevanten Konkurrenzunternehmen. Gleichwohl stellt der Kodex lediglich einen ersten Schritt in die richtige Richtung dar. Denn im Wesentlichen beschränkt er sich auf for-male Gesichtspunkte der Corporate Governance, d. h. Strukturen und Prozesse. Auf

Fragen der inhaltlichen Ausgestaltung, etwa zum Verhältnis von Aufsichtsrats- und Vorstandsvorsitzendem oder zur Beurteilung der Leistung von Aufsichtsräten, geht er kaum ein. Überdies liefert er lediglich unverbindliche Empfehlungen; Konsequenzen zu ziehen bleibt weitgehend den Unternehmen überlassen.

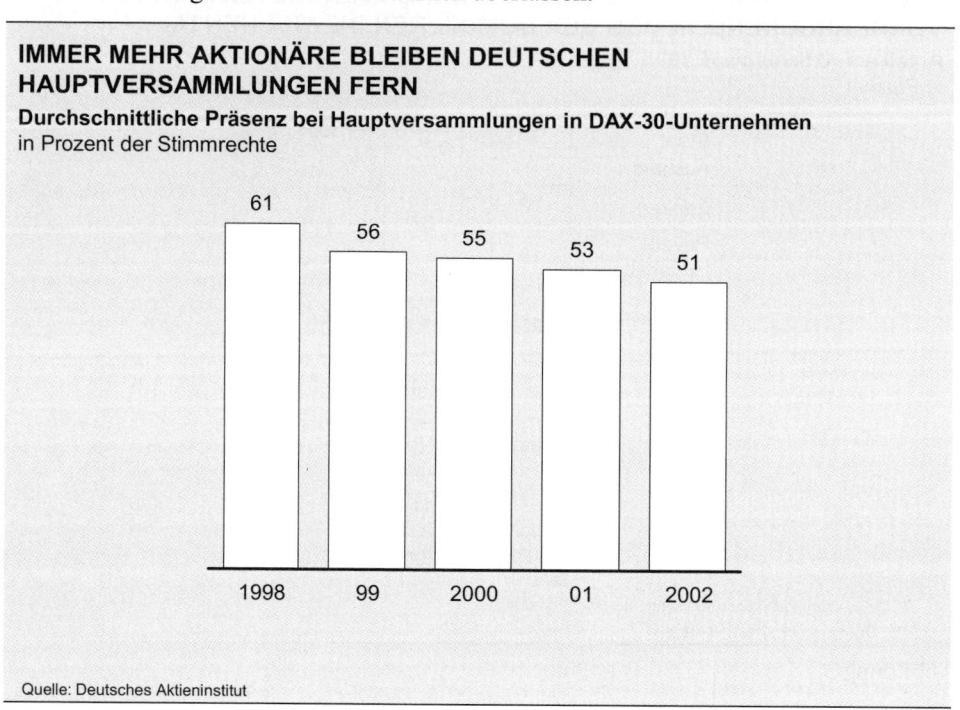

IMMER MEHR AKTIONÄRE BLEIBEN DEUTSCHEN HAUPTVERSAMMLUNGEN FERN

Durchschnittliche Präsenz bei Hauptversammlungen in DAX-30-Unternehmen
in Prozent der Stimmrechte

Quelle: Deutsches Aktieninstitut

Abbildung 4

Substanzielle Verbesserungen sind – zumindest auf kürzere Sicht – auch nicht von Seiten des Gesetzgebers zu erwarten. Derzeit so gut wie auszuschließen ist eine Reform des Mitbestimmungsrechts oder die Einführung eines gesetzlich geregelten Verfahrens zur Ausübung des Stimm- und Vorschlagsrechts bei Hauptversammlungen, etwa nach US-Vorbild. Wesentlicher Vorteil des amerikanischen „Proxy-Verfahrens" ist die Verpflichtung der Unternehmen, den Aktionären *alle* relevanten Informationen/Unterlagen zur Unternehmensentwicklung sowie zur Neuwahl des Auditors und des Board of Directors *vorab* zugänglich zu machen. Sollte sich das Management etwa außer Stande sehen, abweichende Wahlvorschläge bzw. Resolutionen oppositioneller Aktionäre in die offiziellen Proxy-Unterlagen aufzunehmen, so muss es den Dissidenten zumindest die Anschriften aller Aktionäre überlassen, damit diese kontaktiert werden können – was häufig genug den Ausgangspunkt für spätere Übernahmeversuche darstellt.

Wenig zu erwarten ist in Deutschland auch von gelegentlichen Versuchen, die Interessen der Einzelaktionäre stärker zu bündeln und konzertiert wahrzunehmen. Natürlich muss es Aktionärsaktivisten und Schutzvereinigungen unbenommen bleiben, sich die Stimmrechte von Aktionären übertragen zu lassen, das Abstimmungsverhalten in HVs zu koordinieren oder Aufsichtsratsmandate zu fordern. Ungelöst und wahrscheinlich unlösbar bleiben dabei die Professionalisierungsprobleme. Aktionärsverbände können personell einfach nicht mit Banken- und Managementrepräsentanten konkurrieren. Echtes „Interessen-Pooling" scheitert in aller Regel an mangelnder Informiertheit und Artikulationsfähigkeit vieler Klein- und Kleinstaktionäre.

Vor diesem Hintergrund ist die Frage, *wie* die Eigentümerrechte der Aktionäre nachhaltig gestärkt werden können, für Deutschland neu zu stellen. Von den Voraussetzungen her sind allein die IA als Gruppe im Stande, sachwaltend auch für andere Aktionärsgruppen die Eigentümerposition in deutschen Unternehmen wahrzunehmen, indem sie gegenüber Management und Aufsichtsrat legitime Aktionärsinteressen artikulieren und durchsetzen.

4.   Konsequente Ausrichtung auf Wertsteigerung: Was können und sollen Institutionelle Anleger zu Unternehmensführung und -strategie beitragen?

Anders als Vorstand und Aufsichtsrat, die dem *de facto* bestehenden Zielepluralismus im Unternehmen Rechnung tragen (müssen), können IA eine klare Aktionärsperspektive einbringen – ausgehend vom Leitziel allen unternehmerischen Handelns, den Unternehmenswert ebenso nachhaltig wie kontinuierlich zu steigern. Mit ihrer gesamtheitlichen Sicht auf Ergebnisse, Aktivitäten, Planungen und Ziele des Unternehmens können sie dem Management einen umfassenden Orientierungs- und Handlungsrahmen vorgeben. Denn ihre Rolle als Outside-in-Betrachter ermöglicht es, nicht nur die Einschätzungen und Erwartungen des Kapitalmarkts weiterzugeben, sondern auch Best-Practice-Erfahrungen aus der Zusammenarbeit mit vergleichbaren anderen Unternehmen zu vermitteln.

Damit sind sie im Prinzip im Stande, Forderungen zu Performance, Corporate Governance und – soweit wünschenswert und angebracht – zu Strategie und operativer Führung zu formulieren und deren Realisierung anzumahnen. Welche Mittel sie dazu benutzen und mit welcher Entschlossenheit sie ihre Investorenziele zu verfolgen suchen, hängt dabei grundsätzlich ab vom Selbstverständnis und Investitionsstil, aber auch von spezifischen Fertigkeiten und Handlungsspielräumen der einzelnen IA.

Die laufende Verfolgung der Aktivitäten von Portfoliounternehmen und vor allem die inhaltliche Einflussnahme auf Unternehmensführung und -strategie stoßen in der Praxis allerdings bisher auf erhebliche Hürden: Der Aufbau adäquater Monitoring-Ressourcen und -Expertise ist mit einem erheblichen Zeit- und Kostenaufwand verbunden. Eine zu große Nähe zum Management, und insbesondere die Repräsentanz in Aufsichtsräten/Boards of Directors, könnten zudem Insiderbeziehungen schaffen und die Handlungsspielräume des IA einschränken. Nach den US-amerikanischen Insiderregeln müssen beispielsweise Investoren eventuelle Veräußerungsgewinne an ihr Portfoliounternehmen abführen, wenn sie über 10 Prozent der Aktien besitzen, im Board vertreten sind und ihr Aktienpaket weniger als sechs Monate gehalten haben. Überdies begründet eine explizit bestehende Kontrollmöglichkeit nach US-Recht grundsätzlich eine Mithaftung des IA, falls das Portfoliounternehmen gegen rechtliche Regelungen verstoßen sollte. Und nicht zuletzt rufen IA-Interventionen, wenn sie bekannt werden, zwangsläufig Trittbrettfahrer auf den Plan, die möglichst ohne Eigenaufwand an kurzfristigen Wertveränderungen partizipieren wollen („Free-Rider-Effekte"). Das letztere Problem könnte allenfalls entschärft werden durch eine intensivere Zusammenarbeit bzw. ein Interessen-Pooling führender IA, in Verbindung mit einer Teilung des damit verbundenen Aufwands.

So verwundert es nicht, dass selbst in den USA und Großbritannien immer noch viele IA, z. B. Mutual Funds wie Fidelity und Vanguard, aber auch private Pensionsfonds, die miteinander im Wettbewerb stehen, nach Möglichkeit auf jede (explizite) Einflussnahme verzichten und sich entschieden weigern, ihr Abstimmungsverhalten bei Proxy-Verfahren offen zu legen.

Inzwischen ist jedoch ein gewisses Umdenken auf Seiten der IA erkennbar. Die alte „Wall Street Rule", entweder dem Topmanagement zu folgen oder die Beteiligung zu verkaufen, hat viel an Plausibilität verloren. Stattdessen setzt sich immer mehr die Einschätzung durch, dass es grundsätzlich vorteilhafter ist, die Entwicklung der eigenen Kapitalbeteiligung selbst (mit) zu beeinflussen. Denn kontinuierliche, langfristige Wertsteigerung schafft eine Win-Win-Situation für alle und mindert so am besten das Anlagerisiko.

Vor diesem Hintergrund mussten die Erfolge von IA, die offen auf die Generierung von langfristigem „Shareholder Value" und die systematische Einflussnahme auf Unternehmensentscheidungen setzen, zwangsläufig besonderes Aufsehen erregen: Erwähnenswert sind in diesem Zusammenhang vor allem *Public Pension Funds*, wie CalPERS oder TIAA-CREF („Teachers Insurance and Annuity Association College Retirement Equities Fund"). Solche Fonds müssen meist schon auf Grund der Höhe und ggf. der Indexbindung ihrer Beteiligungen Aktienpakete über sehr lange Zeiträume halten; zudem sind sie durch Gesetz (Employment Retirement Security Act, 1974) und durch Anweisungen des US-Arbeitsministeriums (Avon Letter, 1988, und Monks Letter, 1990) verpflichtet, ihre Shareholder-Rechte bei Proxy-Veranstaltungen nachweislich wahrzunehmen. Daneben gerieten gerade in den 90er Jahren *„Friendly Activists"*, wie etwa Berkshire Hathaway oder Relational Investors, zunehmend ins Blickfeld der Öffentlichkeit. Diese bekennen sich explizit zu einer interventionistischen Anlagepolitik und greifen ggf. auch direkt in Unternehmensführung und -strategie ein.

Modellcharakter haben die Vorgehensweisen von CalPERS und Berkshire Hathaway, weil sie – über Ad-hoc-Aktivitäten hinaus – jeweils eine Gesamtkonzeption verfolgen und in ihrer Unterschiedlichkeit das Spektrum der Möglichkeiten aufzeigen. Im 5-Stufen-Schema von Gordon und Pond ist CalPERS nach eigenem Bekunden auf Stufe 1 („least active"), Berkshire Hathaway dagegen eher auf Stufe 5 („act as owner") einzuordnen.

4.1   Strategische Rahmensetzung: Das Modell von CalPERS

CalPERS ist der bekannteste Vertreter interventionistischer US-Pensionsfonds und mit Assets von derzeit ca. 138 Milliarden USD (April 2003) auch größter öffentlicher Anlagefonds der USA. In den letzten Jahren hat er seine Anlageaktivitäten – über die USA hinaus – zunehmend auf den EU-Raum ausgeweitet. Eines der selbst gesteckten Ziele von CalPERS ist, auch die Unternehmen seines Deutschland-Portfolios für eine aktionärsfreundlichere Geschäftspolitik zu gewinnen.

CalPERS verzichtet bewusst auf Repräsentanz in Aufsichtsräten/Board of Directors und hält indexgebundene Beteiligungen an Portfoliounternehmen in den USA z. T. direkt oder über Fonds, im Ausland generell nur über Fonds als Intermediäre. Unterstützt von externen Beratern, betreibt CalPERS ein systematisches Outside-in-Monitoring seiner Portfoliounternehmen. Bei der Einflussnahme konzentriert sich CalPERS in erster Linie auf die Durchsetzung vorbildlicher Corporate Governance: exakte Einhaltung der Accounting Standards, Berufung einer Mehrheit unabhängiger, hoch qualifizierter Outside Directors in das Board of Directors; Kontrolle der Outside Directors über die für US-Unternehmen zentralen Excutive, Audit, Nomination und Compensation Committees etc. Ergänzend dazu sucht CalPERS in regelmäßig stattfindenden One-on-One-Gesprächen den Kontakt zum Topmanagement sowie insbesondere zu den Outside Directors, um seine Erwartungen an Performance, Corporate Governance sowie – soweit angebracht – an Unternehmensziele und -strategie zu vermitteln.

Insgesamt umfasst das Beteiligungsportfolio von CalPERS derzeit ca. 1.200 Unternehmen, die regelmäßig einem intensiven Screening unterzogen werden. Dazu werden jährlich in einem ersten Schritt nach standardisierten Kriterien – zu Performance, Corporate Governance etc. – jeweils die problematischen 50 „Underperformer" herausgefiltert. In einem zweiten Schritt werden dann daraus (wiederum nach standardisierten Kriterien) die zehn auffälligsten Kandidaten in einer Shortlist zusammengefasst, der so genannten „Focus List". Diese Focus List wird alljährlich veröffentlicht – verbunden mit klaren Forderungen an das Management, die beanstandeten Mängel zu beseitigen bzw. die entsprechenden Maßnahmen zu ergreifen. Geht das Management nicht in ausreichendem Maße auf die Forderungen ein, so droht CalPERS mit einem Shareholder Proposal, der Einschaltung der Outside Directors oder in gravierenden Fällen mit der Einleitung eines Proxy-Verfahrens mit dem Ziel, das Führungsteam des Unternehmens sowie ggf. das Board of Directors selbst abzuwählen. Sollte das Proxy-Verfahren scheitern, so behält sich CalPERS als Sanktionsmittel einen Verkauf der Beteiligung in aller Öffentlichkeit vor.

Wie eine (allerdings umstrittene) Performance-Analyse von Wilshire Associates für 62 Unternehmen der Focus List zeigt, unterschritt der (durchschnittliche) Aktienkurs dieser Unternehmen in den fünf Jahren vor Aufnahme in die Liste den S&P-500-Index um 89 Prozent. In den fünf Jahren danach übertraf der (durchschnittliche) Aktienkurs der Underperformer den S&P dagegen um 23 Prozent.

4.2 Strategisches Mentoring und Coaching: Das Modell von Berkshire Hathaway

Warren Buffet, der CEO von *Berkshire Hathaway*, der wohl renommiertesten US-Finanz- und Anlageholding, hat nie einen Hehl daraus gemacht, dass er ganz bewusst Einfluss auf Führung und strategische Grundsatzentscheidungen in seinen Portfolio-unternehmen zu nehmen sucht.

An Unternehmen beteiligt er sich generell nur, wenn seine Erwartungen hinsichtlich Einfachheit des Geschäftsmodells, Ertragskraft und Wertgenerierung, aber auch Integrität des Managements sich voll in den Unternehmensplanungen und -aktivitäten widerspiegeln. Einem „Private Equity"-Investor ähnlich, beschränkt sich Buffet darauf, nur eine überschaubare Anzahl von Beteiligungen zu halten. In seinen Portfoliounternehmen beansprucht er regelmäßig für sich Positionen als Outside Director; er versteht sich in erster Linie als strategischer Mentor und Coach, der dem Topmanagement hilft, seine Performance und Wachstumsvorgaben zu erfüllen. Beteiligungen an Unternehmen, die seine Zielvorgaben wiederholt nicht erfüllen, werden konsequent abgestoßen, auch unter Inkaufnahme hoher Verluste, wie z. B. sein spektakuläres Desinvestment bei US Airways belegt.

Bei massiven Verstößen gegen seine Corporate-Governance-Vorstellungen oder schweren strategischen Fehlentwicklungen scheut er sich nicht, auch direkt in die Geschäftsführung einzugreifen.

Anfang der 90er Jahre sorgte er beim damals krisengeschüttelten Brokerhaus Salomon Brothers für die Entlassung der CEO-Ikone John Gutfreund, übernahm auf Zeit die Unternehmensleitung und schaffte es so, Salomon wieder in ruhigeres Fahrwasser zu bringen.

Ende der 90er Jahre war er maßgeblich an der Ablösung von Douglas Ivester beteiligt, dem CEO des damals von massivem Wertverfall bedrohten Coca-Cola-Konzerns. Ivester war es nicht gelungen, den Einstieg ins neue Wachstumssegment der CO_2-freien Erfrischungsgetränke entscheidend voranzubringen; zudem waren Image und Markenwert von Coca-Cola massiv gefährdet durch eine Vielzahl von Skandalen in Europa und den USA. Sein Nachfolger Douglas Daft, von Buffet persönlich ausgewählt, brauchte dann drei Jahre, um Coca-Cola mit neuen Produkten und einem zeitgemäßen Marktauftritt wieder auf Expansionskurs zu bringen.

5.   Höhere Kapitalproduktivität: Mögliche Auswirkungen auf den Standort Deutschland

Gleichgültig, ob bzw. wann es zu einer neuerlichen Aktienhausse kommen wird – vieles spricht doch dafür, dass sich auch in Deutschland der Trend zu verstärkter Eigenkapital-kultur weiter fortsetzen und beschleunigen dürfte. Getrieben wird diese Entwicklung auf der *Angebotsseite* von der Notwendigkeit, rapide wachsende Sparvolumina produktiv anzulegen sowie ein privat finanziertes Rentensystem auf Beitragsbasis aufzubauen. Gleichzeitig gewinnen auf der *Nachfrageseite* kapitalmarktbasierte Finanzierungsformen für die Unternehmen in dem Maße an Bedeutung, wie die Alternative Kreditfinanzierung an relativer Attraktivität verliert – getrieben durch Bestrebungen der Banken, im Zuge von Basel II Kreditrisiken stärker als bisher bei der Preis-/Konditionengestaltung zu berücksichtigen.

Mit der Entwicklung einer solchen Kapitalmarktkultur werden auch in Deutschland die IA langsam, aber sicher zur maßgeblichen Investorengruppe aufsteigen und wachsenden Einfluss auf Unternehmensführung und -entwicklung ausüben. Mit der zunehmenden Differenzierung und Professionalisierung der Beziehungen zwischen den IA und dem Management ihrer Portfoliounternehmen werden – über den bisherigen Informations- und Meinungsaustausch in One-on-One-Gesprächen hinaus – Modelle strategischer Ein-flussnahme an Bedeutung gewinnen; sei es in Form einer Rahmensetzung à la CalPERS oder von Mentoring und Coaching à la Warren Buffet. Damit verbinden sich durchaus positive Aspekte für die deutschen Unternehmen wie auch für die deutsche Volkswirt-schaft.

Gelingt es, quer durch die Branchen die langjährige Aktionärsrendite zumindest auf Kapitalkostenniveau oder besser noch darüber hinaus anzuheben, so impliziert dies nicht nur eine verbesserte Kapitalmarkt-Performance in Deutschland. Auch für die notorisch schlechte volkswirtschaftliche Kapitalproduktivität – definiert als Verhältnis von Bruttoinlandsprodukt zu Kapitalstock – hier zu Lande dürfte sich künftig eine günstigere Entwicklung abzeichnen. Denn eine Steigerung der Kapitalproduktivität ist wesentliche Voraussetzung für eine Verbesserung der Kapitalmarktperformance. Derzeit liegt die deutsche Kapitalproduktivität – nach Berechnungen des McKinsey Global Institute – im internationalen Vergleich allerdings noch deutlich zurück: Gegenüber den USA beträgt der Rückstand unverändert ein Drittel; gegenüber Frankreich ist Deutschland in den 90er Jahren klar zurückgefallen.

Die schrittweise Stärkung der Kapitalgesellschaften könnte zudem den Reformbestre-bungen im deutschen Mittelstand neuen Auftrieb geben. Hauptursache für die Finanzie-rungsprobleme in vielen mittelständischen Unternehmen ist eine unzureichende Eigen-kapitalbasis. Spätestens im Zuge von Basel II werden sogar die Traditionalisten nicht mehr umhinkommen, sich wie Kapitalgesellschaften zumindest teilweise den Anforderungen der freien, zunehmend leistungsstärkeren Kapitalmärkte zu stellen. Selbst wenn sich nur relativ wenige für die direkte Umwandlung entscheiden werden, so dürfte doch – im Laufe der Zeit – die Hereinnahme von Private-Equity-Investoren zur Stärkung der Eigenkapitalquote trotz des damit verbundenen Autonomieverlusts auch für Familienunternehmen immer mehr zur Selbstverständlichkeit werden.

6.   Fazit

Auch bei kritischer Betrachtung der Möglichkeiten und Grenzen der Einflussnahme erscheint ein verstärkter „Shareholder-Aktivismus" Institutioneller Anleger in Deutschland durchaus wünschenswert – aus der Perspektive der Aktionäre wie auch gesamtwirtschaftlich gesehen. Nach Lage der Dinge ist dabei eher mit einer langsamen, stetigen Zunahme des Einflusses der Institutionellen Anleger über die Zeit zu rechnen.

Im Endergebnis dürfte der wachsende Shareholder-Aktivismus der Institutionellen Anleger zu einer nachhaltigen Stärkung der Eigentümerposition und ihrer Interessen in den großen Kapitalgesellschaften führen – verbunden mit einer schrittweisen Überwindung der viel diskutierten Trennung von Kapital und Kontrolle.

Theo Siegert

Erfolgreich ohne Aktienmarkt

Prof. Dr. Theo Siegert ist Mitglied des Vorstands der Franz Haniel & Cie. GmbH.

1. Einführung: Steuern ohne Kompass?

Im Kontext „Kapitalmärkte und Strategien" erscheint ein Beitrag „Erfolgreich ohne Aktienmarkt" ebenso erfolgversprechend wie der Versuch, ohne Kompass zu steuern.

Der Leitgedanke dieses Beitrags ist der Versuch, darzustellen, dass man die positiven Qualitäten von Kapitalmärkten nutzen kann, ohne ihre Nachteile erleiden zu müssen. Es ist zugleich der Versuch, darzulegen, dass Kapitalmärkte trotz der Bedeutung von Eigenkapitalmärkten in unterschiedlichen Phasen der Unternehmensentwicklung nicht der wichtigste Markt sind, den Unternehmen nutzen.

Unternehmerische Konzepte, Ideen und vor allem Konzeptumsetzer sind als wesentliche unternehmerische Erfolgsdeterminanten die bei weitem knapperen und daher wichtigeren Erfolgsträger. Solange Unternehmen unternehmerische Talente zu fesseln vermögen, um gemeinsam Konzepte umzusetzen mit dem Anspruch, die Zukunft zu gestalten, solange können sich Unternehmen evolutorisch weiterentwickeln, denn „der Mensch stellt die wichtigste Ressource der neuen Unternehmenskonzepte dar."[1]

Die Einsicht, dass Kapitalmärkte auch falsche Signale liefern können, wächst erfahrungsgemäß vor allem in Post-Bubble-Phasen, so z. B. in der überraschenden Aufforderung:

„Managers should not listen too carefully to the market."[2]

Es ist nicht erstaunlich, dass nach einer Phase massiver Kurskorrekturen eine vorher nahezu unbestrittene Einsicht einem Stresstest unterliegt, dass nämlich der „Kapitalmarkt" die beste und neutralste Bewertungsinstanz für unterschiedliche Unternehmen in unterschiedlichen Entwicklungsstadien sei. Denn bis dahin galt nahezu unwidersprochen die „Efficient Market Hypothesis", nämlich die Grundannahme, dass sämtliche Informationen, die verfügbar seien, über den Kapitalmarkt verzögerungslos und korrekt in permanent aktualisierte Schätzwerte für den unternehmerischen Erfolg – und damit Börsenwerte – verarbeitet würden.

Ausgehend von diesem Modell war die Annahme logisch und die Folgerung der Analysten nur konsequent, dass sich Unternehmensführung „am Markt", und hier gemeint „am Kapitalmarkt", zu orientieren habe. Und aus Sicht eines Research-Analysten ist es nur konsequent, die Unternehmensführungen aufzufordern, das zu tun, was „der Markt" erwartet und ihm auch klare Handlungsanweisungen zu geben, was „der Markt" konkret erwartet, z. B. Value-based Remunerations, Stock Options, Pure Plays, steigende Ergebnisse pro Aktie und nachhaltiges Wachstum.

Sobald aber das Grundmodell nicht mehr funktioniert oder zumindest nicht mehr so funktioniert wie interpretiert, dann wird der Dolmetscher überflüssig. Mit dem prozyklischen Ansatz mancher Investmentbanken, das Research der Nachfrage entsprechend auszudünnen, werden einerseits einige berechtigte Übertreibungen korrigiert. Andererseits steht aber zu befürchten, dass dieser Ansatz das Qualitätsproblem des Kapitalmarkts eher verschärft. Sobald später Erfahrung in der Interpretation von Unternehmensplänen und Kapitalmarktdaten erforderlich wird, stößt sie auf ein qualitativ verringertes Angebot an Research-Know-how.

Die Entwicklung der Aktienkurse, und dabei in letzter Zeit insbesondere die hohen Tagesschwankungen einzelner Titel, haben die These von der permanenten bestmöglichen Monitoring-Instanz „Kapitalmarkt" erschüttert. Gleichzeitig ist die Einsicht entstanden, dass übertriebene Wachstumserwartungen ebenso gefährlich sind wie überzogene Aktienkurse. Die Ansicht, dass ein überbewerteter Eigenkapitalkurs gefährlicher sein kann als ein unterbewerteter Kurs, fasziniert nicht nur M. JENSEN, der diesen Sachverhalt als „agency cost of overvalued equity"[3] bezeichnet.

In der wertorientierten Unternehmensführung entspricht dies der Einsicht, dass zu hohe Kapitalkostensätze ebenso gefährlich sind wie zu niedrige. Während bei zu niedrigen geforderten Kapitalrenditen die Gefahr der Kapitalverschwendung sehr hoch ist, so zeigt sich bei zu hohen geforderten Kapitalrenditen die Gefahr, Marktanteile zu verlieren oder unter dem Schutz zu hoher geforderter Minimalrenditen denjenigen Wettbewerbern den Markteintritt zu ermöglichen, die auf realistischer Kapitalkostenbasis kalkulieren. Zu hohe Renditeforderungen können auch zur Auswahl unerwünscht riskanter Projekte (mit nur vermeintlich höheren Renditen) führen.

Der Hegemonialanspruch des Kapitalmarkts als alleiniger Bewertungs- und Steuerungskompass erscheint also zur Zeit zweifelhafter als in den Boomjahren der Märkte. Um zu verdeutlichen, auf welche Art und Weise die Informationen des Kapitalmarkts der Unternehmensführung dennoch nutzbar gemacht werden können, soll am Beispiel Haniel gezeigt werden, wie Haniel versucht, die Anforderungen der unterschiedlichen Märkte in ein Gesamtkonzept zu integrieren.

2. Haniel: Kurzportrait

2.1 Entwicklungspfad und Geschäftsfelder

Die Entwicklung des 1756 in Duisburg-Ruhrort gegründeten Unternehmens zeigt permanenten unternehmerischen Wandel in unterschiedlichen Entwicklungsphasen.

Von den Anfängen als Speditions- und Handelsunternehmen führt der Weg über den Aufbau von Kohlehandlungen und Werften bis zur Kohleförderung und damit zu den Grundlagen der Schwerindustrie.

Aus vielen der klassischen Geschäftsfelder hat sich Haniel zurückgezogen und den Ausbau des Dienstleistungsbereichs wesentlich forciert. Der Schwerpunkt des Geschäfts liegt heute in der Pharmadistribution (Groß- und Einzelhandel), in der Baustoffproduktion, in Textil- und Hygienedienstleistungen, im Edelstahlrecycling, im Versandhandelsgeschäft sowie in der Schadenssanierung. Diese sechs Kernbereiche werden ergänzt durch eine knapp 20-prozentige Beteiligung an der Metro AG.

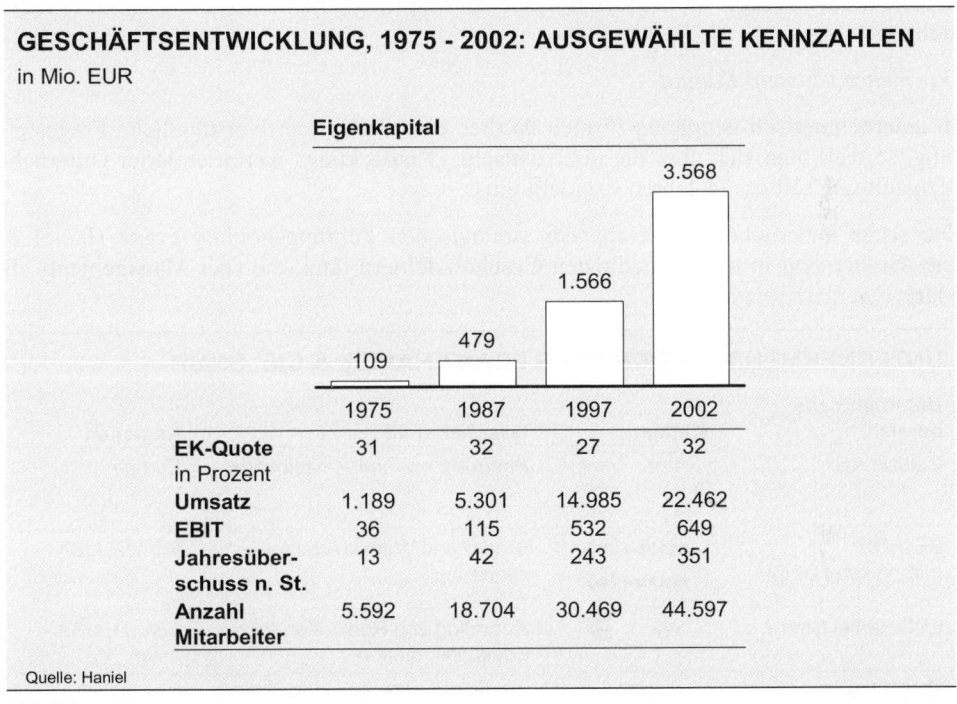

GESCHÄFTSENTWICKLUNG, 1975 - 2002: AUSGEWÄHLTE KENNZAHLEN
in Mio. EUR

Eigenkapital

	1975	1987	1997	2002
EK-Quote in Prozent	31	32	27	32
Umsatz	1.189	5.301	14.985	22.462
EBIT	36	115	532	649
Jahresüberschuss n. St.	13	42	243	351
Anzahl Mitarbeiter	5.592	18.704	30.469	44.597

Quelle: Haniel

Abbildung 1

Quelle des Eigenkapitals sind in den letzten Jahrzehnten ausschließlich thesaurierte Gewinne. Nach ungeschriebenem, aber strikt befolgtem Prinzip werden 75 Prozent der Gewinne im Unternehmen einbehalten. Die strukturelle Knappheit von Eigenkapital in Familienunternehmen hat bei Haniel vor allem zwei Konsequenzen gehabt:

- die Konzentration auf Geschäftsfelder, in denen Kapitalintensität nicht erfolgsentscheidend ist, und

- die frühe Herausbildung der wertorientierten Unternehmensführung.

Die Beteiligung an der GHH[4] war jahrzehntelang ein Erfolgsgarant für Haniel. Als sinkende Margen jedoch dazu führten, dass sich das notwendige Wachstum nicht mehr aus dem Unternehmen finanzieren ließ, sank die Beteiligungsquote der Familie nach und nach auf ein Niveau, das keine unternehmerische Einflussnahme mehr ermöglichte. Der Verkauf des restlichen Anteils von 15 Prozent an Allianz und Münchener Rück zeigte, dass bei derartigen Beteiligungsquoten kein Paketzuschlag (geschweige denn eine nennenswerte Kontrollprämie) zu erzielen war. Dieser Einschnitt in der Unternehmensgeschichte hat sich im „kollektiven Unternehmensgedächtnis" tief eingeprägt.

Die frühe Adaption der wertorientierten Unternehmensführung bei Haniel seit 1986 bedeutete nichts weniger als die Renaissance der ursprünglichen unternehmerischen Fragestellung:

Wie mehre ich mein Kapital?

In unternehmerisch geprägten Firmen ist dies eine derart selbstverständliche Fragestellung, so dass man sich über die publizistische „Entdeckung" wertorientierter Unternehmensführung seit ca. 15 Jahren wundern muss.

Die sechs Unternehmensbereiche der strategischen Führungsholding Franz Haniel & Cie. GmbH sind in unterschiedlichen Geschäftsfeldern tätig, die eher Management- als Marktsynergien erlauben.

UNTERNEHMENSBEREICHE DER FRANZ HANIEL & CIE. GMBH

Unternehmens-bereich	Marken	Geschäftsfeld	Regionen
Celesio AG	celesio GEHE Herba Chemosan —OCP Lloydspharmacy AHP	Pharmagroß- und -einzelhandel	Europa
BELFOR International GmbH	BELFOR (•) BELFOR (•)	Brand- und Wasserschaden-sanierung	Europa, USA
ELG Haniel GmbH	elg	Recycling von Rohstoffen für die Edelstahlindustrie	Europa, USA, Asien
Haniel Bau-Industrie GmbH	HANIEL Xella YTONG hebel silka multipor fermacell Fels HALFEN-DEHA	Wandbaustoffe, Rohstoffe, Befestigungstechnik	Europa
Haniel Textile Services International GmbH	HANIEL boco EURODRESS STABYL Naef Tezag CWS	Vermietung von Berufskleidung, Waschraumhygiene	Europa
TAKKT AG	TAKKT AG KAISER+KRAFT Topdeq Hubert C&H	B2B-Versandhandel für Büro-, Betriebs- und Lagereinrichtungen	Europa, USA, Asien

Quelle: Haniel

Abbildung 2

Die konkrete Aufgabe lautet für Haniel, Geschäftsfelder aufzuspüren und zu entwickeln, die nachhaltige Wertsteigerungen versprechen.[5] Ziel der Firma sind Renditen oder Internal Rates of Return (IRR), die um ca. 25 Prozent über den an vergleichbaren Kapitalmärkten erzielbaren Renditen liegen, also „überpar" sind. Die Benchmark, die zu übertreffen ist, besteht aus den langfristigen Durchschnittsrenditen der relevanten Kapitalmärkte (DAX, CAC 40, FTSE 100, S&P 500).

Wie im folgenden Kapitel erörtert wird, sind kapitalmarktorientierte Zielmarken nicht unproblematisch. Es ist keine triviale Aufgabe, immer wieder Märkte und Projekte zu finden, in denen sich Überpar-Renditen erzielen lassen.

Unabhängig von dieser Problematik bleibt an dieser Stelle festzuhalten, dass ein „Überpar-Anspruch" sich ganzheitlich in den verschiedenen Führungssystemen äußern muss, in der Performance-Bewertung wie in der Entgeltpolitik.

2.2 Struktur – Organisation

Primäre Aufgabe der Holdinggesellschaft Franz Haniel & Cie. ist die Ressourcenallokation. Investitionsmittel und Managementtalente werden den verschiedenen Unternehmensbereichen zugeordnet, die oft in unterschiedlichen Phasen ihrer jeweiligen Entwicklung stehen. Einzelne Unternehmensbereiche arbeiten:

- in reifen Märkten mit kontinuierlichen Marktaufgaben (Celesio),

- andere wiederum sind auf Expansionspfad in wachsenden Märkten (BELFOR) oder

- auf Innovations- und Restrukturierungskurs in reifen Märkten (HBI).

Je nach spezifischer Lage und Marktaufgabe der Unternehmensbereiche ergeben sich unterschiedliche Anforderungen an die Holding. Generell ist aktive Hilfestellung erforderlich, wenn Unternehmensbereiche spezifische Wachstumsschwellen überspringen müssen. Umgekehrt gilt, je reifer der Unternehmensbereich, desto mehr sind Monitoring-Aufgaben der Holding gefragt.

Deshalb ist Franz Haniel & Cie. eine schlanke Holding mit drei funktionalen Vorstandsressorts und 80 Mitarbeitern in der Zentrale. Die wesentlichen Aufgaben umfassen die strategische Führung, Planung und Kontrolle. Das Organisationsprinzip, so nahe wie möglich an den Märkten zu agieren, hat zu einer dezentralen Organisation geführt, die mit weitreichenden Kompetenzen der Geschäftsführungen der Unternehmensbereiche verbunden ist.

Andererseits forciert die Holding bestimmte Querschnittsthemen wie z. B. die Analyse des Wachstumspotenzials spezifischer Kundengruppen, das Monitoring der Aktionspläne der Wettbewerber oder die Produktivitätsfortschritte der verschiedenen Unternehmensbereiche. Die drei Kernthemen:

- Customer

- Competition

- Cost

scheinen eher untypische Holdingfragestellungen zu sein. Haniel ist jedoch überzeugt, dass nur die permanente Konzentration auf diese Kernfragen die unternehmerische Einstellung der Holding vital hält und ihre Agilität und Adaptionsfähigkeit sichert.

2.3   Corporate Governance

Die Qualität von Corporate-Governance-Standards ist dann besonders wichtig, wenn direkte Performance-Rückkopplungen fehlen, wie sie z. B. der Eigenkapitalmarkt bietet. Insofern ist es von besonderer Bedeutung, dass mit dem Aufsichtsrat klare Performance- und Bewertungsmaßstäbe vereinbart sind.

Die klare Funktionstrennung zwischen einem Gremium, das einerseits die Rahmenvorgaben für eine erfolgreiche Unternehmenspolitik festsetzt und andererseits die Einhaltung des Performance-Rahmens ohne familiäre Rücksichten garantiert, ist deshalb sehr wichtig.

Aus diesem Grund existiert bei Haniel eine klare Funktionstrennung zwischen dem Aufsichtsrat, der die Grundsätze der Geschäftspolitik festlegt (Geschäftsfelder, Geschäftsregionen, Finanz-, Risiko- und Human-Resources-Politik) und dem Management, das für die unternehmerische Umsetzung der Konzeption verantwortlich ist. Im Management der Firma arbeitet kein Familienmitglied. Aus Sicht der Gesellschafter hat dies den Vorteil, dass bei anhaltend schlechter Performance das Leitungsteam verändert werden kann, ohne dass familiäre Bedenken eine solche Entscheidung verzögern. Darüber hinaus ist durch die strikte Trennung von Eigentum und Management das klassische Problem der Familiengesellschaft, die Nachfolgefrage, bei Haniel seit acht Generationen gelöst.

Bei Haniel besteht der Aufsichtsrat auf der Arbeitgeberseite ausschließlich aus Familienmitgliedern. Bei über 500 Gesellschaftern ist die kritische Masse gegeben, um auf meritokratische Weise die geeignetsten Familienmitglieder für die Monitoring-Aufgaben des Aufsichtsrats aussuchen zu können. Ein Beirat von 30 Gesellschaftern ist das Familiengremium, aus dem die späteren Aufsichtsratsmitglieder bestimmt werden. Familienstämme und Berufskompetenz sind auf diese Weise hinreichend repräsentiert.

Über die Jahrzehnte hat sich in den Familiengremien eine Disziplin der „Professional Ownership" herausgebildet:

- das Wissen um nachhaltig erreichbare Renditen

- das Bewusstsein wirtschaftlicher Zyklen

- die Notwendigkeit antizyklischen Handelns

- die Rigidität im Monitoring unternehmerischer Konzepte.

In der europäischen Unternehmertradition gelten auch nicht monetäre Werte. Aber auch Traditionen müssen immer wieder dem Performance- und Markttest unterworfen werden, um die zukünftige Wettbewerbsfähigkeit zu sichern.

Die Aufgaben von Aufsichtsrat (Familie) und Management sind – auch ohne schriftliche Unternehmensverfassung – klar voneinander getrennt. Die einzelnen Amtsperioden der einzelnen Aufsichtsratsmitglieder sind, da sie auf Grund ihrer spezifischen Berufskompetenz und Berufserfahrung gewählt werden, vergleichsweise lang.

Diese Governance-Struktur entspricht einem Vorschlag, den HAYEK[6] vor langer Zeit für die Politik gemacht hat. Es ist die Trennung zwischen einem repräsentativen Gremium von im Beruf Bewährten, die sich um wichtige Grundsatzfragen kümmern und für lange Wahlperioden gewählt werden, und einem Gremium, das innerhalb dieses festgelegten Makrorahmens die notwendigen Beschlüsse und Aktionen herbeiführt, im konkreten Fall die Geschäftsleitung des Unternehmens. Haniel hat diese Trennung in der Unternehmenspraxis vollzogen.

3.   Wertorientierung ohne Kapitalmarkt

3.1   Nachhaltige Erfolgsmaßstäbe

Für Haniel als eine der ältesten europäischen „Private Equity"-Firmen ist Wertorientierung ebenso wie Erfolgsorientierung auch dann möglich, wenn Kapitalmärkte von Zeit zu Zeit keine verlässliche Kompassfunktion ausüben. Betrachtet man den Kapitalmarkt in längeren Entwicklungszyklen, so stellt man hohe Schwankungsbreiten fest in Bezug auf Bewertungsniveau und Verfügbarkeit von Finanzmitteln. Dies gilt ebenso für den Finanzmarkt für Eigenkapital wie für den Markt für Fremdkapital. Zugang zum Eigenkapitalmarkt hat Haniel über die börsennotierten Unternehmensbereiche Celesio und TAKKT. Den Fremdkapitalmarkt nutzt Haniel über Bankkredite, Bondemissionen oder MTN- und CP-Programme. Für beide, Eigenkapital- wie Fremdkapitalmärkte, gilt überspitzt formuliert die Dialcktik des Kapitalmarkts: Er ist dann besonders entwickelt und liquide, wenn es relativ am unattraktivsten ist: In Hausse-Phasen sind die Kapitalmärkte besonders liquide und tief – dann, wenn alle Asset-Preise hoch sind. In Baisse-Phasen dagegen, wenn das Asset-Preisniveau relativ günstig ist, sind die Märkte besonders risikoavers – genau dann, wenn ihre Akzeleratorfunktion besonders wichtig wäre.

Diese Mängel wären dennoch prinzipiell verträglich mit der Hypothese effizienter Kapitalmärkte. Ob Kapitalmärkte aber effizient oder zumindest über weite Zeitphasen effizient sind, darüber haben sich in den letzten Jahren vermehrt Zweifel gebildet.

Eine nahe liegende Erklärung für das starke Abweichen des Kapitalmarkt-Bewertungsniveaus vom „Fair Value" könnte darin bestehen, dass die Kapitalmarktakteure wichtige Sachverhalte zwischenzeitlich „übersehen", die zu einem normalisierten Bewertungsniveau führen würden. Natürlich existieren im professionellen Asset Management zahlreiche Fehlanreize, auf Bewertungswellen zu reiten. Die für die Wertgenerierung entscheidenden Faktoren scheinen auf den Radarschirmen von Analysten oder Anlegern selten aufzutauchen. Oder aber diese Wirkungszusammenhänge sind derart komplex, dass sie sich der einfachen Transformation in extrapolierende Spreadsheets entziehen.

Insofern ist es für unternehmerisch denkende Managementteams äußerst wichtig, einen Wertebezugsrahmen zu entwickeln, der differenzierter ist als der Wertekanon der nominalen Reporting-Größen wie Umsatz, Rohertrag, Spartenergebnis, ROI oder ROE.

Der konzeptionelle Bedarf nach derartig aggregierten Informationen hat z. B. zur Entwicklung von ganzheitlichen Systemen wie der Balanced Scorecard oder dem General Management Navigator geführt oder zu dem Versuch, die Wertgenerierung im EVA-System zu messen.

Die Grundannahme des EVA-Systems ist die Selektion von wertgenerierenden Strategien unter der Voraussetzung, dass Kapital die knappe Ressource ist. Auf die Unternehmensbereiche von Haniel angewendet hat sich aber erwiesen, dass diese Grundvoraussetzung im Service- und Dienstleistungsgeschäft oft nicht zutrifft. Wichtiger für die Unternehmenssteuerung können z. B. die Analyse und das Monitoring des „Customer Capital" sein. Wichtig sind in diesem Zusammenhang Informationen über das Wachstum der Kunden, die eigenen spezifischen Wachstumsraten pro Kunden oder pro Kundensegment oder Werte wie die „Retention Rate" oder „Churn Rate". Eine derartige Analyse des „Customer Capital" lässt sich relativ einfach in die bestehende EVA-Welt integrieren. Weitere wichtige Bewertungsansätze für die wertorientierte Unternehmenssteuerung finden sich in der Diskussion um den Wert von Intangibles oder immateriellen Wirtschaftsgütern.[7]

Haniel legt generell großen Wert auf eine differenzierte Analyse und ein Monitoring der individuellen Erfolgsfaktoren. Darüber hinaus liefert die systematische Wettbewerbsanalyse wie z. B. die Wettbewerbsplattform SCAN wichtige Anhaltspunkte für voraussichtliche Handlungsprogramme der Wettbewerber.

Insgesamt liefern unternehmensbereichsindividuelle Reporting- und Monitoring-Systeme Bewertungs- und Entscheidungsgrundlagen, die über die klassischen Reporting-Größen hinausgehen. So wird unternehmensbereichsindividuell die Grundlage für

Informationen geschaffen, deren Qualität dem beschränkten Kanon von Informationen überlegen sein muss, auf dem viele Entscheidungen von Akteuren am Kapitalmarkt beruhen.

Haniel hat ein System von unternehmerischen Erfolgsmaßstäben entwickelt, das unterschiedliche Erfolgsfaktoren miteinander verknüpft und Antwort auf die klassischen unternehmerischen Fragen gibt:

- Wie wird Kundennutzen geschaffen?
- Wie wird sichergestellt, dass man mit den „richtigen Kundengruppen" wächst?
- Wie wird sichergestellt, dass zu geringstmöglichen und flexibelsten Kosten produziert wird?
- Wie wird die Wettbewerbsanalyse in die strategische Planung integriert?

Der Kapitalmarkt liefert gerade zur Beantwortung der letzten Frage hervorragende Grundlagen. Die qualitative Beschreibung von Wettbewerberstrategien in Research-Reports ist eine wichtige Vorbedingung, um die Auswirkungen von Wettbewerberstrategien auf die Unternehmensentwicklung abschätzen zu können.

Insofern verfügt der Kapitalmarkt auf der Mikroebene über hervorragende Wettbewerbsinformationen. Auf der Makroebene sorgen die Rahmendaten des Kapitalmarkts dafür, dass Kapitalgeber realistische Erwartungen über zukünftig erreichbare Kapitalrenditen bilden können.

Aus diesem Grund ist es wichtig, Kapitalmarktinformationen ebenso in das Führungssystem zu integrieren wie die Disziplin der Fragestellung institutioneller Investoren nach zukünftigem Wachstum und erreichbaren Renditen.

3.2 Der Markt für Führungskräfte: Humane Anreizsysteme

Unternehmerischer Erfolg hat sich in allen Zeiten nur dann ergeben, wenn talentierte und tatkräftige Menschen Ziele gemeinsam nachhaltig verfolgt haben.

In dieser Perspektive haben zielorientierte Anreizsysteme außerordentliche Bedeutung. Dies gilt insbesondere, je stärker der tertiäre Wirtschaftssektor entwickelt ist und sich zur Knowledge Economy hin bewegt. Für Haniel bedeutet dies konkret, dass in das Design der besten Anreizsysteme, in Aus- und Weiterbildung seit Jahrzehnten besonders viel investiert wird.

Ein wesentliches Element des Anreizsystems ist der Versuch, für junge Menschen mit Überpar-Orientierung attraktive Arbeitsplätze und eine stimulierende Arbeitsatmosphäre zu schaffen. Der Grundgedanke entspricht der Auffassung von Fördern und Fordern. Konsequenterweise orientiert sich das Vergütungssystem an Zielen, die überdurchschnittliche (Überpar-)Leistungen besonders honorieren. Solche Ziele können in der Realisierung von Projektrenditen bestehen, die über den jeweiligen bereichsspezifischen Kapitalkosten liegen.

Oder es können konkrete Arbeitsziele sein, die zu Beginn des Jahres vereinbart werden. Der variable Anteil der Vergütung erreicht in der Leitungsgruppe zwei Drittel des Gesamtgehalts. Anders ausgedrückt, es ist möglich, bei überdurchschnittlicher Performance zu den 12 Monatsgehältern 24 zusätzliche Monatsgehälter hinzuzuverdienen.

Unter welchen Bedingungen ist ein derart leistungsorientiertes und „teures" Anreizsystem mit den Zielen der Familieneigner kompatibel? Immer dann, aber auch nur dann, wenn die geforderten und geförderten Leistungen einerseits „überpar" sind und darüber hinaus in dem Maß „überpar", dass das Wertsteigerungsziel für die Gesellschafter gewahrt wird. Als Perspektive der Gesellschafter ist es dann und nur dann rational, auf Teile zusätzlicher Gewinne und Wertsteigerungen zu verzichten, wenn ein wertorientiertes Führungs- und Vergütungssystem dafür sorgt, dass Überpar-Zahlungen auch nur an Überpar-Leister erfolgen.

Wie die aktuelle Diskussion um angemessene Managergehälter zeigt, sind Festlegung und Überwachung der Adäquatheit der Vergütung nicht trivial. Corporate Governance im Rahmen des beschriebenen Systems ist aber ein guter Garant für die Fortentwicklung eines fairen wertorientierten Vergütungssystems. Weitere Elemente des Vergütungspakets bei Haniel sind:

- Mitarbeiter-Bonusdarlehen

- Belegschaftsaktien

- EVA-Zertifikate.

Die Besonderheit der EVA-Zertifikate liegt in ihrem Risikocharakter. Die EVA-Zertifikate werden nach der jährlichen Bonuszahlung aus dem versteuerten Einkommen gezeichnet. Sie verzinsen sich zu demjenigen Zinssatz, um den das Bereichsergebnis über den spezifischen Kapitalkosten liegt. Entscheidend ist die positive EVA-Veränderung. Die Rückzahlungshöhe bestimmt sich nach dem Grad der positiven EVA-Veränderung nach fünf Jahren. Bei Ausbleiben der entsprechenden Wertsteigerung kann der Rückzahlungswert unter dem Zeichnungswert liegen. Insofern besteht Risikogleichheit zwischen Manager und Gesellschafter. Wenn Kapitalrenditen nicht verdient werden und dabei Marktwert vernichtet wird, leidet nicht nur vorwiegend der Gesellschafter (wie im Fall vieler Stock-Option-Programme), sondern auch der Manager hat teil am finanziellen Verlust.

Wesentlicher als die Technik des Systems ist die zu Grunde liegende Philosophie. Gerade Familienunternehmen bietet sich die Chance, Anreizsysteme kreativ zu entwickeln, welche die jeweils Branchenbesten zu fesseln vermögen. Nach der Erfahrung der letzten Jahre ist es wichtig, bei Beteiligungsmodellen lange Halteperioden und Risikobeteiligungen zu vereinbaren, um ein „Gaming" dieser Modelle zu verhindern. Unterschiedliche Zeithorizonte von Prinzipal und Agent bilden immer ein grundlegendes

Problem. Über das wichtige und oft vernachlässigte Kriterium der Zurechenbarkeit des Erfolgs kann ohnehin nur schwer entschieden werden – allerdings umso besser, je länger die zu Grunde liegende Erfolgsperiode andauert.

4. Stresstests und Performance-Maß

Erfolgsrezepte verkaufen sich besser als differenzierte Analysen von Misserfolg. Dementsprechend befindet sich ein großer Teil der Managementliteratur „In Search of Excellence" auf dem Weg von „Good to Great". Das Vermarktungskonzept ist bestechend und plausibel: Wähle einen tatsächlichen Unternehmenserfolg und unterlege ihm ein relativ einfaches Erfolgskonzept, damit es für möglichst viele Leser verständlich wird.

Die Literatur „Unternehmerischer Misserfolg" ist vielschichtiger, komplexer und zeigt selten so gleichartige Handlungsmuster wie die Erfolgsstorys. Wenn es vielleicht auch nicht erhellend ist, den Gründen nachzuspüren, warum viele Unternehmen in den frühen Phasen ihrer Entwicklung scheitern, so ist doch die Antwort auf die Frage wichtig, warum viele einstmals erfolgreiche Unternehmen scheitern. Neben generellen Veränderungen wie Struktureinbrüchen, exogenen Schocks etc. sind es vor allem Verhaltenscharakteristika, die als Gründe für unternehmerisches Scheitern aufgeführt werden:

- fehlerhafte Interpretation der Realität auf Grund früherer Erfolge

- Dissonanzinformationen werden „fortgefiltert"

- das Topmanagement unterliegt der „Kontroll-Illusion".

Oft zeichnen sich Unternehmer aus durch das Blindsein gegenüber den typischen Marktgefahren. Bei entsprechender Durchsetzungskraft führt der Unternehmer Ideen und Konzepte dennoch zum Markterfolg. Aber nur wenige Gründungsunternehmer schaffen es, den ehemaligen Erfolgsgaranten, nämlich die Einschätzung „Ich weiß, wie es richtig ist." nach einem primären Markterfolg zu ergänzen um eine kritische und realistische Sicht des Marktumfelds.

So genannte Dissonanzinformationen, d. h. Informationen, die das herrschende Marktbild oder das bisher erfolgreich getestete Geschäftsmodell herausfordern würden, werden falsch interpretiert oder für irrelevant gehalten – also aus dem Entscheidungsprozess herausgefiltert. Wenn diese Dissonanzinformationen auch noch das Machtgefüge im Unternehmen erschüttern würden, würden sie vollständig als irrelevant behandelt. In derartigen Fällen unterliegt das Management auf Grund früherer Erfolge der „Kontroll-Illusion", nämlich der Einschätzung, dass sich der bisherige Markterfolg beliebig wiederholen ließe.

Diese kurze Sequenz von Misserfolgsgründen soll verdeutlichen, weshalb eine transparente und offene Unternehmenskultur notwendig ist, um kurzfristige Pioniergewinne in andauernden Unternehmenserfolg umzuwandeln, eine Transformation, deren Erfolg sich oft nur nach Jahrzehnten messen lässt. Haniel hat wie viele andere Unternehmen auch eine lange Reihe von Stresstests bestanden, den Ersatz von Kohle durch Heizöl, den Übergang von einer Industrie- zu einer Dienstleistungsgesellschaft und die geringen Profitabilitätsraten der traditionellen Logistikaktivitäten.

Der klassische Shock Absorber für Existenzrisiken ist das Eigenkapital, ergänzt um eine ausreichende Verschuldungsfähigkeit. Trotz des prinzipiell begrenzten Zugangs zum Eigenkapitalmarkt ist es Haniel gelungen, die beschriebenen Stresstests zu bestehen. Die Hauptursache liegt in einer hohen Adaptionsfähigkeit an sich ändernde Markt- und Wettbewerbsbedingungen sowie in einem hohen Maß an Reaktionsfähigkeit auf diese Herausforderungen in Form von Portfolioveränderungen.

Die berechtigte Fragestellung „Erfolgreich ohne Aktienmarkt?" impliziert naturgemäß die Frage nach einem anderen Performance-Maß. Dass die allgemeine Kompass- und Monitoring-Kapazität des Kapitalmarkts in Zweifel gezogen wurde, hat in letzter Zeit vor allem zwei Gründe gehabt:

• die extremen Volatilitäten der nationalen Börsen

• die zunehmende Skepsis, ob ohne wesentliches Strukturelement des Kompasses „Kapitalmarkt" die Risikoprämie für Eigenkapital tatsächlich so hoch und so konstant ist wie bisher angenommen.

Insbesondere die Untersuchungen von ARNOTT/BERNSTEIN[8] haben Zweifel ausgelöst, ob die bisher als nahezu konstant angenommene Risikoprämie für Eigenkapital konstant mit 5 Prozent p. a. beziffert wurde. Dagegen sprechen sowohl einige empirische Daten der Vergangenheit wie die derzeitige Einschätzung, dass weltwirtschaftlich generell Überkapazitäten herrschen und auf Grund der starken Verschuldung sowohl von Privaten wie von Staaten mit zusätzlicher stimulierender Nachfrage kurzfristig nicht zu rechnen ist. Wenn in Zukunft mit geringeren Kapitalrenditen gerechnet werden muss, dann hätte dies große Konsequenzen für alle Investitionsentscheidungen.

Im Grunde genommen führen diese Probleme dazu, sich neben den klassischen Steuerungsinstrumenten zusätzlich auf nachhaltig wirksame Ergebnisse und Sachverhalte zu konzentrieren, wie z. B. Höhe der Marktanteile, Höhe des Marktwachstums, Produktivitätszunahmen, Mitarbeiterzufriedenheit, Kundenzufriedenheit etc. Die Arbeit an „Balanced Scorecards" oder einem „General Management Navigator" weist in diese Richtung.

Die Verabschiedung von einem kurzfristigen Performance-Maß darf auf der anderen Seite nicht bedeuten, dass man dem langfristig definierten Renditeanspruch ausweicht. Insofern ist es für die Unternehmensführung von enormer Wichtigkeit, den Opportunitätskostensatz zu definieren, der auf den anderen Anlagealternativen der Gesellschafter oder der Aktionäre beruht. Aus diesem Grund ist „Überpar-Performance" das Haniel-

Ziel, d. h. der Versuch, gegenüber den klassischen Anlagealternativen Überpar-Renditen für die Gesellschafter zu erwirtschaften. In den letzten 20 Jahren konnte das Ziel einer 25-prozentigen Überpar-Performance leicht übertroffen werden. Knapp 50 Prozent des Haniel-Unternehmenswerts beruhen auf Überpar-Performance. Auf dieser Basis können Anreizpotenziale für Führungskräfte entwickelt werden, die dem geforderten überdurchschnittlichen Leistungsnachweis entsprechen.

5. Ausblick

Haniel hat sein bisheriges Wachstumsprogramm realisieren können, ohne zusätzliches Eigenkapital auf Ebene der Franz Haniel & Cie. GmbH zu benötigen. Die börsennotierten Töchter haben dagegen den Zugang zum Eigenkapitalmarkt. Der Fremdkapitalmarkt ist seit Jahren von Haniel auf vielfältige Weise in Anspruch genommen worden, um die Diversifizierung der Aktivseite durch die Diversifizierung der Passivseite zu ergänzen. Mangelnde Eigenkapitalbildung war bisher nie ein Wachstumshindernis.

In diesem Beitrag ist beschrieben worden, auf welche Arten Kapitalmärkte genutzt werden können, um einerseits die Position des Unternehmens im Wettbewerbskontext zu verbessern und andererseits realistische Performance-Maßstäbe zur Beurteilung des unternehmerischen Erfolgs zu entwickeln. Insofern kann man davon sprechen, dass Haniel die Daten des externen Kapitalmarkts in einen internen Kapitalmarkt transformiert, der für die Evaluierung von Investitionen genutzt wird. Die auch auf diesem Weg gewonnene Disziplin stellt sicher, dass das Unternehmen weiterhin in der Lage ist, seinem Überpar-Anspruch zu genügen.

Diese Sachverhalte beschreiben im Wesentlichen das formale Ziel und die finanzielle Strategie des Unternehmens. Ebenso wichtig für die Zukunft bleibt es, weiterhin die Kunden davon zu überzeugen, dass sie es mit einem dauerhaft leistungsfähigen und fairen Partner zu tun haben.

Für die Mitarbeiter ist das Bewusstsein wichtig, in einem transparenten Unternehmen mit klaren Zielen und in einem Umfeld zu arbeiten, das die jeweils Besten in ihrem Bereich überzeugt. Nur wer den Sinn seines Handelns im unternehmerischen Kontext erkennt, vermag nachhaltig Mehrwert zu generieren. Insofern trifft auch auf die Unternehmensführung der alte taoistische Leitsatz zu:

„Wandert der Mensch ihm nach, weiß der Fluss den Weg."

Referenzen

[1] Vgl. PICOT, A. (2003), S. 509.

[2] Vgl. WOLF, M. (2003).

[3] Vgl. JENSEN, M. C. (2002), S. 41 ff.

[4] früher: GHH = Gute-Hoffnungs-Hütte, heute MAN.

[5] Vgl. SIEGERT, T. (2000), S. 249 ff.

[6] Vgl. HAYEK, F. A. (1978), S. 102.

[7] Vgl. SIEGERT, T. (2002), S. 35 ff.

[8] Vgl. ARNOTT, R. D., BERNSTEIN, P. L. (2002), S. 83 ff.

Literaturverzeichnis

ARNOTT, R. D., BERNSTEIN, P. L. (2002): What Risk Premium is „normal"?, in: Financial Analysts Journal, Vol. 58 (2002), Heft 2, S. 64 - 85.

HAYEK, F. A. (1978): The Constitution of a Liberal State, in: HAYEK, F. A.: New Studies in Philosophy, Politics, Economics and the History of Ideas, London: 1978, S. 98 - 104.

JENSEN, M. C. (2002): Just Say No to Wall Street, in: Journal of Applied Corporate Finance, Vol. 14 (2002), Heft 4, S. 41 - 46.

LONDON, S. (2003): Blinded by the Light of Success, in: Financial Times vom 12. Mai 2003, S. 5.

PICOT, A., REICHWALD, R., WIEGAND, R. (2003): Die grenzenlose Unternehmung, Wiesbaden: 2003.

SIEGERT, T. (2000): Entwicklungstendenzen der wertorientierten Geschäftsfeld-Steuerung, in: HINTERHUBER, H., FRIEDRICH, S., MATZLER, K., PECHLANER, H. (Hrsg.): Die Zukunft der diversifizierten Unternehmung, München: 2000, S. 249 - 275.

SIEGERT, T. (2002): Wertorientierte Unternehmensführung: Die Folge-Generation bei Haniel, in: MACHARZINA, K., NEUBÜRGER, H.-J. (Hrsg.): Wertorientierte Unternehmensführung, Stuttgart: 2002, S. 35 - 44.

WILLERS, H. G. (1990): Strategische Führung im Familienunternehmen, in: ZAHN, E. (Hrsg.): Europa nach 1992, Stuttgart: 1990.

WOLF, M. (2003): Managers should not listen too carefully to the market, in: Financial Times vom 7. Mai 2003, S. 21.

Ulrich Lehner/Heinz Nicolas

Corporate Governance – Handlungsbedarf beim Deutschen Modell?

Prof. Dr. Ulrich Lehner ist Vorsitzender der Geschäftsführung der Henkel KGaA. Heinz Nicolas ist Syndicusanwalt der Henkel KGaA.

1. Vorwort

Die derzeitige Diskussion um eine Verbesserung der Corporate Governance, verstärkt durch eine Reihe spektakulärer Unternehmenskrisen im In- und Ausland, ist mehr als ein Modethema: Effektive Corporate Governance im Sinne einer verantwortungsbewussten und auf langfristige Wertsteigerung ausgerichtete Führung und Kontrolle eines Unternehmens ist Grundvoraussetzung dafür, sich im Wettbewerb behaupten zu können. Dies gilt insbesondere vor den Hintergrund der Globalisierung der Wirtschaft und der Liberalisierung der Kapitalmärkte mit ihren global agierenden Anlegern bzw. Kapitalgebern.

Und so hat sich das Thema, das in konsequenter Weiterentwicklung des Shareholder-/Stakeholder-Value-Ansatzes auch im Interesse des Finanzplatzes Deutschland adressiert wurde, positiv weiterentwickelt und wird jetzt auf die übrigen Teilnehmer des Kapitalmarkts ausgeweitet im Sinne umfassender Regeln für alle Teilnehmer, um schutzwürdige Interessen dieser Teilnehmer integriert zu berücksichtigen.

Mehr als ein Jahr ist seit der Veröffentlichung des Deutschen Corporate Governance Kodex ("Kodex") im Februar 2002 vergangen und auch die erste Saison der "Entsprechenserklärung" ist vorüber. Hat sich in diesem Zeitraum die Corporate Governance verbessert oder besteht noch Handlungsbedarf beim Deutschen Modell?

Wenn man gute Corporate Governance – so teilweise in der Presseberichterstattung dargestellt – allein daran festmacht, ob die Bezüge der einzelnen Vorstandsmitglieder angegeben werden, scheint es um das Deutsche Modell schlecht bestellt. Effektive Corporate Governance bedeutet etwas anderes als nur die Befriedigung der persönlichen Neugier Einzelner. Nach rund einem Jahr Erfahrung mit dem Kodex soll aus Unternehmenssicht eine erste Würdigung versucht sowie Problembereiche bzw. Ansätze für eine weitere Entwicklung des Deutschen Modells aufgezeigt werden.

2. Entstehung, Ziele und Schwerpunkte des Deutschen Corporate Governance Kodex

Der Kodex ist einerseits vor dem Hintergrund der Fortentwicklung der gesetzlichen Rahmenbedingungen, insbesondere der Änderungen des Aktiengesetzes, andererseits aber auch vor dem Hintergrund einer außergesetzlichen Diskussion zu sehen.

Die Anpassung des deutschen Aktiengesetzes an neuere Entwicklungen, die mit dem Gesetz für kleine Aktiengesellschaften und zur Deregulierung des Aktienrechts im Jahr 1994 begonnen hat und sich insbesondere mit dem Gesetz zur Kontrolle und Transparenz im Unternehmensbereich, dem Gesetz zur Namensaktie und zur Erleichterung der Stimmrechtsausübung sowie dem Gesetz zur weiteren Reform des Aktien- und Bilanzrechts, zur Transparenz und Publizität fortsetzte, spiegelt wider, dass neben einer eher gesellschaftsrechtlich getriebenen Optimierung der „Binnenorganisation", d. h. einer Verbesserung des Zusammenwirkens der jeweiligen Gremien eines Unternehmens, verstärkt auch den Erfordernissen des Kapitalmarkts Rechnung getragen wurde. Mit dem Gesetz zur weiteren Fortentwicklung des Finanzplatzes Deutschland und insbesondere der damit einhergehenden Modifikationen des Wertpapierhandelsgesetzes (Ad-hoc-Publizität nebst Schadensersatzregelungen, so genannte „Directors' Dealings") wurden weitere, die eigentliche Binnenorganisation nicht betreffende Forderungen des Kapitalmarkts umgesetzt.

Parallel zu diesen Gesetzgebungsverfahren fand eine breite Diskussion von Corporate-Governance-Grundsätzen statt, die u. a. über die Frankfurter Grundsatzkommission Corporate Governance, den Berliner Initiativkreis German Code of Corporate Governance und die von der Bundesregierung einberufene erste Regierungskommission Corporate Governance (so genannte Baums-Kommission) sowie zweite Regierungskommission Deutscher Corporate-Governance-Kodex (so genannte Cromme-Kommission) zum Kodex führte. Dieser wurde am 26. Februar 2002 auf der Internet-Seite der Kommission und anschließend auf der Internet-Seite des Bundesjustizministeriums bekannt gemacht und am 30. August 2002 im elektronischen Bundesanzeiger veröffentlicht.

Mit dem Kodex sollen auf Basis des geltenden Rechts zum einen die Grundzüge des in Deutschland geltenden Corporate-Governance-Modells insbesondere für internationale Investoren transparenter gemacht und zugleich alle wesentlichen – vor allem internationalen – Kritikpunkte an der deutschen Unternehmensverfassung adressiert werden, nämlich:[1]

- mangelhafte Ausrichtung auf Aktionärsinteressen

- die duale Unternehmensverfassung mit Vorstand und Aufsichtsrat

- mangelnde Transparenz deutscher Unternehmensführung

- mangelnde Unabhängigkeit deutscher Aufsichtsräte

- eingeschränkte Unabhängigkeit der Abschlussprüfer

Inhaltlich enthält der Kodex drei Kategorien:

- Informationen über das geltende Recht,

- Empfehlungen bezüglich der Verbesserung der Corporate Governance mit der über § 161 AktG verbundenen Verpflichtung zur Abgabe der Entsprechenserklärung („comply or explain") sowie

- Anregungen, die keine Offenlegungsverpflichtung bei Nichtbefolgen nach sich ziehen.

Hierbei liegt der zahlenmäßige Schwerpunkt der Empfehlungen eindeutig auf dem Bereich der Überwachungstätigkeit durch den Aufsichtsrat.[2] Eher zurückhaltend wird der Bereich der Pflichten des Vorstands nebst Anforderungen an die Rechnungslegung[3] behandelt; die wenigsten Empfehlungen gelten der Durchführung der Hauptversammlung und den Anforderungen an die Information der Aktionäre.[4]

3. Auswirkungen des Deutschen Corporate Governance Kodex und Verbesserungspotenziale

Hat der Kodex nunmehr zu einer Verbesserung der Corporate Governance beigetragen bzw. konnte er das überhaupt? Dieser Frage soll anhand einiger aus Unternehmenssicht besonders relevanter Themenbereiche nachgegangen und zugleich sollen Potenziale für eine Verbesserung der Corporate Governance aufgezeigt werden.

3.1 Bewusstseinsänderung

Unabhängig von der Frage nach der Sinnhaftigkeit einzelner Regelungen – hier fällt z. B. die Forderung nach einem angemessenen Selbstbehalt bei Abschluss einer D&O-Versicherung auf, über den sich trefflich streiten ließe – hat der Kodex eines bewirkt: eine veränderte Einstellung zur Thematik Corporate Governance.

Der Kodex hat eindeutig das Bewusstsein der Geschäftsführungs- und Aufsichtsgremien dafür geschärft und vertieft, dass nicht nur die finanzielle Lage des Unternehmens, sondern auch das Verhalten der Gremienmitglieder selbst im Mittelpunkt der Beurteilung und Bewertung durch die verschiedenen Stakeholder steht. Neben der erwarteten Entwicklung der Finanz- und Ertragslage eines Unternehmens wird im zunehmenden Maße auch Führungsverhalten abgefragt.

So ist zu erwarten, dass die Unternehmen (über die Anregungen des Kodex hinausgehend) verstärkt über ihre Corporate Governance berichten, sei es im Geschäftsbericht, auf ihren Websites oder in separaten Corporate-Governance-Broschüren. Insoweit hat der Kodex dazu beigetragen, die Corporate Governance von Unternehmen im Sinne von Führungsstrukturen sowie Angaben zu den jeweiligen Organmitgliedern transparenter zu machen.

Ohne Zweifel ist auch mit der Abstrahlung auf nicht börsennotierte Unternehmen zu rechnen.

3.2 Strukturfragen Corporate Governance

Auf die Besonderheiten des deutschen dualen Systems geht der Kodex nur in der Präambel ein. Grundlegende Strukturfragen, z. B. die nach der durch die paritätische Mitbestimmung beeinflussten Struktur des Aufsichtsrats, die sich zwangsläufig auch auf das Zusammenwirken von Vorstand und Aufsichtsrat einerseits und die eigentliche Überwachungstätigkeit des Aufsichtsrats andererseits auswirken, sind quasi vor die Klammer gezogen. Auftragsgemäß sollte (und konnte) der Kodex nur Empfehlungen und Anregungen aussprechen, die auch im Rahmen des heutigen Rechts umsetzbar sind. Dennoch sei ein Blick über den Zaun gestattet.

3.2.1 Duales System/monistisches System

Kennzeichnend für die duale Unternehmensverfassung einer deutschen Aktiengesellschaft ist das Prinzip der organisatorischen Trennung der Geschäftsführung durch den Vorstand einerseits und Kontrolle/Überwachung durch den Aufsichtsrat andererseits. Sichergestellt wird diese Trennung durch die Inkompatibilitätsregelung gemäß § 105 AktG, wonach ein Aufsichtsratsmitglied grundsätzlich nicht zugleich Vorstandsmitglied sein kann. Die mit dieser Trennung verbundene Informationsasymmetrie zwischen dem für das operative Geschäft zuständigen Vorstand und dem für die Überwachung zuständigen Aufsichtsrat wird durch gesetzlich vorgesehene, umfangreiche Berichtsverpflichtungen des Vorstands gegenüber dem Aufsichtsrat sowie Informationsrechten und Genehmigungsvorbehalten des Aufsichtsrats gegenüber dem Vorstand kompensiert.

Merkmal des monistischen Systems ist eine funktionale Trennung innerhalb des Board. Für die Geschäftsführung sind (unter der Leitung eines Chief Executive Officer) die Executive Officers zuständig, während die Kontrollfunktion von den Non-Executive Officers wahrgenommen wird. Durch eine Vielzahl einzelner Auswahl- und Verhaltensregeln für die Executive bzw. Non-Executive Directors[5] wird diese funktionale Trennung zwischen Leitung und Überwachung innerhalb des Board sichergestellt.

Auch wenn das deutsche duale System als besser strukturiert wahrgenommen werden kann, ist der Aussage des Kodex zuzustimmen, dass beide Systeme eine effektive Überwachung der Geschäftsführung ermöglichen. Effektive Corporate Governance ist somit keine Frage des Systems als solchem, sondern eine Frage, wie innerhalb des jeweiligen Systems mit den entsprechenden Prinzipien umgegangen bzw. wie Corporate Governance „gelebt" wird.

Ganz in diesem Sinne sind auch im Anwendungsbereich des monistischen Systems die Bestrebungen zu sehen, die Funktion des Chairman of the Board von der des Chief Executive Officer personalmäßig zu trennen. Während hier die Entwicklung in Großbritannien schon weit fortgeschritten ist, scheint es in dieser Hinsicht bei US-Unternehmen noch Nachholbedarf zu geben.[6]

Ein weiteres Anliegen, welches beide Systeme betrifft, ist eine größere Anzahl so genannter Outside Directors, d. h. unabhängiger, unternehmensfremder Mitglieder im Aufsichtsrat bzw. als Non-Executive Board Member. Bei der Errichtung von Ausschüssen wird zunehmend – so insbesondere auch im monistischen System – darauf geachtet, dass das Audit Committee, welches sich mit dem Zahlenwerk, der Ordnungsmäßigkeit und Kontrolle beschäftigt, sowie das Compensation Committee, das die Entlohnung der für die Geschäftsführung zuständigen Mitglieder insbesondere auf Basis der zahlenwerkorientierten Performance vornimmt, mit überwiegend unabhängigen Mitgliedern besetzt wird. Auch in Deutschland nimmt die Zahl der Unternehmen zu, die Aufsichtsratsausschüsse einrichten.

3.2.2 Mitbestimmung und Professionalisierung des Aufsichtsrats

Mit den in den Abschnitten 3, 5 und 7.2 des Kodex enthaltenen Empfehlungen entfällt rund die Hälfte aller Empfehlungen auf die Verbesserung der Überwachungstätigkeit des Aufsichtsrats, so dass sich hieraus ein zumindest optisch eindrucksvoller Leitfaden für eine effiziente Überwachungstätigkeit ergibt.

Im Laufe der Zeit sind die Anforderungen an den Aufsichtsrat, was Qualifizierung, Internationalität, Verantwortung und auch verfügbare Zeit betrifft, analog der Globalisierung der Wirtschaft und der damit einhergehend gestiegenen Komplexität der Abläufe und Anforderungen ständig gewachsen.

Auf Basis der derzeitigen Aufsichtsratsstruktur in Gestalt der paritätischen Besetzung bestehen Zweifel, ob es allein auf Grund der Kodex-Empfehlungen zu der gewünschten weiteren Professionalisierung des Aufsichtsrats kommen kann.

Auch wenn die Mitbestimmung auf Unternehmensebene in Deutschland auf eine lange Tradition zurückblicken kann – die erste Beteiligung von Arbeitnehmern in Aufsichtsräten gab es bereits zur Zeit der Weimarer Republik mit dem Betriebsrätegesetz von 1920 – und als allgemein anerkannt gilt, muss eine kritische Würdigung und Überprüfung gestattet sein. Darauf, dass hier der Gesetzgeber gefordert ist und die Frage der Aufsichtsratsstrukturen dringend überprüft und an die veränderten Realitäten anzupassen sind, wurde bereits von den jeweiligen Vorsitzenden der ersten und zweiten Regierungskommission auf der ersten Konferenz Deutscher Corporate Governance am 2. Juli 2002 hingewiesen.

Die paritätische Mitbestimmung der 70er Jahre basiert auf folgendem Modell einer „Deutschland AG":

- Umsatz und Ergebnis überwiegend in Deutschland erzielt

- Arbeitnehmer mehrheitlich in Deutschland ansässig

- Aktien von wenigen und mehrheitlich deutschen Aktionären gehalten

- fast reine Innenfinanzierung

Die Realität sieht heute hingegen anders aus. Inländische Unternehmen beschäftigen heute zu einem erheblichen Anteil Mitarbeiter im Ausland, bei einigen Unternehmen sogar schon zum überwiegenden Teil. Entsprechend wird ein Großteil des Umsatzes und Ergebnisses auf ausländischen Märkten erwirtschaftet. Vor diesem Hintergrund ist es ein Anachronismus, dass nur inländische Arbeitnehmer im Aufsichtsrat vertreten sein können, unabhängig davon, dass ein formaler Einbezug auch der Mitarbeiter im Ausland kaum praktikabel ist.

Ferner nehmen die deutschen Unternehmen zur Finanzierung ihres Geschäfts seit Anfang der 90er Jahre verstärkt den internationalen Kapitalmarkt in Anspruch und sind dort auch durch entsprechende Börsennotierungen präsent.

Damit einhergehend hat sich auch die Aktionärsstruktur dramatisch verändert; sie wird heute von so genannten institutionellen Investoren, meist Pensions- oder Investment-fonds angelsächsischer Provenience, bestimmt. In diesem Sinne sind die Zeiten der „Deutschland AG" passé, wie u. a. die Übernahme der ursprünglich „erzdeutschen" und montanmitbestimmten Mannesmann AG durch die britische Vodafone plc. eindrucksvoll belegt hat. Diese Übernahme, die vorher für so unmöglich gehalten wurde, ist geradezu ein Lehrstück dafür, dass sich inzwischen die damaligen Grundlagen der Mitbestimmung verändert haben, wenn nicht sogar teilweise entfallen sind.

Im Zusammenhang mit der Mitbestimmung werden insbesondere folgende mittelbaren Wirkungen auf die Aufsichtsratstätigkeit diskutiert:[7]

- vorprogrammierte Ineffizienz auf Grund der Größe des Gremiums

- mangelnde Intensität und Vertraulichkeit der Diskussion

- mangelnde fachliche Qualifikation (Stichwort: Gruppenzugehörigkeit vor Professionalität)

- de facto unterschiedliche Interessensausrichtung von Anteilseigner- und Arbeitneh-mervertretern, verstärkt noch durch getrennte Vorbesprechungen

- steigendes Interessenskonfliktpotenzial, insbesondere seitens der Gewerkschaftsver-treter

- Hemmschuh für eine erforderliche Internationalisierung

In diesem Spannungsfeld konnte und kann der Kodex lediglich eine verstärkte Ausschussarbeit sowie getrennte Vorbesprechungen der Vertreter von Anteilseignern und Aktionären als Mittel der Steigerung der Effizienz anbieten. Hierbei handelt es sich im Ergebnis aber um eine Ausweichlösung, die an der grundlegenden Strukturfrage nichts ändern kann. Vielmehr können solche separaten Vorbesprechungen, die auf Seiten der Arbeitnehmervertreter vielfach schon Usus sind, auch zu einer verstärkten Blockbildung – einhergehend mit einer entsprechend verfestigten Meinungsbildung – führen. Damit würde die beabsichtigte Verbesserung der Diskussionskultur innerhalb des Plenums in ihr Gegenteil verkehrt.

Wünschenswert wäre es, wenn die Frage der Mitbestimmung nicht weiter tabuisiert, sondern einer emotionslosen Überprüfung unterzogen würde. Ansätze zu einem Überdenken der bisherigen Position sowie zu einer Flexibilisierung der Mitbestimmung würden sich im Rahmen der Umsetzung der Richtlinie des Rats zum Statut der Europäischen Aktiengesellschaft anbieten. Vielleicht wird eine solche Diskussion nicht zuletzt durch die nationalen[8] und internationalen Bestrebungen zur Verschärfung der Haftung der Organmitglieder und deren unmittelbarer Inanspruchnahme unterstützt. Denn wenn auch bisher in den öffentlichen Diskussionen über ein Versagen von Aufsichtsräten die Rolle der Arbeitnehmervertreter nicht thematisiert wurde, sind diese unabhängig von der faktischen Handhabung rechtlich genauso dem Unternehmensinteresse verpflichtet und den gleichen Sorgfaltspflichten unterworfen wie die Anteilseignervertreter, so dass auch Arbeitnehmervertreter künftig bei einem Versagen des Aufsichtsrats mit einer Inanspruchnahme rechnen müssen.

3.2.3 CEO-Konzept

Als ein Baustein im Sinne einer effektiven Corporate Governance wird auch häufig die Funktion des Chief Executive Officer (CEO) genannt, verbunden mit der Forderung, dass auch deutsche Unternehmen sich eine solche Struktur als Vorbild nehmen sollten. Kennzeichen dieses Konzepts ist, dass der CEO weitgehend allein für die operative Geschäftsführung zuständig ist.

Anders als zum Vorsitzenden des Aufsichtrats enthält der Kodex keine Empfehlungen zu den Aufgaben und Funktionen des Vorsitzenden bzw. Sprechers des Vorstands. Begründet wird dies damit, dass zum einen das deutsche Aktiengesetz genügend Spielraum lässt, um ein Unternehmen nach modernen Prinzipien zu führen, und dass zum anderen durch den Kodex auch nicht die notwendige Flexibilität beeinträchtigt werden sollte.[9]

Auch wenn unter den bisherigen Rahmenbedingungen eine Straffung der Vorstandsstruktur möglich ist, einhergehend mit einer gewissen Fokussierung der Arbeit des Vorstands auf den Vorstandsvorsitzenden, wäre es im Hinblick auf die gerade an internationale Anleger gerichtete Aufklärungsfunktion des Kodex über das geltende Corporate-Governance-Modell wünschenswert, wenn der Kodex bei Beibehaltung des bisher geltenden Kollektivprinzips auf diese Möglichkeit auch hinweist; zur Erhaltung der notwendigen Flexibilität müssen damit ja keine Empfehlungen/Anregungen verbunden sein.

3.3   Shareholder- versus Stakeholder-Orientierung?

An dieser Diskussion kann man exemplarisch die Frage nach der Macht in der Wirtschaft in demjenigen Sektor der Wirtschaft verfolgen, in dem angestellte Manager die Unternehmerfunktion übernommen haben: Was ist hierbei unter Unternehmerfunktion zu verstehen? Ist es die Allokation von Geld? Sind es Portfolioentscheidungen? Sind es Restrukturierungen? Was heißt eigentlich: Die Manager sind Agents der Shareholder? Sind die Shareholder z. B. Familien oder „anonyme" Aktionäre, Investmentfonds, die ihrerseits für die einzelnen Fondsteilnehmer die Unternehmerfunktion ausüben?

Zu dieser Frage bezieht der Kodex eine klare Position: Gemäß Kodex arbeiten Vorstand und Aufsichtsrat zum Wohle des Unternehmens eng zusammen, wobei der Vorstand bei seiner eigenverantwortlichen Leitung an das Unternehmensinteresse gebunden und der Steigerung des nachhaltigen Unternehmenswerts verpflichtet ist (Ziff. 3.1, 4.1.1 des Kodex). Somit wählt der Kodex eine vermittelnde Position zwischen Shareholder- und Stakeholder-Ansatz. Um die nachhaltige Steigerung des Unternehmenswerts, einem Ziel, das eigentlich eine Selbstverständlichkeit sein sollte, sichern zu können, bildet der Shareholder-Value-Ansatz nur einen Bestandteil eines Gesamtkonzepts.

Dem ist nachdrücklich zuzustimmen: Wohin das reine Sich-Ausrichten an einem insoweit falsch verstandenen Shareholder-Value-Ansatz im Sinne einer auf quartalsweise fokussierten Ausrichtung führen kann, hat die Entwicklung am Neuen Markt mit ihrem abrupten Ende im Herbst 2001 drastisch gezeigt. Unternehmertum umfasst mehr als das Umschichten von Geld nach kurzfristigen Renditegesichtspunkten.

Die nachhaltige Steigerung des Unternehmenswerts führt langfristig auch zu einer Steigerung des Aktienkurses und damit einer Erhöhung des Shareholder-Value. Hiervon abzugrenzen sind kurzfristige Maximierungen des Aktienkurses, die nicht unmittelbar zu einer Steigerung des Unternehmenswerts führen.

3.4   Anforderungen an die Kapitalmarktkommunikation

Zur Absicherung der Nachhaltigkeit bzw. zur Schaffung der notwendigen Transparenz müssen die Unternehmen ihre Ziele und Visionen auch verstärkt kommunizieren. Andernfalls kann der Fall eintreten, dass der Kapitalmarkt sich – angetrieben von manchmal etwas übereifrigen Analysten – seine eigenen Ziele setzt, hieran die Unternehmen misst und diese dann, wenn solche übersteigerten Ziele nicht erreicht werden, abstraft. Insoweit liegt es im Interesse eines jeden Unternehmens über die gesetzlichen Erfordernisse und Transparenzgebote des Kodex hinaus eine proaktive Finanzmarktkommunikation zu betreiben, die hierbei den unterschiedlichen Sichtweisen und Bedürfnissen der Teilnehmer (Aktionäre, Analysten, Rating-Agenturen, Banken) Rechnung tragen muss.

Hierbei hat sich die Unternehmenskommunikation an folgenden Grundsätzen auszurichten:

- Eindeutigkeit

- Transparenz

- Kontinuität

- Glaubwürdigkeit

Diese Grundsätze sind beizubehalten, sowohl in Zeiten des wirtschaftlichen Erfolgs als aber auch gerade in Zeiten eines schwierigen wirtschaftlichen Umfelds.

Bei der Finanzmarktkommunikation ist der Trend zu einer verstärkten Zukunftsorientierung zu berücksichtigen. Presse und Nachrichtenagenturen machen immer häufiger Analystenmeinungen zu Unternehmen einschließlich Buy-/Sell-Empfehlungen zum Gegenstand ihrer Berichterstattungen und spiegeln dann die Unternehmensberichte und -informationen an diesen Erwartungen. Auch werden die Unternehmen zunehmend zu Beginn des Jahres um Prognosen für das Gesamtjahr gebeten.

Vor diesem Hintergrund ist aus Sicht der Unternehmen eines für ihre Finanzmarktkommunikation wichtig: Guidance; Leitung im Hinblick auf die künftige Ergebnissituation, dies nicht zuletzt, um einer ansonsten eintretenden „Fremdbestimmung" der Unternehmenserwartungen vorzubeugen.

Eine solche Guidance muss Bestandteil nicht nur der gesetzlich vorgeschriebenen Berichterstattung nebst der Berichterstattung via Quartalsberichten sein, sondern auch der freiwilligen unterjährigen Kommunikation. Das Resultat ist dann optimalerweise ein Quartals- oder Jahresergebnis, das sich im Korridor der Erwartungen befindet, die für sich auf Grund der verstärkten Kommunikation der Unternehmen eine stabilisierende Korrektur über die Zeit erfahren haben.

Wenn eine solche Guidance stattfindet, dürfte die Regelberichterstattung (zumindest in den Zentralgrößen) keine Überraschung mehr beinhalten, und auch keine Ergebniskorrekturen via Ad-hoc-Mitteilungen notwendig werden.

Unabhängig davon, ob das Zusammenspiel der verschiedenen Publizitätsvorschriften dogmatisch zufrieden stellend aufbereitet ist oder es an einer überwölbenden Systembildung noch fehlt, die sich an den Zielen Markttransparenz, informierte Transaktionsentscheidungen, Anlegergleichbehandlung und Marktintegrität ausrichten könnte, bleibt die Unternehmenskommunikation ein Thema der Fortentwicklung guter Corporate Governance.

Eine Verbesserung der Kommunikation betrifft aber nicht allein die Unternehmen im Sinne des originären Schuldners von Informationen, sondern auch die anderen Kommunikationsteilnehmer wie Analysten, Fonds, Banken etc. in ihrer Rolle als Bewerter und Aufbereiter sowie als Multiplikator solcher Informationen. Hier wäre ein Code of Conduct bzw. ein Code of Ethics wünschenswert, um einer nicht ausreichend sorgfältig recherchierten, mehr auf (angebliche) Sensationen ausgerichteten Berichterstattung mit zum Teil dramatischen Auswirkungen für die Unternehmen vorzubeugen.

4.   Fazit

Der Kodex hat das Bewusstsein für den Stellenwert guter Corporate Governance geschärft. Gute Corporate Governance dient zugleich der Rationalisierung von Entscheidungen, jedoch sollten unternehmerisch begründete Entscheidungen nicht aus der Angst vor Klagen unterbleiben.

Wenn das Deutsche Modell auf Dauer international wettbewerbsfähig bleiben soll, wird man an einer sachlich orientierten Diskussion der Auswirkungen der paritätischen Mitbestimmung und der Umsetzung eines sich hieraus ergebenden Änderungsbedarfs mittelfristig nicht vorbeikommen. Wünschenswert wäre insbesondere eine Verkleinerung des mitbestimmten Aufsichtsrats.

Im Übrigen ist getreu dem Motto „Das Bessere ist des Guten Feind" Corporate Governance stets verbesserbar, so auch in Deutschland. Als ein Schritt hierzu könnte die Differenzierung des Kodex zwischen Soll- und Sollte-Regelungen entfallen und sich die Entsprechenserklärung auch auf das Einhalten der Sollte-Regelungen beziehen.

Den sich wandelnden Erfordernissen des Kapitalmarks soll und muss seitens der Unternehmensführung Rechnung getragen werden. Hierbei ist aber zu berücksichtigen, dass eine effiziente Corporate Governance maßgeblich von dem individuellen Verhalten der Beteiligten abhängig ist. Eine notwendige Verhaltenssteuerung bzw. ein Bewusstseinswandel wird aber schwerlich durch eine weitere rechtliche Regulierung der Organisationsstruktur, weiteren Haftungsverschärfungen oder dem Einsetzen zusätzlicher externer Aufsichtsorgane bzw. Begründen von weiteren Aufsichts- und Mitwirkungsrechten bestehender bzw. neuer Behörden erreicht. Insoweit bietet der Kodex als so genanntes „Soft Law" eine flexible Basis für eine Selbstregulierung, ohne die Unternehmen regulatorisch zu strangulieren und von ihrer eigentlichen Aufgabe abzuhalten, den Markt mit attraktiven und wettbewerbsfähigen Produkten sowie Dienstleistungen zu versorgen.

Trotz aller Bemühungen um eine gute Corporate Governance ist und bleibt die Teilnahme am Kapitalmarkt für alle Beteiligten und somit auch für die Aktionäre mit Risiken verbunden. Eine Erfolgsgarantie bzw. Versicherung kann und darf es nicht geben; andernfalls wäre der Markt ausgehebelt.

Referenzen

[1] Vgl. Erläuterungen der Cromme-Kommission, http://www.corporate-governance-code.de.

[2] Vgl. Kapitel 3, 5 und 7.2.

[3] Vgl. Kapitel 4 und 7.1.

[4] Vgl. Kapitel 2 und 6.

[5] Vgl. Vorgaben der SEC, Sarbanes Oxley Act.

[6] Vgl. Global Business Policy Council, Communiqué Issue 4, First Quarter 2003.

[7] Vgl. HOPT: Beihefte ZHR Nr. 71, S. 27, 42 ff.

[8] Vgl. den so genannten 10-Punkte-Katalog der Bundesregierung vom 25. Februar 2003.

[9] Vgl. RINGLEB: Deutscher Corporate Governance Kodex, Rdnr. 784 ff.

Literaturverzeichnis

CROMME, G. (2002): Corporate Governance Report 2002.

HOMMELHOFF, LUTTER, SCHMIDT, SCHÖN, ULMER: Corporate Governance, Beihefte der Zeitschrift für das gesamte Handelsrecht und Wirtschaftsrecht, Heft Nr. 71.

RINGLEB, KREMER, LUTTER, V. WERDER (2003): Deutscher Corporate Governance Kodex, 2003.

Ann-Kristin Achleitner/Luisa Pietzsch

Investor Relations – Kommunikation und Erwartungsmanagement

Prof. Dr. Dr. Ann-Kristin Achleitner ist Inhaberin des KfW-Stiftungslehrstuhls für Entrepreneurial Finance der Technischen Universität München. Luisa Pietzsch ist im Brand Management bei der Procter&Gamble GmbH.

1. Einleitung

Die gesteigerte Emissionstätigkeit in Deutschland seit Mitte der 90er Jahre, zunehmende Informationsbedürfnisse der verschiedensten Kapitalmarktakteure und auch der vergangene Boom am Neuen Markt führten zu einem deutlichen Popularitätsanstieg der Investor Relations (IR) in Theorie und Praxis.[1] Vor dem Hintergrund einer steigenden Anzahl empirischer Studien über die Erfolgsfaktoren, die inhaltliche Ausgestaltung, die Zielgruppen sowie die Wirkung der Investor Relations[2] wurde auch in der Praxis die strategische Bedeutung eines professionellen Managements von Kapitalmarkterwartungen[3] erkannt.

Die Mehrzahl der in deutschen Aktienindizes repräsentierten Unternehmen besitzt heute eine vorstandsnahe IR-Abteilung und betreibt eine aktive und aufwendige[4] Beziehungspflege zur Financial Community.[5] Investor Relations haben sich als kapitalmarktbezogene Unternehmenskommunikation nicht nur neben den Public Relations etabliert[6], sondern werden als Kernbestandteil einer wertorientierten Unternehmensführung verstanden.[7]

Der vorliegende Beitrag gibt einen Überblick über die wesentlichen Inhalte und die Wirkungsweise der Investor Relations. Ferner wird auf die Bedeutung der Analysten-Coverage und auf die zielgruppenspezifische Ansprache von Finanzanalysten, speziell das Management der Analystenerwartungen, eingegangen.

2. Inhalte und Wirkungsweise der Investor Relations

Um ein Grundverständnis der Investor Relations zu schaffen, ist es in Anlehnung an HANK (1999) zielführend, Aussagen über das zur Verfügung stehende Instrumentarium, die relevanten Zielgruppen und die verfolgten Ziele zu treffen.[8]

2.1 Instrumentarium der Investor Relations

DRILL (1995) differenziert bezüglich des Instrumentariums in IR im engeren und weiteren Sinne.[9] Während die enge Definition ausschließlich auf die kapitalmarktbezogene Kommunikationspolitik abzielt, schließt die weite Definition zusätzlich die Dividenden-,

Titel-, Emissions- und Börsenpolitik mit ein. Da jedoch bspw. die Emissionspreisfindung aus Unternehmenssicht zwar eine wichtige, aber sehr zeitpunktbezogene Entscheidung darstellt[10], stellen kommunikative Maßnahmen das Hauptinstrumentarium einer ab der Börsennotierung kontinuierlich verfolgten IR-Arbeit dar.

Mit Blick auf die große Bandbreite möglicher Kommunikationsinstrumente kann eine Differenzierung nach der Freiwilligkeit der eingesetzten Maßnahmen erfolgen. Während die gesetzlich und in Börsenregularien verankerte Pflichtpublizität primär einer objektiven „Offenlegung und Verbreitung von Informationen über die wirtschaftliche und finanzielle Lage eines Unternehmens einschließlich dessen Entwicklungsaussichten"[11] dient, ermöglichen freiwillige, überwiegend persönliche Kommunikationsmaßnahmen, wie bspw. Analystenkonferenzen oder Einzelgespräche mit Investoren, einen gezielten, zielgruppenspezifischen Aufbau von Kommunikationsbeziehungen. Abbildung 1 gibt einen Überblick über wesentliche IR-Instrumente.

WESENTLICHE INVESTOR-RELATIONS-INSTRUMENTE

	Unpersönlich	Persönlich
Pflicht (Rechtsquelle)	• Emissionsprospekt (BörsG, VerkProsG, Börs-ZulV) • Geschäftsbericht (HGB) • Zwischen- bzw. Halbjahresbericht (BörsG, Börs-ZulV) • Ad-hoc-Publizität (WpHG) • Quartalsbericht • Unternehmenskalender	• Hauptversammlung (AktG) • Analystenkonferenzen
Freiwillig	• Investorenhandbuch • IR-Internetseite • E-Mail-Newsletter • Finanzanzeigen • Pressemitteilung	• Einzel- und Kleingruppengespräche • Analystenkonferenzen • Telefonkonferenzen • Roadshows • (Bilanz-)Pressekonferenz • Aktionärsmessen • Betriebsbesichtigung

Quelle: In Anlehnung an ACHLEITNER/BASSEN/PIETZSCH (2001b), S. 20

Abbildung 1

Obgleich erst das Zusammenwirken aller Maßnahmen ein vollständiges Bild der Kommunikationsqualität eines Unternehmens liefert[12], werden die freiwilligen Maßnahmen, insbesondere in der US-amerikanischen Literatur[13], oft als das „Kernstück" der Investor Relations bezeichnet, mittels derer börsennotierten Unternehmen eine Differenzierung gegenüber dem Kapitalmarkt gelingt.

2.2 Zielgruppen der Investor Relations

Bei den Zielgruppen der Investor Relations sind grundsätzlich die Kapitalgeber des Unternehmens und so genannte Multiplikatoren zu unterscheiden. Üblicherweise liegt der Fokus der IR-Aktivitäten auf der Bindung bestehender und der Gewinnung neuer Eigenkapitalgeber.[14] Institutionellen Investoren, d. h. Kapitalanlagegesellschaften, Versicherungen und Pensionskassen, wird auf Grund der im Vergleich zu Kleinanlegern hohen Anlagevolumina eine besondere Aufmerksamkeit geschenkt.[15]

Aktienanalysten der Sell- und Buy-Side[16] sowie Wirtschaftsjournalisten fungieren als wichtige Informationsmittler, welche den kapitalmarktbezogenen Bekanntheitsgrad und das Meinungsbild über ein Unternehmen prägen.[17] Insbesondere Sell-Side-Analysten haben erheblichen Einfluss auf Anlageentscheidungen, indem sie auf Basis einer regelmäßigen Unternehmensbewertung Kennzahlenprognosen und Anlageempfehlungen an institutionelle Investoren weitergeben und so eine starke Öffentlichkeitswirkung erzielen.[18] Insgesamt besteht somit – auch empirischen Ergebnissen zufolge – eine deutliche Fokussierung der IR-Aktivitäten auf institutionelle Investoren und Sell-Side-Analysten als maßgebliche Entscheidungsträger bzw. Meinungsbildner auf dem Kapitalmarkt.[19]

2.3 Zielsystem und Wertbeitrag

Abgeleitet aus dem obersten Unternehmensziel der Shareholder-Value-Steigerung werden als Oberziele der Investor Relations die Reduktion der kalkulatorischen Eigenkapitalkosten sowie das Erreichen einer langfristig tragbaren, stabilen Marktbewertung postuliert.[20] Der durch Investor Relations angestrebte Aufbau eines bewertungsspezifischen Vertrauens[21] dient dazu, die auf einem unvollkommenen Kapitalmarkt bestehenden Informationsasymmetrien zwischen Unternehmensmanagement und Kapitalmarktakteuren[22] zu mindern. Dadurch werden aus Investorensicht bestehende Schätz- und Informationsrisiken, welche eine Prämie auf die Eigenkapitalkosten hervorrufen können, reduziert[23] und kommunikative Wertlücken (Wahrnehmungslücken) geschlossen. Investor Relations trägt somit wesentlich dazu bei, den Unternehmenswert bestmöglich am Kapitalmarkt widerzuspiegeln. Abbildung 2 zeigt schematisch den erwarteten Wertbeitrag der Investor Relations auf.

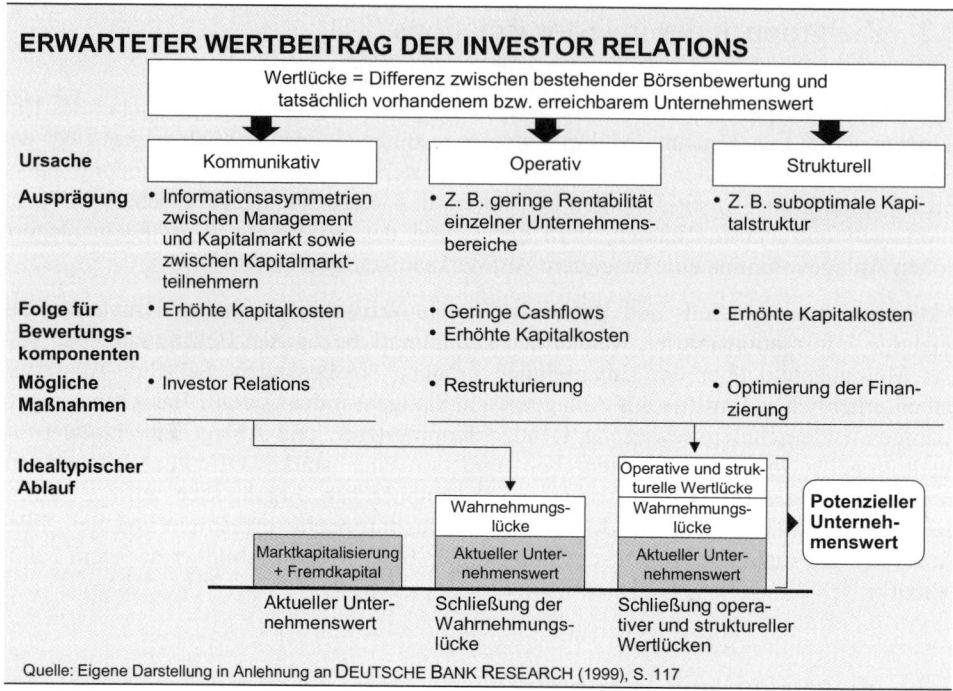

Abbildung 2

Kernaufgabe der Investor Relations ist es in diesem Kontext, dem Kapitalmarkt das Zu-kunftspotenzial des Unternehmens zu verdeutlichen, die Erwartungshaltung von Investo-ren und Finanzanalysten in positiver Weise zu beeinflussen[24] und die Unternehmensstra-tegie in die Sprache von Investoren und Analysten zu übersetzen.[25] Der Wertbeitrag der Investor Relations liegt jedoch nicht nur in einer Außen-, sondern auch in einer Innen-wirkung begründet.[26] Die Investor Relations tragen unternehmensintern dazu bei, die Kapitalmarkterwartungen in die Unternehmensstrategie zu transportieren[27], kapital-marktbezogene Informationen für die strategische Planung bereitzustellen[28] und die Un-ternehmensleitung allgemein zu einem „kapitalmarktorientierten Denken und Handeln"[29] anzuhalten, welches dann in entsprechenden operativen und strukturellen Wertsteige-rungsmaßnahmen mündet.

Aus den Oberzielen wird eine Vielzahl von interdependenten finanzwirtschaftlichen und kommunikationspolitischen Unterzielen der Investor Relations abgeleitet.[30] DRILL (1995) erwähnt im finanzwirtschaftlichen Kontext bspw. die Steuerung der Aktionärsstruktur, um eine geringere Aktienkursvolatilität durch breitere Aktienstreuung sowie eine Inter-nationalisierung der Aktionärsstruktur zu erreichen.[31] AMIHUD/MENDELSON (2000) betonen den positiven Einfluss der Investor Relations auf die Sekundärmarktliquidität der Unternehmensanteile.[32] KIRCHHOFF (2001) und TAEUBERT (1998) stellen auf den

Bekanntheitsgrad und das Image als zentrale, kommunikationspolitische Größen ab.[33] Abbildung 3 gibt einen Überblick über das Spektrum der mittels Investor Relations verfolgten Zielsetzungen und integriert die z. B. vom *Deutschen Investor Relations Kreis* (DIRK) empfohlenen, allgemeinen Gestaltungsgrundsätze der Aktualität, Wesentlichkeit, Kontinuität, Zielgruppenorientierung und Gleichbehandlung.

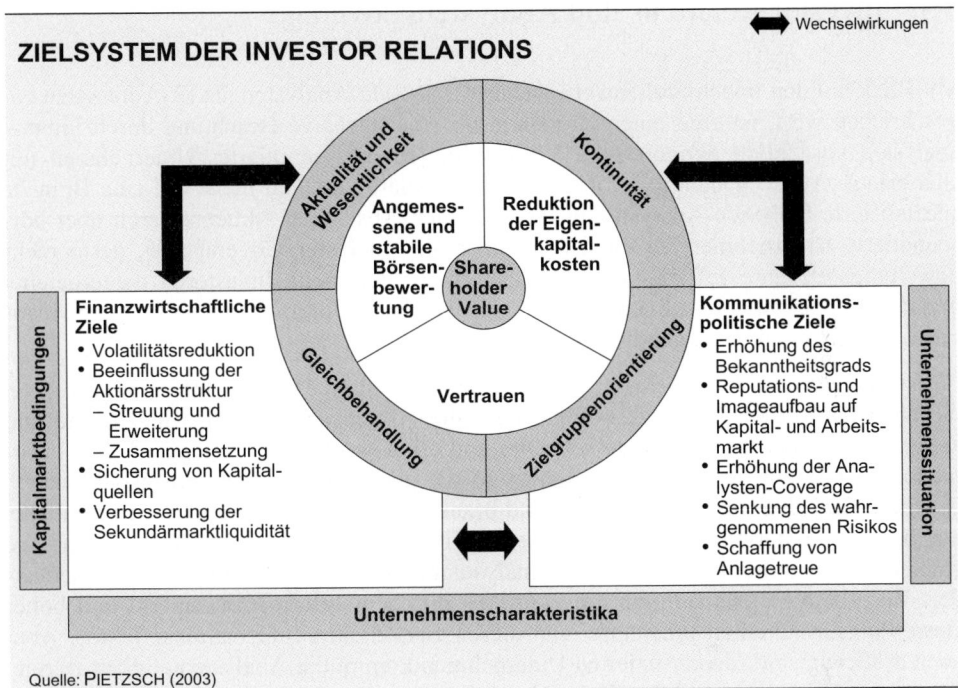

Abbildung 3

Die aufgezeigten Unterziele erhalten unternehmens- und situationsspezifisch unterschiedliches Gewicht. So zeigt eine Studie von DEUTSCHE BANK RESEARCH (1999), dass bspw. junge, erst kürzlich notierte Unternehmen der Erweiterung der Aktionärsbasis und der Imageverbesserung einen höheren Stellenwert beimessen als bereits am Kapitalmarkt etablierte DAX- und MDAX-Unternehmen.[34] Insbesondere das Erreichen einer intensiven Beachtung durch Finanzanalysten (Analysten-Coverage) wird von Börsenneulingen als primäre Zielsetzung der IR-Arbeit herausgestellt.[35] Diese Zielsetzung sowie die zielgruppenspezifische Ansprache von Finanzanalysten werden nachfolgend genauer beleuchtet.

3. Zielgruppenspezifische Aspekte: Bedeutung und Ansprache von Finanzanalysten

3.1 Investor Relations und Analysten-Coverage

Mit Blick auf den hohen Stellenwert, welcher Sell-Side-Analysten als IR-Adressaten zugeschrieben wird, ist zum einen zu klären, ob eine intensive Beachtung durch Finanzanalysten tatsächlich ökonomische Vorteile für ein börsennotiertes Unternehmen mit sich bringt. Als so genannte Informationsintermediäre erstellen meist auf eine Branche spezialisierte Sell-Side-Analysten in regelmäßigen Abständen Aktienresearch über börsennotierte Unternehmen. Je intensiver daher die Analysten-Coverage ist, desto mehr bewertungsrelevante Informationen werden an institutionelle Investoren weitergeleitet und desto höher ist die Aufmerksamkeit, welche einem Unternehmen seitens der Financial Community entgegengebracht wird.[36]

Für stark gecoverte Unternehmen besteht nachweislich eine höhere Informationsdichte, die auch darin zum Ausdruck kommt, dass die Aktienkurse branchenspezifische und zukunftsgerichtete Informationen schneller und umfassender widerspiegeln.[37] Die Informationsproduktion der Analysten ergänzt so die gesetzliche Unternehmenspublizität[38], welche in Bezug auf nicht finanzielle und branchenspezifische Kommunikationsinhalte, wie bspw. immaterielle Vermögenswerte, häufig Defizite aufweist.[39] Unternehmerische Kapitalmarktkommunikation und die Analystentätigkeit greifen somit optimal ineinander. Vor allem Börsenneulinge mit zum Teil diffusem Informationsumfeld und hoher Bewertungsunsicherheit profitieren von diesen zusätzlichen Informationseffekten. Aber auch größeren, stark diversifizierten Unternehmen kommt die Analystentätigkeit zugute: So reduziert eine intensive Beachtung durch Finanzanalysten den häufig zu beobachtenden Diversifikationsabschlag (*Diversification Discount*).[40]

Darüber hinaus manifestiert sich in empirischen Untersuchungen auch ein beträchtliches Beeinflussungspotenzial der Analysten-Coverage auf die Investorennachfrage und die Kursentwicklung des Unternehmens. Neben nachhaltigen Aktienkursreaktionen auf Analystenempfehlungen[41] werden auch direkte Portfolioanpassungen institutioneller Investoren infolge von Analystenveröffentlichungen nachgewiesen.[42] Zusätzlich wird bei intensiver Analysten-Coverage eine verbesserte Sekundärmarktliquidität der Unternehmensanteile, z. B. in Form eines höheren Handelsvolumens und geringeren Geld-Brief-Spannen, festgestellt.[43] Eine ausgeprägte Analysten-Coverage kann somit eine katalysierende Wirkung auf die Visibilität eines Unternehmens, die Investorennachfrage und die Marktgängigkeit der Aktie entfalten. Ein hoher Ressourceneinsatz für die Ansprache von Finanzanalysten scheint somit durchaus gerechtfertigt.

Doch ist mittels Investor Relations tatsächlich eine Einflussnahme auf die Intensität der Analysten-Coverage möglich? Dafür spricht, dass Finanzanalysten für die Unternehmensbewertung in hohem Maße auf die Informationsversorgung durch Investor Relations angewiesen sind[44] und sich ihre Informationsbeschaffung durch transparente Kapitalmarktkommunikation erleichtert.[45] Empirische Ergebnisse stützen diese Vermutung. Die wahrgenommene IR-Qualität hat einen signifikant positiven Einfluss auf die Coverage-Bereitschaft und das Ausmaß der Analysten-Coverage.[46] Erst die genaue Kenntnis der Informationspräferenzen von Finanzanalysten ermöglicht jedoch eine zielgruppenspezifische Optimierung der Kapitalmarktkommunikation.

3.2 Anforderungen von Finanzanalysten

3.2.1 Informationspräferenzen

Empirische Ergebnisse verschiedenster Befragungen von Finanzanalysten zeichnen ein konkretes Bild der Anforderungen an die unternehmerische IR-Arbeit. Wichtige Erfolgsfaktoren sind vor allem die Glaubwürdigkeit und die Kommunikationsbereitschaft des Managements. Des Weiteren wird der Kompetenz der IR-Mitarbeiter eine große Bedeutung aus Sicht von Finanzanalysten zugemessen. Auf einstimmige Aussagen im Sinne einer *One-Voice-Policy* wird ebenfalls geachtet.

Hinsichtlich der Kommunikationsinstrumente bevorzugen Finanzanalysten die persönliche Kommunikation im Rahmen von Einzelgesprächen (*One-on-Ones*) und Telefonkonferenzen (*Conference Calls*).[47] Beliebteste Gesprächspartner sind neben dem Topmanagement erwartungsgemäß der IR-Manager, aber insbesondere zur Erläuterung geschäftsfeld- oder produktspezifischer Entwicklungen auch das operative Management.[48] Neben den persönlichen Kommunikationsinstrumenten finden auch Jahresabschluss- und Quartalsdaten großen Anklang, wobei der Quartalsbericht im Vergleich zum Geschäftsbericht noch entscheidungsrelevanter ist.[49] Einen hohen Stellenwert besitzen auf Grund ihres kursrelevanten Inhalts auch Ad-hoc-Meldungen nach §15 WpHG[50], wobei der professionellen Nutzung dieses Kommunikationsinstruments eine hohe Bedeutung zugeschrieben wird.[51]

Auf Grund ihres Input-Charakters für die in der Praxis gängigen Bewertungsmethoden, den Discounted-Cashflow-Verfahren und Multiplikatoren, werden Angaben zum Free Cashflow, Earnings before Interest and Taxes (EBIT), Earnings before Interest, Taxes, Depreciation and Amortization (EBITDA), dem Umsatz und dem Gewinn pro Aktie aus Sicht von Finanzanalysten erwartet.[52] Analysten fordern hierbei keine vollständige Planrechnung, sondern vor allem nachvollziehbare, zukunftsorientierte und auch segmentspezifische Angaben für die eigene Prognosetätigkeit.[53]

Über diese quantitativen Angaben hinaus hat sich das Interesse an nicht finanziellen, oft stark branchenspezifischen Kommunikationsinhalten (*Non-Financials*) mit der Zeit zunehmend verfestigt, wie neuere Untersuchungen von DEMPSEY et al. (1997) und BRETON/TAFFLER (2001) zeigen. Bewertungsrelevant auch im Sinne eines Auf- oder Abschlags auf den Unternehmenswert[54] sind aus Sicht von Finanzanalysten in diesem Zusammenhang vor allem Angaben zur Markt- und Wettbewerbsposition, dem Unternehmenswachstum, zur Managementqualität und zur langfristigen Unternehmensstrategie.[55] Da Analysten zumeist einen mittel- bis langfristigen Prognosehorizont anlegen, spielen Informationen aus dem strategischen Management des Unternehmens eine zentrale Rolle. BASSEN (2002) ermittelt diesbezüglich, dass neben einer strategischen Vision die formulierten Unternehmensziele und deren Umsetzung als wichtige Kommunikationsinhalte gesehen werden.[56] Weiterhin besteht je nach Branche ein ausgesprochenes Interesse an der Produktentwicklung, den F&E-Aktivitäten sowie den Unternehmensrisiken.[57]

Auf Basis der Ergebnisse wird deutlich, dass Finanzanalysten einen umfangreichen Datenkranz benötigen, um zu einer Werteinschätzung des Unternehmens zu gelangen. Eine freiwillige Erweiterung der gesetzlichen Unternehmenspublizität, auch im Sinne eines *Value Reporting*[58], und die analystenspezifische Gestaltung von Kommunikationsangeboten und -instrumenten stellen somit wesentliche Pfeiler einer effektiven Investor Relations dar.

Letztlich ist zu beachten, dass der Umgang mit Finanzanalysten keine One-Way-Kommunikation ist. Finanzanalysten liefern dem Unternehmen durch ihren umfassenden Markt- und Wettbewerbsüberblick[59] nicht nur wichtige strategische Informationen, sondern auch wertvolle Anhaltspunkte über die Erwartungen des Kapitalmarkts, welche es mittels Investor Relations zu steuern gilt.

3.2.2 Erwartungsmanagement in der Praxis

In den Einschätzungen der Analysten, z. B. in Form der Durchschnittsschätzungen (*Consensus Estimates*), manifestieren sich die Erwartungen über die zukünftige Entwicklung des Unternehmens. Mehr noch als das über Analystengespräche aufgenommene qualitative Feedback können Anlageurteile und Kennzahlenprognosen daher als Indikator für bestehende Kapitalmarkterwartungen und somit als Steuerungs- und Evaluierungsinstrument[60] aus kommunikativer Sicht dienen. Dies gilt umso mehr, als dass durch die Verbreitung der Research-Reports auch davon ausgegangen werden kann, dass die Analystenmeinungen einen wesentlichen Einfluss auf die Erwartungshaltung institutioneller Investoren haben.

Je ausgeprägter daher die Analysten-Coverage, desto greifbarere und verlässlichere Ansatzpunkte liegen für ein gezieltes, unternehmensseitiges Erwartungsmanagement vor.[61] Die Genauigkeit und Bandbreite der Gewinnprognosen von Analysten können dann zum einen als Maßstab dafür dienen, wie gut der einzelne Analyst den Gesamtmarkt und das

Unternehmen versteht. Zum anderen kann eine Analyse der Research-Reports über die getroffenen Wachstumsannahmen und die resultierenden Wertvorstellungen Auskunft geben.[62] Aus IR-Sicht ergibt sich in diesem Kontext die Herausforderung, eine etwaige Diskrepanz zwischen den unternehmensinternen Planungen und den externen Marktein-schätzungen zu minimieren.[63] Es gilt, den Analysten eine realistische Orientierung für die zukünftige Unternehmensentwicklung anhand wesentlicher Erfolgskennziffern, z. B. Gewinn und Cashflow, zu geben.

Dieser mehrstufige, meist mit dem Begriff *Earnings Guidance* belegte Prozess erfordert einen ständigen Austausch mit den für das Unternehmen wesentlichen und meinungsfüh-renden Analysten und ist wiederum ein maßgeblicher Faktor für die Glaubwürdigkeit des Managements. Insbesondere Gewinnüberraschungen sollten mit Blick auf das große Kursbeeinflussungspotenzial von Analystenempfehlungen vermieden werden[64], da das Verfehlen der Markterwartungen mit entsprechenden Folgen für die Marktbewertung einhergeht.[65] Gerade für junge Unternehmen in einem häufig volatilen Marktumfeld mit hoher Planungsunsicherheit ist das Management der Kapitalmarkterwartungen eine her-ausfordernde Aufgabe, welcher im Rahmen einer professionell gestalteten Investor Re-lations begegnet werden muss.

4. Zusammenfassung

Investor Relations sind aus der Unternehmenspraxis nicht mehr wegzudenken. Sie um-fassen gesetzlich verpflichtende als auch freiwillige Kommunikationsmaßnahmen eines börsennotierten Unternehmens, welche sich primär an aktuelle und potenzielle Eigenka-pitalgeber sowie Finanzanalysten richten. Diese professionell gemanagten Kommunika-tionsaktivitäten leisten einen Beitrag zur Shareholder-Value-Steigerung und -Orientie-rung, indem Informationsasymmetrien zwischen Unternehmen und Kapitalmarkt abge-baut werden und das Management zu einer kapitalmarktorientierten Unternehmensfüh-rung angehalten wird.

Die intensive Ansprache von Finanzanalysten im Rahmen der Investor Relations zielt darauf, die Analysten-Coverage des Unternehmens und damit die Visibilität des Unter-nehmens am Kapitalmarkt zu erhöhen. Eine intensive Beachtung durch Finanzanalysten hat nicht nur positive Effekte auf das Informationsumfeld des Unternehmens, sondern kann auch die Bewertung des Unternehmens verbessern sowie die Investorennachfrage und Sekundärmarktliquidität steigern.

Da der positive Einfluss der IR-Qualität auf das Ausmaß der Analysten-Coverage auch empirisch belegt ist, ist Unternehmen ein Anreiz geboten, ihre Kommunikationsaktivi-täten möglichst zielgruppenspezifisch auszugestalten. Mit Blick auf die Informationspräferenzen von Finanzanalysten zeigt sich, dass insbesondere eine hohe Bereitschaft des Unternehmensmanagements zur persönlichen Kommunikation mit Finanzanalysten von Bedeutung ist. Dem Finanzanalysten ist über die gängigen Zahlenangaben hinausgehend ein Einblick in das strategische Management des Unternehmens und die branchenspezifischen Werttreiber zu geben.

Als besondere Herausforderung im Rahmen der Investor Relations ist das Management der Analystenerwartungen zu sehen. Erfolgreiche Investor Relations gehen hierbei über die Vermittlung bewertungsrelevanter Informationen hinaus und finden die Balance zwischen einer positiven Beeinflussung und einer realistischen Steuerung der Kapitalmarkterwartungen.

Referenzen

[1] Vgl. zur Entwicklung in den USA TIEMANN, K. (1997), S. 7 - 9, BRENNAN, M., TAMAROWSKI, C. (2000), S. 27 - 29.

[2] Vgl. für einen Überblick der empirischen Studien für Deutschland ACHLEITNER, A.-K., BASSEN, A., PIETZSCH, L. (2001a), S. 23 ff.

[3] Vgl. NIX, P. (2001), S. 284, BRAMMER, R. (2001), S. 616 ff.

[4] Die Kosten der Kapitalmarktkommunikation werden, inklusive der Personalkosten für einen IR-Manager, der Opportunitätskosten des Vorstands, der Kosten für die Beauftragung einer IR-Agentur sowie der operativen Kosten auf 0,8 bis 1,25 Millionen EUR geschätzt. Vgl. o.V. (2002), S. 25.

[5] Vgl. IRES (2001), S. 10 f., SEISREINER, A. (2001), S. 13.

[6] Vgl. SIMON, H., EBEL, B., POHL, A. (2001), S. 4. Zur Abgrenzung zwischen Investor Relations und Public Relations vgl. DIEHL, U., LOISTL, O., REHKUGLER, H. (1998), S. 2.

[7] Vgl. ZIMMERMANN, G., WORTMANN, A. (2001), S. 293, VOLKART, R., LABHART, P. (2001), S. 134.

[8] Vgl. HANK, B. (1999), S. 25.

[9] Vgl. DRILL, M. (1995), S. 60.

[10] Vgl. LINDNER, H. (1999), S. 43.

[11] Vgl. DRILL, M. (1995), S. 75.

[12] Vgl. KRYSTEK, U., MÜLLER, M. (1993), S. 1.786.

[13] Vgl. exemplarisch LANG, M., LUNDHOLM, R. (1996), S. 473.

[14] Vgl. DRILL, M. (1995), S. 55.

[15] Vgl. SCHULZ, M. (1999), S. 147 ff.

[16] Sell-Side-Analysten sind Angestellte von Investment- und Universalbanken, die eine regelmäßige Veröffentlichung ihres Aktienresearch an einen breiten Kundenkreis vornehmen. Buy-Side-Analysten arbeiten für Kapitalanlagegesellschaften; die Analyseergebnisse werden intern genutzt.

[17] Die Ansprache der Multiplikatoren, d. h. Finanzanalysten, Wirtschaftsjournalisten etc., wird oft mit dem Begriff Opinion Leader Relations beschrieben. Vgl. LINK, R. (1991), S. 11.

[18] Vgl. ACHLEITNER, A.-K., BASSEN, A., PIETZSCH, L., WICHELS, D. (2002), S. 32.

[19] Vgl. GÜNTHER, T., OTTERBEIN, S. (1996), S. 403.

[20] Vgl. ZACHARIAS, E. (1998), S. 158.

[21] Vgl. BITTNER, T. (1996), S. 9, HANK, B. (1999), S. 36.

[22] Vgl. LABHART, P. (1999), S. 24.

[23] Vgl. TIEMANN, K. (1997), S. 115 spricht in diesem Kontext von einem „Misstrauens- zuschlag" auf die Eigenkapitalkosten, ARBELL, A., CARVELL, S., STREBEL, P. (1983), S. 60 f. von einer „Informationsmangelprämie".

[24] Vgl. NIX, P. (2001), S. 284.

[25] Vgl. SIMON, H., POHL, A., TESCH, A. (2000), S. 31.

[26] Vgl. BITTNER, T. (1996), S. 11.

[27] Vgl. MARCUS, B.-W., WALLACE, S.-L. (1997), S. 64.

[28] Vgl. BITTNER, T. (1996), S. 11.

[29] Vgl. MINDERMANN, H.-H. (2000), S. 26.

[30] Vgl. TIEMANN, K. (1997), S. 10.

[31] Vgl. DRILL, M. (1995), S. 59.

[32] Vgl. AMIHUD, Y., MENDELSON, H. (2000), S. 19 f.

[33] Vgl. KIRCHHOFF, K. R. (2001), S. 28, TAEUBERT, A. (1998), S. 223.

[34] Vgl. DEUTSCHE BANK RESEARCH (1999), S. 124 f.

[35] Vgl. PRICEWATERHOUSECOOPERS (2001), S. 14.

[36] Vgl. WITT, P. (2002), S. 523.

[37] Vgl. PIOTROSKI, J.-D., ROULSTONE, D.-T. (2001), S. 30, BRENNAN, M., JEGADEESH, N., SWAMINATHAN, B. (1993), S. 820 f.

[38] Vgl. LANG, M., LUNDHOLM, R. (1996), S. 470 f., AMIR, E., LEV, B., SOUGIANNIS, T. (1999), S. 31 ff.

[39] Vgl. KÜTING, K. (2001), S. 679.

[40] Vgl. LIU, Q., QI, R. (2001), S. 25 ff.

[41] Vgl. exemplarisch GERKE, W., OERKE, M. (1998).

[42] Vgl. CHEN, X., CHENG, Q. (2001), S. 16.

[43] Vgl. IRVINE, P.-A. (2000), S. 14.

[44] Vgl. WICHELS, D. (2002), S. 43.

[45] Vgl. LANG, M., LUNDHOLM, R. (1996), S. 471.

[46] Vgl. zu diesem Zusammenhang für den deutschen Kapitalmarkt PIETZSCH, L. (2003) sowie für andere Kapitalmärkte LANG, M., LUNDHOLM, R. (1996), ENG, L.-L., TEO, H.-K. (2001), WALKER, M., TSULTA, A. (2001) und WYATT, A., WONG, J. (2002).

[47] Vgl. SCHULZ, M. (1999), S. 192.

[48] Vgl. WICHELS, D. (2002), S. 158.

[49] Vgl. IRES (1998), S. 15.

[50] Vgl. zur Ad-hoc-Publizität DREYLING, G. (2001), S. 365 ff.

[51] In der Vergangenheit wurden Ad-hoc-Meldungen insbesondere am Neuen Markt, aber auch an anderen Handelssegmenten häufig für Werbezwecke und die Vermittlung regulärer Unternehmensinformationen missbraucht. Vgl. SEISREINER, A. (2001), S. 32, FEINENDEGEN, S., NOWAK, E. (2001), S. 372.

[52] Vgl. KAMES, C. (2000), S. 102, PRICEWATERHOUSECOOPERS (2001), S. 31, SCHULZ, M. (1999), S. 221.

[53] Vgl. MÜLLER, M. (1998), S. 136 f.

[54] Vgl. KAMES, C. (2000), S. 110 ermittelt bspw., dass man für eine führende Marktposition einen Zuschlag von 15 Prozent auf den Unternehmenswert rechtfertigen kann.

[55] Vgl. DEMPSEY, S.-J. et al. (1997), S. 18 f., BRETON, G., TAFFLER, R.-J. (2001), S. 97.

[56] Vgl. BASSEN, A. (2002), S. 261 ff.

[57] Vgl. SCHULZ, M. (1999), S. 218.

[58] Vgl. zu bestehenden Konzeptionen einer erweiterten, kapitalmarktinduzierten Publizität in Theorie und Praxis KÜTING, K. (2001), S. 465 - 502.

[59] Vgl. ECCLES, R.-G. et al. (2001), S. 275.

[60] Vgl. DIEHL, U., LOISTL, O., REHKUGLER, H. (1998), S. 22.

[61] Vgl. BRAMMER, R. (2001), S. 614.

[62] Vgl. STEINER, M., HESSELMANN, C. (2001), S. 115.

[63] Vgl. ZAMAGNA, P.-S. (2001), S. 273.

[64] Vgl. ZAMAGNA, P.-S. (2001), S. 275.

[65] Vgl. zu einem Überblick WICHELS, D. (2001), S. 98 ff.

Literaturverzeichnis

ACHLEITNER, A.-K., BASSEN, A., PIETZSCH, L. (2001a): Empirische Studien zu Investor Relations in Deutschland. Eine kritische Analyse und Auswertung des Forschungsstandes, in: ACHLEITNER, A.-K., BASSEN, A. (Hrsg.): Investor Relations am Neuen Markt, Stuttgart: 2001, S. 23 - 59.

ACHLEITNER, A.-K., BASSEN, A., PIETZSCH, L. (2001b): Kapitalmarktkommunikation von Wachstumsunternehmen – Kriterien zur effizienten Ansprache von Finanzanalysten, Stuttgart: 2001.

ACHLEITNER, A.-K., BASSEN, A., PIETZSCH, L., WICHELS, D. (2002): Effiziente Kapitalmarktkommunikation mit Finanzanalysten – Gestaltungsempfehlungen für Wachstumsunternehmen, in: Finanz Betrieb, 4. Jg. (2002), S. 29 - 44.

AMIHUD, Y., MENDELSON, H. (2000): The liquidity route to a lower cost of capital, in: Journal of Applied Corporate Finance, Vol. 12 (2000), S. 8 - 25.

AMIR, E., LEV, B., SOUGIANNIS, T. (1999): What value analysts?, Arbeitspapier, Tel Aviv University, Tel Aviv: 1999.

ARBELL, A., CARVELL, S., STREBEL, P. (1983): Giraffes, institutions, and neglected firms, in: Financial Analyst Journal, Vol. 39 (1983), S. 57 - 63.

BASSEN, A. (2002): Einflussnahme institutioneller Investoren auf Corporate Governance und Unternehmensführung unter besonderer Berücksichtigung börsennotierter Wachstumsunternehmen, Habilitationsschrift, Oestrich-Winkel: 2002.

BITTNER, T. (1996): Die Wirkung von Investor-Relations-Maßnahmen auf Finanzanalysten, Diss., Köln: 1996.

BRAMMER, R. (2001): Management von Kapitalmarkterwartungen, in: ACHLEITNER, A.-K., BASSEN, A. (Hrsg.): Investor Relations am Neuen Markt, Stuttgart: 2001, S. 613 - 624.

BRENNAN, M., JEGADEESH, N., SWAMINATHAN, B. (1993): Investment analysis and the adjustment of stock prices to common information, in: Review of Financial Studies, Vol. 6 (1993), S. 799 - 824.

BRENNAN, M.-J., TAMAROWSKI, C. (2000): Investor Relations, Liquidity and Stock Prices, in: Journal of Applied Corporate Finance, Vol. 12 (2000), S. 26 - 37.

BRETON, G., TAFFLER, R.-J. (2001): Accounting information and analyst stock recommendation decisions: A content analysis approach, in: Accounting and Business Research, Vol. 31 (2001), S. 91 - 101.

CHEN, X., CHENG, Q. (2002): Institutional Holdings and Analysts' Stock Recommendations, Arbeitspapier, University of Chicago, Graduate School of Business, Chicago: 2002.

DEMPSEY, S.-J. (1989): Predisclosure Search Incentives, Analyst Following, and Earnings Announcements Price Response, in: Accounting Review, Vol. 64 (1989), S. 748 - 757.

DEUTSCHE BANK RESEARCH (Hrsg.) (1999): IphOria – The Millenium Fitness Programme, Frankfurt am Main: 1999.

DIEHL, U., LOISTL, O., REHKUGLER, H. (1998): Effiziente Kapitalmarktkommunikation, Stuttgart: 1998.

DREYLING, G. (2001): Ge- und Missbrauch der Ad-hoc-Publizität, in: ACHLEITNER, A.-K., BASSEN, A. (Hrsg.): Investor Relations am Neuen Markt, Stuttgart: 2001, S. 365 - 379.

DRILL, M. (1995): Investor Relations: Funktion, Instrumentarium und Management der Beziehungspflege zwischen schweizerischen Publikumsaktiengesellschaften und ihren Investoren, Diss., Bern u. a. O.: 1995.

ENG, L.-L., TEO, H.-K. (2000): The relation between Annual Report Disclosures, Analysts' Earnings Forecasts and Analyst Following: Evidence from Singapore, in: Pacific Accounting Review, Vol. 11 (2000), S. 219 - 239.

ECCLES, R.-G., HERZ, R.-H., KEEGAN, M.-E., PHILLIPS, D. (2001): The Value Reporting Revolution, New York: 2001.

FEINENDEGEN, S., NOWAK, E. (2001): Publizitätspflichten börsennotierter Aktiengesellschaften im Spannungsfeld zwischen Regelberichterstattung und Ad-hoc-Publizität, in: Die Betriebswirtschaft, 61. Jg. (2001), S. 371 - 389.

GERKE, W., OERKE, M. (1998): Marktbeeinflussung durch Analystenempfehlungen, in: ZfB-Ergänzungsheft, 68. Jg. (1998), S. 1 - 14.

GÜNTHER, T., OTTERBEIN, S. (1996): Gestaltung der Investor Relations am Beispiel führender deutscher Aktiengesellschaften, in: ZfB, 66. Jg. (1996), S. 389 - 417.

HANK, B. (1999): Informationsbedürfnisse von Kleinaktionären, Diss., Frankfurt am Main u. a. O.: 1999.

IRES (Hrsg.) (1998): Investor Relations von Aktiengesellschaften – Bewertungen und Erfahrungen (1991 vs. 1998), Düsseldorf: 1998.

IRES (Hrsg.) (2001): Investor-Relations-Monitor, Düsseldorf: 2001.

IRVINE, P.-A. (2000): The incremental impact of analyst initiation of coverage, Arbeitspapier, Emory University, Atlanta: 2000.

KAMES, C. (2000): Unternehmensbewertung durch Finanzanalysten als Ausgangspunkt eines Value Based Measurement, Diss., Frankfurt am Main u. a. O.: 2000.

KIRCHHOFF, K. R. (2001): Grundlagen der Investor Relations, in: KIRCHHOFF, K. R., PIWINGER, M. (Hrsg.): Die Praxis der Investor Relations. Effiziente Kommunikation zwischen Unternehmen und Kapitalmarkt, 2. überarbeitete und wesentlich erweiterte Auflage, Neuwied/Kriftel: 2001, S. 25 - 55.

KRYSTEK, U., MÜLLER, M. (1993): Investor Relations – eine neue Disziplin nicht nur für das Finanzmanagement, in: Der Betrieb, 46. Jg. (1993), S. 1.785 - 1.789.

KÜTING, K. (2001): Bilanzierung und Bilanzanalyse am Neuen Markt, Stuttgart: 2001.

LABHART, P. (1999): Value Reporting – Informationsbedürfnisse des Kapitalmarktes und Wertsteigerung durch Reporting, Diss., Zürich: 1999.

LANG, M., LUNDHOLM, R. (1996): Corporate disclosure policy and analyst behavior, in: The Accounting Review, Vol. 71 (1996), S. 467 - 493.

LINDNER, H. (1999): Das Management der Investor Relations im Börseneinführungsprozess: Schweiz, Deutschland und USA im Vergleich, Diss., Zürich: 1999.

LINK, R. (1991): Aktienmarketing in deutschen Publikumsgesellschaften, Diss., Wiesbaden: 1991.

LIU, Q., QI, R. (2001): Information Production, Analyst Following and Diversification Discount: A Market Microstructure Approach, Arbeitspapier, University of Hong Kong, Hong Kong: 2001.

MARCUS, B.-W., WALLACE, S.-L. (1997): New Dimensions in Investor Relations – Competing for Capital in the 21st Century, New York: 1997.

MINDERMANN, H.-H.(2000): Investor Relations – eine Definition, in: DEUTSCHER INVESTOR RELATIONS KREIS E.V. (Hrsg.): Investor Relations. Professionelle Kapitalmarktkommunikation, Wiesbaden: 2000, S. 25 - 27.

MÜLLER, M. (1998): Shareholder-Value-Reporting – ein Konzept wertorientierter Kapitalmarktinformation, in: MÜLLER, M. (Hrsg.): Shareholder Value Reporting, Wien u. a. O.: 1998, S. 123 - 144.

NIX, P. (2001): Investor Relations – die unternehmerische Herausforderung nach dem Börsengang, in: KIRCHHOFF, K. R., PIWINGER, M. (2001): Die Praxis der Investor

Relations. Effiziente Kommunikation zwischen Unternehmen und Kapitalmarkt, 2. überarbeitete und wesentlich erweiterte Auflage, Neuwied/Kriftel: 2001, S. 281 - 297.

OHNE VERFASSER (2002): Exodus am Neuen Markt und aus dem Smax, in: Frankfurter Allgemeine Zeitung, 1. März 2002, S. 25.

PIETZSCH, L. (2003): Analysten-Coverage von Wachstumsunternehmen – eine Analyse der Determinanten unter besonderer Berücksichtigung der Investor Relations, Diss., Oestrich-Winkel (2003) (noch nicht erschienen).

PIOTROSKI, J.-D., ROULSTONE, D.-T. (2001): Analysts, Institutional Investors and Insiders: What Information Do They Provide?, Arbeitspapier, University of Chicago, Graduate School of Business, Chicago: 2001.

PRICEWATERHOUSECOOPERS (2001): Investor Relations und Shareholder Value am Neuen Markt, Frankfurt am Main: 2001.

SCHERING AG (Hrsg.) (1987): Die Finanzkommunikation deutscher Aktiengesellschaften, Umfrage der Schering AG, Berlin: 1987.

SCHULZ, M. (1999): Aktienmarketing, Diss., Berlin u. a. O.: 1999.

SEISREINER, A. (2001): Investor Relations-Management von Wachstumsunternehmen: Ergebnisse einer empirischen Untersuchung zum Kommunikationsverhalten im hyperdynamischen Börsensegment des Neuen Marktes, Arbeitspapier, General Management Institute Potsdam, Potsdam: 2001.

SIMON, H., EBEL, B., POHL, A. (2001): Investor Marketing, Arbeitspapier, abrufbar unter: http://www.handelsblatt.com, Abrufdatum: 20. Juni 2001.

SIMON, H., POHL, A., TESCH, A. (2000): Die Equity-Story als Marketing-Instrument, in: Frankfurter Allgemeine Zeitung, 28. August 2000, S. 31.

STEINER, M., HESSELMANN, C. (2001): Messung des Erfolgs von Investor Relations, in: ACHLEITNER, A.-K., BASSEN, A. (Hrsg.): Investor Relations am Neuen Markt, Stuttgart: 2001, S. 97 - 118.

TAEUBERT, A. (1998): Unternehmenspublizität und Investor Relations: Analyse von
    Auswirkungen der Medienberichterstattung auf die Aktienkurse, Diss., Münster:
    1998.

TIEMANN, K. (1997): Investor Relations, Diss., Wiesbaden: 1997.

VOLKART, R., LABHART, P. (2001): Investor Relations als Wertsteigerungsmanagement,
    in: KIRCHHOFF, K. R., PIWINGER, M. (Hrsg.): Die Praxis der Investor Relations.
    Effiziente Kommunikation zwischen Unternehmen und Kapitalmarkt, 2.
    überarbeitete und wesentlich erweiterte Auflage, Neuwied/Kriftel: 2001, S. 134 -
    151.

WALKER, M., TSULTA, A. (2001): Corporate Financial Disclosure and Analyst
    Forecasting Activity: Preliminary evidence for the UK, Arbeitspapier, Association of
    Chartered Accountants (ACCA), London: 2001.

WICHELS, D. (2002): Gestaltung der Kapitalmarktkommunikation mit Finanzanalysten.
    Eine empirische Untersuchung zum Informationsbedarf von Finanzanalysten in der
    Automobilindustrie, Diss., Oestrich-Winkel: 2002.

WITT, P. (2002): Investor Relations, in: HOMMEL, U., KNECHT, T. (Hrsg.):
    Wertorientiertes Start-Up Management – Grundlagen, Konzepte, Strategien,
    München: 2002, S. 508 - 525.

WYATT, A., WONG, J. (2003): Financial Analysts and Intangible Assets, Arbeitspapier,
    University of Melbourne, Melbourne: 2003.

ZACHARIAS, E. (1998): Börseneinführung mittelständischer Unternehmen – Rechtliche
    Grundlagen und strategische Konzepte bei der Vorbereitung des Going Public,
    Bielefeld: 1998.

ZAMAGNA, P.-S. (2000): Erwartungskorrekturen am Kapitalmarkt kommunizieren, in:
    Deutscher Investor Relations Kreis e.V. (Hrsg.): Investor Relations. Professionelle
    Kapitalmarktkommunikation, Wiesbaden: 2000, S. 273 - 285.

ZIMMERMANN, G., WORTMANN, A. (2001): Der Shareholder-Value-Ansatz als Institution
    zur Kontrolle der Führung von Publikumsgesellschaften, in: Der Betrieb, 54. Jg.
    (2001), S. 289 – 293.

Michael Jung

Die Herausforderung für neue Unternehmens-chefs – Eine Große Geschichte erzählen

Dr. Michael Jung ist Director bei McKinsey & Company, Inc.

1. Vorbemerkung

Noch vor wenigen Jahren waren viele Märchenerzähler unterwegs – sie fabulierten über virtuelle Geschäftswelten, lockten Anleger mit Stories vom schnellen Reichwerden und beschrieben die fabelhaften Aussichten der New Economy in den buntesten Farben. Eingesetztes Geld in fünf Jahren verzehnfachen? Verhundertfachen? Vertausendfachen? Keine Geschichte erschien zu phantastisch. Auf dem Spielplatz des Neuen Markts wurde mit Phantasie gehandelt. Endlich durfte man wieder träumen und überbordend fabulieren – nach einer langen Phase der Langeweile, in der das Effizienzdenken jeden Winkel der Wirtschaft durchtränkte. Leider erwiesen sich die in den Gründer-Stories angekündigten Gewinne meist als ebenso virtuell wie die zugehörigen Geschäftsmodelle.

Wir sind alle vorsichtig geworden. Das Pendel ist zurückgeschwungen und es regiert wieder die Nüchternheit. Das Wort „Story" hat einen schlechten Klang bekommen – zu oft bestanden die neu gegründeten Unternehmen aus nichts anderem als einer geschickt erzählten Geschichte. Die jetzt herrschende Grundskepsis gegenüber Stories ist berechtigt und sie ist nützlich: Der gesunde Menschenverstand ist wieder da.

Aber wollen wir bei aller wiedergefundenen Nüchternheit tatsächlich leugnen, dass Unternehmen nur dann wirklichen Erfolg haben können, wenn sie außer Gewinnen auch „Sinn" produzieren? Wenn sie es schaffen, ihre Mitarbeiter, Kunden und Partner zu begeistern? Um diese Frage soll es im Folgenden gehen. Wir wollen nicht zurück ins Zeitalter des Fabulierens. Aber wir glauben, dass jedes Unternehmen eine Geschichte zu erzählen hat und sogar erzählen muss.

Geschichten sind das älteste, einfachste und wirksamste Instrument der Menschenführung. Wir können uns nicht erlauben, es ungenutzt zu lassen.

Das in diesem Text geschilderte Konzept der Grossen Geschichte ist in der Organisationspraxis von McKinsey gemeinsam mit Jim Wendler, London, entwickelt worden.

2. Die höchste Hürde kommt zuerst

Die Schwierigkeiten, denen sich neue Unternehmenschefs gegenübersehen, sind einschüchternd: Die ersten Tage einer neuen Herrschaft werden besonders genau beobachtet. Und gerade in dieser Zeit wird die neue Führungskraft wenig kommunikativ gestimmt sein – er oder sie ist mit den Vorbereitungsaufgaben beschäftigt, die zum Führen gehören. Während sich der neue Unternehmenschef – oder die Chefin – bereit macht, die Führung zu übernehmen, schauen Mitarbeiter und Außenwelt zu und fragen sich: „Ist das ein Beispiel für das, was wir in den nächsten Jahren zu erwarten haben?" Die Situation ist der einer Pianistin nicht unähnlich, die ein Stück zum ersten Mal übt, während ein Raum voller Zuschauer – teils Freunde, teils nicht – über die Qualität ihres Vortrags streitet.

Die Pianistin könnte einfach sagen: „Kommen Sie in ein paar Wochen wieder, dann hören Sie etwas Richtiges" und so Zeit gewinnen, um ihre Technik zu vervollkommnen. Und genauso geht es natürlich in der Musikwelt zu. Die Pianistin könnte Hunderte von Stunden, viele Wochen lang, üben, bevor irgendjemand auch nur eine einzige Note hört. Neuen Unternehmensleitern dagegen wird keine solche Privatsphäre gewährt. In den frühen Tagen ihrer Führung wird jede Aussage, jedes gesagte und nicht gesagte Wort, jede gemachte oder nicht gemachte Geste oder Aktion genauestens untersucht. Erste Eindrücke verfestigen sich rasch und frühe Missgriffe werden nicht vergessen. Insbesondere, wenn sich nicht gleich zu Anfang Schwung einstellt, kann das für die Erfolgsaussichten des Chefs fatal sein.

Dieses Problem ist natürlich nicht neu; Berater für Führungskräfte schreiben seit vielen Jahren darüber.

3.   Das „klassische Rezept" für neue Unternehmenschefs

Im Kern sind die viel zitierten Rezepte für neue Unternehmenschefs vernünftig. Der Übersichtlichkeit halber fassen wir die gängigsten Ratschläge zu vier Imperativen zusammen:

- *Eine Führungsbasis aufbauen:* Die neue Führungskraft braucht ein klares Mandat, ein Team, das Zusammenhalt und Unterstützung bietet, gute Beziehungen zu Partnern wie Vorstand und Aufsichtsrat, Kontrolle über alle wichtigen Ressourcen, Zugang zu formellen und informellen Informationen und effektive Prozesse für alle Vorgänge von operativen Routineentscheidungen bis zu strategischen Planungen. All dies zu installieren, ist ein entscheidender, aber zeitraubender Vorgang.

- *Ein allgemeines Aktionsprogramm entwickeln:* Der neue Unternehmensleiter muss zumindest die Umrisse eines neuen Programms schnell entwickeln. In einigen Fällen geht es dabei um eine radikale strategische Neuausrichtung. In anderen Fällen wird die gegenwärtige Strategie weniger tief greifend umgestaltet. In noch anderen konzentriert sich die Führung auf operative Verbesserungen im Rahmen einer weitgehend beibehaltenen Strategie. Auch die avisierten wichtigen Maßnahmen können sehr verschieden sein. Doch was auch immer in einem bestimmten Fall mit „Programm" gemeint ist – es muss sich schnell herauskristallisieren.

- *Eine klare, konsistente und strategisch relevante Kommunikationstonart anschlagen:* Komplexe und widersprüchliche Botschaften untergraben die Autorität einer Führungskraft. Was auch immer die erste Priorität des Unternehmens sein mag – Qualitätssteigerung, bessere Kundenbeziehungen, Kostensenkungen oder Leistungssteigerungen –, es muss deutlich kommuniziert werden, und zwar durch das, was der Firmenchef sagt und durch das, was er tut. „Symbolische Handlungen", die einen klaren Bruch mit der Vergangenheit darstellen, sind hier oft wirksamer als reine Worte.

- *Einige „Schnelle Siege" sichern:* Sogar die Unternehmenschefs, die das Glück haben, von einer in der Organisation aufbrandenden Welle der Energie begrüßt zu werden, können sich auf dieser nicht dauerhaft ausruhen. Außerdem erwarten Aufsichtsrat und Aktionäre schnelle Erfolgsmeldungen über die neuen Programme. Zu den Schnellen Siegen könnten die beschleunigte Einführung eines neuen Produkts gehören, die Ankündigung einer Allianz oder eines wichtigen Vertrags, oder das Erfüllen eines bis dato unerreichbaren Leistungsziels: Alles, was irgendwie vermittelt, dass das Programm erfolgreich in Gang kommt.

Diese klassischen Rezepte für neue Unternehmenschefs sind und bleiben im Rahmen ihres Wirkungsbereichs sinnvoll. Leider ist dieser Wirkungsbereich für die heutige Wirtschaftswelt nicht mehr groß genug.

Um zu sehen, woran das liegt, müssen wir unsere Aufmerksamkeit vom Beginn der Arbeit eines Unternehmenschefs auf ihr oft verfrühtes Ende richten.

4.   Ein Zeitalter unrealistischer Erwartungen?

Ein Unternehmen zu führen war immer ein Spiel mit hohen Einsätzen – schließlich stehen Unternehmen in scharfem Wettbewerb miteinander. Es wäre insofern unvernünftig, zu erwarten, dass die Mehrheit der Unternehmenschefs als einzigartig erfolgreich gelobt werden. Der wirtschaftliche Konkurrenzkampf ist nie sanft mit den Beteiligten umgegangen und die großen Gewinner stellen unweigerlich eine Minderheit dar – wie auch in der Politik, dem Sport und anderen Bereichen, in denen intensiver Wettbewerb herrscht. Insofern muss man fairerweise zugeben, dass auf Unternehmenschefs ein unrealistischer Erwartungsdruck lastet.

Bis jetzt vielleicht. Mittlerweile erscheint er *unmöglich* zu erfüllen.

In der Wirtschaftspresse lesen wir über einst extrem vielversprechende Unternehmens-
führer, deren Zeit am Ruder früh und dramatisch endete. Kürzlich abgetretene CEOs wie
Douglas Ivestor bei Coca-Cola, Durk Jager bei Procter & Gamble, Richard Thoman bei
Xerox, Al Dunlap bei Sunbeam, Michael Hawley bei Gillette, George Stasheen bei
Webvan, Michael Bonsignore beim frisch fusionierten Honeywell und Jacques Nasser
bei Ford hielten sich im Durchschnitt ungefähr zwei Jahre auf ihren Posten. Obwohl die
Dienstzeiten von Vorstandsvorsitzenden außerhalb der USA immer noch sehr viel länger
sind, breitet sich der Trend in Richtung früher Verabschiedungen aus.

Es ist bemerkenswert, dass kein ersichtliches Muster in den Lebensläufen, Führungs-
stilen oder Aktionsprogrammen dieser oder anderer prominenter CEOs erkennbar ist, die
in den letzten Jahren ihre Posten plötzlich verlassen haben. Sie können Insider oder
Außenseiter sein, Visionäre oder Pragmatiker, Menschenführer oder Technokraten,
Geschäftsentwickler oder Kostensenker, energische „Jungtürken" oder gereifte
Geschäftsleute mit einer langen Erfolgsserie (und manchmal einem früheren Triumph als
CEO einer anderen Firma).

In vielen Fällen folgt auf einen spektakulären Misserfolg – ein verfehltes Gewinnziel,
eine gescheiterte Fusion, eine als erfolglos aufgegebene ehrgeizige Strategie oder die
Abschreibung großer Investitionen in eine neue Technologie – innerhalb weniger Tage
der Rücktritt des Vorstandsvorsitzenden. In anderen Fällen findet ein plötzlicher „Vor-
stands-Putsch" statt, den anscheinend niemand hatte kommen sehen. Wochen- oder
monatelang danach erregt sich die Presse über die gravierenden unternehmerischen
Probleme, die ans Licht gekommen sind. Finanzanalysten äußern Zweifel an den Aussichten des Unternehmens und beschreiben die Änderungen, die stattfinden müssten,
bevor sie ihre Meinung ändern.

Was steckt hinter dieser Stimmung extremer Ungeduld und heftiger Kritik? Wir glauben,
dass vier grundlegende Trends den Druck auf Unternehmenschefs unerbittlich erhöhen:

- *Schnelle Entwicklung der Industrien:* Der Zyklus der „kreativen Zerstörung" hat
  sich in unserem Zeitalter schnellen technologischen Wandels und geschäftlicher
  Innovation beschleunigt. Fusionen, Spin-outs, Allianzen, Outsourcing und andere
  tief greifende strukturelle Veränderungen haben die Organisationsform vieler Branchen dramatisch verändert. In einigen Industrien sind Herausforderer mit stabileren
  Geschäftsmodellen angetreten (z. B. die Petropreneurs im Raffineriegeschäft), mit
  gezielteren Marketingstrategien (z. B. neue Facheinzelhandelsketten) oder mit so
  genannten „disruptiven Technologien" (z. B. Mobilfunktechnik in der Telekommunikation). Unternehmenschefs, die nicht rechtzeitig und wirksam reagieren oder mit
  großem Einsatz auf das falsche Pferd setzen, können unter extremen Druck geraten.

- *Effizientere Kapitalmärkte:* Heute wird von Unternehmen erwartet, dass sie Umsatz-
  und Gewinnschätzungen der Analysten mit nur geringen Abweichungen erfüllen.
  Wenn die Gewinnerwartung auch nur um ein oder zwei Cent pro Aktie verfehlt
  wird, kann eine Aktie binnen Stunden um 10 Prozent fallen. Bei sehr großen Abwei-

chungen oder deutlich niedrigen Leitwerten für zukünftige Unternehmenskennzahlen kann es in wenigen Tagen zu Kursstürzen von 40 oder 50 Prozent kommen, wie bei Apple, Procter & Gamble und vielen anderen. Der Markt unterscheidet scharf zwischen zwei Lagern: Unternehmen, die ihre Soll-Zahlen erfüllen und denen, die das nicht schaffen.

- *Steigende Erwartungen der Investoren:* Die Presse hat der „Dotcom"-Blase viel Aufmerksamkeit geschenkt, wie auch den überzogenen Investoren-Erwartungen bei Technologie- und anderen New-Economy-Firmen. Aber selbst jetzt, wo die Blase geplatzt ist, sind die Erwartungen an alle Unternehmen, auch an die der „Old Economy", deutlich höher als vorher. In den letzten 20 Jahren haben Corporate Raider große Werte mobilisiert, indem sie Unternehmen in reifen Industrien neu strukturierten. Vielleicht noch wichtiger war, dass Manager wie Jack Welch bei GE bewiesen haben, dass es möglich ist, in solchen Industrien zu wachsen und zu gedeihen. Durchschnittlich abzuschneiden ist nicht länger akzeptabel.

- *Mehr Verantwortung beim Vorstand:* Die Wirtschafts- und Tagespresse sucht sich regelmäßig bestimmte Unternehmensvorstände aus und prangert sie an, weil zu wenig Shareholder Value generiert wurde. Das passiert besonders in den Fällen, wo ein neuer Vorstandsvorsitzender mit einem exorbitanten Gehalt oder entsprechenden Bonusplänen angeworben wurde, die nicht den aktuellen Unternehmensleistungen entsprechen. Darüber hinaus ist die Zahl der Prozesse, die von Aktionären gegen Unternehmensvorstände und Aufsichtsräte angestrengt werden, in den letzten Jahren stark gestiegen. Insofern stehen nicht nur in den USA Unternehmen unter akutem Druck, Vorstandsvorsitzende sofort zu ersetzen, wenn diese ins Straucheln geraten.

Aus diesen Gründen haben Unternehmenschefs nur ein sehr kurzes Zeitfenster zur Verfügung, innerhalb dessen sie eindrucksvolle Ergebnisse liefern müssen. Mutige Programme, die in drei bis fünf Jahren signifikante Zuwächse versprechen, reichen nicht aus: Investorengeduld ist eine begrenzte Ressource geworden.

Was ist mit den Schnellen Siegen? Wie wir gesehen haben, gehören diese zu den klassischen Rezepten für Führungskräfte und es lohnt sich, sie aggressiv zu suchen und zu nutzen. Leider sind die Gelegenheiten für Schnelle Siege aber begrenzt und viele Unternehmen haben diese einfachen Chancen schon genutzt. Neue Unternehmenschefs werden in der Regel feststellen, dass ihre Vorgänger die Rationalisierungsmaßnahmen, die sich schnell auszahlen, schon ergriffen haben. Jahrelanger Druck der Investoren hat Firmen dazu gezwungen, diese Möglichkeiten der Leistungssteigerung zu nutzen und oft ist der Vorrat erschöpft. Folglich geraten neue Unternehmenschefs in vielen Unternehmen in eine Lage, in der:

- Geschäftsbereiche, die schlecht zur Strategie passen, aber für Käufer attraktiv sind, schon veräußert wurden,

- überschüssige Hierarchieebenen im mittleren Management schon abgeschafft sind,

- Produkt- und Dienstleistungslinien gestrafft wurden, um sich auf die profitablen zu konzentrieren,

- wichtige Support-Funktionen (z. B. IT) bereits ausgelagert wurden und

- branchenübliche Prozess-Umstrukturierungen (z. B. Serviceleistungen in Callcenter zu verlagern) bereits stattgefunden haben.

Natürlich kann man immer noch mehr tun, um die Leistung durch derartige Schritte zu verbessern. Die verbleibenden Ansatzpunkte sind aber oft marginal, bergen hohe Risiken oder sind nur über Jahre zu realisieren. Die niedrig hängenden Früchte sind schon gepflückt.

Das klassische Rezept greift also zu kurz. Wir müssen uns etwas Neues ausdenken.

5.   Programme und Geschichten

Oft behaupten Unternehmenschefs, ihre Programme seien extrem positiv zu bewerten, wenn man sie unter Wertsteigerungsaspekten betrachte. Tatsächlich übersteigt der Gegenwartswert höherer zukünftiger Gewinnmargen die kurzfristigen Anfangsinvestitionen und Anpassungskosten bei weitem. Allerdings ist klar, dass einige Programme nicht so vielversprechend sind, wie sie dargestellt werden. Manchmal ist das Misstrauen gerechtfertigt, das der Markt weit in die Zukunft reichenden Versprechungen entgegenbringt. Wenn man in die Prognosen für Kostensenkungen, Umsatzsteigerungen, Gewinnmargen oder was es auch sein mag, vernünftige Zahlen einsetzt, stimmt die Summe oft nicht mehr.

Jeder neue Unternehmenschef steht deshalb erheblichen Schwierigkeiten gegenüber, wenn es darum geht, ein wertsteigerndes Programm zu entwickeln, das in „technischer" Hinsicht einwandfrei ist, d. h. das auch nach rigoroser Überprüfung glaubhaft bleibt. In vielen Unternehmen ist dies besonders schwierig, weil interne Ressourcen und externe Wettbewerbsbedingungen nur wenig oder gar keinen Lösungsraum lassen.

Ein Programm so zu gestalten, dass es schon frühzeitig konkrete Nachweise für deutliche Leistungssteigerungen liefert, ist noch schwieriger. Viele „technisch" exzellente Programme können daran scheitern, dass die Geduld zu Ende ist, bevor sie ihren Erfolg nachweisen konnten. Der neue Unternehmenschef wird dann versucht sein, sich zu beklagen, dass die Finanzmärkte und Aufsichtsräte „einfach nicht verstehen, worum es geht". Aber natürlich ist eine konstruktivere Antwort gefragt.

Unser Rezept ist ganz einfach. Ein hervorragendes Programm genügt nicht; der neue Unternehmenschef braucht auch eine Große Geschichte. Genauer gesagt ist ein Programm nur dann hervorragend, wenn es auch eine Große Geschichte ist. Ein Programm, das sich nicht in Begriffen erzählen lässt, die für Investoren, Aufsichtsräte, Kunden, Mitarbeiter und Geschäftspartner mitreißend und aufregend klingen, wird kaum Unterstützung für seine Umsetzung finden. Umgekehrt ist eine Geschichte schwach, die sich nicht in konkrete, realisierbare Maßnahmen übersetzen lässt. Und eine schwache Geschichte läuft Gefahr, zur reinen Phantasie zu werden.

Die Elemente eines Programms sind offensichtlich: eine Folge konkreter Maßnahmen, die so angelegt sind, dass sie ein geplantes Ergebnis entsprechend einer definierten Strategie erzielen. Darüber hinaus hat jedes Programm, das diesen Namen verdient, einen spezifischen und identifizierbaren Charakter, der sich unter ein oder zwei Begriffe fassen lässt, zum Beispiel das Geschäft fokussieren, die Produktqualität steigern oder mehr technische Innovation erzielen.

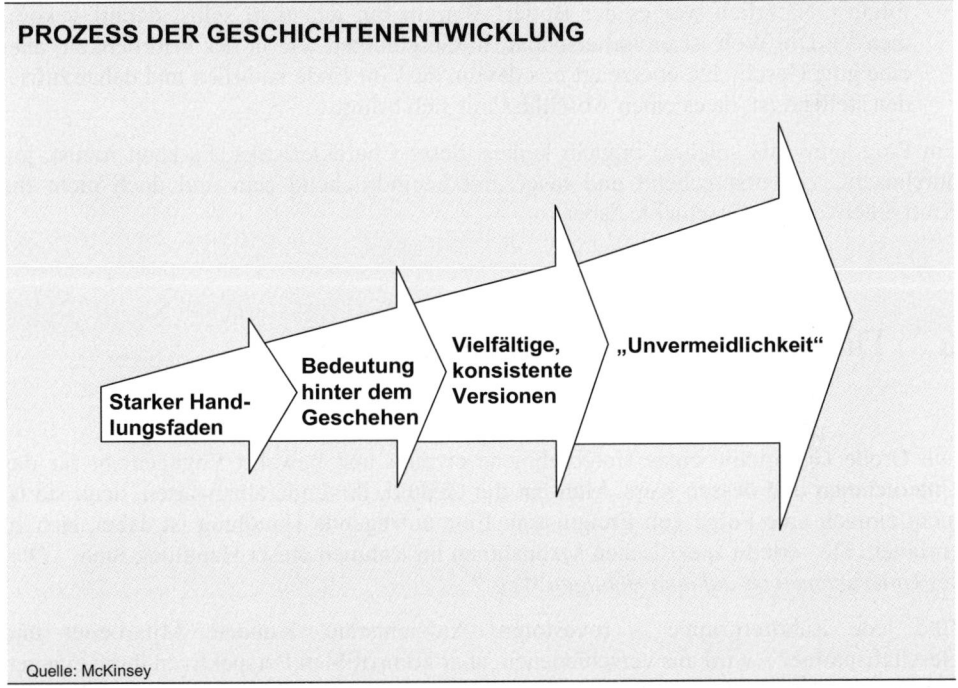

PROZESS DER GESCHICHTENENTWICKLUNG

Starker Hand-lungsfaden

Bedeutung hinter dem Geschehen

Vielfältige, konsistente Versionen

„Unvermeidlichkeit"

Quelle: McKinsey

Abbildung 1

Was also ist eine Geschichte? Wir glauben, dass vier grundlegende Eigenschaften eine Geschichte von einem Programm unterscheiden:

- *Starker Handlungsfaden:* In einer guten Geschichte entwickeln sich die Dinge auf natürliche Weise. Wenn die Ereignisse sich nicht klar als Handlung interpretieren lassen, sagen wir, dass eine Geschichte keinen Sinn ergibt oder „nirgends hinführt".

- *Bedeutung hinter dem Geschehen:* Jede der Figuren in einer Geschichte interpretiert die eigene Situation im Rahmen des gesamten Geschehens und handelt entsprechend. In einer guten Geschichte steckt hinter jeder Handlung ein Motiv und das formt unsere Erwartungen an das, was jeder der Charaktere tut.

- *Vielfältige, konsistente Versionen:* Obwohl jeder Charakter in einer Geschichte am gleichen Verlauf der Ereignisse teilnimmt, sind Erfahrungen und Blickwinkel individuell. Wenn eine Geschichte aus der Sicht jeder Figur nacherzählt wird, ist das Ergebnis eine Vielzahl von Perspektiven auf eine einzige, eindeutig gleiche Geschichte.

- *„Unvermeidlichkeit":* Eine gute Geschichte hinterlässt bei uns das Gefühl, dass es so kommen musste. Das Ende mag überraschend gewesen sein, aber nicht beliebig. Mit etwas Nachdenken sehen wir, dass selbst die Überraschung ihrer eigenen Logik folgte („Natürlich war es der Butler! Warum bin ich nicht selbst darauf gekommen?"). Die Welt ist unvorhersehbar, in Geschichten wie in der Wirklichkeit, aber eine gute Geschichte überzeugt uns davon, dass ihr Ende natürlich und daher zufrieden stellend ist, da es einen Abschluss mit sich bringt.

Ein Programm (als solches) braucht keines dieser Charakteristika. Es kann robust, gut durchdacht, vielversprechend und insgesamt beeindruckend sein und doch nicht die Kraft einer Großen Geschichte haben.

6.   Die Kraft einer Großen Geschichte

Die Große Geschichte eines Unternehmens erzeugt und bewahrt Engagement für das Unternehmen und dessen Kurs. Man hat die Geduld, ihr Ende abzuwarten, denn sie ist nicht einfach eine Folge von Ereignissen: Eine aufregende Handlung ist dabei, sich zu entfalten. Sie verleiht spezifischen Maßnahmen im Rahmen dieser Handlung Sinn. *„Dieses Unternehmen ist auf dem richtigen Weg."*

Und jede Zuhörergruppe – Investoren, Aufsichtsräte, Kunden, Mitarbeiter und Geschäftspartner – wird aus verschiedenen, aber kompatiblen Perspektiven ihren eigenen Sinn in der Geschichte entdecken. Beispielsweise werden Beschäftigte, Kunden und Anleger alle von einer geplanten Produktinnovation begeistert sein – aus verschiedenen Gründen.

Schließlich erscheint die Große Geschichte eines Unternehmens auf natürliche Weise „richtig"; sie fühlt sich zwingend an. Es sollte so kommen, man glaubt daran, man möchte bei der Verwirklichung helfen. Obwohl die Geschichte nicht im streng logischen Sinn unvermeidlich sein muss, nimmt sie eine psychologische Unvermeidlichkeit für diejenigen an, die daran beteiligt sind, sie zu erzählen. Die Teilnehmer identifizieren sich mit ihr als *ihrer* Geschichte.

Natürlich ist diese Unterscheidung zwischen einer Geschichte und einem Programm in gewisser Hinsicht künstlich. In Wahrheit handelt es sich nicht um zwei getrennte Dinge, sondern um zwei Seiten einer Medaille. Das scharfsinnige und sorgfältige Schmieden eines Programms passt zu dem Entwickeln einer aufregenden und mitreißenden Geschichte. *Die Geschichte ist ein Programm, das spannend und unwiderstehlich formuliert wurde; das Programm ist eine Geschichte, die konkret und praktisch umgesetzt ist.*

In vielen Fällen sind sich Unternehmenschefs der Tatsache nicht bewusst, dass sie unbedingt beides anbieten müssen. Und sogar wenn der Wert von Geschichte *und* Programm bekannt ist, wird der Schwerpunkt meist auf das Letztere gelegt und die Geschichte wird so etwas wie eine Nachbemerkung. Das ist allerdings nicht die optimale Reihenfolge. *Eine Große Geschichte ergibt ein hervorragendes Programm, aber nicht umgekehrt.*

Eine Große Geschichte macht es möglich, ein kraftvolles Programm zur Leistungssteigerung zu formulieren: Man nutzt ein intimes Verständnis dessen, wie man die Energien und die Begeisterung von Investoren, Aufsichtsräten, Kunden, Mitarbeitern und Geschäftspartnern weckt und erhält. Eine Geschichte kann sogar so gestaltet sein, dass sie auch andere kritische Zuhörer fesselt, wie zum Beispiel Universitäten, die Talentnachschub liefern, oder Regierungsbehörden, die für Regulierungsfragen zuständig sind. Am besten sieht man das Programm als Weg zur Umsetzung der Geschichte an, als die Art, wie man sie in der Zusammenarbeit mit Kunden, in der Produktion, im Branchennetzwerk und an der Börse verwirklicht.

Jetzt wollen wir uns der Frage zuwenden, in welcher Weise die Dinge anders laufen würden, wenn ein neuer Unternehmenschef der Entwicklung einer Großen Geschichte ebenso viel Aufmerksamkeit widmen würde wie einem guten Programm.

7. Der Einstieg als Unternehmenschef – ein geschichtenorientierter Ansatz

Der Schlüssel zum Erfolg als neuer Unternehmenschef ist es, die Umrisse einer kraftvollen Geschichte zu entwickeln, *bevor* man sich der komplexen und schwierigen Aufgabe zuwendet, ein umfassendes Programm zu entwickeln. Das heißt nicht, dass die Kommunikation im Detail ausgearbeitet und in Gang gesetzt werden sollte, bevor die Inhalte klar definiert sind. Kommunikation, die das Unternehmen auf einen Kurs festlegt, sollte erst stattfinden, wenn dieser Kurs klar ist.

VON DER GESCHICHTE ZUM PROGRAMM

Basisgeschichte definieren	„Zuhöreranalyse" durchführen	Versionen definieren	In Programm übersetzen
Vergangenheit, Gegenwart und Zukunft des Unternehmens neu in dramatische Begriffe fassen, in ein Transformationsgeschehen mit • Handlungsbedarf • Wendepunkt • Vision • klarem Fokus • hohem Anspruch	Die Perspektive bestimmen, aus der jede wichtige Zuhörergruppe die Geschichte sehen würde – Investoren, Aufsichtsräte, Mitarbeiter und Geschäftspartner	Die Geschichte aus der Perspektive jeder Zuhörergruppe neu erzählen, wobei darauf geachtet werden muss, dass nichts Wichtiges bei der Übersetzung verloren geht	Praktische Auswirkungen der Geschichte in der „klassischen" Form eines Change-Programms formulieren, dieses Programm dann beginnen und zu Ende bringen

Abbildung 2

Die erste Aufgabe ist es, eine Geschichte zu formen, die für jede der wichtigen Gruppen von Zuhörern oder Akteuren mitreißend erzählt werden kann. Warum sollte diese Geschichte sie fesseln? Wie kann jeder Zuhörer oder Akteur sie zu seiner eigenen machen? Erst wenn man verstanden hat, wie die Geschichte aus dem Blickwinkel jeder Gruppe von Zuhörern und Akteuren funktioniert, sollte sie in ein Programm übersetzt werden. Hier liegt ein entscheidender Unterschied: eine gut gezimmerte Geschichte wird ihre Teilnehmer emotional fesseln. Geschichtenentwicklung ist der Königsweg zu einem erstklassigen Programm.

Eine Große Geschichte überzeugt verschiedenste Zuhörer (und nicht nur Kunden oder Mitarbeiter) davon, dass sie zum Wohl des Unternehmens agieren sollten. Das wird beispielsweise offensichtlich, wenn Finanzanalysten den Wert eines Unternehmens nach oben treiben, indem sie verkünden: „Da steckt eine Große Geschichte dahinter."

Schritt 1: Die Basisgeschichte definieren

Große Geschichten von Unternehmen haben eine gemeinsame Grundstruktur, die fünf Kernelemente enthält:

- *Handlungsbedarf:* Dieser kann in der Reaktion auf eine Krise begründet liegen, aber auch durch andere Gründe ausgelöst sein, zum Beispiel die Notwendigkeit eines strategischen Richtungswechsels.

- *Ein Wendepunkt:* Die Geschichte hängt an einem zentralen Angelpunkt, jenseits dessen sie erst den entscheidenden Schwung bekommt. Dieser Wendepunkt kann in der Nacherzählung mit einem oder mehreren Ereignissen identisch sein (z. B. einem Management-Retreat für die oberste Führungsebene, bei dem der Kurs des Unternehmens überdacht wird, oder einem Treffen mit Kunden oder Finanzanalysten, das das Unternehmen auf einen spezifischen Kurs verpflichtet). Er kann aber auch aus einem allgemeinen Schub von Energie, Engagement und Zielorientierung bestehen, der sich nicht direkt mit einem bestimmten Ereignis verbinden lässt.

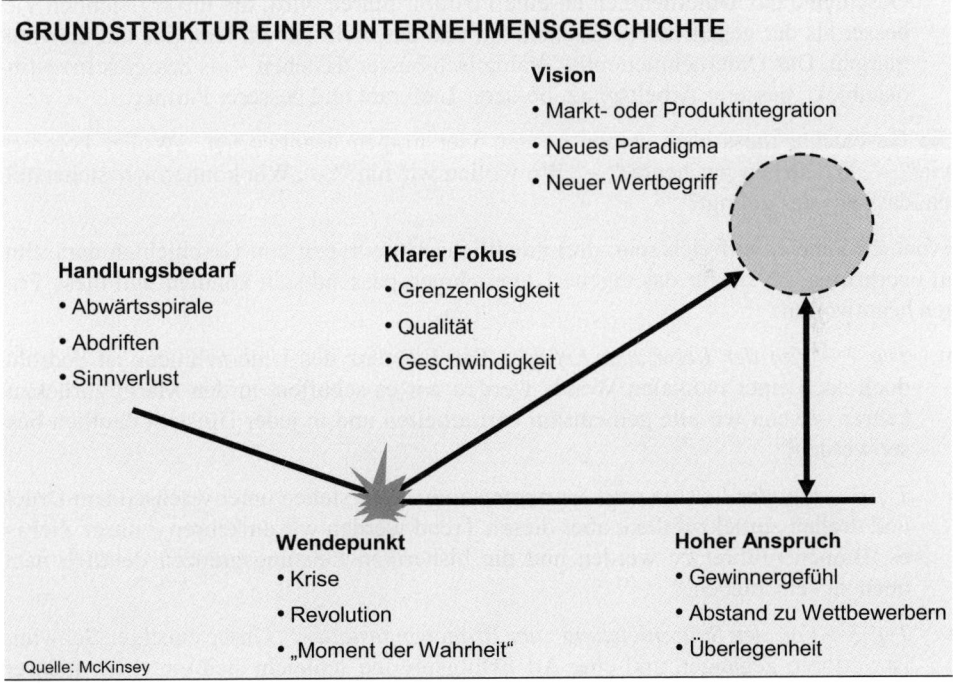

Abbildung 3

- *Vision:* Ein Großteil der Kraft, die in der Großen Geschichte eines Unternehmens liegt, stammt von einer zentralen spannenden Idee. Ein neuer Geistesblitz oder eine verblüffende Innovation sind sicher hilfreich, um diese Spannung zu erzeugen, aber nicht unbedingt notwendig. Eine starke Vision kann eine Geschichte selbst dann mit Energie aufladen, wenn diese Vision auf den ersten Blick unattraktiv wirkt. Viele der besten produzierenden und Dienstleistungsunternehmen haben machtvolle Visionen, die nicht unbedingt einzigartig sind. Eine Vision muss auch nicht unbedingt einen radikalen Bruch mit der Vergangenheit enthalten; sie kann durchaus beschreiben, wie das Unternehmen seinen bisherigen Kurs mit deutlich mehr Schwung verfolgen kann.

- *Klarer Fokus:* Eine Vision kann nur dann ein wirksamer Leitfaden für unternehmerisches Handeln sein, wenn sie die Aufmerksamkeit des Unternehmens auf bestimmte Dinge richtet (und von anderen ablenkt) und wenn sie nicht eine Fülle kraftzehrender „Idee-des-Monats"-Initiativen zulässt. Umgekehrt ist bloße Fokussierung, z. B. auf Kostensenkungen, kein Ersatz für eine Vision.

- *Hoher Anspruch:* Schließlich muss noch ein klares Gefühl dafür entstehen, dass die Geschichte das Unternehmen an eine Position führen wird, die unvergleichlich viel besser als der gegenwärtige Zustand ist, und das nicht nur im Hinblick auf Gewinnmargen. Das Unternehmen muss dramatisch besser dastehen – als besseres Investitionsobjekt, besserer Arbeitsplatz, besserer Lieferant und besserer Partner.

Die Geschichte muss also, salopp gesagt, vier Fragen beantworten: „Woher kommen wir?" – „Wo stehen wir heute?" – „Wo wollen wir hin?" – „Wie können wir sicherstellen, dass uns das gelingt?"

Eventuell kann es hilfreich sein, drei inhaltliche Grundtypen von Geschichten daraufhin zu überprüfen, ob sie für das eigene Unternehmen passend sein könnten und diese Fragen beantworten:

- *Typ 1 – Von der Krise zum Erfolg:* „Die Existenz des Unternehmens ist bedroht, doch nach einer radikalen Wende werden wir es schaffen, in den Markt zurückzukehren – wenn wir alle gemeinsam hart arbeiten und in jeder Hinsicht deutlich besser werden!"

- *Typ 2 – Von der Leistung zur Spitzenleistung:* „Wir stehen unter wachsendem Druck und drohen zurückzufallen, aber diesen Trend werden wir umkehren – unser Ziel ist es, Branchenführer zu werden und die bisherigen Leistungsgrenzen deutlich nach oben zu verschieben!"

- *Typ 3 – Von der Spitzenleistung zum Branchengestalter:* „Unser einstiger Schwung ist verloren gegangen und eine Art Erfolgsroutine schleicht sich ein – wir müssen wagemutiger denken und den Mut haben, unsere Industrie und deren Regeln vollkommen neu zu erfinden!"

Ein entscheidendes Qualitätskriterium für eine Geschichte ist dabei die Zugkraft, die sie entwickelt. Große Geschichten bestehen nicht nur aus „Push"-Faktoren wie zum Beispiel Ertragseinbrüchen oder anderen Krisen, die Handlungsbedarf auslösen und Veränderungen erzwingen. Ihre Anziehungskraft beruht auf ihrem „Pull"-Faktor, ihrem Versprechen für die Zukunft. „Wir wollen aus der Krise heraus" ist noch keine Geschichte. Erst wenn klar wird, wohin der Weg geht, welche Vision am Ende steht, entwickelt eine Geschichte unwiderstehlichen Sog. Ein solcher Sog entsteht insbesondere unter drei Bedingungen:

- *Grundlegend neue Inhalte:* Die geschäftliche Vision, die der Geschichte zu Grunde liegt, muss neue, ungewohnte Einsichten zu bekannten Problemen enthalten, bisherige Denkschemata in Frage stellen und große Relevanz für die Praxis haben.

- *Erfahrungsintensität:* Die Geschichte muss bisherige Verhaltensroutinen durchbrechen und echtes, tief greifendes Engagement wecken.

- *Internalisierung:* Inhalte und Erfahrung müssen so dauerhaft im Bewusstsein verankert werden, dass die neuen Denk- und Verhaltensmodelle zur zweiten Natur werden.

Es gibt nicht den einen richtigen Weg zur Entwicklung einer Basisgeschichte. Einige Unternehmenschefs brüten sie in einer Phase einsamen Nachdenkens aus und testen und verfeinern sie dann mit Kollegen. Andere ziehen es vor, von Anfang an in einem kleinen Team mit engem Zusammenhalt zu arbeiten. Wieder andere delegieren die Verantwortung für den ersten Entwurf an Mitarbeiter. Oder die Geschichte wird in einem Gemeinschaftsprozess systematisch „von unten nach oben" entwickelt – indem Vertreter aller beteiligten Gruppen über Interviews und Workshops befragt und einbezogen werden. Dafür ist allerdings mehr Zeit vonnöten als für eine Geschichtenentwicklung, die „von oben nach unten" ausschließlich in der Vorstandsetage stattfindet.

Wie auch immer der erste Schritt aussieht – es ist entscheidend, dass der Unternehmenschef „Eigentümer" der Geschichte wird. Wenn er oder sie nicht daran glaubt, ist es unwahrscheinlich, dass irgendjemand anders das tun wird. Hierarchien zählen in Organisationen, insofern ist die Intensität, mit der der Chef sich für die Geschichte engagiert, entscheidend für ihre Wirkung auf Dritte. Wenn ein Unternehmenschef die Geschichte mit echter Leidenschaft erzählt, in seiner natürlichen Sprache, gewinnt eine solche Geschichte oft unvorhergesehene Kraft. Tatsächlich ist solches Engagement viel wichtiger als das Gefühl, dass die Vision ausschließlich auf der Arbeit des eigenen Chefs beruht.

Abschließend lohnt es sich, die entwickelte Inhaltsstruktur anhand von sieben Testkriterien zu überprüfen. Ist die Basisgeschichte ...

- *Glaubwürdig,* d. h. schildert sie bisherige Erfahrungen, zukünftige Chancen und das wahrscheinliche Verhalten aller Beteiligten in plausibler Form?

- *Integrativ,* d. h. stellt sie Geschäftsumfeld, Führungsziele und Firmenkultur in einen sinnvollen und einleuchtenden Zusammenhang?

- *Bedeutungsvoll,* d. h. beschreibt sie ein Ziel, das dem Führungsteam und den Mitarbeitern aufregend und persönlich sinnstiftend erscheint?

- *Engagiert,* d. h. zeigt sie ganz klar, dass die Unternehmensführung gemeinsam und aktiv hinter der Geschichte steht?

- *Stimmig,* d. h. enthält sie keine inhaltlichen Widersprüche oder Unstimmigkeiten?

- *Explizit* genug formuliert, d. h. beschreibt sie Annahmen, Schlussfolgerungen und Zusammenhänge klar und leicht verständlich?

- *Dramaturgisch gelungen,* d. h. weckt und fesselt sie die Aufmerksamkeit mit einer aufregenden Handlung?

Ob diese Kriterien erfüllt werden oder nicht, lässt sich oft mit etwas ehrlichem Nachdenken klären. Vor allem in komplexen Situationen kann es aber auch hilfreich sein, einen Workshop für das Führungsteam zu organisieren, bei dem die Geschichte überprüft und verfeinert wird.

Schritt 2: Eine „Zuhöreranalyse" durchführen

Wenn die Umrisse einer Geschichte entwickelt sind, ist es entscheidend, sie einem „Stress-Test" zu unterwerfen. Dies geschieht, indem man die Geschichte aus dem Blickwinkel jedes Publikums betrachtet. Denken Sie darüber nach, was Sie tun müssen, um aus Zuhörern Akteure zu machen – aktive Teilnehmer statt passiver Beobachter. Erst unterstellen Sie jeder Zuhörerschaft eine angemessen skeptische Perspektive. Stellen Sie sich vor, wie man auf die Erzählung der gegenwärtigen Geschichte reagieren würde. Jede Zuhörergruppe sollte sehr eigenständig dastehen, wenn ihr Blickwinkel auf solche Weise dargestellt wird. „Kunden und Investoren wären begeistert von dieser Geschichte, aber warum sollten Geschäftspartner uns bei ihrer Realisierung die Unterstützung geben, die wir brauchen? Und warum sollten sich die Mitarbeiter überhaupt dafür interessieren?" Und jetzt überlegen Sie, was es brauchen würde, um die Skeptiker zu Akteuren zu machen. Wo muss man die Geschichte ändern, um die Zuhörergruppe zu fesseln und sie zu gewinnen? Wo muss sich deren Rolle ändern? Lässt die Geschichte ihnen genügend Raum, um ihre Möglichkeiten zu entfalten? Die Geschichte wird nicht ihre Maximalwirkung erzielen, solange nicht jede Zuhörergruppe aktiv an ihrer Erzählung teilnimmt, sie interpretiert und zu ihrer Fortentwicklung beiträgt.

Solche Fragen zu stellen, kann natürlich schmerzhaft sein. Trotzdem ist es wichtig, mögliche Probleme jetzt, in der frühen Analysephase, zu betrachten und nicht erst später in der Kommunikationsphase. Damit kann man verhindern, dass man sich eines Tages in der unangenehmen Situation wiederfindet, ein unattraktives Programm einer widerstrebenden Zuhörerschaft anpreisen zu müssen.

Wenn die Basisgeschichte auch nur *eine* wichtige Zuhörergruppe nicht in Akteure verwandelt, muss sie neu geschrieben werden. Dabei geht es nicht in erster Linie um attraktivere Sprache oder Bilder, sondern darum, die grundsätzlichen Schwächen der Geschichte selbst anzugehen. Zum Beispiel könnte eine Geschichte dann eine grundlegende Neuformulierung brauchen, wenn sie von Zulieferern erwartet, dass sie ihre Preise erheblich senken und gleichzeitig den Innovationsdrang des Unternehmens energisch unterstützen. Das ist aus Sicht der Zulieferer keine gute Geschichte. Unnötig zu erwähnen, dass eine rein kosmetische Umformulierung der Geschichte in ein Vokabular der Kooperation das Problem nicht löst.

„ZUHÖRERANALYSE" FÜR EINE UNTERNEHMENSGESCHICHTE

	Was sie sagen	Warum sie es sagen (unsere Analyse)
Investoren	„Wir können nicht darauf zählen, dass sie es nicht wieder vermasseln."	Wir haben unser Gewinnziel in drei von vier Jahren um über 10% verfehlt. Zwei wichtige Akquisitionen sind gescheitert
Aufsichtsrat	„Wir müssen den neuen Vorstandsvorsitzenden an der kurzen Leine halten."	Der Aufsichtsrat hat in den letzten Jahren an Glaubwürdigkeit verloren und will sie zurückgewinnen
Kunden	„Wann bekommen wir wieder unsere alte, zuverlässige Firma?"	Viele Kunden haben sich eine emotionale Bindung an das Unternehmen bewahrt, aber wir habe sie in den letzten Jahren zu oft enttäuscht
Mitarbeiter	„Ist mir doch egal – ich bin der Firma ja auch egal!"	Nur wenige Mitarbeiter sind stolz auf das Unternehmen – selbst die Besten bringen vor allem ihre Zeit herum
Geschäftspartner	„Warum sollten wir dieses Unternehmen besonders behandeln?"	Wir kommen immer wieder zu unseren Zulieferern und bitten sie, uns bei Kostenproblemen zu helfen

Quelle: McKinsey

Abbildung 4

Unternehmenschefs, die von außen kommen, haben in der Phase der Zuhöreranalyse einen gewissen Vorteil. Man erwartet von ihnen als Außenseiter geradezu, dass sie mit einer Zeit des intensiven Zuhörens anfangen. Im besten Fall ist das keine bloße PR-Übung, sondern eine ausgezeichnete Gelegenheit, ein intensives Gespür für jede Zuhörergruppe der Unternehmens-Geschichte zu entwickeln. Bei jeder Begegnung beschreiben die Gesprächspartner – direkt oder indirekt, klar oder weniger klar formuliert – die Art von Geschichte, die sie persönlich aufregend finden würden. Aus den eigenen Reihen rekrutierte Unternehmenschefs können natürlich auch von einer solchen Zeit des Zuhörens profitieren, aber es herrscht oft die allgemeine, möglicherweise falsche

Ansicht vor, dass sie „schon wissen, wie das Unternehmen tickt". Oft sind solche Unternehmenschefs versucht, rasch voranzuschreiten, obwohl sie mit großem Gewinn stehen
bleiben und zuhören könnten.

Schritt 3: Die Versionen der Geschichte definieren

In diesem Stadium hat man eine Geschichte und ein gewisses Vertrauen, dass diese Ge-
schichte bei jeder Zuhörergruppe funktioniert. Der nächste Schritt besteht darin, dieses
Vertrauen zu testen, indem man für jede Zuhörergruppe eine volle Version der
Geschichte entwickelt. Im Wesentlichen muss man dazu fragen, ob die Grundstruktur
der Geschichte – Handlungsbedarf, Wendepunkt, Vision, klarer Fokus und hohe
Ansprüche – für jede Zuhörergruppe spannend und mitreißend funktioniert.

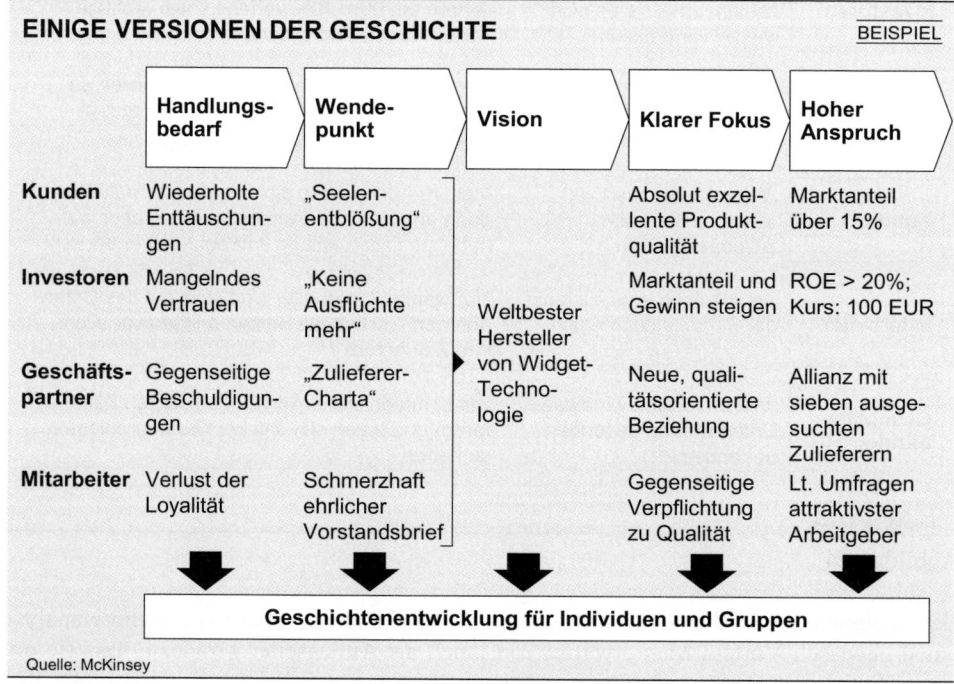

Abbildung 5

Die Version für Mitarbeiter kann noch stärker ausgeweitet werden, in Form einer „Ge-
schichtenkaskade". Welche Form nimmt die Geschichte für Schlüsselgruppen wie
Geschäftseinheiten, Funktionsbereiche und Projektteams an? Haben wir eine Große
Geschichte für die F&E-Abteilung – eine, die unsere Innovationsrate in Schwung brin-

gen wird? Wird die Geschichte die Vertriebsleute so sehr fesseln und motivieren, dass sie das erforderliche Umsatzvolumen erreichen?

Die Geschichtenkaskade lässt sich bis zur Ebene der Einzelpersonen herunterbrechen oder jedenfalls bis zu einer allgemeinen Annäherung an die Position jedes Individuums. Beispielsweise könnte es eine Geschichte geben, die sich an altgediente Mitarbeiter richtet, an die, die schöne Erinnerungen an bessere Tage pflegen. In ähnlicher Weise lassen sich Versionen für neu eingestellte oder Teilzeit- und Gelegenheitsmitarbeiter entwickeln.

Natürlich kann man nie wirklich präzise definieren, was eine Geschichte für eine Zuhörergruppe oder eine konkrete Einzelperson bedeutet. Wie jeder Politiker weiß, ziehen Menschen letztendlich ihre eigenen Schlüsse aus dem, was sie sehen und erfahren und niemand kann vollständig alle Faktoren kontrollieren, die ihr Verständnis beeinflussen. Der Unternehmenschef kann der oberste Geschichtenerzähler sein, aber in Wirklichkeit erzählt jeder, der zu dem Unternehmen eine Beziehung hat, seine eigene Version der Geschichte, die nicht identisch ist mit der des Chefs oder der irgendeiner anderen Person.

Trotzdem ist die Rolle des Geschichtenerzählmeisters in einem Unternehmen voller lokaler Geschichtenversionen für jeden Unternehmenschef eine Riesenchance – auch für diejenigen, die in ihrer langen Amtszeit schon komplexe Programme entwickelt und erfolgreich umgesetzt haben. Geschichten erzählen führt unweigerlich zu neuen Einsichten und gründlicherem Verstehen, wie sie für die Entwicklung eines Programms unschätzbar wertvoll sind.

Aus diesem Grund ist es sehr wichtig, die Kommunikationskaskade, in der eine Geschichte vermittelt wird, sorgfältig zu planen. Zuerst muss festgelegt werden, wie die Geschichte kommuniziert werden soll – Form und Stil des Erzählens müssen der Zielgruppe genau angepasst werden. Der anschließende Vermittlungsprozess sollte unbedingt auf Erkenntnisse der Lerntheorie zurückgreifen: Zuhörer müssen Gelegenheit haben, die Geschichte in ihrem persönlichen Tempo, d. h. in kleinen Portionen, zu verstehen und zu internalisieren. Sie müssen ihr Verständnis auf die Probe stellen können, z. B. indem sie die Konsequenzen der Geschichte für ihren eigenen Arbeitsbereich aktiv durchdenken. Dieser Prozess der allmählichen Aneignung muss systematisch begleitet und überwacht werden und er sollte für die Beteiligten in einer positiven Belohnungssituation enden.

Schritt 4: Die Geschichte in ein Programm übersetzen

In diesem Stadium, wenn die Geschichte endlich in ein praktisches, detailliertes Aktionsprogramm übersetzt wird, ist ein großer Teil der Strategie- und Umsetzungsplanung bereits vorweggenommen. Eine Geschichte, die Kunden überzeugt, muss beispielsweise

Marketingerfordernissen genügen und eine, die für Investoren attraktiv ist, steigert den Unternehmenswert fast definitionsgemäß.

Die Tätigkeiten in dieser Übersetzungsphase sind denen typischer Planungs- und Umsetzungsteams in Unternehmensvorständen sehr ähnlich. Es gibt allerdings einen wichtigen Unterschied.

Die Elemente der Geschichte und die Zuhörergruppen werden nicht etwa vergessen, sobald sich die Aufmerksamkeit den praktischen Detailaufgaben der Programmentwicklung zuwendet. Im Gegenteil – eine zentrale Testfrage für das Programm ist, wie gut es die Geschichte unterstützt. Diese Frage hilft, die Aufmerksamkeit der Unternehmensleitung zu schärfen und auf das Wesentliche zu konzentrieren, denn die Geschichte verkörpert die Unternehmensstrategie im Kontext des Programms. Außerdem ist die Geschichte für die tägliche Managementpraxis nützlich. Fragen wie „Haben wir unseren klaren Fokus beibehalten?" oder „Wie aufregend finden Geschäftspartner unsere Geschichte?" müssen als Mittel zur Erfolgsüberprüfung relativ häufig gestellt werden.

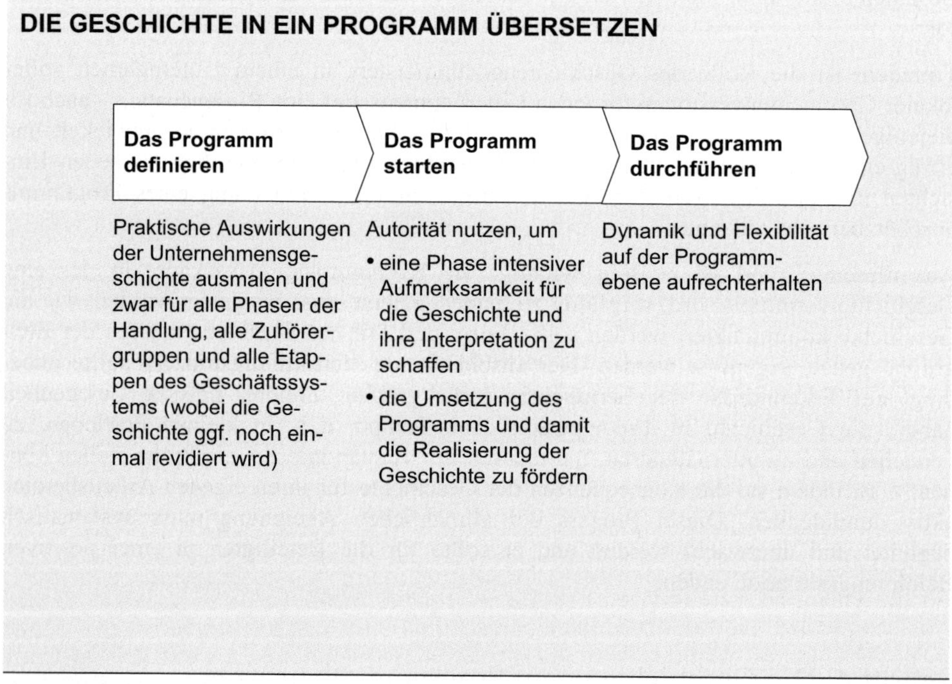

DIE GESCHICHTE IN EIN PROGRAMM ÜBERSETZEN

Das Programm definieren	Das Programm starten	Das Programm durchführen
Praktische Auswirkungen der Unternehmensgeschichte ausmalen und zwar für alle Phasen der Handlung, alle Zuhörergruppen und alle Etappen des Geschäftssystems (wobei die Geschichte ggf. noch einmal revidiert wird)	Autorität nutzen, um • eine Phase intensiver Aufmerksamkeit für die Geschichte und ihre Interpretation zu schaffen • die Umsetzung des Programms und damit die Realisierung der Geschichte zu fördern	Dynamik und Flexibilität auf der Programmebene aufrechterhalten

Abbildung 6

Es ist klug, solche Fragen auch dann noch zu stellen, wenn Geschichte und Programm längst eine stabile und schlüssige Form gefunden haben. So wie sich das Geschäftsumfeld ständig ändert, müssen Geschichte und Programm auch dynamisch bleiben und sich ständig neuen Bedingungen anpassen.

8.   Immer noch unmöglich?

Lassen Sie uns für einen Moment zur Eingangsfrage zurückkehren: Was heißt das für den neuen Vorstandsvorsitzenden, der unter extremem Druck steht, schon wenige Wochen nach seinem Antritt ein Wertsteigerungsprogramm anzukündigen? Das Programm könnte mehrere Jahre ohne messbare Ergebnisse bleiben. Hier erscheint die Geschichte wie ein Gottesgeschenk: Sie kann in allgemeinen Begriffen verkündet werden, bevor ein Programm vollständig erarbeitet und kommunizierbar ist (und manchmal lange bevor ein solches Programm praktischen Erfolg zeigt). Praktisch gesprochen sollte eine solche frühe Geschichte „programmierbar" sein, d. h., sie sollte die Einzelheiten des Programms später tragen können, braucht aber nicht gleich zu Anfang mit diesen Details befrachtet zu werden. Anders als ein Programm zieht eine Geschichte schließlich ihre Überzeugungskraft primär aus ihrer Handlung, nicht aus ihren Details.

Außerdem bedeutet eine gut erzählte Geschichte, dass die oft lange Zeitspanne, die ein fertig erarbeitetes Programm braucht, bis sich Ergebnisse zeigen, kein unüberwindbares Problem mehr ist. Mehr als der ausgefeilteste Ablaufplan eines Programms ist es der Schwung in der Handlung einer Geschichte, ihre Unvermeidlichkeit, die immer wieder das Vertrauen der Investoren, Aufsichtsräte, Kunden, Mitarbeiter und Geschäftspartner herstellt.

Darüber hinaus ist die Handlung einer Großen Geschichte dauerhafter als jedes spezifische Programm. Ein Firmenchef kann insofern sein Programm ändern (sogar drastisch) und trotzdem die gleiche grundlegende Geschichte erzählen. Die Dauerhaftigkeit, die eine Geschichte im Vergleich hat, lässt Programmänderungen akzeptabler oder sogar als notwendige Folge des Geschichtenerzählens erscheinen.

Trotzdem werden sich manche Leser fragen, ob wir wirklich die unerträgliche Bürde des Unternehmenschefs erleichtert haben. Wie kann es leichter sein, sowohl eine Große Geschichte als auch ein hervorragendes Programm zu entwickeln, als nur die eher technischen Anforderungen für ein Programm zu erfüllen? Die einfache Antwort ist, dass sich Geschichten und Programme nicht wirklich trennen lassen. Man könnte auch von einem „Geschichten-Programm" sprechen. Was ein neuer Vorstandsvorsitzender sagt und tut, wird automatisch als beides interpretiert und beurteilt. Wenn sein Angebot reich an Geschichte und arm an Programm ist, werden alle Zuhörer es über kurz oder lang als das erkennen, was es ist: windige Rhetorik. Im umgekehrten Fall haben wir ein technokratisches Change-Programm, das niemanden inspirieren wird – außer vielleicht seine eigenen Erfinder. Ein Geschichten-Programm bündelt Aktivitäten und fokussiert damit den Prozess des Wandels.

Die wahre Herausforderung für neue Unternehmenschefs ist (und war immer) die, ein kraftvolles Geschichten-Programm zu entwickeln. Wenn die Aufgabe so verstanden wird, ist eine erfolgreiche Antwort (und ein entsprechendes Wertsteigerungsversprechen) sehr viel einfacher zu realisieren. Die Herausforderung für neue Unternehmenschefs ist also doch nicht völlig unmöglich zu erfüllen – sie stellt nur SEHR hohe Ansprüche.

Kapitel 3

Innovation und Wachstum –
Basis für eine erfolgreiche Zukunft

Jürgen Meffert/Thorben Finken

Strategien für mehr Innovationen

Dr. Jürgen Meffert ist Director bei McKinsey & Company, Inc. Dr. Thorben Finken ist in der Unternehmens- und Strategieentwicklung der Linde AG.

1. Innovationsstärke entscheidend für langfristigen Unternehmenserfolg

Wer wächst, hat Zukunft – Wachstum spielt für die erfolgreiche Entwicklung von Unternehmen eine überaus bedeutende Rolle. Die Börsenbewertung von Unternehmen trägt dieser Tatsache Rechnung, bemisst sich doch der Wert eines Unternehmens neben dem aktuellen Unternehmensergebnis nach den Zukunftserwartungen, die Investoren in die Unternehmensentwicklung setzen. Die Börse bewertet damit auch – und nicht zu knapp –, ob Unternehmen so aufgestellt sind, dass sie weiter wachsen und ihre Marktposition ausbauen können. Wie stark der Einfluss der Zukunftserwartungen auf den Unternehmenswert ist, zeigt eine Analyse der DAX-30-Unternehmen: In Boomzeiten macht dieser Anteil bis zu zwei Drittel des Börsenwerts aus; in Rezessionszeiten liegt er immerhin noch bei etwa einem Drittel.[1]

Wachstum ist und bleibt somit ein wesentlicher Faktor der erfolgreichen Entwicklung von Unternehmen. Gerade in einem wettbewerbsintensiven und zunehmend internationalen Umfeld, wie es die meisten Unternehmen dieser Tage vorfinden, reicht Wachstum auf Basis vorhandener Produkte und Märkte auf Dauer nicht aus. Für den mittel- bis langfristigen Unternehmenserfolg sind Innovationen und das Vorstoßen in neue Geschäfte unerlässlich.[2] Dies gilt nicht nur in Hightech-Branchen, sondern auch für alle anderen Industrien, selbst für die Grundstoffindustrien, die z. B. mit immer festeren und beständigeren Stahlsorten aufwarten.

Der Stellenwert von Innovation wird deutlich, wenn man die „Überlebensrate" von Unternehmen in der Topgruppe eines Landes betrachtet. Von den Unternehmen beispielsweise, die sich in der erstmals 1917 aufgestellten Forbes-Liste der hundert größten US-Unternehmen finden, stehen 70 Jahre später nur noch ganze 18 auf der Liste.[3] Eine auf Deutschland bezogene Betrachtung weist für Unternehmen im DAX 100 eine durchschnittliche Verweildauer von nur zwölf Jahren auf.

Ausscheidende Unternehmen werden ersetzt durch neue Unternehmen, die zum großen Teil noch nicht existierten, als die erste Liste entstand, und die auf Grund innovativer Geschäftsideen in der Lage waren, Marktanteile zu gewinnen bzw. zum Teil sogar neue Märkte zu schaffen.

Selbst das Verbleiben im Index bedeutet – wie das Forbes-Beispiel zeigt – noch keinen wirklichen Erfolg. Vergleicht man die Performance (gemessen anhand des Wachstums der Marktkapitalisierung) der 18 verbliebenen Unternehmen mit der durchschnittlichen Markt-Performance, so lagen 16 von ihnen zum Teil recht deutlich unterhalb des Durchschnitts (vgl. Abbildung 1).

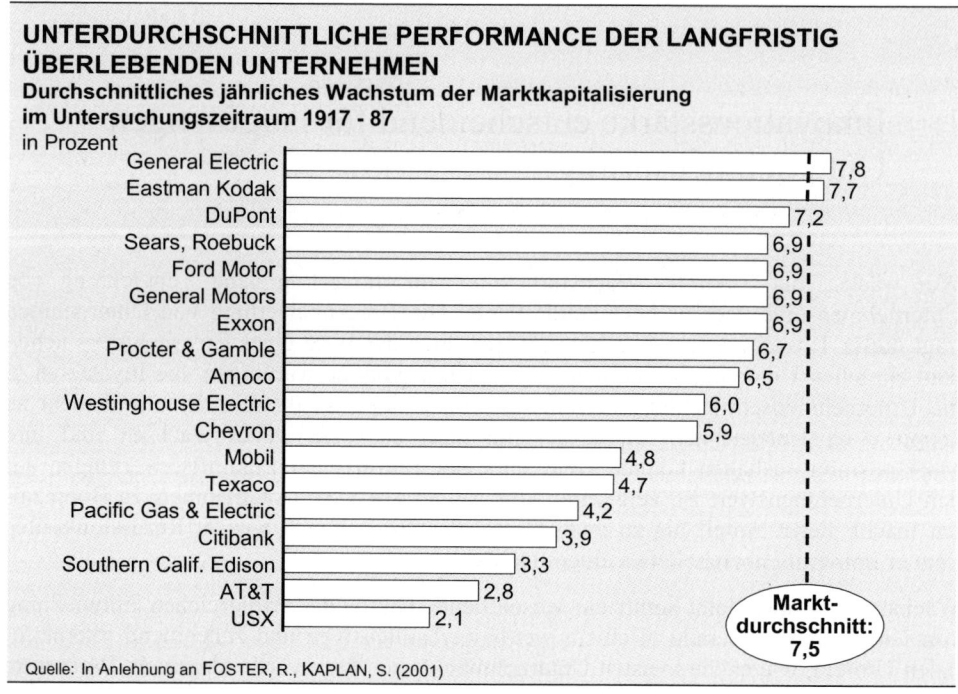

UNTERDURCHSCHNITTLICHE PERFORMANCE DER LANGFRISTIG ÜBERLEBENDEN UNTERNEHMEN
Durchschnittliches jährliches Wachstum der Marktkapitalisierung
im Untersuchungszeitraum 1917 - 87
in Prozent

General Electric	7,8
Eastman Kodak	7,7
DuPont	7,2
Sears, Roebuck	6,9
Ford Motor	6,9
General Motors	6,9
Exxon	6,9
Procter & Gamble	6,7
Amoco	6,5
Westinghouse Electric	6,0
Chevron	5,9
Mobil	4,8
Texaco	4,7
Pacific Gas & Electric	4,2
Citibank	3,9
Southern Calif. Edison	3,3
AT&T	2,8
USX	2,1

Marktdurchschnitt: 7,5

Quelle: In Anlehnung an FOSTER, R., KAPLAN, S. (2001)

Abbildung 1

Märkte sind innovativer als Unternehmen

Die Analyse der Forbes-Liste führt zu der fundamentalen Erkenntnis, dass Märkte eine bessere Performance aufweisen als (die verbleibenden) Einzelunternehmen. Dies lässt darauf schließen, dass sich etablierte Unternehmen zwar gut darauf verstehen, bestehende Geschäfte zu managen, aber weit weniger konsequent sind als der Markt, wenn es darum geht, überholte Geschäfte abzustoßen und durch neue, innovative Geschäfte zu ersetzen (kreative Zerstörung).[4] Klassische Beispiele für mangelnde Anpassungsfähigkeit an sich verändernde Kundenanforderungen sind die Unterschätzung des PC-Trends durch IBM, das zu späte Erkennen des Kleinkopierermarkts durch Xerox (wodurch Canon profitierte) oder die Gründung der Firma Conner Peripherals durch ehemalige Seagate-Manager, die sich in ihrem alten Unternehmen mit ihrer Idee der 3,5"-Festplatten nicht gegen die 5,25"-Fraktion durchsetzen konnten.[5]

Diskontinuität als Normalfall

Offensichtlich gilt also, dass nicht Kontinuität und Konzentration auf das Wachstum von Kerngeschäften allein, sondern ständiger Wandel und ein Denken in einem Zyklus von Innovationen einerseits und das Abstoßen/Beenden von alten Geschäften andererseits für herausragende Unternehmen der Normalfall sein muss. Diese sehr unterschiedlichen Aufgaben stellen spezifische Herausforderungen an das Management. Ein Kernproblem ist die mangelnde Erfahrung der Organisation im Umgang mit neuen Geschäftsmodellen, die häufig bestehende, derzeit erfolgreiche Umsatzträger kannibalisieren; ein anderes ist das Beenden von Geschäften. Das Management kann und will nicht auf Umsatz verzichten und es ist zu häufig gefangen in der vermeintlichen Rücksichtnahme auf betroffene Mitarbeiter. Entscheidend ist neben dem erfolgreichen Management des Kerngeschäfts die richtige Balance zwischen Schöpfen und Zerstören – also zwischen Innovation und Austausch. Beispiele für Unternehmen, die in jüngerer Zeit erfolgreich kreatives Schöpfen und Zerstören/Abstoßen praktiziert haben, sind Nokia und Preussag/TUI, die zahlreiche ehemalige Kernbereiche abgegeben haben, um einen Großteil des Geschäfts mit neuen Aktivitäten zu bestreiten.

Die Aufgabe von Umsatz, der richtige Einsatz des F&E-Budgets und der Aufbau neuer Geschäfte sind mit ihren signifikanten Auswirkungen auf die Ergebnissituation eines Unternehmens strategische Kernentscheidungen. Innovation und die wesentlichen damit zusammenhängenden Fragen sind somit eindeutig Chefsache.

2.   Substanzielle und transformatorische Innovationen als Kernherausforderung

Grundsätzlich unterscheidet man drei Arten von Innovationen – inkrementelle, substanzielle und transformatorische Innovationen. Bei inkrementellen Innovationen handelt es sich um die kontinuierliche Weiterentwicklung bestehender Produkte und Leistungen, die jedoch in der Regel keine größeren Auswirkungen auf die Marktstruktur haben. Beispielsweise zählt ein Facelift der E-Klasse von Mercedes hierzu. Substanzielle Innovationen führen durch völlig neue Produkte und Leistungen zu Machtverschiebungen zwischen Wettbewerbern. Ein Beispiel dafür ist die Ablösung der Nadeldrucktechnologie durch Tintenstrahldrucker und die daraus resultierenden Marktanteilsgewinne von Hewlett-Packard. Bei transformatorischen Innovationen, wie z. B. der Verbreitung der Mobiltelefonie oder der Brennstoffzelle, wird die gesamte Industriestruktur verändert.[6]

Inkrementelle Innovationen sind notwendig. Sie sichern den Erfolg wichtiger Produktlinien im Kampf um Marktanteile und die Profitabilität in etablierten Märkten. Eine Vielzahl von Ansätzen wie Cross-Functional Teams, Kollokation, Quality Gates, Outlocating, Parallel Processing, Upstream-Downstream-Optimierung, Modularisierung, Rapid Prototyping und Testmarketing stehen für die Produktweiterentwicklung zur Verfügung. Sie unterstützen kurze Entwicklungszeiten, sichern Entwicklungseffizienz und erhöhen die Treffer- bzw. Erfolgsquote der Entwicklung. Inkrementelle Innovationen reichen jedoch zur Absicherung von nachhaltigem Wachstum nicht aus.

Für den langfristigen Unternehmenserfolg braucht es zusätzlich substanzielle und transformatorische Innovationen, die besondere Herausforderungen darstellen und schwieriger zu beherrschen sind. Auf Grund tayloristischer Prozesse und risikoaverser Manager werden substanzielle und transformatorische Innovationen von etablierten Unternehmen oft nicht rechtzeitig wahrgenommen. Märkte schaffen und verwerfen Innovationen kontinuierlich; dies geschieht in Start-ups, Forschungslaboren und Universitäten. Große Unternehmen betreiben in ihren Strategieabteilungen zunächst intensive Marktbeobachtungen. Bahnbrechende Technologien kommen damit oft erst „auf den Radarschirm", wenn es schon zu spät ist und ein neues Unternehmen diese Technologien bereits erfolgreich verwertet. Großunternehmen verlieren so drei bis vier Jahre und lassen zu, dass ein neuer, langfristig gefährlicher Wettbewerber entsteht.

Wie geht man an die Umsetzung substanzieller und transformatorischer Innovationen heran? Die Vorgehensmodelle für inkrementelle Innovationen sind nicht ohne weiteres übertragbar, da inkrementelle Innovationen die Gedankenwelt der bestehenden Massenmärkte nicht verlassen. Die Entwickler haben den Nutzen ihrer Produkte verstanden und das Marketing kennt die Kundensegmente und -bedürfnisse. Die Kommunikation zwischen Marketing und Entwicklung ist schwierig, aber eingespielt.

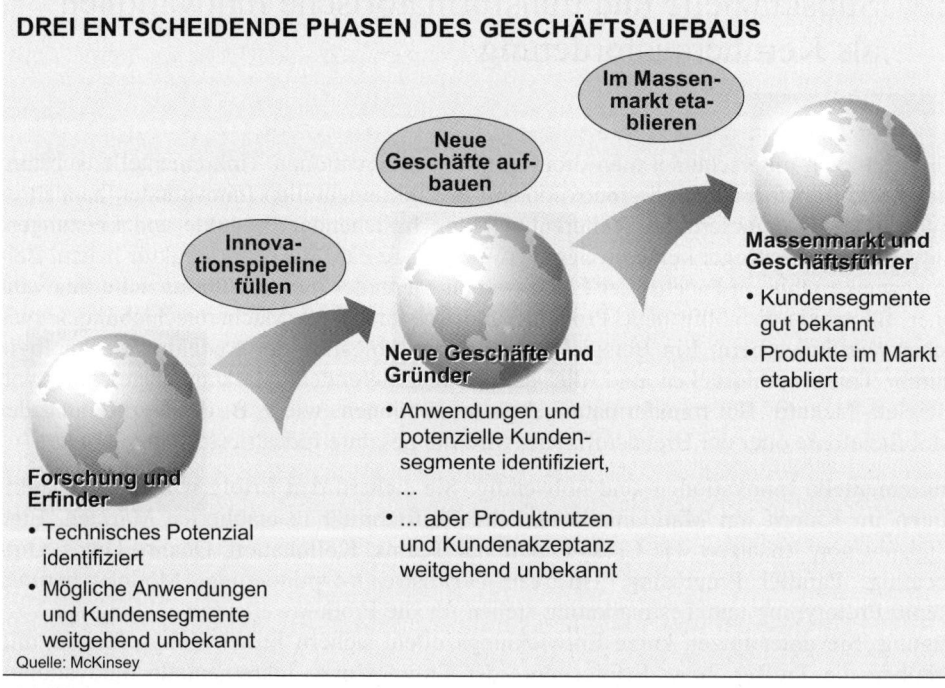

DREI ENTSCHEIDENDE PHASEN DES GESCHÄFTSAUFBAUS

Im Massenmarkt etablieren

Neue Geschäfte aufbauen

Innovationspipeline füllen

Massenmarkt und Geschäftsführer
• Kundensegmente gut bekannt
• Produkte im Markt etabliert

Neue Geschäfte und Gründer
• Anwendungen und potenzielle Kundensegmente identifiziert, ...
• ... aber Produktnutzen und Kundenakzeptanz weitgehend unbekannt

Forschung und Erfinder
• Technisches Potenzial identifiziert
• Mögliche Anwendungen und Kundensegmente weitgehend unbekannt

Quelle: McKinsey

Abbildung 2

Für transformatorische und substanzielle Innovationen stellt sich dagegen die Situation anders dar. Bei transformatorischen Innovationen gibt es zunächst lediglich eine Technologie oder Fähigkeit, für die noch keine Anwendung und keine Kunden existieren. Bei substanziellen Innovationen sind die Anwendungen zwar schon in etwa bekannt, der Produktnutzen und die Kundenakzeptanz jedoch noch unklar. In beiden Fällen erschweren unterschiedliche „Sprachen" von F&E und Marketing den Weg von der Technologie zum Markterfolg.

Inkrementelle Innovationen gehören in den Unternehmen zum „day-to-day business". Bei der Verfolgung substanzieller und transformatorischer Innovationen zeigen sich allerdings vielfach noch Defizite. Deshalb legt dieser Beitrag den Fokus auf die Darstellung einer Strategie für substanzielle und transformatorische Innovationen. Bei dem Übergang von der technologieorientierten Welt der Forscher und Entwickler zur geschäftsergebnisorientierten Welt der Massenmärkte hat sich ein Vorgehen in drei Phasen bewährt (vgl. Abbildung 2):

- *Innovationspipeline füllen:* In der ersten Phase gilt es, eine ausreichende Anzahl umsetzbarer Ideen zu generieren. Da sich zahlreiche Ideen im Laufe der Realisierungsversuche als nicht tragfähig erweisen, sind deutlich mehr Ideen zu erzeugen, als später neue Geschäftsfelder benötigt werden.

- *Neue Geschäfte aufbauen:* In der Phase zwei soll aus einer technischen Erfindung ein Produkt mit definiertem und vom Markt honorierten Kundennutzen entstehen. Ideen sind in einem „Try-and-Error"-Verfahren immer wieder an der Marktrealität zu überprüfen und zu schärfen.

  Das Konzept, das nach dieser Phase vorliegt, unterscheidet sich häufig stark von der Idee, mit der das Team den Geschäftsaufbauprozess startete. Die Idee ist an den technischen und marktseitigen Realisierbarkeiten gereift. Aus einem komplexen Prototyp für einen „Taschen-PC" für 5.000 USD ist beispielsweise ein auf die wesentlichen Bestandteile reduzierter, kostengünstig zu produzierender Palm Pilot für 250 USD geworden. Auch die Suche nach den richtigen Anwendungsfeldern für eine erste Markterschließung fällt in diese Phase. Es ist beispielsweise zu entscheiden, welches Geschäftsmodell zur Kommerzialisierung der RFID-Chip-Technologie (die eine Ausstattung sämtlicher Alltagsgegenstände mit einer Funkidentifizierung erlaubt) zu Beginn den höchsten Erfolg verspricht – drahtlose Identifikation von Ladegütern in der Logistik, Herstellung komfortablerer Skipässe oder Kleidungsstücke, die der Waschmaschine automatisch die erforderlichen Einstellungen übermitteln.[7]

  Endprodukt dieser Gründungs- und Geschäftsaufbauphase ist ein Geschäftsmodell, das am Markt seine Tragfähigkeit bewiesen hat.

- *Im Massenmarkt etablieren:* In der dritten Phase geht es darum, den Übergang von der Gründerwelt in die Welt des Massenmarkts zu bewältigen. Das Geschäftsmodell muss an die veränderten Anforderungen des Massenmarkts angepasst, die Prozesse müssen professionalisiert werden. Dazu gehören z. B. geeignete Markt- und Kundensegmentierungen, die richtige langfristige Positionierung des Produkts, die Optimierung der Supply Chain und der Produktionsabläufe im Hinblick auf die angestrebten Stückzahlen.

Auf Grund der unterschiedlichen Anforderungen in allen drei Phasen sind differenzierte Organisationsmodelle vorzusehen.[8] Nach der Ideenfindung wird für die Phase des Geschäftsaufbaus ein Team von Entrepreneuren aus der Organisation herausgelöst, das in einem Umfeld mit hoher Unsicherheit Neuland betritt und die Geschäftsidee pragmatisch weiterentwickelt und umsetzt. Nach erfolgreicher Geschäftsaufbauphase sollte mit dem Einstieg ins Massengeschäft die Rückintegration in die „klassische" Organisation vollzogen werden. Die Aufgaben gehen dann wieder an die originär zuständigen Produkt- und Fachabteilungen über.

2.1   Innovationspipeline füllen

Die Innovationsstärke eines Unternehmens beruht auf einer reichen Auswahl an potenzialträchtigen Ideen. Wichtig ist, dass immer neue Ideen nachgeschoben werden und der Ideenstrom nicht versiegt. Die Erfahrung zeigt, dass viele Ideen notwendig sind, bis sich eine bahnbrechende Innovation mit großem Marktpotenzial auftut. Wie kann man die Ideenentwicklung fördern? Das Vorgehen reicht hier von der systematischen Ideensuche über den Zukauf von Ideen bis hin zur Übernahme erfolgversprechender Start-ups. Dazu kommt noch ein ganzes Instrumentarium die Kreativität und die Ideensuche fördernder Maßnahmen.

Den kreativen Prozess beherrschen

Die Grundlagen für den Innovationserfolg legt die Kreativität, die bei der Ideenfindung und der Weiterentwicklung der Ideen zu vielversprechenden Ansätzen zu Tage tritt. Zur Kanalisierung der Kreativität dient der Innovationsentwicklungsprozess, den Unternehmen immer wieder durchlaufen. Dieser Prozess ist darauf ausgerichtet, wirtschaftlich verwertbare Resultate hervorzubringen. Er gliedert sich in vier Stationen:

- *Systematische Suche:* In welchem Markt soll die gesuchte Innovation angesiedelt sein? Welche Differenzierung soll sie ermöglichen? Am Anfang jeder Ideensuche steht die Frage nach der strategischen Stoßrichtung und der richtigen Fokussierung. Die besten Möglichkeiten bieten – wie Abbildung 3 zeigt – Märkte mit hohem Veränderungspotenzial, in denen vorhandene Fähigkeiten eines Unternehmens genutzt werden können. Veränderungspotenzial kann in Produkten, Kundensegmenten oder neuen Geschäftsprozessen liegen.

  Corning Glass nutzte beispielsweise das Aufkommen von Glasfaserkabeln dazu, sein Produktportfolio durch Glasprodukte für Hightech-Anwendungen zu erneuern. Limited erweiterte auf Basis seiner Fähigkeiten im Bereich Damenbekleidung sein Angebot auf das Kundensegment Herrenbekleidung. IBM entdeckte für sich den wachsenden Markt der IT-Services und offerierte als Prozessinnovation bisher von

Kunden intern erbrachte Leistungen; für den Einstieg in dieses Geschäft stützte sich IBM auf seine Hardwareerfahrungen und Kundenbeziehungen.

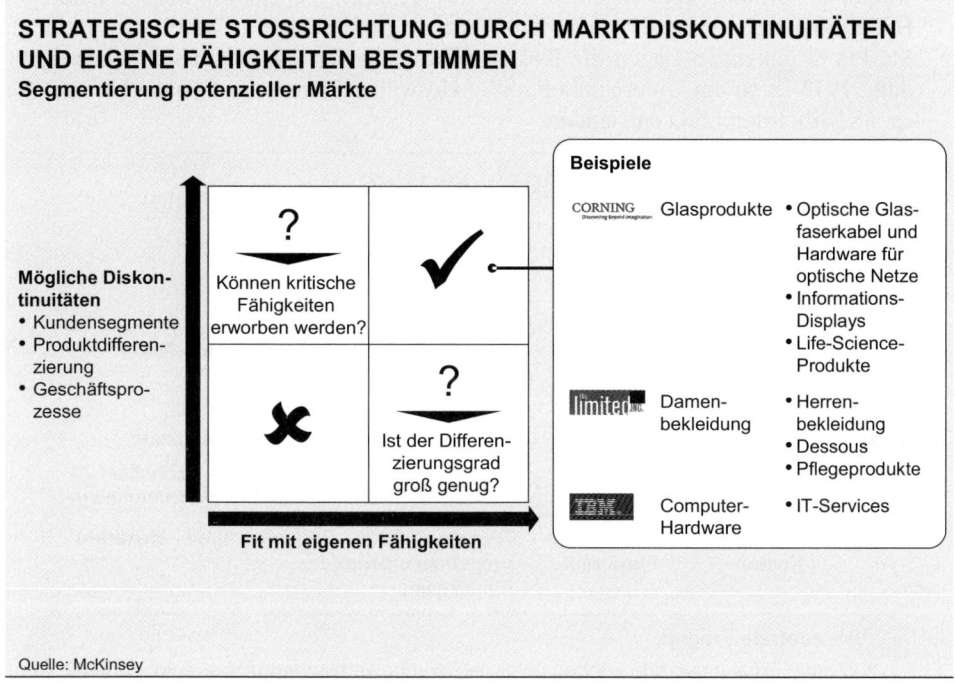

STRATEGISCHE STOSSRICHTUNG DURCH MARKTDISKONTINUITÄTEN UND EIGENE FÄHIGKEITEN BESTIMMEN
Segmentierung potenzieller Märkte

Quelle: McKinsey

Abbildung 3

Die Suche nach neuen Ansätzen sollte breit angelegt sein. Sie sollte sich nicht nur auf Quellen innerhalb des eigenen Unternehmens verlassen, sondern auch externe Quellen, wie persönliche Netzwerke, Messen, Kunden, Wettbewerber, Start-ups und Venture Capitalists, Hochschulen, Verbände u. v. a. einbeziehen.[9] Wertvolle Beiträge bringt oft die sehr frühe Einbindung von „Lead Users" schon bei der Ideengenerierung und später bei der Produktentwicklung.[10] Allerdings sollte man sich von Kunden, die den Mehrwert bahnbrechender Innovationen zuweilen nicht erkennen, nicht zu leicht beeinflussen lassen. So rieten beispielsweise einst führende Radiologen der Firma General Electric davon ab, auf die Technologie der Computertomografie zu setzen, weil sie für diese Anwendung keine medizinische Notwendigkeit sahen.[11]

Wie ein völlig neuer Markt[12] geschaffen werden kann, lässt sich am Beispiel des „Home Depot"-Baumarkts in Amerika sehr anschaulich zeigen. Das Unternehmen trieb maßgeblich die Entwicklung des Markts für „Do-it-yourself-(Um-)Bauen" in Amerika (in Deutschland entstand die Baumarkt-Idee schon wesentlich früher, Hornbach eröffnete 1968). Die Idee, die dem Unternehmen den Durchbruch be-

scherte, bestand darin, dem handwerklich nur wenig vorgebildeten Kunden zu ermöglichen, Umbauten in Eigenarbeit durchzuführen. Dazu werden erfahrene Hand-
werker als Mitarbeiter eingestellt, die ihre Kunden Schritt für Schritt durch die
Baumaßnahmen führen. Außerdem halten großflächige, einfach ausgestattete
Märkte in günstigen Lagen die Kosten niedrig. In den 24 Jahren seit seiner Gründung 1978 ist so ein Unternehmen mit landesweiter Präsenz und einem Umsatz von
ca. 58 Milliarden USD entstanden.

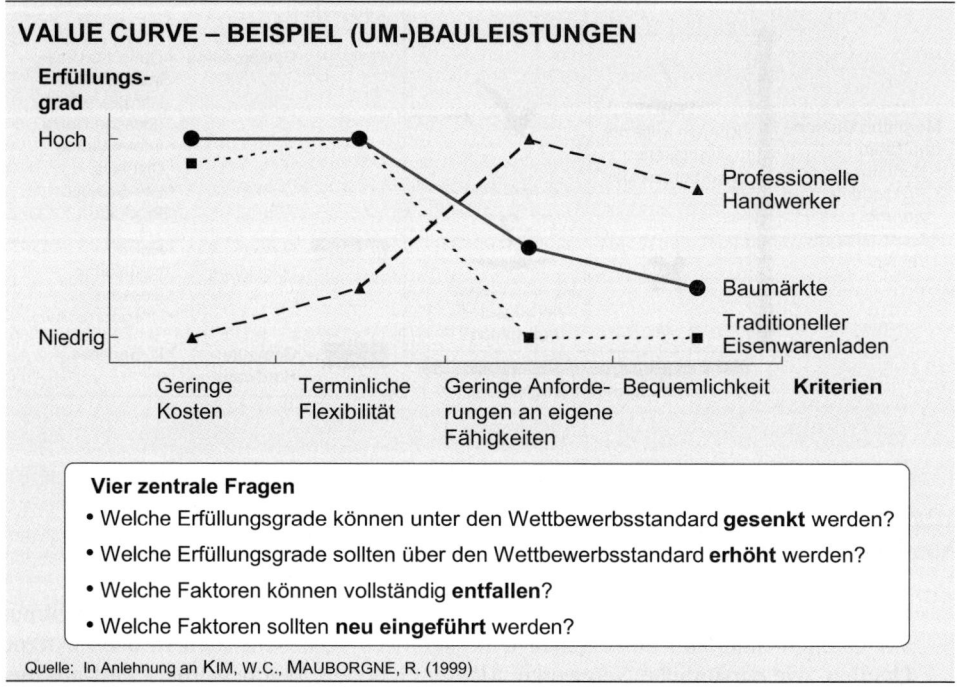

Abbildung 4

Ein wirkungsvolles analytisches Hilfsmittel bei der Entwicklung solch neuer Geschäftsmodelle ist die Value Curve (Abbildung 4). Bei dieser Methode wird für einzelne Geschäftsmodelle der Grad der Zielerfüllung verschiedener Kriterien bewertet
und nach einem Geschäftsmodell gesucht, das die Vorteile der untersuchten Modelle
kombiniert und die Nachteile kompensiert. Das neue Modell zeichnet sich durch
eine klar überlegene Kurve aus.[13]

Zur Ideengenerierung nutzen viele Unternehmen auch institutionalisierte Ansätze.
So haben z. B. Disney-Mitarbeiter in der internen „Gong Show" die Möglichkeit,
Ideen vor dem CEO Michael Eisner zu präsentieren. Bei Nike gehen
funktionsübergreifende Teams auf „Beobachtungsreisen" zu den Kunden und haben
so Streetball entdeckt. Capital One vertraut auf einen „Golden Gate"-Prozess, bei

dem interne Teams systematisch Branchen auf Veränderungen und daraus resultierende Wachstumsoptionen untersuchen.

- *Kombination von Perspektiven:* Wie lassen sich erfolgversprechende Ansätze herausfiltern und zu ausgereiften, realisierbaren Ideen weiterentwickeln? Wichtig ist hierfür das Zusammenwirken unterschiedlicher Fachbereiche und Funktionen sowie das Einbeziehen von Experten aus anderen Branchen. Durch die Kombination der verschiedenen Perspektiven ergeben sich häufiger weiterführende Ideen als bei einer Betrachtung aus nur einem Blickwinkel.[14] Ein systematisches Vorgehen zur interdisziplinären Bearbeitung eines zuvor abgegrenzten Problemfelds erlauben Killer-Idea-Workshops[15], bei denen Experten aus verschiedenen Bereichen neue Ideen anhand vorbereiteter Fragen tabulos diskutieren.

  Die Einführung der „Chipsletten" bei Bahlsen ist ein einfaches Beispiel für das Einfließen von Anregungen aus anderen Industrien. Das traditionelle Herstellungsverfahren für Kartoffelchips ließ die Produktion exakt gleich großer und identisch geformter Chips nicht zu. Eine Anlehnung an die Herstellung von Kunststoff-Spritzgußteilen war die Lösung: Eine flüssige Chips-Rohmasse wird in Formwerkzeuge gepresst, getrocknet und weiteren Verarbeitungsschritten (z. B. Würzen) unterzogen – die Chipsletten waren geboren. Ohne einen Blick über die Grenzen der Snackbranche hinaus wäre dieses Verfahren mit hoher Wahrscheinlichkeit nicht entwickelt worden.

- *Faktenbasierte Entscheidung:* Welche Idee soll realisiert werden und welche nicht? Zwischen Verwerfen und Weiterverfolgen ist eine Balance herzustellen. Entscheidungskriterium sollte die zu erwartende Wertentwicklung aus der neuen Geschäftsidee sein, nicht kurzfristige Umsatz- oder Gewinnerwartungen. Ein faktenbasierter, quantifizierter Businessplan muss jeder Entscheidung zu Grunde liegen. Er hilft dabei, alle relevanten Einflussfaktoren zu erfassen und deren Wirkung zu verstehen. „Business plan numbers may be way off – however, without the business plan, we never would have understood all the interdependencies and potential complications that need to be managed", so die Lufthansa. Ähnlich äußerte sich auch die Deutsche Post: „We used the business plan to play with assumptions in a radical way – allowing us to unearth a dramatically new concept which was key to creating real value in our business."

- *Frühzeitiger Markttest:* Wann soll ein Unternehmen mit einer Innovation an die Öffentlichkeit gehen? Statt unter hoher Geheimhaltung zu operieren und am Ende das vermeintlich perfekte Produkt zu präsentieren, hat es sich als deutlich erfolgversprechender erwiesen, Markttests entwicklungsbegleitend durchzuführen und deren Erkenntnisse unmittelbar in die Entwicklung einfließen zu lassen. Die Vorteile dieses Vorgehens zeigen sich beim Vergleich des im Geheimen entwickelten, aber erfolglosen Apple Newton mit dem bereits früh im Markt eingeführten Palm Pilot. Auf Basis der ersten Marktreaktion konnte der Palm Pilot noch einmal deutlich verändert werden – und wurde danach bekanntlich zu einem sehr großen Erfolg.

Temporär Hierarchien außer Kraft setzen

Eine vielfach erfolgreich eingesetzte Methode, das Kreativitätspotenzial der eigenen Mitarbeiter freizusetzen, stellen unternehmensinterne Businessplan-Wettbewerbe dar. Bei diesen Wettbewerben geht es darum, in begrenzter Zeit und mit methodischer Unterstützung durch Coaches einen Businessplan für eine neue Geschäftsidee zu formulieren. Hilfreich ist es, den Wettbewerb mehrstufig durchzuführen und die Anforderungen an Umfang und Tiefe des Plans von einer Stufe zur anderen zu erhöhen. Die Belohnung für die Gewinner des Wettbewerbs ist die Bereitstellung der Finanzmittel und die Umsetzung ihrer Geschäftsidee.

Mit der Bearbeitung der Businesspläne im eigenen, selbst zusammengestellten Team und dem klaren Ziel vor Augen, eine im Tagesgeschäft nicht mögliche Visibilität auch gegenüber dem Topmanagement zu erreichen, ist in der Regel ein signifikanter Motivationsschub verbunden. Welches Erfolgspotenzial von Businessplan-Wettbewerben ausgeht, zeigen z. B. die Erfahrungen von Infineon Technologies: „Infineon's experience with this program shows that corporate competitions do more than simply generate ideas: they also help change a company's culture by motivating employees to reach far outside their daily responsibilities. Competitions also build skills because employees learn to think beyond ideas and projects and learn how to build businesses."[16]

Zugang zu neuen Technologien durch Corporate Venture Capital

Unternehmen haben die Möglichkeit, sich mit Corporate Venture Capital (CVC) Zugang zu Ideen zu verschaffen, die an anderer Stelle entstehen. Erfolgskritisch ist hierbei die Einbindung in die richtigen Netzwerke und die Kenntnis des relevanten Dealflows.

Mit dem Einsatz von Beteiligungskapital zur Finanzierung externer Geschäftsideen und der Unterstützung der Gründerteams durch im Unternehmen vorhandene Kenntnisse und Kontakte gehen Unternehmen gegenüber der Ideenförderung eigener Mitarbeiter noch einen Schritt weiter[17]. Unternehmen versprechen sich von CVC-Aktivitäten in erster Linie einen frühzeitig Einblick in Technologien von Start-ups und anderen Investoren. Ideen mit Potenzial können dann entweder in ähnlicher Form selbst verfolgt oder aufgekauft werden. Als „Nebeneffekt" lassen sich durch die Wertsteigerung der Beteiligungsunternehmen attraktive Renditen erzielen.

Erfolgversprechende und passende Start-ups kaufen

Die Übernahme junger, hoch innovativer und wachstumsstarker Unternehmen ist ein weiterer Baustein in der Strategie zum Aufbau innovativer Geschäfte. Da diese Unternehmen zum Zeitpunkt des Kaufs oft schon eine erste Phase des Wertwachstums hinter sich haben, erfordert dieses Verfahren ein größeres finanzielles Engagement. Die Erfolgswahrscheinlichkeit ist jedoch auch höher, sind doch die ersten Meilensteine der Unternehmensentwicklung bereits erreicht.

Dieses Vorgehen stellt hohe Anforderungen an die Integrationsfähigkeit der Unternehmen. Der Kauf von Start-ups ergänzt dann aber wirkungsvoll die eigene Innovationskraft und gliedert Unternehmen in die eigene Organisation ein, die sich andernfalls zu Wettbewerbern entwickeln könnten.

Ein Beispiel für ein Unternehmen mit einer sehr erfolgreichen Akquisitionsstrategie ist Cisco Systems. Abbildung 5 zeigt eindrucksvoll, wie Cisco systematisch sein Angebotsportfolio auch außerhalb des Kerngeschäfts durch Geschäftsübernahmen erweiterte.

AKQUISITION VON START-UP-UNTERNEHMEN – BEISPIEL CISCO

STAND: MÄRZ 2003   ▨ Kerngeschäft

	1993/94	95/96	97/98	1999/2000	01 - 02/2003
Wireless LAN				• Aironet	• Exio Com. Inc.
Digital Video				• V-bits	
Netzwerk-leistung				• Tasmania	
Internet-Software				• SightPath, Inc.	
Optical				• Webline	
				• Cerent	
				• Monterey Networks	
Voice over IP			• Lightspeed International • Summa Four • Selsius Systems	• Sentient Networks • GeoTel Communication • Amtera Technologies • Seagull Semiconductor Ltd. • PentaCom Ltd. • InfoGear Technology Corp. • JetCell, Inc. • Growth Networks Inc.	• Active Voice Corp.
Netzwerk-mgmt		• NETSYS Technologies	• CLASS Data Systems • American Internet	• Atlantech Technologies Ltd.	• Radiata Inc. • Auroranetics Inc. • Navarro Networks • AYR Networks
Sicherheit		• Network Translation	• Global Internet Software Group • Wheel Group		• Allegro Systems Inc. • Psionic Software
VPN				• Altiga Networks • Compatible Systems Corp.	
Zugang	• Newport System Solutions	• Combinet • MICA (Telebit) • Nashoba Networks	• Telesand • Dagaz • NetSpeed • Clarity Wireless	• Fibex Systems	
Datennetze • WAN		• Internet Junction • TGV Software • StrataCom • Metaplex	• Skystone • Ardent • Precept Software • Pipe Links		
• LAN	• Crescendo Communications • Kalpana • LightStream	• Grand Junction • Granite Systems			
Trans-aktionswert in Mio. USD	509	6.070	1.730	15.880	1.497

Quelle: Cisco, SDC, McKinsey

Abbildung 5

Kreativitätsfördernde Atmosphäre schaffen

Engagierten Mitarbeitern muss es möglich sein, kontrollierte Risiken einzugehen, aber auch ein Projekt ohne Gesichtsverlust zu beenden, wenn sich ein Fehlschlag abzeichnet, um kostspielige Fehler zu vermeiden. RCA hielt sich zum Beispiel bei seinem Selecta-Vision-Projekt nicht an diese Regel. In den Jahren 1970 bis 1984 investierte das Unternehmen etwa 580 Millionen USD in seinen Video-Disc-Spieler mit LP-großen, CD-artigen Video-Discs. Nach eindeutigen Warnsignalen stellten sämtliche Wettbewerber bereits 1977 die Entwicklung für ähnliche Produktlinien ein. RCA machte jedoch unbeirrt weiter und akzeptierte erst nach weiteren sieben Jahren den Misserfolg der Technologie.[18]

Dieses Beispiel stellt sicher eine Ausnahme dar. Tatsache ist jedoch, dass Leiter von F&E-Projekten in zahlreichen Fällen frühzeitig erkennen, dass ein Projekt nicht bzw. nicht wie geplant realisierbar ist. Aus zu starkem, irrationalem Glauben an ein Projekt oder aus Angst, bei zu frühem Abbruch als unfähig und nicht durchsetzungsstark zu gelten, wird dann das Projekt unter Aufwendung erheblicher zusätzlicher Budgetmittel fortgeführt. Der Abbruch wird aufgeschoben, aber nicht aufgehoben.

Eine Atmosphäre zu schaffen, die ein solches Verhalten verhindert und denjenigen belohnt, der die Notwendigkeit eines Abbruchs früh erkennt und dann konsequent handelt, ist eine wichtige Aufgabe für innovationsverantwortliche Manager. Erkannte Fehler bringen eigentlich immer Lernmöglichkeiten mit sich, die sich in künftigen Projekten positiv auswirken. Sochiro Honda, einer der Gründer der Firma Honda, hat dies eindeutig festgestellt: „Only through failure can precious experience be learned. But be sure to always learn from your mistakes." Ähnlich sah es der frühere CEO von Merck, Roy Vagelos: „The majority of things we do fail, the fact that anything ever comes out of the door is a tribute to the tremendous tenacity of hundreds of people."[19]

Die Schaffung einer Atmosphäre, die Risikobereitschaft fördert, ist also Voraussetzung für erfolgreiche Innovationstätigkeit. Mitarbeiter werden bereit sein, Risiken einzugehen, d. h. unbekanntes Terrain zu betreten, wenn sie sich darauf verlassen können, nicht für Fehlschläge verantwortlich gemacht zu werden, die sie nicht verschuldet haben.

2.2   Neue Geschäfte aufbauen

Ist die Geschäftsidee so weit gereift, dass sie die Laborwelt verlassen kann, beginnt die Phase des Geschäftsaufbaus. Es gilt, erste Marktabschätzungen durchzuführen, Pilotkundensegmente zu identifizieren, eine quantitative Planung der ersten Geschäftsjahre aufzustellen u. v. a.

Große Erfahrung bei der erfolgreichen Abwicklung dieser Phase haben insbesondere Venture-Capital-Geber (VC-Geber). Etablierte Unternehmen sollten aus diesem Erfahrungsvorsprung lernen und sich an einige Regeln halten, die hier herausgehoben werden. Notwendig ist beispielsweise ein Portfolio von neuen Geschäften, nicht eine einzelne Geschäftsidee, denn zahlreiche Geschäftsideen scheitern trotz zielgerichteter Anstrengungen eines hervorragenden Teams. Beim Geschäftsaufbau ist Fokussierung nötig; Geschäftsideen sind zunächst in einem – möglichst erfolgsträchtigen – Segment zu realisieren und nicht in mehreren großen, unüberschaubaren Zielmarktsegmenten. Neue Geschäfte müssen sich in den ersten Jahren nicht an den Ertragszahlen messen lassen, für sie ist der Indikator die Wertentwicklung (vgl. Abbildung 6).

ETABLIERTE DENKWEISEN DURCH VC-ANSATZ ERSETZEN

Führungskräfte in etablierten Unternehmen sind eher der Überzeugung, dass ...	Venture Capitalists sind eher der Überzeugung, dass ...
... die Erfolgswahrscheinlichkeit eines neuen Geschäfts hoch ist	... die Erfolgswahrscheinlichkeit eines neuen Geschäfts eher niedrig ist; ein Venture-Portfolio ist erfolgskritisch
... neue Geschäfte erst dann mit hochkarätigen Mitarbeitern besetzt werden sollten, wenn sich Wachstum und Erfolg abzeichnen	... neue Geschäfte ohne hochkarätige Teams frühzeitig scheitern
... das Marktpotenzial durch intensive Analysen abschätzbar ist	... Marktverhalten nicht vorhersehbar ist; Konzepte müssen sich daher mit dem Markt entwickeln
... Partnerschaften inakzeptable Risiken bergen	... komplementäre Partnerschaften für den schnellen Markteintritt unerlässlich sind
... der Erfolg wahrscheinlicher wird, je größer das Zielmarktsegment ist	... ein klar eingegrenzter Produkt-/Marktfokus für den Erfolg entscheidend ist
... neue Geschäfte früh Erträge erzielen müssen, um zur Wertsteigerung beizutragen	... der Markt den Wert würdigt, lange bevor sich Gewinne einstellen
... Einhaltung der Entwicklungskosten wichtiger als genaue Termineinhaltung ist	... ein rechtzeitiger Produkt-Launch häufiger erheblich mehr Wertzuwachs bringt als exaktes Einhalten der Entwicklungskosten

Quelle: McKinsey

Abbildung 6

Für den erfolgreichen Aufbau neuer Geschäfte gelten spezielle Erfolgsvoraussetzungen. Neue Geschäfte erfordern beispielsweise ein explizites Commitment des Topmanagements, wie es z. B. Klaus Zumwinkel, Vorstandsvorsitzender der Deutschen Post World Net, zum Ausdruck brachte: „Wir werden der Weltmarktführer im Logistik-Markt werden ... [und] einen völlig neuen Geist in unserer Gruppe erzeugen." Der organisatorische Rahmen muss erlauben, die vier Grundsätze für den erfolgreichen Geschäftsaufbau – *Schützen, Aufziehen, Beschleunigen* und *Motivieren/Signalisieren* – konsequent zu verfolgen (vgl. Abbildung 7). Auf Basis dieser Grundsätze bzw. Designregeln für den erfolgreichen Aufbau neuer Geschäfte lassen sich Organisationsstrukturen, Entscheidungsprozesse und -instrumente, Anreizsysteme sowie wichtige Entscheidungsregeln für das Topmanagement und das Unternehmerteam spezifisch für jedes Unternehmen und seine Kultur entwickeln.

**VIER GRUNDSÄTZE FÜR DEN ERFOLGREICHEN AUFBAU
NEUER GESCHÄFTE**

Schützen

- Neues Geschäft in einer separaten Einheit verankern, um Kannibalisierung zu vermeiden
- Wie andere kapitalgebende Unternehmen nicht ins Mikromanagement eingreifen

Aufziehen

- Portfolio neuer Geschäfte etablieren – einzelne Start-ups können scheitern
- Erfolg am Wert – nicht nur an Umsatz oder Profit – messen
- Frühzeitig ein hochkarätiges Team einsetzen

Beschleunigen

- „Do it, try it, fix it"
- Produkt-/Marktkonzept frühzeitig am Markt validieren
- Finanzierung an die Erreichung externer Meilensteine binden
- Externes Partnernetz aufbauen

Motivieren/
Signalisieren

- Anreize für das Unternehmerteam an Wertsteigerung und Risiko knüpfen
- Werte und Ziele nach innen und außen kommunizieren
- „Win the war for talent"

Quelle: McKinsey

Abbildung 7

Neue Geschäfte schützen

Wie kann man neue Geschäfte, die potenziell etablierte Produkte des eigenen Unternehmens substituieren, davor bewahren, „unter die Räder" der etablierten Business Unit zu kommen? Aus Angst um das vorhandene Geschäft werden neue Konzepte häufig unterdrückt.[20] Ein Beispiel hierfür ist die Behandlung der von Cisco entwickelten IP-Router-Technologie. Unternehmen wie Nortel, Alcatel, Ericsson und Siemens haben die Technologie zwar erkannt, diese jedoch zu Gunsten ihrer etablierten Kernprodukte (z. B. Siemens EWSD) vernachlässigt. Sie haben so den Anschluss in dieser neuen und inzwischen etwa 10 Milliarden USD großen[21] Sparte verpasst. Sogar Microsoft hat die Technologie des Internet-Browsers zunächst nicht ernst genommen und so dem Start-up Netscape die Marktführerschaft überlassen müssen. Nur durch den massiven Einsatz der eigenen Marktmacht konnte Microsoft diesen Fehler später korrigieren.

Bewährt hat sich, das neue Geschäft in einer organisatorisch eigenständigen Einheit unterzubringen. Hierfür gibt es verschiedene organisatorische Alternativen. Abbildung 8 stellt neben den einzelnen Optionen auch praktische Beispiele zu ihrer Anwendung vor. Erfolgreiche Unternehmen wählen – wie die Erfahrung zeigt – erheblich häufiger eine Linienanbindung als eine Ausgliederung.[22]

Ein Beispiel für eine Verknüpfung von Linieneinbindung mit (temporärer) Auslagerung bietet das Vorgehen der Carl Zeiss Gruppe bei der Entwicklung eines neuen Produkts im Bereich Displays. Das Projekt erforderte schon bei der Entwicklung, aber auch im weiteren Lebenszyklus, z. B. in der Produktion, zahlreiche neue Ansätze. Darüber hinaus bestanden eine hohe Unsicherheit und ein hoher Bedarf an interdisziplinärer Zusammenarbeit. Daher entschied man sich bei Carl Zeiss dafür, die Startphase des Projekts in einem Inkubator durchzuführen. Innerhalb von acht Wochen entstand so ein umfassendes und unkonventionelles Konzept auf einem Konkretheitsniveau, das eine konsequente Weiterverfolgung in den jeweiligen Fachabteilungen ermöglichte. Hätte man hingegen die Bearbeitung des Konzepts den Fachabteilungen überlassen, so wäre die Gefahr einer Wegpriorisierung der „unausgereiften Idee" zu Gunsten von dringenderen Aufgaben des Tagesgeschäfts nicht auszuschließen gewesen.[23]

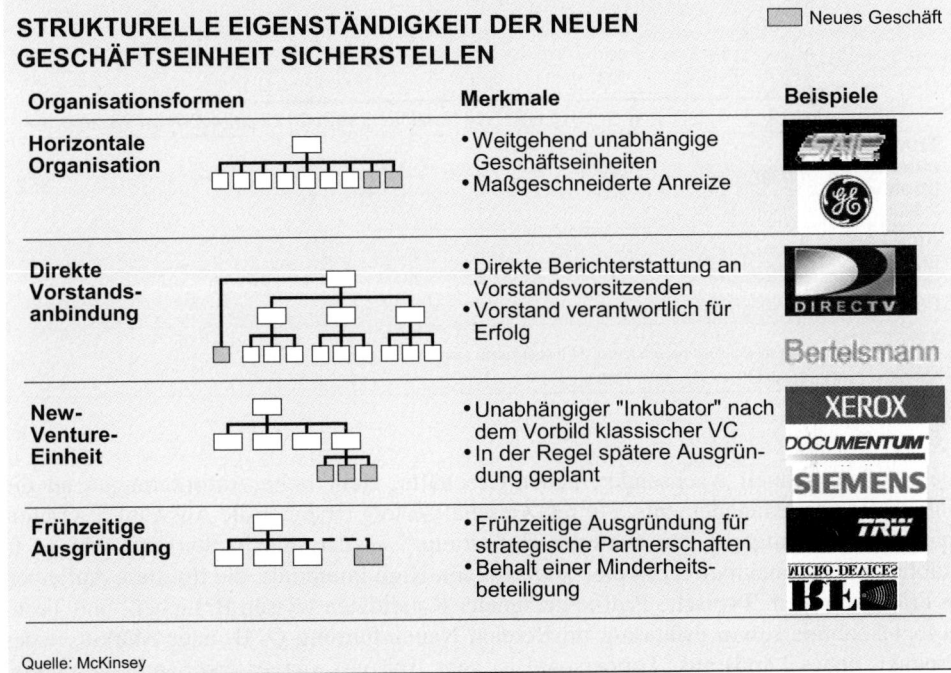

Abbildung 8

Geschäfte erfolgreich aufziehen

VC-Geber wissen, dass nur wenige neue Geschäfte ein Erfolg werden. Sie verlassen sich deshalb nicht nur auf einzelne Start-ups, sondern verringern ihr Risiko durch ein Portfolio von Beteiligungen mit unterschiedlichen Schwerpunkten und Reifegraden. Ähnlich sollten Unternehmen verfahren und mit einem Portfolio neuer Geschäfte das Risiko des

Scheiterns reduzieren. Abbildung 9 zeigt, dass üblicherweise ein sehr kleiner Teil der Investitionen einen Großteil des Ertrags erbringt, während die Mehrzahl der neuen Geschäfte – wenn überhaupt – lediglich ihre Investitionskosten einspielen.

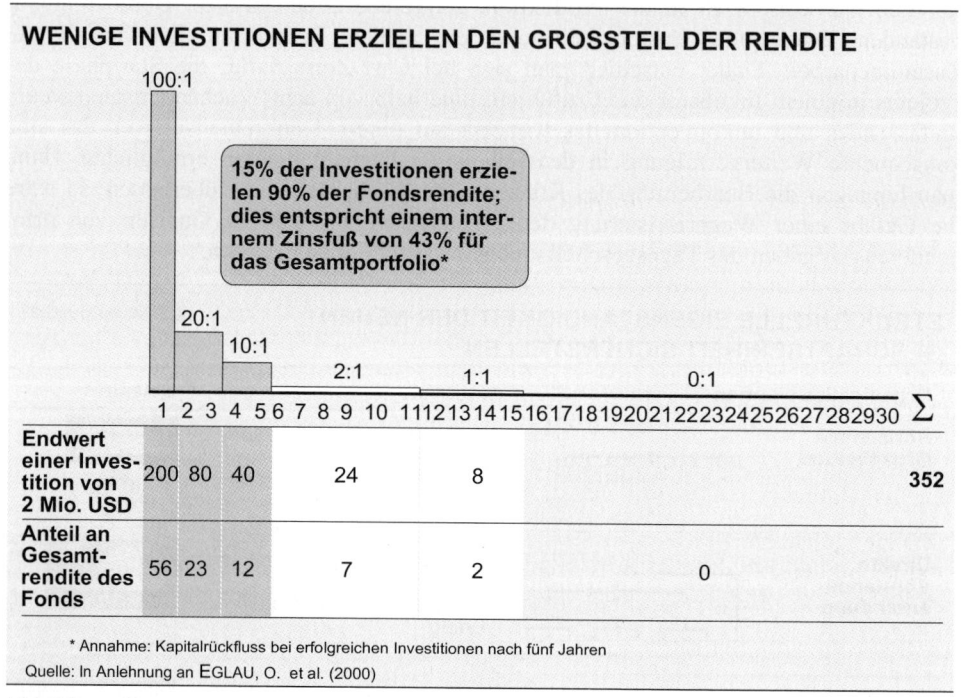

Abbildung 9

Der Aufbau schnell wachsender, neuer Geschäfte, stellt hohe Anforderungen an die Fähigkeiten des Managements. Für den Geschäftserfolg ist daher die Auswahl des richtigen Managementteams von zentraler Bedeutung.[24] Anders als in Start-ups gibt es in etablierten Unternehmen meist eine Vielzahl von High Potentials, die für diese Aufgaben in Frage kommen. Typische Profile geeigneter Kandidaten weisen Branchen- und Technologiekenntnis sowie Erfahrung im Bereich Neueinführung (z. B. neue Märkte, neues Produkt, neues Land) aus. Toppersonal ist sehr früh auf vielversprechende Geschäftsideen anzusetzen und möglichst an einem Ort zusammenzuziehen; denn räumliche Nähe[25] trägt entscheidend zum Erfolg eines Projekts bei.

Wie lässt sich der Erfolg neuer Geschäfte messen? In den frühen Phasen eines neuen Geschäfts versagen typische, im Kerngeschäft eingesetzte Erfolgsmessungsinstrumente. Neue Geschäfte verzeichnen in der Aufbauphase immer negative Ergebnisse und das Umsatzwachstum beginnt erst mit einem gewissen Vorlauf. Ein guter Indikator ist dagegen der Marktwert des neuen Geschäfts. Dieser lässt sich insbesondere beim Einstieg zusätzlicher Kapitalgeber valide bestimmen und bietet eine aussagefähige

Beurteilungsbasis. Der Wert des neuen Geschäfts, der auch sämtliche Erwartungen an zukünftige Entwicklungen berücksichtigt, trennt schon früh die Spreu vom Weizen.

Geschäftserfolg beschleunigen

Traditionell verläuft die Entwicklung neuer Geschäftsideen in einem wohl geordneten, strukturierten Prozess von der Strategieentwicklung über einen detaillierten Blueprint und die Implementierung des Geschäftsmodells bis schließlich zum Launch des Produkts. Damit vergeht viel Zeit, bis das Produkt zum ersten Mal außerhalb einer internen Testumgebung auf den Kunden trifft und erste verlässliche Informationen über die Marktakzeptanz des neuen Produkts vorliegen.

„Do it, try it, fix it" – der frühzeitige Launch einer ersten marktfähigen Version in einem bewusst noch nicht vollkommen abgeschlossenen Entwicklungsstadium[26] ermöglicht eine zeitnahe Konzeptvalidierung. Marktakzeptanz wird früh getestet und bei Bedarf wird das Geschäftskonzept angepasst. Vorteile ergeben sich unabhängig von der Akzeptanz des Produkts: Sollte sich das Produkt als völliger Flop erweisen, können weitere Entwicklungskosten gespart werden. Zeigt sich deutlicher Veränderungsbedarf, kann das Unternehmen schneller auf Kundenbedürfnisse reagieren.[27] Wird das Produkt in seiner präsentierten Form sehr gut vom Markt angenommen, sind bereits früher als beim traditionellen Vorgehen Umsätze zu verbuchen.

Ein wichtiges Instrument zur Beschleunigung des Geschäftsaufbaus ist die Verwendung externer Meilensteine. Die Entwicklung wird damit nicht – wie sonst üblich – an internen Zielen, wie z. B. „Softwarecode fertig", ausgerichtet. Vielmehr wird der Status eines Projekts z. B. daran gemessen, ob ein Referenzkunde gewonnen wurde, ob ein in der Branche renommierter Manager als Geschäftsführer eingestellt werden konnte oder ob Partnerschaften mit komplementären Firmen abgeschlossen wurden. Dieses Verfahren verhindert wirkungsvoll, dass über die Konzentration auf interne Ziele Defizite bei den viel aussagefähigeren externen Beziehungen übersehen werden. Die Bereitstellung von Budgetmitteln ist an das Erreichen externer Meilensteine zu koppeln. Auf diese Weise ist sichergestellt, dass das Team fokussiert arbeitet und keine zusätzlichen Gelder in Projekte investiert, die „nicht von der Stelle kommen".[28]

Organisation motivieren

Das persönliche Risiko ist für das Unternehmerteam deutlich höher als für Manager in etablierten Linienpositionen. Dies sollte mit einer angemessenen Risikoprämie honoriert werden. Die Prämie sollte sich nicht an der individuellen Leistung, sondern am Erfolg des Gesamtteams orientieren.

Messgröße für die Teamleistung sollte vor allem die Wertsteigerung des Geschäfts sein. Zusätzlich können auch qualitative Ziele vereinbart werden, die für außergewöhnlich gute Führungspersönlichkeiten eine überdurchschnittliche Bedeutung erhalten. Zur Leistungshonorierung bieten sich monetäre wie nicht monetäre Anreize an. Zielführend sind vielfach nicht monetäre Honorierungen wie das Gewähren zusätzlicher Freiräume, öffentliche Belobigungen oder Beförderungen. Erfolgreiche Unternehmen setzen verstärkt auf eine Kombination aller Honorierungstypen oder entscheiden sich im Zweifel eher für nicht monetäre Belohnungselemente.[29]

2.3 Im Massenmarkt etablieren

Gelingt einem neuen Geschäft der Sprung in den Massenmarkt, verliert es seinen Sonderstatus und zählt schon bald selbst zu den etablierten Geschäftsfeldern mit festen Linienverantwortlichkeiten, Strukturen und Prozessen sowie herkömmlichen Erfolgsmessgrößen. Beim Übergang in den Massenmarkt stehen weitere Herausforderungen an.

Neue Geschäfte erfolgreich reintegrieren

Der Sonderstatus eines „Geschäfts im Aufbau" kann in der Organisation eines großen Unternehmens nicht dauerhaft bestehen bleiben. Bei erfolgreicher Etablierung im Massenmarkt erhält das Geschäft organisatorisch den gleichen Status wie die anderen Geschäfte. Es wird also an geeigneter Stelle in eine Division oder einen Geschäftsbereich eingegliedert.

Prozesse angesichts des Größenwachstums professionalisieren

Mit der Erschließung des Massenmarkts stehen auch erhebliche Veränderungen in der Organisation an. Ging es während der Ideenfindung und des Geschäftsaufbaus um das Betreten eines neuen, unbekannten Terrains, um die Suche nach der richtigen Value Proposition und die Anpassung der ursprünglichen Idee an zunehmend besser verstandene Kundenanforderungen, so konzentrieren sich jetzt die Anstrengungen – vereinfachend gesagt – auf möglichst effiziente Standardprozesse und -strukturen. Abläufe, die sich in einer Start-up-Situation als unbürokratisch und beim Arbeiten „auf Zuruf" in einer kleinen und überschaubaren Mannschaft bewährt haben, bedürfen nun – da sich nicht mehr sämtliche Mitarbeiter kennen und der Produktdurchsatz andere Größenordnungen annimmt – einer deutlichen Professionalisierung.

Für die „Mitarbeiter der ersten Stunde", die eine unbürokratische Art der Leistungserbringung gewohnt sind, kann dies im Interesse des Geschäfts einen schmerzhaften Umstellungsprozess bedeuten. Im Topmanagement des Bereichs kann es sogar zu personellen Veränderungen führen, weil für das Großgeschäft Personen mit einem – im Vergleich zur Aufbauphase – stark abweichenden Skill Set benötigt werden. Selbst Gründer eines Unternehmens werden in dieser Phase von erfahrenen Managern ersetzt, wenn nur so der Grundstein für überragenden Markterfolg gelegt werden kann – so geschehen bei Cisco Systems. Dort musste das Gründerehepaar Sandy Lerner und Leonard Bosack auf Druck des Investors Sequioa seine Managementfunktionen aufgeben, als das Unternehmen sechs Jahre alt war. Beim Börsengang erhielten die beiden dann für ihre Beteiligung (und ihre Leistungen) 170 Millionen USD.[30]

Traditionelle Leistungsindikatoren einführen

Zu Veränderungen kommt es auch im Controlling und bei den Leistungsindikatoren. Zwar steht der Wertbeitrag des Geschäfts im Sinne eines Shareholder-Value-Ansatzes weiterhin im Zentrum des Interesses. Daneben gewinnen kurzfristige Größen wie aktueller Umsatz und Ertrag oder ROCE wieder an Bedeutung.

3. Die Weichen stellen für Innovationserfolge

Ist Ihr Unternehmen bereit für mehr Innovationen? Sind substanzielle und transformatorische Innovationen Kernbestandteile Ihrer Managementagenda? Was sind die ersten Schritte für Ihr Unternehmen?[31] Das richtige Vorgehen hängt ganz wesentlich von der Ausgangssituation in Ihrem Unternehmen ab (vgl. Abbildung 10).

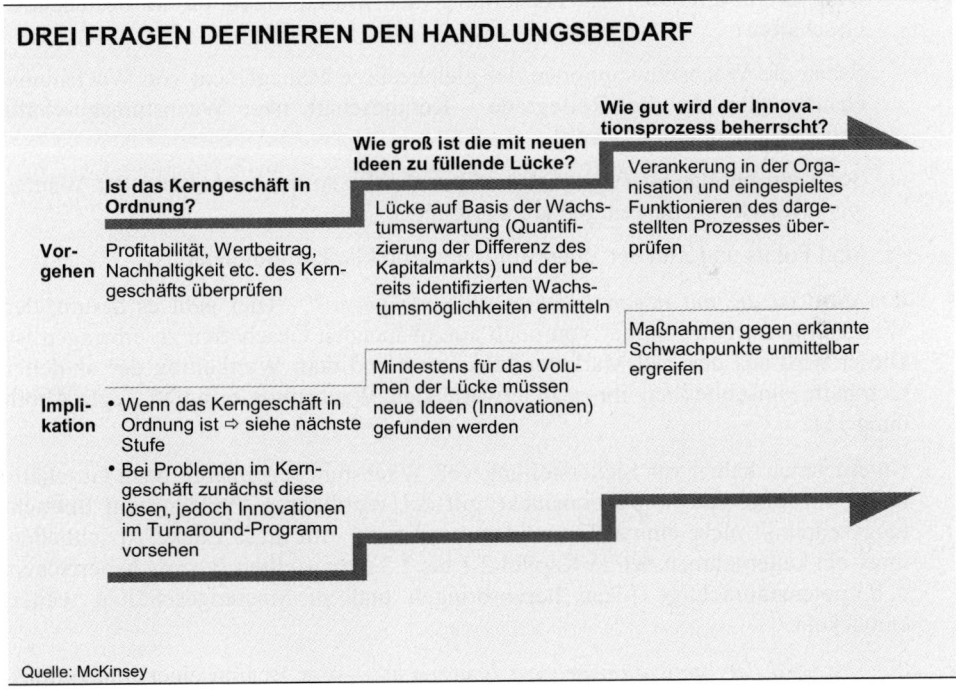

Abbildung 10

Läuft das Kerngeschäft optimal, kann unmittelbar die Analyse des Ideenpotenzials zur Identifizierung eventueller Lücken einsetzen. Vor dem Schließen der Lücke steht die Beherrschung des Innovationsprozesses auf dem Prüfstand.

- *Ist das Kerngeschäft in Ordnung?* – Ein Unternehmen sollte sich erst auf Innovationen konzentrieren, wenn das Kerngeschäft reibungslos funktioniert.[32] Gibt es im Kerngeschäft Probleme, so sind sie mit höchster Priorität zu lösen. Das Turnaround-Programm zur Bewältigung der Probleme sollte jedoch eine Innovationskomponente enthalten.

Die nachfolgende Checkliste dient der Einschätzung der eigenen Leistungsfähigkeit im Kerngeschäft:[33]

- Hält das eigene Geschäft auch außerhalb besonders profitabler Nischen einem rigorosen Leistungsvergleich mit führenden Wettbewerbern stand?
- Sind Produktivitätslücken durch systematisches Benchmarking identifiziert und Programme zum Schließen der Lücken aufgesetzt?
- Gibt es Programme zur Verstärkung der Marktpenetration in bestehenden Geschäften?
- Sehen die Wachstumsoptionen das gleichzeitige Management von Wachstumschancen über die drei Reifegrade – Kerngeschäft, neue Wachstumsgeschäfte und Zukunftsoptionen – vor?
- Sorgt ein permanenter Innovationsfluss für die Aufrechterhaltung der Wettbewerbsvorteile im derzeitigen Kerngeschäft?
- Sind Fokus und Ziel der Wachstumsstrategie klar kommuniziert?

- *Wie groß ist die mit neuen Ideen zu füllende Lücke?* – Hier geht es darum, den Wertbeitrag festzulegen, der von noch aufzubauenden Geschäften zu erbringen ist. Dieser wird aus der Ziel-Marktkapitalisierung und dem Wertbeitrag der aktuellen Geschäfte einschließlich ihres zu erwartenden Wachstums ermittelt (vgl. Abbildung 11).

Unternehmen haben zur Sicherstellung von Wachstum regelmäßig neue Geschäfte in der Pipeline. Als Innovationslücke gilt der Wertbeitrag, für den zum Betrachtungszeitpunkt nicht einmal Grundideen vorliegen. Um diese Lücke zu schließen, muss ein Unternehmen den in Kapitel 2.1 bis 2.3 dargestellten Prozess beherrschen, d. h. potenzialträchtige Ideen hervorbringen und zu Massengeschäften weiterentwickeln.

- *Wie gut wird der Innovationsprozess beherrscht?* – Vor Beginn einer Innovationsoffensive sollte sich jedes Unternehmen kritisch fragen, wo Verbesserungsbedarf besteht:

- Werden genug eigene Ideen generiert?
- Wird der externe Dealflow genutzt?

- Werden Ideen gekonnt kommerzialisiert?
- Wie gut unterstützt die Gesamtorganisation den Innovationsprozess?

Je nach Defizit sind gezielte Maßnahmen zu ergreifen – bei fehlendem Ideenfluss beispielsweise die Organisation eines Businessplan-Wettbewerbs mit externer Hilfe oder bei fehlendem Zugang zu externem Dealflow der Aufbau von Kooperationen mit VC-Gebern.

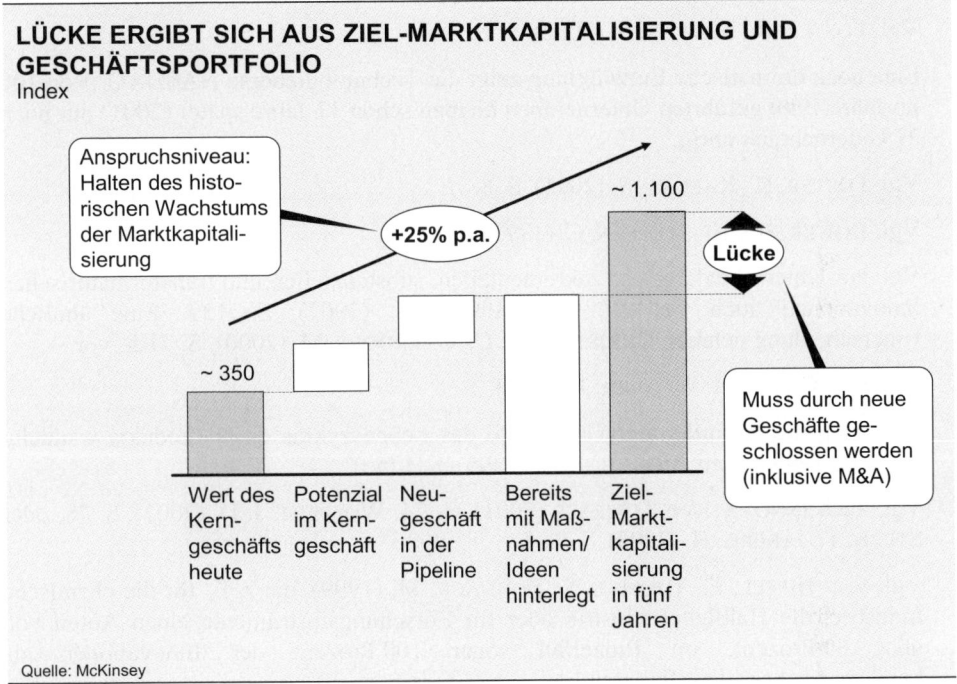

Abbildung 11

Innovationen sind wichtige Voraussetzung für dauerhaften Geschäftserfolg. Erfolgreiche Innovationstätigkeit ist – wie dieser Beitrag deutlich macht – kein Zufall, sondern lässt sich systematisch planen. Die Grundsätze für substanzielle und transformatorische Innovationen sind skizziert und eine Konzeption für den Geschäftsaufbau ist vorgestellt. Machen Sie Innovation nun zu Ihrer Priorität.

Referenzen

[1] Die Differenz aus der aktuellen Marktkapitalisierung und dem Wert der diskontierten erwarteten Cashflows des derzeitigen Geschäftsportfolios ergibt den Anteil der Zukunftserwartungen an der Gesamtmarktkapitalisierung.

[2] Vgl. auch WHEELWRIGHT, S.C., CLARK, K. (1996), S. 2 ff.

[3] Vgl. FOSTER, R., KAPLAN, S. (2002), S. 29.

Eine noch dramatische Entwicklung zeigt die Technologiebörse NASDAQ. Von 100 im Jahre 1990 geführten Unternehmen bleiben schon 11 Jahre später (2001) nur noch 21 Unternehmen übrig.

[4] Vgl. FOSTER, R., KAPLAN, S. (2001), S. 8.

[5] Vgl. BOWER, J., CHRISTENSEN, C. (1995), S. 43.

[6] Vgl. zur Unterscheidung von inkrementellen, substanziellen und transformatorischen Innovationen auch FOSTER, R., KAPLAN, S. (2002), S. 139. Eine ähnliche Unterscheidung nehmen CHRISTENSEN, C., OVERDORF, M. (2000), S. 71 f., vor.

[7] Zu RFID-Chips vgl. WEGNER, J. (2003).

[8] Dass sich die Anforderungen im Laufe des Lebenszyklus eines Produkts wandeln, erkannte 1995 bereits MOORE, G. A. (1995), S. 175 ff.

[9] Vgl. auch INNOVATIONSKOMPASS (2001), S. 24, WOLPERT, J. D. (2002), S. 78, oder STERN, T., JABERG, H. (2003), S. 96 f.

[10] Vgl. VON HIPPEL, E., THOMKE, S., SONNACK, M. (1999), die z. B. für die chemische Industrie, die Halbleiterindustrie oder für Forschungsinstrumente einen Anteil von über 80 Prozent, im Einzelfall sogar 100 Prozent der Innovationen als kundengetrieben identifizierten.

[11] Vgl. LYNN, G. S., MORONE, J. G., PAULSON, A. S. (1996) und HERSTATT, C., LETTL, C. (2001), S. 115.

[12] Vgl. KIM, W. C., MAUBORGNE, R. (1999), S. 84.

[13] Vgl. KIM, W. C., MAUBORGNE, R. (1999), S. 88.

[14] Vgl. auch WHEELWRIGHT, S. C., CLARK, K. (1992), S. 165 ff.

[15] Zu Killer-Idea-Workshops vgl. DÜRR, M., TOCHTERMANN, T. (1999).

[16] MCKINSEY (1999), S. 21.

[17] Zu Unternehmen als VC-Geber vgl. auch BRODY, P., EHRLICH, D. (1998).

[18] Zum SpectraVision-Beispiel vgl. ROYER, I. (2003), S. 5 f.

[19] Zu diesem Absatz vgl. auch DYSON, E. (2002), FARSON, R., KEYES, R. (2002) oder INNOVATIONSKOMPASS (2001), S. 43.

[20] Vgl. auch CHRISTENSEN, C., OVERDORF, M. (2000), S. 74.

[21] Weltmarktgröße 2002, ohne komplementäre Services, Quelle: IDC

[22] Vgl. INNOVATIONSKOMPASS (2001), S. 31 f.

[23] Vgl. INNOVATIONSKOMPASS (2001), S. 27 f.

[24] Folgt man den Gedanken des Venture Capitalist Arthur Rock, so ist das Team sogar wichtiger als die eigentliche Idee. Er sagt: „If you find good people, they can always change the product. Nearly every mistake I have made has been picking the wrong people, not the wrong idea.", MCKINSEY (1999), S. 28.

[25] Vgl. zur Kollokationsempfehlung auch INNOVATIONSKOMPASS (2001), S. 34.

[26] Das heißt aber nicht, dass offensichtliche Mängel hinnehmbar sind.

[27] In diesem Zusammenhang sei nochmals auf das Beispiel des Palm Pilot hingewiesen, bei dem die entwickelnde Firma aus einer frühen Marktfreigabe signifikante Erkenntnisse gewann und mit der ersten Markteinführung etwa 8 Millionen USD realisierte. Der Konkurrent Apple Newton wandte hingegen 500 Millionen USD für die Entwicklung seines Produkts auf, das sich nach sehr viel längerer Zeit bis zur Markteinführung als Flop erwies.

[28] Vor der Gefahr des „Overfunding", d. h. der Bereitstellung zu umfangreicher Finanzmittel für neue Geschäfte, warnen auch CLAYTON, J., GAMBILL, B., HARNED, D. (1999).

[29] Vgl. INNOVATIONSKOMPASS (2001), S. 44 f.

[30] Zum Cisco-Beispiel vgl. EGLAU, O. et al. (2000), S. 74.

[31] Vgl. zu diesem Kapitel auch MCKINSEY (1999), S. 45 ff.

[32] Zu einer Checkliste für das Assessment des Kerngeschäfts vgl. EGLAU, O. et al. (2000), S. 108.

[33] Vgl. EGLAU, O. et al. (2000), S. 108.

Literaturverzeichnis

BOWER, J., CHRISTENSEN, C. (1995): Disruptive Technologies: Catching the Wave, in: Harvard Business Review, Vol. 73 (1995), January - February, S. 43 - 53.

BRODY, P., EHRLICH, D. (1998): Can big companies become successful venture capitalists?, in: The McKinsey Quarterly (1998), Heft 2, S. 51 - 63.

CHRISTENSEN, C., OVERDORF, M. (2000): Meeting the challenge of disruptive change, in: Harvard Business Review, Vol. 78 (2000), March - April, S. 66 - 76.

CLAYTON, J., GAMBILL, B., HARNED, D. (1999): The curse of too much capital: Building new businesses in large corporations, in: The McKinsey Quarterly (1999), Heft 1, S. 48 - 59.

DÜRR, M., TOCHTERMANN, T. (1999): Wachstum und neue Ideen durch »Killer-Ideen«, in McKinsey Akzente, Heft 1 (1999), S. 2 - 7.

DYSON, E. (2002): Don't Innovate, Solve Problems, in: Harvard Business Review, Special Issue "The Innovative Enterprise", Vol. 80 (2002), Heft 8, S. 49.

EGLAU, O. et al. (2000): Durchstarten zur Spitze – McKinseys Strategien für mehr Innovation, 2. Aufl., Frankfurt am Main: 2000.

FARSON, R., KEYES, R. (2002): The Failure-Tolerant Leader, in: Harvard Business Review, Special Issue "The Innovative Enterprise", Vol. 80 (2002), Heft 8, S. 64 - 71.

FOSTER, R., KAPLAN, S. (2001): Creative Destruction – Why Companies That Are Built to Last Underperform the Market – and How to Successfully Transform Them, New York: 2001.

FOSTER, R., KAPLAN, S. (2002): Schöpfen und Zerstören – Wie Unternehmen langfristig überleben, Frankfurt am Main, Wien: 2002.

HERSTATT, C., LETTL, C. (2001): Management von technologiegetriebenen Entwicklungsprojekten, in: GRASSMANN, O./KOBE, C./VOIT, E. (Hrsg.): High-Risk-Projekte – Quantensprünge in der Entwicklung erfolgreich managen, Berlin/Heidelberg/New York: 2001, S. 109 - 131.

INNOVATIONSKOMPASS (2001): InnovationsKompass 2001 – Radikale Innovationen erfolgreich managen, Düsseldorf: 2001.

KIM, W. C., MAUBORGNE, R. (1999): Creating New Market Space, in: Harvard Business Review, Vol. 77 (1999), January - February, S. 83 - 93.

LYNN, G. S., MORONE, J. G., PAULSON, A. S. (1996): Marketing and discontinuous innovation: The probe and learn process, in: California Management Review, Vol. 38 (1996), Heft 8, S. 8 - 37.

MCKINSEY (1999): Breaking down corporate boundaries to unleash innovation – How to open up corporations to market mechanisms, Düsseldorf: 1999.

MOORE, G. A. (1995): Inside the Tornado, New York: 1995.

ROYER, I. (2003): Why Bad Projects Are So Hard to Kill, in: Harvard Business Review, Vol. 81 (2003), February, S. 5 - 12.

STERN, T., JABERG, H. (2003): Erfolgreiches Innovationsmanagement – Erfolgsfaktoren, Grundmuster, Fallbeispiele, Wiesbaden: 2003.

VON HIPPEL, E., THOMKE, S., SONNACK, M. (1999): Creating breakthroughs at 3M, in: Harvard Business Review, Vol. 77 (1999), September - October, S. 47 - 57.

WEGNER, J. (2003): Lauschangriff aufs Müsli, in: Fokus, Heft 17 (2003), S. 98 - 102.

WHEELWRIGHT, S. C., CLARK, K. (1992): Revolutionizing Product Development – Quantum Leaps in Speed, Efficiency, and Quality, New York: 1992.

WOLPERT, J. D. (2002): Breaking out of the Innovation Box, in: Harvard Business Review, Special Issue "The Innovative Enterprise", Vol. 80 (2002), Heft 8, S. 77 - 83.

Wolfgang Huhn

Erfolgreiches Start-up-Management – Worauf es wirklich ankommt

Dr. Wolfgang Huhn ist Principal der McKinsey & Company, Inc.

1.   Innovation ein Muss für Start-ups: Ein Trugschluss?

Start-up und Innovation werden häufig in einem Atemzug genannt. Sind denn aber Start-up und Innovation gleichzusetzen? Bedarf es wirklich bahnbrechender Innovationen – seien sie technischer oder anderer Natur –, um ein neues Unternehmen erfolgreich zu starten? Oder muss eine Geschäftsidee nicht unbedingt innovativ sein, sondern nur einfach ein Angebot aufgreifen, für das es tatsächlich einen Markt gibt? Ein Angebot, das zwar nicht einzigartig ist, aber dafür exzellent bereitgestellt wird? Und wenn Innovation nicht Voraussetzung für ein neues wachstums- und ertragsstarkes Geschäft ist, wovon hängt es dann ab, dass ein Start-up ein Erfolg wird? Diesen Fragen wollen wir in diesem Beitrag nachgehen.

Schauen wir uns zu Beginn eine Erfindung an, die wie kaum eine andere Eingang in unser Alltagsleben gefunden hat: den Reißverschluss[1]. Von Whitcomb L. Judson, einem Maschinenbauingenieur, um 1890 erfunden, war der Reißverschluss zum Schließen von Schuhen gedacht. Die Erfindung, die sich noch deutlich vom heutigen Reißverschluss unterschied, war einzigartig. Dies spiegelt sich nicht zuletzt auch darin wider, dass zwischen dem ersten Patent 1893 und dem fünften im Jahr 1905 kein anderes Patent für einen ähnlichen technischen Zusammenhang beantragt wurde. Judson stand – sowohl was Anwendung als auch technische Lösung anbetraf – völlig allein.

Das Unternehmen, das die Erfindung kommerziell ausnutzen sollte, die "Universal Fastener Company of Chicago", wurde nicht von Judson, sondern vom Rechtsanwalt Louis Walker gegründet. Es fertigte die Reißverschlüsse zunächst von Hand, investierte jedoch in die Konstruktion einer Fertigungsmaschine. Die industrielle Fertigung machte ein völliges Redesign erforderlich, das 1905 patentiert wurde.

Der wirtschaftliche Erfolg der Reißverschlüsse – von Haustürverkäufern unter dem Namen "C-curity" angeboten – war katastrophal. Die Kleidungsindustrie zeigte kein Interesse, nicht zuletzt, da das Produkt technisch noch nicht ausgereift war, d. h. sich in Situationen öffnete, wo dies nicht erwünscht war. Die Company stellte nach 1905 mit Gideon Sundberg einen Elektroingenieur ein, der in weiteren acht Jahren den Reißverschluss zu einem zuverlässigen, industriell fertigbaren Produkt weiterentwickelte. 1913 lag endlich ein flexibler Reißverschluss vor, wie wir ihn heute kennen. Allerdings stieß er nach wie vor auf die Ablehnung der Kleidungsindustrie.

Der Durchbruch kam 1918, als die Marine 10.000 Reißverschlüsse einkaufte. Und erst mit dem Einsatz der Reißverschlüsse in die Schuhe der Goodrich Company stellte sich 1923 – also 33 Jahre nach der eigentlichen Erfindung – echter kommerzieller Erfolg ein.

Wolfgang Huhn

Aus der Erfindung des Reißverschlusses ist kein bedeutendes Unternehmen hervorgegangen. Niemals wurde er mit einer bekannten Marke verbunden.

Etwa hundert Jahre später. Michael Dell kauft sich einen Apple 2-PC und schraubt ihn sofort auseinander, um zu verstehen, wie er funktioniert. Zwei Jahre später gründet er im zarten Alter von 18 Jahren mit 1.000 USD Startkapital ein Unternehmen. Im Schlafraum seines Colleges schraubt er PCs auf Basis des Intel 8088 zusammen und verkauft diese im Bekanntenkreis. Die Zahl derer, die damals merkten, dass es nicht so schwer ist, einen Computer zu bauen, und dass die Summe der Komponenten erheblich billiger ist als der Preis für das Gesamtsystem, dürfte in die Tausende gehen. Jeder, der Mitte der 80er Jahre eine Hochschule besuchte, kennt sicher Menschen, die genau das Gleiche versuchten.

Die Dell-Geschichte wurde im Nachhinein zu einem "Grand Design" hochstilisiert – zu einem innovativen Geschäftssystem, das individuelle Lösungen für den Einzelkunden ermöglicht und im Gegensatz zu den Großen der Branche im Direktvertrieb verkauft. Nur: Was bleibt einem Gründer mit 1.000 USD Startkapital anderes übrig, als einen PC nach den Wünschen seiner Kunden zu bauen und ihn im Direktvertrieb zu verkaufen? Auch hier verhielt sich Dell wie Tausende anderer Computerschrauber. Dell machte genau das, was andere Gründer taten. Sein Produkt unterschied sich in keiner Weise von einem IBM-Produkt. Seine Idee war nicht originell. Aber er machte es besser als andere: Dell bot 1986 den 2.86er PC auf der Comdex zum halben Preis von IBM/Compaq an und erreichte einen Umsatz von 60 Millionen USD. 1987 kam Dell mit seinem Vor-Ort-Service am nächsten Arbeitstag heraus und machte damit einen weiteren Schritt in Richtung des Businesssystems, mit dem wir heute den Namen Dell verbinden.

In einer sehr breit angelegten Untersuchung kommt BHIDÉ in seinem Buch "The Origin and Evolution of New Businesses" zu dem Schluss: Die meisten Entrepreneurs starten ohne eine proprietäre Idee, ohne besonderes Training oder eine besondere Qualifikation und ohne substanzielles Startkapital. Und sie starten ihre Geschäfte in unsicheren Marktnischen.[2] Im Gegensatz zum Erfinder des Reißverschlusses ist es typisch für erfolgreiche Start-ups, dass sie etwas machen, was andere auch tun, nur besser und schneller. Typischerweise werden bestehende Geschäftsmodelle oder -produkte geringfügig modifiziert, um einen geringfügigen Wettbewerbsvorteil zu bekommen. Das Entscheidende ist, aus den damit gewonnenen Lernerfahrungen möglichst schnell Schlüsse zu ziehen und Produkt- bzw. Geschäftssysteme entsprechend zu optimieren. Dies bestätigt auch ein Interview mit Michael Dell. Auf die Frage, ob er seinen Kindern das Frühstück mache, antwortet er: "Einmal habe ich ihnen Pfannkuchen gemacht. Das erste Mal hat es nicht so gut geklappt, das zweite Mal war es schon besser. Dies ist das Dell-Modell. Es geht allein um das Lernen aus Fehlern".

Im Folgenden wollen wir herausarbeiten, was vielversprechende Start-ups von der großen Masse der Unternehmensgründungen unterscheidet.

2. Nicht genial, sondern besser sein: Sechs Thesen

Die Mehrheit der ca. 750.000 Unternehmensgründungen pro Jahr in Deutschland sind Restaurants, Boutiquen, Wohnungsmakler und Handwerksbetriebe, die einen regional begrenzten Service in sehr reifen Märkten anbieten. Ihr Wachstumspotenzial ist gering; diese Gründungen verbleiben überwiegend auf dem Niveau des Ein-Personen-Betriebs. Nur eine kleine Zahl von Neugründungen gelten als vielversprechende Start-ups, die großes Wachstum erzeugen und entsprechend Arbeitsplätze schaffen. Für diese Klasse der vielversprechenden Start-ups gibt es keine scharfe Definition.

BHIDÉ wählte als Basis für seine Untersuchung der "New Businesses" die Liste der Inc-500-Unternehmen[3] von 1989 und daraus noch einmal eine Anzahl von 100 Unternehmen für eine vertiefte Einzeluntersuchung. Um sich für die Liste der Inc-500-Unternehmen zu qualifizieren, müssen Unternehmen drei Kriterien genügen: (1) Sie müssen rechtlich unabhängig und dürfen nicht börsennotiert sein, (2) sie müssen einen Umsatz von mindestens 100.000 USD, maximal 25 Millionen USD aufweisen und (3) im Vergleich zum Vorjahr ein Umsatzwachstum verzeichnen. In der Liste erfasst werden von diesen Kandidaten die 500 Unternehmen mit dem größten Umsatzwachstum in den letzten fünf Jahren. Wie die Auswertung der Unternehmensliste des Jahres 1989 ergab, erreichten die gelisteten Unternehmen 1988 einen Durchschnittsumsatz von 15 Millionen USD, 1984 hingegen lediglich 1 Million USD; sie beschäftigten 1988 durchschnittlich 138 Mitarbeiter, 1984 erst 20 – ihr Wachstum war also außerordentlich schnell (150 Prozent p. a.). Nur ein geringer Anteil (4 Prozent) dieser Unternehmen war durch Venture Capital finanziert. Da der Untersuchungszeitraum noch vor der "Internet-Blase" liegt, sind diese Unternehmen für die weiteren Überlegungen besonders relevant.

Die Rückbesinnung auf einen Zeitraum außerhalb der Internet-Blase ist wichtig, um auf solider Basis Erfolgsfaktoren fürs Start-up-Geschäft ableiten zu können. Denn während des "Hype" – in einer Zeit also, in der Kapital "umsonst" war, d. h. in der mit unvorstellbar hohen Unternehmensbewertungen Phantasiesummen in sehr junge Unternehmen gepumpt wurden – sind Wachstumsstrategien verfolgt worden, die zum Scheitern verurteilt waren und oft das Gegenteil dessen darstellten, was wir als erfolgreiches Start-up-Management bezeichnen.

Welche Blüten ein Überangebot von Kapital treiben kann, lässt sich an dem Beispiel Intershop erläutern. Intershop wurde als Professional-Service-Unternehmen gegründet, um Lösungen für die Abwicklung von Geschäften im Internet anzubieten. Das war sicher ein weiser Entschluss der Gründer, auch wenn sie für diesen Service nur von einem begrenzten Wachstumspotenzial ausgehen konnten. Das Unternehmen wäre überlebensfähig gewesen, wenn es ihm zumindest regional gelungen wäre, einen kundenfreundlicheren Service, schnellere Reaktionszeiten oder einfach bessere Kundenbeziehungen als etablierte große Spieler anzubieten. Mit dem Eintritt der Investoren der Technologieholding stellte Intershop die Strategie auf ein Software-Produkt-Geschäft für den globalen Markt um, investierte massiv in Entwicklungskapazität, baute eine globale Präsenz, insbesondere im USA-Markt, auf und stellte Wachstum vor Profitabilität. Das Unternehmen vernichtete mit dieser Strategie in katastrophaler Weise das Geld seiner Shareholder und erwirtschaftete bis heute keinen Gewinn.

In scharfem Gegensatz dazu steht die (vielfach erzählte) Gründungsgeschichte von Microsoft. Paul Allen und Bill Gates nutzten 1974 die Möglichkeit, für den Altair-Computer einen BASIC-Compiler zu schreiben – in Tages- und Nachtarbeit innerhalb von vier Wochen. Auch ein Software-Produkt-Geschäft – aber ohne großes Risiko und mit scharfem Fokus auf eine Nische, in der ein Gewinn möglich war. Allen und Gates hatten kein Venture Capital. Sie waren nicht die Einzigen, die Altair einen BASIC-Compiler anboten. Wahrscheinlich haben sie noch nicht einmal das Marktpotenzial und ihre Wettbewerbsposition wirklich analysiert. Entscheidend war, dass sie schneller und besser waren als ihre Wettbewerber. Originell war die Idee nicht, aber das Risiko begrenzt und die Nische klein genug, um als Start-up erfolgreich sein zu können.

Was also zeichnet Start-ups aus, worauf kommt es an? Wir wollen dazu sechs Thesen vorstellen:

- Cashflow statt Cashburn: Frühe Profitabilität erreichen

- Einstieg in Nischenmärkte: Spezielle Kundenwünsche erfüllen

- Starke, persönliche Kundenbeziehungen: Plattform für Wettbewerbsvorteile

- Sicherung von Wachstumspotenzial: In intransparente Märkte einsteigen

- Schnelle Adaption schärft das Geschäftssystem

- Venture Capital zur Wachstums-, nicht zur Gründungsfinanzierung.

BHIDÉ liefert in seinen Untersuchungen der Inc-500- und vor allem der Inc-100- Firmen wesentliche Anhaltspunkte für diese Thesen.

2.1   Cashflow statt Cashburn: Frühe Profitabilität erreichen

Die Inc-100-Firmen hatten 1988 einen Durchschnittsumsatz von 9 Millionen USD mit einer durchschnittlichen Zahl von 100 Mitarbeitern. 36 Prozent dieser Unternehmen waren der IT-Industrie zuzuordnen. Nur 12 Prozent der Inc-100-Firmen erzielten zwischen 1984 und 1988 im Durchschnitt einen Verlust, alle anderen schlossen mit Breakeven ab oder erreichten sogar sehr deutliche Gewinne (vgl. Abbildung 1).

Diese erstaunliche Profitabilität hängt sicher mit den Märkten zusammen, in denen diese Unternehmen tätig sind und die offensichtlich vergleichsweise geringe Vorlaufkosten verlangen. Das frühzeitige Erreichen der Profitabilität ist eine klare Eigenschaft vielversprechender Start-ups. Was aber zunächst überrascht – und wohl letztendlich entscheidend ist – ist die Auswahl des Angebots.

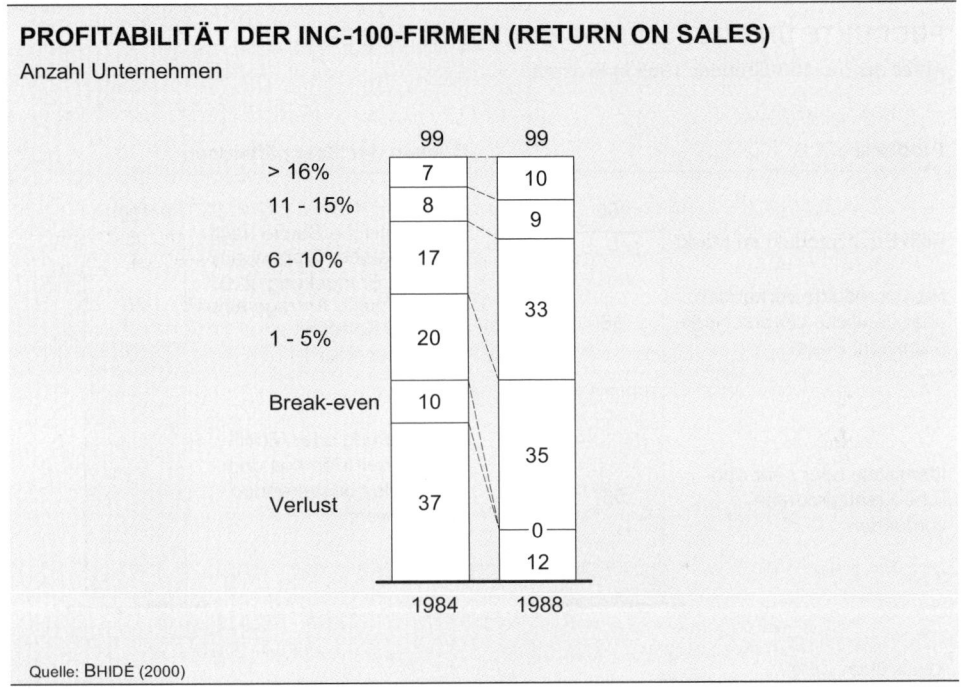

PROFITABILITÄT DER INC-100-FIRMEN (RETURN ON SALES)

Anzahl Unternehmen

Abbildung 1

Die große Mehrheit der Inc-100-Firmen bot Produkte oder Services an, die mit denen anderer Wettbewerber vergleichbar waren. Nur 6 Prozent der Gründer behaupteten, dass ihr Angebot einzigartig sei. Damit haben diese Gründer mit Geschäften begonnen, deren Machbarkeit und Profitabilität bereits im Markt nachgewiesen war (vgl. Abbildung 2). Es blieb ihnen auch nicht viel anderes übrig: Denn weniger als 5 Prozent konnten auf Venture Capital zurückgreifen, 26 Prozent starteten mit weniger als 5.000 USD Startkapital und nur 21 Prozent mit mehr als 50.000 USD.

Der Zwang zu frühem positivem Cashflow ohne gewaltige Kapitalspritzen schärft den Blick für Geschäftskonzepte, die für Start-ups angemessen sind. Früher Cashflow zwingt zu kleinen Schritten und lässt Nischenmärkte durchaus attraktiv erscheinen. Durch Hinzunahme von Venture Capital können zwar Geschäfte angegangen werden, die etwas mehr Vorleistung benötigen. Keinesfalls sollten aber Wetten auf die Zukunft durchfinanziert werden, bei denen sich erst nach einem substanziellen Investment herausstellt, ob überhaupt ein Markt vorhanden oder das Geschäftsmodell profitabel betreibbar ist. Der Zwang zur Profitabilität erzeugt Wettbewerbsfähigkeit, d. h. ein Geschäftssystem, das höhere Leistungen hervorbringt als das des Wettbewerbs, und ist damit eine wichtige Quelle für die Nachhaltigkeit des Unternehmens.

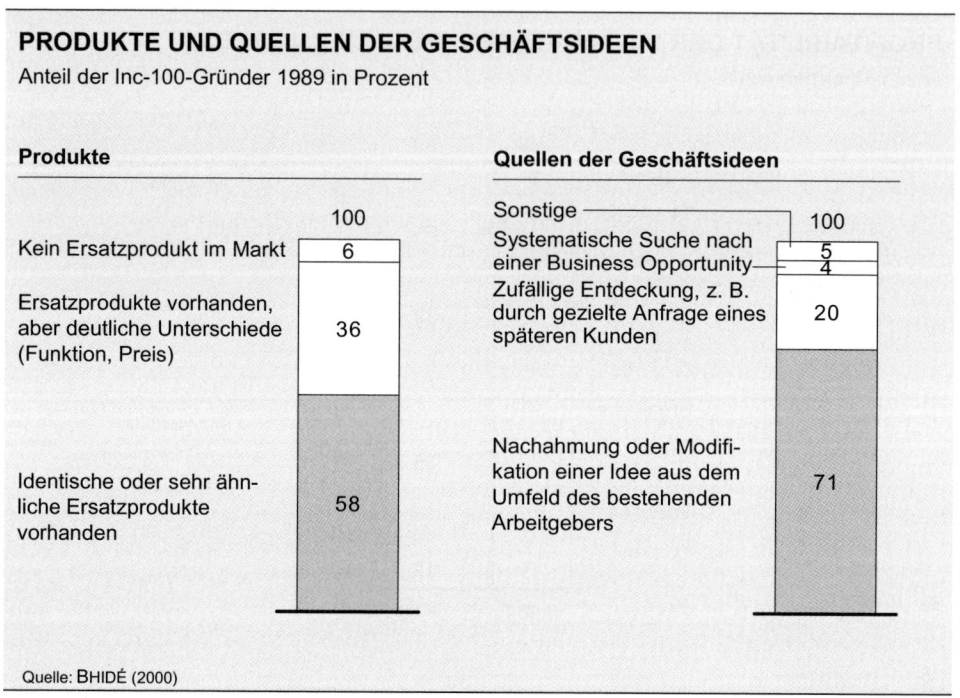

PRODUKTE UND QUELLEN DER GESCHÄFTSIDEEN
Anteil der Inc-100-Gründer 1989 in Prozent

Abbildung 2

Selbstverständlich wachsen Venture-Capital-finanzierte Start-ups wesentlich schneller, ihre Geschäftspläne sind besser durchdacht und recherchiert, in der Regel können sie auf das professionellere Gründungsteam zurückgreifen. Venture Capital hat spektakuläre Erfolge hervorgebracht, die uns allen wohl bekannt sind: Intel, Lotus 123, Chiron, Genentech etc. Ein Vergleich des Vorgehens von Lotus und Microsoft ist interessant. Das erste Produkt von Lotus, das Lotus-123-Spreadsheet kam genau zur richtigen Zeit. Es baute auf einer 16-Bit-Prozessor-Architektur auf – im Gegensatz zu den damals vorhandenen Wettbewerbsprodukten auf der Basis von 8-Bit-Maschinen. Das Venture-Capital-Investment konnte die Produktentwicklung erheblich beschleunigen und eine Werbekampagne finanzieren. Auf diese Weise erreichte Lotus 123 sehr schnell eine Dominanz auf dem Markt für Spreadsheets in der 16-Bit-Generation. Bei einem konservativeren und langsameren Vorgehen wäre der Erfolg durchaus zweifelhaft gewesen. Lotus erhielt ein Venture-Capital-Investment von 4,7 Millionen USD und erzielte bereits im ersten Jahr einen Umsatz von 53 Millionen USD.

Erfolgsbeispiele wie dieses sind es, die motivieren und nach denen alle suchen. In vielen Fällen sieht es allerdings anders aus – die durchschnittliche Rendite der Venture-Capital-Fonds über einen Zeitraum von 20 Jahren (1982 bis 2002) ist nicht so hoch wie man gemeinhin glaubt. Mit 16,6 Prozent p. a. in den USA dürfte kaum noch eine dem Risiko angemessene Rendite erzielt werden. Noch schlechter sind die Zahlen für Europa: Im entsprechenden 20-Jahres-Horizont liegt die Rendite bei 9 Prozent p. a. VCs setzen auf Geschäftskonzepte, die zumindest das Potenzial haben, in Milliardenmärkte vorzustoßen. Dafür können auch größere Summen investiert werden. So die grundsätzliche Auffassung. In den letzten Jahren ist es jedoch zu einer Umkehrung dieser Logik gekommen. Nach der Losung je größer das Investment, desto größer der Markt sollen VC-Investments die Milliardenmärkte erst erzeugen, die Start-ups bedienen. Anders ist es nicht vorstellbar, warum ein Geschäftskonzept wie eine Meinungsplattform zu Consumer-Produkten, die der Gründung des Start-up-Unternehmens dooyoo zu Grunde lag, eine derartige Höhe von Venture-Capital-Geld auf sich ziehen konnte.

dooyoo veröffentlicht Bewertungen zu Produkten und Services; diese Bewertungen erstellt die Community ihrer User selbst. dooyoo hat für die Realisierung dieser Geschäftsidee zusätzlich zum Seed-Investment 30 Millionen EUR an Venture-Capital-Investment verbraucht, aber zu keiner Zeit ein Geschäftskonzept besessen, das Aussicht auf einen Gewinn in entsprechender Höhe zeigte. Sicher besteht ein Bedarf und auch ein Markt für die Bewertung von Produkten, wie die Beispiele Stiftung Warentest und Ökotest zeigen. Was ist aber der Wettbewerbsvorteil einer solchen Meinungsplattform, worin liegen Kosten- und Skalenvorteile, d. h. mit welchen Kosten wird eine Information erzeugt und zur Verfügung gestellt? Welche Kosten entstehen bei der laufenden Aktualisierung der Datenbasis, die schon allein durch die Veränderungen der Produkte nötig ist? Beim Überangebot von Venture Capital rücken diese Fragen in den Hintergrund. Später hat dooyoo versucht, seine Community für Marktforschung zu nutzen. Auch hier befindet man sich allerdings in einer Wettbewerbssituation mit etablierten Marktforschungsunternehmen, die auf bestehende Communities zurückgreifen und dafür zunehmend auch das Internet nutzen. Worin liegt also der Wettbewerbsvorteil, was wird besser gemacht als beim etablierten Wettbewerb?

Der Zwang zu frühzeitigem positivem Cashflow würde solche Unternehmensgründungen von vornherein unterbinden.

2.2   Einstieg in Nischenmärkte: Spezielle Kundenwünsche erfüllen

Für Start-ups sind angesichts der limitierten Ressourcen (dies gilt in der Regel auch für Unternehmen mit Venture-Capital-Finanzierung) nur bestimmte Märkte zugänglich. Start-ups können keinesfalls mit etablierten Großunternehmen oder auch nur reifen Mittelständlern konkurrieren, wenn diese sich ernsthaft vornehmen, einen Markt zu besetzen. Start-ups müssen in Nischenmärkten beginnen, für die sich größere Wettbewerber nicht interessieren. Diese Märkte sind entweder lokal begrenzt oder bestehen aus wenigen Kunden mit ganz spezifischen Wünschen. Mit der Beschränkung auf eine Nische lässt sich der Wettbewerb mit etablierten Unternehmen vermeiden. Die Inc-500-Start-

ups konkurrieren beispielsweise in der Regel nur mit sehr kleinen Unternehmen oder anderen Start-ups (vgl. Abbildung 3). So waren die Wettbewerber von Microsoft nicht
Unternehmen wie IBM, sondern andere Garagenprogrammierer. Die Ausnahme sind
Unternehmen wie Compaq, das vom Gründungstag an direkt gegen etablierte Wettbewerber wie IBM angetreten ist.

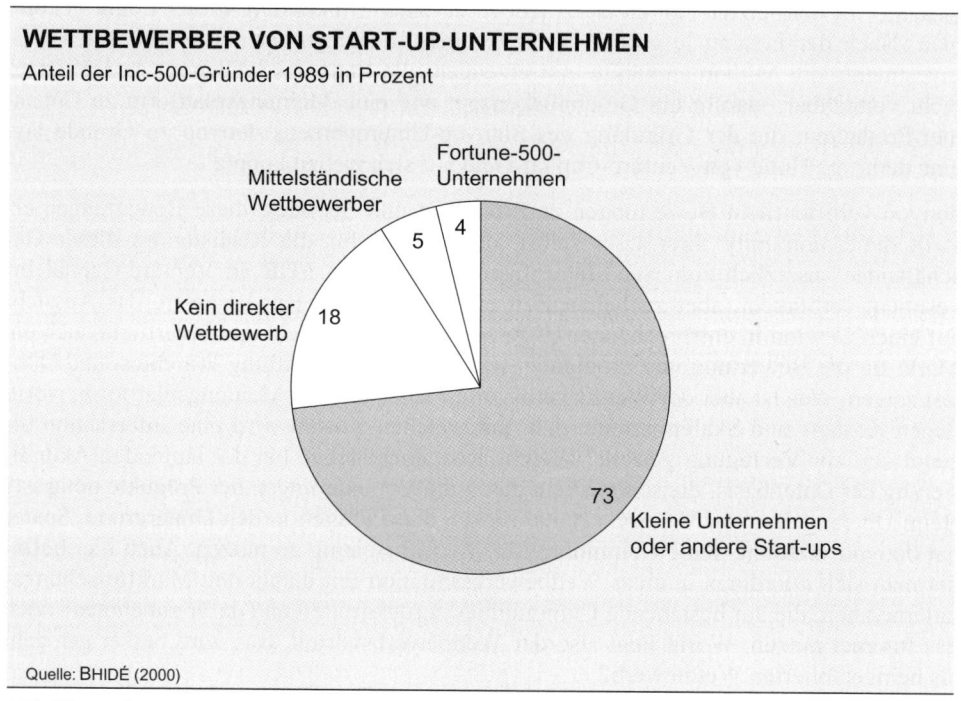

WETTBEWERBER VON START-UP-UNTERNEHMEN
Anteil der Inc-500-Gründer 1989 in Prozent

Quelle: BHIDÉ (2000)

Abbildung 3

Auch die Kunden der Start-up-Unternehmen sind häufig Kleinunternehmen oder andere
Start-ups. Offensichtlich gibt es wie in der Biologie auch bei den Unternehmen eine
"Food Chain", die zu durchbrechen sehr riskant ist.

Der direkte Verkauf eines Produkts an einen Filialisten ist außerhalb der Reichweite eines typischen (auch mit Venture Capital finanzierten) Start-up-Unternehmens. Das Unternehmen muss ein Produktsortiment anbieten, um Regalflächen zu füllen, es muss die
notwendigen Umschlagsfaktoren erreichen und in der Lage sein, eine Distributionskette
zuverlässig zu versorgen, und es muss gleichzeitig eine Brand Recognition aufbauen.
Dazu muss dem Einzelhändler ein minimales Marketingbudget zugesagt werden. Dies
erfordert Investitionen, die meist weit über den Möglichkeiten eines Start-ups (auch eines Venture-Capital-Investors) liegen. Ein Start-up-Unternehmen würde zudem unab-
sehbare Risiken eingehen, da der Retailer in der Regel nicht nur Listungsgebühren verlangt, sondern auch Garantien, die bei einem Umsatz unter Plan zum Ruin des Start-up-
Unternehmens führen würden.

Ein direkter Verkauf an Großunternehmen, zum Beispiel an Automobilhersteller, ist in der Regel ebenso nicht möglich. Die Einkaufsprozesse, Entscheidungsprozesse und Qualitätssicherungssysteme eines Großunternehmens übersteigen das Leistungsvermögen eines Start-ups erheblich. Der Zeitaufwand, der erforderlich ist, um eine Komponente oder ein Verfahren in der Automobilindustrie freizugeben, beträgt mehrere Jahre, so dass sich ein Start-up auf einen solchen Prozess kaum einlassen kann.

2.3 Starke, persönliche Kundenbeziehungen: Plattform für Wettbewerbsvorteile

Wenn es für Start-ups schwer ist, mit einem substanziellen Produktvorteil aufzuwarten, dann ist eine Differenzierung auf dem Feld der Kundenbeziehung unerlässlich.

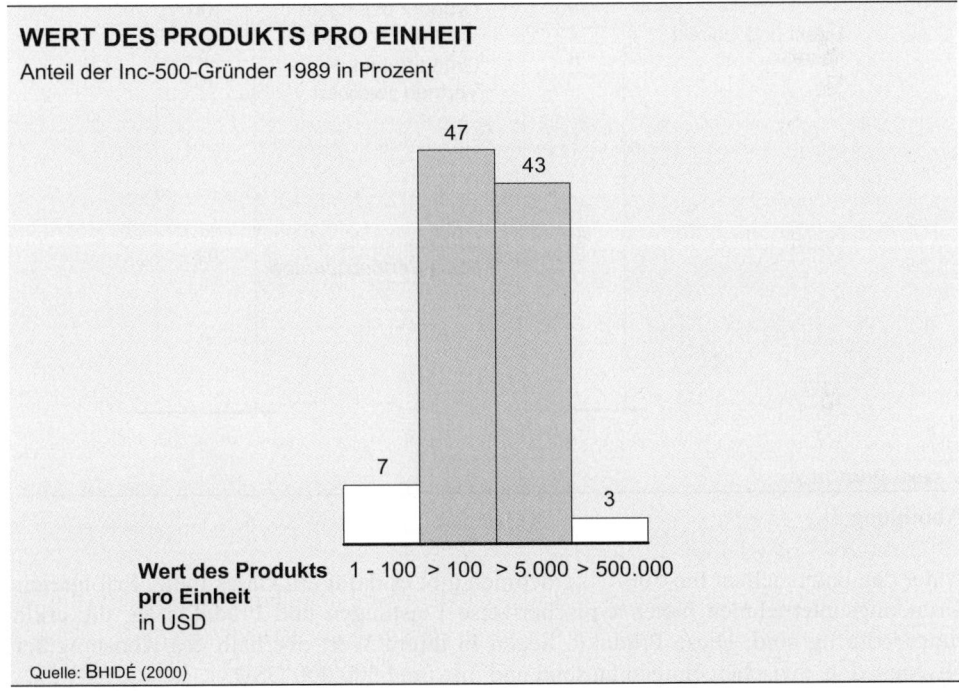

Abbildung 4

Die persönliche Beziehung des Gründers zu seinen Kunden ist ein Wettbewerbsvorteil und ein Asset, das unangreifbar sein kann. Hier liegt die Quelle für Profitabilität und nachhaltige Wettbewerbsfähigkeit.

Gute Kundenbeziehungen können in einigen Märkten besser aufgebaut werden als in anderen. Der Gründer muss davon ausgehen, dass in etablierten Märkten die Kundenbeziehungen unter den etablierten Wettbewerbern vergeben sind. Dies ist aber nicht der Fall, wenn Neuland betreten wird, Kundenwünsche unklar und Leistungen nicht klar quantifizierbar sind, d. h. wenn der Kunde nach einer persönlichen Begleitung sucht, die ihn durch diese Unsicherheit hindurchträgt. Hier kann der Gründer seine Persönlichkeit und seine persönliche Kompetenz einbringen, um dadurch einen höheren Wert für den Kunden darzustellen.

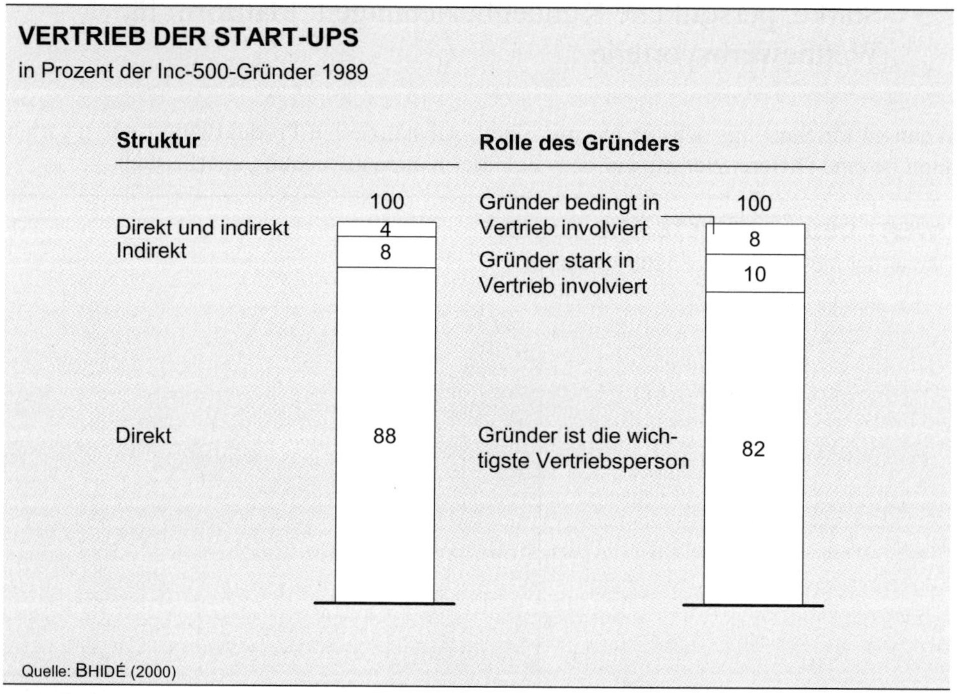

VERTRIEB DER START-UPS

in Prozent der Inc-500-Gründer 1989

Struktur		Rolle des Gründers	
	100		100
Direkt und indirekt	4	Gründer bedingt in Vertrieb involviert	8
Indirekt	8	Gründer stark in Vertrieb involviert	10
Direkt	88	Gründer ist die wichtigste Vertriebsperson	82

Quelle: BHIDÉ (2000)

Abbildung 5

Unter den untersuchten Inc-500-Unternehmen gibt es dafür ein klares Indiz. Erfolgreiche Gründungsunternehmen bieten typischerweise Leistungen und Produkte an, die erklärungsbedürftig sind: Diese Produkte liegen in ihrem Wert oberhalb des Konsumgüter-Niveaus, d. h. zwischen einigen tausend und maximal 500.000 USD.

Bei niedrigeren Werten des angebotenen Produkts ist ein persönlicher Verkaufsprozess nicht möglich; bei größeren Werten übernimmt sich der Start-up-Unternehmer (vgl. Abbildung 4). 90 Prozent der Gründer sind direkt in den Verkaufsprozess involviert (vgl. Abbildung 5), nur 10 Prozent greifen auf Distributoren oder andere Formen des indirekten Vertriebs zurück.

Ein Start-up kann nur im direkten Kundenkontakt gewinnen, im indirekten Vertrieb gibt es einen wesentlichen Wettbewerbsvorteil aus der Hand.

2.4 Sicherung von Wachstumspotenzial: In intransparente Märkte einsteigen

Ein erfolgreiches Start-up wählt für seinen Geschäftsstart eine Marktnische, nutzt in der Regel ein schon erprobtes Geschäftskonzept und beginnt zügig mit dem Aufbau von Kundenbeziehungen. Die gewählten Märkte müssen dann ausreichenden Freiraum für weiteres substanzielles Wachstum bieten. Das sind Märkte, in denen Kundenbedürfnisse noch nicht wohl definiert sind, hohe Unsicherheiten hinsichtlich des Nutzens einzelner Produkte bestehen und viele widersprüchliche Diskussionen stattfinden. Idealerweise durchschaut der Kunde die Kostenstruktur des Angebots nicht vollständig und kann verschiedene Angebote nicht genau miteinander vergleichen. Dies ist in etablierten Märkten in der Regel nicht gegeben.

Wer heute beispielsweise ein Unternehmen in der Textilverarbeitung gründen möchte, wird feststellen, dass seine Kunden die einzelnen Wertschöpfungsstufen im Detail verstehen, genaue Benchmarks zu den Kostenstrukturen besitzen, und er wird sich sehr schnell Preisverhandlungen gegenübersehen, bei denen um zehntel Promille gefeilscht wird. Hier kann nur der gewinnen, der ein völlig neues Verfahren entwickelt hat, das die Wertschöpfungsstrukturen revolutioniert und bei nachgewiesener Qualität des Endprodukts zu drastisch veränderten Kostenstrukturen führt. Dies nachzuweisen, zu erproben und zu realisieren braucht in etablierten Märkten – wenn es diesen technischen Freiraum überhaupt gibt – meist so viel Geld und Zeit, dass dies für ein neu gegründetes Unternehmen nicht in Frage kommt.

Dementsprechend ist es zwar möglich, ein neues Modedesign-Haus zu gründen und über Kreativität, Leistung und Beziehungen des Gründers ein nachhaltiges Geschäft zu etablieren. Eine Spinnerei oder eine Textilveredelung zu gründen, dürfte in einem westlichen Industrieland aber keine gute Idee sein. Diese Märkte besitzen keinerlei Unsicherheit, und jeder der Teilnehmer weiß, was er von dem anderen zu erwarten hat. Es ist kein Zufall, dass eine große Zahl von Neugründungen in den 80er und 90er Jahren im Bereich der IT-Industrie stattfand. Hier gab es genügend Turbulenz und ausreichend Möglichkeiten für einen Gründer, sich persönlich einzusetzen, um seinen Kunden den Weg durch den intransparenten Markt zu weisen. So wurden in dieser Zeit viele Unternehmen gegründet, die IBM-kompatible PCs bereitstellten. Aus dieser Vielzahl von Gründungen sind einige wenige bedeutende Unternehmen hervorgegangen.

Ein erfolgversprechendes Feld für Unternehmensgründungen könnte heute die Verwertung gebrauchter PCs sein. Der Austausch von Computern in Großunternehmen, die noch leistungsfähig und weiterverwendbar sind, steht erst in der letzten Zeit in nennenswertem Umfang an. Die Wertschöpfungskette ist deshalb noch nicht vollständig etabliert; viele Probleme müssen im Einzelnen gelöst werden. Dies betrifft zum Beispiel das Löschen von Daten oder den Aufbau eines ausreichend großen Absatzkanals. "Ausrangierte" Geräte gehen in der Regel in osteuropäische oder südeuropäische Länder; hierfür sind Vertriebskontakte zu knüpfen. Für ein Start-up, das mit begrenztem Investment in ein ERP-System[4] ein Geschäft aufbauen kann, wäre dies ein typisches Umfeld. Niemand, der dieses Geschäft heute startet, kann davon ausgehen, ohne Wettbewerb zu sein. Dennoch gibt es genügend Gelegenheit, durch bessere Kontakte sowohl auf der Absatz- als auch auf der Sourcing-Seite, durch überlegene operative Effizienz und das bessere IT-System einen nachhaltigen Wettbewerbsvorteil zu erlangen.

Chancen für Start-ups bietet die IT-Industrie auch heute noch: Sie ist nach wie vor beratungsintensiv; die Vielzahl von Wertversprechen, Standards und Neuentwicklungen wirkt auf den Anwender verwirrend. Die Wettbewerbsintensität hat zwar zugenommen, aber noch immer lassen sich IT-Leistungen nicht vollständig miteinander vergleichen – ein gutes Umfeld, um Wettbewerbsvorteile herauszuarbeiten.

2.5   Schnelle Adaption schärft das Geschäftssystem

Schnelles Einstellen auf neue Chancen kann erfolgreichen Start-ups in unsicheren Märkten einen Wachstumsschub bescheren. Auch wenn anfänglich kein wirklicher Wettbewerbsvorteil vorhanden und die Gründungsidee – wie im Fall von Dell – eine reine Me-too-Idee war, kann schnell ein Wettbewerbsvorteil entstehen, wenn die Marktdynamik richtig interpretiert und sofort reagiert wird.

Eine beachtliche Chance eröffnete sich – wie sich bei den PCs zeigte – aus dem Zwang, ein Produkt kundenspezifisch zuzuschneiden, obwohl wesentliche Skaleneffekte mit einem Standardprodukt zu realisieren wären. Das Unternehmen lernt, die verschiedenen Kundenanforderungen umzusetzen und in eine Supply Chain zu integrieren.

Der Zwang zu früher Profitabilität schließt Investitionen in IT-Systeme aus, die zu früh kommen oder überdimensioniert sind. Das unsichere Marktumfeld verhindert eine völlige Transparenz hinsichtlich der Kostenstruktur, so dass Komponenten billig eingekauft und Computer vergleichsweise teuer weiterverkauft werden können. Der Zwang zu einer frühen Profitabilität verbietet eine zu frühe regionale Expansion, so dass eine Brand Recognition zunächst nur lokal aufgebaut werden kann. Und plötzlich ist die Gelegenheit da, sich durch eine maßgeschneiderte und überlegene Supply Chain tatsächlich von allen anderen zu differenzieren.

2.6 Venture Capital zur Wachstums-, nicht zur Gründungsfinanzierung

Venture Capital lässt sich nur dann sinnvoll einsetzen, wenn die Investment-Perspektive sehr konkret geworden ist und wenn ein erheblicher Teil des Risikos ausgeräumt ist – wenn also geklärt ist, ob das Geschäftssystem funktioniert oder der Markt vorhanden ist. Bill Gates hätte beispielsweise Venture Capital in den frühen Tagen seiner Unternehmensgründung nicht sinnvoll verwenden können. Dagegen war die Chance, Lotus 123 zu entwickeln und in den Markt zu bringen, so konkret, dass der Einsatz von Venture Capital Sinn machte.

Dass Venture Capital weitere Vorteile über die reine Finanzierung hinaus bietet, darauf wurde schon vielfach hingewiesen. Selbstverständlich kann ein Investor mit weitreichenden Kontakten einem kleinen Unternehmen erheblich helfen: Er verleiht Kredibilität, kann Ressourcen heranziehen und Vertriebskontakte knüpfen. Das Unternehmen steht unter einer professionellen Aufsicht, die einem jungen Gründerteam entscheidenden Nutzen bringen kann. Dies setzt jedoch eine entsprechende Erfahrung des Investors voraus. Nicht alle Venture-Capital-Gesellschaften erfüllen dieses Kriterium. Oft sind die Investment-Associates genauso unerfahren wie die Gründer, und eine wirkliche Branchenkenntnis liegt nicht vor.

3. Fazit: Start ohne große Vorlaufkosten

Die viel genannte "pfiffige Gründungsidee" spielt – wie wir hier zeigen konnten – eine untergeordnete Rolle. Fast kann man sagen, es ist besser, wenn die Idee nicht allzu pfiffig ist. Vielmehr kommt es darauf an, dass das Start-up ein Angebot hat, was ohne allzu große Vorlaufkosten einem Kunden angeboten werden kann, dass es gute Kundenbeziehungen aufbaut und schnell die Profitabilität erreicht. Venture Capital ist wichtig, wenn Ressourcen benötigt werden, um ganz konkrete, wohl definierte Ziele zu erreichen. Ist das Start-up erst einmal "im Geschäft", dann hängt es von seiner Adaptionsfähigkeit und der vorhandenen Marktdynamik ab, ob das Unternehmen groß werden kann.

Viel ist über die persönliche Kompetenz des Gründers geschrieben worden. Und viele Investoren haben sich in erster Linie an der Qualifikation des Gründerteams orientiert. Hierzu hat KÜMMERLE in einem Beitrag im Harvard Business Review[5] eine interessante Darstellung gegeben. Vor dem geistigen Auge erscheint damit wieder das Bild der Altmeister, der Max Grundigs und der Nixdorfs und vieler Mittelständler. Laut KÜMMERLE sind dies Menschen, die kein Problem damit haben, klein anzufangen, die außerordentlich flexibel in ihren Geschäftsstrategien sind und die auch mal am Rande der Legalität operieren können, die keine Angst haben, sich Feinde zu machen, und auf jeden Fall exzellente Vertriebsqualitäten haben. Vor allem sind es Menschen, die ein kleines bisschen mehr Glück haben als andere. Denn ein wenig Glück gehört auch dazu.

Referenzen

[1]   Vgl. JEWK, J., SAWERS, D., STILLERMAN, R., MCMILLAN, I. (1969).

[2]   Vgl. BHIDÉ, A. (2000).

[3]   Vgl. GENDRON, G. (2001).

[4]   ERP = Enterprise Resource Planning.

[5]   Vgl. KUEMMERLE, W. (2002).

Literaturverzeichnis

BHIDÉ, A. (2000): The Origin and Evolution of New Businesses, Oxford: 2000.

GENDRON, G. (2001): The Origin of the Entrepreneurial Species, in: Inc. Magazine, Februar (2001), Heft 2.

JEWK, J., SAWERS, D., STILLERMAN, R., MCMILLAN, I. (1969): The Sources of Invention, London: 1969.

KUEMMERLE, W. (2002): A Test for the Fainthearted, in: Harvard Business Review (2002), S. 122 - 127.

Peter Mark Droste

Wachstum durch innovative Produkte

Mark Peter Droste ist President Northern and Central Europe bei der Siebel Systems, Inc.

1. Einleitung

Was sichert den dauerhaften Erfolg eines Unternehmens? Seit Jahren suchen Wissenschaftler, Autoren, Manager und Wirtschaftsexperten nach einer Antwort auf diese Frage. Manche haben komplexe Theoriegebäude errichtet, andere glauben, einfache Antworten gefunden zu haben. Aber ein roter Faden zieht sich durch jede ernsthafte Diskussion über die Frage, warum manche Firmen beständig wachsen und ihre Ziele erreichen, während andere scheitern. Dieser rote Faden heißt Innovation. Firmen, die ein nachhaltiges Wachstum erzielen wollen, müssen beständige Innovationskraft beweisen und neue, einzigartige Produkte und Serviceleistungen entwickeln, um sich von ihren Mitbewerbern zu differenzieren und die Kunden zu überzeugen.

2. Innovatoren und Imitatoren

Alle Firmen fallen ausnahmslos in eine von zwei Kategorien: Innovatoren und Imitatoren. Innovatoren ersinnen und entwickeln Produkte und Strategien, mit denen sie sich einen Vorsprung gegenüber ihren Mitbewerbern verschaffen. Sie sind Führer und Risikoträger zugleich – Innovatoren sehen Chancen, wo andere nur Hindernisse sehen. Und sie investieren in Produkte und Strategien, mit denen sie von diesen Chancen profitieren können. Die Reihe von Firmen, die Erfolg durch Innovation erzielten, ist legendär. Mercedes-Benz und BMW haben das Auto durch innovative Technik perfektioniert. McDonald's hat mit der Erfindung des Fast-Food-Konzepts eine Kulturrevolution ausgelöst. Federal Express hat die Geschäftswelt durch garantierte Lieferung von Paketen über Nacht verändert und sich mit dem Fortschreiten der Technologie und der wachsenden Geschwindigkeit der Wirtschaft weiterentwickelt.

Innovatoren gehen voran, Imitatoren folgen nur. Unfähig oder unwillig, neue Ideen zu schaffen und umzusetzen, übernehmen sie das, was die Innovatoren vorgeben und entwickeln daraus ihre eigenen Versionen. Innovatoren sind nicht immer erfolgreich, genauso wenig wie Imitatoren nicht immer erfolglos sind. Innovatoren, die sich auf dem Erfolg eines einzigartigen Produkts oder einer besonderen Idee ausruhen, müssen vielmehr zusehen, wie geschickte Imitatoren sie von ihrer Position als Marktführer verdrängen. Aber sie sind in aller Regel die erfolgreicheren Firmen in ihren Märkten oder Branchen. Sie gehen als erste mit ihren Neuerfindungen auf ihre Zielmärkte zu und erobern die Marktführerschaft, indem sie bestimmen, was der nächste Renner oder die Idee der Zukunft in einem bestimmten Markt oder einer bestimmten Branche ist. Manche Firmen können in einem wettbewerbsintensiven Markt nachahmen und mitschwimmen, aber Unternehmen mit Führungsanspruch müssen Innovationen bieten.

Nur innovativ zu sein, bringt eine Firma noch nicht an die Spitze. Die Dotcom-Revolution war eine moderne Renaissance der Innovation. Brillante, kreative Köpfe kamen zusammen, um neue – innovative – Ideen, Konzepte und Produkte zu entwickeln. Das Problem war jedoch, dass viele Dotcom-Innovationen am Ziel vorbeigingen. Innovationen müssen einem Zweck dienen, ein Problem lösen, eine Nachfrage decken und dem Kunden etwas bieten, was er will oder braucht, aber woanders einfach nicht bekommt. Dieser Grundgedanke liegt zwar auf der Hand. Viele Unternehmer des Internet-Booms, deren Firmen den Abschwung des Technologiemarkts nicht überlebten, haben ihn jedoch übersehen. Einige wirklich innovative Internet-Ideen haben es sogar nicht einmal bis zur Phase des Abschwungs geschafft, weil das effektive Geschäftsmodell dahinter fehlte. Viele Dotcom-Innovatoren suchten sich entweder die falschen Zielmärkte aus oder sprachen Zielmärkte an, die es gar nicht gab. Oder sie wollten neue Märkte schaffen, für die jedoch der Bedarf von Kundenseite fehlte. In jedem Fall hatten sie zum Schluss eine Menge aufregender Produkte und neuer Geschäftsmodelle, aber niemand interessierte sich für ihr Angebot.

Ende der 90er Jahre plante ein Start-up-Unternehmen eine Website, die als Online-Plattform für Schüler, Eltern und Lehrer dienen sollte – ein guter Gedanke und eine innovative Idee. Die Firma wollte einen sicheren Raum im Internet bereitstellen, in dem die Lehrer die Noten der Schüler ins Web stellen konnten. Die Site sollte überdies ein elektronisches Forum für Eltern und Lehrer bieten, in dem sie sich virtuell treffen und die Leistungen der Kinder besprechen. Innovativ, ja. Sinnvoll, vielleicht. Jedoch – die Idee scheiterte. Der Grund: Die Entwickler der Site überschätzten die Bereitschaft von Eltern und Lehrern, das Internet für den Dialog zu nutzen, anstatt sich persönlich zu treffen. Darüber hinaus schätzten sie die Vorbehalte von Eltern, Lehrern und Schülern gegenüber der Online-Veröffentlichung von Noten falsch ein, was gar nichts damit zu tun hatte, wie sicher die Umgebung wirklich war. Letzten Endes scheiterte das Start-up daran, dass es einen Bedarf zu schaffen versuchte, wo keiner vorhanden war.

In einigen Fällen grenzte die Dotcom-Innovation ans Surreale. Anfang 2000 entwickelte ein südamerikanisches Start-up-Unternehmen eine Online-Apotheke. Die Site der Firma war technologisch auf dem neuesten Stand und arbeitete mit den aktuellsten Anwendungen, die damals für Online-Marketing und Transaktionsverarbeitung verfügbar waren. Der Geschäftsplan der Firma war für die damalige Zeit sehr innovativ – das Start-up-Unternehmen wollte Städte in den ländlichen Gebieten Lateinamerikas mit Apothekenservices unterstützen. Viele Einwohner der Region, die die Firma im Visier hatte, benötigten Medikamente und andere Pharmaprodukte. Die Firma entwickelte eine ganze Reihe einfallsreicher Pläne, um ihren ungewöhnlichen Zielmarkt zu versorgen. So hatte sie kreative Lieferstrategien ausgearbeitet, darunter Lieferfahrer auf Motorrädern und Mopeds, um sicher und problemlos über ungeteerte oder ausgewaschene Landstraßen zu fahren. Der Betreiber der Site plante eine Piloteinführung in zwei mexikanischen Kleinstädten. Es gab nur ein großes Problem. Praktisch niemand in den beiden mexikanischen Städten – wie auch anderswo auf dem flachen Land in Lateinamerika – hatte überhaupt einen Internet-Anschluss. Das Start-up ging in Konkurs, noch bevor es seine Site online stellen konnte.

Aus diesen Beispielen kann man die Lehre ziehen, dass innovative Produkte nur erfolgreich sind, wenn sie einen Bedarf decken und einen klaren Zielmarkt ansprechen. Innovation allein reicht nicht aus, um Unternehmen oder Verbraucher von einem Produkt oder Service zu überzeugen. Gerade im so genannten Business-to-Business (B2B)-Bereich kaufen kluge Unternehmen gezielt das, was ihren Bedürfnissen entspricht sowie Innovationen und einen besseren Kundenservice ermöglicht. Für eine innovative Firma besteht deshalb die erste Aufgabe in der Analyse, wo und wie sie innovativ sein kann. Oder anders ausgedrückt, sie muss herausfinden, welche Bedürfnisse ihre potenziellen Kunden haben und wie sie diese mit innovativen Produkten und Dienstleistungen erfüllt.

3.   Von der Idee zur erfolgreichen Umsetzung

Innovatoren erkennen Marktlücken in ihren Zielmärkten und schließen diese mit neuen Produkten und Services. Eines der vielversprechendsten Konzepte der letzten zehn Jahre in der Informationstechnologie ist das Management von Kundenbeziehungen (Customer Relationship Management). Warum war und ist dieses Konzept erfolgreich? Customer Relationship Management schafft einen klaren Nutzen für Unternehmen: *die Automatisierung von Prozessen, die auf die Kunden ausgerichtet sind.*

Anfang der 90er Jahre arbeiteten viele Vertriebsabteilungen mit Jahrzehnte alter Technologie bei der Kundenpflege und Kontaktneuaufnahme. Hier lag ein erhebliches Einsparpotenzial. Kunden forderten damals zu Recht schnelleren und aufmerksameren Service von den Vertriebsabteilungen. Siebel erkannte, dass die Vertriebsmitarbeiter Anwendungen benötigten, die ihre Effizienz maximierten und ihnen die präzise Ausführung kritischer Aufgaben erlaubten. Das Unternehmen wusste um den Nutzen der Automatisierung etwa bei der Erstellung von Umsatzprognosen, der Messung der Vertriebseffektivität oder der Auswertung der Leistungen von Vertriebsmitarbeitern. Aus einem konkreten Marktbedürfnis heraus entstand also eine Idee, die es anschließend umzusetzen galt. In diesem Fall führte dies sogar zu der Gründung eines neuen Unternehmens: Siebel Systems im Jahr 1993. Bereits 1995 brachte das Unternehmen eine Software (Sales Force Automation) auf den Markt. Dabei handelte es sich um ein neues Grundkonzept, das dem Vertrieb in Unternehmen die Entwicklung und Automatisierung von bewährten Geschäftsprozessen sowie die effizientere Ausführung von wichtigen Vertriebsfunktionen ermöglichte.

Die Unternehmen profitierten sehr schnell von der vertrieblichen Automatisierung, konnten sie sich nun auf ihre Hauptkunden konzentrieren und gleichzeitig das Neukundengeschäft ankurbeln. Anstatt Zeit und Geld in unrentable Kunden zu investieren oder uninteressant gewordenen Kunden nachzugehen, erlaubte die Automatisierung den Vertriebsmitarbeitern die genauere Analyse, welche Kunden sich wahrscheinlich zu Stammkunden entwickelten und welche potenziellen Neukunden gewonnen werden konnten. Sie unterstützte die Vertriebsorganisationen also dabei, zum richtigen Zeitpunkt Geschäfte abzuwickeln. Dank der automatischen Erstellung von Umsatzprognosen, der Zusammenstellung betrieblicher Kennzahlen und der Datenauswertung konnte sowohl das Vertriebs- als auch das Unternehmensmanagement das Abschneiden der Vertriebsorganisationen besser analysieren und steuern. Dies verhalf Unternehmen aber nicht nur zu Einsparungen, indem sie die Effizienz von Prozessen steigerten, sondern unterstützte sie auch bei der tatsächlichen Generierung von Einnahmen, da sich die Vertriebsmitarbeiter auf ihre besten und potenziellen Kunden konzentrieren konnten. Siebel hatte eine Marktlücke erkannt und diese mit zielgruppengerechten, neuen Produkten und Services geschlossen.

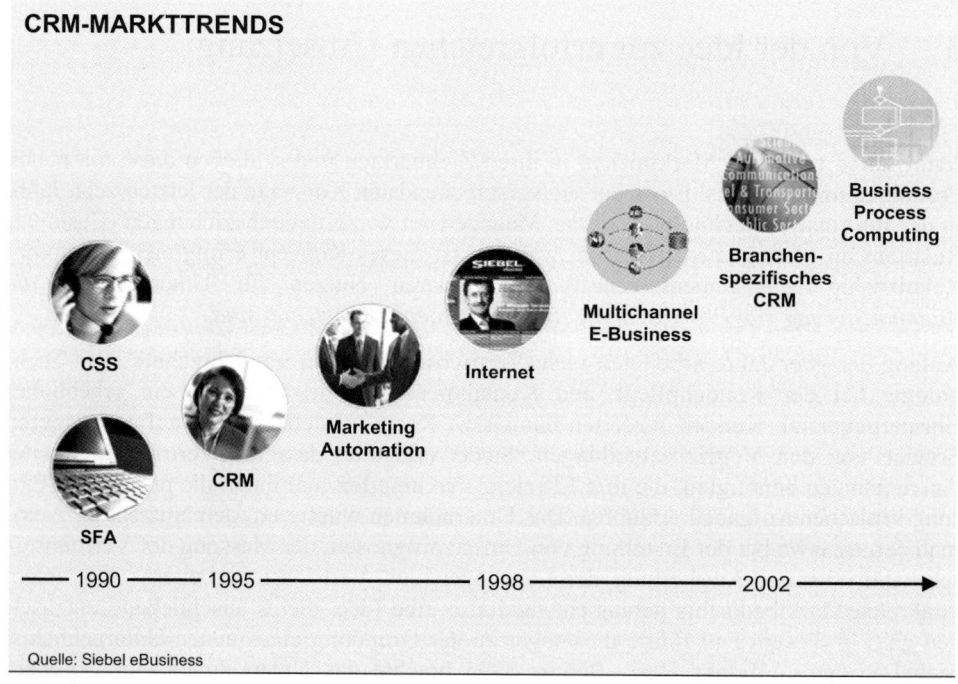

Abbildung 1

Die vertriebliche Automatisierung (Sales Force Automation) war ein Erfolg. Doch erfolgreiche Macher wissen, dass eine Produkt- oder Serviceinnovation keinem Unternehmen einen unendlichen Erfolg beschert. Die Märkte verändern sich genauso wie die Bedürfnisse und Ansprüche der Kunden. Einst revolutionäre Produkte werden Standard, und Nachahmer kopieren und verkaufen Produkte, die früher in ihren Märkten einzigartig waren. Aus diesem Grund müssen wirklich innovative Firmen ständig neue und bessere Produkte und Serviceleistungen entwickeln, um ihre Position als Marktführer zu wahren. Erfolgreiche Innovatoren ruhen sich nicht auf ihren Lorbeeren aus – sobald eine Firma sieht, dass ein neues Produkt ein Renner ist, muss sie bereits mit der Arbeit an ihrer nächsten Produktschöpfung beginnen, will sie nicht, dass Nachahmer sie überholen.

Einige Firmen haben bittere Erfahrungen machen müssen. Eines der besten Beispiele dafür ist Palm, der Erfinder des Handheld-Computers und des zugehörigen Betriebssystems. Die Geschichte von Palm ist geprägt von neuen Ideen zum richtigen Zeitpunkt und von einer bemerkenswert klaren Marktsicht. Anfang der 90er Jahre, als das Internet seinen endgültigen Siegeszug antrat, bemerkten viel beschäftigte Manager und andere Geschäftsleute eine persönliche Lücke in der Verwendung von Technologien. Sie hatten Internet und E-Mail am Arbeitsplatz, sie hatten einen Computer zu Hause, und sie konnten ihr Handy für die Kommunikation unterwegs nutzen. Aber Kontaktdaten und Termine befanden sich immer noch in ziemlich altmodischen Terminkalendern aus Papier. Viele Geschäftsleute hatten nur diese Kalender als tragbare Organizer – mit allen ihren Einschränkungen: Die meisten deckten genau ein Jahr ab, was zu Problemen führte, wenn der Benutzer im Dezember Termine für Januar eintragen wollte. Außerdem ändern sich Termine und Kontaktdaten ständig, was oft zu unübersichtlichen Einträgen führte. Am schlimmsten aber war, dass ein Terminkalender aus Papier einen reisenden Geschäftsmann nicht an einen bevorstehenden Termin erinnern konnte. Gefragt war also eine elektronische Lösung.

Palm sah hier einen Markt für sich und schloss diese Technologielücke mit einem Handheld-Computer, auf dem Termine, Kontakte und andere wichtige Informationen gespeichert werden konnten. Zudem konnte sich der Nutzer an einen Termin erinnern und gleichzeitig Kontaktinformationen für diesen Termin auf dem Bildschirm anzeigen lassen. Darüber hinaus ermöglichte der Handheld-Computer den Nutzern ohne großen Aufwand die Eingabe und Änderung elektronischer Notizen sowie die Verwaltung gespeicherter Informationen. Palm verbesserte sein System dann noch erheblich durch die Integration von drahtlosem Internet- und E-Mail-Zugang in das Pilot-Paket. Mit einem Mal konnten die Anwender die gesamte technologische Funktionalität aus ihren Büros mitnehmen und an jedem beliebigen Ort nutzen. Palm schuf sich im Alleingang einen eigenen Markt.

Allerdings versäumte die Firma, weitere Innovationen zu schaffen. Sie ruhte sich auf dem Erfolg ihrer ersten Entwicklung aus und brachte kaum wichtige neue Produkte auf den Markt. Darüber hinaus bot Palm nur unwesentlich veränderte Varianten des Palm Pilot, der doch anfangs ein großer Hit war. Dann kamen die Imitatoren. Als Palm mit der Vergabe von Lizenzen für sein Betriebssystem begann, machten sich die Mitbewerber an die Entwicklung von Produkten mit dem Ziel, die Funktionalität – und den Erfolg – des Palm Pilot zu kopieren. Firmen wie Handspring kamen auf den Markt, ebenso größere

Player wie Sony und Compaq. Microsoft entwickelte sein eigenes Betriebssystem für Handheld-Geräte. Die Imitatoren boten eine Reihe von Optionen – darunter neue Funktionen wie Add-on-Digitalkameras, verbessertes Design und günstige Preise –, um vorhandene Palm-Nutzer und Neukunden für sich zu gewinnen.

Seither muss Palm zusehen, wie sein ehedem dominanter Marktanteil immer mehr abbröckelt. In einem Pressebericht über Palm aus dem Jahr 2002 wird ein Report eines Marktbeobachters zitiert, in dem es heißt, dass der Marktanteil von Palm in den Vereinigten Staaten – ein typischer „Early-Adopter"-Markt – von 71 Prozent im Jahr 2000 auf 58 Prozent im Jahr 2001 fiel.

Obwohl Palm immer noch der Hersteller Nummer eins von Handheld-Geräten ist, muss sich das Unternehmen jetzt heftig gegen Imitatoren zur Wehr setzen. Laut einem Dataquest Report verzeichnete Microsoft im dritten Quartal 2002 ein Wachstum seines weltweiten Markanteils für sein Pocket-PC-Betriebssystem im Vorjahresvergleich von 16,2 Prozent auf 30 Prozent. Dieser Zugewinn von Microsoft ging zu Lasten von Palm. Darüber hinaus wurden die Ideen von Palm auch für moderne Mobiltelefone übernommen, die praktisch alles leisten, was Palm erreichen wollte – ein Beispiel dafür, wie ein anderer eine Innovation aufgreift und fortsetzt.

4. Innovation must go on

Die Lektion, die man aus den Erfahrungen von Palm lernen kann, ist klar und deutlich: Der Erfolg, den neue Ideen einer Firma bringen können, hat ein Verfallsdatum. Um nachhaltigen Erfolg zu haben, muss eine Firma ständig innovativ arbeiten. Das heißt vor allem: kontinuierliche Analysen der Marktbedürfnisse. Blicken wir zurück auf die Entwicklung des Customer Relationship Management.

Die Automatisierung des Vertriebs beseitigte Anfang der 90er Jahre also ineffiziente Abläufe und versetzte Vertriebsmitarbeiter in die Lage, effektiver zu arbeiten und Einnahmen zu generieren. Aber der Vertrieb existiert nicht in einem luftleeren Raum innerhalb der Unternehmensstruktur. Er ist untrennbar mit anderen Abteilungen wie Kundenservice und Marketing verbunden. Zudem sorgten Globalisierung, Deregulierung oder Marktsättigung für veränderte Märkte. Viele Märkte wandelten sich von Verkäufer- zu Käufermärkten. Das bedeutete, Produkte und produktbezogene Dienste waren nicht mehr das Hauptkriterium, wenn es darum ging, sich vom Wettbewerb zu unterscheiden. Diese Entwicklung brachte auch Siebel dazu, seine Lösung zu erweitern.

Das Unternehmen erkannte, dass die Unterstützung des Vertriebs nunmehr nur als ein Teilaspekt zu sehen war, der die Kundenbeziehung verbessert. Das Konzept musste ganzheitlicher werden, es musste um einen entscheidenden Faktor erweitert werden: die wichtigste Ressource, über die eine Firma verfügt – die Kunden. Letztendlich sind sie es, die die Rechnungen einer Firma bezahlen und die über den Erfolg oder Misserfolg von Produkten, Dienstleistungen und sogar von Unternehmen selbst entscheiden. Unternehmen, die ihre Kundenkontakte automatisieren, mit maximaler Effizienz führen und sich in den Kunden hineinversetzen, würden nach wie vor einen direkten Wettbewerbsvorteil gegenüber den auf sich konzentrierten Konkurrenten besitzen. Der wirkliche Fokus musste demnach auch für jede kundenbezogene Unternehmensanwendung der Kunde selbst sein.

Mit CRM entwickelte Siebel daher eine weiterführende Anwendungssoftware, mit der sich jeder Aspekt der Beziehung zwischen einer Firma und ihren Kunden automatisieren und optimieren lässt. Die Vertriebsleistung sollte nicht mehr allein durch Automatisierung verbessert, sondern vielmehr auch in die kundenorientierten Bereiche wie Marketing und Kundenservice hineingetragen werden. Das bedeutet konkret, Vertriebs- und Marketingaktivitäten konsequent auf den Kunden auszurichten und diesem einen individuellen Service zu bieten.

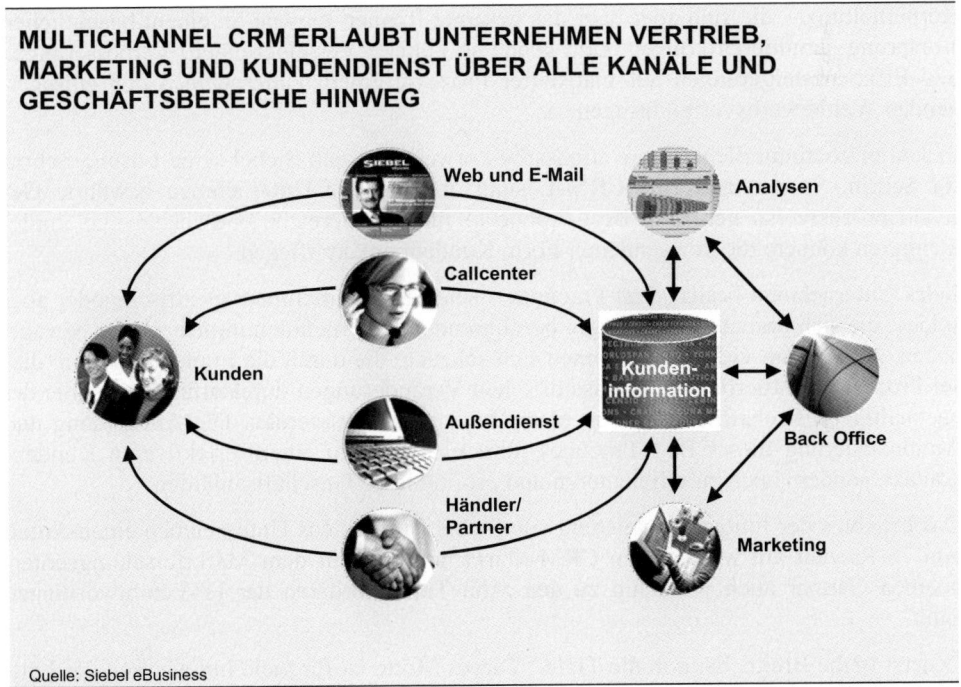

MULTICHANNEL CRM ERLAUBT UNTERNEHMEN VERTRIEB, MARKETING UND KUNDENDIENST ÜBER ALLE KANÄLE UND GESCHÄFTSBEREICHE HINWEG

Web und E-Mail

Analysen

Callcenter

Kunden

Kunden-information

Außendienst

Back Office

Händler/ Partner

Marketing

Quelle: Siebel eBusiness

Abbildung 2

Zudem müssen Unternehmen ihren Kunden die Möglichkeit offerieren, über verschiedene Kommunikationskanäle – Internet, Telefon, Callcenter, Post, Fax oder durch persönliche Ansprache – Kontakt aufzunehmen (so genannter Multichannel-Ansatz). Moderne Lösungen bieten eine einheitliche und umfassende Sicht der relevanten

Kontaktdaten jedes Kunden, auch 360-Grad-Sicht genannt. Unternehmen können so zu jedem Zeitpunkt den aktuellen Stand der Kundenbeziehung einsehen und somit auf die persönlichen Bedürfnisse und Wünsche des Kunden eingehen.

5.   Verfeinerungen sichern den Vorsprung

Innovationen können nicht immer grundlegende Neuerungen beinhalten. Das liegt in der Natur der Sache. Das Rad lässt sich nun mal nicht immer neu erfinden. Aber: Man kann das Rad stetig weiterentwickeln, man kann es verfeinern. Im Profi-Radsport beispielsweise liegt für Kontrahenten, die in puncto Talent und Fitness ebenbürtig sind, der Schlüssel zum Sieg oftmals in scheinbar winzigen Verfeinerungen der Technik oder der Körperhaltung – die sich aber über das gesamte Rennen hinweg zu einem beachtlichen Vorsprung summieren können. Und genau so können Verfeinerungen, Verbesserungen und Effizienzsteigerungen automatisierter Prozesse einem Unternehmen den entscheidenden Wettbewerbsvorteil bringen.

In Jahren kontinuierlicher Innovationsarbeit erweiterte auch Siebel seine Lösung Schritt für Schritt. So entstand eine CRM-Lösung, mit der die Unternehmen bewährte Geschäftsprozesse (so genannte Best Practices) für alle Bereiche entwickeln und implementieren können, die in irgendeiner Form Kundenkontakt pflegen.[1]

Jedes Unternehmen besitzt Best Practices – seien es unternehmensspezifische oder aber solche, die sich branchenunabhängig bei führenden Unternehmen immer wieder bewährt haben. Auch wenn viele Unternehmen sich scheuen, die durch die Implementierung dieser Prozesse erforderlichen organisatorischen Veränderungen durchzuführen, konnte der nachhaltige wirtschaftliche Nutzen unter Beweis gestellt werden. Die Anwendung und Automatisierung dieser Best Practices führt nicht nur zu einem effektiveren Kundenkontakt, sondern auch zu effizienteren und profitableren Geschäftsabläufen.

Das Ergebnis der Innovationsleistung von Siebel ist, dass das Unternehmen einen Anteil von 76 Prozent am wachsenden CRM-Markt hat, der laut dem Marktforschungsunternehmen Gartner auch weiterhin zu den zehn Top-Prioritäten der IT-Verantwortlichen zählt.

„Zuerst in die Breite, dann in die Tiefe." Dieses Motto ist für viele Innovatoren der Leitfaden. Wie bereits erwähnt, werden mit innovativen Produkten und Lösungen Marktlücken geschlossen. Danach folgen Verfeinerungen, die zusätzlichen Mehrwert liefern, wie die Erweiterung der Funktionalität. Die Lösungen werden ganzheitlicher. Ein nächster logischer Schritt im Zyklus von Innovationen ist in den meisten Fällen eine Vertikalisierung der Produkte.

Das heißt, es werden spezialisierte Branchenlösungen entwickelt. Damit kann ein Unternehmen neue Märkte erschließen und gleichzeitig seine Marktposition sichern, sogar ausbauen. Zudem wird ein Unternehmen damit verhindern, dass durch die Sättigung seines Kernmarkts der nachhaltige wirtschaftliche Erfolg in Frage gestellt wird, indem die Wachstumschancen des Unternehmens sinken.

Ein Weg, den auch Siebel gegangen ist und weiterhin gehen wird. Das ursprüngliche Konzept, Vertriebsabteilungen die Entwicklung und Automatisierung von bewährten Geschäftsprozessen sowie die effizientere Ausführung von wichtigen Vertriebsfunktionen zu ermöglichen, wurde mit CRM auf weitere Unternehmensbereiche wie Callcenter, Marketingabteilungen und Kundenservice erweitert. Dies führte zu noch effektiveren Kundenkontakten und effizienteren und profitableren Geschäftsabläufen. Im Zuge weiterer Innovationen entwickelte Siebel branchenspezifische Applikationen – beispielsweise für Automobilbau, Kommunikation und Medien, Verbrauchsgüter, Versicherungen, Gesundheitswesen sowie Biowissenschaften, um nur einige zu nennen. Mittlerweile bietet Siebel 21 spezifische Branchenlösungen – ein Beleg für die Variantenvielfalt der Produkte.

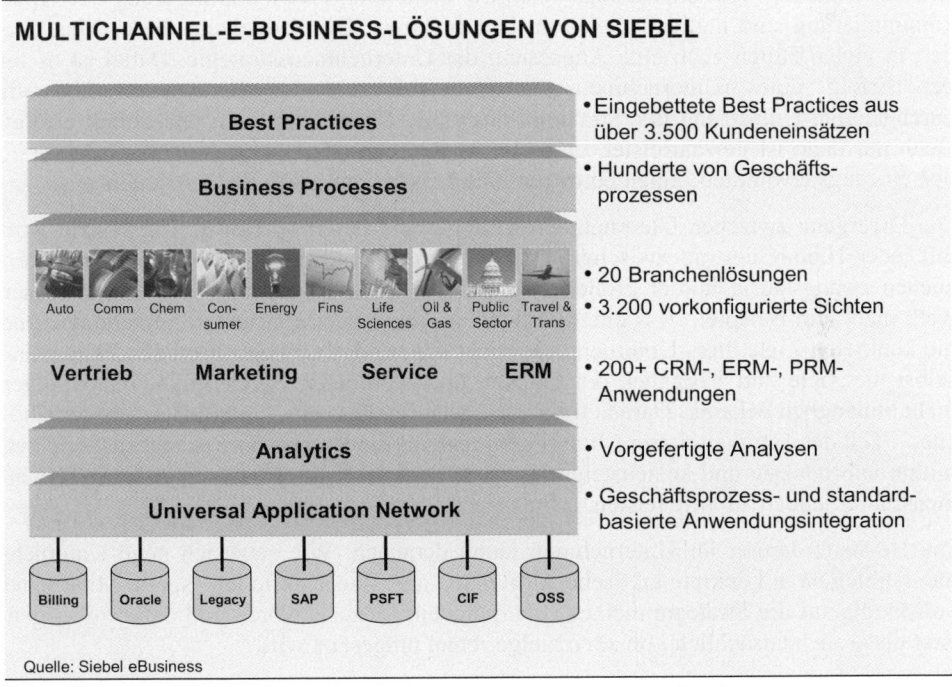

Abbildung 3

Der wirtschaftliche Erfolg eines Unternehmens hängt aber nicht einzig und alleine am Unternehmen selbst. Es existiert wohl kein Unternehmen, das nicht komplexe Beziehungen zu externen Partnern und Lieferanten pflegt – bei Entwicklung, Herstellung oder Vertrieb seiner Produkte. Diese Fachbereiche haben zwar nur indirekt mit dem Kunden zu tun, üben aber trotzdem einen direkten Einfluss aus.

Im Rahmen seines Engagements für kontinuierlich neue Ideen entwickelte Siebel daher seine CRM-Lösungen auch für Geschäftspartner. Partner Relationship Management (PRM) automatisiert die Best Practices eines Unternehmens im Umgang mit Geschäftspartnern aus allen möglichen Bereichen. Die Partnerunternehmen können mit Hilfe von Lead Management ihre CRM-Systeme untereinander verknüpfen, um Follow-up-Aktionen durchzuführen und die Koordination des Außenvertriebs zu vereinfachen.

6.   Neue Unternehmensstrategien fordern Innovationen

Umsatzsteigerung, Kostensenkung, Cashflow-Steuerung, Gewinnoptimierung oder Risikominimierung sind tägliche Ziele von Unternehmen. Die Erreichung dieser Ziele fordert in vielen Fällen auch eine Anpassung der Unternehmensstrategie. Dabei ist es für den Erfolg eines Unternehmens von ausschlaggebender Bedeutung, dass die durchgängige Umsetzung der Strategie durch alle Mitarbeiter auch tatsächlich erfolgt. Denn nur dann ist gewährleistet, dass alle Ressourcen des Unternehmens produktiv zu den eingangs erwähnten Zielen beitragen. Die Praxis sieht häufig jedoch anders aus.

Die Divergenz zwischen Unternehmensstrategie und deren operativer Umsetzung wird mit jeder Hierarchiestufe zwischen Topmanagement und nachgeordneten Mitarbeiterebenen zwangsläufig immer größer. Aus Mitarbeiterumfragen in großen Unternehmen weiß man zum Beispiel, dass ein signifikanter Anteil der Mitarbeiter die Strategie und die konkreten Ziele ihres Unternehmens nicht kennt oder versteht. In vielen Fällen sind selbst die Ziele und Vorgaben der eigenen übergeordneten Bereiche und Abteilungen nicht hinlänglich bekannt. Daraus folgt zwangsläufig, dass ein – möglicherweise erheblicher – Teil der Tätigkeit dieser Mitarbeiter nicht auf die Unternehmensziele ausgerichtet, mithin unproduktiv und kostensteigernd ist. Diesem Missstand kann man als Unternehmensführer jedoch Abhilfe leisten.

Die Herausforderung für Unternehmen lautet demnach: Wie setze ich neue Unternehmensstrategien in konkrete taktische Aktivitäten um. Wie schaffe ich es, alle Mitarbeiter vollständig auf die Strategie meines Unternehmens einzuschwören und dafür zu sorgen, dass diese auch tatsächlich von allen zielgerichtet umgesetzt wird?

Mit seiner neuesten Innovation greift Siebel genau diese Überlegung auf und geht damit weit über den Bereich Kunden und Partner hinaus.

Nachdem sich Siebel jahrelang mit der Verbesserung externer Beziehungen zu Kunden beschäftigt hat, entwickelte das Unternehmen jetzt ein Konzept, das den Nutzern Einblick in ihre internen Strukturen gewährt und sie in die Lage versetzt, ihre Mitarbeiter-stäbe so zu koordinieren, dass sie wirkungsvoller zur Umsetzung der übergeordneten Geschäftsstrategie beitragen können. Mitarbeiter müssen Werte und Strategie des Unternehmens verstehen und verinnerlichen, damit sie in der Lage sind, den Kunden durchgehend einen optimierten Service zu bieten. Das Unternehmen hat daher seine Lösung um eine weitere strategische Komponente erweitert – Employee Relationship Management (ERM).

ERM ermöglicht die Anwendung von Best Practices bei Mitarbeitersteuerung und Unternehmenscontrolling, Leistungsbewertungen, Aus- und Weiterbildung sowie Mitarbeitersupport. Mit einer integrierten Mitarbeiterbewertung und Karriereplanung werden beispielsweise einzelne Leistungskennzahlen mit breiteren Unternehmenszielen wie KPI, Balanced Score Cards und Talentmanagement verknüpft. Hierdurch können die Organisationen beispielsweise leistungsbezogene Prämien oder Provisionen für einzelne Mitarbeiter gewähren oder die Fähigkeiten ihrer Mitarbeiter schneller und genauer an die Bedürfnisse des Unternehmens anpassen. Das Ergebnis ist, dass die Mitarbeiter zeitnahes und relevantes Feedback zu ihren Leistungen erhalten und motiviert werden, ihre Karriere voranzutreiben und die Wachstumsziele ihrer Firma zu erfüllen.

Wie eingangs erwähnt, müssen Firmen, die ein nachhaltiges Wachstum erzielen wollen, beständige Innovationskraft beweisen und neue, einzigartige Produkte und Serviceleistungen entwickeln, um sich von ihren Mitbewerbern zu differenzieren und die Kunden zu überzeugen. Darüber hinaus müssen die Unternehmen eine Umgebung schaffen, in der ihre Mitarbeiter von administrativen Routineaufgaben entlastet und eine stärkere Fokussierung auf die jeweiligen Kernaufgaben gefördert werden.

Derzeit sprechen viele noch von Insellösungen in den Bereichen Training, Wissens- und Leistungsmanagement, Analysewerkzeuge – doch das Unternehmen sieht daraus eine neue Kategorie von Anwendungen entstehen, die auf die Produktivität und Leistungssteigerung der Mitarbeiter ausgerichtet ist. Diese Innovation ist für Siebel einer der wichtigsten Wachstumsmärkte der Zukunft und darum investiert Siebel auch sehr stark in diesem neuen Segment.

Siebel hat sich für ständige Erneuerungen engagiert und nicht ausgeruht, während der Markt des Unternehmens sich weiterentwickelte. Dies hat sich sowohl für die Kunden als auch für das Unternehmen ausgezahlt. Das Unternehmen arbeitet an der ständigen Verbesserung und Erweiterung seines CRM-Angebots. Als Siebel feststellte, dass die Firmen ihre kundenbezogenen Daten noch besser nutzen könnten, führte es Analysefunktionen ein, mit denen die Anwender einen genaueren Einblick in das Verhalten ihrer Kunden erhielten, um diesen bessere Serviceleistungen bieten zu können.

7.   Zusammenarbeit mit Innovatoren

Wenn ein Unternehmen, das neue Ideen umsetzen will, eine Partnerschaft mit einem marktführenden innovativen Unternehmen eingeht, dann wird es auch ein Trendsetter in dessen Markt. Partnerschaften zwischen innovativen Firmen bilden eine Art Innovationskette, deren Vorteile den Kunden in jedem Glied der Kette zugute kommen. Firmen, die Partnerschaften mit Imitatoren schließen, riskieren dagegen, selbst zum Nachahmer zu werden.

Kerngeschäft der Deutschen Leasing, eines der größten Finanz-Leasing-Unternehmen Deutschlands und Tochter der Sparkassen-Finanzgruppe, ist das Mobilien-Leasing in den Bereichen Informationstechnologie, Kommunikation, Automobile, Industrieanlagen und Energie. Im Jahr 2001 traten bei der Deutschen Leasing wachstumsbedingte Infrastrukturprobleme auf, die ihre Geschwindigkeit bei der Marktpotenzialausschöpfung einschränkten. Ihre Kundeninformationen waren auf verschiedene Systeme sowie unterschiedliche Datenbanken und Spreadsheets verteilt, wobei die Daten für den Direktvertrieb nicht mit den Informationen über das indirekte Geschäft (Partnergeschäft) synchronisiert waren.

Die Deutsche Leasing entschied sich zur Erneuerung ihrer Geschäftsprozesse für Siebel CRM. Sie entwickelte eine Umstrukturierungsstrategie mit dem Ziel, eine 360-Grad-Sicht ihrer Kunden und Partner zunächst für Marketing und Vertrieb zu schaffen. Das Marketing und die Vertriebsteams haben jetzt Zugriff auf die Unternehmens- und Kontaktdaten, Termine, Kampagnen, Angebote, Umsatzprognosen und Kreditrahmen der Kunden.

Das Projekt der Firma trug nicht nur zur Erhöhung der Kundenorientierung und interner Effizienz bei, sondern führte auch zu einer direkten Umsatzsteigerung. Innerhalb der ersten zwölf Monate nach der Implementierung des Systems verbuchte die Deutsche Leasing ein Umsatzplus von 6,8 Prozent – und das in einem Jahr, in dem die Mitbewerber einen Rückgang von durchschnittlich 5 Prozent hinnehmen mussten. Einige der Vertriebsteams, die für strategische Kunden zuständig sind, erzielten sogar eine Steigerung von über 100 Prozent gegenüber den Vorjahreszielen und damit gegenüber dem Vorgängersystem.

8.   Erfolgsfaktor Eigenanalyse

Innovationskraft und die Fähigkeit zur aktiven Umsetzung ermöglichen es Unternehmen, eigene Produktneuheiten zu entwickeln. Aber all dies beinhaltet noch einen weiteren Erfolgsfaktor: Eigenanalyse. Um zu bewerten, ob eine Firma wirklich alle Innovationschancen nutzt, muss sie ihre eigenen internen Leistungen und Entwicklungen ständig im Auge behalten.

Große Sportler kennen den Nutzen von ständiger Eigenanalyse – nicht nur bei der Suche nach Fehlern, auch, wenn es darum geht, ihre Leistung zu verbessern. Ein Beispiel dafür ist Franz Beckenbauer. Nachdem die deutsche Nationalmannschaft 1966 das Weltmeisterschaftsendspiel gegen England verloren hatte, nahm der junge Beckenbauer eine Eigenanalyse vor und kam laut der Website „International Football Hall of Fame"[2] zu dem Schluss, dass England gewonnen hatte, weil Bobby Charlton, Beckenbauers direkter Gegenspieler, „ein kleines bisschen besser" gewesen sei als er. Beckenbauer zog einen klugen Schluss: Eigentlich war er ein klassischer Libero, der defensiv spielen und nicht die Mittellinie überqueren sollte. Er unternahm jedoch seit der WM 1996 auch Vorstöße aus der zentralen Defensive in die gegnerische Hälfte. Die Taktik war revolutionär. Dadurch, dass er sich auch in die Offensive einschaltete, wurde Beckenbauer zum Vorlagengeber und erzielte selbst sogar etliche Tore. Bis 1972 hatte Beckenbauer seine Technik perfektioniert und führte Deutschland nicht nur zum Sieg bei der Europameisterschaft, sondern wurde auch zum europäischen Fußballer des Jahres gewählt. Später wurde der Stil von Franz Beckenbauer von vielen Spielern kopiert, und heute ist diese Taktik ganz allgemein üblich.

Genauso wie beim Sport, spielt Eigenanalyse im Geschäftsleben ebenfalls eine entscheidende Rolle. Firmen, die ständig ihre internen Prozesse analysieren – auf der Suche nach Absatzchancen, Bereichen, die noch verbessert werden können oder Möglichkeiten zur Effizienzsteigerung – das sind die Unternehmen, die erfolgreich sind. Selbst Firmen, die ihre Prozesse und Arbeitsweisen scheinbar perfektioniert haben, können sich immer noch steigern. Wie Innovation muss auch die Eigenanalyse ein laufender Prozess sein. Sie muss dabei nicht nur dazu beitragen, dass man versteht, was im Augenblick geschieht, sondern auch, welcher Bedarf in Zukunft wahrscheinlich wird und was die zugehörigen Aspekte sind.

Auch Siebel hat von dieser Art der Eigenanalyse profitiert: Das Unternehmen entwickelte SFA (Sales Force Automation) weiter zu CRM und nahm eine Branchenspezialisierung seiner CRM-Applikation vor. Zur Entwicklung der ERM-Lösung trug eine interne Studie bei, bei der festgestellt worden war, dass die Firma ihre eigenen Mitarbeiter bei der Ausführung ihrer Tätigkeiten besser unterstützen und den Beitrag der Mitarbeiter zu den Unternehmenszielen genauer bewerten musste. Deshalb entwickelte Siebel eine interne ERM-Lösung. Diese funktionierte so gut, dass das Unternehmen mit ihrer Vermarktung begann. Und wie schon damals, als Siebel seinen ursprünglichen Markt etablierte, erweckt der ERM-Markt bereits jetzt breites Interesse.

9.   Fazit

Im Geschäftsleben gibt es Innovatoren und Imitatoren. Innovatoren führen, Imitatoren folgen. Letztendlich avancieren effektive Innovatoren zu Marktführern, die Trends schaffen, anstatt ihnen hinterherzulaufen. Sie erkennen zukünftige Bedürfnisse, die sie mit weiteren neuen Ideen und Produkten erfüllen. Aber wie bereits festgestellt, reichen neue Ideen alleine nicht aus, um den Erfolg einer Firma zu sichern. Innovation muss gezielt die dringenden Kundenanforderungen erfüllen. Und sie muss als Daueraufgabe begriffen werden, denn die Märkte verändern sich rasch. Eine Firma, die sich mit einer einzigen Innovation zufrieden gibt, wird erleben müssen, wie ihre Konkurrenten sie imitieren und ihr den Marktanteil abjagen, für den sie hart gearbeitet hat.

Die Umsetzung muss die Innovation begleiten: Die Verwandlung einer Idee in ein konkretes Produkt – und dessen anschließend erfolgreiche Vermarktung – ist genauso wichtig wie die Idee selbst. Wenn eine Firma eine effektive Erneuerung und Umsetzung erreicht hat, muss sie danach ihre eigenen internen Prozesse ständig analysieren und sicherstellen, dass sie keine Chance für eine weitere Einführung von Neuerungen verpasst. Eine Firma, die diese Schritte erfolgreich ausführt, kann hervorragende Ergebnisse für sich selbst verbuchen und ihren Kunden großen Nutzen bieten.

Referenzen

[1]   Best Practices ist ein häufig benutzter englischer Wirtschaftsfachbegriff und bezeichnet praxisbewährte Methoden für das beständige und effektive Erreichen eines Unternehmensziels und damit für die Bewältigung einer der wichtigsten Aufgaben einer Firma. Entwicklung und Umsetzung von Best Practices sind der Schlüssel zur Kostenreduktion und Einnahmezuwächsen.

[2]   http://www.ifhof.com/

Walid Moneimne

Successful growth in highly competitive markets

Dr. Walid Moneimne is Vice President Enterprise Systems Group and Services EMEA at Dell Computer Corporation.

To achieve extraordinary growth rates even in highly competitive environments such as the computer industry, both business strategy and execution must be outstanding. Dell's superior business model, focusing on build-to-order with a direct go-to-market strategy and true operational excellence, sets best practice in the industry.

1. Introduction

In a time of high uncertainty for all technology manufacturers and service providers, Dell continues to buck the trend. While most of its competitors in the PC and server industry are consolidating and regrouping, Dell's year-on-year growth remains strong. In terms of units shipped, Dell continues to record strong growth in most of its product lines including desktops, notebooks, and servers. Of these, the worldwide server business shows the strongest unit growth demonstrating Dell's strength in this highly competitive hardware sector. As proof of Dell's ability to continue growing, results announced in May 2003 showed that net earnings for the financial year were €1.7 billion, an increase of 19 per cent on 2002, while revenue of €30 billion was up 14 per cent.

In terms of units shipped, Dell recorded strong growth in most of its product lines with the highlights being:

- Total units shipped worldwide – including desktops, notebooks, and servers – increased 29 per cent over 2002;

- In the desktop PC market, worldwide revenue grew 15 per cent, while unit shipments increased 28 per cent on an annual basis;

- Worldwide notebook revenue was up 12 per cent, while shipments grew by 31 per cent;

- The worldwide server business registered the strongest unit growth since the first quarter 2002, at 40 per cent.

These results are just the latest in a history of steady growth that spans almost two decades. In the last five years alone, revenues have more than quadrupled. Since its first international subsidiary opened in the United Kingdom in 1987, Dell has continued to expand internationally, and its approximately 39,100 employees serve customers around the globe.

Dell's present strength is founded on its successful riding of the shake out in the PC industry of the past three years. During this time, the leading players in the industry have had to overcome falling sales, with little room to innovate in a low margin, highly commoditized market.

Most PC manufacturers have seen this period of consolidation as an opportunity to address the challenges that have been brewing for several years. The merger and consolidation of HP and Compaq is well documented and has gone some way to relieving pressure in the marketplace as the new company eliminates excess capacity.

Nearly all PC manufacturers have attempted to refocus their business on higher margin deliverables, especially services, with varying degrees of success. Dell's own new services division is already generating substantial revenues, but the real beauty of its business model (see box) is that it enables the company to flourish in any service or product sector where margins have fallen and where there is, at first glance, little to choose between competitor offerings.

The key tenets of Dell's Business Model

Most efficient path to the customer: Dell believes that the most efficient path to the customer is through a direct relationship, with no intermediaries to add confusion and cost. The company is organized around groups of customers with similar needs. This allows its teams to understand the specific needs of specific customers – without those needs being translated by inefficient resellers and middlemen.

Single point of accountability: Dell recognizes that technology can be complex, so it works to keep things easy for customers. Dell is the single point of accountability so that the resources necessary to meet customer needs can easily be marshaled in support of complex challenges. Dell's customers make it clear that they want streamlined, fast access to the right resources; the direct model provides just that.

Build-to-order: Dell provides customers with exactly what they want in their computer systems through easy custom configuration and ordering. Build-to-order means that the company doesn't maintain an aging and expensive inventory. As a result, Dell typically provides its customers with the best pricing and latest technology for features they really want.

Low-cost leader: Dell focuses resources on what matters to customers. With a highly efficient supply chain and manufacturing organization, a concentration on standards-based technology developed in collaboration with industry partners, and a dedication to reducing costs through business process improvements, Dell consistently provides its customers with superior value.

Standards-based technology: Dell believes that standard technology is key to providing customers with relevant, high-value products and services. Focusing on standards gives customers the benefit of extensive research and development from Dell and an entire industry – not from just a single company. Unlike proprietary technologies, standards give customers flexibility and choice.

Dell's response to this situation has been to innovate how it delivers, instead of what it delivers. This approach covers everything from driving down the cost of products through greater internal efficiencies, to developing bespoke versions of its direct online sales models for individual business customers. This unique customer focus has fuelled rapid growth and enabled the company to overtake both IBM and HPQ in the global PC/SIAS (Standard Internet Architecture Servers) marketplace (Exhibit 1).

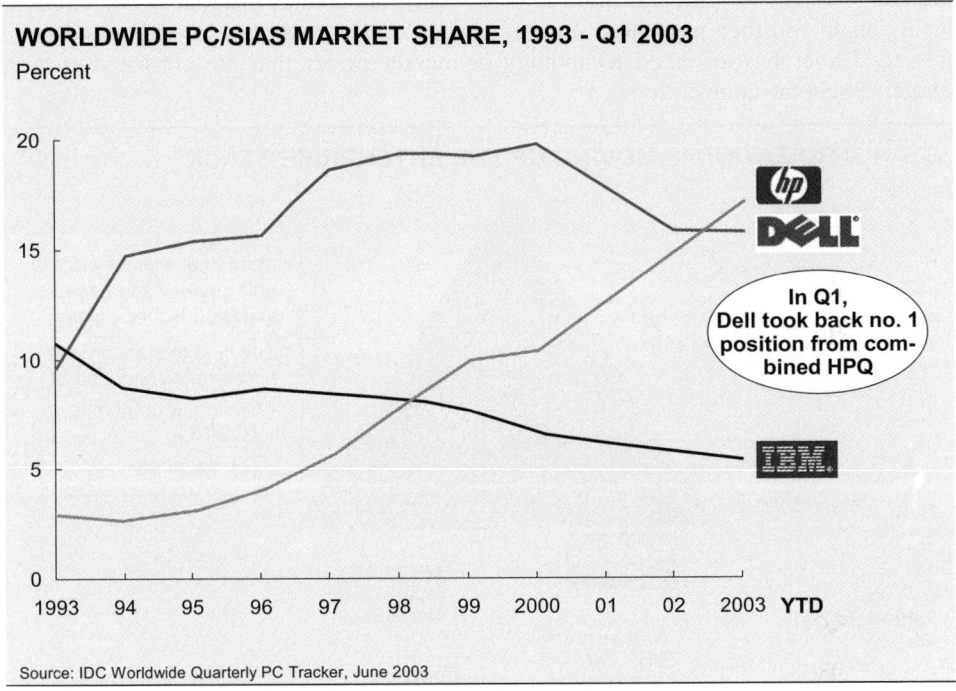

WORLDWIDE PC/SIAS MARKET SHARE, 1993 - Q1 2003

Source: IDC Worldwide Quarterly PC Tracker, June 2003

Exhibit 1

This article describes how Dell has managed to achieve successful growth in increasingly competitive markets. In particular, it explains how the company has driven standardization across the technology sector while managing to retain a clear focus on customers and their specific requirements. It also takes a wider look at the lessons learnt by technology vendors over the past three years, and describes approaches that address the key strategic challenges that have evolved during this period.

2. Riding the wave of standards-based computing

One of the main reasons for Dell's success is that its evolution coincides almost exactly with the growth in standards-based computing. The company has capitalized on successive waves of standardization to drive down the cost of manufacturing across its supply chain and then pass these savings directly on to customers. In other words, it is able to deliver best-of-breed technology at market prices that are consistently more attractive than the competition.

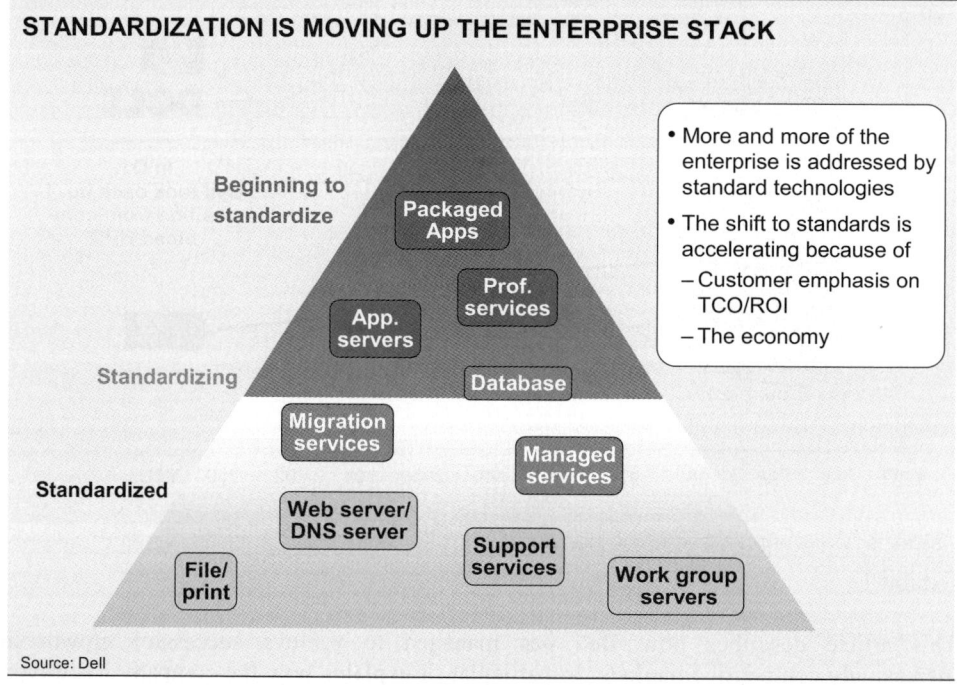

STANDARDIZATION IS MOVING UP THE ENTERPRISE STACK

Beginning to standardize

Standardizing

Standardized

Packaged Apps

Prof. services

App. servers

Database

Migration services

Managed services

Web server/ DNS server

File/ print

Support services

Work group servers

- More and more of the enterprise is addressed by standard technologies
- The shift to standards is accelerating because of
  - Customer emphasis on TCO/ROI
  - The economy

Source: Dell

Exhibit 2

Technology standards, which enable the rapid integration of hardware and software from multiple vendors, have increased their reach over the past 15 years. Where they once applied to basic network servers and the storage and printing of localized documents, standard-based systems now include highly sophisticated professional services and packaged applications (Exhibit 2). There is no doubt that this trend will continue. Most analysts expect the vast majority of the enterprise architecture to be standards-based in five years' time.

As an IDC report explains, "IT standardization evolves in levels, with each successive level opening the door for new users, driving an increase in market size, triggering new technology refinements and declining costs, and setting the stage for the next level of standardization."[1]

As more and more businesses standardize their technology architectures, and the market becomes dominated by solutions based on this approach, the growth in volume inevitably leads to falling costs (Exhibit 3).

STANDARDIZED TECHNOLOGY GENERATES GREATER VOLUME TO SUBSIDIZE COLLECTIVE R&D, WHICH LOWERS COST

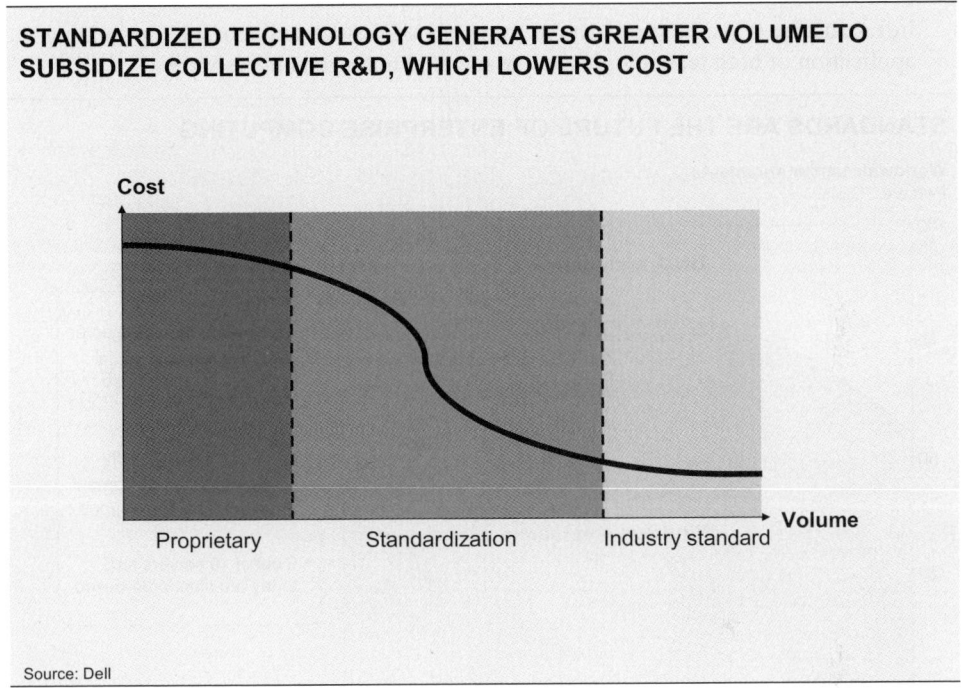

Source: Dell

Exhibit 3

Today, this move towards standards is felt most keenly at the server level. There can be no doubt that the progressive migration from proprietary operating systems and architectures to smaller, clustered configurations of standard servers will shape technology purchasing strategies in the immediate future. According to IDC, "Standardized servers based on the standard Intel architecture have come to dominate the market (Exhibit 4). Ten years ago, less than one in three servers was standardized; today 85 per cent are standardized." This impact is being felt more and more in data centers. IDC research has also revealed that some 70 per cent of IT executives anticipate adopting industry standards in the data center over the next two years.

Put simply, IT managers want to be able to apply the plug-and-play model of desktop computing to the data center. If that sounds over ambitious then consider the following server requirements that dominate most enterprises today:

- Rapid procurement of new and relevant IT resources;

- Improved manageability for cost-effective deployment and provisioning infrastructure;

- Reliable and scalable systems that provide efficient ROI and can grow with the enterprise over the life cycle;

- Infrastructure consolidation around the areas of servers and storage, optimizing the application of both technologies and associated management resources.[2]

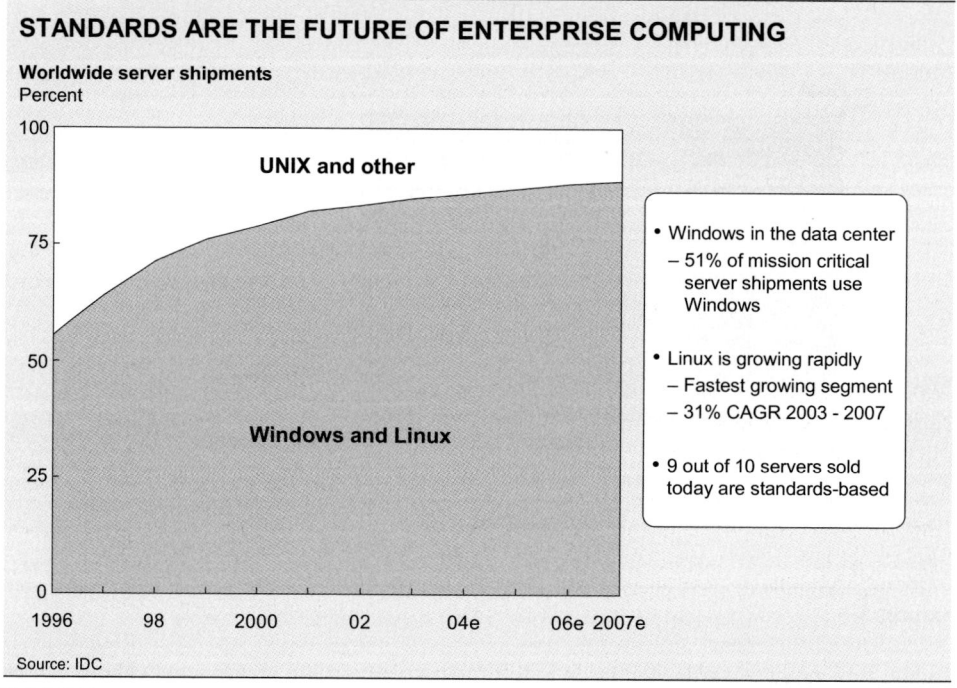

STANDARDS ARE THE FUTURE OF ENTERPRISE COMPUTING

Worldwide server shipments
Percent

UNIX and other

Windows and Linux

- Windows in the data center
  - 51% of mission critical server shipments use Windows

- Linux is growing rapidly
  - Fastest growing segment
  - 31% CAGR 2003 - 2007

- 9 out of 10 servers sold today are standards-based

1996   98   2000   02   04e   06e 2007e

Source: IDC

Exhibit 4

At the same time, most businesses are now highly conscious of the cost of traditional data centers and the sheer expense associated with the management and upkeep of these systems. The specification, delivery and implementation of proprietary high-end servers is an expensive, time consuming and resource intensive exercise. In today's constrained IT budget environment, customers are looking for custom-built systems and close relationships with vendors that enable infrastructure deployment as it is required. This model also provides customers with access to the latest industry-standard technology while simultaneously reducing inventory and procurement costs.

Above all, the move towards standards-based computing offers IT vendors an enormous opportunity for growth. Dell's model has been designed to anticipate those areas of technology where standard software and devices will dominate. As well as servers, the company applies its direct model to printers, handheld devices and services. The message for the wider IT vendor community is clear: standards-based computing will continue to dominate, not just during an economic downturn, but for the foreseeable future. Vendors must adapt and enhance their business models to accommodate this fact.

To quote IDC once more, "Enterprise computing will continue its inexorable march toward industry standards, given the inherent price/performance, TCO, availability, and deployment advantages."[3]

3.   Lessons learned: success in highly competitive markets

3.1   Understanding customer needs

Although much of Dell's success is built on its understanding and acceptance of industry-wide standards, its approach to customers takes an entirely different approach, focusing on the unique requirements of each customer whether business or consumer.

One of the best examples of this is the ability of business and consumers to configure and purchase computers online. A service such as Premier Dell.com enables authorized buyers within a business to select either a pre-determined configuration or design their own customized computer via the online store. To complete the process, the buyer simply fills in the purchase order details online and submits the transaction.

All pricing on this bespoke web site reflects any special pricing policy agreed with the Dell account manager and is constantly updated with the latest products and prices. Cost, and by implication value, is made as transparent as possible, enabling the customer to plan purchases better and add to the overall accuracy of its fiscal planning.

Above all, Dell's approach illustrates how important it is to customers that a company can demonstrate value across as much of the supply chain as possible. By avoiding the use of channel partners, resellers and service providers as much as possible, the company enjoys a single view of each customer and its unique requirements. There is no need to integrate the processes from other businesses, which would inevitably fragment this perspective.

With a single selling loop it is very easy to stay close to the customer, analyze the performance of products and respond quickly to any ad-hoc customer requirements.

From a business performance point of view, it furnishes the organization with a single, undiluted metric that can be fed back into a virtuous process circle.

This determination to cut out the middle man now extends to Dell's recently expanded services division which offers professional and managed services, as well as deployment and training. In addition, an extensive support operation now offers remote support and resolution services that are packaged and priced according to business and consumer requirements.

Here the company is moving into a well established market where typically the business rules of manufacturing do not apply. But even here, Dell is successfully applying its business model, aiming to offer customers a better experience, while freeing them from more expensive relationships with other service providers.

3.1.1 Anticipating trends

Meeting today's customer expectations is an obvious starting point for any business. But it is equally important to anticipate customer and industry trends and ensure that there is a constant match or a growth towards that match.

Achieving this requires an understanding of the rate of change occurring within industries where there are multiple factors to consider beyond just technology uptake. Regulatory change in all industries, especially financial services, is just one example. Business cycles, globalization, demographic shifts and changes in consumer preference must also be taken into consideration. Determining the right metrics that deliver meaningful insights for a target market will enable a vendor to make business and investment decisions that generate sustainable success.

Above all, metrics that clearly show the shifts in market demand enable a technology vendor to enhance its own offering even as the opportunity itself evolves. By keeping a close watch on performance and making small scale changes to its solutions, a vendor can keep abreast of the market and be best positioned to capitalize on the opportunity when it has fully matured.

In many cases there is no substitute for simply talking to customers. This is an approach successfully applied by Dell and that was especially valuable as the PC marketplace began to slow down at the end of the 1990s. It meant that the company knew relatively early that demand was slowing and was able to plan for any downturn.

3.1.2 Innovation – it's all about value

The economic downturn has dramatically altered companies' perception of technology, which has resulted in them placing IT vendors under greater scrutiny than ever to prove that they can deliver value. The message from customers to vendors is clear: you must help us to drive down cost, simplify processes and systems, and make it easier to do business with customers. Anything else is superfluous. This does not necessarily mean that customers are looking for the lowest price, but they do expect to see a commitment to the delivery of value. This might involve extra memory, some kind of bundled service or flexible pricing based on storage on demand, for example.

In most cases, this message is communicated relentlessly across the business by CEOs driven by the need to cut costs and maintain profits, but these initiatives are felt most keenly in IT departments. This inevitably results in a greater concentration on consolidation and the use of cheaper components. Total cost of ownership (TCO) and return on investment (ROI) become ever more important as do the optimization of resources, reduction of complexity, business scalability and innovation.

However, the perception of innovation itself is changing. Customers are now far less interested in technology for technology's sake. Instead, there is a growing feeling that technological innovation is less important in a world where standards now dominate. Instead of looking for the next big thing, customers are more interested in vendors who can help them increase the efficiency of their processes by combining and configuring standard technologies in new and cost-effective ways. As a result, vendors need to examine the bias of their research and development budgets. They should be looking to switch this investment from pure technology R&D to more business focused areas.

At Dell, the focus is constantly on finding new ways of extending existing customer value, beyond simply offering hardware and services at competitive prices. A good example is the recent launch of a B2B e-commerce service, which enables businesses to integrate their ERP systems with Dell's 'configure and purchase' online offering. Businesses no longer need to duplicate the entry of procurement data. The electronic requisition can now be routed through the customer's standard ERP workflow where it can be approved electronically. Once this electronic requisition is approved, it can become an electronic purchase order and be transmitted instantly to Dell. These orders flow directly into Dell's manufacturing system.

Users are also scrutinizing the internal processes of their technology vendors. It looks strange for a vendor to promote values such as efficiency and cost-reduction if it cannot demonstrate best practice and corporate responsibility in its own business. Vendors are increasingly ramping up efficiency efforts within their organization, to bring down their own costs and deliver economically priced solutions to their customers. The recent financial scandals in some of the largest US corporations have also accelerated this trend.

In other words, the most successful businesses in this industry will be those that can communicate and deliver continuous value across their entire product portfolio *and* their own business processes.

3.1.3 Cost matters

It is impossible to overstate the importance of finding the right ROI model for customers in an increasingly competitive IT marketplace. Each customer has a unique ROI requirement, and vendors must have a comprehensive methodology that enables them to measure, communicate and deliver value on a case-by-case basis.

In the past, companies justified their projects based on tangible business benefits: reduced costs, increased turnover and higher profits. In many cases, ROI is still measured by a simple headcount reduction. But we are starting to see a number of other factors determining the measurement of ROI.

According to technology analyst META Group, business executives will demand increasingly complex ROI information from vendors over the next few years:

- 2003: more than 60 per cent of Global 2000 business executives will require IT organizations to apply IT valuation methods to demonstrate business relevance of new or changed IT products and services. Project breakeven dates will be required prior to project implementation;

- 2003/04: performance measurement will enable tangible and intangible benefits to be monitored to validate projects and to hold business managers accountable for recurring benefits. IT portfolio managers will monitor IT projects as part of asset life-cycle management;

- 2004/05: IT project portfolios will link business strategy with IT initiatives in 75 per cent of Global 2000 IT organizations for improved IT fund management.[4]

Effective ROI tools are now one of the most important components of any vendor's go-to-market model. They enable the customer to evaluate potential savings quickly and present this information in a compelling document that clearly communicates every financial component. Of course, customers don't want to spend a disproportionate amount of effort at this stage of the procurement lifecycle, so any ROI tool must be easy-to-follow, automated and include a methodology that allows the customer to source, prepare and enter information in a timely and logical fashion. And while the outputs will depend on the customer in question, any report should contain:

- Total costs and benefits;

- Key financials (ROI, internal rate of return, net present value and payback);

- Flexible 'what if' scenarios.

3.1.4 Internal efficiencies = customer savings

Two mantras characterize Dell's approach to maximizing value at every point along the value chain: 'best of breed' and 'copy exact'. The first is largely a matter of recognition. Companies must become accustomed to measuring and comparing their achievements at every level of product and service delivery, and in every region of their operations. For every specific metric or service, the best in class should be identified and made plainly visible throughout the organization.

Once this ideal has been established, it can be duplicated and disseminated according to the 'copy exact' paradigm of the manufacturing industry. Historically, a 'copy exact' violation was deemed to have occurred when an uncontrolled or undocumented change was made to a critical part of a product or a manufacturing process.

In business, 'copy exact' involves precisely pinpointing the components that differentiate a best-of-breed metric or service, and then ensuring they are replicated everywhere in the organization. In the case of Dell servers, a quality metric exists to measure failure rates throughout Europe, Asia Pacific and the United States. The lowest failure rate is the best of breed for that metric. The onus is on management to understand how the 'best' was achieved and to use that understanding as a basis for an action plan which can be implemented universally.

The same methodology can be applied across the value chain, from product quality to delivery to overall profitability – and should be applied over and over again.

Analysis organization Gartner has highlighted the importance of achieving such IT organization-wide process (ITO) excellence:

"The goal of having 'singular and repeatable' operational processes refers to pattern-matching concepts. Just as an organization needs a standard desktop environment that is well defined and repeatable on every desktop, it also needs to have a single process to accomplish each task. Every process needs to be fully documented so it can be duplicated wherever that task needs to be accomplished. An organization with 10 regional help desks worldwide, for instance, should have a single help desk procedure that is repeated in each help desk – not 10 different ones."[5]

'Copy exact' depends, of course, on a high degree of transparency. In particular, behavior in all countries must be clearly visible to management teams. For this reason Dell strives to remove the structural hierarchies that can present stumbling blocks to communications, and makes total accessibility a priority.

According to Gartner, "Optimizing ITO value requires that CIOs focus on creating, maintaining and supporting highly productive workgroups in the ITO, and on supporting the workgroups in the business with appropriate collaboration and other tools. To accomplish this, best-practice ITOs establish proactive human capital management centers of excellence within their organizations."[6]

3.2   Controlling market dynamics

Continuous success involves the relentless refinement of successful business models. It also requires a constant vigilance and awareness of other areas in your own marketplace, or indeed other industries, where these models can be applied.

By implementing and constantly applying evaluation tools to judge company performance across vertical markets, it is possible to identify opportunities for new market opportunities. Of equal importance, companies can also compare their own performance with that of their competitors, and align resources with the corresponding opportunity.

In a highly competitive market the ability to move an effective business model into other areas of hardware, software and services is vital. It also offers a response to customers who are looking for comprehensive IT solutions that help them address more complex business problems.

There are three key questions that companies must ask themselves when expanding their product and solution portfolio:

- Current markets – how effective are we in addressing the challenges facing our customers in existing vertical markets?

- New markets – which best match our skills, capabilities and business culture?

- The competition – how good are our main competitors at addressing our mutual vertical target markets?

Dell has consistently applied its direct customer model to every area of the business, which now includes PCs, servers, storage, services, handhelds and printers. It has looked closely at how the volume/cost model can be successfully applied in all these markets. Where the match is right, it is possible to grow the addressable market by anticipating customer demand and then accelerating that requirement through early entry into the business.

Server delivery is a good example. By taking a proven volume/cost model (PCs) and applying it to the server marketplace, Dell anticipated, and helped to accelerate, the drive to widespread acceptance of industry standards in this space. Servers based on industry standards now represent between 70 and 80 per cent of the addressable market.

Driving standards with partners

Another way of successfully applying the business model to other markets is through partnerships with vendors or service providers where there is a good strategic match and where the business model can be applied without compromise. From the manufacturer's point of view, this partner can collaborate at any point on the value chain, from the provision of components to the delivery of services.

Integration is the key concept here. It is not simply enough to share a business vision or business model. The entire business reporting function must be connected across all relevant areas of both businesses. Failure to do this will dilute the overall quality of the business metrics and inhibit the ability to anticipate and capitalize on market opportunities.

Riding the wave of demand

When it comes to future IT industry growth, the businesses that flourish will be those that can best adapt their business model to the standards that dominate computing today. The trick is to identify the systems and solutions ripe for standardization and to steer products and services in the same direction so that the business can ride the wave of demand when it breaks.

Timing is everything. Move too late and the market will be saturated with low-margin, commoditized products. And while first-mover advantage should never be underestimated, any business must beware of over-stretching itself in the effort to maintain forward momentum. Above all, never forget that, while most people agree on a broad definition of value in the IT marketplace, to the individual customer value is a highly subjective concept.

Dell's strategy to win market leadership has remained consistent over time. It has followed these rules to put pressure on competitor's margins, turn new products into commodities and to demonstrate better value than anyone else in a given marketplace. But like any business it knows that it cannot afford to sit on its laurels. It will continue to refine its proposition to offer best products and services at the best price, while enhancing its own business practices, driving down costs and passing on this value to its customers.

Notes

[1]   See IDC: Standardisation – The Secret to IT Leverage.

[2]   See IDC: Maximising Flexibility and Minimising Costs: Dell's Enterprise Computing strategy.

[3]   See IDC: Standardisation – The Secret to IT Leverage.

[4]   See META GROUP: Measuring Return on IT Projects.

[5]   See GARTNER: Drive Enterprise Effectiveness: The 2003 CIO Agenda.

[6]   See GARTNER: Drive Enterprise Effectiveness: The 2003 CIO Agenda.

References

DELL, M (1999): Direct from Dell – Strategies that revolutionized an industry.

IDC (2002): Maximising Flexibility and Minimising Costs: Dell's Enterprise Computing strategy.

IDC (2002): Standardisation – The Secret to IT Leverage.

META GROUP (2002): Measuring Return on IT Projects.

ROSWELL JONES, A. (2003): Drive Enterprise Effectiveness: The 2003 CIO Agenda, Gartner Doc, 2003, G-11-3872.

Thomas Holtrop

T-Online – Wachstum durch innovative Geschäftsmodelle und attraktive Formate

Thomas Holtrop ist Vorsitzender des Vorstands der T-Online International AG.

1. „Web-based Services" – Eine turbulente Entwicklung

Das Umfeld für Internet-Services war in den vergangenen Jahren von einer turbulenten Entwicklung geprägt: Der gesamte Markt befand sich im Übergang vom Hype der Jahrtausendwende zu einem „neuen Realismus", in dem man sich wieder auf die Wirtschaftlichkeit und Tragfähigkeit von Geschäftsmodellen besann.

T-Online durchlief diese Entwicklung ebenso wie viele andere Marktteilnehmer. Im Unterschied zu zahlreichen Wettbewerbern ist es dem Unternehmen jedoch gelungen, Wachstum *und* Profitabilität in seinem Geschäftsmodell zu vereinen. Aus der Krise der Internet-Branche, die nicht gleichgesetzt werden darf mit einer Krise des Mediums Internet, konnte T-Online somit gestärkt hervorgehen.

1.1 Internet-Hype in den Neunzigern

Das Internet, seit Mitte der 90er Jahre auf dem Weg zum vierten Massenmedium, erreichte zum Ende des Jahrtausends seine Wachstumsspitze: Allein in Deutschland stieg die Zahl der Online-Haushalte zwischen 1999 und 2001 um 37 Prozent pro Jahr. Dieses starke Wachstum kam für viele Marktteilnehmer überraschend. Als etwa die Deutsche Telekom 1995 entschied, ihr Internet-Geschäft auszugliedern, lauteten die Geschäftsprognosen für Deutschland auf 66.100 Internet-Nutzer bis zum Jahr 2000 – tatsächlich verzeichnete T-Online in jenem Jahr allein in Deutschland 6,5 Millionen Kunden. T-Online war in diesem Umfeld bestens positioniert: Internet-Nutzern wurde der Zugang zum World Wide Web geboten, zusätzlich half ein umfassendes Angebot portalbasierter Services insbesondere Neueinsteigern bei der Orientierung im Netz.

Der Internet-Hype war nicht zuletzt begleitet von einer Welle von Neugründungen: Immer mehr Start-ups stellten ein wachsendes Angebot an innovativen Dienstleistungen zur Verfügung. Im Jahr 1999 wurden in Deutschland ca. 2.700 Neugründungen verzeichnet, im Jahr 2000 waren es immerhin noch rund 2.600. Ihren Fokus legten die Internet-Start-ups auf schnelles Wachstum; nachhaltige Profitabilität war überwiegend ein zweitrangiges Kriterium. Das Umfeld förderte diese Entwicklung, denn zahlreiche Unternehmen konnten ihr Wachstum fast ausschließlich über den Kapitalmarkt finanzieren. Die Innenfinanzierung wurde dagegen vernachlässigt.

1.2 Neuer Realismus: Marktkonsolidierung und Rückbesinnung auf kaufmännische Grundsätze

Die Ernüchterung folgte kurze Zeit später: Die Aktienmärkte, insbesondere für Wachstumsunternehmen, brachen ein. Nach Erreichen des Höchststands am 10. März 2000 fiel der NEMAX innerhalb eines Monats um mehr als 30 Prozent. Dies signalisierte den Beginn eines tief greifenden Umbruchs. Der Markt für Internet-basierte Dienstleistungen war in der Folge von Verdrängungswettbewerb und Konsolidierung geprägt.

T-Online konnte sich inmitten des Umbruchs im Wettbewerb behaupten: Das Unternehmen wurde nicht nur deutscher Marktführer für den Zugang zum Internet, sondern mit den europäischen Auslandstöchtern auch einer der größten Internet Service Provider. Allerdings machten sich auch bei T-Online die Folgen des Wachstumsfokus und des zunehmenden Preiskampfs bemerkbar – das Unternehmen geriet in die Verlustzone. Das Jahr 2001 wurde somit ein Jahr der Weichenstellung für T-Online: Es galt, durch strategische Umorientierung nachhaltiges und *profitables* Wachstum im neuen Marktumfeld zu sichern.

In dieser Situation entwickelte man bei T-Online ein kombiniertes Geschäftsmodell, das Access- und Non-Access-Dienste miteinander verknüpft. Seine Tragfähigkeit zeigte sich bereits im darauf folgenden Jahr: Das EBITDA für 2002 stieg auf 104 Millionen EUR – über 300 Millionen EUR mehr als im Vorjahr – und der Break-even wurde erreicht.

2. Das kombinierte Geschäftsmodell von T-Online – Solide Basis für Erfolg

Bereits während der Neugründungswelle zeichnete sich im Markt für Internet-Services eine Gewichtsverlagerung ab: Zwar stieg die Nachfrage nach Access-Dienstleistungen insgesamt weiter an; noch stärker aber wuchs der Markt für Dienste außerhalb des reinen Zugangsgeschäfts, so genannte Non-Access Services (Abbildung 1). Im Bewusstsein dieser Tendenzen entwickelte T-Online ein kombiniertes Geschäftsmodell aus Access *und* Non-Access Services, wobei letztere die Kategorien Bezahlinhalte und -dienste (Paid Content/Paid Services) sowie E-Commerce und Werbung umfassen. Dank der führenden Position beim Internet-Zugang konnte man hierbei auf vorhandene Stärken aufbauen und insbesondere Skaleneffekte ausschöpfen.

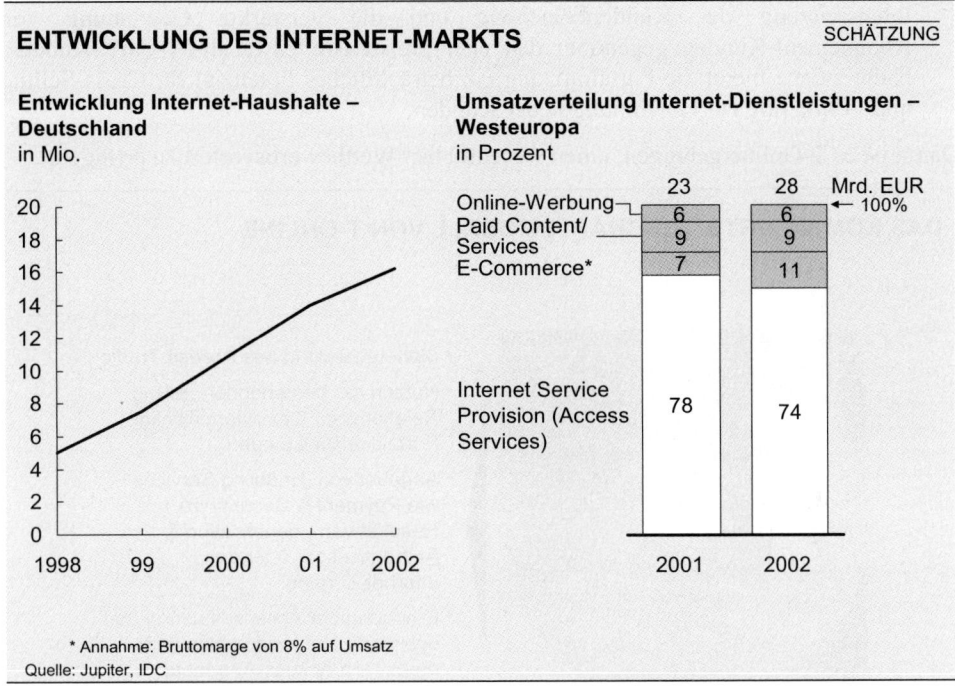

Abbildung 1

Im kombinierten Geschäftsmodell nutzt T-Online die bestehenden Kundenbeziehungen und bietet Zugangs-Leistungen zusammen mit portalbasierten Inhalts-, Service- und E-Commerce-Angeboten an. So verschmelzen die beiden Bereiche Access und Non-Access zu einem integrierten, breit gefächerten Angebot an Internet-Dienstleistungen. Die Kombination kommt beiden Bereichen zugute (Abbildung 2):

- Das *Non-Access-Geschäft* setzt auf der starken Position im Zugangsgeschäft auf, indem der Access Traffic auf attraktive Portalangebote weitergeführt und zur Erzielung weiterer Umsätze genutzt wird. Gegenüber reinen Portalanbietern hat T-Online damit wesentliche Wettbewerbsvorteile: Die bestehende „Billing Relationship" mit den Access-Kunden kann zur Abrechnung von Portalangeboten genutzt werden. Zudem kann T-Online die „Identification & Authentication-Routine" beim Log-in der Kunden zum Angebot zusätzlicher Dienste wie etwa Payment & Security Services (z. B. Homebanking) nutzen.

- Umgekehrt profitiert auch das *Access-Geschäft* von einem umfassenden und qualitativ hochwertigen Angebot von Non-Access Services. Indem die Kunden Dienste wie E-Mail, Instant Messaging oder Chat nutzen, verlängert sich auch ihre Zeit im Netz. Durch das Non-Access-Angebot kann so auch die Netzwerkauslastung optimiert werden. Ein attraktives Angebot im Non-Access-Bereich ermöglicht zudem die

Intensivierung der Kundenbeziehung und die verstärkte Gewinnung von Abonnement-Kunden gegenüber den eher preissensitiven „Call-by-Call"-Kunden. Nicht zuletzt bietet die Portalnutzung ein beträchtliches Potenzial für Cross-Selling und -Marketing zur Gewinnung neuer Kunden.

Damit ist es T-Online gelungen, einen wesentlichen Wettbewerbsvorteil zu erringen.

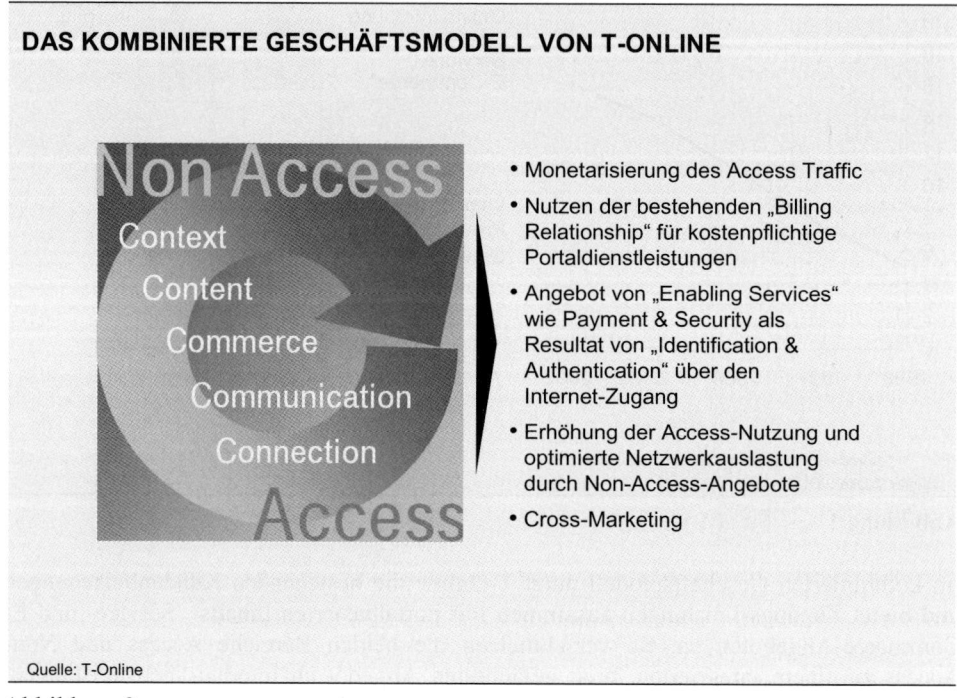

Abbildung 2

3. Vom Internet Service Provider zum Internet Media Network

Um das Internet-Angebot von T-Online für die Zukunft weiter zu stärken, wurden für das kombinierte Geschäftsmodell neue attraktive Formate entwickelt. Darüber hinaus hat T-Online, parallel zur Verbreitung der entsprechenden Infrastruktur, ein speziell auf Breitband zugeschnittenes Portal konzipiert: T-Online Vision.

Im Zuge der Erweiterung des Angebots hat T-Online kontinuierlich die Fähigkeit ausgebaut, Inhalte für das Internet erfolgreich zu aggregieren, aufzubereiten und zu vermarkten. Hierzu werden insbesondere auch zahlreiche Kooperationen mit attraktiven Partnern aus der Online- und Offline-Welt gepflegt. Das Unternehmen entwickelt sich damit zunehmend vom Internet Service Provider zum Internet Media Network.

3.1 Neue attraktive Formate und umfassendes Serviceangebot

Mit dem kombinierten Geschäftsmodell orientiert sich T-Online an den zentralen Bedürfnissen der Kunden im Internet, die fünf verschiedenen Dimensionen – den „5C" – zugeordnet werden können: dem Bedürfnis nach Zugang zum Internet („Connection"), nach Kommunikation über das Internet („Communication"), nach Informationen und Unterhaltung („Content"), nach Kauf und Verkauf von Gütern („Commerce") sowie nach einer Orientierung in der Vielfalt des Internets („Context"). Die einzelnen Bedürfnisse sind miteinander verbunden und bedingen sich teilweise gegenseitig.

T-Online hat für alle „5C" attraktive Formate entwickelt (siehe dazu auch die Beispiele in Abbildung 3):

- *Connection:* Bei der Bereitstellung des Internet-Zuganges wurde die unwirtschaftliche Schmalband-Flatrate im Jahr 2001 abgeschafft. Es wurden mit den Surftime-Tarifen zeitbasierte Schmalbandtarife eingeführt und für den Breitbandzugang die DSL-Flatrate sowie volumenbasierte DSL-Tarife ins Angebot aufgenommen.

- *Content:* Neben „Free Content" in den einzelnen Themenportalen (z. B. News, Finance, Music, Movie, Games) wird auch durch attraktive Paid-Content-Angebote ein breites Zielpublikum angesprochen. So haben User beispielsweise die Möglichkeit, gegen ein geringes Entgelt Zusammenfassungen von Spielen der 1. Fußball-Bundesliga „on demand" nach Spielende als Videostream anzuschauen.

- *Commerce:* T-Online stellt ein umfangreiches Angebot von physischen und digitalen Gütern bereit. So hat der Kunde z. B. mit dem T-Online-Fotoservice die Möglichkeit, im Internet Papierabzüge von digital erfassten Fotos zu bestellen. Wer möchte, kann die Bilder auch im persönlichen T-Online-Fotoalbum archivieren und Bekannten beispielsweise zum Nachbestellen zugänglich machen. Ein weiteres Beispiel ist der T-Online Shop. Hier steht den Usern ein umfangreiches Angebot von Produkten aus den Rubriken „Computer", „Multimedia" und „Unterhaltungselektronik" zur Verfügung.

- *Communication:* Innerhalb des T-Online-Portals wurde das Communication-Angebot erweitert: Access-nahe Services wie z. B. private Homepages wurden ausgebaut und neue Service Applications (darunter B2B-Services wie Website Hosting) sowie

Communities und Marktplätze eingerichtet. Als erfolgreich zeigte sich auch die Einführung des „T-Online Messengers": Dieser ermöglicht Echtzeit-Kommunikation
zwischen den Kommunikationspartnern via Instant Messaging, Sprache und Video.

- *Context:* Unter den Context-bezogenen Dienstleistungen ist vor allem das T-Online-
  Suchcenter zu nennen: Es ermöglicht dem Nutzer eine umfassende Suche nicht nur
  innerhalb der T-Online-Welt, sondern auch im World Wide Web und verbessert
  damit die Nutzerfreundlichkeit des T-Online-Portals.

ENTWICKLUNG ATTRAKTIVER FORMATE   BEISPIELE

Geschäftsfeld	Leistungsspektrum	Beispiele
Connection	• Schmalband • Breitband	• Surftime-Tarife • DSL-Volumentarife
Content	• „Ad-Sales-Modell" (Free Content) • Paid Content	• News • 1. Fußball-Bundesliga
Commerce	• Kauf physischer Güter • Digitale Güter/Transaktionen	• T-Online Shop • Fotoservice
Communication	• Access-nahe Services • Services (Personal Applications, One-to-One-Services, B2B-Services) • Community Services	• E-Mail, Private Homepage • Homebanking, ASP, Hosting, SMS • T-Online Messenger
Context	• Search Engine	• Suchcenter

Quelle: T-Online

Abbildung 3

3.2   Das Breitbandportal T-Online Vision

Die Breitbandtechnologie ist für die weitere Entwicklung im Internet – und damit für das
Wachstum der ganzen Branche – *der* treibende Faktor. T-Online ist für die Partizipation
an den künftigen Wachstumschancen sehr gut positioniert: Ende März 2003 gab es in
Deutschland bereits 2,9 Millionen Kunden, die das Breitband-Internet über T-Online
nutzen.

Dank der wesentlich höheren Übertragungsgeschwindigkeit eröffnet die Breitbandtechnologie völlig neuartige Möglichkeiten für die Entwicklung und Ausgestaltung innova-

tiver Angebotsformate: Audio- und Videoinhalte können durch Breitbandtechnologie in völlig neuartiger Qualität – fast TV-Qualität – gesendet und empfangen werden.

T-Online hat die innovativen Möglichkeiten des Breitband-Internets bereits im Jahr 2002 mit dem eigenen Breitbandportal „T-Online Vision" umgesetzt. Durch interaktive und vielfältige audiovisuelle Formate wurden dabei die Möglichkeiten des breitbandigen Internets ausgeschöpft. Die Inhalte, die dem User teils gegen Bezahlung, teils kostenlos „on demand" zur Verfügung stehen, reichen von Nachrichten und Sport über Filme und Musik bis hin zu Online-Spielen.

Es ist T-Online dabei gelungen, speziell für den Breitbandbereich zahlreiche attraktive Formate zu entwickeln, z. B. Games on Demand, Streamings von Live-Konzerten oder Previews beliebter TV-Serien. Mit dem Breitbandportal entspricht T-Online dem zunehmenden Bedürfnis der Nutzer nach Unterhaltung im Internet bzw. einer „Lean Back"-Nutzung des Internets – dem „entspannten Zurücklehnen und Genießen" beim Surfen.

4.   Resümee: Kombiniertes Geschäftsmodell als Basis für profitables Wachstum

Der Erfolg des kombinierten Geschäftsmodells und die kontinuierlichen Verbesserungen von T-Online spiegeln sich in den Wachstumszahlen wider: Seit Frühjahr 2001 sind die Umsätze konstant angestiegen (Abbildung 4).

Auch das Ziel, dieses Wachstum profitabel zu gestalten, konnte realisiert werden: Von dem unbefriedigenden Niveau im Frühjahr 2001 hat sich das EBITDA in den letzten zwei Jahren konstant verbessert. Bereits im zweiten Quartal 2002 wurde der Break-even erreicht; im ersten Quartal 2003 erwirtschaftete T-Online bereits ein positives Vor-Steuer-Ergebnis.

5.   Ausblick: Übertragung des Erfolgsmodells auf neue Erlebniswelten

Die kommenden Jahre werden für die Internet-Branche interessante neue Entwicklungen mit sich bringen: Neue Arten von Endgeräten – vor allem aus den Bereichen Mobile und TV – werden gegenüber dem PC für die Internet-Nutzung verstärkt an Bedeutung gewinnen. Die Digitalisierung und die fortschreitende Breitbandentwicklung treiben gleichzeitig das zunehmende Zusammenwachsen von klassischen und digitalen Medienangeboten. Durch die digitale Technik können dabei unterschiedliche mediale Formen auf einer einheitlichen technologischen Basis zusammengeführt und über verschiedene Kanäle distribuiert werden.

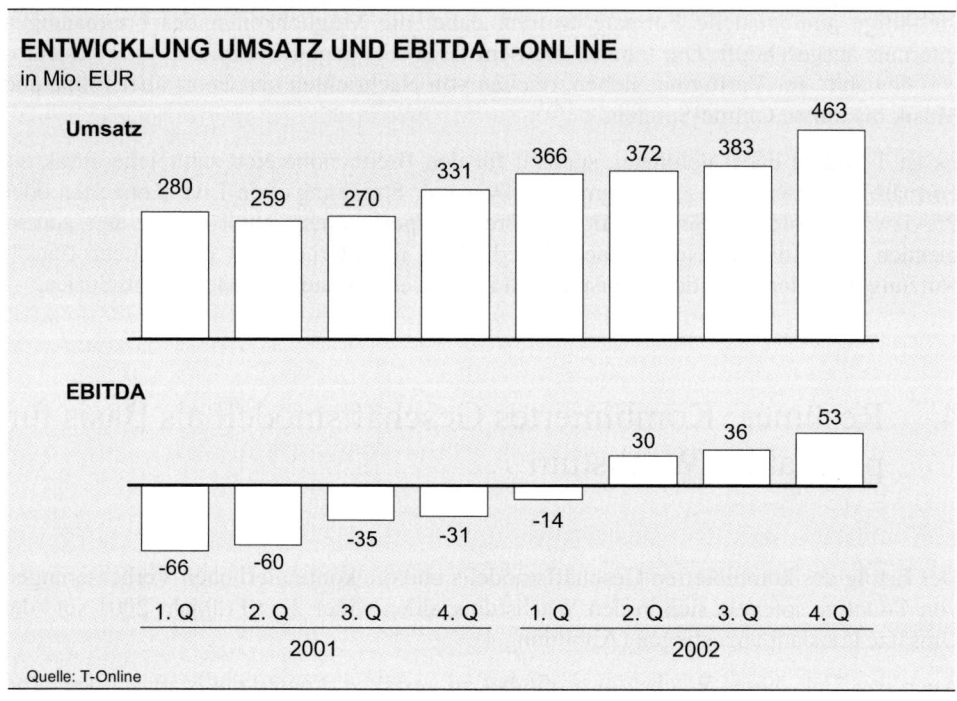

Abbildung 4

Vor dem Hintergrund dieser Entwicklungen können drei zentrale strategische Herausforderungen abgeleitet werden:

- *Übertragung des Geschäftsmodells auf "Lean Back" und mobile Endgerätewelten:* Ausgehend von der „Lean Forward"-Nutzung des Internets über den PC ist das Leistungsangebot für den mobilen Nutzer und den „Lean Back"-Nutzer, der über breitbandige Verbindungen das Internet via PC oder TV nutzt, zu erweitern.

- *Entwicklung neuer, auf Mobile und TV zugeschnittener Formate:* Die Formate müssen insbesondere auf die Möglichkeiten der Endgeräte sowie die Bedürfnisse der Nutzer zugeschnitten werden.

- *Übergreifende Integration der Formate:* Hier gilt es, den Usern Formate über die verschiedenen Erlebniswelten hinweg zur Verfügung zu stellen. So möchte beispielsweise ein E-Mail-Nutzer sein persönliches E-Mail-Konto von seinem mobilen Endgerät, aber auch von seinem PC aus nutzen können, anstatt für jedes Endgerät ein anderes Mail-Konto zu verwalten. Durch die Integration der Formate können gleichzeitig ganz neue Erlebnisdimensionen geschaffen werden. So gibt es heute schon in Südkorea im Rahmen so genannter „Massive Multiplayer Games" eine Integration von TV- und PC-basiertem Internet: Online-Spieler treten in speziellen, regelmäßig ausgestrahlten TV Game Shows gegeneinander an und werden dabei (ähnlich wie bei hiesigen landesweiten Talentwettbewerben) zu lokalen Stars „aufgebaut" – auch dies unter Nutzung des Medienmixes TV/Internet.

Ein Beispiel für die Erschließung der neuen Erlebniswelten ist das Produkt T-Online Vision auf dem Fernseher: Es stellt Internet-Services, die bislang ausschließlich über den PC oder über mobile Endgeräte abrufbar waren, in einer für das Medium TV-Gerät geeigneten Form zur Verfügung (z. B. einfache Navigation per Fernbedienung). T-Online stellt damit den Kunden seine interaktiven Dienste auf einer weiteren Plattform bereit. Dies ermöglicht es, die Kunden künftig stärker in einer durch Entertainment-Inhalte geprägten Umgebung und Situation anzusprechen.

T-Online hat also auch hier eine Vorreiterrolle inne und ist damit hervorragend positioniert, den bisherigen Erfolg und das profitable Wachstum in Zukunft fortzusetzen.

Ulrich Schumacher

Innovationen als Wachstumsmotor in großen Hightech-Unternehmen

Dr. Ulrich Schumacher ist Vorsitzender des Vorstands der Infineon Technologies AG.

1. Einleitung

Alle Großunternehmen stehen laufend vor der gleichen Herausforderung: Wie können sie ihre Innovationsfähigkeit sichern? Wie gelingt es gerade den großen Firmen, die oft als „schwerfällige Tanker" oder als „Behörde" bezeichnet werden, Neugier, Flexibilität, Kreativität, Risikobereitschaft und Mut zu neuen Wegen im Unternehmen zu verankern, ja geradezu zu institutionalisieren? Ist es nicht ein Widerspruch in sich selbst, Kreativität, etwas höchst Individuelles, institutionalisieren zu wollen, also zu lenken und als Prozess zu verstetigen? Die Antworten auf diese Fragen sind gerade für Unternehmen in der Halbleiterindustrie von existenzieller Bedeutung, weil kaum eine andere Industrie so abhängig von Innovationen ist.

Die Sicherung der Innovationsfähigkeit bedeutet daher nicht, wie die unternehmensinterne Industrieforschung im Detail organisiert sein muss. Vielmehr geht es um einen gesamthaften Blick auf das Innovationsmanagement in einem Hightech-Unternehmen, in dem viele verschiedene Bereiche eng verbunden zusammenwirken und um die Rolle, die dabei das Management spielt. Das waren entscheidende Herausforderungen bei der Gründung der Infineon Technologies AG und bleiben es vor allem in den Krisenzeiten.

2. Infineon Technologies AG

Der Halbleiterhersteller Infineon Technologies AG ist ein relativ junges Unternehmen, das aber dennoch auf eine lange, erfolgreiche Tradition zurückblicken kann. Siemens-Forscher um Walter Schottky und Eberhard Spenke waren seit den 20er Jahren führend in der Halbleiterforschung – bereits 1949, ein Jahr nach der Erfindung des Transistors, gelang die eigene Herstellung dieses neuartigen Verstärkers, 1952 nahm Siemens die Produktion von Halbleitern auf und in den Folgejahren stieg das Unternehmen rasch in die internationale Führungsriege der Halbleiter- und Computerhersteller auf. 1999 wurde der Siemens-Halbleiterbereich ausgegliedert, 2000 folgte der Börsengang des jetzt selbständigen Unternehmens Infineon. Die Gründe für die Verselbständigung waren die Schaffung eines eigenen Profils für diesen Bereich, eigenverantwortliches Wirtschaften, größere Flexibilität im hart umkämpften Halbleitermarkt und zusätzliche Finanzierungsquellen über den Kapitalmarkt durch die Börsennotierung in Frankfurt und New York.

Darüber hinaus wurde es möglich, neue Kunden zu gewinnen und Kooperationen mit Partnern einzugehen, die vorher in einem Konkurrenzverhältnis zu Siemens standen.

Heute ist Infineon ein weltweit tätiges Unternehmen mit einem Umsatz von über 5,2 Milliarden EUR im Geschäftsjahr 2002, über 30.000 Mitarbeitern, vertreten in mehr als 60 Ländern der Welt, und Produktions- und Forschungsstandorten in Europa, Asien und Amerika. In weniger als sechs Jahren ist es Infineon gelungen, von einem der Top-20-Halbeiterunternehmen in die vorderen Ränge vorzustoßen. Infineon ist 2003 schon weltweit der drittgrößte Speicherchipproduzent und das sechstgrößte Halbleiterunternehmen überhaupt. Klare Zielsetzung, erfolgreiches Innovationsmanagement, Beharrlichkeit und Risikobereitschaft waren entscheidend dafür. Um die Bedeutung des mehrstufigen Innovationsmanagements hervorheben zu können, soll kurz auf die Dynamik des Halbleitermarkts und die wichtigsten technischen Verfahren eingegangen werden.

3.   Dynamik der Halbleiterindustrie

Der Halbleitermarkt zählt zu den dynamischsten und wachstumsstärksten überhaupt. Zwischen 1954 und 2000 wuchs der weltweite Jahresumsatz der gesamten Halbleiterindustrie von 5 Millionen auf über 200 Milliarden USD, also um den Faktor 40.000. Mit bisher rund 15 Prozent durchschnittlicher jährlicher Wachstumsrate steht die Halbleiterindustrie an der Spitze des verarbeitenden Gewerbes weltweit. Dabei haben zwei grundlegende Regeln zu ihrem Wachstum und der raschen Verbreitung ihrer Produkte beigetragen. Die wichtigste formulierte 1965 Gordon Moore, einer der Mitbegründer von Intel: die Zahl der Transistoren in einer integrierten Schaltung verdoppelt sich etwa alle 18 Monate.[1] Demnach müssten sich heute mehr als 40 Millionen Mal so viele Bauteile auf einer Schaltung befinden wie vor fast 40 Jahren. Und das Phänomenale daran ist: Es stimmt. Das nach ihm benannte Moore'sche Gesetz besagt aber auch, dass sich die Leistungsfähigkeit der Schaltungen, und damit auch die der mit ihnen ausgerüsteten Geräte, etwa alle zwei Jahre verdoppelt. Auch diese Vorhersage hat sich bisher erfüllt. Nach neuesten Berechnungen der Semiconductor Industry Association verdoppelt sich jetzt die Leistungsfähigkeit von Prozessoren etwa alle vier Jahre und alle fünf Jahre verzehnfacht sich die Zahl der produzierten Bits, der kleinsten Informationseinheit.

Die rasante Steigerung von Integrations- und Packungsdichte, Geschwindigkeit und Komplexität der Integrierten Schaltungen (Integrated Circuit, IC) bedeutete nicht nur immer kleinere, sondern auch deutlich billigere Mikrochips. Anfang der 70er Jahre kostete ein Megabit Speicherkapazität so viel wie ein Einfamilienhaus, damals rund 80.000 EUR. Heute, 2003, kostet die gleiche Funktion nur noch 1,5 USD-Cent. Die drastische und anhaltende Preisverringerung ihrer Produkte ist die zweite grundlegende Regel der Halbleiterindustrie.

Was aber sichert Leistungssteigerungen und Preissenkungen über 40 Jahre hinweg? Allein technischer Fortschritt und damit einhergehende Produktivitätszuwächse von jährlich 20 bis 30 Prozent haben es bisher ermöglicht, das Beziehungsdreieck aus Verkleinerung der Bauelemente (Miniaturisierung), Produktivitätssteigerung und damit einhergehender Preisreduktion aufrechtzuerhalten.

Nur wenige Industrien sind so dominiert von Großunternehmen wie die Halbleiterbranche. Hatten 1990 die zehn größten Speicherchiphersteller noch etwa 80 Prozent Marktanteil, sind das heute nur vier Firmen. Aber jedes der vier Unternehmen ist heute ungleich größer als eines der zehn damals. Zu den größten Unternehmen gehören heute Intel, Samsung, Micron und Hynix. Eine treibende Kraft hinter der Industriekonzentration ist die weiter zunehmende Kapitalintensität. Mit jeder neuen Chipgeneration, etwa alle vier Jahre, verdoppeln sich die Kosten für ein neues Werk. Ein modernes Werk für Speicherchips kostet heute über 2 Milliarden EUR.

Schon allein die laufenden Aufwendungen für Forschung und Entwicklung können sich heute nur große und finanzkräftige Unternehmen leisten. Die Infineon Technologies AG hat z. B. im Geschäftsjahr 2002 über 1 Milliarde EUR für Forschung und Entwicklung aufgewendet, was 20 Prozent ihres Umsatzes entspricht, und über 5.000 Wissenschaftler und Ingenieure im gesamten Innovationsprozess weltweit an 30 Standorten beschäftigt. Dazu kamen noch einmal über 640 Millionen EUR Investitionen in Sachanlagen. Insgesamt wendet ein typisches Halbleiterunternehmen ca. 30 Prozent seines Umsatzes für die Zukunftssicherung auf: für Forschung, Entwicklung, Investitionen in Werke und Maschinen.

4.   Wichtigste Herstellungsverfahren

Die industrielle Fertigung von Integrierten Schaltungen auf Siliziumbasis war und ist bis heute technologisch und wirtschaftlich bahnbrechend. Sie ermöglicht niedrige Herstellungskosten bei großen Stückzahlen, hohe Zuverlässigkeit, geringen Platzbedarf, hohe Arbeitsgeschwindigkeit und geringen Stromverbrauch. Der Trend zur Miniaturisierung der Chips auf immer größeren Wafern ist der Motor für die enorme Leistungs- und Produktivitätssteigerung der Chipindustrie.

Das technische System „Halbleiter" mit all seinen Anwendungen und Verästelungen, wie es sich nach der radikalen Innovation des Transistors 1947 in den 60er und 70er Jahren weltweit durchsetzte, erlangte seine Stellung aber erst durch zahlreiche kleinere, stufenweise Innovationen. Nachdem die grundlegenden Produktionstechniken in den 50er Jahren etabliert waren, werden seitdem die Produktionsmethoden verfeinert, größere Wafer genutzt und die Strukturgrößen der Chips verkleinert. Bis heute wird monokristallines Silizium in großen Stäben gezogen, aus denen die Scheiben (Wafer) gesägt werden. Durch ein lithografisches Verfahren werden anschließend die Chipstrukturen auf das Silizium aufgebracht, überflüssiges Material wird weggeätzt, die Chips dann ausgesägt und verdrahtet. Etwa 400 Arbeitsschritte sind nötig, um vom Wafer zum einbaufertigen Chip zu gelangen. Seit 1970, als der erste 50-mm-Wafer verfügbar war, vergrößerten sich die Flächen alle fünf Jahre auf heute schließlich 300 mm. Infineon produziert weltweit als erster Halbleiterhersteller auf Scheiben mit einem Durchmesser von 300 mm. Bei jeder Flächenvergrößerung wuchs die Chipausbeute wegen der besseren Nutzung der Ränder um ca. 15 Prozent an.

Aus den Faktoren wirtschaftliche Dynamik des Halbleitermarkts und dem rasanten wissenschaftlich-technischen Fortschritt ergeben sich fast zwangsläufig die strukturellen Maßnahmen für erfolgreiches Innovationsmanagement. Die wichtigsten Elemente dabei sind die Sicherung der *stufenweisen Innovationen* (Incremental Innovations), da hier mittelfristig das größte Innovationspotenzial für profitables Wachstum gegeben ist; die *radikalen Innovationen* (Radical Innovations) für völlig neue Anwendungen; *Technologie-Frühaufklärung*, die Ausweitung bestehender und die Eröffnung neuer Geschäftsfelder und -modelle durch *Infineon Ventures*, durch *Mergers & Acquisitions*, und schließlich *Human Resources,* also die Sicherung und Nutzung von wissenschaftlich-technischem wie auch unternehmerischem Nachwuchs.

5. Innovationspotenzial Flächenvergrößerung und Strukturverkleinerung

Neben der Flächenvergrößerung der Wafer ist die Verringerung der Strukturgrößen der Chips ein entscheidender Faktor bei der Produktivitätssteigerung. Bei Speicherchips, den zurzeit anspruchsvollsten und kleinsten Schaltungen mit Millionen von Transistoren auf wenigen Quadratmillimetern, bezeichnet die Strukturgröße den Abstand zwischen zwei identischen Strukturen, also den einzelnen Bauteilen eines Transistors. Eine so genannte 130-nm-Struktur bedeutet, dass die Bauteile zweier Transistoren nicht mehr als 130 nm voneinander entfernt liegen. Strukturverkleinerung der Chips von ehemals 50 µm (= 0,05 mm) im Jahre 1960 auf heute übliche 0,13 µm oder 130 nm (etwa 700-mal dünner als ein menschliches Haar) brachten schrittweise noch mal je rund 15 Prozent höhere Ausbeute pro Wafer.

Bereits jetzt hat Infineon Strukturbreiten von 110 nm qualifiziert, d. h. fehlerfreies Funktionieren und Zulassung der Chips bei den Kunden. Der nächste Schritt ist die Miniaturisierung von Schaltkreisen auf Strukturgrößen kleiner als 100 nm (kleiner als ein zehntausendstel Millimeter). Diese Schallmauer bedeutet, dass auf der gleichen Fläche 100-mal mehr Bauteile realisiert werden können als mit einem Mikrometer in der zweiten Hälfte der 80er Jahre. Mit Strukturen von 100 nm kommen erstmals tatsächlich einzelne Atome ins Blickfeld unserer Entwicklungsingenieure und das Funktionsprinzip des Transistors wird auf die Ebene von wenigen Atomen und Elektronen übertragen. Aber schon heute sind die meisten Wissenschaftler davon überzeugt, dass es keine fundamentalen Grenzen für Integrationsdichten kleiner als 100 nm gibt. Manche gehen sogar so weit, dass unter Einsatz neuer Materialien Strukturbreiten von 25 nm und weniger möglich sind. Die Industrie hat bereits Entwicklungspläne für eine Chipverkleinerung auf Strukturbreiten von 35 nm bis zum Jahr 2014.

6. Fallstudie 300-mm-Fertigung

Es sind gerade die *stufenweisen Innovationen* bei Flächenvergrößerung und Strukturverkleinerung, die unabdingbar sind für das wirtschaftliche Überleben eines Halbleiterunternehmens wie Infineon. Allerdings: Alle Wettbewerber bewegen sich im gleichen Feld, kennen die gleichen Herausforderungen und stehen vor den gleichen Problemen. Was sich trivial anhört und wegen der Kategorisierung „stufenweise Innovation" vielleicht auf den ersten Blick einfach aussieht, ist aber in der Tat höchst anspruchsvolle Innovationstätigkeit an den Grenzen dessen, was wir heute natur- und ingenieurwissenschaftlich wissen und verstehen.

Die von verschiedenen Halbleiterverbänden hergestellte ITRS, die „International Technology Roadmap for Semiconductors", vereinigt seit vielen Jahren regelmäßig die Einschätzungen und Möglichkeiten der Halbleiter-Experten weltweit und zeigt Entwicklungspfade, Trends und Hürden für die nächsten 10 bis 15 Jahre auf. So basiert z. B. die Studie des Jahres 2002 auf den Beiträgen von über 800 Experten weltweit. Auf Grund bisheriger Erfahrungen kann durch die ITRS relativ präzise vorhergesagt werden, wann wichtige „Technology Nodes", Technologieknotenpunkte, erreicht werden. Solche Knotenpunkte zeigen an, wann neue Wafergrößen oder Strukturverkleinerungen erreicht werden, d. h. wann neue Technologien und damit erhöhte Produktivität und Kostenreduzierungen den Konkurrenten bereitstehen. Damit ist für jedes Unternehmen lange im Voraus planbar, zu welchem Zeitpunkt es bestimmte neue Technologien eingeführt haben muss, sonst wird es im harten Kosten- und Preiswettbewerb nicht bestehen und in wenigen Jahren aus dem Markt ausscheiden. So sieht z. B. die ITRS vor, dass im Jahr 2016 Waferscheiben mit einem Durchmesser von 450 mm und Chipstrukturgrößen von 22 nm im Wesentlichen Industriestandard sein werden.

Die gleiche Situation stellte sich gegen Ende der 90er Jahre. Waferscheiben mit 200 mm Durchmesser und Chipstrukturen von 25 µm waren Standard, der nächste Technologieschritt war vorgezeichnet und es stellten sich folgende Fragen: 1. Lassen sich 300-mm-Scheibengrößen in Massen fertigen? und 2. Schaffen wir es, eine neue Generation von Speicherchips mit einer Strukturgröße von 0,14 µm zu implementieren?

Es ist uns gelungen, aber der Weg dorthin bedurfte einer klaren Zielsetzung, die in den Details Schritt um Schritt geplant und strategisch mit den passenden Schalthebeln durchgesetzt wurde. Die Produktivität steigern, die Kosten verringern, das alles in 12 bis 15 Monaten, um sich gegenüber der Konkurrenz durchzusetzen – darum ging es beim Übergang von der 200- zur 300-mm-Produktion.

Entscheidend für den Erfolg war das Joint Venture mit Motorola im Jahr 1998. Diese Kooperation führte zum weltweit ersten 64-Megabit-Chip in 0,25-μm-Technologie auf einem 300-mm-Wafer im Herbst 1999. Noch im gleichen Jahr wurde die Produktion von 256-Megabit-Chips – auf 300-mm-Wafern, in 0,20-μm-Technik – erfolgreich realisiert.

Die Summe dieser Erfahrungen und das fortgesetzte Vertrauen in unsere Kreativität war übrigens auch die Voraussetzung, um mit anderen Partnern eine Allianz zu bilden: mit der Messe Leipzig GmbH und M+W Zander.

Infineon Technologies ist es mit diesem Strategiekonzept – mit einer zuvor exakt abgesteckten Timeline – zu Beginn des neuen Jahrtausends auch gelungen, die Massenfertigung von 256-Megabit-Chips auf einem 300-mm-Wafer in einer Strukturgröße von 0,14 μm zu verwirklichen. Wie konnte das funktionieren? Im Herbst 2001 – nach einer Vorbereitungsphase von nahezu zwei Jahren und einer Investition von 1,1 Milliarden EUR – begann die Massenproduktion in unserer neuen Fertigungsstätte in Dresden. Dort werden mittlerweile pro Monat 26.000 Wafer hergestellt, der Gewinnvorteil liegt bei 30 Prozent.

Aber was wäre ein zeitgemäßes Unternehmen ohne ein Netzwerk, das weltweit verschiedene Produktionsstätten miteinander verbindet? Die Idee, Fabrikationsressourcen in Europa, in den USA und Asien miteinander zu verbinden, nahm bereits 1998 erste Konturen an: Synchronisierte Prozesse bei der Entwicklung, Produktion und durch identische Qualitätsstandards sollten global definiert werden.

Heute ist diese Vision – Know-how-Sharing unter Experten rund um die Welt – bei der Produktion der jüngsten Generation von 300-mm-Scheiben in einer Strukturgröße von 0,14 μm bereits Realität. Das „Goldene Dreieck", wie wir es mitunter salopp bezeichnen, verbindet die Produktionsstätten in Dresden (Deutschland), Richmond/Virginia (USA) und Hsinchu (Taiwan).

Das Erreichen dieses Ziels stellte für die Mitarbeiter von Infineon Technologies zweifellos eine große Herausforderung dar, bei der oft sehr hohe Hürden zu nehmen waren; zumal wenn man bedenkt, dass sich die Marktlage ab dem Jahr 2000 weltweit drastisch verschlechterte. Dennoch haben wir an unseren Planungen festgehalten, das notwendige Investitionsvolumen aufrechterhalten und die Arbeiten zur Technologieeinführung und zum Werksaufbau in Dresden zeitgleich abgeschlossen. Dass diese Anstrengungen und erheblichen finanziellen Aufwendungen auch in Krisenzeiten richtig waren, lässt sich daran ablesen, dass Infineon heute das einzige Unternehmen weltweit ist, das mit dieser neuen Technologie in großen Volumina und mit technologischem Vorsprung produziert und eine Kostenreduktion von etwa 30 Prozent pro Chip erreicht hat. Alle anderen Halbleiterunternehmen haben sowohl die Investitionen, die Technologieeinführung als auch das Durchschreiten der „Learning Curve" noch vor sich.

7. Corporate Research: Radikale Innovationen, der Blick nach vorn

Es ist selbstverständlich, dass ein wissenschafts- und technikintensives Unternehmen wie Infineon sich nicht nur auf stufenweise Innovationen verlassen kann, sondern auch völlig Neues abseits bisheriger Wege schaffen muss, wenn der Wettlauf um erfolgreiche Innovationen gewonnen werden soll. Infineon unterhält dazu eine Forschungsabteilung, in der Wissenschaftler, Ingenieure, Doktoranden und Diplomanden an grundlegenden Themen der Physik, Chemie, Materialwissenschaft, Datenverarbeitung und Verfahrenstechnik arbeiten und erheblichen Freiraum dabei genießen. In einer sorgfältigen Mischung aus völlig freien Themen, risikoreichen, aber vielversprechenden Gebieten und schließlich Grundlagenarbeiten im Rahmen unserer „Technology Roadmap" bearbeitet Corporate Research Themenfelder, die im weitesten Sinne an Halbleiter, Datenübermittlung und Informationsverarbeitung anschließen. Schwerpunkte bilden hier Untersuchungen z. B. zur Nanotechnologie, Bio- und molekularen Elektronik, Photonik, Mensch-Maschine-Kommunikation, innovativen Prozessorarchitekturen und anderem.

Es ist ein Erfahrungswert und zahlreiche Unternehmensgeschichten lehren uns, dass der menschlichen Neugier Raum zur Entfaltung gegeben werden muss und gerade aus dem Antrieb „Neugier" sind eine Reihe von bahnbrechenden, radikalen Innovationen entstanden. Nur aus der frühzeitigen Verbindung von kreativer Forschung mit industriellen Fertigungsmethoden können sowohl die Neugier ihren Platz finden wie auch Marktpotenziale realisiert werden. Außerdem legen wir großen Wert auf eine verlässliche und kontinuierliche Finanzierung dieser Arbeiten, denn Wissenschaft, und damit Neugier und Kreativität, kann man nicht nach Belieben an- und ausschalten. Es war eine bewusste und Zeichen setzende Entscheidung, unser Budget für Corporate Research trotz der Krisenjahre seit 2000 nahezu unverändert zu belassen, während viele andere Unternehmensbereiche zum Teil erhebliche Budgetkürzungen verkraften mussten.

Wo sind die Resultate mit praktischem Mehrwert auszumachen, die auch einmal als „Spielwiese" in den Köpfen der Forschungsschmieden von Infineon Technologies begonnen haben? Bei denen es viele physikalische und realisierungsfremde Barrieren zu überwinden gab? Im Folgenden seien einige Beispiele der Ergebnisse aufgezeigt.

7.1 Exkurs 1 – Was sind „Wearable Electronics"?

Unsere Kleidung spielt im täglichen Leben eine große Rolle, nicht zuletzt als Identität stiftender, kultureller Faktor im Bereich Lifestyle. In der geschickten Verquickung von Textilien und Mikroelektronik steckt mit dem Know-how von Infineon Technologies noch viel mehr dahinter: Healthcare, Fun, Entertainment, Kommunikation und Sicherheit gehen elegante und hilfreiche Symbiosen ein, vom MP3-Player bis zum Plagiatschutz. Ein Beispiel aus dem Bereich Gesundheit: Ein Herzkranker etwa soll Puls, Herzrhythmus und Körpertemperatur überwachen. Am besten liest er die Werte auf dem Display seiner Armbanduhr ab und ein Audiosignal funkt bei Normabweichungen SOS. Genau das schafft ein Silizium-Thermogeneratorchip: Durch die Ausnutzung des Temperaturunterschieds von Körper und Kleidung stellt er so viel Energie bereit, dass die Applikation möglich ist.

7.2   Exkurs 2 – Carbon Nanotubes

Herzstück einer jeden elektronischen Schaltung ist der Transistor, den es gilt, so klein wie möglich zu machen und dabei möglichst auch noch bessere Eigenschaften, z. B. kürzere Schaltzeiten und geringeren Stromverbrauch, zu erzielen. Denkt man diesen Prozess radikal zu Ende, dann landen wir bei Molekülstrukturen mit einer überschaubaren Anzahl von Atomen. Infineon stellt sich dieser Herausforderung und untersucht lineare, einkristalline Röhrenstrukturen aus Kohlenstoffatomen, die so genannten Carbon Nanotubes, die nur wenige Nanometer Durchmesser haben. Diese Tubes übertreffen schon heute entsprechende Siliziumtransistoren in ihren Eigenschaften. Zudem können sie nicht nur halbleitend, sondern auch metallisch hergestellt werden und sind deswegen auch für die unabdinglichen Verbindungsleitungen auf einem Chip geeignet. Entscheidend für die Entwicklung einer brauchbaren Technologie ist aber die parallele Herstellung von exakt gleichen Strukturen mit perfekter Reproduzierbarkeit, so wie man es eben von der Siliziumtechnologie gewohnt ist. Die CPR-Forscher sind auf diesem Weg einen entscheidenden Schritt vorangekommen: Ihnen gelang erstmals die Herstellung von individuellen Carbon Nanotubes mit den Mitteln der Lithografie, wie sie aus der Siliziumtechnologie bekannt ist. Man kann jetzt also eine Molekülstruktur in einen bekannten und beherrschten Prozessablauf einbinden. Nur vordergründig handelt es sich dabei um eine bloße Erweiterung einer bestehenden Technologie, denn das Wachstum der Tubes ist ein sich selbst organisierender Prozess, der typisch für die Nanotechnologie ist. Nicht subtraktive Verfahren mit immer kleineren Strukturen werden hier verwendet, sondern additive, die kleinste Bausteine wie Atome und Moleküle zusammensetzen, ganz wie es die Natur uns vormacht. Dieser „Bottom-up Approach" öffnet uns die Welt der Nanostrukturen und zusammen mit unserem Fertigungs-Know-how werden wir einen ganz neuen Ansatz wagen, den „Chip aus dem Reagenzglas".

7.3   Exkurs 3 – Was ist ein Flow-Thru-Chip?

Durchschnittlich 12 bis 15 Jahre müssen Pharmahersteller derzeit in die Entwicklung und Testphase eines neuen Medikaments investieren. Ein langer Zeitraum, über den manche Heilungschance für die betroffenen Patienten zu spät kommt, etwa bei SARS,

HIV oder jeder anderen Erkrankung. Hier kann der Flow-Thru-Chip von Infineon Technologies wertvolle Hilfestellung leisten. Das Herzstück dieses Biochips ist ein „Labor im Miniaturformat", das optisch auf nur einem Quadratzentimeter zeitgleich die Reaktion von bis zu 400 bekannten Genen auf einen bestimmten Wirkstoff analysiert und somit Rückschlüsse auf die medikamentöse Verträglichkeit zulässt. Doch der Chip kann auch bei Diagnostik viel leisten, etwa wenn es darum geht, entzündliche Prozesse nachzuweisen, Lungen- und Brustkrebs oder in Zukunft neurologische Erkrankungen über DNA-Sequenzen aufzuschlüsseln.

7.4 Exkurs 4 – Neurochip

Radikale Innovation ist immer auf der Suche nach neuen Forschungszielen, auch wenn damit noch kein Anwendungspragmatismus verbunden und der ROI (Return on Investment) für das dahinter stehende Unternehmen noch nicht absehbar ist. Ein positives Beispiel hierfür ist ein für das Max-Planck-Institut für Biochemie in München entwickelter Biosensorchip, bei dem für beide Forschungspartner ein Traum in Erfüllung gegangen ist: Langjährige Grundlagenforschung über hybride Neuron-Halbleitersysteme münden in einen Hightech-Chip. Mit dem Neuro- oder Biosensorchip von Infineon Technologies – auf einem Quadratmillimeter vereinigt er 16.384 hoch empfindliche Sensoren – lassen sich pro Sekunde 32 Millionen extrem schwache Signale von Nervenzellen empfangen. Noch sitzen „primitive Hirnzellen" der Schlammschnecke auf der Hardware, um die störungsfreie Beobachtung von Nervengeweben zu ermöglichen. Der Beginn einer großen Zukunft? Wird es irgendwann mit Hilfe der Chiptechnologie den Neurocomputer geben? In jedem Fall wird es gelingen, sowohl dicht gewachsene neuronale Netze in Kultur als auch Hirnschnitte zu untersuchen.

Das Gehirn verfügt über 100 Milliarden Nervenzellen, jede kann mit 10.000 anderen kommunizieren – das sind mehr als 100 Billionen mögliche Kontaktpunkte (Synapsen). Die Verbindung der Mikrochips der heutigen Generation mit den Neuronen der Schnecke ist ein sich dagegen bescheiden ausnehmender „Klacks". Aber Neurobiologen und Neurochemikern wird – unter der Ägide unserer Biosensorchips – Einblick in die Funktionsweise von Gehirn und Gedächtnis gegeben.

Neben diesen wissenschaftlich-technischen Arbeiten hat aber Corporate Research eine weitere Schlüsselrolle im Unternehmen, die nicht unterschätzt werden darf. Um erfolgreich als Hightech-Unternehmen neue Themen verstehen, innovative Gebiete erschließen und erstklassigen wissenschaftlichen und unternehmerischen Nachwuchs anziehen zu können, müssen wir darauf achten, auch die „Sprache" der Wissenschaft zu verstehen und zu sprechen. D. h., nur wenn ein Unternehmen intern in der Lage ist, die aktuellen wissenschaftlichen und technischen Veröffentlichungen weltweit zu erfassen, zu lesen und auszuwerten, wenn es eigene Mitarbeiter auf Fachkonferenzen schicken und berichten lassen kann, wenn es Erfindungen und Patente anderer erfassen und auswerten kann, wird es ihm auch gelingen, durch zusätzliche eigene Arbeiten an der Spitze der Forschung zu bleiben und die Ergebnisse auch in Innovationen und neue Produkte umzusetzen. Ein Unternehmen, das all dies nicht leistet, wird in kurzer Zeit die „Sprachfähigkeit" verlieren und z. B. neueste wissenschaftliche Veröffentlichungen nicht wahrnehmen und erst recht nicht auswerten können. Ein Unternehmen verliert dann schnell die Fähigkeit, das Potenzial aktueller Entwicklungen zu erkennen und für sich selbst zu nutzen. Ein Unternehmen jedoch, das durch eigene Spitzenforschung, ergänzt durch Kooperationen mit Hochschulen und wissenschaftlichen Einrichtungen, ein aktiver Partner der „Scientific Community" ist, ist auch ein attraktiver Arbeitgeber für Hochschulabsolventen im Bereich Forschung und Entwicklung, woran sich später vielversprechende Managementkarrieren anschließen können. Den Weg der Rekrutierung junger Wissenschaftler und Ingenieure und ihres ersten Einsatzes im Forschungslabor, bevor sie weitere Karrieren in anderen Unternehmensbereichen verfolgen, geht die chemische Industrie im Übrigen seit über 120 Jahren.

8.   Technologische Frühaufklärung, Kooperationen

Daraus ergibt sich, dass Infineon nicht nur Forschung und Entwicklung selbst unternimmt, sondern auch technologische Frühaufklärung betreibt.

Laufend stellen sich uns folgende Fragen: Wo zeichnen sich neue Trends ab? Welche Technologien sind interessant für uns? Wo sind die geografischen Zentren neuer Themen, Entwicklungen, ja ganzer Disziplinen?

Wir sondieren in stetem Prozedere die Entwicklungen und analysieren den eigenen Status in den jeweiligen Technologiemärkten. Dazu unternehmen wir sorgfältige Literaturschau, Konferenzanalysen, Patentauswertungen und auch Kooperationen mit wissenschaftlichen wie mit industriellen Partnern.

Kooperationen in den vielfältigsten Formen sind ein Schlüsselelement unserer Innovations- wie Unternehmensstrategie. So hatten wir im Geschäftsjahr 2002 über 100 Forschungs- und Entwicklungskooperationen mit Hochschulen und außeruniversitären Einrichtungen weltweit, um zusammen mit unseren Partnern neue Themen wissenschaftlich zu bearbeiten und erstklassige Ergebnisse zu erzielen.

Darüber hinaus sind wir zahlreiche Kooperationen in Entwicklung und Produktion weltweit eingegangen, um mit kompetenten Partnern schnell und zu vertretbaren Kosten neue Technologien einführen, neue Werke errichten und neue Märkte erschließen zu können. Zur strategischen Stabilisierung der Wertschöpfungskette bilden wir – mit Global Players wie Cisco, Ericsson, IBM, Matsushita, Nokia, Siemens, Sony, Toshiba – Partnernetzwerke, um gemeinsam Innovationen voranzutreiben und den Mehrwert für alle am Geschehen Beteiligten zu maximieren. Durch das dauernd wachsende, immer komplexer werdende System-Know-how kann sich auch Infineon Technologies „Alleingänge" nicht erlauben.

Zunehmender Kostendruck und sich zeitlich rasch verändernde Kundenbedürfnisse bestimmen hierbei die Rahmenbedingungen. Anders als andere Unternehmen – die sich auf ihren Kernbereich oder einzelne Marktsegmente konzentrieren – gehen wir neue Wege: Wir kreieren ein flexibles Netzwerk für Forschung und Entwicklung entlang der Supply Chain, um unseren Vorsprung in den Kerntechnologien kontinuierlich auszubauen und dabei die eigenen Ressourcen zu optimieren.

Es ist unser Anspruch, weltweit zum maßgeblichen Anbieter von Systemlösungen zu werden. Was brauchen wir dazu? In diesem Fall eine entsprechende Software! Kontinuierlich bauen wir daher unsere Entwicklungszentren für Software und Applikationen in der indischen Hochtechnologie-Metropole Bangalore und an verschiedenen Standorten in China aus.

Es geht darum, unsere Unternehmensorganisation immer dort zu dezentralisieren, wo regionale Präsenz rund um die Welt sowie die Kooperation mit ausgewählten Partnern einen entscheidenden Mehrwert generieren.

9.   „Infineon Ventures GmbH" und „Mergers & Acquisitions"

Ein weiteres Schlüsselelement im Innovationsmanagement ist unsere „Infineon Ventures GmbH", ein Venture-Capital-Unternehmen von Infineon. Seit Oktober 1998 beteiligt sich Ventures mit einem Anteil von bis zu 25 Prozent an jetzt fast 40 jungen Unternehmen weltweit, die vielversprechende Technologien im Bereich Mikroelektronik und Kommunikation entwickeln und vermarkten wollen. Wir agieren hier wie ein klassisches Venture-Capital-Unternehmen, nur mit dem Unterschied, dass wir keine Bank und kein institutioneller Investor sind, sondern selbst ein Unternehmen. Dabei legen wir Wert darauf, uns in einer möglichst frühen Phase der jungen Unternehmen zu engagieren und weitere Partner zu haben. Die Vorteile sind für alle Beteiligten offensichtlich: Die „Start-up-Unternehmen" haben erfahrene und kräftige Partner im Hintergrund, die sie dabei unterstützen, ihre neuen Technologien zu vermarkten und auszubauen. Und wir von Infineon können mit unserer langjährigen Erfahrung in Produktion und Marketing von Mikroelektronikgütern beim Ausbau der Geschäfte unterstützen. Dabei bauen wir weitere Partnernetze auf, die für alle Beteiligten später in weitere Forschungs-, Entwicklungs- und Produktionspartnerschaften übergehen können.

„Mergers & Acquisitions" ist ein ebenso wichtiges Element, um neues Know-how in das Unternehmen zu integrieren. Durch die Übernahme anderer Firmen erreichen wir eine schnelle Integration von wichtigen Technologien und Patenten, die uns selbst noch fehlen, die wir aber nach sorgfältiger Analyse der Märkte, der Wettbewerber und der künftigen Technologien für unerlässlich für unser Unternehmen erachten. Darüber hinaus verschaffen wir uns über die Akquisitionen raschen Marktzutritt in Bereiche, die wir vorher nicht abgedeckt haben. Die Übernahme des norwegischen Sensorenherstellers SensoNor im Mai 2003 z. B. ergänzte Infineons Produktportfolio bei Automobilelektronik um den zukunftsträchtigen Bereich Reifendruck- und Beschleunigungssensoren. Eigene Investitionsrisiken können durch „Mergers & Acquisitions" verringert werden, wenn es darum geht, aufwendige neue Technologien zu entwickeln und zu nutzen.

10. Human Resources und individuelle Karrieremöglichkeiten

Der kreativste Faktor von Infineon Technologies ist ihr Humankapital, das rund um den Globus neue Forschungsansätze verfolgt und mit innovativen Ideen in andere, aussichtsreiche Geschäftsfelder expandiert. Der Grund für dieses Engagement – im Gleichschritt mit vielen kleinen, großen und herausragenden Erfolgen – liegt in dem Anreiz, den wir Mitarbeitern in Schlüsselfunktionen bieten und denjenigen, die eines Tages in sie hineinwachsen. Fachkompetenz und individuelles Know-how sind dabei die tragenden Säulen, um persönliche Karrierepfade einzuschlagen, sei es auf der Managementseite oder im Rahmen der Fachlaufbahn, gerade im wissenschaftlich-technischen Bereich. Flankiert wird diese individuelle Weiterentwicklung von Anfang an durch adäquate Anerkennung der Leistung und eine klare, zu jeder Zeit transparent vorgezeichnete Entwicklungsperspektive.

Als besonders erfolgreich in Bezug auf die Fachkompetenz hat sich in diesem Kontext die von uns eingeführte „Technical Ladder" erwiesen, die Fachexperten erlaubt, als exzeptionelle Wissensarbeiter eine maßgeschneiderte, mehrstufige Karriereleiter parallel zum Topmanagement zu „erklimmen", ohne etwa aus ihrem Forschungsgebiet „aussteigen" und Managementaufgaben übernehmen zu müssen. Denn nicht alle hochkarätigen Ingenieure und Wissenschaftler sind im gleichen Maße begabt, sich um umfangreiche Arbeitsgruppen zu kümmern und große Budgets zu verwalten. Denn genau mit solchen Aufgaben würgt man die Kreativität ab, die in Hightech-Unternehmen so dringend gebraucht wird. Wir eröffnen unseren Wissensarbeitern durch die „Technical Ladder" die Möglichkeit einer gleichrangigen Karriere, parallel zum klassischen Management, ohne durch klassische Managementaufgaben zu sehr gebunden zu werden.

Auf der anderen Seite gibt es die klassische Managementlaufbahn, bei der es von der ersten Stunde an für die Mitarbeiter insbesondere auf die Übernahme von Führungsauf-

gaben ankommt. High Potentials, die im Laufe ihrer beruflichen Entwicklung eine Top-
management-Funktion einnehmen können sowie angehende Projektleiter werden in
Assessmentcentern nach Führungsfähigkeiten und Potenzial beobachtet und beurteilt;
sofern sich eine Befähigung zur Übernahme von Schlüsselpositionen abzeichnet, werden
die Kandidaten in spezielle Entwicklungsprogramme für General Manager integriert und
so auf den internationalen Wettbewerb und die Bedeutung ihrer künftigen Funktion umfassend vorbereitet.

Beim Thema Human Resources möchte ich noch einen Punkt ansprechen, der nicht
zuletzt im Umfeld der viel diskutierten Greencard aufschlussreich ist:

Wir alle kennen die Redewendung: Wenn der Berg nicht zum Propheten kommt, muss
der Prophet zum Berg gehen. Wir haben dieses Postulat bei unserer Personalstrategie
genau in sein Gegenteil verkehrt. Bei uns kommt der Berg zum Propheten. Was meinen
wir damit? Top-Personal, ganz gleich, ob wir im Einzelfall die Management- oder
Fachlaufbahn vorsehen, rekrutieren wir weltweit vor Ort und belassen es in seinem kreativen Umfeld. Wir sind der Auffassung – ermöglicht durch die mediale Vernetzung mit
unserer Konzernzentrale rund um den Erdball –, dass Know-how vor allem dort effizient
Wurzeln schlägt, wo individuelle Strukturen organisch gewachsen sind. Headhunting um
jeden Preis, das damit einhergeht, kluge Köpfe ausschließlich an uns vor Ort in
Deutschland zu binden, ist bei uns nicht prioritär und widerspricht vielen unserer Erfahrungswerte.

Unser Konzept hat sich ausgezahlt: Mittlerweile verfügen wir über 30 Development-
Standorte auf der ganzen Welt, an denen das Personal daran arbeitet, neue Forschungs-
und Geschäftszweige zu eröffnen und vielversprechende Ideen direkt zu realisieren und
mit der Mutterzentrale in München und unseren Partnern weltweit abzugleichen.

11. The Final Frontier: Erfolg im Paradigmenwechsel der Halbleiterindustrie

Neben all diesen organisatorischen Fragen kommt eine völlig neue strategische Herausforderung für die Halbleiterindustrie dazu, die nichts weniger als einen Paradigmenwechsel ankündigt. Über 40 Jahre lang galt das Paradigma, dass kleinere, schnellere,
leistungsfähigere Speicherchips und Prozessoren ihren Markt von selbst finden und prinzipiell keine Absatzschwierigkeiten haben. Zwar war man zyklische Markteinbrüche
gewohnt und hatte gelernt, sich auf sie einzustellen. Die bisherigen Zyklen haben aber
die Grundgesetze unserer Industrie, nämlich Verkleinerung, Leistungssteigerung und
Verbilligung der Produkte, nicht außer Kraft gesetzt, denn im nächsten Aufschwung
galten sie wieder unverändert.

Der Markteinbruch des Jahres 2001 mit seiner bisher ungekannten Tiefe und Länge, in dessen Folge die Halbleiterindustrie weltweit über 32 Prozent ihres Umsatzes einbüßte und sich bis 2003 nicht signifikant erholte, hat aber deutlich gemacht, dass das Paradigma „Technology sells" allein nicht mehr gültig ist. War es jahrzehntelang selbstverständlich, dass kleinere und leistungsfähigere Chips und Schaltungen sofort vom Markt absorbiert wurden und neue Anwendungen überhaupt erst ermöglichten, wie z. B. Computer-Notebooks, Mobiltelefone, DVD-Player, Digitalkameras und Hand-held Computer, stellen wir heute grundlegende Veränderungen in den Märkten fest.

Heute entscheiden nicht mehr technische Parameter über die Akzeptanz und den wirtschaftlichen Erfolg eines neuen Produkts. Technische Parameter bieten *notwendige*, aber nicht *hinreichende* Erklärungsfaktoren für den kommerziellen Erfolg neuer Produkte aus der Halbleiterindustrie. Vielmehr sind heute der Verwendungszusammenhang und die Bedeutungszuschreibung neuer Produkte, ihre Markenkultur, die damit einhergehenden Moden und der „Lifestyle" die entscheidenden Kriterien dafür, ob sich ein Produkt erfolgreich am Markt durchsetzt. Technische Kriterien wie Megahertz, Speicherfähigkeit, Bildauflösung und Datenübertragungsrate sind unabdingbar für neue Konsumprodukte, deren Grundlagen die Halbleiterindustrie zunehmend herstellt. Solche neuen Produkte dokumentieren aber auch ein Gefühl des „Dabeiseins", ein Zugehörigkeitsgefühl, sie vermitteln bestimmte kulturelle Codes, Werte und Signale. Erfolgreiche Hightech-Produkte werden künftig in viel größerem Maß kulturelle und modische Faktoren berücksichtigen müssen, gleichzeitig aber ihre technische Funktionalität immer weiter verbessern und die Bedienerfreundlichkeit erhöhen müssen.[2]

Das bedeutet, dass Halbleiterunternehmen vermehrt nicht mehr einzelne Komponenten oder Bausteine für größere Produkte herstellen, sondern zunehmend umfassende Systeme und Systemlösungen, die aus Bauteilen, Software und Service bestehen werden. Daraus ergibt sich, dass mehr als früher ein Endkundenverständnis nicht nur erreicht, sondern von Anfang an in die Systemplanungs- und -konzeptionsphase integriert werden muss.

Für das Innovationsmanagement eines Hightech-Unternehmens ergeben sich aus diesen Verschiebungen der Märkte und der Kaufgewohnheiten essenzielle Unterschiede und neue Herausforderungen im Vergleich zur bisherigen Innovationspolitik. Denn zum einen müssen wie bisher die technischen Fortschritte gemeistert werden, was angesichts eines Vordringens in den Nanometerbereich bei den Chipstrukturen eine Herausforderung an die wissenschaftlich-technische Expertise und an die Finanzkraft des Unternehmens darstellt. Zum anderen müssen neue Faktoren wie kulturelle Prägungen und Vorlieben der Konsumenten im Innovationsprozess berücksichtigt werden, die mit der Technik zunächst nichts zu tun haben. Dann müssen die nationalen und regionalen Unterschiede in der Ausprägung kultureller Werte und Handlungsmuster in den Innovationsprozess einfließen. Und schließlich müssen die am Innovationsprozess beteiligten Mitarbeiter wesentlich mehr Faktoren als nur technische Parameter in ihre Arbeit einbeziehen und dazu noch auf die regionalen Unterschiede eingehen. Daraus wird deutlich, dass sich im Innovationsprozess die Anforderungen an die Teams erheblich verändern werden und auch die bisherigen Ausbildungsmuster, vornehmlich Ingenieurstudien, nur noch einen Teil der notwendigen Voraussetzungen abdecken. Entsprechend werden sich auch die Aufgaben an alle am Innovationsprozess beteiligten Unternehmensbereiche und auch an das Marketing grundlegend verändern.

Das Verständnis, dass Innovation lediglich ein Fortschreiten der Technik ist, war von jeher irreführend. Innovation bezieht selbstverständlich auch neue Geschäftsmodelle, neue Wertschöpfungsketten und das Erschließen neuer Märkte ein, um die Volatilität des bisherigen Halbleitermarkts zu mildern. Vor nichts anderem als diesen Umbrüchen steht heute die Halbleiterindustrie.

Über 40 Jahre hat die Halbleiterindustrie bewiesen, dass sie bisher alle technischen Herausforderungen gemeistert hat. Vielleicht ist dieser Paradigmenwechsel eine noch größere Herausforderung. Aber auch hier gilt: Innovation beginnt in den Köpfen und wer die Zeichen der Zeit früh erkennt, sich darauf einstellt und danach handelt, hat schon einen guten Vorsprung vor anderen.

Referenzen

[1] Vgl. MOORE, G. (1965).

[2] Vgl. WENGENROTH, U. (2001).

Literaturverzeichnis

MOORE, G. (1965): Electronics 38, 19. April 1965.

WENGENROTH, U. (2001): Vom Innovationssystem zur Innovationskultur. Perspektivwechsel in der Innovationsforschung, in: ABELE, J., BARKELEIT, G., HÄNSEROTH, T. (Hrsg.): Innovationskulturen und Fortschrittserwartungen im geteilten Deutschland, Köln: 2001, S. 23 – 32.

Thomas Weber

Innovationen auf der nächsten S-Kurve – Das Beispiel der Brennstoffzelle

Dr. Thomas Weber ist Stellvertretendes Mitglied des Vorstands der DaimlerChrysler AG.

1. Die Brennstoffzelle – Eine „Disruptive Technology"

Manche Innovationen sind so weitreichend, dass sie nicht nur Bestehendes verbessern, sondern für Anwender und Hersteller den Anfang einer neuen „S-Kurve" markieren. Das Konzept der S-Kurve von McKinsey visualisiert den Lebenszyklus einer Technologie von der Entstehungsphase bis zu ihrer Ablösung durch eine neue Technologie: Nach FOSTER[1] beschreibt dabei das Verhältnis zwischen der Leistungsfähigkeit (bzw. dem Kundennutzen) und dem erforderlichen F&E-Aufwand eine S-Kurve (vgl. Abbildung 1), denn die Leistungsfähigkeit lässt sich zu Anfang durch F&E-Aufwand relativ stark steigern, während in einem reifen Entwicklungsstadium relativ hoher Aufwand erforderlich ist, um auch nur geringfügige Verbesserungen zu erreichen. Spätestens in dieser Phase haben Forschung und Entwicklung somit die Aufgabe, Erkenntnisse der Grundlagenforschung oder aus anderen Applikationen einzusetzen, um Alternativen zu den etablierten Lösungen zu prüfen.

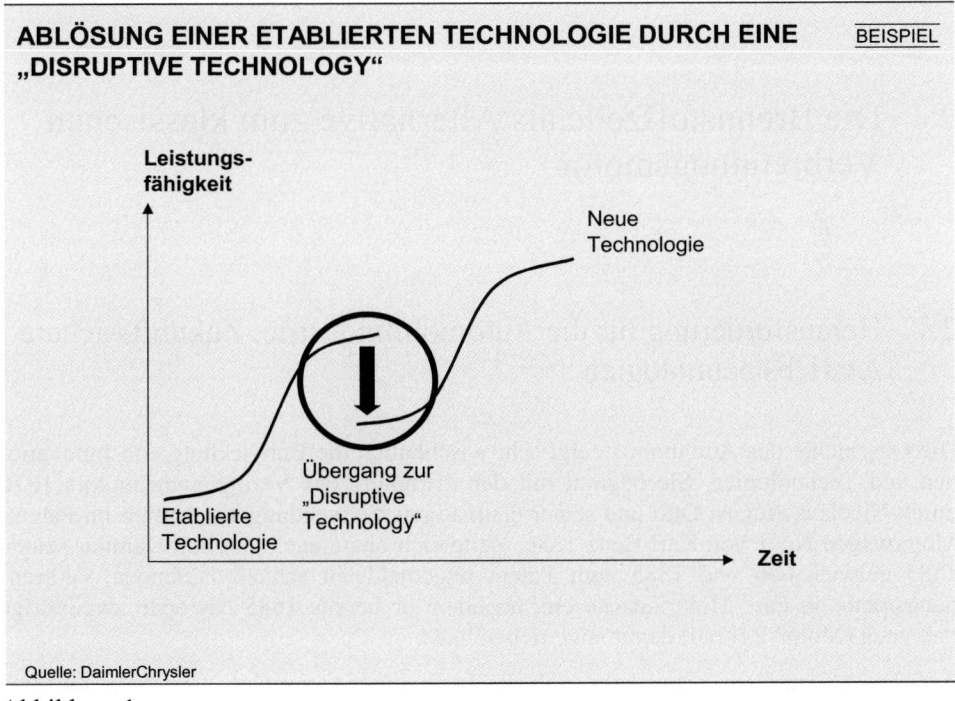

ABLÖSUNG EINER ETABLIERTEN TECHNOLOGIE DURCH EINE „DISRUPTIVE TECHNOLOGY" BEISPIEL

Quelle: DaimlerChrysler

Abbildung 1

An den Überlagerungspunkten der beiden S-Kurven erreichen etablierte Technologien ihren Zenit, können sich also nicht mehr weiterentwickeln – gleichzeitig entstehen auf niedrigerem Niveau neue, grundsätzlich verschiedene Technologien, die unter Umständen hohes Potenzial mitbringen und die etablierte Technologie vollständig ablösen (so genannte Durchbruchstechnologien, englisch *„Disruptive Technologies"*). Eine weitere Steigerung der Leistungsfähigkeit ist dann nur noch durch Übergang auf die neue Technologie zu erreichen. Dies kann sich innerhalb von etablierten Unternehmen abspielen – häufig entstehen daraus aber auch ganz neue Industrien.

Die Brennstoffzelle (BZ) ist ein Beispiel für eine solche Durchbruchstechnologie, bei deren Entwicklung DaimlerChrysler seit vielen Jahren als Schrittmacher fungiert. Dennoch vereint sie beide Entwicklungspfade in sich – denn ihr Aufgreifen durch die etablierte Automobilindustrie könnte durchaus zur Schaffung ganz neuer Industrien mit neuen Kompetenzen, Aufgabenfeldern und Produkten führen. Wir befinden uns hier mitten in einem Veränderungsprozess, dessen Tragweite derzeit noch nicht abschätzbar ist.

Wie dieser Prozess bisher verlaufen ist, welche Chancen sich eröffnen und welche Strategien DaimlerChrysler dabei einschlägt, soll der vorliegende Beitrag aufzeigen – ergänzt um einen Ausblick auf die Herausforderungen, die in der Zukunft zu meistern sein werden.

2.   Die Brennstoffzelle als Alternative zum klassischen Verbrennungsmotor

2.1   Herausforderung für die Automobilindustrie: Zukunftssichere Antriebstechnologien

Die Geschichte des Automobils zeigt sehr anschaulich die Entwicklung von Innovationen und Technologien. Sie beginnt mit der Erfindung des Verbrennungsmotors 1876 durch Nicolaus August Otto und seiner erstmaligen Verwendung als Antrieb im Patent-Motorwagen Nr. 1 von Karl Benz 1886. Zeitgleich baute auch Gottlieb Daimler seinen 1883 entwickelten und 1885 zum Patent angemeldeten schnell laufenden Verbrennungsmotor in eine Motorkutsche ein, nachdem er bereits 1885 das erste zweirädrige Fahrzeug (Motor-Reitrad) damit angetrieben hatte.

Auf dieser Grundlage entwickelte sich die Innovation Automobil – ein revolutionäres Produkt, das das menschliche Bedürfnis nach Mobilität auf ganz neue Art befriedigen konnte. Nach Einführung der Serienproduktion durch Henry Ford um 1910 entstand eine völlig neue Industrie mit sehr vielen Arbeitsplätzen. Für manche Länder – darunter Deutschland und die USA – wurde diese Branche einer der wichtigsten Eckpfeiler der Volkswirtschaft.

Heute ist das Auto ein ausgereiftes, technisch hochwertiges Produkt, das den spezifischen Anforderungen der Kunden immer besser gerecht wird. Neben dem ursächlichen Bedarf nach reiner Ortsveränderung oder Bewältigung von Transportaufgaben sind weitere Anforderungen hinzugekommen: Komfort, Sicherheit, Leistung, Design. Durch ständige Verbesserungen in diesen Bereichen müssen Automobilunternehmen nicht nur den Anforderungen des Markts, sondern auch ihrer Verantwortung gegenüber Umwelt und Gesellschaft gerecht werden. Aktuelle Herausforderungen sind die weitere Erhöhung der passiven und aktiven Sicherheit, Anwendungen der Telematik und nicht zuletzt die Verbesserung des Umweltschutzes: Im Mittelpunkt steht hier die Reduzierung des Verbrauchs und damit die Verringerung der Schadstoffemissionen – insbesondere des CO_2-Ausstoßes.

Die Vision eines schadstofffreien und umweltverträglichen Verkehrs führt zu immer neuen Innovationen, die sich auch in der Weiterentwicklung des Antriebsstrangs widerspiegeln: Die klassischen Otto- und Diesel-Verbrennungsmotoren haben technisch einen derart hohen Stand erreicht, dass ihre Leistungsfähigkeit die theoretisch möglichen Wirkungsgrade von Wärmekraftmaschinen schon fast erreicht. Ihr Hauptnachteil aber liegt in der Abhängigkeit von fossilen Energierohstoffen: Diese setzen neues Kohlendioxid frei, dessen Einfluss auf die Umwelt – wenn auch wissenschaftlich noch umstritten – als stark negativ angenommen wird. Mit regenerativen Energiequellen ist das Problem zu umgehen: Insbesondere biogene Energierohstoffe (Pflanzenöl, Zucker oder Stärke, aber auch Holzabfälle und Stroh sowie andere pflanzliche Materialien), die in biosynthetische Kraftstoffe umgewandelt werden, sind bei ihrer Verbrennung im klassischen Motor CO_2-neutral, denn sie setzen lediglich das Kohlendioxid frei, das sie der Atmosphäre beim Wachstum entnommen haben. Der klassische Verbrennungsmotor hat also durchaus noch Zukunftspotenzial.

Dennoch – und angesichts der nahezu erreichten Leistungsgrenzen – sucht man bereits nach weitreichenderen Alternativen. Ziel ist es, eine wirksame Kombination aus (regenerativem) Energierohstoff und maximalem Wirkungsgrad der Energiewandlung zu finden.

2.2   Mögliche Zukunftslösung: Die Brennstoffzelle

Auf der Suche nach alternativen Antriebstechnologien hat sich eine Vision herauskristallisiert: eine mit Wasserstoff betriebene Brennstoffzelle, welche elektrisch angetriebene Fahrzeuge mit Strom versorgt.

Wasserstoff ist kein Primärenergieträger, sondern muss aus möglichst regenerativen Energierohstoffen (z. B. Wasser- und Windenergie, Biomasse oder Solarenergie) gewonnen werden. Da es aber bei jeder Energiewandlung auch zu Energieverlusten kommt, ist es unerlässlich, dass im Fahrzeug ein möglichst hoher Wirkungsgrad erzielt wird. Dies ist derzeit nur in Brennstoffzellen-Fahrzeugen möglich – mit Wasserstoff betriebene Verbrennungsmotoren würden diesen hohen Wirkungsgrad nicht erreichen. Ein weiterer wesentlicher Vorteil der Brennstoffzelle ist die vollständige Emissionsfreiheit.

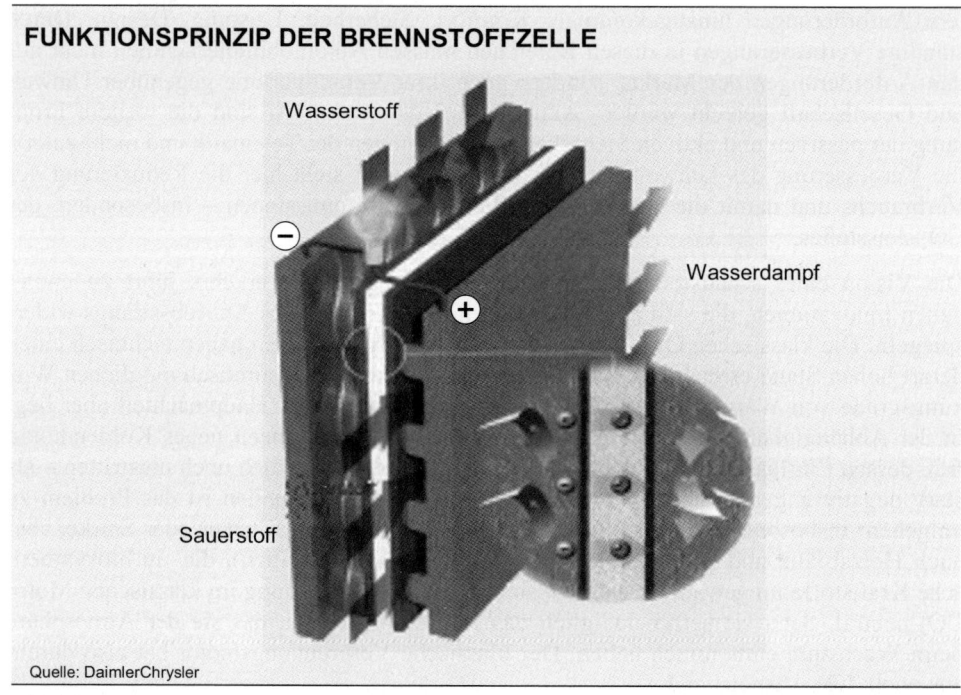

Abbildung 2

Das Funktionsprinzip der Brennstoffzelle (vgl. Abbildung 2) ist die Umkehrung der Elektrolyse: Bei der Elektrolyse wird mit Hilfe von elektrischem Strom Wasser in seine Bestandteile Wasserstoff und Sauerstoff zerlegt. Der Prozess benötigt Energie. In der Brennstoffzelle dagegen verbindet sich der "Brennstoff" Wasserstoff mit dem Sauerstoff aus der Luft zu Wasser; dabei wird chemische Energie frei, welche direkt in elektrischen Strom umgewandelt wird. Im Gegensatz zur Knallgasreaktion ($2H_2 + O_2 \rightarrow 2H_2O$), bei der die beiden Gase explosiv miteinander reagieren, läuft der Vorgang in der Brennstoffzelle in zwei räumlich getrennten Reaktionsschritten ab.

Prinzipiell ist das ein wesentlich eleganterer und effizienterer Weg, elektrische Energie zu produzieren, als in Wärmekraftmaschinen einen Brennstoff zu verbrennen, dadurch Bewegungsenergie zu erzeugen und diese dann in einem Generator in Strom umzuwandeln. Da der Wirkungsgrad bei der Brennstoffzelle nicht thermodynamisch beschränkt ist, kann deutlich mehr elektrische Energie aus den jeweiligen Brennstoffen erzeugt werden als in konventionellen Kraftwerken. Für technische Anwendungen werden üblicherweise viele Einzel-(Brennstoff-)Zellen zu einem so genannten Brennstoffzellen-Stack gestapelt, um höhere Spannungen und Leistungen zu erreichen.

2.3 Seit dem 19. Jahrhundert im Gange: Die wissenschaftlichen Vorarbeiten

Das Funktionsprinzip der Brennstoffzelle – die Umwandlung von chemisch gebundener Energie in Elektroenergie („Galvanische Gasbatterie") – wurde bereits 1839 von dem englischen Naturwissenschaftler Sir William Robert Grove und dem Deutschen Christian Friedrich Schönbein erkannt.[2]

Die Weiterentwicklung der umgekehrten Elektrolyse scheiterte jedoch an Werkstoffproblemen und am damaligen Wissensstand über elektrochemische Vorgänge, und dann ließ die Erfindung der Dynamomaschine durch Werner von Siemens 1866 das Interesse weiter schwinden. 1897 entwickelte Walther Herrmann Nernst die so genannte Nernst-Masse, welche als Elektrolyt (die beiden Elektroden trennende Membran) für Brennstoffzellen diente. Auf ihr basieren die heutigen Hochtemperatur-Brennstoffzellen.

Mit den zunehmenden Fortschritten in der Elektrochemie und der Werkstofftechnologie eröffneten sich wieder neue Perspektiven: In den 30er Jahren des 20. Jahrhunderts realisierte Francis T. Bacon die erste praktikable alkalische Zelle; bis Anfang der 90er Jahre gab es dann weitere Forschungs- und Entwicklungsarbeiten, die jedoch nicht zu kommerziellen Anwendungen führten. Die Herstellungs- und Betriebskosten waren schlichtweg zu hoch, die Wirkungsgrade zu gering. Allerdings gab es ausgewählte Anwendungen in Raumfahrt und Militär, wie z. B. die Polymerelektrolytmembran-Brennstoffzelle (PEM-BZ) von General Electric, die seit 1965 in den Gemini- und Apollo-Raumschiffen elektrischen Strom und Wasser generierten. Selbst allererste mit Strom aus Brennstoffzellen angetriebene Fahrzeuge wurden realisiert, wie beispielsweise der Electrovan von General Motors (1967)[3] oder ein von Karl Kordesch/TU Graz umgebauter Austin A40 (1970).[4]

Um 1970 sank das Interesse an der Brennstoffzelle vorübergehend, einerseits auf Grund des verbreiteten Einsatzes von Kernenergie, andererseits wegen der scheinbar ausreichenden fossilen Brennstoffe – bis die Energiekrise 1973 einen erneuten Wandel bewirkte. Japan förderte daraufhin die Entwicklung der Schmelzkarbonat-Brennstoffzelle innerhalb seines „Moonlight-Programms".

Im Laufe der 80er Jahre nahm das Interesse an der Brennstoffzelle wieder zu: Das allgemein wachsende Umweltbewusstsein führte zur verstärkten Suche nach nicht fossilen Energieträgern außerhalb der Kernenergie. Mitte der 80er Jahre erhielten gleichzeitig mehrere Firmen in den USA und Kanada größere öffentliche Aufträge für zivile und militärische Brennstoffzellen-Anwendungen (beispielsweise zur Bordstromerzeugung und für den geräuschlosen Antrieb von nicht nukleargetriebenen U-Booten) – damit wurden die Forschungen zum Thema weiter vorangetrieben.

Unter den Unternehmen, die sich stark in der Brennstoffzellen-F&E engagierten, erreichte die Firma Ballard Research (heute Ballard Power Systems) mit ihren PEM-Brennstoffzellen zu diesem Zeitpunkt unerwartet hohe Leistungsdichten. PEM steht für Polymerelektrolytmembran – eine der fünf etablierten Brennstoffzellen-Technologien, die sich hinsichtlich der verwendeten Elektrolytmembran bzw. ihres Säure-Basen-Milieus unterscheiden. Die vier anderen sind die alkalische Brennstoffzelle (AFC), die phosphorsaure Brennstoffzelle (PAFC), die Schmelzkarbonat-Brennstoffzelle (MCFC) und die oxidkeramische Brennstoffzelle (SOFC).

Derzeit befindet sich die BZ-Technologie für automobile Anwendungen immer noch in der Entstehungsphase. DaimlerChrysler und andere Industrieunternehmen sind in Kooperation mit wissenschaftlichen Einrichtungen derzeit in ihren Forschungs- und Entwicklungsabteilungen mit Hochdruck dabei, die Technologien für einen erfolgreichen Einsatz der Brennstoffzelle in Transport, stationärer Energieerzeugung und portablen elektronischen Geräten zu entwickeln.

3. DaimlerChrysler – Technologieführer beim Brennstoffzellen-Antrieb

3.1 Zentrales Betätigungsfeld der Forschung: Innovationen in der Antriebstechnik

Ein Unternehmen kann nur dann einen Spitzenplatz im Wettbewerb behaupten, wenn es einer überzeugenden langfristigen Strategie folgt. Das trifft ganz besonders auf DaimlerChrysler zu – einen der führenden und traditionsreichsten Automobilhersteller weltweit. Die Unternehmensstrategie stützt sich deshalb auf vier Säulen: globale Präsenz, eine breite Produktpalette, attraktive Marken sowie Innovations- und Technologieführerschaft. Als Kernherausforderungen im Rahmen der technologischen Zukunftssicherung sieht DaimlerChrysler drei Themen, die nur durch kontinuierliche Innovation gemeistert werden können: „Fortschrittliche Antriebstechnik", „Unfallfreier Verkehr" und „Fahrzeuge von morgen". Vorausschauendes Denken und möglichst zielgenaue Einschätzung künftiger Rahmenbedingungen und Technologien sind daher zentrale Bestandteile der Unternehmensstrategie – damit ist DaimlerChrysler quasi prädestiniert, sich mit einem Zukunftsthema wie der Brennstoffzelle zu beschäftigen.

Die Forschung von DaimlerChrysler leistet wichtige Vorarbeiten für künftige Entwicklungsprojekte. Dort werden Forschungsarbeiten auf sieben Kerntechnologiefeldern vorangetrieben: Antriebstechnologie, Fahrzeugaufbau und Mensch-Maschine-Interaktion, Werkstofftechnologie, Produktionstechnologie, Intelligent Transportation Systems (IST), Software- und Prozesstechnologie sowie Elektronik und Mechatronik. Die Forschung generiert kreative Ansätze und liefert Lösungen für bereits bekannte, aber auch erst in der Zukunft liegende Problemstellungen. Diese werden bewertet und gegebenenfalls in Demonstratoren oder Forschungsfahrzeugen getestet. Bei Eignung einer Technologie wird diese in der Forschung auf Konzept- oder Prinziptauglichkeit entwickelt – erst dann kann sie in die Entwicklungsabteilung transferiert werden, um dort in die Serienentwicklung einzugehen. Dabei müssen Ideen und Technologien aus den verschiedenen betroffenen Fachgebieten zusammengeführt und dann in interdisziplinären Projekten umgesetzt werden. Der beschriebene Prozess läuft nicht sequenziell ab, sondern in Form eines integrierten F&E-Managements: Experten aus Forschung, Entwicklung, Produktion und Vertrieb werden frühzeitig zusammengeführt, um gemeinsam Meilensteine festzulegen und diese dann umzusetzen.

Der Fahrzeugantrieb ist eines der wichtigsten Kerntechnologiefelder. Die Herausforderung besteht darin, weltweit steigende Mobilität und globalen Umweltschutz immer besser in Einklang zu bringen. So zwingen politische Vorgaben zur sukzessiven Reduzierung der Emissionen – insbesondere von Kohlendioxid, das im Verdacht steht, als Treibhausgas zu wirken.

DaimlerChrysler verfolgt auf dem Kerntechnologiefeld Fahrzeugantrieb drei Stoßrichtungen:

- *Verbrennungsmotor:* Angesichts von weltweit 40 Millionen Pkws und 17 Millionen Nutzfahrzeugen, die jährlich neu auf die Straße kommen – derzeit noch fast ausschließlich mit klassischem Verbrennungsmotor – bleibt es erstrangige Aufgabe, diesen Antriebsstrang kontinuierlich weiterzuentwickeln. Trotz des sehr hohen Entwicklungsstands gibt es doch neue Ansätze in Thermodynamik, Einspritzung, Verbrennung, Aufladung, Reibung und Verschleiß oder Abgasnachbehandlung, welche dazu beitragen können, die Aufgabenstellung „Fahrzeugantrieb mit geringerem Kraftstoffverbrauch und niedrigen CO_2-Emissionen" immer besser zu erfüllen. Eine der Voraussetzungen dafür sind verbesserte Kraftstoffe, beispielsweise schwefelarme bzw. schwefelfreie Benzine und Dieselöle. Durch flächendeckende Einführung sauberer – auch CO_2-neutraler – alternativer Kraftstoffe (wie beispielsweise biosynthetischer Designer-Kraftstoff aus überschüssiger Biomasse bzw. aus Pflanzen von Flächen, die nicht für die Landwirtschaft genutzt werden) könnten schädliche Emissionen sogar ohne konstruktive Veränderungen am Verbrennungsmotor – und damit auch für bestehende Fahrzeugflotten – drastisch verringert werden.

- *Neue Antriebstechnologien:* Weiter in die Zukunft reichen die Überlegungen, die von der Endlichkeit der fossilen Energierohstoffe ausgehen: In diesem Fall müssen neue Antriebstechnologien auf nicht fossiler Basis zur Verfügung stehen. DaimlerChrysler sieht Potenzial insbesondere im Einsatz von Wasserstoff, den die Fahrzeuge der Zukunft dann an Bord speichern und in Antriebsenergie umsetzen. Für die Energiewandlung bieten sich prinzipiell zwei Technologien an: die Verbrennung des Wasserstoffs im klassischen Verbrennungsmotor oder die Stromgewinnung an Bord mittels einer Brennstoffzelle und des Elektromotors. Bereits eine grobe Abschätzung des Wirkungsgrads zeigt eindeutig die Überlegenheit des Brennstoffzellenantriebs. Deswegen favorisiert DaimlerChrysler diese Antriebsart, gleichwohl sie am weitesten in der Zukunft liegt.

- *Hybridantrieb:* Als dritte Stoßrichtung, die DaimlerChrysler als „Bridging Technology" zwischen diesen beiden Forschungsrichtungen zur Antriebstechnologie verfolgt, könnte der Hybridantrieb eine gewisse Bedeutung gewinnen. Er kombiniert zwei unterschiedliche Antriebssysteme – in der Regel einen Verbrennungs- mit einem Elektromotor – so, dass die spezifischen Vorteile beider bei unterschiedlichen fahrdynamischen Anforderungen gezielt genutzt werden können: Beispielsweise kann der Elektromotor bei Start- und schnellen Beschleunigungsvorgängen zusätzliche Antriebsleistung bereitstellen und durch Rekuperation Bremsenergie in elektrische Energie zurückwandeln. Auf diese Weise lassen sich der Kraftstoffverbrauch und damit auch der CO_2-Ausstoß deutlich senken. Nachteile des zusätzlichen Aggregats liegen zum einen im höheren Fahrzeuggewicht, zum anderen im höheren Preis – dieser hat bisher die Akzeptanz bei den Kunden weitestgehend verhindert. Weitere Verbesserungen in Technologie und Wirtschaftlichkeit der Hybridtechnologie werden den Weg für eine zukünftige Serienfertigung bereiten.

3.2   Technologische Vorreiterrolle: Entwicklung der ersten Brennstoffzellen-Fahrzeuge

DaimlerChrysler versteht sich von jeher als Pionier im Automobilbau und Fahrzeuggeschäft. Da die Brennstoffzelle das grundsätzliche Potenzial hat, den Verbrennungsmotor abzulösen, entschied die damalige Daimler-Benz AG (DB) bereits Anfang der 80er Jahre, in der Forschung ein erstes Fahrzeug mit Brennstoffzellen-Antrieb zu Test- und Demonstrationszwecken aufzubauen – ein klares Signal an Wettbewerber und Öffentlichkeit, dass sie sich hier als Technologieführer positionieren wird. Für eine effiziente und schnelle Realisierung wurde eine Kooperation mit Ballard Research gewählt, dem damals führenden Entwickler von PEM-Brennstoffzellen.

Entscheidend für schnelle Anfangserfolge war die enge Zusammenarbeit zwischen verschiedensten Disziplinen und Kompetenzen in der Daimler-Benz-Forschung: Fachleute der Elektrochemie und Energietechnik, die für das Brennstoffzellen-System verantwortlich waren, arbeiteten eng mit Spezialisten für (Elektro-)Motoren und Fahrzeugtechnik zusammen, um das Gesamtsystem Brennstoffzellen-Fahrzeug zu realisieren.

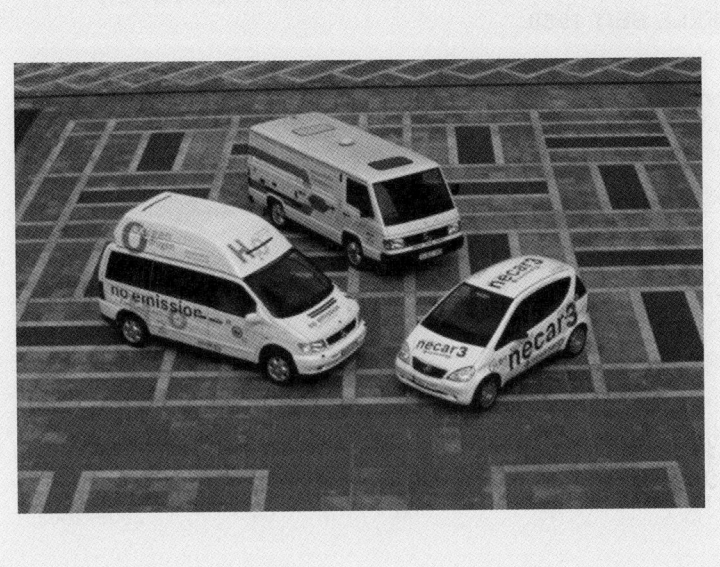

Quelle: DaimlerChrysler

Abbildung 3

Ab 1994 wurden innerhalb von nur drei Jahren die ersten vier Fahrzeuge der Öffentlichkeit vorgestellt: die mit Wasserstoff betriebenen Mercedes-Benz-Transporter „Necar I"
und „Necar II", die mit Methanol betriebene Mercedes-Benz-A-Klasse „Necar III" sowie
der ebenfalls mit Wasserstoff betriebene Brennstoffzellen-Bus „Nebus".

- Necar I („New Electric Car"; Abbildung 3 Mitte) war ein rollendes Labor: Ein
  Mercedes-Benz-Transporter MB100 wurde mit 12 Brennstoffzellen-Stacks von
  Ballard ausgestattet. Das Brennstoffzellen-System mit Wasserstoff-Drucktank füllte
  den gesamten Laderaum des Lieferwagens aus. Dieses Fahrzeug, das 1994 der
  Öffentlichkeit vorgestellt wurde, kann heute als Wegbereiter der gesamten PEM-
  Brennstoffzellen-Entwicklung bei DaimlerChrysler betrachtet werden. Seine
  Entwicklung markierte den Startpunkt für eine intensive weltweite Entwicklung der
  Brennstoffzellen-Technologie im Auto, leistete aber auch Anschub für zahlreiche
  andere Anwendungen im stationären und portablen Bereich. Die Brennstoffzellen-
  Technologie wurde international schnell ein wichtiges Forschungs- und
  Entwicklungsthema – allein zwischen 1995 und 2000 vervierfachte sich die Anzahl
  der Veröffentlichungen zum Thema (vgl. Abbildung 4).

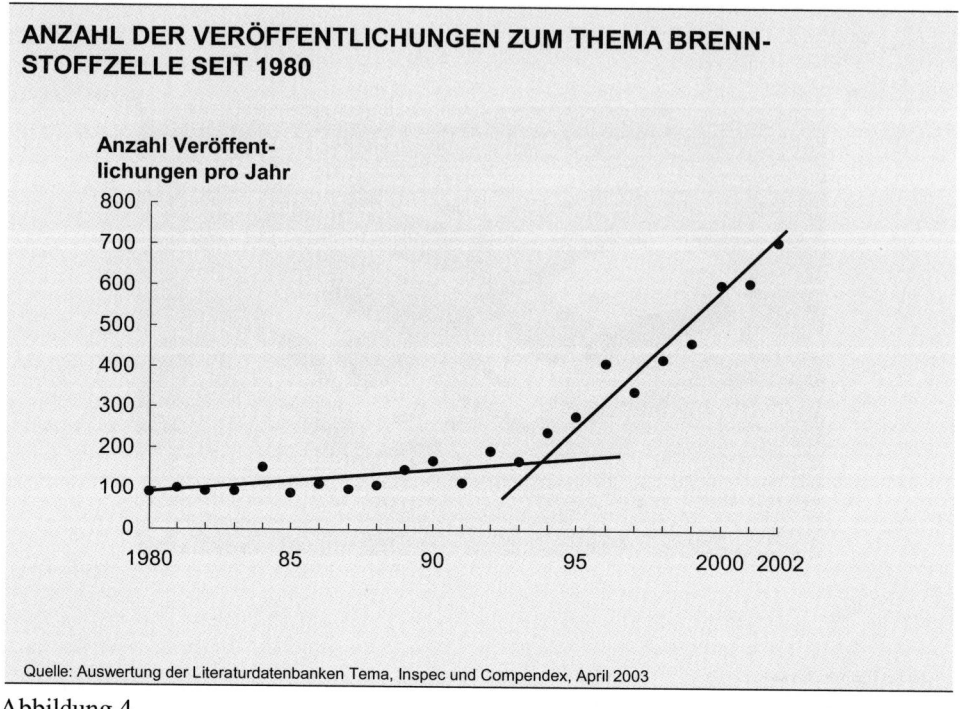

**ANZAHL DER VERÖFFENTLICHUNGEN ZUM THEMA BRENN-
STOFFZELLE SEIT 1980**

Quelle: Auswertung der Literaturdatenbanken Tema, Inspec und Compendex, April 2003

Abbildung 4

- Das zweite Brennstoffzellen-Fahrzeug von Daimler-Benz, „Necar II" (für „No Emission Car"; vgl. Abbildung 3 links), wurde 1996 der Öffentlichkeit vorgestellt. Gegenüber dem „Necar I" stellte es einen Quantensprung dar: In enger Zusammenarbeit zwischen der Daimler-Benz AG und der Ballard Power Systems Inc., Burnaby/Kanada, war u. a. eine neue Generation von Stacks entwickelt worden, deren Leistungsdichte um den Faktor sechs höher war als die der Vorgängerversion (vgl. Abbildung 5) – damit konnte die Brennstoffzellen-Technik der V-Klasse komplett im Flurbereich und im Kofferraum untergebracht werden, die Wasserstoff-Drucktanks befanden sich unter einer Abdeckung auf dem Dach. So stand erstmals der gesamte Innenraum den Passagieren zur Verfügung.

- Necar III stand dann für eine nächste Generation von Brennstoffzellen-Fahrzeugen: „Necar I" und „Necar II" wurden noch mit Wasserstoff betankt, der allerdings – wie bereits erläutert – aus fossilen Energierohstoffen (Erdgas, Erdöl oder Kohle) erzeugt werden muss. Daran wird sich auf absehbare Zeit wenig ändern, denn vorerst sind aus Kostengründen weder eine regenerative H_2-Erzeugung noch eine flächendeckende Versorgung zu erwarten. Zudem wurde für den Wasserstoff bisher keine effektive Speichermöglichkeit gefunden, die eine befriedigende Reichweite ermöglicht (zum Vergleich: Pkws mit Dieselmotor haben heute Reichweiten bis zu 1.000 km).

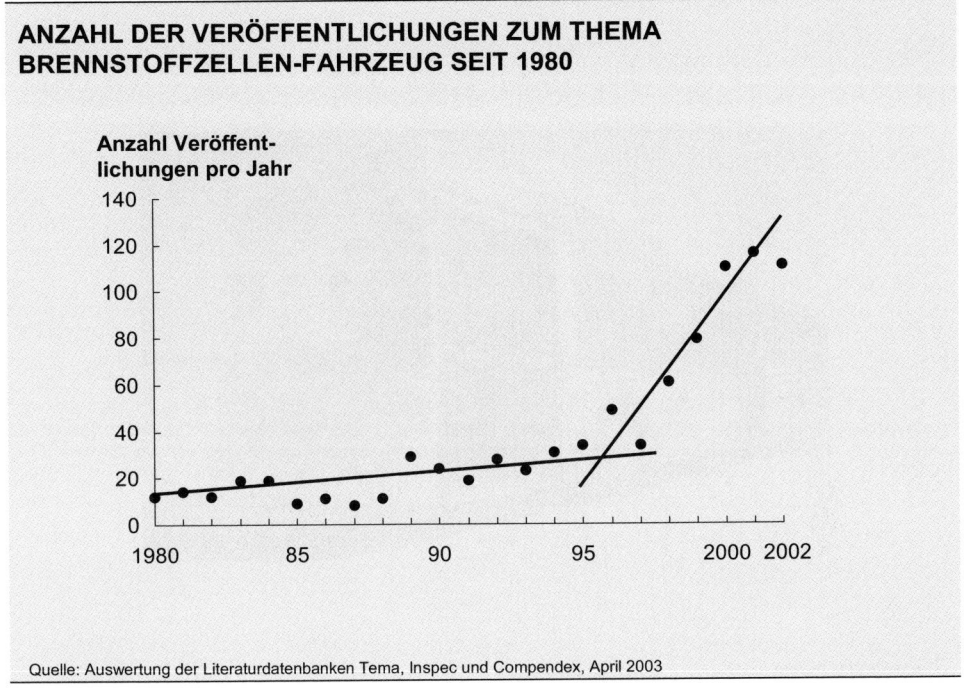

Abbildung 5

- Auf der Suche nach Alternativen stieß man daher auf Methanol: Dieser flüssige Kraftstoff hat eine weit höhere Energiedichte als Wasserstoff und bietet zudem den Vorteil, dass eine Umrüstung vorhandener Tankstellen weniger aufwendig wäre. Andererseits muss im Fahrzeug ein zusätzliches Aggregat – der Reformer – integriert werden, der zudem eine längere Kaltstartzeit erfordert. Das gemeinsame Team von Daimler-Benz und Ballard entwickelte ein methanolbetriebenes Fahrzeug, das 1997 als weltweit erster Brennstoffzellen-Pkw mit Onboard Reforming vorgestellt wurde. Dabei war es gelungen, das (um den Reformer erweiterte) Brennstoffzellen-System noch kompakter zu bauen: „Necar III" war eine A-Klasse – das kleinste Fahrzeug, das 1997 bei Daimler-Benz hergestellt wurde (vgl. Abbildung 3 rechts). Mit „Necar III" und dem zeitgleich vorgestellten Brennstoffzellen-Bus „Nebus" (vgl. Abbildung 6) wurde das Potenzial der Brennstoffzelle für den Antrieb von Straßenfahrzeugen eindeutig demonstriert – seitdem gilt sie als konzepttauglich. Der steile Anstieg der S-Kurve schien bereits kurz bevorzustehen.

Quelle: DaimlerChrysler

Abbildung 6

Sowohl bei Daimler-Benz als auch bei den meisten anderen Automobilherstellern wurden Entscheidungen getroffen, Brennstoffzellen-Fahrzeuge für den Serieneinsatz zu entwickeln. Daimler-Benz hatte etwa drei Jahre Entwicklungsvorsprung und übernahm auch bei den Planungen für eine frühe Markteinführung eine Vorreiterrolle. Als Ziel für die Serieneinführung setzte man sich das Jahr 2004, Toyota gab später sogar 2003 an.

3.3 Brennstoffzellen als Zulieferkomponente: Die strategische Brennstoffzellen-Allianz

Das Auto hat sich im Verlauf seiner Geschichte zu einem hoch komplexen System entwickelt, in dem Aggregate verschiedenster Zulieferer aus unterschiedlichen Branchen von den Automobilherstellern („Original Equipment Manufacturer", OEM) in ein Gesamtsystem integriert werden. Inzwischen fertigen die Zulieferer nicht nur einzelne Komponenten, sondern ganze Module und Systeme. Die Kernkompetenz der Automobilhersteller liegt dabei nach wie vor auf dem Gebiet der Antriebssysteme (Verbrennungsmotoren, Getriebe, Achsen, Lenkungen) und vor allem in der Gesamtintegration aller Komponenten zu einem Gesamtfahrzeug.

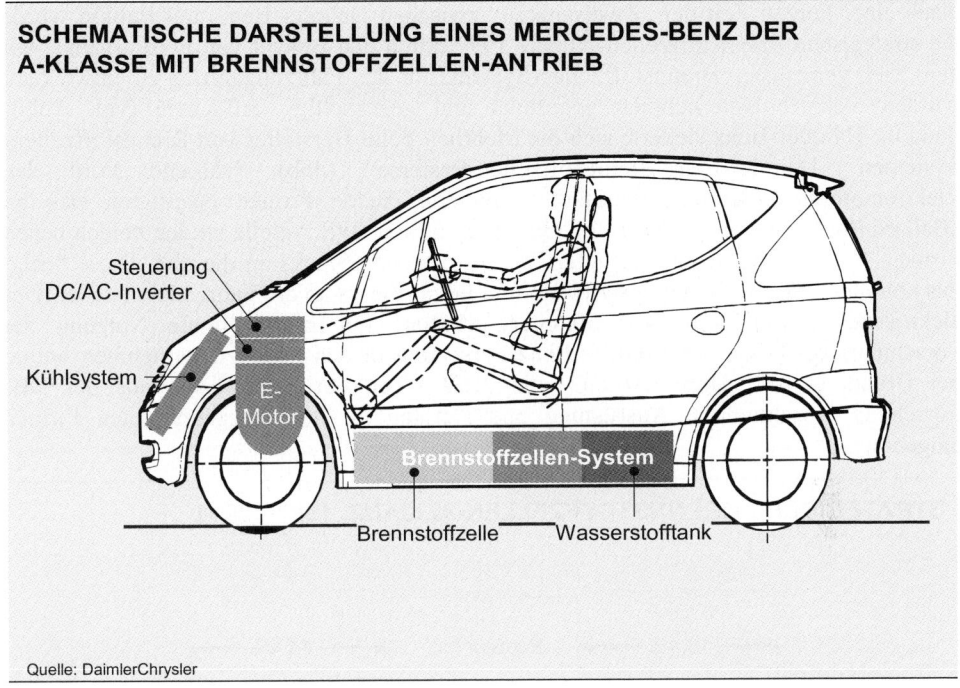

SCHEMATISCHE DARSTELLUNG EINES MERCEDES-BENZ DER A-KLASSE MIT BRENNSTOFFZELLEN-ANTRIEB

Steuerung DC/AC-Inverter

Kühlsystem

E-Motor

Brennstoffzellen-System

Brennstoffzelle   Wasserstofftank

Quelle: DaimlerChrysler

Abbildung 7

Nun unterscheiden sich das Funktionsprinzip der elektrochemischen Brennstoffzelle, ihre Produktion und ihr Einbau in das Fahrzeug jedoch stark vom angestammten Geschäft der Autobauer (siehe schematische Darstellung Abbildung 7) – deshalb war es zunächst die Strategie von Daimler-Benz, beim Transfer der neuen Technologie in die Serienentwicklung dort keine neue Kernkompetenz aufzubauen, sondern die Brennstoffzellen-Komponenten von spezialisierten Herstellern zu beziehen. Die Schnittstelle zwischen Zulieferer und OEM wurde zwischen Stromerzeugung und elektrischem Antrieb definiert. Das Brennstoffzellen-System sollte ein reines Zulieferaggregat werden, so wie bislang z. B. auch Batterien für herkömmliche Elektrofahrzeuge.

Neben dem begrenzten Entwicklungsaufwand beim OEM ist diese Aufgabenteilung auch vorteilhaft für den Zulieferer: Dieser hat so die Chance, gleich mehrere Kunden zu beliefern und so das Produktionsvolumen von Anfang an zu vergrößern. So können die Risiken und Kosten für die Einführung einer neuen Technologie gleichmäßiger verteilt werden – allerdings muss bei solchen Kooperationen auf die strategische Absicherung des jeweiligen Know-hows geachtet werden. Dies geschah im Fall von Daimler-Benz und Ballard durch Verträge und die gemeinsame Anmeldung strategisch wichtiger Erfindungen zum Patent.

Nach einer kurzen Zeit der „Zweisamkeit" zwischen Daimler-Benz und Ballard wurde
die strategische Brennstoffzellen-Allianz 1997 durch den Beitritt von Ford ergänzt. Mit
dem Ziel, gemeinsam Brennstoffzellen-Systeme für den Fahrzeugantrieb zu entwickeln,
wurden mehrere Unternehmen gegründet und gegenseitig verflochten (vgl. Abbildung 8): Daimler-Benz sicherte sich die Mehrheit beim Hersteller von Brennstoffzellen-
Systemen „Daimler-Benz-Brennstoffzellen-Systeme" (dbb), während Ford den
Elektromotoren-Zulieferer „EcoStar" dominierte. Beide Firmen beteiligten sich an
„Ballard Power Systems" (BPS), im Gegenzug erhielt BPS Anteile an den beiden neuen
Firmen. Ballard entwickelt und liefert Brennstoffzellen-Stacks an die dbb. Diese fertigt
das komplette Stromerzeugungs-System und liefert dieses an die Fahrzeughersteller. Der
elektrische Antrieb wird von EcoStar geliefert. Für die optimale Nutzung der
Forschungsergebnisse der Daimler-Benz-Forschung in den neuen Unternehmen wurde
bei Gründung der „Dreier-Allianz" ein großer Teil der Spezialisten aus der DB-
Forschung einschließlich Ausrüstung und Geräten in die neu gegründeten Firmen
eingebracht.

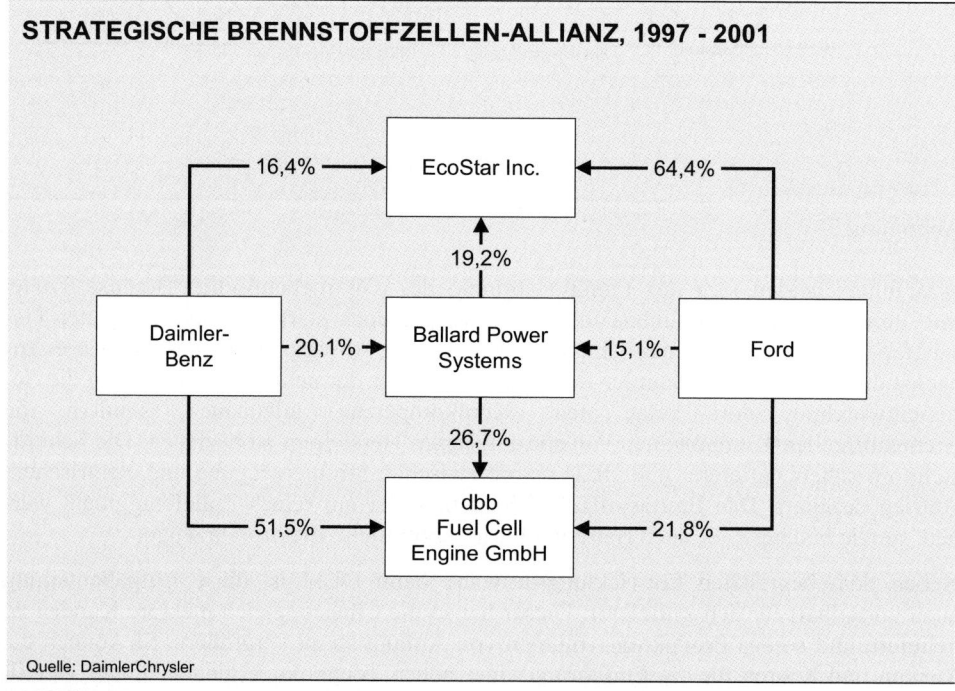

Abbildung 8

Zur Koordination der Zusammenarbeit gründete Daimler-Benz 1997 das „Projekthaus
Brennstoffzelle" in Nabern: Prinzipiell hätte der Transfer der Brennstoffzellen-Fahrzeug-
Technologie zur Serienfertigung auch in den bereits bestehenden Strukturen von
Daimler-Benz durchgeführt werden können – man entschied sich jedoch für diese Lö-

sung, um dem Charakter der völlig neuen, für ein Automobilunternehmen fremden Technik gerecht zu werden. Im Projekthaus wurden Spezialisten aller betroffenen Fachgebiete aus Forschung, Entwicklung, Produktion, Beschaffung und Marketing zusammengeführt. Die eher grundlegenden Arbeiten und neuen Lösungsansätze für die nächsten Generationen der Brennstoffzelle verblieben weiterhin im Vorstandsressort Forschung und Technologie der Daimler-Benz AG (ab 1998 DaimlerChrysler AG), um es den Entwicklern zu ermöglichen, sich auf die Realisierung von Brennstoffzellen-Fahrzeugen für Demonstrationsprojekte und deren Entwicklung bis zur Serientauglichkeit zu konzentrieren.

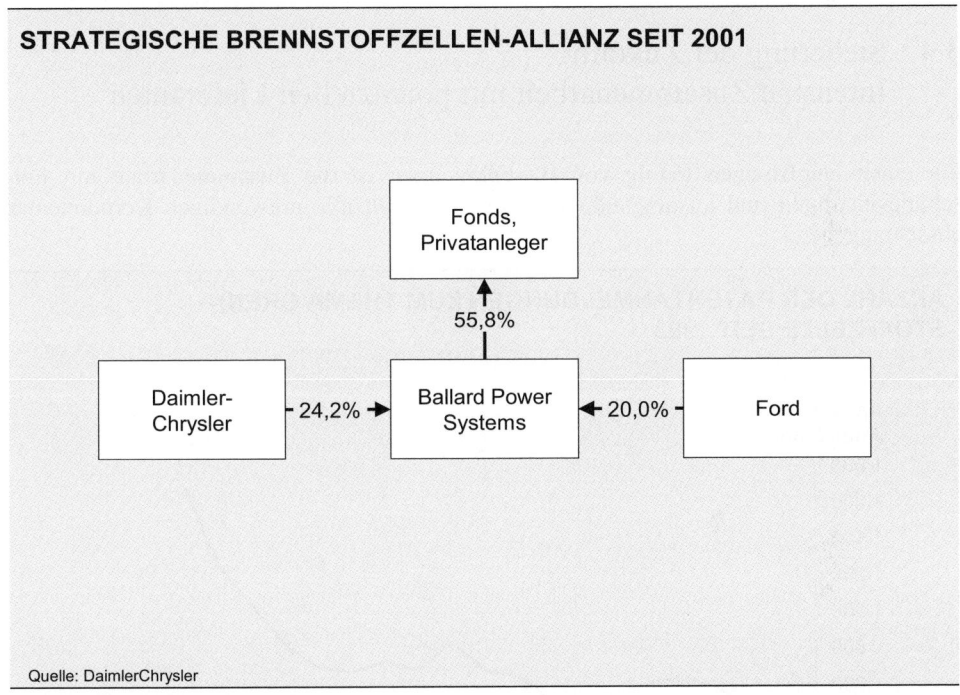

STRATEGISCHE BRENNSTOFFZELLEN-ALLIANZ SEIT 2001

Fonds, Privatanleger

55,8%

Daimler-Chrysler — 24,2% → Ballard Power Systems ← 20,0% — Ford

Quelle: DaimlerChrysler

Abbildung 9

Um auch räumlich eine gute Zusammenarbeit zwischen allen Partnern zu gewährleisten, wurde in Nabern/Kirchheim u. Teck in der Nähe von Stuttgart ein Brennstoffzellen-Technologiezentrum gegründet, in dem dbb, die Ballard Germany GmbH und das Projekthaus Brennstoffzelle angesiedelt wurden. Die ursprünglich aus der DB-Forschung stammende Belegschaft bei dbb und BPS Germany wurde durch erfahrene Fahrzeugentwickler und im Laufe der Zeit auch durch externe Experten und junge Hochschulabgänger verstärkt.

Im Jahr 2001 entschloss man sich, die Zahl der Schnittstellen und damit den Abstimmungsaufwand innerhalb der BZ-Allianz deutlich zu reduzieren und damit die Schlagkraft zur Bewältigung künftiger Aufgaben weiter zu erhöhen. Dazu wurden die drei Firmen BPS, Xcellsis (früher dbb) und EcoStar zur „neuen Firma" Ballard Power Systems zusammengeschlossen. DaimlerChrysler und Ford sind an Ballard nun mit höheren Anteilen beteiligt (vgl. Abbildung 9).

Dadurch gibt es als wesentlichen Effekt nur noch einen Zulieferer für den Fahrzeughersteller, der die Verantwortung für das gesamte Brennstoffzellen-System inklusive Elektromotor trägt. Die OEMs konzentrieren ihre Arbeiten auf ihre Kernkompetenzen.

3.4   Sicherung der Zukunft: Intensive Zusammenarbeit mit potenziellen Lieferanten

Für einen langfristigen Erfolg von BZ-Fahrzeugen ist die Zusammenarbeit mit Forschungsinstituten und leistungsfähigen Lieferanten für alle notwendigen Komponenten ausschlaggebend.

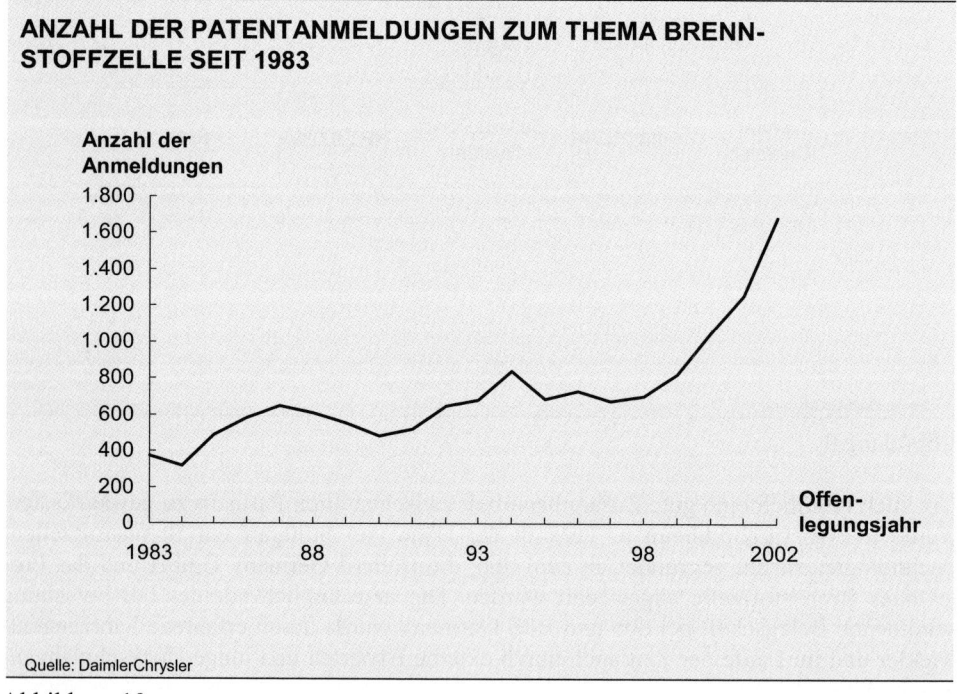

Abbildung 10

Viele dieser Systeme und Einzelkomponenten sind noch nicht für den Einsatz in Serienfahrzeugen optimiert, so dass die Zulieferindustrie in Abstimmung mit dem OEM eigene Entwicklungsarbeiten leisten muss. DaimlerChrysler baute folglich nicht nur mit den Allianzpartnern, sondern auch mit den potenziellen Lieferanten für zukünftige Brennstoffzellen-Systeme und -Komponenten eine enge Zusammenarbeit auf. Unter Einbindung von Universitäten und öffentlichen Forschungsinstituten wurde eine eigene intensive Forschungs- und Entwicklungsarbeit auf diesem Gebiet begonnen. Kompetenznetzwerke und Forschungsallianzen entstanden.

Die Zahl der Patentveröffentlichungen stieg naturgemäß erst einige Jahre nach Intensivierung der Forschungsarbeiten an (vgl. Abbildung 10).

Diese Entwicklung hält bis heute unvermindert an. Zahlreiche Firmen sind inzwischen mit der Entwicklung und Produktion von Brennstoffzellen oder deren Komponenten beschäftigt. Die Gründe dafür sind unterschiedlich. Etablierte Firmen haben das Thema aufgegriffen, um ihre angestammten Kompetenzen in die Weiterentwicklung der neuen Technologie einzubringen und neue Geschäftsfelder zu erschließen. Aber auch viele Firmenneugründungen fanden statt, oftmals unter Zuhilfenahme von Venture Capital. Bei ihnen geht es meist darum, BZ-Systeme oder BZ-Komponenten zu entwickeln und zu vermarkten. Angesichts der bereits geschaffenen Arbeitsplätze und rasanten Breitenentwicklung erwarten Unternehmensanalysten von der Brennstoffzelle ähnliche Impulse für die Wirtschaft wie früher von der Mikroelektronik oder Mikrosystemtechnik.

4. Ausblick: Sprung auf nächste S-Kurve steht noch bevor

4.1 Brennstoffzellen-Entwicklung gewinnt an Bedeutung

Schon 1998 hatten DaimlerChrysler und andere Fahrzeughersteller gemeinsam mit Energie- und Erdölkonzernen sowie der Bundesregierung die „Verkehrswirtschaftliche Energiestrategie" (VES) gegründet: Ziel war die Identifikation eines neuen Kraftstoffs, der in Zukunft bis zu 30 Prozent des Kraftstoffbedarfs abdecken kann, um für alle Beteiligten eine solide Grundlage für die langfristige Planung zu schaffen. Inzwischen wurde Wasserstoff übereinstimmend als ein Kraftstoff identifiziert, der dieses Potenzial aufweist – damit wurde die Brennstoffzellen-Entwicklung als Thema von hoher volkswirtschaftlicher Bedeutung bestätigt.

Auch weltweit erhält die Diskussion um die Sicherung einer nachhaltigen Mobilität zunehmendes Momentum durch nationale und internationale Initiativen – darunter insbesondere Förderprogramme für umweltfreundliche Antriebe auf der Basis von Wasser-
stoff- und Brennstoffzellen, initiiert von den USA („Freedom Car" und „Freedom Fuel")
und Japan. In Europa wird derzeit (mit einiger Verspätung) ebenfalls ein solches Programm ausgearbeitet, ein erster „Vision Report" der „High-Level Group Hydrogen and
Fuel Cells" wurde durch 20 hochrangige Experten aus Industrie und Forschung erarbeitet und im Juni 2003 veröffentlicht. Die Dringlichkeit des Themas nimmt weiter zu, denn
in vielen Ländern der Erde wird es künftig noch strengere Auflagen zur Einhaltung von
Grenzwerten bei den Emissionen geben. Vorreiter ist Kalifornien mit der ZEV[5]-
Gesetzgebung, aber auch andere Staaten in den USA haben sich bereits angeschlossen.

Quelle: DaimlerChrysler

Abbildung 11

Zahlreiche Demonstrationsprojekte mit etlichen Fahrzeugen (CaFCP[6] in den USA, CEP[7]
in Berlin, CUTE[8] und ECTOS[9] in zehn europäischen Städten, JHFC[10] in Japan und
Sinergy[11] in Singapur) können als Zeichen dafür gewertet werden, dass sich die
Brennstoffzellen-Technologie allmählich etabliert. DaimlerChrysler als Global Citizen
ist inzwischen an allen wichtigen Demonstrationsprojekten maßgeblich beteiligt.

Von 1994 (der Weltpremiere durch „Necar") bis Mitte 2003 wurden weltweit etwa 60
verschiedene BZ-Fahrzeuge von 17 Herstellern gefertigt. Angeführt wird die Liste von
DaimlerChrysler mit 13 BZ-Fahrzeugen, gefolgt von General Motors (10 Fahrzeuge)

und Toyota (7 Fahrzeuge).[12] Ab 2003 wird DaimlerChrysler insgesamt 60 Pkws (Mercedes-Benz-A-Klasse „F-Cell", vgl. Abbildung 11) und 30 Mercedes-Benz-Busse „Citaro" (vgl. Abbildung 12) mit Brennstoffzellen für Demonstrationsprojekte und für konkrete Kundenerprobungen herstellen und ausliefern.

Quelle: DaimlerChrysler

Abbildung 12

Einschließlich dieser geplanten Auslieferungen wird DaimlerChrysler Ende 2004 rund 100 Brennstoffzellen-Fahrzeuge hergestellt haben (mehr als jeder andere Wettbewerber) und seine technologische Führerschaft damit weiterhin unter Beweis stellen. Insgesamt hat der Konzern in die Entwicklung dieser Technologie bisher fast 1 Milliarde EUR investiert.

4.2   Ursprünglicher Zeitplan zu optimistisch

Die technologische Reife neuer Technologien richtig einzuschätzen, ist naturgemäß – auf Grund des Mangels an einschlägigen Erfahrungen – schwieriger, als Verbesserungen an etablierten Technologien zu bewerten. So wurde die technologische Reife der Brennstoffzelle 1997 offensichtlich weltweit überschätzt, denn alle Hersteller konnten ihre selbst gesetzten Ziele nur mit enormem Aufwand, verzögert oder bislang noch gar nicht erreichen. Dennoch ist der erreichte Stand der Brennstoffzellen-Technologie beachtlich und wäre ohne das große Engagement einzelner Firmen wie vor allem DaimlerChrysler nicht möglich gewesen.

Inzwischen ist die anfängliche Euphorie weltweit einem pragmatischen Realismus gewichen: Nach wie vor liegt die Zukunftsvision für eine nachhaltige Mobilität in der Kommerzialisierung der Brennstoffzelle – sowohl weltweit als auch bei DaimlerChrysler selbst –, doch geht man heute von einem neuen, verlängerten Zeithorizont aus. Grund: Die notwendigen Verbesserungen sind aufwendiger und mühseliger als erwartet. DaimlerChrysler hat daher inzwischen den realistischeren Zeitpunkt einer beginnenden Serienfertigung von BZ-Fahrzeugen mit 2010 angegeben.

Die heute hergestellten Brennstoffzellen-Fahrzeuge sind zwar äußerlich nicht mehr von Serienprodukten zu unterscheiden, auch Technik und Produktionsmethoden kommen der Serienfertigung nahe und Brennstoffzellen-Stacks und Systeme werden sogar bereits in Serie hergestellt. Um jedoch BZ-Fahrzeuge praxistauglich und zu Kosten herzustellen, die mit denen des Verbrennungsmotors konkurrieren können, sind noch viele technische und wirtschaftliche Probleme zu lösen: Die Leistung muss erhöht, Gewicht und Volumen noch weiter reduziert, die Zuverlässigkeit der Komponenten und Systeme verbessert und die Onboard-Speicherung des Wasserstoffs effizienter gelöst werden. Ferner gilt es, die Alltagstauglichkeit der Fahrzeuge für den Serieneinsatz zu garantieren: Bereits 2002 durchquerte zwar der „Necar V" (ein mit Methanol betriebener Brennstoffzellen-Pkw) die USA von der West- zur Ostküste und meisterte dabei unterschiedlichste klimatische Bedingungen und Dauerbelastungen, doch muss diese erfolgreiche Demonstration durch weiter gehende Dauerprüfungen im Rahmen der Kundenerprobung 2003/2004 erhärtet werden.

Darüber hinaus bleiben noch zwei wesentliche Nachteile der Brennstoffzelle gegenüber dem klassischen Antrieb zu beseitigen: die kraftstoffbedingte geringere Leistungsdichte und die dadurch verursachte kürzere Reichweite. Eine wesentliche Voraussetzung für die Einführung und Verbreitung der BZ-Autos beim Endkunden ist daher der Aufbau der Kraftstoffinfrastruktur. Da man nicht ernsthaft davon ausgehen kann, dass es bereits 2010 weltweit ein umfassendes Netz von H_2-Tankstellen geben wird, werden die produzierten Stückzahlen zu diesem Zeitpunkt voraussichtlich noch unter 1 Prozent der dann neu zugelassenen Neufahrzeuge liegen.

Erst ab 2015 kann mit steigenden Produktionszahlen und damit auch mit den dringend notwendigen „Economies of Scale" gerechnet werden, welche – gemeinsam mit weiteren Produktverbesserungen – die Voraussetzung dafür liefern, dass BZ-Fahrzeuge eine ernsthafte Konkurrenz zum Verbrennungsmotor darstellen können. Staatliche Programme zur Förderung des emissionsfreien Betriebs könnten diese Entwicklung beschleunigen.

4.3 Noch einige Hürden zu nehmen

Ist der Verbrennungsmotor am Ende seines Lebenszyklus angekommen – wird ihn der Brennstoffzellen-Antrieb ablösen? Diese Frage ist noch nicht abschließend geklärt. Die Brennstoffzelle bietet hohes Potenzial zur Lösung der CO_2-Problematik bei gleichzeitiger Erhaltung der Mobilität und in den letzten zehn Jahren wurden erhebliche Fortschritte für mobile, stationäre und portable Anwendungen erzielt. Dennoch ist der Durchbruch noch nicht geschafft – denn es ist bislang nicht gelungen, die potenziellen Vorteile der Brennstoffzelle in ein kostengünstiges und zuverlässiges Serienprodukt umzusetzen.

DaimlerChrysler ist überzeugt, dass die Brennstoffzelle in Verbindung mit regenerativ hergestelltem Wasserstoff das Rückgrat einer künftigen Mobilität sein kann, weil sie die Möglichkeit eines nahezu CO_2- und emissionsfreien Verkehrs bietet. Durch Erzeugung des Wasserstoffs aus Windenergie, Wasserkraft oder nachwachsender Biomasse wäre die Kraftstoffversorgung auf eine breite Basis gestellt und weitgehend unempfindlich gegen temporäre Krisen und Konflikte in Teilen dieser Welt.

Noch sind nicht alle technischen und wirtschaftlichen Hürden genommen. Große Aufgaben liegen noch vor Automobil- und Zulieferindustrie, Energieversorgern und Kraftstofflieferanten, Wissenschaft und Politik. Bis im Fahrzeugbereich ein hoher Marktanteil von BZ-Antrieben erreicht wird, werden noch zwei bis drei Jahrzehnte vergehen. Erst wenn kleinere und leichtere Brennstoffzellen-Systeme, Wasserstoffspeicher mit hoher Energiedichte und eine flächendeckende Wasserstoffinfrastruktur zu wirtschaftlichen Kosten zur Verfügung stehen und die öffentlichen sowie politisch-rechtlichen Rahmen stimmen, kann die Brennstoffzelle ihr Potenzial vollständig zur Geltung bringen. Dann erst wird die Brennstoffzelle die „Disruptive Technology" werden, die zu einer neuen S-Kurve im Automobilbau führt.

Referenzen

[1] Vgl. FOSTER, R. N. (1986).

[2] Vgl. BOSSEL, U. (2000).

[3] Vgl. KORDESCH, K., SIMADER, G. (1996), S. 256.

[4] Vgl. KORDESCH, K., SIMADER, G. (1996), S. 257.

[5] Zero Emission Vehicle.

[6] California Fuel Cell Partnership.

[7]   Clean Energy Partnership.

[8]   EU-gefördertes Demonstrationsprojekt: 27 BZ-Busse in 9 europäischen Städten mit zugehöriger Infrastruktur.

[9]   Isländische Version des CUTE-Programms mit 3 Bussen.

[10] Japan Hydrogen & Fuel Cell Demonstration Project.

[11] Demonstrationsprojekt für BZ-Fahrzeuge und Infrastruktur in Singapur.

[12] Vgl. http://www.fuelcells.org/fct/carchart.pdf.

Literaturverzeichnis

BOSSEL, U. (2000): The Birth of the Fuel Cell, EFCF (2000).

FOSTER, R. N. (1986): Innovation – Die technologische Offensive, Wiesbaden: 1986.

KORDESCH, K., SIMADER, G. (1996): Fuel Cells and their Applications, VCH (1996).

Peter Schmitz/Elmar Kades

Schmitz Cargobull: Wachstum durch Verzicht – Erfolgsformel in einem reifen Markt

Peter Schmitz ist Vorsitzender des Vorstands der Schmitz-Cargobull AG. Dr. Elmar Kades ist Leiter des Einkaufs und der Logistik bei Knorr-Bremse.

1. Einleitung

1892: Heinrich Schmitz übernimmt die Dorfschmiede in Altenberge bei Münster und baut diese zu einem Wagenbaubetrieb auf. 1935: Die ersten Sattelauflieger und Kofferfahrzeuge werden produziert. 2003: Schmitz Cargobull (SCB) beschäftigt ca. 3.000 Mitarbeiter. Sie stellen jährlich rund 25.000 Fahrzeuge her: 8.000 Sattelkühlkoffer, 14.000 Sattelpritschen, 3.000 Sattelkipper. SCB ist in jedem Land Europas vertreten. Mit einem Marktanteil von rund 20 Prozent ist das Unternehmen die Nr. 1 im europäischen Aufliegermarkt. Der Umsatz lag 2002/03 bei 835 Millionen EUR (Abbildung 1), der Gewinn vor Steuern bei rund 50 Millionen EUR. Damit war SCB der profitabelste Trailer-Hersteller weltweit. Noch immer ist das Unternehmen in privater Hand.

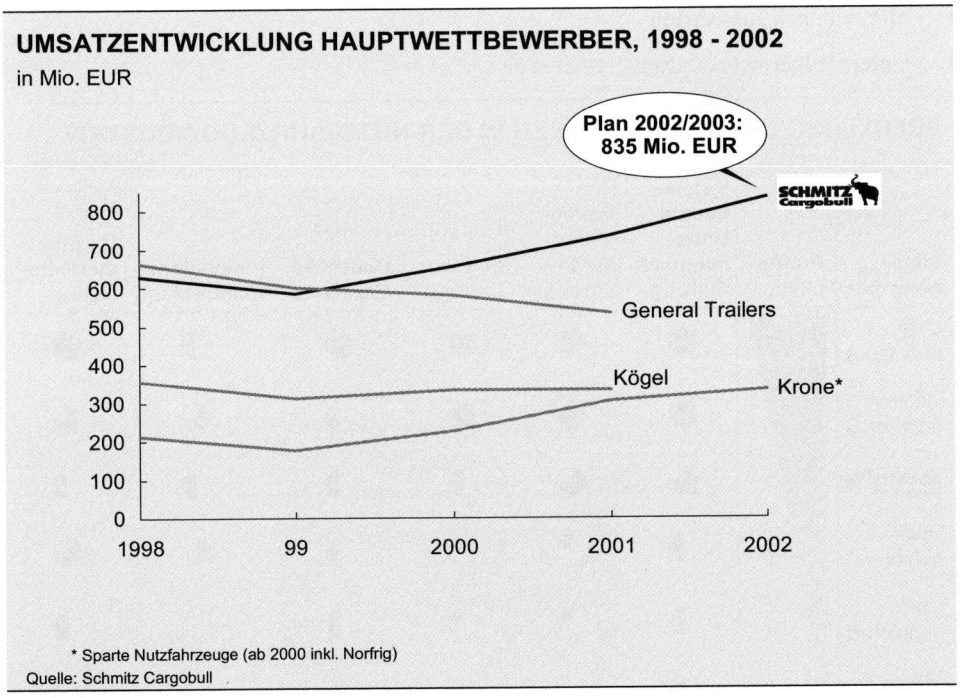

Abbildung 1

Doch nicht immer war die Lage so gut. Der Markt, in dem das Unternehmen operiert, ist nicht einfach. In Europa werden heute im Durchschnitt pro Jahr 130.000 Sattelauflieger für schwere Lkw gekauft. Das entspricht einem Marktvolumen von ca. 4 Milliarden EUR. In den letzten 20 Jahren ist der Markt lediglich um durchschnittlich 2 bis 3 Prozent p. a. gewachsen, bei starker Zyklizität analog zum Nutzfahrzeugmarkt. Marktschwankungen von bis zu 30 und 40 Prozent sind möglich. Wie für einen reifen Markt typisch, gehen die Preise kontinuierlich zurück.

1993 wurde SCB vom Konjunktureinbruch hart getroffen. Innerhalb eines Jahres sank der Umsatz von 600 Millionen DM auf fast 500 Millionen DM. Das Unternehmen musste deutliche Verluste verbuchen. Doch der Turnaround gelang. Das Unternehmen fand auf die Überholspur zurück, indem es sich konsequent auf die Erfolgsfaktoren der Nutzfahrzeugindustrie konzentrierte. Es setzte alles daran, diese fünf Faktoren optimal zu erfüllen (Abbildung 2):

- Konsequente prozessorientierte Unternehmensführung

- Fokussierte Marktstrategie

- Konzentration auf Kosten und Qualität

- Streben nach Innovation

- Unternehmerische Kultur

ERFÜLLUNG ERFOLGSFAKTOREN IN DER NUTZFAHRZEUGINDUSTRIE

Kritisch für Profitabilität

Wett-bewerber	Profita-bilität	Konse-quente Unter-nehmens-führung	Fokus-sierte Markt-strategie	Kostenführerschaft		Innovations-führerschaft	Unterneh-merische Kultur
				Modulari-sierung	Operative Exzellenz		
Unter-nehmen A							
Unter-nehmen B							
SCHMITZ Cargobull							
Unter-nehmen C							
Unter-nehmen D							
Unter-nehmen E							

Quelle: Einschätzung durch Management Schmitz Cargobull

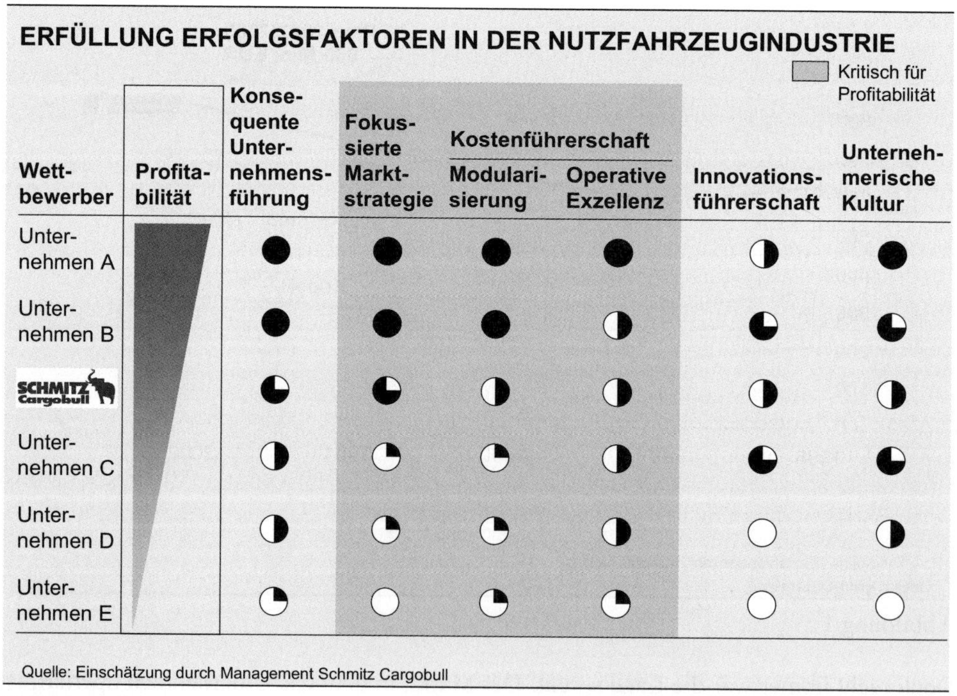

Abbildung 2

Das Konzept ging auf: In den letzten zehn Jahren konnte SCB seinen Umsatz um durchschnittlich 12 Prozent p. a. steigern. Der Gewinn vor Steuern lag zuletzt regelmäßig zwischen 6 und 8 Prozent. Wettbewerber wie General Trailer aus Frankreich oder Kögel aus Deutschland hat der Mittelständler aus dem Münsterland längst zurückgelassen. SCB ist nach Umsatz und Stückzahl die Nr. 1 in Europa. Viele Unternehmen der Nutzfahrzeugindustrie, die weniger konsequent an der Erfüllung der Erfolgsfaktoren arbeiteten, haben heute erhebliche Schwierigkeiten, einen positiven Ertrag zu erwirtschaften. Einige Firmen, wie Ackermann und Kässbohrer, sind bereits aus dem Markt ausgeschieden.

Leicht war der Weg zurück zum Erfolg auch für SCB nicht. Der Umbau des Unternehmens mit einer Vielzahl von Einzelprogrammen erforderte nicht nur große Anstrengungen, sondern auch ein erhebliches Maß an Durchhaltevermögen. Das Ziel war jedoch von Anfang an klar – den Turnaround aus eigener Kraft zu schaffen.

2.   Konsequente prozessorientierte Unternehmensführung

Die heutige Organisationsstruktur von SCB beruht auf einem einfachen Prinzip: ein Produkt – ein Werk. So werden im Werk Vreden „nur" Sattelkühlkoffer und im Werk Altenberge „nur" Sattelpritschen hergestellt. Beide Werke fungieren als Leitwerke für kleinere Fertigungsstätten im Ausland. Die Werke sind jeweils ergebnisverantwortlich.

Weiteres Merkmal der Organisation ist eine breite Unternehmensspitze bei ausgeprägt flachen Hierarchien. SCB hat einen fünfköpfigen Vorstand. Jedes Vorstandsmitglied trägt nicht nur Linienverantwortung, sondern ist auch für einen Geschäftsprozess zuständig. Darüber hinaus initiiert und leitet jedes Vorstandsmitglied Verbesserungsprojekte (Abbildung 3). Eine solche Aufgabenteilung stellt sicher, dass der Vorstand einheitliche Stoßrichtungen verfolgt und diese den Mitarbeitern transparent darstellen kann. Zwischen Vorstand und Mitarbeiter gibt es lediglich drei bis vier Führungsebenen.

Die Vorteile dieser Struktur zeigen sich in der täglichen Praxis: Informationen fließen ungehindert, Entscheidungen werden schnell getroffen, das Unternehmen kann flexibel auf Veränderungen im Markt reagieren. Die flachen Hierarchien stärken zudem das „Wir-Gefühl" im Unternehmen und damit die Motivation der gesamten Belegschaft. Die Organisationsstruktur ist ein Eckpfeiler des Erfolgs von SCB.

3.   Fokussierte Marktstrategie

SCB hat sich 1993 bewusst für eine Strategie des Wachstums durch Verzicht entschieden. Dazu gehört zum einen die Konzentration auf die volumenstarken Produkte Sattel-
koffer, Sattelpritschen und Sattelkipper. Angesichts der steigenden Anzahl an Transpor-
ten in Europa weisen diese Marktsegmente ein überdurchschnittliches Wachstum auf.
Weitgehend aufgegeben wurden dagegen die Segmente Anhänger und Aufbauten, die
nur noch unterdurchschnittlich wachsen.

AUFGABENVERTEILUNG IM VORSTAND SCHMITZ CARGOBULL

	Linienverantwortung	Prozessverantwortung	Beispiele Schlüssel-projekte
P. Schmitz (Vorstands-vorsitzender)	• Vorstand Technik (Ent-wicklung und Produktion) • Unternehmensstrategie • Werk Altenberge und Vreden	• Produktentstehung „Von Idee bis Serie"	• Gebolztes Chassis/ Achse • Qualitätsoffensive
B. Hoffmann	• Vorstand Vertrieb Zentral- und Osteuropa • Marketing- und Vertriebs-strategie • Werk Ferroplast, Litauen	• Auftragsgewinnung „Von Prospekt bis Auftragseingang"	• Kooperation mit NFZ-Hersteller • Aufbau Osteuropa
U. Schöpker	• Vorstand Vertrieb Westeuropa • After Sales Service	• Auftragsgewinnung „Von Prospekt bis Auftragseingang" • Serviceprozesse	• Aufbau Südeuropa • Pricing-Strategie
U. Schümer	• Vorstand Finanzen und Personal • IT • Werk Gotha und UK	• Infrastrukturprozesse	• Senkung Gemein-kosten • ERP-Einführung • Mitarbeiterentwick-lung
J. Buddenkotte	• Vorstand Einkauf und Logistik	• Auftragserfüllung „Von Auftragseingang bis Auslieferung"	• ERP-Einführung • Senkung Herstellkosten

Quelle: Schmitz Cargobull

Abbildung 3

Zum anderen hat sich SCB auf Europa und dort vor allem auf die Volumenmärkte kon-
zentriert: Deutschland, Zentral- und Osteuropa, Benelux, Großbritannien und in letzter
Zeit verstärkt Südeuropa mit Spanien, Frankreich und Italien. Diese sieben Länder bzw.
Regionen machen fast 90 Prozent des europäischen Markts aus. Die Ressourcen des
Unternehmens wurden gezielt in den Ausbau der Marktführerschaft bzw. die Erschlie-
ßung dieser Märkte gelenkt.

Dazu hat SCB u. a. seine Präsenz vor Ort punktuell ausgebaut. Getreu dem Motto „All
business ist local" wurden sowohl neue Produktions- als auch Vertriebsstandorte
geschaffen. So wurde – neben den vier deutschen Produktionsstätten – in den letzten

Jahren z. B. jeweils eine kleine, hocheffiziente Fertigungsstätte für Sattelpritschen in Spanien und Großbritannien aufgebaut. Durch diese so genannten Satelliten lassen sich zum einen lokale Kostenvorteile nutzen. Zum anderen wird die Kundenbindung deutlich gestärkt. Die Baugruppen für die Sattelpritschen werden im Stammwerk in Altenberge entwickelt und teilweise vorgefertigt. Die Satelliten bauen diese dann nach einem standardisierten Fertigungskonzept zusammen. Lokale Adaptionen sind möglich, aber nur, wenn damit ein deutlicher Kundenvorteil verbunden ist.

Mit einer Stückzahl von jeweils 1.000 Fahrzeugen sind beide Satelliten profitabel. Der Break-even ist schon bei ca. 500 Fahrzeugen erreicht – in anderen Werken der Nutzfahrzeugindustrie typischerweise erst bei einigen Tausend. Während SCB vor zwei Jahren in Spanien nur etwa 10 bis 20 Sattelpritschen pro Jahr verkaufen konnte, sind es heute über 1.000. In Großbritannien hatte SCB bereits vor etwa zehn Jahren eine Kühlkofferfertigung gekauft und nach eigenen Standards umstrukturiert. Im Vergleich zu einem „Grüne Wiese"-Ansatz erwies sich der Weg der Umstrukturierung allerdings als deutlich mühsamer. Auch in diesem Werk werden aber inzwischen ca. 1.200 Sattelkühlkoffer profitabel gefertigt.

Parallel dazu hat SCB ein engmaschiges Vertriebsnetz geknüpft. Regionale Vertriebsstützpunkte, so genannte Cargobull Trailer Center (CTC), vermarkten das gesamte Angebot an Produkten und Serviceleistungen in einer Region und stellen Angebotspakete individuell und kundennah zusammen. Heute gibt es ca. 5 CTCs in Deutschland und 10 bis 15 CTCs in anderen europäischen Volumenmärkten. Die Nähe zu den Kunden hat wesentlich zur Stärkung der Kundenbindung beigetragen.

4.   Konzentration auf Kosten und Qualität

Der Trailer-Markt unterliegt einem anhaltenden Preisverfall. Pro Jahr gehen die Preise um durchschnittlich 3 bis 4 Prozent zurück. Zeigt die Entwicklung in diesem ausgeprägt zyklischen Markt nach unten, nimmt der Preiskampf dramatische Züge an. Die Hersteller sind dann gezwungen, ihre Kosten zu senken, ohne Abstriche an der Qualität zu machen. Denn Qualitätsverluste werden in diesem Markt von den Kunden sofort bestraft. Mit der strategischen Entscheidung, sich auf das Wesentliche zu konzentrieren, hat SCB die nötigen Freiräume gewonnen, seine Kosten- und Qualitätsposition kontinuierlich zu verbessern: Design-to-Cost, modularer Aufbau der Produkte und Streben nach operativer Exzellenz sind dabei die wichtigsten Ansatzpunkte.

Alle Produkte von SCB unterliegen einem ständigen Design-to-Cost. Eine Sattelpritsche z. B. setzt sich aus den drei Funktionsgruppen Aufbau, Laufwerk und Chassis zusammen. Sämtliche Teile dieser Funktionsgruppen wurden in den letzten fünf Jahren einem rigorosen Design-to-Cost unterzogen. Kein einziges Teil blieb dabei unverändert. Die Variantenvielfalt konnte so signifikant reduziert werden, die Herstellkosten sanken um ca. 5 Prozent pro Jahr.

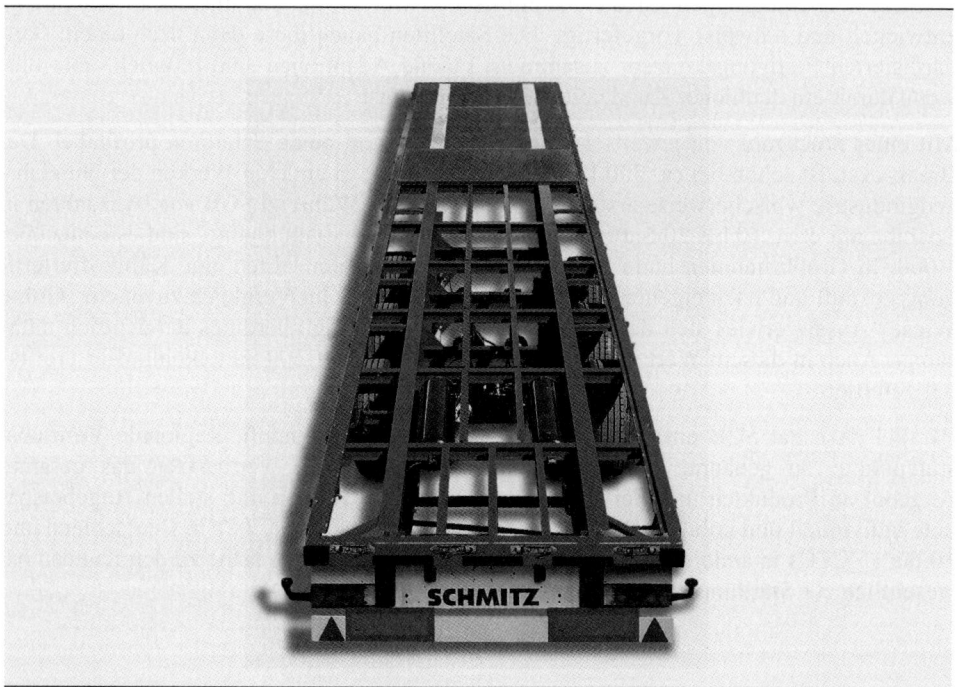

Abbildung 4

Alle Hauptprodukte von SCB sind modular aufgebaut, um Einkaufs- und Produktionskostenvorteile nutzen zu können. Den Anstoß dazu gab ein Besuch bei Scania. Produktmodularisierung ist bei diesem Nutzfahrzeughersteller Teil der Firmenphilosophie und konsequent im Unternehmensalltag umgesetzt.

Ein Beispiel für die zunehmende Modularisierung bei SCB ist das Chassis für Sattelpritschen (Abbildung 4): Die Fertigung der Chassis erforderte früher Schweiß- und Lackierarbeiten. Damit verbunden waren hohe Anlageninvestitionen und qualifizierte Mitarbeiter in hohen Lohnklassen. Für eine kostengünstige lokale Fertigung erschienen Chassis damit ungeeignet.

Die Lösung: das Bolzen und Verzinken von Einzelteilen. Das Chassis wurde dementsprechend völlig neu gestaltet: Alle Langträger, Querträger und Kopfrahmen sind heute verzinkte Module. Sie werden an den deutschen Standorten hergestellt, zu den Satelliten transportiert und dort zusammengesetzt. Das Bolzen erfordert keine speziellen Fähigkeiten, die Arbeitsschritte Schweißen und Lackieren sind im Prozess komplett eliminiert.

Ein zusätzlicher Vorteil ist die deutlich reduzierte Anzahl an Identnummern. Durch die Modularisierung gibt es jetzt nur noch 10.000 statt früher 40.000 Identnummern. Da die Verwaltung einer Sachnummer mehrere 100 EUR p. a. kostet, stellt schon dies einen immensen Kostenvorteil dar.

Schließlich hat sich SCB ehrgeizige Ziele für die Steigerung der operativen Leistungsfähigkeit gesetzt. Dies gilt insbesondere für den Kernprozess des Geschäfts, die Auftragserfüllung. Dabei hat sich die Optimierung der Zeit als eigentlicher Treiber für die Verbesserung der Kosten- und Qualitätsposition erwiesen.

Alle Produktionswerke von SCB haben heute eine durchgängige Fließfertigung, der Kanban-Anteil wurde auf 80 Prozent gesteigert. Die Durchlaufzeit, also die Zeit zwischen Auftragseingang und Auslieferung, sank von drei Wochen auf drei Tage. Die Anzahl der Direktläufer – Fahrzeuge ohne Fehler bzw. Nacharbeit von Anfang bis Ende der Fertigung – ist allein in den letzten beiden Jahren von 10 auf 50 Prozent gestiegen. Diese Quote soll in Zukunft auf 90 Prozent erhöht werden.

Auch bei der Auftragsgewinnung spielt der Zeitfaktor eine Rolle: Der Vertrieb ist mit einem elektronischen Verkaufshandbuch ausgestattet, das alle Verkaufsmodule enthält. Der Verkäufer kann damit direkt beim Kunden die konstruktive Machbarkeit der Trailer abklären, unnötige Rückfragen entfallen. Da in den elektronisch gespeicherten Verkaufsmodulen Material und Produktionszeiten abgelegt sind, kann der Auftrag ohne technische Bearbeitung direkt in die Produktionsplanung einfließen.

Dass SCB ein kundenindividuelles Produkt heute innerhalb von drei Tagen ausliefern kann, stellt einen nicht zu unterschätzenden Wettbewerbsvorteil dar. Denn für den Kunden ist die Lieferzeit ein wichtiger Kauffaktor geworden.

SCB bietet daher auch so genannte Silberpfeil-Produkte an, bei denen das gesamte Material in Kanban verfügbar ist. Trifft der Auftrag morgens ein, kann mittags die Produktion beginnen. Für den Kunden bringen diese standardisierten Produkte zwar gewisse Einschränkungen bei der Wahlfreiheit mit sich. Dafür haben die Silberpfeile einen günstigeren Preis und eine extrem kurze Lieferzeit. Der Verkäufer bekommt beim Abschluss eines Silberpfeil-Auftrags eine zusätzliche Provision, um den Verkaufsanreiz zu verstärken.

Die Durchlaufzeiten in der Auftragserfüllung fehlerfrei zu reduzieren, bleibt auch künftig ein zentrales Ziel.

5.   Streben nach Innovation

Im Trailer- wie auch im gesamten Nutzfahrzeugmarkt gewinnen die Lebenszykluskosten zunehmend an Bedeutung. Die Kunden schauen nicht mehr nur auf den Anschaffungs-preis, sondern verstärkt auch auf Betriebskosten und Wiederverkaufswert. Innovative Lösungen der Hersteller können dazu beitragen, die Lebenszykluskosten und damit die Gesamtkosten der Besitzer zu reduzieren.

Damit verändert sich aber auch die Rolle der Hersteller von einer eher passiven zu einer aktiven: Früher bestand die Hauptaufgabe der Hersteller im Wesentlichen darin, Liefe-rantenteile zusammenzubauen. Heute hingegen gilt es, die Entwicklung neuer Produkte selbst voranzutreiben und dabei auf die Optimierung der gesamten Wertschöpfungskette zu zielen.

SCB hat sich auf diese veränderten Anforderungen eingestellt und konnte in den letzten Jahren bereits entsprechende Produktinnovationen in den Markt bringen. Einige Beispiele:

- *Flexos (Aufbau) und Rotos (Laufwerk) bei Sattelpritschen:* Bei den Produkten Flexos und Rotos kann der Kunde Fahrhöhe und Aufbauhöhe leicht verändern. Der Auflieger lässt sich so an unterschiedliche Zugmaschinen anpassen. Vorteil für das Logistikunternehmen: Es ist flexibler und vermeidet Standzeiten auf Grund langer Be- und Entladezeiten. Nebeneffekt auf der Kostenseite: SCB minimiert die Sach-nummern und muss weniger Ersatzteile vorhalten.

- *Gebolztes Chassis Modulos bei Sattelpritschen (Abbildung 5):* Das gebolzte Chassis ist verzinkt und bietet damit die zurzeit dauerhafteste Oberflächenbeschichtung am Markt mit einer Garantie von zehn Jahren gegen Durchrosten. Haltbarkeit und Sicherheit steigen, da es nicht zu Spannungen durch das Schweißen kommt. Chas-sis-Risse gehören der Vergangenheit an.

- *Kühlkoffer-Paneele „Ferroplast" bei Sattelkühlkoffern:* Herkömmliche Glasfaser-Paneelen haben den Nachteil, dass sie über Zeit Feuchtigkeit ansammeln und damit schwerer werden und weniger isolieren. Ferroplast verwendet zwei Stahldeck-schichten innen und außen, die als Dampfsperre wirken. Damit bleibt die Isolierfä-higkeit während der Lebensdauer erhalten. In den Paneelen sammelt sich kaum noch Wasser an. Die Kunden profitieren von geringeren Kühlkosten und einem höheren Wiederverkaufswert.

- *Gebolzte Mulden bei Kippfahrzeugen:* Gebolzte Mulden aus Stahl- und Aluminium-komponenten machen Kippfahrzeuge leichter bei gleichzeitig höherer Stabilität.

Regelmäßige Kundenbesuche und -gespräche zeigen, wo die Bedürfnisse des Markts im Einzelnen liegen und wie der Kundennutzen über Innovationen gesteigert werden kann. Auch für die kommenden Jahre ist die Innovationspipeline bei SCB gut gefüllt. Oberstes

Ziel dabei bleibt, die Lebenszykluskosten des Produkts weiter zu senken – neben den Vorteilen, die sich für den Kunden durch Erhöhung des Leervolumens und Reduzierung des Leergewichts ergeben.

Abbildung 5

Zum Thema Innovation gehört aber auch der schrittweise Ausbau von Dienstleistungen. Der Servicemarkt hat inzwischen ein ähnlich hohes Volumen erreicht wie der Neufahrzeugmarkt. Dienstleistungen umfassen vor allem Finanzierungsangebote, Full-Service-Angebote (von Leihfahrern über präventive Wartung und „7-Tage-24-Stunden"-Service bis hin zur Versicherung inkl. Abwicklung) sowie die gesamte Ersatzteileabwicklung.

SCB erarbeitet solche Angebote zunächst zentral zusammen mit starken Partnern; die Angebote werden dann lokal gemeinsam mit diesen Partnern länderspezifisch angepasst. Im Bereich Finanzdienstleistungen z. B. kooperiert SCB mit dem Unternehmen De Lage Landen, dem Spezialisten für die Finanzierung von Nutzfahrzeugen. Im letzten Jahr hat SCB in diesem Bereich einen Umsatz von 120 Millionen EUR erwirtschaftet.

6.   Unternehmerische Kultur

Als Mittelständler mit Sitz im Münsterland ist es für SCB nicht einfach, hoch qualifizierte Mitarbeiter zu gewinnen – so manches Großunternehmen in München oder Hamburg wird auf den ersten Blick attraktiver erscheinen. Für SCB spricht vor allem der Geschäftserfolg. Für einen Marktführer zu arbeiten, kann ein besonderer Anreiz sein.

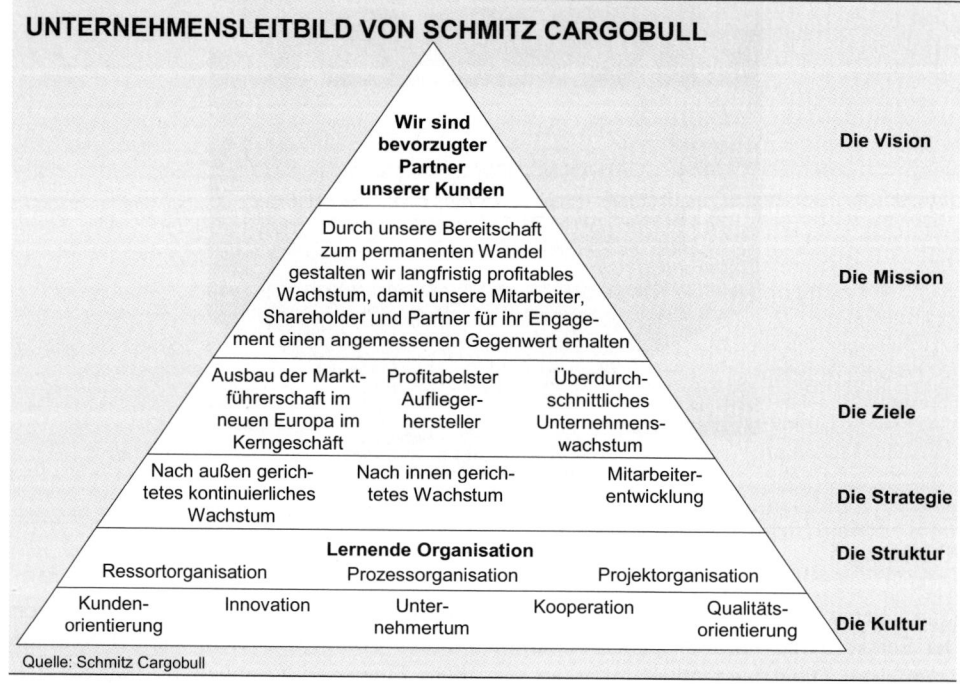

Abbildung 6

SCB bietet seinen Mitarbeitern aber auch ganz konkrete Vorteile:

- *Dezentralität und Selbstverantwortung:* Alle Werke sind ergebnisverantwortlich – nicht das Einhalten vorgegebener Produktionsstückzahlen zählt, sondern der erzielte Ertrag.

- *Funktionsübergreifende, prozessorientierte Arbeitsorganisation:* Auf Teamarbeit legt SCB großen Wert. Die Kosten- und Qualitätsverantwortung für die Entwicklung und Herstellung des Laufwerks beispielsweise trägt eine Gruppe von Mitarbeitern aus Entwicklung, Einkauf, Logistik, Qualität und Produktion. Sie definieren gemeinsame Ziele. Die Vergütung ist variabel und direkt an die Zielerreichung gekoppelt. Durch die Arbeit im Team ziehen alle an einem Strang, die Umsetzungs-geschwindigkeit steigt.

- *Mitarbeiterentwicklung:* SCB hat drei Programme für so genannte High Potentials – ein Entwicklungsprogramm für künftige Führungskräfte, ein Leadership-Programm für etablierte Führungskräfte sowie ein spezielles Managerprogramm. Zugeschnitten auf die einzelnen Zielgruppen vermitteln diese Programme vor allem Grundsatzwis-sen, Teamfähigkeit und Verständnis für die Funktionsweise des Unternehmens.

- *Stetiger Wandel durch permanente Projektarbeit:* In Entwicklung, Produktion und Vertrieb laufen ständig insgesamt rund 200 Veränderungsprojekte. *Alle* Führungs-mitarbeiter sind eingebunden, jeder muss mindestens ein Projekt leiten. Der Erfolg wird systematisch gemessen, z. B. nach der Härtegradlogik.

Fragt man die Mitarbeiter heute, warum sie bei SCB arbeiten, sind die Antworten ein-deutig: „Schmitz gibt uns einen sicheren Arbeitsplatz", „Schmitz bietet mir viele Mög-lichkeiten, denn das Unternehmen entwickelt sich immer weiter" oder „Wir bekommen hier nicht einfach etwas verordnet, sondern können selbst etwas bewegen". Die Über-zeugung, dass nur der permanente Wandel das Unternehmen auf Dauer voranbringt, ist in der Belegschaft tief verankert und spiegelt sich auch im Unternehmensleitbild wider (Abbildung 6). Die Qualität der Mitarbeiter gilt bei Schmitz Cargobull als Garant für einen nachhaltigen Wettbewerbsvorteil. Das Unternehmen sieht es als seine Aufgabe an, allen Mitarbeitern ein motivierendes und begeisterndes Arbeitsumfeld zu schaffen.

7.   Der Blick nach vorn

Die anhaltende Konjunkturschwäche ist nicht ohne Auswirkungen auf die Nutzfahr-zeugindustrie geblieben. Überkapazitäten und ein starker Preisverfall belasten den Markt. Durch konsequente Ausrichtung an den fünf Erfolgsfaktoren ist SCB aber gerade im Vergleich zu vielen anderen Wettbewerbern in einer ausgezeichneten Position, den Schwierigkeiten zu trotzen. Ziel des Unternehmens ist es, den Gewinn vor Steuern von zuletzt 6 wieder auf 8 Prozent zu steigern. Eine kontinuierliche Verbesserung in allen Bereichen bleibt auch in Zukunft unverzichtbar – Stillstand ist Rückschritt.

Vor allem drei Stoßrichtungen sollen in den nächsten Jahren verfolgt werden:

- *Strategische Ausrichtung:* Europa bleibt weiterhin Fokus des Unternehmens. Als Ziel gilt, in jedem Land die Nr. 1 oder Nr. 2 zu werden.

- *Operative Exzellenz:* Die operative Leistungsfähigkeit soll dem Produktionsprinzip von Toyota entsprechend weiter gesteigert werden. Operative Exzellenz bei der Auftragserfüllung zu zeigen, bleibt ein ständiger Anspruch.

- *Weiterentwicklung des Geschäfts:* SCB wird künftig die Lebenszykluskosten des Trailers noch stärker in den Mittelpunkt seines Geschäfts stellen. Denn der Kunde von morgen will nicht mehr alleiniger Eigentümer der Fahrzeuge sein. Er erwartet, dass der Hersteller über die gesamte Produktlebensdauer zumindest Miteigentümer ist. Für SCB bedeutet das, die Erfolgsfaktoren in den verschiedenen Lebensabschnitten genau zu verstehen und Produkte und Dienstleistungen entsprechend zu gestalten. Denkbar wäre z. B., ein Fahrzeug zu entwickeln, das fünf Jahre wartungsfrei ist, oder Fahrzeuge auf Kilometer-Basis zu finanzieren.

Bei allem notwendigen Wandel wird die Unternehmenspolitik aber auch künftig von drei Konstanten geprägt sein: Konzentration auf das Wesentliche, konsequente Einfachheit und kompromisslose Qualität sollen dazu beitragen, Schmitz Cargobull auf Dauer zum bevorzugten Partner der Kunden zu machen.

Literaturverzeichnis

CROSBY, P. B. (1992): Quality is Free. The Art of Making Quality Certain, 1992.

KATZENBACH, J. R., SMITH, D. K. (1993): Teams. Der Schlüssel zur Hochleistungsorganisation, Wien: 1993.

KLUGE, J. et al. (1994): Wachstum durch Verzicht. Schneller Wandel zur Weltklasse: Vorbild Elektronikindustrie, Stuttgart: 1994.

OHNO, T. (1988): Toyota Production System. Beyond Large-Scale Production, Portland: 1988.

ROMMEL, G. et al. (1993): Einfach überlegen. Das Unternehmenskonzept, das die Schlanken schlank und die Schnellen schnell macht, Stuttgart: 1993.

Literaturverzeichnis

Lothar Stein/Holger Klein

Corporate Venturing – Wie deutsche Großunternehmen Innovationsbarrieren überwinden

Dr. Lothar Stein ist Director bei McKinsey & Company, Inc. Dr. Holger Klein ist Engagement Manager bei McKinsey & Company, Inc.

1. Die Situation: Innovationsbarrieren hemmen Entwicklung

Das unternehmerische Umfeld ist in den vergangenen Jahren deutlich schwieriger geworden: Technologiewechsel folgen immer schneller aufeinander, Produktlebenszyklen werden kürzer, Wettbewerbskonstellationen sind im stetigen Wandel begriffen. Vor allem etablierte Großunternehmen sehen sich zunehmend gefordert, neben hocheffizienten Abläufen und einer kontinuierlichen Verbesserung im Stammgeschäft auch die effektive Erschließung neuer Märkte zu beherrschen. Mehr denn je hängt der langfristige Unternehmenserfolg von der Fähigkeit ab, flexibel auf Veränderungen im Umfeld zu reagieren sowie Chancen für den Aufbau neuer Geschäfte zu erkennen und zu nutzen.

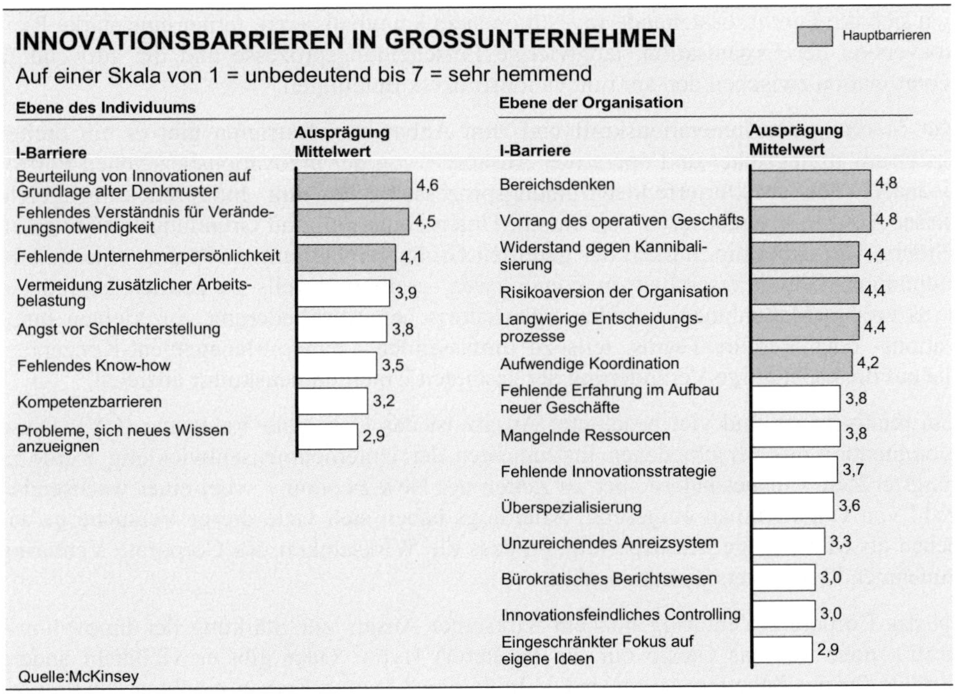

INNOVATIONSBARRIEREN IN GROSSUNTERNEHMEN

☐ Hauptbarrieren

Auf einer Skala von 1 = unbedeutend bis 7 = sehr hemmend

Ebene des Individuums

I-Barriere	Ausprägung Mittelwert
Beurteilung von Innovationen auf Grundlage alter Denkmuster	4,6
Fehlendes Verständnis für Veränderungsnotwendigkeit	4,5
Fehlende Unternehmerpersönlichkeit	4,1
Vermeidung zusätzlicher Arbeitsbelastung	3,9
Angst vor Schlechterstellung	3,8
Fehlendes Know-how	3,5
Kompetenzbarrieren	3,2
Probleme, sich neues Wissen anzueignen	2,9

Ebene der Organisation

I-Barriere	Ausprägung Mittelwert
Bereichsdenken	4,8
Vorrang des operativen Geschäfts	4,8
Widerstand gegen Kannibalisierung	4,4
Risikoaversion der Organisation	4,4
Langwierige Entscheidungsprozesse	4,4
Aufwendige Koordination	4,2
Fehlende Erfahrung im Aufbau neuer Geschäfte	3,8
Mangelnde Ressourcen	3,8
Fehlende Innovationsstrategie	3,7
Überspezialisierung	3,6
Unzureichendes Anreizsystem	3,3
Bürokratisches Berichtswesen	3,0
Innovationsfeindliches Controlling	3,0
Eingeschränkter Fokus auf eigene Ideen	2,9

Quelle:McKinsey

Abbildung 1

Diese Tendenz wird durch die langjährigen empirischen Betrachtungen von DICK FOSTER und SARAH KAPLAN eindrucksvoll unterstrichen[1]: Die „Überlebensdauer" alteingesessener Unternehmen nimmt immer weiter ab und sie erwirtschaften im Schnitt deutlich geringere Wertbeiträge (Total Return to Shareholders) als jüngere Firmen. Den Etablierten mangelt es schlicht an Innovationskraft und Hauptgrund dafür sind unternehmensinterne Barrieren auf Ebene der Mitarbeiter und der Organisation (Abbildung 1).

Eine Untersuchung der DAX-100-Unternehmen vom September 2001[2] ergab, dass Innovationen häufig aus fragwürdigen Gründen abgelehnt werden – etwa, weil man sie nach alten Denkmustern beurteilt oder weil man gar keine Notwendigkeit für Veränderungen sieht. Auch fehlt es vielfach an einer Unternehmerpersönlichkeit, die zum Anpacken neuer Themen motiviert und Innovationen vorantreibt. Ganz anders in kleinen Gründungseinheiten: Dort beflügelt die gemeinsame Überzeugung von einer Idee den „Entrepreneurial Spirit".

Als Haupt-Innovationshemmnisse auf Ebene der Organisation werden zum einen Bereichsdenken – im Wesentlichen die klassischen Schnittstellenprobleme zwischen kaufmännischen und technischen Funktionen – genannt, zum anderen der Vorrang des operativen Geschäfts beim Einsatz qualifizierter Mitarbeiter. Als weitere Barrieren zeigen sich die Furcht, bestehende Investitionen zu kannibalisieren, ferner eine starke Risikoaversion der Organisation, langwierige Entscheidungsprozesse und die aufwendige Koordination zwischen den am Innovationsprozess Beteiligten.

Zur Stärkung der Innovationskraft und zum Abbau von Barrieren gibt es ein breites Spektrum strategischer und operativer Ansätze – von der innovationsbezogenen Portfolioanalyse über strukturierte Ideenfindungsprozesse bis hin zum „Intrapreneuring". Viele dieser Ansätze konzentrieren sich darauf, Unternehmertum und Gründungsinitiativen zu fördern. Um dabei die Stärken der gereiften Großunternehmung mit denen einer relativ autonomen Gründungseinheit zu kombinieren, greift man teils zu zeitlich begrenzten strukturellen Maßnahmen, wie der organisatorischen Ausgliederung von kleinen Innovations- oder Venture-Teams, teils zu umfassenden Change-Management-Konzepten, die auf die nachhaltige Veränderung der gesamten Unternehmenskultur abzielen.

Ein relativ neuer und viel beachteter Ansatz ist das Corporate Venturing (CV): Diese Kombination aus verschiedenen Instrumenten der Unternehmensentwicklung wurde in jüngster Zeit – insbesondere aber zu Zeiten der New Economy – bei einer wachsenden Zahl von Unternehmen eingesetzt. Allerdings haben sich viele dieser Versuche inzwischen als Misserfolge herausgestellt, so dass die Wirksamkeit des Corporate Venturing zunehmend kontrovers diskutiert wird.

Ist das Corporate Venturing nun ein wirksamer Ansatz zur Stärkung der Innovationskraft – oder war das Ganze nur ein (weiterer) Hype? Oder gibt es vielleicht andere Gründe für das Scheitern so vieler CV-Initiativen? Diesen Fragen möchten wir im vorliegenden Artikel nachgehen. Nach einem kurzen Abriss über die Grundidee und die bisherige Entwicklung des CV-Ansatzes wenden wir uns den Faktoren zu, die für erfolgreiches Corporate Venturing unabdingbar sind, um anschließend die CV-Initiativen deutscher Topunternehmen auf Erfüllung dieser Erfolgsfaktoren zu überprüfen. Unsere Aussagen dazu stützen sich auf die Erkenntnisse aus einer empirischen Untersuchung der deutschen CV-Landschaft, die wir bereits 2001 durchgeführt und im Frühjahr 2003 durch eine Erfolgsanalyse derselben CV-Aktivitäten komplettiert haben. Abschließend wagen wir einen Ausblick: Wie wird sich das Corporate Venturing in Deutschland weiterentwickeln?

2.   Corporate Venturing – Modetrend oder Erfolgsrezept?

2.1   Das Konzept: Synergien für Mutter und Tochter

Vielen Unternehmen mangelt es nicht an Ideen für neue Produkte und Geschäfte, sondern vielmehr an den Strukturen, um diese zu entwickeln. In dieser Situation hat sich das Corporate Venturing als vielversprechender Ansatz erwiesen. Die Grundidee besteht darin, die Stärken junger, innovativer Gründungseinheiten mit den positiven Elementen etablierter, ressourcenstarker Großunternehmen zu kombinieren. Diese Potenzialkombination soll Synergien schaffen, die für die beiderseitige Unternehmensentwicklung genutzt werden können (Abbildung 2).

Aus der beschriebenen Grundidee ergeben sich zwei Formen des Corporate Venturing:

- Das *External Corporate Venturing* konzentriert sich auf die Akquisition von, Beteiligung an oder Kooperation mit externen Gründungseinheiten durch etablierte Großunternehmen. Diese Form des Corporate Venturing dient zum einen dazu, den Markt zu sondieren und zu erfahren, woran junge, hochinnovative Unternehmen arbeiten. Zum anderen verschafft sie raschen Zugang zu neuen Technologien, die auch für das eigene Kerngeschäft nützlich sein können. Ziel der Beteiligung ist es, Know-how, Dynamik und Innovationskraft kleiner Gründungseinheiten zu nutzen und in das eigene Unternehmen zu übertragen. External Corporate Venturing ist damit deutlich mehr als eine reine Finanzinvestition.

- Das *Internal Corporate Venturing* hingegen beschäftigt sich damit, neue Geschäftsbereiche in existierenden Unternehmen aufzubauen, bspw. in Form von Venture-Teams oder internen Start-ups, die (virtuell oder real) getrennt vom Kerngeschäft „großgezogen" werden. Die Ansätze reichen hier vom Vorantreiben der Innovationen durch Einzelpersonen (Product Championing) bis zur Etablierung von innovativen Zellen oder Inkubatoren, in denen innovative Ideen gezielt weiterentwickelt werden sollen. Internes Corporate Venturing bietet sich an, wenn das Unternehmen selbst über die erforderlichen Kapazitäten verfügt und interne Fähigkeiten bewusst weiterentwickeln will.[3]

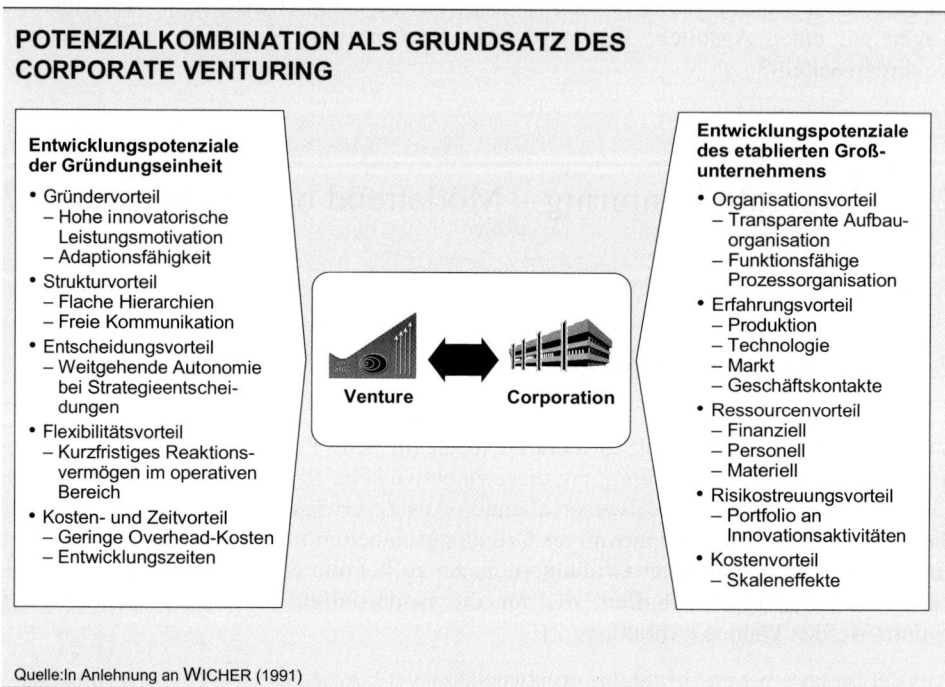

POTENZIALKOMBINATION ALS GRUNDSATZ DES CORPORATE VENTURING

Entwicklungspotenziale der Gründungseinheit

- Gründervorteil
  - Hohe innovatorische Leistungsmotivation
  - Adaptionsfähigkeit
- Strukturvorteil
  - Flache Hierarchien
  - Freie Kommunikation
- Entscheidungsvorteil
  - Weitgehende Autonomie bei Strategieentscheidungen
- Flexibilitätsvorteil
  - Kurzfristiges Reaktionsvermögen im operativen Bereich
- Kosten- und Zeitvorteil
  - Geringe Overhead-Kosten
  - Entwicklungszeiten

Venture   **Corporation**

Entwicklungspotenziale des etablierten Großunternehmens

- Organisationsvorteil
  - Transparente Aufbauorganisation
  - Funktionsfähige Prozessorganisation
- Erfahrungsvorteil
  - Produktion
  - Technologie
  - Markt
  - Geschäftskontakte
- Ressourcenvorteil
  - Finanziell
  - Personell
  - Materiell
- Risikostreuungsvorteil
  - Portfolio an Innovationsaktivitäten
- Kostenvorteil
  - Skaleneffekte

Quelle:In Anlehnung an WICHER (1991)

Abbildung 2

Die unterschiedlichen Formen des Corporate Venturing reichen somit von weitgehend integrierten, personenorientierten Ansätzen über die vollständige Ausgliederung der Innovationsaktivitäten in spezielle, bereits bestehende Geschäftseinheiten bis zur Finanzierung und Förderung externer Gründungseinheiten (Corporate Venture Capital).[4]

Eines ist allen Ansätzen gemeinsam: Sie sollen einen Raum schaffen, in dem die Innovationsbarrieren des etablierten Unternehmens deutlich gesenkt werden. Damit können die kreativen und innovativen Stärken der jungen Einheit zum Tragen kommen – nicht zuletzt aber ihre Fähigkeit, auf Grund kürzerer Entscheidungswege schneller auf Trends reagieren zu können. Kurz: *Die Entwicklung und Kommerzialisierung von Innovationen wird beschleunigt.* Hat die Gründungseinheit dann hinreichende Stabilität erreicht, geht es in einem zweiten Schritt darum, der Muttergesellschaft in verstärkter Interaktion zwischen beiden – quasi als Spill-over-Effekt – neue Impulse zu geben: Innovationsfeindliche Strukturen sollen aufgebrochen, Entwicklungspotenziale freigesetzt werden.

So weit die gemeinsame Grundphilosophie der Unternehmen, die das Corporate Venturing einsetzen. Schaut man sich nun die strategischen Ziele an, welche die einzelnen Unternehmen damit verfolgen, findet man eine große Bandbreite vor.

2.2   Ziele der Unternehmen: Von Renditesteigerung bis Kulturwandel

Wie empirische Untersuchungen belegen[5], reichen die Ziele etablierter Unternehmen beim Einsatz des Corporate Venturing von der besseren Ausnutzung vorhandener Ressourcen (sowohl Personal- als auch technischer Ressourcen) bis hin zu Wachstum und Diversifikation. Diese Zielvielfalt zeigte sich auch in unserer Befragung der DAX-100-Unternehmen (Abbildung 3).

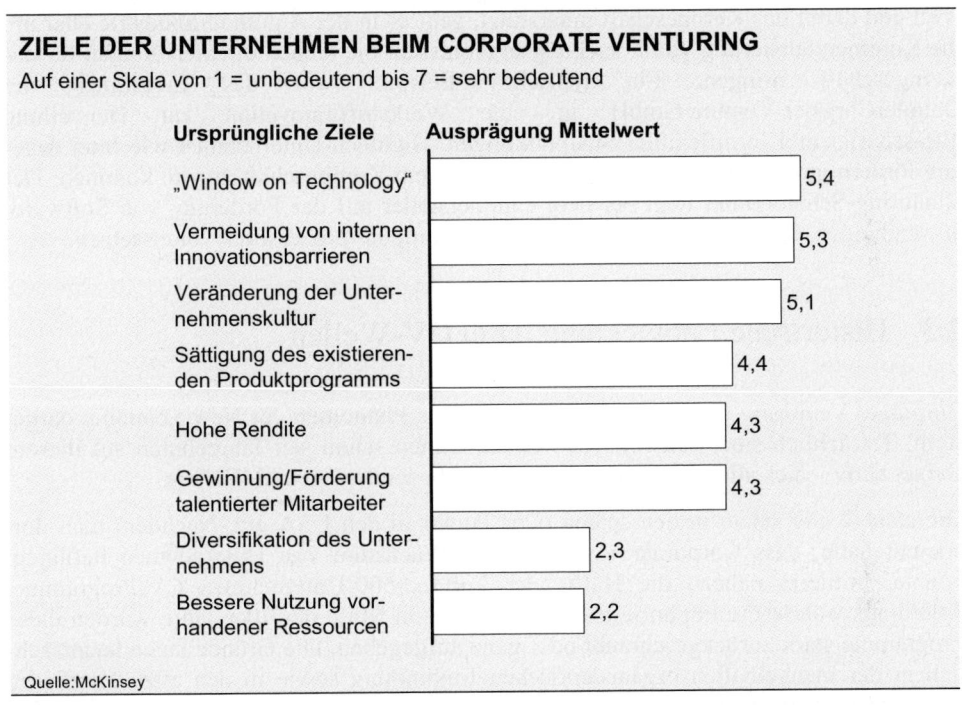

Abbildung 3

An erster Stelle steht bei den Unternehmen der Wunsch, technologische Trends früher zu erkennen und besser beobachten zu können. Besonders ausgeprägt ist der Einsatz von Venture-Einheiten als „Window on Technology" in F&E-intensiven Branchen. Für Unternehmen aus traditionellen Industriesektoren hingegen ist die Sättigung des existierenden Produktprogramms entscheidend. Für alle Unternehmen besteht ein wichtiges Ziel offensichtlich darin, interne Innovationsbarrieren mit Hilfe von Corporate-Venturing-Einheiten zu umgehen. Nur für eine Minderheit spielten dagegen Renditeüberlegungen eine bedeutende Rolle; ähnlich schwach fiel das Votum für die Gewinnung und Förderung von talentierten Mitarbeitern aus.

Was sich bei der Befragung ganz eindeutig zeigte, ist, dass Diversifikation und eine bessere Nutzung der Ressourcen keine vorrangigen Ziele von Corporate Venturing sind. Offensichtlich wird der Aufbau neuer Geschäfte weniger als Weg zur Erschließung völlig neuer Geschäftsbereiche gesehen, sondern vielmehr als Ansatz, bestehende Kompetenzen und Ressourcen weiterzuentwickeln und in ausgewählten Bereichen Wachstumschancen zu nutzen.

Interessant ist darüber hinaus der Unterschied zwischen mehr und weniger F&E-intensiven Industrien, was die spezifische Zielsetzung anbelangt: Während Corporate Venturing bspw. in der Pharmaindustrie schon lange zum Füllen der Research-Pipeline genutzt wird und damit das Kerngeschäft unterstützt, geht es in der Automobilindustrie eher um die Kommerzialisierung von Forschungsergebnissen, die keinen direkten Nutzen für das Kerngeschäft bringen. Ein typisches Beispiel war das Investment der DaimlerChrysler Venture GmbH in eine Werkstoffinnovation zur Herstellung ultrascharfer und formflexibler Skalpellklingen. Hightech-Unternehmen wie Intel dagegen fördern gezielt Innovationen, die indirekt ihrem Kerngeschäft zugute kommen: Der Venturing-Schwerpunkt liegt bei dem Chiphersteller auf der Förderung von Softwareanwendungen, die wiederum leistungsfähigere Computerprozessoren voraussetzen.

2.3   Historische Entwicklung: Drei CV-Wellen

Corporate Venturing wird in Deutschland gern als Phänomen der New Economy dargestellt. Tatsächlich sind weltweit viele Unternehmen schon seit Jahrzehnten auf diesem Gebiet aktiv – dies allerdings nicht kontinuierlich, sondern in drei Wellen:

Die erste Welle setzte in den späten 60er Jahren in den USA ein. Nachdem man dort erkannt hatte, dass Corporate Venturing das Wachstum von Unternehmen beflügeln konnte, initiierte nahezu die Hälfte der Fortune-500-Unternehmen CV-Programme. Allerdings währte die Euphorie nicht lange – schon Mitte der 70er Jahre wurden diese Programme stark zurückgeschraubt oder ganz aufgegeben. Die Gründe lagen hauptsächlich in der mangelhaften organisatorischen Einbindung sowie in den allzu kurzfristig orientierten Erfolgsmaßstäben etablierter Großunternehmungen. In der Folge galt Corporate Venturing bei vielen Unternehmen als interessante Idee, die sich jedoch in der Praxis nicht bewährt hatte.

In den frühen 80er Jahren sorgte der wachsende Markt für Wagniskapital für eine zweite Welle von Corporate-Venturing-Initiativen, welche dieses Mal auch die europäischen Märkte erfasste. US-amerikanische Wagniskapitalunternehmen gründeten Töchter in Europa, die ersten europäischen Unternehmen beteiligten sich an Venture-Management-Gesellschaften.[6] So gründeten Siemens und die Deutsche Bank 1983 gemeinsam die Techno Venture Management GmbH (TVM); fast zeitgleich etablierte Siemens zudem die Venture Capital Beteiligungsgesellschaft mbH (VCB).[7] Mit der Wirtschaftskrise von 1987 ebbte allerdings auch diese zweite Welle bald wieder ab, die CV-Aktivitäten wurden zurückgefahren oder ganz eingestellt.

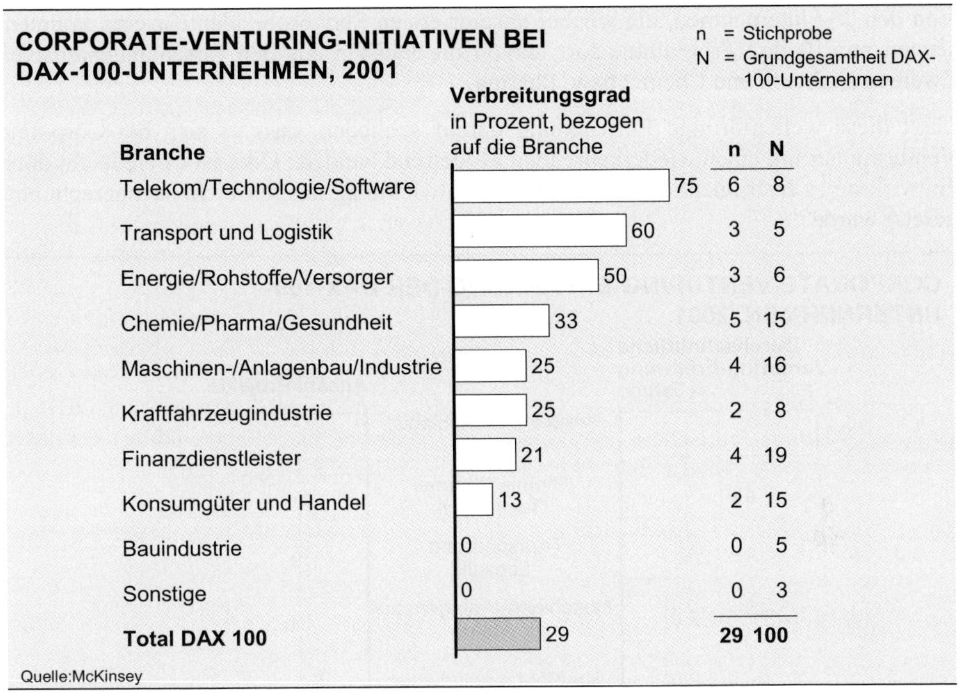

CORPORATE-VENTURING-INITIATIVEN BEI DAX-100-UNTERNEHMEN, 2001

n = Stichprobe
N = Grundgesamtheit DAX-100-Unternehmen

Verbreitungsgrad in Prozent, bezogen auf die Branche

Branche	Verbreitungsgrad	n	N
Telekom/Technologie/Software	75	6	8
Transport und Logistik	60	3	5
Energie/Rohstoffe/Versorger	50	3	6
Chemie/Pharma/Gesundheit	33	5	15
Maschinen-/Anlagenbau/Industrie	25	4	16
Kraftfahrzeugindustrie	25	2	8
Finanzdienstleister	21	4	19
Konsumgüter und Handel	13	2	15
Bauindustrie	0	0	5
Sonstige	0	0	3
Total DAX 100	29	**29**	**100**

Quelle:McKinsey

Abbildung 4

Knapp zehn Jahre später kam die dritte und vorerst letzte Venturing-Welle auf. Mit der stürmischen Entwicklung der Aktienmärkte und dem Heranwachsen einer sehr erfolgreichen Wagniskapitalbranche entdeckten die Großunternehmen erneut ihr Interesse an Venture-Management-Methoden. In diese Zeit fällt die Gründung der Venture Divisions von Lucent Technologies, Xerox, Nortel, Paging Network oder Amway Corporation.[8] In Deutschland legte Siemens in seiner Halbleitersparte – der heutigen Infineon Technologies AG – eines der ersten umfassenden Corporate-Venturing-Programme auf, welches Elemente des Internal und des External Venturing miteinander verband: Ende 1997 richtete man eine Venture Unit zur Erschließung neuer Geschäftsfelder ein, die ihre Aktivitäten mit einem internen Businessplan-Wettbewerb startete.[9] Ähnliche Ansätze waren in der zweiten Hälfte der 90er Jahre in einer Vielzahl großer deutscher Unternehmen zu beobachten – so etwa bei DaimlerChrysler, Degussa, Celanese, der Deutschen Post sowie verschiedenen Banken. Den Höhepunkt dieser dritten Welle erreichte Europa und insbesondere Deutschland zwischen 1998 und 2001. Es entwickelte sich ein wahrer Corporate-Venturing-Boom – kaum eine Industrie, in der es keine entsprechenden Initiativen gab (Abbildung 4).[10]

Der Abschwung der New Economy und die rapide fallenden Börsenkurse setzten diesem Boom 2002 ein Ende. Viele ehrgeizig begonnene CV-Programme wurden eingestellt.

Von den 29 Unternehmen, die wir bei unserer ersten Stichprobe identifizieren konnten, setzten nur 10 ihre Programme fort; davon die meisten aus den forschungsintensiven Zweigen Hightech und Chemie bzw. Pharma.

Lässt diese wellenförmige Entwicklung darauf schließen, dass es sich bei Corporate Venturing nur um einen wiederkehrenden Modetrend handelt? Oder ist es vielleicht doch ein wirksames Instrument der Unternehmensentwicklung, das nur nicht sachgerecht eingesetzt wurde?

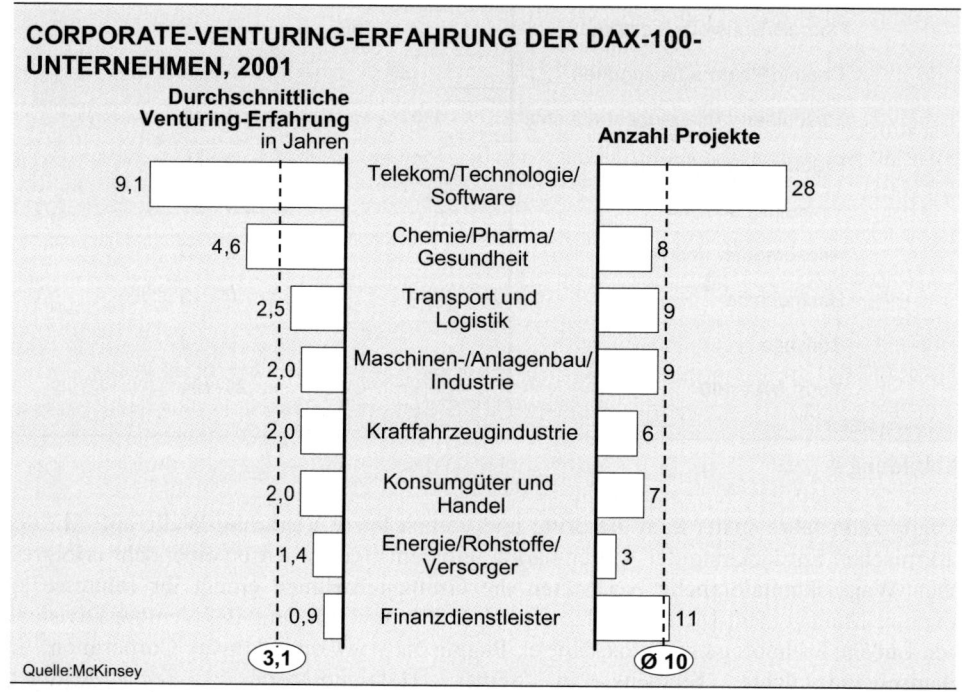

Abbildung 5

Betrachten wir die Projekte der dritten Corporate-Venturing-Welle in Deutschland näher: Als die Programme der DAX-100-Unternehmen eingestellt wurden, waren sie im Durchschnitt drei Jahre gelaufen (Abbildung 5). Das größte neue Engagement während dieser Zeit hatten Unternehmen des Finanzsektors sowie aus dem Bereich Transport und Logistik entfaltet: Eine relativ hohe Anzahl von CV-Projekten (11 bzw. 9) verteilt sich dort auf eine relativ kurze Erfahrungsspanne (0,9 bzw. 2,5 Jahre). Generell zeigte sich, dass Unternehmen mit geringerer Venturing-Erfahrung im Durchschnitt mehr Projekte pro Jahr gestartet hatten als solche mit langjähriger Erfahrung – die Mehrzahl davon in Internet-basierten Dienstleistungen oder Technologien. Von diesen Ventures sind heute nur noch 15 Prozent im Markt aktiv, während in den übrigen Sektoren durchschnittlich 40 Prozent überlebten.

Insgesamt legt diese Betrachtung den Schluss nahe, dass viele Unternehmen für das Thema Corporate Venturing nicht ausreichend gerüstet waren. Wenden wir uns also den Erfolgsfaktoren für den CV-Einsatz zu.

3.   Die Theorie: Was ein erfolgreiches Corporate-Venturing-Programm auszeichnet

Ein Patentrezept für erfolgreiches Corporate Venturing gibt es natürlich nicht. Jedes Unternehmen muss selbst den jeweils geeigneten Ansatz sowie die geeigneten Steuerungsinstrumente finden – abhängig von seinen spezifischen Zielen, der Ausprägung der Innovationsbarrieren und dem erwarteten Ideenfluss. Leitgedanke ist dabei, das ideale Umfeld für die zu fördernden Geschäftsideen zu schaffen.

Gleichwohl herrscht in der Venturing-Forschung ein breiter Konsens darüber, dass alle CV-Programme vier kritische Erfolgsfaktoren erfüllen sollten:[11]

- klare Zieldefinition und Messung korrespondierender Zielgrößen,

- organisatorische Anbindung und Schnittstellenmanagement, orientiert an den Zielen,

- langfristiger Zeithorizont und Unterstützung durch das Top-Management,

- Vernetzung mit der „Externen Welt" und Orientierung an VC-Methoden.

Jeder dieser Erfolgsfaktoren lässt sich in konkrete Handlungsempfehlungen übersetzen.

Klare Definition und Messung von Zielen

Grundsätzlich bemisst sich Erfolg daran, inwieweit gesteckte Ziele erreicht werden. Doch gerade bei Corporate-Venturing-Programmen gestaltet sich das Messen und Nachhalten vielfach problematisch. So werden *finanzielle* Ziele oft zu kurzfristig angesetzt: Wie die Erfahrung erfolgreicher Corporate Ventures lehrt, ist ein realistischer Zeithorizont für das Erreichen finanzieller Erträge mit sechs bis zehn Jahren zu veranschlagen. *Strategische* Ziele sind häufig kaum nachzuhalten, da es den Unternehmen sehr schwer fällt, sie hinreichend konkret zu formulieren. Um strategische Erfolge dokumentieren zu können, ist ein Zielcontrolling notwendig, das speziell auf den Aufbau neuer Geschäfte ausgerichtet wurde. Ein geeignetes Werkzeug für die Zieldefinition und das Controlling in einem Corporate-Venturing-Programm ist die Balanced Scorecard: Mit ihrer Hilfe lassen sich nicht nur die finanziellen und strategischen Ziele, sondern auch die Effizienz der internen Prozesse überwachen.

=> Definieren Sie klare Ziele und schreiben Sie diese in einem durchgehenden Zielcontrolling fest. Rechnen Sie mit Misserfolgen. Trennen Sie sich rechtzeitig von den Initiativen, die Ihre Ziele nicht erreichen.

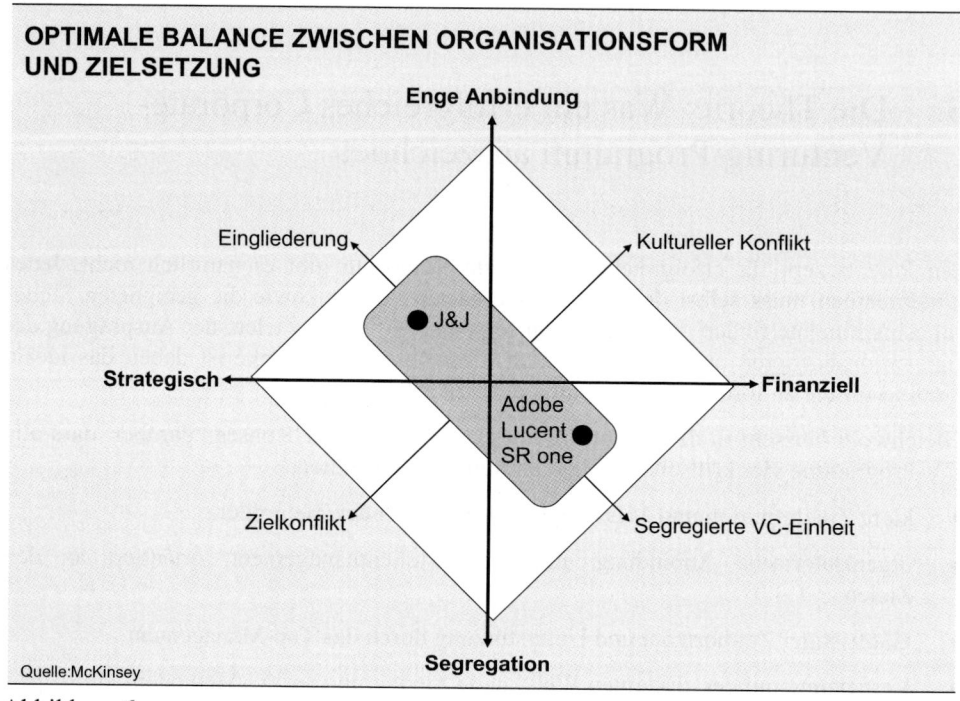

OPTIMALE BALANCE ZWISCHEN ORGANISATIONSFORM UND ZIELSETZUNG

Abbildung 6

Optimale organisatorische Anbindung

Die optimale Organisationsform hängt sehr von den Zielen des Corporate Venturing ab: Werden überwiegend finanzielle Ziele verfolgt, so empfiehlt sich eine stärkere Trennung der Venture-Einheit vom Kerngeschäft. Werden in erster Linie strategische Ziele verfolgt, bedingt das einen intensiven Austausch zwischen Gründungseinheit und Mutterunternehmen. Es gilt also, die optimale Balance zwischen der engen Anbindung und der völligen Abtrennung sowie zwischen der strategischen und finanziellen Zielsetzung herzustellen. Spannt man zwischen diesen vier Größen ein Koordinatensystem auf, so liegt der „Sweet Spot" – die optimale Ziel-/Organisationskonstellation – in einem diagonalen Feld (Abbildung 6).

Erfolgsbeispiele gibt es für beide Extreme: sowohl für den strategischen, eng an die Muttergesellschaft angebundenen Corporate-Venturing-Ansatz (z. B. Johnson & Johnson) als auch für die stärker vom Stammgeschäft losgelösten Corporate Venture Capitalists, die primär finanzielle Ziele verfolgen (z. B. Adobe, Lucent). Schnittstellenprobleme sind hingegen dort vorprogrammiert, wo rein durch Renditeüberlegungen motivierte Corporate Venture Capitalists zu eng an das Stammhaus gebunden werden – ebenso wie im umgekehrten Fall, wenn nämlich strategische Ventures zu stark entkoppelt von der Muttergesellschaft geführt werden. In der Praxis äußert sich das in inkompatiblen Unternehmenskulturen oder -zielen – beides Faktoren, die eine Corporate-Venturing-Initiative langfristig zum Scheitern bringen können.

=> Orientieren Sie die Organisationsform Ihres Corporate-Venturing-Programms an Ihren Zielen. Strategische Ziele erfordern eine intensive Einbindung der Business Units in Ihr Corporate Venturing, damit Synergien genutzt werden können. Dennoch: Die Organisationsform muss so angelegt sein, dass sie vor einem negativen Einfluss durch die Muttergesellschaft geschützt ist und eine möglichst authentische Gründungsatmosphäre entstehen lässt.

Langfristiger Zeithorizont und aktive Topmanagement Unterstützung

Corporate-Venturing-Programme können nur auf lange Sicht ihre volle Wirkung entfalten: Die Unternehmensleitung muss sich darauf einstellen, mindestens fünf Jahre lang kontinuierlich Ressourcen bereitzustellen. Sie braucht also einen langen Atem, der jedoch meistens nicht vorhanden ist. Denn nicht selten ist es der Enthusiasmus Einzelner – und nicht etwa der gemeinsame Glaube an strategischen Handlungsbedarf –, der CV-Programme entstehen lässt und vorantreibt. Die Erwartungshaltung der Unternehmensleitung ist hoch, der Widerstand der Organisation aber häufig noch höher. Bleiben dann die erhofften Erfolge aus oder gibt es einen personellen Wechsel an der Unternehmensspitze, verpufft die ganze Euphorie und das Programm wird in Frage gestellt.

Dem kann man nur auf eine Weise vorbeugen: durch breite Verankerung des Corporate-Venturing-Gedankens in der gesamten Organisation, verbunden mit einem entsprechenden Expectation Management der CV-Verantwortlichen im Topmanagement. Auf diese Weise erhält das Corporate Venturing im Unternehmen das nötige Gewicht, um Synergien zwischen den Gründungseinheiten und etablierten Unternehmensbereichen erschließen zu können.

=> Geben Sie dem Corporate Venturing in Ihrem Unternehmen eine feste organisatorische Basis und signalisieren Sie ein starkes Topmanagement-Commitment. Hüten Sie sich vor allzu ehrgeizig gesteckten Zielen.

Externe Vernetzung und Orientierung an VC-Erfahrung

Im Unterschied zu den Forschungsaktivitäten von F&E-Abteilungen, die oftmals geheim gehalten werden, sind erfolgreiche Corporate-Venturing-Programme durch einen regen Austausch mit der Außenwelt gekennzeichnet: Die Kooperation und Vernetzung mit einem breiten Spektrum externer Experten aus Forschung und Lehre sowie mit Technologiepartnern – häufig im Rahmen gemeinsamer Teams – hilft, die Ideen-Pipeline zu befüllen, Konzepte zu verfeinern und letztendlich Kundenwünsche zu befriedigen.

Eine besondere Rolle spielt in diesem Zusammenhang die Zusammenarbeit mit der VC-Industrie, denn sie dient dazu, einschlägige Erfolgsfaktoren kennen zu lernen und selbst anzuwenden. Drei Faktoren stehen dabei im Vordergrund:

- *Portfoliomanagement als Basis.* Die Erfahrungen der Venture-Capital-Industrie zeigen, dass nicht jedes Projekt ein Erfolg wird. Im Gegenteil: Die Misserfolgsquote liegt bei 70 bis 80 Prozent Anstatt also von vornherein von einem unbedingten Erfolg auszugehen, sollte man danach streben, die potenziellen Verluste durch Risikostreuung – konkret: die entsprechende Gestaltung eines Projektportfolios –abzufedern. Begleitend sollte das Topmanagement durch entsprechendes Expectation Management für eine angemessen realistische Haltung in der Organisation sorgen.

- *Frühzeitige Zusammenstellung hochkarätiger Teams.* Gerade in den frühen Phasen eines Venture kommt es auf die richtige Mischung aus Unternehmerpersönlichkeiten und Fachleuten sowie Visionären und Skeptikern an. Der bekannte amerikanische Venture Capitalist ARTHUR ROCK hat dies einmal so auf den Punkt gebracht: „Nahezu jeder Fehler, den ich gemacht habe, kam daher, dass ich die falschen Leute ausgesucht habe, nicht die falschen Produkte."[12]

- *Klare Value Proposition für die Venture-Firmen.* Die Möglichkeiten reichen hier vom Zugang zu unternehmenseigenen Netzwerken (Branche, Verbände, Konsortien, Zulieferer, Standardisierungsgremien etc.) bis zum Imagetransfer eines etablierten (Marken-/Unternehmens-)Namens auf die Gründungseinheit. Wesentlich ist eine klare Kommunikation und Einhaltung der versprochenen Leistungen – vor allem im Wettbewerb mit unabhängigen Venture Capitalists. Nur mit einer klaren Positionierung bekommt ein Unternehmen die erfolgversprechendsten Start-ups in sein Corporate-Venturing-Portfolio, denn nur so ist der Corporate VC im Vergleich zum unabhängigen VC attraktiv und kann mit seinem Pfunde wuchern. Während unabhängige VCs als schneller und gründungserfahrener gelten, kennen Corporates die Märkte besser und verfügen über ein dichtes Netzwerk an wertvollen Kontakten.

=> Vernetzen Sie Ihr Venture mit der externen Welt – denn gute Ideen entstehen oft außerhalb der eigenen Organisationsgrenzen.

4.   Die Praxis: Warum und wann Corporate Venturing bei deutschen Großunternehmen scheitert

Die Instrumente des Corporate Venturing können helfen, Innovationsbarrieren zu überwinden oder entscheidend zu reduzieren – das ist längst keine These mehr, sondern Erfahrung aus konkreten Erfolgsbeispielen. Dennoch: Viele deutsche Unternehmen haben ihre Venturing-Initiativen nach anfänglicher Euphorie inzwischen eingestellt. Wie unsere Untersuchung zeigte, ist ihr Scheitern nur teilweise durch das abgekühlte Klima für Neugründungen zu erklären: Vielmehr stellt das Management von CV-Programmen – also die Einführung der Instrumente und ihre Verankerung in einem fortlaufenden Innovationsprozess – ein Großunternehmen vor besondere Herausforderungen. Bei unzureichender Venturing-Erfahrung und -Qualifikation des Venture Managements musste dies in vielen Fällen fast zwangsläufig zu langen Anlaufzeiten und vermeidbaren Anfangsfehlern führen.

Doch mangelnde Erfahrung allein reicht als Erklärung nicht aus – denn auch Venturing-erfahrene Unternehmen mussten teilweise schwere Fehlschläge hinnehmen. Woran also liegt es, dass Venture-Initiativen so häufig scheitern? Zur Beantwortung dieser Frage wenden wir uns erneut den schon betrachteten 29 DAX-100-Unternehmen zu. Wir orientieren uns dabei an den vier Erfolgsfaktoren, die im vorherigen Kapitel erläutert wurden.

Zieldefinition und -messung: unzureichend implementiert

Fast alle befragten Unternehmen haben ihre Corporate-Venturing-Aktivitäten aus strategischen Beweggründen aufgenommen. Doch nur ein Fünftel der Unternehmen hatte dafür strategische Zielparameter definiert und deren Erreichung gemessen. Deutlich mehr Unternehmen verwendeten finanzielle Zielgrößen, die sie allerdings aus reifen Geschäften übernahmen – und überdies auch zu hoch ansetzten. Es überrascht damit kaum, dass das Corporate Venture den resultierenden Erwartungen dann nicht gerecht werden konnte. Und schließlich fehlte es an Venturing-geeigneten, übergreifenden Instrumenten für das Zielcontrolling – so wurden Balanced Scorecards, die sowohl finanzielle als auch strategische Aspekte abdeckten, nur bei 10 Prozent der Unternehmen eingesetzt.

Die Defizite im Zielcontrolling verursachten vielfach eine ungewollte Verschiebung der Ziele – und damit das Ende vieler Corporate-Venturing-Initiativen. Zahlreiche Venture-Verantwortliche sprachen von einem zunehmenden Druck aus den operativen Einheiten, in einem konjunkturell schwieriger werdenden Umfeld einen Renditebeitrag zu leisten. Da der strategische Erfolg der CV-Bemühungen nicht dokumentierbar war, fand in diesen Venture Divisions eine Verschiebung der Zielsetzung statt, weg von den strategischen hin zu messbaren finanziellen Zielparametern. Eine auf Hightech/Telekommunikation fokussierte Venture-Einheit begann sogar, massiv in Biotech-Start-ups zu investieren, da diese eine höhere Rendite versprachen. Als die erhofften Zahlen ausblieben, wurde die Venturing-Aktivität des Unternehmens eingestellt. Der strategische Mehrwert war nicht länger zu erkennen, das Kerngeschäft nicht länger bereit, die negativen Renditen aufzufangen.

Organisatorische Anbindung: „Sweet Spot" verfehlt

Das Gros der untersuchten Unternehmen förderte in seinen Corporate-Venturing-Programmen Innovationsprojekte mit hoher strategischer Bedeutung für das Kerngeschäft: Die entwickelten Produktinnovationen sollten das Produktprogramm der Muttergesellschaft ergänzen oder ersetzen. Die Investitionsentscheidungen – teilweise über sehr hohe Summen – wurden durchweg unter großer Unsicherheit getroffen. Aus der Kombination von strategischer Bedeutung und hohem finanziellem Risiko folgte der Wunsch des Mutterunternehmens, die Programme eng zu führen und zu kontrollieren. Strategische Freiheiten wurden teils stark eingeschränkt und die Kontroll- und Steuerungsmaßnahmen gingen in manchen Fällen bis zur Entscheidung der Einzelinvestitionen im Vorstand der Muttergesellschaft.

Trotz der engen Entscheidungsgrenzen bauten fast drei Viertel der befragten Unternehmen ihre Ventures in organisatorisch eigenständigen Venture Divisions auf. Im Mittelpunkt der Überlegung stand die organisatorische Trennung vom Kerngeschäft, um die in der Mutterorganisation bestehenden Innovationsbarrieren zu umgehen. Dieser Schutz vor möglichen Negativeinflüssen der Muttergesellschaft machte es jedoch gleichzeitig schwieriger, Synergien zwischen den Ventures und den etablierten Bereichen des Kerngeschäfts zu finden und zu nutzen. Obwohl die Mehrheit der Gesprächspartner im Schnittstellenmanagement zwischen innovativen und etablierten Bereichen eine Kernherausforderung des Corporate Venturing sah, wurde der gezielte Austausch nur bei den Venturing-erfahreneren DAX-Unternehmen der Pharma- und Hightech-Branche institutionalisiert.

Auch zeigte sich in mehreren Fällen eine kulturelle Entfremdung zwischen Venture-Einheit und Stammhaus. Gehäuft war dies bei der Entwicklung Internet-basierter Geschäftsmodelle in speziellen Inkubatoren der Fall. Trotz strategischer Zielsetzung gelang es nicht, kulturelle Barrieren zu überwinden und Synergien zwischen „New Economy" und „Old Economy" zu nutzen. Als Konsequenz wurden bspw. fast alle Internet-Aktivitäten im Logistik- und Handelssektor entweder eingestellt oder in die Muttergesellschaft re-integriert.

Topmanagement-Unterstützung: Mangel an Geduld und Commitment

Mehr als zwei Drittel der befragten Unternehmen gaben ihren CV-Programmen nur ein bis fünf Jahre, um die jeweiligen Erwartungen zu erfüllen – selbst dort, wo es um naturgemäß langfristige strategische Ziele wie die Besetzung neuer Märkte oder einen Kulturwandel ging. Damit entstand ein klares Missverhältnis zwischen Zielerwartung und Zeithorizont. Wie Erfahrungen zeigen, stellen sich die ersten Erfolge von Corporate Ventures erst nach vier bis acht Jahren ein.[13] Nur eine Minderheit der Unternehmen hielt so lange an ihren Corporate-Venturing-Plänen fest, davon die Mehrheit aus Venturing-erfahrenen Branchen.

Externe Vernetzung: VC-Denken zu wenig ausgeprägt

Bei der Mehrheit der Venturing-Ansätze handelte es sich um Einzelinitiativen, die keine dauerhafte Grundlage für die Entwicklung und Kommerzialisierung von Innovationen schufen. Eine systematische Vernetzung mit der externen Welt ließen die meisten dieser Initiativen vermissen: So wurden bei manchen Unternehmen einmalige Ideenwettbewerbe angestoßen, aber keine kontinuierlichen Prozesse zur Sammlung von Innovationsideen etabliert. Andere bündelten ihre Innovationsprojekte in Venture Divisions, sorgten jedoch nicht für einen kontinuierlichen Ideenfluss, der eine eigene Innovationseinheit gerechtfertigt hätte. Nur in den wenigsten Fällen wurden transparente Strukturen geschaffen, die interne und externe Innovationsinitiativen unterstützten. Über die Hälfte der VC-Initiativen setzte sogar ausschließlich auf unternehmensinternes Know-how – angesichts der Vielfalt an technologischen Entwicklungen und neuen Ideen ein klarer Fehler.

Von den erfolgreichen Unternehmen stammte die Mehrheit erneut aus der Hightech- und Pharmabranche. Hauptsächlich in den F&E-intensiven Branchen wurde denn auch ein Portfolioansatz verfolgt und (im Sinne einer kontinuierlichen Ideen-Pipeline) das Venturing in die bestehenden Entwicklungsabläufe integriert. Weniger F&E-intensive Branchen betrachteten Venturing eher im Sinne von „Big Bets", bei denen auf einzelne Technologieentwicklungen, wie z. B. die Brennstoffzellentechnologie in Versorgungsunternehmen oder der Automobilindustrie, gesetzt wurde. Fast all diese Venture-Projekte erfüllten nicht die Erwartungen der Kapitalgeber und wurden stark gekürzt oder gar eingestellt.

5. Die Zukunft: Konsolidierung und gemäßigt zyklische Entwicklung

Der Zusammenbruch der New Economy brachte für zwei Drittel der Venturing-Aktivitäten deutscher Großunternehmen das Aus, viele andere überlebten nur in abgespeckter Form. Neben den dargestellten Fehlern lag dies auch an dem zu späten Start: So reagierten die untersuchten Unternehmen mit einer Verzögerung von drei bis fünf Jahren auf die Entwicklung des VC-Markts; die Mehrheit sprang erst auf die dritte Corporate-Venturing-Welle, als der Markt schon „heißlief". Als Folge mussten sie sich in einem ungleich schwierigeren Marktumfeld behaupten. Einem höheren Risiko standen abnehmende Renditechancen gegenüber – damit traf die zyklische Abwärtsentwicklung des Corporate Venturing die später eingestiegenen Corporate Investors umso härter.

Dass aber ein Corporate-Venturing-Programm auch in ökonomisch schwierigeren Zeiten maßgeblich zum Erfolg der Muttergesellschaft beitragen kann, belegen die Erfolgsbeispiele von Unternehmen wie Intel, Nokia oder Novartis.[14] Auch in Deutschland waren einige DAX-100-Unternehmen – davon die Mehrheit mit CV-Erfahrung – mit Corporate Venturing erfolgreich. Diesen Initiativen lag stets ein fundierter CV-Ansatz zu Grunde. Wo jedoch eher die Gründungseuphorie den Ausschlag gab, waren die Erfolgsaussichten deutlich geringer.

Die wesentliche Herausforderung für Unternehmen beim Corporate Venturing besteht darin, die Erfolgsfaktoren für Corporate Venturing in die Praxis umzusetzen. Für viele deutsche Firmen hat sich dies bisher als unüberwindbare Hürde gezeigt; wir beobachten daher zurzeit eine Konsolidierung und Bereinigung der CV-Aktivitäten hier zu Lande. Vielen anderen Unternehmen aber verhalf die dritte Corporate-Venturing-Welle zu einem Erfahrungsgewinn – und dieser könnte die Basis liefern für eine vierte Welle von CV-Aktivitäten mit deutlich professionelleren Ansätzen und stärkerem strategischen Bezug. Schon jetzt beobachten wir, dass einige Industrien wie Pharma und Hightech ihre Erfahrungen aus vorherigen Corporate-Venturing-Wellen nutzen: Innovation ist für sie der Haupterfolgsmotor und damit sind robuste Corporate-Venturing-Modelle für sie überlebenswichtig.

Längerfristig könnte dies sogar zu einer gewissen Stabilisierung führen: Bislang war die Entwicklung des Corporate Venturing von stärkeren Zyklen geprägt als die der Wagnis-kapitalbranche – mit noch stärkeren Schwankungen im investierten Kapital und der Förderung innovativer Ventures. Mit zunehmendem Venturing-Erfolg der Unternehmen, für welche Innovation erfolgskritisch ist, sollte die Zyklizität abnehmen; angesichts der Stabilität dieser Großunternehmen könnte sie sogar geringer werden als die der externen Venture-Capital-Branche. Doch ganz gleichmäßig wird sich der CV-Markt auf absehbare Zeit nicht einpendeln: Denn es wird immer wieder Unternehmen geben, für die grundlegende Innovationen weit weniger erfolgskritisch sind und die versuchen, zu Zeiten eines VC-Booms auf die Welle aufzuspringen. Da ihnen Erfahrung und geschäftliche Zwänge fehlen, werden sie in einem schwierigeren Investitionsklima auch schnell wieder aussteigen – und damit die Zyklizität des Corporate Venturing wieder verstärken.

Beispiel für eine erfolgreiche Implementierung des Corporate Venturing

Die Degussa-Tochtergesellschaft Creavis Technologies & Innovation wurde 1998 gegründet, um die Innovationskraft der Degussa zu steigern. Grundphilosophie war es, in Abgrenzung zum Kerngeschäft Innovationen zu verfolgen, die neue Technologien mit neuen Märkten kombinieren (Abbildung 7).

Durch die klare Abgrenzung des Venturing-Fokus gelang es von Anfang an, die Innovationsprojekte komplementär zum Kerngeschäft zu gestalten. Dies spiegelt sich auch in dem Finanzierungsmodell der Venturing-Einheit wider: Das Projektbudget der Creavis beträgt 10 Prozent des F&E-Budgets der Degussa AG. Investitionen in Forschungskooperationen und Ventures werden in enger Abstimmung und unter Beteiligung interessierter Business Units[15] getätigt. Damit wird nicht nur sichergestellt, dass die Innovationsprojekte einen Bezug zum Kerngeschäft haben, sondern gleichzeitig eine natürliche Patenschaft aus dem Kerngeschäft übernommen, um das Schnittstellenmanagement optimal zu gestalten. Erfolgreich im Inkubator entwickelte Start-ups werden ins Stammhaus re-integriert, sobald sie die kritische Größe erreicht haben, um eigenständig neben dem Kerngeschäft bestehen zu können.

BEISPIEL FÜR EINE ERFOLGREICHE IMPLEMENTIERUNG DES CORPORATE VENTURING

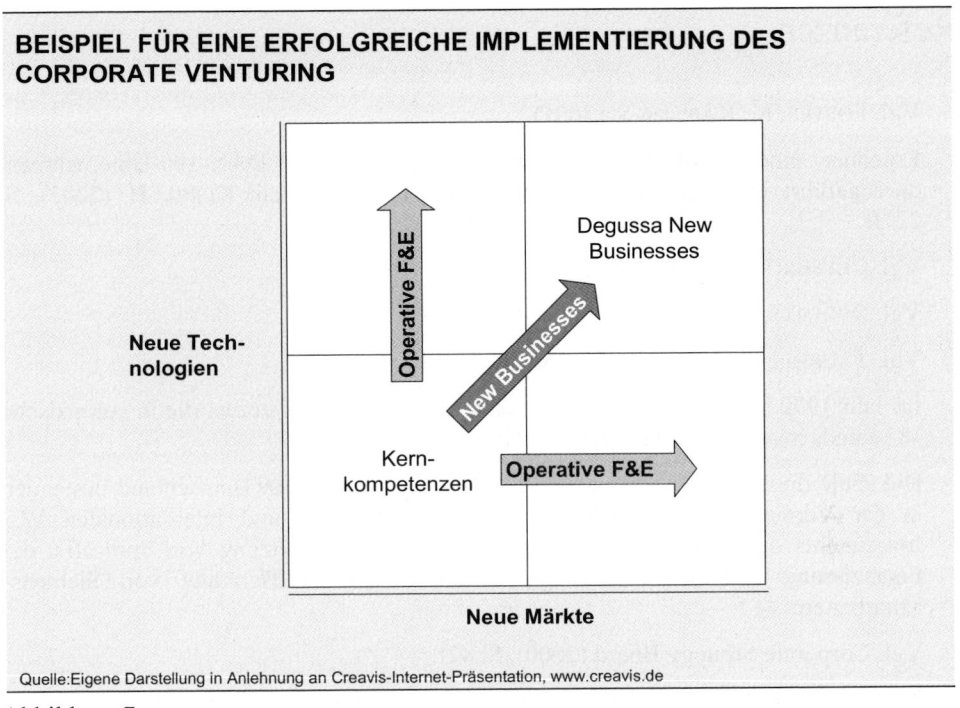

Quelle:Eigene Darstellung in Anlehnung an Creavis-Internet-Präsentation, www.creavis.de

Abbildung 7

Die Venture Division der Degussa begleitet den gesamten Venturing-Prozess von der Technologie-Früherkennung bis zur Kommerzialisierung einzelner Ideen in Start-ups. Organisiert sind die Aktivitäten in vier Kernbereichen:

- Innovationsmonitoring (Erkennen neuer Trends, Ideen-Pipeline)

- Projekthäuser (Entwicklung von Technologieplattformen mit hohem Querschnittscharakter für die Degussa AG in Kooperation mit Universitäten)

- Projekte (Ventures mit Kommerzialisierungshorizont < vier Jahre)

- Corporate Venture Capital (direkte Investments und Investments/Kooperationen mit externen VCs)

So deckt Creavis Technologies & Innovation den gesamten Innovationsprozess komplementär zum Kerngeschäft ab. In den Projekthäusern generiertes technisches Know-how wird über die Ventures kommerzialisiert und als Wachstumsgeschäft in die Mutter re-integriert. Aktuelle Erfolgsbeispiele sind die Kommerzialisierung von Kunststoffprodukten mit selbstreinigenden Eigenschaften (Lotus-Effekt) sowie die Entwicklung von flexiblen, hoch temperatur- und chemikalienbeständigen Membranfolien.

Referenzen

[1]   Vgl. FOSTER, R., KAPLAN, S. (2001).

[2]   Ergebnis einer explorativen Untersuchung bei den DAX-100-Unternehmen, durchgeführt von Juni bis September 2001. Vgl. im Detail KLEIN, H. (2002), S. 227ff.

[3]   Vgl. CHESBROUGH, H.W., TEECE, D.J. (1996), S. 65.

[4]   Vgl. ROBERTS, E. (1980), S. 136.

[5]   Vgl. TAURINS, S. (1993), S. 12 - 15.

[6]   Im Jahr 1990 konnten bereits 138 Unternehmen ermittelt werden, die in europäische VC-Funds investierten. McNally, K. (1997), S. 48ff.

[7]   Die Ziele dieser ersten eigenständigen CVC-Gesellschaft in Deutschland bestanden in der Verwaltung und Koordination aller nationalen und internationalen VC-Investments des Konzerns, der Verwaltung und Unterstützung von Spin-offs, der Finanzierung externer Technologie-Ventures und der Beratung von Siemens-Mitarbeitern.

[8]   Vgl. Corporate Strategy Board (2000), S. 42f.

[9]   Zur detaillierten Beschreibung des BP-Wettbewerbs siehe EGLAU, H.O., KLUGE, J., MEFFERT, J., STEIN, L. (2000), S. 155 - 163.

[10] Vgl. die vielfältigen Veröffentlichungen in Wirtschafts- und Tagespresse, wie z. B. FINKENZELLER (2001), S. 29 - 31, N.N. (1999), S. 122 - 131 etc.

[11] Vgl. bspw. BLOCK, Z., MCMILLAN, I. (1993), BURGELMAN, R.A. (1986), LUPBERGER, D. (2002), POSER, T. (2003).

[12] Vgl. ROCK, A., zitiert in: CLAYTON, J., GAMBILL, B., HARNED, D. (1999), S. 50.

[13] Vgl. BLOCK, der einen Überblick über entsprechende empirische Studien gibt, in: BLOCK, Z., MCMILLAN, I. (1993), S. 327 - 337.

[14] Vgl. POSER, T. (2003), S. 194ff.

[15] Die Finanzierung von Projekthäusern erfolgt hälftig durch die Creavis und hälftig durch eine Business Unit. Ventures werden in der Anfangsphase zu 100 Prozent von der Creavis finanziert. In späteren Finanzierungsrunden werden dann allerdings Sponsoren in den Business Units gesucht.

Literaturverzeichnis

BLOCK, Z., MCMILLAN, I. (1993): Corporate venturing – creating new businesses within the firm, Boston: 1993.

BURGELMAN, R.A. (1986): Inside corporate innovation: strategy, structure, and managerial skills, New York: 1986.

CHESBROUGH, H.W., TEECE, D.J. (1996): When is virtual virtuous? – Organizing for innovation, in: Harvard Business Review 1, Vol. 74, January/February (1996), S. 65 - 73.

CLAYTON, J., GAMBILL, B., HARNED, D. (1999): The curse of too much capital: Building new businesses in large corporations, in: The McKinsey Quarterly 1 (1999), S. 48 - 59.

CORPORATE STRATEGY BOARD (2000): The new venture division – attributes of an effective new business incubation structure, London, u. a. 2000.

EGLAU, H.O., KLUGE, J., MEFFERT, J., STEIN, L. (2000): Durchstarten zur Spitze: McKinseys Strategien für mehr Innovation, Frankfurt am Main: 2000.

EUROPEAN PRIVATE EQUITY & VENTURE CAPITAL ASSOCIATION (2002): Corporate Venturing European Activity Update 2001, Zaventem: 2002.

FINKENZELLER, K. (2001): Die Alten zeigen Mut zum Risiko, in: connectis, Februar 2001, S. 29 - 31.

FOSTER, R., KAPLAN, S. (2001): Creative destruction – why companies that are built to last underperform the market – and how to successfully transform them, New York: 2001.

KLEIN, H. (2002): Internal Corporate Venturing – Ein Ansatz zur Überwindung von Innovationsbarrieren in reifen Großunternehmen, Wiesbaden: 2002.

LUPBERGER, D. (2002): Die Rolle von Corporate Venture Capital für das Unternehmenswachstum und die Erschließung neuer Kernkompetenzen, in: GLAUM, M., HOMMEL, U., THOMASCHEWSKI, D. (Hrsg.): Wachstumsstrategien internationaler Unternehmungen – Internes vs. externes Unternehmenswachstum, Stuttgart: 2002.

MACKEWICZ & PARTNER (2003): Corporate Venture Capital – Window on the World – Die Bedeutung von Corporate Venturing für die Innovationsstrategie von Industrieunternehmen, München: 2003.

MCNALLY, K. (1997): Corporate venture capital – Bridging the equity gap in the small business sector, London: 1997.

O.V. (1999): Jagd auf verborgene Schätze, in: Manager Magazin, Heft 12, 1999, S. 122 - 131.

POSER, T. (2003): The Impact of Corporate Venture Capital – Potentials of Competitive Advantages for the Investing Company, Wiesbaden: 2003.

ROBERTS, E. (1980): New venture for corporate growth, in: Harvard Business Review 7, Vol. 58, July/August (1980), S. 134 - 142.

TAURINS, S. (1993): Internal corporate venturing – A guide for practitioners, in: UK Venture Capital Journal, November/December (1993), S. 12 - 26.

WICHER, H. (1991): Grundsatz und Strukturformen des Venture Management – Konzeption und empirische Befunde, in: WICHER H. (Hrsg.): Betriebliches Innovationsmanagement, Ammersbek bei Hamburg: 1991, S. 161 - 190.

Lothar Stein/Martin R. Stuchtey

Strategische Entwicklung von Regionen – Silicon Valley ist überall

Dr. Lothar Stein ist Director bei McKinsey & Company, Inc. Dr. Martin R. Stuchtey ist Associate Principal bei McKinsey & Company, Inc.

1. Nationen haben als Wachstumsmotoren ausgedient

Im weltweiten Wettbewerb um Innovation und Wachstum ist die Industrienation Deutschland einem gefährlichen Erosionsprozess ausgesetzt: Nationalstaaten als ökonomisch-soziale Rahmenkonstrukte verlieren im 21. Jahrhundert immer mehr ihren „Competitive Advantage of Nations", der seit dem beginnenden Industriezeitalter Geltung hatte. In der globalisierten Weltwirtschaft sind nicht mehr Herkunftsländer („Made in Germany"), sondern Marken („Made by BMW") Güteversprechen und Qualitätssiegel. Dies auch deshalb, weil sich die Industriestaaten im statistischen Mittel immer ähnlicher werden: Mit der Zunahme supranationaler Körperschaften und globaler Kapitalströme werden rechtliche und steuerliche Standortfaktoren wie auch nationale Wachstumsraten zunehmend nivelliert.

Eine saturierte Industrienation wie die Bundesrepublik hat daher kaum noch Chancen, durch gesamtstaatliche Anstrengung im globalen Innovationswettbewerb als Schrittmacher zu fungieren. Zuletzt gelang das mit dem Wirtschaftswunder der Nachkriegszeit, doch die Umfeldbedingungen haben sich seitdem drastisch geändert – trotz aller Reformbemühungen nimmt uns unser hoch entwickelter Sozialstaat die Beweglichkeit. Das zeigt sich unter anderem in der hohen Staatsquote von 48 Prozent, die Leistungsanreize für Arbeitnehmer wie auch Unternehmer im Keim erstickt – oder auch darin, dass unser Arbeitsmarkt kaum noch auf Wachstumsimpulse reagiert: 1 Prozent BIP-Zuwachs oberhalb der Beschäftigungsschwelle zieht in Deutschland nur 0,6 Prozent Beschäftigungszunahme nach sich.

Und selbst Unternehmen können sich heute nicht mehr als autonome Wachstumsgeneratoren begreifen: Durch die Entflechtung, die Trennung von Nicht-Kerngeschäftsbereichen und die Auslagerung von Wertschöpfungsstufen wird die einzelne Organisation zunehmend zum Teil eines Wertschöpfungssystems aus interdependenten Akteuren – Zulieferern, Entwicklern, Fertigungspartnern. Kurz: Im Wettbewerb gewinnt heute eher das umfassendere Netzwerk. Für die Unternehmensführung impliziert das in zunehmendem Maße die Herausforderung, Ressourcen und Menschen jenseits der eigenen Organisationsgrenze zu steuern.

Wenn aber Nationalstaaten und Unternehmen an ihren Grenzen angelangt sind, was tritt dann an ihre Stelle? Wie und wo kann unter diesen Bedingungen Wachstum entstehen – und kann es überhaupt entstehen? Unsere These lautet: Der Schlüssel zu mehr Wachstum liegt in der strategischen Entwicklung leistungsstarker Regionen.

2.   Kompetenzregionen – Festungen im globalen Wettbewerb

Als Zwischenebene zwischen Einzelunternehmen und Volkswirtschaften bieten regionale Netzwerke ganz eigene Entwicklungsmöglichkeiten – allerdings werden sie in der öffentlichen Wahrnehmung bislang stark unter Wert gehandelt. In der deutschen Reformdebatte wird überwiegend mit nationalen Durchschnitten argumentiert und die vorhandenen regionalen Erfolgsgeschichten geraten dabei allzu leicht in Vergessenheit: Es gibt eine Reihe von Städten, Kreisen oder Ballungsgebieten, deren Beschäftigungsquote und Sozialprodukt seit Jahrzehnten – und selbst heute noch – weitaus schneller wachsen als die bundesdeutschen Vergleichswerte. Gelänge es, eine Vielzahl solcher innovativer Regionen zu schaffen, könnten Deutschland und Europa ihre internationale Wettbewerbsposition langfristig sichern und ausbauen. Wir benötigen also eine Politik, die sich auf die Entwicklung von Kompetenzregionen – auch regionale Cluster genannt – fokussiert.

Eine Kompetenzregion ist eine Zusammenballung von Menschen, Ideen, Ressourcen und Infrastruktur. Zusammen bilden sie ein komplexes Produktivitätsnetzwerk mit dynamischen internen Wechselbeziehungen, das nicht unbedingt mit Verwaltungsgrenzen kongruent sein muss. Die Größe dieses Netzwerks kann von wenigen Häuserblocks (wie in der Londoner Fleet Street, dem einst weltbekannten Pressezentrum) bis hin zur grenzübergreifenden Großregion (wie beim Chemie-Cluster Basel-Rotterdam) reichen; im Schnitt entspricht die Ausdehnung zwischen den beiden am weitesten voneinander entfernten Punkten einer Fahrstrecke von ein bis zwei Stunden. Schon lange vor dem Entstehen der modernen Nationalstaaten haben solche Kompetenzregionen die Wirtschaftsgeschichte geprägt: In der Antike waren es z. B. Alexandria und Karthargo, während der industriellen Revolution Lancaster oder das Ruhrgebiet, zu Zeiten des Wirtschaftswunders Baden-Württemberg oder Bayern, im Hightech-Zeitalter Boston und das Silicon Valley. Einige dieser Regionen – wie Barcelona und Amsterdam – haben sich immer wieder neu erfunden und so mehrere Jahrhunderte überlebt.

Die derzeit engagiert geführte Debatte, ob Cluster eher an Bedeutung gewinnen oder verlieren, fällt eindeutig zu Gunsten der Regionen aus – nicht zuletzt auf Grund der jüngsten Entwicklungen:

- Weil Großunternehmen immer kleinere Anteile ihrer Endprodukte oder Dienstleistungen selbst produzieren, sind die Wertschöpfungsketten vielfach fragmentiert und anfällig; die Nähe zu Zulieferern, die „Just-in-Sequence" anliefern können, aber auch die Nähe zu Kunden wird mehr denn je zur Tugend.

- In einer Welt, in der spezialisiertes Wissen immer wichtiger und die Halbwertzeiten des Wissens immer kürzer werden, bieten eng vernetzte Cluster mit Unternehmen, Forschungs- und Bildungsinstitutionen die idealen Bedingungen für den verzerrungsfreien Austausch und die Weiterentwicklung wettbewerbsrelevanten Wissens.

- Die Lebenszyklen von Unternehmen werden immer kürzer; vor allem in der Grün-
  dungsphase sind die Überlebenschancen besonders gering (selbst bei guten VC-
  Gesellschaften liegt die Erfolgsquote bei 10 bis höchstens 20 Prozent). In einem
  Cluster kann das angesammelte Wissen qualifizierter Mitarbeiter auch dann erhalten
  bleiben, wenn ein Unternehmen scheitert, da sich ja andere, erfolgreichere Unternehmen mit ähnlichem Betätigungsfeld in der Nähe befinden.

- Die Nationalstaaten werden durch strukturelle Verkarstungen mehr und mehr daran
  gehindert, als Innovations- und Impulsträger zu fungieren. Die Folge ist steigender
  Handlungsdruck – aber auch zunehmender Freiraum – für Regionen.

So haben sich in den letzten Jahren rund um den Globus innovative regionale Cluster
gebildet, die sich durch hohe Spezialisierung, dynamisches Wachstum und internationale
Wettbewerbsstärke auszeichnen. Unter den dort ansässigen Unternehmen derselben
Branche entsteht eine besonders intensive Wettbewerbsdynamik, die das Cluster erfolgreich mit anderen Regionen konkurrieren lässt.

In „off-shore"-Regionen wie Bangalore, Indien, ist um Firmen wie Infosys, Wipro und
Motorola ein Software-Cluster mit 1,5 Millionen Arbeitsplätzen (davon ca. 80.000 IT-
Professionals) und 200.000 Studierenden entstanden. Die Kaufkraft der Region ist auf
das 2,7fache des nationalen Index angestiegen. In Oulu, Finnland, hat sich im Kraftfeld
von Nokia Mobile Phones, Nokia Networks und Technopolis Plc ein
Telekommunikations- und IT-Cluster entwickelt, der etwa 100.000 Arbeitsplätze
hervorbrachte – und dies in einer Stadt mit nur 121.000 Einwohnern. Im so genannten
Research Triangle im US-Staat North Carolina bildete sich im Umfeld von IBM, SAS
Institute und dem Research Triangle Park ein Cluster für IT und
Kommunikationstechnologie mit einer weit unterdurchschnittlichen Arbeitslosenquote.
Und „die Mutter" aller Hightech-Cluster schließlich, das Silicon Valley in Kalifornien,
wurde zum Cluster für IT sowie Mess- und Kontrollinstrumente mit so bekannten
Namen wie Hewlett-Packard, Intel oder Cisco Systems. Bei einer Kaufkraft von
163 Prozent des nationalen Durchschnitts lebt es sich dort ausgezeichnet: „The Valley"
liegt auch nach dem Ende der New Economy auf Platz 11 von 328 im US-internen
Ranking.

Natürlich birgt die Tendenz zum Cluster auch eine Gefahr: nämlich die, vor dem Hintergrund immer kürzerer Industriezyklen in die Monokulturfalle zu tappen – so wie z. B.
das auf Kohle und Stahl fixierte Ruhrgebiet in den 70er Jahren, Bitterfeld nach der Wiedervereinigung oder Detroit heute. Dieses Risiko kann allerdings durch aktive For-
schungs- und Entwicklungstätigkeit sowie eine sinnvolle Portfoliobreite gemindert werden. So ist auch das Silicon Valley schon durch verschiedene Wachstumszyklen
gegangen, konnte sich aber auf Grund genügender Breite immer wieder neu erfinden und
beruht heute nur noch zu geringen Teilen auf der ursprünglich prägenden Halbleiterindustrie: Da dort inzwischen der Trend hin zur Konsolidierung und Integration geht,
rüstet sich das Valley derzeit für die nächste Technologiewelle: die Verschmelzung von

Bio-, Nano- und Informationstechnologien. Mit der höchsten Dichte an Biotech-Firmen und als Innovationsstandort von Weltruf ist das Silicon Valley dafür bestens gerüstet.

Kompetenzregionen, so zeigen die aufgeführten Beispiele, sind also effektive Wachstumsmotoren für die Wirtschaft. Was aber lässt sie entstehen – und was macht sie so attraktiv, dass sie diese Wachstumsdynamik entwickeln können? Ein Blick auf die gängigen Erklärungsansätze zum Thema Cluster gibt Aufschluss.

3.   Das richtige Klima: Standortfaktoren für Kompetenzregionen

3.1   „Vorteile guter Nachbarschaft"

Ein Cluster ist das Ergebnis aus Agglomeration und Vernetzung. Agglomeration lässt sich auf vielerlei Weise erklären. Die Ansätze reichen von RICARDOS „komparativem Vorteil"[1] über THÜNENS und WEBERS Theorie[2] bis zu HOTELLINGS „Eisdielen-Analogie"[3]. Doch Erfolgsregionen sind mehr als disjunkte Ansammlungen von Unternehmen – der Erfolg liegt in der Vernetzung: MARSHALL – einer der Ersten, die sich mit Clustern beschäftigt haben – spricht von den „Vorteilen guter Nachbarschaft", welche durch die Anwesenheit des einen für den anderen entstehen:[4] Die Ansiedlung von Institutionen in einer Region wird durch bestimmte Kontextfaktoren begünstigt, sorgt aber gleichzeitig auch für deren Verstärkung. MARSHALL selbst unterscheidet drei Kontextfaktoren:

- *Besonderheiten des Humankapitals:* Unternehmen mit Standort in Flandern profitieren davon, dass es dort besonders viele mehrsprachige Menschen gibt – diese sind für ihre Region quasi ein Alleinstellungsmerkmal. Im Raum Heidelberg wohnen überdurchschnittlich viele hoch qualifizierte Biotechniker. In beiden Fällen schaffen Menschen mit besonderer Qualifikation die Grundlage für den ökonomischen Fokus eines regionalen Clusters.

- *„Idea Pipelines":* Bestimmte Regionen haben ein besonders hohes Ideenpotenzial, da sich dort die entsprechenden Wissensmultiplikatoren – staatliche Forschungseinrichtungen, F&E-Abteilungen großer Unternehmen, Hochschulen – konzentrieren. Die Region Cambridge nutzt den Standortvorteil solch eines Pools besonders effizient für ihr Wachstum.

- *Ansiedlung hoch spezialisierter Zulieferindustrien:* In einem Cluster lohnt es sich für Zulieferer eher, in aufwendige Spezialmaschinen zu investieren, um die lokalen

Protagonisten mit Vor- und Halbprodukten zu beliefern. So wird z. B. ein Holzbearbeitungsbetrieb im „Stühle-Dreieck" des norditalienischen Friaul viel eher geneigt sein, eine Spezialfräse anzuschaffen, als ein Handwerksbetrieb andernorts. Das Resultat ist eine Win-Win-Situation für beide Seiten, die MARSHALL so erläutert: Für den Zulieferer sichert die Vielzahl potenzieller Kunden in der Nachbarschaft eine weitgehende Auslastung seiner Spezialmaschinen und damit einen sicheren Return on Investment, für den Abnehmer und Veredler der Vorprodukte einen Externalisierungsvorteil, da er die aufwendigen Vorleistungen nicht selbst erbringen muss und sich auf sein Kerngeschäft konzentrieren kann.

Wir möchten den drei genannten Faktoren einen vierten hinzufügen: die *Besonderheiten des Gründungskapitals*. Studien zeigen nämlich, dass Venture Capitalists ihre Investitionsmittel schwerpunktmäßig in einem geografischen Radius von lediglich 50 bis 100 Kilometern streuen; bei Business Angels liegt dieser Wirkungskreis sogar unter 50 Kilometern. Die Unternehmen im Silicon Valley werden ebenso von lokalen VCs betreut wie diejenigen in München. In einer Welt des Risikos investiert man offensichtlich dort, wo man sich auskennt, kurze Wege hat, sich „zu Hause fühlt".

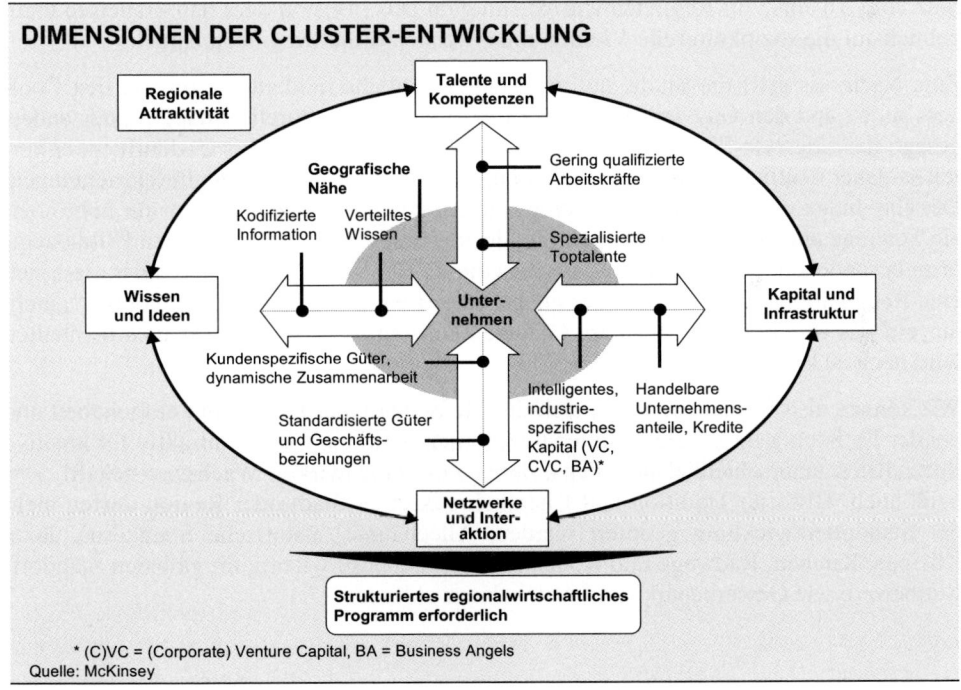

Abbildung 1

Kurz: Rund um ein Großunternehmen entsteht ein Kraftfeld, das die vier Faktoren Expertise, Kreativität, Handelsbeziehungen und Kapital anzieht. Sie rücken geografisch umso näher an das Unternehmen, je spezialisierter, komplexer und „intelligenter" sie sind – umgekehrt kann auf räumliche Nähe umso leichter verzichtet werden, je mehr die Leistungen oder Ressourcen standardisiert (und damit überall erhältlich) sind. In Hightech-Industrien sind die Vorleistungen und die Allokation von Ressourcen tendenziell hoch spezialisiert, so dass von einer höheren Cluster-Neigung ausgegangen werden kann.

3.2 People Climate

Die dargestellten Faktoren begünstigen eine Cluster-Bildung, doch sie allein erklären sie nicht. Die Kernfrage ist: Was macht eine Region für ökonomische Leistungsträger attraktiv? Die Antwort liefert eine Studie von FLORIDA mit dem Titel „The Rise of the Creative Class": Danach sind es nicht nur die üblichen Faktoren wie hohes Einkommensniveau, renommierte Arbeitgeber oder Hochtechnologie-Dichte, die eine Region für qualifizierte und kreative Leistungsträger attraktiv machen[5] – vielmehr geht die Präferenz von „Talents" für Regionen wie Washington D.C., Boston oder San Francisco maßgeblich auf die soziokulturelle Vielfalt und Offenheit dieser Regionen zurück.

Zum Nachweis griff die Studie auf zwei ungewöhnliche Indikatoren zurück: den Coolness Index und den Gay Index. Ersterer misst das soziokulturelle Image – oder anders gesagt: das Lifestyle-Flair – einer Region bei der Gruppe der 22- bis 29-Jährigen; er korreliert daher deutlich mit der regionalen Dichte von Nightlife- und Kultureinrichtungen. Der Gay Index misst die Diskriminierungsneigung und ist somit Indikator für hohe soziale Toleranz und Aufgeschlossenheit im Cluster. Beide Indizes fielen in den Erfolgsregionen besonders hoch aus. FLORIDA zog aus diesen Beobachtungen den Schluss, dass sich eine Regionalförderung weit stärker als bisher auf ein positives „People Climate", nicht nur auf das traditionelle „Business Climate" konzentrieren sollte. Was dies beinhaltet, wird noch zu konkretisieren sein.

Wir können also festhalten: Wenn sich die Menschen einer Region gut aufgehoben und bei der Entfaltung ihrer Talente unterstützt fühlen, wird ein Cluster attraktiv für kreative Spezialisten unterschiedlichsten Typs, deren Zusammenwirken Wachstum schafft. Das heißt auch: Historie, Tradition und Charakteristik einer Stadt oder Region dürfen nicht der Standortentwicklung geopfert werden. Alleebäume, historische Stadtkerne, Jazz-Kneipen, Kirchen, Radwege und Rodelhänge sind ebenso wichtig im globalen Standortwettbewerb wie Gewerbeparks und Autobahnanschlüsse.

4.   Regionalentwicklung – Aber richtig

4.1   Schwächen bisheriger Maßnahmen: Branchenfokus und Governance

Wie die Beispiele aus unterschiedlichsten Weltregionen zeigen, entsteht Cluster-Dynamik insbesondere in jungen Wachstumsindustrien. Die folgende Abbildung verdeutlicht diesen Effekt für Deutschland: In den 90er Jahren ging die räumliche Ballung aller Industrietypen (hier: SIC-Branchen, nach der so genannten Standard Industry Classification) im Schnitt um 3 Prozent zurück – mit anderen Worten: eine leichte – zumeist durch die Zunahme von Dienstleistungen getriebene – Dekonzentration ist zu beobachten.

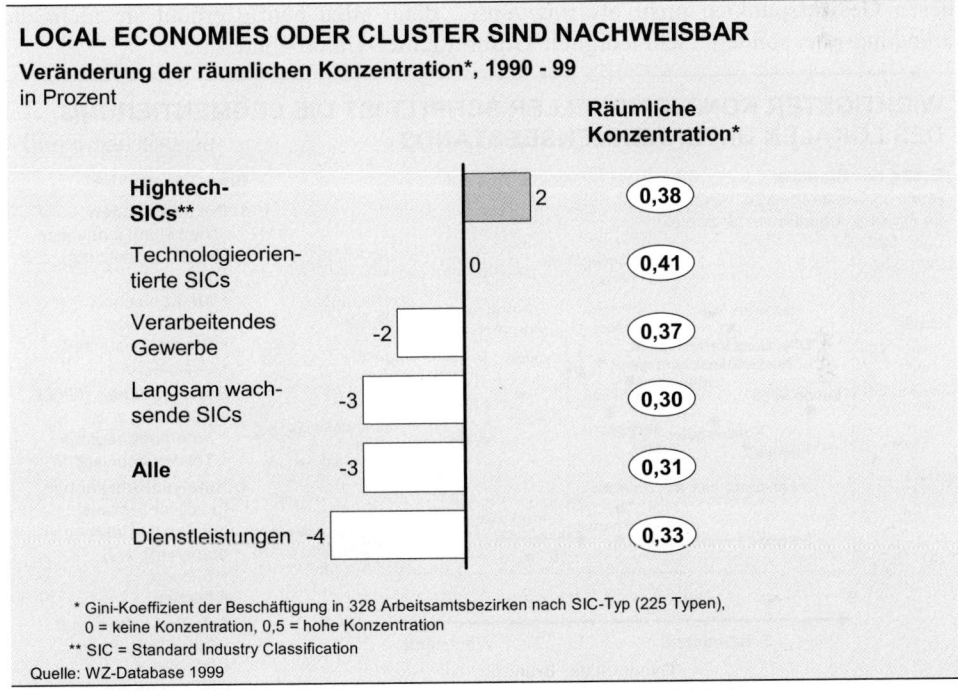

Abbildung 2

Lediglich die beiden technologieintensivsten Industrietypen sind diesem Trend nicht gefolgt: Sie wiesen im selben Zeitraum eine Konzentrationszunahme auf. Gleichzeitig ist ihr Gini-Koeffizient für Beschäftigung – als Maß für räumliche Konzentration der Beschäftigung pro Branche – am höchsten.

Diese wachstumsstarken Zukunftsbranchen siedeln sich verstärkt in innovativen Regionen an. Doch das geschieht nicht per Naturgesetz: Damit solche Kompetenzregionen entstehen können, muss auch die Regionalförderung und mit ihr das „Berufsbild" des Regionalförderers neu konzipiert und definiert werden.

Bislang hat die konventionelle Regionalförderung meist durch mangelnde Professionalität, unzureichende oder sich überschneidende Kompetenzen und einen relativ ungezielten Einsatz der Fördermittel („Gießkannenprinzip") enttäuscht: So werden zur Ansiedlung von Unternehmen nicht selten Subventionen gezahlt, die pro Arbeitsplatz und Jahr bis zu 90.000 EUR betragen – während die Bruttowertschöpfung der geschaffenen Arbeitsplätze kaum höher liegt. In manchen Fällen, wie etwa bei der Steinkohlesubventionierung, liegt der öffentliche Mitteleinsatz über der Bruttowertschöpfung, die Nettowertschöpfung wird also negativ. Selbst die Bezuschussung eines konventionellen Technologieparks – ebenfalls mit Zehntausenden von Euro pro Arbeitsplatz – ist unter diesen Gesichtspunkten mehr als fragwürdig, denn allzu häufig erhöht sie nicht die Gründungsrate, sondern zieht lediglich Trittbrettfahrer-Unternehmen an.

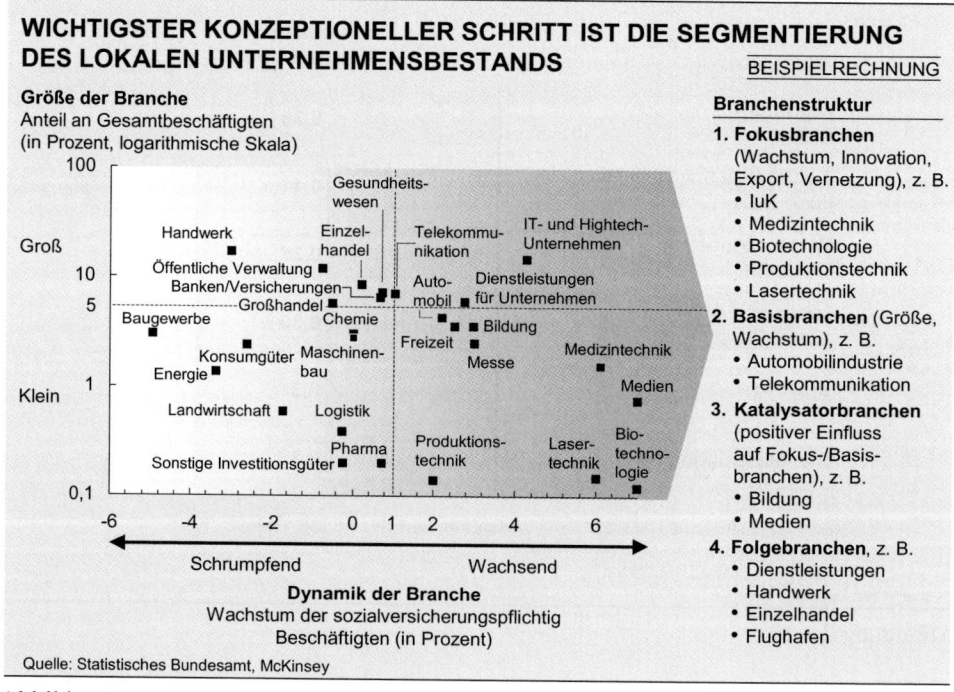

Abbildung 3

Angebracht wäre dagegen eine Förderung, die wachstumsstarke Fokusbranchen identifiziert und gezielt fördert – ähnlich wie z. B. in Dortmund geschehen (siehe Kasten 3). Strategische Cluster-Förderung sollte nicht regionale Schwächen nivellieren, sondern „die Stärken stärken."

Die Grundfrage dabei lautet: Welchen Branchen will man das Schicksal einer Region anvertrauen – die ja nicht nur Wirtschaftsraum, sondern auch Heimat von Menschen ist? Neben diesen Branchen – wir bezeichnen sie als *Fokusbranchen* – sollte der Gesamtplan auch berücksichtigen (Abbildung 3):

- *Basisbranchen,* die sich in der Reifephase befinden und demnach geringes Wachstumspotenzial aufweisen

- *Folgebranchen,* in denen die Förderung der Fokusbranchen Wachstum und Beschäftigung nach sich ziehen wird

- *Katalysatorbranchen* wie Bildung oder Infrastruktur, die positive direkte und indirekte Beschäftigungseffekte haben.

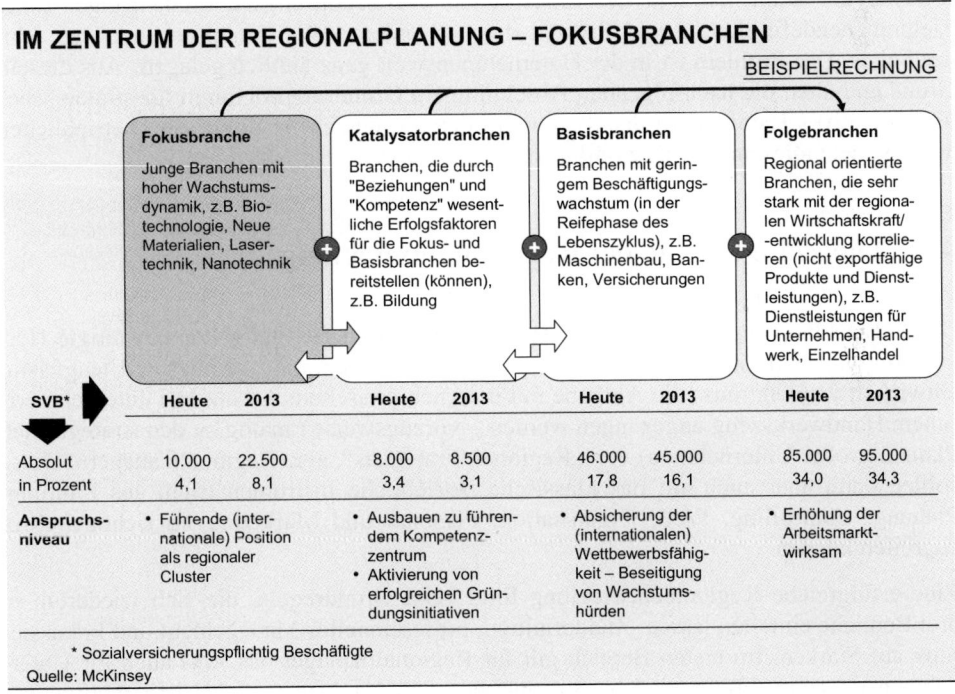

Abbildung 4

Die Abbildung 4 gibt einen allgemeinen Überblick über die Größe und die Wachstumspotenziale (gemessen an den Beschäftigtenzahlen) der vier Branchenkategorien in

Deutschland, wobei in den einzelnen Regionen diese Zusammensetzung sehr spezifisch ausgeprägt ist.

Doch nicht nur am mangelnden Fokus krankt die bisherige Förderung, sondern auch an einem Governance-Problem: Die zuständigen öffentlichen Verwaltungseinheiten wie Stadt, Kreis oder Land sind nicht kongruent mit den entstehenden oder etablierten wirtschaftlichen Clustern. So gibt es z. B. keine Hoheitsorganisationen für Gebiete wie das Neckar-Dreieck, die Europaregion Aachen-Maastricht-Lüttich, das Bodenseegebiet diesseits und jenseits der Staatsgrenze, die rheinische Chemieregion oder die Tourismusregion Alpen. In dem Maße, in dem sich ihre Kunden – also Unternehmer, Investoren, Institutionen und Arbeitnehmer – professionalisieren, muss auch die öffentliche Verwaltung einer Region folgen.

Eine erfolgreiche Regionaladministration, die mit ihren Kunden Schritt hält, ist auf deren steigende Ansprüche vorbereitet: Sie denkt und agiert über ihre regionalen Grenzen hinaus und verfügt über ein Grundverständnis von Wertschöpfungsprozessen. Denn wenn es ein Geheimnis erfolgreicher Regionalentwicklung gibt, dann ist es die gründliche Analyse der Branchen und der industriellen Wertschöpfungszusammenhänge. Einer Zielbranchendefinition, die 85 Prozent der vorhandenen Wertschöpfung umfasst, fehlt der Fokus. Das Problem ist in der Unternehmenswelt ganz ähnlich gelagert. Aus diesem Grund enthalten die nachfolgenden Abschnitte ein Grundsatzprogramm für strategisches und operatives Handeln bei der Regionalförderung, dessen Analogie zum betrieblichen Management alles andere als zufällig ist.

4.2   Die Zehn Gebote der Regionalentwicklung

Die Entwicklung regionaler Cluster ist eine viel diskutierte und selten bewältigte Herausforderung. Um sicherzustellen, dass lokale Stärken erkannt, genutzt und langfristig entwickelt werden, muss die Aufgabe mit unternehmerischem Ansatz und unternehmerischem Handwerkszeug angegangen werden – vorzugsweise (analog zu den strategischen Planern großer Unternehmen) von „Regional Strategists", also Regionalmanagern. Diese sollten dann aber auch auf das klassische betriebliche Instrumentarium aus Führung, Planung, Controlling, F&E, Organisation, Personal und Marketing im richtigen Mix zugreifen können.

Eine erfolgreiche Regionalentwicklung folgt zehn Grundregeln, die sich wiederum in drei Bereiche einteilen lassen: Zieldefinition, professionelles Management und Fokussierung auf Stärken. Im ersten Bereich gilt für Regionalmanager das, was auch für Unternehmensmanager Gültigkeit hat: Sie müssen zunächst klare Erfolgsziele motivierend kommunizieren und für die Messbarkeit ihrer Umsetzung sorgen.

- *Begeisternde Vision prägen:* Eine gut kommunizierbare Vision hinterlegt das langfristige Wachstumsziel und dient als Klammer für alle Aktivitäten. Dabei kann nur ein kühn formulierter Anspruch wie „Halbierung der Arbeitslosigkeit in fünf

Jahren" dafür sorgen, dass alle verfügbaren Kräfte gebündelt werden. Gleichzeitig gilt es zu demonstrieren, dass die (top-down formulierte) Vision realistisch ist: Dazu wird sie (bottom-up) in klar umrissene Projekte und Einzelmaßnahmen aufgegliedert, die jede für sich einen klar erkennbaren Beitrag zur Zielerfüllung leisten.

- *Messbare Ziele formulieren:* Konkrete Ziele, die auf einer transparenten Zielmetrik basieren, sind Voraussetzung für Steuerbarkeit und damit den Projekterfolg. Nur so kann bei Abweichungen von den Zielen gegengesteuert werden und nur so können vielversprechende Erfolge zur Steigerung der Motivation kommuniziert werden. Denkbar sind dann auch regelmäßige Veranstaltungen und Pressekonferenzen, auf denen über den Projektfortschritt entlang der festgelegten Zielgrößen berichtet wird. Klare, von allen Beteiligten akzeptierte Zielgrößen können z. B. sein: Bruttowertschöpfung pro Kopf, Anzahl der Ansiedlungen oder Gründungen.

Des Weiteren liefert ein professionelles Management die Voraussetzung, um beschlossene Maßnahmen partnerschaftlich und ohne Reibungsverluste umzusetzen.

- *Führung mit Signalwirkung etablieren:* Von zentraler Bedeutung ist es, regional anerkannte Persönlichkeiten für die Führung eines solchen Programms zu gewinnen: Indem sie sich klar zu den gemeinsamen Zielen bekennen, sorgen sie als Integrationsfiguren dafür, dass alle Beteiligten an einem Strang ziehen. In allen bislang untersuchten Wachstums-Clustern war der Erfolg an solche Personen oder Personengruppen gekoppelt – bei der misslungenen Regionalförderung haperte es meistens an der Führungsqualität.

- *Managementebenen professionell besetzen:* Um das Thema Regionalentwicklung zu einem echten Managementthema zu machen, müssen für diese Aufgabe Topkräfte gewonnen werden, für die bislang nur der Planungs- und Karrierehorizont eines Großunternehmens attraktiv war. Es liegt auf der Hand, dass nur attraktive Tätigkeitsfelder die gewünschte Anziehungskraft ausüben können – anderenfalls werden sich ambitionierte Jungmanager auf traditionelle Aufgaben in Unternehmen zurückziehen.

- *Als Private Public Partnership organisieren:* Das klassische Behördenmodell passt nicht zur kongruenten Interessenlage von Wirtschaft und Gebietskörperschaften. Echte Partnerschaft entsteht nur, wenn sich eine von allen beteiligten Seiten beschickte Organisation dem gesamten Programm verpflichtet fühlt. Nach bisherigen Erfahrungen gelingt die beste regionale Cluster-Förderung dort, wo sie mit hochkarätig besetzten Private Public Partnerships betrieben wird: Beispiele sind die Wolfsburg AG (mit Volkswagen und der Stadt Wolfsburg als Partner) oder die Allegheny Conference (siehe Kästen 1 und 2).

- *Change-Management-Ansatz realisieren:* Um eine Vielzahl von Akteuren auf ein hohes Anspruchsniveau einzuschwören, ist umfassendes und konsequentes Veränderungsmanagement erforderlich – schließlich gilt es, die allgemeine Stimmung von „Rückzug" oder „Pflichterfüllung" auf „Begeisterung" umzulenken. Da es im

Cluster naturgemäß an institutionellen Durchgriffsmöglichkeiten fehlt, ist es umso wichtiger, dass die Beteiligten auch emotional angesprochen werden.

Nicht zuletzt gilt es, sich auf Stärken und wirtschaftliche Erfolge zu fokussieren:

- *Mut zum Fokus zeigen:* Wie bereits erläutert, ist der Hauptfehler bisheriger Regionalförderung der fehlende Mut zur Selektion – allzu oft fließen knappe Mittel auch in Industrien ohne Zukunftspotenzial. Eine wirklich effektive Förderung wird daher die begrenzten Ressourcen auf Wachstumsbranchen mit Anspruch auf (nationale und internationale) Spitzenpositionen konzentrieren.

- *Frühe Erfolge nachhalten:* Die viel zitierten „Early Wins" haben eine wichtige Funktion: Sie erhalten die Motivation und stärken damit das allgemeine Durchhaltevermögen, so dass auch schwierige und längerfristige Vorhaben erfolgreich bewältigt werden können. Das Gesamtprogramm muss wie eine „Innovations-Pipeline" viele Projekte zugleich auf den Weg bringen – sowohl kurz- als auch langfristig angelegte.

- *Innovationsbasis stärken:* Reine Fertigungsstandorte haben in Deutschland kaum noch eine Chance – ist eine Wachstumslücke einmal vorprogrammiert, wird sie durch Konzentration auf Nischenunternehmen oder lokale Akteure nicht geschlossen. Ein Regionalkonzept muss daher den Aufbau einer Innovationsbasis aus Hochschulen, Forschungsinstitutionen und innovativen Unternehmen anstreben.

- *Investition statt Subvention!* Ein Businessplan für die Region sorgt dafür, dass wirtschaftlich tragfähige (!) Ansätze umgesetzt werden. Der Plan muss sämtliche Maßnahmen mit ihrer Wirkung auf Unternehmen und öffentliche Aufgabenträger enthalten. Das macht Win-Win-Situationen anschaulich und stellt sicher, dass Fördergelder auch eine angemessene Wertschöpfung produzieren.

Besonders die Hinweise auf eine schlagkräftige Umsetzungsorganisation und gute Führung reflektieren eine grundlegende Erfahrung aus der Unternehmenspraxis: Ein nachhaltiger Wandel verlangt eine Verhaltensänderung der Beteiligten und dafür muss ein verbindlicher Kontext geschaffen werden: Ein gemeinsames Zielmodell sowie ein formaler und sozialer Rahmen („Organisation") bilden die erforderliche Klammer. Die eigentliche Triebfeder aber ist die Vision – die sinnhafte „Story" für jeden Beteiligten. Nur sie schafft die erforderliche Veränderungsenergie.

4.3   Wie anfangen: Eine Liste selbstkritischer Fragen

Die Klassifizierung der regionalen Branchen, die Konsensfindung aller Beteiligten und das darauf beruhende Maßnahmendesign sollten anhand einer Reihe (selbst-)kritischer Fragen erarbeitet werden: Wie entwickelt sich der Weltmarkt? Wie ist die Branche strukturiert, welche Unternehmen und welche Regionen dominieren sie? Welches sind die Wachstumssegmente? Wie ist darin die Region – auch international – positioniert?

Ferner: Welches sind die Wettbewerbsregionen? Welche Wachstumshürden (wie Fachkräftemangel, knappes Bauland oder mangelhafte Infrastruktur) gibt es? Durch welche Maßnahmen lassen sich diese Hürden reduzieren? Und schließlich: Welche Effekte sind zu erwarten?

Spätestens bei der Entwicklung eines Maßnahmenprogramms müssen dann die oben erläuterten „Zehn Gebote" im Mittelpunkt stehen: Zu klären ist dann vor allem, wer die Führung übernimmt und wie die gemeinsame Vision aussieht; ferner, wie schnelle Erfolge aussehen und wie sie gemessen werden können. Entsprechende Antworten, die in jeder Region unterschiedlich ausfallen dürften, gilt es, auch für die weiteren „Gebote" zu finden.

Zum Abschluss sei nochmals die wichtigste aller Erfolgsvoraussetzungen hervorgehoben: eine starke Führung, welche die notwendige Einigkeit aller Beteiligten über die wirklichen Prioritäten sicherstellt. Dieser Konsens bildete die Grundlage für die Erfolge in Irland, Wolfsburg, Barcelona, Pittsburgh und allen anderen Kompetenzregionen der jüngeren Geschichte. Die gute Nachricht dabei: Diesen Konsens herzustellen ist in der Region weitaus leichter als auf nationaler Ebene. Schon deshalb gehört die Zukunft den Regionen.

Kasten 1 - Pittsburgh: Von der Krisenregion zum Wachstums-Cluster

Eine Region, in der durch gezielte Turnaround-Maßnahmen der Umschwung von einem abgewirtschafteten Krisengebiet zur dynamischen Region gelang, ist Pittsburgh, Pennsylvania. Der traditionelle Stahlstandort hatte in den 80er Jahren Zehntausende einschlägige Arbeitsplätze verloren: Nach technologiebedingten Produktivitätssprüngen hatte man es versäumt, einen Strukturwandel einzuleiten und das Innovationstempo anzutreiben. Die Arbeitslosenquote lag bei rund 15 Prozent; Massenabwanderung ließ eine verfallende Industrieregion entstehen, in der überwiegend sozial Schwächere und weniger Qualifizierte mit geringer Mobilität zurückblieben.

In einer gemeinsamen Kraftanstrengung von öffentlichen und privatwirtschaftlichen Institutionen der Region wurde ein umfassender Wandel von Industrie- und Beschäftigungsstruktur in Angriff genommen, begleitet von einer sorgfältig gestalteten Imagekampagne: Die „Allegheny Conference" berief neun verschiedene Taskforces ein, die Konzepte unter anderem zur Ansiedlung in- und ausländischer Unternehmenszentralen, zur Qualifikation von Facharbeitern oder zur Vermarktung Pittsburghs in den Medien erarbeiteten. Als Starthilfe für Neugründungen in technologieintensiven Zukunftsbranchen wurde ein Fonds aufgelegt; die Nachhaltigkeit aller Finanzierungsmaßnahmen des Programms wurde konsequent überwacht.

Die gemeinsame Initiative zeigte beeindruckenden Erfolg: 90.000 Stahlarbeitsplätze konnten durch Beschäftigung in einem breiten Spektrum anderer Branchen ersetzt werden. Die Industriestruktur wurde marktkonform verbreitert, die Arbeitslosigkeit sank auf rund ein Drittel (5 bis 6 Prozent) des Ausgangswerts. Die Abwanderung wurde gestoppt, Pittsburgh gilt in den USA inzwischen als „No. 1 City" in Bezug auf Lebensqualität. Eines der Erfolgsgeheimnisse bestand in der Autonomie der Taskforces, die dennoch in eine ganzheitlich durchplante Strategie eingebunden waren.

Kasten 2 - Wolfsburg: Mit „AutoVision" zum Automobil-Cluster

Der „Fall Wolfsburg" mag zwar nicht allgemein übertragbar sein, er demonstriert jedoch auf eindrucksvolle Weise, wie eine Krisenregion dynamisiert werden kann. Ausgangspunkt war hier die hochgradige Monostruktur des Automobilstandorts Wolfsburg – mit allen zugehörigen Nachteilen, wie einem ungünstigen Qualifikationsmix und 18 Prozent Arbeitslosigkeit im Jahr 1996.

In dieser Situation wurde das Volkswagen-Programm „AutoVision" aufgelegt: Ziel war es, die Arbeitslosigkeit bis 2003 zu halbieren, einen Automobil-Cluster Wolfsburg mit eigenständigen Strukturen zu schaffen und die regionale Lebensqualität zu erhöhen. Das Programm umfasste u. a. einen „InnovationsCampus", die gezielte Ansiedlung wettbewerbsfähiger und vom Markt benötigter VW-Lieferanten, eine PersonalServiceAgentur mit der Aufgabe, die notwendige Flexibilität in den Arbeitsmarkt zu bringen, sowie eine „Erlebniswelt" zum Aufbau von Dienstleistungsbeschäftigung und einer attraktiveren Kulturlandschaft in Wolfsburg. Als Umsetzungsorganisation wurde die Wolfsburg AG gegründet, ein Joint Venture zwischen der Stadt Wolfsburg und Volkswagen, in dem sich ein hoch dotiertes Managementteam mit klaren Leistungsvorgaben an die Umsetzung der „AutoVision" machte.

Das Programm startete im September 1998. Vier Jahre später war die Arbeitslosenquote halbiert: Bis dahin waren 4.200 Arbeitsplätze neu geschaffen, 121 Unternehmen gegründet und über 100 Lieferanten im Cluster angesiedelt worden. Die PersonalServiceAgentur (PSA) hatte über 2.000 Arbeitnehmer vermittelt. Mehr noch: Die Autostadt ist zum deutschlandweiten Publikumsmagneten geworden – mit vielen direkten und indirekten Vorteilen für die Entwicklung der Stadt.

Kasten 3 - Dortmund: Trendwende zum IT- und Logistik-Cluster

Die Stadt Dortmund hatte seit 1970 rund 80.000 Arbeitsplätze in den schrumpfenden Kohle-, Stahl- und Brauereiindustrien verloren. Zwischen 1997 und 2000 stagnierte die Arbeitslosigkeit bei etwa 16 Prozent. Diese Situation veranlasste die ThyssenKrupp AG, im Rahmen einer Private Public Partnership mit der Stadtverwaltung Dortmund ein Turnaround-Programm anzustoßen.

Als Ziel wurde beschlossen, bis zum Jahr 2010 70.000 neue Arbeitsplätze zu schaffen und dadurch die Bruttowertschöpfung um 50 Prozent zu steigern. Eine wesentliche Voraussetzung dafür erkannte man im Ausbau neuer Fokusbranchen mit hoher Wachstums-dynamik, wie z. B. Biotechnologie, Neue Materialien, Nanotechnik. Als Fokusbranchen wurden IT/E-Commerce, Mikrosystemtechnik und Logistik identifiziert: Hier will man für den Cluster eine führende internationale Position erringen. Unterfüttert wurde das Programm durch die Absicherung der Basisbranchen (etwa Maschinenbau, Banken, Versicherungen), die Schaffung eines attraktiven Wirtschafts- und Lebensraums und den Ausbau des Arbeitskräftepotenzials. Das „dortmund-project" umfasst Wachstumsinitiativen und -wettbewerbe, eine „E-Factory", in der alle Maßnahmen zur Stärkung des IT-Standorts gebündelt werden, das Gesamtkonzept „E-City", welches die Stadtentwicklung mit dem Wachstumskonzept verzahnt, ein Ausbildungs- und Vermittlungsprogramm sowie Maßnahmen zu Controlling und Kommunikation.

Das „dortmund-project" begann im November 2000. Schon zwei Jahre später waren 17 Unternehmen gegründet, drei US-Unternehmen in Dortmund angesiedelt und die Privatuniversität „IT-Center" innerhalb von drei Monaten auf den Weg gebracht worden. In Dortmund, so bestätigten viele, „weht ein neuer Wind".

Referenzen

[1] Vgl. RICARDO, D. (1817). Nach RICARDO führt die Spezialisierung von Staaten auf Branchen mit komparativem Vorteil zur räumlichen Konzentration von Unternehmen.

[2] Vgl. z. B. WEBER, A., (1909). Nach WEBERS Theorie befindet sich der optimale Standort zwischen den Input-Bezugsquellen und dem Markt an jenem Punkt, an dem sich die niedrigsten Gesamttransportkosten ergeben. Daraus würde folgen, dass Unternehmen derselben Branche den Standort ähnlich wählen.

[3] Vgl. HOTELLING, H. (1929). HOTELLING führt am Beispiel zweier Eisdielen an einer Strandpromenade aus, dass die Wettbewerbsposition eines Unternehmens durch die Nähe zur Konkurrenz nicht geschwächt, sondern sogar gestärkt wird.

[4] Vgl. MARSHALL, A. (1890).

[5] Vgl. FLORIDA, R. (2002).

Literaturverzeichnis

FLORIDA, R. (2002): The Rise of the Creative Class, 2002.

HOTELLING, H. (1929): Stability in Competition, 1929.

MARSHALL, A. (1890): Principles of Economics, 1890.

RICARDO, D. (1817): On the Principles of Political Economy and Taxation, 1817.

WEBER, A. (1909): Theory of the Location of Industries, 1909.

Klaus Brockhoff

Durchsetzung von Innovationen

Prof. Dr. Klaus Brockhoff ist Rektor der Wissenschaftlichen Hochschule für Unternehmensführung (WHU) und Inhaber des Lehrstuhls für Unternehmenspolitik an der Otto-Beisheim-Hochschule in Vallendar bei Koblenz.

Klaus Brockhoff

Durchsetzung von Innovationen

1. Einführung

„... so hat man, wenn man einmal etwas Neues, Ungewohntes tun will, nicht nur größere äußere Widerstände, sondern auch solche in seinem eigenen Inneren zu überwinden. Auf dem Gebiete der Wirtschaft nun sind alle diese Bindungen von besonderer Bedeutung".[1] Diese Erfahrung von Innovationswiderständen unterschiedlichster Art wird auch heute gemacht und zusätzlich empirisch belegt. So hat sich etwa gezeigt, dass nur 22 Prozent der für den Deutschen Innovationspreis eingereichten Vorschläge kein innerbetrieblicher Widerstand entgegengesetzt wurde.[2]

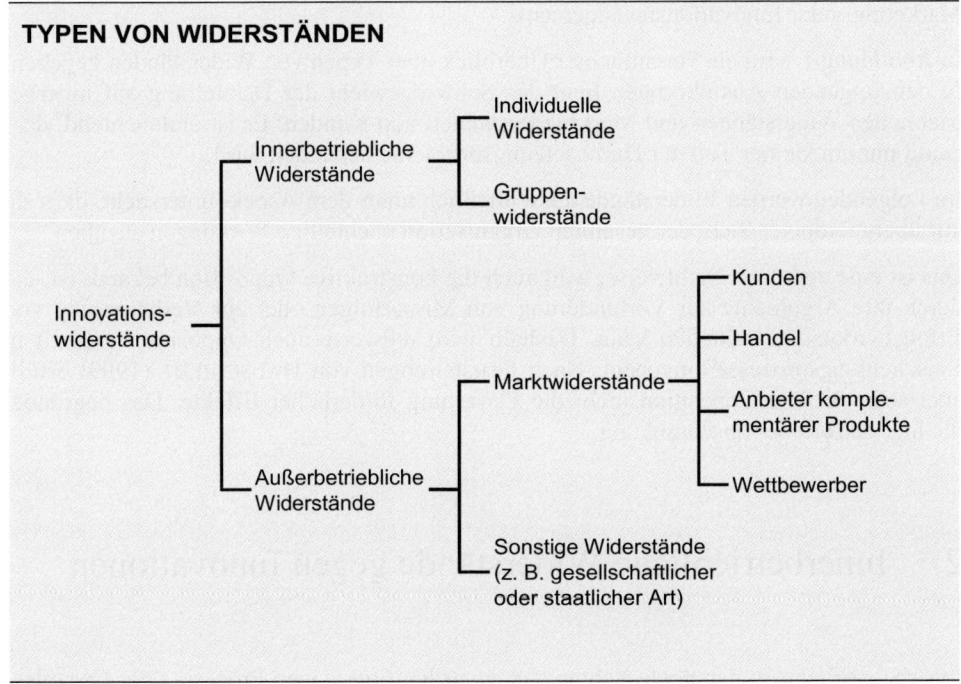

TYPEN VON WIDERSTÄNDEN

Abbildung 1

Dabei konnten keine am Typ der Innovation oder an ihrem Initiator anknüpfenden Oppositionsschwerpunkte ausgemacht werden. Über die Vielzahl der Marktwiderstände geben einerseits die erschreckend hohen „Flopraten" neuer Produkte Auskunft, wobei die Kernaussage trotz großer Schwierigkeiten und Unterschiede in der Messung nicht zu erschüttern ist.[3] Andererseits sind hohe Aufwendungen für die Durchsetzung von Innovationen am Markt und das Fehlen einer Erfolgsautomatik für Marktpioniere[4] Hinweise auf solche Widerstände.

Neben diesen Arten von unternehmensinternen und am Markt beobachtbaren Widerständen gibt es weitere, hier aber nicht behandelte Widerstandsorte, beispielsweise bei staatlichen oder überstaatlichen Zulassungs-, Registrierungs- oder Genehmigungsbehörden oder in der Gesellschaft. Der letztgenannte Widerstandsort ist nicht mit dem Markt gleichzusetzen. Es ist durchaus denkbar, dass Nachfrager für eine Innovation vorhanden sind, sie aber wegen des Widerstands von Nicht-Nachfragern oder einem Trittbrettfahrerverhalten von Nachfragern bezüglich tatsächlicher oder vermeintlicher Belastungen durch die Innovation nicht zufrieden gestellt werden können. Ein Beispiel hierfür ist die Nachfrage nach Mobilfunkleistungen und der Widerstand gegen die Aufstellung von Mobilfunkantennen. Etwas zugespitzt kann man sagen: Ohne die Existenz von Innovationswiderständen bedürfte es nur eines sehr eingeschränkten Marketing- oder Innovationsmanagements.

In Abbildung 1 wird ein vereinfachter Überblick über Typen von Widerständen gegeben. In den folgenden Ausführungen liegt das Schwergewicht der Darstellung auf innerbetrieblichen Widerständen und Marktwiderständen von Kunden. Es ist einleuchtend, dass damit nur ein kleiner Teil der Durchsetzungsprobleme behandelt wird.

Im Folgenden werden Widerstände ausschließlich unter dem Aspekt untersucht, dass sie aus übergeordneter Sicht der gesamten Organisation nachteilige Wirkungen ausüben.

Das ist eine verkürzte Sichtweise, weil auch die konstruktive Opposition bekannt ist, die durch ihre Argumente zur Verhinderung von Misserfolgen oder zur Verbesserung von Erfolgswirkungen beitragen kann. Deshalb wird teilweise auch Opposition explizit in Entscheidungsprozesse eingebaut. Nach Feststellungen von HAUSCHILDT (1999) erfüllt aber selbst offene Opposition nicht die Erwartung förderlicher Effekte. Das begründet die hier getroffene Einschränkung.

2.   Innerbetriebliche Widerstände gegen Innovationen

Innerbetriebliche Widerstände richten sich zwar häufiger gegen Prozess- oder Organisationsinnovationen, können aber auch Produktinnovationen entgegengesetzt werden.[5] Sie treten auf bei einzelnen Angehörigen der Organisation, bei Gruppen, unabhängig davon, ob diese formal oder informell bestehen, oder umfassen Teileinheiten der Organisation insgesamt. Wegen der Einbettung von Individuen in Gruppen – und dieser wiederum in Teileinheiten der Organisation – kommt es natürlich zu Überlappungen der Widerstände, die bei gleich gerichteten Interessen zu Verstärkungen führen, bei ungleich ausgerichteten Interessen dagegen im schlechtesten Fall Blockaden, im besseren Fall eine Neutralisierung zur Folge haben.

2.1   Individuelle Widerstände

Aus individueller Sicht sind Innovationswiderstände nach Ansicht von Psychologen in mehreren Ebenen aufgebaut, die in einem Prüfprozess beim Auftreten einer Innovation durchlaufen werden.[6] Auf der ersten Ebene wird gefragt, ob die Ablehnung der Innovation Nachteile mit sich bringt. Ist das nicht der Fall, ist eine Ablehnung wahrscheinlich. Sind Nachteile zu erwarten, so wird auf der zweiten Ebene weiter untersucht, ob sich die Anpassung an die Innovation nachteilig auswirkt. Trifft das nicht zu, so kann weitgehend konfliktlos eine Anpassung an die Innovation erfolgen. Ist das aber der Fall, so müssen nun verschiedene Nachteile gegeneinander abgewogen werden, was unterschiedliche Informations-, Verzögerungs- oder Vermeidungsaktionen auslösen kann. Bleiben auch diese aus, so kann es zu Panikaktionen kommen.

Zunächst ist es wichtig, solche Verhaltensmuster zu kennen und zu erkennen. Damit ist eine Grundlage dafür gegeben, die Akzeptanz von Innovation zu erhöhen, indem von vornherein die Reaktionsmöglichkeiten und mögliche Gegenaktionen berücksichtigt werden. Weitere psychologisch erklärbare Phänomene, wie Reaktanz auf Grund von Nichtbeteiligung an Innovationsprozessen, sind bekannt. Sie bilden die Grundlage dafür, dass die mit Innovationsprozessen befassten Gremien mit Repräsentanten aller potenziell betroffenen innerbetrieblichen Einheiten oder Gruppen besetzt sein sollten.

Die geschilderten Verhaltensweisen können im Kern auch durch den Rückgriff auf ökonomische Konzepte erklärt werden. Die Entscheidung, ob einer Innovation Widerstand entgegengesetzt wird oder nicht, kann als ein individuelles Investitionsproblem angesehen werden.

Mit dem Verzicht auf Widerstand sind Kosten oder Nachteile verbunden, nämlich die direkten Kosten für die Anpassung an Neues, die zum Beispiel durch Lernen bedingt sein können, sowie die Opportunitätskosten durch Verzicht auf das Alte. Diese Opportunitätskosten bestehen darin, dass die vorhandenen Nutzungsmöglichkeiten des alten Wissens durch die Innovation schlagartig oder mit ihrer Durchsetzung in der Umwelt langsam erodieren. Die bisherigen Prozesse oder Produkte verlieren ihre Wettbewerbsfähigkeit. Relativ hohe Kosten lassen mit großer Wahrscheinlichkeit Widerstand erwarten. Den Kosten müssen ausreichend hohe Erlöse oder Vorteile gegenüberstehen, um insgesamt, abgezinst mit der persönlichen Diskontrate, einen positiven Gegenwartswert zu begründen, der zum Verzicht auf Widerstand führt. Wenn die Diskontraten die Risiken reflektieren, wie es die moderne Investitionstheorie annimmt, so müssten risikoreiche Innovationen aus Sicht des Individuums wegen der Annahme höherer Diskontraten eher zu Widerstand führen. Das kann zum Beispiel durch hohe technologische Neuheitsgrade[7], hohe Komplexität oder begrenzte risikolose Testmöglichkeiten verursacht werden. Die beiden letztgenannten Kriterien sind aus der klassischen Erfolgsfaktorenforschung bekannt[8] und empirisch nachgewiesen.[9] Diese Ergebnisse werden hier als auch innerbetrieblich wirksam unterstellt.

Der Typ der Innovation beeinflusst die Nutzen-Kosten-Kalküle unmittelbar. So löst die produktionskostensparende Prozess- oder Organisationsinnovation nachweisbare Widerstände aus, die durch vermutete Arbeitsplatzrisiken oder zunehmende Beitragserwartungen erklärt werden.[10]

Die Erlöse oder Vorteile einer Innovation können unterschätzt werden. Erstens ist denkbar, dass der individuelle Planungshorizont viel kürzer gewählt worden ist, als der Dauer möglicher Vorteilswirkungen entspricht. Das kann seinen Grund zum Beispiel darin haben, dass durch ein bevorstehendes Ende oder einen bevorstehenden Wechsel der beruflichen Tätigkeit keine volle individuelle Zurechnung von Vorteilen erfolgt. Zweitens ist vorstellbar, dass aus individueller Sicht die „Breite" eines Stroms von Vorteilen niedriger eingeschätzt wird, als es intersubjektiv gerechtfertigt erscheint. Der so genannte „Segelschiffeffekt" beschreibt, wie das Auftreten einer Innovationsmöglichkeit ein Verhalten auslösen kann, das auf verstärkte Investitionen in eine bekannte Technik gerichtet ist, weil hierin – bei gegebenem Planungshorizont und durch informatorische Hinweise aus der Innovation bestärkt – größere Vorteile erwartet werden als bei einem Übergang zu der Neuerung. Beispielsweise beobachtete man im Mannesmann-Konzern, dass die Erwartungen an ein neues Elektroschweißverfahren, das durch Eingliederung einer neu erworbenen Tochtergesellschaft nutzbar werden sollte, sich nicht verwirklichten: „Die vorkalkulierten Ersparnisse zwischen dem neuen und dem alten Verfahren wurden von Monat zu Monat geringer. Man hatte das neue Verfahren so enorm verbessert und verfeinert, dass schließlich das neue Verfahren nur noch für Spezialzwecke lukrativ war ... Ich habe diese Erfahrung wiederholt gemacht ...".[11]

Manche Mitarbeiter sehen ohnehin keine Vorteile in der Beteiligung an Innovationsprozessen. Die in Deutschland gesetzlich verankerte Vergütung für Diensterfindungen von Arbeitnehmern umfasst nicht alle am Innovationsprozess beteiligten Personen. In dieser Hinsicht könnten betriebliche Vereinbarungen über das Gesetz hinausgehen, um Anreize zu verstärken.

2.2   Widerstände aus Gruppen

Das Zusammenwirken mehrerer Individuen in einer informellen oder einer formalen Gruppe kann spezifische weitere Widerstände gegen Innovationen zur Folge haben.

Erstens ist daran zu denken, dass in Gruppen bestimmte Normen entstehen, die der Einzelne nur auf die Gefahr einer Sanktion durch die Gruppe verletzen kann. Beispielsweise entwickeln erfolgreich über längere Zeit zusammenarbeitende Gruppen eine sich auch als Einstellungsverzerrung individuell manifestierende Norm, die als „not-invented-here syndrome" bekannt ist.[12] Dieses Syndrom äußert sich in einer ökonomisch ungerechtfertigten Ablehnung der Identifikation gruppenexterner Innovationsgelegenheiten, ihrer Adoption und Prüfung oder ihrer Nutzung.

Zweitens kann im Kontext von Gruppenentscheidungen eine Veränderung des Risikoverhaltens im Vergleich zum Risikoverhalten von „nominalen Gruppen", das heißt also einem Durchschnitt über Individualentscheidungen der möglichen Gruppenmitglieder, auftreten. Von den verschiedenen Erklärungen dafür ist diejenige besonders überzeugend, die jeweils der Hälfte der Gruppenmitglieder durch den Informationsaustausch vor Augen führt, dass ihre Einschätzung unterhalb bzw. oberhalb des Medians der Urteile liegt. Besteht eine gesellschaftliche Haltung, die eher auf Risikovermeidung (oder in einer anderen Gesellschaft auf Risikoübernahme) ausgerichtet ist, so entdeckt eine Hälfte der Gruppenmitglieder, dass sie sich im Vergleich zum Median nicht normgerecht verhält, und tendiert zu einer Revision eigener Bewertungen in Richtung auf die Erfüllung der Norm. Ob bei Kenntnis solcher Normen dem so genannten „Risk Shift Phenomenon" durch eine bewusste Auswahl von Gruppenmitgliedern aus Kulturen mit unterschiedlichen Risikonormen entgegengewirkt werden kann, muss allerdings noch als ungeklärt angesehen werden.

Eine ganze Organisation „innovationsfreundlich" zu gestalten, ist ein Ziel derjenigen, die mit organisatorischem und kulturellem Wandel auf Verkrustungen, Bürokratieelemente und Hierarchisierung antworten. Im Hinblick auf die Strukturierung von Organisationen wird oft der „organische" Aufbau als innovationsfreundlich empfohlen. Damit sind Strukturen gemeint, die mit wenigen Hierarchieebenen, unmittelbarer Kommunikation zwischen allen, wenig Standardisierung und Formalisierung sowie niedriger Spezialisierung auskommen. Allerdings können solche Strukturen sehr kreativitätsfördernd wirken. Sie machen es aber schwer, Innovationsprozesse zu Ende zu führen, falsche Kompromisse zu vermeiden, kundenbezogen zu bleiben. Auch die Anregung, deshalb die jeweiligen Strukturmuster phasenspezifisch auf Innovationsprozesse anzuwenden, die so genannte „Loose-Tight-Hypothese", kann nicht befriedigen, weil nicht nur die Interaktion mit den verschiedenen Persönlichkeitsstrukturen der Beteiligten dabei einwirkt, sondern auch zu berücksichtigen ist, dass in der Realität des Unternehmens mehrere Innovationsprozesse in verschiedenen Phasen innerhalb derselben Organisation ablaufen. Das dann notwendige Nebeneinander unterschiedlicher Strukturierungen ist aber nicht vorteilhaft. [13]

Allerdings hat sich deutlich erwiesen, dass die Strukturierung des Projektmanagements für die Innovationsdurchsetzung förderlich sein kann. Einmal ist dabei zu empfehlen, alle innerbetrieblich von dem Innovationsprojekt Beeinflussten durch ihre Repräsentanten in ein Lenkungsgremium für das Projekt einzubeziehen. Es kann notwendig werden, mehrere solcher Gremien auf unterschiedlichen Entscheidungsebenen durch ein „Linking Pin" miteinander zu verzahnen, um den wechselseitigen Informationsfluss als Grundlage für Abstimmungen zu gewährleisten. Ein Beispiel stellt der Aufbau eines solchen Mehrebenensystems bei der Schering AG dar.[14]

Für das Projektmanagement selbst ist eine Arbeitsteilung nach dem Rollenverständnis des Promotorenmodells zu empfehlen, bei dem Machtträger, Fachleute oder Experten, Prozessträger zur Sicherung der Abläufe und ihrer Kontrolle sowie gegebenenfalls Beziehungspromotoren für organisationsüberschreitende Innovationsprozesse zusammenwirken.[15] Es leuchtet ein, dass Innovationsprozesse ohne diese Arbeitsteilung zu spezifischen Problemen führen, zum Beispiel zur „unendlichen" Verbesserung bei ausschließlicher Expertentätigkeit oder zur Erhaltung unrealistischer oder nicht marktfähiger Innovationsprojekte bei ausschließlicher Machtpromotorentätigkeit.

Innovationen bringen aus unterschiedlichen Gründen Schnittstellenprobleme mit sich: Sie haben Projektcharakter, sind deshalb oft unabhängig von formalen Dauerorganisationen zu bearbeiten; sie haben Querschnittscharakter, greifen also auf Experten aus unterschiedlichen Funktional- oder Produktbereichen zu, und sie konkurrieren um knappe Ressourcen. Deshalb können Durchsetzungsprobleme entstehen, denen mit einem bewussten Schnittstellenmanagement entgegengetreten werden sollte. Dies ist ein auf Koordination ausgerichtetes Management, das dort einsetzen muss, wo weder Preismechanismen noch hierarchische Anweisungssysteme die Koordination bewirken. Es kann gezeigt werden, dass die Bewältigung von Schnittstellenproblemen durch ein entsprechendes Management zwischen erfolgreichen und nicht erfolgreichen Unternehmen zu trennen gestattet.[16] Die Auswahl der bei diesem Management einzusetzenden Instrumente ist abhängig vom hierarchischen Niveau der Schnittstelle im Unternehmen, von der Art der Zusammenarbeit zwischen den beteiligten Stellen, von den Charakteristika der Aufgabe und vom Anlass für die Schnittstellenbildung (z. B. wegen der Nutzung von Spezialisierungsvorteilen oder der Existenz von Kapazitätsgrenzen).[17] Allerdings ist die Auswahl von Instrumenten auch auf diesem Wege nur auf Plausibilitätsüberlegungen zu gründen, die zweckmäßig nach dem Ausschlussprinzip vorgenommen werden sollten.

3.   Marktwiderstände gegen Innovationen

Hier werden nur die potenziellen Widerstände gegen Innovationen behandelt, die von Kunden im Absatzmarkt ausgehen. Diese Einschränkung weist implizit darauf hin, dass auch auf Beschaffungsmärkten und durch andere Machtträger als den Kunden jeweils Widerstände aufgebaut werden können.

Kunden setzen Innovationen Widerstände entgegen, wenn sie in ihnen keinen so großen Nutzen erkennen, wie zur Kompensation der mit der Adoption verbundenen Kosten notwendig erscheint. Widerstand kann auch damit begründet werden, dass zwar ein solcher Nutzen erkennbar ist, aber durch Einflussnahme auf einen Anbieter dieser Nutzen noch vergrößert werden kann. Dabei kann sich eine Situation ergeben, die durch die Einbeziehung von Kunden in Innovationsprozesse zu beiderseitigem Vorteil führt (Win-Win-Situation).

Wenn hier vom Erkennen von Nutzen gesprochen wird, so deutet dies auf eine erste Voraussetzung für die Durchsetzung von Innovationen hin. Die Wahrnehmbarkeit von potenziellem Nutzen muss jedoch direkt oder indirekt erreicht werden.

Direkte Wahrnehmbarkeit kann durch die Vorankündigung oder die Bewerbung einer Innovation sichergestellt werden. Insbesondere bei Innovationen, die einen hohen Anteil an Erfahrungseigenschaften haben, muss die Möglichkeit zum Testen der Produkte hinzukommen. Damit wird auch einem der von ROGERS dargestellten Erfolgskriterien für neue Produkte entsprochen.[18] Das Testen kann in Konsumgütermärkten zum Beispiel durch Verteilung von Proben erleichtert werden. In Investitionsgütermärkten ist die probeweise Überlassung von Produkten häufig sehr aufwendig und sie scheidet oft aus, wenn die Neuerung in einen Produktionsprozess beim Kunden voll integriert werden soll. Hier kann der Widerstand dadurch abgebaut werden, dass leistungsabhängige Produktpreise vereinbart oder Gewährleistungen über das gesetzliche Maß hinaus minimiert werden. Beide Maßnahmen verändern die Risikoverteilung zwischen den Parteien. So sind im Schiffbau die bei Probefahrten erreichten Geschwindigkeiten und Verbrauchswerte für die Abnahme eines Schiffs von größter Bedeutung.

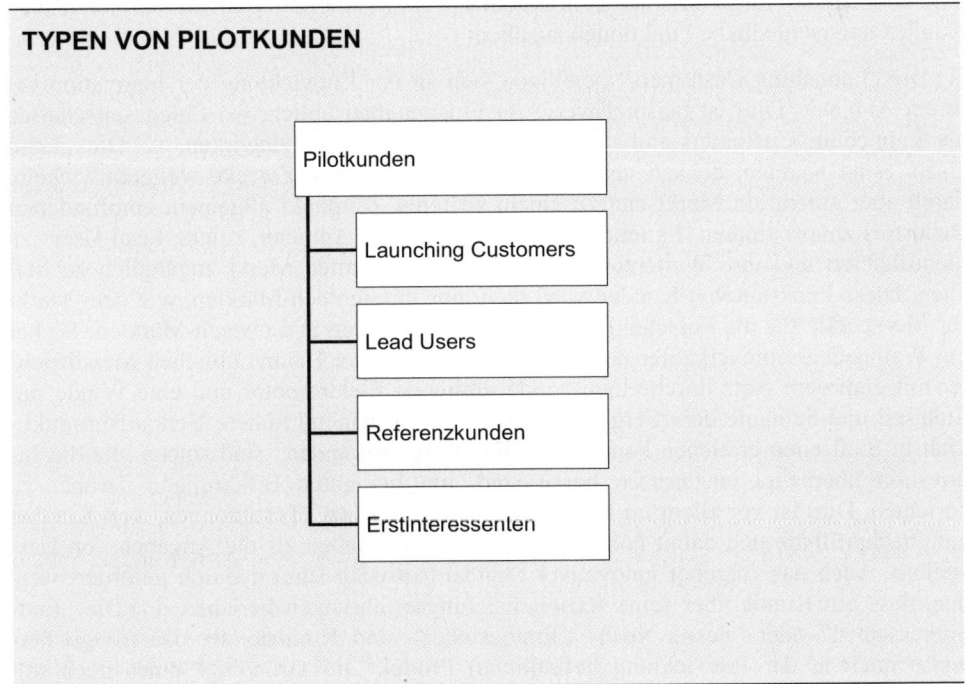

TYPEN VON PILOTKUNDEN

- Pilotkunden
  - Launching Customers
  - Lead Users
  - Referenzkunden
  - Erstinteressenten

Abbildung 2

Indirekt wird die Wahrnehmbarkeit durch Signale erreicht.[19] Dies ist vor allem bei Innovationen mit einem hohen Anteil an Vertrauenseigenschaften ratsam. In allen diesen

Fällen muss die Reaktion der potenziellen Kunden auf die Innovation dem Anbieter als Feedback wieder zurückgespielt werden. Das kann sowohl durch die systematische Auswertung von Reaktionen auf Produktvorankündigungen als auch durch die Evaluation von Produkttestreaktionen erfolgen. Soweit Produkttests eingesetzt werden, ist darauf zu achten, dass bei Innovationen mit hohem Neuheitsgrad das zu erwartende Umfeld für die Nutzung der Innovation, z. B. in der Form von komplementären Produkten oder Dienstleistungen, vor Abgabe eines Testurteils glaubwürdig vermittelt wird. Andernfalls sind konservativ verzerrte Bewertungen zu erwarten.[20] Wer beispielsweise ein „Wasserstoffauto" testen möchte, müsste den potenziellen Kunden verdeutlichen, wie die jeweilige „Betankung" erfolgt, die an den herkömmlichen Tankstellen bisher nicht vorgesehen ist. Damit wird deutlich, dass Produktcharakteristika bei der Wahl der Instrumente zur Unterstützung der Nutzenwahrnehmung von Innovationen am Markt zu berücksichtigen sind.

Die Beeinflussung des Nutzens der Innovation durch den Kunden oder Nutzer wurde oben als Ansatz zur Reduzierung von Innovationswiderständen angesprochen. In unterschiedlichen Phasen des Entwicklungs- und Markteinführungsprozesses von Innovationen können die insgesamt als „Pilotkunden"[21] (vgl. Abbildung 2) zu bezeichnenden Kunden unterschiedliche Funktionen ausüben:

(1) Die „Launching Customers" beteiligen sich an der Entwicklung der Innovation bei ihrem Anbieter. Dies ist beispielsweise im Flugzeugbau üblich, wo Fluggesellschaften als Launching Customers mit den Flugzeugbauern zusammenwirken. (2) Die „Lead Users" sind Kunden, die ein vorhandenes Produkt für ihre Zwecke weiterentwickeln, damit aber einem am Markt erst zu einem späteren Zeitpunkt allgemein empfundenen Bedürfnis zuvorkommen. Es lohnt sich deshalb für den Anbieter, solche Lead Users zu identifizieren und ihre Weiterentwicklungen dem gesamten Markt zugänglich zu machen. Diese Funktion von Kunden wird nicht nur in Hightech-Märkten, wie dem Markt für Messgeräte für die Forschung, ausgeübt, sondern auch in Lowtech-Märkten. So hat ein Weihnachtsbaumverkäufer den zur Verpackung seiner Bäume üblichen Metalltrichter mit endlosem Netz durch einen handelsüblichen Elektromotor und eine Winde mit Stahlseil und Schlaufe derart ergänzt, dass er eine bedeutend höhere Verkaufsproduktivität in Stoßzeiten erreichen konnte. (3) Die „Referenzkunden" sind solche, die die Innovation überhaupt einzusetzen bereit sind, um bei guten Erfahrungen darüber zu berichten. Dies ist vor allem im B2B-Geschäft wichtig, wo „Testimonials" von Kunden eine nachprüfbare und damit höhere Glaubwürdigkeit haben als die Angaben von Herstellern. Auch das Angebot innovativer Standardsoftware kann dadurch gefördert werden, dass ein Kunde über seine Rationalisierungserfahrungen berichtet. (4) Die „Erstinteressenten" oder – besser noch – „Erstbesteller" sind Kunden, die das (möglicherweise noch in der Entwicklung befindliche) Produkt auf Grundlage eines noch mit Bedingungen versehenen „Letter of Intent" oder eines unbedingten Kaufvertrags zu übernehmen bereit sind. Diese Kunden haben nicht nur eine auf den Markt ausgerichtete Funktion. Sie können auch innerhalb des Unternehmens bei der Überwindung von Innovationswiderständen wirken.

In allen diesen Fällen ist der Einsatz von Pilotkunden mit direkten oder indirekten Kosten verbunden. Direkte Kosten können etwa in den als Gegenleistung gewährten Bestellrabatten enthalten sein. Indirekte Kosten können durch eine auf Verärgerung beruhende Kaufzurückhaltung entstehen, wenn beispielsweise die Produktdesignwünsche eines Kunden nicht berücksichtigt werden, die eines konkurrierenden Kunden aber doch. Mit größerer Verbreitung der Nutzung der hier erwähnten Dienste von Kunden wird sich vermutlich auch immer stärker für den Kunden die Frage stellen, auf welche Weise er einen Nutzenzuwachs für sich selbst erreichen kann.[22]

Durch das Internet bieten sich hinsichtlich der Tests, der Einbeziehung von Kunden in die Produktentwicklung oder auch nur der Beobachtung von Kundenreaktionen, wie sie beispielsweise in Chatrooms geäußert werden, erweiterte Möglichkeiten zur Identifizierung und Überwindung von Widerständen.

Das Leistungsbündel eines Produkts kann unter Umständen erst dann erschlossen und damit sein Nutzen erkannt werden, wenn bestimmte Komplementärprodukte verfügbar sind. Für die Durchsetzung von Innovationen ist deshalb eine Einflussnahme auf den Zeitpunkt des Angebots von Komplementärprodukten sowie auf ihren Preis bedeutsam. Beispielsweise verlangte der Produkterfolg der Ceran-Herdplatten die Bereitstellung von Reinigungsmitteln, die deren Oberfläche nicht beschädigten. Davon zu unterscheiden sind die Netzwerkgüter, bei denen der Nutzen für den Einzelnen durch die Bereitschaft vieler anderer steigt, dasselbe Gut zu nutzen.[23] Hier kann es sich für die Durchsetzung von Innovationen als nützlich erweisen, Schutzrechte an Produkten oder Verfahren frei oder nahezu frei zugänglich zu machen, um schnell eine große „Installed Base" (Verbreitung) im Markt zu erreichen. Durch ihren Beispielcharakter löst sie die weitere Nachfrage der Imitatorenkäufer aus, an der dann auch derjenige partizipieren kann, der über die Schutzrechte verfügte.

Zur Erzielung eines den Kauf auslösenden Nutzens müssen die die Innovation charakterisierenden Eigenschaften und ihre Ausprägungen im Hinblick auf das oder die anzusprechenden Käufersegmente optimiert werden. Hierzu werden pragmatische Ansätze vorgeschlagen, wie das „House of Quality" im Rahmen des „Quality Function Deployment".[24] Als Vorteile des Ansatzes werden genannt: Reduzierung der eigentlichen Produktentwicklungszeit, Verringerung von Anlaufkosten, Minimierung des Änderungsaufwands. Als Nachteile gelten: Verlängerung der Produktdefinitionsphase, vergleichsweise hohe Komplexität, die entsprechende Anforderungen an die Mitarbeiter stellt, und Fehlen von Diagnosehilfen hinsichtlich der Qualität des gewählten Designs.[25] Unter dem Gesichtspunkt der Optimierung sind dem daher die auf der Conjoint-Analyse[26] beruhenden Verfahren der Produktpositionierung überlegen.[27] In den am weitesten entwickelten Verfahren geht es dabei um die simultane Berücksichtigung der folgenden Aspekte: Bestimmung der individuell bevorzugten Eigenschaftsbündel für eine Kategorie neuer Produkte, Zuordnung der Kosten zu den möglichen Produktkonzepten, Auswahl eines oder mehrerer gewinnmaximaler Konzepte bei gleichzeitiger Bildung von

Marktsegmenten, Berücksichtigung der Wettbewerbsangebote und ihrer möglichen Veränderungen, nicht zuletzt auch als Reaktion auf das eigene Angebot.

Ohne auf die Verfahrensweisen im Einzelnen eingehen zu können, sollen doch wenigstens einige Trends der Verfahrensentwicklung festgehalten werden. Grundsätzlich wird auf der Grundlage individueller Erhebungsdaten auch nach individuell präferierten Lösungen gesucht, die Segmentbildung damit auf eine spätere Phase der Analyse verschoben. Grundsätzlich werden indirekte Befragungstechniken bevorzugt, um den möglichen Biases bei direkten Befragungen entgegenzuwirken. Unterstützt werden solche Befragungen durch die Möglichkeiten der Informationstechnik. Diese ermöglichen realitätsnahe Präsentationen von Produktdesigns, die Online-Datengewinnung und Real-Time-Datenauswertung gestatten. Allerdings fällt die Unterstützung der Entwicklung durchsetzungsfähiger Produktkonzepte umso schwerer, je höher der angestrebte Neuheitsgrad einer Innovation ist. Wo völlig neue Eigenschaftsbündel gebildet werden, kann nicht auf Vergangenheitserfahrungen und -wünsche zurückgegriffen werden. Dies gilt umso mehr, als Produkte ihren Markterfolg auch nicht vorhergesehenen Verwendungen verdanken können. Spektakuläre Beispiele wie Polyvinylpyrrolidon, das zuerst als Blutersatzmittel diente, dann als Tablettensprengmittel, Cremebasis für Kosmetika, Getränkeklärmittel für Säfte, Feindesinfektionsmittel usw. eingesetzt wurde, sind vielfach zu finden.

4.   Ausblick

Berücksichtigt man, dass hier nur ein sehr kleiner Teil möglicher Widerstände gegen die Durchsetzung von Innovationen angesprochen werden konnte, so ist die Eingangsbewertung von J. Schumpeter eher eine Schönfärberei als eine Realitätsbeschreibung. Wie viel persönlicher Einsatz, wie viel Ressourcen zur Durchsetzung erforderlich sind, wird häufig unterschätzt. Dies gilt vor allem dann, wenn in jungen Unternehmen Weltneuheiten entstehen sollen. Das strategische Management tut gut daran, zu einer realistischen Abschätzung der für die Durchsetzung notwendigen Ressourcen zu gelangen. Planung kann in diesem Sinne gutes Geld wert sein, weil die Konfrontation mit Überraschungen und der oft aufwendigeren Beseitigung der damit verbundenen Störungen viel teurer werden kann. Die Ausführungen zeigen Ansatzpunkte für proaktives Durchsetzungsmanagement, das Innovationsprozesse bereits im Vorfeld beginnend begleiten sollte.

Referenzen

[1]   Vgl. SCHUMPETER, J. (1912), S. 120.

[2] Vgl. HAUSCHILDT, J. (1999).

[3] Zusammenfassend: BROCKHOFF, K. (1999), S. 3 ff.

[4] Zusammenfassend: BROCKHOFF, K. (1999) S. 269 ff.

[5] Vgl. ZWICK, T. (2003).

[6] Vgl. JANIS, I. L., MANN, L. (1977).

[7] Vgl. BAIER, G. (1999).

[8] Vgl. ROGERS, E. M. (1995).

[9] Vgl. KRAFFT, M., LITFIN, T. (2002).

[10] Vgl. ZWICK, T. (2003).

[11] Vgl. WESSEL, H. A. (1990), S. 228, der hier auf W. Zangen und weitere Quellen verweist.

[12] Vgl. MEHRWALD, H. (1999).

[13] Zusammenfassend: BROCKHOFF, K. (1999), S. 332 ff.

[14] Vgl. BROCKHOFF, K. (1998b).

[15] Vgl. HAUSCHILDT, J., GEMÜNDEN, H. G. (1999).

[16] Vgl. KLUGE, J., STEIN, W., LICHT, T. (2001).

[17] Vgl. BROCKHOFF, K. (1994).

[18] Vgl. ROGERS, E. M. (1995).

[19] Vgl. SCHNOOR, A. (2000).

[20] Vgl. URBAN, G. L., et al. (1997).

[21] Vgl. BROCKHOFF, K. (1998a).

[22] Vgl. BROCKHOFF, K. (2003).

[23] Vgl. SCHODER, D. (1995), COHEN, M. A., ELIASHBERG, J., ITO, T.-H. (1996).

[24] Vgl. HAUSER, J. R., CLAUSING, D. (1988).

[25] Vgl. SCHMIDT, R. (1996).

[26] Vgl. TEICHERT, T. (1999).

[27] Vgl. TROMMSDORFF, V. (2002).

Literaturverzeichnis

BAIER, G. (1999): Qualitätsbeurteilung innovativer Software-Systeme. Auswirkungen des Neuheitsgrades, Wiesbaden: 1999.

BROCKHOFF, K. (1994): Management organisatorischer Schnittstellen – unter besonderer Berücksichtigung der Koordination von Marketingbereichen mit Forschung und Entwicklung, Göttingen: 1994.

BROCKHOFF, K. (1998a): Der Kunde im Innovationsprozess, Göttingen: 1998.

BROCKHOFF, K. (1998b): Internationalization of Research and Development, Berlin, Heidelberg, New York: 1998.

BROCKHOFF, K. (1999): Produktpolitik, 4. Aufl., Stuttgart: 1999.

BROCKHOFF, K. (2003): Customer's perspective of involvement in new product development, in: International Journal of Technology Management (2003), S. 464-481.

COHEN, M. A., ELIASHBERG, J., ITO, T.-H. (1996): New Product Development: The Performance and Time-to-Market Tradeoff, in: Management Science, Vol. 42 (1996), S. 173 - 186.

HAUSCHILDT, J. (1999): Widerstand gegen Innovationen – destruktiv oder konstruktiv? Zeitschrift für Betriebswirtschaft, Erg. h. 2 (1999), S. 1 - 20.

HAUSCHILDT, J., GEMÜNDEN, H. G. (Hrsg.) (1999): Promotoren. Champions der Innovation, 2. A., Wiesbaden: 1999.

HAUSER, J. R., CLAUSING, D. (1988): The House of Quality, in: Harvard Business Review, Vol. 66 (1988), S. 63 - 73.

JANIS, I. L., MANN, L. (1977): Decision Making – A Psychological Analysis of Conflict, Choice and Commitment, New York, London: 1977.

KLUGE, J., STEIN, W., LICHT, T. (2001): Knowledge Unplugged, London: 2001.

KRAFFT, M., LITFIN, T. (2002): Adoption innovativer Telekommunikationsdienste – Validierung der Rogers-Kriterien bei Vorliegen potenziell heterogener Gruppen, in: Zeitschrift für betriebswirtschaftliche Forschung, 54. Jg. (2002), S. 64 - 83.

MEHRWALD, H. (1999): Das ‚Not Invented Here'-Syndrom in Forschung und Entwicklung, Wiesbaden: 1999.

ROGERS, E. M. (1995): Diffusion of innovations, 4th edition, New York, London: 1995.

SCHMIDT, R. (1996): Marktorientierte Konzeptfindung für langlebige Gebrauchsgüter, Wiesbaden: 1996.

SCHNOOR, A. (2002): Kundenorientiertes Qualitäts-Signaling, Wiesbaden: 2000.

SCHODER, D. (1995): Diffusion von Netzeffektgütern, in: Marketing ZFP, 17. Jg. (1995), S. 18 - 28.

SCHUMPETER, J. (1912): Theorie der wirtschaftlichen Entwicklung, Leipzig: 1912.

TEICHERT, T. (1999): Conjoint-Analyse, in: HERRMANN, A., HOMBURG, CH., (Hrsg.): Marktforschung, Wiesbaden: 1999, S. 471 - 451.

TROMMSDORFF, V. (2002): Produktpositionierung, in: ALBERS, S., HERRMANN, A., (Hrsg.): Handbuch Produktmanagement, 2. Aufl., Wiesbaden: 2002, S. 359 - 380.

URBAN, G. L., et al. (1997): Information Acceleration, Validation and Lessons from the Field, in: Journal of Marketing Research, Vol. 34 (1997), S. 143 - 153.

WESSEL, H. A. (1990): Kontinuität im Wandel. 100 Jahre Mannesmann 1890 – 1990, Düsseldorf: 1990.

ZWICK, T. (2003): Empirische Determinanten des Widerstandes von Mitarbeitern gegen Innovationen, in: Zeitschrift für betriebswirtschaftliche Forschung, 55. Jg. (2003), S. 45 - 59.

Kapitel 4

Geschäftsmodelle und Prozesse – Durch IT einerseits verbessert und andererseits bedroht

Stefan Spang

Neue Kernkompetenzen gefragt – IT verändert die Unternehmen

Dr. Stefan Spang ist Director bei McKinsey & Company, Inc.

1. Vielfach noch nicht verstanden: Zusammenspiel zwischen Geschäftserfolg und IT

Die Informationstechnologie hat in den vergangenen zehn Jahren rasante Fortschritte gemacht. Immer neue Produkte wurden angeboten, immer mehr Anwendungen durch Standards abgedeckt. Die Leistung von Prozessoren und Speichern hat sich drastisch erhöht, und das bei sinkenden Preisen.

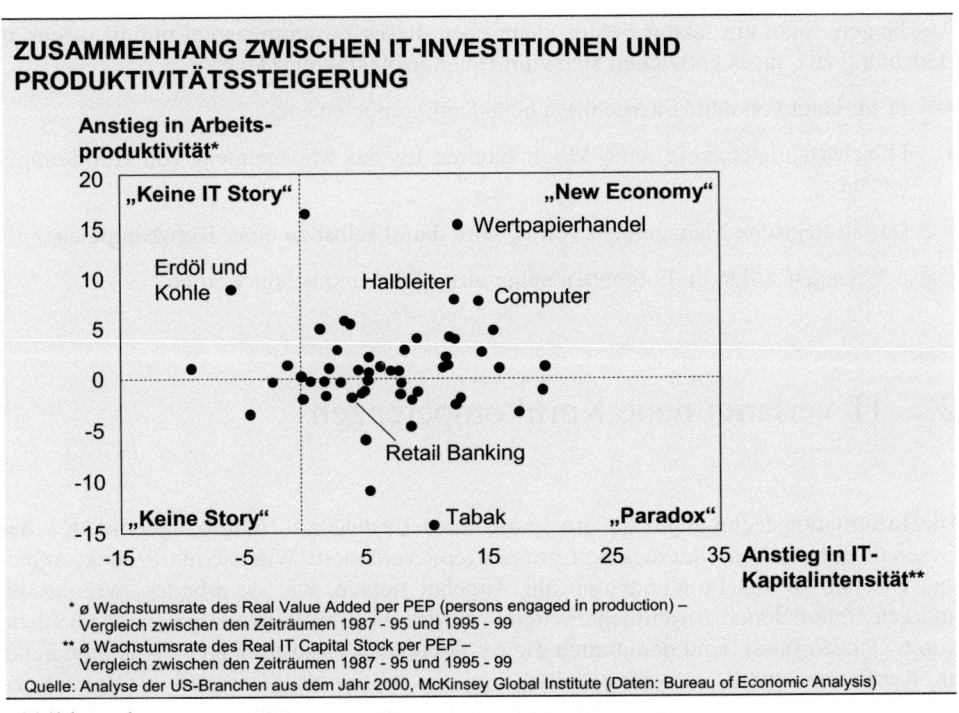

Abbildung 1

Jedoch – diese Leistungsfähigkeit wartet nach wie vor auf den richtigen, effizienten Einsatz. Zu Anfang wurde kräftig (über)investiert: in ERP, Supply Chain Management, CRM, E-Business. Leider blieb der Erfolg all dieser Anstrengungen oft unklar – und auch bei langfristiger Betrachtung tut man sich schwer, zwischen den Investitionen und den erreichten Produktivitätssteigerungen eine klare Korrelation zu erkennen (Abbildung 1). Mit der Krise an den Kapitalmärkten kam es dann zu einer fast vollständigen Kehrtwendung – nun übte man sich in Kostensenkung und Verzicht. Der Nutzen der IT wurde plötzlich allseits in Frage gestellt, die Investitionen drastisch zurückgefahren. Natürlich sind beides Extrempositionen – und die goldene Mitte haben bislang nur wenige gefunden. Warum eigentlich?

Ein wesentlicher Teil des Problems rührt daher, dass viele Topmanager die Informationstechnologie immer noch als reines Hilfsinstrument betrachten. Als Folge wird ein wichtiges Prinzip missachtet: Ob ein Unternehmen den goldenen Weg zur Nutzenmaximierung findet, hängt entscheidend davon ab, wie seine Kernkompetenzen mit dem IT-Einsatz zusammenpassen. Das Ignorieren dieses Grundsatzes prägte den anfänglichen Hype ebenso wie die Investitionsscheu der letzten Jahre. Kurz: Es fehlt am Verständnis des Zusammenspiels zwischen IT-Investitionen und Geschäftserfolg.

Auf längere Sicht ein fataler Fehler, denn eben dieses Zusammenspiel nimmt weiter an Bedeutung zu – ja, es entwickelt sich zum Haupterfolgsfaktor. Denn:

- IT verlangt von den Unternehmen neue Kernkompetenzen.

- IT schafft gleichzeitig neue Möglichkeiten für das Management von Kernkompetenzen.

- Das strategische Management von IT wird damit selbst zu einer Kernkompetenz.

Diese Aussagen sollen im Folgenden näher ausgeführt und belegt werden.

2.   IT verlangt neue Kernkompetenzen

Die Informationstechnologie hat im Laufe ihres Bestehens – häufig unbemerkt – das Geschäft der meisten Unternehmen grundlegend verändert: Was sie als Produkt anbieten, wie und an welche Kunden sie ihr Angebot richten, wie sie arbeiten, wie sie mit anderen Unternehmen zusammenarbeiten – all das wird mittlerweile ganz entscheidend durch IT beeinflusst. Und damit auch die resultierenden Anforderungen: Was man heute an Kernkompetenzen aufweisen muss, um ein bestimmtes Geschäft erfolgreich zu betreiben, das sieht völlig anders aus als noch vor einem Jahrzehnt.

In drei Bereichen wird das besonders deutlich:

- *Die Produkte selbst werden durch IT verändert:* Nehmen wir als Beispiel das Automobil: Im Jahr 2010 wird dort der Anteil elektronischer Komponenten an der gesamten Wertschöpfung bis zu 35 Prozent betragen (Abbildung 2). Damit benötigt der Hersteller nicht mehr nur die klassischen Kompetenzen der Fertigungsindustrie und des Maschinenbaus, sondern zunehmend auch die eines Software- und Elektronikproduzenten.

- *Der Einsatz analytischer Instrumente nimmt zu* – ob zur Analyse des Kundenbedarfs, der Profitabilität des Produktportfolios oder der Rentabilität von Investitionen. Wer die entsprechenden Kompetenzen nicht im eigenen Haus aufbaut, bleibt hinter der Konkurrenz zurück.

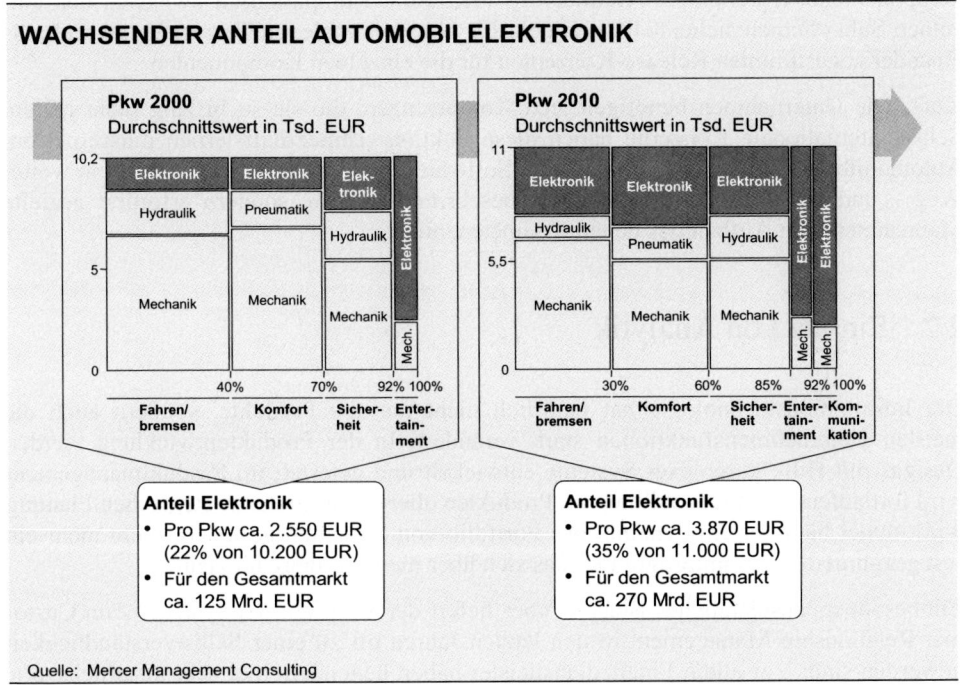

WACHSENDER ANTEIL AUTOMOBILELEKTRONIK

Quelle: Mercer Management Consulting

Abbildung 2

- *Vielfach verändert sich das ganze Geschäftssystem:* Insbesondere dort, wo Informationen und wissensbasierte Serviceleistungen vermarktet werden sollen, geht das heute nicht mehr ohne IT. Neben dem Aufbau der eigentlichen Kernfähigkeiten und -kenntnisse wird damit das Management spezialisierter Systeme zum Erfolgsfaktor.

2.1 Veränderungen im Produkt

Nahezu alle elektrischen Geräte beinhalten mittlerweile auch elektronische Komponenten. Das ist per se kein neues Phänomen und die Hersteller sind darin erfahren, diese Komponenten in ihre Produkte einzubauen. Doch in den letzten Jahren ist diese Integration wesentlich komplexer geworden: Von dedizierten Komponenten, in denen jeweils nur bestimmte Funktionen „fest verdrahtet" waren, hat ein Übergang zu programmierbaren, miteinander vernetzten „General-Purpose"-Systemen stattgefunden. Diese Systeme sind einerseits weitaus flexibler und damit langfristig wirtschaftlicher. Andererseits erfordern sie ganz andere Fähigkeiten in der Softwareentwicklung. Dabei geht es nicht etwa um die Programmierung allein – das Ganze beginnt mit der Entwicklung einer komponentenübergreifenden Architektur, welche die Kompatibilität zwischen den einzelnen Subsystemen sicherstellt, und geht bis hin zu komplexen Testverfahren und aufeinander abgestimmten Release-Konzepten für die einzelnen Komponenten.

Kurz: Die Unternehmen benötigen jetzt Kompetenzen, die sie so bislang nicht hatten. Selbst internationale Konzerne haben diese Lektion schmerzhaft lernen müssen: Vom Automobilbauer bis hin zum exzellenten Softwareproduzenten ist es nun mal ein weiter Weg – und der kann nicht „nebenbei" beschritten werden, sondern erfordert gezielte Maßnahmen zum Aufbau des neuen Kompetenzprofils.

2.2   Einsatz von Analytik

Die Informationstechnologie hat natürlich nicht nur die Produkte, sondern auch die meisten Unternehmensfunktionen stark verändert. In der Produktentwicklung werden Designs mit Hilfe komplexer Systeme entwickelt und getestet; im Produktmanagement wird fortlaufend die Profitabilität von Produkten überwacht; in der strategischen Planung wird immer häufiger ein dynamisches Portfolio von Projekten gesteuert, nicht mehr ein fest gezimmertes Gesamtprogramm, das sich über mehrere Jahre hinzieht.

Ein besonders anschauliches Beispiel aber liefert der Vertrieb, wo Systeme zum Customer Relationship Management in den letzten Jahren oft zu einer Selbstverständlichkeit geworden sind. Vor allem Finanzdienstleister haben begonnen, hier sehr anspruchsvolle Konzepte umzusetzen, denen eine komplexe Basis von Kundendaten zu Grunde liegt. Daten in solcher Menge und Vielfalt zu sammeln, zu verwalten und zu analysieren, wäre ohne den weitreichenden Einsatz von IT nicht möglich. Der Aufbau und professionelle Einsatz integrierter CRM-Systeme aber erfordert Kompetenzen, die weit über das bisherige Spektrum hinausgehen. Mit der Einstellung einiger zusätzlicher Statistiker und Datenbankadministratoren ist es bei weitem nicht getan – man braucht Spezialisten, welche den Aufbau umfassender Data Warehouses, eine flexible und zeitnahe Produktentwicklung nach Kundenanforderungen, eine detailgenaue Maßnahmensteuerung und Datensammlung „in der Fläche" beherrschen. Laufender Aufwand in Höhe von bis zu 20 Prozent der gesamten Vertriebskosten ist da keine Ausnahme – nach Schätzungen wird beispielsweise die nordamerikanische Versicherungsindustrie im Jahr 2005 bis zu 10 Milliarden USD für CRM ausgeben. Angesichts solcher Größenordnungen ist klar: Echte Wettbewerbsvorteile sind nur bei effizientem Einsatz dieser Ressourcen zu erschließen.

Auch die Sortimentssteuerung im Einzelhandel basiert auf leistungsfähigen Analysesystemen – sie liefern die aktuellen Nachfragedaten, an denen das Warenangebot zeitnah ausgerichtet wird. Nicht selten verhilft ein optimal genutztes System auf diese Weise zu

Mehrumsätzen von bis zu 20 Prozent. Damit wird deutlich, dass es hier nicht um bloße Arrondierungen bisheriger Fähigkeiten geht – vielmehr sind wirklich neue Kernkompetenzen gefordert, die dauerhaft in den Unternehmen aufgebaut und weiterentwickelt werden müssen.

2.3 Veränderung des Geschäftssystems

Am deutlichsten ersichtlich sind die Veränderungen durch Informationstechnologie dort, wo sie das gesamte Geschäftssystem betreffen. Bestes Beispiel dafür sind die Börsen weltweit: Ihre Umstellung vom Präsenzhandel zu elektronischen Handelssystemen hat in den letzten Jahren den Charakter dieser Unternehmen fundamental verändert. Heute definieren sich die Trägergesellschaften in erster Linie durch ihre Fähigkeit, hoch leistungsfähige Systeme für Handel und Abwicklung zu entwickeln und zu betreiben – mehr noch: Ihr Angebot umfasst teilweise sogar gezielte Beratungsleistungen für die Börsenteilnehmer, um diesen den effizienten Anschluss ans zentrale System zu erleichtern. Das Geschäftssystem wurde also um völlig neue Elemente erweitert.

Nach dem Vorbild der Börsen ist auch eine ganz neue Kategorie von Unternehmen entstanden: die mittlerweile weit verbreiteten elektronischen Marktplätze, die sich vollständig auf die Vermittlung von Angebot und Nachfrage in dedizierten Märkten – von Konsumgütern bis hin zu Grundstoffen – konzentrieren und dafür das Internet als Kommunikations- und Interaktionsplattform nutzen.

Ein weiteres Beispiel ist die Zusammenarbeit von Unternehmen in Netzwerken entlang einer Wertschöpfungskette: Hier geben klassische Kompetenzen wie das Beherrschen effizienter Produktionstechnologien längst nicht mehr allein den Ausschlag – langfristiger Erfolg setzt zudem voraus, dass man sich flexibel und mit überschaubarem Aufwand in eine Vielzahl solcher Netzwerke einpassen kann. Eine besondere Ausprägung dieses Phänomens ist mit dem zunehmenden Trend zum „Business Process Outsourcing" zu beobachten: Unternehmen, die in der Lage sind, ihr Geschäftssystem schnell modular zu konfigurieren, können diesen Trend als Erste und am umfassendsten nutzen – und setzen sich damit an die Spitze.

3. IT eröffnet neue Wege für das Management der Kernkompetenzen

Wie die bisherigen Ausführungen gezeigt haben, verändern sich die Kernkompetenzen von Unternehmen durch IT – und im Zweifelsfall impliziert diese Veränderung auch mehr Komplexität. Die gute Nachricht dabei: Informationstechnologie schafft auch neue Möglichkeiten, diese Kernkompetenzen zu entwickeln und zu managen. Allen voran ist der Bereich Knowledge Management zu nennen, also die systematische Verwaltung und Verwertung des unternehmenseigenen Wissens. Hier wurden in den letzten Jahren einige tragfähige Konzepte entwickelt, die dank flexibler Systemlösungen bei den Unternehmen breiten Einsatz gefunden haben.

Geht man davon aus, dass mit dem Knowledge Management drei grundsätzliche Stoß-richtungen verfolgt werden – der optimale interne Einsatz vorhandenen Wissens, die Differenzierung vom Wettbewerb und die Vermarktung des eigenen Wissens (Abbil-dung 3) –, so ist die Informationstechnologie vor allem für die ersten beiden relevant.

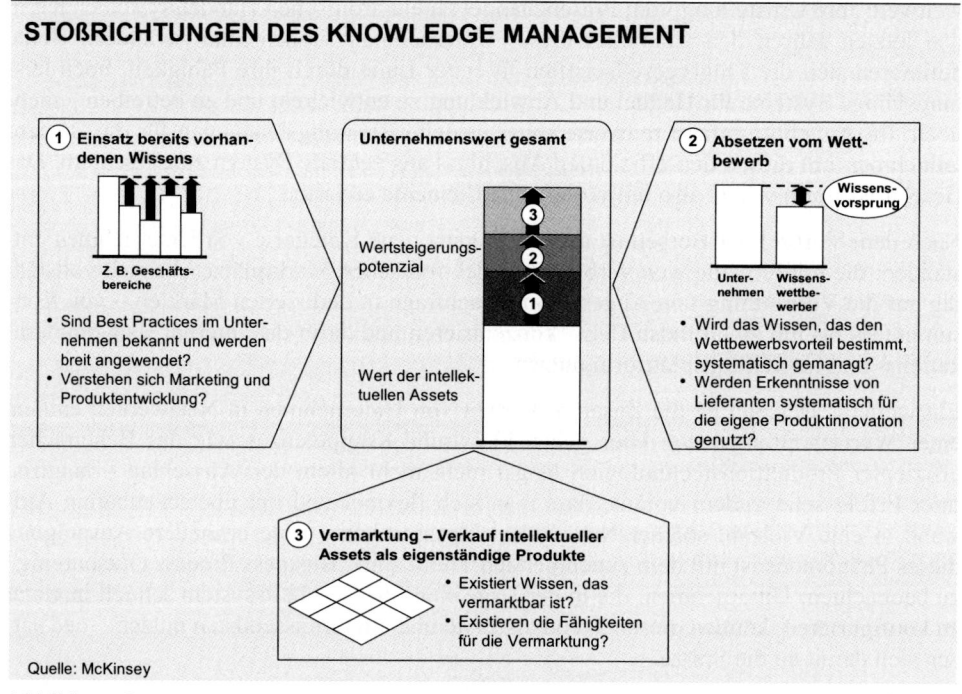

Abbildung 3

- Die systematische Erfassung, Bereitstellung und *Nutzung von Best Practices* inner-halb des Unternehmens sowie der reibungslose Informationsaustausch zwischen den Unternehmensfunktionen sind Grundvoraussetzungen für den Aufbau von Kern-kompetenzen. Als gelungenes Beispiel für effektiven IT-Einsatz ist hier Eureka zu nennen – ein System, dass bei Xerox Corporation im Kundenservice eingesetzt wird: Mehr als 25.000 Mitarbeiter nutzen eine zentrale Datenbank, um sich mit Kollegen weltweit effizient über neue Probleme und Lösungsvorschläge auszutau-schen. Dank servicegerecht gestalteter Workflows zur Eingabe, Bewertung und Suche von Informationen kommen so pro Jahr etwa 250.000 Reparaturhinweise zusammen. Die greifbaren Vorteile des Systems – kürzere Problemlösungszeiten und proaktive Wartung – schlagen sich in Einsparungen nieder, die auf rund 10 Millionen USD geschätzt werden.

- Um Kompetenzen eines Unternehmens zur *Differenzierung im Wettbewerb* ausspielen zu können, müssen die Daten über die relevante Expertise zum einen systematisch gepflegt, zum anderen regelmäßig mit dem Wettbewerb verglichen werden. Beispiel: Im Einkaufssystem eines Automobilherstellers werden regelmäßig optimale Zielkosten für neue Vergabeumfänge identifiziert, laufende Ausschreibungen kontrolliert und Lieferanten gezielt entwickelt. Das Resultat: Rund 85 Prozent aller Geschäftsvorfälle konnten mit Best-Practice-Abläufen abgedeckt werden – das kumulierte Wissen der Einkaufsexperten kommt so in ganzer Breite des Geschäfts zum Tragen. Als Folge wurden die Prozesszeiten halbiert und die Materialkosten um bis zu 2 Prozent p. a. gesenkt – dies, wohlgemerkt, zusätzlich zur branchenüblichen Produktivitätssteigerung.

Wie die Beispiele verdeutlichen, ist für beide Stoßrichtungen eine systematische Unterstützung durch IT unabdingbar. Zwar ist die Technologie sicherlich keine hinreichende Voraussetzung, sondern kann stets nur ein Element in einem Gesamtkonstrukt aus Organisation, Prozessen und Unternehmenskultur sein – doch für die Institutionalisierung und Professionalisierung von Knowledge-Management-Ansätzen ist sie unverzichtbar. An sich relativ simple Werkzeuge wie Datenbanken, Dokumentenmanagement, Suchmaschinen und Workflow-Anwendungen können so kombiniert werden, dass eine äußerst leistungsfähige Infrastruktur für das Management der Kompetenzen geschaffen wird.

Auch in der Weiterentwicklung der Unternehmensfähigkeiten kann IT eine zentrale Rolle spielen. Bestes Beispiel ist das E-Learning: Über einen virtuellen Campus wird nicht nur jederzeit das aktuelle Trainingsangebot transparent gemacht; darüber hinaus können gemischte Lernformate angeboten und Präsenzveranstaltungen äußerst flexibel mit Online-Formaten verknüpft werden. Durch den Wegfall von Trainerzeiten, Reise- und Raumkosten sowie deutlich niedrigere Opportunitätskosten – etwa, wenn eine Veranstaltung ausfällt oder Teilnehmer in letzter Minute absagen – können hier gegenüber traditionellen Formaten Einsparungen von bis zu 40 Prozent erzielt werden.

4. Strategisches Management von IT wird selbst zur Kernkompetenz

Wenn IT das Anforderungsprofil für Kernkompetenzen verändert und gleichzeitig neue Möglichkeiten für das Management dieser Kompetenzen schafft, dann folgert daraus fast zwangsläufig: Auch das Management der Informationstechnologie wird zu einer Kernkompetenz. Und wir sprechen hier nicht von Best Practice in der Implementierung – angesichts der Höhe der Investitionen und der Reichweite der Entscheidungen sind echte Wettbewerbsvorteile nur durch einen strategischen Ansatz zu erzielen. Dieser muss mindestens fünf Elemente beinhalten:

1. Die Ausrichtung an den Erfordernissen des Geschäfts („Business Alignment")

2. Eine Systemarchitektur, die aus wirklich übergreifender Sicht das Zusammenspiel der einzelnen Komponenten definiert

3. Eine Sourcing-Strategie, in der die Fragen intern/extern und onshore/offshore verbindlich festgelegt sind

4. Eine effektive Steuerung, die für ein Höchstmaß an Effizienz in den IT-Prozessen sorgt, und

5. Eine Personalstrategie, welche auch längerfristig den Zugriff auf qualifizierte und motivierte Mitarbeiter sichert.

Wozu und wie diese Elemente realisiert werden, schildern die folgenden Abschnitte.

4.1 Business Alignment: Die notwendige Basis für Nutzen durch IT

Erste Voraussetzung dafür, dass der Einsatz von Informationstechnologie auch tatsächlich den gewünschten Nutzen bringt, ist das Business Alignment – die enge Verzahnung von geschäftlichen Zielen und Entscheidungen mit IT-Zielen und -Entscheidungen. Alle anderen Elemente des strategischen IT-Managements bauen darauf auf. Kern des Business Alignment ist die institutionalisierte Zusammenarbeit zwischen der IT-Funktion als Dienstleister sowie den Anwendern und Auftraggebern: Dazu sind zunächst gemeinsam die wechselseitigen Aufgaben klar zu definieren und zu verteilen, die Verantwortlichkeiten festzulegen und nicht zuletzt auch die entsprechenden Anreize und Sanktionen zu bestimmen. Mit den entsprechenden Prozessen sollten dann auch angemessene Organisationsstrukturen eingeführt werden, welche diese Prozesse ermöglichen und stützen.

Hier besteht in der Mehrzahl der Unternehmen klarer Handlungsbedarf: Nur die wenigsten haben systematische Verfahren etabliert und eingeübt, nach denen beispielsweise die Höhe der IT-Ausgaben ermittelt oder der IT-Nutzen in den Geschäftsplänen festgehalten wird. Bei vielen muss sogar die geschäftsseitige Verantwortung für Großprojekte jedes Mal aufs Neue festgelegt werden. Damit bleibt es im Grunde dem Zufall überlassen, ob und an welcher Stelle man sich durch intelligente Systemlösungen tatsächlich einen Wettbewerbsvorteil erschließen kann.

Erste Verbesserungen scheinen bereits im Gange zu sein. So hat in den letzten Jahren der Einfluss der Geschäftsverantwortlichen auf IT-Entscheidungen deutlich zugenommen (Abbildung 4), was darauf schließen lässt, dass sie sich stärker mit diesen Themen befassen. Ein optimales Business Alignment aber setzt ein Niveau an inhaltlichem Verständnis voraus, das sich gerade erst im Management der Unternehmen herauszubilden beginnt. Allerdings: Selbst junge Führungskräfte mit umfassenden IT-Kenntnissen werden nicht daran vorbeikommen, die neuen Verfahren und Strukturen in einem systematischen Ansatz einzuüben – nur so werden diese wirklich im Unternehmen etabliert.

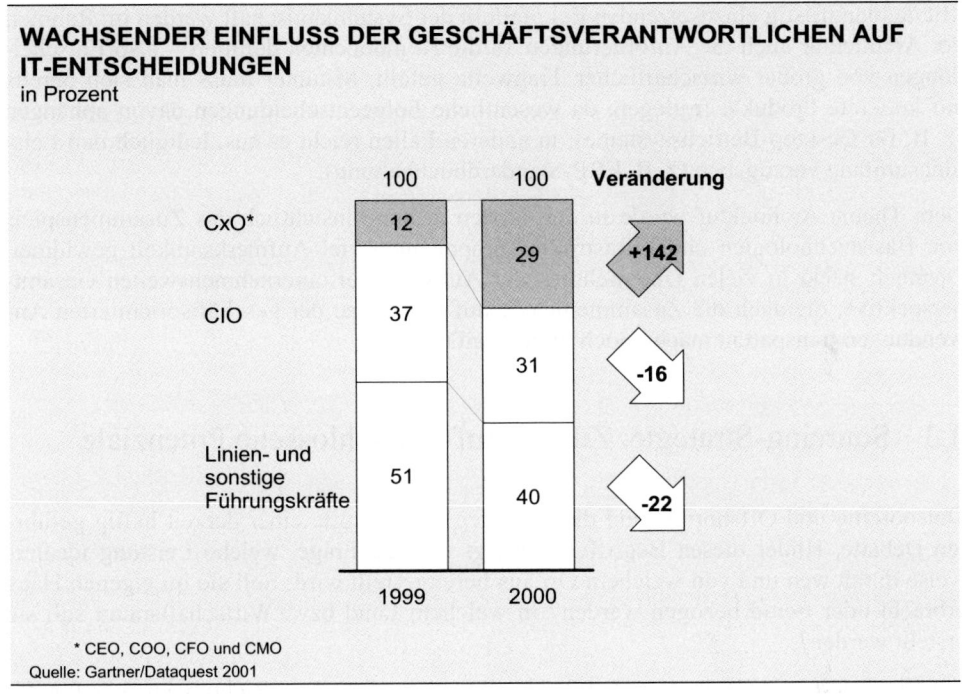

WACHSENDER EINFLUSS DER GESCHÄFTSVERANTWORTLICHEN AUF IT-ENTSCHEIDUNGEN
in Prozent

* CEO, COO, CFO und CMO
Quelle: Gartner/Dataquest 2001

Abbildung 4

Denn ungeachtet aller Trends zur Standardisierung, zum „Utility Computing" (der Abrechnung fremd erbrachter IT-Leistungen nach Nutzung) und zum Business Process Outsourcing – die grundlegenden Entscheidungen des Business Alignment werden immer zu den proprietären Aufgaben des Topmanagements gehören.

4.2   Systemarchitektur: Vom Einzelsystem zur effizienten Gesamtlandschaft

Idealerweise sorgt eine effektive Business-Alignment-Strategie dafür, dass die wettbewerbskritischen Anforderungen an die IT klar formuliert werden und eindeutig entschieden wird, wie viel für die Umsetzung der gesamten IT-Landschaft ausgegeben werden darf. Hierauf baut dann die Systemarchitektur auf: Sie legt fest, welche Systeme einge-setzt werden und vor allem, in welchen Zusammenhängen und wechselseitigen Abhän-gigkeiten sie stehen. Diese Betrachtung geht folglich über die reinen Anwendungen hin-aus und umfasst auch die Plattformen, die technische Infrastruktur und die Basissysteme. Endprodukt ist ein Modell der angestrebten IT-Landschaft des Unternehmens.

Mit den langfristig einzusetzenden Eckpfeilern der Systemlandschaft werden im Rahmen der Architektur auch die Anforderungen an die Komponenten definiert – also Entschei-dungen von großer wirtschaftlicher Tragweite gefällt. Mitunter muss man sich bereits auf konkrete Produkte festlegen, da wesentliche Folgeentscheidungen davon abhängen (z. B. für Desktop-Betriebssysteme); in anderen Fällen reicht es aus, lediglich den Leis-tungsumfang vorzugeben (z. B. ERP-Standardbuchhaltung).

Dem Thema Architektur wurde in den letzten Jahren hinsichtlich des Zusammenspiels von Basistechnologien und Infrastrukturkomponenten viel Aufmerksamkeit gewidmet. Dennoch steckt in vielen Unternehmen der Aufbau einer unternehmensweiten Gesamt-perspektive, die auch die Zusammenhänge auf der Ebene der geschäftsorientierten An-wendungen transparent macht, noch in den Anfängen.

4.3   Sourcing-Strategie: Zugriff auf unerschlossene Potenziale

Outsourcing und Offshoring sind die gängigen Schlagworte einer derzeit heftig geführ-ten Debatte. Hinter diesen Begriffen verbirgt sich die Frage, welche Leistung idealer-weise durch wen und von welchem Ort aus bereitgestellt wird: Soll sie im eigenen Haus erbracht oder fremd bezogen werden? In welchem Land bzw. Wirtschaftsraum soll sie erstellt werden?

Für die Informationstechnologie geht der Trend in dieselben Richtungen wie für die Mehrzahl der Geschäftsprozesse (Abbildung 5): Zum einen wird man künftig die Ska-len- und Know-how-Vorteile externer Dienstleister sehr viel stärker ausnutzen (also ver-stärkt zum Outsourcing übergehen) – erleichtert durch die stetig fortschreitende Standar-disierung weiter Teile der Systemlandschaft. Zum anderen werden immer mehr Tätig-keiten in Niedriglohnländer verlagert, um damit die teils erheblichen Faktorkostenvor-teile auszuschöpfen. In der IT ist das besonders gut machbar, da Englisch als Lingua franca der Branche weltweit etabliert ist.

Die überwiegende Mehrheit aber scheut sich noch, von solchen Möglichkeiten konse-quent Gebrauch zu machen – die Konzeption und Implementierung einer so komplexen Leistungsstruktur ist ein anspruchsvolles Unterfangen und die vielfältigen Risiken, die damit verbunden sind, wirken abschreckend. Spitzenunternehmen aber sind schon dabei, für ihre IT die ökonomisch optimale „Global Process Architecture" umzusetzen, die für jeden Teilprozess den besten Erbringer am besten Standort festlegt.

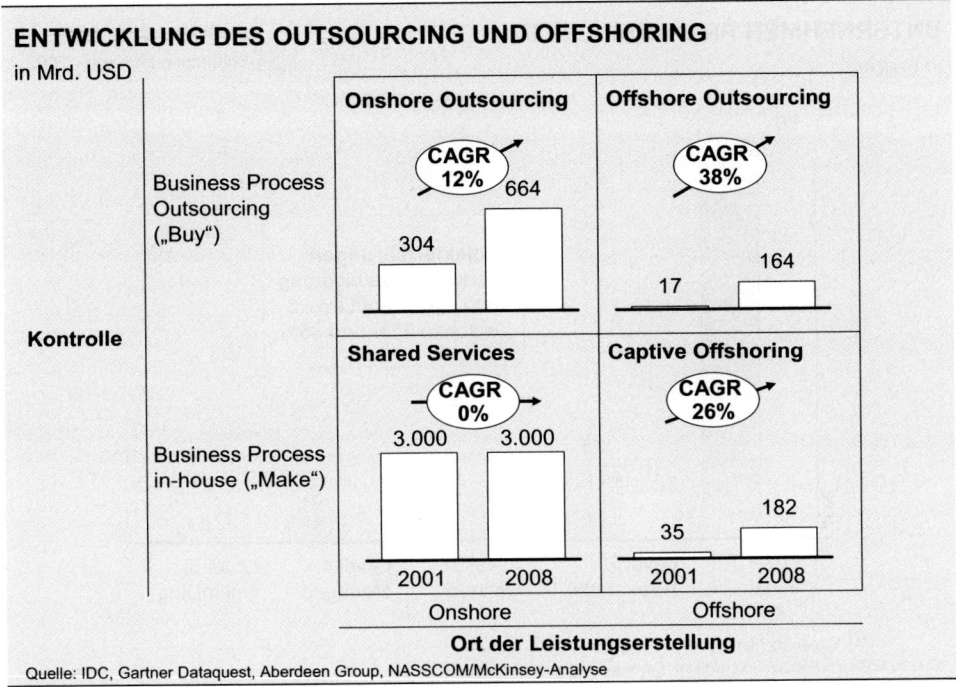

ENTWICKLUNG DES OUTSOURCING UND OFFSHORING

Quelle: IDC, Gartner Dataquest, Aberdeen Group, NASSCOM/McKinsey-Analyse

Abbildung 5

Hier bietet sich für die Übrigen eine ausgezeichnete Gelegenheit, aus den Erfahrungen der Vorreiter zu lernen, Erfolgsmuster nachzuahmen und damit den Anschluss zu wahren.

4.4   Steuerung: Eine Wissenschaft für sich

Für IT-Prozesse gilt dasselbe wie für alle anderen Geschäftsprozesse: Die Qualität der Ausführung steht und fällt mit der Steuerung. Hier ist der Nachholbedarf besonders groß: Nach wie vor befinden sich die meisten Unternehmen auf einem Prozessreifegrad, der von Experten als „chaotisch" bezeichnet wird. Ob man das so oder anders nennen möchte, eines steht fest: Die resultierenden Produktivitätsnachteile erreichen erhebliche Ausmaße (Abbildung 6). In diesem Umfeld hat der Übergang „from art to science" – also vom Zufallstreffer zur Routine – messbare Auswirkungen auf das Unternehmensergebnis.

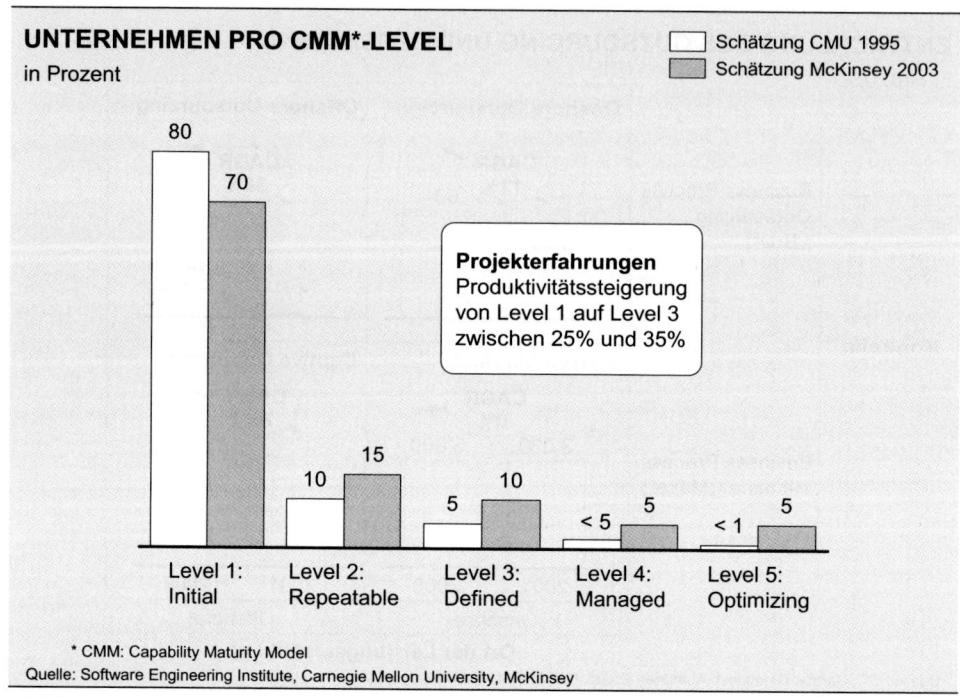

UNTERNEHMEN PRO CMM*-LEVEL
in Prozent

☐ Schätzung CMU 1995
▨ Schätzung McKinsey 2003

80

70

Projekterfahrungen
Produktivitätssteigerung
von Level 1 auf Level 3
zwischen 25% und 35%

15

10

10

5

< 5

5

< 1

5

| Level 1: | Level 2: | Level 3: | Level 4: | Level 5: |
| Initial | Repeatable | Defined | Managed | Optimizing |

* CMM: Capability Maturity Model
Quelle: Software Engineering Institute, Carnegie Mellon University, McKinsey

Abbildung 6

Vieles ist noch zu tun: von der eindeutigen Festlegung der IT-Kernprozesse über den Aufbau entsprechender Metriken für Qualität und Produktivität bis hin zu einem konsequenten Performance Management entlang dieser Größen. In diesem Bereich liegt eine gewaltige Aufgabe für das IT-Management, die in den kommenden Jahren angegangen werden muss. Theoretische Werkzeuge sind teils schon vorhanden (z. B. CMM – Capability Maturity Model –, Function Points), können aber durch intelligente interne Modelle wirksam ergänzt werden. Ein IT-Dienstleister für Banken konnte den Produktionsaufwand seiner Anwendungsentwicklung auf diese Weise um 20 Prozent senken: Er entwickelte ein umfassendes Modell, in dem sämtliche Teilprozesse – von der Definition der Anforderungen bis zum abschließenden Integrationstest – definiert und die jeweiligen Zeiten und Kosten erfasst wurden. Ebenso wurde ermittelt, welchen Einfluss bestimmte Komplexitätstreiber (wie beispielsweise die nachträglichen Änderungen von Anforderungen oder Planungsdaten) auf diese Zeiten und Kosten hatten. Ausgehend von dieser Informationsbasis, wurden dann systematisch Maßnahmen zur effizienteren Gestaltung der Prozesse entwickelt und umgesetzt. Den gewonnenen Kostenvorteil nutzte der Dienstleister zur Stärkung seiner Marktposition – er gab ihn in Form von Preissenkungen an seine Auftraggeber weiter.

4.5 Qualifizierte Mitarbeiter: Kritische und oft vernachlässigte Ressource

In der IT sind die Human Resources von besonderer Bedeutung: Die Tätigkeiten sind an sich schon intellektuell anspruchsvoll und erfordern eine spezialisierte Ausbildung. Auch das häufige Fehlen klar strukturierter Prozesse und Verfahren schraubt diese Anforderungen nochmals höher. Vielfach wird die Tragweite des Themas verkannt – und so kommt es immer wieder vor, dass neue Technologien nicht schnell genug umgesetzt werden können oder dass Unternehmen sich zwangsläufig von einem oder wenigen Know-how-Trägern abhängig machen.

Eine effektive IT-Strategie muss auch dem Faktor Personal ausdrücklich Rechnung tragen – es gilt, den langfristigen Bedarf an Fähigkeiten und Kapazitäten frühzeitig zu erkennen und durch ein systematisches Skill Management zu decken. Dabei geht es keineswegs nur um Schulungs- und Ausbildungsprogramme: Spitzenunternehmen sichern den Fähigkeitsaufbau in neuen Technologien durch Pilotprojekte, in deren Rahmen die jeweiligen Technologien unter realen Bedingungen und mit hinreichend Zeit erprobt werden können. Ebenso stellen sie im Rahmen ihrer Migrationsplanung frühzeitig sicher, dass die benötigte Expertise zu den neuen Systemen und Technologien in hinreichendem Maß intern bereitsteht – oder aber dass ihr externer Bezug auch längerfristig durch entsprechende Vereinbarungen abgedeckt ist.

Neben der klaren Formulierung von Anforderungen an die Mitarbeiter ist es mindestens ebenso wichtig, für die entsprechenden Anreize und Perspektiven zu sorgen: Führende Unternehmen praktizieren schon heute Mischmodelle aus Fach- und Linienkarrieren, die auch eine systematische Rotation mit Führungsaufgaben auf der Geschäftsseite vorsehen.

5. Ausblick: Mit strategischem IT-Einsatz Wettbewerbsvorsprung sichern

Das Management der Informationstechnologie wird also langsam, aber sicher zur neuen Kernkompetenz für Unternehmen – einer strategischen Aufgabe, die mit entsprechender Sorgfalt und Vorbereitung angegangen werden muss. Die Mehrzahl der Unternehmen wird Jahre brauchen, um die geforderte Leistungsfähigkeit in den fünf Teildisziplinen des strategischen IT-Managements aufzubauen – wer sich aber hier als Erster überlegen positioniert, wird nachhaltige Wettbewerbsvorteile erschließen.

Nach Meinung vieler Experten soll die Konjunktur in nächster Zeit wieder anziehen und mit ihr dürften auch die IT-Ausgaben der Unternehmen wieder steigen. Dabei wird sich zeigen, wer die Lektion gelernt hat – und wer die Fehler der Vergangenheit wiederholt und erneut alle verfügbaren Mittel in die nächste Palette neuartiger Systeme und Technologien steckt. Der strategische Ansatz gibt den Ausschlag – und er kennzeichnet diejenigen Unternehmen, die mit einem Mehr an IT-Investitionen auch einen echten Produktivitätsvorteil erringen.

Literaturverzeichnis

CRAUMER, M. (2002): How to Think Strategically About Outsourcing, in: Harvard Business Review, 17 (2002), 5, S. 4 - 7.

DAVENPORT, T. H., PRUSAK, L. (1997): Working Knowledge: How Organizations Manage What They Know, Boston: 1997.

DIROMUALDO, A., GURBAXANI, V. (1998): Strategic Intent for IT Outsourcing, in: Sloan Management Review, 39 (1998), 4, S. 67 - 80.

HOCH, D. J., et al. (2000): Secrets of Software Success, Boston: 2000.

KEMPIS, W.-D., RINGBECK, J. (1998): Do IT smart, Wien: 1998.

KLUGE, J., STEIN, W., LICHT, T., KLOSS, M. (2003): Wissen entscheidet: Wie erfolgreiche Unternehmen ihr Know-how managen, Frankfurt am Main: 2003.

KROGH, VON G., ICHIJO, K., NONAKA, I. (2000): Enabling Knowledge Creation: How to Unlock the Mystery of Tacit Knowledge and Release the Power of Innovation, New York und Oxford: 2000

MCKINSEY BUSINESS TECHNOLOGY OFFICE (2002 und 2003): Articles, Vol. I - III, New York: 2002 und 2003.

MCKINSEY GLOBAL INSTITUTE (2001): US Productivity Growth – Understanding the Contribution of Information Technology Relative to Other Factors, New York: 2001.

QUINN, J. B. (1999): Strategic Outsourcing: Leveraging Knowledge Capabilities, in: Sloan Management Review, 40 (1999), 4, S. 9 - 21.

RIPIN, K. M., SAYLES, L. R. (1999): Insider Strategies for Outsourcing Information Systems: Building Productive Partnerships, Avoiding Seductive Traps, New York: 1999.

SCHEER, A.-W. (1998): ARIS – Vom Geschäftsprozess zum Anwendungssystem, Berlin: 1998.

Jürgen Laartz

Enterprise Resource Planning – Grundlage für globales Prozessmanagement

Dr. Jürgen Laartz ist Principal bei McKinsey & Company, Inc. und leitet das deutsche Business Technology Office.

1. Bisherige Erfahrungen mit großen ERP-Lösungen: Fehlschläge prominenter als Erfolge

Enterprise Resource Planning ist für viele Manager schon fast ein Reizwort. Vor gut zwei Jahrzehnten erstmals aufgekommen, versprach dieser Ansatz hohe Effizienzgewinne durch Etablierung übergreifender Prozesse sowie Abbildung der verschiedenen Unternehmenseinheiten in ein und demselben IT-System – in der Regel unter dem Schlagwort „Prozessautomatisierung". Nachdem inzwischen zahlreiche Unternehmen ihre Erfahrungen damit gemacht haben, ist das Echo bislang wenig positiv: Umfassende ERP-Lösungen – so die verbreitete Meinung – seien nicht nur teuer und schwer zu implementieren, darüber hinaus stünde der erzielte Nutzen in keinem Verhältnis zum Aufwand. Viele Projekte mussten gar als kompletter Fehlschlag erkannt werden.

Empirische Untersuchungen scheinen die Anwenderkritik zu bestätigen: Eine Studie der Standish Group aus dem Jahr 2001 mit über 500 Softwareprojekten ergab, dass umfangreiche IT-Projekte – und ERP-Projekte stehen hier in vorderster Linie – die geplanten Kosten um durchschnittlich 90 Prozent und den Zeitrahmen um 120 Prozent überschreiten. Und nach einer Umfrage von Robbins-Gioia aus dem Jahr 2002, an der über 200 Unternehmen teilnahmen, bringen über 50 Prozent aller ERP-Projekte nicht den eingangs erwarteten Nutzen. Derartige Meldungen, die auch in den Medien ausführlich behandelt wurden, haben unter Managern die Runde gemacht und die allgemeine Skepsis gegenüber ERP-Projekten geprägt.

Auf der anderen Seite gibt es aber auch beeindruckende Erfolgsgeschichten: So gelang es einem Elektronikunternehmen, mit ERP seine Lieferzeit von vierzehn auf einen Tag zu reduzieren; ein Hersteller von Baumaterial halbierte seine Lagerbestände. Und was die Anbieterseite angeht, so spricht die Entwicklung des Marktführers für sich: Als andere Softwarehäuser ins Trudeln gerieten, setzte SAP sein Wachstum fort und erzielte mit seiner erweiterten ERP-Plattform stetig steigende Umsätze.

Fehlschläge auf der einen, Effizienzsprünge auf der anderen Seite – welche Schlüsse sind daraus zu ziehen? Lohnt der Wertschöpfungsbeitrag nun den Aufwand oder nicht? Und wenn ja: Wie können ERP-Projekte zum Erfolg geführt werden? Die Autoren dieses Beitrags haben darauf eine klare Antwort: ERP kann durchaus zu deutlichen Effizienzverbesserungen verhelfen – allerdings nur dann, wenn es richtig (und das heißt auch: an der richtigen Stelle) implementiert und der Wertbeitrag gemanagt wird.

2.   Erfolgreiche Implementierung: Fünf goldene Regeln

Wichtigste und grundlegendste Voraussetzung für den erfolgreichen Einsatz von ERP-Lösungen – und damit auch für das Zustandekommen des erwarteten Geschäftsnutzens – ist die strategisch richtige Positionierung nach dem „Commodity-Prinzip". ERP-Lösungen sollten primär für Geschäftsprozesse eingesetzt werden, die für das Nutzenangebot eines Unternehmens, also seine „Value Proposition", kein differenzierender Faktor sind und für die eine allgemein anerkannte „Best Practice" etabliert ist.

Die Prozesse sollten von der Geschäftsentwicklung unabhängig sein und nur bei grundlegenden rechtlichen oder organisatorischen Veränderungen adaptiert werden müssen. Unter diesen Prämissen ist man dann auch in der Lage, das ganze Potenzial vorhandener Prozessstandards zu nutzen und den Wartungsaufwand zu minimieren.

Ausgehend von dieser Positionierung, haben sich bei den ERP-Implementierungen im letzten Jahrzehnt fünf Grundprinzipien („Goldene Regeln") herauskristallisiert. Ihre Nichtbeachtung war häufig der Grund, warum sich ERP-Projekte zu Multimillionen-Euro-Vorhaben mit ungewissem Nutzen entwickelten – ihre konsequente Einhaltung aber macht die Implementierung zu einem vorhersagbaren Vorhaben, das sich innerhalb von nur zwei Jahren amortisieren kann.

Regel Nr. 1: ERP ist sowohl ein Business- als auch ein IT-Projekt

Der Nutzen einer ERP-Lösung wird zu rund 80 Prozent im operativen Geschäft und nur zu 20 Prozent in der IT selbst realisiert. Als Faustregeln für die Wertschöpfung lassen sich festhalten:

- Die jährlichen Einsparungen durch Harmonisierung und Standardisierung der IT-Systeme liegen bei 10 bis 20 Prozent der Projektkosten.

- Die reine Prozessautomatisierung schafft einen Mehrwert von 10 bis 20 Prozent der Projektkosten.

- Der verbleibende Nutzen ergibt sich aus der Anpassung von Prozessen an die jeweiligen „Klassenbesten" und/oder aus einer organisatorischen Konsolidierung, ggf. mit Auslagerung/geografischer Verlagerung (siehe auch nächstes Kapitel).

Nennenswerte Ertragssteigerungen sollten von einer ERP-Lösung nicht erwartet werden, da die meisten abgebildeten Prozesse nicht direkt mit dem Kunden im Zusammenhang stehen. Ausnahmen sind vor allem dann möglich, wenn die Logistikkette oder der F&E-Prozess (z. B. bei regulierten Industrien wie der pharmazeutischen Industrie) deutlich verbessert wird.

Allerdings geschieht das nicht „automatisch" mit der Implementierung des Systems; vielmehr muss sich das gesamte Unternehmen auf die neue Situation einstellen, und das erfordert meist grundlegende Veränderungen im Verhalten, in den Prozessen und Strukturen. Sind diese Veränderungen einmal eingeführt, werden sie durch die automatisierten Prozesse „fest verdrahtet" – ein weiterer Nutzen des Systems, jenseits des eigentlichen Wertbeitrags.

Vom Management ist dabei klare Führerschaft auf drei Ebenen gefordert:

- *Ownership der Unternehmensleitung* – eine unabdingbare Erfolgsvoraussetzung angesichts der großen Tragweite für das gesamte Unternehmen, der hohen Investitionen und der erforderlichen unternehmensweiten Konsolidierung von Prozessen und Strukturen

- *Verpflichtung der Bereichsleiter,* die Verbesserungsziele zu erreichen und die erforderlichen Änderungen im Geschäftsbetrieb durchzusetzen

- *Operative Führung durch das Projektmanagement,* um eine optimale Unterstützung der Prozesse durch die ERP-Software sicherzustellen und die erforderlichen Umstrukturierungen zu orchestrieren und zu implementieren.

Die geschäftsorientierte Leitung des Projekts muss durch eine adäquate IT-Führung ergänzt werden, die in der Lage ist, das Management des internen IT-Ressourcen- oder des beauftragten Systemintegrators zu übernehmen und sämtliche Schnittstellen- und Migrationsfragen im Rahmen der ERP-Lösung anzugehen.

Regel Nr. 2: Organisation und Governance des Unternehmens bestimmen die ERP-Systemstruktur

Manager erliegen gelegentlich der Versuchung, ERP-Lösungen zur Standardisierung und Harmonisierung von Prozessen zu nutzen, die über ihren Einflussbereich hinausgehen – so planen sie etwa unternehmensweite Geschäftsprozesse für Bereiche, in denen die einzelnen Unternehmensbereiche eigene Ergebnis- und operative Verantwortung haben. Oder sie nutzen das ERP-System, um „alte" Strukturen zu zementieren – beispielsweise durch regionale Lösungen, während die Prozessverantwortung gerade nach Geschäftsbereichen ausgerichtet wird. Solche Lösungen müssen über kurz oder lang wieder ausgetauscht werden: Da weder die Geschäfts- noch die IT-Organisation mit der Auslegung des IT-Systems harmonieren, kommt es zu vielfältigen, widersprüchlichen Spezifikationen, wiederholten und teuren Systemanpassungen sowie extrem komplexen Schnittstellen.

Eine ERP-Lösung sollte daher unbedingt die angestrebte Unternehmensorganisation so weit wie möglich abbilden und dort flexibel sein, wo mittelfristig Änderungen zu erwarten sind. Oder umgekehrt formuliert: Jeder bewusste Schritt in Richtung Prozessharmonisierung und -standardisierung innerhalb der ERP-Lösung setzt voraus, dass die betroffenen Befugnisse und Verantwortlichkeiten angepasst werden. Konstellationen wie bestimmte Formen der Matrixorganisation, in der die Verantwortung für Prozesse von der für das Geschäft entkoppelt ist, funktionieren auf Dauer fast nie.

Regel Nr. 3: „Follow the standard"

Die Kosten für ERP-Softwarelizenzen und Hardware liegen bei 20 bis 30 Prozent der Gesamtkosten eines gut geführten Projekts und sind, absolut gesehen, für einen gegebenen Projektumfang recht stabil. Werden aber bei der Implementierung von ERP-Software nicht die gegebenen Standardisierungs- und Harmonisierungsmöglichkeiten genutzt, so entstehen zusätzliche Ausgaben für die Anpassung von Software, für organisatorische Änderungen und Schulungen – insgesamt mitunter das Fünffache des „normalen" Aufwands, ohne dass damit ein nennenswerter Zusatznutzen für das Unternehmen geschaffen würde.

Um dagegen eine einfache, leicht zu managende IT-Lösung zu schaffen, sollte man eine möglichst weitgehende Übernahme so genannter Prozess-Templates anstreben – das sind branchenspezifische Muster für Geschäftsprozesse, die mit der ERP-Software „out of the box" zur Verfügung stehen. Da sich diese Prozessstandards an den Best Practices für Einführung, Maintenance und Upgrades orientieren, minimiert ihre Nutzung den Aufwand für Prozess- und IT-Wartung – andererseits sind sie durchaus in der Lage, die Besonderheiten einer Branche oder eines Unternehmens abzubilden.

Anstatt also grundsätzlich davon auszugehen, dass alle vorhandenen Spezifikationen für die Geschäftsprozesse eines Unternehmens schon optimiert sind, sollte man die „Beweislast" umdrehen: Entspricht eine Spezifikation nicht dem standardisierten Prozess-Template (und somit den standardmäßigen Möglichkeiten der ERP-Lösung), muss ein Business Case erstellt werden, der die „Total Cost of Ownership" mit dem geschätzten Nutzen des Systems über die gesamte Lebensdauer vergleicht. So lässt sich eine „saubere" ERP-Lösung mit geringen Entwicklungs- und Wartungskosten zusammenstellen.

Für Geschäftsprozesse, die für das Unternehmen ein Differenzierungsfaktor sind, kommen Prozessstandards typischerweise nicht in Frage: Sie müssen – ebenso wie die unterstützenden IT-Systeme – ganz an den Erfolgsfaktoren und spezifischen regionalen Anforderungen des Geschäfts ausgerichtet werden. Zudem müssen sie so flexibel sein, dass sie schnell und effizient an die häufig wechselnden geschäftlichen Anforderungen angepasst werden können. Dabei können auch für solche Prozesse unter Umständen Softwarepakete derselben Hersteller verwendet werden wie für die „Commodity-Prozesse" (z. B. SAP APO und SAP CRM in Ergänzung zu SAP R/3).

Derzeit ist bei den großen Plattformanbietern eine Tendenz zur Abdeckung einer immer größeren Funktionalität zu beobachten, so dass auch „Nicht-Commodity-Prozesse" unterstützt werden könnten. Allerdings ist der Nutzung dieses Angebots im Sinne der obigen Standardisierungsregel nicht immer zuzuraten, denn man läuft damit Gefahr, strategische Differenzierungsfaktoren durch standardisierte Lösungsansätze und IT-Systeme zu egalisieren.

Regel Nr. 4: Prozess- und Systemimplementierung sind eng miteinander verflochten

Typischerweise beginnt eine Systemimplementierung damit, dass ein Geschäftsprozess definiert und funktionale Spezifikationen erstellt werden, um anschließend die Software zu entwerfen, codieren und zu testen.

Dieses Verfahren gilt allerdings für ERP-Software nicht: Wie oben erwähnt, nutzen ERP-Pakete bereits die „Best Practice" für bestimmte Prozesse, so dass das Paket als Richtlinie für deren Design genutzt werden kann. Das Ziel ist eine Standardlösung. Daher müssen Spezifikationen stets mit den Möglichkeiten verglichen werden, die das ERP-Paket bietet. Um zusätzliche Anforderungen abzudecken, lassen sich ERP-Pakete vergleichsweise einfach anpassen („customizen"), so dass frühzeitig ein Prototyp eingerichtet und das jeweilige Design getestet und iterativ verfeinert werden kann.

Prozess- und IT-Spezialisten müssen somit schon in der Entwurfsphase eng kooperieren und den Designvorgang miteinander verzahnen. Ausgangspunkt sind eine grobe Prozessstruktur und die Möglichkeiten des ERP-Pakets – nicht eine detaillierte Prozess- und Funktionsspezifikation unabhängig von der IT. Das Design wird danach iterativ verfeinert, so dass schließlich eine Standardlösung entsteht, welche die grundlegenden Prozessanforderungen des Unternehmens erfüllt.

Regel Nr. 5: Der angestrebte Geschäftsnutzen muss konsequent verfolgt werden

Wie bereits erwähnt, ging man in der Vergangenheit davon aus, dass der Nutzen einer ERP-Lösung mit der Einführung der Software an sich erzielt werde. Meist trifft das nicht zu: ERP-Lösungen schaffen nur dann signifikanten Nutzen, wenn ein klares Verbesserungsziel vorgegeben und die Implementierung auf allen Ebenen – ERP, Prozessänderungen, organisatorische Anpassungen – verfolgt und kontrolliert wird.

Es empfiehlt sich, bei der Definition der Wertschöpfungsziele eine Amortisierungszeit von weniger als zwei Jahren ab Beginn der flächendeckenden Umsetzung zu Grunde zu legen. Diese Ziele muss das Unternehmen auf breiter Front unterstützen. Bei einem unserer Klienten wurde sogar eine Amortisierungsdauer von nur zwölf Monaten nach Rollout festgelegt; die Erreichung der entsprechenden Wertschöpfungsziele wurde auf Bereichsleiterebene durch persönliche Incentives sichergestellt.

Um die angestrebte Wertsteigerung zu realisieren, müssen konkrete Verbesserungsmaßnahmen formuliert, deren potenzieller Nutzen definiert und Zuständigkeiten klar geregelt werden. Diese werden auf Spezifikationsblättern für jede Maßnahme aufgeführt und bilden die Grundlage für ein laufendes Maßnahmen-Controlling, um eine 100-prozentige Umsetzung sicherzustellen. Ein relativ neuer Trend bei großen Anwendern sind Nutzenbeurteilungen, die ex ante und ex post durchgeführt werden: Gemeinsam mit ihren ERP-Softwarelieferanten und Systemintegratoren – und teilweise moderiert durch neutrale Dritte – legen diese Unternehmen zu Projektbeginn den erwarteten Nutzen fest, wobei sich für beide Seiten wertvolle Erkenntnisse zu Sinnhaftigkeit und Umsetzbarkeit von Prozessänderungen ergeben. Zum Abschluss des Projekts wird dann gemeinsam beurteilt, ob und wie die Nutzenziele erreicht wurden – für den Kunden eine Leistungskontrolle, für den Anbieter eine nützliche Lernerfahrung für künftige Projekte.

3. Prozessharmonisierung mit ERP: Drei zukunftsträchtige Szenarien

Unternehmen, welche die fünf goldenen Regeln beherzigten, haben mit ERP-Lösungen immer wieder klaren Geschäftsnutzen schaffen können – insbesondere in Branchen, in denen schrumpfende Margen eine globale Konsolidierung und herausragende operative Leistungen erforderten.

In der aufkommenden zweiten Welle von ERP-Lösungen ist das Hauptmotiv der Wunsch nach stabilen, harmonisierten Prozessen: Hier sehen wir drei Szenarien, in denen der Geschäftsnutzen von ERP noch weiter gesteigert werden kann:

- ERP als Plattform für die Etablierung effizienter globaler Prozesse

- ERP als Grundlage für Shared Services

- Konsolidierung und Integration bestehender ERP-Lösungen.

3.1 Plattform für globale Prozesse

Das schnelle Wachstum der 90er und die dramatische Konsolidierung der letzten Jahre hatten zur Folge, dass Unternehmen wiederholt Restrukturierungen, Fusionen und Abspaltungen durchführten. Bei vielen blieben dabei die Organisation, die Prozesse und die IT-Infrastruktur hinter dem Veränderungstempo zurück; als Folge schlich sich ein hohes Maß an Ineffizienz ein. Eine unhaltbare Situation insbesondere für Akteure in globalisierten Geschäften, denn hier ist es geradezu überlebenswichtig, globale Material- und Geldflüsse, Informationen und Kernprozesse zeitnah, effizient und einheitlich zu managen.

Am Beispiel Halbleiterherstellung lässt sich dies veranschaulichen:

- *Weltweit verteilte Wertschöpfungsketten:* Fertigungsstandorte eines global agierenden Unternehmens finden sich dort, wo man die günstigsten Investitions- und Faktorkosten vorfindet, und hochspezialisierte Entwickler arbeiten weltweit verteilt in kleinen Wissensgemeinschaften. Global agierende Kunden benötigen Lieferungen und Leistungen, die ihren weltweiten Bedarf spezifisch abdecken. Die damit verbundene Herausforderung, Kunden Produkte, Preise, Vertrieb und Logistik in einer

Vielzahl von Ländern homogen anzubieten, erfordert eine Integration der Prozess- und IT-Landschaft, die nicht zu unterschätzen ist.

- *Extrem schnelllebiges Geschäft:* Die Halbleiterbranche ist hochgradig volatil; es gilt, sofort auf geänderte Anforderungen und Marktbedingungen zu reagieren. Die Produkte sind sehr kurzlebig; dabei bringen vor allem die ersten sechs Monate hohe Margen, danach schließt der Markt meist auf. Wer also in vorderster Reihe mitspielen will, muss seine Kunden sehr kurzfristig beliefern können – andernfalls wechseln sie zur Konkurrenz.

- *Effizienz als Erfolgsvoraussetzung:* Angesichts der Volatilität des Geschäfts und der umfangreichen Investitionen in die Fertigung ist ein effizienter Ressourceneinsatz wesentlicher Erfolgsfaktor. Dieser kann nur durch reibungsloses Prozessmanagement und effektive Entscheidungsunterstützung sichergestellt werden.

Um die hohen Anforderungen globaler Geschäfte zu erfüllen, ist es vielfach nötig, die Wertschöpfungsketten der Unternehmen „wirklich" zu globalisieren – also auf globaler Ebene ganz neu zu definieren: Unabhängig davon, welche Elemente wo und wie historisch gewachsen bzw. neu hinzugekommen sind, werden übergreifende Prozesse strikt an der maximalen Effizienz ausgerichtet und die IT-Landschaft entsprechend neu konzipiert. Eine ERP-Lösung kann für eine solche Neugestaltung eine äußerst effektive Basis sein. Dass das Ganze funktionieren kann, ist durch Beispiele belegt. So gelang es einem Hersteller pharmazeutischer und medizinischer Produkte mit Milliardenumsatz durch die Globalisierung seiner Einkaufsprozesse und die Integration seiner geschäftsbereichs-spezifischen ERP-Lösungen im Einkauf 500 Millionen USD einzusparen.

3.2 Grundlage für Shared Services

Transaktionsprozesse wie Lohnbuchhaltung, Rechnungswesen, Finanzwesen sowie Einkauf und Materialmanagement sind typische Einsatzbereiche für ERP-Software: Gerade in diesen Bereichen ist die Konsolidierung und Professionalisierung von Dienstleistungszentren (Shared Services) Schlüssel zum Erfolg. An einem Standort unter einer gemeinsamen Leitung gebündelt – und unterstützt durch Best-Practice-orientierte ERP-Software – ermöglichen diese Shared Services oft enorme Leistungssteigerungen. Diese Erfahrung machte auch ein Unternehmen, das seine Back-Office-Prozesse standardisieren wollte und dabei eine bereichsübergreifend einheitliche ERP-Lösung für das Personalwesen anstrebte: Nachdem die Höhe der erforderlichen Investitionen zunächst für große Skepsis gesorgt hatte, konnte der Business Case für ein „Shared-Services-Center Personalwesen" schnell zu einem positiven Ergebnis geführt werden.

Die Effizienzvorteile einer Konsolidierung innerhalb des Unternehmens („In-house Shared Services") lassen sich durch zwei Ansätze noch weiter steigern:

- *Outsourcing:* Auf Grundlage der Standardprozesse, welche in der ERP-Software impliziert sind, lässt sich ein global einheitliches Serviceportfolio erstellen, dass auch vom externen Markt bedient werden kann. Kostspielige Variationen von Prozessen und Funktionalität, die wenig geschäftlichen Nutzen bringen, werden dabei weitestgehend unterbunden, da sie sonst teuer bezahlt werden müssten; zusätzlich bringt die Bündelung der Transaktionen auch entsprechende Größenvorteile mit sich. Ein Outsourcing der solchermaßen standardisierten Geschäftsprozesse (BPO – Business Process Outsourcing) kann damit eine attraktive Option darstellen, zumal das Risiko mangelhafter Performance gering gehalten wird. So verband ein Logistikdienstleister die Einführung einer ERP-Finanzlösung mit dem Outsourcing einer Reihe von Geschäftsprozessen (Accounting, Payroll ...), um die hohen Investitionen in die ERP-Lösung abzufedern und die erwarteten Prozessverbesserungen und resultierenden Einsparungen durch den Auftragnehmer implementieren zu lassen.

- *Offshoring:* Die „Digitalisierung" von Prozessen in einem ERP-System schafft ein äußerst stabiles Prozessumfeld, das sich auch aus anderen Regionen heraus managen lässt – unabhängig davon, ob die Shared Services in-house gemanagt oder fremd-vergeben werden. ERP schafft somit eine Voraussetzung für das Offshoring von Unternehmensfunktionen. Ein *Chemieunternehmen,* das die prozessübergreifende ERP-Plattform zum Outsourcing und Offshoring des Finanz- und Personalwesens sowie anderer Funktionen nutzte, erreichte damit deutliche Verbesserungen seiner Kostenstruktur.

Unabhängig davon, für welche Option man sich entscheidet, auch für Shared Services gilt das bereits Gesagte: Grundlage einer effizienten ERP-Lösung muss eine Neudefinition der betroffenen Geschäftsprozesse sein, angelehnt an die Prozess-Templates der ERP-Software. Ein großes Industrieunternehmen brachte sich in erhebliche operative Schwierigkeiten, weil es diese Maxime nicht beachtete: Es übertrug sein Finanzwesen an ein europaweites Shared-Services-Center, ohne seine ERP-Lösung zuvor standardisiert zu haben. Damit verblieb sowohl geschäftskritisches Fachwissen als auch IT-Fachwissen an den ursprünglichen Standorten; zudem passte die Vielzahl länderspezifischer Prozesse (mit allen Nachteilen der Komplexität) nicht zum angestrebten Ziel, dem gemeinsamen Serviceportfolio zu wettbewerbsfähigen Standardpreisen.

Und ein weiterer Faktor ist zu beachten: Auch wenn ERP-Lösungen mit der Einführung von Shared Services organisatorisch und strukturell von der ERP-basierten „Prozess-plattform" des Unternehmens getrennt werden, muss die Durchgängigkeit der Prozess-integration gewährt bleiben. Hier sind also ein ganzheitlicher Entwurf und eine übergrei-fende Steuerung der Gesamtarchitektur sicherzustellen, um zu verhindern, dass sich die ERP-Systeme auseinander entwickeln. Diese Problematik wird sich künftig durch eine stärkere Modularisierung der ERP-Systeme verringern; derzeit aber ist sie bei hochinte-grierten ERP-Modulen wie Finance oder Controlling häufig ein Hinderungsgrund für die Etablierung effizienter Shared Services, da das „Herausschneiden" der Module aus bestehenden ERP-Lösungen sehr aufwendig werden kann.

3.3   Konsolidierte und integrierte ERP-Lösungen

In den vergangenen zehn Jahren wurden vielfältige Anpassungen und Ergänzungen an installierten ERP-Systemen notwendig. Als Folge sind Systeme, die mit der ersten ERP-Welle Anfang der 90er Jahre implementiert wurden, mittlerweile sehr teuer in der Wartung geworden. Hinzu kommt, dass zahlreiche kleine Anbieter vom Markt verschwunden sind, so dass für deren Systeme kein Support mehr verfügbar ist. Ein großes Industrieunternehmen bekam dies bei seinen Konsolidierungsbestrebungen sehr deutlich zu spüren: Seine Systemlandschaft umfasste mehr als 100 ERP-Installationen mit jährlichen Kosten von mehr als 500 Millionen EUR.

Im Prinzip steht man hier vor den gleichen Herausforderungen wie in der Vor-ERP-Zeit: Eine veraltete IT-Landschaft muss ersetzt bzw. umgebaut werden, wobei allerdings einheitliche ERP-Produkte und damit gewonnene Erfahrungen die Aufgabe vereinfachen. Um dabei ein konsequentes Vorgehen und Einheitlichkeit sicherzustellen, empfiehlt es sich, die Verantwortung für das Vorhaben in einer Hand zu bündeln und die Position eines „ERP-Architekten" einzurichten. Weiterhin ist und bleibt die Grundvoraussetzung für das Gelingen auch hier die Einhaltung der „Fünf goldenen Regeln". Da es kaum möglich ist, in einem Schritt zu konsolidieren, wird unter der Führung des Architekten dann Schritt für Schritt die einheitliche ERP-Plattform realisiert:

- Durch Integration kleiner ERP-Lösungen mit hohen Kosten pro Benutzer in inhaltlich ähnliche große Systeme erreicht man Quick Wins.

- Die sprichwörtlichen „goldenen Wasserhähne" werden im Zuge der Wartung oder bei Release-Wechseln beseitigt.

- Die umfassende Systemkonsolidierung folgt im Zuge von tiefgreifenden organisatorischen oder funktionalen Änderungen.

Dieser Prozess kann und sollte sich über mehrere Jahre hinziehen, da die Komplettmigration von ERP-Systemen häufig einer teuren Neuimplementierung gleichkommt. Allerdings werden schon in den nächsten Jahren die modulareren Systemstrukturen von ERP-Anbietern wie SAP, Oracle oder PeopleSoft/J.D. Edwards für eine Beschleunigung sorgen.

4.   Fazit

Enterprise Resource Planning kann – ungeachtet der negativen Presse in den vergangenen Jahren – vielen Unternehmen durchaus zu deutlichen Effizienzsteigerungen verhelfen. Voraussetzung dafür ist ein Projektmanagement, das sich am Geschäftsnutzen orientiert, auf maximale Prozessstandardisierung bedacht ist und die erzielten Wertsteigerungen für das Unternehmen laufend kontrolliert. Schon deshalb darf ein ERP-Projekt nicht als reines IT-Projekt behandelt werden, sondern muss vom Management des Unternehmens selbst geführt werden.

Nach der Phase der klassischen Prozessautomatisierung lässt sich mit Hilfe von Harmonisierung durch ERP zusätzlicher erheblicher Nutzen für Unternehmen generieren: durch effiziente Neugestaltung globaler Prozesse, durch Bildung von Shared Services und durch Konsolidierung der ERP-Systeme der ersten Welle. Die intensiven Bemühungen großer Anbieter um noch stärkere Standardisierung und Modularität werden dazu beitragen, dass das Nutzenpotenzial weiter anwächst – mit anderen Worten: ERP wird künftig eher noch an Bedeutung gewinnen.

ERP: Von funktionalen Lösungen zum Rückgrat harmonisierter Prozesse

---

Enterprise Resource Management hat seine Ursprünge in der Materialwirtschaft: Unter der Bezeichnung „Material Resource Planning" (MRP) entwickelten Unternehmen in den späten 70er Jahren proprietäre Softwarelösungen für die meisten funktionalen Bereiche wie Finanzwesen, Controlling, Personal, Materialwirtschaft oder Wartung. Ziel war es, die Geschäftsprozesse stärker zu automatisieren. Dies gelang, wenn auch nur zu einem gewissen Grad: Denn die bereichsspezifischen Softwarelösungen verkamen zu funktionalen „Silos".

Als sich in den 80er Jahren neue Paradigmen der Unternehmensführung durchsetzten – darunter vor allem das funktionsübergreifende Management von Geschäftsprozessen –, wurden anspruchsvollere Softwarelösungen zur Steuerung integrierter Material-, Geld- und Informationsflüsse erforderlich. Hinzu kam, dass es bald für viele Unternehmensfunktionen etablierte Prozessstandards („Best Practice") gab – die proprietären Silo-Lösungen waren kein Differenzierungsfaktor mehr.

Mit zunehmendem Bedarf an Standardsoftware entstand ein globaler Markt für Softwarehäuser wie SAP, Oracle, PeopleSoft, J.D. Edwards oder Baan, die ERP-Lösungen anboten. Die erste Welle rollte Ende der 80er und Anfang der 90er Jahre. Was sie auf den Markt schwemmte, waren lokal integrierte Lösungen zur Abwicklung von Transaktionen wie Rechnungswesen, Controlling, Materialwirtschaft oder Personalwesen. Danach schlug die Entwicklung zwei verschiedene Richtungen ein:

- *Funktionale Erweiterung:* Zum einen wurde ERP auf alle Transaktions- und Managementprozesse entlang der gesamten Wertschöpfungskette ausgeweitet. Funktionen wie Einkauf, Produktionsmanagement, Lagerverwaltung und Treasury wurden ebenfalls eingebunden, später auch weniger standardisierte Bereiche wie Vertriebsunterstützung (CRM-Lösungen), Supply-Chain-Management (erweiterte Planungsinstrumente) oder Produktionssteuerung (Fertigungssysteme).

- *Globalisierung:* Zum anderen förderte ERP in den 90er Jahren die Globalisierung von Geschäftsprozessen: Stammdaten wurden länderübergreifend standardisiert, eine IT-Unterstützung für globalisierte Prozesse geschaffen, lokale ERP-Lösungen entweder integriert oder ersetzt.

Im Rahmen dieser Entwicklungen entstand eine eigene Industrie. Unternehmen investierten weltweit über 300 Milliarden Dollar in ERP-Lösungen; allein im Jahr 2002 erzielten Softwarehäuser wie die oben genannten Umsätze in Höhe von über 20 Milliarden USD und Systemintegratoren wie Accenture, PwC, BearingPoint oder IBM beschäftigten in ihren ERP-Practices über 25.000 Berater. Mit der Erweiterung der Funktionalität von ERP-Lösungen und der Komplexität der Lösungen waren Projektbudgets im dreistelligen Millionenbereich keine Seltenheit. Die Höhe dieser Aufwendungen, ebenso wie die aufwendige und komplexe Implementierung, ließen vielfach die Frage nach dem Kosten-Nutzen-Verhältnis einer ERP-Implementierung laut werden, auf die dieser Beitrag eingeht.

Zurzeit scheint sich eine zweite ERP-Welle abzuzeichnen. Hauptgrund ist die weiter fortschreitende Konsolidierung und Globalisierung in fast allen Branchen: Länderübergreifende Geschäftsprozesse müssen optimiert und auf eine stabile, kosteneffiziente IT-Grundlage gestellt werden – und hier gibt es noch erheblichen Nachholbedarf. Allerdings geht man die Implementierung dieses Mal vorsichtiger an und achtet von Anfang an darauf, dass ein unmittelbar nachvollziehbarer Nutzen für das Unternehmen entsteht und dass keine Investitionen in die nächste inflexible und von Silos geprägte IT-Umgebung getätigt werden.

Adrian v. Hammerstein/Andreas Demel

Von der IT-Industrie lernen – Modernes Supply Chain Management am Beispiel von Fujitsu Siemens Computers

1. Wertsteigerung durch Supply Chain Management noch längst nicht ausgereizt

2. SCM heute – Was gehört dazu?
   2.1 Vier Erfolgsfaktoren bei der Realisierung eines modernen SCM
   2.2 Anforderungen an IT zur Abbildung der SCM-Strategie und integrierter Prozesse

3. Transformationsprogramm bei FSC mit SCM als Kernbestandteil – Ein Erfahrungsbericht
   3.1 Grundlagen für die Projektgestaltung und -durchführung – Schritt für Schritt zum Erfolg
   3.2 Vorgehen bei der Lösungsfindung und -umsetzung – SCM-Neuausrichtung mit dem 4C-Modell
   3.3 Bilanz nach 24 Monaten Projektarbeit

4. Ausblick: SCM auch weiterhin für Unternehmen eine große Herausforderung

Dr. Adrian von Hammerstein ist Vorsitzender des Vorstands der Fujitsu Siemens Computers GmbH. Andreas Demel ist Associate Principal bei McKinsey & Company, Inc.

1. Wertsteigerung durch Supply Chain Management noch längst nicht ausgereizt

Angesichts einer wachsenden Komplexität bei Produkten und Prozessen sowie steigender Dynamik im Umfeld der Unternehmen gewinnt die optimale Gestaltung und Lenkung aller Aktivitäten der Wertschöpfungskette immer mehr an Bedeutung. Die Unternehmen sehen sich zunehmend vor der Herausforderung, den ständigen Fluss von Produkten, Informationen und Zahlungen so zu managen, dass ein wettbewerbsfähiger Kundenservice zu möglichst geringen Kosten erbracht werden kann.

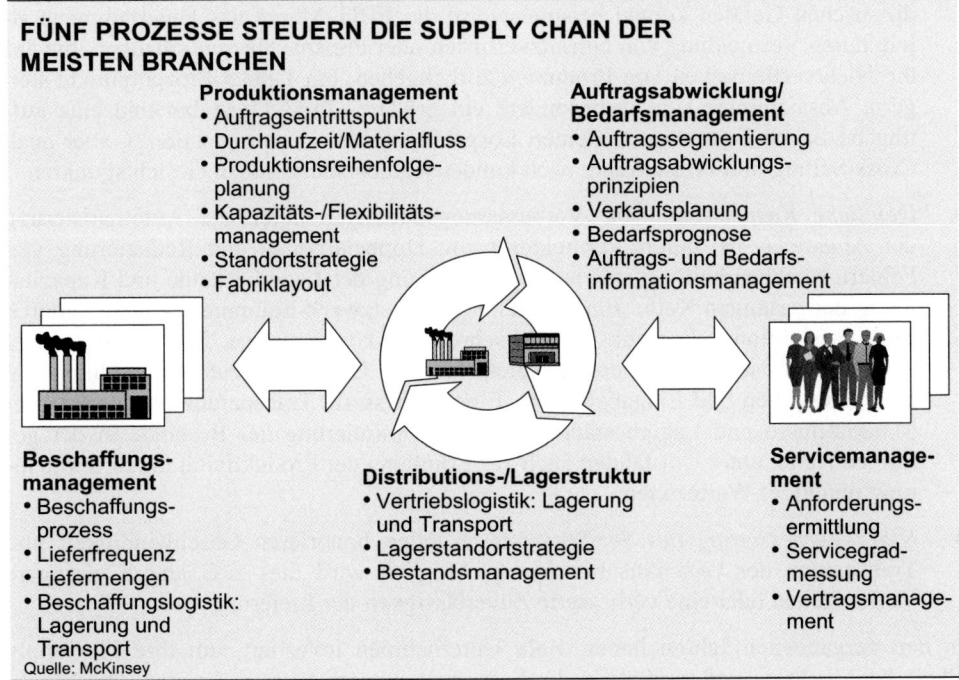

Abbildung 1

Erfolgreiches Supply Chain Management (SCM), das hierfür erforderlich ist, beschränkt sich nicht auf das Management einzelner physischer Flüsse, sondern übernimmt zusätzlich die Steuerung des gesamten Informationsflusses. Das Supply Chain Management eines Unternehmens macht also nicht an den eigenen Werkstoren Halt. Richtiges SCM beginnt vielmehr beim Lieferanten des Lieferanten und endet erst beim Kunden des Kunden, d. h. es erstreckt sich von einem Ende der Lieferkette bis zum anderen.

Fünf Prozesse steuern die Supply Chains der meisten Branchen – das Beschaffungsmanagement, das Produktionsmanagement, die Auftragsabwicklung bzw. das Bedarfsmanagement, die Distributions- und Lagerlogistik sowie das Servicemanagement (vgl. Abbildung 1)

In diesen fünf Prozessen bestehen auf Grund sehr unterschiedlicher Kostenstrukturen je nach Branche andere Einsparmöglichkeiten. Grundsätzlich jedoch sind Wertsteigerungen in der Supply Chain in dreierlei Hinsicht möglich, und zwar durch:

- *Steigerung der Umsatzerlöse und Margen:* Der EBIT lässt sich – auch wenn derzeit ein starker Fokus auf Kosten gelegt wird – mit Umsatzsteigerungen typischerweise um den Faktor zwei bis drei gegenüber Kostenreduzierungen erhöhen. Voraussetzung ist allerdings ein attraktives Produktangebot. Ein führender Anbieter von medizinischen Geräten konnte beispielsweise die EBIT-Marge des Unternehmens allein durch Vermeidung von Umsatzverlusten oder Preisnachlässen/-abzügen, die auf die Nichtverfügbarkeit von Produkten zurückgehen, um 1 bis 3 Prozentpunkte steigern. Ansatzpunkte sind insbesondere ein größeres Produktangebot und eine auftragsbezogene Fertigung in kleinen Losgrößen („Mass Customization"), aber auch Cross-Selling und Preisbildung nach kundensegmentspezifischen Gesichtspunkten.

- *Deutliche Kostensenkungen:* Verbesserungspotenzial bieten die Automatisierung der Abläufe (z. B. durch Vermeidung von Doppelarbeiten und Reduzierung von Fehlern/Nachbearbeitung) sowie die Optimierung der Lagerbestände und Kapazitäten in der gesamten Kette. Ein Hersteller von Netzwerk-Equipment konnte dadurch seine Produktions-, Logistik- und Abschreibungskosten um ca. 30 Prozent senken. Ansatzpunkt ist insbesondere die elektronische Bestellung zur Vermeidung von Doppeleingaben und Eingabefehlern. Eine verbesserte Transparenz hinsichtlich der Materialflüsse und Lagerbestände führt zur Optimierung der Bestände in der gesamten Kette, unter Umständen auch zur Erhöhung der Produktivität durch Reduzierung unnötiger Wartezeiten.

- *Klare Verbesserung des Servicegrads:* Kunden honorieren Geschwindigkeit und Transparenz der Geschäftsabwicklung. Möglich wird dies z. B. durch geringere Vorlaufzeiten oder eine verbesserte Zuverlässigkeit der Lieferung.

In den vergangenen Jahren haben viele Unternehmen investiert, um ihre IT Supply Chain hochzurüsten und zusätzliche Verbesserungspotenziale zu realisieren. Die Ergebnisse zeigen jedoch ein differenziertes Bild: Nur ein Drittel der Firmen konnte signifikanten Wert aus ihren Investitionen schöpfen, ein Drittel verzeichnete lediglich moderate Verbesserungen (die die hohen Investitionen nicht rechtfertigten), das restliche Drittel zog aus den Investitionen überhaupt keinen Nutzen (vgl. Abbildung 2).

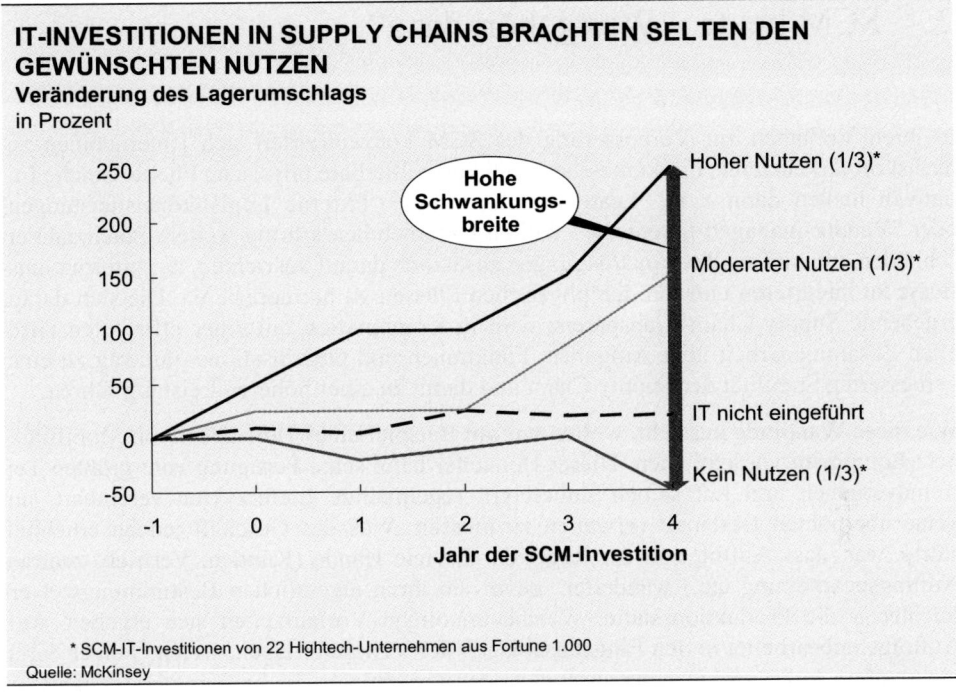

IT-INVESTITIONEN IN SUPPLY CHAINS BRACHTEN SELTEN DEN GEWÜNSCHTEN NUTZEN
Veränderung des Lagerumschlags
in Prozent

* SCM-IT-Investitionen von 22 Hightech-Unternehmen aus Fortune 1.000
Quelle: McKinsey

Abbildung 2

Ähnliche Ergebnisse erzielte eine Untersuchung der Standish Group für die Realisierung von Enterprise-Resource-Planning(ERP)-Systemen, die oft das "Backbone" der IT Supply Chain bilden, weil sie wesentliche Stammdatensätze enthalten, die die Grundlage für Informationsflüsse bilden. Dies sind z. B. Informationen zu Materialien und deren Lieferanten oder Produktstücklisten. Gemäß dieser Untersuchung wurden nur 10 Prozent der Projekte termin- und budgetgerecht sowie mit der ursprünglich beabsichtigten Funktionalität abgeschlossen. 35 Prozent der ERP-Implementierungsprojekte wurden abgebrochen. Bei den nicht planmäßig abgeschlossenen Projekten (55 Prozent) kam es im Durchschnitt zu Kostenüberschreitungen von 178 Prozent der veranschlagten Kosten, zu Zeitüberschreitungen von 230 Prozent und Einschränkungen der Funktionalität von 59 Prozent.

Die große Zahl der Fehlschläge und das erhebliche unausgeschöpfte Wertsteigerungspotenzial nehmen wir in diesem Beitrag zum Anlass, um grundsätzlich über die Einführung und Verbesserung des SCM nachzudenken. Wir wollen einerseits herausarbeiten, nach welchen Grundsätzen ein modernes SCM gestaltet werden sollte inklusive der Anforderungen an die IT, und andererseits, worauf es bei der Implementierung ankommt. Die Erfahrungen bei der Einführung des SCM im Rahmen des Turnaround bei Fujitsu Siemens Computers sollen die theoretischen Ausführungen ergänzen.

2.   SCM heute – Was gehört dazu?

In ihren Vorhaben zur Verbesserung des SCM konzentrierten sich Unternehmen zunächst oft auf einzelne, direkt messbare und kontrollierbare physische Flüsse. Solche Initiativen heißen dann z. B. "Lean Manufacturing", "Externe Logistikdienstleistungen" oder "Vendor-managed Inventory". Wollen Unternehmen künftig weitere Potenziale erschließen, müssen sie ihre Anstrengungen zusätzlich darauf ausrichten, die Informationsflüsse zu integrieren und mit den physischen Flüssen zu harmonisieren. Die sich daraus ergebende Supply-Chain-Transparenz wird in Kombination mit einer effizienten virtuellen Zusammenarbeit über Aufgaben, Funktionen und Organisationen hinweg zu einer verbesserten Stabilität der Supply Chain und damit zu einer höheren Leistung führen.

Wie diese Wandlung aussieht, wollen wir am Beispiel eines Herstellers von Mobilfunknetz-Equipment verdeutlichen. Dieser Hersteller hatte seine Fertigung zum größten Teil fremdvergeben und mit seinen Zulieferern regelmäßige Lieferzyklen vereinbart, um keine überhöhten Bestände verwalten zu müssen. Was das Geschäft jedoch erheblich störte, war, dass Aufträge in der Regel durch viele Hände (Kunden, Vertrieb, zentrale Auftragsbearbeitung etc.) wanderten, bevor sie ihren eigentlichen Bestimmungsort erreichten – die Produktionsstätte. Welche unnötigen Vorlaufzeiten sich ergaben, weil Aufträge unbearbeitet in den Eingangsablagen der Verkäufer lagen, welche Fehler durch mehrmalige Auftragseingaben entstanden oder wie schlecht die Lieferzuverlässigkeit auf Grund nicht greifbarer Zufälle war, kann man sich kaum vorstellen. Probleme gab es aber auch bei der Planung. Diese war veraltet, bereits lange bevor sie an die Lieferanten weitergegeben wurde.

Die Lösung: ein integrierter End-to-End-Informationsfluss, der auf die physischen Flüsse abgestimmt ist. Der Kunde konzipiert das gewünschte, auf seine Bedürfnisse zugeschnittene Produkt selbst; er nutzt dazu ein Web-basiertes Konfigurations-Tool. Vor der Auftragsübermittlung wird die Verfügbarkeit in Echtzeit geprüft. Verschiedene Parameter, wie der „voraussichtliche Materialeingang", „das vorrätige Inventar" bei wichtigen Zulieferern oder die „Verfügbarkeit von Produktionskapazität" bei verschiedenen Auftragsherstellern werden sofort in „Real Time" abgeglichen. Der Kunde erhält so im Rahmen der Auftragsübermittlung eine Bestätigung mit festem Liefertermin. Gleichzeitig geht innerhalb des Unternehmens ein entsprechender Auftrag an die Produktion, Logistikanbieter bekommen einen vorläufigen Lieferavis und sogar die Zulieferer werden über Veränderungen der Komponentennachfrage informiert.

Wie lässt sich ein solch modernes SCM realisieren? Welche IT-Anforderungen sind zu erfüllen und auf was muss man bei der Implementierung achten?

2.1 Vier Erfolgsfaktoren bei der Realisierung eines modernen SCM

Mit der Einführung eines SCM mit integriertem End-to-End-Informationsfluss sind weitreichende Umstellungen im Unternehmen verbunden. Die Prozesse müssen aus strategischer Sicht überdacht und neu ausgerichtet, das Umsetzungskonzept und der Zeitplan definiert und die Mitarbeiter auf neue Arbeitsweisen und veränderte Abläufe vorbereitet werden. Vier Erfolgsfaktoren haben sich für die Durchführung der erforderlichen Veränderungen herauskristallisiert:

Festlegung der Supply-Chain-Prozesse und der IT-Architektur auf Basis strategischer Grundsätze

Die Unternehmensstrategie soll die Struktur oder „Architektur" der Supply Chain und die damit verbundenen IT-Investitionen bestimmen; d. h., strategische Ziele – und nicht die Verfügbarkeit bestimmter Technologien – entscheiden über die Supply-Chain-Architektur. Die Planung übernehmen entsprechend die verantwortlichen operativen Einheiten – gemeinsam mit der IT-Abteilung. Bewährt hat sich dabei ein disziplinierter Planungsansatz aus zwei parallelen Strängen.

Zum einen definieren die operativen Einheiten die strategischen Ziele der Organisation, also die Positionierung im Markt, die angestrebte Rolle/Position im eigenen Wertschöpfungsnetz sowie die Anforderungen an die jeweiligen End-to-End-Prozesse. Zum anderen legen die verantwortlichen operativen Einheiten die Planungsparameter und die kurzfristigen Prioritäten der IT-Implementierung fest. Zu diesen Parametern zählen der direkte Effekt einzelner IT-Initiativen, z. B. die Reduzierung von Mitarbeitern sowie der Durchlaufzeiten im Order Management bei Implementierung eines elektronischen Bestellwesens (vs. indirekte bzw. Folgeeffekte wie die Erhöhung der Kundenzufriedenheit), die Implementierungsgeschwindigkeit und die Investitionsanforderungen.

Mit diesem zweigleisigen Vorgehen kann das Unternehmen langfristige und kurzfristige Erwägungen während eines mehrjährigen Transformationsprogramms in ausgeglichener Weise berücksichtigen; so kann es beispielsweise zu erwartenden Volumenerhöhungen gegenüber kurzfristigen Kostensenkungen den Vorrang einräumen. Das zweigleisige Vorgehen stellt darüber hinaus die strategische Flexibilität bei der Strukturierung des Wertschöpfungsnetzes des Unternehmens sicher.

Fokussierung auf Gesamtprozesse, nicht Funktionen

Das Verbesserungsprogramm sollte sich zur Erzielung des vollen Nutzens auf den End-to-End-Supply-Chain-Prozess und nicht auf isolierte Prozessbestandteile oder einzelne Funktionen (z. B. Auftragsmanagement) konzentrieren. Angesichts der Komplexität der Umstellung ist es dann jedoch notwendig, diesen End-to-End-Prozess zu stückeln, um das Gesamtprojekt steuern zu können. Die Stückelung bewirkt, dass die einzelnen Teilprojekte messbar und Effekte finanziell nachvollziehbar sind. Zur Sicherstellung einer effektiven Steuerung sollten die Arbeiten von einem gesamtverantwortlichen End-to-End-Prozessgeschäftsführer geleitet werden. Dies gewährleistet, dass nur die Funktionalitäten implementiert werden, die für das Geschäft relevant sind.

Festlegung eines Fahrplans nach dem Pay-as-you-Go-Prinzip

Der Erfolg ist abhängig von einem detaillierten Fahrplan und einem Portfolio aus genau definierten kurz- und langfristigen Projekten, die sich im Budgetrahmen bewegen und deren Ergebnisse messbar sind. Die Projekte sollen nach dem Pay-as-you-Go-Prinzip ablaufen, um die Dynamik zu erhalten. D. h., bei der Implementierung sind kleine Schritte vorzusehen, die schnell abgeschlossen sind und sich schnell rechnen. Für jede Phase des Fahrplans muss das Management geeignete Messgrößen festlegen, mit denen sich nach der erfolgreichen Implementierung eines Projekts der Effekt feststellen lässt.

Starkes Engagement der Unternehmensleitung im begleitenden Change-Management-Programm

Die Umstellung der gesamten Supply Chain – oder auch nur von Teilen der Supply Chain – auf IT ist komplex und erfordert radikale Änderungen bei den meisten organisatorischen Prozessen. Beschäftigte müssen umgesetzt werden, ihre Aufgaben verändern sich. Viele Mitarbeiter fürchten die neue Transparenz durch elektronische Tools oder sind sich nicht sicher, ob ihre Fähigkeiten zur Bedienung der neuen Tools ausreichen. Derart weitreichende, schnelle Veränderungen treffen in den meisten Organisationen auf internen Widerstand. Nach unserer Erfahrung haben die Organisationen den Transformationsprozess am erfolgreichsten bewältigt, wenn die Geschäftsleitung das Change-Management-Programm aktiv gesteuert hat.

2.2 Anforderungen an IT zur Abbildung der SCM-Strategie und integrierter Prozesse

Integrierte Prozesse sind ganz offensichtlich die Voraussetzung für ein modernes SCM. Ihre Abbildung setzt allerdings Best-Practice-IT-Architekturen voraus, um die damit verbundenen exponentiell steigenden Datenmengen aus unterschiedlichen Quellen bewältigen zu können. So müssen beispielsweise möglichst zeitnah aktuelle Materialbestandsinformationen in den eigenen und den Lieferantenlägern erfasst und an mehrere Empfänger (z. B. Planung, Produktion, Order Management) in unterschiedlichen Datenstrukturen weitergeleitet werden. Bei der Systemkonzeption sind generell folgende Anforderungen zu berücksichtigen:

- *Festlegung der „Lingua franca":* Grundvoraussetzung ist die Definition des richtigen Ausmaßes der Data Commonality (Kodifizierung und Struktur), der Datenbeziehungen und der Kommunikationsstruktur für alle an der Supply Chain Beteiligten. Dieses Grundkonzept, die „Lingua franca", bildet nicht nur die IT-

Anforderungen ab, sondern legt auch die Grundlagen für den Informationsfluss ganzheitlicher Arbeitsschritte innerhalb und außerhalb des eigenen Unternehmens fest. In der Hightech-Industrie entsteht hierfür beispielsweise mit RosettaNet ein neuer Standard.

- *Integration heterogener und individueller Systeme:* Die Systeme der verschiedenen am Markt vertretenen Firmen, wie OEMs, EMS oder externe Logistikdienstleister, müssen zu einem Netz verknüpft werden, um den Datenaustausch zu ermöglichen. Dies geschieht heute in der Regel über EAI-Schnittstellen, künftig wäre dies aber auch über Web-Service-Lösungen vorstellbar.

- *Anpassung der IT-Infrastruktur an verschiedenste Informationsflüsse:* Systeme und Netzwerkinfrastruktur müssen nicht nur Volumenspitzen (z. B. fallen im Konsumgüterbereich 50 Prozent des Gesamtjahresvolumens in der Vorweihnachtszeit an), sondern auch verschiedene Informationsstrukturen (z. B. Text vs. Bilder) verarbeiten können. Außerdem müssen Systeme und Konnektoren verschiedene Frequenzanforderungen zulassen. So ist es zumeist ausreichend, Aufträge gesammelt in das Finanzsystem einzubuchen (z. B. einmal täglich), während die Information über die Produktverfügbarkeit in Echtzeit mitgeteilt werden muss.

Wie ein erfolgreiches Transformationsprogramm aussieht, dessen wesentlicher Bestandteil die Einführung eines modernen, integrierten SCM war, wollen wir im nächsten Kapitel am Beispiel von Fujitsu Siemens Computers (FSC) zeigen.

3. Transformationsprogramm bei FSC mit SCM als Kernbestandteil – Ein Erfahrungsbericht

Fujitsu Siemens Computers (FSC) entstand im Oktober 1999 aus der Fusion von Fujitsu Computers (Europe) und Siemens Computer Systems. Das Unternehmen entwickelt, produziert und vermarktet hochwertige IT-Produkte und – in Zusammenarbeit mit Partnern – IT-Lösungen. FSC ist in allen Schlüsselmärkten in Europa, dem Nahen und Mittleren Osten sowie in Afrika aktiv. Über 7.000 Mitarbeiter sind in dem Unternehmen beschäftigt. FSC unterhält ein Netzwerk von über 2.000 Vertriebspartnern sowie zahlreiche Partnerschaften mit Technologie- und Softwareanbietern. Mit einem Umsatz von nahezu 6 Milliarden EUR ist FSC der führende Anbieter von IT-Produkten für die Bereiche Consumer, Small Office/Home Office (SOHO) und Enterprise Computing in Europa. Zur Angebotspalette des Unternehmens gehören Notebooks, PCs, Workstations, Intel- und Unix-basierte Server, Mainframes und Enterprise-Storage-Lösungen.

Das an sich vielversprechende Geschäftsziel, innovative IT-Produkte sowie verlässliche Infrastrukturen und Services für Großkonzerne, kleine und mittlere Unternehmen sowie Verbraucher anzubieten, konnte allerdings nicht verhindern, dass die Betriebsergebnisse 1999 deutlich hinter den Erwartungen zurückblieben. Die Einbußen waren zum Teil auf organisatorische Schwierigkeiten zurückzuführen; vor allem verantwortlich aber waren nicht vollständig integrierte Produktlinien sowie Prozesse und Systeme, die nicht standardisiert bzw. optimiert waren.

Für den erforderlichen Turnaround verordnete das Management dem Unternehmen ein umfassendes Transformationsprogramm. Eine neue Gesamtstrategie entstand und ein neues Geschäftsmodell wurde eingeführt, das den einzelnen Länderorganisationen größere Entscheidungsbefugnis gab. Die Organisation wurde neu ausgerichtet, Prozesse und Systeme verbessert. Eine veränderte IT-Architektur und die Einführung neuer IT-Applikationen ermöglichten viele der entscheidenden Prozess- und Organisationsveränderungen.

Kern des Transformationsprogramms waren die Neuausrichtung der Supply Chain und die Bereitstellung einer wirkungsvollen IT-Unterstützung zur Steuerung der Informationsflüsse und Verbesserung der Abläufe. Über diese wohl mit Abstand bedeutendste Einzelinitiative des Transformationsprogramms soll nachfolgend berichtet werden. Wir wollen aufzeigen, wie die Weichen für einen erfolgreichen Projektverlauf gestellt und wie die Lösung im Einzelnen erarbeitet wurden.

3.1 Grundlagen für die Projektgestaltung und -durchführung – Schritt für Schritt zum Erfolg

FSC sollte – so das Unternehmensmanagement – schon im zweiten Geschäftsjahr nach der Fusion wieder Gewinne ausweisen. Um das Unternehmen in so kurzer Zeit auf Erfolgskurs zu bringen, mussten nicht nur schnell und systematisch die Probleme aufgedeckt, sondern zielsicher Lösungen erarbeitet und umgesetzt werden. FSC orientierte sich bei seinem Vorgehen an den (vier) Erfolgsfaktoren, die eigentlich für alle großen Transformationsprogramme gelten und zugeschnitten auf SCM-Projekte unter 2.2 kurz beschrieben wurden. Die Projektarbeiten stützten sich auf detaillierte Voruntersuchungen, d. h. Analysen, Kundenfeedback und Benchmarks.

Optimierung der Supply Chain auf Basis der (neu ausgerichteten)
Unternehmensstrategie

FSC stellte seine Verbesserungsoffensive unter die Devise „Powering the Information Age". Freier Zugang zu Informationen jederzeit und an jedem Ort – in einer wissensbasierten Gesellschaft erfolgsentscheidend – soll zum Kernangebot werden. FSC sieht seine Rolle künftig entsprechend als Gewährleister persönlicher Mobilität mit Hilfe verlässlicher IT-Infrastrukturen. Auf Basis dieser klar definierten strategischen Richtung konzentriert sich das Unternehmen auf Mobility- und Business-Critical-Computing-Lösungen. Mit diesem Angebot baut FSC auf seinen Kernkompetenzen auf: Es bietet skalierbare, sichere und Always-on-IT-Infrastrukturen für aktuelle und künftige Geschäftsumgebungen. FSC reagiert damit auf die steigende Nachfrage nach hoch entwickelten Lösungen, die der heutigen Generation von Mobilfunknutzern den zeitlich uneingeschränkten sowie orts- und endgerätunabhängigen Internet-Zugang ermöglichen.

Dem Management war klar, dass die neue Strategie mit dem Fokus Mobility die Gewinnsituation nicht verbessern würde, solange die Kostenstruktur nicht wettbewerbsfähig war. Die „Eintrittskarte" in einen erfolgreichen Unternehmensabschnitt waren damit operative Verbesserungen und insbesondere die Harmonisierung und Integration aller Geschäftsprozesse und -systeme der zwei fusionierten Unternehmen, um Best-in-Class-Abläufe in allen Länderorganisationen zu erzielen.

Was musste im Einzelnen passieren, damit FSC die strategischen Ziele erreichen konnte? Aufgabe der operativen Einheiten war es, unter Führung des Managementteams den Verbesserungsbedarf in der Supply Chain zu identifizieren und zu priorisieren, um die notwendigen Investitionen auf Projekte mit der höchsten Rendite konzentrieren zu können. Berücksichtigt wurde bei der Priorisierung auch der Zeitbedarf der einzelnen Aktionen, um die Projekte rechtzeitig starten zu können und das Gewinnziel nicht zu gefährden.

Es entstand ein Mix aus kurz-, mittel- und langfristig wirksamen Projekten – gebündelt in 13 Initiativen. Mit hoher Priorität als kurzfristig realisierbar eingestuft wurde z. B. die Initiative zur Verbesserung der End-to-End-Supply-Chain-Integration, die zur Senkung der Kosten, für eine Verbesserung des Servicegrads und zum Erhalt der Kundenbasis dringend erforderlich war. Ebenfalls hoch priorisiert wurde als mittelfristig angelegte Initiative die Zusammenarbeit beim Produktdesign; diese ließ sich allerdings erst mit der nächsten Produktgeneration verwirklichen. Hohe Priorität hatte auf Grund der langen Vorlaufzeit auch die Entwicklung neuer Produktsegmente, die angesichts erforderlicher zusätzlicher Fähigkeiten noch große Risiken barg. Alle Initiativen zur Erreichung operativer Verbesserungen basierten stark auf innovativer Informations- und Kommunikationstechnik.

Innerhalb der Supply-Chain-Initiative kristallisierte sich heraus, dass vor allem drei Kriterien für die Ausgestaltung entscheidend sind: Kosten, Zeit und Flexibilität in der Produktkonfiguration. Es wurden Fragen gestellt wie: Was kostet der Transport für die einzelnen Produkte, wie sehen die Verfallskosten aus? Ist die Lieferzeit ein entscheidender Faktor für den Kunden? Wie hoch ist die Variantenvielfalt bedingt durch die Konfigurationsmöglichkeiten des Produkts? Durch die Beantwortung dieser oder ähnlicher Fragen entstand im Unternehmen die SCM-Strategie, mehrere speziell auf die einzelnen Produktcharakteristika abgestimmte Supply Chains zu gestalten. Bei Desktops z. B. sind Kosten und Zeit ein großer Faktor, Flexibilität ist aber auch nötig – deshalb kommen „Barebone"-Desktops aus Asien und werden lokal fertig gestellt. Bei PDAs sind die Freiheitsgrade bei der Konfiguration limitiert und auch die Verfallskosten sind vergleichsweise gering. Eine kurze Lieferzeit allerdings ist entscheidend. PDAs werden entsprechend für den europäischen Markt komplett in Asien vorgefertigt. Bei leistungsstarken Enterprise-Servern hingegen spielt die Lieferzeit eine untergeordnete Rolle. Hohe Verfallskosten und kundenspezifische Konfigurationsmöglichkeiten sind ausschlaggebend – in diesem Fall fertigt FSC die Produkte größtenteils lokal.

*Optimierung der Supply Chain aus End-to-End-Prozess-
Perspektive mit Hilfe detaillierter Arbeitspakete*

Um die operativen Verbesserungen – wie es erforderlich ist – ganzheitlich anzugehen, wurden anschließend die Prozesse „end-to-end" konzipiert und funktionsübergreifend implementiert. Dazu wurde für den End-to-End-SCM-Prozess – wie für alle End-to-End-Prozesse – ein Prozessgeschäftsführer ernannt, der voll ergebnisverantwortlich war. Zusätzlich zur Optimierung aus Gesamtsicht erfolgte eine Überarbeitung der Teilprozesse, um die Kundenbedürfnisse und Kostensenkungsziele sicherzustellen. Prozesse wurden im Rahmen der Optimierung als unternehmensinterne Flüsse betrachtet, in deren Zentrum der Kunde steht und in die Geschäftspartner und Lieferanten einbezogen werden, um die gesamte Wertschöpfungskette optimal abzudecken.

Die SCM-Initiative untergliederte sich entsprechend in eine ganze Reihe von Teilprozessen, so z. B. in den Auftragsbearbeitungsprozess, das Bestellmanagement oder den Planungsprozess. Für die Bearbeitung dieser Teilprozesse wurden einzelne abarbeitbare „Pakete" geschnürt – im Planungsprozess gehörten dazu unter anderem die Pakete „Quick Fixes", „Modellplanung" oder „Komponentenplanung".

Darüber hinaus gab es übergreifende IT-Projekte, beispielsweise zur Verbesserung der Datensicherheit oder des LAN-Netzwerks, von denen alle Initiativen innerhalb des FSC-Transformationsprogramms profitierten.

Abarbeitung der Projektpakete nach festem Fahrplan

Projektstruktur und Umsetzungsfahrplan stellten sicher, dass die Gesamtaufgabe in überschaubare Arbeitspakete (AP) zerlegt und renditeorientiert abgearbeitet werden konnte. Zuständig für das gesamte FSC-Transformationsprogramm mit SCM als einer der wesentlichen Initiativen war das „Programm-Office". Seine Funktion war die Kontrolle und Überwachung aller Aktivitäten sowie das Berichten der Ergebnisse der Transformationsinitiativen an das Management Board und die Anteilseigner. Für jede Initiative – so auch für die SCM-Initiative – gab es eine dreistufige Projektstruktur/-organisation (vgl. Abbildung 3):

• *„SCM-Initiative":* Die Arbeiten zur Optimierung der Supply Chain standen unter der Leitung eines Prozessgeschäftsführers. Er koordinierte und überwachte die Erarbeitung der Lösung durch die operativen Einheiten. In seine Verantwortung fiel die Entwicklung eines detaillierten Fahrplans für die Lösungsumsetzung, aber auch die Vorstellung des Projektfortschritts im funktionsübergreifenden Lenkungsausschuss unter Leitung des CEO.

Der Fahrplan war so zu konzipieren, dass sich das Gesamttransformationsziel durch Implementierung einer angemessenen und kontrollierbaren Anzahl von Einzelprojekten innerhalb von zwei Jahren erreichen ließ. Die Planung war so aufzustellen, dass Schritt für Schritt Erfolge sichtbar wurden und sich die Teilprojekte schnell rechneten. Mit diesem Pay-as-you-Go-Vorgehen konnte im Projekt eine hohe Dynamik aufrechterhalten werden.

- *„SCM-Teilprojekte":* Eine Vielzahl von Teilprojekten sorgte dafür, dass die Umsetzung Schritt für Schritt vorankam. Die Teilprojekte waren so angelegt, dass sie innerhalb kurzer Zeit realisiert werden konnten. Nur in Ausnahmefällen überschritt die Dauer eines Projekts sechs Monate. Jedes Teilprojekt musste die Investitionsrenditerichtlinien des Unternehmens erfüllen. Der Projektfortschritt wurde mit Hilfe von Meilensteinen überwacht, der Erfolg eines Projekts während und nach der Implementierung anhand von Erfolgskennzahlen gemessen.

- *„SCM-Arbeitspakete":* Als gut steuerbare Teilbereiche mit klarer Umsetzungsverantwortung bildeten Arbeitspakete die unterste Ebene, die vom formalen Implementierungs-Controlling-System erfasst wurde.

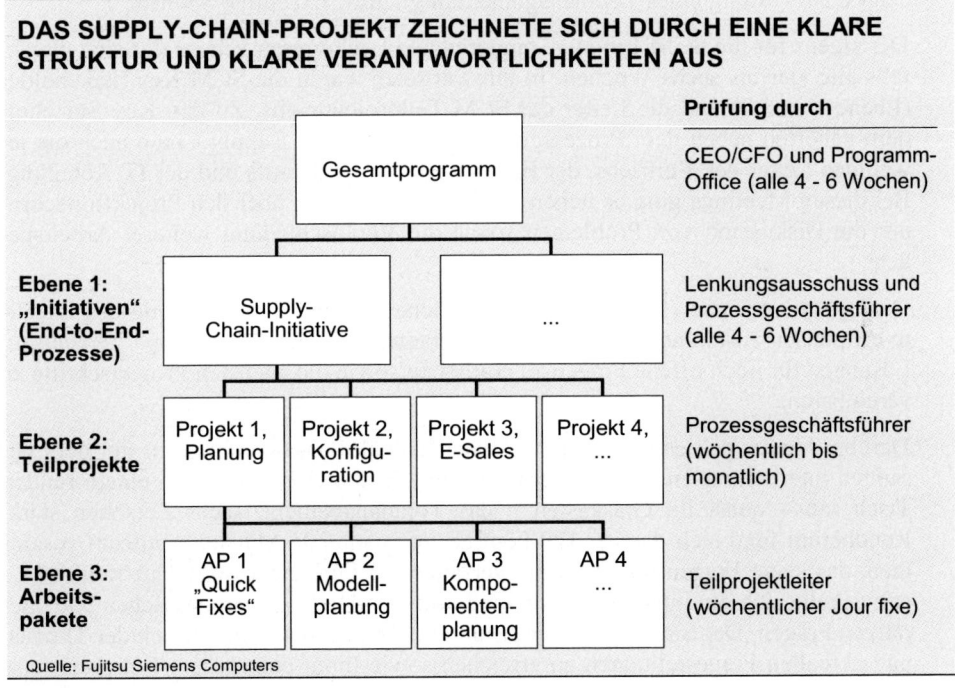

Abbildung 3

Durchführung des SCM-Projekts mit aktiver Einbindung der Unternehmensleitung

Um das Momentum aufrechtzuerhalten, griff das Management aktiv gestaltend in den Transformationsprozess ein – das Projekt stand während der gesamten Dauer ganz oben auf der Managementagenda. Unter Führung des CEO nahm das Topmanagementteam direkt an der Entwicklung der Unternehmensstrategie und der Definition der Geschäftsziele teil, es steuerte die Ausgestaltung des Programms und begleitete die Implementierung über die gesamte Projektdauer. Die große Aufmerksamkeit, die die Unternehmensleitung dem Projekt zuteil werden ließ, führte binnen kurzer Zeit zu einem stimmigen Unternehmenskonzept und Transformationsprogramm, förderte die Akzeptanz auf Seiten der Mitarbeiter und sorgte für eine zügige Umsetzung. Das Management setzte projektbegleitend auf ein ganzes Bündel von „Energizing the Company"-Maßnahmen:

- *Regelmäßige Projektreviews auf den unterschiedlichen Ebenen:* Alle vier bis sechs Wochen kam das Topmanagementteam zusammen, um das gesamte Transformationsprogramm zu besprechen, den Projektfortschritt zu verfolgen und die Richtung für die weiteren Arbeiten vorzugeben. Jede einzelne der 13 Initiativen stand unter der Verantwortung eines Topmanagementmitglieds („Executive Sponsor").

  Der eigens für die SCM-Initiative eingerichtete Lenkungsausschuss traf sich gleichfalls alle vier bis sechs Wochen. In ihm vertreten waren die SCM Key Stakeholder (Ebene 1 und 2) und die Leiter der SCM-Teilprojektteams. Zu den Key Stakeholdern gehörten neben dem Prozessgeschäftsführer für die Supply Chain auch die jeweiligen Leiter des Vertriebs, der Entwicklung, des Einkaufs und der IT-Abteilung. Bei diesen Meetings ging es neben der Berichterstattung über den Projektfortschritt um die Diskussion von Problemen sowie die Verabschiedung weiterer Arbeitspakete.

  Das operative Team (Projektteam) kam wöchentlich unter der Leitung des Executive Sponsor zusammen, um die Projektarbeiten zu koordinieren und gemeinsam Lösungen für noch offene Fragen zu erarbeiten sowie die nächsten Projektschritte zu vereinbaren.

  Darüber hinaus gab es viertel- bzw. später halbjährliche Konferenzen mit dem gesamten internationalen Managementteam im „Fishbowl-Format". An einem runden Tisch saß – quasi im Glaskasten – das Topmanagement, sechs Personen stark. Rundherum fand sich das ca. 120-köpfige internationale Managementteam zusammen, das seine Fragen direkt an die versammelte Führungsmannschaft richtete. Es entwickelte sich ein intensiver Frage-und-Antwort-Dialog zu strategischen wie operativen Fragen. Der Sinn dieser Veranstaltung: Transparenz hinsichtlich der Themen und aktuellen Fragestellungen zu erreichen sowie Input einzuholen. Beispielsweise wurde in einem dieser Meetings die Idee einer „Point of Sales"-Datenbank geboren, in der Vertriebsmitarbeiter – bis zur Einführung neuerer Online-Systeme – den aktuellen Status zu Produktverfügbarkeiten, -lieferzeiten etc. nachlesen können.

Einbeziehung der Mitarbeiter in die Neugestaltung: Für die Ab-/Einleitung der erforderlichen Änderungen wurde ein Web-basiertes Konzept (*myworkplace*) implementiert. Die Mitarbeiter konnten sich zu dem Umstellungsbedarf äußern und selbst Anregungen unterbreiten. Das Konzept sah eine Befragung der Mitarbeiter bis hinunter auf die Arbeitsebene (ca. sechs bis acht Mitarbeiter), die gruppenbezogene Auswertung und Diskussion sowie einen Vergleich der Befragungsergebnisse der einzelnen Minigruppen vor. Verborgene Stärken, aber auch Schwächen der Organisation wurden sichtbar, ebenso die Verhaltensmuster der Mitarbeiter. Die so gewonnenen Erkenntnisse konnten zur Leistungssteigerung genutzt und der Änderungsprozess wirkungsvoll unterstützt werden.

Beispielsweise entstand aus diesen Gesprächen die Idee, ein internes Netzwerk zwischen unterschiedlichen Bereichen für den Informations- und Erfahrungsaustausch einzurichten, mit dem Ziel, voneinander zu lernen. Beispiele für diesen Informationsaustausch sind das standardmäßige Zielvereinbarungsgespräch mit Mitarbeitern der oberen Tarifgruppen und – bezogen auf alle Mitarbeiter – die Schaffung von Transparenz hinsichtlich der Aus- und Weiterbildungsmöglichkeiten im Unternehmen.

- *Einrichtung einer Kommunikationsbasis:* Eine Dialogreihe *„Town Talks"* wurde in allen internationalen Länderorganisationen zwischen September 2001 und Januar 2002 abgehalten. Zwei oder drei Mitglieder des Managementteams reisten an die einzelnen Standorte, um zu Tagesgeschäftsthemen Rede und Antwort zu stehen. Dabei kam nach der Information des Managements zum Projektfortschritt alles zum Gespräch – die Anmahnung von Lieferungen bis hin zur Angst vor Verlust des Arbeitsplatzes. Die *Town Talks* zielten damit auf die direkte Kommunikation des Topmanagements mit den Mitarbeitern an den Standorten ab.

Große Bedeutung hatte darüber hinaus die Kommunikation der Veränderungen nach außen. Mit ihrer Hilfe gelang es, die externen Beteiligten an der Wertschöpfungskette – Lieferanten, Hersteller, Kunden – mit ins Boot zu holen und am Markt den verbesserten Service vorzustellen.

3.2 Vorgehen bei der Lösungsfindung und -umsetzung – SCM-Neuausrichtung mit dem 4C-Modell

Während für die Abarbeitung des gesamten Transformationsprogramms gleiche Grundsätze galten, fanden in den einzelnen Initiativen und Projekten zur Entwicklung und Umsetzung der Lösung verschiedene Modelle Anwendung. Bei der End-to-End-Ausrichtung der Supply Chain nutzte FSC das 4C-Modell. Dieses Modell eignet sich besonders gut für die Schaffung integrierter Prozesse mit starkem IT-Unterstützungsbedarf. Es erlaubt eine systematische Erfassung aller Optimierungsansatzpunkte aus ganzheitlicher Sicht, fördert die Zusammenstellung erforderlicher Teilprojekte und Arbeitspakete für die gesamte Wertschöpfungskette und unterscheidet dabei zwischen dem Verbesserungsbedarf im eigenen Unternehmen und dem bei der Ein-/Anbindung externer Partner. Das 4C-Modell legt auch eine gewisse Reihenfolge bei der Umsetzung nahe und richtet mit „Consolidate" als erstem Schritt den Fokus auf Verbesserungen, die „Early Wins" ermöglichen.

Vor der Strukturierung der Projektarbeiten nach dem 4C-Modell stand eine gründliche Bestandsaufnahme auf dem Programm. Gefragt wurde u. a.: Wie sehen die Abläufe derzeit aus? Was unterscheidet sie von Idealabläufen? Gibt es adäquate IT-Unterstützung? Wo sind Defizite, wo welcher Handlungsbedarf erkennbar?

Die Situationsanalyse direkt nach der Fusion deckte erhebliche Leistungsdefizite in der Supply Chain auf. Nicht nur waren Prozesse nicht vollständig aufeinander abgestimmt und die Systemlandschaft der fusionierten Unternehmen uneinheitlich, es gab auch beträchtliche Ungereimtheiten innerhalb der Prozesse bei der Handhabung einzelner Aufgaben.

So arbeiteten Länderverkaufsorganisationen und zentrales Order Management nicht wirkungsvoll zusammen. Jede Länderorganisation hatte unterschiedliche Prozesse. Bestellungen gaben sie per Fax oder telefonisch weiter; eine elektronische Weitergabe war in der Regel nicht vorgesehen. Aufträge blieben nicht selten unbearbeitet in den Eingangsablagen der Vertriebsabteilungen liegen. Verkauft wurde, was die Kunden wollten, nicht, was verfügbar war. Auf Grund der manuellen Auftragseingabe kam es immer wieder zu Fehlern. Dies alles führte zu langen Vorlaufzeiten: Aufträge durchliefen viele Stationen (vom Kunden zum Vertrieb, vom Vertrieb zur Zentrale oder zum Auftragseingang etc.), bevor sie ihre endgültige Bestimmung und die Lieferanten erreichten.

Für die Steuerung der betrieblichen Prozesse waren zudem verschiedene Enterprise-Resource-Planning(ERP)-Systeme im Einsatz. Ein Echtzeitzugriff auf Bestellinformationen fehlte ebenso wie Klarheit über die Materialverfügbarkeit – man behalf sich mit manueller Planung mit Hilfe von Excel. Ineffizienzen ergaben sich auch aus den vielen komplexen Schnittstellen zwischen Endmontage, Werken und Lieferanten. Bei kritischen Komponenten herrschte nur begrenzte Preistransparenz. Genaue Aussagen über den Liefertermin waren nicht möglich; die Lieferzuverlässigkeit war auf Grund mangelhafter Auftragsverfolgung schlecht.

Mit einem Arbeitsprogramm nach dem 4C-Modell gestaltete FSC eine integrierte Lösung mit durchgehendem, auf die einzelnen Abläufe abgestimmtem Informationsfluss. Die Gliederung der Projekte nach den „C-Phasen" sah wie folgt aus (vgl. Abbildung 4):

- *Consolidate*: Vorrang erhielten zunächst die Maßnahmen, die FSC intern umsetzen konnte. In einem ersten Schritt führte FSC ein standardisiertes Transaktionssystem (ERP) in allen Länderorganisationen ein, um die Probleme durch abweichende Systemlandschaften nach der Fusion zu überwinden. FSC stellte gleichzeitig sicher, dass Datenstrukturen und Auftragsprozesse in der Gesamtorganisation standardisiert und korrekt im zentralen Auftragssystem abgebildet wurden. Darüber hinaus implementierte FSC eine Track-and-Trace-Funktion zur Herstellung von Transparenz in der gesamten Wertschöpfungskette. Eine Auftragsverfolgung wurde damit möglich und letztendlich die Erhöhung der Lieferpünktlichkeit für Kunden.

- *Coordinate*: FSC realisierte auf Basis des Standardtransaktionssystems einen Online-Konfigurator. Dieser ermöglicht es dem Kunden, Produkte seinen spezifischen Anforderungen entsprechend zusammenzustellen. Vor der Weiterleitung des Auftrags an die Produktion führt das Tool online in Echtzeit eine Prüfung der Produktverfügbarkeit durch. Während dieser Prüfung checkt es online auch den Materialeingang und die Kapazitäten und errechnet auf dieser Datengrundlage ein realistisches Lieferdatum, das dem Kunden bekannt gegeben wird.

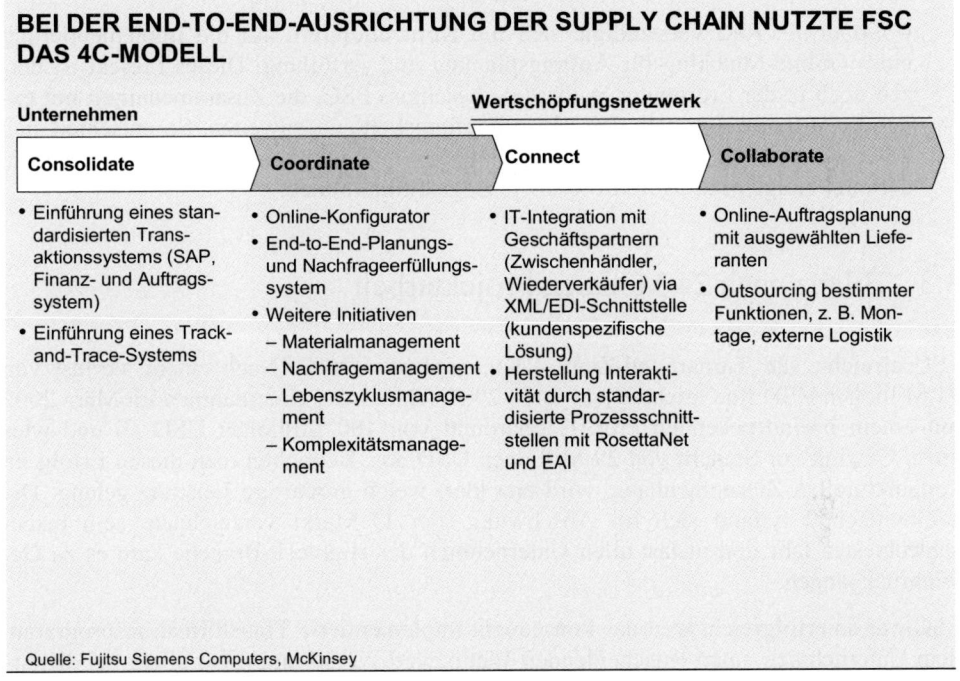

BEI DER END-TO-END-AUSRICHTUNG DER SUPPLY CHAIN NUTZTE FSC DAS 4C-MODELL

Abbildung 4

Ein weiteres großes Projekt war die Einführung eines End-to-End-Planungs- und Nachfrageerfüllungssystems, das Kundenaufträge den Materialzuflüssen gegenüberstellt. Zur Implementierung nutzte man eine Standardsoftware, die man in die FSC-Systemumgebung integrierte. Mit der Einführung des Systems konnte die Zahl der Planungszyklen erheblich reduziert werden. Die Vorlaufzeit wurde durch ein Anheben der Prognosefrequenz und eine verbesserte Verfügbarkeit sowie die Integration von Prognose- und Planungsprozessen auf ein absolutes Minimum verkürzt.

Eine Reihe weiterer Koordinationsinitiativen ergänzte die Einführung des End-to-End-Planungs- und Nachfrageerfüllungssystems, mit dem Ziel, die prozessinterne Entscheidungsfindung zu optimieren. Dazu zählten beispielsweise das Materialmanagement- und Komplexitätsprojekt, das zu einer klaren Beschaffungsstrategie für Material führte, oder das Lebenszyklusmanagement-Projekt zur Verbesserung der zeitlichen Taktung von Produktein- und -ausführung.

- *Connect*: FSC erzielte über interne Prozessoptimierungen hinaus auch eine optimale Integration mit den Partnern in der Wertschöpfungskette. Zwischenhändler (und Wiederverkäufer) erhielten eine Verbindung via XML/EDI. Die Interaktion zwischen den einzelnen Unternehmen wurde auf Basis der Prozessbeschreibungen in RossettaNet standardisiert.

- *Collaborate*: FSC verständigte sich mit Kernzulieferern auf die Implementierung eines Online-Matching für Auftragsplanung und -erfüllung. Dieses Projekt ist derzeit noch in der Erprobung. Außerdem beschloss FSC, die Zusammenarbeit mit externen Partnern innerhalb der Wertschöpfungskette auszuweiten. So entschied sich FSC, als Teil der Gesamttransformation bestimmte Funktionen fremdzuvergeben, darunter einige Montageschritte sowie Logistikfunktionen.

3.3   Bilanz nach 24 Monaten Projektarbeit

FSC erreichte die Turnaround-Ziele – wie geplant – 2002. Nach einem Verlust von 71 Millionen USD im Geschäftsjahr 2000/2001 schloss das Unternehmen im März 2002 mit einem beeindruckenden Profit-Turnaround von 100 Millionen USD ab und wies einen Gewinn vor Steuern von 29 Millionen USD aus. Betrachtet man diesen Erfolg im konjunkturellen Zusammenhang, wird erst klar, welch großartige Leistung gelang: Die Weltwirtschaft befand sich im Abschwung, der IT-Markt verzeichnete sein bisher schlechtestes Jahr und in fast allen Unternehmen der Hightech-Branche kam es zu Gewinnrückgängen.

FSC war so erfolgreich, weil das konsequent implementierte Transformationsprogramm dem Unternehmen einen entscheidenden Wettbewerbsvorsprung – vor allem bei der Erfüllung der Kundenanforderungen – verschaffte. Einen großen Beitrag leistete dazu das Supply-Chain-Management-Projekt. Das neue Supply-Chain-Management-System, das alle Stufen von Lieferanten und Herstellern über Läger bis hin zu Groß- und Einzelhändlern integriert und somit die Grundlage für den Online-Warenaustausch und die Online-Planung von der Käufer- bis zur Verkäuferseite bildet, führte zu einer Verkürzung der Vorlaufzeit um 52 Prozent – von 22,2 auf 10,6 Tage – und erhöhte die Lieferzuverlässigkeit um 44 Prozent von 62 auf 89 Tage (vgl. Abbildung 5). Gleichzeitig sanken die Kosten für das Supply Chain Management um 25 Prozent.

DIE OPTIMIERUNG DER SUPPLY CHAIN FÜHRTE ZU EINER DEUTLICHEN ERHÖHUNG DES SERVICELEVELS

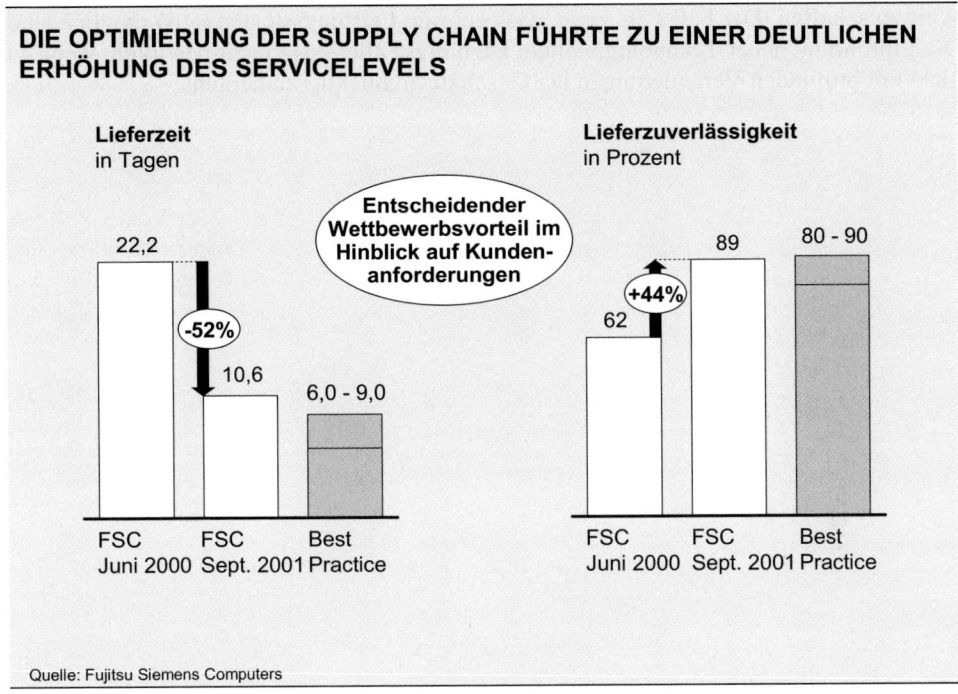

Quelle: Fujitsu Siemens Computers

Abbildung 5

4. Ausblick: SCM auch weiterhin für Unternehmen eine große Herausforderung

In der Supply Chain wird die Komplexität eher ansteigen als zurückgehen, betrachtet man die Markttrends, die auf eine größere Produktvielfalt, eine Differenzierung der Servicelevel nach Kundensegmenten oder weitere Kostensenkungen durch Outsourcing zusätzlicher Stufen der Wertschöpfungskette (z. B. Auftragsbearbeitung oder Back-Office-Funktionen) deuten. Beispielsweise wäre es denkbar, dass künftig die Produkt- oder Lieferantendatenpflege in Billiglohnländern stattfindet oder dass Finanztransaktionen nicht mehr über firmeneigene Systeme laufen, sondern von einer Bank abgewickelt werden.

Die technischen Systeme zur Bewältigung dieser Komplexität sind vorhanden. Die wahre Herausforderung ist die Überwindung der Umsetzungshürde, um zusätzlichen

Wert zu schaffen. Der Fall FSC zeigt, dass enorme Leistungssteigerungen möglich sind. Die Einführung neuer Technologie allein kann diese allerdings nicht bewirken, wenn sie nicht mit profunden Veränderungen der Geschäftsarchitektur einhergeht.

Hermann-Josef Lamberti

Customer Relationship Management – Die richtigen Kunden richtig bedienen

Hermann-Josef Lamberti ist Mitglied des Vorstands der Deutsche Bank AG.

1. Einleitung

Innovative IT-Systeme und das Internet eröffnen dem Management von Kundenbeziehungen neue, beeindruckende Möglichkeiten. Doch CRM ist dennoch kein reines Technologiethema. CRM ist erstens eine Business-Philosophie, zweitens eine Managementaufgabe und drittens bezüglich der Unterstützung und Umsetzung ein IT-Thema. Das Ziel: den Schwerpunkt des Vertriebs vom Produktverkauf auf die systematische Entwicklung und Ausschöpfung von Kundenbeziehungen verlagern. Auf diese Weise kann CRM sein volles Potenzial ausspielen und zu deutlichen Wettbewerbsvorteilen führen.

2. Die Kunden optimal betreuen

Glaubt man aktuellen Veröffentlichungen, dann steht Customer Relationship Management (CRM) derzeit nicht hoch im Kurs.

Übereinstimmend wird beklagt, dass in vielen Fällen die Ziele nicht erreicht wurden oder die Projekte gar gescheitert seien – von bis zu 70 Prozent Ausschussrate ist die Rede. Den Mitarbeitern fehlt häufig der Anreiz, das System einzusetzen, wie das Zitat eines Anwenders verdeutlicht: „It makes my boss richer, but doesn't help me." Dennoch gilt: CRM ist als strategische Aufgabe kein Irrweg. Im Gegenteil: CRM verdient gerade im Finanzsektor als Managementaufgabe mehr Aufmerksamkeit denn je. CRM ist die Herausforderung jeder innovativen Distributionsstrategie.

Ein Blick auf die Entwicklung des Finanzsektors in den vergangenen Jahren macht die Notwendigkeit eines kundenzentrierten Ansatzes evident.

1993 gab es kein Online Banking, kein Online Brokerage, kein Xetra, keinen Euro und keine derivativen Finanzinstrumente für Privatkunden. Die M&A-Welle hatte die Finanzindustrie noch nicht im globalen Maßstab erreicht – das Geldgeschäft war deutlich national geprägt. Kein einziges deutsches Unternehmen war an einer amerikanischen Börse gelistet. Kursschwankungen von täglich bis zu 5 Prozent waren absolute Ausnahmen. Heute können wir weltweit mit der ec-Karte am Automaten Geld abheben und weltweit von jedem PC via Internet direkt über das eigene Konto und Depot disponieren.

Wie fast kein zweiter Wirtschaftszweig ist die Finanzwelt global vernetzt – bis hin zu den privaten Kunden. Die technischen Errungenschaften haben die Kunden emanzipiert;

Mobilität und individuelle Lebensentwürfe lassen unspezifizierte Kundenansprachen und Produkte immer häufiger ins Leere laufen.

Insgesamt agieren die Geldinstitute heute unter anderen gesellschaftlichen Rahmenbedingungen als noch vor zehn Jahren und mit vollkommen neuen Mitteln – und das mit drei weitreichenden Konsequenzen:

- *Wettbewerbsintensität und hoher Margendruck:* Die Finanzinstitute stehen in einem härteren Wettbewerb. Die Konsequenz: Kosteneinsparungen durch effiziente Prozesse und die Verringerung der Fertigungstiefe sowie das gleichzeitige Erschließen neuer Cross-Selling-Potenziale.

- *Erhöhte Komplexität und Geschwindigkeit:* Berater und Kunden sehen sich gleichermaßen mit einer nie gekannten Angebotsvielfalt konfrontiert, die sich mit großer Geschwindigkeit verändert. Märkte, Finanzprodukte und Anbieter sind nur noch schwer zu überblicken. Die Konsequenz: Die individuelle Beratung erfährt eine Renaissance und wird für die Bank zu einem zentralen Wettbewerbsfaktor.

- *Virtualisierung der Kundenbeziehung:* Callcenter, Online-Services und eine weitgehende Automatisierung ergänzen traditionell gewachsene, persönliche Kundenbeziehungen. Die Konsequenz: Ein belastbares Kunden- und Vertrauensverhältnis muss durch intensiven Dialog aufgebaut und gepflegt werden.

Das heißt: Nur mit einem systematischen Customer Relationship Management können Banken in diesem Wettbewerbsumfeld erfolgreich agieren. Insofern wird ein wichtiger Erfolgsfaktor für Banken in Zukunft sein, die bestehenden Geschäftsmodelle gezielt auf die Kundenbedürfnisse auszurichten.

Meine erste These lautet dabei: „Es gibt kein CRM von der Stange. Ein einheitliches Vorgehensmodell kann es nicht geben. So individuell wie die Kundenanforderungen und Geschäftsmodelle der Banken sind, so individuell müssen auch die CRM-Lösungen sein – und zwar sowohl technisch als auch organisatorisch/strukturell."

Anhand der verschiedenen Kundengruppen eines Finanzdienstleisters wie der Deutschen Bank möchte ich zeigen, wie CRM im individuellen Zusammenspiel von Managemententscheidungen, Neudefinition von Geschäftsprozessen und IT-Anwendungen gelingen kann und überzeugende Ergebnisse erzielt.

3. „db client first" im Corporate Investmentbanking

Im Bereich Corporate Investmentbanking ist die Deutsche Bank heute in allen Industrien weltweit tätig. Mit 84.500 Kunden und einem Ertrag in diesem Bereich von 14,3 Milliarden EUR zählt sie zu den führenden Anbietern im Markt.

In der Vergangenheit war das Kundenbild im Segment Corporate Finance auf die Gesichtspunkte Länder, Finanzprodukte und Branche beschränkt. Entsprechend fragmentiert wurden die Kunden betreut. Eine ganzheitliche Betrachtung und Betreuung über alle Produktsegmente fand nur eingeschränkt statt, und zwar nicht deshalb, weil die Informationen nicht verfügbar gewesen wären, sondern weil weder Geschäftsprozesse noch Managementfokus und IT-Systeme eine solche kundenzentrierte Sicht abbildeten und unterstützten.

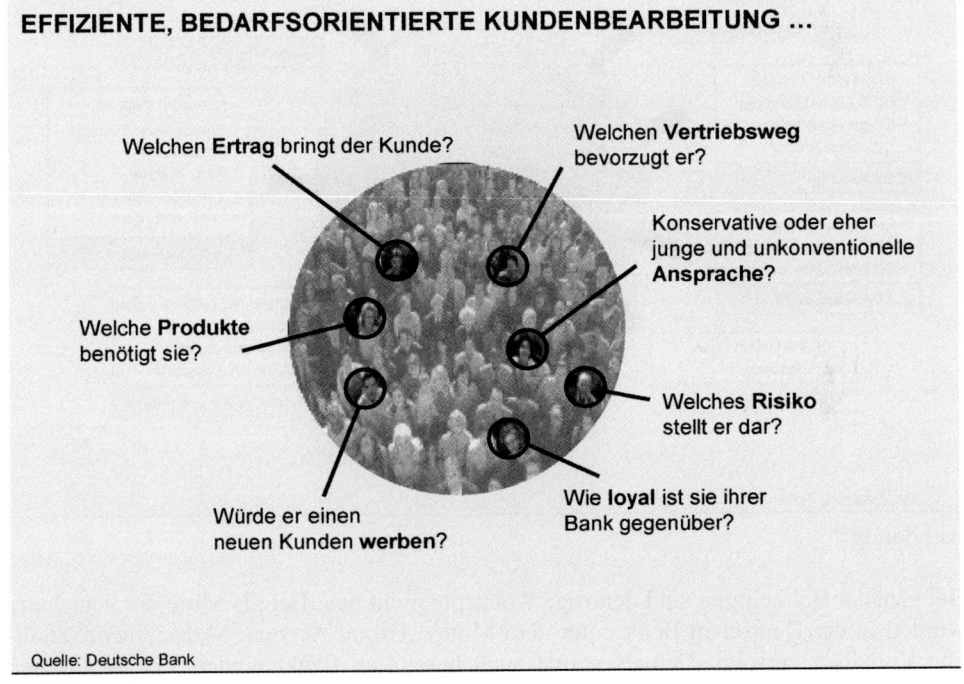

EFFIZIENTE, BEDARFSORIENTIERTE KUNDENBEARBEITUNG ...

Welchen **Ertrag** bringt der Kunde?

Welchen **Vertriebsweg** bevorzugt er?

Konservative oder eher junge und unkonventionelle **Ansprache**?

Welche **Produkte** benötigt sie?

Welches **Risiko** stellt er dar?

Würde er einen neuen Kunden **werben**?

Wie **loyal** ist sie ihrer Bank gegenüber?

Quelle: Deutsche Bank

Abbildung 1

Anfang 2002 wurde die Entscheidung getroffen, diesen fragmentierten Ansatz zu Gunsten einer kundenzentrierten Vorgehensweise aufzugeben und das Management der Kundenbeziehungen auf eine neue Grundlage zu stellen. Das Projekt mit der Bezeichnung „db client first" beinhaltete sowohl einen neuen strukturellen Managementansatz als auch den Aufbau unterstützender IT-Systeme.

Die strukturellen Veränderungen umfassten die Neuordnung und Verdichtung der bestehenden Vertriebsorganisationen unter dem Dach eines Senior Investmentbankers. Dieser Senior Banker wurde zum Fokus der Produktvertriebsstruktur gegenüber dem Kunden. Ihm zugeordnet ist ein Client-Service-Team, das unabhängig von Regionen und Produkten zusammengesetzt ist. Der Senior Investmentbanker ist auf Managementebene zentraler Ansprechpartner für den Kunden – und zwar auf einem globalen Level. Die Client-Service-Teams können je nach Kundengröße 10 bis 100 Mitarbeiter umfassen.

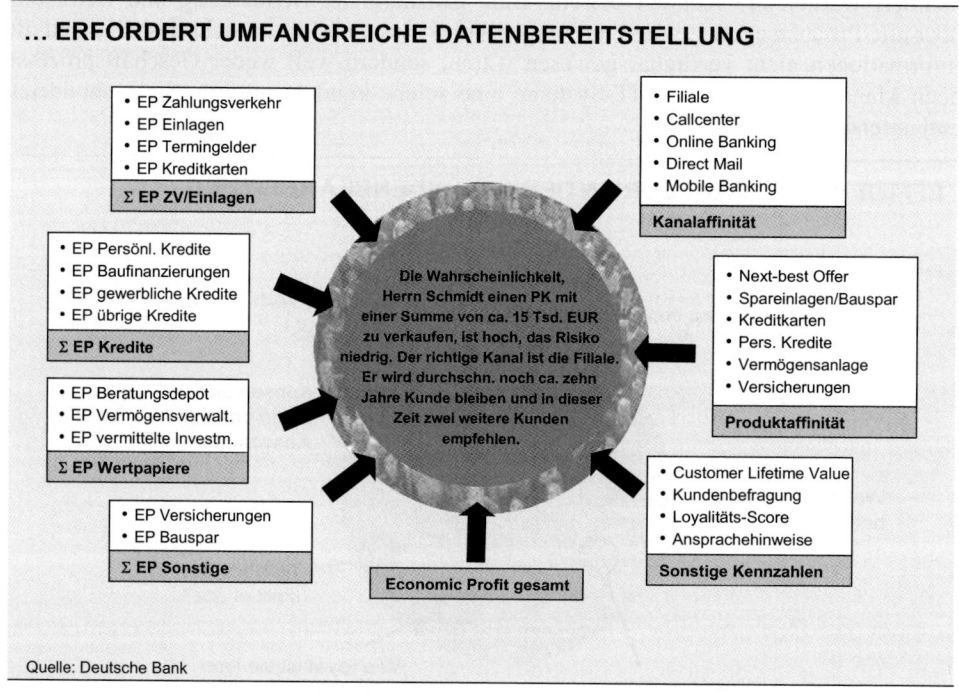

Abbildung 2

Bei genauer Betrachtung sind derartige Konzepte nicht neu. Bereits Mitte der 90er Jahre wurden in der Deutschen Bank unter dem Motto „Group Account Management" ähnliche Vorhaben verfolgt. Damals wurde auch bereits an flankierenden technologischen Lösungen gearbeitet. Doch standen zu dieser Zeit noch keine IT-Systeme zur Verfügung, die diesen Ansatz hätten unterstützen können – bzw. die Investitionen wären nicht zu rechtfertigen gewesen.

Nur fünf Jahre später hat sich die Situation geändert – ein Beispiel für die ungeheure Dynamik der technischen Entwicklung und der sich daraus ergebenden Geschäftspotenziale. Unterstützt wird das Team durch ein neuartiges Portal, das sämtliche bestehenden

Anwendungen und Datenbanken integriert – insgesamt über 20 Datenbestände. Das Portal erlaubt erstmals einen ganzheitlichen Blick auf den Kunden, angefangen von Ansprechpartnern und Ratings über Research-Berichte, laufende Verträge und MIS-Informationen, geplante Abschlüsse, Publikationen, Präsentationen und Presseberichte bis hin zu Gesprächsprotokollen und Meeting-Berichten. Mit „db client first" verfolgen wir zwei Zielrichtungen: zum einen das Einrichten eines Management Information Tools über automatisierte Auswertungsroutinen und zum anderen die Bereitstellung eines Relationship Management Tools für das operative Tagesgeschäft.

ZWEIFACHE CRM-AUSRICHTUNG („PUSH/PULL")

	Management Information Tool	Relationship Management Tool
Zielsetzung	• Monitoring der Kunden- und Marketingaktivitäten der Mitarbeiter	• Unterstützung der Kundenteams zur effizienteren Bearbeitung
System	• Bereitstellung eines abrufbaren Reporting • Konzentration auf Funktionalitäten des Management-Reporting als Teil des Review-Prozesses	• Unterstützung des Informationsaustauschs und der Teamarbeit • Portal für alle relevanten Kundeninformationen
Erfolgsfaktor	• „Push" des Managements	• „Pull" der Anwender

Sicherstellung einer breiten Akzeptanz

Quelle: Deutsche Bank

Abbildung 3

Im Detail beinhaltet „db client first" folgende Module:

- *Information Aggregation:* Zusammenführung und Verdichtung von Kundeninformationen aus bestehenden Datenbanken

- *Client-Service-Team:* In diesem Bereich sind alle Mitarbeiter der Deutschen Bank aufgeführt, die für einen speziellen Kunden arbeiten – und zwar abteilungsübergreifend und auf globalem Level

- *Client Communication und Contacts:* Dieses Segment umfasst ein globales Kundentelefonbuch und die Kundenhistorie, Gesprächsprotokolle, Berichte u. a.

- *DB Deals*: Das Modul beinhaltet Verträge und Abschlüsse, und zwar historische, laufende und geplante

- *Deals in the Market:* Ein Verzeichnis mit weltweit öffentlich zugänglichen Informationen über vermutete oder bekannt gegebene Deals des jeweiligen Kunden

- *Credit und Revenue:* Dieser Teil von „db client first" listet alle verfügbaren Finanzdaten des Kunden auf, inklusive interner und externer Ratings

- *Client Planning:* Ein flexibles Tool zur übergeordneten Steuerung der Bankaktivitäten

- *DB Equity Research:* Sektion mit den aktuellen Reports des internen Research.

Einen zusätzlichen Mehrwert bieten einfach zu handhabende Suchroutinen und Filter, die jede denkbare Abfrage ermöglichen.

BEISPIEL „DB CLIENT FIRST"

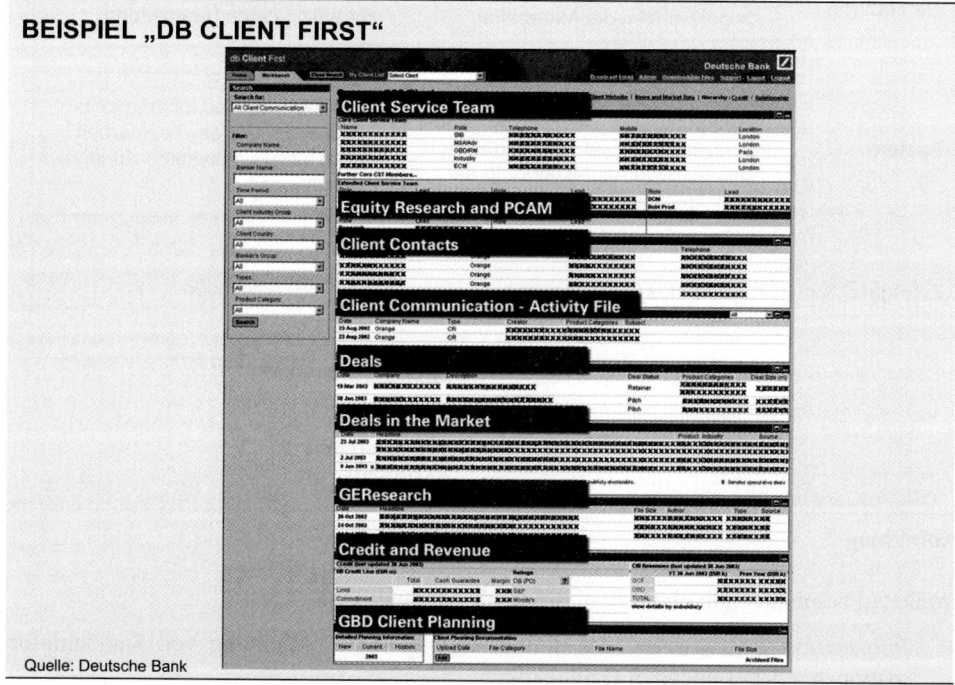

Quelle: Deutsche Bank

Abbildung 4

Das Portal basiert auf standardisierter Webtechnologie und wurde innerhalb von nur sechs Monaten konzipiert, entwickelt und Ende 2002 eingeführt. Das Investment für das gesamte Projekt betrug ca. 6 Millionen EUR, pro Arbeitsplatz betragen die Kosten weniger als 2.000 EUR. Inzwischen arbeiten mehr als 3.600 Anwender mit dem CRM-Werkzeug bei einer hohen Akzeptanz und Nutzungsrate.

Diese CRM-Anwendung kann beispielhaft für mehrere Trends stehen, die ich in den folgenden Thesen zusammenfassen möchte:

These zwei: „Small is beautiful."

Häufig sind überschaubare, fokussierte CRM-Anwendungen effektiver als überdimensionierte Megaprojekte, die an ihrem allumfassenden Ansatz oft zu scheitern drohen und die auf Grund hoher Kosten nur selten einen wirklichen Return on Investment liefern. Die Technik- und Internet-Euphorie Ende der 90er Jahre hat einen solchen CRM-Ansatz gefördert; die eingangs erwähnte Kritik hat vielfach hier ihren Ursprung.

These drei: „CRM gelingt nur mit einem Top-down-Ansatz – und das bedeutet ein starkes Engagement seitens des Topmanagements."

In der konkreten Umsetzung von „db client first" müssen auch Themen wie Verantwortlichkeiten und der vertrauensvolle Umgang mit Kundeninformationen eingehend betrachtet werden. Bspw. muss der Senior Investmentbanker als Hauptansprechpartner des Kunden entscheiden, wer im Team Einblick in welche kundenrelevanten Angaben erhalten darf. Nur so ist die vertrauliche Behandlung der Informationen gewährleistet, ohne die kein Banker kundenrelevante Angaben in das System eingeben würde. Es leuchtet ein, dass diese Entscheidung nur unter Einbezug des Topmanagements getroffen und durchgesetzt werden konnte.

Schließlich gilt es, die vertrauliche Behandlung der Informationen zu gewährleisten, jedoch zugleich der Bank die Möglichkeit zu geben, bedarfsgerechte und auf den Kunden zugeschnittene Produkte und Lösungen zu entwickeln.

These vier: „CRM muss in der Organisation gelebt werden."

Wichtiger als ein allumfassendes System ist eine Unternehmenskultur, in der der tägliche Umgang mit den CRM-Tools selbstverständlich ist und belohnt wird. Informationen in das System einzustellen bedeutet auch immer, Wissen, und damit Macht abzugeben. Gerade im Investmentbanking sind erfolgreiche Manager nicht selten zu Stars avanciert – eine Entwicklung, die durch aktive Teamarbeit und „Information Sharing" ausbalanciert werden muss. Insofern spielen Dinge wie interne Unternehmenskommunikation, Training und die richtigen Anreize eine zentrale Rolle in der erfolgreichen Umsetzung von CRM-Systemen. Das gilt auch für „db client first": Das

Nutzungspotenzial ist längst nicht ausgeschöpft. Um hier zu weiteren Fortschritten zu gelangen, ist ein umfangreiches Trainingsprogramm initiiert worden.

Diese Aussagen führen unmittelbar zu

These fünf: „Der Schlüssel zum Erfolg liegt in einer engen Verzahnung struktureller und organisatorischer Veränderungen, neuer Geschäftsprozesse und IT-Systeme. "

Das gilt auch für den Bereich Private and Business Clients. Mit seinen rund 13 Millionen Kunden in Europa ist dieses Segment ein typisches Mengengeschäft. Entscheidend ist hier, die Investitionen in Marketing und Vertrieb so zu steuern, dass sie die Bedürfnisse der Kunden treffen und damit brachliegende Potenziale erschließen und attraktive Kundenbeziehungen stabilisieren. Die Deutsche Bank investiert in diesem Bereich für Marketing und Werbung dreistellige Millionen-Beträge. Niemand kann sich mehr erlauben, solche Investitionen intuitiv zu tätigen und dabei Gefahr zu laufen, sie ohne Effekt verpuffen zu lassen.

4.   Private and Business Clients: Der Berater als Unternehmer

Die Deutsche Bank hat in diesem Geschäftsbereich deshalb ein CRM-System mit der Bezeichnung KUNST (Kundenanalyse- und Steuerungssystem) aufgebaut, mit dem Kundendaten konsolidiert und qualitativ aufbereitet werden. Zusätzlich können Kundengruppen identifiziert und analysiert sowie Marketing und Vertrieb systematisch unterstützt werden.

Mit Hilfe von KUNST haben wir die Privatkunden zweifach unterteilt, und zwar wert- und bedürfnisbasiert:

Wertbasiert: Die Analyse des Kundenportfolios führte zu sechs Kerngruppen von „Entwicklungskunden" mit geringeren Deckungsbeiträgen bis hin zu „Topkunden mit Potenzial".

Bedürfnisbasiert: Ausgehend von vergleichbaren Bedürfnissen und Kundenverhalten wurden die drei Kundensegmente „Moderne Privatkunden", „Private Investoren" und „Geschäftskunden" gebildet. Zusätzlich wurden klar definierte Zielgruppen (z. B. „Moderne Singles") und Teilzielgruppen (z. B. „Junge Akademiker" oder „Vermögensaufbauende mit Anlagefokus") mit dazugehörigen Kernproduktbedürfnissen identifiziert.

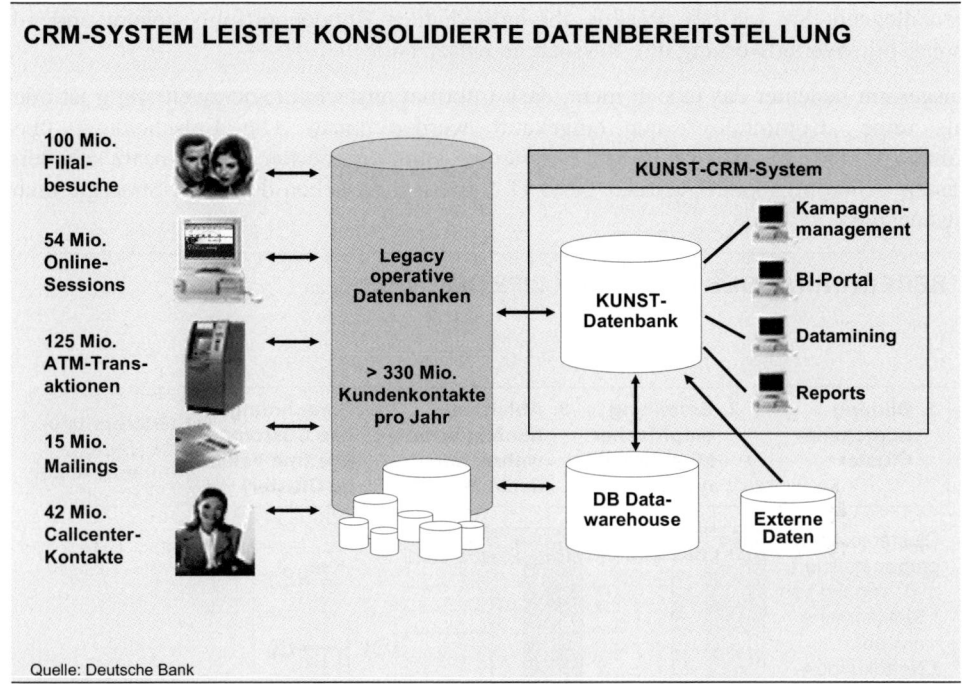

Abbildung 5

Was nicht sonderlich überraschte: Im Privatkundenbereich erwirtschaften wir mit nur rund 15 Prozent der Kunden rund zwei Drittel unserer Erträge. Strategisch aufschlussreich ist dabei: Wir wissen jetzt exakt, mit wem und mit welchen Finanzprodukten wir diese Umsätze generieren. Und wir wissen mit hoher Wahrscheinlichkeit, welche Kunden wir in die höherwertigen Segmente überführen können und für welche Kunden und Produkte eine ebenfalls hohe Wahrscheinlichkeit des Cross-Selling besteht. Und wir können konkret bestimmen, welche Kampagnen welchen Erfolg hatten, so dass wir den CRM-Ansatz immer weiter verfeinern können.

Daher sind die Segmentzuordnungen Grundlage für die Steuerung der Kundenbeziehung – egal ob anonym über Werbekampagnen oder individuell über Mailings oder Ansprachen durch die Kundenberater. Sie sind auch Basis für die Vertriebssteuerung und damit für das Management der Bank insgesamt. Boni für den Vertrieb werden nicht mehr allein auf Grund von Produktverkäufen ausgelobt, sondern sie sind abhängig von Zielvorgaben wie „Verringerung der Kundenverluste im Bereich Topkunden mit Potenzial von 172 Kunden auf unter 150 Kunden".

Auch hier zeigt sich deutlich, dass CRM zunächst eine Managementaufgabe und eine Frage der Unternehmenskultur ist. Vor allem verändert sich die Rolle der Kundenberater grundlegend: Sie müssen proaktiv ihr individuelles Kundenportfolio steuern und mit hoher Eigenverantwortung ihre Ressourcen einsetzen.

Insgesamt bedeutet das jedoch nicht, dass Informationstechnologie zweitrangig ist oder als reine „Commodity" nur eingekauft werden muss. Die Entscheidung über „make or buy", die Auswahl von IT-Systemen kann den besten CRM-Ansatz scheitern lassen. Allerdings kann auch das beste IT-System Schwächen der CRM-Strategie nicht ausmerzen.

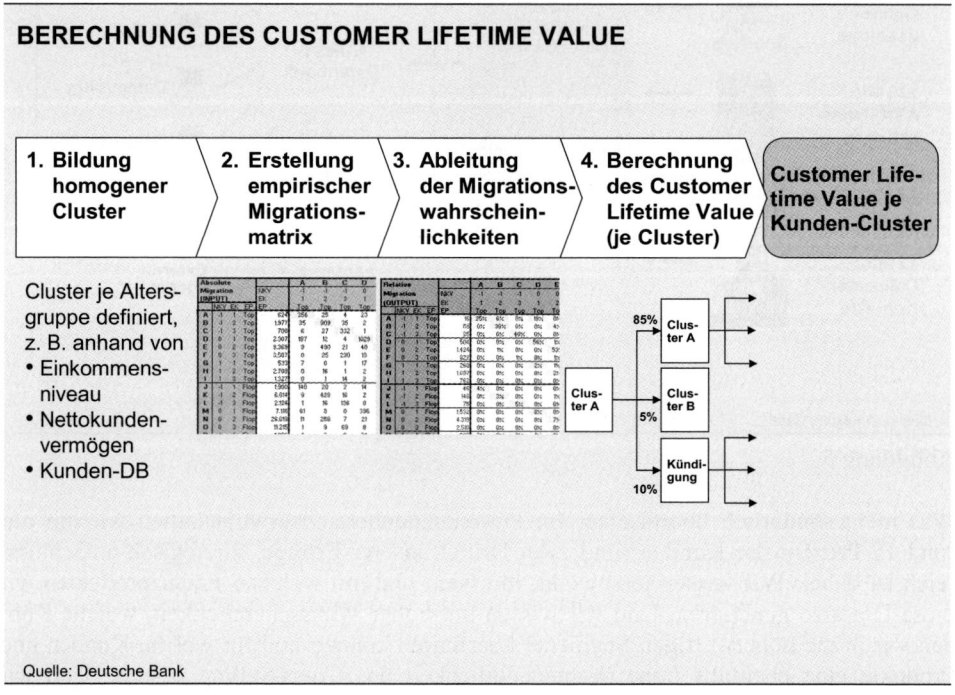

Abbildung 6

Die Strategie der Deutschen Bank im Privat- und Geschäftskundensegment besteht darin, den Kunden in seinen verschiedenen Lebensphasen zu begleiten und entsprechend seiner individuellen Situation kompetent zu beraten. In diesem Zusammenhang liefert KUNST nützliche Informationen: Junge Akademiker, die auf dem Karrieresprung sind und Vorsorgeprodukte benötigen. Geschäftskunden, die in absehbarer Zeit vor einer Geschäftsübergabe an die nächste Generation stehen und Beratung benötigen. Geschäftskunden, die für ihre Arbeitnehmer im Rahmen des Ausbaus der betrieblichen Alterssicherung Beratung und Produkte benötigen. Baufinanzierer, die kurz vor der Tilgung ihres Kredits stehen und danach ganzheitliche Beratung zum Vermögensaufbau benötigen. Einkommensstarke Kunden, die Freibeträge ausgeschöpft haben und Unterstützung bei der steueroptimierenden Finanzanlage nachfragen. Der systematische

Ansatz bringt in Verbindung mit dem CRM-System eine deutliche Verbesserung bei der Erkennung von Absatzpotenzialen und Unterstützung der Kundenbindung.

KUNST kann nur deshalb so erfolgreich sein, weil es im Alltag der Berater voll integriert ist. Und dies fordert auch

> *These sechs: „CRM darf kein zusätzliches System oder ein „Add-on" sein, sondern muss integraler Bestandteil der Management- und Grundlage der Anreizsysteme sein."*

Entsprechend wird diese Integration jetzt weiter vorangetrieben, z. B. durch die Verbindung des CRM-Systems mit anderen Beratungsanwendungen, etwa zur Finanzplanung.

5.   Ausblick

Der Strukturwandel und Konsolidierungsprozess im Bankwesen ist in vollem Gange. Sowohl die Dichte des Filialnetzes als auch die Anzahl der Institute ist in dieser Form – gerade in Deutschland – nicht überlebensfähig. Es wird sich ein neues Zusammenspiel zwischen wenigen, global agierenden Asset Managern und Investmentbanken sowie regionalen Retail-Banken herauskristallisieren.

Dieser Transformationsprozess geht einher mit neuen Formen der Arbeitsteilung. Das Stichwort „Industrialisierung des Bankbetriebs" steht hierbei für eine Verkürzung der Fertigungstiefe. Was Fertigungsindustrien, wie etwa die Automobil- oder Computerbranche, bereits hinter sich gebracht haben, steht der Finanzwirtschaft noch bevor. Das bedeutet, dass Konkurrenten stärker als heute in nicht wettbewerbsrelevanten Bereichen kooperieren, dass die Fertigungstiefe durch Outsourcing deutlich reduziert wird und dass die Automatisierung von Geschäftsprozessen weiter voranschreitet.

Teil dieses Strukturwandels und dieses Industrialisierungsprozesses ist Customer Relationship Management. CRM ist eine der Voraussetzungen, um in diesem Paradigmenwechsel bestehen zu können. Die erste Euphoriewelle Ende der 90er Jahre ist dabei einer weithin verbreiteten Ernüchterung gewichen. Viele der angestrebten Lösungen waren überdimensioniert, zu kostspielig und überfrachtet. Sie haben zusätzliche Komplexität erzeugt anstatt Komplexität zu reduzieren. Man kann darüber streiten, ob sie notwendige Erfahrungen mit sich brachten.

Dennoch gibt es zum CRM-Paradigma keine Alternative. Innovative IT-Systeme ermöglichen unter Bedingungen der Massenfertigung 1:1-Beziehungen zum jeweiligen Kunden. Automobilhersteller geben Mobilitätsgarantien. Bekleidungshersteller erfassen individuelle Körpermaße und fertigen in ihren Fabriken maßgeschneiderte Ware. Online-Shops geben ihren Kunden auf Basis ihrer Bestellungen weitere Kauftipps. Bücher und Kataloge werden vielfach nur noch „on demand" hergestellt. PCs werden nicht mehr vorgefertigt, sondern innerhalb weniger Stunden nach Eingang der Bestellung gefertigt und ausgeliefert.

Für die Finanzwirtschaft übersetzt heißt das: Im Zentrum unserer Dienstleistungen stehen die Kundenbedürfnisse nach Liquidität, Rendite und Absicherung. Wir müssen in der Lage sein, in weitgehend automatisierten und vielfach anonymisierten Prozessen individuelle Produktlösungen zu entwerfen, die die Bedürfnisse des einzelnen Kunden treffen, ihn binden und uns ausreichende Margen bei angemessener Risikotransformation liefern. Ganzheitliche Kundenbetrachtungen, wie in den Beispielen beschrieben, bilden dafür die Grundlage. Künftig wird es darauf ankommen, vom Cross-Selling bestehender Produkte zu ganz neuen, modular aufgebauten Angeboten zu kommen, die sich beliebig zusammensetzen lassen. Im Customer Relationship Management liegen die meisten Aufgaben also noch vor uns.

Literaturverzeichnis

BACH, V., ÖSTERLE, H. (2000): Customer Relationship Management in der Praxis, Heidelberg: 2000.

DEUTSCHE BANK (2002): Konzerngeschäftsbericht 2002.

HOMBURG, C., BRUHN, M. (2000): Handbuch Kundenbindungsmanagement, Wiesbaden: 2000.

META GROUP DEUTSCHLAND GMBH (1999): Agenda 2002: Customer Relationship Management in Deutschland, München: 1999.

MICHEL, M. (2002): CRM in Banken – Es geschieht nichts Gutes, außer man tut es, in: UEBEL, M., HELMKE, S., DANGELMAIER, W. (Hrsg.): Praxis des Customer Relationship Management, Wiesbaden: 2002, S. 375 - 387.

MOORMANN, J. (2001): Bankvertrieb im digitalen Zeitalter, in: MOORMANN, J., ROSSBACH, P. (Hrsg.): Customer Relationship Management in Banken, Frankfurt am Main: 2001, S.

MOORMANN, J., ROSSBACH, P. (2001): Customer Relationship Management in Banken, Frankfurt am Main: 2001.

RAAB, G., LORBACHER, N. (2002): Customer Relationship Management, Heidelberg: 2002.

RAPP, R. (2000): Customer Relationship Management, Frankfurt am Main, 2000.

SCHMID, R. E. (2001): Eine Architektur für Customer Relationship Management und Prozessportale bei Banken, Dissertation, St. Gallen: 2001.

UEBEL, M., HELMKE, S., DANGELMAIER, W. (2002): Praxis des Customer Relationship Management, Wiesbaden: 2002.

WÖLFING, D., WESSEL, M. (2002): IT-Architekturen bankbetrieblicher CRM-Systeme, in: UEBEL, M., HELMKE, S., DANGELMAIER, W. (Hrsg.): Praxis des Customer Relationship Management, Wiesbaden: 2002, S. 153 - 174.

RELEVANTE STUDIEN/ARTIKEL IM INTERNET

COLEMAN PARKES RESEARCH (2001): CRM in the Retail Finance Sector, Executive Report, 2001.

GIESKE, R. (2003): Das Jahresgutachten des CRM-Expertenrats in zwölf Kernthesen, Zusammenarbeit mit Acquisa, Zeitschrift für erfolgreiches Absatzmanagement, Würzburg: 2003, http://www.crm-expertenrat.de, http://www.acquisa.de/aktion/crmexpertenrat_1cfm.

KINIKIN, E. (2003): IT-Trends 2003: Customer Relationship Management, IdeaByte, Giga Information Group, 2002, http://www.gigaweb.com.

META GROUP (2002) The Road to Customer Relationship Management ROI: Part 1, 2002, http://www.metagroup.com.

RIGLEY, J. (2003): Overcoming CRM Failure in Financial Services: What's Not Working, 18.02.2003, http://www.crmguru.com/features.

THOMPSON, B. (2003): CRM Predictions for 2003: Five Key Trends, 09.01.2003, http://www.crmguru.com/features.

WINTER, R. (2000): The Current and Future Role of Data Warehousing in Corporate Application Architecture, St. Gallen: 2000, CRM-Forum Resources, http://www.crm-forum.com.

INTERNET-PORTALE ZU CRM

CRM ADVOCATE	http://www.crmadvocate.com
CRM ASSOCIATION	http://www.crm-a.org
CRM COMMUNITY	http://www.crmcommunity.com
CRM EVENT	http://www.dci.com
CRM FORUM	http://www.crm-forum.com
CRM GURU	http://www.crmguru.com
eCRM GUIDE	http://www.ecrmguide.com

Peter Zencke/Manuel Ebner

Geschäftlicher Nutzen von IT-Lösungen am Beispiel CRM

Dr. Peter Zencke ist Mitglied des Vorstands der SAP AG. Manuel Ebner ist Principal bei McKinsey & Company, Inc.

1. Einleitung

Die Informationstechnologie (IT) hat in den letzten Jahrzehnten ohne Frage eine herausragende Bedeutung für die Geschäftsprozesse moderner Unternehmen erlangt. Für CEOs hat die IT heute ganz klar eine strategische Dimension, so dass IT-Investitionen jeweils auf die strategische Gesamtperspektive des Unternehmens abgestimmt werden. Dies gilt heute umso mehr, als nicht nur interne Prozesse wie ERP über die IT gesteuert werden, sondern zunehmend auch Prozesse an den Schnittstellen zu den Lieferanten (Supplier Relationship Management, SRM) und zu den Kunden (Customer Relationship Management, CRM).

Neuere Studien zeigen allerdings, dass Unternehmen ausgerechnet mit dem Ergebnis von CRM-Projekten immer wieder unzufrieden sind. Dieser Beitrag soll deshalb exemplarisch aufzeigen, wie mit einer klaren und konsequent umgesetzten CRM-Strategie bedeutende Wettbewerbsvorteile erzielt werden können.

Im Folgenden erläutern wir zunächst drei Erfolgsfaktoren, die den geschäftlichen Nutzen von CRM determinieren, und zeigen anhand einer Marktanalyse, wie IT-Investitionen im Kontext von CRM den Unternehmenserfolg direkt und positiv beeinflussen können.

Für erfolgversprechende IT-Investitionen in CRM müssen die Faktoren Unternehmensstrategie, Organisation/Mitarbeiter und Technologie aufeinander abgestimmt werden.

Die Einführung einer CRM-Lösung muss schrittweise mit klar definierten Zielen und Projekten erfolgen.

Die CRM-Lösung muss von den Mitarbeitern und anderen Partnern in der Wertschöpfungskette mitgetragen werden; diese Forderung stellt hohe Ansprüche an die Organisation wie auch an die Mitarbeiter.

CRM-Systeme können, so werden wir aufzeigen, im Endeffekt einen bedeutenden Wertbeitrag leisten; eine erfolgreiche Implementierung bedingt jedoch eine klare Fokussierung und viel Disziplin im Vorgehen.

1.1 Wertbeitragshebel im CRM

Bevor sich ein Unternehmen mit der Implementierung befasst, gilt es, ein klares Verständnis der möglichen Wertbeiträge von CRM zu gewinnen. Es sind im Wesentlichen die folgenden: 1) Akquisition profitabler Neukunden, 2) höhere Erlöse aus der bestehenden Kundenbasis („Cross-Selling"), 3) Verlängerung der Lebensdauer profitabler Kunden, 4) Verkürzung der Lebensdauer inhärent unprofitabler Kunden und 5) Reduktion der gesamten Kundenbetreuungskosten.

Wenn die unternehmensspezifischen Wertbeitragshebel identifiziert und festgelegt sind, müssen klare, quantifizierbare Ziele bezüglich einer oder mehrerer der folgenden Dimensionen formuliert werden:

- Kundenzufriedenheit: Ansprache und Betreuung von Kunden so, dass deren Erwartungen immer wieder übertroffen werden (bei längerfristig tragbaren Betreuungskosten).

- Kundenakquisition: Gewinnung neuer und voraussichtlich profitabler Kunden unter vertretbarem Aufwand an Interaktions- und Konversionskosten.

- Cross-Selling: Information der Kunden über andere profitable Produkte, die für sie interessant sein könnten, und Vermittlung von Anreizen, diese Produkte zu (ver)kaufen.

- Loyalitätsmanagement: aktives Anbinden profitabler Kunden durch geeignete Anreize sowie Rückgewinnung „wertvoller" Kunden, die sich zum Weggang entschieden haben.

- „Ausdünnung" der Kundenbasis: Suche nach akzeptablen Wegen, um unrentable Kunden rentabel zu machen oder sie zum Abwandern zu bewegen.

- Effizienz im Kundenbetreuungsaufwand: Suche nach dem kosteneffizientesten Kundenbetreuungsmodus (abgestimmt auf individuelle Bedürfnisse, Verhalten und Wert für das Unternehmen) bei Erhalt einer angemessenen Kundenzufriedenheit.

Voraussetzung für die Messung der Wertschöpfung durch eine CRM-Implementierung ist die Festlegung der Wertbeitragshebel und Ziele vor Beginn des Projekts.

Selbstverständlich stellen sich dabei je nach Branche unterschiedliche Herausforderungen. Effektive CRM-Lösungen müssen deshalb durch Vertikalisierung den besonderen Bedürfnissen und Bedingungen unterschiedlicher Branchensegmente Rechnung tragen. So muss eine CRM-Lösung beispielsweise berücksichtigen, wie tief und breit die einem Unternehmen zur Verfügung stehenden Kundeninformationen sind und wie diese verwendet werden können. In manchen Sektoren ist eine derartige Fülle an Kundeninformationen zugänglich, dass diese nur mit hoch entwickelten Programmen gefiltert, zusammengetragen und in nutzbarer Form aufbereitet werden können. Man denke etwa an die Informationen, die vielen Banken aus dem Zahlungsverkehr, aus Kreditgeschäften und aus der Kreditkartennutzung zugänglich sind. Der Wert solcher Daten beschränkt sich nicht allein auf die Kenntnis des Umsatzes, den ein Kunde mit seiner Kreditkarte generiert. Wichtige Erkenntnisse liefert ein gut konzipiertes CRM auch, indem es Einblick in den Lebensstil eines Karteninhabers gewährt, beispielsweise über seine Hobbies, persönliche Vorlieben, sein Reiseverhalten und Ähnliches. Jedes Mal, wenn ein Kunde seine Karte benutzt, fließen Daten in das System, die neue Einsichten bieten und das Gesamtbild vervollständigen.

In ähnlicher Weise gewinnen Telekommunikationsunternehmen riesige Datenmengen zum Telefonierverhalten ihrer Kunden, die nicht nur Informationen über Zeit und Dauer der Gespräche enthalten, sondern auch die Telefonnummern der häufigsten Gesprächspartner. Bei Mobiltelefon-Kunden lässt sich oft auch die Reisehäufigkeit und das Reiseverhalten eruieren („Roaming"). Diese Informationen können für individuelle Tarifangebote an bestehende Kunden oder auch attraktive potenzielle Kunden genutzt werden.

Von Branche zu Branche unterschiedlich sind auch der Wert eines Kunden und die Häufigkeit von Interaktionen. Private Banking, Corporate Banking, und Versicherungen haben Kunden von potenziell hohem Wert, die Kontaktfrequenz ist relativ hoch – gute Voraussetzungen für gezielte CRM-Initiativen. In anderen Sektoren wie Brief- und Paketpost, Herstellung von Commodity-Gütern oder bei Versorgungsbetrieben ist das Wertgenerierungspotenzial durch CRM hingegen relativ gering. Im Autohandel ist der potenzielle Wert hoch, aber die Kontakthäufigkeit eher gering.

Es versteht sich somit, dass es keine CRM-Einheitslösung geben kann; jede Lösung muss auf die Situation des einzelnen Unternehmens zugeschnitten und individuell konzipiert sein. Keinesfalls darf CRM als ein Bündel rein kundenbezogener Geschäftsprozesse betrachtet werden, die Insellösungen in Front-Office-Abteilungen wie Verkauf, Marketing und Callcenter betreffen. CRM geht weit darüber hinaus und bedeutet die umfassende Koordination und Integration von Aktivitäten der Supply Chain und der Demand Chain. Erfolgreich implementierte CRM-Systeme wirken mit kundenspezifischen Daten, Erkenntnissen und Maßnahmen auf praktisch alle Geschäftsprozesse eines Unternehmens ein (Supply Chain, Produktentwicklung, Leistungserbringung etc.). CRM ist keine Front-Office-Aktivität mit Back-Office-Unterstützung, sondern ein übergreifender Prozess, der zu einem einheitlichen und konsistenten Bild des Kunden sowie einem integrierten Bündel kundenorientierter Leistungen entlang der ganzen Wertschöpfungskette führt („One Office").

Der wahre Wert von CRM liegt somit in der Integration der Geschäftsprozesse eines Unternehmens, die es ihm ermöglicht, sein Kundenversprechen zu erfüllen und durch die Entwicklung neuer Angebote laufend zu erweitern. Damit CRM dem Wunsch der Kunden nach personalisierten Angeboten nachkommen kann, müssen allerdings die notwendigen Unterstützungsfunktionen und die auf den Kunden gerichteten Prozesse effektiv zusammenspielen. CRM auf eine schwache Supply Chain „aufgepfropft" wird dem Kunden lediglich die logistischen Mängel eines Unternehmens noch deutlicher vor Augen führen.

1.2 Haupterfolgsfaktoren bei CRM-Implementierungen

Um sicherzustellen, dass für ein Geschäft die richtige Art von CRM eingerichtet und dieses von der gesamten Organisation und einzelnen Mitarbeitern mitgetragen wird, müssen drei Kernelemente erfolgreicher CRM-Implementierung aufeinander abgestimmt sein: Strategie, Organisation/Mitarbeiter und Technologie (vgl. Abbildung 1).

- Der Faktor *Strategie* umfasst die Vision und Priorisierung bei der Integration von Customer Value Management (CVM) und Customer Experience Management (CEM), mit dem Ziel, einen maximalen Geschäftserfolg zu erzielen. Klar definierte und quantifizierte Geschäftsziele bilden die Grundlage für eine Implementierungs-„Roadmap" mit einer Reihe von priorisierten Initiativen.

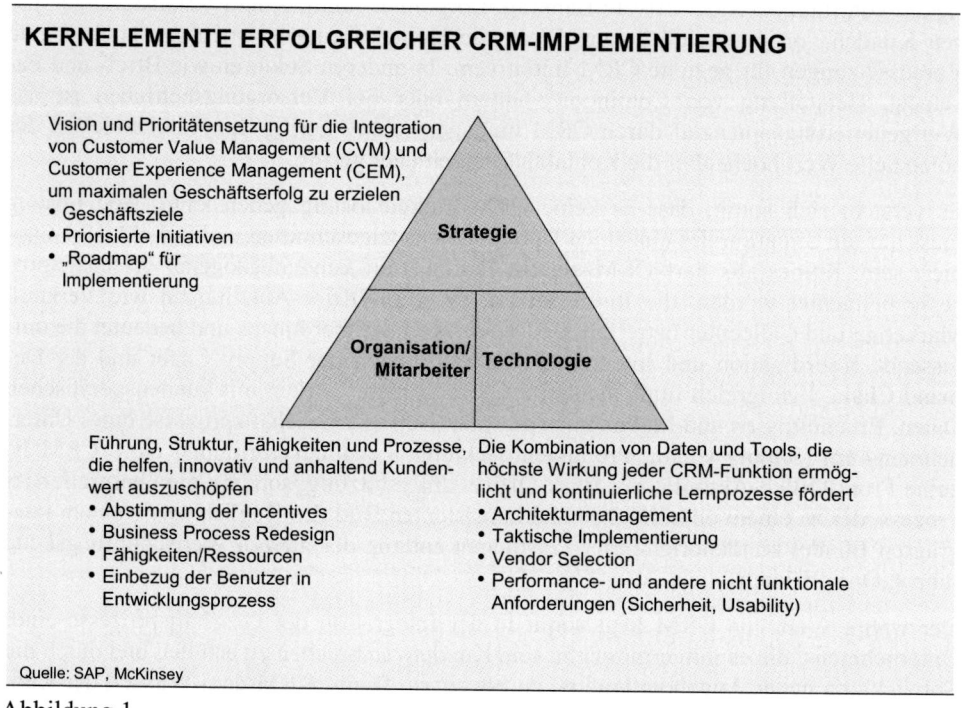

KERNELEMENTE ERFOLGREICHER CRM-IMPLEMENTIERUNG

Vision und Prioritätensetzung für die Integration von Customer Value Management (CVM) und Customer Experience Management (CEM), um maximalen Geschäftserfolg zu erzielen
- Geschäftsziele
- Priorisierte Initiativen
- „Roadmap" für Implementierung

Strategie

Organisation/ Mitarbeiter   **Technologie**

Führung, Struktur, Fähigkeiten und Prozesse, die helfen, innovativ und anhaltend Kundenwert auszuschöpfen
- Abstimmung der Incentives
- Business Process Redesign
- Fähigkeiten/Ressourcen
- Einbezug der Benutzer in Entwicklungsprozess

Die Kombination von Daten und Tools, die höchste Wirkung jeder CRM-Funktion ermöglicht und kontinuierliche Lernprozesse fördert
- Architekturmanagement
- Taktische Implementierung
- Vendor Selection
- Performance- und andere nicht funktionale Anforderungen (Sicherheit, Usability)

Quelle: SAP, McKinsey

Abbildung 1

- Bei dem Faktor *Organisation/Mitarbeiter* geht es um Themen wie Führung, Struktur, Fähigkeiten und Prozesse, die darauf ausgerichtet sind, innovativ und anhaltend Kundenwert auszuschöpfen. Selbst das beste CRM-System wird keinen Wert generieren, wenn es nicht von der Organisation mitgetragen wird. Alle betroffenen Mitarbeiter müssen verstehen, wie die Arbeitsabläufe funktionieren und was CRM für jeden Einzelnen leisten kann. Die Mitarbeiter müssen deshalb eigene Erfahrungen mit dem System sammeln und seinen Wert für sich erkennen können, beispielsweise, dass das System es ihnen ermöglicht, ihre Arbeit effizienter zu erledigen oder Fragen des Kunden schneller und kompetenter zu beantworten. Mit CRM können einzelne Prozesse verfolgt (z. B. die Anzahl am Front Desk ausgefüllter Kundeninformationsblätter) oder überwacht werden (z. B. Leistungsindikatoren mit direkter Auswirkung auf Entlohnung oder Incentives). Für erfolgreiches CRM müssen die

Benutzer in den gesamten Implementierungsprozess einbezogen werden, indem sie Feedback geben, aus Erfahrungen lernen und letztlich das System und ihr Verhalten anpassen können.

- *Technologie* betrifft die spezifische Kombination von Daten und Tools, die dafür sorgt, dass jede CRM-Funktion höchste Wirkung erzielt, und die einen kontinuierlichen Lernprozess fördert (Feedbackschleifen). Der Faktor „Technologie" umfasst das Management der IT-Architektur, die Evaluation von Anbietern und die Auswahl von Partnern ebenso wie die Leistungsanforderungen und andere technische Komponenten (z. B. Reaktionszeit, Benutzerfreundlichkeit und Sicherheit). Zwar scheitern CRM-Projekte nur selten an der Technologie, doch sind technische Herausforderungen zu bewältigen, wie etwa die Integration verschiedener (Legacy-)Systeme, Datenspeicherung und Datenabruf, Datenqualität sowie die Tatsache, dass CRM-Lösungen meist in einer stark fragmentierten Umgebung eingesetzt werden.

1.3   Typische Ursachen mangelhafter CRM-Implementierungen

Im Allgemeinen lassen sich analog zu den dargestellten drei Haupterfolgsfaktoren bei CRM-Implementierungen drei Typen von Mängeln beobachten, die dazu führen können, dass die Ergebnisse das Unternehmensmanagement enttäuschen.

- Fehlender Business Case: Dies ist etwa der Fall, wenn die geschäftlichen Ziele des CRM-Projekts nicht klar formuliert werden, wenn die Ziele auf eine reine IT-Entscheidung hinauslaufen (z. B. „Wir haben CRM-System X gekauft") oder wenn in einem Projekt unter IT-Führung der Geschäftsaspekt abgekoppelt wird. Auch besteht die Gefahr, dass der Projektumfang verwässert wird, weil ständig neue „Wünsche" berücksichtigt werden, die letztlich steigende Kosten, größere Verzögerungen und höhere Komplexität bewirken.

- Eine schlechte organisatorische Einbindung kann dazu führen, dass die CRM-Lösung von den Endbenutzern als unpraktisch abgelehnt oder gar als Hindernis oder unnötige Bürde empfunden wird. Oft mangelt es auch an ausreichenden Anreizen für Endbenutzer und Management, die Implementierung zu unterstützen. Auch mangelhafte funktionsübergreifende Koordination und Kooperation sowie die fehlende organisatorische Verankerung der Verantwortung für den Erfolg des Projekts können eine CRM-Initiative zum Scheitern bringen. Haben die wichtigsten Benutzer ein CRM-System erst einmal abgelehnt – so zeigt die Erfahrung – kann es äußerst schwierig werden, sie zu überzeugen, demselben System nochmals eine Chance zu geben.

- Technisch gesehen kann es zu Einschränkungen kommen, wenn bei Initiativen unter IT-Führung rein technische Aspekte überwiegen. Negativ kann sich auch auswirken, wenn mehrere CRM-Instanzen pro Abteilung/Division im Spiel sind oder zahlreiche inkompatible Produkte und/oder verschiedene Legacy-Systeme bestehen – beispielsweise nach einer Unternehmensfusion.

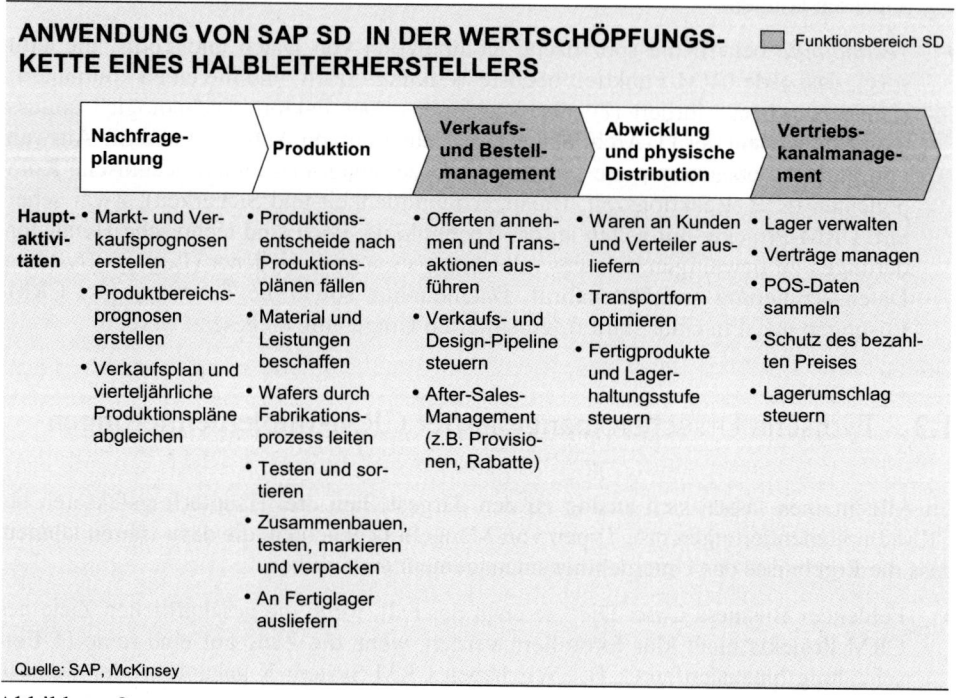

Abbildung 2

Um solchen Fehlentwicklungen entgegenzuwirken, müssen Unternehmen ihr CRM-Programm auf Wertgenerierung ausrichten, Führungsprozesse für den organisatorischen Wandel einrichten, eine Diagnose der IT-Architektur vornehmen und gezielte IT-Verbesserungen einleiten.

2.   Beispiel einer erfolgreichen CRM-Implementierung

Am Beispiel einer CRM-Implementierung aus der Hightech-Industrie soll nun gezeigt werden, wie solche Überlegungen in konkrete Maßnahmen umgesetzt werden.

Das Fallbeispiel betrifft einen Halbleiterhersteller, der mit der Implementierung der SAP-Komponente Sales and Distribution sein Verkaufs- und Bestellmanagement verbesserte. Ziel war, dass Bestellungen zu einem Preis angenommen werden, der einen attraktiven Gewinnbeitrag generiert. In der SAP-Lösung wurden alle dazu erforderlichen

Informationen aus der gesamten Wertschöpfungskette zusammengetragen (vgl. Abbildung 2).

Das Hauptproblem war die Integration von Verkauf (Frontend) sowie Kapazitätsplanung und Verfügbarkeit (ERP). Die dazu eingesetzte SD-Komponente unterstützte drei Aufgaben: Einholen der Bestellung, effektives Pricing von Bestellung und Retouren sowie Berücksichtigung und Wiedergabe der genauen Vertragsvereinbarungen.

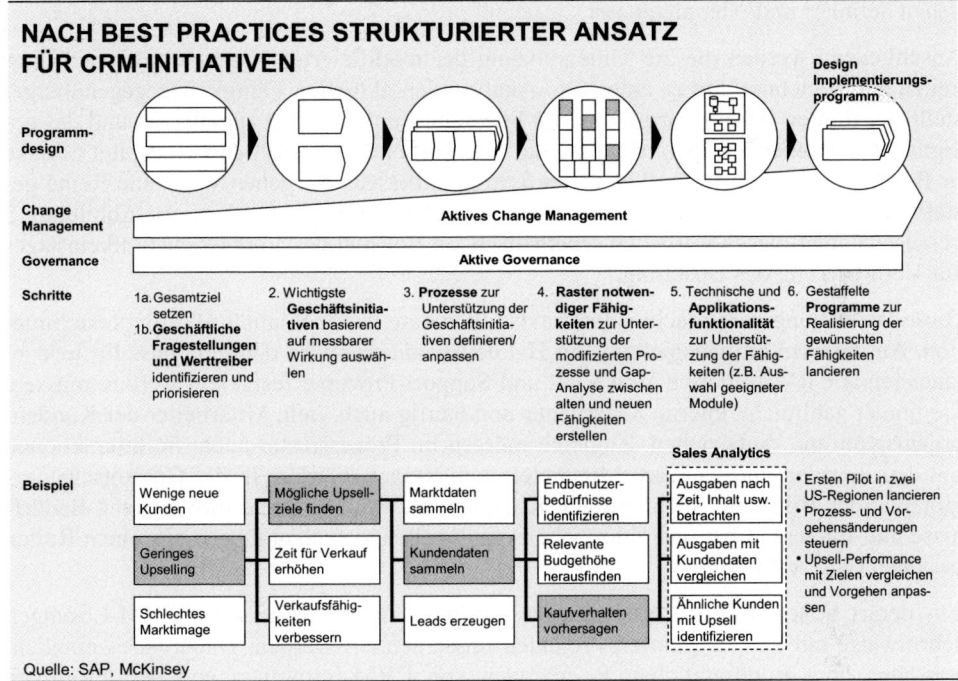

Abbildung 3

Das ERP-System verbessert die Managementfähigkeit eines Unternehmens, indem es Daten zwecks Analyse und Entscheidungsunterstützung effizient konsolidiert und indem es Arbeitsabläufe im Sinne von „Best Practices" standardisiert. Es reduziert zudem manuelle Arbeiten und fördert die Durchsetzung von Geschäftsregeln über die Automatisierung von Prozessen. Es schafft außerdem die nötige Flexibilität zur Integration des Unternehmens und darüber hinaus. Auf diese Weise können durch Integration von CRM und Support-Systemen sowie Prozessverbesserungen die Geschwindigkeit und Qualität von Entscheidungen gesteigert werden. Im Beispielfall wurden kundenspezifische Programme und Aktionen ermöglicht, die Effizienz der Verkaufsressourcen verbessert sowie Gewinnabfluss und Retourenquote reduziert. Zudem konnte über die Preisgestaltung der Gewinn maximiert und der Mitarbeiterbestand in Verkaufs-Support und -Administration reduziert werden.

Um den vollen Nutzen einer CRM-Initiative zu erreichen, wird nach dem Best-Practice-Prinzip ein konsequent strukturiertes Vorgehen angewandt. Zuerst werden das Gesamtziel definiert sowie geschäftliche Fragestellungen und Werttreiber identifiziert, quantifiziert und priorisiert. Es ist wichtig, dass in diesem frühen Stadium der Nutzen, den Anwender in ihrer jeweiligen Rolle aus CRM ziehen können, klar kommuniziert wird. Sodann werden die Geschäftsinitiativen ausgewählt und auf Grund ihrer quantifizierbaren Wirkung priorisiert. Drittens werden die Prozesse, die diese Initiativen unterstützen, genau definiert und/oder angepasst.

Anschließend werden die zur Unterstützung der modifizierten Prozesse nötigen Fähigkeiten aufgezeichnet und in einer Gap-Analyse den aktuellen Fähigkeiten gegenübergestellt. Im fünften Schritt wird die genau benötigte Funktionalität spezifiziert und das geeignetste Vorgehen zur Unterstützung der erforderlichen Fähigkeiten ausgewählt („Make or Buy", Vendor Shortlist). Als letzter Schritt in diesem Vorgehen wird eine Reihe gestaffelter Programme zur Realisierung der anvisierten Fähigkeiten lanciert. Abbildung 3 veranschaulicht dieses Vorgehen schematisch am Beispiel des Verkaufsanalytikeinsatzes zur Verbesserung des Upselling.

Diese Darstellung vereinfacht selbstverständlich eine in der Realität oft komplexe Situation. An unserem Fallbeispiel aus der Halbleiterindustrie wird deutlich, dass für jede zu lancierende CRM-Initiative Verkaufs- und Support-Prozesse festgelegt werden müssen, die immer zahlreiche interne Mitarbeiter und häufig auch viele Mitarbeiter der Kundenorganisation mit einbeziehen. Zugleich müssen im Prozessraster auch die Interaktionen mit dem Kunden und weiteren Mitspielern eingetragen werden. In der Gesamtschau ergibt sich das Bild einer mehrstufigen Komplexität, wo jede Rolle ihre eigenen Bedürfnisse und Interessen hat und zahlreiche Schnittstellen zwischen diesen einzelnen Rollen bestehen (vgl. Abbildung 4).

Ein derart hohes Maß an Komplexität macht es unabdingbar, dass CRM-Lösungen schrittweise mit klar definierten Projekten implementiert werden. Dabei ist es nützlich, zwischen drei grundsätzlichen Reifegraden von CRM-Initiativen und der jeweiligen schrittweisen Einführung zu unterscheiden:

- Optimierung von Stand-alone-Fähigkeiten oder Abschnitten der Wertschöpfungskette sowie Effizienzsteigerung bestehender Strukturen, z. B. Callcenter.

- Einsatz von CRM-Analytik zur Steigerung der Effektivität im Targeting von Kunden, gestützt auf deren Bedürfnisse und finanzielle Attraktivität.

- Integration der gesamten Wertschöpfungskette mit kontinuierlicher Verbesserung der CRM-Prozesse und Steigerung des Grads der Kundenintegration.

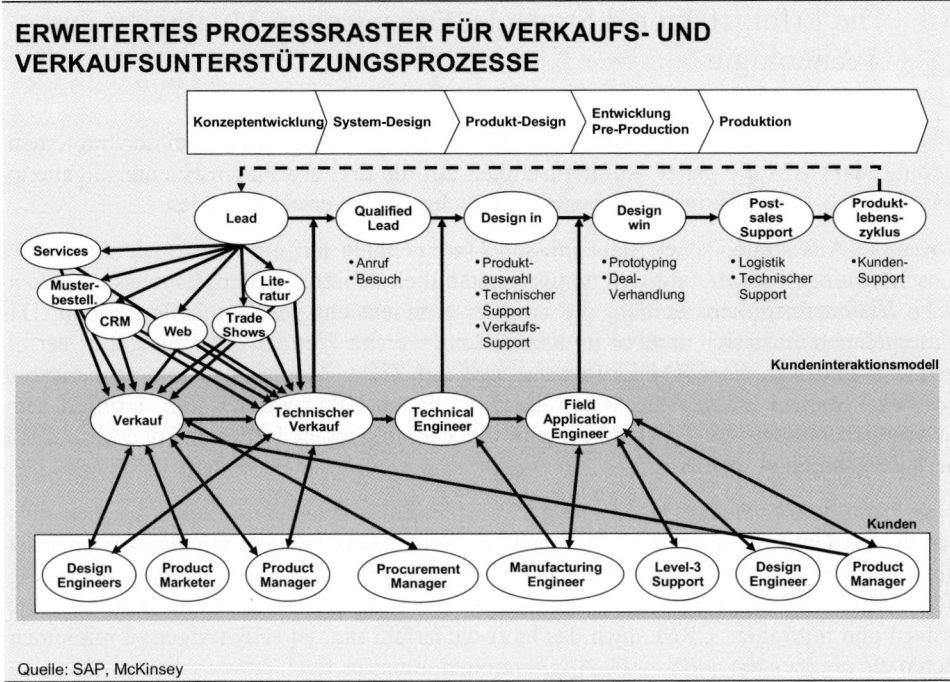

ERWEITERTES PROZESSRASTER FÜR VERKAUFS- UND VERKAUFSUNTERSTÜTZUNGSPROZESSE

Quelle: SAP, McKinsey

Abbildung 4

Oft wird CRM-Integration erst erfolgreich sein, wenn die von einem Unternehmen eingesetzten Insellösungen voll ausgeschöpft worden sind. So können Analytik, Datenbankmarketing, Automatisierung des Außendiensts sowie Kampagnenmanagement zunächst als separate Systeme mit eigenen Prozessflüssen betrieben werden und das CRM-System kann später als Integrationsplattform dienen.

3. Lehren aus der Implementierung von CRM-Projekten

Richtig eingesetzt, kann CRM einem Unternehmen zu einem starken und nachhaltigen Wettbewerbsvorteil verhelfen und gleichzeitig einen finanziellen Nutzen erzielen.

3.1 Die Erfolgsfaktoren Strategie, Organisation/Mitarbeiter und Technologie

Wie zahlreiche Unternehmen aus der Erfahrung gelernt haben, muss bei der Implementierung von CRM die ganze Aufmerksamkeit auf die drei erwähnten Haupterfolgsfaktoren Strategie, Organisation/Mitarbeiter und Technologie gerichtet werden.

Strategie. Aus strategischer Sicht müssen Unternehmen auf ein klar kundenzentriertes Geschäftsmodell setzen und sich unmissverständlich dahinter stellen. Es muss eine deutliche Vision formuliert werden, die von der Kundensicht des Geschäfts ausgeht. Das Unternehmen muss sich darüber im Klaren sein, welche Wettbewerbsstrategie es verfolgen will und wie die CRM-Einführung sich auf Ziele, Messgrößen und Organisation auswirkt. Sodann müssen die Werttreiber, bei denen CRM ansetzt, klar definiert sein. Schließlich müssen die Gesamtziele und die nachfolgenden Hebel auf operative Ziele heruntergebrochen werden.

Organisation/Mitarbeiter. Hand in Hand mit diesem kundenzentrierten Vorgehen müssen die zur Optimierung der „Customer Experience" notwendigen organisatorischen Fähigkeiten und Prozesse aufgebaut werden. Gleichzeitig muss durch Training und geeignete Anreize für alle Mitwirkenden dafür gesorgt werden, dass diese das CRM-System nutzen und mittragen. CRM, auch das lehrt die Erfahrung, ist schwieriger zu implementieren als die meisten anderen IT-Applikationen, muss es doch eine weitaus größere Anzahl Endbenutzer einbeziehen als beispielsweise Systeme für Spezialisten im Bereich CAD/CAM. Eine CRM-Lösung sollte deshalb möglichst intuitiv und ohne langwieriges Training bedienbar sein, mit anderen Worten: Sie muss nicht nur „kundenfokussiert", sondern auch „mitarbeiterzentriert" sein.

Das System muss dem einzelnen Nutzer unmittelbar „handfeste" Vorteile bringen. Damit steigt auch die natürliche Motivation der Mitarbeiter, das System von Anfang an zu nutzen. „Usability" lautet der Kernbegriff in diesem Zusammenhang: CRM darf trotz der Komplexität der abzubildenden Prozesse nicht als Bürde empfunden werden. Deshalb spielen nach unserer Meinung vor allem Portale, d. h. Web-basierte Benutzerschnittstellen, eine entscheidende Rolle, können sie doch ganz auf die Rolle eines Benutzers eingerichtet und auf die individuellen Bedürfnisse eines Kunden abgestimmt werden. Es ist deshalb entscheidend, dass alle Benutzer (Mitarbeiter, Partner, sogar Kunden) bei der Konzeption und Implementierung der CRM-Lösung mitwirken.

Technologie. Neuere technische Entwicklungen erlauben es, die Hauptanforderungen eines CRM-Systems gezielt und effektiv zu erfüllen: CRM erfordert nicht nur, dass Informationen nahtlos im Unternehmen (und darüber hinaus) ausgetauscht werden können, sondern auch, dass ein gemeinsamer Zugang zu Prozessen und Informationen möglich ist – alle Beteiligten müssen effizient miteinander arbeiten können. Die erfolgreichen Wettbewerber der Zukunft werden in einem ökonomischen System von miteinander verbundenen Unternehmen, Vertriebspartnern und Kunden agieren. Diese müssen zum einen in der Lage sein, die internen Systeme der Partner zu nutzen, zum anderen müssen sie die Kontrolle darüber haben, wer Zugang zu welchen Systemen und welchen Daten haben darf. Technologieplattformen, die solch ein kooperatives CRM ermöglichen sollen, müssen deshalb durch ein ausgeklügeltes und effektives Sicherheits- und Zugangskontrollsystem geschützt sein.

Die Technologie für moderne CRM-Lösungen besteht aus drei Kernelementen:

- *Portaltechnologie* bietet eine umfassende Lösung für die Integration „erweiterter" Unternehmen. Über Portale können Unternehmen öfter und effizienter mit Unternehmen in einem Verbundsystem kommunizieren. Direkte Interventionen mit Kunden werden damit an allen Stellen der Wertschöpfungskette zunehmen. Zusätzlich können Portale, wie erwähnt, dem Benutzer personalisierte Informationen präsentieren und Transaktionen ermöglichen, und das in einem intuitiv bedienbaren Arbeitsumfeld.

- *Analytik* zur Auswertung von Kundendaten ist für CRM von zentraler Bedeutung. Gestützt darauf kann ein Unternehmen gezielte Kundenstrategien entwerfen, die auf einer einzigen, einheitlichen Sicht des Kunden beruhen und systemgestützte Daten verwenden. Informationstechnisch ist eine solche einheitliche Sicht des Lebenszyklus eines Kunden über Data Warehouses und Business Intelligence zu gewinnen. Sie kann von allen Mitarbeitern im Kundenmanagement genutzt werden – nicht nur von Spezialisten. Starke Analytik erweitert den Nutzen von CRM noch dadurch, dass sie ein Unternehmen unterstützt, seine langfristige Kundenvision in einzelne überschaubare und steuerbare Initiativen aufzubrechen.

- Die Anforderungen und Herausforderungen der Prozessintegration zwischen Unternehmen verlangen nach einer *offenen, standardisierten Technologieplattform* (Exchange Platform).

Eine zusätzliche technologische Herausforderung stellen mobile Anwendungen dar. Während ein ERP-System immer mit dem Firmennetzwerk (LAN) verbunden ist, wünschen sich viele CRM-Benutzer die Möglichkeit, über ihren Laptop auf die Daten zugreifen zu können. Dabei darf die Datenbank-Replikation nicht zu lange dauern und die Datensicherheit muss sichergestellt sein.

3.2 Payback von CRM-Projekten

Gut geführte CRM-Projekte schaffen aufzeigbaren finanziellen Nutzen, sei es in Form gesteigerter Effizienz (indem Kunden zum Beispiel ihre Bestellung/Rechnung online verfolgen können statt über eine telefonische Anfrage) oder im Wegfall von Kosten für die Betreuung unrentabler Kunden oder Umsatzsteigerung durch kosteneffizientes Cross-Selling.

CRM ist zudem ein Ansatz, der den tatsächlichen ökonomischen Wert eines Geschäfts steigern kann (d. h. die Summe des Werts aller Kunden über deren Lebensdauer hinweg). Denn CRM erlaubt Unternehmen, Wert für ihre Kunden zu schaffen und diese wiederum zu animieren, Wert für das Unternehmen zu generieren, indem sie mehr Produkte/Dienstleistungen kaufen, treue Kunden bleiben und/oder häufiger mit dem Unternehmen in Kontakt sind.

Eine Benchmark-Studie zur Wertschöpfung von mySAP CRM in Deutschland, Österreich und der Schweiz, die 2003 durchgeführt wurde (vgl. SELCHERT), lässt keinen Zweifel an den potenziellen Vorteilen eines CRM-Systems:

Effizienzsteigerungen/grundsätzliche Zeiteffekte:

- Durchlaufzeitverkürzungen um 15 bis 20 Prozent, z. B. beim Zugriff auf Kundeninformationen, Kundendatenanalysezeiten im Außen- und Innendienst oder Bearbeitungszeiten im Customer Interaction Center.

- Reduktion der Time-to-Delivery um über 20 Prozent durch schnellere und bessere Auftragsverarbeitung.

- Beschleunigung von Time-to-Volume bei vielen von mySAP CRM unterstützten Kampagnen um ca. 25 Prozent.

Umsatzsteigerungseffekte/Einspareffekte:

- Erhöhung der Kundenbindung um ca. 20 Prozent, Steigerung der Lead-Generierung um 30 Prozent, Mengenerhöhung im Stammgeschäft um ca. 5 Prozent.

- Senkung des Lagerbestands oder auch des Forderungsbestands.

4.   Zusammenfassung

Unternehmen, die solide integrierte Lösungen zum Customer Relationship Management einsetzen, schaffen echten Mehrwert für ihre Endkunden und erzielen gleichzeitig bedeutende Wettbewerbsvorteile und finanziellen Nutzen für das Unternehmen selbst. Zusätzlich zu den vorgestellten (quantifizierbaren) Wertbeitragshebeln von CRM bringt eine erfolgreiche Implementierung weitere Vorteile mit sich, die zwar schwer zu quantifizieren, nichtsdestotrotz jedoch real sind (vgl. Abbildung 5).

Abbildung 5

Unternehmen, die sich bei der Implementierung von CRM an der Best Practice orientieren, schöpfen den Nutzen und die Vorteile eines CRM-Systems voll aus. Dabei gilt es, klare Ziele festzulegen, alle Anstrengungen auf das Erreichen der Ziele zu richten und den erforderlichen organisatorischen und technischen Support aufzubauen. So bieten sich Unternehmen maximale Chancen, ihr CRM-Projekt mit Erfolg umzusetzen.

Literaturverzeichnis

EBNER, M., HU, A., LEVITT, D., MCCRORY, D. (2002): How to rescue CRM, McKinsey Quarterly, Special Edition Technology, New York: 2002, S. 49 - 57.

KEMPIS, R. D., RINGBECK, J. et al. (1998): Do IT Smart, Wien: 1998.

SELCHERT, M. (2003): Wertschöpfung durch mySAP CRM, Walldorf: 2003.

ZENCKE, P. (2003): CRM nach dem Hype: Vom Front Office zum One Office, Wirtschaftsinformatik 45 (2003), Nr. 2, Wiesbaden: 2003, S. 248 - 249.

Johannes Meier

Six Sigma – Mythos oder operative Realität?

*Dr. Johannes Meier ist Aufsichtrat der CC CompuNet GmbH, ehemaliger Sprecher des
Vorstands von GE CompuNet und kaufmännischer Leiter der Bertelsmann Stiftung.*

Johannes Meier

Six Sigma – Mythos oder operative Realität?

1. Die Six-Sigma-Initiative bei GE CompuNet: Schon wieder ein Verbesserungsprogramm

Die meisten Unternehmen haben in den letzten 20 Jahren eine Qualitätsoffensive gestartet – in der Regel als eine von vielen Managementinitiativen. Das Echo auf Initiativen dieser Art ist allerdings recht gemischt – kein Wunder also, dass die euphorischen Bewertungen von Six Sigma, die Konzerne wie Motorola, Allied Signal und auch General Electric verbreiten, häufig auf Skepsis stoßen.

Nicht anders war es bei CompuNet, als Six Sigma 1997 „verordnet" wurde. Bevor sich robuste und nachhaltige Verbesserungen einstellten, bedurfte es mehrerer Anläufe und kontinuierlicher Weiterentwicklung des Einführungsprogramms. Die Erfahrungen, die CompuNet dabei bis 2002 sammelte, und die Lehren daraus sollen in diesem Beitrag zusammen mit den Grundzügen und Vorteilen des Konzepts dargestellt werden.

Als General Electric (GE) Mitte 1996 CompuNet akquirierte, trafen zwei höchst unterschiedliche Unternehmenskulturen aufeinander. CompuNet, ein führender herstellerunabhängiger IT-Dienstleister mit knapp 2.000 Mitarbeitern und 0,7 Milliarden EUR Umsatz im Geschäftsjahr 1996, zeichnete sich durch eine sehr unternehmerische Start-up-Mentalität und Improvisationsfähigkeit aus. GE hingegen besaß als globaler diversifizierter Konzern lang etablierte Prozesse und fest verankerte operative Mechanismen, die geschäftsweit gelten. So werden bei GE wenige globale Kerninitiativen konsequent in allen Geschäften eingeführt. Dazu zählte neben Globalisierung, Services und E-Business die Einführung von Six Sigma als eine der vier von Jack Welch in den 90er Jahren definierten Kerninitiativen.

CompuNet hatte vor Six Sigma schon ein Total-Quality-Management (TQM)-Programm durchgeführt, das ganze Datenbanken mit Beschreibungen unzähliger kleiner Projekte füllte. Das initiale Momentum des Programms war jedoch nach zwei Jahren verloren und die Unternehmenskultur hatte sich nicht nachhaltig verändert. Nicht wenige Manager von GE CompuNet gingen deshalb zu Beginn der Einführung von Six Sigma davon aus, dass seine Auswirkung auf das Unternehmen gering bleiben würde. Six Sigma war für sie ein amerikanischer Mythos, den man bei CompuNet weitgehend ignorieren könne.

Etwas überraschend oder sogar schockierend waren für sie dann die Erwartungen des weltweiten GE Quality Leader: Mit der Six-Sigma-Einführung in einem Geschäftsbereich war eine Quote von 2 Prozent der Mitarbeiter als Projektleiter oder Coaches/Berater für den vollzeitigen Six-Sigma-Einsatz bereitzustellen. Six-Sigma-Erfahrung sollte künftig Voraussetzung für eine Unternehmenskarriere sein. Und GE Stock Options sollten vor allem an die Talente im Six-Sigma-Programm gehen. Diese Erwartungen implizierten, dass Six Sigma 1997 und 1998 eine der größten Investitionen von

GE CompuNet werden sollte – und nicht eine leicht auszusitzende Nebensächlichkeit der Corporate Agenda.

Auch wenn das Six-Sigma-Programm zunächst mit viel Aufwand gestartet wurde – über 60 für Six Sigma freigestellte Mitarbeiter, unzählige Trainings und mehrtägige bewusstseinsbildende Veranstaltungen für jeden Mitarbeiter –, so blieben entsprechende Verbesserungen doch weitgehend aus. Es entstand eher der Eindruck, dass Initiativen nur anders benannt und bürokratischer mit mehr Dokumentationszwang umgesetzt wurden. Mit Sicherheit gelang es in den ersten 18 Monaten nicht, Six Sigma in die DNA der Organisation zu integrieren. Political Correctness erzeugte zwar breite Lippenbekenntnisse; die Investitionsrendite war aber bezogen auf Mitarbeiterzeit und Training bestenfalls auf dem Papier nachvollziehbar. Six Sigma sahen die meisten Manager als lästige Pflicht, nicht als Hilfestellung für den Geschäftserfolg. Kaum ein Manager verstand die Six-Sigma-Methoden und Entscheidungsformate konstruktiv in seine Managementagenda einzubinden.

Die zweite Phase der Six-Sigma-Einführung bei GE CompuNet begann mit einer starken Verkleinerung und zugleich qualitativen Aufwertung des Six-Sigma-Teams durch die Maßgabe, ein „All-Star-Team" aufzubauen. Außerdem wurde das Six-Sigma-Team konsequent in unternehmenskritische Veränderungsthemen eingebunden. In dem Maß, wie im Management das Verständnis wuchs, wurden aus den Lippenbekenntnissen zu Six Sigma Überzeugungen. Vier Jahre nach Beginn der Einführung war Six Sigma schließlich als „normal way of doing business" etabliert.

Viele Missverständnisse zu Six Sigma sind vermeidbar – so die zentrale Aussage dieses Artikels – und die Einführung kann effektiver gestaltet werden, wenn man Six Sigma von Anfang an als unternehmensweiten und tief greifenden Veränderungsprozess begreift und ernst nimmt. Dem Entscheider im Unternehmen soll dieser Artikel helfen, zu erkennen, ob Unternehmen und Management bereit sind, sich auf Six Sigma einzulassen.

2.   Six Sigma als gemeinsame Sprache: Was unterscheidet dieses Konzept von anderen?

Die Einführung von Six Sigma bedeutet eine große strategische und kulturelle Herausforderung – dies muss in jedem Unternehmen klar verstanden werden. Denn Six Sigma etabliert in der Organisation eine gemeinsame Sprache, die die Art der Zusammenarbeit im Unternehmen grundsätzlich verändert. Richtig umgesetzt entsteht im Unternehmen eine neue einheitliche Herangehensweise an Projekte und Prozessverbesserungen und mit der Zeit ein Umdenken, das sich am hohen Six-Sigma-Anspruch orientiert.

2.1   Six-Sigma-Anspruch

Das Six-Sigma-Konzept – von Motorola entwickelt und in einer Qualitätskampagne 1987 erstmals eingeführt – wird in Unternehmen eingesetzt, um kostspielige Fehler zu vermeiden und bahnbrechende Ertragssteigerungen zu erzielen. Der Begriff Six Sigma hat seine Wurzeln in der Statistik. Sigma – zur statistischen Messung von Abweichungen verwandt – bezeichnet das Qualitätsniveau eines Prozesses. Mit dieser Maßeinheit wird gemessen, wie nahe man in einem Prozess der Null-Fehler-Quote gekommen ist.

Führende Unternehmen operieren heute auf einem Qualitätsniveau von vier Sigma; dies entspricht einem Effizienzgrad von 99 Prozent. Hinter Six Sigma steht eine weitere drastische Reduzierung der Fehlerquote auf 99,99966 Prozent. Das heißt, in einem Prozess dürfen bei einer Million Fehlermöglichkeiten nur 3,4 Defekte auftreten. Als Defekt wird alles bezeichnet, was außerhalb der vom Kunden definierten Spezifikationsgrenzen liegt und die Kundenzufriedenheit negativ beeinflussen kann. Um Six Sigma rankt sich nicht zuletzt ein gewisser Mythos, weil dieser Anspruch so radikal ist.

Das Six-Sigma-Konzept findet heute nicht nur für Fertigungsprozesse, sondern auch für Dienstleistungsprozesse Anwendung. Charakteristisch für Six Sigma ist nicht allein der hohe, kompromisslose Qualitätsanspruch. Denn auch andere Qualitätssteigerungsprogramme bedienen sich ähnlicher Qualitätsstandards. Was Six Sigma jedoch von anderen Konzepten unterscheidet, ist seine strategische, unternehmensübergreifende Ausrichtung. Die Forderung nach Qualität – nach einer signifikanten Verringerung von Fehlern, Abfall und Verspätungen – erstreckt sich auf das Gesamtunternehmen und alle einzelnen Ebenen; sie geht damit weit über die Verbesserung einzelner Prozesse hinaus. Six Sigma steht für eine permanente Qualitätskampagne, ein neues Qualitätsbewusstsein in der gesamten Organisation.

2.2   Six-Sigma-Methodik

Grundlage für das neue Qualitätsbewusstsein ist eine gemeinsame einfache Sprache, die es erlaubt, Projekte und Prozessveränderungen effizient und effektiv umzusetzen. Die gemeinsame Six-Sigma-Sprache basiert auf einheitlichen Tools und Methoden in den Bereichen Statistik, Prozess- und Projektmanagement.

- *Statistik:* Kern von Six Sigma ist das Bestreben, Qualität mit Hilfe von Metriken messbar zu machen und faktenbasierte Verbesserungsentscheidungen zu treffen. Die Statistik liefert hierfür die Basis. Sie erlaubt, die Werte der verschiedensten Metriken zu analysieren, zu gruppieren und zu verstehen. Für die statistischen Auswertungen setzt Six Sigma auf elementares statistisches Grundlagenwissen und wenige statistische Werkzeuge. Computerprogramme wie Minitab erleichtern Anwendung und Visualisierung.

- *Prozessmanagement:* Die Prozesse werden mit Hilfe einer einfachen Beschreibungsmethodik (COPIS = Customer – Output – Process – Input – Supplier) untergliedert und erfasst. Zur Ermittlung relevanter Metriken werden die Kernprozesse im Unternehmen kundenorientiert segmentiert. Nur dann sind interessante Einsichten über die Kundenzufriedenheit möglich. „Bekommt ein interner oder externer Kunde das Produkt, wann er es will?"[1] – Aufschluss darüber geben beispielsweise Messungen der Varianz in der Durchlaufzeit eines Auftragsabwicklungsprozesses von der Auftragserteilung bis hin zur Bezahlung. Span-Metriken – wie diese – legen die Grundlagen für ein erfolgreiches Prozessmanagement.

- *Projektmanagement:* Ein einheitliches Vorgehens- und Rollenverständnis gilt für alle Projekte. Die Normierung beginnt bei der Klassifikation und dem Training von Projektmitarbeitern und endet bei klar definierten, leicht handhabbaren Analysewerkzeugen für die jeweiligen Projektphasen.

  Zur Durchführung der Six-Sigma-Projekte durchlaufen Mitarbeiter aller Hierarchiestufen im Unternehmen praxisorientierte Qualifizierungsprogramme, die die Grundlagen für ein Umdenken im Unternehmen und umfangreiche Kenntnisse zur Anwendung geeigneter Tools und Techniken vermitteln. Je nach Aufgabe und Qualifizierungsgrad werden den Six-Sigma-geschulten Mitarbeitern, angelehnt an Kampfsportarten, „Gürtel" (Green Belts, Black Belts und Master Black Belts) verliehen.

  Eingesetzt wird bei den Untersuchungen meist die DMAIC-Methode mit den Phasen „Define", „Measure", „Analyze", „Improve", „Control"; gelegentlich – vor allem für das Neudesign von Prozessen – aber auch die DMADV-Methode mit den Phasen „Design", „Measure", „Analyze", „Design", „Verify". Für jeden einzelnen Schritt stehen Standardformate und Werkzeuge bereit.[2]

Mit dem Erlernen der Six-Sigma-Sprache ist es wie mit jeder anderen neuen Sprache: Es braucht Zeit und man denkt besser in Jahren, nicht in Monaten. Das Lernen wird erleichtert, wenn der Lerngegenstand einfach ist. Hieraus erklärt sich die bewusste Vereinfachung, die für Six Sigma charakteristisch ist. Die Vereinfachung erfolgt auf einem hinreichenden Abstraktionsniveau, so dass die Anwendbarkeit nicht unnötig eingeschränkt wird. Dies ist ein fundamentaler Unterschied zu anderen Beratungsansätzen, die sich durch eine zunehmend feinere Differenzierung der Methoden auszeichnen.

Wie die Semiotik lehrt, erhält jede Sprache ihre Bedeutung erst durch kontinuierliches Leben und Erleben in sozialen Kontexten. Deshalb gehört zur erfolgreichen Six-Sigma-Einführung neben einem größeren zeitlichen Horizont auch die feste Einbettung in den unternehmensspezifischen Kontext.

2.3   Vorteile von Six Sigma

Worin liegt der Reiz von Six Sigma? Was zunächst besticht, ist die klare Zielsetzung, die Bottom-Line-Orientierung und der Fokus auf Messbarkeit von Veränderungen, aber auch die Prozessorientierung und starke Ausrichtung an relevanten Kundenerfolgsfaktoren.

Six Sigma gibt das Verbesserungsniveau vor und es zeigt den Abstand zu den Besten auf. Es macht deutlich, welche Beträge je nach erreichtem Sigma-Niveau durch Fehlleistungen verloren gehen. Die folgende Tabelle[3] illustriert die Verbindung von verschiedenen Sigma-Qualitätsniveaus und Fehlleistungskosten. Damit wird deutlich, welche enormen Ertragssteigerungen erzielbar sind.

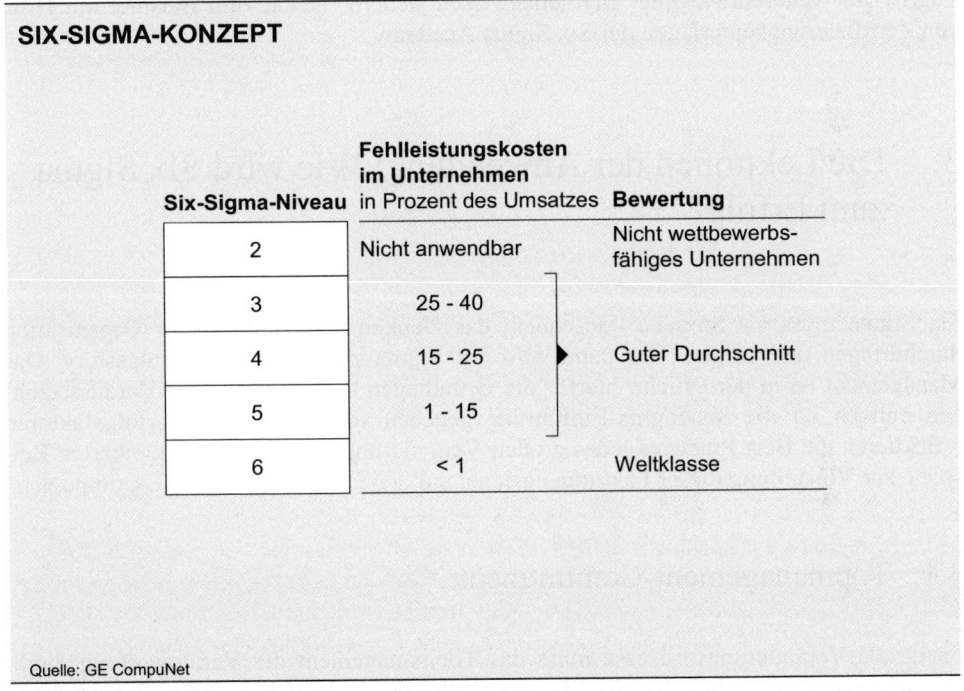

SIX-SIGMA-KONZEPT

Six-Sigma-Niveau	Fehlleistungskosten im Unternehmen in Prozent des Umsatzes	Bewertung
2	Nicht anwendbar	Nicht wettbewerbs-fähiges Unternehmen
3	25 - 40	
4	15 - 25	Guter Durchschnitt
5	1 - 15	
6	< 1	Weltklasse

Quelle: GE CompuNet

Abbildung 1

Die Prozessorientierung erlaubt die ganzheitliche Optimierung, gleichzeitig jedoch ein schrittweises Vorgehen. So ist es möglich, zunächst interne Prozesse zu beschreiben, zu analysieren und zu optimieren. Das Ergebnis sind meist deutliche Produktivitätssteigerungen durch Vermeidung von Fehlern. Six Sigma sieht darüber hinaus die externe Optimierung vor; denn Weltklasse-Prozesse sind nur gemeinsam mit Kunden und Lieferanten erreichbar. Damit schließt Six Sigma die Lücke, die sich in vielen Unternehmen auftut. Diese weisen zwar in ihren Mission Statements Kundenzufriedenheit als Grundlage für wirtschaftlichen Erfolg aus, woran es bei ihnen jedoch häufig fehlt, ist deren konsequente Messung.

Ein weiterer Vorteil ist schließlich die weitgehende Standardisierung der Six-Sigma-Methodik. Die gemeinsame Sprache unterstützt unternehmensweite Lernprozesse, den Austausch von Ressourcen und die Anwendung von „Best Practice". Sie bietet darüber hinaus die Möglichkeit, Experten aus anderen Unternehmen und Industrien hinzuzuziehen und aus deren Erfahrungen zu lernen. Inzwischen ist ein unternehmensübergreifender Markt für Six-Sigma-Expertise entstanden. Tausende von Six-Sigma-Experten stehen zur Verfügung, die Unternehmen wie Motorola, Allied Signal, Kodak, Johnson & Johnson, Sony, Dupont und natürlich GE ausgebildet haben. Unternehmen können so zunehmend erfahrene Black Belts und Master Black Belts extern rekrutieren und sich den Zugriff auf weiterentwickeltes Methodenwissen sichern – auch zum Beispiel mit Hilfe von Zertifizierungsunterlagen der Six Sigma Academy.

3.   Die Lektionen der Anwendung: Wie wird Six Sigma zum Erfolg?

Six Sigma muss als Sprache konsequent das Denken und Handeln der Organisation durchdringen und prägen. Nur dann wird Six Sigma zu der großen Erfolgsstory. Das Management ist in der Pflicht, hierfür die Grundlagen zu schaffen. Vier Voraussetzungen müssen für die Six-Sigma-Einführung gegeben sein. Diese Haupterfolgsfaktoren reflektieren die Best Practices jedes großen Veränderungsprozesses. Die konkreten Beispiele zur Vorstellung dieser Faktoren basieren auf den Erfahrungen bei GE CompuNet.

3.1   Topmanagement-Commitment

Für große Veränderungsprozesse muss das Topmanagement die Verantwortung direkt übernehmen. Das ist bei der Six-Sigma-Einführung auch nicht anders. Entsprechend muss Six Sigma ganz oben auf der Agenda von CEO und Topmanagement stehen. Geschieht dies nicht, fehlt die „großflächige" Akzeptanz – Six Sigma wird nicht unternehmensweit zur gemeinsamen Sprache und Arbeitsgrundlage.

- *Auch das Management muss ins Training.* Startsignal für die Six-Sigma-Einführung war ein groß angelegtes Trainingsprogramm, in das auch das Management eingebunden war. Das gesamte Management bei GE CompuNet drückte infolgedessen mindestens vier Tage die Schulbank und erlernte Six-Sigma-Methoden und -Terminologie. Darüber hinaus wurden Six-Sigma-Zertifizierungen im Laufe der

Jahre in allen GE-Geschäften obligatorisch. So sind beispielsweise Green-Belt-Zertifizierungen für das Senior-Management Vorschrift.

- Die Durchsetzung der Zertifizierungsanforderungen war durch – wie bei unternehmensweiten Initiativen in Großunternehmen üblich – eine gewisse Humorlosigkeit gekennzeichnet. Es wäre aber wohl vermessen, beim Beginn eines großen Veränderungsprozesses wie Six Sigma allein auf die Einsicht des Managements zu hoffen.

- *Alle wichtigen Projekte sind Six-Sigma-Initiativen.* Für kritische Projekte ist die Six-Sigma-Methodik verbindlich. So lassen sich beim Projektstart auf Grund der Six-Sigma-Hilfestellungen elementare Fehler vermeiden. Noch viel wichtiger ist aber die Signalwirkung, die von dieser Entscheidung ausgeht. Es wird klar vor Augen geführt, dass Six Sigma im Unternehmen alles andere als ein Nebenkriegsschauplatz ist. Wer also an einem unternehmenskritischen Thema arbeiten will, benötigt die Sprachbeherrschung von Six Sigma gleichsam als Eintrittskarte. Gerade diese Spielregel stieß anfänglich auf viel Widerstand.

- *Der Six-Sigma-Programmleiter ist Teil des engeren Führungsteams.* Über die Durchsetzung des Six-Sigma-Gedankens und die Akzeptanz des Programms gleich in der Anfangsphase entscheiden die Person und die Stellung des Projektleiters. Ein erfahrener Manager aus dem engeren Führungskreis sollte deshalb die Aufgabe des Programmleiters und des Quality Leader übernehmen. In seine Zuständigkeit fällt die Festlegung der „Six Sigma Roadmap", d. h. die Konzeption der wichtigsten Initiativen und Projekte, und das Six-Sigma-Ressourcenmanagement.

Erfolgsvoraussetzungen von Six Sigma sind – wie diese Beispiele zeigen – sehr viel Urteilsvermögen und weiche Faktoren. Unerlässlich ist die Verfolgung einer klaren Linie, um den Projekterfolg nicht zu gefährden. Ausnahmen sind leicht gemacht, sei es bei der Zertifizierung oder der Auswahl von Projekt oder Projektleiter. Die Konsequenzen für die Glaubwürdigkeit des Programms sind dagegen gravierend und die Fehler nicht so leicht wettzumachen.

3.2 Six Sigma als Karrierepfad

Die Durchsetzungskraft von Six Sigma im Unternehmen hängt in hohem Maß von der Qualität der Black Belts und Master Black Belts ab – also der dedizierten Six-Sigma-Experten. Denn diese verkörpern im Unternehmen am sichtbarsten das Six-Sigma-Programm. Wie verhängnisvoll es ist, wenn dieser Grundsatz nicht befolgt wird, zeigte sich in der ersten Phase der Six-Sigma-Einführung bei GE CompuNet. Statt – wie gefordert – nur Toptalente in das Six-Sigma-Programm zu entsenden, schickten die Linienverantwortlichen auch viele Mitarbeiter ins Six-Sigma-Team, die ihre Manager zuvor im unteren Drittel der Leistungskurve eingeordnet hatten. Erst als Toptalente zu Black Belts und

Master Black Belts ausgebildet wurden, konnte das Six-Sigma-Programm Glaubwürdigkeit in der Organisation entwickeln.

Black Belts und Master Black Belts übernehmen in einem Six-Sigma-Projekt die Rolle einer internen Unternehmensberatung, die die Teammitglieder bei methodischen und praktischen Fragen unterstützt. Im Prinzip ähnelt ihr Einsatz dem guter Beraterteams. Durch Rotation und Mitarbeit in verschiedenen Projekten erarbeiten sich Black Belts und Master Black Belts eine neutrale und übergreifende Sichtweise. Mit ihrer Erfahrung fördern sie in enger Zusammenarbeit mit den „Stakeholdern" im Six-Sigma-Team eine schnelle Problemlösung.

Idealerweise ist die Übernahme der Rolle eines Black Belt und Master Black Belt eine Station auf dem Karrierepfad für die Talente des Unternehmens. Vorgesehen wird für diese Station in der Regel ein Zeitraum von 18 bis 24 Monaten.

3.3   Verankerung von Six Sigma im Anreizsystem

Die Bedeutung von Six-Sigma-Erfahrung für die Karriere im Unternehmen mag noch so häufig betont werden, richtig ernst nimmt man diese Äußerungen erst dann, wenn nach den ersten Jahren eine hinreichende Zahl von Black Belts und Master Black Belts sichtbar in gute Positionen gelangte. Notwendig ist darüber hinaus, Six Sigma in den Anreizsystemen zu verankern. So hängt bei GE die Zuteilung von Stock Options ausdrücklich auch von der Effektivität der Nutzung von Six Sigma ab.[4]

3.4   Integration von Six Sigma in die Steuerungsprozesse

Wichtiger als alle monetären Anreize sind nach GE-CompuNet-Erfahrung jedoch die Integration von Six Sigma in die „Unternehmensrituale" und die so genannten Operating Mechanisms.

GE CompuNet führte beispielsweise monatlich Business Quality Councils (BQC) ein. In diesem Gremium diskutierten einen ganzen Tag lang CEO, Quality Leader sowie Finanz- und IT-Bereichsleiter gemeinsam mit den Projektleitern das Erreichen der Meilensteine für die wichtigsten Six-Sigma-Projekte. Die Finanzverantwortlichen nahmen am BQC teil, um die Bottom-Line-Orientierung der Six-Sigma-Projekte auch in den offiziellen Finanzzahlen nachzuvollziehen. Die Anwesenheit der IT-Experten war notwendig, da Prozessverbesserungen häufig erst nach Anpassung der IT-Systeme umsetzbar sind.

Eine ganz entscheidende Rolle spielte bei der Einführung von Six Sigma daneben die Unternehmenskommunikation. So war Six Sigma bei GE CompuNet fester Bestandteil jeder regelmäßigen Kommunikation. Im GE Annual Report bewerteten beispielsweise

Jack Welch bzw. Jeff Immelt Six Sigma, in Geschäftsbereichs-Kickoffs stellten Managementteams ihre Pläne vor und in regelmäßigen Newslettern und CEO-Mails gab es jeweils eine Six-Sigma-Rubrik mit den aktuellen Erfolgsgeschichten. Hinzu kam jedes Jahr die groß publik gemachte Verleihung der Management-Awards an die Projektleiter und Champions besonders erfolgreicher Six-Sigma-Projekte.

Diese fast übertrieben anmutende Vielfalt der Maßnahmen zur Six-Sigma-Verankerung erzeugten schließlich das notwendige Momentum, um die anfänglich im Unternehmen herrschende Skepsis zu überwinden. Auf lange Sicht bieten allerdings erlebte, erfolgreiche Six-Sigma-Projekte wohl den größten Anreiz.

4.   Fazit: Keine Halbherzigkeiten

Six Sigma, als gemeinsame Sprache der Organisation verstanden, kann – so die Erfahrung – die Leistungsfähigkeit des Unternehmens deutlich erhöhen. Für eine erfolgreiche Einführung sind die Hürden jedoch so hoch wie bei jedem anderen großen Veränderungsprogramm, in dem Unternehmenswerte, Selbstverständnis bis hin zu den Abläufen betroffen sind. Angesichts dieser Hürden und des großen Aufwands lohnt es sich zu prüfen, ob allein der Mythos Six Sigma lockt oder ob ein ernsthaftes Interesse daran besteht, diesen Mythos zur operativen Realität im Unternehmen zu machen.

Als Entscheidungshilfe für die Bereitschaft zur Six-Sigma-Einführung sollen fünf Fragen dienen, die aus den Erfahrungen von GE CompuNet abgeleitet sind. Dies sind:

1. Wird Six Sigma in den nächsten fünf Jahren zu den Top-3-Initiativen des Unternehmens zählen?

2. Ist jeder im Topmanagement – einschließlich CEO – bereit, sich dauerhaft mindestens zwei bis drei Tage pro Monat vollzeitig mit Six-Sigma-Themen zu beschäftigen (BQC, Champion-Rolle in kritischen Projekten, eigenes Training)?

3. Gibt es einen qualifizierten Kandidaten für die Quality-Leader-Rolle, der voll in das Topmanagementteam integriert ist und vollzeitig für die Leitung des Six-Sigma-Programms zur Verfügung stehen kann?

4. Ist es denkbar, die Entwicklung von Toptalenten mit einer Episode als Black Belt oder Master Black Belt konsequent zu verknüpfen?

5. Werden in Zukunft alle kritischen Projekte als Six-Sigma-Projekte gestartet?

Wenn bei diesen fünf Fragen Zweifel auftreten, ob der Anspruch auch tatsächlich umgesetzt werden kann, dann ist es besser, Six Sigma fallen zu lassen und auf alternative

Verbesserungsprogramme mit einem lokaleren und weniger universellen Anspruch zu vertrauen. Denn die weit verbreitete Skepsis gegenüber Veränderungsprogrammen und insbesondere Qualitätsverbesserungsinitiativen lehrt, dass ein Unternehmen mit einem begrenzten Anspruch, der glaubwürdig umgesetzt wird, besser fährt als ein Unternehmen mit großem Anspruch, das nichts als Lippenbekenntnisse und Zynismus erntet.

Wird in einem Unternehmen andererseits jede dieser fünf Fragen klar bejaht, dann kann Six Sigma den Weg zu höchster Kundenzufriedenheit und Produktivität eröffnen. Die Einführung von Six Sigma wird dann zu der strategischen und kulturellen Herausforderung, die dem Unternehmen bei Beachtung der Haupterfolgsfaktoren – Topmanagement-Commitment, Verankerung von Six Sigma in Karrierepfad, Anreizsystemen und Unternehmensritualen – eine neue große Perspektive bietet. Weltklasseprozesse und eine gemeinsame Sprache als Basis für kontinuierliche Weiterentwicklung lohnen dann die hohe Investition.

Referenzen

[1] Bei GE wird häufig auf die Erfahrung von GE Aircraft Engines verwiesen. Diesem Unternehmen gelang es zwar, die Reparaturzeiten von Triebwerken deutlich zu senken, dennoch waren die Kunden nicht zufrieden, da Flugzeuge auf Grund später Montage der reparierten Triebwerke lange am Boden waren. Ein Six-Sigma-Fokus auf die „Wing to Wing"-Zeit, also die gesamte, durch den Triebwerkschaden verursachte Zeit am Boden, führte schließlich zu völlig anderen Reparatur- und Austauschprozessen.

[2] Vgl. PANDE, P., NEUMAN, R., CAVANAGH, R. (2000).

[3] Vgl. REHBEHN, R., YURDAKUL, Z.-B. (2003), S. 54.

[4] Vgl. WELCH, J., BYRNE, J. (2003), S. 331 f.

Literaturverzeichnis

PANDE, P., NEUMAN, R., CAVANAGH, R. (2000): The Six Sigma Way, 2000.

REHBEHN, R., YURDAKUL, Z.-B. (2003): Mit Six Sigma zu Business Excellence, 2000.

WELCH, J., BYRNE, J. (2003): Jack – Straight from the Gut, 2000

Andreas E. Zielke/Philipp Radtke

Die smarte Revolution

Dr. Andreas E. Zielke ist Director bei McKinsey & Company, Inc. Dr. Philipp Radtke ist Principal bei McKinsey & Company, Inc.

1. Einleitung

Die Automobilindustrie steuert auf eine neue Revolution zu. Henry Ford erfand das Fließband, Toyota die Lean Production. Jetzt steht die internationale Automobilindustrie vor einem dritten großen Einschnitt. In den kommenden zehn bis zwölf Jahren wird sich die automobile Welt völlig neu aufstellen.

Vor allem Käufer von Klein- und Mittelklassewagen werden auch in Zukunft immer mehr Auto für das gleiche Geld verlangen. Dies treibt die Automobilindustrie in einen dramatischen Innovationswettlauf. Gleichzeitig ist sie gezwungen, die aus diesen technologischen Neuerungen entstehenden Kosten zu kompensieren. Unter dem Druck dieser Produktivitätszange entwickeln sich neue Strategien und neue Formen der Kooperation, indem sich die Wertschöpfung innerhalb der Branche noch weiter von den Herstellern (Original Equipment Manufacturers, OEMs) auf die Zulieferindustrie verlagert.

Die Industriestudie „Herausforderung automobile Wertschöpfungskette" (HAWK) von McKinsey & Company und dem Institut für Produktionsmanagement, Technologie und Werkzeugmaschinen (PTW) an der Technischen Universität Darmstadt beschreibt die Entwicklung der Automobilindustrie bis zum Jahr 2015. Untersucht wurde u. a., inwieweit neue Technologien mit hohem Elektronikanteil sowie veränderte Produktionsprozesse und Werkstoffe einen Innovationssog auslösen, dem sich niemand entziehen kann.

Mehr Elektronik und ihre Vernetzung mit mechanischen Komponenten erfordert neue Kompetenzen in der Entwicklung. Die Anforderungen an die Beschäftigten verändern sich deutlich. Neben den klassisch ausgebildeten Maschinenbauern werden verstärkt Elektronik- und Softwarespezialisten gefragt sein, beispielsweise Mechatronikexperten an der Schnittstelle von Elektronik und Feinmechanik. Gerade deren Know-how in den Bereichen Elektronik und Software ermöglicht es Zulieferern, profitabel zu wachsen.

Die Zulieferer werden ihren Kompetenz- und Know-how-Vorsprung für neue Synergien nutzen können und nutzen müssen, um die Mehrkosten neuer Technologien auszugleichen. Dabei bringen nicht mehr lokale oder funktionale, sondern vor allem wissensbasierte und damit systemübergreifende Synergien entscheidende Wettbewerbsvorteile. Bisher war die Wertschöpfungsarchitektur funktional an Komponenten und Systemen ausgerichtet. In Zukunft wird sie wissensbasiert und systemübergreifend strukturiert sein. Dabei stehen die OEMs vor einem Dilemma: Um mehr Auto fürs gleiche Geld bieten zu können, müssen sie die Entwicklung und Produktion noch stärker auf die Zulieferer verlagern. Damit laufen sie jedoch Gefahr, nicht nur große Teile ihrer gegenwärtigen Wertschöpfung, sondern auch Kompetenzen zu verlieren.

Den Unternehmen stehen im Wesentlichen zwei Stellhebel zur Verfügung, um diesen Herausforderungen erfolgreich zu begegnen und weiter profitabel operieren zu können: Zum einen ist operative Exzellenz Voraussetzung dafür, dass Zulieferer und OEMs den Kostendruck abmildern und die Produktivität steigern können. Zum anderen müssen sie profitabel wachsen, was in Zukunft vor allem Innovatoren gelingen wird. Diese Unternehmen werden durch den Einzug neuer Technologien in den nächsten zehn Jahren die höchsten Umsatzrenditen und das größte Umsatzwachstum erzielen.

2.   Die Industriestudie HAWK

Wie sieht das Auto der Zukunft aus? Welche Innovationen sind konkret zu erwarten? In welcher Form wirken sie sich auf die Wertschöpfungsstruktur in der Automobilindustrie aus? Auf welche Weise können sich die betroffenen Unternehmen individuell anpassen, um den Unternehmenserfolg langfristig zu sichern? Das Projekt HAWK gibt Antworten auf diese Fragen.

McKinsey und die TU Darmstadt haben dabei zunächst eine Industrieperspektive bis zum Jahr 2015 entwickelt. Im Mittelpunkt stand die Frage, welche Wertschöpfungsstruktur sich mit dem Einzug neuer Technologien in die Automobilindustrie in zehn Jahren als kostenoptimal erweisen könnte. Im Einzelnen waren dazu Antworten auf vier Fragen erforderlich:

1.   Welche technologischen Innovationen werden bis 2015 auf breiter Front Einzug in die Automobilindustrie halten?

2.   Welchen Einfluss haben diese technologischen Neuerungen auf die Kostenstruktur eines Pkw in der Kompaktklasse sowie auf die Anforderungen an das Kompetenzprofil der Spieler?

3.   Welche Synergien zwischen Bauteilen und Komponenten sind durch den Einzug neuer Technologien zu erwarten und wie wirken sie sich auf die Automobilindustrie aus?

4.   Welche Best Practice in der Wertschöpfungsarchitektur ist unter den geänderten Vorzeichen für das Jahr 2015 zu erwarten und welche Fertigungs- und Entwicklungstiefen ergeben sich daraus?

Als Basis für die Beantwortung dieser Fragen diente eine weltweite empirische Untersuchung. Mehr als 250 Hersteller, Zulieferer und Experten der Automobilindustrie gaben in Tiefen- und Breiteninterviews Prognosen zu den Kosten und Eintrittszeitpunkten neuer Technologien sowie der dafür erforderlichen Kompetenzen ab. Ein Fünftel der befragten Teilnehmer kommt dabei schwerpunktmäßig aus dem Nutzfahrzeugbereich. Zwei Drittel der Experten stammen aus Europa, die übrigen zu etwa gleichen Teilen aus den Regionen Nordamerika und Asien. Bei den Zulieferbetrieben sind alle vier Fahrzeugsegmente Ausstattung, Antrieb, Fahrwerk und Karosserie vertreten.

Zusätzlich befragte McKinsey rund 5.000 europäische Endkunden nach ihrer Bereitschaft, für Innovationen mehr Geld zu bezahlen. Im Mittelpunkt standen Käufer von Volumenmodellen, also Fahrzeugen der Kompaktklasse wie etwa VW Golf, Opel Astra, Toyota Corolla oder Ford Focus. Auf Grund der hohen Stückzahl dieser Modellgruppe lassen sich allgemeine Aussagen für die gesamte Automobilindustrie ableiten.

Aus diesen Befragungen entstand ein quantitatives Simulationsmodell, das kostenbasierte Aussagen zu einem Kompaktwagen mit über 250 Einzelteilen bis 2015 ermöglicht – und zwar für jedes einzelne Jahr. Damit haben diese Prognosen einen normativen Charakter und heben die Studie HAWK deutlich von anderen Untersuchungen zur Zukunft der Automobilindustrie ab. Die HAWK-Studie bietet zudem Antworten auf die neuen Herausforderungen, vor denen die Automobilindustrie steht.

3.   Die Automobilindustrie vor neuen Herausforderungen

Seit über zehn Jahren betreibt die deutsche Automobilindustrie eine beispiellose Produktoffensive, die langsam ihren Höhepunkt erreicht. Die Fahrzeugmärkte stagnieren weltweit und den seit Ende der 90er Jahre steigenden Kostendruck geben die Hersteller an die Zulieferindustrie weiter. Zudem besteht die Tendenz, die Anzahl der direkten Zulieferer weiter zu reduzieren. Damit wird eine enorme Konsolidierungswelle in der Zulieferindustrie ausgelöst. In den vergangenen fünf Jahren hat sich die Zahl der Automobilzulieferer weltweit drastisch reduziert.

Gleichzeitig führen immer radikalere Maßnahmen im Einkaufsverhalten der Fahrzeughersteller (OEMs) zu verschärftem Wettbewerb – mit spürbaren Auswirkungen auf das Verhältnis zwischen OEMs und Zulieferern. Weiterhin leidet die Industrie unter akutem Fachkräftemangel, da die Zahl der Ingenieure in den vergangenen Jahren stark zurückgegangen ist. Es fehlen allein in Deutschland jährlich schätzungsweise etwa 20.000 Absolventen von Ingenieurstudiengängen. Dabei wächst nach Ansicht des Vereins Deutscher Ingenieure (VDI) gerade in den Bereichen Maschinenbau und Elektronik, die eine besondere Bedeutung in der Automobilindustrie haben, der Bedarf an Ingenieuren jedes Jahr um 6 Prozent.

Autokäufer erwarten immer mehr von ihren Fahrzeugen, besonders von denen der Kompaktklasse. Klimaanlagen beispielsweise, ehemals ein Ausstattungselement der Oberklasse, sind mittlerweile in 45 Prozent aller verkauften Autos im Kompaktwagensegment vorhanden. Bis zum Jahr 2010 wird sich dieser Anteil noch einmal um 15 Prozentpunkte erhöhen. Bei den Mittelklassewagen wird der Anteil an Fahrzeugen mit Klimaanlage von heute bereits 70 Prozent auf lediglich 80 Prozent im Jahr 2010 steigen – eine Zuwachs-rate, die nicht einmal halb so groß ist wie bei den Kompaktwagen. Der Endpreis eines Automobils wird auch in den nächsten zehn Jahren inflationsbereinigt etwa auf heutigem Niveau liegen. Das zeigte sich bereits in der jüngsten Vergangenheit. Während etwa der inflationsbereinigte Preis eines Oberklasse-BMW der 7er-Reihe in den vergangenen Jah-ren gefallen ist, blieben die Preise für Mittelklassefahrzeuge wie den C180 von Merce-des und für Kompaktwagen wie den Volkswagen Golf CL im Wesentlichen unverändert. Das Basismodell des VW Golf verteuerte sich seit 1990 inflationsbereinigt lediglich um 0,7 Prozent, obwohl im gleichen Zeitraum die Grundausstattung signifikant verbessert und aufgewertet wurde (z. B. mit Airbags, ABS, ESP und leistungsstärkeren Motoren).

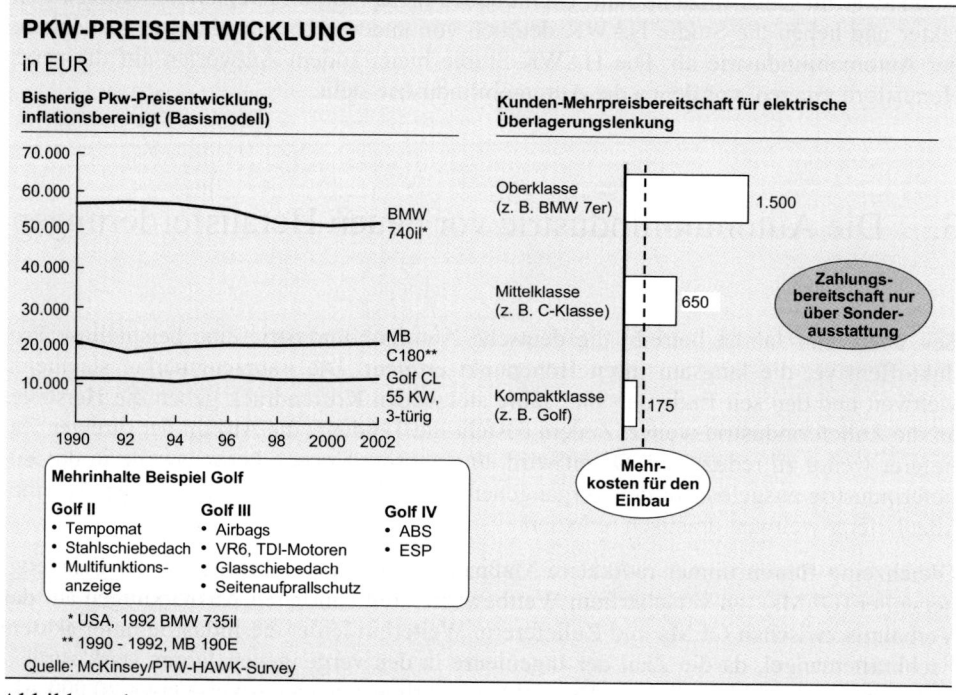

Abbildung 1

An der Einstellung der Kunden, immer mehr Auto für das gleiche Geld bekommen zu wollen, wird sich auch in Zukunft nichts ändern. Das belegt die McKinsey-Endkunden-befragung, mit der ermittelt wurde, wie hoch die Bereitschaft ist, für neue Technologien im Fahrzeug auch mehr zu bezahlen. Ein Beispiel ist die elektrische Überlagerungslen-kung, die unter anderem Seitenwinde während der Fahrt und ohne Eingriff des Fahrers automatisch aussteuert. Laut Befragung sind nahezu nur Käufer von Oberklassewagen bereit, einen Mehrpreis zu bezahlen, der die zusätzlichen Kosten für diese Technologie deckt. Die Käufer von Kompaktklassewagen hingegen akzeptieren nicht den Mehrpreis, der die prognostizierten Herstellkosten deckt.

Diese Entwicklung erhöht den Kostendruck für die gesamte Automobilindustrie. Die Hersteller stehen vor der Wahl: Verzichten auf neue, vom Endkunden gewünschte Innovationen, was zu geringerem Absatz und rückläufigem Umsatz führt, oder Abbau von Kosten an anderer Stelle, um den technologiebedingten Mehrpreis auszugleichen. Damit verlagert sich der Kostendruck auf Zulieferfirmen. Sie müssen nicht nur die neuen Technologien kosteneffizient anbieten, sondern auch die Herstellungsprozesse vorhandener Produkte optimieren, um wettbewerbsfähig zu bleiben.

4.   Das Auto der Zukunft: Perspektiven revolutionärer Technologien

Das Auto im Jahr 2015 – was bietet es und wie sieht es aus? Sicher ist, dass es eine Fülle von zusätzlichen Ausstattungsmerkmalen besitzen wird. Doch die wesentlichen Funktionalitäten werden sich kaum verändern. Auch in Zukunft wird der Fahrer sein Fahrzeug eigenständig fahren, lenken und bremsen. Schwebende Autos oder völlig autonomes Fahren bleiben Utopie.

Ein großer Teil künftiger Innovationen wird dem Endkunden verborgen bleiben oder sich ihm erst auf den zweiten Blick offenbaren, weil sie unsichtbar unter dem Fahrzeugblech wirken oder in der Produktion stattfinden. Kostensenkende Prozessoptimierungen und neue Prozesstechnologien in der Herstellung bieten den Unternehmen markante Vorteile, die der Kunde nur indirekt über den Preis bemerkt.

Im Gegensatz zu Prozessinnovationen, die zum Zuge kommen, wenn sie Kostenvorteile versprechen, werden produktbezogene Innovationen nur dann erfolgreich sein, wenn sie nicht nur Kundenmehrwert schaffen, sondern auch die Rentabilität verbessern. Nicht jede Neuerung wird sich daher am Markt durchsetzen. Selbst wenn sie schon technisch realisierbar ist, wird sie bei den Kompaktwagen nicht unbedingt als Standardausstattung Einzug halten.

4.1   Innovationstrends bei Pkws

Dennoch wird es in den nächsten zehn Jahren viele Neuerungen geben, die der Kunde in Anspruch nehmen kann und die ihm mehr Leistung bieten. Diese Innovationen lassen sich den Kategorien Infotainment, Komfort, Sicherheit und Antrieb zuordnen.

- Der Einzug des *Infotainments* in das Fahrzeug zeichnet sich schon heute deutlich ab. In Zukunft werden z. B. Unterhaltungselemente wie digitales Fernsehen oder Netzwerkspiele ins Fahrzeug integriert. Vervielfachen wird sich außerdem das Informationsangebot, das z. B. für die Navigation mit Echtzeitdaten benötigt wird.

- Der *Komfort* für die Passagiere in der Kompaktklasse steigt weiter: Mit Hilfe von Software individuell einstellbare Fahreigenschaften oder eine intuitive Sitzergonomie sind hierfür nur einige Beispiele. Eine physiologisch geregelte Klimaanlage kann mit einer Infrarotkamera die auf der Haut der Insassen tatsächlich gefühlte Temperatur messen und das Klima für jeden Passagier individuell regeln.

- Im *Antrieb* setzt sich der Trend zu kompakteren Motoren mit höherer Leistung fort. Dabei spielt ein geringerer Verbrauch eine Rolle, hat aber nicht die Bedeutung, die ihm die Medien bisweilen beimessen. Die viel diskutierte Brennstoffzelle wird sich wegen der hohen Produktionskosten sowie der noch ungelösten Brennstoffversorgung bis 2015 nicht durchsetzen. Stattdessen wird mittelfristig das 4-Liter-Auto mit einem – gesetzlich vorgeschriebenen – niedrigen Emissionsniveau im Massensegment vorherrschen.

- Ähnlich umfangreiche Neuerungen stehen in der *Sicherheit* bevor. Zu nennen wären Displays in der Windschutzscheibe (Head-up Display), Rückfahrkameras, aktive Beleuchtung, Fußgängerschutzsensorik, Objekterkennung oder Nachtsichtgeräte. Innovationen wie Lenk- und Bremssysteme, die unmittelbar Gegenmaßnahmen einleiten, wenn der Wagen seine Traktion verliert, helfen dem Fahrer, das Auto noch sicherer und souveräner zu bewegen, und nehmen ihm Aufgaben ab, die Computer exakter erledigen können. Außerdem erhält der Fahrer so mehr Informationen als über seine eingeschränkte Wahrnehmung im Fahrzeuginnenraum. Kommt es trotzdem zum Unfall, werden die Insassen durch intelligentere Airbags und ein präzise aufeinander abgestimmtes Verhalten aller Sicherheitssysteme in den Pre- und Post-Crash-Phasen besser vor Verletzungen geschützt.

4.2   Eine Innovations-Roadmap

Wann werden diese Zukunftstechnologien in der Kompaktklasse Standard sein? Die Antwort ist schwierig: Als Hauptfaktor für die Durchsetzungsfähigkeit einer Produktinnovation sehen die im Rahmen von HAWK befragten Unternehmen die höhere Funktionalität für das gesamte Fahrzeug (36 Prozent) bzw. für einzelne Komponenten (26 Prozent). Der Aspekt des Kostenabbaus spielte immerhin noch bei 23 Prozent der Befragten eine entscheidende Rolle, während die übrigen im vereinfachten Zusammenbau und einer geringeren Anzahl der an der Entwicklung und Produktion beteiligten Unternehmen den größten Nutzen sahen. Doch entscheidend ist letztlich der Kunde. Solange er nicht bereit ist, für eine Innovation zu zahlen, muss der Hersteller die ihm entstehenden Mehrkosten über Synergieeffekte einspielen. Dann werden die Neuerungen umgesetzt. HAWK hat diese Entwicklung untersucht; das Ergebnis ist in einer Innovations-Roadmap zusammengestellt.

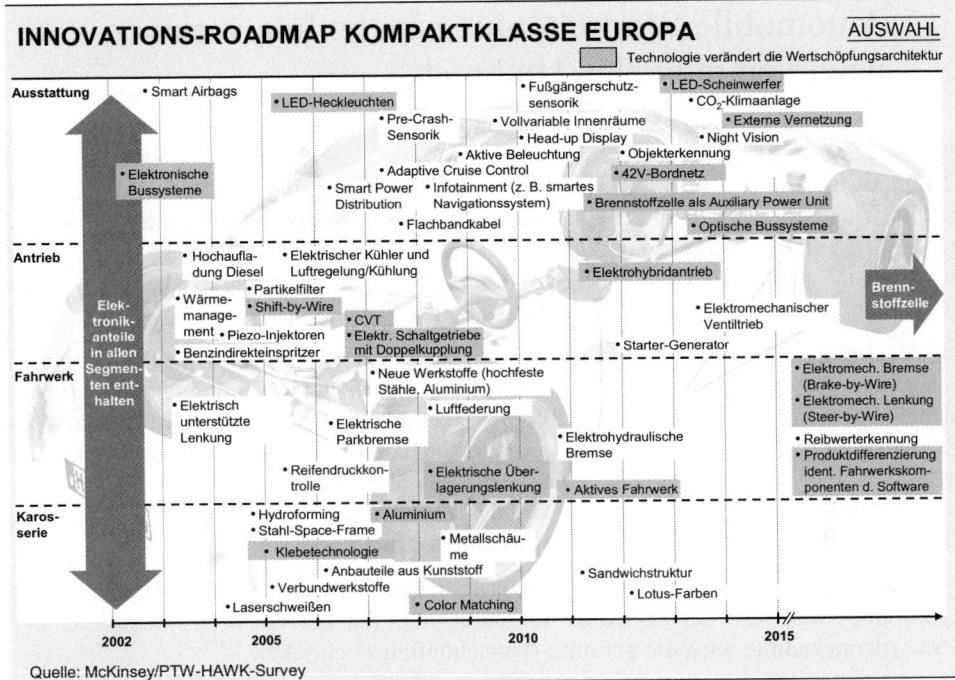

INNOVATIONS-ROADMAP KOMPAKTKLASSE EUROPA

Quelle: McKinsey/PTW-HAWK-Survey

Abbildung 2

Die Innovations-Roadmap ist unterteilt in die vier Fahrzeugsegmente Ausstattung, Antrieb, Fahrwerk und Karosserie und zeigt sowohl Produkt- als auch Prozessinnovationen. Die neuen elektronikbasierten Technologien führen dazu, dass Elektrik/Elektronik als eigenes Segment verschwindet und in den übrigen Segmenten aufgeht. So sind Antriebsoder Fahrwerkskomponenten ohne integrierte Elektronik schon heute nicht mehr vorstellbar.

Die in der Abbildung besonders hervorgehobenen Technologien werden die bestehende Wertschöpfungsarchitektur nachhaltig verändern. Sie erfordern in der Regel völlig neuartige Produktionstechnologien und Kompetenzen und erlauben es daher unter Umständen neuen Unternehmen, in der Branche Fuß zu fassen.

Bei Karosserie und Ausstattung sind verbesserte Klebetechnologien, der Einsatz von Aluminium und Color Matching herausragende Prozessinnovationen. Bei den Produktinnovationen revolutionieren so genannte X-by-Wire-Systeme die Herstellung des Autos. Hinzu kommen Innovationen, die es der Elektronik ermöglichen, auf breiter Basis Einzug in alle Fahrzeugsegmente zu halten, und damit die künftig erforderlichen Kompetenzprofile aller Spieler vorgeben.

5.   Automobile Wertschöpfungskette: Innovationen bewirken radikalen Umbruch

Die Innovationen von morgen erfordern neues Know-how. Unternehmen, die auch in den nächsten Jahrzehnten in der Champions League mitspielen wollen, müssen sich daher zusätzliche Kompetenzen aneignen. Das ist kein kurzfristiger Prozess, denn gerade die großen Autohersteller beschäftigen eine Vielzahl von Ingenieuren, die sie nicht innerhalb kurzer Zeit umschulen oder gar austauschen können.

Für die Zulieferer sind die Ausgangsbedingungen günstiger, weil sie viele der Innovationen schon jetzt entwickeln. Da sich die Zulieferer auf einzelne Komponenten oder Segmente konzentrieren, besitzen sie detaillierte Kenntnisse in den einzelnen Bereichen. Im Vergleich zu den OEMs sind sie zudem flexibler in ihrer Personalstruktur und können sich so leichter neue Kompetenzen aneignen. Das notwendige Know-how für die Innovationen der Zukunft liegt daher eher bei den Zulieferern. Dies ist der erste Faktor, der für eine Verlagerung der Wertschöpfung verantwortlich ist.

Ein zweiter Faktor ist die Qualität der erforderlichen Kompetenzen. Das Software- und Elektronik-Know-how der Zulieferer verändert nicht nur die Wertschöpfungstiefe, sondern synergiebedingt auch die gesamte Wertschöpfungsarchitektur.

Die Studie HAWK hat untersucht, welche Wertschöpfungsarchitekturen aus den technischen Neuerungen resultieren können, und diejenigen bestimmt, die zu den Bedingungen des Jahres 2015 kostenoptimal und damit Best Practice sein werden. Dabei wurde deutlich, dass sich die Automobilindustrie von der gegenwärtigen funktionalen Wertschöpfungskette verabschieden und sich zu einer wissensbasierten Wertschöpfungsarchitektur wandeln wird.

5.1   Die Wertschöpfungsarchitektur der Gegenwart

Zulieferer sind gegenwärtig meist auf Einzelkomponenten spezialisiert und besitzen keine systemübergreifenden Kompetenzen. Dies führt zur klassischen Wertschöpfungspyramide mit dem Fahrzeughersteller an der Spitze und den einzelnen Zuliefererstufen darunter. Das Verhältnis zwischen OEM und den einzelnen Zulieferern gliedert sich nach Komponenten und Modulen.

Diese historisch gewachsene, funktionale Wertschöpfungsarchitektur ist Folge der Komplexität sowie der Abgrenzbarkeit einzelner Systeme. Das Know-how in der Automobilindustrie konzentriert sich auf das einzelne Modul oder System. In anderen Segmenten ist dieses Wissen kaum von Nutzen. Zu unterschiedlich sind die einzelnen Funktionen. Im Regelfall stellt der OEM das System oder das Modul aus den zugelieferten Einzelkomponenten selbst zusammen.

Im Schnitt erreichen OEMs – in der derzeitigen Wertschöpfungsarchitektur – einen Anteil an der Wertschöpfung von 35 Prozent. Die Schwerpunkte liegen dabei auf Karosserie und Antrieb. Auch im Segment Ausstattung, das mehr als ein Drittel der Gesamtwertschöpfung am Fahrzeug umfasst, sind OEMs noch dominant vertreten. Sie stellen in der Regel die Systeme sowie die Module her und integrieren sie in das Fahrzeug, während sich die Zulieferer – von einigen Ausnahmen abgesehen – eher auf die Entwicklung und Produktion von Einzelkomponenten beschränken.

5.2   Die künftige Wertschöpfungsarchitektur

Durch die Verknüpfung von Mechanik und Elektronik entstehen neue wissensbasierte Synergien. Diese eröffnen einerseits Einsparungen in Entwicklung und Produktion. Eine Best-Practice-Ausrichtung der Wertschöpfungsarchitektur ermöglicht einen Kosteneinspareffekt von bis zu 20 Prozent.

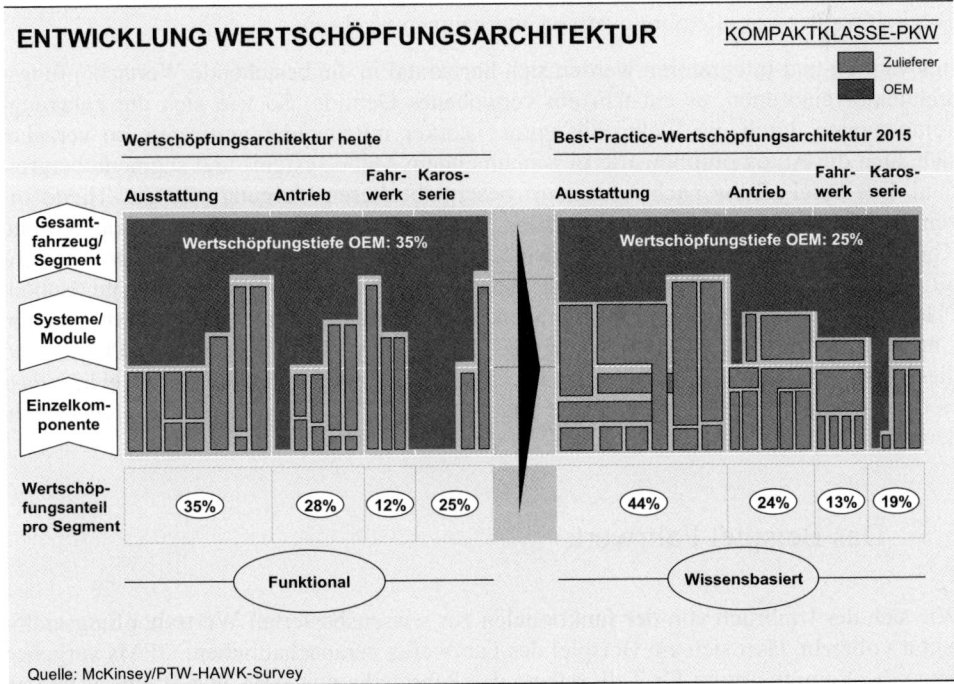

Abbildung 3

Andererseits aber ermöglichen diese Synergien den Unternehmen eine strategische Neuausrichtung. Als Konsequenz weiten die Know-how-Träger ihren Anteil an der Gesamtwertschöpfung im Fahrzeugbau aus. Die Wertschöpfungstiefe des OEM sinkt von derzeit 35 Prozent um rund ein Drittel auf 25 Prozent in 2015. Besonders betroffen sind die elektroniklastigen Bereiche Antrieb und Fahrwerk, wo die Wertschöpfungstiefe auf fast ein Drittel schrumpft.

In der wissensbasierten Wertschöpfungsarchitektur der Zukunft erbringen Zulieferer auf Grund ihres Know-hows innovative Integrationsleistungen über die klassischen Segmentgrenzen hinweg. Ohnehin komplexe Systeme wie eine Klimaanlage werden infolge weiterer technischer Neuerungen so vielschichtig, dass nur noch Klimaanlagenspezialisten in der Lage sein werden, das nötige Entwicklungs-, Simulations-, Physiologie- und Steuerungs-Know-how zu bündeln und anzuwenden. Aber auch außerhalb der Elektronik können spezialisierte Kompetenzen in einzelnen Bereichen den Wertschöpfungsanteil der Zulieferer massiv erhöhen. Unternehmen mit dediziertem Know-how zu Oberflächenstrukturen werden beispielsweise Module wie Türinnenverkleidung, Cockpit, Mittelkonsole oder Lenkrad, die heute noch separat geliefert werden, in Zukunft verbinden können. Die Integration über Systeme und Module allein reicht jedoch als Wachstumstreiber nicht aus. Erst die Innovation ermöglicht die nachfolgende Integration. Folglich werden vor allem innovative Unternehmen wachsen.

Innovatoren und Integratoren werden sich horizontal in die bestehende Wertschöpfungsarchitektur einordnen, es entsteht ein verwobenes Gebilde. So wie sich die Fahrzeugkomponenten durch die Elektronik immer stärker miteinander vernetzen, so verzahnt sich auch die Automobilindustrie in zunehmendem Maße system- und segmentübergreifend. Das Spiel „Reise nach Jerusalem" beschreibt diesen Vorgang sehr gut: Heute sitzen die Marktteilnehmer auf funktionalen „Stühlen" mit klar definierten Produkten und Kompetenzen. Mit der nun anstehenden Innovationsrevolution beginnt in der Automobilindustrie die Musik zu spielen. Alle Spieler müssen ihre vormals sicher geglaubten Plätze verlassen und sich neu positionieren. Die Erkenntnisse von HAWK verhelfen den Unternehmen zu einer guten Ausgangsposition im Kampf um einen freien Platz – und dieser beginnt, wenn die Musik verstummt. Wie bei dem Kinderspiel ist absehbar, dass es dann weniger freie Plätze gibt und Hersteller und Zulieferer härter kämpfen werden denn je.

5.3   Das Beispiel Fahrwerk

Wie sich der Umbruch von der funktionalen zur wissensbasierten Wertschöpfungsarchitektur vollzieht, lässt sich am Beispiel des Fahrwerks veranschaulichen: OEMs vergeben heute die Verantwortung für Teilsysteme des Fahrwerks wie ABS und Bremssystem an Zulieferer, die funktional abgeschlossene Einheiten entwickeln, herstellen und prüfen. Durch die Herstellung eines funktionalen Komplettsystems kann der jeweilige Hersteller künftig die funktionalen Synergien nutzen, die verloren gingen, wenn voneinander unabhängige Zulieferer die Einzelkomponenten fertigen würden. Diese Synergien entstehen z. B. durch eine vereinfachte Abstimmung der Schnittstellen zwischen den Einzelkomponenten des Systems. Dies führt zu Kostenvorteilen in der Entwicklung bzw. in der Produktion bis hin zu einer Optimierung des Gesamtsystems.

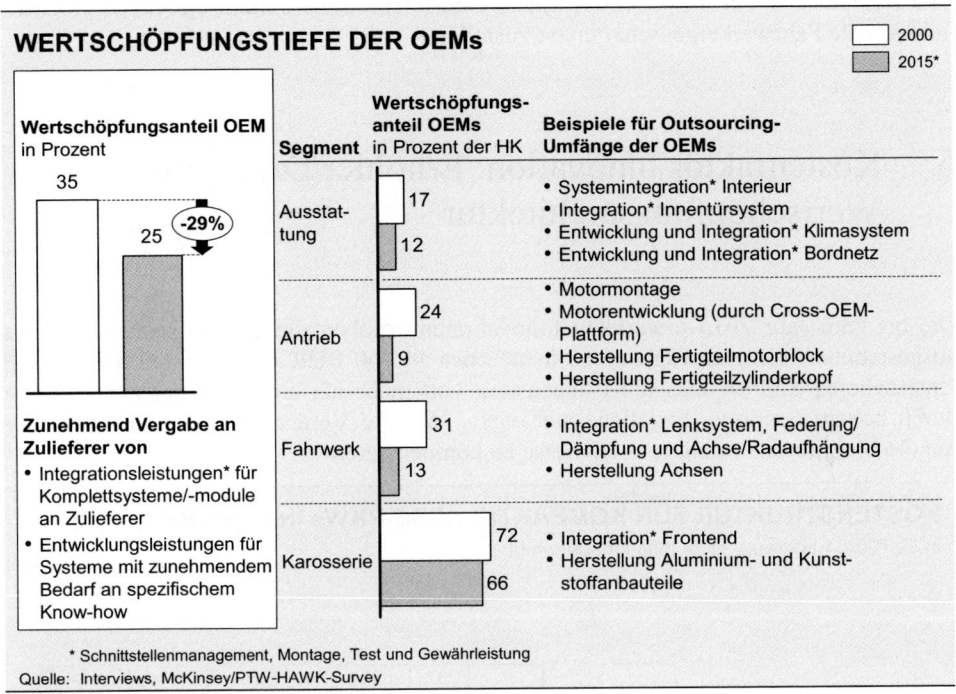

WERTSCHÖPFUNGSTIEFE DER OEMs

| 2000 | 2015* |

Wertschöpfungsanteil OEM in Prozent	Segment	Wertschöpfungs-anteil OEMs in Prozent der HK	Beispiele für Outsourcing-Umfänge der OEMs
35 25 -29%	Ausstattung	17 12	• Systemintegration* Interieur • Integration* Innentürsystem • Entwicklung und Integration* Klimasystem • Entwicklung und Integration* Bordnetz
	Antrieb	24 9	• Motormontage • Motorentwicklung (durch Cross-OEM-Plattform) • Herstellung Fertigteilmotorblock • Herstellung Fertigteilzylinderkopf
Zunehmend Vergabe an Zulieferer von • Integrationsleistungen* für Komplettsysteme/-module an Zulieferer • Entwicklungsleistungen für Systeme mit zunehmendem Bedarf an spezifischem Know-how	Fahrwerk	31 13	• Integration* Lenksystem, Federung/Dämpfung und Achse/Radaufhängung • Herstellung Achsen
	Karosserie	72 66	• Integration* Frontend • Herstellung Aluminium- und Kunststoffanbauteile

* Schnittstellenmanagement, Montage, Test und Gewährleistung
Quelle: Interviews, McKinsey/PTW-HAWK-Survey

Abbildung 4

Unter dem Strich dürfte die Wertschöpfungstiefe der OEMs im Segment Fahrwerk – hauptsächlich auf Grund des zunehmenden Einsatzes von Mechatronik und Elektronik bei den Achsen und Rädern, aber auch bei der Lenkung und Federung/Dämpfung – von heute 31 Prozent auf 13 Prozent im Jahr 2015 zurückgehen. Die Entwicklung und Integration des gesamten Fahrwerks wird vermutlich beim OEM bleiben, während die Integration der Steuerung und der Basissoftware auf Elektronikspezialisten, die Herstellung von Mechanikkomponenten auf Fertigungsspezialisten und die Herstellung von Aktuatoren und Sensoren auf Mechatronikspezialisten übergehen werden. Auch die Achsenproduktion wird zunehmend von Zulieferern übernommen werden.

Durch die Zunahme der Elektronik im Fahrwerk verschieben sich auch die Synergiepotenziale. Systemübergreifende Synergien werden immer wichtiger. Elektromechanische Brems- und Lenksysteme führen zu einer zunehmenden Elektronik- und Softwarevernetzung, welche die Fahrsicherheit und den Komfort verbessert. Diese neuen Synergieeffekte verändern auch die Wertschöpfungsstruktur, die von einem systemübergreifenden Elektronikintegrator dominiert werden kann. Künftig werden X-by-Wire- und Mechanikintegratoren für die Komponenten Bremse, Lenkung und Dämpfung system-

übergreifende Produkte anbieten. Diese Integratoren werden die Schnittstellen zu nachgelagerten Zulieferern (Tier-2-Lieferanten) selbständig koordinieren und dem OEM über
eine zentralisierte Fahrwerkelektronik und eine Basissoftware die Möglichkeit eröffnen,
individuelle Fahrwerkeigenschaften darzustellen.

6.   Kostenfaktor Innovation: Erhöhter Druck auf Wertschöpfungsarchitektur

Die bis zum Jahr 2015 erwarteten Innovationen erhöhen die Herstellkosten eines gut
ausgestatteten Kompaktwagens von heute etwa 11.000 EUR um rund 4.000 EUR. Die
Unternehmen können diesen Kostenanstieg von mehr als einem Drittel nur teilweise
durch höhere operative Exzellenz auffangen. Weitere Veränderungen sind notwendig,
um die Mehrkosten wenigstens teilweise zu kompensieren.

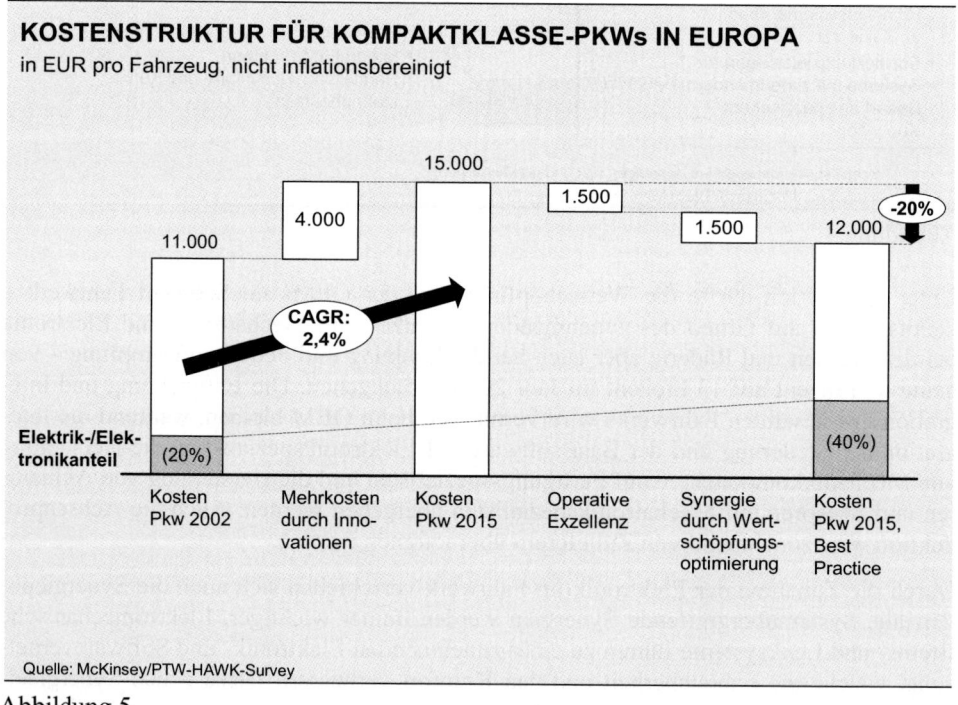

KOSTENSTRUKTUR FÜR KOMPAKTKLASSE-PKWs IN EUROPA
in EUR pro Fahrzeug, nicht inflationsbereinigt

Quelle: McKinsey/PTW-HAWK-Survey

Abbildung 5

Selbst bei einem durchschnittlichen Kostensenkungspotenzial von netto etwa 1,5 Prozent pro Jahr durch verbesserte operative Exzellenz sind die Unternehmen nicht in der Lage, den Kundenforderungen nach mehr Funktionalität bei gleichem Preis gerecht zu werden.

Dieser Kostendruck zwingt die Unternehmen der Automobilindustrie zu einer Neuordnung der Wertschöpfungsarchitektur. Allein die daraus resultierenden neuen Synergiepotenziale müssten damit eine weitere Kostensenkung von rund 1.500 EUR ermöglichen. Damit würde bis zum Jahr 2015 der Preis für einen Kompaktwagen trotz erheblicher Mehrinhalte nur im Ausmaß der Inflation um etwa 1.000 EUR ansteigen. Inflationsbereinigt bliebe damit der Preis für den Endkunden also gleich oder würde gar leicht sinken.

Wo aber sind Synergien möglich? Kostentreiber sind Innovationen in der Ausstattung. Schon heute steht dieses Segment für über ein Drittel der Herstellkosten. Die neuen Komfortausstattungen und Infotainment-Anwendungen verdoppeln den Elektronikanteil nahezu. Während heute die Kosten für Elektronik im Segment Ausstattung schon 13 Prozent der Gesamtkosten des Fahrzeugs ausmachen, werden sie in den nächsten zehn Jahren auf 24 Prozent ansteigen. Damit erhöht sich der Kostenanteil des gesamten Segments Ausstattung auf 44 Prozent der Gesamtkosten. Damit ist klar: In den übrigen Segmenten müssen die Kosten zum Teil erheblich sinken.

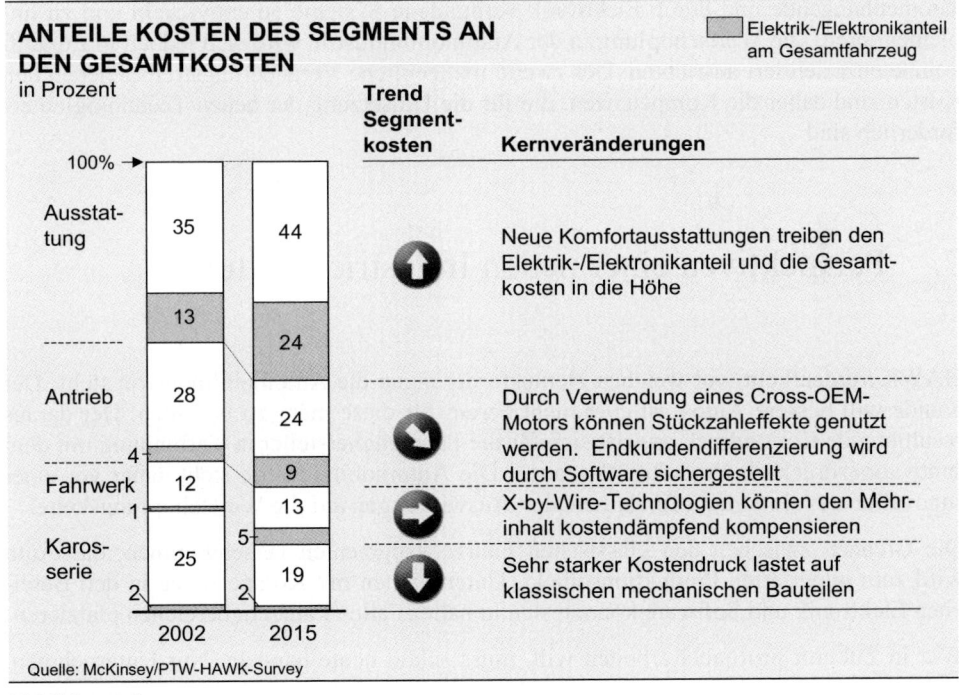

Abbildung 6

Dies bedeutet jedoch keinen Verzicht auf neue Technologien: Beim Fahrwerk werden beispielsweise so genannte X-by-Wire-Technologien – trotz hoher Investitionen in der Anfangsphase – nur zu einem geringen Anstieg von heute 12 Prozent auf künftig 13 Prozent der Gesamtkosten führen. Hier lässt sich Mehrinhalt kostendämpfend kompensieren.

In den Segmenten Antrieb und Karosserie dagegen wird der Kostendruck besonders stark sein. Bei der Karosserie können Prozessinnovationen wie das Laserschweißen oder flexible Produktionsanlagen die Kosten senken. Beim Antrieb, das zeigen aktuelle Entwicklungen, werden sich die Hersteller künftig die Entwicklungs- und Produktionslast für Motoren teilen müssen, um durch Volumenvorteile zu sparen. Die Differenzierung der gemeinsamen Motoren für die Endkunden erfolgt dann über Software, indem das identische Bauteil je nach Softwarekonfiguration mehr oder weniger Leistung bietet.

Diese unvermeidlichen Innovationskosten führen zu einer Neuordnung der Wertschöpfungsstruktur – anders lassen sich die Mehrkosten für neue Technologien nicht auffangen. Die Kosten der Innovationen sind somit einer der wesentlichen Veränderungstreiber in der Automobilindustrie.

Das Know-how in den Bereichen Elektronik, Mechatronik und Software liegt derzeit eher bei den Zulieferern als bei den OEMs. Damit sinkt die Fähigkeit der OEMs, zusammenhängende und durch Elektronik verbundene Systeme zu entwickeln und zu implementieren. Die Wertschöpfung in der Automobilindustrie wird sich jedoch in Zukunft kompetenzorientiert ausrichten. Der zweite maßgebliche Veränderungstreiber neben den Kosten sind daher die Kompetenzen, die für die Umsetzung der neuen Technologien erforderlich sind.

7. Perspektiven einer neuen Industriestruktur

HAWK verdeutlicht, vor welchen Herausforderungen die Automobilindustrie steht: Der Kunde will bessere Autos, ist aber nicht bereit, für diese mehr zu bezahlen. Der daraus resultierende Kostendruck erweist sich für die Fahrzeughersteller in Verbindung mit dem Innovationsdruck als Produktivitätszange. Die Automobilindustrie steht daher vor einer Innovationsrevolution mit fundamentalen Auswirkungen auf die Wertschöpfungskette.

Die Grenzen zwischen den klassischen Fahrzeugsegmenten verschwimmen, das Auto wird zum integrierten Produktionsobjekt. Unternehmen mit Kompetenzen in den Bereichen Elektronik und Software können sich in nahezu allen Fahrzeugbereichen platzieren.

Wer in Zukunft profitabel arbeiten will, muss schon heute handeln. Nur Unternehmen, welche die Transformation der automobilen Wertschöpfungsarchitektur frühzeitig erkennen und für sich die richtige Strategie wählen, können ihren Erfolg langfristig sichern. Der Übergang von der funktionalen zur wissensbasierten Wertschöpfungsarchitektur bietet gerade Unternehmen der Zulieferindustrie durch die neuen Formen der Zusammenarbeit, die diese ermöglicht, zahlreiche Chancen. Damit diese genutzt werden können, ist eine Bestandsaufnahme der Kompetenzen für die gesamte Automobilindustrie notwendig.

Die Erkenntnisse aus der HAWK-Studie unterstützen die Analyse spezifischer Unternehmenssituationen. Im Rahmen von Analyse- und Strategieworkshops lassen sich die aktuellen unternehmensspezifischen Kompetenzprofile erarbeiten und diese dann mit den zu erwartenden Anforderungen an das Unternehmen abgleichen, um daraus Handlungsempfehlungen für eine erfolgreiche zukunftsorientierte Ausrichtung abzuleiten. Anhand einschlägiger Kennzahlen aus einer umfangreichen Kostendatenbank lässt sich beispielsweise detailliert errechnen, wie sich der Herstellumfang eines Unternehmens bei gleich bleibendem Produktportfolio verändert. Beispielsweise könnte ersichtlich werden, dass ein auf die herkömmliche Radbremse spezialisiertes Unternehmen in den kommenden Jahren an Herstellumfang verliert und sich neuartigen Produkten zuwenden sollte.

Und noch eins: Eine Know-how-geprägte Zukunft verlangt auch operative Exzellenz. Sinkende Eigenkosten, verbessertes Qualitätsmanagement und optimierte Prozesse sind und bleiben die Eckpfeiler jeder profitablen Wachstumsstrategie.

Martin Selchert/Detlev J. Hoch

Und es gibt sie doch – Neue Geschäftsmöglich-keiten durch Informationstechnologie

Prof. Dr. Martin Selchert lehrt Marktorientierte Unternehmensführung an der FH Ludwigshafen. Detlev J. Hoch ist Director bei McKinsey & Company, Inc.

1. Verstellt den Blick auf neue Chancen: Die Skepsis nach der New Economy

Nach der Krise der New Economy ist die Stimmung umgeschlagen, Skepsis hat sich breit gemacht. Nicht weniger als die Runderneuerung aller Geschäftsregeln in „E-Speed" – so die vollmundigen Versprechungen – sollte die Informationstechnologie (IT) möglich machen. Doch die Erwartungen wurden enttäuscht, nach wie vor werden mit E-Business überwiegend nur marginale Umsätze relativ zum Gesamtgeschäftsvolumen erzielt. An neue Geschäftsmöglichkeiten durch IT mag kaum noch jemand glauben. Hinzu kommt, dass viele Unternehmen die notwendige IT-Kompetenz weder haben noch aufbauen wollen: Gerade in Krisenzeiten ist ja die Konzentration auf Kernkompetenzen eine empfohlene Strategie; so geht es in vielen Unternehmen derzeit eher um die Bestandssicherung als um neue Geschäftsfelder oder gar die Entwicklung neuer Märkte.

In der Tat: Erfolg „auf Knopfdruck" können auch IT-Investitionen nicht möglich machen. Doch dass IT neue Geschäftsmöglichkeiten eröffnen kann, daran ist auch heute nicht zu rütteln. Wie sich diese Veränderungen für das einzelne Unternehmen auswirken, hängt von seinem Verhalten ab: Entweder es nutzt sie als attraktive neue Möglichkeiten oder sie wachsen sich zu strategischen Bedrohungen aus – dann nämlich, wenn Wettbewerber sie erfolgreich nutzen und sich damit einen Vorsprung verschaffen.

Dieser Beitrag will daher einen unverstellten Blick auf die „wirklichen" neuen Geschäftsmöglichkeiten bieten, die sich mit und durch IT eröffnen: Nach einer kurzen Erläuterung zur Terminologie und systematischen Strukturierung gehen wir auf die wichtigsten neuen Geschäftsmöglichkeiten ein und stellen ein Raster vor, das dem Entscheidungsträger bei der Auswahl und Priorisierung hilft.

2.   Helfen, den Rahmen abzustecken: Terminologie und Systematik

2.1   „Neue Geschäftsmöglichkeiten durch IT" – Eine Definition

Zum besseren Verständnis möchten wir vorab alle drei Elemente des Titels kurz beleuchten:

- *„Neu"* bedeutet hier in erster Linie „neu für das jeweilige Unternehmen" – nicht unbedingt aber ganz neu in seiner Art. Im Fokus sind also Möglichkeiten, Geschäftssysteme zu optimieren und schon bestehende Märkte (besser) zu erschlie-ßen – erst in zweiter Linie geht es darum, völlig neuartige Geschäfte zu entwickeln.

- *„Geschäftsmöglichkeiten"* werden umfassend als Möglichkeiten interpretiert, Um-sätze zu steigern, Kosten zu senken oder sonst notwendig werdende Investitionen zu reduzieren – also die Chance, fundamentale Werttreiber des Shareholder Value positiv zu beeinflussen.

- Was die Realisierung *„durch IT"* angeht, so ist die Lesson (Re-)Learnt aus dem E-Business-Boom zu beachten: Zum Geschäft gehört immer mehr als die technische Machbarkeit – oder in anderen Worten: Um Geschäftsmöglichkeiten zu erschlie-ßen, reicht es nicht aus, nur die Informationstechnologie zu verändern. Zusätzlich muss man immer auch Geschäftsprozesse verändern, häufig auch das Produkt- und Serviceprogramm, organisatorische Strukturen, bis hin zu Fähigkeiten und Werte-systemen von Mitarbeitern. In diesem Sinne geht es hier um neue Möglichkeiten zur deutlichen Steigerung des Shareholder Value, für die IT eine notwendige, aber nicht hinreichende Bedingung ist.

2.2   Sechs Kategorien – Ein Ansatz zur Strukturierung

IT-bezogene neue Geschäfte sind häufig Gegenstand reißerischer Schlagzeilen. Nicht selten handelt es sich dabei um reine Modebewegungen, die letztlich mehr Wert ver-nichten als stiften. Um sich hier nicht in die Irre führen zu lassen, ist eine Gesamtüber-sicht hilfreich, anhand derer potenzielle neue Möglichkeiten systematisch geprüft wer-den können.

Zur Strukturierung von Geschäftsmöglichkeiten durch IT gibt es bereits mehrere syste-matische Ansätze: So werden in der Produkt-Prozess-Matrix von McFarlan der zunehmende Informationsgehalt von Produkten auf der einen und die zunehmende IT-

Unterstützung von Prozessen auf der anderen Seite zu Grunde gelegt,[1] im Bereich E-Business findet sich häufig ein dreistufiges Modell für die Entfernung vom Status quo, bei dem die einzelnen Stufen für 1) reine Prozessverbesserungen, 2) den strategischen Wandel des Unternehmens und 3) die Umwälzung der ganzen Branche stehen.[2] Beide Konzepte vernachlässigen jedoch die Frage nach dem „Make or Buy" ebenso wie die nach der Leistungserbringung „onshore" (in geografischer Nähe zum Firmensitz) oder „offshore" (in Ländern mit niedrigeren Faktorkosten wie Indien, China oder Osteuropa) – beides Aspekte, welche die Produktivität ganz wesentlich beeinflussen, in jüngster Zeit durch Herausbildung neuer Trends auffallen und daher in diesem Beitrag ausdrücklich berücksichtigt werden sollen.

Make or Buy ist gerade im IT-Bereich eine klassische Frage, die allerdings heute auf neue Weise angegangen wird: War die Fremdvergabe in der Vergangenheit eng begrenzt auf taktische Produktivitätsgewinne, geht man im Zuge der Globalisierung und angesichts schnellerer Technologiezyklen auch zunehmend auf strategisches Outsourcing über. Dabei werden selbst bestimmte Kernkompetenzen ausgelagert, um mit Hilfe eines Outsourcing-Partners die weltweite Wettbewerbsfähigkeit langfristig und in allen Teilaspekten zu erhalten. Zusätzlich lässt ein weiterer Faktor die allgemeine Bereitschaft zur Fremdvergabe steigen: Mit zunehmender Verbreitung des Internet, wodurch die Transaktionskosten deutlich gesenkt wurden, hat sich der wirtschaftlich sinnvolle Anwendungsbereich für Outsourcing ausgeweitet. Und schließlich steigt auch der Druck, die Möglichkeiten zur Fremdvergabe gezielt zu nutzen, um sich weiter zu spezialisieren. Nicht nur die Hardware wird von Partnern betrieben, nicht nur Software an Application Service Providers übergeben – ganze IT-nahe Geschäftsprozesse werden heute an Dritte fremdvergeben (Business Process Outsourcing, BPO).

Dabei kommt eine weitere Entwicklung ins Spiel: Bisher dachten Entscheidungsträger beim Outsourcing vor allem an Unternehmen in unmittelbarer physischer Nähe – nun werden zunehmend „*Offshoring*"-Modelle realisiert, bei denen gewaltige Faktorkostenunterschiede von bis zu 80 Prozent neue Geschäftsmöglichkeiten eröffnen. Natürlich ist Offshoring auch für intern erbrachte Leistungen möglich – vor allem in Verbindung mit Business Process Outsourcing aber prägt es einen großen Veränderungstrend in der globalen Geschäftsprozessarchitektur, wie ein Blick auf die Wachstumsraten zeigt (Abbildung 1: Stand und geschätzte Veränderung der globalen Geschäftsprozessarchitektur (Stand: Ende 2002), in Milliarden USD[3]):

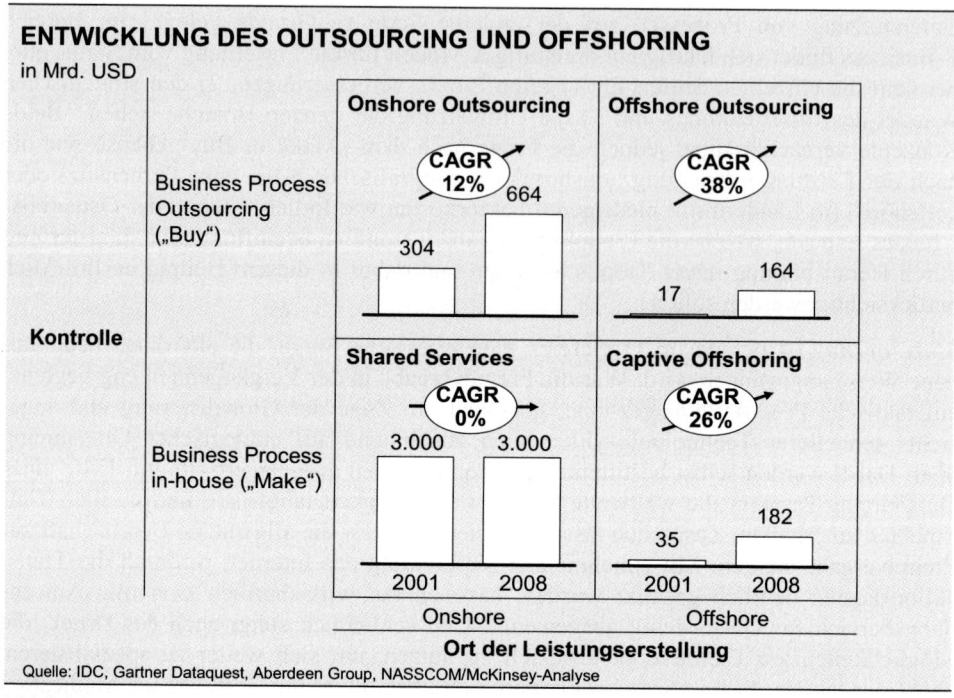

ENTWICKLUNG DES OUTSOURCING UND OFFSHORING
in Mrd. USD

Abbildung 1

Die weitaus höchste Wachstumsrate unter allen möglichen Kombinationen (38 Prozent) weist das Offshore Outsourcing auf: Darunter versteht man die Fremdvergabe an Drittanbieter, die in Regionen mit niedrigen Faktorkosten operieren. Bereits 2001 erreichte diese Kategorie ein Geschäftsvolumen von 17 Milliarden USD. Mit immerhin 26 Prozent p. a. – und damit noch stärker als das „klassische Onshore Outsourcing" (12 Prozent) – wächst das so genannte „Captive Offshoring", die Verlagerung in-house erbrachter Leistungen an Niedrigkostenstandorte. In die Kategorie der intern und geografisch nah erbrachten Leistungen gehören vor allem die „Shared Services": Leistungen, die an einer Stelle konzentriert, dort für andere Konzerneinheiten – gewissermaßen in „internen Märkten" – erbracht und mit Verrechnungspreisen vergütet werden. So kann z. B. eine Personalabteilung als HR-Services-Einheit nicht nur Personalabrechnungen, sondern auch Assessmentcenter-Leistungen dem gesamten Konzern anbieten. In dieser Kategorie scheinen die Möglichkeiten weitestgehend ausgeschöpft, das Wachstum wird für die nächsten sieben Jahre auf nahe Null geschätzt.

Die entstandene Vier-Felder-Matrix aus Make/Buy und Onshore/Offshore erweitern wir für die Zwecke unserer Darstellung um eine weitere Achse: Angelehnt an das oben erwähnte Stufenmodell für E-Business gibt sie den Grad der Erneuerung wieder, der durch IT zu realisieren ist:

- In der ersten Stufe wird lediglich das *Geschäftssystem* verändert – dies aber so nachhaltig, dass der Shareholder Value deutlich ansteigt. Legt man zur Abbildung des Geschäftssystems ein Basismodell mit der Wertschöpfungskette „Create - Make - Sell - Service - Administer" zu Grunde (in die sich die Mehrheit der ansonsten sehr unterschiedlichen Modelle[4] einordnen lässt), so bietet IT hier die Möglichkeit, in einzelnen Elementen der Kette deutliche Vorteile zu erringen oder aber die gesamte Kette zu optimieren. In jedem Fall aber wird in dieser ersten Stufe davon ausgegangen, dass die Leistungen des Unternehmens unverändert bleiben.

- In der nächsten Stufe kann das Unternehmen ein *neues Geschäftsfeld* erschließen, indem es neue Leistungen anbietet und/oder auf neuen Märkten operiert. Die Informationstechnologie ist dabei Voraussetzung für den erfolgreichen Eintritt in das neue Geschäftsfeld. In der Regel wird dieser Schritt dazu führen, dass auch das Geschäftssystem verändert werden muss.

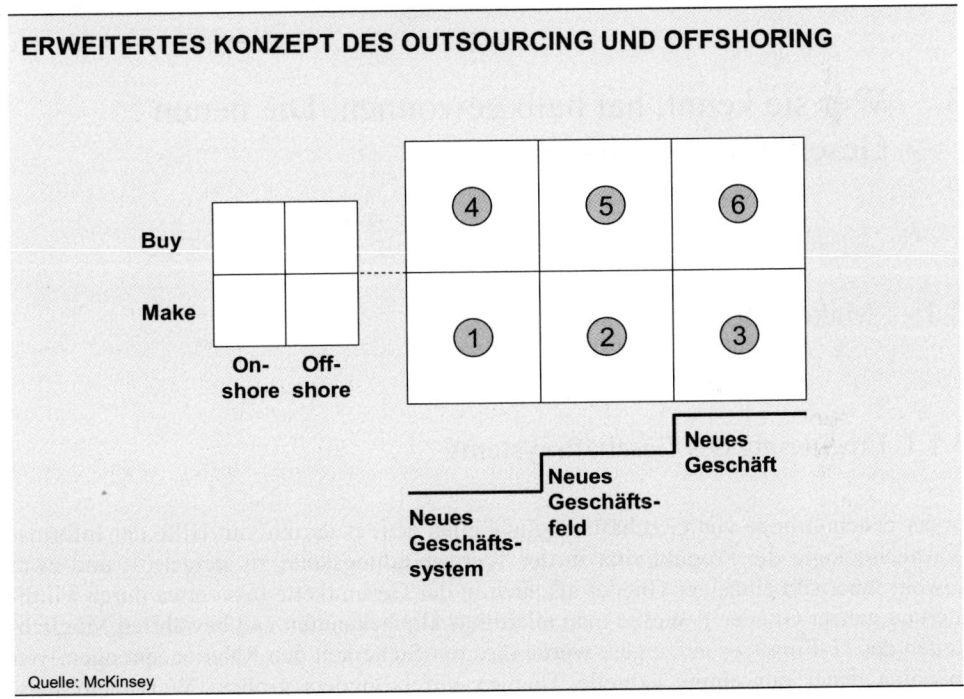

Abbildung 2

- Gewissermaßen um einen Spezialfall des neuen Geschäftsfelds handelt es sich bei der dritten Stufe: wenn es nämlich einem Unternehmen durch IT-Einsatz gelingt, *neue Geschäfte* zu entwickeln – also Leistungen oder Märkte, die vorher in dieser Form noch nicht existiert haben.

In der Praxis können Geschäftsmöglichkeiten aus jeder denkbaren Kombination eines der Matrixfelder mit einer der drei Stufen (oder Teilen davon) bestehen – so könnte z. B. ein neues Geschäftsfeld durch Captive Offshoring und Outsourcing von Teilen der Wertschöpfungskette erschlossen werden.

Um die damit einhergehende Komplexität in Grenzen zu halten und ein pragmatisches Vorgehen zu gewährleisten, werden die neuen Geschäftsmöglichkeiten im folgenden Kapitel zunächst grob nach Make or Buy (y-Achse) unterteilt; innerhalb dieser beiden Kapitel werden jeweils die drei Stufen der Erneuerung erläutert – und zwar zunächst für die Onshore- (geografisch nahe) Leistungserbringung (wobei die entsprechenden neuen Geschäftsmöglichkeiten natürlich ebenso als Offshore-Variante denkbar sind). Es werden also gewissermaßen die sechs Felder einer neu gebildeten Matrix abgearbeitet (Abbildung 2). Zum Ende jedes Kapitels gehen wir zusätzlich kurz auf die Offshore-Optionen ein, die sich in der Regel erst in jüngerer Zeit herausgebildet haben.

3. Wer sie kennt, hat halb gewonnen: Die neuen Geschäftsmöglichkeiten

3.1 „Make"-Optionen

3.1.1 Erneuerung des Geschäftssystems

In der ersten Gruppe von Geschäftsmöglichkeiten geht es darum, mit Hilfe der Informationstechnologie die Produktivität in der Wertschöpfungskette zu steigern – und zwar sowohl innerhalb einzelner Glieder als auch in der Gesamtkette (also etwa durch Eliminierung ganzer Glieder[5]). Wollte man allerdings alle bekannten und bewährten Möglichkeiten des IT-Einsatzes aufzeigen, würde dies mit Sicherheit den Rahmen sprengen. Wir möchten daher nur einige aktuelle Themen mit besonders großem Wertsteigerungspotenzial ansprechen, differenziert nach den wichtigsten Funktionen.

- In der *Entwicklung* vollzieht sich schon seit einigen Jahren der Wandel von 2D- zu 3D-Technologien im Computer Aided Design, wodurch etwa die Einbeziehung der Anwender in die Planung erleichtert wird.

- Im *Einkauf* hat insbesondere das Electronic Supply Chain Management dazu beigetragen, die gesamte Lieferkette transparenter zu machen. Sowohl die Zuverlässigkeit als auch die Flexibilität gegenüber dem Kunden wurden erhöht – und damit letztlich die Kundenzufriedenheit. Ein weiterer Vorteil der E-SCM-Systeme: Angesichts immer kürzer werdender Produktlebenszyklen können sich die Unternehmen strategische Handlungsalternativen sichern, also z. B. im Bedarfsfall sehr schnell den Zulieferer wechseln.

- Optimierungspotenzial in der *Produktion* ergibt sich aus neueren Produktionsplanungs- und Steuerungssystemen (PPS): Dabei geht es nicht immer und unbedingt um ein „Mehr" an zentraler Steuerung, sondern teilweise auch um intelligentere Entscheidungsunterstützung, ermöglicht durch flexible und weniger (daten-)fehleranfällige Einzelsysteme.[6] Auch im Sektor Finanzdienstleistungen eröffnet eine immer stärker automatisierte Abwicklung weitere Potenziale.

- Im *Marketing und Verkauf* bietet analytisches Customer Relationship Management (CRM) in Verbindung mit Data Warehousing und Data Mining die Möglichkeit, wichtige Kunden zu identifizieren und intensiver zu bearbeiten. Operatives CRM reduziert den Aufwand für unternehmensinterne und marktbezogene Prozesse und ermöglicht eine bessere Abstimmung zwischen den Absatzkanälen. Electronic Commerce bietet noch weiter reichende Möglichkeiten: Ganze Handelsstufen können eliminiert, die Wertschöpfungskette ganz neu gestaltet werden. Ein Beispiel dafür liefert Dell mit seiner direkten Schnittstelle zum Endkunden: Die Webbasierte, direkte Auftragseingabe durch den Kunden verhilft dem Unternehmen zu Einsparungen in beträchtlicher Höhe. Bei vielen Anbietern wird die Kundenansprache – meist gesteuert über ein Callcenter – durch CRM, durch Computer Telephony Integration (CTI) und Automated Call Distribution (ACD) auf eine neue Leistungsstufe gehoben. Und schließlich verkörpern der „Digital Test Drive" für Software und der Internet-Trailer für neue Filme eine neue Qualität im Marketing intangibler Produkte oder Dienstleistungen.

- Im *Service* hilft die Internet-Unterstützung, durch die Beantwortung von Frequently Asked Questions und andere Customer-Self-Service-Funktionalitäten das Aufkommen an Kundenanfragen zu reduzieren. Zusätzlich ermöglichen Service-Schaltstellen („Hubs") mit vollständiger mobiler Anbindung der Techniker signifikante Effizienzsteigerungen – ein nicht zu unterschätzender Vorteil gerade in diesem oft margenschwachen Geschäft.

- In der *Verwaltung* sind Optimierungspotenziale durch Enterprise Resource Planning (ERP) gerade im Mittelstand nach wie vor nicht vollständig ausgeschöpft. Intranets und Corporate Portals verbessern die interne Abstimmung zwischen Mitarbeitern und unterstützen das Wissensmanagement und Lernen der Organisation. Darüber hinaus werden die Zusammenarbeitsmöglichkeiten durch mobile Technologien verstärkt – etwa im Mobile Order Management, Travel Management etc.[7]

Viele dieser Themen sind zwar längst bekannt – dennoch sind die *Wertschöpfungspotenziale* einer IT-basierten Optimierung der Wertschöpfungskette nach wie vor sehr groß. So ergab eine aktuelle Studie zum Einsatz von CRM für die entsprechenden Projekte einen durchschnittlichen Drei-Jahres-CFROI von 53 Prozent. Im Durchschnitt steigert ein solches Projekt den Unternehmenswert um knapp 6 Millionen EUR; die Spitzenwerte liegen bei 50 Millionen EUR.[8] Die Kosten einzelner Verwaltungsprozesse lassen sich durch IT um bis zu 90 Prozent reduzieren,[9] die Auftragsannahme und -bearbeitung lässt sich von sieben Tagen auf vier Stunden verkürzen.[10] Zudem hält sich das Risiko dieser Geschäftsmöglichkeiten in Grenzen, denn der Anwender kann sich auf Erfahrungswerte stützen und mit erfahrenen Dienstleistern zusammenarbeiten.

3.1.2 Erschließung neuer Geschäftsfelder

In dieser zweiten Gruppe von Geschäftsmöglichkeiten schafft die Informationstechnologie die Voraussetzungen dafür, dass Unternehmen neue Leistungen entwickeln und/oder neue geografische oder demografische Märkte bedienen – oder anders ausgedrückt: IT ermöglicht hier die Diversifikation im Sinne einer Produkt- und/oder Markterweiterung. Wohl gemerkt: Wir gehen in dieser Kategorie noch davon aus, dass es sich jeweils um bereits existierende Geschäfte handelt, die nur für das betreffende Unternehmen neu sind.

Möglichkeiten zur Produkterweiterung durch IT sind natürlich bereits in der Optimierung der Wertschöpfungskette angelegt, z. B. als Resultat schnellerer Entwicklung, flexiblerer Fertigung und/oder der durch CRM verkürzten Zeitspanne von der Produktionsaufnahme bis zur Produktion größerer Stückzahlen (Time-to-Volume). Ein aktuelles Beispiel bietet Apple: Mit Hilfe einer äußerst komplexen und intelligenten Informationstechnologie ist es gelungen, einerseits den Kopierschutz nachhaltig abzusichern und andererseits dem Endkunden eine einfache und ansprechende Schnittstelle mit unkompliziertem Zahlungssystem zu präsentieren. Für den Hersteller von Desktop-Computern ist der Internet-Musikvertrieb Musicstore ein neues Geschäftsfeld, das in den wenigen Monaten seiner Existenz überraschende Erfolge erzielt hat.[11]

Generell gilt: Der Übergang von bisher erbrachten Leistungen zu neuen Geschäftsfeldern bringt ein weit höheres Maß an Komplexität und Ungewissheit mit sich – und von der Fähigkeit zur Bewältigung dieser Komplexität hängt es ab, wie schnell Entwicklungen zum Abschluss gebracht werden können. Ein Beispiel: Bei der Planung eines neuen Produkts sind so viele Aspekte zu berücksichtigen, dass das Optimum nur in wiederholten Näherungsversuchen gefunden werden kann. Dieser Prozess kann bei händischer Planung sehr langwierig sein – was sich angesichts immer kürzer werdender Produktlebenszyklen zum ernsthaften Problem auswachsen kann. Eine Lösung bieten *Simulationstechnologien*: Wird das Produkt zunächst in einer virtuellen Fabrik virtuell vorproduziert, dann lassen sich dabei die neue Zuführung, die Umstellung der Maschine, das Produkt-Redesign mit simulieren – und was sonst nur unter großem finanziellem und zeitlichem Aufwand möglich wäre, „kostet" hier lediglich wenige Mausklicks.[12] Auch im Ausbildungsbereich spielen solche Technologien eine wichtige Rolle – man denke nur an die enormen Verbesserungen, die der Einsatz von Flugsimulatoren mit sich gebracht hat, beziehungsweise von Simulatoren für Schiffskapitäne/-lotsen zum Training der Navigation durch gefährliche Hafeneinfahrten. Selbst im Endkundenbereich erschließt die Simulationstechnologie neue Möglichkeiten, so etwa, wenn hochwertige Möbeleinrichtungen wie z. B. Küchen in 3D geplant werden oder der Kunde neue Haarschnitte oder Kleidungsstücke vorab virtuell „anprobiert".[13]

Sind die neuen Produkte eingeführt, erhöht sich die Komplexität für den Vertriebsmitarbeiter. Beispiele sind etwa Allfinanz oder ein durch Fusion vergrößertes Geschäftsportfolio. Um diese Komplexität noch bewältigen zu können, bietet sich ein *„Virtual Expert"* an: Hier reichen die Möglichkeiten von der elektronischen Konfiguration eines Angebots über die Internet-basierte Videokonferenz mit einem Experten bis hin zum Bot – einer Form der künstlichen Intelligenz, die z. B. als virtueller Agent eingesetzt werden kann: Der Bot speichert in diesem Fall die spezifischen Wünsche des Anwenders, führt kontinuierliche Suchaufträge aus, meldet Sucherfolge und tätigt ggf. auch Einkäufe (bekanntes Beispiel eines Such-Bot: Jeeves). Eine Erweiterung dessen sind Bot-gestützte Avatare – virtuelle, optisch ausgestaltete Persönlichkeiten mit „Bot-Kern", die mit dem Anwender frei chatten (Beispiele: Steve oder Alice).[14] Es ist durchaus denkbar, dass solche Avatare in Zukunft auch Aufgaben innerhalb eines Geschäftsbetriebs – wie etwa Callcenter-Funktionen – übernehmen können. In jeder der dargestellten Erscheinungsformen kann der Virtual Expert den Kunden sowohl direkt beraten als auch den Vertriebsmitarbeiter dabei unterstützen, auch solche Leistungen aktiv beim Kunden anzusprechen, für die er nur begrenzte Expertise aufweist. Ein „echter" Experte hätte im Vergleich dazu deutlich weniger mögliche Kundenkontakte. Das vorhandene Wissen wird also auf diese Weise optimal genutzt, die Vertriebskosten sinken – und das schafft wiederum den nötigen Freiraum, um noch mehr Kunden anzusprechen.

Wie im Vertrieb, so ergeben sich auch im Service neue Herausforderungen, wenn eine größere Bandbreite an Produkten gewartet werden muss. Autowerkstätten stoßen vor allem im Elektronikbereich an die Grenzen ihrer Möglichkeiten. Doch diese Grenzen lassen sich dank IT verschieben: *Digital-Mock-up-Technologien* (DMU) – mit denen die menschliche Wahrnehmung um zusätzliche Inhalte erweitert werden kann – bieten nicht nur in der Produktentwicklung, sondern auch im Service eine enorme Hilfe bei der Komplexitätsbewältigung. Ein beeindruckendes Beispiel dazu lieferte jüngst das Fraunhofer-Institut für Graphische Datenverarbeitung: Mittels Datenbrille und unterstützt durch einen (virtuellen oder echten, aber anderswo befindlichen) Experten, kann ein Kfz-Techniker die Fehlerquelle im Fahrzeug sehr schnell finden und beheben.[15]

Natürlich kann die Informationstechnologie nicht nur die Entwicklung und Einführung neuer Produkte ermöglichen oder beschleunigen – sie kann selbst zu einem neuen Leistungsangebot des Unternehmens werden. Nicht wenige Unternehmen sind dazu übergegangen, *Leistungen der internen IT-Abteilung für unternehmensexterne Kunden* anzubieten. Die größten derartigen IT-Serviceanbieter in Deutschland sind in der Rangfolge ihres Umsatzes 2002:[16] T-Systems (Deutsche Telekom inklusive debis SH), Siemens

Business Services (Siemens), DB Systems (Deutsche Bahn), gedas (VW), Lufthansa Systems (Lufthansa), TKIS/Triaton (Thyssen Krupp) und BASF IT Services (BASF).

Zunehmend werden aber auch *IT-intensive Geschäftsprozesse* als eigenständige Dienstleistungen ausgelagert. So bieten mehrere der genannten Unternehmen HR-Services am Markt an, wobei das Kerngeschäft der Muttergesellschaft zum Teil völlig anders gelagert ist. Letztlich liefert die externe Vermarktung auch gegenüber den internen Kunden einen überzeugenden Beweis für die Wettbewerbsfähigkeit der Services – vorausgesetzt, diese finanzieren sich eigenständig und ohne Quersubventionierung.

Nach der Produkterweiterung abschließend ein paar Worte zur *Markterweiterung* durch IT: Neue (demografische) Kundensegmente lassen sich mit Hilfe des Business Warehouse und Data Mining leichter identifizieren und mittels analytischer wie auch operativer CRM effizient bearbeiten. Und auch für die geografische Markterweiterung gilt IT als Baustein in der „Plattform der Fähigkeiten":[17] Das weltweite Wissensmanagement, das mit der geografischen Ausdehnung erforderlich wird (unter anderem für Service-Teams), ist nur mit Hilfe von IT zu bewältigen: So sehen z. B. im Maschinenbau kleine und mittlere Unternehmen die telemetrische Steuerung und Ferndiagnose von Maschinen als eine wichtige Herausforderung, weil gerade in dieser Branche oft kleine Stückzahlen in abgelegene Regionen verkauft werden, wo es kaum lohnt, eigene Fachkräfte zur Wartung einzusetzen.

3.1.3 Entwicklung neuer Geschäfte

Völlig neuartige Geschäfte lassen sich oftmals nur mit Hilfe der Informationstechnologie konzipieren und realisieren. Dies gilt insbesondere für Geschäfte, die im Zuge zweier wesentlicher Entwicklungstrends entstehen: der zunehmenden Personalisierung von Produkten und Dienstleistungen sowie der Migration der Wertschöpfung aus dem physischen Produkt in seinen Informationsgehalt.

Eine effektive *Personalisierung* setzt voraus, dass Produkte und Dienstleistungen genau auf den Kundenwunsch zugeschnitten werden können. Diese „Build-to-Order"-Fähigkeiten wiederum sind wesentlich durch IT geprägt:[18] So können Kunden über das Internet nach ihrem Gusto das Produkt konfigurieren, das dann durch IT-gesteuerte flexible Fertigungsplanung, Supply Chain Management (SCM) und Logistik ausgeliefert wird. Ein sehr erfolgreicher Nutzer dieser Geschäftsmöglichkeit ist Dell. Auch Gateway optimiert in diesem Sinne sein „Value Net".[19] Außerhalb des PC-Geschäfts findet sich dieses Personalisierungs-/Konfigurierungsmodell bei Automobilen, Maschinen und selbst bei Schuhen und Bekleidung – letzteres allerdings bislang wenig erfolgreich: So scheiterte unter anderem Custom Foot, ein Geschäftsmodell, bei dem der Kunde seinen Fuß einscannen lassen und dann Schuhe per Internet nach individuellen Wünschen gestalten und bestellen konnte.[20] Neben Problemen mit dem Forecasting – es gelang nicht, die Bedarfsmengen für die unterschiedlichen Materialien exakt zu prognostizieren – lag dies vor allem daran, dass die Bedeutung des persönlichen, subjektiv als richtig empfundenen

„Fit" der Schuhe unterschätzt wurde. Die Tragfähigkeit des Geschäftsmodells an sich ist aber dadurch noch nicht widerlegt.

Offen ist bislang die wirtschaftliche Überlebensfähigkeit der neuen digitalen Produkte. Im Unterschied zum Internet-Vertrieb von Musikstücken – einer neuen Form der Lieferung – geht es hier um innovative Produkte, die ohne IT so nicht existieren könnten. So bietet Amazon z. B. eine IT-Plattform, auf der ein bekannter Autor einen neuen Roman startet, der dann kapitelweise von anderen Autoren – die zum Teil von einer Kommission ausgewählt werden – weitergeschrieben wird, in manchen Fällen unter Auslobung eines Preises. Auch im Filmbereich wird bereits Ähnliches getestet: Zuschauer erhalten die Möglichkeit, an vordefinierten Punkten einen von mehreren alternativen Handlungsverläufen auszuwählen. Eher an Geschäftskunden richtet sich das Angebot der Web Services, letztlich eine Weiterentwicklung des Application Service Providing: Hat der Kunde beim ASP eine gegebene Software für einen bestimmten Anwendungszweck bezogen – mit mehr oder weniger Customizing und Zusatzservice –, kann er sich beim Web Service Funktionspakete individuell zusammenstellen, die der Web-Service-Anbieter dann auf einer von ihm selbst ausgewählten Systemplattform realisiert.[21]

Der zweite oben angesprochene Trend ist die *zunehmende Informationslastigkeit in der Wertschöpfung von Produkten*. So ist die Biotechnologie in erster Linie Bio-Informatik, wie die Entschlüsselung des menschlichen Genoms gezeigt hat. High Chem wäre ohne IT-Fähigkeiten nicht zu betreiben. Zunehmende Anteile der Wertschöpfung im Maschinenbau, in der Automobilindustrie, ja selbst im Bereich der weißen Ware entfallen auf die „embedded IT". Derzeit noch überwiegend Gegenstand von Science-Fiction-Romanen und doch schon als Prototypen verwirklicht, sind intelligente Kleidungsstücke. Auch das intelligente Haus kann in Duisburg schon betreten werden – und natürlich auch bei Bill Gates in der Nähe der Stadt Redmond im US-Bundesstaat Washington.[22] Dabei existiert für die „eHome-Dienste" – Internet-gesteuerte Sicherheitsdienste, Gerätebedienung und Unterhaltungsdienste – ein potenzieller Markt, der allein in Deutschland für 2003 auf 1,3 Milliarden EUR geschätzt wird.[23]

3.1.4 Captive Offshoring

Die bisher in einem nationalen Umfeld geschilderten Funktionen lassen sich natürlich auch im eigenen Unternehmen oder Konzern „offshore" erbringen – z. B. durch eine Tochtergesellschaft an einem Standort mit deutlich geringeren Faktorkosten. Das entspricht der gängigen Vorstellung vom globalen Unternehmen, das die „Welt als Dorf" betrachtet und die Einheiten dort ansiedelt, wo sie die besten Umfeldbedingungen vorfinden. Frühe Beispiele für dieses Vorgehen lieferten GE Capital und American Express, die in Indien einen Faktorkostenunterschied von über 80 Prozent nutzen. Als global operierendes Unternehmen mit Headquarter-Sitz in Deutschland hat Infineon bereits heute seine Buchhaltung in Portugal – und prüft die Verlagerung weiterer Geschäfts- und Funktionsbereiche.[24] Dass es sich hierbei nicht um Einzelfälle handelt, zeigt die stürmische Entwicklung des Markts, für den in den nächsten Jahren eine jährliche Wachstumsrate von durchschnittlich 26 Prozent prognostiziert wird (vgl. Abbildung 1).

Im Grunde liefert die Informationstechnologie (inklusive der Kommunikationstechnologie) den Schlüssel, um den Anspruch des globalen Unternehmens einzulösen: Sie schafft erst die Voraussetzungen, um auf die lokalen Eigenheiten einzugehen und gleichzeitig die weltweiten Größenvorteile zu realisieren. Die dazu notwendige Koordination ermöglicht die IT zum einen durch Vereinheitlichung, zum anderen durch Instrumente zur Abstimmung und Zusammenarbeit („Collaboration"). Das beste Beispiel für das notwendige Maß an Vereinheitlichung sind die ERP-Systeme, die mittlerweile von allen Großunternehmen eingesetzt werden und die auch den global agierenden Konzern steuerungsfähig halten. Die Abstimmung und Zusammenarbeit schließlich werden erleichtert durch Workflow Management, Dokumentenmanagement, virtuelle Teamräume, Internetbasierte (zum Teil multimediale) Konferenzen, das Corporate Intranet und Corporate Portals.

3.2 „Buy"-Optionen

3.2.1 Erneuerung des Geschäftssystems durch taktisches Outsourcing

Im Gegensatz zum strategischen Outsourcing – das in Abschnitt 3.2.2 behandelt wird – bleiben beim taktischen Outsourcing die Kernkompetenzen des Unternehmens im Haus. Ziel der Fremdvergabe ist es hier in erster Linie, einzelne Glieder der Wertschöpfungskette durch Zukauf von Leistungen effizienter zu gestalten. Daneben wird aber auch häufig eine nicht unerhebliche Qualitätsverbesserung erzielt – etwa, weil der Leistungserbringer dank seiner Größenvorteile stets neueste Technologien zum Einsatz bringen kann oder weil sich seine Mitarbeiter durch die konzentrierte Erfahrung im Arbeitsgebiet einschlägige Fähigkeiten angeeignet und einen weltweiten Überblick über die Best Practice verschafft haben. Das beste Beispiel dafür liefern die vergleichsweise zahlreichen indischen Software-Unternehmen, welche auf Grund ihrer hohen Spezialisierung den CMM-Level 5 – die anspruchsvollste Stufe der Software-Fähigkeiten – beherrschen.[25]

Ausgelagert werden können sowohl die Hard- und ggf. auch die Software (IT-Outsourcing, ITO) als auch ganze IT-nahe Geschäftsprozesse (Business Process Outsourcing, BPO). Während das ITO mit ca. 220 Milliarden EUR das BPO (ca. 150 Milliarden EUR) derzeit noch an Bedeutung übertrifft, wächst das BPO mit rund 16 Prozent p. a. um etwa 3 Prozentpunkte schneller.[26] Deshalb – und weil ITO genau genommen keine Geschäftsmöglichkeit *durch* IT repräsentiert, sondern eine andere Bezugsform *von* IT ist – soll hier das BPO im Vordergrund stehen.

Die drei Geschäftsprozesse mit dem größten Potenzial für taktisches BPO sind Personalwesen, Zahlungssysteme und Lagerverwaltung (ergänzt um einzelne Aufgaben aus Einkauf und Logistik).[27] Im Personalwesen werden vor allem die Personalverwaltung, Lohn- und Gehaltsabrechnung, Personalbeschaffung und Aus- und Weiterbildung ausgelagert. Zahlungssysteme betreffen etwa das Rechnungswesen oder die Rechnungsstellung und Fakturierung („Factoring"). Speziell bei Finanzdienstleistern bieten vor allem die Abwicklung des Zahlungsverkehrs wie des Wertpapiergeschäfts entsprechende Geschäftsmöglichkeiten, die z. T. von spezialisierten „Transaktionsbanken" mit IT-spezifischen Größenvorteilen abgewickelt werden.

Nicht zu BPO i. e. S. rechnet man Dienstleister in der Beschaffung, die einen stetig wachsenden Anteil der Einkaufsaktivitäten – aber eben nicht den gesamten Einkaufsprozess – für das Unternehmen übernehmen: die *elektronischen Marktplätze*. Während hier anfangs noch der virtuelle „Treffpunkt" für eine Vielzahl von Anbietern und Nachfragern im Vordergrund stand, sind es bei elektronischen Marktplätzen der zweiten Generation Transaktionsfunktionalitäten wie Lead Generation, Automated Requisitioning (Ausschreibungsprozess), Auftragsmanagement, Auktionsunterstützung, etc.[28] Die dritte Generation von Marktplätzen unterstützt neben der Organisation des Findens auch die Zusammenarbeit der Anbieter und Nachfrager, etwa durch gemeinsame Planung (Collaborative Engineering), gebündelte Angebots- oder Nachfragepositionen, Maklerfunktionen für ergänzende Leistungen wie Finanzierung oder Logistik und vieles mehr. Die Möglichkeiten zur Wertschöpfung sind erheblich – so werden in der Automobilindustrie von US-Herstellern allein durch E-Procurement über 500 USD pro Auto eingespart. In Europa fällt das Potenzial in der Regel deutlich geringer aus.[29]

3.2.2 Erschließung neuer Geschäftsfelder durch strategisches Outsourcing

Werden für das Erschließen neuer Geschäftsfelder wesentliche Fähigkeiten und Ressourcen nicht selbst aufgebaut, sondern von Dritten zugekauft, spricht man von strategischem Outsourcing. Die Vorteile zeigen sich in jeder Dimension des „magischen Dreiecks": Zeitvorteile in der Reaktion auf Marktveränderungen, Qualitätsvorteile durch die Auswahl von „Best-of-Breed" und in der Regel auch Kostenvorteile durch Spezialisierung. Auch volkswirtschaftlich liegt der Vorteil des strategischen Outsourcing auf der Hand: Es bestärkt die Arbeitsteilung und die Koordination innerhalb eines Markts. Der Hauptnachteil, der in bestimmten Fällen doch die interne Erbringung der Kernleistungen nahe legen kann, liegt in teilweise hohen Transaktionskosten. IT hilft, diese Transaktionskosten zu reduzieren.

Ein etabliertes Beispiel für diese Klasse der Geschäftsmöglichkeiten durch IT ist das *Collaborative Engineering*. Angesichts immer schnellerer technologischer Veränderung wirken z. B. bei der Entwicklung eines neuen Autos oder Medikaments[30] oder

Flugzeugs[31] mehrere Hundert Zulieferer mit dem OEM zusammen. Gemeinsame Entwicklungszentren sind eine Maßnahme, um die Transaktionskosten zu senken; eine andere die datentechnische Integration, die angesichts der unter Abschnitt 3.1.2 beschriebenen Simulationstechnologien zunehmend an Bedeutung gewinnt.

Der *strategische Swap von Kernkompetenzen* repräsentiert eine weitergehende Form des strategischen Outsourcing. So hat AT&T etwa die Wide-Area-Network-Aktivitäten von IBM übernommen – und IBM in einem großen Outsourcing-Geschäft die Informationstechnologie von AT&T.[32] Noch eindeutiger mit dem Ziel, ein neues Geschäftsfeld zu erschließen, ist die Kooperation zwischen MCI und EDS[33] beim Eintritt in den Markt für E-Business-Services gestartet: MCI hat seine IT-Aktivitäten an EDS ausgelagert, EDS die Netzwerkaktivitäten an MCI. Mit ihrer jeweiligen Spezialisierung war keines der beiden Unternehmen allein in der Lage, den strategisch wichtigen neuen Markt zu bearbeiten – doch gemeinsam sahen sie die Chance, zu den weltweit führenden Anbietern aufzuschließen. Die enge informationstechnische Vernetzung der beiden Unternehmen legt in solchen Fällen die operative Basis der Zusammenarbeit und schafft die gegenseitige Transparenz als Grundlage für das notwendige Vertrauen. Für fast jede Art der strategischen Allianz oder des Joint Venture ist IT ein zentrales Bindeglied.

Denkt man die Arbeitsteilung durch strategisches Outsourcing konsequent zu Ende, gelangt man zu *virtuellen Unternehmen:* Diese „verknüpfen problem- und aufgabenorientiert jeweils geeignete Module auf der Basis geeigneter informations- und kommunikationstechnischer Infrastrukturen"[34]. In dieser Form sind Reaktionen auf Produkt- oder Marktänderungen sehr schnell möglich, weil sich die Konstellation der beteiligten Unternehmen in kürzester Zeit anpassen lässt.

3.2.3 Entwicklung neuer Geschäfte gemeinsam mit Partnern

Informationstechnologie kann neue Geschäfte mit Partnern ermöglichen oder sie sogar erzeugen. Im ersten Fall bildet IT die Plattform, auf der Partner zusammenfinden – nur dass es hier um neue Märkte geht anstatt, wie unter Abschnitt 3.2.1, um neue Geschäftsfelder. Der Unterschied ist nicht gravierend, so dass auf das vorhergehende Unterkapitel verwiesen werden kann.

Völlig anders verhält sich die Sache, wenn das neue Geschäft aus Informationen besteht und IT die Basis zur Erzeugung der Leistungen bildet. Ein treffendes Beispiel liefert der „*Industry Value Chain Broker"*: Ein solches Unternehmen zerlegt die Wertschöpfungskette der Branche und schafft es durch enge Kundenbindung, fallweise alle Teile der Kette mit den jeweils besten Leistungen für den fraglichen Zweck zusammenzufassen – anstatt alle angebotenen Leistungen selbst in-house abdecken zu müssen. Auch wenn sich Enron durch seine Bilanzierungspraktiken in eine Katastrophe manövriert hat – unbestritten ist, dass das Unternehmen (eben in einer solchen Rolle des Value Chain Broker) die Energiebranche nachhaltig verändert hat.[35] Ein weniger spektakuläres, aber ebenso beeindruckendes Beispiel liefert Moll-Holz[36], ein ehemaliges Sägewerk im

Schwarzwald: Nachdem chinesische Holzkäufer durch eine einfache, statische Website auf die Buchen-Rundhölzer des Unternehmens aufmerksam wurden, entwickelte sich als Hauptgeschäft von Moll-Holz die Vermittlung und der Export von Rundhölzern nach Fernost. Dreh- und Angelpunkt des Geschäfts ist die Informationstechnologie, mit deren Hilfe das Netzwerk aus Partnern, Kunden, Holzlieferanten etc. gesteuert wird.

Ein weiteres neues Geschäft ist das des Information Intermediary, kurz *Infomediary*. HAGEL[37] leitet dieses Geschäftsmodell aus dem Internet-Informationsdilemma ab: Während einerseits die Nachfrage nach Informationen ständig ansteigt, sinkt auf der anderen Seite die Aufnahmebereitschaft auf Grund der Fülle an wenig relevanten Informationen. Das Geschäftsmodell besteht darin, Informationstreuhänder der (End-)Kunden zu sein: Deren Präferenzprofile werden gespeichert, um unerwünschte Informationen von ihnen fern zu halten und benötigte Informationen in hoher Qualität zu liefern. Gleichzeitig ist der Infomediary Partner der Anbieter, denen er hilft, die Kunden effektiver wie auch effizienter anzusprechen. Es handelt sich um ein Zukunftsmodell, von dem allerdings schon einige Teilaspekte in heutigen Portalen realisiert sind – so etwa bei Amazon, eBay oder Yahoo!.

3.2.4 Offshore Outsourcing

Das Offshore Outsourcing ist dem Captive Offshoring unter Abschnitt 3.1.4 in den Anwendungsbereichen sehr ähnlich. Die Hauptunterschiede liegen in der operativen Umsetzung und im Chancen-Risiken-Profil: Zu den grundsätzlichen Herausforderungen des Outsourcing kommen noch Länderrisiken sowie unterschiedliche nationale und Unternehmenskulturen. Bei der Bewältigung dieser Risiken kommt erschwerend hinzu, dass es an einer durchgehenden Verantwortungs- und Kompetenzstruktur fehlt. Das Bewusstsein um diese Risiken war wohl in der Vergangenheit der Hauptgrund dafür, dass diese Kategorie von Geschäftsmöglichkeiten mit 17 Milliarden EUR noch relativ klein ist (vgl. Abbildung 1). Inzwischen aber führen der Kostendruck in reifen Märkten, gepaart mit Faktorkostenunterschieden von 80 Prozent und mehr, insbesondere aber die drastisch sinkenden Informations- und Kommunikationskosten dazu, dass für diesen Markt ein Wachstum von über 30 Prozent p. a. prognostiziert wird.

Dazu beigetragen hat sicherlich auch, dass die Erfolgsfaktoren des Offshore Outsourcing inzwischen besser verstanden werden: klare Ziele, sorgfältige Auswahl des Partners und des Landes, ein professionell ausgearbeiteter Vertrag, der Austrittsoptionen und Leistungskriterien festschreibt, die Governance mit funktionierenden Konfliktlösungsmechanismen, eine transparente Leistungskontrolle – und nicht zuletzt eine leistungsfähige informationstechnologische Plattform. Auf dieser Basis sind netto 40 bis 60 Prozent Kostenreduktion in den ausgelagerten Prozessen eher die Regel als die Ausnahme. Eine Halbierung der Kostenbasis aber eröffnet wiederum neue Geschäftsmöglichkeiten, z. B. in der Erschließung zusätzlicher Kundenpotenziale.

4. Sichert sachgerechte und effiziente Lösungen: Die systematische Priorisierung

Eine Entscheidung zwischen den neuen Geschäftsmöglichkeiten durch IT will gründlich vorbereitet sein – anderenfalls kann es leicht zu Ineffizienzen kommen: Wurde z. B. mit einem Workflow-System die Effizienz im Auftragsmanagement gesteigert, führt die anschließende Outsourcing-Entscheidung unter Umständen dazu, dass die Systementscheidung revidiert werden muss. Sollen später neue Geschäftsfelder erschlossen werden, ist der Outsourcing-Vertrag vielleicht nicht darauf ausgerichtet. Kurz: Eine klare Gesamtstrategie zur Priorisierung sollte unbedingt den Ausgangspunkt für alle weiteren Aktivitäten bilden. Die Details der Strategie sind natürlich auf das jeweilige Unternehmen zuzuschneiden – allgemein aufzeigen lässt sich jedoch, in welcher Reihenfolge die Entscheidungen getroffen werden sollten (Abbildung 3):

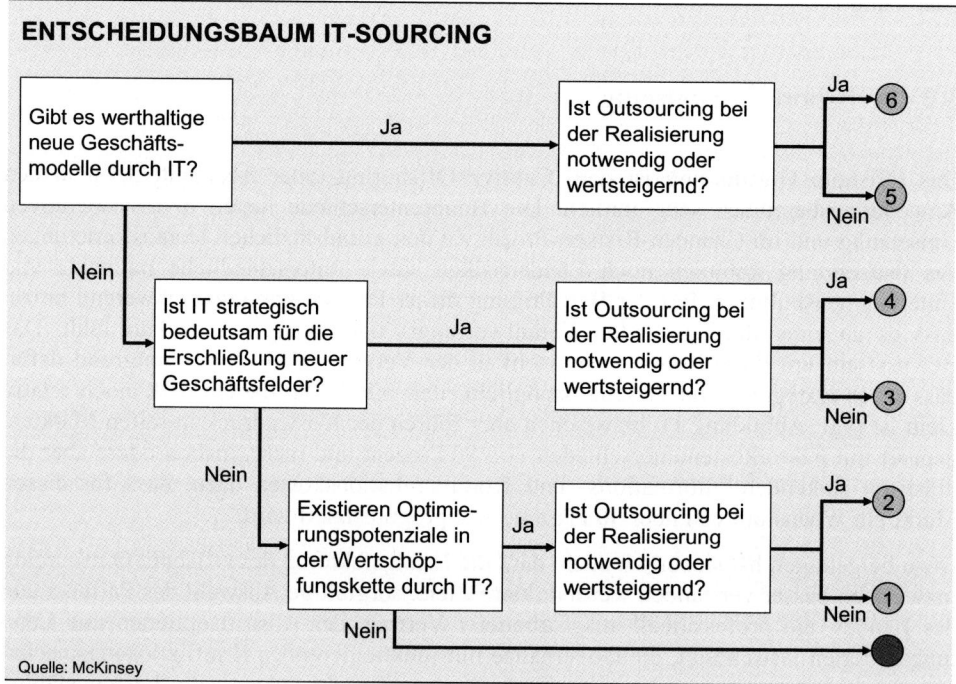

Abbildung 3

Zunächst ist zu klären, ob es neue Geschäftsmodelle gibt, die durch IT zu realisieren sind. Dazu sind die Möglichkeiten relativ zu Fähigkeiten und Umfeld des Unternehmens – z. B. im Workshop-Format einer „Zukunftswerkstatt" – systematisch und kreativ zu betrachten. Sollte sich eine interessante strategische Option ergeben, ist in jedem Fall

mittels eines Business Case zu prüfen, inwieweit sie sich für das Unternehmen wertstei-
gernd auswirken würde. Da es sich in der Regel um Entscheidungen mit erheblichen
Risiken handelt, die aber gleichzeitig großen Gestaltungsspielraum für das Management
beinhalten, sollten Realoptionen in der Investitionsrechnung berücksichtigt werden. Erst
nach der Klärung der strategischen Ausrichtung kann die Entscheidung für oder gegen
das Outsourcing gefällt werden – und zwar nicht nur unter dem Aspekt, ob es notwendig
ist oder nicht, sondern auch dahingehend, ob durch Fremdvergabe die Geschwindigkeit,
Qualität oder Kosten der Realisierung positiv beeinflusst werden.

Erst im zweiten Schritt sind dann bestehende Geschäftsfelder auf Machbarkeit und Attraktivität für das Unternehmen zu prüfen. In diesem Schritt geht es weniger um das kreative Herangehen an Möglichkeiten, stattdessen ist eine gründliche Umfeldunter-
suchung – etwa mittels einer differenzierten Branchenstrukturanalyse – erforderlich. Bei
der genaueren Beleuchtung einzelner Geschäftsfelder sollte auch hier eine rationale Entscheidung auf Basis von Business Cases forciert werden – die allerdings auf Grund der
geringeren Risiken einfacher strukturiert sein können. Die Frage nach dem Outsourcing
schließt sich auch hier an die grundsätzliche strategische Entscheidung an.

Im letzten Schritt können die Möglichkeiten der Prozessoptimierung im Geschäftssystem
systematisch geprüft werden. Anders als gemeinhin behauptet wird (Stichwort: Produk-
tivitätsparadox der Informationstechnologie), zeigt die Erfahrung der Autoren aus diversen Projekten, dass sich die Wertpotenziale durch den Einsatz von IT sehr wohl in einem
pragmatischen Ansatz quantifizieren lassen. Am Ende des Entscheidungsprozesses steht
dann die Überprüfung der resultierenden Wertschöpfungskette, denn die jeweils vorge-
lagerten Entscheidungen können sich auf die Gestaltung des Geschäftssystems auswirken und diese Effekte können dann direkt mit berücksichtigt werden.

Referenzen

[1]   Vgl. McFARLAN, F. W. (1984).

[2]   Vgl. KALAKOTA, R., ROBINSON, M. (2001), S. 409 ff., vgl. auch Rapp, W. V. (2002),
      S. 21 - 29, POIRIER, C. C., BAUER, M. J. (2001) zeigen auf, wie E-Supply Chain
      Management wiederum ähnliche Entwicklungsstufen durchläuft, wie sie hier für den
      gesamten IT-Einsatz postuliert werden.

[3]   Vgl. HOCH, D. J. (2003), S. 4.

[4]   Vgl. HOCH, D. J. (1990), S. 48 - 55 am Beispiel der IT-Unterstützung in einem
      Pharmaunternehmen; zur klassischen Wertschöpfungskette PORTER, M. E. (1985), S.
      37.

[5]   Vgl. zur Systematik GATES, B. (1999).

[6] Vgl. etwa zum Total-Integrated-Manufacturing-Konzept bei RAPP, W. V. (2002), S. 41 ff., das z. T. eine Abkehr von den etablierten Lean-Management-Regeln enthält, indem etwa wieder IT-kontrollierte Zwischenlager in der Produktion gebildet werden, die die Flexibilität der Fertigung erhöhen.

[7] Vgl. zum „mobilen Unternehmen" SCHEER, A.-W., FELD, T., GÖBL, M., HOFFMANN, M. (2000), S. 33 ff.

[8] Vgl. SELCHERT, M. (2003).

[9] Vgl. COHAN, P. S. (2000), S. 54.

[10] Vgl. KALAKOTA, R., ROBINSON, M. (2001), S. 259.

[11] Vgl. etwa FINANCIAL TIMES DEUTSCHLAND (2003) vom 8. Mai 2003, S. 30.

[12] Vgl. etwa SCHUH, G., MILLARG, K., GÖRANSSON, A. (1998).

[13] Vgl. Fraunhofer-Institut für Graphische Datenverarbeitung (IGD) unter http://www.igd.fraunhofer.de.

[14] Vgl. zum Search-Bot Jeeves: http://www.askjeeves.com, zum Chat-Bot Alice und diversen Derivaten in kommerziellen Anwendungen: http://www.alicebot.org, zum Bot-basierten Avatar Steve: http://www.isi.edu/isd/vet/steve-demo.html.

[15] Vgl. Demo-Version CeBIT 2003 des Fraunhofer-Instituts für Graphische Datenverarbeitung (IGD).

[16] Vgl. Lünendonk GmbH, Bad Wörishofen: 2003.

[17] Vgl. BAGHAI, M., COLEY, S., WHITE, D. (1999), S. 101 ff.

[18] Zum Begriff der „Efficient Customization" vgl. RAPP, W. V. (2002), S. 44 ff.

[19] Z. B. Gateway im „Value Net" vgl. BOVET, D., MARTHA, J. (2000); z. B. für Build-to-Order wird die Intel - Solectron - Ingram Micro Value Chain bei KALAKOTA, R., ROBINSON, M. (2001), S. 300 ff. untersucht.

[20] Vgl. KALAKOTA, R., ROBINSON, M. (2001), S. 233 ff.

[21] Vgl. zur Auseinandersetzung mit den unterschiedlichen Definitionen von Web Services MOSCHELLA, D. (2003), S. 100 ff.

[22] Zum Innovationszentrum Intelligentes Haus Duisburg des Fraunhofer-Instituts für Mikroelektronische Schaltungen und Systeme vgl. http://www.inhaus-duisburg.de; zur Beschreibung des intelligenten Hauses von Bill Gates vgl. ZIEGERT, S. (2002), S. 18.

[23] Vgl. BOOZ ALLEN HAMILTON (2001).

[24]   Vgl. Infineon dreht nochmals kräftig an der Kostenschraube, in: Börsen-Zeitung Nr. 82, 30. April 2003, S. 9.

[25]   Vgl. MCKINSEY (2002): FT/NASSCOM, in: McKinsey Report, 2002.

[26]   Vgl. HOCH, D. J. (2003): FT/NASSCOM, 2003, S. 5 auf Basis Gartner Dataquest und McKinsey-Analysen.

[27]   Vgl. HOCH, D. J. (2003): FT/NASSCOM, 2003, S. 5 auf Basis Gartner Dataquest und McKinsey-Analysen.

[28]   Vgl. zu den Generationen von Marktplätzen KALAKOTA, R., ROBINSON, M. (2001), S. 307 ff.

[29]   Vgl. interne McKinsey-Analyse der e-Procurement Practice basierend auf Werten von 2000.

[30]   Zum Einsatz von IT zur Normierung der Zusammenarbeit in den umfangreichen Tests bei der Entwicklung eines Medikaments vgl. RAPP, W. V. (2002), S. 88 ff.

[31]   Zum Beispiel des Collaborative Engineering bei Boeing vgl. HOCH, D. J. (1997), S. 18 - 19.

[32]   Vgl. BÖRSEN-ZEITUNG (1998), S. 8.

[33]   Vgl. KNIGHT-RIDDER TRIBUNE BUSINESS NEWS (1999), AFX (1999).

[34]   Vgl. PICOT, A., NEUBURGER, R. (1998), S. 525.

[35]   Vgl. FOSTER, R. N., KAPLAN S. (2002).

[36]   Vgl. http://www.moll-holz.de.

[37]   Vgl. HAGEL, J., SINGER, M. (1999).

Literaturverzeichnis

AFX (1999): MCI Worldcom and EDS finalize two 10-year contracts worth 12.4 bln USD, in: AFX, 26. Oktober 1999.

BAGHAI, M., COLEY, S., WHITE, D. (1999): Die Alchimie des Wachstums, München: 1999.

BOOZ ALLEN HAMILTON (2001): eHome-Services: Intelligente Dienste rund ums Haus, Düsseldorf: 2001.

BÖRSEN-ZEITUNG (1998): AT&T kauft Netzwerksparte von IBM, in: Börsen-Zeitung, 9. Dezember 1998, Nr. 237, S. 8.

BÖRSEN-ZEITUNG (2003): Infineon dreht nochmals kräftig an der Kostenschraube, in: Börsen-Zeitung, 30. April 2003, Nr. 82, S. 9.

BOVET, D., MARTHA, J. (2000): Value Nets: Breaking the Supply Chain to Unlock Hidden Profits, New York: 2000.

COHAN, P. S. (2000): e-Profit, New York: 2000.

FINANCIAL TIMES DEUTSCHLAND (2003), 8. Mai 2003.

FOSTER, R. N., KAPLAN, S. (2002): Schöpfen und Zerstören – Wie Unternehmen langfristig überleben, 2002.

GATES, B. (1999): Business @ the Speed of Thought, New York: 1999.

HAGEL, J., SINGER, M. (1999): Net Worth, Boston: 1999.

HOCH, D. J. (2003): Business Process Outsourcing & Offshoring – A Strategic Imperative?!, Vortrag FT/NASSCOM Conference, London: 28. Januar 2003.

HOCH, D. J. (1990): Durch Informationssysteme zu Wettbewerbsvorteilen: Chancen und Risiken, in: BLIEMEL, F. (Hrsg.): Das Unternehmen im Wettbewerb, Berlin: 1990.

HOCH, D. J. (1997): Wettbewerbsvorteile durch Information, in: PICOT, A., (Hrsg.): Information als Wettbewerbsfaktor, Stuttgart: 1997.

KALAKOTA, R., ROBINSON, M. (2001): e-Business 2.0 – Roadmap for Success, Boston: 2001.

KNIGHT-RIDDER TRIBUNE BUSINESS NEWS (1999): EDS and MCI complete $12.4 Billion Service Agreement, in: Knight-Ridder Tribune Business News, 26. Oktober 1999.

MCFARLAN, F. W. (1984): Information Technology Changes the Way you compete, in: Harvard Business Review, Mai - Juni 1984.

MCKINSEY (2002): FT/NASSCOM, in: McKinsey Report, 2002.

MOSCHELLA, D. (2003): Customer-driven IT: How Users are Shaping Technology Industry Growth, 2003.

PICOT, A., NEUBURGER, R. (1998): Virtuelle Organisationsformen im Dienstleistungssektor, in: BRUHN, M., MEFFERT, H. (Hrsg.): Handbuch Dienstleistungsmanagement, Wiesbaden: 1998.

POIRIER, C. C., BAUER, M. J. (2001): E-Supply Chain: Using the Internet to Revolutionize your Business, San Francisco: 2001.

PORTER, M. E.: Competitive Advantage: Creating and Sustaining Superior Performance, New York: 1985.

RAPP, W. V. (2002): Information Technology Strategies: How Leading Firms Use IT to Gain an Advantage, 2002.

SCHEER, A.-W., FELD, T., GÖBL, M., HOFFMANN, M. (2000): Mobile Business und die Auswirkung auf Geschäftsmodelle in Unternehmen – Das mobile Unternehmen, in: NICOLAI, A. T., PETERSMANN, T. (Hrsg.): Strategien im M-Commerce, Stuttgart: 2000.

SCHUH, G., MILLARG, K., GÖRANSSON, A. (1998): Virtuelle Fabrik – Neue Marktchancen durch dynamische Netzwerke, München: 1998.

SELCHERT, M. (2003): CFROI of CRM – Empirical Evidence from mySAP CRM Users, 2003.

ZIEGERT, S. (2002): Ein riesiges Elektrohirn steuert die Villa von Microsoft-Chef Bill Gates, in: Die Welt, 52. Jg., 22. Februar 2002, Nr. 45, S. 18.

http://www.alicebot.org.

http://www.askjeeves.com.

http://www.igd.fraunhofer.de.

http://www.inhaus-duisburg.de.

http://www.isi.edu/isd/vet/steve-demo.html.

http://www.moll-holz.de.

Phillip B. Stern/Nicolas Reinecke

Turbo Charging the Innovation Process – Sourcing Intellectual Capital

1. Increasing innovation pressure

2. New procurement challenges

3. New mindset: From 'not-invented here' to 'proudly sourced elsewhere'

4. New tools: From traditional purchasing instruments to strategic sourcing tools

5. New skills: From material manager to relationship manager

Phillip B. Stern is Chief Executive Officer of QED Intellectual Property and co-founder of yet2.com. Dr. Nicolas Reinecke is Principal at McKinsey & Company, Inc.

In memoriam Chris DeBleser

1. Increasing innovation pressure

The life expectancy of companies is declining. In 1955, a company listed on the stock exchange would survive an average of 45 years. Today, that number is down to just 20 years. In other words, by 2020 half of today's S&P 500 companies will have disappeared. Ever increasing competition is taking its toll.

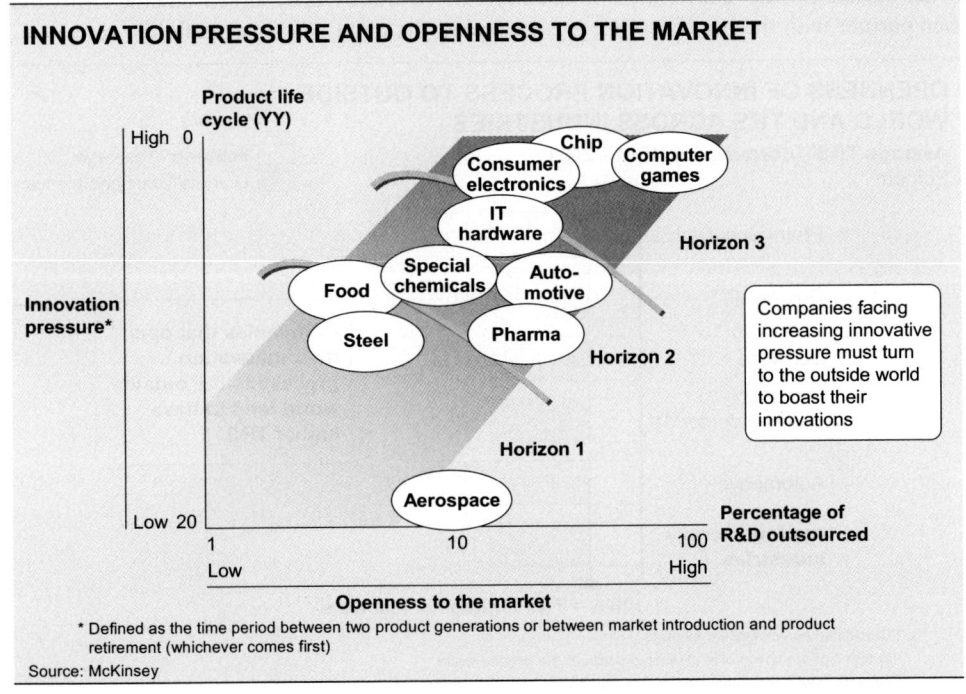

INNOVATION PRESSURE AND OPENNESS TO THE MARKET

* Defined as the time period between two product generations or between market introduction and product retirement (whichever comes first)

Source: McKinsey

Exhibit 1

The best strategy for survival – as has been proven time and again – is innovation. The continual development and implementation of new product or service ideas has become a vital part of gaining and sustaining a competitive position. This holds true for industries as diverse as steel and chemicals, automotive and pharmaceutical, high tech and consumer goods. The pressure to innovate is particularly high in industries that have short product life cycles, such as consumer electronics, computer games and the chip industry.

More and more companies facing innovation pressure have realized that they cannot handle the challenge alone. Instead of relying solely on their own ideas and skills they are opening their innovation process to the outside world and actively buying ideas from external sources (Exhibit 1).

The advantages of such a strategy are obvious – after all, any individual company is likely to discover many incremental improvements, but only a few truly innovative ideas. Drawing on the innovation potential of hundreds or thousands of other players in the market is bound to generate much better results as the collective market will come up with more ideas than any individual company can. This is exemplified by the oil drilling industry. A large oil company may be very skilled at exploiting existing oilfields, but the real value in the oil industry is generated when new fields are discovered. This is much more of a trial and error process, for which smaller, more flexible organizations are better suited. So the 'exploration' is usually carried out by specialized outside firms that then partner with the big oil companies to exploit the newly discovered fields.

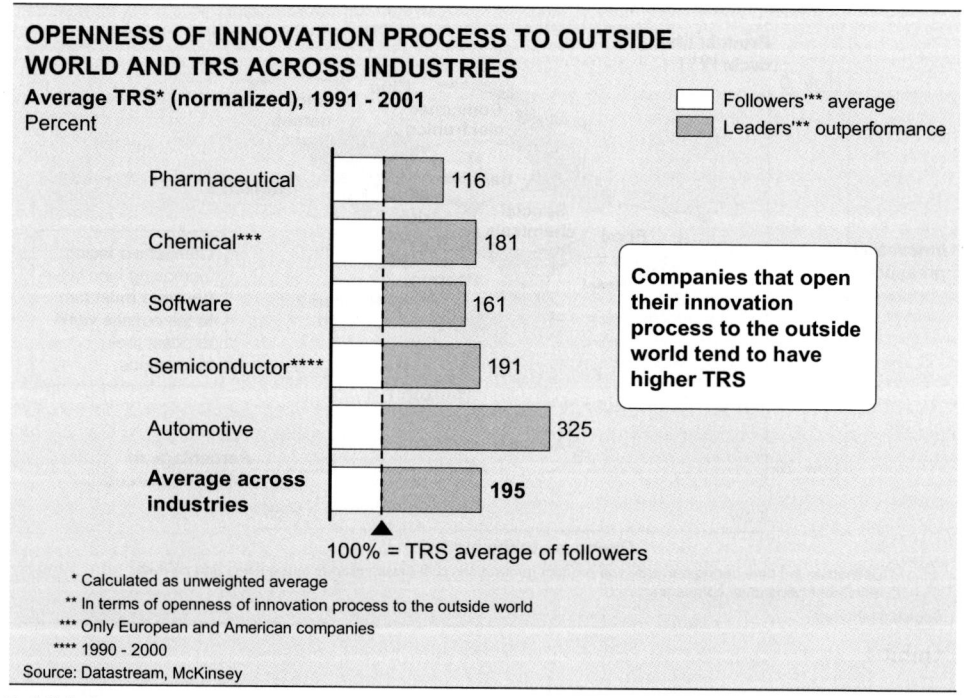

Exhibit 2

Some of today's leaders have already incorporated this concept in their R&D function. Companies like Johnson & Johnson or P&G have realized that their product commercialization capabilities are superior to others in their markets and that those skills can be applied to technologies both inside and outside the company. Thus, outsourcing of R&D is not a sign of an inferior R&D function, but rather shows a recognition of the true core skills of the company.

In addition, companies looking for breakthrough developments can cherry pick those innovative solutions that most closely match their own needs and integrate them into their own business processes. This way, external and internal strengths are combined.

Companies using external innovations tend to be able to withstand greater competitive pressure and to be more successful financially. McKinsey analysis shows that these companies, in general, boast a Total Return to Shareholders (TRS) up to three times higher than the average TRS of their respective industries (Exhibit 2).

Examples of the correlation between the level of outward orientation and company performance can be found in many industries. Pharmaceutical giant Pfizer has 66 drugs under license, while the industry average is only 44. The company yields a TRS that is 50 percent higher than the industry average. Texas Instruments has signed more than ten strategic R&D alliances and approximately ten cross-licensing agreements and it too yields a TRS 50 percent higher than the industry average. Dow Chemicals cooperates with external providers for more than half of its R&D projects, and acquired 19 innovative companies between 1999 and 2002 alone. Today, Dow Chemicals outperforms its competitors by almost 80 percent.

2.   New procurement challenges

Although the responsibility for driving the change towards external sourcing of R&D will ultimately rest at the highest level in the organization and will require the participation of general managers and R&D professionals, this new approach also has tremendous consequences for the purchasing function. Traditionally, purchasing departments have more or less concentrated on buying parts, components, or modules. While these already include a substantial amount of innovation that needs to be properly evaluated by the purchasing function, such a narrow focus on tangible goods will not suffice in the future. It is not clear yet which function will ultimately own this task, but in order to boost the innovativeness of their companies, purchasing departments across all industries will have to learn to source intangible goods such as knowledge and skills. Sourcing transferable intellectual capital will be the motto of the future.

Intellectual capital comprises:

• Codified and legally protected intellectual property such as patents, brands and copyrights

- Other intellectual assets such as product-related drawings, blueprints, etc., or process-related documents and manuals

- Human and organizational capital such as skills and knowledge or reputation or relations

The procurement of intellectual capital ranges from the time- and material-based purchasing of R&D services to the sourcing of ready-to-use intellectual property. German car manufacturer Audi, for example, decided to outsource the complete engineering of the Audi TT model after it had encountered problems with the initial design. Intel developed the Itanium processor solely using external development resources and in-licensing. Johnson & Johnson has over 100 people in its purchasing department regularly screening the market for relevant innovative solutions. More than half of its pharmaceutical revenues are generated by in-licensed products. Not surprisingly, industries with the highest innovation pressure such as consumer electronics show the highest percentage of outsourced R&D (up to 100 percent).

We can classify the acquisition efforts into three categories:

- *Acquiring patents to protect a business that has little patent protection.* Often, acquiring these patents is based on a scenario approach as the patents cover potential developments. Each patent is acquired relatively cheaply and, unfortunately, many (if not most) will be worthless as they will cover claims that will never be put into practice. However, those few that are put to use may be worth many millions, either as protection for the company's own product or as a trading chip in a cross-license negotiation. It is possible that Taiwanese manufacturers (who already have low manufacturing costs) will be able to develop lower intellectual property costs by buying from companies that are not direct competitors. This might affect a relatively higher cost Japanese manufacturer which was spending billions to develop proprietary intellectual property.

- *Acquiring a technology that meets a specific development need.* This happens when a company hits a roadblock in the development process or, perhaps more likely, when a company has identified a clear market need, but lacks the technical expertise to develop the appropriate solution. In this case, the 'make vs. buy' decision is driven by the need to have access to superior innovation and a faster time-to-market, which is more important than having proprietary control.

- *Screening technologies to identify growth opportunities.* Often, intellectual property is acquired by buying a company. However, it may be possible to simply acquire a technology that opens a new market opportunity for the company. QED – a patent licensing company – offers several such technologies, including a super absorbent polymer and a process for creating high purity aluminum. The acquiring company will be one with skills related to the technology but that is looking to expand into a new market segment.

3.   New mindset: From 'not-invented here' to 'proudly sourced elsewhere'

Companies that successfully use external intellectual capital seem to share a different attitude towards knowledge and innovation. While more traditional companies suffer from the 'not invented here' syndrome and criticize anything not developed in-house, innovative companies emphasize the importance of external knowledge to increase their company's performance. In short, they prefer a 'proudly sourced elsewhere' approach.

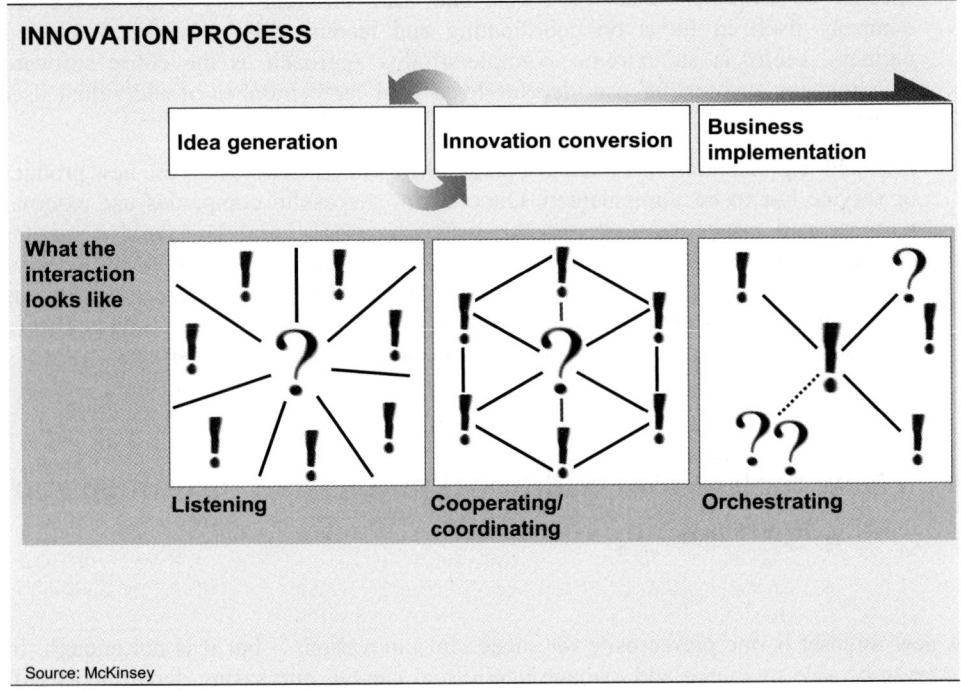

Exhibit 3

This new mindset manifests itself throughout the entire innovation process. Successful companies consciously open up all three phases of their innovation process (Exhibit 3):

- *Idea generation*: The first phase of the innovation process concentrates on developing potential solutions for a given problem. While some companies stew in their own juice, successful companies explicitly involve suppliers and other external partners such as research institutes in their search for breakthrough solutions. The goal is to stimulate a rich flow of ideas. These companies take a very broad view of possible solutions – the bigger the radar screen, the greater the chance of identifying truly new approaches and methods. Schlumberger, for example, a major player in oil exploration, looked beyond traditional procedures when it sought to develop a tomographical measuring technique for phase partition in oil pipelines. Using capacitive tomography it developed a completely new measuring technique. At the end of this first phase there are a variety of options. Choosing the most promising one as quickly as possible is of the utmost importance.

- *Innovation conversion*: In the second phase, companies must work out how the solution will actually work technically. Successful companies tend to follow a modular approach. They look for competent external partners that can take over specific development tasks in a cost and time efficient way. This leaves the company itself to focus on coordinating and leading this network of selected partners. Linux is an extreme example of this approach as the entire software development and testing was decentralized to a large number of individual user groups.

- *Business implementation*: In this last phase, the business process for the new product or service has to be implemented. Once again, successful companies use external partners and outsource parts of the value creation chain. Handheld computer company Palm is a typical example. The handhelds are manufactured by external partners and logistics are also outsourced. Meanwhile, other external partners as well as user groups continuously develop new applications for the product. Palm's main task is therefore to coordinate and orchestrate the individual partners.

4. New tools: From traditional purchasing instruments to strategic sourcing tools

A new mindset is one prerequisite for successful innovations – but it is not enough. In order to be able to source and manage intellectual capital, purchasing departments will need new tools. Some will be applied at specific points in the innovation process, others will cover the entire process.

Scenario analysis, for example, is best suited to the idea generation phase. It helps a company identify potential discontinuities in the industry and then strategies for how to benefit from them. A scenario analysis is a little like a crystal ball – in a first step, the analysis identifies the key drivers that will influence the development of a given industry. It then evaluates these drivers according to their importance and level of uncertainty. A 'what-if' analysis finally shows how the market might change over the years and what indicators to look out for. This look into the future is indispensable, especially when sourcing innovative solutions whose value might not be obvious for years to come.

To take one classic example, back in 1980 manufacturing cellular phones did not seem to be a very attractive business option. Production costs were high, the phones still rather bulky and the call prices were far from competitive. It appeared that at best cellular phones would remain a niche product. A thorough 'what-if' analysis, however, would have shown the potential of the idea. If the manufacturing costs of the phones for example – as one of the key drivers of the business – dropped to 100 USD, they might become attractive for potential customers. Demand would rise, economies of scale would take effect, and investing in a cell phone manufacturer would suddenly look not only a viable, but an attractive strategy.

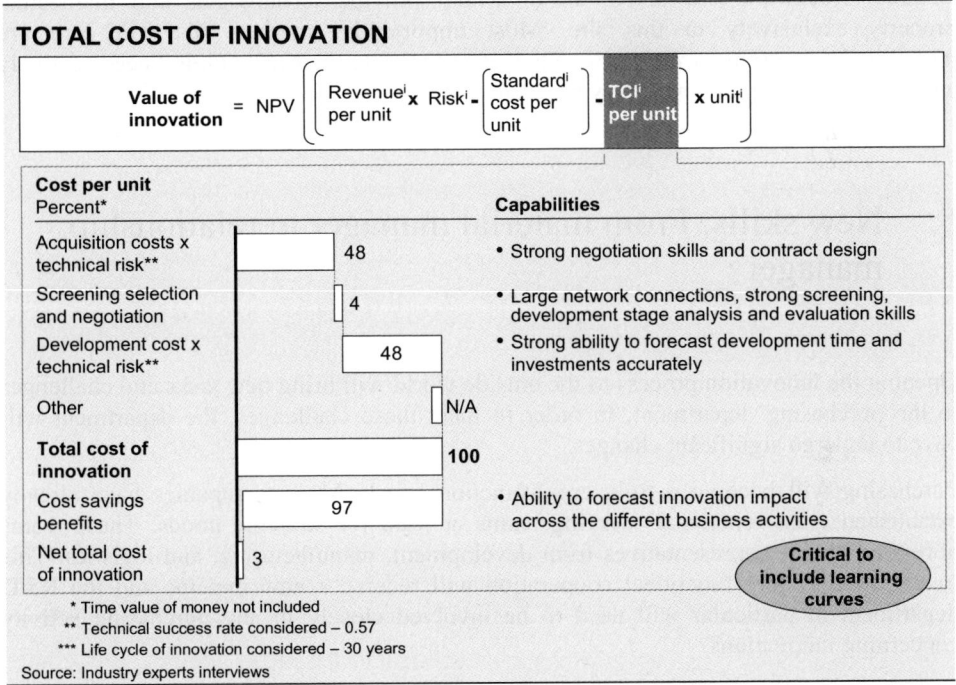

Exhibit 4

One of the most powerful sourcing tools covering the entire innovation process is the Total Cost of Innovation (TCI) analysis. This helps determine the value of an innovation over its entire life cycle. The TCI takes into account acquisition costs, the technical risk associated with the innovation, the costs of screening, selecting and negotiating as well as the development costs. An innovation's value is then derived by calculating the net present value of the expected revenues, weighted by the estimated risk in terms of a technical success rate and reduced by the total costs of innovation. Thus, not only the current investment costs can be considered, but also the expected impact of the innovation (Exhibit 4).

Internet marketplaces can also be useful tools, especially for identifying innovations. Several virtual marketplaces for technology and patents already exist with yet2.com (part of QED) as the market leader. It "offers companies and individuals the opportunity to conveniently and privately purchase, sell, license and research some of the world's most valuable intellectual assets." The founding companies alone – among them BASF, DuPont and Dow Chemicals – are responsible for a quarter of worldwide R&D capital investment. The technology providers are leading corporations and government agencies worldwide and include 3M, Boeing, Dow, DuPont, Honeywell, Philips, Procter & Gamble, Rockwell, and SAIC, all of whom provide technologies and intellectual property exclusively to this site. Most importantly, markets like yet2.com are increasingly becoming a way for companies to promote their technology needs actively and confidentially to an extremely broad audience.

5.   New skills: From material manager to relationship manager

Opening the innovation process to the outside world will bring new tasks and challenges to the purchasing department. In order to meet these challenges, the department will have to undergo significant changes.

Purchasing will become a truly cross-functional task. Many companies have already established cross-functional sourcing teams at least for strategic goods. These teams normally include representatives from development, manufacturing, and logistics. This trend towards cross-functional cooperation will receive a new impetus and the R&D department in particular will need to be involved closely in any purchasing activity concerning innovations.

More importantly, purchasing will have to develop a new understanding of its own role. A purchaser will no longer be a mere material manager, responsible for sourcing goods and services, but will become a true knowledge and relationship manager. The strategic development of a supplier portfolio made up of top-notch innovative companies will be vital to success. In addition, close relationships with institutions such as universities, public research institutes, independent researchers and innovation marketplaces have to be established and fostered. The purchasing department must orchestrate and secure an effective and continual knowledge exchange between the different external and internal groups involved as a prerequisite for a successful innovation process.

As a consequence, many companies will have to intensify their efforts to attract top talents to their purchasing functions. Specific training programs might also be helpful. Buyers must, for example, be able to develop new contractual frameworks for a purchasing deal including intellectual capital. They must be able to answer questions such as, 'What is the value of intellectual capital?', 'How can we assure fair pricing for it?', and 'How can we evaluate the quality of an intangible asset such as intellectual capital upfront when no outsourcing partner would reveal its capital until the deal is closed?'. In addition, soft skills such as social competence and team management know-how as well as multilingualism will become more and more important. Job rotation between different functions and sites will be essential.

In implementing these changes, the purchasing department will not only take on a new role, its performance will – more than ever before – have a direct impact on the company's innovativeness and competitiveness. Purchasing will be a major source of value creation.

Kapitel 5

Intangible Assets – Quelle des nachhaltigen Unternehmenserfolgs

Wilhelm Rall

Die Bedeutung von immateriellem Kapital

Dr. Wilhelm Rall ist Director bei McKinsey & Company, Inc.

1. Einleitung

Was sind die Gründe für den Erfolg von Unternehmen wie SAP, LVMH, Coca-Cola, Genentech oder der viel zitierten General Electric? Aus heutiger Sicht nehmen diese Firmen dominierende Weltmarktpositionen in ihren Geschäften ein. Das war jedoch nicht immer so – selbst wenn, wie im Falle von Coca-Cola, der Erfolg schon sehr früh begründet wurde. Ein Blick in die Bilanz lässt erkennen: Diese Unternehmen verfügen nicht über überproportional großes Vermögen und das, was sie bereits früher in ihrer Erfolgsgeschichte auszeichnete, ist zwar im Nachhinein benennbar, war aber zum damaligen Zeitpunkt nur wenig fassbar. Die strategische Plattform dieser Unternehmen ist immaterielles Kapital.

Erfolgreiche Strategien zielen stets darauf, ein Unternehmen im Wettbewerb zu differenzieren und ihm einen Wettbewerbsvorteil zu verschaffen.[1] Dafür reicht es in den meisten Fällen nicht, ein möglichst kreatives strategisches Konzept zu entwickeln und umzusetzen, das geplante Gebäude muss auf soliden Fundamenten stehen – mit anderen Worten: Idealerweise haben Unternehmen bereits differenzierende Stärken, auf denen sie ihre Strategie aufbauen können. Eine solche Ausgangsbasis wird als strategische Plattform bezeichnet. In der traditionellen strategischen Diskussion wurden darunter vor allem strukturelle Faktoren subsumiert, wie z. B. etablierte Produktionen in bestimmten Produkt- oder geografischen Märkten, vorteilhafte Standorte, Produkte mit Spitzenstellung. Entsprechend war das herrschende strategische Paradigma der nachhaltige Wettbewerbsvorteil (Sustainable Competitive Advantage).[2] Interpretieren wir den Begriff der Nachhaltigkeit im Wortsinn, so ist das Konzept des strukturell bedingten nachhaltigen Wettbewerbsvorteils heute nur noch in Einzelfällen existent. Schnelle technologische Veränderungen, offene Märkte und eine höhere Wettbewerbsdynamik machen Vorteile nur noch temporär; Führungspositionen im strategischen Wettbewerb müssen permanent erkämpft und verteidigt werden.

Was zählt, sind heute Stärken, die die Erneuerung von Vorteilen ermöglichen. Primär organisatorische Charakteristika wie tiefe und breite Talentpools, hohe organisatorische Flexibilität etc. werden zu strategischen Erfolgsfaktoren. Wissensplattformen generieren immer neue Produkte oder Dienstleistungen. Produktive Netzwerke mit Kunden oder anderen Unternehmen erlauben schnellere Innovation oder sichern Marktpositionen ab. Starke Marken bilden die Basis für immer neue Geschäfte. All diese Faktoren findet man typischerweise nicht in den konventionellen Jahresabschlussberichten von Unternehmen. Wir bezeichnen sie als immaterielles Kapital, da sie sich nicht in greifbaren Vermögensgegenständen oder Produkten zeigen.[3] Der Kapitalcharakter wurde allerdings in den letzten Jahren verstärkt anerkannt, einzelne Kategorien sind nach IAS auch in einem bestimmten Rahmen aktivierbar und werden damit als „Asset" in der Bilanz sichtbar.

Immaterielles Kapital weist bei aller Heterogenität im Einzelnen einige gemeinsame Merkmale auf.[4] Nach Überschreiten kritischer Schwellenwerte sind die Economies of Scale meist sehr hoch, es kann ein sich quasi selbst verstärkender Prozess entwickelt werden, der insbesondere im Hinblick auf Globalisierungsstrategien besonders effektive Ansätze liefert. Zudem muss immaterielles Kapital genauso sorgfältig aufgebaut werden wie jede Investition in traditionelles Anlagevermögen. Die Ansicht, dass Talente und Wissen in einem Unternehmen einfach vorhanden sind und genutzt werden können, ist irreführend, dazu später mehr. Schließlich hat immaterielles Kapital spezifische Risikoprofile, die gut verstanden werden müssen. Man denke nur an die Verletzlichkeit auch starker Marken bei negativen Vorfällen oder an das Risiko der Migration von Spitzentalenten bei Führungsfehlern.

2. Kategorien immateriellen Kapitals

Aus den bisherigen Ausführungen wurde bereits deutlich, dass immaterielles Kapital sehr heterogen zusammengesetzt sein kann. Unter diesem Begriff werden Faktoren subsumiert, die – wie Markenstärke – nur mit spezifischen Methoden messbar sind oder die – wie Intellectual Property – zumindest teilweise über die Bewertung von Patenten etc. erfasst werden können. Es sind aber auch solche Faktoren gemeint, die wie viele organisatorische Charakteristika und Fähigkeiten zwar analysierbar, aber nur schwer mit einer konkreten Metrik exakt beurteilt werden können. Es hat sich als zweckmäßig erwiesen, immaterielles Kapital in vier Kategorien einzuteilen, die nicht vollständig unabhängig voneinander sind, die aber zumindest als Kriterium für eine grobe Sortierung dienen können.

- *Humankapital:* Es wird durch die Mitarbeiter des Unternehmens gebildet und bestimmt durch ihre Fähigkeiten und Motivation. Intelligenz, Ausbildung, Erfahrungen der Einzelnen sind Faktoren, die in diese Größe eingehen, sie ist aber viel mehr als die Summe der Individuen. Das Ausmaß, in dem die Talente der Einzelnen entwickelt und in produktive Leistung für die Organisation umgesetzt werden, hängt davon ab, wie die einzelnen Mitarbeiter im Unternehmen vernetzt werden und ob ein organisatorischer Kontext geboten wird, der höchste Innovationskraft und Effektivität fördert.

- *Wissenskapital:* Jede Organisation verfügt über Wissen, sei es in kodifizierter oder nicht kodifizierter Form. Verharrt es in nicht kodifizierter Form, so ist es an einzelne Mitarbeiter oder Organisationseinheiten gebunden, in der Nutzung von ihnen abhängig und bei Fluktuation von Verlust bedroht. In kodifizierter Form ist es wesentlich stärker objektivierbar, vor allem aber in systematischer Weise interindividuell übertragbar. Eine weitere wichtige Frage ist, ob das Wissen im Grundsatz allgemein zugänglich ist und damit gegebenenfalls vom Wettbewerber kopiert werden kann oder ob es sich z. B. durch Patente oder andere Methoden schützen lässt. Offensichtlich ist es umso wertvoller, je mehr Eigentumsrechte bestehen. Wissen ist für jede Funktion des Unternehmens relevant, also nicht nur für Forschung und Entwicklung – und somit für die Entstehung neuer Produkte und Leistungen. Wissenskapital entscheidet genauso über die Leistungsfähigkeit in der Fertigung, im Marketing oder im Finanzbereich. Auch generelle Managementprozesse lassen sich unter Wissenskapital subsumieren. Vergleichen wir die bereits erwähnten Unternehmen Genentech und General Electric, so liegen die differenzierenden Stärken des ersten sicher im wissenschaftlichen Know-how und in den entsprechenden Netzwerken, beim zweiten lag der differenzierende Faktor über das Unternehmen hinweg in Managementprozessen (und in der Talentauswahl) begründet.

- *Markenstärke:* Diese Kategorie ist in den letzten Jahren zunehmend aus den rein marketingbezogenen Überlegungen in die generelle strategische Diskussion überführt worden. Unter dem Gesichtspunkt der strategischen Plattform sind vor allem Marken relevant, die nicht eng an ein einzelnes Produkt gebunden sind, sondern die sich als Basis für breitere Aktivitäten oder für eine Ausweitung des Geschäfts eignen. Der Übergang zwischen genereller Reputation und tatsächlicher Marke ist dabei fließend, in jedem Falle handelt es sich um für Kunden und Markt sichtbare Fixpunkte eines Wertversprechens, die stabil und in gewissen Grenzen transferierbar sind.[5] Eine werthaltige Marke liegt dann vor, wenn der Kunde den Namen mit spezifizierbarem Nutzen verbindet und wenn diese Verbindung stark genug ist, um Kundenloyalität und die Bereitschaft zur Zahlung einer Preisprämie zu begründen.

- *Netzwerke:* Netzwerke sind gewissermaßen die unternehmensexterne Dimension der organisatorischen Charakteristika, die immaterielles Kapital ausmachen. Netzwerke beschreiben Beziehungen zwischen verschiedenen Akteuren in vertikaler oder in horizontaler Richtung. Ihr Formalisierungsgrad ist unterschiedlich und nicht notwendigerweise ein sicherer Indikator für Stabilität und Effektivität von Netzwerken. Diese Kategorie wird strategisch immer wichtiger, da die Wahrnehmung von Chancen in zunehmendem Maße voraussetzt, dass komplementäre Fähigkeiten kreativ kombiniert werden, die häufig nur in verschiedenen, auch unterschiedlichen Industrien zugehörigen Unternehmen vorhanden sind. Zudem können Netzwerke in zweifacher Hinsicht das Risiko von strategischen Optionen beeinflussen: Zum einen bilden Netzwerke, in denen gegenseitiges Vertrauen aufgebaut wurde, in hochgradig undefinierten und unsicheren Situationen gewissermaßen ein stabilisierendes Raster. Zum anderen haben die verschiedenen Teilnehmer in Netzwerken unterschiedliche Fähigkeiten, bestimmte Risiken zu übernehmen – dadurch ergibt sich die Möglichkeit einer Gesamtoptimierung des Risikomanagements. Dies gilt insbesondere für Fälle, in denen Risiken durch fehlende Vertrautheit (Unfamiliarity Risk) begründet werden. Wie eine Unternehmensorganisation erfordern auch Netzwerke erhebliche Anstrengungen und „Investitionen", dem von ihnen repräsentierten immateriellen Kapital stehen erhebliche – auch finanzielle – Aufwendungen gegenüber.

Eine Kategorienbildung in der vorgeschlagenen Art dient dazu, dass auf immateriellem Kapital aufbauende strategische Plattformen besser analysiert werden können. Besonders leistungsfähige Plattformen bestehen jedoch aus einer Kombination verschiedener Kategorien. So beruht z. B. heute eine leistungsfähige F&E-Funktion in der Pharmaindustrie grundsätzlich auf der Kombination aus Wissensplattformen, eigenen Talenten und einem ausgedehnten Netzwerk in der Scientific Community bzw. zu Biotech-Unternehmen. Und in Konsumgüterunternehmen brauchen wir wiederum die Kombination von Marke und Humankapital für eine tragfähige Plattform.

3. Manifestes und verborgenes Kapital

Nahezu alle Unternehmen verfügen über immaterielles Kapital in mehr oder weniger großem Umfang und sind sich dessen auch bewusst. So besteht bei Coca-Cola wohl kaum ein Zweifel daran, dass man eine außergewöhnlich starke Marke besitzt, oder bei LVMH daran, dass man spezielle Fähigkeiten beim Managen von Luxusmarken hat. Diese erste manifeste Kapitalschicht schöpft jedoch in vielen Fällen Tiefe und Dimensionen des immateriellen Kapitals nicht aus. Unternehmen müssen deshalb im Rahmen ihres strategischen Prozesses sehr systematisch identifizieren, worüber sie verfügen und welchen strategischen Wert ihr immaterielles Kapital hat. Dabei ergeben sich häufig Einsichten, die Plattformen auch für überraschende und etwas weiter entfernte strategische Schachzüge entstehen lassen. Dieses Vorgehen des Tieferbohrens sei an einigen Beispielen erläutert.

- Für jedermann ist es sofort einsichtig, dass LVMH eine Kollektion wertvoller Luxusmarken aufweist, dass die einzelnen Unternehmen erhebliches Talent in Design (soweit es sich um Gebrauchsgüter handelt) und Marketing haben und dass die Gesellschaft insgesamt über ein hervorragendes Verständnis der Käufer von Luxusgütern weltweit verfügt. Mit der Akquisitions- und Aufbaupolitik der letzten Jahrzehnte wurden diese Stärken systematisch genutzt und weiter ausgebaut. Von diesen Plattformen aus sind zusätzliche Wachstumspotenziale sicher vorhanden, lassen sich aber angesichts der erreichten Marktposition nicht mehr unbegrenzt erschließen. Es lohnt sich deshalb, nach zusätzlichen Faktoren Ausschau zu halten, die genutzt werden können. Von außen betrachtet sind dies mindestens zwei: Zum einen lässt sich das gute Verständnis der Käufer nicht nur auf weitere Luxusgüter anwenden, sondern auch auf Dienstleistungen, die von denselben Bevölkerungsgruppen nachgefragt werden. Zum anderen verfügt das Unternehmen über ein Netzwerk von Herstellern für hochqualitative Güter, das sich auch für andere Geschäfte nutzen lässt. Beide Komponenten immateriellen Kapitals, die sich erst bei näherer Betrachtung erschließen, bieten Chancen für den Vorstoß in völlig neue Geschäftsfelder und damit für eine Expansion, die eben nicht in einem unverbundenen Konglomerat resultiert, sondern die eine gemeinsame Plattform immateriellen Kapitals nutzt.

- Die offenkundigen Stärken von McDonald's sind ebenfalls sehr transparent. Einerseits hat das Unternehmen eine über lange Jahre aufgebaute und durch rigoroses Qualitätsmanagement und effektives Marketing abgesicherte Marke, andererseits wird das Franchise Network und das zugehörige Franchise Management hervorgehoben. Weniger offensichtlich sind die außerordentlich starken Fähigkeiten in der Auswahl von Standorten und in der sehr schnellen Transformation von einmal identifizierten Standorten in ein leistungsfähiges Fastfood-Geschäft. Zudem wird die Supply Chain außerordentlich effizient gemanagt, nicht nur in ihrer logistischen Dimension, sondern auch in Bezug auf Lieferanten. Diese Aufgabe ist zwar – verglichen mit anderen Industrien – nur mäßig komplex, stellt aber, da es sich um Nahrungsmittel handelt, trotzdem erhebliche Anforderungen.

- Das manifeste immaterielle Kapital von Coca-Cola besteht sicher aus dem „Geheimrezept", aus einer ungewöhnlich starken Marke und aus dem Netzwerk von Abfüllbetrieben, das es Coca-Cola erlaubt, relativ kapitalsparend eine effiziente Abdeckung fast des gesamten Weltmarkts zu erreichen. Viel weniger offensichtlich ist, dass das Unternehmen mit seinem Geschäftssystem auch in ein starkes Netzwerk von Einzelhandelsgeschäften eingebettet ist, dass es eine ausgereifte Distributionsplattform hat und dass es durch seine starke Präsenz in nahezu allen nationalen Lebensmittelmärkten hervorragende Markt- und Marktforschungskenntnisse über das Kerngeschäft der Softdrinks hinaus aufweist. Außerdem nimmt Coca-Cola eine nicht zu vernachlässigende Position als Einkäufer auf dem Weltmarkt für Zucker und für Aluminium (Dosen) ein. Auch dieses zusätzliche immaterielle Kapital lässt sich bei Bedarf für eine Geschäftsexpansion nutzen.

Diese Fallstudien aus dem Konsumgüterbereich könnten durch viele Beispiele aus technologielastigeren Industrien ergänzt werden. Sie zeigen, dass es verschiedene Schichten immateriellen Kapitals gibt, wobei die „Oberflächenschichten" typischerweise bereits die Plattformen für die bestehenden Geschäfte bilden und nicht unbedingt noch weiteres großes Expansionspotenzial offerieren. Aus strategischer Sicht ist damit das Eindringen in tiefer liegende Schichten attraktiv.

4.   Vom passiven Vermögen zum aktiven Kapital

Immaterielles Kapital wird mehr und mehr zum Garanten für die Zukunft eines jeden Unternehmens. Es ist das Fundament, das es ermöglicht, in einer immer stärker zusammenwachsenden Weltwirtschaft die eigene Rolle zu finden und zu gestalten und im immer schneller werdenden Wettbewerb mitzuhalten. Immaterielle Werte an sich sind aber nur schwer greifbar. Um sie wirtschaftlich wirklich wertvoll und nutzbar zu machen, müssen sie von einem passiven Vermögens-„Gegenstand" in aktives Kapital umgewandelt werden. Dies scheint auf den ersten Blick eine terminologische Spielerei, ist aber ein wichtiger unternehmerischer Schritt[6] (Abbildung 1).

VON INHÄRENTEN IMMATERIELLEN WERTEN ZU EINSETZBAREM IMMATERIELLEM KAPITAL

Wissen Internes Wissen um das Wie, Was und Warum; besondere Erfahrungen und Informationen	**Geistiges Eigentum*** Wissen, das durch Forschung und Weiterentwicklung in rechtlich geschütztes Eigentum umgewandelt wird und direkte Einnahmen erzielt
Mitarbeiter Weltweiter Pool an hoch qualifizierten Mitarbeitern	**Humankapital** Entwicklung ausgewählter hoch qualifizierter Mitarbeiter zu erstklassigen Spitzenkräften, die überlegene globale Nutzenkonzepte ausarbeiten und umsetzen
Beziehungen Vorteilhafte Verbindung zwischen Herstellern, Lieferanten und Kunden	**Netzwerke** Privilegierter Zugriff auf eine Infrastruktur, die durch direkten wirtschaftlichen Nutzen und Zugang zu Geschäftsmöglichkeiten für alle Beteiligten von Wert ist
Guter Ruf Überlegenes Nutzenangebot von Produkten und Leistungen	**Markenname** Ausgestaltung, Vermarktung und Förderung eines unverwechselbaren Rufs, der die Kosten der Interaktion mit Kunden senkt und die Durchsetzung von Preisaufschlägen erlaubt

* Patente, geschützte Datenbanken, Warenzeichen, Copyrights, Computersoftware, Betriebsgeheimnisse
Quelle: McKinsey

Abbildung 1

Unternehmen entwickeln zur Steigerung der Arbeits- und Kapitalproduktivität spezifisches Wissen in der Anwendung eines Verfahrens. Sie beschäftigen Mitarbeiter, die mit ihren Fähigkeiten zur Verbesserung der betrieblichen Abläufe beitragen. Sie pflegen Beziehungen zu anderen Unternehmen, Politikern und Kunden und erarbeiten sich unter Kunden und Zulieferern einen guten Ruf. Was aber nutzt es, wenn all diese Dinge wie Wissen, Fähigkeiten, Bekanntheitsgrad und Beziehungen nicht zur Geschäftsbasis gemacht werden? Die Herausforderung für Unternehmen besteht darin, ihre immateriellen Vermögenswerte möglichst effektiv in aktives immaterielles Kapital umzuwandeln. Das Rohmaterial ist quasi mit als Nebenprodukt des Geschäfts über die Jahre entstanden. Was an unternehmerischer Arbeit geleistet werden muss, ist die sicherlich nicht immer einfache Veredelung und Aktivierung.

Nehmen wir als Beispiel das Wissenskapital. Wissen, das bei Unternehmen akkumuliert worden ist, hat einen Wert, ist aber äußerst illiquide. Es ist häufig fest in der Organisation oder in den Abläufen verankert und lässt sich nicht ohne weiteres übertragen. Über

Wissensmanagement und die wirtschaftliche Nutzung von Wissen ist viel geschrieben worden.[7] Bei aller Verschiedenheit der Ansätze herrscht weitgehend Einigkeit darüber, dass ein erfolgreiches Wissensmanagement nicht ohne institutionalisierte Lernprozesse und ständigen Wissensaustausch auskommt. Die Kehrseite dieser Wissensmobilisierung im Unternehmen kann jedoch sein, dass der Zugang auch für andere Unternehmen leichter wird. Pharmaunternehmen und Hersteller medizinischer Geräte z. B. können ein Lied davon singen: „Me too"-Produkte verkürzen hier rasch den Zeitraum, in dem man mit einzigartigen Produkten attraktive Gewinnspannen erzielen kann. Die Herausforderung für Unternehmen besteht darin, Wissen zu mobilisieren und in Markterfolg umzusetzen, ohne das Wissen preiszugeben und den Wettbewerbsvorteil zu verlieren. Dies gelingt am einfachsten dann, wenn Wissen in geistiges Eigentum (Patente, Gebrauchsmuster etc.) und damit in ein geschütztes Gut umgewandelt werden kann. Häufig besteht die wichtigste Aufgabe aber auch darin, Wissen in eine Form zu bringen, die die Mitarbeiter des Unternehmens verstehen und nutzen können. In jedem Unternehmen schlummern branchenspezifische Informationen und Erfahrungen, die als immaterielles Kapital nutzbar gemacht werden können; Techniken sind Data Mining, systematische Katalogisierung oder Softwareunterstützung, z. B. bei Produktdesign oder Informationsmanagement. Jenseits der Etablierung von Eigentumsrechten ist gutes Wissensmanagement aber viel mehr als Technik oder Datenzugang, es ist zuallererst die Übersetzung von implizitem in explizites Wissen, also ein organisatorischer Prozess.

Eines ähnlichen Transformationsprozesses bedarf es beim Aufbau von Humankapital, das heute wichtiger denn je ist. Da die Interaktionskosten sinken, kann es überall auf der Welt eingesetzt werden. Dadurch lassen sich in Zukunft enorme Skaleneffekte erzielen. Zudem weist es die meisten Möglichkeiten zur Spezialisierung auf und ist oft der Ursprung für die anderen Formen des immateriellen Kapitals. Doch Humankapital ist knapp. Fähigkeiten der vorhandenen Mitarbeiter müssen voll mobilisiert und der Zugang zu Talentpools im weltweiten Maßstab gefunden werden. Dazu wird die Rekrutierungsperspektive über die Heimatmärkte hinaus ausgedehnt und Mitarbeiter, die man im Unternehmen hat, werden systematisch entwickelt. Beispiele wie SAP, General Electric, IBM, Johnson & Johnson und andere zeigen, dass die Bildung von Humankapital systematisch und global angegangen werden kann.

Die Transformation von allgemeiner Reputation zu einer starken Marke ist schon seit langem Gegenstand permanenter Bemühungen in der Konsumgüterindustrie. Das Verständnis der dahinter stehenden Faktoren ist gut, auch wenn es nicht leicht ist, die Programme erfolgreich zu implementieren. Noch schwieriger stellt sich die Aufgabe im Industriegüterbereich dar. Die Herausforderung bei diesen Produkten besteht darin, nicht nur eine starke, auf Innovation und Qualität basierende Markenposition beim direkten Kunden aufzubauen, sondern diese Markenposition auch in den darauf folgenden Stufen der Industrie- und Wertschöpfungskette oder beim Endkunden abzusichern. Dies ist schwierig, nicht nur weil das eigene Produkt häufig nur noch als Teil eines größeren Aggregats wahrgenommen wird, sondern auch deshalb, weil die direkten Kunden typischerweise nur geringes Interesse an einer eigenständigen Markenpersönlichkeit ihrer

Zulieferer haben. Intel mit „Intel Inside" ist ein gutes Beispiel dafür, wie diese Verankerung gelingen kann. In Deutschland zeigt Bosch seit einigen Jahren mit einer sichtbaren, aber doch vorsichtigen Marketingkampagne ein interessantes Modell für einen solchen Transformationsprozess von einer starken Reputation zu einer starken Marke.

Alle Prozesse, in denen passives immaterielles Vermögen in aktives immaterielles Kapital umgewandelt wird, sind Investitionen im weiteren Sinne. Es geht nicht nur darum, Vermögenswerte zu identifizieren und zu kommunizieren, in den meisten Fällen sind ganz beträchtliche Mittel aufzubieten. Dadurch wird der Kapitalcharakter ebenfalls unterstrichen, auch wenn sich die Vorgänge noch überwiegend über Kosten/Aufwendungen in der Gewinn-und-Verlust-Rechnung und nicht über Investitionen in der Bilanz niederschlagen. Dies ist jedoch ein Unterschied, der mehr in den Konventionen des Rechnungswesens als im Charakter der unternehmerischen Entscheidungen begründet liegt.

5.   Von der Plattform zur Strategie

Wenn wir mit der zunehmenden Bedeutung von immateriellem Kapital als Basis für Strategien argumentieren, so verbirgt sich dahinter zugleich ein zumindest partieller Wechsel in der Art, wie über Strategie und Strategiebildung nachgedacht werden muss. Viele Strategien der Vergangenheit liefen unter Titeln wie „Anpassung an die veränderten Bedingungen des Markts" oder „Antwort auf verschärfte Wettbewerbsintensität". Die Strategieentwicklung folgte damit dem Schema, nach dem eine externe Stimulierung zu interner Reaktion führte (Stimulus-Response-Schema). Die Strategie wurde gewissermaßen von außen nach innen gedacht. In Situationen mit hoher Unsicherheit, großen Freiheitsgraden und hoher Komplexität sollte Strategie dagegen stärker von innen nach außen konzipiert werden. D. h., interne Plattformen werden als Fundament für strategische Entwicklungen verwendet, die ganz neue Geschäfte erzeugen können. Diese „Inside-out"-Orientierung bedeutet natürlich nicht, dass Strategie gewissermaßen im luftleeren Raum ohne Berücksichtigung von Kunden, Konkurrenten etc. entwickelt werden kann; selbstverständlich müssen von innen nach außen entwickelte Konzepte einem externen Möglichkeits-, Realisierbarkeits- und Fiktivitätstest unterworfen werden.

Nicht jedes immaterielle Kapital kann jedoch in eine Plattform für erfolgversprechende Strategien umgesetzt werden. Zuvor bedarf es einer sorgfältigen Bewertung der verschiedenen Komponenten. Dieser Prozess ist eine Kombination aus Analyse und Kreativität im Explorieren von Optionen und muss sehr genau auf spezifische Industrien und Situationen zugeschnitten werden. Grundsätzlich lässt sich jedoch die Vorgehensweise in einem einfachen Entscheidungsbaum darstellen (Abbildung 2).

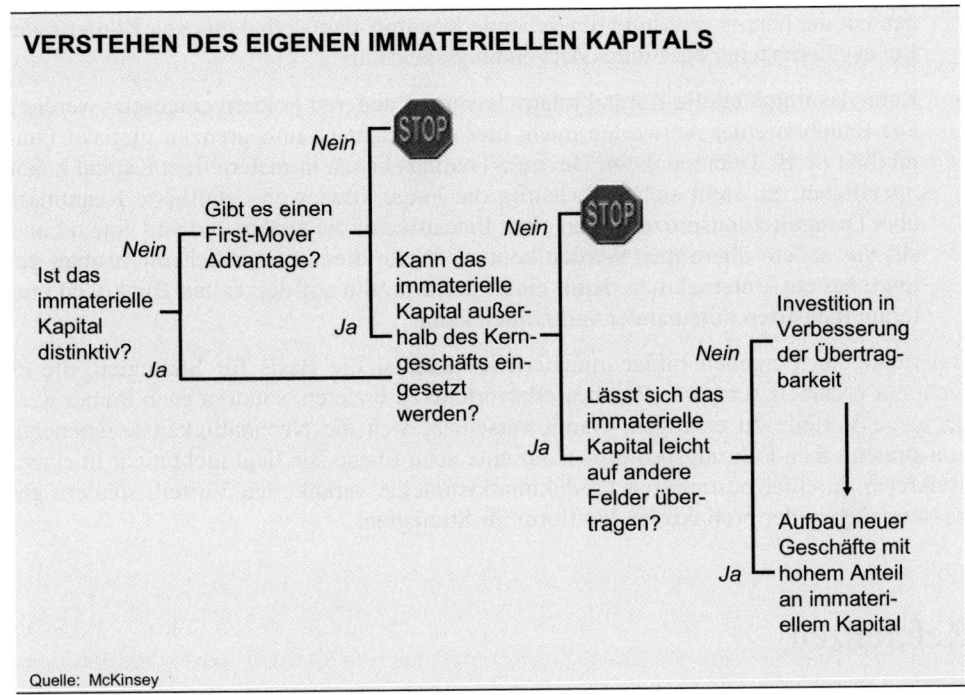

VERSTEHEN DES EIGENEN IMMATERIELLEN KAPITALS

Quelle: McKinsey

Abbildung 2

Der Entscheidungsbaum hat verschiedene Verzweigungen:

- Ist das immaterielle Kapital wirklich etwas Besonderes, ist es in der Sprache der Strategie „distinctive"? Das Management eines stark verzweigten Netzwerks von Bankniederlassungen wird dies in den meisten Fällen nicht sein, dagegen erfüllt das Kooperationsnetzwerk, das SAP mit seinen zahlreichen Implementierungsfirmen bildet, sicher diese Voraussetzung.

- Gibt es einen „First-Mover Advantage"? Bei der Beantwortung dieser Frage muss auf der einen Seite berücksichtigt werden, wie schnell und mit welchem Aufwand bestimmte Konzepte durchgesetzt werden können, und auf der anderen, wie risikobehaftet die Implementierung ist. Dies geht ganz offenbar nicht ohne eine ausführliche Analyse des Wettbewerbs- und Marktumfelds, hängt aber natürlich auch davon ab, wie groß die Unterschiede zwischen dem eigenen immateriellen Kapital und dem von Konkurrenten sind.

- Hat die jeweilige Komponente des immateriellen Kapitals Potenzial außerhalb des bisherigen Kerngeschäfts? Wissensplattformen für Überschallströmungen lassen sich wahrscheinlich kaum außerhalb des Flugzeug- und Raketenbaus nutzen, dagegen hat die bereits erwähnte tief gehende Kenntnis des Verhaltens von Käufern von Luxusgütern sicher ein breites Anwendungsspektrum.

- Kann das immaterielle Kapital relativ leicht auf anderen Feldern eingesetzt werden? Die Bandbreite der Antworten reicht hier von praktisch unbegrenzter globaler Fungibilität (z. B. Talentpools im Devisen-Trading) bis zu immateriellem Kapital hoher Spezifizität. So stellt sich z. B. häufig die Frage, inwieweit detaillierte Kenntnisse über Deregulierungsprozesse von einer Industrie auf die andere und von einem Land auf das andere übertragen werden können. Wenn dies in erheblichem Ausmaß gelingt, hat ein Unternehmen damit eine Plattform, die auf den ersten Blick weit entfernte Industrien miteinander verknüpfen kann.

Bei richtigem Vorgehen bildet immaterielles Kapital die Basis für Strategien, die es nicht nur erlauben, temporär Wettbewerbsvorteile zu erzielen, sondern auch immer wieder neue Vorteile zu erzeugen. Damit verschiebt sich die Nachhaltigkeitskomponente von strategischen Führungspositionen auf eine neue Ebene, sie liegt nicht mehr in einem konkreten, in einer bestimmten Produktmarktstrategie verankerten Vorteil, sondern gewissermaßen in der produktiven Plattform für Strategien.

Referenzen

[1] „Ähnlichkeitsstrategien" sind dazu nur ein scheinbarer Widerspruch, auch in den Fällen, in denen sie eine strategische und nicht nur eine organisatorisch-kommunikative Begründung haben, z. B. bei der Etablierung neuer Standards oder ganz neuer Geschäfte, zielen gerade die führenden Unternehmen auf eine klare Differenzierung von Wettbewerbern, die nur „Me too"-Strategien verfolgen.

[2] Für eine fundierte Diskussion über dieses Konzept siehe: COYNE, K. P. (2000).

[3] Immaterielles Kapital spielte implizit in der strategischen Diskussion seit jeher eine Rolle und wurde in den letzten 15 Jahren immer mehr zum expliziten Untersuchungsgegenstand. Siehe z. B.: ITAMI, H., ROEHL, T. W. (1987), STEWART, T. A. (1997), SVEIBY, K. E. (1997), EDVINSSON, L., MALONE, M. S. (1997).

[4] Vgl. BRYAN, L., FRASER J., OPPENHEIM J., RALL W. (2000), S. 52 ff.

[5] Vgl. z. B. OURUSOFF, A., OZANIAN, M., BROWN, P. B., STARR, J. (1992), S. 32 ff.

[6] Vgl. BRYAN, L. et al. (2000), S. 207 ff.

[7] Vgl. z. B. NONAKA, I., TAKEUCHI, H. (1995), DAVENPORT, T. H., PRUSAK, L. (1998), LEONARD-BARTON, D. (1995).

Literaturverzeichnis

BRYAN, L., FRASER J., OPPENHEIM J., RALL W. (2000): Die neue Weltliga, Frankfurt am Main: 2000.

COYNE, K. P. (2000): Sustainable Competitive Advantage (McKinsey Staff Paper, 1984, abgedruckt in: The McKinsey Quarterly, Anthology on Strategy, June 2000).

DAVENPORT, T. H., PRUSAK, L. (1998): Working Knowledge, Boston: 1998.

EDVINSSON, L., MALONE, M. S. (1997): Intellectual Capital – Realizing Your Company's True Value by Finding Its Hidden Brainpower, New York: 1997.

ITAMI, H., ROEHL, T. W. (1987): Mobilizing Invisible Assets, Cambridge: 1987.

LEONARD-BARTON, D. (1995): The Wellsprings of Knowledge, Boston: 1995.

NONAKA, I., TAKEUCHI, H. (1995): The Knowledge-Creating Company, New York, Oxford: 1995 (Deutsch: Die Organisation des Wissens, Frankfurt am Main: 1997).

OURUSOFF, A., OZANIAN, M., BROWN, P. B., STARR, J. (1992): What's in a name? What the world's top brands are worth, in: Financial World, 1. September (1992), S. 32 ff.

STEWART, T. A. (1997): Intellectual Capital: The New Wealth of Organizations, New York: 1997.

SVEIBY, K. E. (1997): The New Organizational Wealth – Managing and Measuring Knowledge-Based Assets, San Francisco: 1997

Heribert Meffert

Markenstrategie und Markenmanagement

Prof. em. Dr. Dr. h. c. mult. Heribert Meffert war bis Ende des Jahres 2002 Direktor des Instituts für Marketing der Westfälischen Wilhelms-Universität in Münster. Seit seiner Emeritierung ist er Vorsitzender des Präsidiums der Bertelsmann Stiftung.

1. Identitätsorientierung als Grundlage des Markenmanagements

Die Marke stellt sowohl in der Wissenschaft als auch in der Praxis einen viel diskutierten und zentralen Gestaltungsparameter der Unternehmensführung dar[1], der einen nicht unerheblichen Teil am gesamten Unternehmenswert ausmachen kann. Die *Relevanz der Marke* für die Unternehmen lässt sich dabei auf ihre zentralen Funktionen zurückführen. Aus der Perspektive der Bezugspersonen, wie z. B. der Konsumenten, ist die Marke in der Lage, spezifische Bedürfnisse im Rahmen einer Transaktion zu befriedigen. Dies sind die Sicherstellung einer einfachen Informationsübertragung, die Reduktion des Risikos sowie die Befriedigung ideeller Nutzenkomponenten. Auf dieser Basis verhilft die Marke aus der Perspektive der Unternehmen zu Preis- und/oder Mengenprämien, zur Wettbewerbsdifferenzierung sowie zur Kundenbindung und trägt so zur Sicherung des langfristigen Unternehmenserfolgs bei.[2]

Zur Gewährleistung der genannten Markenfunktionen und damit der Erfolgswirkung von Marken ist es für die markenführende Institution von zentraler Bedeutung, die Marke zu profilieren und langfristig eine starke *Markenidentität* aufzubauen. Die Markenidentität wird dabei „*als in sich widerspruchsfreie, geschlossene Ganzheit von Merkmalen einer Marke, die diese von anderen Marken dauerhaft unterscheidet*"[3] definiert. Sie konstituiert sich erst über einen längeren Zeitraum als Folge der Wechselwirkungen von außenwirksamen Handlungen eines Unternehmens und der Wahrnehmung dieser Handlungen durch die Bezugsgruppen der Marke.[4] Insofern findet im *Konzept der identitätsorientierten Markenführung* eine Synthese zwischen den spezifischen unternehmensinternen Fähigkeiten und Ressourcen auf der einen Seite (Inside-out-Orientierung: Selbstbild) und der unternehmensexternen Wahrnehmung, Dekodierung und Akzeptanz der bezüglich der Marke ausgesendeten Signale auf der anderen Seite (Outside-in-Orientierung: Fremdbild) im Sinne des Markenimages statt.

Da die Stärke der Marke – und damit auch ihr ökonomischer Wert – maßgeblich auf den Grad der Übereinstimmung zwischen interner und externer Perspektive der Markenidentität zurückgeführt wird, liegt die Hauptaufgabe des Markenmanagements in der Sicherstellung einer entsprechenden Kongruenz durch eine Abstimmung der außenwirksamen, marktorientierten Handlungen mit den intern verfügbaren Fähigkeiten und Ressourcen.[5] In diesem Sinne erfordert die identitätsorientierte Markenführung einen außen- und innengerichteten *Managementprozess* mit dem Ziel einer funktions- und instrumenteübergreifenden Vernetzung aller mit der Markierung von Leistungen zusammenhängenden Entscheidungen und Maßnahmen zum Aufbau einer starken Markenidentität.[6] Dieser Prozess lässt sich in idealtypischer Form wie in Abbildung 1 darstellen. Den Ausgangspunkt dieses Planungsprozesses bildet – aufbauend auf einer Situationsanalyse – die

Festlegung der markenpolitischen Zielsetzungen des Anbieters. Im Rahmen der Grundsatzentscheidungen werden darauf aufbauend Markenstrategie und -architektur sowie die Markenpositionierung bestimmt.

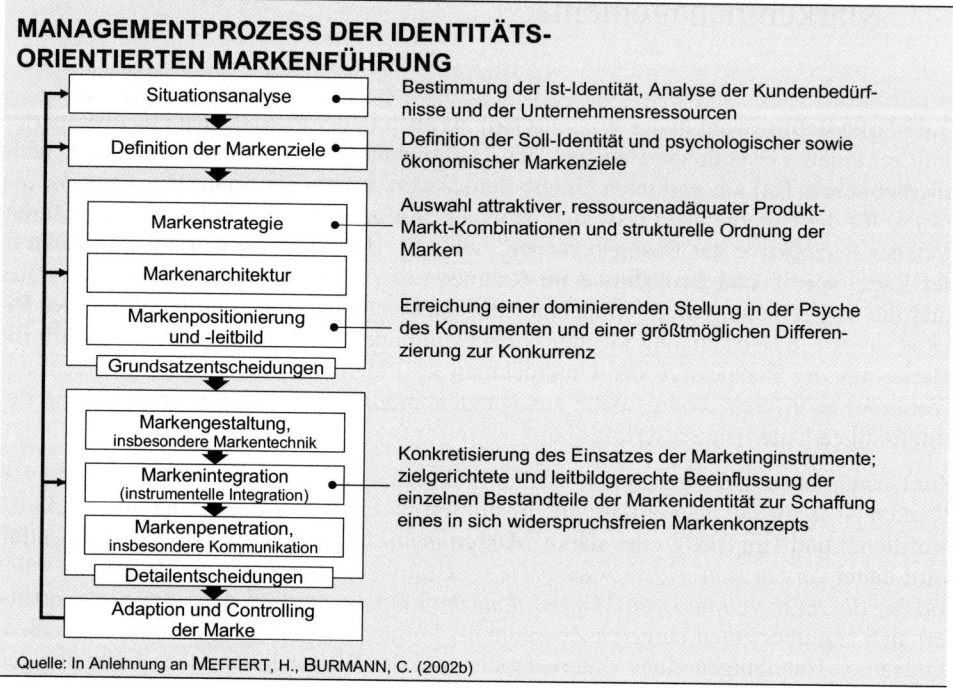

Abbildung 1

Die Ziele und Grundsatzentscheidungen spannen einen strategischen Handlungsrahmen auf, innerhalb dessen die Konkretisierung markenpolitischer Maßnahmen durch Detailentscheidungen erfolgt. Schließlich ist die Erreichung der markenpolitischen Ziele im Rahmen des Marken-Controlling laufend zu überprüfen, um gegebenenfalls Anpassungen in der Markenpolitik vornehmen zu können. Die folgenden Ausführungen orientieren sich an den vorgestellten Prozessschritten.

2. Managementprozess der identitätsorientierten Markenführung

2.1 Situationsanalyse und Definition markenpolitischer Ziele als Ausgangspunkt

Den Ausgangspunkt markenpolitischer Entscheidungen bildet zunächst eine *Situations-analyse*. Diese beinhaltet neben der Erhebung von Kundenbedürfnissen und der Wett-bewerbssituation im Rahmen einer Outside-in-Betrachtung auch die Feststellung der Ist-Identität der Marke auf der Grundlage existierender Unternehmensressourcen und -fähigkeiten als Inside-out-Analyse.

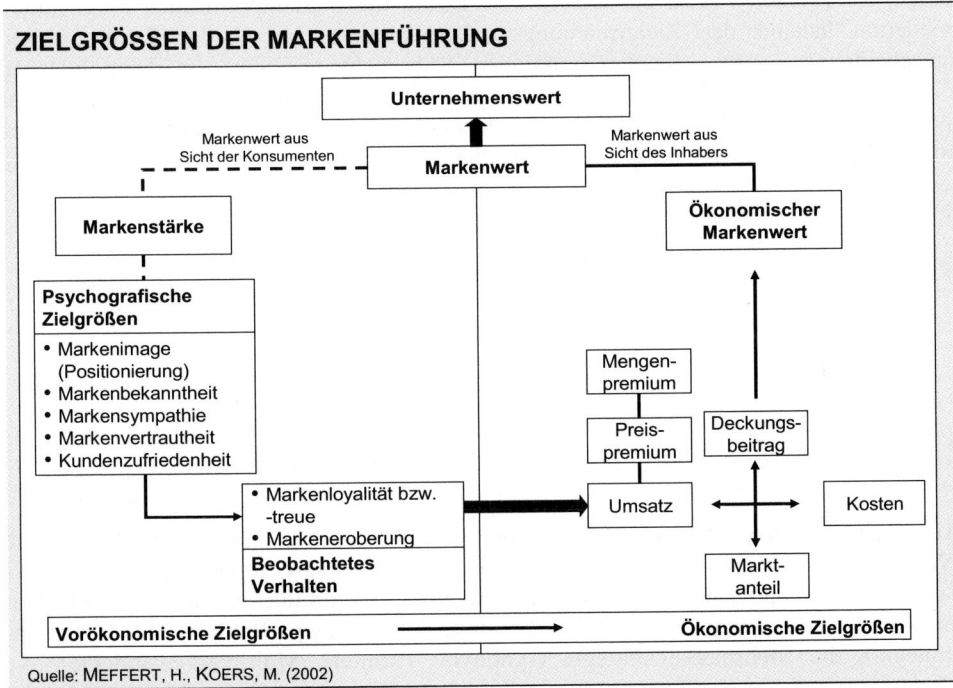

Abbildung 2

Aufbauend auf den Ergebnissen der Situationsanalyse und der Definition der Soll-Identität lassen sich dann übergeordnete *markenpolitische Zielsetzungen* formulieren.

Dazu sind die Zielgrößen der Markenführung zu berücksichtigen, welche überblicksartig in Abbildung 2 dargestellt sind.

Zentrale Zielgröße ist dabei die langfristige Steigerung des Unternehmenswerts, der anteilig durch den *Markenwert* oder „Brand Equity" bestimmt wird.[7] Dieser Wert ist wiederum in psychografische, vorökonomische Größen wie Markenbekanntheit und -loyalität sowie in ökonomische Größen wie Preis- und/oder Mengenpremium zu unterteilen.[8] Entlang der genannten Teilziele sind in Wissenschaft und Praxis zahlreiche Verfahren zur Messung des Markenwerts mit unterschiedlichen Schwerpunkten entwickelt worden.[9] Unabhängig von der Diskussion über die jeweilige Objektivität und Validität der Verfahren ist der Markenwert als Referenzgröße für die Markenführung zu etablieren und kontinuierlich zu erfassen. An diesem und den dargestellten Teilzielen richten sich die weiteren Entscheidungen im Managementprozess der Markenführung aus. Insofern kommen den Zielen mehrere Funktionen zu.

Als Beurteilungskriterien dienen sie zum einen der Auswahl derjenigen markenpolitischen Maßnahmen, die den größten Beitrag zu ihrer Erreichung erwarten lassen. Zum anderen wird der tatsächliche Erfolg der markenpolitischen Maßnahmen wiederum anhand des Zielerreichungsgrads gemessen. Neben der Erfüllung von Entscheidungs- und Kontrollfunktionen übernehmen die markenpolitischen Zielsetzungen darüber hinaus eine Koordinationsfunktion, indem sie zur Verhaltensabstimmung zwischen verschiedenen Aufgabenträgern und/oder Handlungen eines Anbieters dienen und markenpolitische Aktivitäten in eine bestimmte Richtung lenken.[10]

2.2 Strategische Grundsatzentscheidungen im Managementprozess zur Steuerung der Markenidentität

2.2.1 Markenstrategische Optionen und Markenarchitektur

Aufbauend auf den markenpolitischen Zielen schließt sich die Strategiefestlegung im Wettbewerb an. *Markenstrategien* können dabei als *„bedingte, langfristige und globale Verhaltenspläne zur Erreichung der Markenziele"*[11] interpretiert werden. Im horizontalen Wettbewerb können die Einzelmarkenstrategie (synonym: Produkt-, Monomarkenstrategie), die Mehrmarkenstrategie (synonym: Parallel-, Multimarkenstrategie), die Markenfamilienstrategie (synonym: Produktgruppenstrategie, Range-Markenstrategie) und die Dachmarkenstrategie (synonym: Corporate-Brand-Strategie, Company-Markenstrategie) als idealtypische Ausprägungsformen unterschieden werden.[12] Eine weitere Systematisierung dieser Strategietypen kann anhand der Breite, Tiefe und Höhe ihres Kompetenzanspruchs erfolgen, wie dies in Abbildung 3 dargestellt ist.

Die Tiefe der Markenstrategie bezieht sich auf die Frage, wie viele Produkte unter einer Marke geführt werden. Als Idealtypen lassen sich Einzel- und Familienmarken voneinander abgrenzen. Auch die Dachmarke vereint zumeist mehrere Produkte unter einer Marke, sie ist allerdings auf Grund der häufigen Verwendung des Unternehmensnamens hierarchisch höher angesiedelt (Höhe der Markenstrategie). Die Breite der Markenstrategie beschreibt die Anzahl der Marken in einem Leistungsbereich, wobei als generelle Optionen die Einzelmarken- und Mehrmarkenstrategien in Betracht kommen. Die Entscheidungen hinsichtlich Breite, Tiefe und Höhe stellen somit die Beziehung zwischen Marke und Leistung in den Mittelpunkt der Betrachtung. Wie bereits hier ersichtlich, bestehen zwischen den Entscheidungsbereichen dabei starke Interdependenzen. Im Folgenden sollen nun kurz die genannten idealtypischen Strategieformen charakterisiert werden.[13]

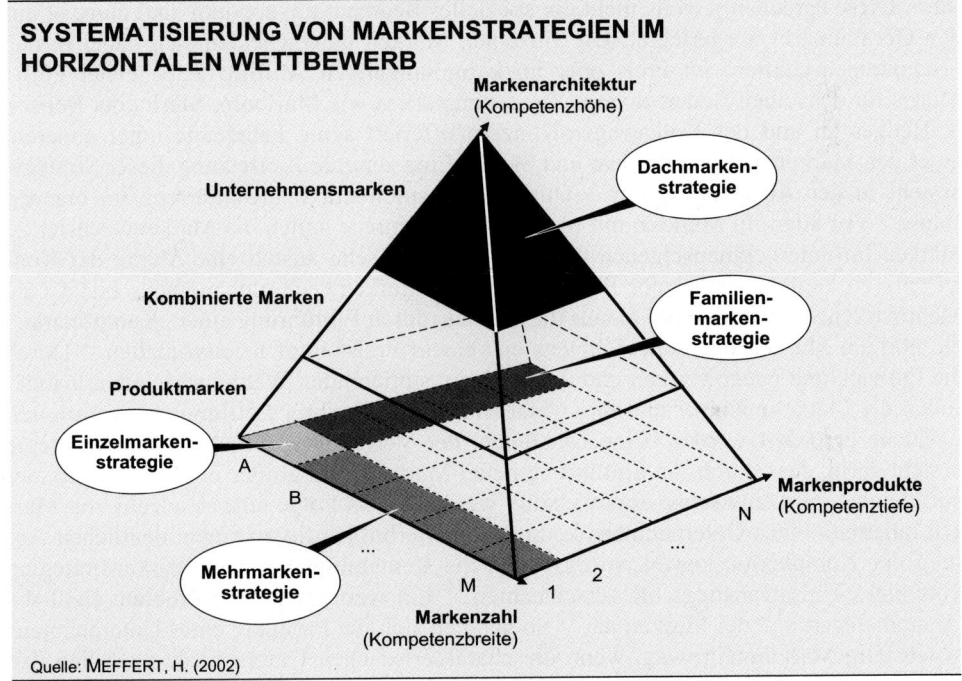

SYSTEMATISIERUNG VON MARKENSTRATEGIEN IM HORIZONTALEN WETTBEWERB

Quelle: MEFFERT, H. (2002)

Abbildung 3

Bei der *Einzelmarkenstrategie* wird jedes Produkt eines Unternehmens unter einer eigenen Marke angeboten. Jedes Marktsegment wird dabei von nur einer Marke bearbeitet (Beispiel: Procter & Gamble verwendet für den Waschmittelbereich die Marke Ariel, für den Windelmarkt die Marke Pampers). Ein wesentlicher Vorteil dieser Strategie besteht in der Möglichkeit, für jede Marke eine unverwechselbare Markenpersönlichkeit mit einer spezifischen Kompetenz aufbauen zu können. Mit dem Aufbau einer individuellen

Markenpersönlichkeit ist die Bildung eines eigenständigen Markenimages verbunden, das zu anderen Produkten des Unternehmens keine oder nur geringe Überschneidungen aufweist. Hierdurch werden negative Ausstrahlungseffekte zwischen den Marken, die in unterschiedlichen Anwendungsgebieten angesiedelt sind, weitgehend ausgeschlossen, was zu einem geringen Koordinationsbedarf der Marketingmaßnahmen bei unterschiedlichen Marken führt. Nachteilig an der Verfolgung dieser Strategie ist hingegen, dass die Einzelmarke in allen Lebenszyklusphasen die gesamten Marketingaufwendungen allein zu tragen hat. Die Kosten schlagen sich insbesondere in der kommunikativen Unterstützung von Einzelmarken nieder, die auf Grund der Informationsüberlastung der Konsumenten und der hohen Wettbewerbsintensität vieler Märkte erheblich sind.

Im Gegensatz zur Einzelmarkenstrategie werden bei der *Mehrmarkenstrategie* von einem Unternehmen mindestens zwei Marken in demselben Produktbereich parallel geführt. Diese sprechen jeweils nicht ein spezielles Segment an, sondern sind zumeist auf den Gesamtmarkt ausgerichtet. Die einzelnen Marken unterscheiden sich dabei in den Produkteigenschaften, im Preis oder im kommunikativen Auftritt. Z. B. bietet Philip Morris für denselben Bedarf diverse Zigarettenmarken wie Marlboro, Merit oder Benson & Hedges an und der Volkswagen-Konzern offeriert seine Fahrzeuge unter anderem unter den Marken VW, Audi, Seat und Skoda. Eine zentrale Zielsetzung dieser Strategie besteht in der Absicherung der Wettbewerbsposition durch „Konkurrenz im eigenen Hause". Vor allem in Märkten mit niedriger Markentreue sollen die Markenwechsler zu Marken im unternehmenseigenen Portfolio überwechseln, anstatt eine Marke der Konkurrenz zu kaufen. Neben der Bewältigung des Markenwechselphänomens bietet eine Mehrmarkenstrategie darüber hinaus die Chance, durch Einführung einer „Kampfmarke" die übrigen Marken des Unternehmens aus einem Preiskampf herauszuhalten.[14] Durch die Entwicklung neuer Marken und den daraus resultierenden Wettbewerb untereinander sollen die Markenmanager und ihre Mitarbeiter ferner in ihrer Leistungsmotivation und Effizienz gefördert werden. Eine Gefahr bei der Verfolgung der Mehrmarkenstrategie besteht darin, dass durch die Einführung neuer Marken trotz großer Investitionen immer nur kleine Umsatzzuwächse erwirtschaftet werden.[15] Als Folge einer Vielzahl von Marken innerhalb eines Unternehmens kommt es weiterhin häufig zu einem deutlichen Anstieg der Komplexitätskosten, so dass sich die Rentabilität bei Mehrmarkenstrategien trotz eines Umsatzanstiegs oft verschlechtert.[16] Ein weiteres großes Problem stellt die „Kannibalisierung" der Marken dar.[17] So nehmen sich die Produkte eines Unternehmens gegenseitig Marktanteile weg, wenn die charakteristischen Unterschiede zwischen den Marken von den Verbrauchern nicht mehr in ausreichendem Maße wahrgenommen werden.

Im Rahmen der *Markenfamilienstrategie* werden mehrere verwandte Produkte unter einer Marke geführt, ohne auf den Unternehmensnamen direkt Bezug zu nehmen. Hinter der Marke Nivea von Beiersdorf beispielsweise stehen diverse Körperpflegeprodukte wie Allzweckcreme, Körpermilch, Sonnencreme, Haarshampoo, Duschgel, Rasiercreme und Aftershave, hinter der Marke Tesa diverse Klebstoffe. Bei der Markenfamilienstrategie besteht der Unterschied zur Dachmarke darin, dass im Rahmen dieser Strategie innerhalb eines Unternehmens mehrere Familien nebeneinander existieren können. Diese können sowohl in demselben Produktfeld als auch in unterschiedlichen Feldern angesiedelt sein. Eine solche Markenstrategie setzt voraus, dass für die Produkte einer Markenfamilie ähnliche Marketingmixstrategien und ein gleichwertiges Qualitätsniveau vorliegen. Vorteile der Markenfamilienstrategie liegen in der Verringerung des Floprisikos bei Neuprodukten und der schnelleren Akzeptanz im Handel beziehungsweise bei den Konsumenten.[18] Der Goodwill, der durch den bisherigen Einsatz der Marketinginstrumente und die Erfahrungen der Konsumenten und des Handels mit den bestehenden Produkten der Markenfamilie aufgebaut wurde, kann von der Stammmarke auf die Folgeprodukte übertragen werden. Durch die Nutzung von Synergien lassen sich die Kosten der Markenbildung wesentlich verringern. Ein Nachteil der Markenfamilienstrategie im Gegensatz zur Einzel- und Mehrmarkenstrategie liegt in der Gefahr von negativen Ausstrahlungseffekten bei den Produkten der Markenfamilie. Die Möglichkeit eines Badwill-Transfers erscheint besonders dann gegeben, wenn die Produkte von ihrer strategischen Ausrichtung her nicht zueinander passen. Dies ist besonders dann der Fall, wenn das Unternehmen einige Produkte der Markenfamilie in Marktsegmenten mit einer geringen und andere in Segmenten mit einer hohen Qualitäts- und Preiswahrnehmung platziert. Ein weiteres Problem bildet der höhere Abstimmungsbedarf im Marketingmix der einzelnen Marken der Markenfamilie.

Im Gegensatz zur Markenfamilienstrategie fasst die *Dachmarkenstrategie* sämtliche Produkte eines Unternehmens unter einer (Unternehmens-)Marke zusammen. Historisch ist diese Strategieform vor allem bei Investitions- und langlebigen Gebrauchsgütern zu finden. In der jüngeren Entwicklung und bei der Ausweitung des Markengedankens über den Konsumenten hinaus auf die unterschiedlichen Bezugsgruppen der Unternehmen wie Kapitalgeber und Mitarbeiter gewinnt die Dachmarkenstrategie an Bedeutung. Beispiele für starke Dachmarken sind Microsoft, TUI oder Henkel. Die Tatsache, dass nahezu 80 Prozent der angemeldeten Dienstleistungsmarken Dachmarken darstellen, verdeutlicht die Bedeutung dieser Strategie für den Dienstleistungssektor.[19] Der Erfolg von Dachmarkenstrategien wird durch eine Untersuchung gestützt, die zeigt, dass Unternehmen vor allem mit dieser Strategie hohe Umsatz- und Renditezuwächse erreichen.[20] Mit der Verfolgung einer Dachmarkenstrategie wird das Floprisiko der Neuprodukteinführung gesenkt und die Akzeptanz beim Handel und Konsumenten schneller erreicht. Durch die enge Beziehung zwischen Marke und Hersteller bietet die Dachmarkenstrategie im Gegensatz zur Markenfamilienstrategie die Möglichkeit, eine unverwechselbare Unternehmensidentität aufzubauen. Ein weiterer Vorteil der Dachmarkenstrategie ist darin zu sehen, dass alle Produkte zur Profilierung und Stützung der Dachmarke beitragen können. Demgegenüber besteht die Gefahr der Markenerosion, wenn die Konsumenten den Kompetenzanspruch des Unternehmens nicht mehr für alle Produkte akzeptieren. Dies geschieht insbesondere dann, wenn die unter der Dachmarke vertriebenen Produkte in sehr unterschiedlichen Segmenten angesiedelt sind. Das Auftreten von Substitutionsbeziehungen zwischen den verschiedenen Produkten einer Dachmarke und ein hoher Koordinationsaufwand stellen weitere Nachteile dieser Strategie dar. Negative

Ausstrahlungseffekte, z. B. verursacht durch Produkte unterschiedlicher Qualität, bilden bei der Dachmarkenstrategie ein noch größeres Gefahrenpotenzial als bei der Marken-familienstrategie.

Eine *Bewertung* der verschiedenen markenstrategischen Optionen aus der Perspektive eines Anbieters sollte zunächst anhand interner und externer Kriterien erfolgen, die den spezifischen Unternehmens- bzw. Markenkontext berücksichtigen. In einer internen Be-trachtung sind beispielsweise Synergiepotenziale, die Akzeptanz beim Management und bei den Mitarbeitern, die Strategieflexibilität sowie der Implementierungsaufwand rele-vante Entscheidungsparameter. In einer externen Betrachtung stellen die Akzeptanz der Markenstrategie bei den zu bearbeitenden Bezugsgruppen sowie mögliche Imagetrans-ferpotenziale zentrale Kriterien dar. Nach der Vorauswahl mit Hilfe eines Kriterienka-talogs sollte die Entscheidung für eine markenstrategische Option darüber hinaus auf ei-ner Investitionsrechnung basieren, die etwaige Substitutions- und Partizipationseffekte berücksichtigt.

Eng verbunden mit der Entscheidung über die Markenstrategie ist die Gestaltung der *Markenarchitektur*.[21] Die Festlegung der Markenarchitektur unterscheidet sich von der Wahl der markenstrategischen Optionen durch ihre unternehmensweite Sichtweise und somit durch die Berücksichtigung aller Marken eines Unternehmens. Durch die Ausge-staltung der Markenarchitektur wird die Zusammensetzung des Markenportfolios eines Unternehmens einer strukturellen Ordnung unterzogen und auf diese Weise einer syste-matischen Steuerung zugänglich gemacht.[22] Im Zuge der Markenarchitekturgestaltung geht es dabei um die Bestimmung der auf einzelnen Unternehmensebenen zu verwen-denden Marken, ihrer spezifischen Rollen, Positionierungen sowie der zwischen den Marken gewünschten Zusammenhänge.[23] Im Vordergrund der Überlegungen zur Gestal-tung der Markenarchitektur steht somit die Festlegung des Integrationsgrads der auf ei-ner höheren Unternehmensebene verankerten Marke auf die nachgelagerte Markierungs-ebene. Mit dem sog. „Branded House" und dem sog. „House of Brands" lassen sich zwei idealtypische Reinformen der Markenarchitektur voneinander abgrenzen. Während im „Branded House" die Unternehmensmarke die einzelnen Submarken auf nachgelagerten Hierarchieebenen (Unternehmensbereichsebene, SGE-Ebene) dominiert und ihren eigen-ständigen Auftritt ersetzt, wird im „House of Brands" die Unternehmensmarke nicht in nachgelagerte Hierarchieebenen überführt, d. h. die Submarken behalten ihren eigen-ständigen Auftritt. Weitere Optionen zur Gestaltung der Markenarchitektur ergeben sich durch mögliche Kombinationen der Unternehmensmarke mit den Produkt- oder Leis-tungsmarken, die hinsichtlich der jeweils dominierenden Rolle im Marktauftritt differen-ziert werden können.[24]

2.2.2 Markenpositionierung und Markenleitbild

An die Fixierung der Markenstrategie und -architektur schließt sich die Formulierung der marktgerichteten Markenpositionierung sowie des Markenleitbilds als Selbstbild der Marke aus Sicht des Unternehmens an. Markenpositionierung und Markenleitbild sind dabei im Rahmen eines dialogischen Prozesses zwischen marktorientierten Anforderungen und internen Ressourcen und Fähigkeiten zu entwickeln.[25] So besteht das Ziel der *Positionierung von Marken* darin, die Marke mit bestimmten Produkt- und Leistungseigenschaften zu versehen, die ihr sowohl eine dominierende Stellung in der Psyche der Bezugsgruppen als auch eine hinreichende Differenzierungsfähigkeit gegenüber Konkurrenzprodukten bzw. -marken verschaffen. Das angestrebte Dominanz- und Differenzierungspotenzial der Marke kann dauerhaft jedoch nur auf Basis entsprechend vorhandener Markenkompetenzen erreicht und verteidigt werden.[26] Die Positionierung der Marke basiert somit auf den innengerichteten, hinter der Marke stehenden spezifischen Ressourcen und Fähigkeiten, die sich zu einem markenbezogenen Kompetenzbündel im Markenkern zusammenfassen lassen und zusammen mit den Visionen, grundlegenden Wertvorstellungen sowie dem Verhältnis der Marke zu den wesentlichen internen und externen Bezugsgruppen im *Markenleitbild* plakativ formuliert werden. Als Beispiele von Markenleitbildern lassen sich etwa die Marke VW mit dem Leitbild „Maßstab für automobile Werte" oder auch Miele mit dem Leitbild „Immer besser" anführen.[27] Im Markenleitbild drückt sich letztlich das artikulierte, zukunftsorientierte Selbstbild der Marke aus Sicht des Unternehmens aus, so dass seine Formulierung alle Beteiligten zum Entwurf einer derartigen Zukunftsvorstellung zwingt.[28] Infolge der anschaulichen Darstellungsform entfalten Markenleitbilder eine Kommunikationswirkung zur innen- und außengerichteten Festigung der Markenidentität im Sinne gelebter „Shared Values". Als Identifikations- und Motivationsanker dient das Markenleitbild unternehmensintern zur Bündelung der „Zentrifugalkräfte" aller durch die Arbeitsteilung bedingten bereichsbezogenen Aktivitäten und fördert damit eine integrative Wirkung aller markenbezogenen Maßnahmen. Gleichzeitig stellt das Markenleitbild einen Fokus zur Imagebildung bei den externen Anspruchsgruppen dar, auf den sich die operative und strategische Markenführung beziehen kann und das damit als Grundlage für jegliche Markendarstellung dient. Zur Erfüllung ihrer Funktionen müssen Markenleitbilder prägnant, glaubwürdig und authentisch sowie auf längere Sicht bestimmt sein.[29] Dabei tragen insbesondere das Verhalten und die Wertvorstellungen der obersten Markenführungskräfte zur Glaubwürdigkeit des Markenleitbilds bei.

2.3 Detailentscheidungen im Managementprozess zur Steuerung der Markenidentität

Im Anschluss an die Festlegung der Markenpositionierung wird durch die markenpoliti-schen Detailentscheidungen der Einsatz der Marketinginstrumente konkretisiert und die Vorgehensweise bei der Markenpenetration bestimmt.[30]

Bei der *Markengestaltung* geht es um die zielgerichtete Beeinflussung der einzelnen Bestandteile der Markenidentität. Angesichts dynamischer Veränderungen im Konsu-mentenverhalten stellen der richtige Mix aus im Zeitablauf konstanten und zu verän-dernden Markenkomponenten sowie der Mix aus länderübergreifend standardisierten versus länderspezifischen Markenkomponenten das zentrale Problem der identitätsori-entierten Markengestaltung dar.

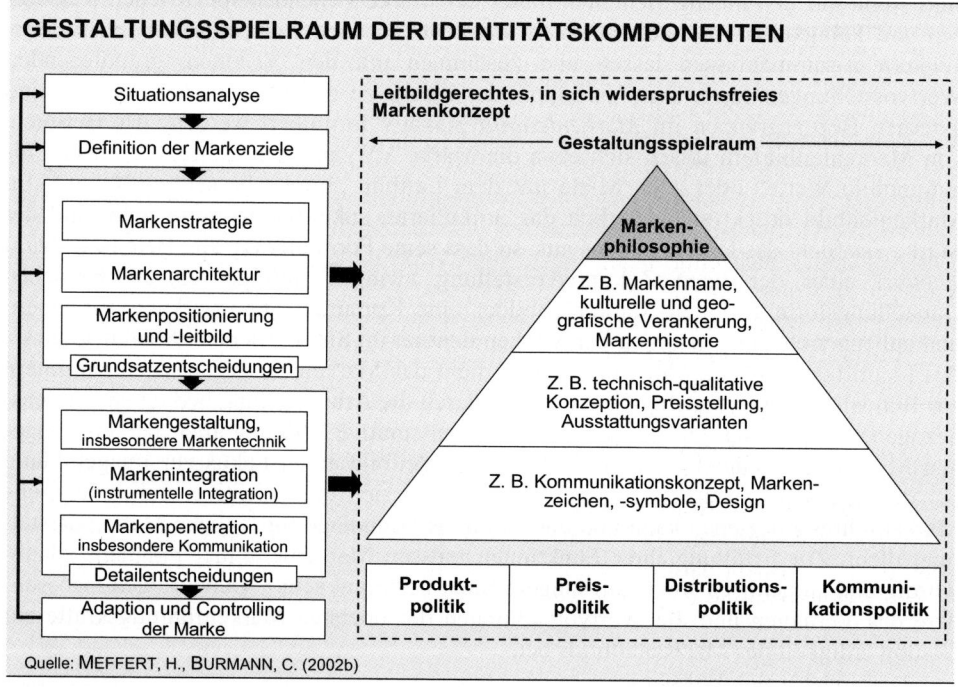

Abbildung 4

Der Gestaltungsspielraum fällt dabei für jede der Identitätskomponenten höchst unter-schiedlich aus (vgl. Abbildung 4) und kann detailliert nur vor dem Hintergrund des jeweiligen Einzelfalls abschließend beurteilt werden.[31] Grundsätzlich ist jedoch der Handlungsspielraum immer dann vergleichsweise groß, wenn lediglich eine einzelne

Komponente der Markenidentität verändert wird. Demgegenüber wächst mit der Zahl der zu verändernden Markeneigenschaften auch die Gefahr des Identitätsverlusts.

Ferner kann festgehalten werden, dass bezüglich der Markenphilosophie der geringste Gestaltungsspielraum existiert. Eine Veränderung der Markenphilosophie dürfte in den meisten Fällen nicht ohne den Verlust der Markenidentität zu bewerkstelligen sein. Dies ist vor allem eine Folge des zunächst fehlenden Fit zwischen einer veränderten Markenphilosophie und den übrigen Identitätskomponenten. Durch eine simultane Änderung von Markenphilosophie und allen übrigen Identitätskomponenten ließe sich theoretisch zwar einem Identitätsverlust vorbeugen. Der enorme Zeitaufwand eines solchen Vorgehens in Verbindung mit der Verwirrung und Verunsicherung der Konsumenten durch solche umfassenden Veränderungen an einer bekannten Marke lässt dieses Vorgehen jedoch nicht zweckmäßig erscheinen. Sollte sich ein größerer Anpassungsbedarf hinsichtlich der Markenphilosophie als Kern der Markenidentität ergeben, erscheint es vielmehr sinnvoll, eine vollständig neue Marke zu entwickeln und die "Alt-Marke" gegebenenfalls aufzugeben oder zu veräußern.

Dies dürfte insbesondere bei der Restrukturierung von Markenportfolios vorteilhaft sein. Neben der Markenphilosophie ist der Anpassungsspielraum auch beim Markennamen, der kulturellen und geografischen Verankerung und bei der Markenhistorie sehr begrenzt. Der Markteintrittszeitpunkt und die Branchen- und Unternehmenszugehörigkeit können ebenfalls nur schwer im Zeitablauf verändert werden. Denkbar wäre hier allenfalls die Entwicklung hoch innovativer Produkte, die eine völlig neue Produktkategorie schaffen und gleichzeitig unter einem bereits bekannten Markennamen eingeführt werden. Die Branchen- und Unternehmenszugehörigkeit der Marke kann nur durch den Verkauf der Marke verändert werden. Hinsichtlich der grundlegenden technisch-qualitativen Konzeption der Marken und des Verhaltens aller die Marke repräsentierenden Mitarbeiter besteht ein etwas größerer Gestaltungsspielraum. Die Exklusivität bzw. Preisstellung einer Marke kann zwar kurzfristig verändert werden, bei größeren Veränderungen ist jedoch mittelfristig mit erheblichen Identitätsproblemen zu rechnen. Der tendenziell größte Gestaltungsspielraum zur Anpassung an veränderte Wettbewerbssituationen und Konsumentenbedürfnisse besteht bei der Markenkommunikation sowie der Gestaltung von Markenzeichen und -symbolen. Vor allem bei langlebigen Gebrauchsgütern besteht darüber hinaus auch bei der visuellen Gestaltung der Markenprodukte (Design) ein relativ großer Gestaltungsspielraum.

Im Rahmen der *Markenintegration* werden alle Marketingmaßnahmen der verschiedenen Mixbereiche auf die Markenidentität als strategischen Kern der Marke abgestimmt, um ein konsistentes und kontinuierliches Erscheinungsbild der Marke als Grundlage einer starken Markenidentität zu gewährleisten. So gehören beispielsweise der hohe Preis der Davidoff-Zigarette und der Niedrigpreis der Swatch-Uhr zum unabdingbaren Bestandteil der Marke. Die distributionspolitischen Entscheidungen umfassen vor allem die markenadäquate Wahl der Absatzwege und die Selektion der Absatzmittler. Im Rahmen der kommunikationspolitischen Entscheidungen wird durch die Gestaltung der klassischen

Werbung, der Verkaufsförderung, der Direktkommunikation und des Sponsoring das äußere Leistungsprofil der Marke geformt.

In der Phase der *Markenpenetration* steht zum einen die kontinuierliche und konsistente Vermittlung eines klaren Bilds von der Marke gegenüber außen stehenden Bezugsgruppen im Vordergrund. Zum anderen wird innengerichtet die Förderung eines markenadäquaten Verhaltens der Mitarbeiter auf Basis eines klaren Markenverständnisses und einer hohen Identifikation mit der Marke angestrebt.[32]

Laufende Veränderungen in den gesellschaftlich-sozialen, ökologischen und marktlichen Rahmenbedingungen der Marke führen schließlich zu der Notwendigkeit einer laufenden Überprüfung des Selbst- und Fremdbilds der Markenidentität, um im Rahmen der *Markenadaption* eine rechtzeitige Anpassung vornehmen zu können. Hierzu ist insbesondere der Aufbau eines *Marken-Controlling* zur Unterstützung der Planungs-, Realisations- und Kontrollaktivitäten der Markenführung erforderlich. Das Marken-Controlling sollte sich an Sicherung und Steigerung des Markenwerts orientieren. Obgleich die unterschiedlichen Alternativen zur Erfassung dieser schwer quantifizierbaren Größe ihrerseits einzelne Stärken und Schwächen aufweisen, ist die kontinuierliche Überprüfung des Markenwerts mittels eines einmal gewählten Verfahrens von herausragender Bedeutung für das Markenmanagement. Eine isolierte Beurteilung des Markenmanagements mittels Umsatz- oder Gewinnkennzahlen führt oft zu einer ungeeigneten retrospektiven Führung der Marke und konterkariert unter Umständen sogar den Aufbau von Markenwerten.

3.   Organisatorische Verankerung des Markenmanagements

Die erfolgreiche Implementierung der identitätsorientierten Markenführung im Sinne des oben dargestellten Managementprozesses ist in besonderem Maße an die Schaffung entsprechender organisatorischer Voraussetzungen sowie die Verteilung der mit dem Managementprozess verbundenen Aufgaben gebunden.

Hinsichtlich der organisatorischen Zuständigkeit und damit der Aufgabenverteilung der komplexen Aktivitäten im Rahmen der identitätsorientierten Markenführung lassen sich in diesem Zusammenhang einerseits Schwerpunkte auf der Ebene des Topmanagements, andererseits Aufgaben auf der Ebene des Markenmanagements identifizieren (vgl. Abbildung 5).

Während dem Topmanagement die Aufgabe zufällt, mit der Formulierung der Unternehmensstrategie, der Schaffung der organisatorischen Voraussetzungen und Regeln sowie der Festlegung von Prioritäten für Markeninvestitionen die Rahmenbedingungen für die Markenführung abzustecken, sind die konkret für einzelne Marken verantwortlichen Manager vor allem mit der Verankerung der Markenidentität nach innen und außen sowie dem Monitoring der Markenidentität betraut.[33]

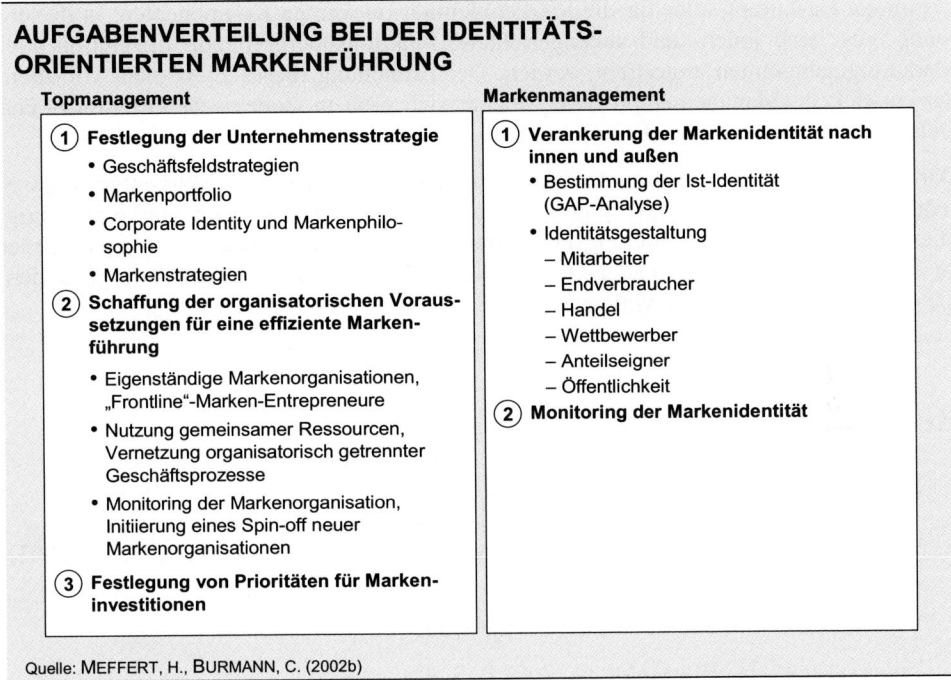

**AUFGABENVERTEILUNG BEI DER IDENTITÄTS-
ORIENTIERTEN MARKENFÜHRUNG**

Topmanagement

(1) **Festlegung der Unternehmensstrategie**
- Geschäftsfeldstrategien
- Markenportfolio
- Corporate Identity und Markenphilosophie
- Markenstrategien

(2) **Schaffung der organisatorischen Voraussetzungen für eine effiziente Markenführung**
- Eigenständige Markenorganisationen, „Frontline"-Marken-Entrepreneure
- Nutzung gemeinsamer Ressourcen, Vernetzung organisatorisch getrennter Geschäftsprozesse
- Monitoring der Markenorganisation, Initiierung eines Spin-off neuer Markenorganisationen

(3) **Festlegung von Prioritäten für Markeninvestitionen**

Markenmanagement

(1) **Verankerung der Markenidentität nach innen und außen**
- Bestimmung der Ist-Identität (GAP-Analyse)
- Identitätsgestaltung
  - Mitarbeiter
  - Endverbraucher
  - Handel
  - Wettbewerber
  - Anteilseigner
  - Öffentlichkeit

(2) **Monitoring der Markenidentität**

Quelle: MEFFERT, H., BURMANN, C. (2002b)

Abbildung 5

Neben einer solchen auf die Umsetzung der Markenstrategie abgestimmten organisatorischen Verankerung und leistungsfähigen unterstützenden Systemen stellt die auf allen Ebenen der Organisation gelebte Unternehmens- und Markenkultur im Sinne der im Leitbild fixierten Shared Values einen Schlüsselfaktor für ein erfolgreiches Markenmanagement dar.

4. Fazit

Die Marke ist ein zentraler strategischer Entscheidungsparameter der Unternehmensführung. Da sie nur unter Berücksichtigung der spezifischen Ressourcenausstattung der Unternehmen sowie der Außenwahrnehmung erfolgreich geführt werden kann, scheint das Konzept der identitätsorientierten Markenführung ein adäquater Führungsansatz zu sein.

Aufgabe der identitätsorientierten Markenführung ist die ganzheitliche, aufeinander abgestimmte Gestaltung aller für die Markenidentität relevanten Komponenten. In diesem Sinne muss eine innen- und außengerichtete, funktionsübergreifende Integration aller Marketingmaßnahmen angestrebt werden. Der Erreichung dieses Ziels dient vor allem der entwickelte Managementprozess, welcher sich grob in strategische Grundsatz- und Detailentscheidungen untergliedern lässt.

Darüber hinaus ist die Funktionsfähigkeit einer identitätsorientierten Markenführung wesentlich von der Identifikation aller Mitarbeiter mit der zu führenden Marke abhängig. Die erfolgreiche Implementierung einer identitätsorientierten Markenführung ist daher an die Schaffung entsprechender Organisationsstrukturen und Führungsstile gebunden, die diese Identifikation und Motivation sicherstellen.

Referenzen

[1] Vgl. MEFFERT, M., BONGARTZ, M. (2000), S. 28 ff.

[2] Vgl. MEFFERT, H., BURMANN, C., KOERS, M. (2002), S. 9 ff. und KRANZ, M. (2003), S. 36 ff.

[3] Vgl. MEFFERT, H., BURMANN, C. (1996), S. 31.

[4] Vgl. MEFFERT, H., BURMANN, C. (2002a), S. 47.

[5] Vgl. DE CHERNATONY, L. (1999), S. 170 ff.

[6] Vgl. MEFFERT, H., BURMANN, C. (2002b), S. 76 ff.

[7] Vgl. KELLER, K.-L. (1998).

[8] Vgl. MEFFERT, H., KOERS, M. (2002), S. 410 ff.

[9] Vgl. für einen Überblick KRANZ, M. (2002), S. 434 ff.

[10] Vgl. BONGARTZ, M. (2002), S. 13.

[11] Vgl. MEFFERT, H. (1988) und MEFFERT, H. (2002), S. 136.

[12] Vgl. MEFFERT, H. (2002), S. 137 ff. und BECKER, J. (2000), S. 269 ff.

[13] Vgl. ausführlich MEFFERT, H. (2002), S. 138 ff.

[14] Vgl. KAPFERER, J.-N. (1992), S. 212 ff.

[15] Vgl. MEFFERT, H. (1999).

[16] Vgl. QUELCH, J. A., KENNY, D. (1995).

[17] Vgl. KOERS, M. (2001), S. 142 ff.

[18] Vgl. SCHRÖDER, E. F. (1994).

[19] Vgl. MEFFERT, C. (2002).

[20] Vgl. BURKHARDT, R. (1991).

[21] Vgl. auch AAKER, D. A. (1996) und KAPFERER, J.-N. (1997).

[22] Vgl. hierzu ausführlich MEFFERT, H., BIERWIRTH, A., BURMANN, C. (2002), S. 168 ff.

[23] Vgl. AAKER, D. A., JOACHIMSTHALER, E. (2000), S. 135.

[24] Vgl. MEFFERT, H., BIERWIRTH, A., BURMANN, C. (2002), S. 173 ff.

[25] Vgl. MEFFERT, H., BURMANN, C. (2002b), S. 77 ff. und BONGARTZ, M. (2002), S. 14.

[26] Vgl. KOERS, M. (2001), S. 66.

[27] Vgl. BÜCHELHOFER, R. (2002), S. 532, PLÜSS, J. (2002), S. 508 ff. sowie die Beispiele bei KÖHLER, R. et al. (2001).

[28] Vgl. BLEICHER, K. (1992), S.21 und ESCH, F.-R. (2003).

[29] Vgl. LANGEN, A. (1990), S. 43.

[30] Vgl. MEFFERT, H., BURMANN, C. (2002b), S. 80 ff.

[31] Vgl. GUSSEK, F. (1992), KAPFERER, J.-N. (1992), S. 111, AAKER, D. A., JOACHIMSTHALER, E. (2000), S. 163 ff. sowie die Beiträge bei ESCH, F.-R. (2001).

[32] Vgl. MEFFERT, H., BURMANN, C. (1996), S. 64 f.

[33] Vgl. ausführlich MEFFERT, H., BURMANN, C. (2002b), S. 83 ff.

Literaturverzeichnis

AAKER, D. A. (1996): Building Strong Brands, New York: 1996.

AAKER, D. A., JOACHIMSTHALER, E. (2000): Brand Leadership, New York: 2000.

BECKER, J. (2000): Einzel-, Familien- und Dachmarken als grundlegende Handlungsoption, in: ESCH, F.-R. (Hrsg.): Moderne Markenführung, Wiesbaden: 2000, S. 269 - 288.

BLEICHER, K. (1992): Leitbilder, Orientierungsrahmen für eine integrative Management-Philosophie, Stuttgart: 1992.

BONGARTZ, M. (2002): Markenführung im Internet: Verhaltenstypen – Einflussfaktoren – Erfolgswirkungen, Wiesbaden: 2002.

BÜCHELHOFER, R. (2002): Markenführung im Volkswagen-Konzern im Rahmen der Mehrmarkenstrategie, in: MEFFERT, H., BURMANN, C., KOERS, M. (Hrsg.): Markenmanagement: Grundfragen der identitätsorientierten Markenführung, Wiesbaden: 2002, S. 525 - 541.

BURKHARDT, R. (1991): Marken für den Markt von Morgen, in: Industriemagazin, Nr. 6 (1991), S. 22 - 30.

DE CHERNATONY, L. (1999): Brand Management Through Narrowing the Gap Between Brand Identity and Brand Reputation, in: Journal of Marketing Management, Vol. 15 (1999), Nr. 1 - 3, S. 157 - 179.

ESCH, F.-R. (2003): Strategie und Technik der Markenführung, München: 2003.

ESCH, F.-R. (Hrsg.) (2001): Moderne Markenführung, 3. Aufl., Wiesbaden: 2001.

GUSSEK, F. (1992): Erfolg in der strategischen Markenführung, Wiesbaden: 1992.

KAPFERER, J.-N. (1992): Die Marke – Kapital des Unternehmens, Landsberg Lech: 1992.

KAPFERER, J.-N. (1997): Strategic Brand Management, 2nd. Ed., London: 1997.

KELLER, K.-L. (1998): Strategic Brand Management – Building Measuring and Managing Brand Equity, New Jersey: 1998.

KÖHLER, R., MAJER, W., WIEZOREK, H. (Hrsg.) (2001): Erfolgsfaktor Marke – Neue Strategien des Markenmanagements, München: 2001.

KOERS, M. (2001): Steuerung von Markenportfolios: Ein Beitrag zum Mehrmarkencontrolling am Beispiel der Automobilwirtschaft, Frankfurt am Main u. a.: 2001.

KRANZ, M. (2002): Markenbewertung – Bestandsaufnahme und kritische Würdigung, in: MEFFERT, H., BURMANN, C., KOERS, M. (Hrsg.): Markenmanagement: Grundfragen der identitätsorientierten Markenführung, Wiesbaden: 2002, S. 429 - 458.

KRANZ, M. (2003): Die Relevanz der Unternehmensmarke – Ein Beitrag zur Markenführung bei unterschiedlichen Stakeholderinteressen, Frankfurt am Main: 2003, im Druck.

LANGEN, A. (1990): Leitbild und Unternehmenskultur: Die Rolle des Topmanagements, in: SIMON, H. (Hrsg.): Herausforderung Unternehmenskultur, Stuttgart: 1990, S. 41 - 46.

MEFFERT, C. (2002): Profilierung von Dienstleistungsmarken in vertikalen Systemen, Wiesbaden: 2002.

MEFFERT, H. (1988): Markenstrategien als Waffe im Wettbewerb, in: HENZLER, H. A. (Hrsg.): Handbuch Strategische Führung, Wiesbaden: 1988, S. 581 - 610.

MEFFERT, H. (1999): Mehrmarkenstrategie – Immer die beste Option?, in: asw, Sondernummer Oktober (1999), S. 82 - 87.

MEFFERT, H. (2002): Strategische Optionen der Markenführung, in: MEFFERT, H., BURMANN, C., KOERS, M. (Hrsg.): Markenmanagement: Grundfragen der identitätsorientierten Markenführung, Wiesbaden: 2002, S. 135 - 165.

MEFFERT, H., BIERWIRTH, A., BURMANN, C. (2002): Gestaltung der Markenarchitektur als markenstrategische Basisentscheidung, in: MEFFERT, H., BURMANN, C., KOERS, M. (Hrsg.): Markenmanagement: Grundfragen der identitätsorientierten Markenführung, Wiesbaden: 2002, S. 167 - 179.

MEFFERT, H., BONGARTZ, M. (2000): Perspektiven des Marketing an der Jahrtausendwende – Bestandsaufnahme aus der Sicht der Wissenschaft und Unternehmenspraxis, in: MEFFERT, H., BACKHAUS, K., BECKER, J. (Hrsg.): Arbeitspapier Nr. 135 der Wissenschaftlichen Gesellschaft für Marketing und Unternehmensführung, Münster: 2000.

MEFFERT, H., BURMANN, C. (1996): Identitätsorientierte Markenführung – Grundlagen für das Management von Markenportfolios, in: MEFFERT, H., BACKHAUS, K., BECKER, J. (Hrsg.): Arbeitspapier Nr. 100 der Wissenschaftlichen Gesellschaft für Marketing und Unternehmensführung, Münster: 1996.

MEFFERT, H., BURMANN, C. (2002a): Theoretisches Grundkonzept der identitätsorientierten Markenführung, in: MEFFERT, H., BURMANN, C., KOERS, M. (Hrsg.): Markenmanagement: Grundfragen der identitätsorientierten Markenführung, Wiesbaden: 2002, S. 35 - 72.

MEFFERT, H., BURMANN, C. (2002b): Managementkonzept der identitätsorientierten Markenführung, in: MEFFERT, H., BURMANN, C., KOERS, M. (Hrsg.), Markenmanagement: Grundfragen der identitätsorientierten Markenführung, Wiesbaden: 2002, S. 73 - 97.

MEFFERT, H., BURMANN, C., KOERS, M. (2002): Stellenwert und Gegenstand des Markenmanagements, in: MEFFERT, H., BURMANN, C., KOERS, M. (Hrsg.): Markenmanagement: Grundfragen der identitätsorientierten Markenführung, Wiesbaden: 2002, S. 3 - 15.

MEFFERT, H., KOERS, M. (2002): Identitätsorientiertes Markencontrolling – Grundlagen und konzeptionelle Ausgestaltung, in: MEFFERT, H., BURMANN, C., KOERS, M. (Hrsg.): Markenmanagement: Grundfragen der identitätsorientierten Markenführung, Wiesbaden: 2002, S. 403 - 428.

PLÜSS, J. (2002): Markenmonopol für Qualität – Das Beispiel Miele, in: MEFFERT, H., BURMANN, C., KOERS, M. (Hrsg.): Markenmanagement: Grundfragen der identitätsorientierten Markenführung, Wiesbaden: 2002, S. 507 - 523.

QUELCH, J. A., KENNY, D. (1995): Markenpolitik I: Lieber den Gewinn steigern als die Zahl der Varianten, in: Harvard Business Manager, Nr. 1 (1995), S. 94 - 101.

SCHRÖDER, E. F. (1994): Familienmarkenstrategien, in: BRUHN, M. (Hrsg.): Handbuch Markenartikel, Bd. 2, Stuttgart: 1994, S. 513 - 526.

Klaus Morwind

Marke als strategischer Erfolgsfaktor in der Konsumgüterindustrie

Dr. Klaus Morwind ist Mitglied der Geschäftsführung bei der Henkel KGaA.

1. Marken – das wichtigste Kapital in der Konsumgüterindustrie

Marken sind – abhängig davon, was man darunter versteht – entweder ein sehr altes Kulturphänomen oder existieren erst seit ca. 150 Jahren. Den Brauch, Produkte zu kennzeichnen, gab es bereits im alten Ägypten, wo Ziegelsteine mit Symbolen versehen wurden. So konnten gute und schlechte Ziegel den jeweiligen Handwerkern zugeordnet werden.[1]

Der engere und heute relevante Markenbegriff ist in der Konsumgüterindustrie entstanden. Lebensmittel, Seifen und Waschmittel waren die ersten „markierten Produkte". Zu den ersten Markenartikeln in Deutschland gehörte das Waschmittel Dr. Thompson's Seifenpulver „Marke Schwan", das 1877 in den Markt eingeführt wurde.[2] Vier Wesenselemente waren für dieses neue wirtschaftliche Phänomen der Marken von besonderer Bedeutung. Marken waren meist

- neuartige Produkte
- von besonders hoher Qualität
- für die der Hersteller Reklame gemacht hat und
- die überregional verkauft wurden.

Diese vier Faktoren und Kostenvorteile durch eine hohe Produktionsmenge führten zum raschen Siegeszug der Marken in der Konsumgüterindustrie. Innovation, hohe Qualität, öffentliche Präsenz durch Werbung und breite Distribution sind auch heute die Hauptcharakteristika der Marken. Der eigentliche Grund für den Erfolg des Phänomens Marke und die hohe Akzeptanz von Marken war und ist das Vertrauen, das der Käufer bzw. Konsument der Marke entgegenbringt – das Vertrauen, mit dem Kauf ein „nützliches Produkt" zu einem angemessenen Preis erworben zu haben.

Der Markenartikel ist ein Vertrauensartikel! Das gilt vor allem im Konsumgütermarkt, wo eine einzelne Person über Kauf oder Nichtkauf entscheidet. In der Investitionsgüterindustrie wird das angesichts komplexer individueller Leistungsbündel häufig etwas anders wahrgenommen.

1.1 Wert der Marke

Marken sind für die Konsumgüterindustrie das wichtigste Asset. Hierfür gibt es deutliche Belege. Eine Analyse von McKinsey zeigte, dass Unternehmen mit starken Marken ein Return to Shareholder haben, der über dem Industriedurchschnitt liegt.[3]

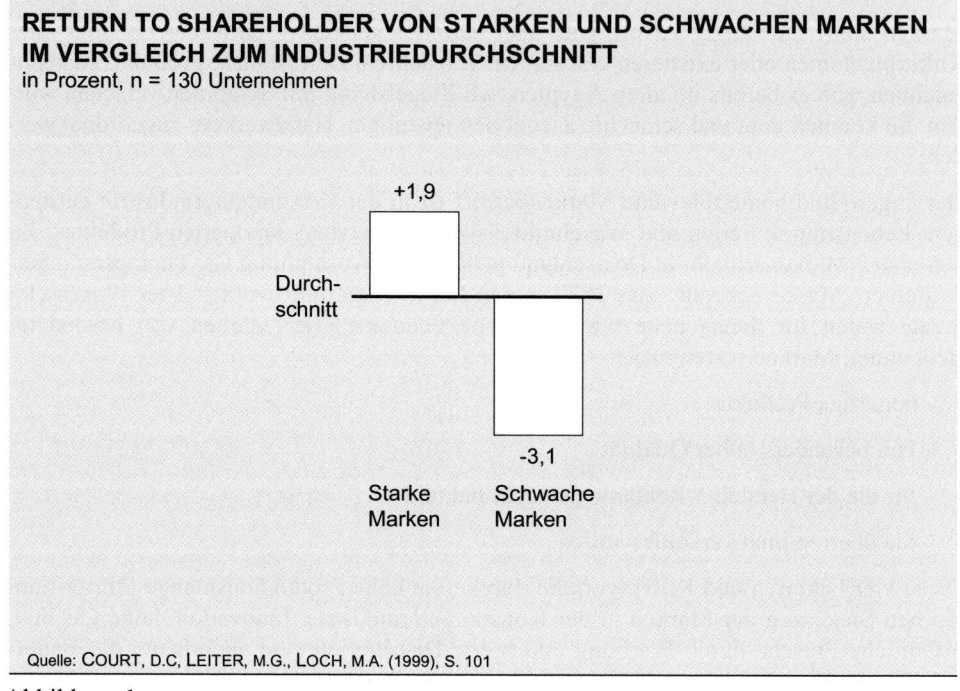

Abbildung 1

Wie hoch die Bedeutung des Markenkapitals im Vergleich zu anderen Vermögenswerten in der Markenartikelindustrie ist, zeigt sich zum Beispiel bei Markenakquisitionen und Akquisitionen von Markenartikelgeschäften mit der gesamten Wertschöpfungskette. Nach den Erfahrungen von Henkel mit beiden Akquisitionstypen ist von 70 bis über 100 Prozent für reine Markenakquisitionen relativ zu Akquisitionen der Geschäfte inklusive aller betriebswirtschaftlichen Funktionen auszugehen. Reine Markenakquisitionen können sogar für den Käufer mehr wert sein als das gesamte Geschäftssystem, wenn Freikapazitäten bei Produktion etc. vorhanden sind. Die Marke ist also für die meisten Unternehmen der Konsumgüterindustrie mit Abstand der wichtigste betriebswirtschaftliche Wert. Damit ergeben sich konsequenterweise die wichtigsten Fragestellungen für die Markenartikelindustrie: Wie hoch ist der Markenwert und wie kann er gemessen und gesteigert werden?

Zur Messbarkeit des Markenwerts hat es in den letzten Jahren viele Vorschläge gegeben. Eine allgemein anerkannte Methode existiert nicht. Im Prinzip gibt es zwei ganz unterschiedliche Ansätze: Der eine, der primär monetäre Ansatz, geht auf die Bewertung bei Akquisitionen zurück und diskontiert die zukünftigen Erträge der Marke. Der zweite Ansatz versucht, die „Marken-Assets" wie Bekanntheitsgrad, Image, Distribution etc. zu bewerten. Bei Henkel im W- und R-Geschäft (Unternehmensbereich Wasch- und Reinigungsmittel) haben wir einen sehr pragmatischen und relativ einfachen Ansatz, um Wertveränderungen von Marken zu messen. Der Markenwert wird als eine Funktion von Deckungsbeitrag und Umsatz quartalsweise ermittelt. Aussagekräftig sind Trends über mehrere Jahre und Jahreswerte (vgl. Kapitel 3). Die Quartalswerte dienen zur besseren Trendbeurteilung.

Trotz der Problematik der Methoden zur Bewertung des Markenkapitals sind Messungen sehr sinnvoll. „Management ist Measurement" sollte auch insbesondere für das wichtigste Gut der Markenartikelindustrie gelten, nämlich für die Marke selbst.

1.2   Herausforderungen durch Handelsmarken

Herstellermarken bekommen schon seit einiger Zeit verstärkt Konkurrenz von Handelsmarken. Die Stagnation der Realeinkommen großer Teile der Bevölkerung hat in Verbindung mit dem Wunsch, bestehende Konsumstandards beizubehalten, die Preisorientierung beim Kauf erhöht. Discounter haben als Folge in der Käufergunst deutlich zugenommen.[4] Diese Entwicklung ist vor allem in Deutschland stark ausgeprägt, insbesondere durch den Discounter Aldi. Das Schaubild 2 zeigt die steigende Bedeutung der Handelsmarken primär über Discounter und hier insbesondere über Aldi.

Im Verbraucherbewusstsein ist ein Markenbild von Handelsmarken entstanden, das primär den Absatzkanal und weniger die Produktmarke betrifft. Der Verbraucher überträgt das Vertrauen, das er dem Discounter Aldi schenkt, auf das gesamte Sortiment. Die Markierung der einzelnen Produkte spielt dabei eine untergeordnete Rolle. Die Positionierung der Handelsmarken nur über den Preis ist generisch und setzt alle Handelsmarken in der Positionierung gleich.

Bei dieser extremen Preisorientierung spricht man heute von „Aldisierung". Der Grund für diese Entwicklung ist zum einen die Zukunftsangst, die vor allem aus der unsicheren Alters- und Gesundheitsversorgung resultiert. Ferner tragen Massenmedien und Institutionen wie die Stiftung Warentest zum Abbau der psychologischen Barriere bei, indem sie den „Billigkauf" gesellschaftsfähig machen. Auch die „Teuro"-Diskussion hat zum Ausbau der relativen und absoluten Stärke der Discounter beigetragen.

Die Markenartikelindustrie kann die externen gesellschaftspolitischen Faktoren nicht beeinflussen, sie kann aber durch ein differenziertes Angebot mit starken Marken reagieren. Wie kann sie ein starkes Markenportfolio erreichen, wie ihren Markenwert steigern?

Im Folgenden soll hierauf eine Antwort gegeben werden. Alle Marketingmix-Faktoren müssen diesem Ziel dienen.

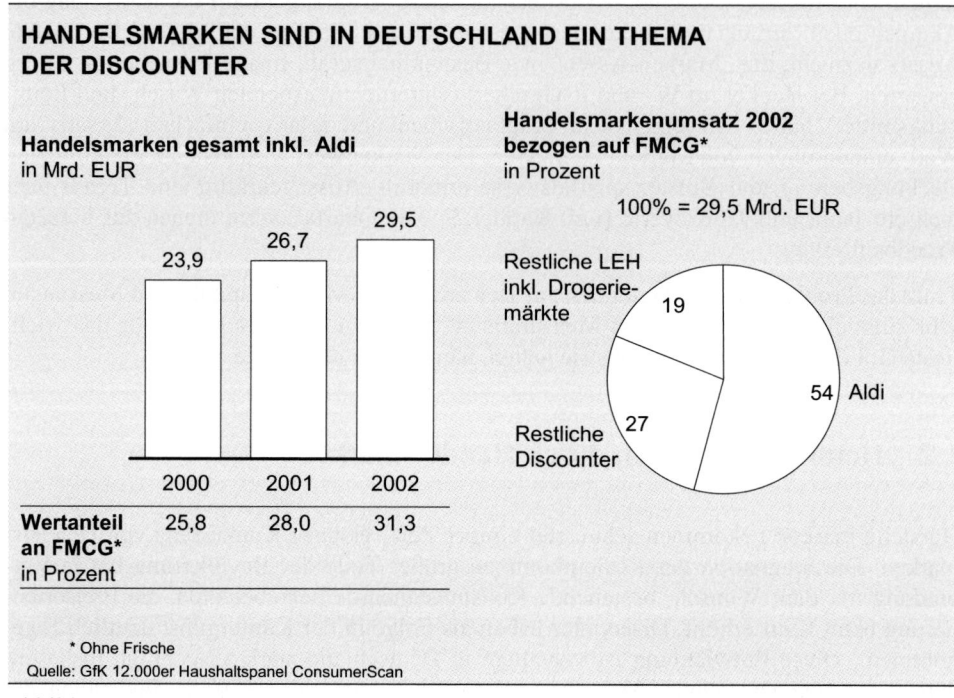

Abbildung 2

Die Chancen der Herstellermarken bestehen vor allem darin, sich über rationale und emotionale Nutzenangebote zu differenzieren und somit eine Markenpersönlichkeit aufzubauen. Basis dieser Differenzierungsstrategie ist ein permanenter Vorsprung durch Innovationen und Qualität.

2.   Strategien zur Steigerung der Markenwerte

Strategieentscheidungen sind im Markenbereich immer dann zu treffen, wenn die Einführung eines neuen Produkts oder die Überarbeitung eines Markenportfolios geplant ist. Eher Seltenheitswert hat heute – angesichts extrem hoher Markteintrittskosten (Schätzungen für Deutschland ca. 48 Millionen EUR für Shampoo und 88 Millionen EUR für Tafelschokolade)[5] – die Einführung einer völlig neuen Marke. Ihre Einführung rechnet sich in der Regel nur bei sehr innovativen Produkten, einer längerfristigen Exklusivität und einem großen Markt.

Derzeit auf der Tagesordnung nahezu aller großen Markenartikelunternehmen steht abgesehen von der Positionierung neuer Produkte die Überarbeitung des Markenportfolios. Die Zahl der Marken sinkt und für Nischenmarken gibt es kaum eine Zukunft. Unilever will beispielsweise die Zahl der Marken von ca. 1.600 auf 400 reduzieren. Und auch Henkel beabsichtigt Kürzungen: So soll sich die Anzahl der Marken um mindestens 10 Prozent verringern.

Vier strategische Ansätze zur Mehrung des Markenkapitals sind von besonderer Bedeutung:

1. Markenstärkungsstrategie

2. Mehrmarkenstrategie

3. Markenerweiterungsstrategie

4. Synergien durch Markenarchitektur

Welche Strategie bei einer Portfolioüberarbeitung oder Einführung eines neuen Produkts zum Tragen kommt, hängt von der (historisch gewachsenen) Ausgangssituation ab. Häufig entsteht eine Kombination verschiedener Strategien. Die Markenstärkungsstrategie hat allerdings in jedem Fall Priorität.

Bei Produktneueinführungen hat man die Möglichkeit, die Markenerweiterungsstrategie oder die Mehrmarkenstrategie zu verfolgen. Letztendlich muss die Entscheidung zu einer Markenarchitektur führen, die Mehrwert durch Synergien generiert.

2.1 Markenstärkungsstrategie

Marken bleiben nicht auf Dauer stark – sie bedürfen der ständigen Pflege. Wichtig ist es, die Marke immer wieder über rationale und emotionale Nutzenangebote zu differenzieren und eine Markenpersönlichkeit aufzubauen. Neben einem optimalen Marketingmix kommt es darauf an, das Markenprodukt ständig weiterzuentwickeln und einen permanenten Vorsprung durch Innovation und Qualität sicherzustellen.

2.1.1 Einsatz eines optimalen Marketingmix

Die Stärkung der Marke durch Steigerung der Konsumentenakzeptanz ist die Hauptaufgabe des Markenmanagements bzw. der Marketingfunktion in Markenartikelunternehmen. „Markenstärke liegt dann vor, wenn eine Marke in den Köpfen der Konsumenten über einzigartige und relevante Vorstellungen verfügt, die über produkt- oder branchen-generische Vorstellungen hinausgehen".[6] Eine hohe Akzeptanz wird erreicht, wenn der Konsument, oder besser gesagt die Zielgruppe, ein möglichst klares Bild von den funktionalen und den Metanutzen der Marke hat und dieses Markenbild der Preispositionierung entspricht.

Hier spielt das Vertrauen der Konsumenten eine große Rolle. Und weil Vertrauen das wichtigste Kapital ist, das es zu mehren gilt, und Vertrauen ein schwer zu erringender Wert ist, müssen die Marken von Managern geführt werden, die verstehen, wie ein Vertrauensaufbau zu Stande kommt. Konsequenz und Konsistenz in der Markenpositionierung bringen Vertrauen. Brüche und Sprünge in der Markenführung sind meist Gift für die Beziehung zwischen Marke und Konsument. Anpassungen an Wertewechsel oder sich ändernde Nutzenerwartungen sind entsprechend behutsam vorzunehmen.

Markenpersönlichkeiten entwickeln sich langsam, zu starke chirurgische Eingriffe entfremden Marke und Verbraucher. Die Marke ist ein Zeichensystem, dessen Elemente zueinander passen müssen und das über die Zeit nur in kleinen Veränderungsschritten modifiziert werden sollte.

Der Begriff Markenpersönlichkeit – bei der Beschreibung von Marken verwendet – deutet auf eine interessante Parallele zwischen Marke und Mensch hin. Inzwischen ist in der Literatur anerkannt, dass sich Marken und Menschen teilweise durch ähnliche Persönlichkeitsmerkmale charakterisieren lassen und dass zwischen einer Marke und deren Nutzer ähnliche Beziehungen wie zwischen Menschen bestehen.[7]

Das Institut für Demoskopie Allensbach beschäftigt sich schon seit längerer Zeit mit der Beschreibung und Messung von Markenstärke. Bereits 1990 wurde in einer Pilotstudie versucht, die Markenpersönlichkeit über Kriterien zu messen, die auch zur Messung der Persönlichkeit von Personen Anwendung finden.[8]

Aktuelle Untersuchungen des Instituts im Waschmittelmarkt zeigen, dass das Element der Vertrautheit für die Stärkung einer führenden Marke ähnlich wichtig ist, wie die Betonung der Qualität. Letztendlich beschreibt die Aussage „mir gefällt dieses Waschmittel, ich mag es gern" am besten die Treue zu einer bestimmten Marke und damit die Stärke der Marke.[9] Alle Marketingmix-Faktoren müssen auf dieses Ziel ausgerichtet sein. Dabei hat die Werbekampagne einen entscheidenden Beitrag zu leisten, denn die Attraktivität einer Marke in der Wahrnehmung der Konsumenten wird wesentlich durch die emotionale Wertschätzung (neben der rationalen Bewertung) bestimmt.[10]

Die Messung der Wirksamkeit der einzelnen Marketingmix-Faktoren stellt ein großes Problem dar. Henkel hat daher gemeinsam mit ACNielsen eine Software entwickelt, die besseren Aufschluss über die Wirkung der einzelnen Elemente des Absatzinstrumentariums geben soll. Die Antwort auf die Frage, warum Markt- und Markenentwicklung gerade so verlaufen und nicht anders, bringt uns hoffentlich näher zur optimalen Markenführung. Dies wäre eine der wichtigsten strategischen Investitionen in Marktforschung. Trotzdem ist nicht zu erwarten, dass alles erklärt werden kann. Deshalb werden auch in Zukunft Erfahrung, Glück und Wettbewerbsfehler in der erfolgreichen Markenführung eine wichtige Rolle spielen.

2.1.2 Markenführung als dynamischer Prozess

Für eine erfolgreiche Markenführung ist es wichtig, seine Marke weiterzuentwickeln. Eine genaue Kenntnis der Marke ist hierfür Voraussetzung. Durch welche Merkmale lässt sich eine Marke operational beschreiben? Eine verlässliche Beschreibung gelingt zum einen über die Markenidentität als Selbstbild einer Marke aus Sicht des Herstellers und zum anderen über das Markenimage als Fremdbild der Marke aus Sicht der Zielgruppe/Konsumenten.[11]

Es gibt verschiedene theoretische Ansätze zur Konkretisierung der Markenidentität. Das Markensteuerrad von Icon Brand Navigation ist hier mit seinen vier Bereichen („Wer bin ich? Wie bin ich? Was biete ich an? Wie trete ich auf?") ein sehr operationaler Ansatz (Abbildung 3).

Entscheidend für das Image der Marke beim Verbraucher ist die Positionierung. Sie soll die Marke in den Augen der Zielgruppen attraktiv machen und gegenüber konkurrierenden Marken so abgrenzen, dass sie eindeutig den Vorzug erhält.[12] An dieser Stelle würde es zu weit führen, auf die Positionierungsmodelle im Einzelnen einzugehen. Entscheidend ist, dass mit sachbezogenem und/oder emotionalem Positionierungsziel ein unverwechselbares Markenbild im Bewusstsein des Konsumenten angestrebt wird. Das gesamte Branding und die Kommunikation sind auf dieses Ziel auszurichten.

Wie kann man nun eine Marke dynamisch führen, wenn doch alles so festgezurrt erscheint? Dass dies möglich ist, lässt sich am Beispiel Persil, einer der erfolgreichsten Konsumgütermarken in Deutschland, veranschaulichen. „Persil bleibt Persil, weil Persil nicht Persil bleibt", sagte dazu Helmut Sihler, ehemaliger Vorsitzender der Henkel KGaA.

Das Beispiel Persil ist hervorragend geeignet, die Dynamik zu verdeutlichen, die eine erfolgreiche Markenführung über viele Jahrzehnte erfordert. Persil ist eine Marke mit Tradition und dennoch modern und zeitgemäß. Als Innovationsführer steht sie immer für den neuesten Stand der Technik. Dieses einzigartige Spannungsfeld zwischen Tradition und Innovation sorgt jeden Tag dafür, dass Persil auch in Zeiten eines verschärften Wettbewerbs die große Marke bleibt.

Ihre Markenidentität und Positionierung hat eine unverwechselbare Markenpersönlichkeit mit einem sehr überzeugenden Image beim Verbraucher geschaffen. Entscheidend war dabei die große Umsicht, mit der man über viele Jahre die Geburtsmerkmale weiterentwickelt hat. Dabei spielt für den Vertrauensaufbau die Wahrung der Selbstähnlichkeit[13] eine entscheidende Rolle. Eine Marke muss sich den Kunden über längere Zeit in gleicher Gestalt präsentieren. Dadurch „gewöhnen sich die Menschen an ihre Formen,

Farben, Klänge, Düfte, ihren Gestus und ihre Botschaften. Nur so kann sich eine Beziehung aufbauen und Vertrautheit entstehen."[14] Und Vertrautheit ist die „unabdingbare Voraussetzung für Vertrauen" (ebd.). Das ist aber keine Absage an die Kreativität bei der Markenführung, insbesondere bezüglich der Kommunikation. Sie muss jedoch mit dem genetischen Code der Marke vereinbar sein (Der Genetische Code der Marke®).[15]

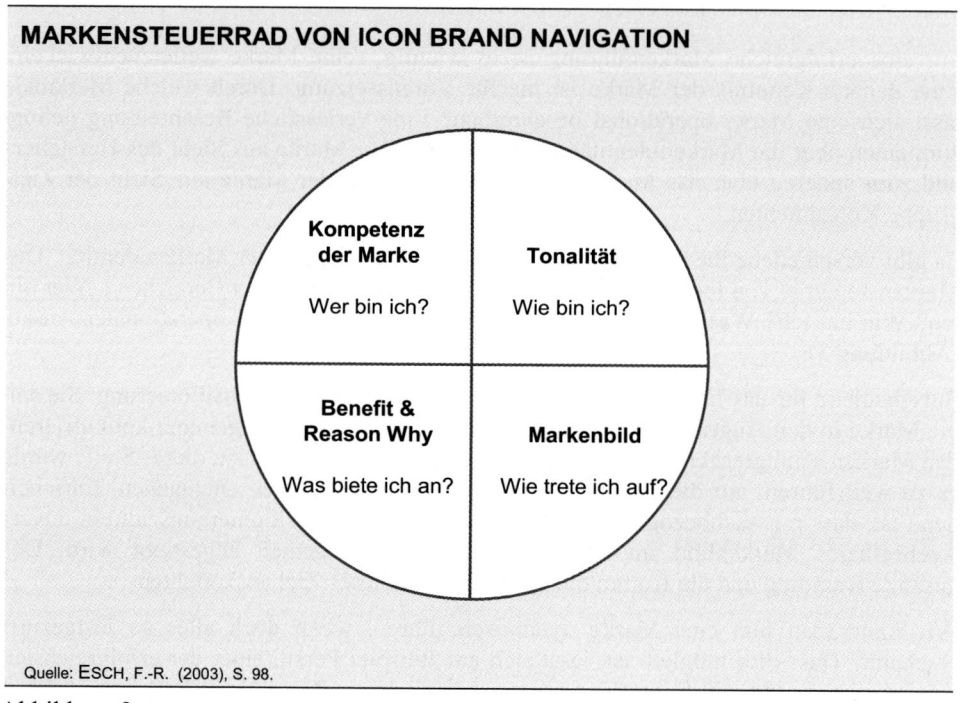

MARKENSTEUERRAD VON ICON BRAND NAVIGATION

Kompetenz der Marke — Wer bin ich?

Tonalität — Wie bin ich?

Benefit & Reason Why — Was biete ich an?

Markenbild — Wie trete ich auf?

Quelle: ESCH, F.-R. (2003), S. 98.

Abbildung 3

Eine erfolgreiche dynamische Markenführung muss das Postulat der Umsetzung von Innovationen unter Beachtung des genetischen Codes der Marke erfüllen. Die Kunst der Markenführung und der Werbestrategie besteht darin, in einem klar definierten Rahmen einer Positionierung durch Erneuerungen der Marke immer wieder Impulse zu geben – Impulse, die die Marke interessant, im Idealfall faszinierend machen.

2.2 Mehrmarkenstrategie

„Lässt die Positionierung einer vorhandenen Marke die Ansprache bestimmter Kundensegmente in einem Markt nicht zu, empfiehlt sich die Einführung einer flankierenden Marke."[16] Diese Strategie lässt sich natürlich nur in großen Märkten umsetzen, denn sie verlangt, dass die flankierende Marke wie eine Monomarke geführt wird. Wir finden diese Strategie vor allem im Automobil-, Zigaretten-, Bekleidungs- sowie Spirituosenmarkt und auch im Waschmittelmarkt. „Typisches Beispiel hierfür war die Neueinführung von Spee Megaperls® im Waschmittelmarkt, in dem Henkel bereits mit Marken wie Persil oder Weißer Riese vertreten ist."[17] Mit der Marke Spee werden preisbewusste Käufer erreicht, die man mit dem Premiumprodukt Persil nicht erreichen kann, ohne die Markenpositionierung von Persil in Frage zu stellen. Henkel hat mit dieser Strategie – neben einer sehr erfolgreichen Markenstärkungsstrategie für Persil – den Marktanteilsvorsprung gegen die Nr. 2 am Waschmittelmarkt in sieben Jahren um mehr als zehn Prozentpunkte ausgebaut.

2.3   Markenerweiterungsstrategie

Zwei Entwicklungen haben heute wesentlichen Einfluss auf das Markenportfolio eines Unternehmens.

1.   Extrem hohe Markteinführungskosten für neue Marken

2.   Konzentration auf große Marken, da kleine Marken nicht das Ergebnispotenzial für eine kontinuierliche Kommunikationsunterstützung haben

Im Unternehmensbereich Henkel Wasch- und Reinigungsmittel gibt es 213 Marken (2001). Die drei stärksten Marken sind Persil, Dixan und Vernel (inklusive der konzeptgleichen Marken in Frankreich). Sie vereinen 32 Prozent des Gesamtumsatzes auf sich, die insgesamt 13 A-Marken bereits 58 Prozent (Abbildung 4).

Vor diesem Hintergrund ist es nur zu verständlich, bei Einführung eines neuen Produkts zu prüfen, ob das Potenzial für eine Monomarke gegeben ist oder ob es nicht ökonomisch sinnvoll ist, stattdessen eine bestehende starke Marke zu nutzen und diese zu erweitern. Dabei entstehen Familienmarken. Die neuen Produkte profitieren vom bereits aufgebauten bzw. weiterentwickelten Markenimage. Dieses Vorgehen setzt voraus, dass das Image der gewählten Marke zum neuen Produkt passt. Andernfalls würde es bei der Einführung wenig hilfreich sein und im schlimmsten Fall sogar das Markenimage der Ausgangsmarke verwässern.

Bei der Bildung von Markenerweiterungen sind zwei Anforderungen zu erfüllen:

•   die ausreichende Selbstähnlichkeit zur Muttermarke und

•   die notwendige Differenzierung und rasche Erkennbarkeit des spezifischen Produktnutzens.

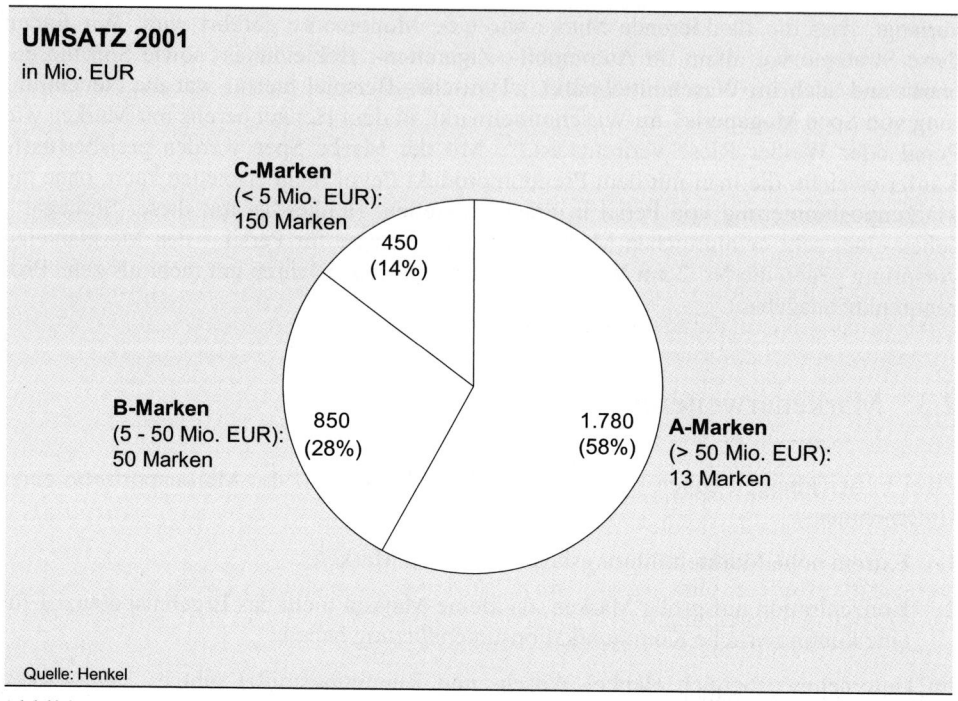

UMSATZ 2001
in Mio. EUR

C-Marken
(< 5 Mio. EUR):
150 Marken

450
(14%)

B-Marken
(5 - 50 Mio. EUR):
50 Marken

850
(28%)

1.780
(58%)

A-Marken
(> 50 Mio. EUR):
13 Marken

Quelle: Henkel

Abbildung 4

Bei Markenerweiterungen unterscheidet man drei Ausprägungen – die Verwendung der Marke für andere Produkte einer Produktfamilie (Markenfamilien 1. Ordnung), die Verwendung der Marke für andere Produktfamilien (Markenfamilien 2. Ordnung) und die Verwendung der Marke für internationale Märkte.

2.3.1 Markenfamilien 1. Ordnung

Unter der Markenfamilie 1. Ordnung verstehen wir die klassische Markenfamilie mit Produkten aus einer Produktgruppe wie zum Beispiel im Waschmittelmarkt mit Persil. Alle Produkte dieser Familie haben eine enge Nutzenbeziehung zueinander und häufig besteht eine direkte substitutive Beziehung. Persil Color hat eine Leistungsspitze in der Farberhaltung der Wäsche, verliert dadurch aber nicht seinen Charakter als Universalwaschmittel. Auf Grund der Nähe der Produkte zueinander bezüglich Anwendungsfeld und Nutzen ergeben sich in der Regel keine Imageprobleme. Völlig unproblematisch unter diesem Aspekt sind die reinen Produktvarianten, wie zum Beispiel die unterschiedlichen Angebotsformen Pulver, Konzentrate (Megaperls®), Tabs und flüssig. Die große strategische Frage ist, ob die Einführung immer neuer Produktvarianten die

Innovationskraft und die Aktivierungsnotwendigkeit stärker fördert oder die Marke durch immer mehr neue Produkte den Orientierungsanspruch verliert. Henkel wird zunehmend kritischer gegenüber weiteren Line Extensions. Konsumenten verlieren die Orientierung und Komplexitätskosten steigen bei ungehemmtem Sortimentsausbau.

2.3.2 Markenfamilien 2. Ordnung

Bei der Markenfamilie 2. Ordnung handelt es sich um Marken, die in unterschiedlichen Märkten vertreten sind und somit zusätzliche Umsatzpotenziale erschließen können. Ein typisches Beispiel dafür ist die Marke Nivea. Das Image der Marke ist die „Hautpflege". Sie steht im Kern der Marke.

Die Voraussetzung für diese Strategie liegt in der relativen Offenheit des zentralen Markennutzens (Consumer Benefit). Dieses Image eignet sich für eine Vielzahl anderer Märkte, die mit der ursprünglichen Hautcreme in keiner substitutiven Beziehung stehen. Dennoch wurden zuerst solche Produktkategorien erschlossen, die nahe am Markenkern lagen. Durch sukzessive Bearbeitung benachbarter Märkte konnte man die Kompetenz der Marke erweitern, ohne die Markenpositionierung „Hautpflege" zu verwässern. Hilfreich für die Entscheidung bezüglich Markenfamilien 2. Ordnung sind die Markendehnungszonen nach Kapferer[18] (Abbildung 5).

Generell gilt, „je näher Marke, ursprüngliche Produktkategorie und Erweiterungsproduktkategorie in technologischen und emotionalen Wahrnehmungsräumen beieinander liegen, umso größer ist das Transferpotenzial der Marke."[19] Im Waschmittelmarkt hat sich bisher in Deutschland eine Familienmarke 2. Ordnung noch nicht durchgesetzt. Zwei neue Anstöße gibt es zurzeit im Markt: Meister Proper Universalwaschmittel und Spee Feinwaschmittel. Da es sich im Wasch- und Reinigungsmittelmarkt um relativ große Märkte handelt, steht eine Markendehnung in andere Märkte nicht so im Vordergrund. Eine sehr starke Marke, die extrem an eine Produktgruppe gekoppelt ist, ist für Markenerweiterungen problematisch.[20] Erfahrungen mit Persil bestätigen das.

Dass Familienmarken 2. Ordnung im Waschmittelmarkt auch erfolgreich sein können, zeigen die erfolgreichen Henkel Marken Dixan in Italien und Mir in Frankreich. Dixan ist ein sehr erfolgreiches Waschmittel, aber auch im Geschirrspülmittelmarkt in einer Nr.-3-Position. Die Marke Mir in Frankreich hat in drei Märkten eine Nr.-1- oder Nr.-2-Position.

Für die Erfolgschancen von Markenfamilien 2. Ordnung ist generell die Stärke des Wettbewerbsumfelds von entscheidender Bedeutung.

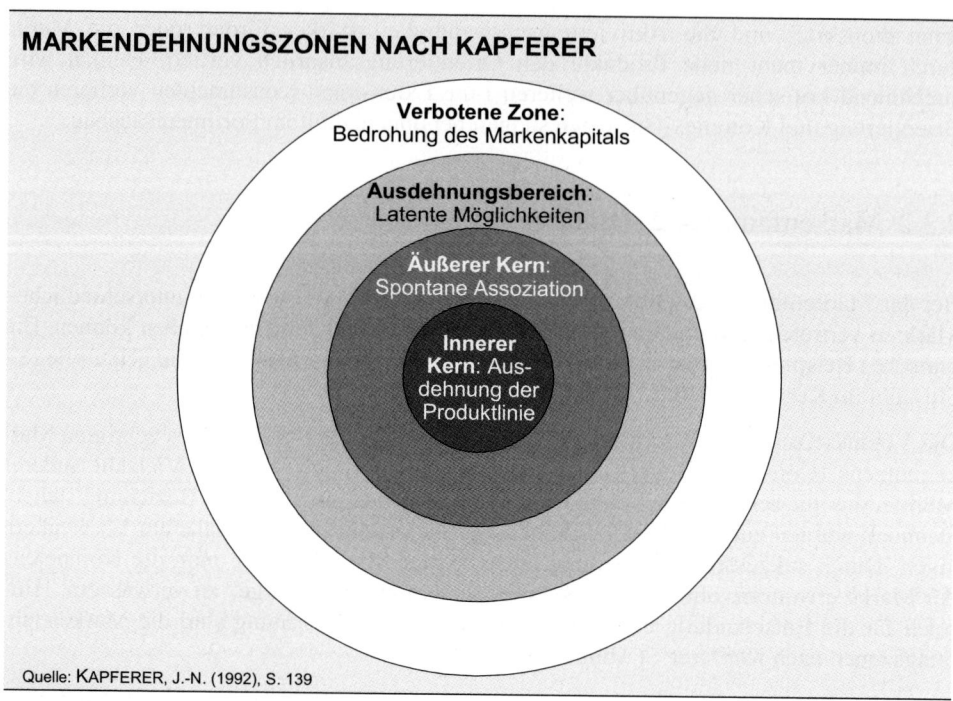

MARKENDEHNUNGSZONEN NACH KAPFERER

Verbotene Zone: Bedrohung des Markenkapitals

Ausdehnungsbereich: Latente Möglichkeiten

Äußerer Kern: Spontane Assoziation

Innerer Kern: Ausdehnung der Produktlinie

Quelle: KAPFERER, J.-N. (1992), S. 139

Abbildung 5

In einigen außereuropäischen Ländern ist Henkel erfolgreich mit Marken, die mehrere Märkte abdecken. So wird z. B. die Marke DAC in Saudi-Arabien und den Golfstaaten nicht nur im Waschmittelmarkt, sondern auch in den unterschiedlichsten Reinigungsmittelmärkten erfolgreich eingesetzt.

2.3.3 Internationale Markenerweiterungsstrategie

Bisher war der Erfolg der Marke im Ursprungsland meistens die Basis für die internationale Ausbreitung. Nicht zuletzt auf Grund vieler schwach wachsender bzw. stagnierender nationaler Märkte besteht jedoch schon seit längerem ein strategischer Zwang, Markenkonzepte international auszurichten.[21] Damit werden zwei grundlegende Ziele erreicht, zum einen die Nutzung von Kosteneinsparungspotenzialen und zum anderen der Aufbau eines internationalen Markenimages. Das Problem dieser Internationalisierung/ Globalisierung besteht aber darin, dass völlig standardisierte Marken und Marketingkonzepte wegen länderspezifischer Bedürfnisse nicht immer sinnvoll sind. Deshalb wird in der Konsumgüterindustrie die gemischte Markenführungsstrategie bevorzugt, die so viel Standardisierung wie möglich und so viel Differenzierung wie nötig zulässt.

Zwei Beispiele aus dem Hause Henkel machen die Möglichkeiten dieser gemischten Strategie deutlich – die Marken Persil und Spee.

Das Markenzeichen Spee wird nur in Deutschland eingesetzt, das damit verbundene Konzept aber in vielen Ländern. Das Value-for-Money-Konzept dieser Marke mit dem Fuchs als Key Visual wird heute unter mehreren Markenzeichen erfolgreich in 34 Ländern eingesetzt. Um Synergien für Kosteneinsparungen nutzen zu können, sind Konzepte, Kampagnen, Angebotsstrukturen und Rezepturen so weit wie möglich, d. h. unter Berücksichtigung nationaler Besonderheiten, harmonisiert worden.

Das Markenzeichen Persil steht für eine große internationale Marke und wird in nahezu 40 Ländern eingesetzt. In den letzten Jahren konnte sich Persil vor allem in den osteuropäischen Staaten einschließlich Russland und in den Ländern des Nahen/Mittleren Ostens erfolgreich durchsetzen. Heute ist Persil zum Beispiel in Ägypten, wo es vor sieben Jahren eingeführt wurde, bereits stärker als in vielen europäischen Ländern. Bei der Internationalisierung dieser Marke müssen länderspezifische Besonderheiten stärker berücksichtigt werden als beim Spee-Konzept. Henkel kann in Frankreich auf Grund der markenrechtlichen Situation nicht die Marke Persil verwenden. Das internationale Persil-Konzept wird hier unter der Marke „Le Chat" eingesetzt. Aber auch in den Ländern, wo es für den Einsatz des Markenzeichens Persil keine Einschränkungen gibt, ist eine international vollständig standardisierte Markenführung nicht sinnvoll. Unterschiedliche Verbraucherbedürfnisse, Waschgewohnheiten und Marktverhältnisse verlangen Differenzierung in der Markenführung und Produktpolitik. So haben im Waschmittelmarkt der „Emerging Markets" die „Highfoams" (hoch schäumende Produkte primär für die Handwäsche) noch eine sehr große Bedeutung, während sie in Europa auf Grund der verbreiteten Waschmaschinentechnologie unbedeutend sind.

Ungeachtet aller notwendigen Differenzierungen ist die Premiumpositionierung von Persil, basierend auf der gebotenen Spitzenqualität, in allen Ländern gleich.

2.4 Synergien durch Markenarchitektur

Wenn ein Unternehmen ein breit gefächertes Markenportfolio besitzt, stellt sich natürlich die Frage nach einer optimalen Markenarchitektur, um ggf. Synergien zu generieren. Es gibt zwei extreme Versionen. Die eine besteht darin, dass man alle Produkte unter einer Corporate Brand (Dachmarke) vermarktet, die andere darin, dass man für jedes Produkt eine eigene Marke einsetzt (House of Brands). In der Realität bestehen als Mischform komplexe Markenstrukturen, die meistens historisch gewachsen sind oder sich aus der ökonomischen Notwendigkeit zu einer größeren Markenfamilie ergeben haben.

Das Dilemma in der Bewertung besteht darin, dass die breite Öffentlichkeit, die Medien, Geldgeber, Arbeitnehmer und Shareholder primär an der Corporate Brand Interesse haben, die Endverbraucher aber an der Einzelmarke.[22] Entscheidend ist, wie und in welcher Form eine positive Wirkung auf den Markterfolg des Unternehmens ausgeht. Dazu ist Voraussetzung, dass der Verbraucher diese unterschiedlichen Ansprachen überhaupt erkennt. Die Erfahrung bei Henkel zeigt, dass die Corporate Brand „Henkel" die Verbraucherakzeptanz grundsätzlich unterstützen kann.

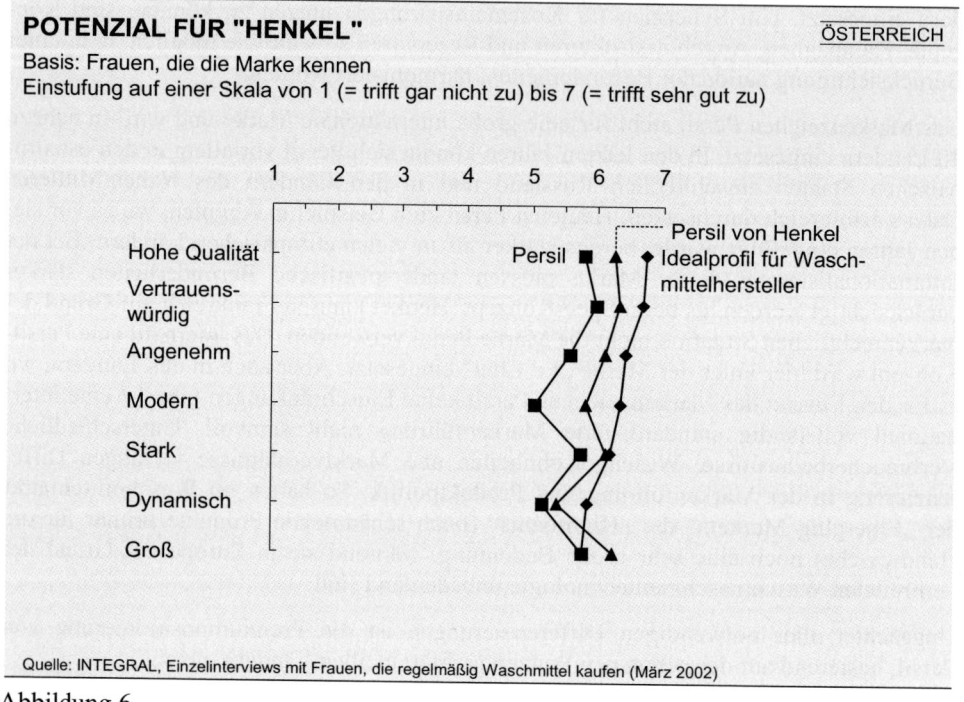

Abbildung 6

Eine qualitative Studie zur Wirkung des Abbinders „Qualität von Henkel", der in allen TV-Spots der Henkel Wasch- und Reinigungsmittelmarken eingesetzt wird, zeigt, dass Marken mit geringer Bekanntheit und schwacher Qualitätswahrnehmung von diesem Hinweis besonders profitieren. Starke Marken wie Pril, Perwoll, Somat und Der General haben diese Unterstützung nicht unbedingt nötig. Hier dient der Hinweis auf die „Qualität von Henkel" als absichernde Maßnahme bei Produktinnovationen. Die Qualitätswahrnehmung von Persil und Henkel in Deutschland ist vergleichbar hoch. Hier kann man heute von einer gegenseitigen „Befruchtung" des Qualitätsimages ausgehen.

Eine qualitative Studie in Österreich zeigt, dass Henkel für Persil allerdings in einigen Kriterien positive Impulse gibt. Das gilt unter anderem für Modernität, Vertrauenswürdigkeit und Größe. In Österreich hat Persil nicht die Dominanz wie in Deutschland, so dass hier Persil von dem Henkel-Image sichtlich profitieren kann.

Wenn heute jede der Henkel-Wasch- und -Reinigungsmittelmarken in Deutschland auf die „Qualität von Henkel" Bezug nimmt und auf jeder Packung das Henkel-Oval deutlich sichtbar ist, heißt das nicht unbedingt, dass Henkel für den Verbraucher die Dachmarke ist. Die Einstellung des Verbrauchers ist entscheidend und dieser kauft primär Persil, Spee, Perwoll, Pril und die anderen Marken. Den Hinweis auf die Qualität von Henkel muss man sehen wie den Hinweis „Made in Germany". Er unterstützt die Akzeptanz und gibt Sicherheit, ist aber keine Dachmarke. Die Synergie der Markenarchitektur bei Henkel besteht also in einer Art von Reassurance.

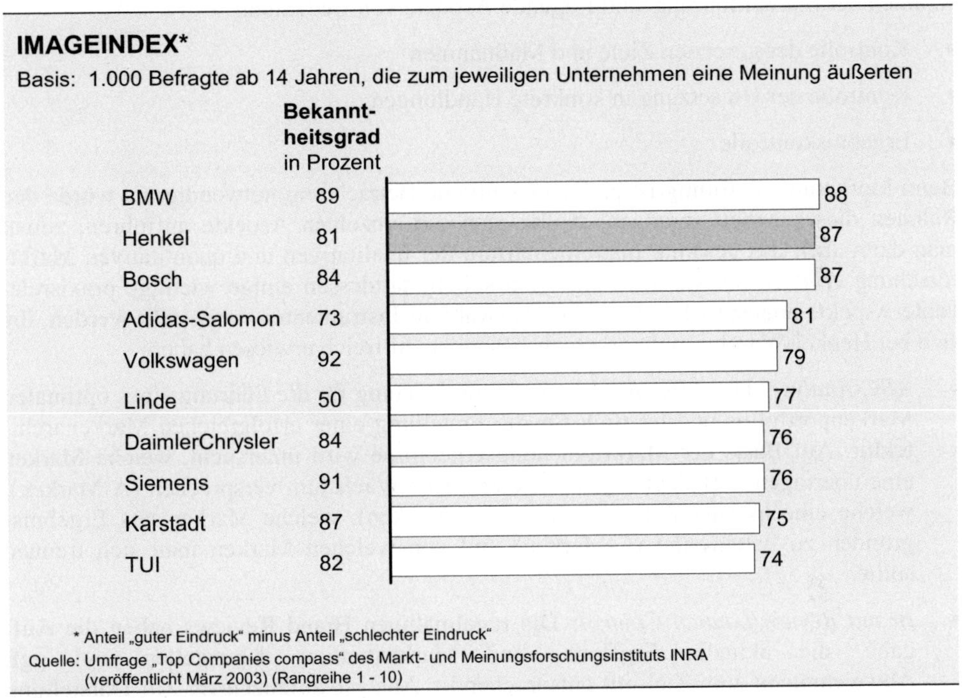

IMAGEINDEX*

Basis: 1.000 Befragte ab 14 Jahren, die zum jeweiligen Unternehmen eine Meinung äußerten

	Bekannt-heitsgrad in Prozent	
BMW	89	88
Henkel	81	87
Bosch	84	87
Adidas-Salomon	73	81
Volkswagen	92	79
Linde	50	77
DaimlerChrysler	84	76
Siemens	91	76
Karstadt	87	75
TUI	82	74

* Anteil „guter Eindruck" minus Anteil „schlechter Eindruck"

Quelle: Umfrage „Top Companies compass" des Markt- und Meinungsforschungsinstituts INRA (veröffentlicht März 2003) (Rangreihe 1 - 10)

Abbildung 7

Was den meisten Marken tendenziell hilft, kommt aber auch der Corporate Brand zugute. Das Henkel-Image war in Deutschland noch nie so gut, wie eine kürzlich durchgeführte Untersuchung zeigt. Henkel hat durch die Schlussaussage bei jeder der 21 im TV beworbenen Marken „Qualität von Henkel" an Aktualität und Qualitätsrelevanz gewonnen. Henkel ist es unter anderem dadurch gelungen, in die Image-Premiumklasse der Automobilindustrie vorzudringen, bzw. stärker zu werden als die stärksten Konsumgüterdachmarken oder die stärksten Industriemarken.

3. Markenführung und Marketingcontrolling

Ein umfassendes Marketingcontrolling ist unerlässlich, um festzustellen, wie sich die Marke am Markt schlägt, ob die gesteckten Ziele erreicht werden und ob beschlossene Maßnahmen die gewünschten Erfolge bringen. Marketingcontrolling – hier verstanden als Markenkontrolle – liefert die Fakten für ein erfolgreiches Markenmanagement. Im Rahmen der Markenführung sind folgende Aspekte von Bedeutung:

- Kontrolle der gesetzten Ziele und Maßnahmen

- Kontrolle der Umsetzung in konkrete Handlungen

- Ergebniskontrolle

Beim Marketingcontrolling ist eine ganzheitliche Betrachtung notwendig. Es würde den Rahmen dieser Arbeit sprengen, wollte man die einzelnen Aspekte aufführen, zumal man dann auch das gesamte Instrumentarium der qualitativen und quantitativen Marktforschung erörtern müsste. Im Folgenden sollen stattdessen einige wichtige praxisrelevante Aspekte angesprochen und eine Auswahl an Instrumenten vorgestellt werden, die sich bei Henkel-Waschmittelmarken als besonders hilfreich erwiesen haben:

- *ABC-Analyse:* Die ABC-Analyse ist Voraussetzung für die Führung eines optimalen Markenportfolios und letztlich für die Erstellung einer erfolgreichen Markenarchitektur. Auf Basis der Marktforschungsergebnisse wird untersucht, welche Marken eine überragende Bedeutung haben und hohes Wachstum versprechen (A-Marken), welche eine aktive Führung zulassen (B-Marken), welche Marken aus Ergebnisgründen zu halten sind (C-Marken) und von welchen Marken man sich trennen sollte.

- *Brand Review/Launch Control:* Die regelmäßigen Brand Reviews haben die Aufgabe, die aktuelle Ergebnis- und Marktsituation darzustellen und ggf. Abweichungen zum Ziel mit entsprechender Analyse aufzuzeigen. Zur Darstellung der Marktsituation der Marken gehören nicht nur quantitative Daten wie Marktanteil, Distribution, Bekanntheit etc., sondern auch qualitative Informationen wie die Ergebnisse von Imageanalysen und Messung der Kommunikation (Advertising Tracking).

  Ein spezielles Instrument ist der Launch Control, der in sehr kurzen Zeitabschnitten bei Einführung eines neuen Produkts die Marktdaten den Zieldaten gegenüberstellt, so dass bei wesentlicher Abweichung kurzfristig die Launch-Aktivitäten noch verändert werden können.

- *Markenwertcontrolling:* Als sehr hilfreich hat sich das Controlling des Markenwerts erwiesen. Über eine Funktion von Deckungsbeitrag und Umsatz werden alle Marken bewertet. Insbesondere in einer längerfristigen Betrachtung lässt sich gut darstellen, wie stark eine Marke ist. Die Markenwertentwicklung von Pril und Somat macht das deutlich. Abbildung 8 zeigt die kontinuierliche Markenwertentwicklung von Pril und die ungleichmäßige Entwicklung bei Somat, wo 2000/2001 ein Relaunch notwendig wurde, der dann zu einer weiteren positiven Markenwertentwicklung führte.

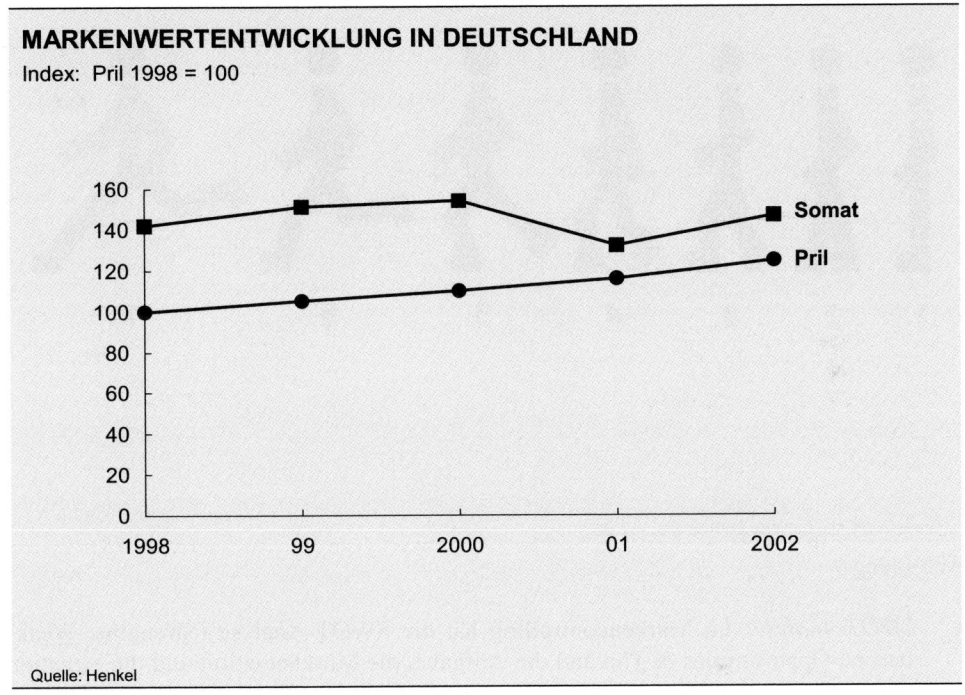

MARKENWERTENTWICKLUNG IN DEUTSCHLAND

Index: Pril 1998 = 100

Quelle: Henkel

Abbildung 8

Die Markenwertdefinition auf der Grundlage ökonomischer Ist-Werte hat allerdings nur bedingte prognostische Aussagekraft. Um einen Blick in die Zukunft werfen zu können, wird die Einstellung der Verbraucher zur künftigen Stärke der Marke einbezogen. Den Weg dazu bietet das Institut für Demoskopie Allensbach. Wenn man über eine positive Geschäftsentwicklung spricht, so verwendet man im allgemeinen Sprachgebrauch die Formulierung „es läuft sehr gut". Im psychologischen Hausfrauen-Panel nutzt das Institut dieses Bild in seiner Frage nach der Geschwindigkeit, mit der eine Marke „läuft". Es setzt dazu folgende Abbildung und Skalierung ein[23] (Abbildung 9).

Die Ergebnisse sind sehr aufschlussreich und insbesondere die Meinungsführer geben einen deutlichen Hinweis darauf, wie dynamisch die Marke im Verbraucherbewusstsein ist. Die Integration dieses „Geschwindigkeitsfaktors" in die Markenwertbetrachtung als prognostischer Wert ist sehr hilfreich.

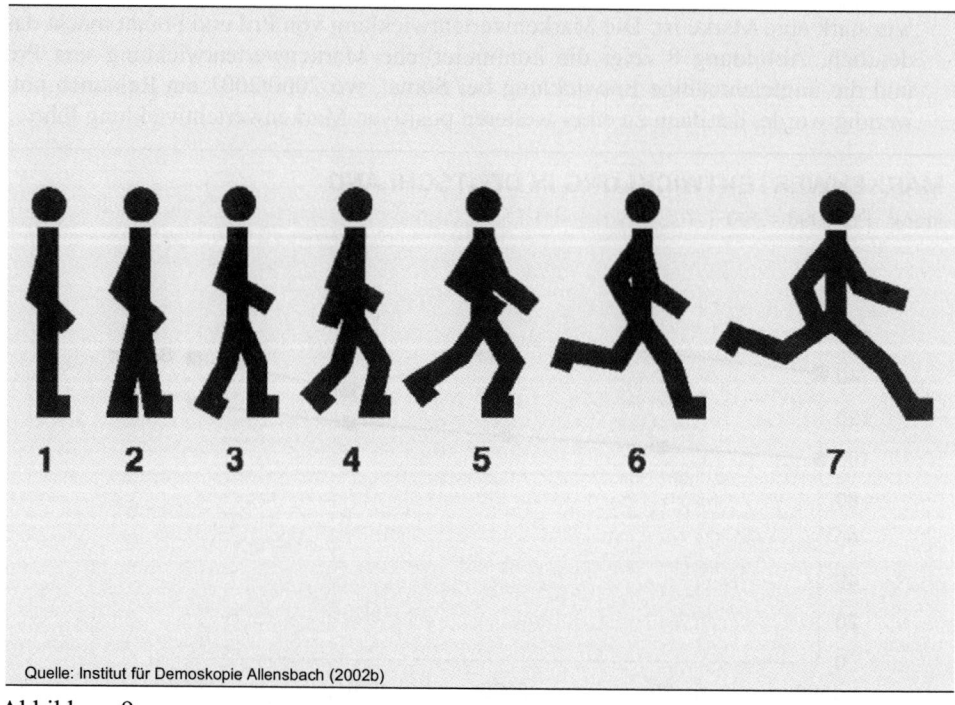

Quelle: Institut für Demoskopie Allensbach (2002b)

Abbildung 9

- *SWOT-Analyse*: Im Markencontrolling hat die SWOT-Analyse (Strengths, Weak-nesses, Opportunities & Threats) die Aufgabe, die Marktsituation und die Situation der Marke für den Planungsprozess zusammenzufassen. Bei der jährlichen Diskussion der Markt- bzw. Teilmarktstrategie sollte eine solche Analyse pro Marke vorliegen, um daraus Ziele und Maßnahmen (OGSM – Objectives, Goals, Strategies, Measurements) für die zukünftige Marktbearbeitung abzuleiten. Mit der SWOT-Analyse erhält man Hinweise darauf, ob das Markenportfolio ausreicht und ob das Potenzial der bestehenden Markenarchitektur ausgeschöpft ist.

4.   Fazit: Starke Marken sind wichtiger denn je

Die Premiummarke Persil und die Value-for-Money-Marke Spee sind ein gutes Beispiel für den Erfolg einer Differenzierungsstrategie. Bei dem Spee-Konzept „clever kaufen" steht im Gegensatz zur „Geiz ist geil"-Argumentation eines großen Elektro-/Elektronikhauses nicht der Preis allein, sondern die Verbindung mit der gebotenen Leistung im

Vordergrund. In Zeiten, in denen der Preis eine größere Rolle spielt, stellt eine starke Marke das entscheidende Asset in der Konsumgüterindustrie dar. Trotz deutlicher Zugewinne der Handelsmarken konnten die beiden starken Herstellermarken Persil und Spee ihre Position verteidigen.

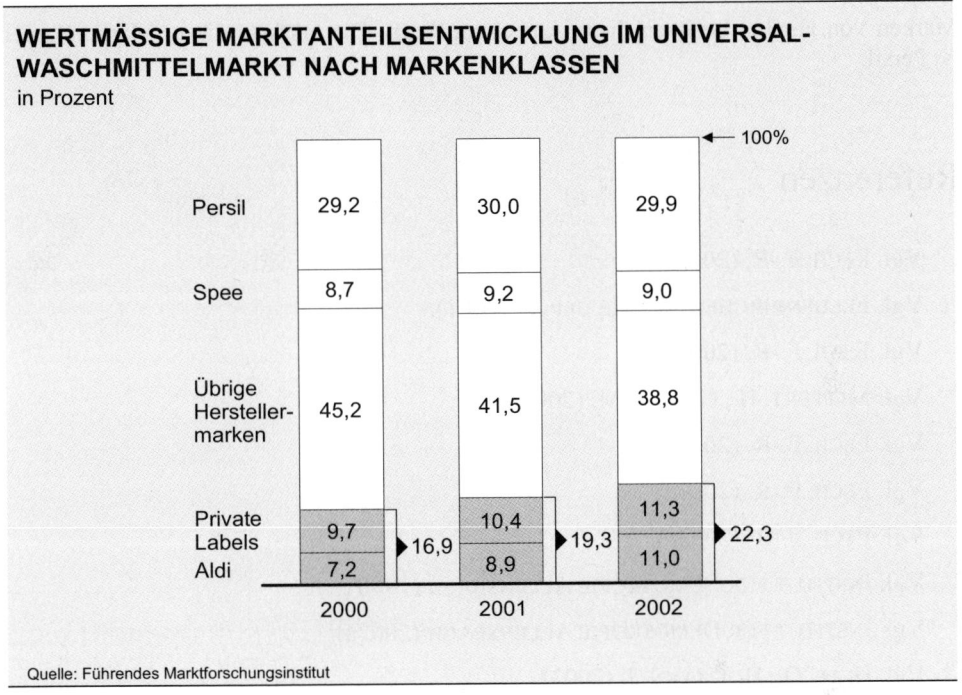

WERTMÄSSIGE MARKTANTEILSENTWICKLUNG IM UNIVERSAL-WASCHMITTELMARKT NACH MARKENKLASSEN
in Prozent

	2000	2001	2002
Persil	29,2	30,0	29,9
Spee	8,7	9,2	9,0
Übrige Hersteller-marken	45,2	41,5	38,8
Private Labels	9,7	10,4	11,3
Aldi	7,2	8,9	11,0
	▶16,9	▶19,3	▶22,3

Quelle: Führendes Marktforschungsinstitut

Abbildung 10

Die Handelsmarken sind austauschbar auch weil ihnen die Kommunikation zum Aufbau einer eigenen Markenpersönlichkeit fehlt. Das Markenbild der Konfitüre (z. B. „Tamara" bei Aldi) wird wie das Waschmittel („Tandil") allein durch den Preis geprägt.

Die Kommunikation ist zum Aufbau der Markenpersönlichkeit und zur Stärkung der Marke von größter Bedeutung. Das betrifft nicht nur die Qualität der Werbung, sondern auch die Höhe des Werbeetats. Da die notwendige kontinuierliche kommunikative Unterstützung heute mit erheblichen Mediakosten verbunden ist, ist die Führung eines Markenportfolios mit ausschließlich starken Marken (am besten Marktführer) der entscheidende strategische Erfolgsfaktor für ein Unternehmen in der Konsumgüterindustrie.

Die Entwicklung der Handelsmarken muss dennoch sehr ernst genommen werden. Deshalb sind in der Konsumgüterindustrie alle Programme, die der Markenstärkung („Brand Enhancement") dienen, von großer Bedeutung. Welche Maßnahmen zur Stärkung im Einzelnen notwendig sind, hängt vom Status der Marke, d. h. vom Ergebnis des Markencontrollings, ab. Alle Maßnahmen müssen jedoch zum Vertrauensgewinn der Herstellermarken beim Verbraucher führen.

„Starke Marken besetzen [...] wertvolle Territorien in den Köpfen der Kunden und erhalten dadurch ihre magische Anziehungskraft."[24]

Marken von Henkel besitzen diese Anziehungskraft. Die stärkste dieser Markenikonen ist Persil.

Referenzen

[1]   Vgl. ESCH, F.-R. (2003a).

[2]   Vgl. FELDENKIRCHEN, W., HILGER, S. (2001).

[3]   Vgl. ESCH, F.-R. (2003a).

[4]   Vgl. MEFFERT, H., GILOTH, M. (2002).

[5]   Vgl. ESCH, F.-R. (2003a).

[6]   Vgl. ESCH, F.-R. (2003a).

[7]   Vgl. ESCH, F.-R. (2003a).

[8]   Vgl. INSTITUT FÜR DEMOSKOPIE ALLENSBACH (1990).

[9]   Vgl. INSTITUT FÜR DEMOSKOPIE ALLENSBACH (2002a).

[10]   Vgl. HUPP, O., HOFMANN, J. (2003).

[11]   Vgl. ESCH, F.-R. (2003a).

[12]   Vgl. ESCH, F.-R. (2003a).

[13]   Vgl. OTTE, T. (1995).

[14]   Vgl. BRANDMEYER, K. (2002).

[15]   Der Genetische Code der Marke®, vgl. BRANDMEYER, K. (2002).

[16]   Vgl. ESCH, F.-R. (2003a).

[17]   Vgl. ESCH, F.-R. (2003a).

[18]   Vgl. KAPFERER, J.-N. (1992).

[19]   Vgl. ESCH, F.-R. (2003a).

[20]   Vgl. ESCH, F.-R. (2003a).

[21] Vgl. BECKER, J. (1994).

[22] Vgl. ESCH, F.-R., (2003a).

[23] Vgl. INSTITUT FÜR DEMOSKOPIE ALLENSBACH, (2002b).

[24] Vgl. ESCH, F.-R. (2003b).

Literaturverzeichnis

BECKER, J. (1994): Typen von Markenstrategien, in: BRUHN, M. (Hrsg.): Handbuch Markenartikel. Band 1, Stuttgart: 1994, S. 463 - 498.

BRANDMEYER, K. (2002): Achtung Marke, Hamburg: 2002.

COURT, D. C., LEITER, M. G., LOCH, M. A. (1999): Brand Leverage, in: The McKinsey Quarterly, No. 2 (1999), S. 100 - 110.

ESCH, F.-R. (2003a): Strategie und Technik der Markenführung, München: 2003.

ESCH, F.-R. (2003b): Marken. Auf der Suche nach Identität, in: FAZ vom 14.04.2003, S. 24.

FELDENKIRCHEN, W., HILGER, S. (2001): Menschen und Marken. 125 Jahre Henkel, Düsseldorf: 2001.

GFK (2003): 22. Unternehmergespräch, Kronberg: 2003.

HUPP, O., HOFMANN, J. (2003): Wann ist eine Marke eine starke Marke?, in: Markenartikel, Vol. 1 (2003), S. 14-18.

INSTITUT FÜR DEMOSKOPIE ALLENSBACH (1990): Messung der „Markenstärke" als psychologischer Erfolgsfaktor im Markt. Interne Studie, Allensbach: 1990.

INSTITUT FÜR DEMOSKOPIE ALLENSBACH (2002a): Die Verteidigung der Marke. Interne Studie, Allensbach: 2002.

INSTITUT FÜR DEMOSKOPIE ALLENSBACH (2002b): Das Psychologische Hausfrauen-Panel, Allensbach: 2002.

KAPFERER, J.-N. (1992): Die Marke. Kapital des Unternehmens, Landsberg/Lech: 1992.

MEFFERT, H., GILOTH, M. (2002): Aktuelle markt- und unternehmensbezogene Herausforderungen an die Markenführung, in: MEFFERT, H., BURMANN, C., KOERS, M. (Hrsg.): Markenmanagement. Grundfragen der identitätsorientierten Markenführung, Wiesbaden: 2002, S. 99 - 132.

OTTE, T. (1995): Die Selbstähnlichkeit der Marke, in: BRANDMEYER, K., DEICHSEL, A., OTTE, T.: Jahrbuch Markentechnik, Frankfurt am Main: 1995, S. 43 - 53.

Wolfgang Reitzle

Marken als strategischer Erfolgsfaktor im Investitionsgütergeschäft

Dr. Wolfgang Reitzle ist Vorsitzender des Vorstands der Linde AG.

1. Die unterschätzte Rolle von Marken im Business-to-Business (B2B)

Im Business-to-Consumer (B2C)-Bereich ist die Bedeutung der Marke und ihre Rolle für die Kaufentscheidung des Kunden unumstritten. Bereits seit vielen Jahren werden Konsummarken in der Theorie erforscht und in der Praxis aktiv geführt. Brand Management ist für Konzerne wie Coca-Cola, Procter & Gamble und Citibank der wesentliche strategische Erfolgsfaktor, dem auch organisatorisch Rechnung getragen wird.

Die Führung der Marken ist zentrale Unternehmensfunktion, der Wissensvorsprung um Bedürfnisse, Wünsche und Neigungen des Kunden strategischer Wettbewerbsvorteil. Von Lindsey Owen-Jones, CEO von L'Oréal, ist bekannt, dass er jeden Vorschlag auf die Frage überprüft, ob er „neu, anders und besser" für den Kunden und für die jeweilige Marke ist.

Im Investitionsgütergeschäft ist diese Fragestellung jedoch genauso gültig: Denn nur durch *Innovationskraft, Differenzierung vom Wettbewerb und nachhaltige Qualitäts- und Leistungsvorteile* sind auch hier langfristige Marken- und somit Unternehmenserfolge zu erzielen.

Zudem unterliegen die Umfeldbedingungen im Geschäft mit Endverbrauchern und professionellen Kunden ähnlichen Einflussfaktoren. Darüber hinaus nimmt die Relevanz von Marken auf Grund der Homogenisierung, der Komplexität und des Preisdrucks deutlich zu.[1]

- *Homogenisierung:* Produkte und Dienstleistungen werden zunehmend vergleichbarer. Selbst wirkliche Innovationen bedürfen einer klaren, differenzierten Positionierung und deutlicher, schneller Kommunikation im Markt. Marken tragen dazu bei, spezifische Produktvorteile nachhaltig und glaubhaft bei den Zielgruppen zu verankern und dabei gleichzeitig das „Time-to-Market" zu verkürzen.

- *Komplexität:* Nur wenige Produkte stehen noch für sich allein oder nur für eine einzelne, klar abgegrenzte Kategorie. War früher noch aus einer einzelnen Ingenieurleistung ein Alleinstellungsvorteil ableitbar, haben wir es heute vermehrt mit komplexen Systemen zu tun, die oft Produkt, Service, Wartung bis hin zur Finanzierung aus einer Hand bieten. Unabhängig davon, ob es sich um ein Siemens-Mobiltelefon mit Vodafone-Vertrag oder eine Siemens-Telefonanlage in einem Regus-Business-Center handelt, die Marke gibt dem Kunden dabei die erforderliche Orientierung.

- *Preisdruck:* Mit abnehmender Produkt- und Prozessdifferenzierung steigt der Preisdruck erheblich. Ein technischer Leistungsvorteil oder objektiv nachvollziehbarer Nutzenunterschied wird immer schwieriger zu fassen. Marken, die sich über lange

Zeit als „neu, anders und besser" charakterisieren lassen, schaffen jedoch Mehrwert, denn sie kumulieren die relevanten Attribute und kommunizieren so auch intangible „Benefits".

Allerdings ist auch der Anteil des Markenwerts am Unternehmenswert bei Industriegüteranbietern mit einem Schnitt von 18 Prozent bei einem Durchschnitt über alle Branchen von 56 Prozent extrem niedrig.[2] Bisweilen wird die Rolle von Marken sogar als „Stiefkind der Marketingwissenschaft" bezeichnet.[3] Die scheinbar untergeordnete Bedeutung von Marken für die Investitionsgüterindustrie lässt sich anhand folgender Kriterien erläutern:

- Organisatorisch ist die Markenführung häufig noch als Teilaufgabe der Kommunikationsabteilung, des Vertriebs oder innerhalb des technisch orientierten Produktmarketings angesiedelt.

- Bereits über die entscheidungs- und kaufrelevanten Kriterien der Kategorie besteht nur selten Transparenz. Marktanalysen beschränken sich auf geografische oder technische Kriterien. Kundensegmentierungen oder die Ermittlung von Kategorietreibern erfolgen meist intuitiv und nur selten über fundierte, objektiv nachvollziehbare und reproduzierbare Marktforschung.

- Die Markenbekanntheit und auch die tatsächlichen Faktoren der Markenentscheidungen, die von unterschiedlichen Zielgruppen getroffen bzw. von Meinungsbildnern beeinflusst werden, lassen sich nur selten systematisch erfassen sowie aktiv und zielgerichtet führen und verfolgen.

In der Organisation wie im Prozessmanagement der Markenführung ist es daher essenziell, zukünftig mit den gleichen analytischen Fähigkeiten und der Rigidität in der Umsetzung vorzugehen, wie das im Investitionsgüterbereich schon heute z. B. im Produktions-, Entwicklungs- oder im Kostenmanagement der Fall ist. Die Effizienz und Effektivität der Markenführung ist strategischer Erfolgsfaktor auch im B2B und wird an Bedeutung zunehmen.

2. Die Funktionen von Marken im Investitionsgütergeschäft

Geht es um die Frage der Dienstwagenbeschaffung als Investitionsentscheidung eines Unternehmens, wird sehr schnell deutlich, wie wichtig Marken auch im Investitionsgütergeschäft sein können. Denn neben den objektiven Kriterien der ökonomisch vernünftigen Auswahl spielen weiche, eher emotionale Faktoren eine, wenn nicht sogar *die* entscheidende Rolle. Dies geht auch deutlich über die verantwortliche Einkaufsabteilung hinaus.

Mag das Automobilbeispiel noch einigermaßen intuitiv erscheinen, erfüllen Marken auch in anderen Industrien des Investitionsgütersektors wesentliche Funktionen bei der Lieferantenauswahl und im Beschaffungsprozess[4] (Abbildung 1).

Abbildung 1

Marken steigern die Informationseffizienz

Marken bieten Wiedererkennung und transportieren Attribute, die in ihrer Herkunft begründet liegen. Durch sie vereinfacht sich die Kommunikation, weil scheinbar „Ungesagtes" wiedererkannt bzw. als Bestandteil der Leistung vorausgesetzt wird.[5]

Häufig ist davon die Rede, dass der persönliche Kontakt zwischen Vertriebsmanager und Einkauf der Erfolgsfaktor im Wettbewerb sei. So gesehen personifiziert also der Vertrieb die Marke und schafft die Voraussetzung für einen direkten Informationsfluss. Bietet der Vertriebsmanager ein neues Produkt an, so kann der Kunde diese Information sofort einordnen.

Die gleiche Systematik gilt auch beim Transfer von Marken. Wenn die Lufthansa heute als wichtiger Anbieter von Hostingleistungen wahrgenommen wird, hängt dies auch mit der immateriellen Information, dem Vertrauensvorschuss als zuverlässige Fluggesellschaft, zusammen.

Marken helfen, Risiko zu reduzieren

Marken schaffen Vertrauen, weil sie Kontinuität gewährleisten. Durch gehaltene Qualitäts- oder Serviceversprechen der Vergangenheit wird Sicherheit in der Einkaufsentscheidung erzeugt. Das materielle Risiko des beschaffenden Unternehmens, aber auch das persönliche Risiko der Entscheider wird gesenkt. Garantie- und Kulanzleistungen, eine funktionierende Ersatzteilversorgung oder die Integration neuer Komponenten in ein bestehendes System sind Beispiele hierfür.[6]

Und dies gilt ebenfalls für den Dienstleistungssektor. Durch die internationale Expansion von Reemtsma zum Beispiel konnte sich auch die Werbeagentur Scholz & Friends als bevorzugte „Lieferantenmarke" für Kommunikationsleistungen ein eigenes Netzwerk insbesondere in Osteuropa aufbauen. Das Risiko der gemeinsamen Expansion war für Reemtsma geringer als das Risiko, sich mit neuen und somit fremden Agenturen diese Märkte zu erschließen.

Marken stiften ideellen Nutzen

Auch im Investitionsgütersektor spielt der ideelle Nutzen eine Rolle. Wenngleich, anders als im Konsumgüterbereich, nicht direkt die emotionalen Bedürfnisse des Kunden im Vordergrund stehen, gibt es einen mehrstufigen Wirkungszusammenhang, der von wesentlicher Bedeutung im Entscheidungsprozess ist.

- Am Dienstwagenbeispiel wird die Rolle für die *Mitarbeiteridentifikation* deutlich. So hat sich auch die Marke Sixt klar durch ihre Fokussierung auf die emotionalen Bedürfnisse von Geschäftsreisenden im deutschen Markt profiliert. Ihre Erfolgsfaktoren waren dabei die Typenauswahl im Produktprogramm, die Präsenz an Flughäfen in der Distribution sowie die zielgerichtete, mitunter provokative Kommunikation, aber eben nicht der objektiv nachvollziehbare Preisvorteil der Vermietungsleistung.

- Auch in der *Außendarstellung des Unternehmens* spielen ideelle Faktoren eine Rolle. Vitra zum Beispiel unterstreicht seine ganzheitliche Designauffassung als Büromöbelhersteller durch die Verpflichtung renommierter Architekten für die Gestaltung seiner Betriebs- und Bürogebäude. Unternehmensberater profilieren sich gegenüber ihren Zielgruppen durch Kooperationen mit anerkannten wissenschaftlichen Instituten.

- Letztlich können B2B-Marken aber auch vom *Reputationstransfer* anderer Marken profitieren.[7] Dies gilt gleichermaßen für Entwicklungskooperationen im Maschinenbau wie für Projektentwickler, die nur mit bestimmten Bauunternehmen zusammenarbeiten. Für den Faserhersteller Gore-Tex hat sich dieses so genannte „Ingredient Branding" bis hin zum Endverbraucher durchgesetzt. Gore-Tex hat so mit seiner Marke einen Standard geschaffen, der in der Textilindustrie seinesgleichen sucht.

3. Das Markenunternehmen Linde

3.1 Linde als Unternehmensmarke

Die Marke Linde entstand im Jahr 1879. Mit der Gründung der „Gesellschaft für Linde's Eismaschinen" in Wiesbaden legte der Wissenschaftler Carl von Linde den Grundstein für den internationalen Technologiekonzern von heute, der in seinen drei Unternehmensbereichen Gas und Engineering, Material Handling und Kältetechnik jeweils führende Marktpositionen besetzt.

Der Gründer ist gleichzeitig Namensgeber und schon früh sorgte er mit seinen Patenten für wegweisende Innovationen in der Kälte- und Gastechnik, die der Marke ihre noch heute gültige Prägung verleihen.

Lead*Ing.* ist Anspruch und Wirklichkeit von Linde zugleich. Denn es ist elementarer Bestandteil der Marke, wissenschaftliche Erkenntnisse mit wegweisenden Ingenieurleistungen zu vereinen. Besonderen Wert legt Linde darauf, in Gesamtlösungen zu denken, um so die jeweiligen Kundenbedürfnisse besser verstehen und individuell erfüllen zu können. Innovationskraft und technologisches Know-how sichern die Technologieführerschaft der Marke Linde so auch in Zukunft (Abbildung 2).

Eine führende Rolle in allen Unternehmensbereichen zu übernehmen, ist das formulierte Ziel des Leitbilds des Linde-Konzerns. Denn die Werte Qualität, Kompetenz und Innovation haben Linde letztlich erfolgreich und zu dem gemacht, was es heute ist.

Dabei ist entscheidend, dass der Nutzen des Kunden die Technik bestimmt und nicht umgekehrt. Im Investitionsgütergeschäft sind zunächst immer Problemlösungen gefragt. Nur mit erstklassigen Produkten und Dienstleistungen wird letztlich den Kunden geholfen, ihre Ziele schneller und besser zu erreichen.

Die Unternehmensmarke Linde schafft dafür den gemeinsamen Nenner. Das Gütesiegel „Made by Linde" wird zum verbindenden Element in der Außen- wie in der Innenwirkung. Linde erfüllt die wesentlichen Markenfunktionen für alle seine Kunden, aber eben auch für die Mitarbeiter in allen Unternehmensbereichen.

In Wirtschaftskreisen verfügt die Unternehmensmarke Linde als DAX-30-Wert über einen hohen Bekanntheitsgrad. Doch mit Bekanntheit und Werten allein verkauft man letztlich keine Stapler, kein Gas, keine Engineering-Leistung und auch keine Kühlgeräte.

Lead *(= front position)* [liːd]
Spitzenposition *f*; *(= leading position)* Führung *f*, Leitung *f*;
to be in the ~, to have the ~ an der Spitze stehen, führen(d sein);
to take the ~ a) die Führung übernehmen, sich an die Spitze setzen, b) die Initiative ergreifen,
c) vorangehen, neue Wege weisen

Ing. *(= Ingenieur)* [ɪnʒeˈniøːɐ]
1. Dt. Abkürzung für Ingenieur
2. In der Kombination „Dipl.-Ing." akademischer Titel; dt. Hochschuldiplom für technische
Studiengänge

Lead*Ing*.

Abbildung 2[8]

Diese Einsicht ist simpel, jedoch wichtig, bricht sie doch mit dem immer noch weit verbreiteten grundsätzlichen Paradigma, dass man nur ausreichend Markenpräsenz im Vertrieb, auf Messen und im Sponsoring zeigen muss, damit man in den „Relevant Set" der
Einkaufsentscheider kommt.

Denn nicht die Präsenz des Logos oder des Namens der Unternehmensmarke allein ist
schließlich entscheidend, sondern die Relevanz der Attribute, die die Marke verkörpern.
Und zwar für die einzelne Zielgruppe: das Buying Center, die Nutzer, die Meinungsführer im Unternehmen der potenziellen Kunden und darüber hinaus.

So wird die Unternehmensmarke Linde von anderen Attributen geprägt als die Marke im
Bereich Material Handling, im Bereich Gas und Engineering oder in der Kältetechnik.
Interdependenzen und Überstrahlungseffekte sind nicht von der Hand zu weisen und
letztlich im Sinne der Unternehmensmarke und des Namens der Aktie durchaus wert-
stiftend und wünschenswert. Die Wahrnehmung der Marke Linde für den Analysten
einer Investmentbank unterscheidet sich in ihren Ausprägungen jedoch deutlich von der
des Transportunternehmers in Südspanien oder der des Bauleiters einer Großmarktkette
in Polen.

3.2   Linde als Produktmarke

Wie auch in der Konsumgüterindustrie ist es nicht ausreichend, die Dach- oder Herstel-
lermarke allein zu positionieren. In jedem Subsegment muss die Marke kompetitiv
geführt werden. Das Brand Management muss sich den Anforderungen des jeweiligen

Produktmarkts individuell stellen. Denn letztlich entscheidend ist die Frage nach der Markenrelevanz, der Komplexität und dem Prozess von Auswahl- und Kaufentscheidungen im jeweiligen Produktmarkt. Vor allem hier muss die Marke ihre Kernfunktionen nah am Produkt und an der Dienstleistung für den Kunden erfüllen.

Gas und Engineering

Der Geschäftsbereich Linde Gas ist der führende Anbieter von Industrie- und Medizingasen in Europa und zählt weltweit zur Spitzengruppe. Um diese Position zu festigen, setzt Linde gezielt auf Märkte mit Potenzial. Im Blickpunkt dabei: das Segment On-site, bei dem Großverbraucher von Linde Gas mit Industriegasen aus Anlagen versorgt werden, die von Linde Engineering gebaut wurden und die direkt beim Kunden vor Ort stehen. Weitere wichtige Wachstumsfelder sind die Sparte Healthcare, also das Geschäft mit medizinischen Gasen, sowie zukunftsträchtige Technologien und Anwendungen wie der Einsatz von Wasserstoff als umweltfreundlicher Kraftstoff.

Im Anlagenbau plant und baut Linde schlüsselfertige Industrieanlagen für verfahrenstechnische Projekte in den verschiedensten Bereichen: für die Petrochemie und die chemische Industrie, für Raffinerien und Düngemittelfabriken, zur Gewinnung von Luftgasen, zur Erzeugung von Wasserstoff und Synthesegasen, zur Erdgasbehandlung sowie für die pharmazeutische Industrie, für die Kryotechnik und den Umweltschutz – eine Fülle von Aufgaben, die hohe Anforderungen an Ingenieure, Wissenschaftler und Management stellen.

Die beiden bisher schon erfolgreichen Geschäftsbereiche hat Linde so miteinander verzahnt, dass sie in ausgesuchten Marktsegmenten gemeinsam noch profitabler betrieben werden können.

Material Handling

Starke Marken und führende Technologien – auf dieser stabilen Grundlage besetzt Linde im Unternehmensbereich Material Handling hervorragende Wettbewerbspositionen.

Mit den drei Marken Linde, STILL und OM PIMESPO sowie dem strategischen Partner Komatsu zählt der Linde-Konzern zu den weltweit größten Herstellern von Flurförderzeugen. Als einer der wenigen Wettbewerber bietet Linde ein komplettes Produktprogramm: Stapler mit Verbrennungsmotor, Elektrostapler und Lagertechnikgeräte.

Mit technologisch führenden Produkten und umfassenden Service- und Dienstleistungsangeboten, die von der Finanzierung bis zum kompletten Flottenmanagement reichen, schafft Linde die Voraussetzung für eine erfolgreiche Geschäftsentwicklung.

Kältetechnik

Die Marktführerschaft in Europa im Unternehmensbereich Kältetechnik basiert auf innovativen Produkten, umfassender Kompetenz und enger Kundenorientierung. Unsere Produkte erfüllen drei anspruchsvolle Kriterien: führendes Design, größtmögliche Umweltverträglichkeit, möglichst niedriger Energieverbrauch.

Linde liefert gewerbliche Kühl- und Tiefkühlmöbel und die dazugehörige Kältetechnik für alle Bereiche des Lebensmittelhandels. Mit Vorsprung in Forschung und Entwicklung setzt Linde Maßstäbe in Design, Wirtschaftlichkeit und Umweltschutz. Als einziger Wettbewerber bietet Linde diese Turn-Key-Kompetenz auch in den aufstrebenden Märkten Osteuropas, Asiens und Südamerikas. Auf Basis des globalen Key-Account-Managements entwickelt Linde gemeinsam mit Kunden auf deren jeweilige Anforderungen zugeschnittene Gesamtlösungen.

4. Strategische Markenführung am Beispiel Linde Material Handling

Für den Linde-Konzern sind Marken ein strategischer Erfolgsfaktor. Innerhalb des Geschäftsbereichs Material Handling wird dies besonders deutlich.

Mit den drei Marken Linde, STILL und OM PIMESPO deckt der Linde-Konzern ein breites Spektrum im Markt für Flurförderzeuge in Europa ab. Dieses klare Bekenntnis zur Mehrmarkenstrategie beruht auf der Erkenntnis, dass aus Sicht der Kunden- und Bedürfnissegmentierung ausreichend Raum für die Marktbearbeitung mit drei konzerneigenen Marken besteht. Mit jährlich über 100.000 verkauften Staplern und Lagertechnikgeräten steht die Linde-Gruppe heute auf Platz 1 in Europa. Umso wichtiger also, dass die Markenprofile auch in Zukunft weiter geschärft werden.

Dabei ist es entscheidend, dass der Linde-Konzern mit jeder Marke unterschiedliche Positionierungen besetzt, um interne Kannibalisierungen möglichst gering zu halten. Und darüber hinaus muss sich jede der Marken selbstverständlich auch gegenüber dem Wettbewerb differenzieren.

Diesen markentechnischen Balanceakt gilt es, detailliert zu verstehen und aktiv zu steuern: in jedem Produktsegment und in den verschiedenen lokalen Märkten.

Dies geschieht bei Linde systematisch. Grundlage bildet eine europäische Segmentierung und eine präzise Analyse des Kaufentscheidungsprozesses für die Linde-Marken sowie für die wichtigsten Konkurrenzmarken. Mit Hilfe intensiver Marktforschung sowie regelmäßiger Trackings und Maßnahmencontrollings wird der Fortschritt, aber auch die Positionsverteidigung überwacht und bei Bedarf gegengesteuert.

Das Zentrale Marketing des Unternehmensbereichs Material Handling spielt hierbei eine wesentliche Rolle. Es fungiert gleichsam als Moderator zwischen den unterschiedlichen Markenorganisationen und entwickelt und implementiert Studien sowie Marketingpläne. Die Entwicklung der Maßnahmen findet im permanenten Dialog zwischen Zentrale, Markenorganisation und lokaler Landesgesellschaft statt. Das Zentrale Marketing muss dabei zwischen den Markenorganisationen neutral und objektiv vermitteln. Denn so wichtig es ist, interne Kannibalisierung zu vermeiden, so hilfreich kann interner Wettbewerb um die besseren Ideen sein.

Linde

Linde ist die Premiummarke im europäischen Markt für Flurförderzeuge. Eine jüngst durchgeführte europaweite Erhebung zu Markenstärke und Kundenzufriedenheit hat bewiesen, dass Linde im Gesamtmarkt den „Goldstandard" aus Kundensicht setzt.

Dies liegt einerseits in der langen Historie, andererseits in der hohen Innovationskraft und dem Qualitätsstandard der Marke begründet. Einen nicht unwesentlichen Faktor stellen auch die professionellen und lang eingespielten Händlerstrukturen dar, über die Linde in allen Märkten verfügt.

In Frankreich und England wurden die beiden marktführenden Marken Fenwick und Lansing erfolgreich in die Markenorganisation Linde integriert.

- So tritt Fenwick in Frankreich weiterhin unter dem eigenen Namen auf, bekennt sich als „Mitglied der Linde-Gruppe" jedoch klar zur Muttergesellschaft. Dies liegt darin begründet, dass der Markenname Fenwick zur generischen Kategoriebezeichnung für Gegengewichtsstapler in Frankreich geworden ist und ein direkter Transitionsprozess so eher hinderlich denn hilfreich gewesen wäre.

- In England wurde der Lagertechnikhersteller Lansing in der Form integriert, dass die Gesellschaft jetzt unter dem Doppel-Logo Linde-Lansing firmiert. Damit wird die europäische Technologie- und Qualitätsführerschaft mit den traditionellen Attributen des nationalen englischen Herstellers ideal verknüpft.

Deutlich wird die Markenstärke von Linde auch bei Betrachtung der Interdependenzen unterschiedlicher Produktkategorien. Seit der Gründung des Unternehmens gehen vom angestammten Geschäft mit Gegengewichtsstaplern erhebliche Überstrahlungseffekte auf die Produkte der Lagertechnik einher. So beweisen Markenuntersuchungen, dass Kunden, die über mindestens einen Großstapler aus dem Linde-Programm in ihrem Fuhrpark verfügen, insbesondere die kleineren Deichselhubwagen deutlich besser bewerten als Kunden, die Linde-Produkte nur in dieser Produktkategorie im Bestand haben. Im Ergebnis zeigt sich dies in Form von wesentlich gesteigerten Abschlussraten beim Erstkauf sowie in sehr viel besseren Loyalitätsraten für Linde-Produkte gegenüber den meisten Wettbewerbern.

STILL

Seit 1973 gehört die Marke STILL zum Markenportfolio von Linde Material Handling. Traditionell stark im Bereich Gegengewichtsstapler mit elektrischem Antrieb, deckt STILL heute das gesamte Produktportfolio an Flurförderzeugen in Europa ab. Fokus der stark durch werkseigene Niederlassungen geprägten Vertriebs- und Servicestruktur ist das Angebot kompletter Dienstleistungspakete für die innerbetriebliche Logistik, das deutlich über die Produktion, Lieferung und Wartung von Flurförderzeugen hinausgeht.

So reicht das STILL-Produkt- und -Servicesortiment von branchenspezifischen Komplettlösungen für große und kleine Betriebe bis hin zu computergestützten Logistikprogrammen für effektives Lagermanagement.

Die individuelle Lösung des logistischen Problems eines jeden Kunden bildet den Schwerpunkt der Marke STILL. Voraussetzung dafür ist auch hier die genaue Kenntnis der Kundenbedürfnisse, sei es auf spezifischer, nationaler oder internationaler Key-Account-Ebene. Durch Kaufprozessanalysen und die Identifikation von Markentreibern in den jeweiligen Produktkategorien werden die relevanten intangiblen Markenattribute, aber auch konkrete Produkt- und Servicefeatures erhoben. Durch gezielte Marketing- und Vertriebsprogramme können kurz- bis mittelfristige Verbesserungen erreicht werden. Aber auch längerfristige Maßnahmen wie Neuproduktentwicklungen im Fahrzeug- und Servicebereich werden durch diese Untersuchungen angestoßen und begleitet.

So wurde im Rahmen des STILL-Partner-Plans ein für die Branche völlig neuartiges Dienstleistungsangebot geschaffen, das diese Positionierung unterstreicht. Wie in einem Modulbaukasten werden kundenindividuelle Lösungen kombiniert, die das STILL-Hardware-Angebot um die entsprechende Software passgenau ergänzen. Dahinter steckt eine Reihe leistungsfähiger Dienstleistungsprodukte, die der Marke STILL als „Premium Logistics Solutions Provider" ihr einzigartiges Profil verleihen. Folgende Produkte seien beispielhaft genannt:

- Der STILL-FleetManager ist ein neues, eigens für Flurförderzeuge konzipiertes System, mit dem Fuhrparks noch effizienter und bedarfsorientierter geführt und eingesetzt werden können.

- Das STILL-Stapler-Leit-System (SLS) unterstützt und entlastet den gesamten Bereich „Materialfluss". So werden zum Beispiel die Integration, Organisation und Rationalisierung sämtlicher Transportaufgaben ermöglicht.

- Das Lagerverwaltungssystem LVS von STILL hat für die optimale Lagerhaltung eine besonders wichtige Funktion. So ermöglicht die LVS-Datenbank u. a. eine nach Lagerplätzen geordnete Verwaltung der Artikel, der Mengen und zahlreicher produktrelevanter Informationen.

OM PIMESPO

1951 begann OM (Officine Mecchaniche) als Tochtergesellschaft des FIAT-Konzerns mit der Projektierung, Konstruktion und dem Verkauf von Gabelstaplern. Zehn Jahre später, im Jahr 1961, erfolgte die Gründung der „Piccola Industria Meccanica sul Po", Pimespo, der Herstellerfirma von Lagertechnikgeräten. 1992 erwirbt die Linde-Gruppe die Mehrheit an FIAT OM, die ihrerseits in der Zwischenzeit PIMESPO übernommen hatte.

Unter dem Slogan „designed to work" bietet die Marke OM PIMESPO, mittlerweile ohne den Namensbestandteil FIAT, zuverlässige Gabelstapler und Lagertechnikgeräte zu einem absolut konkurrenzfähigen Preis-Leistungs-Verhältnis an. Mit dieser Positionierung ist OM PIMESPO seit langem Marktführer in Italien. Aber auch in anderen europäischen Märkten ist OM PIMESPO mit eigenen Niederlassungen präsent und ergänzt mit ihrer „Value-for-money"-Strategie auf sinnvolle Weise das Angebot im Markenverbund von Linde Material Handling.

Dem traditionellen Produktionsstandort Bari in Süditalien kommt dabei eine besondere Rolle zu. Im Rahmen des neuen internationalen Fertigungsverbunds der Linde-Gruppe werden die erst im Jahre 2001 aufwendig modernisierten Strukturen im Werk Bari für mehrere Konzernmarken genutzt. Hierin eingeschlossen wird insbesondere auch die Marke unseres strategischen Kooperationspartners Komatsu, dessen Produktpalette das Angebot der Linde-Gruppe im asiatischen Raum ideal ergänzt.

Über die markenübergreifende Produktion hinaus ist eine stärkere Bündelung des technischen Know-hows vorgesehen. Der Anteil der Konzernkomponenten in den Produkten soll sich über alle Marken hinweg mindestens verdoppeln. Dies betrifft vor allem Antriebs- und Elektronikkomponenten sowie Hubmasten.

Umso wichtiger ist es daher, dass Marketingentscheidungen schon in der Produktentwicklung dem Differenzierungsgedanken aller Konzernmarken Rechnung tragen und zu keinem Zeitpunkt zu „Gleichmacherei" in der Produktwahrnehmung durch den Kunden führen. Denn selbst bei vergleichbaren Komponenten und Produktionsprozessen ist es für Linde Material Handling eine unabdingbare Notwendigkeit, die Eigenständigkeit und den Charakter jeder der Marken zu erhalten, um im B2B, d. h. von den Investitionsentscheidern hinsichtlich ihres Nutzens differenziert wahrgenommen werden zu können.

5.   Fazit

Für Linde sind Marken ein strategischer Erfolgsfaktor im Investitionsgütergeschäft, wobei die Marke selbst immer nur der Ausgangspunkt sein kann. Denn nur die strategische, konzeptionell und analytisch saubere Führung der Marke bringt letztlich den Erfolg.

Und auf Grund dessen ist es durchaus hilfreich, auf Instrumente und Verfahren des Konsumgütersektors aufzusetzen und diese im B2B-Umfeld zielgerichtet weiterzuentwickeln.

Auch organisatorisch muss der Markenführung entsprechend Rechnung getragen werden. Brand Management ist Chefsache, Markenportfolioentscheidungen sind von der

Konzernzentrale zu treffen, die Umsetzung in Entwicklungs-, aber auch in Vertriebs- und Marketingstrategien sind aktiv zu begleiten und ihre Ergebnisse kontinuierlich zu überprüfen.

Jede erfolgreiche Markenpolitik lebt von ihrer Eindeutigkeit und Nachvollziehbarkeit. Dazu müssen ihre Ziele und Ausprägungen objektiviert und messbar gemacht werden. So emotional eine Marke wahrgenommen werden mag, so viel Management-Know-how bedarf es, sie gerade im Investitionsgütergeschäft langfristig und erfolgreich zu führen.

Bei Linde tun wir das seit 1879.

Referenzen

[1]   Vgl. PERREY, J., SCHRÖDER, J. (2002).

[2]   Vgl. SATTLER, H., PRICEWATERHOUSECOOPERS (2001).

[3]   Vgl. KEMPER, A. C. (2000).

[4]   Vgl. FISCHER, M., HIERONIMUS, F., KRANZ, M. (2002).

[5]   Vgl. CASPAR, M., HECKER, A., SABEL, T. (2002).

[6]   Vgl. BACKHAUS, K. (1999).

[7]   Vgl. FRETER, H., BAUMGARTH, C. (1999).

[8]   LINDE AG (2002).

Literaturverzeichnis

BACKHAUS, K. (1999): Industriegütermarketing, 6. erw. und überarb. Aufl., München: 1999.

CASPAR, M., HECKER, A., SABEL, T. (2002): Markenrelevanz in der Unternehmensführung – Messung, Erklärung und empirische Befunde für B2B-Märkte, in: MCM/McKinsey: Reihe zur Markenpolitik (2002), Arbeitspapier Nr. 4.

FISCHER, M., HIERONIMUS, F., KRANZ, M. (2002): Markenrelevanz in der Unternehmensführung – Die Bedeutung von Marken in unterschiedlichen Branchen und Konsumgütermärkten, in: MCM/McKinsey: Reihe zur Markenpolitik (2002), Arbeitspapier Nr. 1.

FRETER, H., BAUMGARTH, C. (1999): Ingredient Branding – Begriff und theoretische Begründung, in: ESCH, F. R. (Hrsg.): Moderne Markenführung: Grundlagen – innovative Ansätze – praktische Umsetzungen, Wiesbaden: 1999, S. 289 - 315.

KEMPER, A. C. (2000): Strategische Markenpolitik im Investitionsgüterbereich, Diss., Köln: 2000.

LINDE AG, (2002): Geschäftsbericht 2002.

PERREY, J., SCHRÖDER, J. (2002): Lohnen sich Investitionen in die Marke? – Die Relevanz von Marken für die Kaufentscheidung in B2B-Märkten, in: MCM/McKinsey-Broschüre (2002).

SATTLER, H., PRICEWATERHOUSECOOPERS (2001): Praxis von Markenbewertung und Markenmanagement in deutschen Unternehmen, 2. Aufl., Frankfurt am Main: 2001.

Hajo Riesenbeck/Jesko Perrey

Bewertung und Gestaltung von Marken

Hajo Riesenbeck ist Director bei McKinsey & Company, Inc. Dr. Jesko Perrey ist Associate Principal bei McKinsey & Company, Inc.

1. Die Bedeutung von Marken

Konsumenten verbinden mit erfolgreichen Marken unverwechselbare positive Eigenschaften – Vertrauen und Wertschätzung schlagen sich in der Kaufentscheidung nieder. Die Folge sind eine erhöhte Kauf- und Zahlungsbereitschaft für Marken- gegenüber Nichtmarkenprodukten und -dienstleistungen. Die Kapitalmärkte honorieren diese Vorteile: McKinsey hat den Zusammenhang von Markenstärke und Total Return to Shareholder (TRS) anhand von über 50 Marken untersucht. Das Ergebnis ist eindeutig: Im Vergleich zum Marktdurchschnitt erzielten Unternehmen mit starken Marken zwischen 2000 und 2001 einen um 2,6 Prozentpunkte höheren TRS. Bei Unternehmen mit profilschwächeren Marken lag der TRS dagegen 6,9 Prozentpunkte unter dem Durchschnitt.[1]

Entsprechend wurden allein in Deutschland im Jahr 2002 insgesamt rund 30 Milliarden EUR in den Aufbau und die Führung von Marken investiert (Bruttowerbeinvestitionen[2]). Doch die Aufnahmefähigkeit der Konsumenten ist begrenzt. Gegen große Teile des Werbearsenals zeigen sich die Verbraucher zunehmend immun. So ging bspw. in einem McKinsey-Klientensample die durchschnittliche spontane Werbeerinnerung zwischen 1998 und 2000 um 18 Prozent zurück, während das Werbevolumen des Unternehmens im selben Zeitraum um 10 Prozent gestiegen war. Effektivität und Effizienz der Marketingausgaben kommen damit mehr und mehr auf den Prüfstand.

Ansätze sowohl zur monetären Bewertung von Marken als auch zu Quantifizierung der Wirksamkeit der Maßnahmen des Markenmanagements sind daher zunehmend gefragt und in der Diskussion. Dieser Beitrag diskutiert kurz die wesentlichen Herausforderungen bei der Bewertung von Marken, stellt einige Ansätze vor, um dann das Konzept von McKinsey zur systematischen Bewertung und Gestaltung von Marken zu erläutern: die McKinsey-MarkenMatik®.

2. Markenbewertungskonzepte in Wissenschaft und Praxis

Die zunehmende Bedeutung des Themas Markenbewertung für Unternehmen hat eine Vielzahl von Ansätzen entstehen lassen. Mittlerweile liegen über 20 unterschiedliche Konzepte vor.[3] Dass es so viele unterschiedliche Modelle gibt, hat mehrere Gründe. Zum einen sind Forschung und Praxis bei diesem speziellen Marketingthema nach wie vor im Entwicklungsstadium. Zum anderen müssen die Konzepte ganz unterschiedliche Anforderungen erfüllen (siehe Abbildung 1). Welches Markenbewertungskonzept jeweils geeignet ist, hängt im Wesentlichen von drei Fragen ab: (1) Welchem Zweck dient die Bewertung, z. B. einer Unternehmensbewertung im Rahmen einer Übernahme oder der Unterstützung von Entscheidungen des Markenmanagements? (2) Wer sind die Zielgruppen der Analyse, z. B. Aktionäre oder Management? (3) Was wird bewertet, z. B. Einzelmarke oder Unternehmensmarke?

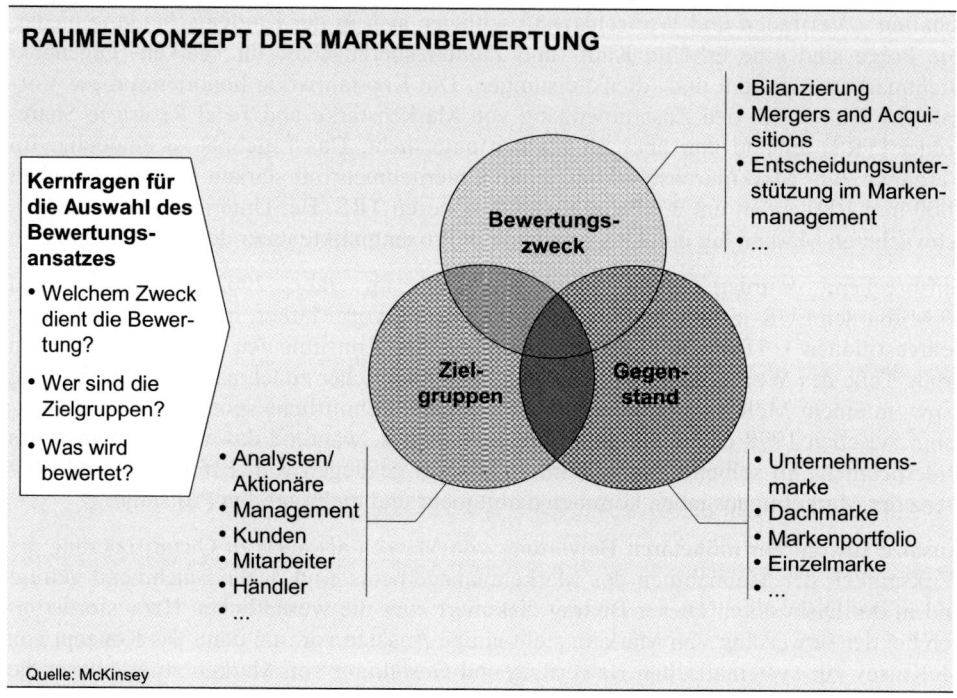

RAHMENKONZEPT DER MARKENBEWERTUNG

Kernfragen für die Auswahl des Bewertungsansatzes

• Welchem Zweck dient die Bewertung?

• Wer sind die Zielgruppen?

• Was wird bewertet?

Bewertungszweck

• Bilanzierung
• Mergers and Acquisitions
• Entscheidungsunterstützung im Markenmanagement
• ...

Zielgruppen

Gegenstand

• Analysten/ Aktionäre
• Management
• Kunden
• Mitarbeiter
• Händler
• ...

• Unternehmensmarke
• Dachmarke
• Markenportfolio
• Einzelmarke
• ...

Quelle: McKinsey

Abbildung 1

Hinsichtlich des Bewertungszwecks lassen sich grundsätzlich zwei Typen von Bewertungskonzepten unterscheiden: finanzwirtschaftlich orientierte und marketing- bzw. verhaltensorientierte Ansätze[4]. Marketingorientierte Bewertungsmodelle versuchen zu erklären, warum ein hoher bzw. niedriger Markenwert zu Stande gekommen ist und welche Maßnahmen zu einer Erhöhung des Markenwerts einzuleiten sind. Bei finanzwirtschaftlichen Konzepten geht es dagegen primär um ein Maß, das den Wert einer Marke in einer monetären Größe ausdrückt. Dies dient vor allem Fragen der Bilanzierung oder Bewertung von Unternehmen.

Die monetär orientierten Bewertungsmodelle bilden gegenwärtig den Schwerpunkt der Diskussion. Im Folgenden werden daher drei der wichtigsten Ansätze kurz vorgestellt.

2.1   Brand Valuation Model von INTERBRAND

Das Brand Valuation Model ist das in der Öffentlichkeit wohl bekannteste monetäre Bewertungsmodell. Alljährlich veröffentlicht INTERBRAND sein internationales Markenwert-Ranking. Das Brand Valuation Model berücksichtigt sieben Faktoren. Dazu gehören: Marktführerschaft (u. a. Marktanteil), Marktstabilität (u. a. Historie, aktuelle Position, künftige Entwicklung), Marketingunterstützung (u. a. Werbung, Verkaufsförderung) und rechtlicher Schutz der Marke. Für jeden Faktor kann die Marke eine maximale Punktzahl erreichen.

Diese Werte fließen, entsprechend ihres Einflusses gewichtet, in die Ermittlung eines Gesamtpunktwerts ein, der die Gesamtstärke der Marke misst. Anschließend wird der so ermittelte Punktwert der Marke ins Verhältnis gesetzt zu einer S-förmigen Kurve und ein Multiplikator abgeleitet. Der S-förmige Verlauf der Kurve, die das Verhältnis zwischen Markenstärke und Multiplikator abbildet, stützt sich auf INTERBRANDS Markterfahrung und wurde auf Grund fehlender Transparenz des Vorgehens vielfach kritisch hinterfragt.[5]

Im vierten und letzten Schritt wird der Multiplikator mit einem Ertragswert zu einem Markenwert verknüpft. Der Ertragswert ist der Durchschnittsgewinn der letzten drei Perioden nach Zinsen und Steuern. Dieses Vorgehen kann allerdings dazu führen, dass Marken, die noch keinen Gewinn schreiben, einen negativen Markenwert erzielen.[6]

INTERBRAND versucht die Komplexität der Marke mit Hilfe eines breit angelegten Kriterienkatalogs zu erfassen. Problematisch ist hierbei die Verwendung zahlreicher subjektiver Kriterien, die zudem auf Schätzungen basieren. Intransparent erscheinen ebenfalls die Verknüpfungen und Gewichtungen der Faktoren sowie die willkürliche Festlegung des Verlaufs der S-Kurve.[7]

2.2   Brand Equity Evaluation System (BEES) von BBDO

Das Brand Equity Evaluation System (BEES) von BBDO ist ein mehrstufiges Faktormodell mit acht Bestimmungsgrößen. Dazu zählen: die Umsatzentwicklung einer Marke als Indikator für ihr Absatzpotenzial (1), die Umsatzprofitabilität als Indikator für die Werthaltigkeit des Umsatzes (2), die Entwicklungsperspektive einer Marke basierend auf Analystenmeinungen, die als Indikator für das Wertpotenzial der Marke zu einer Kennziffer zusammengefasst werden (3), der Anteil des Auslandsumsatzes als Indikator für die internationale Ausrichtung der Marke (4), die für die Marke aufgewendeten Werbemittel als Indikator für die werbliche Unterstützung (5), der Umsatzanteil der betrachteten Marke im Verhältnis zum Umsatz des Branchenführers als Indikator für die Markenstärke innerhalb der Branche (6), die Attraktivität der Marke aus Sicht der Stakeholder als Indikator für das Image der Marke (7) und der Vorsteuergewinn als Indikator für das

Wertpotenzial einer Marke (8). Die ersten drei Indikatoren werden, gewichtet, zum Faktor „Markenqualität" zusammengefasst. Dieser charakterisiert das Markenumfeld.

Dieses Markenumfeld wiederum wird mit den nächsten vier Bestimmungsfaktoren zu einem Gesamtwert zusammengeführt, der als Gewichtungsfaktor für den durchschnittlichen, gewichteten Vorsteuergewinn der letzten drei Jahre, den so genannten Basisfaktor, fungiert.[8] Daraus entsteht der Wert für den monetären Markenwert.[9]

Das Modell ermöglicht eine branchendifferenzierende Vorgehensweise. Die Daten für eine solche Bewertung sind in der Regel leicht zugänglich, so dass die Bestimmung des Markenwerts relativ leicht erfolgen kann. Problematisch sind allerdings die verschiedenen Gewichtungs- und Aggregationsstufen, die ein objektives Ergebnis erschweren. Zudem eignet sich dieses Modell nur für Corporate Brands, nicht für Submarken.[10]

2.3   Brand Performancer von ACNIELSEN

ACNIELSENS „Brand Performancer" kombiniert stärker als die beiden vorhergehenden Ansätze finanzwirtschaftliche und marketingorientierte Aspekte. Er setzt sich aus vier Grundelementen zusammen: dem Brand Monitor, dem Brand Value System, dem Brand Steering System und dem Brand Control System.

Der modulare Aufbau ermöglicht es, die Markenwertmessung durch Analysen für die Markensteuerung, die finanzielle Markenbewertung und die Kontrolle der Markenführung zu ergänzen. So soll das Modell relevante und individuell auf den Bedarf des jeweiligen Marketingentscheiders zugeschnittene Informationen liefern.

Der Brand Monitor basiert auf neun Größen: Marktvolumen, Marktanteil, Marktanteilswachstum, Marktwachstum, relativer Marktanteil, Marken im Relevant Set, gewichtete Distribution, Markentreue und Markenbekanntheit. Diese Kriterien gehen als gewichtete Werte in einen Indikator der absoluten Markenstärke ein, der maximal 1.000 Punkte erreichen kann. Die relative Markenstärke wird dann bestimmt, indem die eigene absolute Markenstärke ins Verhältnis zur Summe der absoluten Markenstärken der Wettbewerber gesetzt wird.

Die Ermittlung des monetären Markenwerts erfolgt im Modul Brand Value System. Dabei wird das geschätzte Marktvolumen mit der jährlichen Umsatzrendite multipliziert, um das Ertragspotenzial des gesamten Markts zu berechnen. Daraus wird der Markenwertanteil der betrachteten Marke berechnet, indem man dieses Ertragspotenzial mit der relativen Markenstärke multipliziert. Die Berechnung des Markenwerts erfolgt dann durch eine Ewige-Rente-Diskontierung des Markenwertanteils mit einem Kapitalisierungszinssatz.[11]

Im Brand Steering System bewertet Nielsen die Marketingaktivitäten des Unternehmens im Vergleich zum Wettbewerb. Das Brand Control System schließlich ermöglicht eine

Marketing- und Werbekontrolle nach innen: Die Investitionen werden in Beziehung zur erreichten Markenstärke gesetzt.

Wie nahezu sämtliche Ansätze der Markenbewertung lässt sich auch das ACNIELSEN-Modell nicht vollständig objektivieren. So fließen insbesondere in Faktoren wie die Schätzung des Marktvolumens subjektive Einflüsse ein. Die Kundenperspektive wird hier zudem nicht hinreichend berücksichtigt, da nur die Größen Markenbekanntheit und Relevant Set in das Modell einbezogen werden.[12]

2.4   Würdigung der Konzepte

Die Liste der monetären Markenbewertungsmodelle ließe sich beliebig fortführen. Ein Standardmodell hat sich bisher jedoch noch nicht herausgebildet. Das hat verschiedene Ursachen.

So sind viele Konzepte nur wenig bekannt, zum anderen sind sie in ihren Ergebnissen widersprüchlich. Nicht wenige der Konzepte sind hoch komplex und in ihrer Berechnung wenig objektivierbar bzw. transparent. Wie undurchdringlich der „Konzepte-Dschungel" gegenwärtig noch ist, belegt eine Umfrage von SIMON & GOETZ. Viele der erarbeiteten Konzepte sind in den Managementetagen kaum bekannt. So gaben nur 1 Prozent der befragten Manager an, das Konzept „Brand Evaluation" von SEMION zu kennen. Am häufigsten genannt wurde das Konzept „Brand Valuation" von INTERBRAND – doch selbst das war nur jedem zehnten Manager geläufig.[13]

Neben der mangelnden Bekanntheit liegt ein zweites Problem in der Zuverlässigkeit der Ergebnisse. Dies gilt insbesondere für die gebräuchlichen monetären Markenbewertungen, die oftmals mit sehr uneinheitlichen Inputkategorien operieren. Dementsprechend widersprüchlich sind auch die Ergebnisse: INTERBRAND gibt beispielsweise den Wert der Marke Volkswagen im Jahr 2002 mit 7,2 Milliarden EUR an.[14] SEMION dagegen hat für Volkswagen einen Markenwert von 18,8 Milliarden EUR errechnet. Die Abweichung zwischen beiden Ansätzen beträgt immerhin 260 Prozent. Erhebliche Schwankungen im Markenwert zeigen sich aber auch im Zeitvergleich: Laut INTERBRAND betrug der Markenwert von Yahoo! 1999 1,8 Milliarden EUR, im Jahr 2000 6,3 Milliarden EUR und 2002 4,1 Milliarden EUR.

Trotz des noch unzureichenden Entwicklungsstands der monetären Markenwertansätze sind sie für die Markenbilanzierung unverzichtbar. Allerdings wäre angesichts der zunehmenden Bedeutung des Vermögenswerts Marke die Entwicklung eines Standardmodells wünschenswert, das sich vor allem durch mehr Einfachheit und Transparenz auszeichnet. Ob sich letztlich aus der Vielzahl alternativer Konzepte ein solcher Standard herausbildet, erscheint angesichts der Komplexität der bisher vorliegenden Ansätze indes fraglich.

Umso mehr gewinnen die marketingorientierten Bewertungsansätze an Bedeutung. Diese setzen beim Konsumenten an und bieten neben der Evaluation einer Marke auch eine Analyse der Stärken und Schwächen des Markenmanagements sowie die Ansatzpunkte zur Verbesserung der Markenpolitik. Idealerweise lassen sich auf Basis eines solchen Modells Strategien für die operative Umsetzung sowie für die Erfolgskontrolle eingeleiteter Maßnahmen entwickeln. Damit bieten diese Modelle explizit Entscheidungshilfe für das Management. Einen solchen Ansatz verfolgt McKinsey mit der Marken-Matik®, die im Folgenden vorgestellt wird.

3.   Die McKinsey-MarkenMatik®

Die McKinsey-MarkenMatik®[15] ist ein Konzept zur systematischen Bewertung und Gestaltung von Marken. Sie geht von der Annahme aus, dass der Wert von Marken systematisch gestaltbar ist.

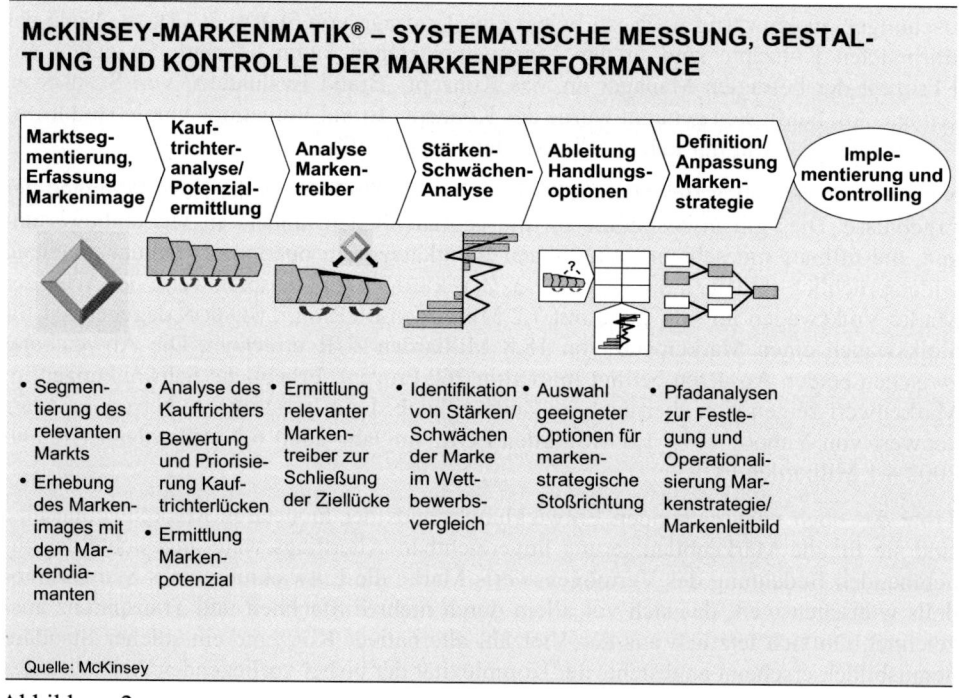

McKINSEY-MARKENMATIK® – SYSTEMATISCHE MESSUNG, GESTALTUNG UND KONTROLLE DER MARKENPERFORMANCE

Marktsegmentierung, Erfassung Markenimage	Kauftrichteranalyse/ Potenzialermittlung	Analyse Markentreiber	Stärken-Schwächen-Analyse	Ableitung Handlungsoptionen	Definition/ Anpassung Markenstrategie	Implementierung und Controlling

- Segmentierung des relevanten Markts
- Erhebung des Markenimages mit dem Markendiamanten

- Analyse des Kauftrichters
- Bewertung und Priorisierung Kauftrichterlücken
- Ermittlung Markenpotenzial

- Ermittlung relevanter Markentreiber zur Schließung der Ziellücke

- Identifikation von Stärken/ Schwächen der Marke im Wettbewerbsvergleich

- Auswahl geeigneter Optionen für markenstrategische Stoßrichtung

- Pfadanalysen zur Festlegung und Operationalisierung Markenstrategie/ Markenleitbild

Quelle: McKinsey

Abbildung 2

Das Konzept gibt dem Unternehmensmanagement quantitative Maßstäbe für eine wertorientierte Führung von Einzelmarken und Markenportfolios an die Hand. Es versetzt das Management in die Lage, (a) das Image der eigenen Marke in seinen Stärken und Schwächen vollständig zu analysieren, (b) das unausgeschöpfte Umsatzpotenzial der Marke zu quantifizieren, (c) die für die Ausschöpfung dieses Potenzials entscheidenden Markeneigenschaften zu identifizieren und (d) daraus konkrete Vorgaben für die Umsetzung in den operativen Unternehmenseinheiten abzuleiten (Abbildung 2).

Von der Planung über die Steuerung bis hin zur Kontrolle deckt das Konzept die wesentlichen, eine Marke betreffenden Entscheidungen in einem Unternehmen ab. „Weiche" qualitative Markeneigenschaften werden dabei mit „harten" ökonomischen Fakten verbunden.

Der Ansatz liefert allerdings keinen monetären Wert, der für die Zwecke einer Unternehmensbewertung interessant wäre, sondern legt vielmehr das Potenzial einer Marke offen und zeigt Möglichkeiten auf, wie dieses Potenzial ausgeschöpft werden kann.

3.1 Segmentierung des Markts und Erhebung des Markenimages mit dem Markendiamanten

Ausgangspunkt der MarkenMatik® ist die Segmentierung des Markts nach Zielgruppen und die Erhebung des Markenimages in den identifizierten Segmenten. Dazu wird zunächst eine umfassende Analyse der Umfeldbedingungen im relevanten Markt durchgeführt, z. B. des Marktvolumens sowie der Wettbewerbsprodukte und -marken. Die Nachfrager werden anhand soziodemografischer, psychografischer, nutzenorientierter und/oder verhaltensorientierter Kriterien in möglichst homogene Zielgruppen unterteilt, um potenzialträchtige Konsumentengruppen zu identifizieren.

Auf der Grundlage des McKinsey-Markendiamanten wird analysiert, wie die identifizierten Kundensegmente die Marke wahrnehmen. Der Markendiamant ordnet die vielfältigen Markenassoziationen, die das Markenimage in den Köpfen der Abnehmer prägen, vier Kategorien zu: tangible und intangible Markenattribute sowie darüber gelagerte rationale und emotionale Nutzenvorstellungen.

- Die *tangiblen Attribute* einer Marke umfassen alle sinnlich wahrnehmbaren Charakteristika, welche die Grundlage für die Ausprägung eines Vorstellungsbilds von einer Marke darstellen. Dazu gehören physisch-funktionale Eigenschaften wie etwa „attraktives Design".

- *Intangible Attribute* umfassen sämtliche Merkmale, die mit der Herkunft, der Reputation und der Persönlichkeit der Marke in Verbindung gebracht werden können. Das sind Assoziationen wie „eine Marke mit Tradition".

- Die *rationalen Nutzenbestandteile* einer Marke können sich in der Funktion eines Produkts bzw. einer Dienstleistung, im Geschäftsprozess (z. B. unproblematische Abwicklung) oder in der Beziehung zur Marke oder dem Anbieter (z. B. freundliches Personal) äußern.

- Einen *emotionalen Nutzen* assoziieren Konsumenten mit einer Marke, wenn sie der Selbstdarstellung oder Selbstverwirklichung dient. So können Marken bspw. ein Gefühl der Geborgenheit vermitteln oder als Statussymbol genutzt werden.

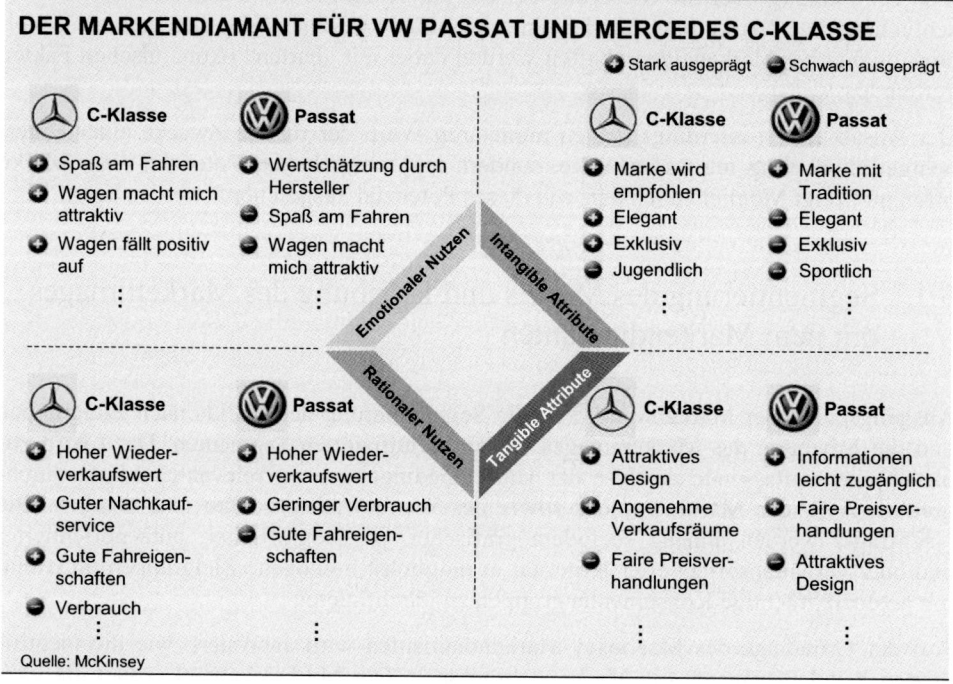

Abbildung 3

Wie ein solcher Markendiamant aussehen kann, zeigen zwei Beispiele aus der Automobilindustrie[16] (Abbildung 3). Je vollständiger das Markenimage über den Markendiamanten erfasst wird, desto aussagekräftiger sind die Analyseergebnisse und desto einfacher lassen sich daraus später konkrete Optionen für die Markenführung ableiten.

3.2 Bestimmung des Markenpotenzials mit dem Kauftrichter

Im Mittelpunkt des zweiten Schritts der MarkenMatik® steht die Kauftrichteranalyse. Sie dient dazu, jeweils differenziert nach den einzelnen Kundensegmenten die Schwachstellen der betrachteten Marke im Vergleich zu ihren Wettbewerbern zu identifizieren, das Potenzial der Marke zu ermitteln und damit letztendlich die Höhe der nötigen Markeninvestitionen zu kalibrieren.

Der Kauftrichter stellt den Kaufprozess vereinfacht in fünf Stufen dar. Zunächst wird ermittelt, wie die Marke auf den einzelnen Prozessstufen abschneidet: Wie viel Prozent der Zielgruppe (1) kennen die Marke, (2) sind mit ihr im Vorfeld der Kaufentscheidung vertraut, (3) haben sie in die engere Auswahl einbezogen, (4) haben sie tatsächlich schon einmal gekauft und (5) würden sie erneut kaufen?

Die auf dem AIDA-Modell aufbauende Kauftrichteranalyse ist grundsätzlich nicht neu und wird in der Zwischenzeit von zahlreichen Agenturen und Unternehmensberatungen als Standardtool angeboten. Entscheidend ist jedoch die Art der Anwendung.

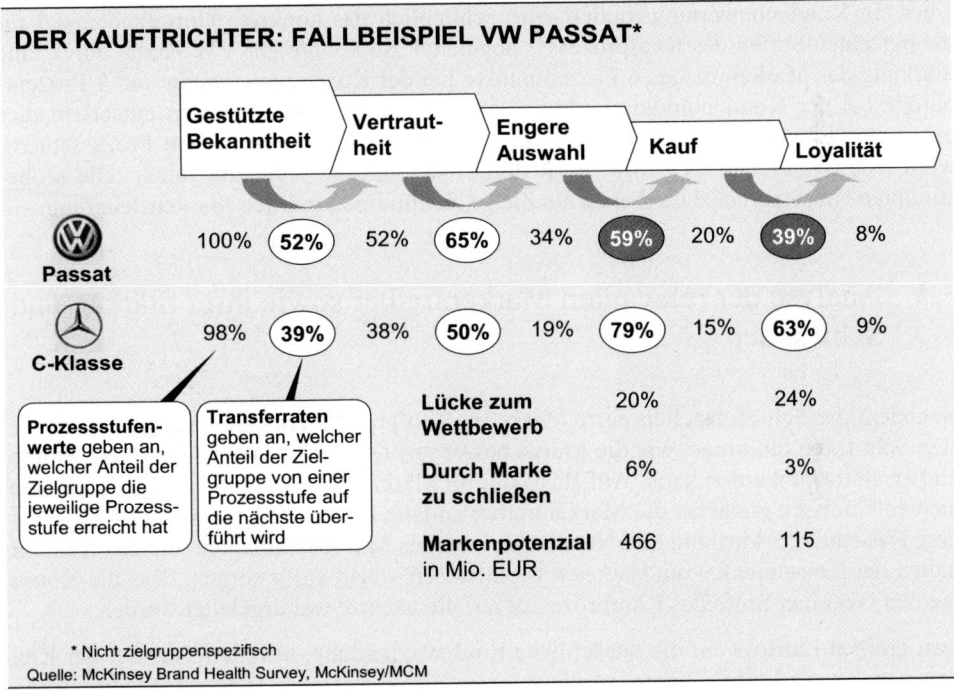

Abbildung 4

Die absoluten Prozessstufenwerte allein sind wenig aussagekräftig. Erst die Transferraten, die sich daraus ableiten lassen, machen transparent, an welchen Stellen im Kaufprozess eine Marke potenzielle Kunden verliert und damit besondere Schwachpunkte aufweist. Sie zeigen an, welcher Anteil der Zielgruppe erfolgreich von einer Prozessstufe auf die nächste überführt wird (Abbildung 4).

Über einen Vergleich mit Marken der Wettbewerber lässt sich das Leistungsprofil der eigenen Marke noch deutlicher zeichnen. So schneidet der VW Passat zwar auf den ersten drei Prozessstufen besser ab als die Mercedes C-Klasse. Doch gelingt es der Mercedes C-Klasse besser als dem VW Passat, aus potenziellen tatsächliche Käufer zu machen. Auch bei der Kundenbindung ist die Mercedes C-Klasse erfolgreicher. Trotz einer überlegenen Ausgangsbasis hat der VW Passat damit letztlich weniger loyale Kunden als das Wettbewerbsmodell.

Multivariate Analyseverfahren machen schließlich in der Kauftrichterbetrachtung transparent, wie die Marke dazu beitragen kann, die Lücken im Kaufprozess gegenüber den Wettbewerbern zu schließen. Methodisch wird dabei ein qualitatives Markenstärkemaß ins Verhältnis zu den Transferraten im Kaufprozess gesetzt. Auf diese Weise kann der allein durch die Marke hervorgerufene Transferanteil im Kauftrichter isoliert werden. Über ein Kundenbewertungsmodell wird schließlich das konkrete Umsatzpotenzial für die einzelnen Stufen des Kaufprozesses abgeleitet. So könnte der VW Passat durch eine Stärkung des Markenimages 6 Prozentpunkte bei der Kundengewinnung und 3 Prozentpunkte bei der Kundenbindung zulegen. Übertragen auf Umsatzgrößen entspricht dies einem zusätzlichen Umsatzpotenzial von 466 Mio. EUR durch höhere Prozessstufenwerte beim Kauf und 115 Mio. EUR durch eine erhöhte Kundenloyalität. Die so bestimmten Umsatzpotenziale dienen als Zielgröße für eine effektive Markensteuerung.

3.3 Analyse der relevanten Markentreiber sowie ihrer Stärken und Schwächen

Nachdem die Schwachstellen einer Marke im Kaufprozess erkannt sind, geht es in diesem Schritt um die Frage, wie die Marke besser positioniert und damit ihr Umsatzpotenzial erschlossen werden kann. Auf Basis der im Markendiamanten identifizierten Imageelemente müssen zunächst die Markentreiber entlang des Kauftrichters identifiziert werden. Das sind die Attribute und Nutzenelemente des Markendiamanten, die das Kaufverhalten der Konsumenten am stärksten beeinflussen – also dafür sorgen, dass die Konsumenten von einer Stufe des Kaufprozesses auf die nächste weitergeleitet werden.

Den größten Einfluss auf die tatsächliche Kaufentscheidung, also den Transfer der Kunden von der Stufe der engeren Auswahl zum Kauf, hat beim Beispiel Automobil das Markenattribut „Spaß am Fahren". Das Merkmal „Jugendlichkeit" ist dagegen ein so genannter Markenblocker. Er beeinflusst das Kaufverhalten negativ und verhindert einen größeren Transfer von Kunden zum Kauf.

Um zu verstehen, wo die Ursachen für die Schwachstellen der Marke entlang des Kauftrichters liegen, folgt eine Stärken-Schwächen-Analyse. Für jeden relevanten Treiber wird analysiert, wie die eigene Marke in der Wahrnehmung der betrachteten Zielgruppe im Vergleich zum Marktdurchschnitt sowie zu bedeutenden Wettbewerbern abschneidet:

Bei welchen wichtigen Treibern verfügt die eigene Marke bereits über eine starke und differenzierende Position? Bei welchen wichtigen Treibern liegt sie hinter dem Wettbewerb zurück? Der VW Passat schneidet bei fast allen wichtigen Markentreibern deutlich schlechter ab als sein strategischer Konkurrent, die Mercedes C-Klasse. Aber auch gegenüber dem Marktdurchschnitt – insbesondere dem 3-er BMW und dem Alfa Romeo – liegt der VW Passat zurück.

3.4 Ableitung von Handlungsoptionen

Die Ergebnisse der Markentreiberanalyse und der Stärken-Schwächen-Analyse werden dann in einer Matrix zusammengeführt. Aus der Matrix lassen sich konkrete Stoßrichtungen für den Markenaufbau und die Markenführung ableiten: Zeigt die eigene Marke bei wichtigen Markentreibern Schwächen, sind das naturgemäß potenzielle Ansatzpunkte für Verbesserungen. Weist sie bei wichtigen Elementen bereits Stärken auf, sind diese abzusichern bzw. weiter auszubauen (Abbildung 5).

Welche Ansätze eine solche Matrix aufzeigen kann, zeigt wiederum das Beispiel des VW Passat. Ein wichtiger Ansatzpunkt für die Optimierung des Markenimages ist der Markentreiber „Spaß am Fahren" – er spielt bei der Kaufentscheidung eine wichtige Rolle und ist im Vergleich zu den Wettbewerbern ein deutlicher Schwachpunkt dieser Marke. Zur erfolgreichen Differenzierung einer Marke können aber auch weniger wichtige Markentreiber beitragen. Vielversprechende Ansatzpunkte sind hier ggf. stärker zu nutzen. Dringender Handlungsbedarf besteht in jedem Fall, wenn eine Marke starke negative Assoziationen weckt; sie müssen rasch beseitigt oder zumindest reduziert werden, damit sich die Leistung der Marke im Kaufprozess verbessern kann.

3.5 Festlegung des Markenleitbilds und Umsetzung in operative Vorgaben

Ausgehend von den aus der Matrix abgeleiteten Handlungsoptionen gilt es in diesem Schritt, das Markenleitbild neu zu formulieren bzw. anzupassen. Es dient als Ankerpunkt für alle markenstrategischen und operativen Entscheidungen. Das Markenleitbild setzt sich zusammen aus dem Markenkern sowie wenigen, die Marke zentral prägenden Markentreibern. Während der Markenkern die übergreifende Markenbotschaft darstellt (z. B. BMW: „Freude am Fahren", Seat: „Auto Emoción"), sorgen die Markentreiber für deren inhaltliche Ausgestaltung (z. B. Leistungsstärke, Sportlichkeit). Dazu sind entlang aller vier Kategorien des Markendiamanten die Elemente zu bestimmen, welche die Marke klar charakterisieren und in den Köpfen der Konsumenten vom Wettbewerbsangebot absetzen sollen.

Bei der Auswahl geeigneter Markentreiber sind neben den Ergebnissen der Matrix –
Relevanz für das Kaufverhalten und aktuelle Ausprägungsstärke – weitere Kriterien zu
berücksichtigen. Sie lassen sich allerdings nicht immer vollständig quantifizieren: (1) die
Konsistenz mit dem aktuellen Markenleitbild, (2) die Differenzierung vom Wettbewerb
und (3) die interne Leistungs- und Umsetzungsfähigkeit.

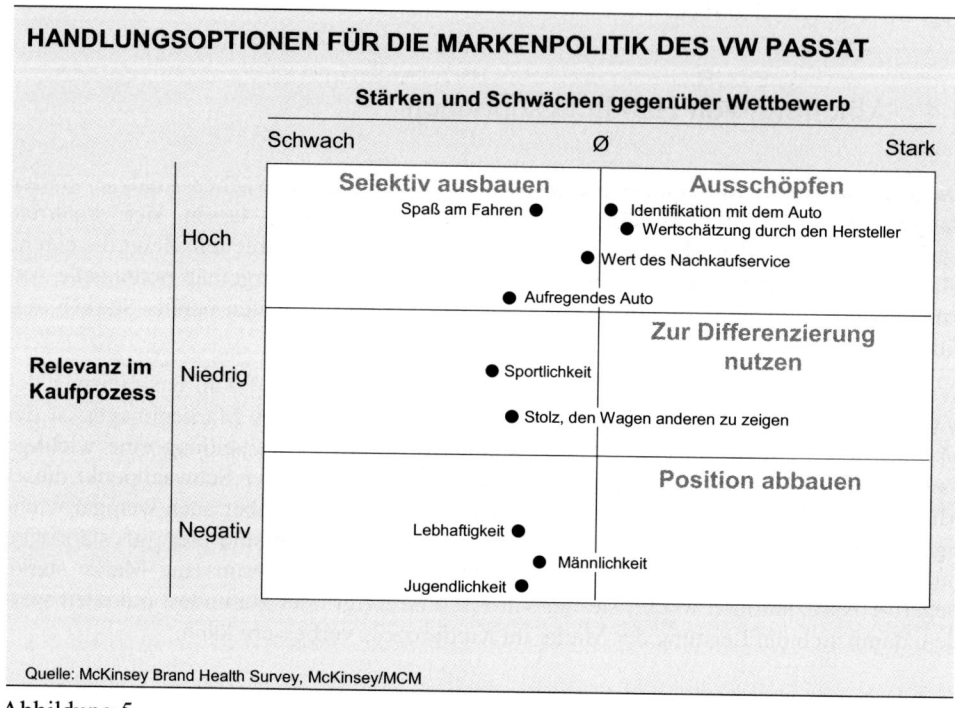

Abbildung 5

Markenführung bedeutet jedoch nicht nur, die Besetzung eines tragfähigen Markenleitbilds und einer darin zum Ausdruck gebrachten Markenpositionierung festzulegen. Die
Ergebnisse müssen auch in konsistente operative Leitlinien für die gesamte Organisation
übersetzt werden. Als Instrument bieten sich hierfür so genannte Pfadanalysen an. Sie
machen die kausalen Beziehungen und Interdependenzen zwischen den Markentreibern
transparent.

Beispiel Automobil: Der Konsument verbindet den wenig konkreten Markentreiber
„Spaß am Fahren" mit drei Assoziationen. Von diesen ist „überlegene Fahrleistung"
wiederum mit weiteren Assoziationen wie „sicheres Auto" hinterlegt. Die Pfadanalyse
untersucht nun, wie stark diese Wirkungsbeziehungen sind, die zwischen Markentreibern
und konkreten Maßnahmen einerseits sowie der Zielgröße (im Beispiel „Spaß am Fahren") andererseits bestehen. Die einzelnen Koeffizienten sind dabei im Sinne eines Kor-
relationskoeffizienten zu interpretieren – je näher also ein einzelner Wert an „1" liegt,

desto stärker ist der Zusammenhang zwischen den beiden betrachteten Größen. So hat der Treiber „sicheres Auto" die stärkste Wirkung auf die Zielgröße „Spaß am Fahren" und wird auf der Ebene konkreter Marketingmaßnahmen wiederum besonders durch die Publikation von Crashtests gefördert. Wäre hingegen der Markentreiber „sportliches Auto" am wirkungsstärksten, so sollte eher über ein Engagement im Motorsport nachgedacht werden (Abbildung 6).

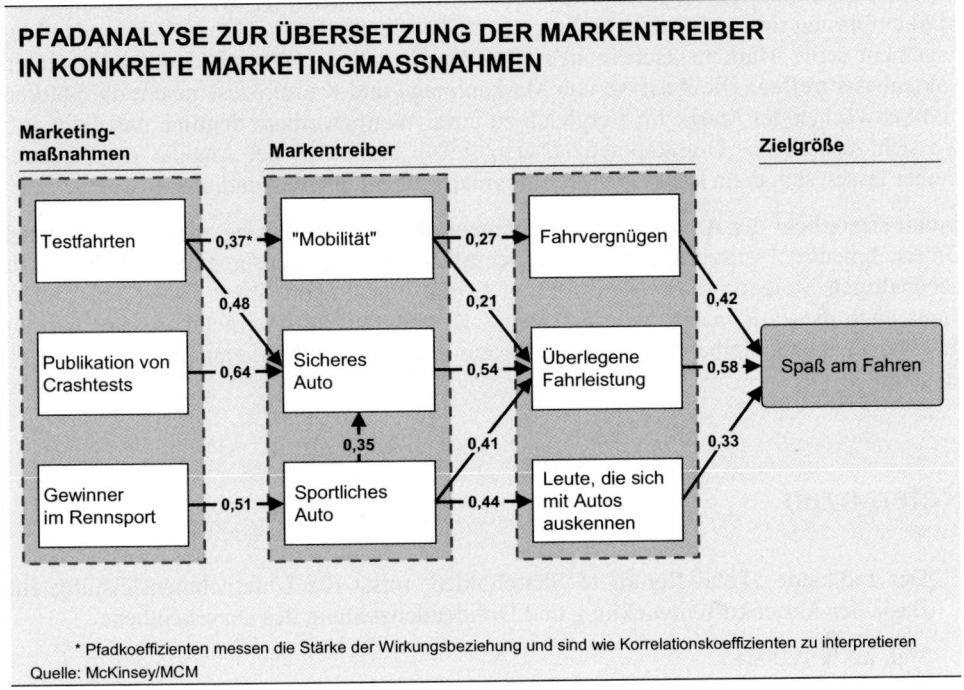

Abbildung 6

Zuletzt gilt es, die operative Umsetzung der Vorgaben im Tagesgeschäft sicherzustellen. Einerseits muss das Markenleitbild über alle Kanäle und Medien nach außen konsistent vermittelt werden, andererseits muss die Wertschöpfung nach innen im gesamten Unternehmen am Markenleitbild und dem damit verbundenen Markenversprechen ausgerichtet sein.

Zu einer erfolgreichen Implementierung gehört schließlich auch eine systematische Steuerung und Koordination aller den Markenaufbau betreffenden Aktivitäten. Die Entwicklung der im Rahmen der MarkenMatik® identifizierten Schlüsselgrößen ist daher kontinuierlich zu verfolgen. In fortgeschrittenen Anwendungen der MarkenMatik® werden diese Schlüsselgrößen zu diesem Zweck zusammen mit anderen relevanten, markenstrategischen Steuerungsgrößen in ein Markencontrollinginstrumentarium, dem so genannten Brand Cockpit, überführt.

4.   Ausblick

Der Aufbau und die Führung von Marken stellt das Management von Unternehmen vor zunehmend komplexere Aufgaben. Insbesondere in Märkten mit wachsendem Wettbewerbsdruck und stagnierenden Umsätzen wird die langfristige Wirtschaftlichkeit der Markenführung immer häufiger in Frage gestellt. Mit der MarkenMatik® kann das Management seine Markenentscheidungen auf der Grundlage einer soliden, transparenten Faktenbasis treffen: Die Analyse von Markenimage und Kaufprozess macht die Stärken und Schwächen der Marke im Vergleich zu ihren Wettbewerbern deutlich und zeigt auf, wo sich zusätzliches Umsatzpotenzial erschließen lässt. Aus der Analyse der Markentreiber lassen sich dann konkrete Marketingmaßnahmen ableiten und operativ umsetzen.

Damit ermöglicht der Ansatz dem Management, die Markenführung auf das wesentliche Unternehmensziel auszurichten: durch Beeinflussung des Konsumentenverhaltens zur nachhaltigen Steigerung von Umsatz und Ertrag beizutragen. Zwei Dinge kann allerdings auch dieses Konzept nicht ersetzen – Kreativität und unternehmerisches Gespür des Managements bleiben auch künftig für ein erfolgreiches Markenmanagement unverzichtbar.

Referenzen

[1]   Der Indikator „Total Return to Shareholder" misst die Unternehmensleistung auf Basis der Aktienkursentwicklung und Dividendenzahlung des Unternehmens.

[2]   Vgl. ZAW (2002).

[3]   Vgl. OHNE VERFASSER (2002).

[4]   Vgl. ESCH, F.-R. (2000).

[5]   Vgl. ESCH, F.-R., GEUS, P. (2001).

[6]   Vgl. OHNE VERFASSER (2002).

[7]   Vgl. BBDO (2001).

[8]   Weiter in der Vergangenheit liegende Gewinne werden weniger stark gewichtet als „jüngere" Gewinne.

[9]   Vgl. BBDO (2001).

[10] Vgl. ESCH, F.-R., GEUS, P. (2001).

[11] Vgl. ACNIELSEN GMBH (2001).

[12] Vgl. ESCH, F.-R., GEUS, P. (2001).

[13] Vgl. SIMON & GOETZ (2002).

[14] Vgl. INTERBRAND GROUP (2002).

[15] Vgl. BACKHAUS, K., MEFFERT, H.: Einzelne Module des Konzepts wurden in Forschungskooperation mit führenden wissenschaftlichen Instituten weiterentwickelt, insbesondere mit dem Marketing Centrum Münster und den dortigen Professoren KLAUS BACKHAUS und HERIBERT MEFFERT.

[16] Vgl. MCKINSEY: Fallbeispiel Automobil. Beruhend auf einer Outside-in-Analyse, die McKinsey im Rahmen einer internationalen Benchmarking-Initiative in über 20 Produktmärkten durchgeführt hat. Es handelt sich um ausdrücklich nicht vertrauliche Daten.

Literaturverzeichnis

ACNIELSEN GMBH (2001): ACNielsen Brand Performance, 2001.

BBDO (2001): Brand Equity Excellence, Band 1, in: Brand Equity Review, Düsseldorf: Dezember 2001.

ESCH, F.-R. (2000): Ansätze zur Messung des Markenwerts, in: ESCH, F.-R. (Hrsg.): Moderne Markenführung, Wiesbaden: 2000, S. 939 - 965.

ESCH, F.-R., GEUS, P. (2001): Markenwertmessungen auf dem Prüfstand, in: Absatzwirtschaft Marken, Juni 2001.

INTERBRAND GROUP (2002): Interbrand's Annual Ranking of 100 of the World's Most Valuable Brands, Juli 2002.

SEMION BRAND BROKER GMBH (2002): Semion® Brand€valuation 2002, Stand 2002.

SIMON & GOETZ (2002): Umfrage „Markenbewertung in deutschen Industrieunternehmen", Juli 2002.

OHNE VERFASSER (2002): Verborgene Werte, in: Werben und Verkaufen (2002), Nr. 50, S. 32 - 33.

ZAW ZENTRALVERBAND DER DEUTSCHEN WERBEWIRTSCHAFT (2002): Werbemarkt springt 2003 wieder an, Pressemeldung vom 12. Dezember 2002.

Georg von Krogh/Simon Grand

Vom Wissensmanagement zur Wissensstrategie

Prof. Dr. Georg von Krogh ist Professor für Strategisches Management, insbesondere Wissensmanagement, und Direktor des Instituts für Betriebswirtschaft an der Universität St. Gallen HSG. Dr. Simon Grand ist Gründer und Leiter des Forschungszentrums RISE (Research Center for Innovation, Strategy, and Entrepreneurship), Forschungsmitarbeiter und Lehrbeauftragter am Institut für Betriebswirtschaft der Universität St. Gallen HSG.

Danksagungen:

Die vorliegenden Überlegungen und Ausführungen profitieren von einer Vielzahl persönlicher Gespräche und Präsentationen. Georg von Krogh verdankt insbesondere die finanzielle und inhaltliche Unterstützung der Knowledge Source an der Universität St. Gallen. Simon Grand verdankt die vielen produktiven Diskussionen, die inspirierende Zusammenarbeit und die finanzielle Unterstützung den diversen Firmenpartnern des RISE Research Center for Innovation, Strategy & Entrepreneurship der Universität St. Gallen HSG (http://www.unisg.ch/rise).

1.   Ausgangslage

Die Auseinandersetzung mit Wissensmanagement ist durch einen zentralen Gegensatz gekennzeichnet: auf der einen Seite wird Wissen als eine oder sogar die zentrale Ressource eines Unternehmens gesehen, die im Rahmen einer konsequenten Wissensstrategie zu entwickeln und durch Wissensmanagement zu strukturieren ist; auf der anderen Seite betonen sowohl Wissenschaft als auch Management, dass Wissen nicht wie andere strategische Ressourcen funktioniert und dass Strategie und Management neu verstanden werden müssen.

Zudem ist die Diskussion um Wissensmanagement sehr komplex: Die Auseinandersetzung mit Wissen ist inhärent reflexiv, d. h., die Beschäftigung mit den Eigenschaften und Dimensionen von Wissen im Unternehmen betrifft immer auch das eigene (wissenschaftliche und unternehmerische) Wissen.[1]

Eine Diskussion der Eigenschaften und Eigenheiten, Möglichkeiten und Grenzen von Wissensmanagement ist konsequenterweise nicht möglich, ohne dass man sich gleichzeitig damit auseinander setzt, was man unter Wissen versteht[2], wie Wissen allgemein und in Unternehmen funktioniert und erzeugt oder verändert wird[3] und wie sich dabei dieses Wissen zum Stand der Forschung verhält, die Wissen empirisch und theoretisch zu fassen versucht.

Dieser Beitrag wird daher zunächst wichtige Definitionsvorschläge und Theorien von Wissen vorstellen, die jede aktuelle Diskussion des Themas prägen. Des Weiteren werden Bedeutung und Funktionsweise von Wissen im Unternehmen geklärt[4] und schließlich Zugänge zum Wissensmanagement aufgezeigt.

2.   Definitionen von Wissen

2.1   Wissen als Resultat von Begründung und Legitimation

Die bekannteste Definition von Wissen in den 90er Jahren versteht Wissen als „justified true belief"[5]. Etwas zu wissen bedeutet, Vorstellungen von der Welt zu haben, die sich aus eigenen und fremden Erfahrungen und Einsichten zusammensetzen und durch diese

Erfahrungen und Beobachtungen sowie durch Analysen und Diskussionen erklärt, begründet und legitimiert sind. Bei jeder Diskussion zum Thema „Wissen" sollte daher gefragt werden, worauf der Begriff „Wissen" bezogen wird und wie dieses „Wissen" begründet und legitimiert wird. Die Begründung und Legitimation kann sich auf persönliche Erfahrungen oder wissenschaftliche Methoden stützen, durch Diskussionen oder Theorien und Modelle fundiert sein, sich am Common Sense oder an kontroversen Auseinandersetzungen orientieren.

Wissen unterscheidet sich somit auf der einen Seite relativ präzise von persönlichen Vorstellungen, Glaubensinhalten, Vermutungen und Erfahrungen, die sich nur schwer validieren lassen. Auf der anderen Seite kann Wissen oft nur unvollständig begründet und legitimiert werden, Erfahrungen werden unterschiedlich erlebt und interpretiert, der Einfluss spezifischer Situationen und Kontexte auf die Erfahrungen bleibt unklar. Ob ein Wissen als begründet und legitimiert gelten kann, ist das Ergebnis von Aushandlungs-prozessen.[6] Entscheidend ist, dass der Einzelne seine Vorstellungen und Erfahrungen als hinreichend begründet, legitimiert und verbindlich ansieht.[7]

2.2   Wissen als Handlungsfähigkeit

Wissen als „justified true belief" bezeichnet vor allem die inhaltliche Dimension von Wissen, das „knowledge that"[8] (Tatsachenwissen)[9]. Von diesem „knowledge that" unter-scheidet sich das „knowledge how" als prozessuale Dimension von Wissen. Dieses Wis-sen umfasst die Fähigkeit von Individuen und Unternehmen, Wissen auf konkrete Situationen und Problemstellungen zu beziehen, im Sinne von Handlungsfähigkeit.[10] Weiter kann Wissen „knowledge why"[11] sein, das Wissen darum, wie Wissen in einem bestimmten (etwa wissenschaftlichen oder unternehmerischen) Kontext herzuleiten, zu begründen und zu legitimieren ist, wenn ihm die beanspruchte Gültigkeit tatsächlich zugeschrieben werden soll. Kriterien verbindlicher Begründung können demzufolge selbst als Wissen etabliert sein.

Wissen ist also „both a medium of social action and the result of human conduct"[12], es liegt jedem unternehmerischen Handeln, jeder individuellen und organisatorischen Erfahrung zu Grunde und ist zugleich ein Ergebnis dieser Handlungen und Erfahrungen. In der strategischen Diskussion um die Bedeutung von Fähigkeiten[13] eines Unterneh-mens wird diese Unterscheidung nicht ausreichend verdeutlicht. Wissen befähigt ein Unternehmen nicht automatisch zu effizienter Problemlösung. Fähigkeiten auf Grund von Erfahrungen müssen gegebenenfalls durch Investitionen in verfügbares und explizi-tes Wissen übersetzt werden. In der strategischen Diskussion um Wissensmanagement hingegen steht oft die Förderung der Handlungsfähigkeit in spezifischen Situationen und Kontexten im Vordergrund („knowledge that" und „knowledge how"), ohne dass die damit verbundenen Begründungsmuster („knowledge why") angemessen berücksichtigt werden.

2.3 Dimensionen von Wissen

Gerade diese Komplexität und Vielschichtigkeit von Wissen als Phänomen und Begriff machen Wissensmanagement zugleich anspruchsvoll und bedeutsam. Wissen ist Gegenstand von und Voraussetzung für Wissensmanagement, Wissen schließt die eigene Begründbarkeit und Bestätigung in der Anwendung potenziell ein, Wissen meint auch Wissen über die angemessenen Möglichkeiten der eigenen Bestätigung. Um dieser Komplexität gerecht zu werden und Wissensmanagement sinnvoll weiter zu spezifizieren, wird das Konstrukt „Wissen" in der Debatte ganz unterschiedlich ausdifferenziert und beschrieben:

Implizites und explizites Wissen: Personen wissen oft mehr, als sie in Sprache ausdrücken und explizit machen können.[14] Es ist daher wichtig, zu unterscheiden zwischen explizitem Wissen („explicit knowledge"), das festgehalten, vermittelt, beschrieben und kodifiziert werden kann, und implizitem Wissen („tacit knowledge"), das auf Grund von Erfahrungen gewonnen wurde, aber oft nicht oder nur beschränkt explizit artikuliert werden kann (unbewusstes Wissen [„unconscious knowledge"] kann davon zusätzlich unterschieden werden als ein Wissen, das überhaupt nicht explizit gemacht wird). Implizites Wissen, das einen Menschen zur Problemlösung befähigt, ist nicht immer explizit verfügbar und begründet; solange die erfolgreiche Umsetzung funktioniert, ist das aber auch nicht zwingend notwendig. Explizites Wissen kann für die Legitimation gewisser Erfahrungen wichtig sein, ohne dass daraus automatisch schon eine Handlungsfähigkeit resultiert.

Individuelles und kollektives Wissen: Weiter ist es wichtig, zu unterscheiden, ob ein Individuum etwas weiß („individual knowledge") oder ob eine Gemeinschaft oder Organisation dieses Wissen als für das Kollektiv verbindlich und gültig akzeptiert („collective knowledge").[15] Individuelles Wissen kann durch persönliche Erfahrungen und Gespräche sehr gut begründet und bestätigt sein; wenn es nicht gelingt, dieses Wissen auch kollektiv für ein Unternehmen oder eine Community verbindlich zu machen, zu begründen und teilweise zu bestätigen[16], wird es eine reduzierte oder keine Relevanz gewinnen und lediglich auf einer individuell-lokalen Ebene wirksam werden. Diese Übertragung ist oft mit einer Übersetzung verbunden, die relativ komplex sein und das ursprünglich individuell „Gewusste" wesentlich verändern kann.

Wissen ist nicht gleichbedeutend mit Daten und Informationen: Daten und Informationen werden nur dann zu Wissen, wenn sie auf Grund eines bestimmten Vorwissens genutzt und in einem spezifischen Kontext interpretiert und legitimiert sind und in Handlungszusammenhänge übersetzt werden können. Daher werden Individuen genauso wie Unternehmen Informationen immer unterschiedlich deuten und anwenden und ihre Aufmerksamkeit unterschiedlichen Aspekten zuwenden.[17] Es ist vor diesem Hintergrund erstaunlich, wie oft eigentlich von Informationsmanagement gesprochen werden müsste, wo von Wissensmanagement die Rede ist.

Diese zentralen Definitionen von Wissen zeigen, dass die (wissenschaftliche genauso wie die unternehmerische) Debatte zum Wissensmanagement ganz unterschiedliche Aspekte von Wissen betont, die alle für konkrete Fragestellungen oder Aufgaben relevant sein können. Zugleich machen sie deutlich, dass zwar immer alle Aspekte potenziell relevant sind, dass der Einzelne sich aber je nach Frage, Aufgabe und Situation implizit und pragmatisch auf andere Wissensvorstellungen bezieht. Das bedeutet aber nicht, dass andere Aspekte von Wissen im Laufe der Zeit oder auf Grund veränderter Kontexte an Bedeutung gewinnen können. Entsprechend wichtig ist deshalb ein angemessenes Verständnis aller wichtiger Definitionen von Wissen, für die Forschung ebenso wie für das Management.

3.   Theorien des Wissens

3.1   Wissen als strategische Ressource

In den vergangenen Jahren entwickelte sich im Management und in der Management-Wissenschaft zunehmend das Bewusstsein, dass in vielen Unternehmen Wissen als eine oder unter Umständen sogar als die wesentliche strategische Ressource angesehen werden muss.[18] Während die in diesem Kontext entstandene Resource-based Theory Wissen als eine strategische Ressource unter anderen thematisiert[19], betont die Knowledge-based Theory die spezifischen Eigenschaften und Dimensionen von Wissen[20] und macht deutlich, dass ein vertieftes Verständnis von Förderung und Management von Wissensentwicklung und Wissensveränderung, Wissenskreation und Wissenstransfer ein eigenes Verständnis von Wissen als Ressource und eine eigene konzeptionelle Grundlage des strategischen Managements impliziert. Die wesentlichen Bausteine dafür werden im Folgenden vorgestellt.[21]

3.2   Wissen als Resultat von Erfahrung

Ausgehend von dieser Charakterisierung von Wissen stellt sich zunächst die Frage, wie Wissen im Unternehmen entsteht (und durch Wissensmanagement in seiner Entstehung gefördert oder verhindert werden kann). Dabei werden die Unterscheidung von explizitem Wissen („explicit knowledge") und implizitem Wissen („tacit knowledge")[22] sowie ihr Zusammenspiel als zentral angesehen: Durch den Austausch von implizitem und explizitem Wissen in spezifischen Kontexten und bei lokalen Problemlösungen wird das aktuelle Wissen des Einzelnen und des Unternehmens aktualisiert, angepasst, revidiert und verändert. Wissen hat somit seinen Ursprung in den konkreten Erfahrungen von Menschen.[23]

Unternehmen können in diesem Ansatz als organisationale Kontexte verstanden werden, die Individuen und Teams die Möglichkeit eröffnen, außergewöhnliche und allgemein gültige, regelmäßige und einmalige, individuelle und kollektive Erfahrungen zu machen, die das im Unternehmen bestehende Wissen potenziell stützen, bestätigen und vertiefen oder die Entstehung von neuem Wissen ermöglichen und fördern. Auf Grund seiner spezifischen organisatorischen Struktur, strategischen Ausrichtung, industriellen Einbettung, Interessenkonstellation und technologischen Fokussierung bietet jedes Unternehmen tendenziell andere Möglichkeiten und Opportunitäten, bestimmte Erfahrungen zu machen – oder auch nicht. Zugleich haben diese Erfahrungen in jedem Unternehmen eine etwas andere Bedeutung. Entsprechend unterschiedlich werden sie bewertet und zu bestehendem Wissen in Beziehung gesetzt.

In diesem Ansatz meint Wissensmanagement die unternehmerische und unternehmensspezifische Tätigkeit, wichtige Opportunitäten und Situationen zu ermöglichen oder zu verhindern, in denen Individuen und Teams durch konkrete Erfahrungen ihr jeweiliges Wissen und das Wissen des Unternehmens überprüfen und neues Wissen generieren können. Eine wesentliche Herausforderung besteht darin, die teilweise sehr spezifischen Erfahrungen und das lokale Wissen des Einzelnen in Beziehung zum Wissen des Unternehmens zu setzen, vom organisationalen Wissen für die Bewältigung konkreter Aufgaben und Herausforderungen zu profitieren oder das organisationale Wissen gegebenenfalls situationsspezifisch anzupassen oder auch in Frage zu stellen.[24]

3.3   Wissen als Resultat von Wissenskreation

Wie genau kann Wissen aus lokalen Erfahrungen mit anderem Wissen aus lokalen Erfahrungen verbunden werden? Wie entscheidet ein Unternehmen, welches Wissen und welche Erfahrungen letztlich für das Unternehmen relevant und produktiv sind? Diese Fragen bilden den Ausgangspunkt für das zentrale Modell der organisationalen Wissenskreation.[25]

Das Modell unterscheidet vier miteinander verbundene Prozesse der Wissenskreation. Wesentlich ist zunächst die Sozialisierung, durch die implizites Wissen verschiedener Personen in spezifischen Situationen und zur Bewältigung konkreter Aufgabenstellungen verbunden wird (oft in Communities of Practice, Teams und Projekten). Dieses lokale Wissen wird in der Folge in einem Prozess der Externalisierung explizit gemacht, damit auch solche Personen die Wissenskreation nachvollziehen können, die nicht am Prozess beteiligt sind, die aber die wichtigen Entscheidungen des Unternehmens mitbestimmen. Diese Explizitmachung ist gleichzeitig eine wichtige Voraussetzung für die weitere Kombination des Wissens im Unternehmen, das Verbinden des jeweiligen lokalen Wis-

sens mit anderem relevanten Wissen in der Organisation. Gelingen solche Neukombi-
nationen, werden sie für das Handeln im Unternehmen jedoch erst dann relevant, wenn
sie durch Internalisierung in lokal verfügbares, relevantes, oft implizites und routinisier-
tes Wissen übersetzt werden.

Organisationales Wissen resultiert in diesem Ansatz aus der erfolgreichen und nachhaltigen Übersetzung von lokalen Erfahrungen[26] durch Prozesse der Explizitmachung, der
Verbindung und der Routinisierung[27] in verbindliches, kollektiv geteiltes und internali-
siertes Wissen. Hierbei sind insbesondere drei Mechanismen von Bedeutung:

Konnektivität – das Potenzial zur Wissenskreation: Konnektivität bezeichnet den
aktuellen und möglichen Zusammenhang zwischen dem Ursprung von Wissen in
spezifischen Erfahrungen und lokalen Kontexten sowie weiterer möglichen Anwen-
dungskontexten im Unternehmen.[28] Unternehmen können als Netzwerke von Personen
gesehen werden, d. h. von Verbindungen zwischen potenziellen Quellen von Wissen und
potenziellen Anwendungsmöglichkeiten von Wissen.[29] Je stärker und flexibler diese
Verbindungen sind, desto größer ist die Chance, dass lokale Erfahrungen tatsächlich in
relevantes organisationales Wissen übersetzt werden. Wissensmanagement muss sich
dabei auf die Schaffung und Entwicklung derartiger Netzwerke beziehen, um die
Entstehung von neuem Wissen sowie die Nutzung von bestehendem und neuem Wissen
zu fördern.

Aufmerksamkeit – die Relevanz von neuem Wissen: Unternehmen verfügen oft nicht über
zu wenig potenziell relevantes lokales Wissen und spezifische Erfahrungen. Die große
Herausforderung besteht vielmehr darin, die (oft extrem limitierte) unternehmerische
Aufmerksamkeit auf die Erfahrungen und die damit verbundenen Wissenskreations-
prozesse zu lenken, die für das Unternehmen besonders wichtig und fruchtbar sind.
Wissensmanagement muss sich somit mit der Frage beschäftigen, wie genau die
Zuordnung von unternehmerischer Aufmerksamkeit auf unterschiedliche Erfahrungen
und Wissensbestände funktioniert und gegebenenfalls angepasst oder verändert werden
muss.[30] Nur wenn gewisse Erfahrungen und lokale Wissensbestände als für die
Organisation interessant und produktiv angesehen werden, haben sie die Chance, sich in
Netzwerken weiterzuverteilen und damit an Relevanz zu gewinnen.

Legitimation – die Gültigkeit von neuem Wissen: Nicht alle Erfahrungen und Wissensbestände in einem Unternehmen passen automatisch zusammen, ergänzen sich sinnvoll und
entsprechen sich. Daher ist immer mit Widersprüchen, Interessenkonflikten und
Ambiguitäten zu rechnen, die auf der Grundlage des bestehenden Wissens nicht objektiv
und abschließend beurteilt werden können. Wissen wird zu einer Frage unterschiedlicher
Interessen und Investitionen. Deshalb betont die Managementforschung die Bedeutung
von unternehmensspezifischen Begründungs- und Legitimationsprozessen, die in diesen
Situationen wesentlich darüber entscheiden, welche relevanten Erfahrungen als für das
Unternehmen verbindlich und gültig anzusehen sind.[31] Wissensmanagement muss sich
auf diese Zusammenhänge beziehen und wird zugleich ein Teil der Mechanismen, die
Konnektivität, Aufmerksamkeit und Legitimation von Wissen beeinflussen.

Als Resultat von Wissenskreation ist Wissensmanagement in diesem Ansatz die unternehmerische Tätigkeit, die die notwendigen Voraussetzungen dafür schafft, dass die relevanten spezifischen Erfahrungen und das wichtige lokale Wissen mit dem bestehenden unternehmerischen Wissen vernetzt werden können und die notwendige Aufmerksamkeit und Legitimation erhalten, um sich durchzusetzen. Vor allem diese Prozesse schaffen den Bezug zwischen implizitem und explizitem Wissen, zwischen individuellem und kollektivem Wissen und übersetzen die potenziell relevanten Daten und Informationen für das Unternehmen in wirksames Wissen.

3.4   Organisationales Wissen und kohärentes Wissen

Offensichtlich führen die Prozesse und Mechanismen der Wissenskreation nicht automatisch zu einer kohärenten Wissensbasis, die kollektiv geteilt und als verbindlich angesehen wird. Auch muss dies nicht immer unter allen Bedingungen sinnvoll und produktiv für das Unternehmen sein. Es ist durchaus denkbar, dass auf Grund unterschiedlicher Erfahrungen oder unterschiedlicher Begründungen inkohärentes Wissen im Unternehmen entsteht und sich etabliert. Damit ist es zunächst eine empirische Frage, ob und inwiefern die Wissensbasis eines Unternehmens kohärent ist.

Geht man aus von Wissen als einem Resultat von Erfahrungen und von Wissensmanagement als der Förderung und Schaffung von Möglichkeiten, relevante Erfahrungen zu machen, lässt sich empirisch beschreiben, wie man die Kohärenz einer Wissensbasis erkennen kann. Kohärenz zeigt sich in der Fähigkeit eines Unternehmens, regelmäßige und konsistente Muster individueller und kollektiver Erfahrungen auf der Basis von stabilen Beziehungen im Unternehmen zu ermöglichen. Das kann dann konkret bedeuten, dass ein Unternehmen Krisen der Aufmerksamkeit (wichtige Erfahrungen und Erkenntnisse werden nicht als relevant wahrgenommen) oder der Legitimation (wichtige Erfahrungen und Erkenntnisse sind auf der Grundlage der etablierten bestehenden organisationalen Wissensbasis nicht legitimierbar) erfolgreich übersteht.

Im Wissensmanagement geht es daher nicht nur um die Förderung der Entstehung und des Aufbaus von neuem Wissen. Genauso wichtig sind die Erhaltung und Förderung des bestehenden Wissens, auch wenn sie immer in einem potenziellen Widerspruch zur Wissenskreation stehen. Daraus wird zudem ersichtlich, dass Wissen nicht wertfrei sein kann, sondern inhärent umstritten ist[32], analog zu den Überlegungen zur Bedeutung von Konnektivität, Aufmerksamkeit und Legitimation im Prozess der Wissenskreation. In diesem Sinn spielt Wissen bei der Disziplinierung der Individuen in einem Unternehmen eine wichtige Rolle.[33]

3.5   Organisationales Wissen und Wandel

Zugleich ermöglicht es dieser Ansatz aber auch, den grundlegenden Wandel und/oder die Veränderung der unternehmerischen Wissensbasis im Laufe der Zeit und im Kontext sich verändernder Situationen und Anforderungen an das Unternehmen zu verstehen. Wissensentwicklung im Unternehmen ist einerseits durch eine starke Pfadabhängigkeit und andererseits zugleich durch Möglichkeiten der Pfadkreation[34] gekennzeichnet: Konnektivitäten werden mit der Zeit verstärkt oder geschwächt;[35] die Aufmerksamkeit des Unternehmens wird auf neue Erfahrungen und Wissensbestände gelenkt[36] oder durch spezifische Interventionen und Initiativen dahingehend beeinflusst; die dominierenden Begründungen und Legitimationen gewinnen oder verlieren an Relevanz und Glaubwürdigkeit.[37] Das bedeutet für das Wissensmanagement eines Unternehmens, dass es diese Zusammenhänge und Bezüge analytisch zu verstehen und in ein „knowledge that" zu übersetzen versucht. Zugleich greift es immer auch wertend und pragmatisch in diese Zusammenhänge und Bezüge ein und bezieht sich dabei auf das „knowledge that" und das „knowledge how" des Unternehmens.

4.   Vom Wissensmanagement zur Wissensstrategie

Diese Ausführungen zu verschiedenen Theorien des Wissens und relevanten Definitionen von Wissen verdeutlichen die zentrale Bedeutung und die inhärente Komplexität von Wissensmanagement. Viele aktuelle Diskussionen und Debatten zum Thema Wissensmanagement sind das Resultat einer unzureichenden Reflexion dieser Komplexitäten. Nur auf der Basis dieser Überlegungen ist es oft möglich, die aktuellen Probleme und Herausforderungen bei der Umsetzung von Wissensmanagement zu verstehen und deutlich zu machen, die nicht unwesentlich damit zusammenhängen, dass der fundamentale Gegensatz und die inhärente Komplexität von Wissen nicht angemessen berücksichtigt und verstanden werden.

4.1   Vereinfachungen im Wissensmanagement

Es ist für die Wissensentwicklung im Unternehmen entscheidend, dass Individuen und Organisationen bestehendes individuelles und organisationales Wissen produktiv nutzen und zugleich mit unerwarteten und neuen Erfahrungen und dem damit verbundenen neuen Wissen umgehen können. Oft überschätzen Manager ihre eigene Fähigkeit und

Bereitschaft und die ihrer Mitarbeiter, sich auf die potenziell impliziten Unsicherheiten und Ambiguitäten einzulassen.[38]

Die Gründe hierfür sind auf der persönlichen Ebene oft die fehlende Möglichkeit, neues Wissen mit den bestehenden Erfahrungen in Verbindung zu bringen und in die eigene Wissensbasis einzubauen sowie die damit verbundene Gefahr, dass neues Wissen das etablierte Selbstverständnis und die eigenen Kompetenzen in Frage stellen könnte.[39] Die inhärente Reflexivität von Wissen bedeutet aber, dass neue Erfahrungen und neues Wissen (und in diesem Sinn auch Innovation) immer auch eine Infragestellung der eigenen Selbstverständlichkeiten bedeuten kann.

Auf der organisationalen Ebene ist es oft schwierig, die notwendige Aufmerksamkeit und Legitimation für neue Erfahrungen zu generieren, weil eine dafür notwendige Sprache fehlt und die Erfahrungen gar nicht expliziert werden können[40], weil das neue Wissen zu den geltenden Vorstellungen und etablierten Interessenkonfigurationen der Organisation potenziell im Widerspruch steht, weil die bestehenden Strukturen, Prozesse und Mechanismen verändert werden müssten oder weil die dominierende Weltsicht der Organisation („company paradigm") in Frage gestellt wird.[41]

Neben diesen Herausforderungen spielen oft unzulässige Vereinfachungen eine Rolle, die die Komplexität von Wissen nicht ernst nehmen. Limitierte und unvollständige Vorstellungen von dem, was Wissen ist[42], wie Wissen funktioniert und wie sich Wissen im Unternehmen entwickelt[43] sind mit dafür verantwortlich, dass Initiativen im Wissensmanagement mit falschen Erwartungen verbunden werden und scheitern, insbesondere aus drei Gründen:

Wissen ist nicht Information: Oft konzentrieren sich Initiativen im Wissensmanagement darauf, die richtigen Informationen der richtigen Person am richtigen Ort in der richtigen Situation zur Verfügung zu stellen, idealerweise unterstützt durch Systeme der Informationstechnologie. Diese Initiativen können sinnvoll sein; es ist aber wichtig zu erkennen, dass sie viele wichtige Aspekte der Wissenskreation und der damit verbundenen Fragen des Ursprungs, der Kohärenz, und des Wandels von Wissen nicht adäquat berücksichtigen. Somit ist es nicht erstaunlich, wenn mit diesen Initiativen gewisse Ziele nicht erreicht werden, oder wenn andere Ziele realisiert werden als die eigentlich intendierten. Zugleich könnte die Wirksamkeit und Relevanz solcher Initiativen durch ein präziseres Verständnis von Wissen gefördert werden.

Wissensmanagement funktioniert nicht allein über Instrumente: Initiativen im Wissensmanagement konzentrieren sich sehr oft auf die Entwicklung und Einführung spezifischer, durch Informationstechnologie unterstützte Tools und Instrumente. Diese Instrumente können zwar Wissensentwicklung und Wissenstransfer effizient unterstützen, dürfen aber mit diesen Prozessen nicht gleichgesetzt werden. Formale und abstrakte Instrumente allein können weder die Konnektivität noch die Aufmerksamkeit und die Legitimation schaffen, die für die Beurteilung und Durchsetzung von neuem Wissen jenseits der instrumentellen Unterstützung notwendig sind. Zudem können viele dieser Instrumente ohne den richtigen Kontext und die notwendigen Bedingungen für erfolgreiche Wissenskreation und Wissenstransfer überhaupt nicht greifen.

Wissensmanagement ist Aufgabe des Knowledge Officer: Prozesse und Tätigkeiten der Wissensentwicklung und des Wissenstransfers finden in einem Unternehmen permanent, an den unterschiedlichsten Orten, in den verschiedensten Kontexten, auf allen Ebenen und oft ohne ausdrückliche Intention statt. Für einen Knowledge Officer ist es daher praktisch unmöglich, diese verteilten, unstrukturierten Aktivitäten und Prozesse wirklich zu verantworten und ihnen zum Durchbruch zu verhelfen. Transfer und Entwicklung von Wissen – und damit Wissensmanagement – in einem umfassenden Sinn ist vielmehr eine zentrale Aufgabe aller wichtigen Mitarbeiter in einem Unternehmen, insbesondere auch des Managements. Ein Knowledge Officer kann als Spezialist diese Aufgabe lediglich unterstützen und begleiten.

Aus pragmatischen Gründen kann es zwar angemessen sein, die Komplexität von Wissen und Wissensentwicklung im Unternehmen nicht umfassend zu berücksichtigen und durch Instrumente und Tools vereinfachend anzugehen. Zugleich müssen aber die Vielschichtigkeit und Komplexität von Wissen berücksichtigt werden, um die mögliche Wirkung dieser Instrumente und Tools richtig einzuschätzen und die Erwartungen an diese Art der Interventionen und Initiativen angemessen zu beurteilen.

4.2   Wissensstrategie, Knowledge Enabling und Wissensmanagement

Aus den genannten Gründen ist es wichtig, genau zwischen dem Wissensmanagement, dem Knowledge Enabling und der Wissensstrategie eines Unternehmens zu unterscheiden: Die Wissensstrategie definiert insbesondere die übergreifenden Wissensprozesse und Aktivitäten, damit sich Wissenskreation und Wissenstransfer auf die Entwicklung des Unternehmens produktiv auswirken können und zur Wertschöpfung des Unternehmens beitragen. Knowledge Enabling dagegen spezifiziert die organisatorischen Voraussetzungen und Bedingungen, die diese Prozesse wirkungsvoll unterstützen und fördern. Wissensmanagement schließlich konzentriert sich auf Instrumente und Aktivitäten, um die Wirksamkeit und Performance dieser Prozesse konkret zu stützen und zu vereinfachen.

Wissenskreation und Wissenstransfer finden gewissermaßen permanent und überall im Unternehmen statt, wirken sich aber nicht immer automatisch Wert schöpfend aus. Eine zentrale Aufgabe des Managements ist daher, diese Prozesse zu beeinflussen, ohne dabei die diskutierten Herausforderungen und Vereinfachungen zu übersehen. Die Forschung zeigt, dass dafür ein Umdenken notwendig ist, das sich stärker ausrichtet an Knowledge Enabling, dem Schaffen von Kontexten und Rahmenbedingungen, die Wissenskreation und Wissenstransfer möglich machen, eingebettet in eine übergreifende Wissensstrategie, die diese lokalen Initiativen und Aktivitäten in einen für das Unternehmen relevanten Zusammenhang bringt.[44]

Wissenschaftliche Untersuchungen haben ergeben, dass drei Prozesse für die Wissenskreation und den Wissenstransfer im Unternehmen konstitutiv sind:

Wissenserfassung und Wissenslokalisierung: Viele Unternehmen versuchen primär, ihre Risiken im Umgang mit neuem Wissen zu minimieren. Diese Firmen beginnen damit, bestehendes wertvolles Wissen im Unternehmen zu lokalisieren und so zu erfassen, dass es für die Mitarbeiter verfügbar wird. Viele Instrumente und Tools des Wissensmanagements setzen auf dieser Ebene an, wie Data Warehousing, Data Mining, das Einrichten von Yellow Pages, die Einführung von Balanced Scorecards sowie generell der Einsatz von Informations- und Kommunikationssystemen. Diese Firmen konzentrieren sich darauf, das bereits bestehende Wissen möglichst produktiv nutzbar zu machen für die operativen Aufgaben und Herausforderungen, die laufend und überall entstehen und von bereits gemachten Erfahrungen profitieren können. Hierbei ist es für das Management von Wissen vor allem wichtig, die Eigenschaften und Definitionen von Wissen genau zu kennen und zu verstehen, welche Formen des Wissens wie am besten erfasst und lokalisiert werden können.

Wissenstransfer und Wissensaustausch: Für bestimmte Unternehmen besteht eine nächste Stufe von Initiativen und Interventionen darin, das existierende und verfügbare Wissen systematisch und effizient neuen Anwendungen und Problemlösungen zuzuführen. Hierbei geht es vor allem darum, wichtige Erfahrungen und Best Practices in der Organisation verfügbar zu machen und damit Doppelspurigkeiten und Ineffizienzen möglichst zu verhindern. Das Wissensmanagement kennt eine Vielzahl von Mechanismen, Prozessen und Instrumenten, häufig aus der Informations- und Kommunikationstechnologie. Hierzu gehören etwa Internet und Intranet, Lotus Notes und Groupware, Best-Practice-Transfer und Benchmarking sowie der Einsatz von spezifischen Teams, Einheiten und Workshop-Formaten für den systematischen Technologietransfer und die Wissensvermittlung. Auf dieser Stufe ist es für das Management von Wissen unabdingbar, die Theorien des Wissens zu kennen und zu verstehen, wie Art des Wissens und Form des Wissenstransfers bzw. des Wissensaustausches zusammenhängen.

Knowledge Enabling und Wissenskreation: Insbesondere innovative Unternehmen betonen einen weiteren Bereich, die explizite Förderung von Wissensentwicklung und Wissenskreation. Da diese Aktivitäten häufig wenig erprobt und unstrukturiert sind sowie einen hohen Unsicherheitsfaktor aufweisen, geht es oft nicht einfach darum, spezifische Interventionen durchzusetzen, sondern vielmehr darum, die strukturellen Bedingungen und kulturellen Voraussetzungen dafür zu schaffen, dass neue Erfahrungen gemacht und neues Wissen entwickelt werden kann.[45] Dabei ist es wichtig, die Bedeutung der sozialen Prozesse und normativen Kontexte zu verstehen, die Voraussetzung sind für den erfolgreichen Umgang mit den Unsicherheiten und Ambiguitäten, die für jede Form der Innovation typisch sind.[46]

4.3   Komplexität der Wissensstrategie

Damit diese unterschiedlichen Prozesse für das Unternehmen produktiv und wirksam werden und sich sinnvoll ergänzen, ist es wichtig, dass sie sich auf spezifische Geschäftsziele beziehen. Dabei sind drei Dimensionen von besonderer Bedeutung: Erstens tragen diese Prozesse zur Steigerung der Effizienz unternehmerischer Abläufe und Aktivitäten bei, indem sie das bestehende Wissen optimal für die Bewältigung wichtiger Herausforderungen und Aufgaben nutzen. Zweitens fördern sie ein systematischeres und fokussierteres Management von Risiken und Unsicherheiten, die mit strategischen Geschäftsaktivitäten immer verbunden sind. Drittens leisten sie auf Grund der spezifischen Eigenschaften von Wissen immer auch einen Beitrag zur Steigerung der Effektivität der Ziele.

Die drei fundamentalen Prozesse der Wissenskreation und des Wissenstransfers unterstützen sich dabei gegenseitig: Ohne eine sinnvolle Erfassung und Lokalisierung des relevanten Wissens sind Wissenstransfer und Wissensaustausch nur schwer zu optimieren. Ohne ein Wissen um das gemeinsam geteilte bestehende Wissen jedoch ist oft nicht ganz klar, inwiefern neue Erfahrungen und Einsichten wirklich das Potenzial zur Wissenskreation haben. Parallel dazu ist es aber auch wichtig zu erkennen, dass diese drei fundamentalen Prozesse in einem gewissen Widerspruch zueinander stehen: Während für den erfolgreichen Wissenstransfer und Wissensaustausch eine gewisse Kohärenz in der Wissensbasis des Unternehmens sehr förderlich ist, kann die dadurch erzeugte Disziplinierung der einzelnen Individuen die Wissenskreation behindern. Eine zu einseitige Ausrichtung auf eine durch Informations- und Kommunikationstechnologien gestützte Erfassung und Lokalisierung von bestehendem Wissen steht in einem gewissen Gegensatz zur Wissenskreation, die sich gerade auch von der etablierten Wissensbasis des Unternehmens zu entfernen versucht.

Wissensmanagement und Wissensstrategie können demzufolge inhärent widersprüchlich sein, weil sie Aufgabenstellungen definieren, Instrumente kombinieren und Zielsetzungen verfolgen, die sich zumindest teilweise gegenseitig ausschließen. Das Management und die Realisierung von Wissenstransfer und Wissenskreation kann demzufolge als das permanente Ausbalancieren von sich widersprechenden Ansprüchen, Erwartungen und Zusammenhängen beschrieben werden. Entsprechend zentral ist es, dass die potenziell relevanten Dimensionen von Wissen und die diskutierten Dynamiken der Wissensentwicklung angemessen berücksichtigt werden bei der Formulierung einer robusten Wissensstrategie und der Umsetzung der konkreten Maßnahmen des Wissensmanagements. So wird es schließlich auch möglich, dem inhärent gegensätzlichen und reflexiven Charakter von Wissen als zentraler strategischer Ressource in der unternehmerischen Praxis gerecht zu werden.

Referenzen

[1]   Für eine ausführliche Diskussion siehe GRAND, S. (1999), GRAND, S. (2003a), GRAND, S. (2003b).

[2]   Vgl. Kapitel 2: Definitionen von Wissen.

[3]   Vgl. Kapitel 3: Theorien des Wissens.

[4]   Für eine theoretische Herleitung siehe VON KROGH, G., GRAND, S. (2002).

[5]   Vgl. NONAKA, I. (1994), NONAKA, I., TAKEUCHI, H. (1995).

[6]   Vgl. LATOUR, B. (1998).

[7]   Vgl. GOMEZ, P.-Y., JONES, B. (2000).

[8]   Vgl. RYLE, G. (1949).

[9]   Oder ELKANA, Y. (1986): „corpus of knowledge".

[10] Vgl. LOASBY, B. J. (1998).

[11] Oder ELKANA, Y. (1986): „images of knowledge".

[12] Vgl. STEHR, N. (1992).

[13] Vgl. PRAHALAD, C. K., HAMEL, G. (1990), HAMEL, G., PRAHALAD, C. K. (1994).

[14] Vgl. POLANYI, M. (1958), NONAKA, I. (1994).

[15] Vgl. NONAKA, I. (1994), NONAKA, I., TAKEUCHI, H. (1995).

[16] Vgl. NONAKA, I. (1994), BETTIS, R. A., PRAHALAD, C. K. (1994).

[17] Vgl. OCASIO, W. (1997).

[18] Vgl. GRANT, R. M. (1996), SPENDER, J.-C. (1996).

[19] Vgl. PRAHALAD, C. K., HAMEL, G. (1990), AMIT, R., SCHOEMAKER, P. J. H. (1993), HAMEL, G., PRAHALAD, C. K. (1994).

[20] Vgl. LATOUR, B. (1987), LEONARD-BARTON, D. (1992), NONAKA, I. (1994), NONAKA, I., KONNO, N. (1998).

[21] Für eine detaillierte theoretische Herleitung siehe insbesondere VON KROGH, G., GRAND, S. (2002).

[22] Vgl. NONAKA, I. (1994), basierend auf POLANYI, M. (1958).

[23] Vgl. VARELA, F. (1996).

[24] Vgl. ORTMANN, G. (2003).

[25] Vgl. NONAKA, I. (1994), NONAKA, I., TAKEUCHI, H. (1995).

[26] Vgl. NONAKA, I. (1994).

[27] Bereits in NELSON, R. R., WINTER, S. (1982).

[28] Vgl. VON KROGH, G., ROOS, J., SLOCUM, K. (1994).

[29] Vgl. LATOUR, B. (1998).

[30] Vgl. OCASIO, W. (1997).

[31] Vgl. NONAKA, I. (1994), VON KROGH, G., GRAND, S. (2000), GRAND, S., BLETTNER, D. (2003).

[32] Vgl. LATOUR, B. (1987, 1998).

[33] Vgl. FOUCAULT, M. (1971, 1976).

[34] Vgl. GARUD, R., KARNOE, P. (2001).

[35] Vgl. LATOUR (1998).

[36] Vgl. LATOUR, B. (1998).

[37] Vgl. ELKANA, Y. (1986).

[38] Vgl. VON KROGH, G., ICHIJO, K., NONAKA, I. (2000).

[39] Vgl. POLANYI, M. (1958).

[40] Vgl. TSOUKAS, H. (1993).

[41] Vgl. VON KROGH, G., ICHIJO, K., NONAKA, I. (2000).

[42] Vgl. Kapitel 2: Definitionen von Wissen.

[43] Vgl. Kapitel 3: Theorien des Wissens.

[44] Vgl. VON KROGH,G., ICHIJO, K., NONAKA, I. (2000), VON KROGH, G., NONAKA, I., ABEN, M. (2001).

[45] Vgl. LEONARD, D. (1995).

[46] Vgl. TSOUKAS, H. (1993).

Literaturverzeichnis

AMIT, R., SCHOEMAKER, P. J. H. (1993): Strategic Assets and Organizational Rent, in: Strategic Management Journal, 14 (1993), S. 33 - 46.

BETTIS, R. A., WONG, S. (2003): Dominant Logic, Knowledge Creation, and Managerial Choice, in: EASTERBY-SMITH, M., LYLES, M. (Hrsg.): The Blackwell Handbook of Organizational Learning and Knowledge Management, Oxford: 2003, S. 343 - 355.

ELKANA, Y. (1986): Anthropologie der Erkenntnis. Die Entwicklung des Wissens als episches Theater einer listigen Vernunft, Frankfurt am Main: 1986.

FOUCAULT, M. (1971): L'ordre du discours, Paris: 1971.

FOUCAULT, M. (1976): Überwachen und Strafen. Die Geburt des Gefängnisses, Suhrkamp, Frankfurt am Main: 1976.

GARUD, R., KARNOE, P. (2001): Path Creation as a Process of Mindful Deviation, in: GARUD, R., KARNOE, P. (Hrsg.): Path Dependence and Creation, New Jersey: 2001, S. 1 - 38.

GOMEZ, P.-Y., JONES, B. (2000): Conventions: An Interpretation of Deep Structure in Organizations, in: Organization Science, Vol. 11 (2000), Heft 6, S. 696 - 708.

GRAND, S. (1999): Theorie und Praxis in Wissenschaft und Management - Zum Verhältnis von wissenschaftlicher Forschung und unternehmerischer Problemlösung in der Betriebswirtschaftslehre, in: BOSCH, A., FEHR, H., KRAETSCH, C., SCHMIDT, G. (Hrsg.): Sozialwissenschaftliche Forschung und Praxis, Interdisziplinäre Sichtweisen, Wiesbaden: 1999, S. 211-228.

GRAND, S. (2003a): Praxisrelevanz und Praxisbezug der Forschung in der Managementforschung: Plädoyer für eine Wissenschaftsforschung der Managementforschung – Thesen und Fragen für eine Forschungsagenda, (erscheint in Kürze).

GRAND, S. (2003b): Making Sense of the eConomy: Entrepreneurial Strategic Thinking and Acting as Theory Building and Theory testing under Ambiguity, in: BEERLI, A., FALK, S., DIEMERS, D. (Hrsg): Knowledge Management and Networked Environments, Leveraging Intellectual Capital in Virtual Business Communities, New York: 2003, S. 73-96.

GRAND, S., BLETTNER, D. (2003): From Projects to Firms: Routinization, Knowledge Creation and Justification for Resource Coordination and Resource Allocation in Project-based Software Ventures, RISE Working Paper, University of St. Gallen: 2003.

GRANT, R.M. (1996): Toward a Knowledge-based Theory of the Firm, in: Strategic Management Journal, 17 (1996), Heft 2, S. 109 - 123.

HAMEL, G., PRAHALAD, C. K. (1994): Competing for the Future, Boston: 1994.

LATOUR, B. (1987): Science in Action, Cambridge: 1987.

LATOUR, B. (1998): Pandora's Hope, Cambridge: 1998.

LEONARD, D. (1995): Wellsprings of Knowledge, Boston: 1995.

LEONARD-BARTON, D. (1992): Core Capabilities and Core Rigidities: A Paradox in Managing New Product Development, in: Strategic Management Journal, 13 (1992), S. 111 - 125.

LOASBY, B. J. (1998): The Organization of Capabilities, in: Journal of Economic Behaviour and Organization, 35 (1998), S. 139 - 160.

NELSON, R. R., WINTER, S. (1982): An Evolutionary Theory of Economic Change. Cambridge: 1982.

NONAKA, I. (1994): A Dynamic Theory of Organizational Knowledge Creation, in: Organization Science, 5 (1994), Heft 1, S. 14 - 37.

NONAKA, I., TAKEUCHI, H. (1995): The Knowledge-creating Company, Oxford, New York: 1995.

NONAKA, I., KONNO, N. (1998): The Concept of „Ba". Building a Foundation for Knowledge Creation, in: California Management Review, 40 (1998), S. 40 - 54.

OCASIO, W. (1997): Towards an Attention-based View of the Firm, in: Strategic Management Journal, Summer Special Issue, 18 (1997), S. 187 - 206.

ORTMANN, G. (2003): Regel und Ausnahme, Frankfurt am Main: 2003.

POLANYI, M. (1958): Personal Knowledge, Chicago: 1958.

PRAHALAD, C. K., HAMEL, G. (1990): The Core Competence of the Corporation, in: Harvard Business Review, May-June (1990), S. 71 - 91.

RYLE, G. (1949): The Concept of Mind, Chicago: 1949.

SPENDER, J.-C. (1996): Making Knowledge the Basis of a Dynamic Theory of the Firm, in: Strategic Management Journal, 17 (1996), S. 45 - 62.

STEHR, N. (1992): Practical Knowledge: Applying the Social Sciences, London: 1992.

TSOUKAS, H. (1993): Analogical Reasoning and Knowledge Creation in Organization Theory, in: Organization Studies, 14 (1993), S. 323 - 346.

VARELA, F. (1996): Neurophenomenology: A Methodological Remedy for Hard Problems, in: Journal of Consciousness Studies, 3 (1996), Heft 4, S. 330 - 349.

VON KROGH, G., NONAKA, I., ABEN, M. (2001): Making the Most of Your Company's Knowledge: A Strategic Framework, in: Long Range Planning, 34 (2001), S. 421 - 439.

VON KROGH, G., ROOS, J., SLOCUM, K. (1994): An Essay on Corporate Epistemology, in: Strategic Management Journal, 15, Summer Special Issue (1994), S. 33 - 71.

VON KROGH, G., ICHIJO, K., NONAKA, I. (2000): Enabling Knowledge Creation: Unlocking the Mystery of Tacit Knowledge and Unleashing the Power of Innovation, New York: 2000.

VON KROGH, G., GRAND, S. (2000): Justification in Knowledge Creation. Dominant Logic in Management Discourses, in: VON KROGH, G., NONAKA, I., NISHIGUCHI T., (2000): Knowledge Creation. A Source of Value, London: 2000.

VON KROGH, G., GRAND, S. (2002): From Economic Theory toward a Knowledge-based Theory of the Firm: Conceptual Building Blocks, in: Choo, C. W., Bontis, N. (Hrsg.): The Strategic Management of Intellectual Capital and Organizational Knowledge, Oxford: 2002, S. 163 - 184.

WENGER, E. (1998): Communities of Practice, Cambridge: 1998.

Wolfram Stein

Best Practice im Wissensmanagement – Ergebnisse einer internationalen Untersuchung und Erfahrungen aus dem Beratungsalltag

Wolfram Stein ist Principal bei McKinsey & Company, Inc.

1. Wissensmanagement – Eine lohnende Investition?

Wissen ist Macht – war einstmals damit Herrschaftswissen gemeint, so denkt man heute eher an die Stärke, die Unternehmen durch die Verknüpfung von gespeichertem explizitem Wissen und personengebundenem implizitem Wissen gewinnen können. Wissen ist in der Tat ein häufig unterschätztes „Asset" im Kampf um Wettbewerbsvorteile und Unternehmenserfolge. Doch hier beginnt langsam ein Umdenken. Haben Unternehmen früher ihre Erkenntnisse eifersüchtig gehütet und nicht selten nutzlos verfallen lassen, so tauschen sich heute Unternehmen verstärkt gegenseitig aus. Denn – so die neue Erkenntnis – Wissen nützt überhaupt nichts, es sei denn, man tut etwas damit. Nur so lassen sich rasch Fortschritte erzielen, wie z. B in der Medizin oder in der Informationstechnologie; nur so sind Produktivitätsfortschritte möglich, die helfen, den Wohlstand zu sichern. Wie schafft es ein Unternehmen aber, Wissen optimal einzusetzen und sich immer wieder neue Wissensquellen zu erschließen? Mit Wissensmanagement.

Wissensmanagement war in den 90er Jahren eine Lieblingsvokabel, die alle begeistert in ihren Wortschatz aufnahmen. Doch jeder verstand etwas anderes darunter. Im Zeichen der New Economy entstand so unter Managern eine babylonische Sprachverwirrung: Die einen setzten auf Wissensdatenbanken und horteten doch nur riesige Mengen unnützer Informationen, andere riefen „die große Freiheit" in der Organisation aus – sie etablierten eine offene Unternehmenskultur – und vergaßen dabei, den Mitarbeitern eine klare Richtung zu weisen. Inzwischen ist der Internet-Hype vorbei, die Konjunktur hat sich abgekühlt und ein neuer Rationalismus bestimmt die Wirtschaft.

Ungeachtet dessen ist die Bedeutung von Wissensmanagement so aktuell wie nie zuvor – sie nimmt in der heutigen, von Umstrukturierung geprägten Ökonomie sogar stetig zu. Darin sind sich Wissenschaftler und Unternehmenslenker einig. Was aber ist Best Practice im Wissensmanagement? Wie lässt sich Wissensmanagement etablieren? Wo setzt man an? Dies sind die Fragen, mit denen sich dieser Beitrag beschäftigt. Er setzt sich mit den Eigenschaften von Wissen auseinander, arbeitet die Erfolgs- und Misserfolgsmuster heraus und gibt Hinweise für den Aufbau eines systematischen Wissensmanagements. Diese Ausführungen stützen sich auf eine internationale Unternehmensbefragung von McKinsey & Company, bei der 40 Firmen aus den Triademärkten Europa, Japan und USA untersucht wurden (siehe Kasten).

Unternehmensbefragung: Erfolgreiches Wissensmanagement in der produzieren-
den Industrie

McKinsey untersuchte das Wissensmanagement von 40 Firmen in Europa, Japan
und den USA. Für das Forschungsprojekt ausgewählt wurden führende Unternehmen der produzierenden Industrien sowie einige Vergleichsunternehmen aus
anderen Branchen, die als Vorreiter im Wissensmanagement gelten, z. B. wie
Microsoft, Buckman Laboratories, SAP oder Outokumpu.

Das Forschungsteam führte in jedem Unternehmen mit den Verantwortlichen der
verschiedenen Unternehmensbereiche, auf Fragebögen gestützt, detaillierte Interviews und sammelte Prozess- und Unternehmenskennzahlen – insgesamt mehr als
50.000 Datenpunkte. In einem ersten Schritt entstanden aus diesen Daten für jedes
Unternehmen individuelle Wissensmanagement-Profile. Aus allen 40 Unternehmen wählte das Team dann in einem zweiten Schritt anhand eines Performance-
Indikators die 15 besonders erfolgreichen und die 15 weniger erfolgreichen aus –
der Abstand zwischen beiden Gruppen betrug mehr als 40 Prozent. Der Perfor-
mance-Indikator setzt sich zum einen aus den Finanzkennzahlen eines Unternehmens wie Umsatzrendite, Umsatzwachstum und Renditeentwicklung, zum anderen
aus den Kennzahlen der Kernprozesse Produktentwicklung und Auftragsabwicklung zusammen.

Im Vergleich der beiden Unternehmensgruppen – Spitzenreiter und Verfolger –
konnten die Wissensmanagement-Maßnahmen herausgefiltert werden, die sich als
„differenzierend" erwiesen: 68 Best-Practice-Wissensmanagement-Maßnahmen –
so das Ergebnis – stehen statistisch belegbar mit dem Unternehmenserfolg in
Zusammenhang. In intensiven Diskussionen mit dem Management jedes teilnehmenden Unternehmens entwickelte das Forschungsteam ein individuelles Programm zur weiteren Verbesserung des Wissensmanagements.

1.1 Warum Wissen entscheidet – Wissen als vierter Produktionsfaktor

In vielen Unternehmen gelten nur die eigenen Patente als Wissen. Andere halten Informationen für Wissen. Aber Informationen allein bescheren Unternehmen keinen Wettbewerbsvorteil. Erst wenn Informationen personenbezogen zu Wissen werden, entsteht das
Potenzial zum erfolgreichen Handeln. Intelligent eingesetztes Wissen differenziert Produkte und Dienstleistungen vom Wettbewerb; es schafft die Basis für den Erfolg eines
Unternehmens.

Wissen ist heute der vierte Produktionsfaktor neben Boden, Arbeit und Kapital – den beherrschenden Produktionsfaktoren der Vergangenheit. Wissen scheint heute der wichtigste und knappste Produktionsfaktor zu sein. Von den anderen Faktoren unterscheidet sich Wissen deutlich. Während die traditionellen Produktionsfaktoren klar zu greifen, zu wiegen und zu messen sind, relativ stabil sind und eine vorhersehbare Wertentwicklung haben, entzieht sich Wissen (noch) der quantifizierbaren, monetären Bewertung.

Wissen ist in Unternehmen überall vorhanden – in Menschen und Systemen, sei es kodifiziert, mündlich überliefert oder personengebunden. Noch immer wird Wissen zusammen mit den Produktionsfaktoren Boden, Arbeit und Kapital eher unbewusst oder indirekt eingesetzt – dies ist ein Fehler. Wissensmanagement verdient es, eigenständig und gleichberechtigt betrachtet zu werden. Wissen muss wie jede andere Ressource gemanagt werden – es lohnt sich. Denn das Unternehmen und alle beteiligten Parteien profitieren von gutem Wissensmanagement (vgl. Abbildung 1).

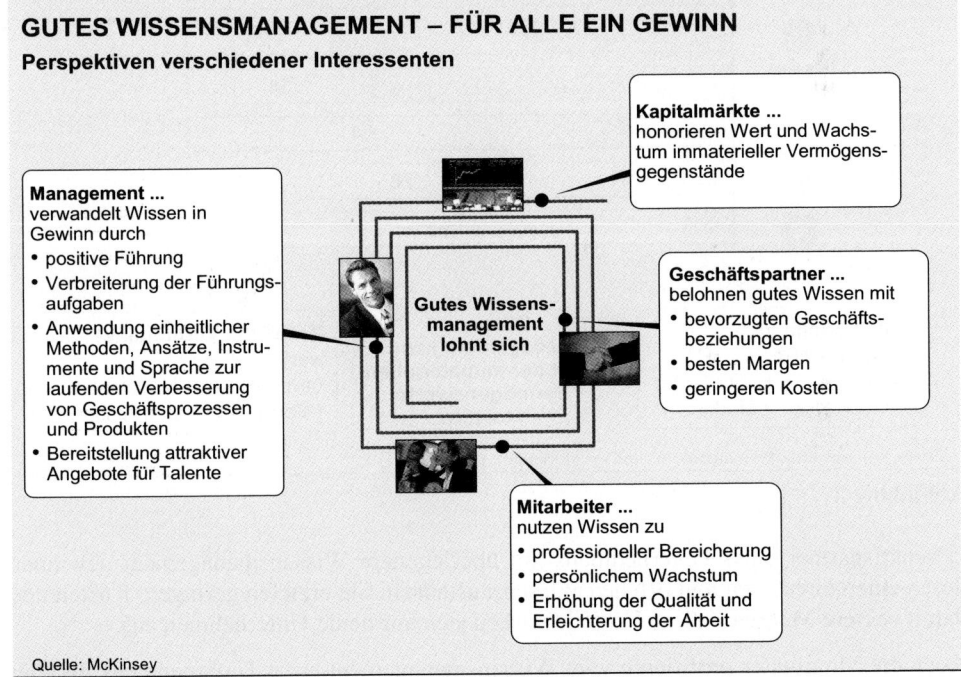

Abbildung 1

Die Unternehmen steigen in der Gunst der Kapitalmärkte, die den Wert und besonders das Wachstum von immateriellen Gütern wie Lizenzen, Marken oder Netzwerken honorieren. Zu diesen Gütern zählt auch Wissen, das zudem großen Einfluss auf die Wertentwicklung der anderen immateriellen Assets hat.

Das Management eines Unternehmens kann Wissen auf vielfältige Weise wertschöpfend einsetzen. Erstens steigt mit dem Wissensmanagement die Qualität der Unternehmensführung. Zweitens lassen sich neue Ansätze, Methoden und Werkzeuge sowie eine gemeinsame Sprache zur Verbesserung der Produkte und Geschäftsprozesse nutzen. Eine geschickte Vermarktung der eigenen Wissensmanagement-Fähigkeiten kann zu einem Wertversprechen (Value Proposition) führen, das die Attraktivität des Unternehmens für Toptalente oder interessante Geschäftspartner erhöht.

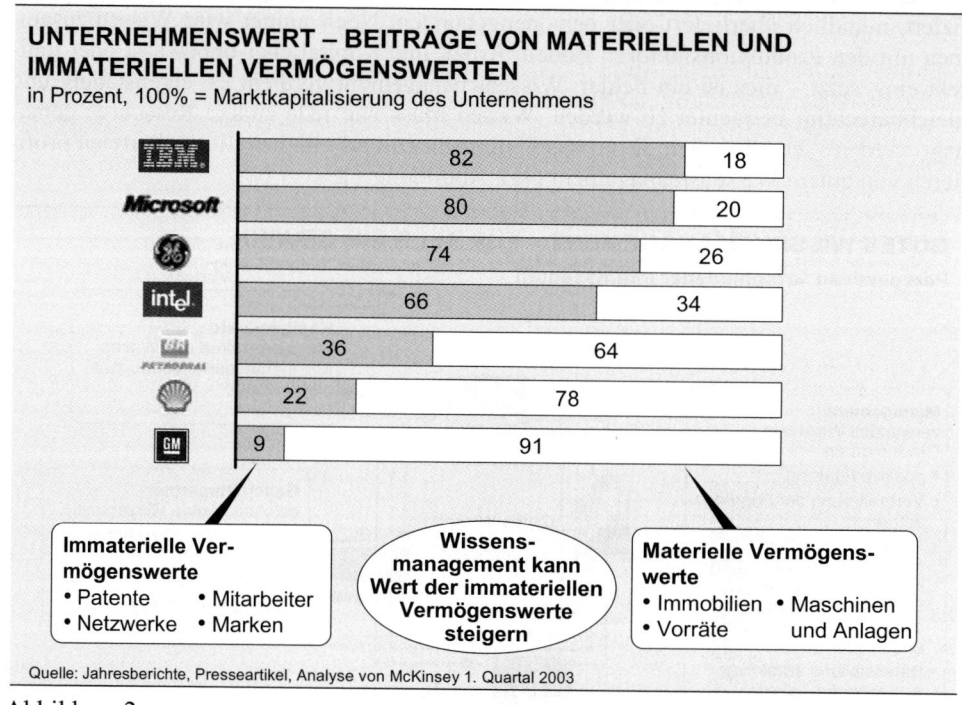

Abbildung 2

Geschäftspartner eines Unternehmens mit überlegenem Wissensmanagement gewinnen durch einen intensiven und offenen Wissensaustausch. Sie erzielen geringere Kosten und damit bessere Margen – diese Vorteile wirken sich auf beide Unternehmen aus.

Auch die Mitarbeiter profitieren vom Wissensmanagement eines Unternehmens. In aller Regel äußert sich dies in einer Bereicherung des Arbeitsumfelds. Darüber hinaus eröffnen sich zusätzliche Möglichkeiten für die persönliche Entwicklung des Einzelnen – nicht zuletzt zum Nutzen des Unternehmens. Und schließlich führt die bestmögliche Anwendung des Wissens der Mitarbeiter zu einer höheren Qualität der geleisteten Arbeit sowie zu Arbeitserleichterungen durch eine Vereinfachung der Prozesse und Abläufe.

1.2 Wie Wissen dem Unternehmen zu Erfolg und Wertsteigerung verhilft – Ergebnisse einer McKinsey-Untersuchung

Ein Blick auf die aktuellen Aktienkurse führender Unternehmen verdeutlicht: Immaterielle Werte wie Netzwerke, Mitarbeiter, Patente und Marken haben einen erheblichen Anteil an der Marktkapitalisierung. Bei einigen Industriesektoren gründet sich die Unternehmensbewertung vorwiegend auf immaterielle Werte, z. B. in der Softwareindustrie oder in den Servicebranchen, wo zuweilen sogar über 80 Prozent der Marktkapitalisierung nicht durch materielle Güter erklärbar sind. In der Fertigungs- oder Grundstoffindustrie sind dagegen häufig materielle Güter wertbestimmend (vgl. Abbildung 2). Mit gutem Wissensmanagement schaffen es aber auch Fertigungsunternehmen, gegenüber Wettbewerbern eine Ausnahmeposition einzunehmen.

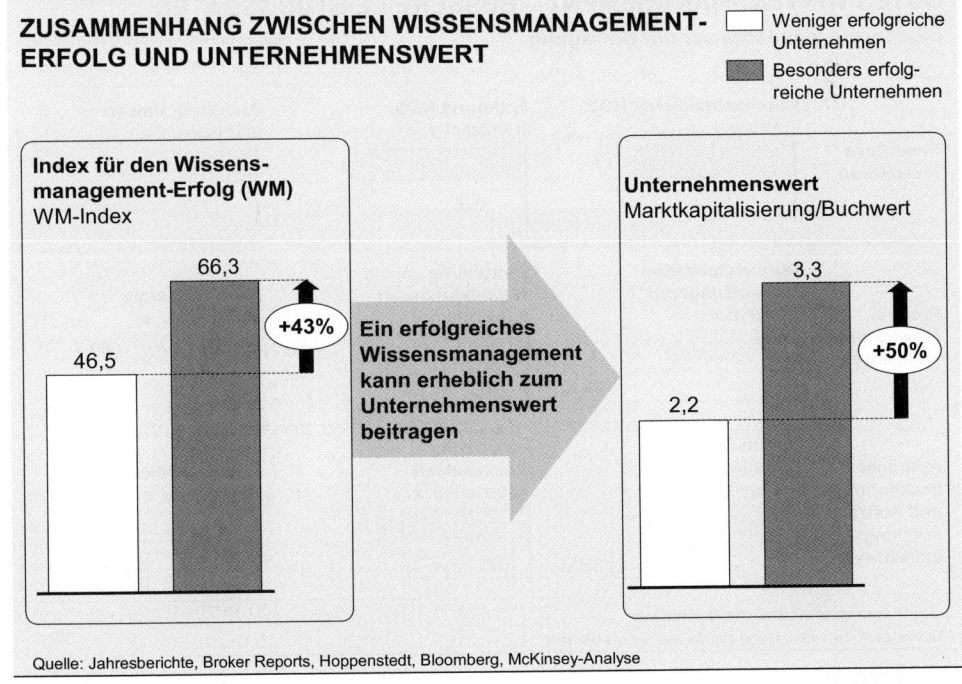

Abbildung 3

Wissensmanagement trägt wesentlich zu Erhalt und Entwicklung der immateriellen Werte bei, wie die McKinsey-Studie klar belegen konnte. Zwar zeigen sich bei allen Unternehmen mit den Börsenzyklen Schwankungen im Verhältnis von materiellen zu immateriellen Werten, das Verhältnis bleibt aber im Vergleich der Unternehmen zueinander nahezu konstant. Unternehmen mit gutem Wissensmanagement sind also jederzeit – auch in schlechten Zeiten – in der Lage, ihre immateriellen Werte am besten zu mehren.

Die Erfolge eines guten Wissensmanagements lassen sich direkt am Unternehmenswert ablesen. Er ist im Mittel um 50 Prozent höher als bei den weniger erfolgreichen Unternehmen (vgl. Abbildung 3). Unternehmen mit gutem Wissensmanagement liegen auch bei allen anderen Unternehmens- und Prozesskennzahlen deutlich vorn. Sie weisen nicht nur eine durchschnittlich höhere Rendite auf, sondern auch ein stärkeres Rendite- und Umsatzwachstum (vgl. Abbildung 4). Sie führen neue Produkte schneller zur Marktreife und zeigen eine ausgeprägtere Fähigkeit, die Entwicklungszeiträume zu verkürzen, sowie eine höhere Innovationsrate in der Produktentwicklung. Aufträge werden bei ihnen schneller abgewickelt; sie sind eher in der Lage, diesen Prozess zu optimieren, und bieten ihren Kunden eine spürbar höhere Liefertreue.

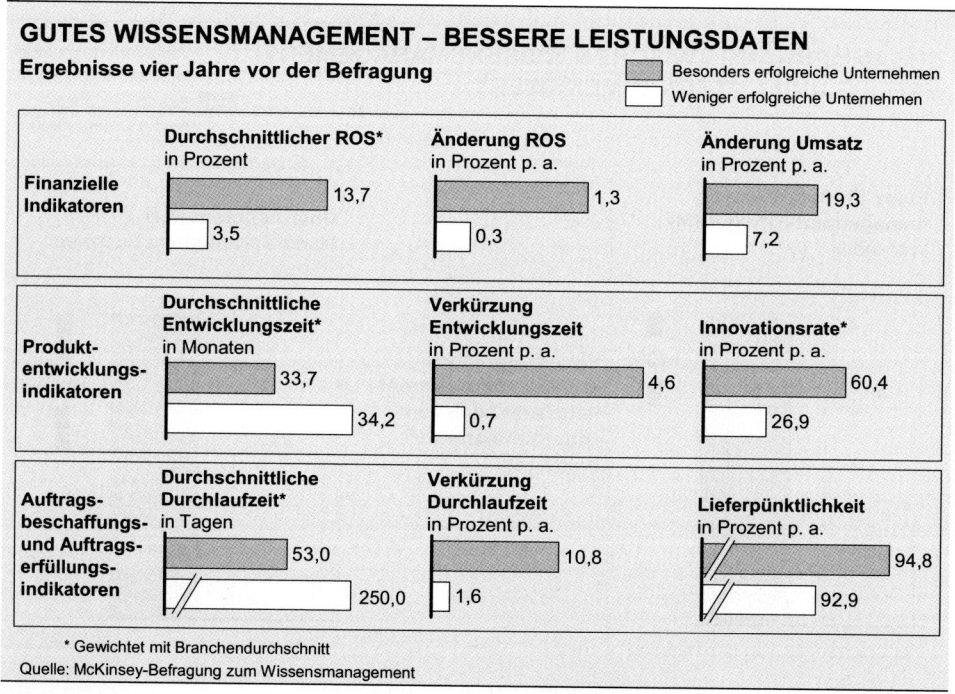

Abbildung 4

Unternehmenserfolg und gutes Wissensmanagement sind also offensichtlich eng miteinander verwoben. Was macht gutes, erfolgversprechendes Wissensmanagement aus? Wie ist die Ressource Wissen richtig zu managen? Welche Herausforderungen kommen damit auf die Unternehmen zu?

2. Eigenheiten von Wissen kennen und wirkungsvoll nutzen

Das richtige Verständnis der Eigenschaften von Wissen ist der Schlüssel zur erfolgreichen Einführung des Wissensmanagements. Als wesentliches Element der Unternehmensführung ist Wissensmanagement Aufgabe der Manager eines Unternehmens. Der Umgang mit der Ressource Wissen stellt sie – nicht zuletzt auf Grund der besonderen Eigenschaften – vor einige spezielle Herausforderungen. Darüber hinaus muss sich auch jeder Einzelne mit den besonderen Eigenschaften von Wissen auseinander setzen, damit Wissensmanagement zum Erfolg wird.

Wissen ist manchmal spontan, zufällig, chaotisch, kreativ. Für verschiedene Menschen bedeutet Wissen Unterschiedliches. Es ist oft nicht fassbar, nicht planbar. Sein Wert ist erheblichen Schwankungen unterworfen – er kann durch Verteilung plötzlich ansteigen oder durch neu entstandenes Wissen an anderer Stelle genauso schnell wieder sinken. Die Frage bleibt: Ist unter diesen diffusen Voraussetzungen überhaupt ein gezieltes Management von Wissen möglich?

Die sechs Eigenschaften von Wissen sollen nachfolgend kurz reflektiert und den einzelnen Eigenschaften – auf Basis der Studienergebnisse – Erfolgsmuster zugeordnet werden. Praxisbeispiele runden die Darstellung ab.

2.1 Mit der Subjektivität von Wissen rechnen

Die Interpretation von Wissen hängt stark von den Vorkenntnissen, dem Hintergrund des Einzelnen und dem Kontext ab. Wen wundert es da, dass Ingenieure und Kaufleute bei gleichen Fakten zu anderen Schlüssen kommen? Der richtige Umgang mit der Subjektivität von Wissen setzt ein gemeinsames Grundverständnis voraus. Mitarbeiter sollten dazu gemeinsam Erfahrungen im gleichen Kontext sammeln. Sie sollten beispielsweise bezogen auf ein Geschäftsmodell ein gemeinsames Verständnis der Hintergründe und Zusammenhänge erwerben oder sich im Gespräch miteinander über die Unternehmensziele verständigen.

Vier Instrumente eignen sich insbesondere zur Förderung des Miteinander und zur Etablierung eines gemeinsamen Verständnisses:

- *Das persönliche Gespräch* hat die stärkste Wirkung. Dies sollte man sich in Zeiten extensiven E-Mail-Verkehrs und langer Telefonkonferenzen immer wieder vergegenwärtigen.

- *Eine durchgängige Politik der offenen Tür* ist entscheidend. Mitarbeiter können jederzeit auf ihre Führungskräfte zugehen, sie können unkompliziert und ohne hierarchische Hindernisse mit allen im Unternehmen in direkten Austausch treten.

- *Interdisziplinäre Zusammenarbeit* muss etwas ganz Selbstverständliches sein. Die Ausrichtung des einzelnen Mitarbeiters an seinem funktionalen oder organisatorischen „Silo" muss überwunden werden. Interdisziplinäre Teams schaffen eine einheitliche Basis für die Erarbeitung von (nicht selten innovativen) Lösungen.

- *Gemeinsame Werte und Regeln* müssen für die Aufgaben im Unternehmen festgelegt sein. Denn im betrieblichen Alltag ist nicht alles vorhersehbar. Die gemeinsamen Werte und Regeln bieten dem Einzelnen eine Richtschnur für sein Handeln, um neue Situationen unternehmenskonform zu meistern.

Erfolgreiche Unternehmen messen dem Aspekt der Subjektivität von Anfang an ausreichende Bedeutung bei. Der dänische Hörgerätehersteller Oticon z. B. brachte bei der Transformation des Unternehmens die verschiedenen Disziplinen im Unternehmen konsequent zusammen. Gemeinsame Arbeit schafft einen gemeinsamen Kontext – so die Devise. Entsprechend organisierte Oticon die Arbeit in seiner Zentrale vollständig in Projekten, die befristet von interdisziplinären Teams durchgeführt werden.

Aus einer verkrusteten Linienorganisation wurde mit Hilfe von Wissensmanagement eine innovationsfähige Projektorganisation. Am Ende eines mit hohem Kommunikationsaufwand und großem Einsatz des Managements vorangetriebenen Transformationsprozesses stand ein wiedererblühtes Traditionsunternehmen. Der Schlüssel zum Erfolg waren die konsistente Information und die starke Einbindung der Mitarbeiter. Das Unternehmen erreichte so ein einheitliches Verständnis der Ziele und des Ablaufs des Programms – für alle Mitarbeiter entstand ein gemeinsamer Kontext.

2.2 Transfer von Wissen von einer Umgebung in eine andere fördern

Wissen kann aus einem Kontext entlehnt in einer neuen Umgebung zusätzlich Wert stiften. Das Rad muss also nicht immer wieder neu erfunden werden; Bekanntes und Bewährtes kann in neuen Bereichen durchaus neue Impulse geben. Wie aber entdeckt man das geeignete Wissen für den Transfer und die entsprechenden Anwendungsmöglichkeiten? Als entscheidende Hebel gelten hier:

- *Eine strikte Konzentration auf die Kundenperspektive:* Unternehmen dürfen den Kundenfokus nie verlieren. Denn Unternehmenserfolge hängen einzig und allein von der Kundenakzeptanz ab. Die Sicht des Kunden muss deshalb in allen Unternehmensteilen präsent sein, damit das geeignete Wissen zur Erhöhung des Nutzens herausgefiltert und an die richtigen Stellen im Unternehmen weitergeleitet werden kann.

- *Regelmäßige Durchführung von Benchmark-Vergleichen:* Benchmarks der Wettbewerber dienen dazu, neues Wissen von außen aufzunehmen und in den eigenen Kontext zu transferieren. Das Schauen auf den Wettbewerb wirkt der Betriebsblindheit entgegen. Als besonders erfolgreich haben sich Benchmarking-Vergleiche erwiesen, in die nacheinander mehrere Unternehmensbereiche eingebunden waren. Mehrere Perspektiven konnten so in die Beurteilung einfließen.

- *Aktive Einbindung externer Partner:* In einem offenen Netzwerk können laufend neue Ideen und Anwendungsmöglichkeiten gewonnen werden. Die Beteiligung an Forschungsprojekten bietet die Chance zum Austausch mit anderen Experten und zu einer Wissensverbreiterung. Den Wissenszugewinn fördert auch die Zusammenarbeit mit strategischen Partnern – mit Konkurrenten wie Zulieferern.

Das Management eines Unternehmens muss die Weitergabe von Wissen organisieren. Es sollte Treffpunkte für Wissensträger einrichten, eine Infrastruktur zum Austausch schaffen und durch ehrgeizige Ziele die Mitarbeiter zum Transfer motivieren.

Ein großer Autozulieferer beispielsweise brillierte mit innovativen Produkten, die im Vergleich zum Wettbewerb allerdings weniger verlässlich und haltbar sowie teurer waren. Das Unternehmen nahm dies als technologischer Branchenführer längere Zeit in Kauf, bis mit steigendem Wettbewerb die Marktführung gefährdet war. Intensives, mehrfaches Benchmarking der Wettbewerberprodukte in den einzelnen Unternehmensteilen deckte die Schwächen auf und verhalf dem Unternehmen zu neuen Lösungen.

Die Bedeutung des Wissenstransfers erkannte auch ein großer Autokonzern. Um die Übertragung von Wissen zwischen den einzelnen Unternehmensteilen zu fördern, entwickelte er deshalb ein ganzheitliches System: Prozesse wurden etabliert, um Wissen zu identifizieren, ein vorbildliches Belohnungssystem für eingebrachte Ideen sowie ein IT-System zur Eingabe und Verfolgung der Maßnahmen wurden eingerichtet – mit großem Erfolg, wie sich am rapide ansteigenden Wissenstransfer nachweisen ließ.

2.3   Gebundenes Wissen zugänglich machen

Wissen ist in Menschen, Strukturen, Prozessen oder Produkten gebunden; es ist häufig nicht sofort erkennbar. Längst nicht immer ist Wissen kodifiziert. Wissen ist außerdem nur schwer zu erfassen – mangels Zeit, passender Worte oder erkannter Notwendigkeit. Wie lässt sich Wissen identifizieren, um es greifbar und damit für den Austausch bzw. Transfer verfügbar zu machen? Als besonders effektive Ansätze haben sich hierfür erwiesen:

- *Konsequente Förderung intensiver persönlicher Interaktion*: Vor allem nicht kodifiziertes Wissen lässt sich nur von Mensch zu Mensch direkt übertragen. Wissensträger sollten deshalb direkt in Kontakt miteinander gebracht werden. Dies wird erreicht durch die Zusammenarbeit in Teams oder den gezielten Einsatz von Jobrotation.

- *Kollokation von Mitarbeitern*: Wo immer möglich, sind interne wie externe Mitarbeiter projektbezogen räumlich zusammenzubringen. So entstehen Netzwerke, aus denen Mitarbeiter bestmögliche Anregungen erhalten.

- *Offenlegung des Wissenspools*: Vorhandenes Wissen sollte schnell auffindbar und verwertbar sein. Ein IT-System, in dem Wissen und Wissensträger erfasst sind, ist hier in aller Regel sehr wertvoll.

Das finnische Unternehmen Outokumpu – in der Branche bekannt durch sein Prozesswissen in der Kupferverarbeitung – konnte beispielsweise nach einer Inventarisierung des im Hause vorhandenen Wissens dem Unternehmenswachstum starke Impulse geben. Prozessverbesserungen im Kerngeschäft ließen sich sehr viel effizienter verwirklichen, weil Wissen und Wissensträger bekannt und verfügbar waren. Auf Grund der systematisch erfassten und einsetzbaren Expertise konnte zudem das Beratungsgeschäft mit ausgebaut werden. Ein IT-System war auch in diesem Fall von großem Nutzen, spielte aber nur eine unterstützende Rolle.

Das „Wissen selbst erleben" ist darüber hinaus eine wirksame Methode, gebundenes Wissen zu erschließen. So geschah es in den 90er Jahren, als regelrechte Pilgerfahrten zu Toyotas Produktionsstätten und der „Lean Production" stattfanden. Die Reisenden wurden zu Trägern des bislang in den Toyota-Strukturen und -Prozessen gebundenen Wissens, das sie zu Hause auf die Kollegen und firmeneigenen Prozesse übertrugen.

Im Grunde nutzt auch die Heidelberger Druckmaschinen AG das persönliche Erleben für die Wissensweitergabe. So holt das Unternehmen vor der Auslieferung des ersten Exemplars einer neuen Maschinengeneration die zuständige Servicemannschaft in die Zentrale und lässt sie die Maschine komplett zerlegen. Die Techniker erschließen sich auf diese Weise das in den Kollegen im Werk und in der Maschine gebundene Wissen.

2.4 Selbstverstärkende Kraft des Wissens ausloten oder Wissen durch Teilen mehren

Wissen steht weiterhin zur Verfügung, wenn man es weitergibt. Es verliert auch nicht an Wert, wenn man es mit anderen teilt. Im Gegenteil – Wissen wird durch Teilung bzw. Verteilung in aller Regel wertvoller. Denn Wissen vergrößert – so die Erfahrung – seinen Wert, je mehr Menschen mit dem Wissen in Berührung kommen. Die Frage ist und bleibt: Mit wem teilt man Wissen und wann? Was springt für den Einzelnen selbst heraus, der Wissen teilt?

Vor einer Wissensweitergabe sind die Unternehmensinteressen langfristig sorgfältig abzuwägen. Für den Unternehmenserfolg essenzielles Wissen wie Patente oder Betriebsgeheimnisse sind für eine breite Verteilung natürlich tabu. Ratsam ist ein Austausch dann, wenn aus der brillanten Idee eines anderen, beispielsweise eines Start-up, kombiniert mit dem eigenen Entwicklungs- und Marktwissen ein ganz neues Produkt kreiert und dadurch der Unternehmensgewinn gemehrt werden kann. Als besonders vorteilhaft erweist es sich, eigenes Wissen auch außerhalb des Unternehmens zu teilen, wenn es dadurch gelingt, einen neuen Markt zu besetzen. So geschehen im Falle des Internet-Browsers oder des VHS-Systems, bei denen die „verteilenden" Unternehmen (Welt-) Standards setzten und sich einen Wettbewerbsvorsprung sicherten.

Für eine ausreichende Verbreitung/Teilung von Wissen zu sorgen – innerhalb des Unternehmens wie auch über Unternehmensgrenzen hinweg –, ist Aufgabe des Managements. Es muss ein Klima der Offenheit und Austauschbereitschaft schaffen, in dem ein selbstverstärkender Wissenskreislauf gedeiht. Gefördert wird die Selbstverstärkung hauptsächlich durch

- *einen ungehinderten Fluss von Wissen* durch das Unternehmen und im rechten Maß über Unternehmensgrenzen hinweg. Eine kritische Masse von Mitarbeitern muss beisammen sein, die Wissen austauschen. Jeder profitiert davon, Teil dieses Netzes zu sein, weil ihm ständig neues Wissen zufließt.

- *eine geeignete Infrastruktur und zielführende Anreize,* die einen funktionsübergreifenden Austausch von Wissen fördern. Ein IT-System allein wird einen lebhaften Wissensaustausch nicht bewirken. Entscheidend ist vielmehr, wer dieses System wie anwendet. Wichtig ist auch eine klare Zielvorgabe als Anreiz und Motivation.

- *Etablierung netzwerkartiger Beziehungen zu externen Partnern*, sei es durch Treffen, Diskussionsrunden, Messen, Kurse. Plattformen sind zu schaffen, die die Bildung von Netzwerken unterstützen. Wie beim Telefon steigt auch in diesem Netzwerk der Nutzen mit jedem neuen „Anschluss".

- *regelmäßige Trainings in funktionsübergreifender Zusammensetzung*, die Mitarbeiter mit unterschiedlichem Background mit neuem Wissen in Berührung bringen. Der Wert menschlicher Beziehungen darf in einem Wissensnetzwerk keinesfalls unterschätzt werden. Vor allem implizites Wissen kann nur persönlich übermittelt werden.

Für die gezielte Förderung des Wissensaustauschs und die Nutzung des Selbstverstärkungseffekts eignen sich vor allem Expertenkreise und unternehmenseigene Universitäten. Mitarbeiter unterschiedlicher Bereiche werden zusammengebracht und mit dem neuesten Wissen versorgt. Dabei wird nicht nur eine unternehmensweite Wissensbasis gelegt, die es ermöglicht, speziell bereichsübergreifende Themen effektiv anzugehen.

Gleichzeitig entsteht ein Netzwerk, das Mitarbeitern nach dieser Veranstaltung die direkte, informelle Kontaktaufnahme erleichtert. In einem zweiten Schritt sollte ein solches Netzwerk auch Externen geöffnet werden, wie es Unternehmen mit gutem Wissensmanagement heute schon erfolgreich tun.

Zu den Unternehmen, die dies praktizieren, gehört auch SAP. Mitarbeiter können Kurse an der hauseigenen Universität belegen – entweder virtuell im Intranet oder vor Ort. Sie kommen mit internen wie externen Spezialisten in Berührung – sie vermehren so ihr Wissen, aber auch ihre Kontakte. Unternehmen wie die Traktorenfabrik John Deere haben eine andere Möglichkeit zur Wissensmehrung gefunden. Hier teilen regelmäßig die Produktionsmitarbeiter ihr Wissen um die Montageprobleme einiger Modelle mit den Entwicklern, damit diese bei künftigen Konstruktionen entsprechende Fehler vermeiden können.

2.5   Vergänglichkeit von Wissen berücksichtigen

Wissen veraltet – manchmal passiert das schneller als man denkt. Dies gilt besonders für technologische Vorsprünge einzelner Unternehmen. Denn die Konkurrenz schläft nicht, sie ist einem dichter auf den Fersen, als man wahrhaben möchte. Wer nutzbares Wissen hat, sollte es deshalb schnell einsetzen und intensiv weiterentwickeln.

Die größte Herausforderung für jedes Unternehmen ist folglich die schnelle Umsetzung des vorhandenen Wissens. Eine fantastische Erfindung, die zehn Jahre im Verborgenen schlummert und durch neue Technologien überholt wird, hat ihren Wert für das Unternehmen unwiederbringlich verloren. Gleiches gilt für Prozesswissen: Kommt die Konkurrenz beispielsweise mit einem neuen, effizienteren Fertigungsverfahren heraus, das zudem bessere Qualität liefert, dann verliert das eigene Wissen seinen Nutzen.

Wie lässt sich der drohenden Vergänglichkeit am besten begegnen? Die folgenden Mittel haben sich in der Praxis bewährt:

- *Standardisierung der wesentlichen Kernprozesse und regelmäßiges Nachschärfen* dieser Standards. Nur so lässt sich Best-Practice-Wissen so effektiv und schnell wie möglich im gesamten Unternehmen einsetzen.

- *Rasche Entscheidungsfindung und ein schnelles „go ahead".* Nichts ist schädlicher und für Mitarbeiter demotivierender als eine mehrfach verschobene Entscheidung darüber, ob eine Neuerung eingeführt wird oder nicht.

- *Systematische Wissenserfassung und Wissensaufbereitung.* In fast jedem Unternehmen ist viel mehr Wissen vorhanden als der Einzelne – bis hin zum CEO – denkt. „Wenn die Firma nur wüsste, was die Firma weiß" lautet deshalb ein bekannter Ausspruch. Wissen nicht brachliegen zu lassen, heißt nicht zuletzt auch, Wissen aus den täglichen Abläufen und Projekten herauszufiltern, um es an anderer Stelle einsetzen zu können.

Vergänglichkeit ist für einige Industrien eine besonders große Herausforderung – dies gilt vor allem für die Halbleiterindustrie. Wie gehen die Unternehmen dieser Industrien damit um, wie erreichen sie eine ausreichende Schnelligkeit?

Intel beispielsweise setzt konsequent auf Standardisierung. Funktionsübergreifende Expertenteams entwickeln die künftigen Standards für die Produktion von Halbleitern. Intel bringt so nicht nur das beste Wissen im Unternehmen zusammen, sondern fördert gleichzeitig eine immer stärkere Vernetzung der Experten und eine ständige Erweiterung des Expertennetzwerks.

Für den Rollout nutzt Intel das Programm „Copy exactly!" und stellt sicher, dass die einmal gewonnenen Erkenntnisse in allen Werken weltweit einheitlich angewendet werden. Gerade in dieser Industrie tut Vereinheitlichung Not. Denn die Herstellprozesse für die heutigen Halbleiterprodukte sind so diffizil, dass kleinste Veränderungen bei einem der vielen Hundert Parameter zu signifikanten Ausbeuteinbußen führen würden – ein nicht vertretbares Risiko in einer Industrie, in der der entscheidende Wettbewerbsvorteil die frühe Auslieferung der neuesten Technologiegeneration ist.

2.6   Wissen auch als zufällig (spontan) begreifen

Der Nutzen von Wissen ist nicht an seine Entstehung gekoppelt. Scheinbar verschüttetes Wissen kann eine Renaissance erfahren, um dann wieder erneut an Wert zu verlieren. Gleichzeitig kann Wissen auch spontan neu entstehen. Neues Wissen tritt zu Tage – unvorhersehbar zu einem nicht kalkulierbaren Zeitpunkt. So wie bei James Watt, dem die Idee zur Konstruktion der ersten Dampfmaschine am Kochherd kam, als er sah, wie der Wasserdampf einen Topfdeckel hob. Der Zufall – wenn man ihn nur lässt – bringt auch heute noch Unternehmen voran.

Was es dazu braucht? Vor allem Freiraum. Denn der Prozess der individuellen Wissensentwicklung hat mit Kreativität zu tun: Man muss schon mal herumspinnen und herumtüfteln dürfen. Man braucht aber auch eine fördernde, „anregende" Umgebung. Die herausragenden Hebel dafür sind:

- *Systematische Suche, Dokumentation und Förderung von neuen Ideen* sowohl intern wie extern. Die Anregung durch Neues ist entscheidend. Wer nur im eigenen Saft schmort, wird keine neuen Ideen haben.

- *Gezielte Anwendung von Kreativitätstechniken* in den relevanten Organisationseinheiten. Dazu zählen Ideenwettstreit, Freistellung für die Entwicklung eigener Ideen oder auch die Möglichkeit zum Blick über den eigenen Tellerrand auf Messen, Konferenzen oder einfach nur im Internet.

- *Schaffung einer innovationsorientierten Unternehmenskultur* und Förderung von Unternehmertum. Erforderlich ist ein Umfeld, das Freiräume für eigene Ideen schafft, ebenso eine Führungskultur, die einen Orientierungsrahmen vorgibt (damit Erfolge und Misserfolge unterscheidbar und messbar werden), Eigeninitiative toleriert, kreative Querdenker fördert und hervorragende Forschungsleistungen prämiert. Es muss sich auszahlen, aktiv zu werden. Denn wenn es am einfachsten (und sichersten) ist, alles beim Alten zu lassen, wird keiner für seine neue Idee aufstehen.

Der amerikanische Mischkonzern 3M glänzt immer wieder mit erfolgreichen Innovationen – die berühmten 3M Post-it Notes sind nur einer von mehr als 50.000 Artikeln des Konzerns. Permanent wird das Wissen aller Unternehmensbereiche in den Entwicklungszentren umgeschlagen, immer auf der Suche nach Neuem für die 34 Basistechnologien des Konzerns. In der Produktentwicklung nutzt der Konzern gezielt den Zufall als Bestandteil seines wohl durchdachten Wissensmanagements. Mitarbeiter erhalten einerseits große Freiheiten zur Entwicklung eigener Ideen und zum informellen Gedankenaustausch mit Kollegen überall im Unternehmen. Andererseits setzt die Unternehmensführung ehrgeizige Ziele und implementiert effektive Kontrollen, die eine produktive und kostengünstige Umsetzung der Ideen sicherstellen.

Jeder Mitarbeiter kann bei 3M bis zu 15 Prozent seiner Arbeitszeit investieren, um neue Themen voranzutreiben. In regelmäßigen Abständen überprüft ein Gremium diese Projekte auf Sinnhaftigkeit und Fortschritt. Dort fällt auch die Entscheidung über die weitere Unterstützung oder den Abbruch des Vorhabens. 3M konnte dank dieser Herangehensweise eine Reihe spektakulärer Markterfolge erzielen. Und der Strom an Ideen reißt nicht ab – die „gebündelte" Spontaneität der Mitarbeiter ist messbar in einer überdurchschnittlich hohen Rate junger Produkte im Verkaufsportfolio.

3.   Wissen wie jede andere Ressource managen

Die sechs Eigenschaften von Wissen sind Chance und Risiko zugleich. Die Kunst des Managements besteht darin, alle sechs Eigenschaften möglichst geschickt zu nutzen. Wissensmanagement sollte so angelegt sein, dass ein selbstverstärkender Wissenskreislauf entsteht. Dieser Kreislauf besteht aus drei Aktivitäten: Wissen anwenden, Wissen erlangen/kultivieren, Wissen verteilen.

Aus der Anwendung von Wissen entsteht neues Wissen. Dieses Wissen ist zu erfassen, zu strukturieren und zu speichern, damit es weitergegeben und an anderer Stelle angewendet werden kann. Hier schließt sich der Kreis. Entscheidend für den Unternehmensalltag ist nicht der Vorgang an sich. Wissensmanagement darf nicht als Selbstzweck betrieben werden. Wichtig ist die durch Anwendung von Wissen erzeugte Wirkung, d. h.

die Verbesserung von Abläufen und Entscheidungen im Unternehmen. Es kommt also darauf an, welcher Nutzen im Unternehmen aus einem guten Zusammenspiel der einzelnen Aktivitäten im Kreislauf „ausgekoppelt" werden kann.

Damit dieser Wissenskreislauf funktioniert, müssen vier Rahmenbedingungen gegeben sein.

HANDLUNGSEBENEN FÜR DIE MASSNAHMEN-ENTWICKLUNG

BEISPIELE AUSGEWÄHLTER WISSENSMANAGEMENT-AKTIVITÄTEN

Wissenszyklus

Handlungs-rahmen	Anwendung • Nutzung • Transformation	Weitergabe • Identifizierung • Verteilung	Kultivierung • Generierung • Formalisierung
Organisation	Einrichtung von Kompetenzzentren zur Unterstützung von Wissensnutzung und -transformation	Jobrotation zur Schaffung informeller Netzwerke und zur Verbreiterung des Wissens	Expertennetzwerke zur Förderung von innovativem Denken
Prozesse	Nachhalten der Wirkung (z. B. Balanced Scorecard ...) zum Beweis des Nutzens	Coaching und Mentoring zur Weitergabe von Erfahrungen	Standardisierte Taxonomie zur Klassifizierung von Wissen
Kultur	Förderung der Wissensanwendung durch Anreizsystem	„Politik der offenen Tür" zur Vermeidung von Wissenshortung	Einrichtung eines Belohnungssystems zur Unterstützung von Wissensgenerierung und -kodifizierung
Infrastruktur	Nutzung von Workflow-Systemen zur Sicherstellung von Best Practice im gesamten Unternehmen	Intelligente Suchmaschinen und Gelbe Seiten zur Identifizierung relevanter Wissensquellen	Dokumentenmanagement-Systeme zur Speicherung von Wissen

Quelle: McKinsey

Abbildung 5

Diese vier Rahmenbedingungen sind die Handlungsebenen, für die im Rahmen von Wissensmanagement-Programmen Maßnahmen zu entwickeln sind (vgl. Abbildung 5). Diese Handlungsebenen sind:

- *Organisation:* Strukturen im Unternehmen müssen einen effektiven Wissenseinsatz erlauben. Am einfachsten ist Wissensaustausch in interdisziplinären Teams, die temporär gemeinsame Projekte bearbeiten.

- *Prozesse:* Das Management muss die Abläufe der Geschäftsprozesse so anpassen, dass Schnittstellen für den Wissensaustausch definiert sind.

- *Kultur:* Im Unternehmen muss sich die Kultur so verändern, dass Wissen nicht mehr als der Besitz des Einzelnen betrachtet wird. Es muss sich lohnen, sein Wissen mit anderen zu teilen – nicht notwendigerweise sofort finanziell, sondern vielmehr dadurch, dass man im Gegenzug Feedback und relevante Informationen für die eigene Arbeit und das Weiterkommen erhält.

• *Infrastruktur:* Das Management muss die erforderliche Infrastruktur bereitstellen. Dazu gehören einerseits IT-Systeme als technische Voraussetzungen für Datenaustausch, andererseits auch die Plattformen für den persönlichen Austausch – von internen Kongressen bis hin zum Treffpunkt in der Kaffeeküche.

Wie führt man Wissensmanagement im Unternehmen ein? Welche Voraussetzungen sind dabei zu erfüllen? Wie gelingt es, Maßnahmen und Projekte zu einem Best-Practice-Programm zusammenzufassen? Wie geht man im Einzelnen vor? Auf diese Fragen soll abschließend noch kurz – unter Hinzuziehung einiger Hilfestellungen aus der Praxis – eingegangen werden.

3.1 Für Knowledge Pull sorgen

Im Mittelpunkt jedes Wissensmanagement-Programms steht der Faktor Mensch. Der Mensch ist der zentrale Wissensträger. Gelingt es nicht, Mitarbeiter für die Wissensaufnahme und den Wissensaustausch zu motivieren, so sind Wissensmanagement-Programme zum Scheitern verurteilt. Denn Individuen oder Organisationen lassen sich nicht zum Wissensmanagement zwingen.

Wie kann man die Mitarbeiter dazu bringen, von sich aus nach Wissen innerhalb und außerhalb des Unternehmens zu suchen? Wie lässt sich dieser „Knowledge Pull" erzeugen? Erfolgreiche Unternehmen setzen den Mitarbeiter durch ihre Wissensmanagement-Maßnahmen richtig „in Szene". Sie schaffen eine Atmosphäre, in der die Nachfrage nach Wissen und die Wissensweitergabe ganz natürlich sind. Die Mitarbeiter erkennen die Bedeutung von Wissen und Wissensaustausch; sie akzeptieren den Wissensaustausch und fühlen sich dabei wohl.

Von der Unternehmensseite müssen zur Schaffung einer solchen Wissenskultur spezielle Impulse ausgehen – Partizipation ist zu fördern, eine inspirierende und herausfordernde Umgebung ist zu schaffen, in der unternehmerisches sowie kooperatives Denken und Verhalten gedeiht. Als zielführend haben sich folgende Managementimpulse erwiesen:

• Weltklasse muss das Anspruchsniveau sein, nicht Mittelklasse. Die Zielvorgaben müssen eindeutig sein.

• Die Mess- und Entlohnungssysteme müssen auf die Ziele des Wissensmanagements abgestimmt sein. Eine Steuerung nach falschen Größen kann sich verhängnisvoll auswirken.

• Anerkennung ist wichtig, aber nicht nur durch Beförderung und monetäre Anreize. Wichtig ist vor allem die persönliche und öffentliche Würdigung des Beitrags und der Leistung – sowohl des Einzelnen als auch des gesamten Teams.

- Organisation und Entscheidungsprozesse müssen transparent sein. Wichtig ist nicht nur die zügige und umfassende Top-down-Information, sondern auch die Einbeziehung des Einzelnen in die Entscheidungsvorbereitung und den Entscheidungsprozess.

So manche Unternehmen verzichteten in der Vergangenheit auf die Schaffung dieser Wissenskultur und wunderten sich, dass ihre Wissensmanagement-Programme scheiterten. Sie glaubten, mit der Einführung eines IT-Systems und einer neuen „Wissensdatenbank" – durch die IT-Abteilung ohne Absprache mit den künftigen Nutzern – sei alles getan. Dabei war weder der Nutzen klar noch die Relevanz, die dies für die anderen Steuerungsmechanismen im Unternehmen hatte.

Ein großes Bauunternehmen wollte beispielsweise Lieferanteninformationen in einer Datenbank zentralisieren, um zum einen sein Einkaufsvolumen besser zu bündeln, zum anderen für wichtige Projekte stets die besten Unterlieferanten finden zu können. Doch die Manager machten die Rechnung ohne ihre Mitarbeiter und besonders die Projektleiter, die die Informationen hätten eingeben müssen. Die hatten kein Interesse an größerer Transparenz. Denn hätte ein Projektleiter die geforderten Informationen vollständig und richtig eingegeben, musste er befürchten, dass seine besten Unterlieferanten für sein nächstes Projekt nicht mehr frei gewesen wären. Der Bonus für schnelle Projektausführung und wenig Nacharbeit wäre ihm damit verloren gegangen. Die Lehre: Wissensmanagement und strategischer Nutzen müssen zusammenpassen – für alle Beteiligten.

3.2   Strategische Richtung des Wissensmanagements festlegen

Wissensmanagement-Programme brauchen eine klare Ausrichtung. Ein systematisches Vorgehen ist erforderlich, um eine optimale Wirkung zu erzielen und vorhandene Potenziale zu erschließen. Drei strategische Stoßrichtungen sind denkbar (vgl. Abbildung 6):

- *Vorhandenes Wissen besser nutzen:* Bei Stoßrichtung 1 geht es darum, vorhandenes Wissen möglichst effektiv über das ganze Unternehmen hinweg zu nutzen. Typische Fragen, die sich hier stellen, sind: Kennen und nutzen Sie die Best Practice innerhalb des Unternehmens? Versteht die Entwicklungsabteilung, was die Marketingabteilung macht?

- *Andere aus dem Rennen werfen:* Die Aufgabenstellung in Stoßrichtung 2 besteht darin, in Bezug auf spezifische Unternehmensleistungen – also Produkte oder Prozesse – einen klaren Wettbewerbsvorsprung gegenüber den Mitbewerbern herauszuarbeiten. Ausschlaggebende Fragen sind hier: Wird das Wissen, das Ihren Wettbewerbsvorteil bestimmt, systematisch gemanagt? Nutzen Sie Erkenntnisse Ihrer Lieferanten systematisch für Ihre eigenen Produktinnovationen?

- *Wissen als Produkt neu auf den Markt bringen:* Stoßrichtung 3 zielt auf bisher ungenutztes oder auch neu zu erwerbendes Wissen, um damit neue oder ergänzende

Geschäftsfelder aufzubauen. Als Fragen stellen könnte man sich: Verfügen Sie über Wissen, das Sie verkaufen können? Verfügen Sie über Fähigkeiten, die Sie vermarkten können?

Das Potenzial jeder dieser drei Stoßrichtungen kann von Unternehmen zu Unternehmen unterschiedlich groß sein. Auch innerhalb eines Unternehmens ist die eine Stoßrichtung potenzialträchtiger als die andere. Deshalb sind zunächst die Potenziale jeder Stoßrichtung zu bestimmen. Erst danach fällt die Entscheidung über den Weg, der im Wissensmanagement eingeschlagen werden soll. Für jedes Wissensmanagement-Projekt – sei es auch nur ein kleiner Pilot – ist das Anwendungsgebiet genau zu definieren.

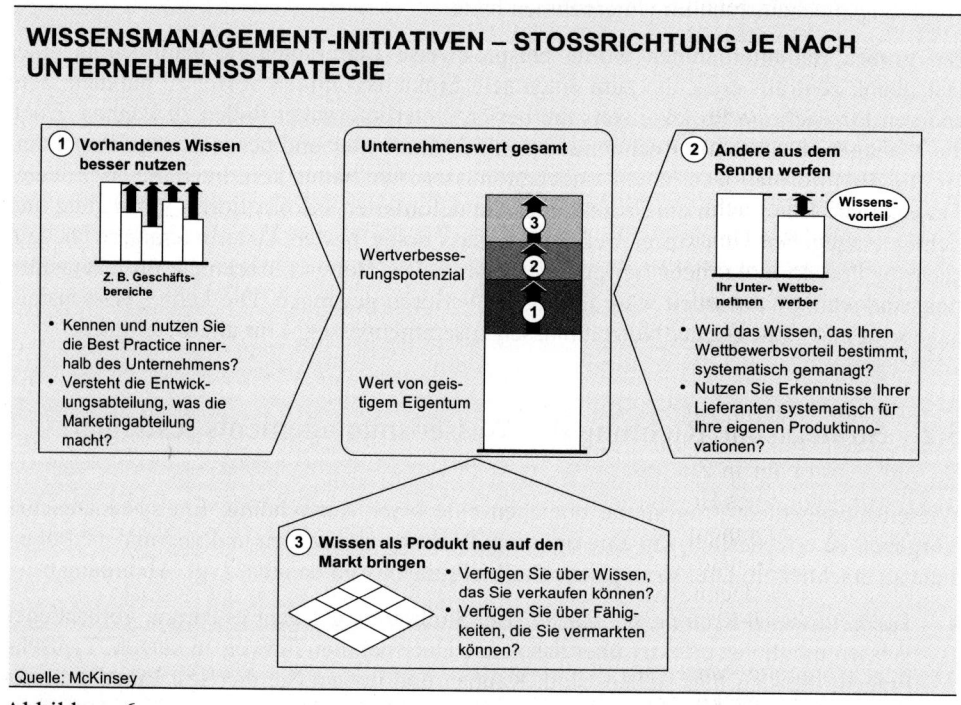

Abbildung 6

Für ein groß angelegtes Wissensmanagement-Programm empfiehlt es sich, selektiv vorzugehen. Zwar ist es durchaus möglich, jede der drei Stoßrichtungen in unterschiedlichen Unternehmensteilen parallel zu verfolgen. Es ist jedoch dringend davon abzuraten, alle drei Stoßrichtungen im Unternehmen gleichzeitig überall verwirklichen zu wollen. Ein solch umfassender Wissensmanagement-Ansatz wäre zu groß und zu theoretisch und ein Erfolg damit sehr unwahrscheinlich.

3.3 Wissensmanagement-Programme fokussieren

Wissen managen – wie funktioniert ein Programm zum Wissensmanagement? Was ist zu beachten, wo lauern Gefahren? Wie geht man vor, wo setzt man an?

Wissensmanagement-Programme unterscheiden sich im Grunde genommen nicht von jedem anderen Verbesserungsprogramm im Unternehmen. Was sie besonders macht, ist ihr Zuschnitt auf die speziellen Eigenschaften von Wissen. Und auch Wissensmanagement-Maßnahmen, die im Rahmen eines Projekts entwickelt werden, sind weder gänzlich neu oder gar revolutionär, sie erfordern meist nur eine andere Sichtweise der bekannten Dinge. Die Unterschiede bei der Projektausrichtung, Projektdiagnose und Projektplanung/-umsetzung liegen entsprechend eher im Detail:

- *Projektausrichtung:* Das Ziel muss vor Projektbeginn präzise beschrieben werden. Es muss anspruchsvoll sein und klar erkennbare Wissensmanagement-Elemente enthalten. Dabei ist es wichtig, ein konkretes Geschäftsergebnis in den Vordergrund zu stellen und nicht das Wissensmanagement als solches. Ein Ziel könnte z. B. sein, den Anteil des Umsatzes von Produkten, die weniger als 18 Monate am Markt sind, um 5 Prozent zu erhöhen. Entscheidend ist es, Geschäftsverbesserung und Wissensmanagement eng miteinander zu verknüpfen und nicht mit einem Gemeinplatz zu starten, wie z. B. „Wir müssen den Wissensaustausch zwischen den Divisionen verbessern".

- *Projektdiagnose:* Möglichst viele Wissensmanagement-Aspekte sind im Rahmen der Diagnose zu identifizieren, die entweder heute den Erfolg des Unternehmens behindern oder in Zukunft in besonderem Maße zum Erfolg beitragen können. Zur Identifikation des Handlungsbedarfs hilft die Erstellung eines speziell auf das eigene Wissensmanagement abgestimmten Stärken-Schwächen-Profils. Wichtig ist auch, relevante, geeignete Verantwortliche in der Linienorganisation als „Verbündete" zu identifizieren. Denn wir wissen, dass durch Stabsfunktionen aufoktroyierte Wissensmanagement-Programme als „Knowledge Pull" nicht funktionieren.

- *Projektplanung/-umsetzung:* Bei der Planung ist darauf zu achten, das Thema gut abzugrenzen. Es kommt auch darauf an, die Projektstrukturen, die Zusammensetzung des Projektteams und die Anreize so aufeinander abzustimmen, dass „Wissen" und sein Management vom Kickoff an in allen Aspekten des Projekts berücksichtigt sind.

  Im Rahmen der Projektarbeiten gilt es, nach der Diagnosephase eine Blaupause für die angestrebte Lösung zu entwerfen. Diese Lösung ist dann zu verfeinern und in Abläufe und Strukturen im Unternehmen einzubauen. Im Einzelnen geht es darum, die zu verwendenden Wissensmanagement-Hilfsmittel festzulegen, etwa monatliche gemeinsame Meetings zwischen Produktentwicklung und Vertrieb, regelmäßige gemeinsame Analyse von Wettbewerberprodukten oder ein Programm für Jobrotation. Der Umsetzungserfolg der einzelnen Maßnahmen ist nachzuhalten.

Ein machbares Ziel und ein realistischer Projektplan, getragen von anerkannten Führungskräften, sind der Schlüssel zum Erfolg. Dieser Erfolg wird in aller Regel eine Nachfrage nach ähnlichen Projekten an anderer Stelle im Unternehmen nach sich ziehen – die beste Basis für ein breit gefächertes Programm.

4.   Fazit: Was macht gutes Wissensmanagement aus?

Wissensmanagement ist aus dem Unternehmensalltag nicht mehr wegzudenken. Der vierte Produktionsfaktor Wissen beeinflusst den Unternehmenserfolg nachhaltig und in vielen Fällen sogar entscheidend. Das Management dieses Produktionsfaktors ist schon heute zur Pflichtaufgabe für alle Führungskräfte geworden. In 10 bis 20 Jahren – so unsere Prognose – gehen die meisten Unternehmen mit dem Produktionsfaktor Wissen sicher noch sehr viel professioneller um als heute.

Ein modernes, bewusstes Wissensmanagement, das auf die Eigenschaften von Wissen abgestimmt ist, birgt große Potenziale. Für gutes Wissensmanagement gibt es zwar kein Patentrezept, wohl aber erprobte Wissensmanagement-Maßnahmen für bestimmte Prozesse und Situationen. Und es besteht ein nachweisbarer Zusammenhang zwischen dem Einsatz dieser Wissensmanagement-Instrumente und dem finanziellen Erfolg eines Unternehmens.

In diesem Beitrag haben wir einige Anregungen gegeben, wie man sich dem – durchaus nicht einfachen – Thema nähern sollte. Lassen Sie uns zum Abschluss in vier Leitlinien zusammenfassen, was aus unserer Sicht erfolgreiches Wissensmanagement ausmacht.

- Wissen als wesentlichen, eigenständigen Faktor für den Unternehmenserfolg erkennen und bewusst managen.

- Anspruchsvolle und integrierte Ziele setzen, also keine reinen Wissensmanagement-Ziele, sondern geschäftliche Ziele mit Wissensmanagement unterstützen.

- Die besonderen Eigenschaften von Wissen stets berücksichtigen.

- Wissensmanagement und Wissensmanagement-Projekte als integrale Bestandteile des Führungsalltags verstehen.

Die Nachfrage nach mehr und besserem Wissensmanagement wird wachsen. Immer mehr Manager und Unternehmen werden einen „Virtuous Cycle" des Wissens starten und so maßgeblich den Weg zur Wissensgesellschaft prägen.

Literaturverzeichnis

DAVENPORT, T. H., PRUSAK, L. (1997): Working Knowledge: How Organizations Manage What They Know, Boston: 1997.

KLUGE, J., STEIN, W., LICHT, T. (2001): Knowledge Unplugged: The McKinsey & Company Global Survey on Knowledge Management, London: 2001.

KLUGE, J., STEIN, W., LICHT, T., KLOSS, M. (2003): Wissen entscheidet: Wie erfolgreiche Unternehmen ihr Know-how managen, Frankfurt: 2003.

VON KROGH, G., ICHIJO, K., NONAKA, I. (2000): Enabling Knowledge Creation: How to Unlock the Mystery of Tacit Knowledge and Release the Power of Innovation, New York/Oxford: 2000.

Thomas C. A. Tochtermann/Jens M. Abend

„War for Talent" – Bedeutung und Ausrichtung des Talentmanagements

Dr. Thomas C. A. Tochtermann ist Director bei McKinsey & Company, Inc. Dr. Jens M. Abend ist Principal bei McKinsey & Company, Inc.

1. Zeit für einen Nachruf oder eine neue strategische Herausforderung?

Talentmanagement schien Ende der 90er Jahre dank der New Economy in eine neue Blütezeit einzutreten. Unternehmen sahen zwar schon vorher die Notwendigkeit, hoch qualifizierte und begabte Mitarbeiter zu gewinnen, zu fördern und zu halten. Doch nun rückte angesichts einer vermeintlich dünnen Personaldecke das Thema ins Zentrum der Aufmerksamkeit: Das Topmanagement sah im Talentmanagement seine vielleicht wichtigste Aufgabe, und ein exzellentes Personalmanagement galt als entscheidender Erfolgsfaktor. Drei McKinsey-Berater haben diese Entwicklung mit dem Begriff „War for Talent", dem Kampf um Talente, auf den Punkt gebracht.[1]

Inzwischen scheinen viele der damaligen Postulate und Prognosen überholt. Mit dem weltweiten Konjunkturabschwung und dem Niedergang der New Economy kam es auch im „War for Talent" zum Waffenstillstand – und aus der prognostizierten Knappheit an „hellen Köpfen" wurde ein Käufermarkt für Unternehmen. Mithin drängt sich die Frage auf: Ist das Thema Talentmanagement überhaupt noch relevant? Falls ja, sind die im „War for Talent" entwickelten Strategien und Instrumente noch brauchbar? Oder wie muss das Talentmanagement gestaltet werden, um auch angesichts neuer Rahmenbedingungen zum Unternehmenserfolg beizutragen?

1.1 Talent wird knapp – Die Hypothesen von gestern

Ende der 90er Jahre im New-Economy-Boom war Talent ein kostbares, knappes Gut, das es zu hegen und zu pflegen galt. Als Talente identifiziert, konnten selbst Hochschulabsolventen aus einer Flut von Angeboten wählen und die Konditionen, zu denen sie tätig wurden, weitgehend diktieren. Das Thema Talentmanagement war hoch brisant – die Nachfrage nach Talenten schien ungebremst – die Personalprozesse wurden angesichts steigender Ansprüche und erhöhter Abwanderungsbereitschaft auf eine harte Probe gestellt. Das Individuum, der „Star-Mitarbeiter", den es um jeden Preis zu gewinnen und im Unternehmen zu halten galt, rückte in allen Talentdiskussionen immer mehr in den Vordergrund.

Die Überlegungen dieser Zeit gründeten auf einer Reihe von Annahmen und Prognosen, die sich so nicht erfüllt haben. Dies trifft insbesondere auf zwei Grundannahmen zu:

- *Talent wird Mangelware:* Die Nachfrage nach Talenten ist größer als das Angebot. Der Wettbewerb um Talente wird sich dramatisch verschärfen. Talente werden zunehmend abgeworben und wechseln die Unternehmen.

  Angesichts der gesamtwirtschaftlichen Entwicklung gilt heute eher das Gegenteil. Die Zahl der Bewerber um offene Stellen steigt seit dem Jahr 2000 wieder an und die Fluktuationsraten sinken. Hoch talentierte Nachwuchskräfte und immer mehr erfahrene Manager warten regelrecht auf Angebote. Dies wirkt sich auch auf die Kostenseite aus: Die Verteuerung von Führungskräften ist sinkenden Durchschnittsgehältern gewichen. So sanken die Gehälter der DAX-Vorstände von 2000 auf 2001 um durchschnittlich 16 Prozent.[2]

- *Talent strömt vorrangig in die kleinen Unternehmen:* Kleine, dynamische Wachstumsunternehmen – New Economy, E-Commerce, Biotechnologie – stehlen den etablierten Unternehmen – Old Economy – die Talente. Für große und mittlere Unternehmen wird es zunehmend schwerer, Talente zu gewinnen.

  Inzwischen ist die Mehrheit dieser Wachstumsunternehmen vom Markt verschwunden und etablierte Unternehmen stehen höher im Kurs denn je. Heute bevorzugen wieder fast 90 Prozent der Absolventen europäischer Wirtschaftsuniversitäten etablierte Unternehmen als Arbeitgeber.[3]

Den Aufstieg der New Economy hatte die gesamte Wirtschaft vor allem in einer Hinsicht zu spüren bekommen: dem plötzlichen Mangel an talentiertem Nachwuchs. Dieser unerwartete Mangel – von dem nicht abzusehen war, dass er nur temporär sein würde – führte zur Überbewertung des Themas Talentmanagement, welches deshalb ganz weit nach vorn auf die Prioritätenliste des Topmanagements rückte. Offensichtlich hat seit dem Niedergang der New Economy eine dramatische Trendwende stattgefunden. Die Gefahr besteht seither wohl eher im anderen Extrem – der Talentschwemme. Das Thema Talentmanagement wird vielfach unterbewertet, und das, obwohl es deutliche Anzeichen dafür gibt, dass Talentmanagement für den Unternehmenserfolg nach wie vor wichtig ist.

1.2   Die Realität heute – Talente stehen weniger hoch im Kurs, sind für den Unternehmenserfolg aber bedeutender denn je

Der New-Economy-Hype mag zur Zuspitzung einzelner Aspekte des Talentmanagements beigetragen haben, an den Grundlagen für die Attraktivität und Aktualität des Themas hat das jedoch wenig geändert. Dass Unternehmen mit überlegenem Talentmanagement im Schnitt bessere Ergebnisse erzielen als solche, die dem Thema weniger Priorität einräumen, ist eine Tatsache. Und eine ganze Reihe von Makrotrends deutet darauf hin, dass die Relevanz des Talentmanagements als strategischer Eckpfeiler für den Unternehmenserfolg bestehen bleibt.

- *Steigender Bedarf an Mitarbeitern mit hoher Qualifikation:* Seit Mitte des vergangenen Jahrhunderts hat der Anteil der Erwerbstätigen in wissensintensiven Tätigkeiten mit hohen Qualifikationsanforderungen von einem damals stagnierenden Niveau von 15 Prozent stetig auf mittlerweile fast 50 Prozent zugenommen[4]. Die Tendenz ist weiterhin steigend.

- *Zunehmende Nachfrage nach Managementtalenten:* Mit den Managementherausforderungen wächst auch der Bedarf an kompetenten „Lenkern". Ursache sind die Veränderungen in der Wirtschaft, wie z. B. Globalisierung, funktionsübergreifendes Handeln und eine Beschleunigung des technologischen Fortschritts. Über Managementdefizite klagen heute schon einige Unternehmen. So waren in einer Umfrage unter Topführungskräften 99 Prozent der Meinung, bei den Top-200-Managern im eigenen Unternehmen bestünde erheblicher Verbesserungsbedarf. Nur 20 Prozent fanden, im Unternehmen sei ausreichend Führungstalent vorhanden, um alle sich bietenden Chancen zu nutzen.[5]

- *Sinkendes Talentangebot auf Grund demografischer Entwicklung:.* Während in Deutschland das Erwerbspersonenpotenzial insgesamt wächst, geht die Gruppe der 35- bis 44-Jährigen – ein wichtiger Pool für künftige Führungskräfte – in den nächsten zwanzig Jahren deutlich zurück. Bezogen auf den Höchststand im Jahre 2002 ergibt sich eine Reduzierung von knapp 29 Prozent. Deutschland wird von dieser Entwicklung stärker als andere Länder – wie die USA, Großbritannien oder Italien – betroffen sein.[6]

- *Steigende Flexibilität beim Unternehmens-, nicht aber beim Ortswechsel:* Vor zehn Jahren lag die durchschnittliche Anzahl von Arbeitsverhältnissen für eine Führungskraft in Deutschland noch bei 2,9 – heute sind es schon 5,2 – und dieser Trend hält weiter an. Prognosen für das Jahr 2010 lassen einen Durchschnitt von 7 Arbeitsverhältnissen erwarten.[7] Gleichzeitig sinkt, nicht zuletzt wegen der Zunahme an Doppelverdienerhaushalten, die Bereitschaft zum Ortswechsel. Unternehmen an wenig attraktiven Standorten werden damit ihren „Talentbedarf" künftig nur schwer decken können.

Nach der allzu geringen Beachtung des Themas Talentmanagement als Folge des New-Economy-Niedergangs spricht also vieles dafür, dass wir schon bald eine erneute Kehrtwendung und ein Neuaufleben des Interesses erleben. Warum sollen wir eigentlich warten, bis Engpässe auftreten? Warum können wir nicht schon proaktiv tätig werden? Denn Fakt ist: Unternehmen brauchen verstärkt Talente für ihre immer anspruchsvolleren und komplexeren Aufgaben. Unternehmen, die die Rolle des Talentmanagements jetzt unterschätzen, laufen Gefahr, schon heute die Wettbewerbsvorteile von morgen zu verspielen.

2.   Scheck für die Zukunft – Erfolgreiches Talentmanagement

Unternehmen, die sich der Bedeutung von Talentmanagement bewusst sind und entsprechend handeln, schneiden auf jeden Fall besser ab als andere – so die befragten Manager in der „War for Talent"-Studie im Jahr 2000. Den Leistungsvorsprung durch High-Performer gegenüber durchschnittlichen Mitarbeitern bezifferten sie bei der Produktivität als Leiter einer Produktionseinheit mit 40 Prozent, beim Gewinn als Führungskraft mit 50 Prozent und beim Zusatzumsatz im Verkauf sogar mit knapp 70 Prozent.[8]

Und in der Tat bringen leistungsstarke Talente Unternehmen höhere Gewinne und bescheren Aktionären höhere Renditen, und zwar branchen- und funktionsübergreifend. Beispiele dafür gibt es viele. Werke mit als A-Talenten eingestuften Werksmanagern erreichen laut einer US-amerikanischen Studie eine über 100 Prozent höhere Leistung als Werke mit C-Talenten. Bei einem US-Finanzdienstleister liegt der Leistungsunterschied von A- und B-Performern bei ca. 50 Prozent.[9] Und im Einzelhandel verzeichnen Topfilialleiter im Vergleich zum Durchschnitt ein jährliches Ergebnisplus von 100.000 EUR; bei großen Filialen sogar bis zu zweimal so viel. Topbereichsleiter erreichen ein Ergebnisplus von 2 Millionen EUR pro Jahr, Topregionalleiter sogar 5 Millionen EUR. Hochgerechnet auf die Gesamtkarriere eines Regionalleiters in Deutschland ergäbe das einen Barwertvorteil („Lifetime NPV") von 9 bis 12 Millionen EUR.[10]

Sollten sich diese Erkenntnisse durchsetzen, so wäre es denkbar, dass eines Tages diese Art von „Return on Human Capital" (ROHC) sogar bei Kapitalmarktbewertungen eine Rolle spielt.

Talentmanagement bleibt damit – auch ohne den akuten Druck durch die New Economy – eine zentrale Größe innerhalb des strategischen Managements. Wie aber erreicht man ein exzellentes Talentmanagement? Was besitzen Unternehmen, denen es gelingt, Talente zu gewinnen und zu halten, was andere Unternehmen nicht besitzen?

2.1   Talentmanagement-Toolbox: Valide Ansätze und Empfehlungen?

Für viele große und mittlere Unternehmen der Old Economy war der „War for Talent" *kein* heilsamer Schock. So ist die Mehrzahl der Unternehmen in puncto Recruiting oder Personalmanagement heute kaum besser positioniert als zu Beginn des Hype. Noch immer fehlt es vielfach an den notwendigen Kenntnissen und Fähigkeiten, oft auch an Problembewusstsein.

Dabei existiert aus der „War for Talent"-Ära eine Reihe von Instrumenten, die sich trotz der offensichtlichen Verschiebungen von Schwerpunkten durchaus für erfolgreiches Talentmanagement eignen. Viele dieser Ansätze sind auch heute noch zeitgemäß und zielführend – betrachten wir bspw. die Talentmanagement-Toolbox, die wir in jener Zeit erstellten (Abbildung 1).

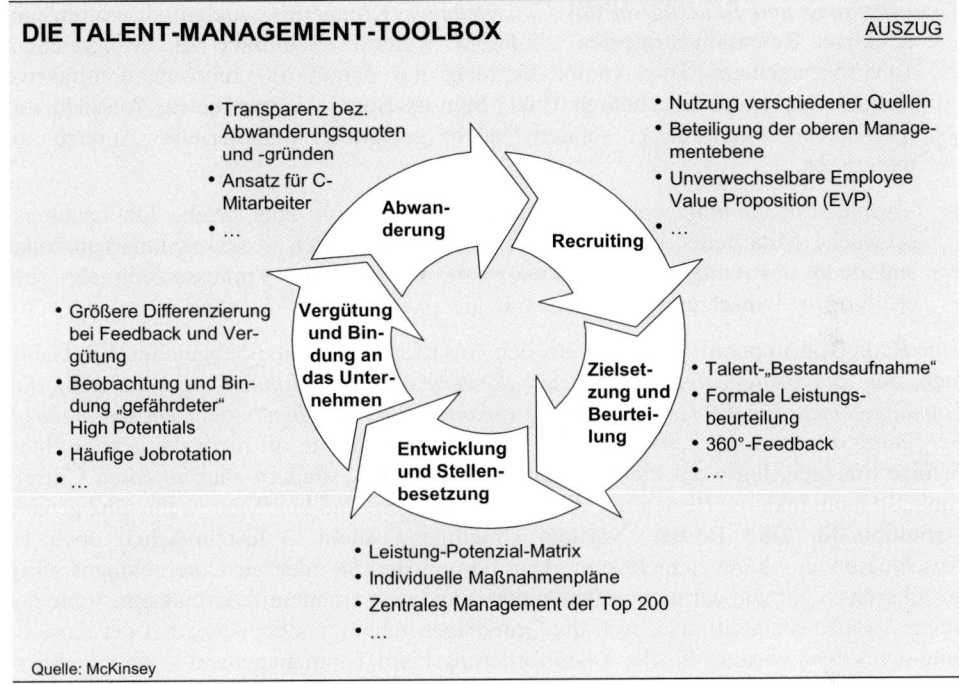

Abbildung 1

Die Talentmanagement-Toolbox – in fünf Phasen strukturiert – weist ein ganzes Set von Ansätzen und Empfehlungen für erfolgreiches Talentmanagement auf:

1. *Recruiting:* Unternehmen sollen über eine unverwechselbare Employee Value Proposition (EVP) sowie effektive Ziele und Prozesse zu Magneten für geeignete Talente werden und die Basis dafür schaffen, dass Mitarbeiter gezielt ausgewählt werden können.

2. *Zielsetzung und Beurteilung:* In einer leistungsorientierten Unternehmenskultur sollen Talente identifiziert und gefördert werden. Grundlagen hierfür sind transparente, an die Haupttreiber für Unternehmenserfolg gekoppelte individuelle und teambezogene Ziele sowie die regelmäßige, formalisierte Messung der Zielerreichung.

3. *Entwicklung und Stellenbesetzung:* Mit optimalem Einsatz und kontinuierlicher Weiterentwicklung sind die Talente im Unternehmen „upzugraden". Denn die richtigen Talente zu beschäftigen, ist eine Sache, das Beste aus den Mitarbeitern herauszuholen, eine andere. Angenehmer Nebeneffekt der Talententwicklung: Sie fördert die Mitarbeiterbindung an das Unternehmen.

4. *Vergütung und Bindung an das Unternehmen*: Kompetitive Gehaltsstrukturen und effektive Retention-Strategien sind ein weiterer Schlüssel zu erfolgreichem Talentmanagement. Hier kommt es nicht nur darauf an, zunehmend attraktive Vergütungspakete zu schnüren (inkl. Sign-up-Boni, Aktienpaketen, Aussicht auf IPO-Beteiligungen etc.), sondern auch geeignete immaterielle Anreize zu integrieren.

5. *Abwanderungsmanagement*: Talentmanagement heißt aber auch, für leistungsschwache Mitarbeiter eine sinnvolle Lösung zu finden – sei es innerhalb oder außerhalb des Unternehmens. Langfristig ist dies die Voraussetzung für eine erfolgreiche Umsetzung der Talentstrategie.

Eine Reihe von Imperativen wurde aus den Ansätzen der Toolbox abgeleitet. Ein Gebot hieß *„nur die Besten einzustellen, zu befördern und zu belohnen"*, ein anderes *„das Topmanagement für die Talentförderung verantwortlich machen"* oder *„Topkräfte durch Vergütung an das Unternehmen binden"*. Dass diese Gebote oft nicht die gewünschten Erfolge brachten, lag wohl nicht an den Geboten selbst, sondern eher an deren Umsetzung. So kann man die Besten nur einstellen, befördern und belohnen, wenn eine genaue Definition für „die Besten" vorliegt (Intelligenz allein – festzumachen etwa an Abschlussnoten – kann es nicht sein, denn IQ und Berufs- oder gar Unternehmenserfolg korrelieren so gut wie gar nicht miteinander[11]) und man sie identifizieren kann. Viele der guten Ansätze scheitern also, weil die Grundlagen fehlen, andere – wie bei der Ansiedlung der Verantwortung für die Talentförderung beim Topmanagement – weil sie kurzfristig nicht realisierbar sind. Wieder andere, weil sie nicht im Kontext betrachtet wurden.

Was lässt sich also daraus folgern? Die Toolbox ist keineswegs überholt, sondern noch immer aktuell. Woran es in vielen Fällen fehlt, ist die Einbettung der Programme in den richtigen Gesamtansatz.

2.2   Talent-Mindset – Eine neue Wunderformel?

Erfolgreiches Talentmanagement braucht einen Talent-Mindset. Mal hier und mal da eine Maßnahme umzusetzen reicht nicht. Talentmanagement braucht genauso viel Aufmerksamkeit des Managements und genauso stringente Prozesse wie bspw. die Strategieumsetzung. Ist sich ein Unternehmen der Bedeutung von Talentmanagement bewusst und handelt entsprechend, ist es auf jeden Fall erfolgreicher als andere.

In einem Unternehmen mit Talent-Mindset ist der Glaube an den Nutzen der Talentförderung fest verankert und beim Management präsent. Das Management ist überzeugt von der Bedeutung von Talenten für den Unternehmenserfolg. So zählen fast die Hälfte der Führungskräfte in leistungsstarken Unternehmen die Verbesserung des Talent-Pools zu einer der Top-3-Unternehmensprioritäten; bei durchschnittlich erfolgreichen Unternehmen hingegen ist es weniger als ein Drittel.[12]

Führungskräfte in leistungsstarken Unternehmen haben das Thema Talente zur Chefsache erklärt und spielen in allen Bereichen des Talentmanagements eine aktive Rolle. Sie stellen sicher, dass es eine Verbindung zwischen Unternehmensstrategie und Talentanforderungen gibt und machen die Führungskräfte auf allen Ebenen für die Stärke des Talent-Pools mitverantwortlich.

DAS ZUSAMMENSPIEL ENTSCHEIDET UND NICHT ALLEIN DAS TALENT DES INDIVIDUUMS
Englischer Fußball – Ligaplatzierung, 1993 - 98

* Leistung gemessen an gewonnenen Ligapunkten
** Talent gemessen an der durchschnittlichen Summe der Jahresgehälter in Tsd. £
Quelle: McKinsey

Abbildung 2

Leistungsstarke Unternehmen mit Talent-Mindset verstehen Talentmanagement als eine übergreifende Aufgabe. Sie stellen nicht das Individuum in den Mittelpunkt, sondern orientieren sich am Ganzen. Die Situation in einem Unternehmen ist – so betrachtet – vergleichbar mit der Sportmannschaft. Eine Führungskraft versteht sich nach unserer Erfahrung zu oft als Torschütze, doch eigentlich ist sie der Trainer. Dieser beeinflusst die Spieler auf dem Spielfeld, die Talente, die neu dazukommen, und auch die Spielaufstellung.

Und dass es auf das Zusammenspiel der einzelnen Talente ankommt, lässt sich auf dem Fußballfeld ebenso nachweisen wie in Unternehmen. Warum ist – um bei unserem Beispiel zu bleiben – die Leistung (gemessen in Ligapunkten) von Manchester United bei gleichem Talent (gemessen in Teamgehalt) viel höher als die von Arsenal London (Abbildung 2)? Talent scheint also die eine Seite, das Zusammenspiel der Talente im Team die andere zu sein.

Private-Equity-Unternehmen tragen bei der Bewertung von Geschäftsplänen dieser Tatsache Rechnung: Sie schenken in zunehmendem Maß der Teamkomponente eine besonders große Beachtung – und binden immer öfter Personalberater in die Due-Diligence-Phase von Deals mit ein, um Managementteams besser beurteilen zu können.

3.   Gestaltung eines Talentmanagement-Programms

Talentmanagement ist – wie wir gesehen haben – kein À-la-carte-Menu, aus dem sich das Management nach Belieben die eine oder andere Maßnahme heraussuchen kann. Wie lässt sich erfolgreiches Talentmanagement in der Praxis erreichen? Welchen Handlungsspielraum haben die Unternehmen? Womit sollen sie beginnen?

3.1   Talentmanagement als System

Der Aufbau einer exzellenten Führungsmannschaft bleibt eine der zentralen strategischen Aufgaben im Unternehmen. Zwar hat der Zeitdruck für die Umsetzung eines Personalmanagement-Programms nach dem New-Economy-Hype deutlich nachgelassen. Unternehmen sollten dennoch schon heute die relative Entspannung der Talentsituation nutzen, um sich für die Zukunft optimal aufzustellen. Denn ein gesamtheitliches Talentmanagement-Programm betrifft viele Bereiche und kann ein langwieriger Prozess sein.

Im Recruiting stehen bspw. die Erarbeitung einer unverwechselbaren Employee Value Proposition (EVP) sowie die Festlegung effektiver Zielsetzungen und Prozesse an. Erforderlich für deren Beurteilung sind transparente, an die Haupttreiber für den Unternehmenserfolg gekoppelte Ziele und eine regelmäßige formalisierte Messung der Zielerreichung. In der Personalentwicklung sind die Weichen für ein kontinuierliches „Upgrade" von Talenten durch optimalen Einsatz und Trainings zu stellen. Kompetitive Gehaltsstrukturen und effektive Retention-Strategien sollen identifizierte Talente an das Unternehmen binden. Auf der anderen Seite ist auch das Abwanderungsmanagement zu systematisieren, d. h., es sind klare Ansätze und Prozesse für das Management von C-Mitarbeitern zu schaffen.

Kein Talentmanagement-Programm gleicht dem anderen, ist doch die Ausgangslage von Unternehmen zu Unternehmen verschieden. Allerdings gibt es einige allgemein gültige Voraussetzungen:

- *Das Wichtigste ist der Einstieg:* Die Unternehmensführung muss erkennen, dass sie reagieren muss. Änderungen können nur von ihr ausgehen. Was kann sie tun? Erst einmal das Thema auf den Tisch bringen – wie, das hängt von der Situation im Unternehmen ab.

  Ein Vorstandsvorsitzender spricht bspw. mit dem Personalchef und stellt einige Fragen, um den Prozess in Gang zu bringen. So z. B.: Wie hoch ist die Abwanderungsrate? Warum gehen Mitarbeiter freiwillig? Was passiert mit Mitarbeitern, die unter der gewünschten Leistung bleiben?

- *Erste Maßnahmen sind von Unternehmen zu Unternehmen verschieden:* Hier sind Schwerpunkte zu setzen. Liegt der Schwerpunkt zunächst beim Recruiting, bei Zielsetzung und Beurteilung, bei der Personal- und Stellenbesetzung, bei der Entlohnung und Unternehmensbindung oder bei der Abwanderung?

  Startet ein Unternehmen bspw. bei der Personalentwicklung mit der Schaffung von Transparenz durch Erhebung der Ist-Situation, so wird es z. B. zunächst klären, welche Mitarbeiter eine sehr gute Leistung erbringen und ein hohes Potenzial haben, und welche derzeit eine weniger gute Leistung erbringen, sich aber mit dem richtigen Coaching zu „Superstars" entwickeln könnten.

- *Im Laufe der Zeit gilt es, eine integrierte, ganzheitliche Sichtweise zu erlangen:* Talentmanagement ist schließlich ein System aus vielen maßgeschneiderten Prozessen. Und wie bei allen Systemen haben Änderungen in einem Gebiet nicht selten auch Auswirkungen auf andere Bereiche.

3.2 Unternehmensspezifischer Ansatz – Womit beginnen?

Ein Programm zur Verbesserung des Talentmanagements ist so individuell wie ein Fingerabdruck, denn die Erfordernisse ebenso wie die Defizite sind von Unternehmen zu Unternehmen verschieden. Darum möchten wir uns hier auf einige Anregungen zum Einstieg in ein solches Programm beschränken. Meist sind es Antworten auf einige wenige Fragen, die die Richtung für ein Talentmanagement-Programm weisen. Wie z. B.:

- Konnten in letzter Zeit wichtige Projekte nicht umgesetzt werden, weil die richtigen Leute fehlen?

- Warum würden Toptalente gerade in unserem Unternehmen anfangen und nicht bei Wettbewerbern? Gibt es eine klar definierte, differenzierende Employee Value Proposition (EVP)?

- Sind alle Schlüsselpositionen im Unternehmen mit Topleuten besetzt? Gibt es Problemfälle, die schon längst hätten gelöst werden müssen?

- Könnte es sein, dass Top-Executive-Talente daran denken, das Unternehmen zu wechseln?

- Wo liegen im Unternehmen die Hindernisse für Veränderungen, die kurzfristig ausgeräumt werden könnten und sollten?

4.   Jetzt aktiv werden – Vorteile antizyklischen Handelns

Viele Unternehmen setzen im Personalmanagement zurzeit vor allem auf Rückzug, Stellenabbau und Verschlankung – alle anderen Aktivitäten liegen vorerst auf Eis. Dies birgt Gefahren: Wenn die Wirtschaft wieder anzieht, werden diesen Unternehmen die Talente fehlen, weil erfahrungsgemäß in einer Krisensituation ausgerechnet die besten Mitarbeiter ihrer Firma den Rücken kehren. Andererseits werden Unternehmen, die die Zeit genutzt haben, um ihre Führungsmannschaft mit einer langfristigen Perspektive aufzubauen, gestärkt an den Start gehen und den Wettbewerb hinter sich lassen.

Dies mag ungewöhnlich erscheinen, ist aber gerade in der derzeitigen wirtschaftlichen Lage die große Chance. Letztlich ist es beim Recruiting und der Bindung talentierter Mitarbeiter – der künftigen Führungsriege – an das Unternehmen wie bei Akquisitionen: Die Schnäppchen erzielt man antizyklisch. „You don't go looking for bargains when the market is at its peak. You make your best strategic acquisitions when times are tough because prices are low and everyone else is too scared to be bold", wie es ein amerikanischer CEO einmal formulierte. Jetzt ist antizyklisches Handeln gefragt, um Wettbewerbsvorteile zu sichern.

Referenzen

[1]   Vgl. MICHAELS, E., HANDFIELD-JONES, H., AXELROD, B. (2001).

[2]   Deutsche Schutzvereinigung Wertpapierbesitz e.V. (DSW), Vorstandsbefragung bei DAX-30-Unternehmen, November 2002.

[3]   Universum Graduate Survey 2002, Pan-European Business Edition, Stockholm: Universum Communications.

[4]   Vgl. DOSTAL, W. (1988), S. 858–882.

[5]   Vgl. MCKINSEY & COMPANY (2000).

[6]   U.S. Bureau of the Census, International Database, Website http://www.census.gov.

[7]   Vgl. MCKINSEY & COMPANY (2000).

[8]   Vgl. MCKINSEY & COMPANY (2000).

[9]   Studie zum wirtschaftlichen Wert von Talenten: Vergleich von jeweils rund 100 Werksmanagern und 100 Relationship-Managern in Finanzdienstleistungsunternehmen im Zeitraum 1995 - 1999. McKinsey & Company, 2000.

[10]   Berechnungen anhand konkreter Einzelhändlerbeispiele in Deutschland, McKinsey & Company, 2002.

[11]   Vgl. WAGNER, R. (2002), S. 28-33.

[12]   Vgl. MCKINSEY & COMPANY (2000).

Literaturverzeichnis

DOSTAL, W. (1988): Der Informationsbereich, in: MERTENS, D. (Hrsg.): Konzepte der Arbeitsmarkt- und Berufsforschung, Beiträge aus der Arbeitsmarkt- und Berufsforschung, Band 10, 3. Aufl., Nürnberg: 1988, S. 858-882.

MICHAELS, E., HANDFIELD-JONES, H., AXELROD, B. (2001): The War for Talent, Cambridge: 2001.

MCKINSEY & COMPANY (2000): „War for Talent" - Führungskräftebefragung 2000, Ergebnisse der Befragung von 50 Partnern bei drei Personalberatungsunternehmen.

WAGNER, R. (2002): The Talent Myth, in: The New Yorker (2002), 22. Juli, S. 28-33.

Christoph Burmann

Aufbau immaterieller Unternehmensfähigkeiten als wichtige Treiber des Unternehmenswerts

Prof. Dr. Christoph Burmann ist Inhaber des Stiftungslehrstuhls für Allgemeine Betriebswirtschaftslehre, insbesondere innovatives Markenmanagement (LiM) an der Universität Bremen.

Danksagungen:

Der Verfasser dankt der Wissenschaftlichen Gesellschaft für Marketing und Unternehmensführung e. V. Münster für die großzügige finanzielle Unterstützung des empirischen Forschungsprojekts.

1. Immaterielle Unternehmensfähigkeiten als Treiber des Unternehmenswerts

Die Bewertung des Eigenkapitals eines Unternehmens durch den Kapitalmarkt weicht oft in erheblichem Maße von der bilanziellen Bewertung des Eigenkapitals ab. Die Investoren am Kapitalmarkt sind offenkundig bereit, für bestimmte Unternehmen eine Wertprämie zu bezahlen, die weit über denjenigen Wert hinausgeht, der sich als Spiegelbild der vergangenen ökonomischen Leistung eines Unternehmens ergeben müsste. Die Differenz zwischen dem Markt- und Buchwert des Eigenkapitals könnte auf „Intangible Assets" zurückzuführen sein, die nicht in der Bilanz erfasst sind. Hier ist neben Marken vor allem an immaterielle, organisationale Fähigkeiten zu denken, die oft auch als Kompetenzen oder Kernkompetenzen eines Unternehmens bezeichnet werden. Diese spezifischen organisationalen Fähigkeiten sind auch deshalb so wichtig, weil der *Wert starker Marken* primär auf diesen Unternehmensfähigkeiten basiert und ohne ein entsprechendes *Kompetenzfundament* schnell erodiert. Die Ressourcentheorie der strategischen Managementforschung beschäftigt sich umfassend mit der Bedeutung von „Intangible Assets" und insbesondere organisationaler Fähigkeiten für die Wettbewerbsfähigkeit und Rentabilität von Unternehmen. Sie bildet daher das theoretische Fundament der nachfolgenden Argumentation.

2. Immaterielle Unternehmensfähigkeiten in der Ressourcentheorie

2.1 Die klassische Ressourcentheorie

Im Rahmen der Ressourcentheorie kommt der konkreten Nutzung von Ressourcen, d. h. deren situationsadäquater Kombination eine besondere Relevanz zu. Im Gegensatz zur Kombination von Produktionsfaktoren bei Gutenberg steht dabei nicht der formale Funktionszusammenhang des Kombinationsprozesses im Mittelpunkt, sondern die qualitative Beschaffenheit der Ressourcen. Die zur Verfügung stehenden Ressourcen ermöglichen einem Unternehmen die Durchführung bestimmter Aktivitäten. Diese Aktivitäten können in einer spezifischen Markt- und Wettbewerbssituation zum Zeitpunkt t_1

zum Erfolg des Unternehmens im Markt beitragen. In einem anderen Kontext zum Zeitpunkt t_{1+n} können diese Aktivitäten und die ihnen zu Grunde liegenden Ressourcen jedoch erfolgsirrelevant sein. Ressourcen können nach der weit verbreiteten Definition von BARNEY[1] als „all assets, capabilities, organizational processes, firm attributes, information, knowledge, etc. controlled by a firm that enable the firm to conceive of and implement strategies that improve efficiency and effectiveness" definiert werden. Nicht alle Unternehmensressourcen sind für den Aufbau von Wettbewerbsvorteilen gleichermaßen geeignet. Nur wenn Ressourcen bestimmte Merkmale aufweisen (Werthaltigkeit, Knappheit, schwierige Imitier- und Substituierbarkeit), ist die notwendige Bedingung zum Aufbau eines Wettbewerbsvorteils erfüllt. Werden diese besonderen Ressourcen zusätzlich in der richtigen Art und Weise kombiniert (hinreichende Bedingung), entsteht ein Wettbewerbsvorteil. Diese *Kombinationstätigkeit* wird in der Ressourcentheorie als Kern aller Unternehmensfähigkeiten betrachtet. LIEBERMAN/MONTGOMERY[2] definieren Unternehmensfähigkeiten dementsprechend als „the organization's collective capacity for undertaking a specific type of activity". Ein wichtiger Schwachpunkt des klassischen Ressourcenansatzes ist seine statische Ausrichtung. Wie Unternehmensfähigkeiten aufgebaut oder wie sie an Marktveränderungen angepasst werden können, bleibt offen. Schon früh entstand deswegen die Forderung nach einer Dynamisierung der Ressourcentheorie.

2.2   Weiterentwicklungen der klassischen Ressourcentheorie

TEECE et al.[3] sind mit ihrem Dynamic-Capabilities-Ansatz als erste auf diese Forderung eingegangen. Sie haben einen Ansatz zur Erklärung „dynamischer" organisationaler Fähigkeiten entwickelt, der später von vielen Autoren aufgegriffen wurde.[4] Parallel zum Dynamic-Capabilities-Ansatz konzentrieren sich viele Forscher in ihrem Bemühen um eine Dynamisierung der Ressourcentheorie immer stärker auf die Erforschung des organisationalen Wissens und der Lernfähigkeit von Unternehmen.[5]

2.2.1 Der Dynamic-Capabilities-Ansatz

TEECE et al.[6] definieren Dynamic Capabilities als „the firm's ability to integrate, build, and reconfigure internal and external competences to address rapidly changing environments". Dabei handelt es sich im Kern um die Beherrschung von Prozessen, die auf allen organisatorischen Ebenen des Unternehmens anzutreffen sind. Jeder Prozess kann gut oder schlecht beherrscht werden. Die Güte der Prozessbeherrschung ist abhängig von den immateriellen Fähigkeiten des Unternehmens, die ihrerseits aus der Bündelung von zwei oder mehr organisationalen Handlungsroutinen bestehen.[7] Zur Erklärung der Entstehung und Veränderung von Wettbewerbsvorteilen greift der Dynamic-

Capabilities-Ansatz vor allem auf die *historische Entwicklung* und die *Ressourcenausstattung* eines Unternehmens zurück (vgl. Abbildung 1). Die historische Entwicklung eines Unternehmens begrenzt die Dynamic Capabilities in starkem Maße; diese Annahme basiert auf der Theorie des lokalen Lernverhaltens des Unternehmens nach TEECE et al.[8] Das Suchverhalten nach neuen Problemlösungen wird dabei von den in der historischen Entwicklung des Unternehmens angesammelten organisationalen Handlungsroutinen determiniert. Handlungsroutinen entstehen aus der wiederholten Kombination bestimmter Ressourcen. Deswegen wirken sich Verfügungsrechte über Ressourcen, auf die das Unternehmen zurückgreifen kann, auf die Entstehung von Handlungsroutinen und damit die Herausbildung von Unternehmensfähigkeiten aus.

DER DYNAMIC-CAPABILITIES-ANSATZ GREIFT AUF DIE HISTORISCHE ENTWICKLUNG UND DIE RESSOURCENAUSSTATTUNG EINES UNTERNEHMENS ZURÜCK

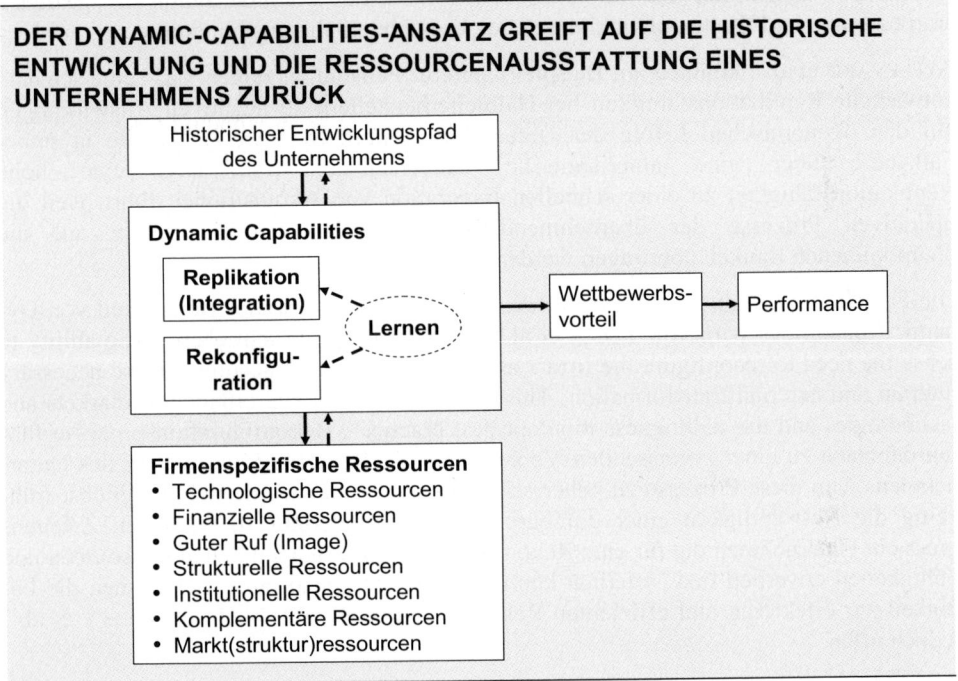

Abbildung 1

Die Dynamic Capabilities eines Unternehmens lassen sich nach TEECE et al.[9] auf die Beherrschung von drei Fähigkeiten – der Integration, der Rekonfiguration und des Lernens – zurückführen. Die *Integration* bezieht sich auf die Sicherstellung einer effektiven und effizienten Koordination von Ressourcen. Problematisch erscheint jedoch, dass die Koordination von Ressourcen ein generelles Definitionsmerkmal aller Arten organisationaler Fähigkeiten ist. Insoweit kann die Beherrschung der Integration kein konstitutives Merkmal von Dynamic Capabilities als einer besonderen Form von organisationaler Fähigkeit sein. Bei genauerer Analyse der Aussagen von TEECE et al.[10]

kann jedoch ein anderes Differenzierungsmerkmal der Integrationstätigkeit identifiziert werden: Die Integration bezieht sich auf die wiederholte Bearbeitung bereits bekannter Aufgaben. Insoweit soll die der Beherrschung von Integrationstätigkeiten zu Grunde liegende organisationale Fähigkeit hier als *Replikationsfähigkeit* bezeichnet werden. Eine hohe Replikationsfähigkeit besagt, dass ein Unternehmen in der Lage ist, seine vorhandenen operativen Prozessfähigkeiten des laufenden Geschäftsbetriebs effektiv und effizient zu multiplizieren. Der Replikationsfähigkeit kommt in zweifacher Weise eine ökonomische Bedeutung zu. Einerseits ermöglicht sie ein schnelles und effizientes Wachstum. Andererseits zeigt die Güte der Replikationsfähigkeit eines Unternehmens, inwieweit es in der Lage ist, den Aufbau und die Funktion seiner organisationalen Fähigkeiten umfassend zu verstehen. Dies ist eine Voraussetzung zur gezielten Verbesserung und Weiterentwicklung der eigenen Unternehmensfähigkeiten.

APPLEYARD et al.[11] konnten am Beispiel mehrerer Fallstudien zeigen, dass eine schlecht entwickelte Replikationsfähigkeit bei Halbleiterherstellern zu negativen Auswirkungen auf den ökonomischen Erfolg der Unternehmen führt. SZULANSKI[12] stellte in seiner Fallstudie über eine amerikanische Universalbank fest, dass eine hohe Replikationsfähigkeit zu einer schnellen Integration von Akquisitionen führt, weil die operativen Prozesse der übernehmenden Bank effizient und effektiv auf die übernommenen Banken übertragen werden konnten.

Die Fähigkeit zur Beherrschung von *Rekonfigurationen* als zweiter Bestandteil von Dynamic Capabilities wird von TEECE et al.[13] nur sehr knapp beschrieben: „The ability to sense the need to reconfigure the firm's asset structure, and to accomplish the necessary internal and external transformation. This requires constant surveillance of markets and technologies and the willingness to adopt best practice". Rekonfigurationsprozesse führen demnach zu einer umfassenden Veränderung der Ressourcenausstattung des Unternehmens. Um diese Prozesse zu beherrschen, ist es erstens erforderlich, möglichst frühzeitig die Notwendigkeit einer durchgreifenden Veränderung zu erkennen. Zweitens muss ein Unternehmen die für eine Rekonfiguration notwendigen neuen Ressourcen und Fähigkeiten erwerben bzw. erlernen können. Wodurch genau ein Unternehmen die Fähigkeit zur effektiven und effizienten Rekonfiguration erwirbt, bleibt bei TEECE et al.[14] jedoch offen.

Auf die organisationale Fähigkeit des *Lernens* als dritter Bestandteil der Dynamic Capabilities gehen TEECE et al.[15] wiederum nur sehr kurz ein: „Learning is a process by which repetition and experimentation enables tasks to be performed better and quicker. It also enables new production opportunities to be identified." Offen bleibt erneut, wie eine hohe Lernfähigkeit erreicht werden kann. Eine genauere Analyse ihrer Ausführungen macht jedoch deutlich, dass sie die Lernfähigkeit als einen wichtigen Bestandteil einer hohen Replikations- und Rekonfigurationsfähigkeit des Unternehmens betrachten und sie somit de facto durch diese beiden organisationalen Fähigkeiten abgedeckt wird.

Die Beschreibung der Replikations- und Rekonfigurationsfähigkeit macht zusammenfassend deutlich, dass es sich in beiden Fällen um *organisationale Metafähigkeiten* handelt.

Die Zusammenfassung und Aggregation aller immateriellen Fähigkeiten eines Unternehmens zu zwei übergeordneten Metafähigkeiten findet sich in mehreren ressourcentheoretischen Publikationen.[16] In ähnlicher Form findet sich diese Aggregation auch in der *Organisationstheorie*. Dort wird mit Blick auf ein dauerhaftes Unternehmenswachstum die Notwendigkeit der richtigen Balance zwischen der „Exploitation" vorhandener und der „Exploration" neuer Unternehmensfähigkeiten aufgegriffen. MARCH[17] stellt hierzu fest: „The essence of exploitation is the refinement and extension of existing competences (...). The essence of exploration is experimentation with new alternatives." Auch in der *Innovationsforschung* wird dauerhaftes Unternehmenswachstum auf lediglich zwei organisationale Fähigkeiten zurückgeführt. Beide sind notwendig, um das Spannungsverhältnis zwischen gut strukturierten Routineaufgaben einerseits und neuartigen, schlecht strukturierten Innovationsaufgaben andererseits erfolgreich zu überbrücken (WICHER (1985)).[18] In beiden Wissenschaftsbereichen zeigen sich somit klare Parallelen zur Replikations- und Rekonfigurationsfähigkeit. Obwohl die Ressourcentheorie, die Organisationstheorie und die Innovationsforschung bezüglich der Strukturierung und Aggregation der immateriellen Fähigkeiten eines Unternehmens zu weitgehend übereinstimmenden Ergebnissen gelangen, steht die Operationalisierung der zwei organisationalen Metafähigkeiten bislang noch aus. Mit Hilfe der Erkenntnisse des wissensbasierten Zweigs der Ressourcentheorie soll im Folgenden versucht werden, einen ersten Ansatz zur Schließung dieser Forschungslücke zu entwickeln und empirisch zu überprüfen.

2.2.2 Wissensbasierter Ressourcenansatz

Seit den 1992 publizierten Beiträgen von HALL, KOGUT/ZANDER und MAHONEY/PANDIAN beschäftigen sich Ressourcentheoretiker umfassend mit der Wettbewerbsvorteilsrelevanz des Wissens. Einige Autoren sprechen mittlerweile nicht mehr vom „resource-based-view" sondern vom „knowledge-based view of the firm".[19] TEECE[20] stellt in diesem Zusammenhang fest: „The essence of the firm is its ability to create, transfer, assemble, integrate, and exploit knowledge assets. Knowledge assets underpin competences, and competences in turn underpin the firm's product and service offerings to the market".

2.2.2.1 Operationalisierung des Wissenskonstrukts

Im Rahmen ökonomischer Theorien wurde die Relevanz des Wissens schon früh erkannt. MARSHALL[21] wies z. B. auf die Wissensvermehrung durch Spezialisierung hin. Auch HAYEK untersuchte schon 1937 die gesamtwirtschaftliche Bedeutung des Wissens. Darüber hinaus hat sich die vor allem von BECKER[22] geprägte Humankapital-Theorie mit den ökonomischen Wirkungen von Wissen beschäftigt. Trotz dieser frühen Forschungen wird das Wissen in ökonomischen Theorien bislang selten explizit erfasst. Die Vertreter der klassischen ökonomischen Theorien haben ferner ein einseitiges Vorstellungsbild vom Gegenstand des Wissens in Unternehmen. Sie unterstellen zumeist ein vollständig artikuliertes, objektives Wissen als wahres Abbild der Realität, welches kontext- und personenunabhängig transferiert werden kann.

Diese objektivierte Vorstellung vom menschlichen Wissen gilt spätestens seit der Publikation von BERGER/LUCKMANN[23] als nicht mehr zeitgemäß. Nach BERGER/LUCKMANN ist Wissen als eine soziale Konstruktion des Menschen von der Realität zu verstehen. Diese subjektive Konstruktion entsteht in der gesellschaftlichen Interaktion mit anderen Menschen, sie muss sich immer wieder in dieser sozialen Interaktion bewähren und wird dann verworfen oder institutionalisiert. Die breite Akzeptanz eines bestimmten Satzes an Überzeugungen führt dann durch Internalisierung bei den Mitgliedern einer Gemeinschaft zu Wissen.

Auch in der Ressourcentheorie hat sich ein konstruktivistisches Wissensverständnis durchgesetzt. So schreiben z. B. ZAHN et al.[24]: „Wissen beschreibt die Welt und unterteilt in Bekanntes und Unbekanntes, Negatives und Positives, Erwartetes und Unerwartetes usw. Diese Grundcharakteristik des Wissens als individuelle Unterscheidung korrespondiert mit der Feststellung, dass Wissen stets individuell und kontextabhängig ist (...). Wissen (im Sinne von in *mentalen Modellen* abgelegten Vorstellungen über kausale Beziehungen zwischen bestimmten Phänomenen) ist die Voraussetzung dafür, an Handlungen überhaupt bestimmte Erwartungen knüpfen zu können." Die subjektive Konstruktion eines Abbilds von der Realität durch soziale Interaktion ist ausschließlich Menschen möglich.

Die Definition von ZAHN et al. zeigt ein in der Ressourcentheorie wichtiges Merkmal von Wissen, die *Handlungsorientierung*. Wissen wird für ein Unternehmen erst dann ökonomisch relevant, wenn es einen Beitrag zur Zielerreichung leisten kann. Dieser Zielerreichungsbeitrag setzt eine Handlungsorientierung des Wissens voraus, die in direkter oder indirekter Form vorliegen kann. Eine direkte Handlungsorientierung ist gegeben, wenn der Wissensträger selbst aus seinem Wissen konkrete Handlungen ableiten kann, mit deren Hilfe er seine Ziele oder die Ziele Dritter erreicht. Indirekte Handlungsorientierung liegt vor, wenn der Wissensträger über Vorstellungen darüber verfügt, welche andere(n) Person(en) mit Hilfe seines Wissens zielführende Handlungen durchführen können. Die mit dem Wissen verknüpften Handlungen beziehen sich auf die Kombination von Produktionsfaktoren und deren Einsatz im Sinne der Unternehmensziele.

Hinsichtlich des Merkmals der Handlungsorientierung kann Wissen nach RYLE[25] in zwei Arten unterteilt werden: „*Knowing that* is knowledge of facts and relationships, the primary subject of formal education and news; it may be subdivided into knowing what and knowing why (...). *Knowing how*, by contrast, is the ability to perform *actions* to achieve a desired result. It includes skill both in performance and in recognizing when and where this skill should be applied."[26] Die Klassifikation in „Know-that"-Wissen und „Know-how"-Wissen ist streng genommen nicht als eine dichotome Einteilung, sondern als ein Kontinuum zu verstehen, weil in vielen Fällen ein theoretisches „Know-that"-

Wissen mit einem Mindestmaß an praktischen Fertigkeiten zusammenfällt. Ebenso entstehen praktische Fertigkeiten selten völlig losgelöst von bestimmten theoretischen Vorstellungen über Ursache-Wirkung-Beziehungen.

Das Merkmal der Handlungsorientierung liegt auch einer zweiten Klassifikation von Wissensarten zu Grunde. Sie geht auf POLANYI[27] zurück und unterscheidet zwischen implizitem („tacit") und explizitem Wissen. POLANYI beobachtete, dass Menschen ihre praktischen Fertigkeiten nur bedingt artikulieren können und stellte fest: „I shall reconsider human knowledge by starting from the fact that *we can know more than we can tell*". Implizites Wissen bezieht sich auf praktische Fertigkeiten des Menschen. Dieser Bezug zum Können eines Menschen kommt in der oben angesprochenen Handlungsorientierung zum Ausdruck. Beide Begriffe (Handlungsorientierung und implizites Wissen) setzen praktische Erfahrungen voraus. Während das „Know-that" bzw. theoretische Wissen eines Menschen immer in eine explizite Form transformiert werden kann, ist das implizite „Know-how" nur bedingt in eine explizite, artikulierte Form umwandelbar. Den weiteren Ausführungen wird ein handlungsorientiertes Wissensverständnis in Anlehnung an die obige „Know-how"-Definition zu Grunde gelegt.

2.2.2.2   Replikationsfähigkeit durch Wissenskodifikation und Wissenstransfer

In der Ressourcentheorie wird davon ausgegangen, dass Wissen und Fähigkeiten laufend durch situationsgebundene Erfahrungen verändert werden. Eine Anpassung an veränderte Umweltsituationen ist Unternehmen in der Ressourcentheorie möglich, weil ihnen in sehr pauschaler Form eine Lernfähigkeit zugeschrieben wird. NANDA[28] stellt fest: „The resource perspective views firms as learning organizations, improving their existing capabilities through experience. A firm is viewed as a social institution whose knowledge is stored in its behavior rules, which are constantly being shaped, preserved and modified." Das in Unternehmensfähigkeiten gebündelte Wissen der Mitarbeiter wird somit in „Behavior Rules", d. h. den Handlungsroutinen des Unternehmens kodifiziert. Die Kodifikation ist die Voraussetzung zur Aneignung von Mitarbeiterwissen durch das Unternehmen. Im Rahmen der Kodifikation wird implizites Wissen externalisiert, d. h. in explizites Wissen „außerhalb" des Mitarbeiters umgewandelt. Die Kodifizierung verschafft einem Unternehmen einerseits die Möglichkeit, auch dann vom Wissen eines Mitarbeiters zu profitieren, wenn dieser das Unternehmen verlassen hat. Andererseits ist sie die Voraussetzung für effiziente gruppen- bzw. teamübergreifende organisationale Lernprozesse.[29] Dazu bedarf es jedoch gezielter Maßnahmen, die mit Kosten verbunden sind. Neben dieser Kostenverursachung entsteht bei der Kodifikation von Wissen das Problem der *Unvollständigkeit*. LOASBY[30] stellt hierzu fest: „Know-how can often be partially codified, even without an understanding of the reasons why the procedures work (...). But codification of know-how is never complete. Close attention to recipes does not ensure excellent results, and even detailed manuals often make crucial, if unconscious, assumptions about the user's skills." Bei der Wissenskodifikation geht es somit nicht darum, das gesamte handlungsorientierte Wissen eines Mitarbeiters zu erfassen. Dies ist weder technisch möglich, weil bestimmte Komponenten des impliziten Wissens eines Menschen nicht artikulierbar sind, noch ökonomisch sinnvoll.

Die Kosten der Wissenskodifikation sind ökonomisch vor allem dann zu rechtfertigen, wenn kodifiziertes Mitarbeiterwissen auch in anderen Unternehmensbereichen genutzt und zur Effizienzsteigerung beitragen kann. Ein solcher Wissenstransfer müsste immer dann eine positive Wirkung auf den Unternehmenswert haben, wenn die Aufwendungen für die Kodifizierung und den Transfer des Wissens niedriger sind als die dadurch zusätzlich erzielbaren Erträge. Dem Wissenstransfer kommt insbesondere bei hoher Personalfluktuation, im Zuge der Akquisition von Unternehmen sowie bei allen Formen kooperativer Unternehmensverbünde eine besondere Bedeutung zu. Die von ARGOTE/DARR[31] untersuchten amerikanischen Fast-Food-Betriebe wiesen z. B. durchschnittliche Fluktuationsraten von 300 Prozent p. a. auf. Nur durch ein umfassendes Engagement bei der Kodifizierung und dem Transfer des von einzelnen Mitarbeitern am Arbeitsplatz generierten Wissens war es den Schnellrestaurants möglich, die Arbeitsproduktivität kontinuierlich zu steigern. Der Wissenstransfer kann sich ferner positiv auf die Handlungsschnelligkeit des Unternehmens auswirken. Vor diesem Hintergrund lautet die erste Untersuchungshypothese: *Je besser ein Unternehmen das Wissen seiner Mitarbeiter kodifiziert und innerbetrieblich transferiert, desto höher ist auf Grund der damit verbundenen Effizienz- und Zeitvorteile der Marktwert des Unternehmens.*

2.2.2.3 Rekonfigurationsfähigkeit durch Wissensabstraktion und Wissensabsorption

Die Rekonfigurationsfähigkeit ermöglicht einem Unternehmen die Entwicklung neuer organisationaler Fähigkeiten. Neue organisationale Fähigkeiten können stark vereinfacht in zweifacher Weise entstehen. Erstens durch die Rekombination des im Unternehmen bereits existierenden Wissens. Zweitens durch die Generierung neuen Wissens. SCHUMPETER wies schon 1934 darauf hin, dass Innovationen seiner Meinung nach immer durch die Rekombination bereits vorhandenen Wissens in Verbindung mit lediglich inkrementalem Lernen entstehen.[32] Nach dieser in der Ressourcentheorie weit verbreiteten Erkenntnis *wird die Entstehung von neuem Wissen offenbar in starkem Maße von dem bereits vorhandenen Wissen beeinflusst.* Zu diesem Ergebnis kommt auch SIMON[33]: „What is stored in any one head in an organization may not be unrelated to what is stored in other heads; and the relation between those two (and other) stores may have a great bearing on how the organization operates. What an individual learns in an organization is very much dependent on what is already known to (or believed by) other members of the organization".

BOISOT[34] bezeichnet die Rekombination des im Unternehmen bereits vorhandenen Wissens als *Wissensabstraktion* und definiert sie wie folgt: „Generalizing the application of newly codified insights to a wider range of situations. This involves reducing them to their most essential features – i.e., conceptualizing them (…). Abstraction then works by teasing out the underlying structure of phenomena relevant to our purpose. It requires an appreciation of cause-and-effect relationships to an extent that simple acts of codification do not". Die Abstraktion führt zu einer Dekontextualisierung des Wissens (Herauslösung aus einer bestimmten Anwendungssituation) und reduziert kodifiziertes Wissen auf elementare Ursache-Wirkung-Beziehungen. Die Wissensabstraktion erweitert das Spektrum potenzieller Anwendungsfelder des Wissens und ermöglicht die Übertragung des Wissens in neue Märkte. Damit vergrößert sich für das Unternehmen der Handlungsspielraum. Dieser zusätzliche Handlungsspielraum kann als *Erwerb von Realoptionen* interpretiert werden, denen ein bestimmter Optionswert beizumessen ist. Sind die Aufwendungen zur Wissensabstraktion niedriger als die Werte der geschaffenen Realoptionen, trägt die Wissensabstraktion zur Wertsteigerung des Unternehmens bei. Zwischen der Abstraktion und der Kodifikation von Wissen bestehen enge Interdependenzen. Je strukturierter das implizite Wissen eines Mitarbeiters ist, desto leichter, genauer und umfassender kann es kodifiziert werden. Je umfassender und genauer das Mitarbeiterwissen kodifiziert ist, desto leichter fällt die Abstraktion.

Die Entwicklung neuer organisationaler Fähigkeiten erfordert immer auch die Aufnahme neuer Informationen, die aus unternehmensinternen oder -externen Quellen stammen können. Intern induziertes Lernen kann z. B. das Ergebnis gezielter Forschungs- und Entwicklungsbemühungen sein. Extern induziertes Lernen kann z. B. im Rahmen klassischer Unternehmenskooperationen, Allianzen, Joint Ventures oder Akquisitionen erfolgen. Internes und externes Lernen der Mitarbeiter wird von deren Fähigkeit zur Aufnahme und Verarbeitung neuer Informationen determiniert. Dieser in der Kognitionspsychologie lange bekannte Zusammenhang wird heute auch auf Unternehmen übertragen und als „Absorptive Capacity"[35] bzw. *Wissensabsorptionsfähigkeit* bezeichnet.

BOISOT[36] beschreibt Wissensabsorption zunächst allgemein als die Internalisierung neuen Wissens. Bezogen auf das hier im Mittelpunkt stehende handlungsorientierte Wissen macht Internalisierung einen wiederholten Gebrauch und direkte praktische Erfahrungen mit neuem Wissen erforderlich. In diesem Sinne unterscheidet sich die Wissensabsorption von der Informationsaufnahme. Das von NONAKA/TAKEUCHI[37] entwickelte Modell der Wissensschaffung im Unternehmen weist der Wissensabsorption ebenfalls eine elementare Bedeutung zu. Beide Autoren weisen darauf hin, dass die Schaffung neuen Wissens i. d. R. erst durch eine Verknüpfung des unternehmensinternen Wissens mit Wissensbeständen außerhalb des Unternehmens möglich wird. Dies wird auch von COHEN/LEVINTHAL[38] unterstrichen, die die Fähigkeit eines Unternehmens zur Absorption unternehmensexternen Wissens wie folgt beschreiben: „The ability of the firm to recognize the value of new, external information, assimilate it, and apply it to commercial ends (…) *is largely a function of the firm's level of prior related knowledge*". Demnach erschwert Outsourcing langfristig die Aufnahme neuen, strategisch relevanten Wissens und damit die Entwicklung neuer organisationaler Fähigkeiten in den betroffenen Bereichen.

Die Wissensabsorptionsfähigkeit eines Unternehmens ist somit *pfadabhängig*, d. h., die Aufnahme neuen externen Wissens wird in hohem Maße durch die Unternehmensaktivitäten und -erfahrungen in der Vergangenheit beeinflusst. Die pfadabhängige Wissensabsorptionsfähigkeit begrenzt damit den Handlungsspielraum eines Unternehmens in erheblichem Maße.

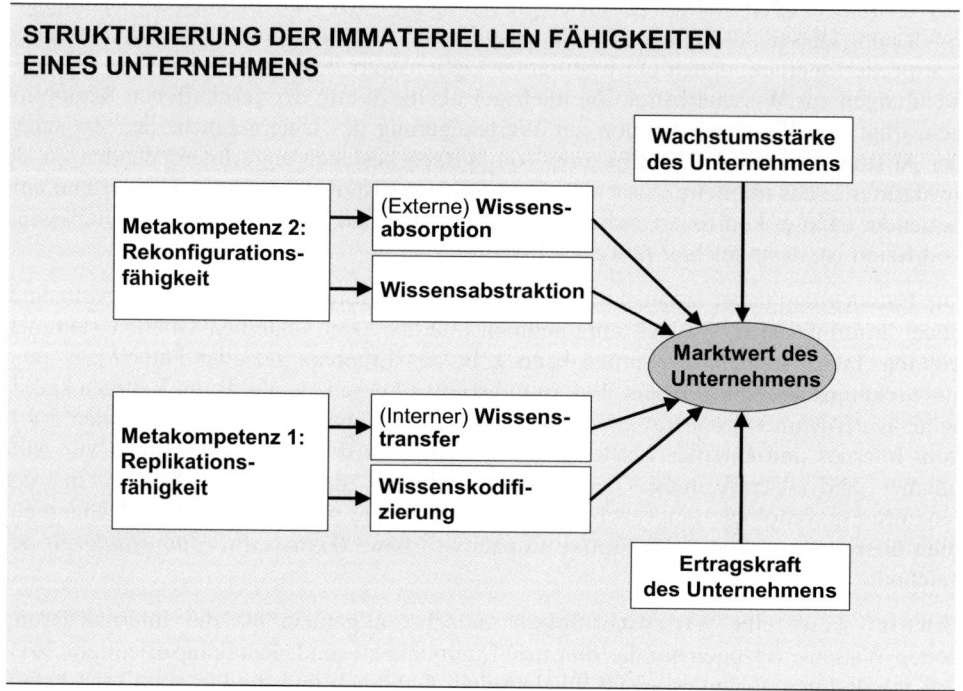

Abbildung 2

Dieser Zusammenhang könnte in der empirischen Studie von TEECE et al.[39] den größeren Erfolg derjenigen Unternehmen erklären, deren Unternehmensaktivitäten ein hohes Maß an Kohärenz aufweisen, d. h. die ein enges Set ähnlicher Basistechnologien verwenden und sich auf die Bearbeitung eng verwandter Märkte beschränken. Die in empirischen Studien nachgewiesene hohe Misserfolgsrate der „Unrelated Diversification"[40] kann mit Hilfe dieser Pfadabhängigkeit der Wissensabsorptionsfähigkeit erklärt werden. Mit wachsender Intensität von Strategieveränderungen reduziert sich demnach die Fähigkeit eines Unternehmens, im neuen Tätigkeitsfeld schnell und effektiv zu lernen. Dementsprechend verringert sich die Erfolgswahrscheinlichkeit der Strategieveränderung. Die Strategieveränderung der Preussag, mit einer extrem hohen Veränderungsintensität, kann demnach langfristig nicht erfolgreich sein.

Vor diesem Hintergrund ergibt sich als zweite Hypothese der empirischen Untersuchung: *Je besser ein Unternehmen die Prozesse der Wissensabstraktion und der Wis-*

sensabsorption beherrscht, desto höher ist der Markwert des Unternehmens. Auf der Grundlage der obigen Argumentation können die immateriellen Fähigkeiten eines Unternehmens entsprechend der Struktur in Abbildung 2 systematisiert werden. Durch die Aufnahme der Konstrukte Ertragskraft und Wachstumsstärke in den Bezugsrahmen aus Abbildung 2 wird die Beurteilung der Relevanz immaterieller Fähigkeiten für die Unternehmensbewertung im Vergleich zu klassischen betriebswirtschaftlichen Bestimmungsgrößen des Unternehmenswerts möglich.

3.   Untersuchungsdesign und Ergebnisse einer empirischen Studie

Zur Überprüfung des Einflusses immaterieller Fähigkeiten eines Unternehmens auf seinen Marktwert wurden die 257 per 31. Dezember 1999 am Neuen Markt und im MDAX gelisteten Aktiengesellschaften einer empirischen Analyse unterzogen. Auf der Grundlage des Bezugsrahmens in Abbildung 2 wurden zunächst mit 20 Unternehmen Expertengespräche geführt. Auf dieser Basis wurde der Fragebogen für die schriftliche Unternehmensbefragung entwickelt und einem Pre-Test unterzogen. Die schriftliche Befragung der für die Unternehmensstrategie verantwortlichen Vorstände fand von November 2000 bis Januar 2001 statt. Von 145 Unternehmen lagen schließlich verwertbare Fragebögen vor (Rücklaufquote 56,4 Prozent).

Die Messung der Güte der Wissenskodifizierung, des Wissenstransfers, der Wissensabstraktion und der Wissensabsorption bedurfte der Entwicklung eigener Indikatoren, da in der betriebswirtschaftlichen Forschung bislang keine Skalen zur Verfügung stehen. Die Messung der organisationalen Fähigkeiten aus Abbildung 2 erfolgte auf Basis der Selbsteinschätzung der Vorstände. Die Validität und Reliabilität der hier entwickelten Indikatoren wurde in den jeweils 1,5- bis 3-stündigen Expertengesprächen zu überprüfen versucht. Dabei wurde deutlich, dass die vom Management mit den Begriffen Wissenskodifikation und Wissenstransfer assoziierten Vorstellungen im Wesentlichen dem theoretischen Begriffsverständnis dieses Beitrags entsprachen. Dies traf für die Begriffe Wissensabstraktion und Wissensabsorption nicht zu. Aus diesem Grunde wurde auf eine *direkte* Selbsteinschätzung der Wissensabstraktion und -absorption im Fragebogen verzichtet. In den Expertengesprächen zeigte sich jedoch, dass die aus theoretischer Perspektive hinter dem Begriff Wissensabstraktion stehenden Inhalte von den befragten Managern im Wesentlichen mit dem Begriff der *Strategiekompetenz* in Verbindung gebracht wurden. Statt der Selbsteinschätzung der Wissensabstraktionsfähigkeit wurde in der schriftlichen Befragung daher die Einschätzung der Strategiekompetenz des Unternehmens erhoben.

Im Rahmen der Expertengespräche zeigte sich ferner, dass die oben mit dem Begriff Wissensabsorption verknüpften Inhalte aus Sicht der Manager am besten durch die Flexibilität und Lernfähigkeit der Mitarbeiter bei der Umstellung auf neue Aufgaben und Rahmenbedingungen sowie die Fähigkeit zur Umsetzung und Durchsetzung neuer Strategien gemessen werden können. Auf der Grundlage der Erfahrungen aus den Expertengesprächen wurden die wissensbasierten organisationalen Fähigkeiten der Unternehmen in der schriftlichen Befragung jeweils mittels 5er-Rating-Skalen gemessen. Lediglich zur Erfassung der Mitarbeiterflexibilität wurde auf eine zehnstufige Rating-Skala zurückgegriffen.[41]

Auf Grund der heterogenen Unternehmensgröße innerhalb der Stichprobe wurde zur Messung des Marktwerts der Unternehmen auf den Tobin's q-Koeffizienten zurückgegriffen. Der von TOBIN 1969 entwickelte Koeffizient setzt im Rahmen betriebswirtschaftlicher Untersuchungen den Marktwert eines Unternehmens ins Verhältnis zu den Reproduktionskosten seiner Aktiva. Weil die Reproduktionskosten nicht exakt erfassbar sind, wird in den meisten empirischen Untersuchungen näherungsweise mit den Buchwerten der Aktiva gearbeitet. Hier wird ausschließlich der Marktwert des Eigenkapitals untersucht, so dass vom Markt- und Buchwert des Unternehmens der Wert des Fremdkapitals abzuziehen ist. Tobin's q bezogen auf das Eigenkapital eines Unternehmens (q_{EK}) ergibt sich damit wie folgt:[42]

$$(1) \quad q_{EK} = \frac{MW_{EK}}{BW_{EK}} \qquad MW_{EK} = \text{Eigenkapital Marktwert}; \quad BW_{EK} = \text{Eigenkapital Buchwert}$$

Tobin's q-Werte über 1 werden in empirischen Studien meist durch die Existenz besonderer „Intangible Assets", die nicht in der Bilanz eines Unternehmens ausgewiesen werden, erklärt.[43] Tobin's q wurde in der empirischen Untersuchung an den beiden Stichtagen 2. Januar 2001 und 3. April 2001 erhoben.[44]

Abbildung 3 zeigt die Ergebnisse einer Kausalanalyse zum Einfluss organisationaler Fähigkeiten auf den Marktwert von Unternehmen.[45] Es wird deutlich, dass sich mit Ausnahme der Wissensabstraktionsfähigkeit alle übrigen organisationalen Fähigkeiten positiv auf den Marktwert auswirken.[46] Allerdings ist lediglich der Einfluss der Wissensabsorptionsfähigkeit signifikant. *Je besser ein Unternehmen in der Lage ist, neues unternehmensexternes Wissen aufzunehmen und es durch eine Veränderung seiner Unternehmensstrategie auch umzusetzen versteht, desto höher ist sein Marktwert.* Die größte Bedeutung zur Erklärung der Marktbewertung kommt jedoch der Ertragskraft eines Unternehmens zu. Demgegenüber besteht zwischen der Wachstumsstärke und dem Marktwert eines Unternehmens kein signifikanter Zusammenhang. Dieses Ergebnis könnte darauf zurückzuführen sein, dass sich die deutschen Börsen im ersten Quartal 2001 in einer Baisse befanden. Wird unterstellt, dass die Investoren in der Baisse eher zur Risikoaversion tendieren als in der Hausse, dann ist erklärbar, warum die tatsächlich erwirtschafteten Erträge eines Unternehmens eine hohe, die für die Zukunft erwarteten, sehr unsicheren Wachstumspotenziale hingegen keine Bedeutung für die Marktbewertung der Unternehmen haben. Diese Vermutung bestätigte sich bei einer Wiederholung der Analyse aus Abbildung 3 am 28. März 2000, dem Höhepunkt einer langjährigen Hausse an den internationalen Aktienmärkten. Zu diesem Zeitpunkt lässt sich kein signifikanter Einfluss der Ertragskraft mehr feststellen. Demgegenüber wird die (erwartete) Wachstumsstärke eines Unternehmens zur wichtigsten Determinante des Marktwerts.

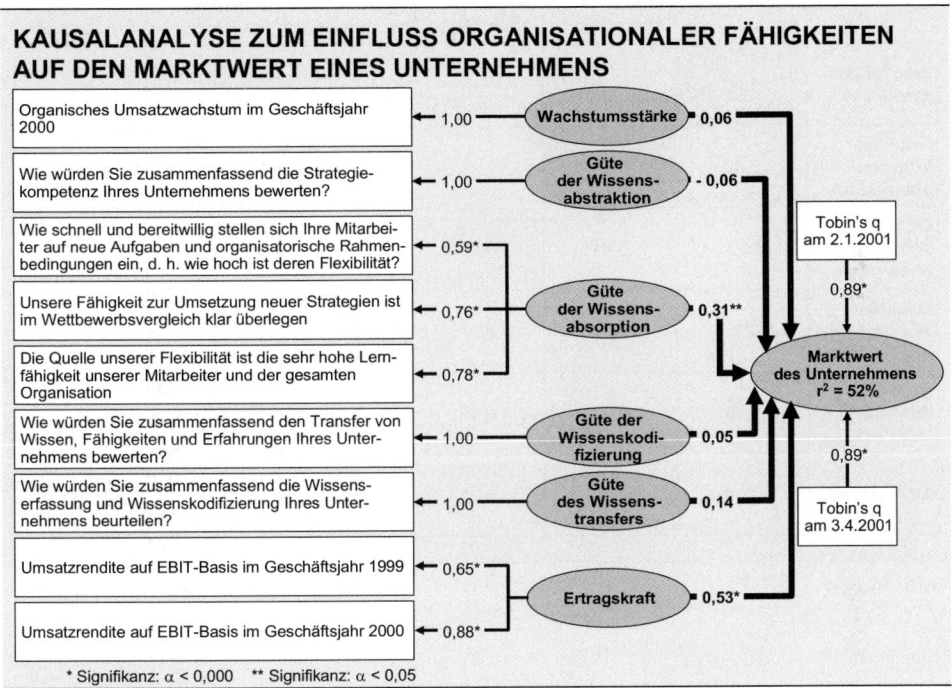

Abbildung 3[47]

Die Korrelationen der exogenen latenten Konstrukte untereinander zeigen, dass sich alle vier wissensbasierten Unternehmensfähigkeiten positiv auf die Ertragskraft und die Wachstumsstärke eines Unternehmens auswirken (vgl. Abbildung 4). Ferner wird sichtbar, dass die Korrelationen zwischen der Wissenskodifikations- und Wissenstransferfähigkeit (0,71) einerseits und der Wissensabstraktions- und Wissensabsorptionsfähigkeit (0,61) andererseits relativ hoch, die übrigen Korrelationen zwischen den latenten exogenen Konstrukten hingegen relativ niedrig sind. Dies deutet darauf hin, dass sich „hinter" den vier wissensbasierten Unternehmensfähigkeiten tatsächlich, wie in Abbildung 2 unterstellt, die beiden Metakompetenzen der Replikations- und Rekonfigurationsfähigkeit verbergen. Insgesamt kann im Kausalmodell 52 Prozent der Varianz von Tobin's q erklärt werden. Im Vergleich zu anderen Studien der empirischen Kapitalmarktforschung zu Tobin's q ist dieser Erklärungsgehalt als sehr gut zu beurteilen.[48] Unter Berücksichtigung der Signifikanzen aus Abbildung 3 kann jedoch lediglich Hypothese 2 bezüglich der Wissensabsorptionsfähigkeit als empirisch bestätigt gelten.

KORRELATIONEN DER LATENTEN EXOGENEN KONSTRUKTE AUS ABBILDUNG 3

	Wachstums-stärke	Güte der Wissens-abstraktion	Güte der Wissens-absorption	Güte der Wissens-kodifizierung	Güte des Wissens-transfers	Ertragskraft
Wachstums-stärke	1,00					
Güte der Wissens-abstraktion	0,08	1,00				
Güte der Wissens-absorption	0,21	0,61	1,00			
Güte der Wissens-kodifizierung	0,22	0,33	0,37	1,00		
Güte des Wissens-transfers	0,15	0,45	0,45	0,71	1,00	
Ertragskraft	-0,06	0,14	0,21	0,05	0,12	1,00

Abbildung 4

4. Zusammenfassung und Ausblick

Gegenstand dieses Beitrags war zunächst die Operationalisierung des Begriffs der immateriellen Unternehmensfähigkeiten. Hierzu wurde auf den Dynamic-Capabilities-Ansatz und den „Knowledge-based View" der Ressourcentheorie zurückgegriffen. Auf Grund der Heterogenität organisationaler Fähigkeiten erfolgte die Operationalisierung auf der *Metaebene der Wissensverarbeitung im Unternehmen*. Im Rahmen einer empirischen Untersuchung börsennotierter Unternehmen wurde deutlich, dass sich die Fähigkeit eines Unternehmens zur Absorption neuen unternehmensexternen Wissens signifikant positiv auf den Marktwert eines Unternehmens auswirkt. Neben klassischen betriebswirtschaftlichen Determinanten des Unternehmenswerts, z. B. die Ertragskraft oder die Wachstumsstärke, sollten bei der Unternehmensbewertung zukünftig verstärkt die immateriellen Fähigkeiten des Unternehmens Berücksichtigung finden. Diesbezüglich wurde im vorliegenden Beitrag ein erster Versuch zur Messung organisationaler Fähigkeiten unternommen. Unbeschadet der Defizite bei der empirischen Messung[49] kann festgehalten werden, dass den organisationalen Fähigkeiten zur Erklärung des Marktwerts börsennotierter Aktiengesellschaften ein signifikanter Beitrag zukommt.

Die zahlreichen in den letzten Jahren am Neuen Markt zu beobachtenden Akquisitionen und Insolvenzen legen die Vermutung nahe, dass die dort notierten Unternehmen nicht in die gezielte Entwicklung von Unternehmensfähigkeiten, sondern stattdessen in strategisch nicht schlüssiges externes Wachstum investiert haben. Hier wurde offenbar übersehen, dass „a firm's rate of growth is limited by the growth of knowledge within it".[50]

Referenzen

[1]   Vgl. BARNEY, J. B. (1991), S. 101.

[2]   Vgl. LIEBERMAN, M. B., MONTGOMERY, D. B. (1998), S. 1112.

[3]   Vgl. TEECE, D. J. et al. (1992).

[4]   Vgl. EISENHARDT, K. M., MARTIN, J. A. (2000) und MAKADOK, R. (2001).

[5]   Vgl. ZANDER, U., KOGUT, B. (1995), MAHONEY, J. T. (1995) und KROGH, G. V., ROOS, J. (1996).

[6]   Vgl. TEECE, D. J. et al. (1997), S. 516.

[7]   Vgl. COHEN, M. D. et al. (1996).

[8]   Vgl. TEECE, D. J. et al. (1997).

[9]   Vgl. TEECE, D. J. et al. (1997).

[10]   Vgl. TEECE, D. J. et al. (1997).

[11]   Vgl. APPLEYARD, M. M. et al. (2000).

[12]   Vgl. SZULANSKI, G. (2000).

[13]   Vgl. TEECE, D. J. et al. (1997), S. 520.

[14]   Vgl. TEECE, D. J. et al. (1997).

[15]   Vgl. TEECE, D. J. et al. (1997), S. 520 f.

[16] Vgl. MAHONEY, J. T., PANDIAN, J. R. (1992), S. 366 und SANCHEZ, R., HEENE, A. (1997), S. 13.

[17] Vgl. MARCH, J. G. (1991), S. 85.

[18] Vgl. WICHER, H. (1985).

[19] Vgl. GRANT, R. M. (1996b) und RAUB. S. (1998).

[20] Vgl. TEECE, D. J. (1998), S. 75.

[21] Vgl. MARSHALL, A. (1920), S. 138.

[22] Vgl. BECKER, G. S. (1962/1964).

[23] Vgl. BERGER, P. L., LUCKMANN, T. (1966).

[24] Vgl. ZAHN, E. et al. (2000), S. 245.

[25] Vgl. RYLE, G. (1949), S. 28.

[26] Zitiert nach LOASBY, B. J. (1998), S. 165.

[27] Vgl. POLANYI, M. (1966), S. 4.

[28] Vgl. NANDA, A. (1996), S. 98.

[29] Vgl. CORIAT, B. (2000), S. 239 f.

[30] Vgl. LOASBY, B. J. (1998), S. 172.

[31] Vgl. ARGOTE, L., DARR, E. (2000), S. 65.

[32] Zitiert nach KOGUT, B., ZANDER, U. (1997), S. 317.

[33] Vgl. SIMON, H. (1991), S. 125.

[34] Vgl. BOISOT, M. H. (1999), S. 49, S. 60.

[35] Vgl. COHEN, W. M., LEVINTHAL, D. A. (1990).

[36] Vgl. BOISOT, M. H. (1995), S. 165.

[37] Vgl. NONAKA, I., TAKEUCHI, H. (1997).

[38] Vgl. COHEN, W. M., LEVINTHAL, D. A. (1990), S. 128.

[39] Vgl. TEECE, D. J. et al. (1994).

[40] Vgl. WERNERFELT, B., MONTGOMERY, C. (1988) und LANG, L. H. P., STULZ, R. M. (1994).

[41] Vgl. hierzu umfassend BURMANN, C. (2002).

[42]   Vgl. GEHRKE, N. (1994), S. 16.

[43]   Vgl. TEECE, D. J. et al. (1994), S. 19, STEWART, T. A. (1997), S. 226 f. und KÜTING, K. (2000).

[44]   Darüber hinaus wurde Tobin's q an vier weiteren Stichtagen im ersten Quartal 2001 gemessen. Wird an jedem der sechs Stichtage eine Rangfolge der 145 Unternehmen anhand ihres Tobin's q-Koeffizienten gebildet, dann errechnen sich Spearman'sche Rangkorrelationen zwischen den jeweiligen Stichtagen von jeweils über 0,9. Auf Grund dieses engen Zusammenhangs wird in Abbildung 3 Tobin's q lediglich zu Beginn und am Ende des ersten Quartals 2001 gemessen.

[45]   Vgl. zur Interpretation kausalanalytischer Ergebnisse umfassend BACKHAUS, K. et al. (2000), S. 390 ff. Als Schätzverfahren wurde der Maximum-Likelihood-Ansatz gewählt. Vgl. zu den für die Kausalanalyse verwendeten Detail- und Globalkriterien der Anpassungsgüte aus Abb. 3 HOMBURG, C., BAUMGARTNER, H. (1995), S. 172 und FRITZ, W. (1995), S. 126 f. Es wurde die Auswertungssoftware AMOS 4.0 verwendet. Vgl. hierzu umfassend ARBUCKLE, J. L., WOTHKE, W. (1999).

[46]   Das negative Vorzeichen bei der Wissensabstraktionsfähigkeit könnte darauf zurückzuführen sein, dass die Strategiekompetenz aus Sicht der Befragten ein wichtiges Merkmal zur Beurteilung der Managementqualität eines Vorstands darstellt. Insoweit besteht bei den befragten Vorständen vermutlich eine starke Tendenz, sich selbst eine hohe Strategiekompetenz zu bescheinigen. Dies hätte zur Folge, dass unabhängig vom Marktwert eines Unternehmens die Strategiekompetenz durchgängig positiv bewertet wird und damit statistisch nur ein sehr schwacher Zusammenhang zwischen der Strategiekompetenz und dem Marktwert eines Unternehmens besteht. Diese Interpretation wird durch die im Vergleich zu den übrigen mehr als 150 Variablen des Fragebogens sehr niedrige Standardabweichung (0,72) untermauert.

[47]   Die globalen Gütemaße der Kausalanalyse aus Abbildung 3 sind: Chi^2 = 32,93; Freiheitsgrade (df) = 27; Chi^2/df = 1,22; GFI = 0,956; AGFI = 0,893; CFI = 0,988; RMR = 0,041; RMSEA = 0,042 (p-Wert = 0,577). Die Detailgütemaße sind aus Abb. 3 zu entnehmen. Die Werte repräsentieren insgesamt gute Gütemaße. Vgl. zu dieser Einschätzung HOMBURG, C., BAUMGARTNER, H. (1995), S. 172.

[48]   Vgl. SERVAES, H. (1991), S. 417 und PONTIFF, J., SCHALL, L. D. (1998), S. 149 f.

[49]   Wichtigster Mangel der empirischen Messung ist die Tatsache, dass die organisationalen Fähigkeiten hier lediglich aus der Sicht eines Vorstandsmitglieds gemessen wurden. Dabei sind subjektive Wahrnehmungsverzerrungen nicht auszuschließen. Ferner wurden alle organisationalen Fähigkeiten mit Ausnahme der Wissensabsorptionsfähigkeit lediglich eindimensional gemessen. Darüber hinaus ist

die Stichprobe der Untersuchung mit lediglich 145 Unternehmen relativ klein und umfasst im Wesentlichen kleine und mittelgroße Unternehmen. Schließlich ist auf die fehlende Berücksichtigung situativer Einflussfaktoren des Marktwerts von Unternehmen einschränkend hinzuweisen.

[50] Vgl. PENROSE (1995), S. xvi.

Literaturverzeichnis

APPLEYARD, M. M., HATCH, N. W., MOWERY, D. C. (2000): Managing the Development and Transfer of Process Technologies in the Semiconductor Manufacturing Industry, in: DOSI, G., NELSON, R. R., WINTER, S. G. (Hrsg.): The Nature and Dynamics of Organizational Capabilities, Oxford: 2000, S. 183 - 207.

ARBUCKLE, J. L., WOTHKE, W. (1999): AMOS 4.0 User's Guide, Chicago: 1999.

ARGOTE, L., DARR, E. (2000): Repositories of Knowledge in Franchise Organizations: Individual, Structural, and Technological, in: DOSI, G., NELSON, R. R., WINTER, S. G. (Hrsg.): The Nature and Dynamics of Organizational Capabilities, Oxford: 2000, S. 51 - 68.

BACKHAUS, K., ERICHSON, B., PLINKE, W., WEIBER, R. (2000): Multivariate Analyseverfahren. Eine anwendungsorientierte Einführung, 9. Aufl., Berlin: 2000.

BARNEY, J. B. (1991): Firm resources and sustained competitive advantage, in: Journal of Management, Vol. 17 (1991), S. 99 - 120.

BECKER, G. S. (1962): Investment in Human Capital: A Theoretical Analysis, in: Journal of Political Economy, Vol. 70 (1962), S. 9 - 44.

BECKER, G. S. (1964): Human Capital: A Theoretical and Empirical Analysis with Special Reference to Education, Chicago: 1964.

BERGER, P. L., LUCKMANN, T. (1966): The Social Construction of Reality, Garden City (N.Y.): 1966.

BOISOT, M. H. (1995): Information Space. A Framework for Learning in Organizations, Institutions, and Culture, London: 1995.

BOISOT, M. H. (1999): Knowledge Assets. Securing Competitive Advantage in the Information Economy, 1. Paperback-Auflage, Oxford: 1999.

BURMANN, C. (2002): Strategische Flexibilität und Strategiewechsel als Determinanten des Unternehmenswertes, Wiesbaden: 2002.

COHEN, M. D., BURKHART, R., DOSI, G., EGIDI, M., MARENGO, L., WARGLIEN, M., WINTER, S. (1996): Routines and Other Recurring Action Patterns of Organizations: Contemporary Research Issues, in: Industrial and Corporate Change, Vol. 5 (1996), No. 3, S. 653 - 685.

COHEN, W. M., LEVINTHAL, D. A. (1990): Absorptive Capacity: A New Perspective on Learning and Innovation, in: Administrative Science Quarterly, Vol. 35 (1990), S. 128 - 152.

CORIAT, B. (2000): The „Abominable Ohno Production System". Competences, Monitoring, and Routines in Japanese Production Systems, in: DOSI, G., NELSON, R. R., WINTER, S. G. (Hrsg.): The Nature and Dynamics of Organizational Capabilities, Oxford: 2000, S. 213 - 243.

EISENHARDT, K. M., MARTIN, J. A. (2000): Dynamic Capabilities: What are they?, in: Strategic Management Journal, Vol. 21 (2000), Special Issue, Okt. - Nov., S. 1105 - 1121.

FRITZ, W. (1995): Marketing-Management und Unternehmenserfolg, 2. Aufl., Stuttgart: 1995.

GEHRKE, N. (1994): Tobin's q, Wiesbaden: 1994.

GRANT, R. M. (1996a): Prospering in Dynamically-competitive Environments: Organizational Capability as Knowledge Integration, in: Organization Science, Vol. 7 (1996), No. 4, S. 375 - 387.

GRANT, R. M. (1996b): Toward a Knowledge-based Theory of the Firm, in: Strategic Management Journal, Vol. 17 (1996), Winter Special Issue, S. 109 - 122.

HALL, R. (1992): The Strategic Analysis of Intangible Resources, in: Strategic Management Journal, Vol. 13 (1992), S. 135 - 144.

HAYEK, F. A. V. (1937): Economics and Knowledge, in: Economica N (1937), S. 33 - 54.

HOMBURG, C., BAUMGARTNER, H. (1995): Beurteilung von Kausalmodellen, in: Marketing ZFP, 17. Jg. (1995), Heft 3, S. 162 - 176.

KOGUT, B., ZANDER, U. (1992): Knowledge of the Firm, Combinative Capabilities, and the Replication of Technology, in: Organization Science, Vol. 3 (1992), No. 3, S. 383 - 397.

KOGUT, B., ZANDER, U. (1997): Knowledge of the Firm, Combinative Capabilities, and the Replication of Technology, in: FOSS, N. J. (Hrsg.): Resources, Firms, and Strategies. A Reader in the Resource-based Perspective, Oxford: 1997, S. 306 - 326.

KÜTING, K. (2000): Die Merkmale einer Unternehmensanalyse am Neuen Markt. Wege zu einer sachgerechten Unternehmensbeurteilung in einem dynamischen Umfeld, in: F.A.Z., Nr. 246 vom 23. Oktober 2000, S. 32.

KROGH, G. V., ROOS, J. (Hrsg.)(1996): Managing Knowledge. Perspectives on Cooperation and Competition, London: 1996.

LANG, L. H. P., STULZ, R. M. (1994): Tobin's q, Corporate Diversification, and Firm Performance, in: Journal of Political Economy, Vol. 102 (1994), No. 6, S. 1248 - 1280.

LIEBERMAN, M. B., MONTGOMERY, D. B (1998): First-Mover (Dis)Advantages: Retrospective and Link with the Resource-based View, in: Strategic Management Journal, Vol. 19 (1998), S. 1111 - 1125.

LOASBY, B. J. (1998): The Concept of Capabilities, in: FOSS, N. J., LOASBY, B. J. (Hrsg.): Economic Organization, Capabilities, and Co-Ordination, Essays in Honour of G. B. Richardson, London: 1998, S. 163 - 182.

MAKADOK, R. (2001): Toward a Synthesis of the Resource-based and Dynamic-Capability Views of Rent Creation, in: Strategic Management Journal, Vol. 22 (2001), No. 5, S. 387 - 402.

MAHONEY, J. T. (1995): The Management of Resources and the Resource of Management, in: Journal of Business Research, Vol. 33 (1995), S. 91 - 101.

MAHONEY, J. T., PANDIAN, J. R. (1992): The Resource-based View within the Conversation of Strategic Management, in: Strategic Management Journal, Vol. 13 (1992), S. 363 - 380.

MARCH, J. G. (1991): Exploration and Exploitation in Organizational Learning, in: Organization Science, Vol. 2 (1991), Februar, S. 71 - 87.

MARSHALL, A. (1920): Principles of Economics, 8. Aufl., London: 1920.

NANDA, A. (1996): Resources, Capabilities, and Competencies, in: MOINGEON, B., EDMONDSON, A. (Hrsg.): Organizational Learning and Competitive Advantage, London: 1996, S. 93 - 120.

NONAKA, I., TAKEUCHI, H. (1997): Die Organisation des Wissens. Wie japanische Unternehmen eine brachliegende Ressource nutzbar machen, Frankfurt am Main: 1997.

POLANYI, M. (1966): The Tacit Dimension, New York: 1996 (zitiert nach der 1983 wieder abgedruckten Originalauflage)

PONTIFF, J., SCHALL, L. D. (1998): Book-to-Market Ratios as Predictors of Market Returns, in: Journal of Financial Economics, Vol. 49 (1998), S. 141 - 160.

RAUB, S. (1998): Towards a Knowledge-based view of Organizational Capabilities, unveröffentlichte Dissertation an der Universität Genf (Prof. G. Probst), Genf: 1998.

RYLE, G. (1949): The Concept of Mind, London: 1949.

SANCHEZ, R., HEENE, A. (1997): Competence-based Strategic Management: Concepts and Issues for Theory, Research, and Practice, in: HEENE, A., SANCHEZ, R. (Hrsg.): Competence-based Strategic Management, New York: 1997, S. 3 - 42.

SERVAES, H. (1991): Tobin's q and the Gains from Takeovers, in: The Journal of Finance, Vol. LXVI (1991), No. 1, S. 409 – 419.

SIMON, H. A. (1991): Bounded Rationality and Organizational Learning, in: Organization Science, Vol. 2 (1991), No. 1, S. 125 - 134.

STEWART, T. A. (1997): Intellectual Capital, New York: 1997.

SZULANSKI, G. (2000): Appropriability and the Challenge of Scope: Banc One Routinizes Replication, in: DOSI, G., NELSON, R. R., WINTER, S. G. (Hrsg.): The Nature and Dynamics of Organizational Capabilities, Oxford: 2000, S. 69 - 98.

TEECE, D. J. (1998): Capturing Value from Knowledge Assets, in: California Management Review, Vol. 40 (1998), Spring, No. 3, S. 55 - 79.

TEECE, D. J., RUMELT, R., DOSI, G., WINTER, S. (1994): Understanding Corporate Coherence. Theory and Evidence, in: Journal of Economic Behavior and Organization, Vol. 23 (1994), S. 1 - 30.

TEECE, D. J., PISANO, G., SHUEN, A. (1992): Dynamic Capabilities and Strategic Management, Working Paper, Consortium on Competitiveness and Cooperation, University of California at Berkeley (Hrsg.), Berkeley: 1992.

TEECE, D. J., PISANO, G., SHUEN, A. (1997): Dynamic Capabilities and Strategic Management, in: Strategic Management Journal, Vol. 18 (1997), S. 509 - 533.

TOBIN, J. A. (1969): A General Equilibrium Approach to Monetary Theory, in: Journal of Money, Credit and Banking, Vol. 1 (1969), S. 15 - 29.

WERNERFELT, B., MONTGOMERY, C. (1988): Tobin's q and the Importance of Focus in Firm Performance, in: American Economic Review, Vol. 78 (1988), No. 1, S. 246 - 250.

WICHER, H. (1985): Innovation und Organisation: Das Paradigma vom organisatorischen Dilemma, in: Wirtschaftswissenschaftliches Studium, 14. Jg. (1985), S. 355 - 359.

ZAHN, E., FOSCHIANI, S., TILEBEIN, M. (2000): Wissen und Strategiekompetenz als Basis für die Wettbewerbsfähigkeit von Unternehmen, in: HAMMANN, P., FREILING, J. (Hrsg.): Die Ressourcen- und Kompetenzperspektive des Strategischen Managements, Wiesbaden: 2000, S. 47 - 68.

ZANDER, U., KOGUT, B. (1995): Knowledge and the Speed of the Transfer and Imitation of Organizational Capabilities: An Empirical Test, in: Organization Science, Vol. 6 (1995), No. 1, S. 76 - 92.

Ausblick

Unternehmensstrategien und deren normative
Basis

Jürgen Kluge

Unternehmensstrategien und deren normative Basis – Brauchen wir ein alternatives Modell in Europa?

1. Die Anforderungen an Unternehmen verändern sich

2. Europa sollte weltweit die Deutungshoheit übernehmen

3. Die Unternehmensstrategien müssen dem veränderten Wertekanon Rechnung tragen

Dr. Jürgen Kluge ist Director und Office Manager des deutschen Büros von McKinsey & Company, Inc.

Spektakuläre Firmenpleiten vernichten über Nacht Werte in Milliardenhöhe. Pharmakonzerne stehen am Pranger, weil sie die Preise für Aids-Medikamente nicht auf ein "moralisch angemessenes" Niveau reduzieren. Gentechnikunternehmen müssen sich gegen harsche Kritik von Umweltschützern wehren. Dies sind nur einige Beispiele, die zeigen: Die Verhaltensweisen von Unternehmen stehen zunehmend im Brennpunkt der öffentlichen Aufmerksamkeit.

Doch welche Normen gelten heute für die Wirtschaft? Wann verhält sich ein Unternehmen richtig und wann falsch? Welche Ansprüche an Manager sind sinnvoll, welche nicht? Die Ansicht, dass gute Unternehmensführung allein betriebswirtschaftlichen Argumenten folgen muss, lässt sich immer weniger halten. Längst sind Anforderungen und Erwartungen gestiegen: Der Konzern als guter Bürger muss zunehmend nicht nur die ökonomische, sondern auch die ökologische, soziale und ethisch-moralische Nachhaltigkeit seines Wirtschaftens belegen. Unternehmen werden mehr und mehr als integraler Bestandteil ihres Umfelds gesehen.

Diese Entwicklung dürfte sich künftig noch verstärken: Unternehmensstrategien werden sich mehr als bisher an einem weiter gefassten Wertekanon orientieren müssen. Nicht die USA, sondern Europa könnte dabei eine Vorreiterrolle spielen. Mit einer traditionell stark an Werten ausgerichteten Unternehmensführung ist Europa in einer hervorragenden Ausgangslage, bei diesem Thema die Richtung vorzugeben und die Deutungshoheit zu übernehmen. Firmen, die ethische Überlegungen bewusst in die Entwicklung ihrer Strategie einfließen lassen, werden nachhaltige Wettbewerbsvorteile erzielen können, nicht zuletzt durch Rekrutierung besserer Mitarbeiter.

1. Die Anforderungen an Unternehmen verändern sich

Die normative Basis eines Unternehmens – und damit sein Verhalten – wird in der Regel durch zwei Dimensionen bestimmt: Zum einen legt jedes Unternehmen eigene Normen fest, indem es den Zweck seines Wirtschaftens definiert: Womit und wodurch will das Unternehmen Wert schaffen? Zum anderen muss ein Unternehmen die allgemeinen Regeln und Wertvorstellungen des gesellschaftlichen Umfelds beachten, in dem es operiert – sofern diese akzeptabel sind. Ein Aufrüsten von Diktaturen etwa schließt das explizit aus.

So weit die Theorie. In der Praxis scheinen auf den ersten Blick ganz andere Gesetze zu gelten. Skandalträchtige Bilanzfälschungen vor allem in den USA haben den Eindruck erweckt, dass kriminelle Energie und persönliche Bereicherung die eigentlichen Triebfedern unternehmerischen Handelns sind. Ziel der Manager: die Maximierung des eigenen Einkommens. So überrascht es nicht, dass fast jeder zweite US-Amerikaner glaubt, Senior-Manager würden nur nach ihrem eigenen Wohl sehen. Auch eine Umfrage für das Weltwirtschaftsforum in Davos 2003 macht deutlich, wie sehr das Vertrauen in die führenden Wirtschaftslenker weltweit gelitten hat. Nicht durch Zufall stand Davos im Jahr 2003 unter dem Leitthema "Building Trust". *Re*building wäre vielleicht noch treffender gewesen.

Auch wenn schwarze Schafe die Ausnahme und nicht die Regel sind: Die Skandale haben die Diskussion um Verantwortung und Ethik in der Wirtschaft neu belebt. Corporate Governance etwa, eine den Anteilseignern verpflichtete Unternehmensführung, dürfte künftig wieder ernster genommen werden. Klare Regeln, schärfere Kontrollen und härtere Strafen werden Bilanzmanipulationen zumindest erschweren. Staat und Aufsichtsbehörden sind bereit, da korrigierend einzugreifen, wo Unternehmen mit eigenen Verhaltenskodizes zu kurz greifen. Dies gilt z. B. auch für die Trennung von Beratung und Wirtschaftsprüfung.

Doch abgesehen von allen Skandalen überrascht es nicht, dass sich die Frage nach dem Ziel und der Verantwortung unternehmerischen Handelns gerade jetzt neu stellt. Auslöser sind fundamentale Veränderungen in Wirtschaft und Gesellschaft:

- Multinationale Unternehmen agieren in einer Welt, in der es immer weniger Grenzen und immer mehr Transparenz gibt. Tatsächliche oder vermeintliche Vergehen der Unternehmen werden heute umgehend publik und von Lobbygruppen – und Konsumenten – geahndet. Shell z. B. musste das bei der geplanten Versenkung der Bohrinsel Brent Spar erleben. Auch Nike sah sich Boykottaufrufen ausgesetzt, als das Unternehmen in den Verdacht von Menschenrechtsverletzungen bei der Herstellung seiner Produkte geriet. Unternehmen müssen solche Reaktionen künftig stärker als bisher antizipieren und bei ihren Entscheidungen berücksichtigen – auch wenn so manche Reaktion auf den ersten Blick irrational erscheinen mag.

- Stärkerer Wettbewerbsdruck zwingt Unternehmen, nach neuen Wegen zur Differenzierung zu suchen. Ein möglicher Ansatzpunkt ist der allmähliche Wertewandel, der sich vor allem in den Gesellschaften der Industrieländer abzeichnet: Gerade jüngere Menschen entwickeln neben allen Konsumbedürfnissen eine stärkere Sensibilität für soziale und ökologische Probleme – sowohl auf regionaler als auch auf globaler Ebene. Damit einher geht ein verstärkter Wunsch nach ethisch unbedenklichen Produkten. Wer diesen Wunsch erfüllt, kann nachhaltige Wettbewerbsvorteile aufbauen. Dies gilt im Übrigen nicht nur für die Absatzmärkte. Auch im Wettbewerb um Toptalente wird ein an Werten orientiertes Unternehmen eher überzeugen können als die Konkurrenz.

- Neue Metriken entstehen, wie etwa der Dow Jones Sustainability Index. Vor allem in Europa wächst das Geschäft mit ethisch und ökologisch orientierten Anlagen. Auch wenn noch nicht alle Indizes ihrem Namen und Anspruch gerecht werden, dürfte dieser Trend unumkehrbar sein – und mittelfristig eine Anpassung der Unternehmensstrategien erfordern.

- Unternehmen bietet sich die Chance, neue Geschäftsfelder zu besetzen. Dabei gehen die Möglichkeiten über Öko-Labels bei Kleidungsstücken oder Teppiche, die ohne Kinderarbeit hergestellt werden, weit hinaus. So dürften Unternehmen zunehmend in sozialen Bereichen wie Erziehung, Gesundheit oder Entwicklungshilfe aktiv werden – bisher eher monopolartige Bereiche, aus denen sich der Staat mehr und mehr zurückziehen wird. Ein Beispiel für die Besetzung neuer Märkte ist das Engagement von Citibank in Indien. Der Plan, als Marktsegment die arme Bevölkerung zu erschließen, hat sich – zumindest was den Marktanteil angeht – als sehr erfolgreich erwiesen. Mindesteinlage für ein Konto sind 25 Dollar, die Kunden erhalten Zugang zu Geldautomaten und erste "Kreditwürdigkeit". Innerhalb von einem Jahr konnte Citibank allein in Bangalore 150.000 Kunden gewinnen.

- Ethisches Verhalten schafft nicht nur Ansehen, sondern auch Wert. Konsumenten sind bereit, für Marken wie Fair Trade fast doppelt so viel zu zahlen wie für herkömmliche Produkte, etwa beim Kaffee. Nach Umfragen schätzen zwischen 75 und 85 Prozent der Konsumenten Unternehmen als sympathisch ein, die sich für Soziales, die Umwelt und Menschenrechte engagieren. Und diese Sympathie schlägt sich auch in den Kaufentscheidungen nieder. Ein anderes Beispiel: Volkswagen hat sich gemeinsam mit der Stadt Wolfsburg in einem Projekt engagiert, das die überdurchschnittlich hohe Arbeitslosigkeit in der Region halbieren sollte. Tatsächlich konnte die Arbeitslosenquote von fast 18 Prozent 1997 auf jetzt 9,5 Prozent reduziert werden. Doch auch Volkswagen selbst hat von dem Projekt profitiert, z. B. durch die Ansiedlung von Zulieferern in unmittelbarer Werksnähe oder den Aufbau der weltweit bewunderten Autostadt. Ein vergleichbares Projekt ist für den VW-Standort in Brasilien geplant.

- Nicht zuletzt hat sich die Weltordnung insgesamt verändert. Politische und sogar militärische Instrumente spielen zunehmend eine Rolle, wenn es darum geht, wirtschaftliche Interessen durchzusetzen. Hier sind Unternehmen gefordert, eine klare Position zu beziehen.

Diese sich gegenseitig ergänzenden und verstärkenden Entwicklungen werden die normative Basis des Wirtschaftens verändern. Sie wird künftig geprägt sein durch

- die Erkenntnis, dass es sich lohnt, wenn Wirtschaften nicht nur Wachstumszielen, sondern auch ökologischen, sozialen und ethischen Grundsätzen verpflichtet ist – holistisches Denken an Stelle von eindimensionaler Zielsetzung

- eine stärkere Verbundenheit der Unternehmen mit der jeweiligen lokalen Ökonomie; in Clustern zusammen mit anderen Akteuren aus Staat, Wirtschaft, Bildung und Forschung suchen sie nach Lösungsansätzen für die dortigen Probleme – gemeinsame Problemlösung an Stelle von Einzelkämpfertum

- ein stärkeres soziales Engagement von Unternehmen, das mit einer "Verwirtschaftlichung" und damit teilweisen Entidealisierung des Non-Profit-Sektors einhergehen wird – Professionalisierung an Stelle von bloßem Idealismus.

An die Wirtschaft sind dabei keine strengeren Maßstäbe anzulegen als an die Gesellschaft allgemein. Die Zeichen stehen insgesamt aber eindeutig auf mehr Verantwortung und Ethik in der Wirtschaft.

2. Europa sollte weltweit die Deutungshoheit übernehmen

Die Diskussion um die normative Basis des Wirtschaftens wurde bisher im Wesentlichen von den USA geprägt. Begriffe und Konzepte wie Bruttoinlandsprodukt, Shareholder Value, aber auch Corporate Governance oder Corporate Social Responsibility stammen von dort. Die Glaubwürdigkeit einer amerikanischen Vorreiterrolle hat angesichts der Skandale der vergangenen Jahre allerdings stark gelitten. Damit bietet sich eine Chance für Europa, die Deutungshoheit bei diesem Thema zu übernehmen. Denn das europäische Wertesystem entspricht in vielen Punkten schon jetzt den künftigen Anforderungen. Es könnte zudem als Muster für die sich entwickelnden Länder dienen, die auf der Suche nach einer glaubwürdigen Alternative zum scheinbar übermächtigen US-Modell sind.

Im Unterschied zu Europa ist es in den USA allgemein akzeptiert, dass Unternehmen quasi ausschließlich ein Ziel haben: Produkte und Dienstleistungen anzubieten, welche die Bedürfnisse der Konsumenten befriedigen und die Anteilseigner mit einer angemessenen Kapitalverzinsung versorgen. In Europa dagegen gilt es als inakzeptabel, die Wertsteigerung des Unternehmens über die als berechtigt angesehenen Interessen von Staat und Gesellschaft zu stellen. Europäische Unternehmen haben eine Vielzahl von Stakeholdern zu befriedigen – neben Konsumenten und Anteilseignern vor allem die Mitarbeiter, die jeweiligen Kommunen bzw. Regionen, den Staat, die Umwelt.

Die Wurzeln dieser Unterschiede liegen in der Geschichte, in verschiedenen religiösen und moralphilosophischen Traditionen begründet: Die Werteordnung der US-Gesellschaft räumt dem Individuum einen höheren Stellenwert ein. Als Söhne und Töchter von Pionieren und Einwanderern glauben die Amerikaner mehr als die Europäer an die Eigenverantwortung des Einzelnen. Das führt beispielsweise zu einer größeren Toleranz gegenüber Armut und Ungleichheit. Umverteilung und Armutsvermeidung spielen als gesellschaftliche Ziele eine geringere Rolle. Auch gegenüber der materiellen Umwelt werden die (Eigentums-)Rechte des Einzelnen stärker betont; der Gedanke, die Umwelt zu schützen, ist weniger ausgeprägt. Hinzu kommt eine protestantische Arbeitsethik, die das (insbesondere persönliche) Arbeitseinkommen über den Genuss von Freizeit stellt.

Entsprechend orientiert sich Amerika vor allem an Leitbildern wie Wirtschaftswachstum und Shareholder Value, individuelle Freiheit und Vertrauen auf den Markt. Unternehmen – wie auch der Staat – gelten als nicht verantwortlich für die Beschäftigung. Im Umweltschutz setzt man eher auf lokale Schadstoffvermeidung als auf die Einsparung nicht erneuerbarer Energien oder globale Klimaabkommen. Allerdings ist die individuelle Bereitschaft, sich für wohltätige Zwecke zu engagieren, in den USA viel stärker ausgeprägt als in Europa – nicht zuletzt als teilweise Kompensation des grobmaschigeren staatlichen Versorgungsnetzes. Die zehn größten Stiftungen US-amerikanischer Unternehmen gaben Ende der 90er Jahre 368 Milliarden USD p.a. für vielfältige soziale Zwecke aus. Das ist fast 1.000-mal mehr als bei den zehn größten Stiftungen deutscher Unternehmen.

Im Gegensatz dazu orientieren sich die Europäer traditionell an anderen Leitbildern: Partizipation und Konsens, sozialer Ausgleich, Arbeitnehmerrechte und Umweltbewusstsein sind einige der "Kernkompetenzen" Europas. Vertrauen auf den Staat und individuelle Freizeit haben im Wertesystem ebenfalls eine große Bedeutung. Interessanterweise spielten einige dieser Werte schon im Athen des 4. und 5. Jahrhunderts vor Christus eine prägende Rolle. Demokratische Strukturen, Partizipation der Bürger und Engagement für das Gemeinwohl charakterisierten das klassische Athen.

Die Europäer haben damit exzellente Voraussetzungen, sich auf den neuen Wertekanon einzustellen. Noch mehr: Sie können eine Führungsrolle übernehmen und damit nicht zuletzt ihre Wettbewerbsposition nachhaltig verbessern. Dafür müssen sie allerdings in einem entscheidenden Punkt von den Amerikanern lernen: Sie dürfen sich nicht länger davor "fürchten", Gewinne erwirtschaften zu wollen. Was in den USA ein selbstverständliches Ziel wirtschaftlichen Handelns ist, hat in Europa, gerade auch in Deutschland, noch immer etwas Anrüchiges. In einer Umfrage des Instituts der Deutschen Wirtschaft im Frühjahr 2001 sahen es nur 8 Prozent der Deutschen als vordringlichste Aufgabe von Unternehmen an, Gewinne zu machen und zu investieren. Knapp 40 Prozent erwarteten von Unternehmen vor allem, Arbeitsplätze zu erhalten und zu schaffen. Dass ein Unternehmen Gutes – etwa in Form von Arbeitsplätzen – aber nur tun kann, wenn es wirtschaftlich erfolgreich ist – diese Erkenntnis hat sich in Europa bis heute nicht überall durchgesetzt.

Im Gegenteil: Engagiert sich ein Unternehmen für soziale oder ökologische Belange, werden ihm häufig unlautere Motive unterstellt. "Nur eine PR-Masche" lautet das Urteil. In Amerika muss Tugend nicht schön sein, sondern nützlich. In Europa muss moralisches Verhalten "wehtun". Und profitabel darf es schon gar nicht sein. Eine solche Einstellung ignoriert aber den Existenzzweck von Unternehmen und geht damit an der Realität vorbei.

Die europäischen Unternehmen sind gefordert, hier aus der Defensive zu kommen. Sie müssen selbstbewusst Win-Win-Situationen schaffen, die sowohl den eigenen betriebswirtschaftlichen Zielen dienen als auch den Erwartungen der Gesellschaft gerecht werden. Wie lohnend eine solche Symbiose aus Gewinnstreben und Wertekanon sein kann, haben einige europäische Unternehmen bereits vorgemacht: Sie nutzen das vorhandene Wertesystem als Vorteil im globalen Wettbewerb.

Volkswagen etwa ist mit dem 5000x5000-Projekt nicht nur dem Anliegen vieler Stakeholder nachgekommen, Arbeitsplätze zu sichern. Das Unternehmen konnte dadurch auch
seine Produktivität und Wettbewerbsfähigkeit steigern – zumindest so weit, wie dies in
Deutschland möglich erschien. Ein anderes Beispiel ist die Mode- und Luxusgüter-
industrie. Nicht von ungefähr wird sie von europäischen Unternehmen dominiert. Mit
ihren Produkten tragen sie dem hohen Wert von Freizeit und Genuss bei den Europäern
Rechnung – und haben darauf aufbauend eine weltweit überlegene Marktposition
erreicht. Umwelttechnologie, Ausbildung, Tourismus oder Altenpflege sind weitere
Branchen, in denen Europa, aufbauend auf seinen Werten und Traditionen, weltweit den
Ton angeben könnte.

3.   Die Unternehmensstrategien müssen dem veränderten Wertekanon Rechnung tragen

Was bedeutet das nun konkret für das einzelne Unternehmen? Bei der Erarbeitung der
Unternehmensstrategie ist der zunehmenden Bedeutung der "neuen" Werte Rechnung zu
tragen – zum Wohl des Unternehmens und seiner Anteilseigner wie auch zum Wohl der
Gesellschaft. Aus Sicht des Unternehmens sind dabei vor allem fünf Themenfelder zu
adressieren.

Werte unabhängig von aktuellen Krisen formulieren und konsequent anwenden

Orientierung an Werten bedeutet mehr, als nur auf Krisen oder gestiegene Erwartungen
einzelner Interessengruppen zu reagieren. Eine konsequente Ausrichtung der Unternehmensstrategie auf einen veränderten Wertekanon setzt zunächst eine klare Vision voraus,
die den Sinn und Zweck des Unternehmens beschreibt: Welchen Kundennutzen will das
Unternehmen bieten, welche Ziele will es erreichen? Inwieweit wird den im Umfeld
relevanten Werten und Normen Rechnung getragen? In welcher Weise will sich das
Unternehmen ggf. als Vorreiter positionieren? Wie sehen mögliche Zukunftsszenarios
aus? Die Glaubwürdigkeit eines Unternehmens lässt sich daran messen, inwieweit diese
Vision im Tagesgeschäft mit Leben gefüllt wird. Verstößt ein Unternehmen gegen den
eigenen Wertekanon, ist die "Fallhöhe" umso größer.

Hipp, der Hersteller von Babynahrung, ist ein Beispiel für ein an Werten orientiertes
Unternehmen. Hipp hat sein Kundennutzenversprechen klar definiert: gesunde, wohl-
schmeckende Babynahrung in Spitzenqualität im Einklang mit der Natur. Werbeslogans
wie "Das Beste aus der Natur. Das Beste für die Natur" spiegeln diese Zielsetzung wider.
Auch das persönliche Engagement des Unternehmers Claus Hipp sowie eine integre
Kommunikation der Werte und der Aktivitäten tragen zu einem stimmigen, positiven
Gesamtbild bei. Soziales Engagement zeigt das Unternehmen z. B., indem es – anknüp-

fend an die eigene Geschäftstätigkeit – Kindernahrung für Länder wie die Ukraine oder Bosnien spendet.

Auch McKinsey hat seine Ziele klar formuliert: "To help our clients make distinctive, lasting, and substantial improvements in their performance and to build a great Firm that is able to attract, develop, excite, and retain exceptional people." Dieser Anspruch spiegelt sich in verbindlichen Prinzipien wider. Dazu gehören u. a. die professionelle Unabhängigkeit, die Verpflichtung, immer beste Ergebnisse zu liefern, das Prinzip "Client first – Firm second – Self third" sowie eine offene Unternehmenskultur mit der "Obligation to Dissent", dem Recht, ja der Verpflichtung eines jeden Mitarbeiters, seine eigene Meinung zu vertreten. Der gesellschaftlichen Verantwortung wird McKinsey mit so genannten Pro-bono-Projekten gerecht. In diesen Projekten stellen die Berater ihr Knowhow der Öffentlichkeit kostenlos zur Verfügung. Allein McKinsey Deutschland hat in den vergangenen 15 Jahren fast 50 Klienten auf Pro-bono-Basis beraten, darunter die Deutsche Oper Berlin, das Deutsche Museum, die Handelshochschule Leipzig oder die Stiftung Deutsche Schlaganfall-Hilfe. Dem Wertesystem McKinseys sind sämtliche Büros weltweit verpflichtet: Alle Klienten rund um den Globus wissen, was sie erwarten können.

Standards in der Branche setzen

Auch auf individueller Ebene können Unternehmen Deutungshoheit erzielen. Erlangt ein Unternehmen Klarheit über die konkreten Wettbewerbsvorteile, die sich aus einem ethischen Engagement ergeben können, müssen diese in Unternehmenswert übersetzt werden. Der Wettbewerbsvorteil wird umso größer und nachhaltiger sein, je mehr es gelingt, als Bester in der jeweiligen "ethischen Kategorie" wahrgenommen zu werden und Standards zu entwickeln.

Beispiel Automobilindustrie: Ein erster Schritt könnte sein, sich für ökologisch orientierte Antriebe wie die Brennstoffzelle zu engagieren. DaimlerChrysler ist über diesen Ansatz noch hinausgegangen. Einerseits hat sich der Konzern das Ziel gesetzt, die "Zukunft des Automobils" zu definieren und z. B. Formel-1-Rennen zu gewinnen. Andererseits hat sich der Konzern bewusst zu einem Vorreiter für ökologisches und soziales Engagement in der Branche entwickelt. So hat das Unternehmen jüngst die Auszeichnung "The Trust/OAS Award for Corporate Citizenship in the Americas" der Organisation Amerikanischer Staaten erhalten. Mit dem Preis wird insbesondere die Schaffung von Arbeitsplätzen auf ökologisch verträgliche Weise im tropischen Regenwald Brasiliens honoriert. Ausgezeichnet wurde das vor elf Jahren gegründete POEMA-Projekt (Programm Armut und Umwelt in Amazonien), in dem sich DaimlerChrysler gemeinsam mit der Universität von Pará und lokalen Bauern engagiert. Aus den in der Region angebauten Kokosnüssen werden Naturfasern gewonnen und vor Ort zu Autositzen, Rückenlehnen, Kopfstützen und Sonnenblenden weiterverarbeitet.

"Ethische Horizonte" festlegen

Eine Ausrichtung der Unternehmensstrategie auf die neuen Werte wird in der Regel ein schrittweises Vorgehen erfordern. Dabei sind, ähnlich wie bei der Erarbeitung von Wachstumsstrategien, kurz-, mittel- und langfristige Horizonte zu unterscheiden. Diese Horizonte sind einerseits als Planungshorizonte zu verstehen, andererseits zeigen sie die Wertschöpfungspotenziale über Zeit auf. Zunächst ist festzulegen, welchen Werten sich ein Unternehmen künftig besonders verpflichtet fühlen will: Soll es sich z. B. eher im ökologischen Bereich engagieren oder für die Armutsbekämpfung einsetzen? Eignet sich das Produkt selbst dazu, Werte zu transportieren, wie etwa beim Stromkonzern E.ON, der sich für erneuerbare Energien einsetzt? In den meisten Fällen dürfte es sich anbieten, an den Kernkompetenzen des Unternehmens anzusetzen: Babynahrung und ökologischer Anbau etwa passen thematisch überzeugend zusammen. Auch DaimlerChrysler hat ökologisches und soziales Engagement mit dem Produkt Auto verbunden.

Welche Ziele dabei im Einzelnen in welchem Zeitraum zu setzen sind, hängt ebenfalls stark von der spezifischen Ausgangssituation des Unternehmens ab. Als z. B. Shell oder Nike in die Kritik der Öffentlichkeit gerieten, mussten sie zunächst alles daransetzen, das Ansehen des Unternehmens insgesamt wiederherzustellen. Ein plötzliches ökologisches oder soziales Engagement wäre zum damaligen Zeitpunkt unglaubwürdig gewesen. Inzwischen hat sich das längst geändert. Shell gilt seit einigen Jahren als das Unternehmen, das ökologische Standards in der Branche setzt. Dazu gehört z. B. auch eine konsequente Öffnung für externe Umwelt-Audits.

In einem möglichen zweiten Schritt sind dann Geschäftsprozesse und Produkte den Unternehmenswerten entsprechend anzupassen. Das POEMA-Projekt von Daimler-Chrysler ist hierfür ein Beispiel. Auch der verbindliche Beitritt zu bestimmten "Codes of Conduct" kann dazuzählen. Der so genannte Apparel Industry Partnership (AIP) Workplace Code of Conduct z. B. zielt auf die gesamte Textilindustrie, also auf Produzenten, Auftraggeber und Händler ab. Zusammen mit dem US-Arbeitsministerium wurden Arbeitsrechte in nationalen und internationalen Textilfabriken festgelegt, deren Einhaltung überwacht und zertifiziert wird.

In einem dritten Schritt ist schließlich zu prüfen, inwieweit eine Expansion in neue Märkte – aufbauend auf den ökologischen oder sozialen Unternehmenswerten – möglich ist. So engagiert sich nicht nur die Citibank in Indien. Generali hat den Markt für Lebensversicherungen entdeckt. Geschäftswachstum wird mit einem direkten Nutzen für die indische Bevölkerung verbunden, die bislang keinen Zugang zu Lebensversicherungen hatte.

Partnerschaften aufbauen

Für die Durchsetzung einer an Werten orientierten Unternehmensstrategie können Partnerschaften äußerst nützlich sein: Auf diese Weise lassen sich Kompetenzen bündeln und relevante Interessen aufeinander abstimmen. Lafarge beispielsweise, der französische Zementhersteller, war lange Zeit als Ökosünder verschrien. Schließlich entschied sich das Unternehmen, auf Greenpeace zuzugehen. Gemeinsam wurde überlegt, wie die Ökobilanz des Unternehmens spürbar verbessert werden kann. Genutzt hat das letztlich nicht nur der Umwelt, sondern auch Lafarge. Das Unternehmen hat sein Ansehen in der Öffentlichkeit verbessert und sich in der Branche als innovativer Querdenker profiliert. Kurzum: eine klassische Win-Win-Situation.

Auch bei gesellschaftlichem Engagement haben solche Partnerschaften oftmals eine sehr große Hebelwirkung. Ein Beispiel ist "McKinsey bildet." – ein Netzwerk zur Aufdeckung und Beseitigung der Missstände im deutschen Bildungssystem. Wissenschaftler, Unternehmensführer, politische Entscheidungsträger, Künstler und Medien konnten für diese Initiative gewonnen werden. Profitiert hat davon vor allem die Gesellschaft. Wichtige Themen wurden neu durchdacht. Gleichzeitig konnte McKinsey Kompetenz beim Thema Wissen unter Beweis stellen. Die Erfahrung zeigt, dass solche Partnerschaften mit genauso viel Aufmerksamkeit und Professionalität gemanagt werden müssen wie reguläre Geschäftsprojekte.

Nicht nur Gutes tun, sondern auch darüber reden

Die Kommunikation der Werte und der damit verbundenen Aktivitäten muss integraler Bestandteil der Unternehmenskommunikation sein. Dabei geht es nicht allein um Strategien für mögliche Krisenszenarien. Nur, wenn das soziale oder ökologische Engagement bei Zielgruppen wie Investoren oder Konsumenten auch bekannt ist, kann das Unternehmen einen Nutzen daraus ziehen. Hier besteht in der Regel noch erheblicher Nachholbedarf. So wissen z. B. nur 2 Prozent der deutschen Bevölkerung, dass große Unternehmen wie DaimlerChrysler und Allianz auch soziale Projekte unterstützen.

Der Erfolg der Kommunikation steht und fällt mir ihrer Glaubwürdigkeit; fokussiert und zielgruppengerecht zu kommunizieren ist genauso wichtig, wie auf Übertreibungen zu verzichten. Dicke Öko-Geschäftsberichte auf Hochglanzpapier tragen wenig dazu bei, den Ruf eines Unternehmens zu verbessern und die positiven Effekte verantwortungsbewussten Verhaltens zu realisieren. Glaubwürdigkeit bedeutet aber auch, eine konsistente Strategie über Zeit und alle relevante Regionen hinweg zu verfolgen: Sozialprogramme im Inland und Kinderarbeit im Ausland etwa vertragen sich nicht.

Oftmals vernachlässigt wird die interne Kommunikation. Sind die Mitarbeiter mit der Vision und den an Werten orientierten Leitmotiven des Unternehmens vertraut? Werden sie über Krisen oder auch die Neuausrichtung von Geschäftsstrategien offen informiert? Haben die Mitarbeiter die Möglichkeit, das soziale oder ökologische Engagement ihres Unternehmens mitzuprägen und mitzuerleben? Wie sehr gerade der letzte Punkt zur Motivation der Mitarbeiter beitragen kann, hat sich z. B. bei "startsocial", dem Businessplanwettbewerb für soziale Ideen, gezeigt. Zu den Sponsoren des Wettbewerbs gehörten u. a. ProSiebenSat.1, Gerling und McKinsey. Mitarbeiter dieser und anderer Unternehmen arbeiteten ehrenamtlich als Coaches und Mentoren für die teilnehmenden sozialen Projekte. Insgesamt 20 Personenjahre wurden so mit großem Enthusiasmus in eine gute

Sache investiert. Von der Begeisterung ihrer Mitarbeiter und der freigesetzten Kreativität konnten auch die Unternehmen selbst profitieren.

Die Auseinandersetzung mit den hier skizzierten fünf Themenfeldern stellt für viele Unternehmen Neuland dar. Die Zeit dafür scheint jedoch reif. Nicht Altruismus oder Angst vor Lobbygruppen sollten dabei die Beweggründe sein. Der Konzern als guter Bürger fühlt sich ökologischen, sozialen und ethisch-moralischen Zielen verpflichtet – und baut auf diese Weise nachhaltige Wettbewerbsvorteile auf.

Autorenverzeichnis

Dr. Jens M. Abend

Dr. Jens M. Abend ist Principal bei McKinsey in München. Er ist leitendes Mitglied der europäischen Consumer Goods Group und Leiter der europäischen Organization Practice für Konsumgüterunternehmen. Schwerpunkte seiner Klientenarbeit liegen insbesondere in Strategieentwicklung und Change Management sowie in der Erarbeitung und Implementierung von Leistungssteigerungsprogrammen in Marketing und Vertrieb für Konsumgüterhersteller und Händler in Europa. Jens M. Abend hat an der Universität Augsburg in Wirtschaftswissenschaften promoviert.

Prof. Dr. Dr. Ann Kristin Achleitner

Prof. Dr. Dr. Ann-Kristin Achleitner ist seit 2001 Inhaberin des KfW-Stiftungslehrstuhls für Entrepreneurial Finance und seit 2003 Wissenschaftliche Direktorin des Center for Entrepreneurial and Financial Studies an der TU München. Zuvor war sie sechs Jahre Inhaberin des Stiftungslehrstuhls für Bank- und Finanzmanagement an der European Business School, Schloß Reichartshausen, der sie auch heute noch als Honorarprofessorin verbunden ist. Ihre Studien und Promotionen sowie die Habilitation absolvierte sie an der Universität St. Gallen (HSG), deren Fakultät sie früher als vollamtliche, heute als Privatdozentin angehört. Ann-Kristin Achleitner war in der Unternehmensberatung bei McKinsey in Frankfurt und der MS Management Service AG in St. Gallen tätig.

Dr. Paul Achleitner

Dr. Paul Achleitner ist Mitglied des Vorstands der Allianz AG in München und zu-ständig für das Ressort Group Finance. Studium und Promotion absolvierte er an der Hochschule St. Gallen sowie an der Harvard Business School. Berufliche Stationen führten ihn zu Bain & Company und zu Goldman Sachs, bevor er im Jahr 2000 in den Vorstand der Allianz AG wechselte. Er hat einen Lehrauftrag als Honorarprofessor an der WHU Koblenz.

Michael Bachschuster

Michael Bachschuster ist Mitarbeiter im Bereich Corporate Development (AfK) der Deutsche Bank AG.

Prof. Dr. Klaus Backhaus

Prof. Dr. Klaus Backhaus ist Direktor des Betriebswirtschaftlichen Instituts für Anlagen und Systemtechnologien der Westfälischen Wilhelms-Universität Münster und Honorarprofessor für Technologiemanagement an der Technischen Universität Berlin. Er ist Mitglied des Vorstands der Schmalenbach Gesellschaft für Betriebswirtschaft e.V. sowie Mitglied mehrerer Bei- und Aufsichtsräte namhafter Unternehmen und der Nordrhein-Westfälischen Akademie der Wissenschaften.

Christian Braun

Dipl.-Kfm. Christian Braun arbeitet als wissenschaftlicher Mitarbeiter am Betriebswirtschaftlichen Institut für Anlagen und Systemtechnologien.

Dr. Bernhard Brinker

Dr. Bernhard Brinker begann nach seinem Studium der Betriebswirtschaftslehre an der European Business School 1994 als Berater bei McKinsey und ist seit drei Jahren Partner im Münchener Büro. Er leitet als Co-Leader die Corporate Finance & Strategy Practice des deutschen Büros. Sein Branchenschwerpunkt liegt im Bereich Financial Institutions, vor allem im Wholesale/Corporate Banking sowie Private Banking und Asset Management.

Prof. Dr. Klaus Brockhoff

Prof. Dr. Klaus Brockhoff ist Rektor der Wissenschaftlichen Hochschule für Unternehmensführung (WHU), Otto-Beisheim-Hochschule, in Vallendar. Nach dem Studium der Betriebs- und Volkswirtschaftslehre sowie praktischen Tätigkeiten war er zunächst als Professor für Betriebswirtschaftslehre und später als Professor für Technologie- und Innovationsmanagement an der Universität zu Kiel tätig. Im Jahre 1999 wurde er an die WHU berufen. Schwerpunkt seiner Forschungs-, Lehr- und Beratungstätigkeit sind das Technologie- und Innovationsmanagement.

Dr. Alexander Broich

Dr. Alexander Broich ist Senior Vice President Corporate Development bei der Bertelsmann AG in New York. Nach Ausbildung, BWL-Studium und Promotion kam er 1995 zu Bertelsmann. Nach Stationen u. a. in Berlin und London arbeitet er seit 2001 für die weltweite Performance-Initiative "Bertelsmann Excellence".

Prof. Dr. Christoph Burmann

Prof. Dr. Christoph Burmann ist seit Oktober 2002 Inhaber des Stiftungslehrstuhls für Allgemeine Betriebswirtschaftslehre, insbesondere innovatives Markenmanagement (LiM) an der Universität Bremen. Christoph Burmann studierte Betriebswirtschaftslehre an der Universität Münster mit den Schwerpunkten Marketing und Bankbetriebslehre. Er arbeitete 1985 und 1986 bei der amerikanischen Werbeagentur Ogilvy & Mather in Kapstadt/Südafrika in der strategischen Marketingplanung. 1989 wurde er Mitarbeiter von Prof. Dr. Dr. h. c. mult. Heribert Meffert am Institut für Marketing des Marketing Centrums Münster (MCM), wo er 1993 promovierte. Im Februar 2002 habilitierte er sich an der Universität Münster im Fach Betriebswirtschaftslehre. Neben Aufgaben in Forschung und Lehre hat er Fachbeiträge zu einem breiten Spektrum an Marketing-fragestellungen publiziert und in leitender Funktion an zahlreichen Praxistransfer-projekten mitgewirkt.

Andreas Demel

Andreas Demel ist Associate Principal bei McKinsey in München. Er ist in der Führungsgruppe des deutschen TIME (Telekommunikation, IT, Media) Sector sowie der OS&E (Operations Strategy & Effectiveness) Practice. Seine Beratungstätigkeit fokussiert sich auf Unternehmen in der Telekommunikations- und IT-Industrie. Bevor er 1996 zu McKinsey kam, war er für Procter & Gamble in Wien tätig. Er erwarb seinen MBA an der Harvard Business School.

Peter Mark Droste

Peter Mark Droste ist President von Siebel Systems Deutschland. Er verfügt über mehr als 25 Jahre IT-Erfahrung und hatte zuvor Führungspositionen bei Compaq und bei der Nixdorf Computer GmbH inne.

Manuel Ebner

Manuel Ebner ist Principal bei McKinsey in Zürich. Nach seinem Studium an der Stanford University in Kalifornien (Industrieingenieurwesen, Volkswirtschaft und MBA) hat er über zwölf Jahre Beratungserfahrung in den USA, Australien, Japan und Europa gesammelt. Er hat zwei Softwarefirmen geführt, bevor er im Jahr 2001 seine Tätigkeit als Berater wieder aufgenommen hat. Schwerpunkt seiner Beratungstätigkeit liegt im strategischen Einsatz von Technologie, vor allem im Bereich Financial Services. Manuel Ebner ist innerhalb des Business Technology Office von McKinsey zuständig für den Bereich CRM.

Dr. Karl-Gerhard Eick

Karl-Gerhard Eick ist Mitglied des Vorstands der Deutschen Telekom AG und leitet den Vorstandsbereich Finanzen. Davor war er Finanzvorstand der Gehe AG und anschließend in deren Führungsholding, der Franz Haniel und Cie. GmbH, für den Vorstandsbereich Controlling, Betriebswirtschaft und EDV zuständig. Weitere berufliche Stationen nach seinem Studium der BWL und der Promotion in Augsburg umfassen u. a. Leiter Controlling im Ressort des Vorstandsvorsitzenden der BMW AG, Bereichsleiter Controlling bei der WMF AG und Leiter Zentralbereich Controlling, Planung und EDV Carl Zeiss Gruppe.

Dr. Thorben Finken

Dr. Thorben Finken beschäftigt sich bei der Linde AG in Wiesbaden mit Unternehmens- und Strategieentwicklung. Davor war er fünf Jahre Unternehmensberater bei McKinsey in Düsseldorf und Frankfurt, zuletzt als Engagement Manager. Er begann seine Tätigkeit dort nach einem BWL-Studium an der Universität Düsseldorf und einer sich daran anschließenden Promotion über Projektmanagement. Die Schwerpunkte seiner Beratungstätigkeit lagen in der Grundstoff- und der Telekommunikationsindustrie.

Dr. Marc Fischer

Dr. Marc Fischer ist Principal im Frankfurter Büro von McKinsey und Leiter des deutschen Grundstoffindustrie-Sektors sowie des europäischen Metals & Mining Sector. Schwerpunkte seiner weltweiten Beratungstätigkeit seit 1990 sind M&As sowie strategische, organisatorische und operative Fragestellungen bei Unternehmen der Grundstoffindustrie, der Automobilzulieferindustrie sowie des Anlagen- und Maschinenbaus.

Prof. Dr. Wolfgang Gerke

Prof. Dr. Wolfgang Gerke ist Inhaber des Lehrstuhls für Bank- und Börsenwesen an der Universität Erlangen-Nürnberg und Forschungsprofessor am ZEW, Zentrum für europäische Wirtschaftsforschung, in Mannheim. Nach dem Studium in Saarbrücken, Promotion (1972) und Habilitation (1978) an der Universität Frankfurt war Wolfgang Gerke Ordinarius für Bankbetriebslehre und Finanzwirtschaft an den Universitäten Passau (1978 bis 1981) und Mannheim (1981 bis 1992) und erhielt Rufe an die Universitäten Saarbrücken, Linz, Münster und Frankfurt. Er ist u. a. Mitherausgeber der Zeitschrift „Die Betriebswirtschaft" (DBW). Seine Forschungsschwerpunkte liegen auf den Gebieten des Geld-, Bank- und Börsenwesens, der Altersvorsorge und der Mittelstandsforschung. Er ist Mitglied der Börsensachverständigenkommission und des

Börsenrats der Frankfurter Börse sowie wissenschaftlicher Leiter der Bankakademie Frankfurt.

Dr. Simon Grand

Dr. Simon Grand ist Gründer und Leiter des Forschungszentrums RISE (Research Center for Innovation, Strategy, and Entrepreneurship), Forschungsmitarbeiter und Lehrbeauftragter am Institut für Betriebswirtschaft der Universität St. Gallen HSG. Parallel dazu ist er als Partner und Verwaltungsratspräsident der NOSE Applied Intelligence AG in Zürich unternehmerisch tätig.

Benno Gröniger

Benno Gröniger ist Associate Principal bei McKinsey im Münchener Büro und Mitglied der europäischen Corporate Finance & Strategy Practice. Nach seinem Abschluss als Diplom-Wirtschaftsingenieur mit Schwerpunkt in Financial Engineering an der Universität Karlsruhe sammelte er Erfahrungen in M&A bei einem deutschen Industrieunternehmen. Bei McKinsey bearbeitet Benno Gröniger Corporate-Finance-Themen v. a. bei Finanzdienstleistungsunternehmen und Energieversorgern bearbeitet. Der Fokus seiner Arbeit liegt dabei auf M&A, Unternehmensbewertung, Joint Ventures und Portfolio Management.

Dr. Rüdiger Grube

Dr. Rüdiger Grube ist Mitglied des Vorstands bei der DaimlerChrysler AG, wo er den Bereich Corporate Development einschließlich strategischer Allianzen verantwortet. Nach seinem Studium des Fahrzeug- und Flugzeugbaus sowie der Berufs- und Wirtschaftspädagogik promovierte er in Kassel. Daraufhin leitete er bei MBB in München das Büro des Vorsitzenden der Geschäftsleitung von Airbus Deutschland und später den Standort München-Ottobrunn der DASA. 1994 übernahm er bei der DASA die Direktion „Strategische Planung und Technologie". 1996 übernahm Rüdiger Grube die Konzernstrategie von Daimler-Benz, wirkte dort maßgeblich am Merger mit der Chrysler Corporation mit und leitete die Post-Merger Integration. Seit 2001 leitet er die Konzernentwicklung und ist darüber hinaus im Board of Directors von Mitsubishi Motors Corporation sowie Hyundai Motor Corporation vertreten.

Dr. Adrian von Hammerstein

Dr. Adrian v. Hammerstein ist seit Dezember 2001 CEO und Präsident von Fujitsu Siemens Computers (FSC). Zum Unternehmen kam er im Oktober 1999 als CFO und Mitglied des Executive Council und hatte damit von Anfang an eine entscheidende Rolle bei der Entwicklung des Unternehmens. Er studierte Wirtschaftswissenschaften an der Princeton University und promovierte an der Harvard University, bevor er seine Laufbahn im Bankenbereich begann. 1991 kam er zu Siemens und war dort als Leiter Finanzen in verschiedenen Geschäftsfeldern tätig. 1998 wurde er CFO des Bereichs Information and Communication Products.

Bernd Heinemann

Bernd Heinemann ist Principal bei McKinsey in München. Er hat Physik an der RWTH Aachen studiert und einen MBA an der Sloan School of Management (MIT, USA) erworben. Er leitet als Co-Leader die Corporate Finance & Strategy Practice des deutschen Büros von McKinsey. Seine Branchenschwerpunkte liegen im Bereich der Basisindustrien, insbesondere Energie und Chemie sowie im Asset Management.

Detlev J. Hoch

Detlev J. Hoch ist Director bei McKinsey in Düsseldorf. Er ist studierter Wirtschaftsingenieur und erwarb an der Queen's University in Kingston, Kanada, seinen MBA. Er ist in den globalen Leadership-Teams der McKinsey-Sektoren Hightech und TIME tätig, führt den Bereich Software & Services und leitete das globale Forschungsprojekt „Erfolgreiche Software-Unternehmen – die Spielregeln der New Economy". Er ist Mitherausgeber der Zeitschrift Wirtschaftsinformatik.

Thomas Holtrop

Thomas Holtrop ist Vorsitzender des Vorstands der T-Online International AG. In dieser Funktion ist er zudem Mitglied des Vorstands der Deutschen Telekom AG.

Dr. Wolfgang Huhn

Dr. Wolfgang Huhn ist Principal bei McKinsey in Frankfurt. Er begann seine Tätigkeit dort nach einem Physikstudium an der RWTH Aachen, wo er in theoretischer Physik promovierte. Schwerpunkte seiner Beratungstätigkeit liegen in den Hightech-Industrien. Von 1998 bis 2000 hat Wolfgang Huhn einen von ihm gegründeten und mit Venture Capital finanzierten Start-up im Bereich der physikalischen Chemie geleitet.

Prof. Dr. Harald Hungenberg

Prof. Dr. Harald Hungenberg ist Inhaber des Lehrstuhls für Unternehmensführung an der Universität Erlangen-Nürnberg und Gastprofessor an der ENPC in Paris. Nach dem Studium der Betriebswirtschaftslehre an der Universität Gießen und am Massachusetts Institute of Technology sowie der Promotion an der Universität Gießen war er als Berater und Projektleiter bei McKinsey beschäftigt. Von 1995 bis 1999 hatte er den Lehrstuhl für Strategisches Management und Organisation der Handelshochschule Leipzig inne. Harald Hungenberg ist zudem als Berater für Unternehmen aus unterschiedlichen Branchen sowie als Referent in nationalen und internationalen Weiterbildungsprogrammen tätig.

Dr. Michael Jung

Dr. Michael Jung ist Director bei McKinsey in München. Er hat sich auf die strategischen und organisatorischen Führungsfragen spezialisiert, die sich in grundlegenden Transformationsprozessen stellen.

Dr. Elmar Kades

Dr. Elmar Kades war bis Mai 2003 Partner bei McKinsey. Zu seinen Beratungsschwerpunkten zählten vor allem die Nutzfahrzeugindustrie und industrieübergreifend das Thema Einkauf. Seit Juni 2003 arbeitet er bei Knorr-Bremse als Leiter Einkauf und Logistik.

Guido Kerkhoff

Guido Kerkhoff ist Leiter des Zentralbereichs Konzerncontrolling bei der Deutschen Telekom AG in Bonn. Weitere Stationen seines beruflichen Werdegangs führten ihn nach seinem Studium der Betriebswirtschaftslehre an den Universitäten Bielefeld und Saarbrücken zur VEW AG und zur Bertelsmann AG, wo er u. a. die Einführung des Economic Value Added (EVA) und die Umstellung der Bilanzierung auf International Accounting Standards (IAS) betreute.

Dr. Holger Klein

Dr. Holger Klein ist Engagement Manager bei McKinsey in Düsseldorf. Er begann seine Tätigkeit dort nach einem Wirtschaftsingenieurstudium an der Ecole Centrale de Lyon und der Technischen Universität Darmstadt, an der er später auch zum Thema Corporate Venturing promovierte. Die Schwerpunkte seiner Beratungtätigkeit liegen in der Automobilindustrie sowie im Anlagen- und Maschinenbau. Hierbei beschäftigt er sich insbesondere mit Fragestellungen der Produktentwicklung und des Technologie-managements.

Dr. Jürgen Kluge

Dr. Jürgen Kluge ist Director und seit 1999 Office Manager des deutschen Büros von McKinsey. Er ist promovierter Physiker (Universitäten Köln und Essen mit Schwerpunkt auf experimenteller Laserphysik) und seit 1984 bei McKinsey in Düsseldorf. Er wurde 1989 zum Partner und 1995 zum Director gewählt. Jürgen Kluge zeichnet verantwortlich für Recruiting und ist Mitglied im Shareholder Council, dem internationalen Führungsgremium der Firma. Seine Tätigkeitsschwerpunkte liegen in der Automobil- und Elektronikindustrie sowie im Maschinenbau und im Strategie-, Technologie- und Innovationsmanagement. Daneben engagiert er sich für Bildung und soziale Initiativen. Er hat zahlreiche Beiträge und Bücher publiziert.

Dr. Birgit König

Dr. Birgit König ist Principal im Berliner McKinsey Office und Leiterin der deutschen Strategy Practice. Sie arbeitet seit 1993 bei McKinsey und ist für Klienten aus dem Gesundheitswesen tätig, d. h. vor allem für Pharmaunternehmen und große Krankenversicherungen. Vor McKinsey betrieb sie zwei Jahre postdoktorale Forschung an der Medizinischen Hochschule Hannover und an der University of California at Berkeley.

Dr. Markus Krall

Dr. Markus Krall ist Principal und Mitglied der Global Risk Management Leadership Group von McKinsey. Er hat Volkswirtschaft an den Universitäten Freiburg i. Br. und Nagoya in Japan studiert. Vor seinem Eintritt bei McKinsey war Markus Krall Partner und Direktor bei Oliver Wyman & Company, wo er als Mitglied der Praxisgruppe Risikomanagement und der Arbeitsgruppe Basel II verantwortlich war für die Betreuung von Beratungsklienten in Deutschland, der Schweiz und Österreich. Vorherige Stationen seiner Karriere waren die Boston Consulting Group (Praxisgruppe Banken und Versicherungen) und eine dreijährige Tätigkeit im Vorstandsstab Finanzen der Allianz AG, München. Er verfügt über sehr breite Erfahrung in den Bereichen Risikomanagement, Controlling und Strategie von Finanzdienstleistern und führte speziell Projekte zum Rating und zur Kreditrisikomessung für führende Kreditinstitute in Westeuropa, den USA, Großbritannien und Ostasien durch.

Prof. Dr. Georg von Krogh

Prof. Dr. Georg von Krogh ist Professor für Strategisches Management, insbesondere Wissensmanagement, und Direktor des Instituts für Betriebswirtschaft an der Universität St. Gallen HSG. Neben seiner Forschungs-, Publikations- und Lehrtätigkeit hat er diverse Gastprofessuren in England, Italien, Japan und in den USA am Massachusetts Institute of Technology in Boston wahrgenommen und ist als Berater verschiedener internationaler Konzerne und Institutionen tätig.

Prof. Dr. Edward G. Krubasik

Prof. Dr. Edward G. Krubasik, geboren 1944 in Wien, ist Mitglied des Zentralvorstands der Siemens AG und zuständig für die Bereiche Siemens VDO Automotive AG, Transportation Systems und Siemens Dematic AG. Nach seinem Studium der Physik an der Universität Erlangen-Nürnberg, promovierte er in Karlsruhe zum Dr. rer. nat. in Kernphysik und erlangte am European Institute for Business Administration (INSEAD) den Titel eines MBA. 1973 trat Prof. Dr. Krubasik bei McKinsey & Co, Inc. ein und war dort nach Stationen in Düsseldorf, New York und München Leiter der weltweiten Beratungspraxis für Innovations- und Technologiemanagement. Vor seinem Wechsel in den Zentralvorstand der Siemens AG war er als Senior Partner bei McKinsey & Co, Inc. Leiter des Europäischen Electronic-, Telecom- und Aerospace-Sektors. Neben seiner Tätigkeit bei Siemens ist Herr Prof. Dr. Krubasik Vizepräsident des Zentralverbandes der Elektrotechnik- und Elektronikindustrie e.V. sowie Honorarprofessor und Lehrstuhlbeauftragter der Technischen Universität München.

Dr. Jürgen Laartz

Dr. Jürgen Laartz ist Principal bei McKinsey und leitet das deutsche Business Technology Office. Er begann seine Tätigkeit dort nach Studien der Chemie, Physik und Philosophie in Tübingen, Kiel, Freiburg und Harvard und einer sich daran anschließenden Promotion in mathematischer Physik. Schwerpunkte seiner Beratungstätigkeit liegen in den Branchen Hightech, Logistik und Telekom.

Hermann-Josef Lamberti

Hermann-Josef Lamberti ist seit 1999 Mitglied des Vorstands der Deutsche Bank AG. Als Chief Operating Officer (COO) ist er u. a. für das Kosten- und Infrastrukturmanagement sowie für die Informationstechnologie und Operations weltweit verantwortlich. Zuvor war er im Vorstand für die Kunden- und Vertriebsseite des Unternehmensbereichs Private Clients and Asset Management (PCAM) sowie als

Chief Information Officer (CIO) für die IT des Hauses zuständig. Bevor er zur Deutschen Bank kam, war Hermann-Josef Lamberti 14 Jahre für IBM tätig.

Prof. Dr. Ulrich Lehner

Prof. Dr. Ulrich Lehner ist persönlich haftender Gesellschafter und Vorsitzender der Geschäftsführung der Henkel KGaA in Düsseldorf. Nach Wirtschaftsingenieur- und Maschinenbaustudium promovierte Ulrich Lehner an der TU Darmstadt zum Dr. rer. pol. Seine berufliche Laufbahn begann er als Wirtschaftsprüfer bei KPMG in Düsseldorf, von wo aus er 1981 zu Henkel wechselte. Schwerpunktstationen bei Henkel waren die Leitung der Ressorts Finanzen/Controlling/Datenverarbeitung und Logistik, die Geschäftsführung der Henkel Asia Pacific in Hongkong sowie die Leitung des Geschäftsbereichs Finanzen als Finanzvorstand der Henkel KGaA. Ulrich Lehner ist Honorarprofessor der Universität Münster und Mitglied in Aufsichts- und Beiräten verschiedener Unternehmen.

Dr. Siegfried Luther

Dr. Siegfried Luther ist stellvertretender Vorsitzender des Vorstands und CFO bei der Bertelsmann AG. Nach Jura- und BWL-Studium mit Promotion begann er seine berufliche Laufbahn 1974 bei Bayer in Leverkusen. Im selben Jahr wechselte er in die Bertelsmann AG als Leiter der Steuerabteilung. Nach Stationen als stellvertretender Leiter des Rechnungswesens und Leiter des Finanzwesens wurde er 1990 in den Vorstand der Bertelsmann AG berufen mit der Gesamtverantwortung.

Dr. Werner Marnette

Dr. Werner Marnette ist seit 1994 Vorsitzender des Vorstands der Norddeutschen Affinerie AG (NA). Darüber hinaus ist er Vorsitzender des Energieausschusses des Bundesverbands der Deutschen Industrie, Vorsitzender des Vorstands des Industrieverbands Hamburg e. V. und Vizepräsident der Handelskammer Hamburg.

Prof. Dr. Dr. h.c. mult. Heribert Meffert

Prof. em. Dr. Dr. h. c. mult. Heribert Meffert war bis Ende des Jahres 2002 Direktor des Instituts für Marketing der Westfälischen Wilhelms-Universität in Münster. Seit seiner Emeritierung ist er Vorsitzender des Präsidiums der Bertelsmann Stiftung.

Dr. Jürgen Meffert

Dr. Jürgen Meffert ist Director bei McKinsey in Düsseldorf. Nach seinem Studium der Nachrichtentechnik erwarb er in Kellogg den MBA und schloss seine Promotion in St. Gallen ab. Berufliche Stationen führten ihn zu Nixdorf und der Open Software Foundation, bevor er 1989 zu McKinsey kam. Schwerpunkte seiner Beratungstätigkeit sind Telekommunikation, IT, Automotive sowie Innovationsmanagement. Er leitet die weltweite Innovation Practice von McKinsey und ist Co-Leader des deutschen TIME Sector (Telekommunikation, IT, Media).

Dr. Johannes Meier

Dr. Johannes Meier wurde zum 1. Oktober 2003 als kaufmännischer Leiter in das Präsidium der Bertelsmann Stiftung berufen. Er ist Aufsichtsrat der CC CompuNet AG und der OnVista AG. Er studierte Informatik in Aachen und promovierte in Informations- und Kommunikationswissenschaften an der University of Hawaii. Vor seinem Wechsel in den Dritten Sektor war er als Partner bei McKinsey und als Sprecher des Vorstands von GE CompuNet tätig.

Dr. Walid Moneimne

Dr. Walid Moneimne joined Dell in 2002 and is Vice President of Dell's Enterprise Systems Group business unit for Europe, Middle East, and Africa (EMEA). The Enterprise Business unit incorporates industry standard servers and storage. Walid Moneimne holds an Engineering degree in computer science from ENSIMAG in France and a Ph.D. in Computer Science from the University of Grenoble. He also completed an MBA, studied in ISA, HEC Group in France, and the Wharton Business School in Philadelphia, USA.

Dr. Klaus Morwind

Dr. Klaus Morwind ist Mitglied der Geschäftsführung und persönlich haftender geschäftsführender Gesellschafter der Henkel KGaA in Düsseldorf. Nach seinem Studium an der Hochschule für Welthandel in Wien und der TH Wien folgte eine dreijährige Tätigkeit an wissenschaftlichen Instituten. Nach seiner Promotion in Handelswissenschaften 1969 kam er zur Persilgesellschaft in Wien, einer Tochtergesellschaft der Henkel Gruppe. Er machte hier eine klassische Marketingkarriere vom Brand Manager zum Marketing Director, bevor er 1983 internationale Verantwortung in der Henkel-Zentrale in Düsseldorf übernahm. Klaus Morwind hat in der Marketingfachpresse zahlreiche Artikel veröffentlicht, die sich schwerpunktmäßig mit der Analyse moderner Business-Techniken im Verhältnis zur praktischen Umsetzung beschäftigen.

Dr. Michael Muth

Dr. Michael Muth, Ex-Director von McKinsey, ist Mitglied des weltweiten McKinsey Advisory Council. Schwerpunkt seiner Beratungstätigkeit war die Strategie- und Organisationsberatung von Versicherungen und Banken. Gegenwärtig ist er tätig in den Bereichen Investmentbanking und Private Equity.

Heinz Nicolas

Heinz Nicolas ist Syndicusanwalt bei der Henkel KGaA, Düsseldorf. Berufliche Stationen führten ihn zu Mannesmann und Siemens, bevor er 2002 zu Henkel kam. Als Company Secretary innerhalb des Ressorts Recht liegen die Schwerpunkte seiner Tätigkeit in den Bereichen Gesellschafts- und Kapitalmarktrecht, M&A sowie Corporate Governance.

Dr. Jesko Perrey

Dr. Jesko Perrey ist Associate Principal bei McKinsey und Leiter des europäischen Funktionsbereichs Branding & Marketing Spend Effectiveness. Seine Beratungsschwerpunkte sind Marketing- und Markenstrategien, Marktsegmentierung, Reorganisation und Funktionalstrategien.

Luisa Pietzsch

Luisa Pietzsch ist derzeit im Brand Management bei Procter & Gamble tätig. Nach ihrem Studienabschluss an der European Business School war sie wissenschaftliche Mitarbeiterin bei Prof. Dr. Dr. Ann-Kristin Achleitner. Ihre Dissertation hat Luisa Pietzsch zum Thema Kapitalmarktkommunikation verfasst.

Dr. Philipp Radtke

Dr. Philipp Radtke ist Principal bei McKinsey in München. Nach seinem Studium in Hamburg zum Wirtschaftsingenieur mit Schwerpunkt Maschinenbau hat er an der TU Berlin promoviert. Vor seiner Beschäftigung bei McKinsey arbeitete er für die Siemens AG in Istanbul und bei der Deutschen Waggonbau AG. Philipp Radtke gehört der Automotive & Assembly Practice der Firma an, auf die er auch seinen Beratungsschwerpunkt gelegt hat.

Dr. Wilhelm Rall

Dr. Wilhelm Rall ist Director bei McKinsey und leitet die Strategy Practice der Firma in Europa. Schwerpunkte der Klientenarbeit sind strategische und organisatorische Fragen in der Automobil-, Chemie- und Elektronikindustrie sowie der Energiewirtschaft und in der pharmazeutischen Industrie. Vor seinem Eintritt bei McKinsey 1977 forschte er auf dem Gebiet der Volkswirtschaftslehre, insbesondere der Wirtschaftspolitik.

Dr. Nicolas Reinecke

Dr. Nicolas Reinecke is a Principal based in McKinsey's Hamburg office. Before joining the firm in 1996, he worked as a research fellow at the University of Hanover and was a Summer Associate with P.W. Anderson & Partner. After earning a degree in mechanical engineering (Dipl.-Ing.), he completed graduate studies in the fields of energy and chemicals and was awarded a doctorate in engineering (Dr.-Ing.), in both cases by the University of Hanover. The focus of his work as a consultant with McKinsey is on e-commerce, operations, product design, purchasing/e-PSM, innovation, and information technology. He leads McKinsey's European Operations Strategy and Effectiveness (OS&E) Practice and the Purchasing and Supply Management (PSM) Practice, and is also a member of the leadership group of McKinsey's European High-Tech Practice.

Dr. Wolfgang Reitzle

Dr. Wolfgang Reitzle ist seit Januar 2003 Vorsitzender des Vorstands der Linde AG. Er studierte Maschinenbau und Wirtschaftswissenschaften und promovierte anschließend in Maschinenbau. Wolfgang Reitzle war von 1986 bis 1999 Mitglied des BMW-Vorstands und anschließend Vorsitzender des Vorstands der Premier Automotive Group des Ford-Konzerns und Mitglied im Konzernvorstand.

Hajo Riesenbeck

Hajo Riesenbeck ist Director bei McKinsey und einer der Leiter der europäischen Marketinggruppe der Firma. Seine Beratungsschwerpunkte sind neben Marketing die Bereiche Gesamtstrategie, Organisation, Funktionalstrategien und operative Ergebnis-verbesserung.

Dr. Rainer Salfeld

Dr. Rainer Salfeld ist Director bei McKinsey in München. Er ist Mitglied des europäischen Hightech und Healthcare Sector von McKinsey und Gesellschafter mehrerer Unternehmen im Gesundheitssektor. Rainer Salfeld ist Volljurist und promovierte in Wirtschaftsrecht. Seit 1999 ist er neben seiner Tätigkeit bei McKinsey Lehrbeauftragter der Wirtschaftswissenschaftlichen Fakultät der Universität Augsburg.

Peter Schmitz

Peter Schmitz ist Vorsitzender des Vorstands und Gesellschafter der Schmitz Cargobull AG. Er ist für den Vorstandsbereich Technik verantwortlich. Im Unternehmen ist Peter Schmitz seit 1966 tätig.

Dr. Dr. Helmut Schneider

PD Dr. Dr. Helmut Schneider ist Akademischer Oberrat am Marketing Centrum Münster (MCM).

Dr. Ulrich Schumacher

Dr. Ulrich Schumacher ist seit 1999 Vorsitzender des Vorstands der Infineon Technologies AG. Er studierte Elektrotechnik an der RWTH Aachen und begann seine berufliche Laufbahn 1986 bei der Siemens AG. 1996 wurde er Siemens-Bereichs-vorstand Halbleiter, 1998 rückte er in den Vorstand der Siemens AG auf. 1999 führte Ulrich Schumacher den Bereich Halbleiter als Infineon Technologies in die Selbständigkeit, 2000 folgten die Börsengänge in Frankfurt am Main und in New York.

Prof. Dr. Martin Selchert

Prof. Dr. Martin Selchert lehrt Marktorientierte Unternehmensführung an der FH Ludwigshafen. Aktuelle Arbeits- und Beratungsschwerpunkte sind Wirtschaftlichkeit und Management von Informationstechnologie. Nach seinem Studium der BWL und der Promotion an der Universität Mannheim war Martin Selchert von 1994 bis 2000 als Unternehmensberater bei McKinsey tätig.

Prof. Dr. Theo Siegert

Prof. Dr. Theo Siegert ist seit 1994 Mitglied des Vorstands der Franz Haniel & Cie. GmbH und verantwortlich für die Bereiche Corporate Finance, Mergers & Acquisitions und Recht. Als promovierter Betriebswirt trat er 1975 in die Franz Haniel & Cie. GmbH ein und hatte im Laufe seiner Unternehmenszugehörigkeit verschiedene leitende Positionen im Konzern inne.

Dr. Marc Siemes

Dr. Marc Siemes ist Mitarbeiter im Bereich Corporate Development (AfK) der Deutsche Bank AG.

Dr. Stefan Spang

Dr. Stefan Spang ist Director bei McKinsey in Frankfurt und London. Er ist seit 1992 bei McKinsey und ist Leiter der European Banking & Securities Operations Practice und Mitglied der Führungsgruppe der European Insurance and Asset Management Practice. Sein Fokus liegt auf IT-Anwendungen in den Bereichen Strategie, Organisation und Operations. Stefan Spang hat Betriebswirtschaftslehre und Philosophie an der Universität Saarbrücken studiert, außerdem am MBA-Programm der University of Michigan in Ann Arbor teilgenommen und an der Universität Saarbrücken in Wirtschaftsinformatik promoviert.

Dr. Lothar Stein

Dr. Lothar Stein ist Director bei McKinsey in München. Nach seinem Physikstudium an der Ludwig-Maximilians-Universität in München war er als Produktmanager bei Osram in München tätig, bevor er 1983 zu McKinsey wechselte. Seine Arbeitsschwerpunkte liegen in den Industriegebieten Elektronik, Telekommunikation, IT und in den Themenbereichen, die in diesen Industrien erfolgskritisch sind, darunter insbesondere im Bereich des Innovations- und Technologiemanagements.

Wolfram Stein

Wolfram Stein ist Principal im weltweit organisierten Business Technology Office von McKinsey. Er studierte Physik und Agrarwissenschaften in München, kam nach zwölfjähriger Tätigkeit bei IBM 1998 zu McKinsey und wurde 1999 zum Partner gewählt. Wolfram Stein berät Klienten aus der Automobil-, Transport- und Hightech-Branche. Neben Wissensmanagement beschäftigt er sich mit den Themen Informationstechnologie und Transformationsmanagement. Nach fünfjähriger Zugehörigkeit zum Münchener Büro wechselte er 2003 nach Toronto.

Phillip B. Stern

Phillip B. Stern is Chief Executive Officer of QED Intellectual Property and co-founder of yet2.com. He has held strategic and general management positions at Polaroid Corporation, McKinsey, and Bain. Most recently, he managed the $350 million worldwide Professional and Technical Business at Polaroid, where he was Division Vice President. He also led strategic planning for the $1 billion Commercial Imaging Division at Polaroid. He has an MBA from Harvard Business School, where he was a Baker Scholar, and a BA in Mathematics from Princeton University, where he was elected to Phi Beta Kappa.

Dr. Martin R. Stuchtey

Dr. Martin R. Stuchtey ist Principal bei McKinsey in München. Er studierte Mineralogie in Südafrika und Betriebswirtschaft in Deutschland und England. Seine Promotion legte er zum Thema Regionalökonomie ab. Schwerpunkte seiner Beratungstätigkeit bei McKinsey sind die Logistikindustrie und der öffentliche Sektor. Für letzteren Bereich entwickelte er eine Vielzahl von Sektor- und Regionalstrategien.

Dr. Thomas C. A. Tochtermann

Dr. Thomas C. A. Tochtermann ist Director bei McKinsey in Stuttgart. Er ist Leiter der deutschen Konsumgüter-Practice und Co-Leiter der europäischen Consumer Goods Group. Schwerpunkte seiner Beratungstätigkeit sind organisatorische und strategische Themen sowie Vertriebs-/Marketingfragen in der europäischen Konsumgüterindustrie auf Hersteller- und Handelsseite. Thomas C. A. Tochtermann absolvierte ein BWL-Studium an der Ludwig-Maximilians-Universität in München, wo er auch über „Organisation der Strategischen Planung" promovierte.

Dr. Thorsten Waldow

Dr. Thorsten Waldow ist Vorstandsassistent im Ressort Group Finance der Allianz AG in München. Nach dem Studium der Wirtschaftswissenschaften schloss er seine Promotion über die Bewertung von Kapitallebensversicherungen an der Humboldt-Universität zu Berlin ab und kam im Jahr 2003 zur Allianz AG.

Dr. Thomas Weber

Dr. Thomas Weber ist seit Januar 2003 Stellvertretendes Mitglied des Vorstands der DaimlerChrysler AG und verantwortlich für Forschung und Technologie. Nach Berufsausbildung und Studium war er wissenschaftlicher Mitarbeiter an der Universität

Stuttgart und am Fraunhofer-Institut für Produktionstechnik und Automatisierung in Stuttgart, wo er auch promomierte. Ab 1987 übernahm er in der DaimlerChrysler AG verschiedene Leitungsfunktionen. Zuletzt leitete er das Werk Rastatt und war Sprecher der Geschäftsleitung A-Klasse.

Dr. Axel Wieandt

Dr. Axel Wieandt ist Global Head Corporate Investments (CI)/Corporate Development (AfK) der Deutsche Bank AG.

Dr. Torsten Wulf

Dr. Torsten Wulf ist wissenschaftlicher Assistent am Lehrstuhl für Unternehmens-führung der Universität Erlangen-Nürnberg. Nach dem Studium der Betriebswirtschafts-lehre an der Fernuniversität Hagen und der Universität Mainz promovierte er am Lehrstuhl für Strategisches Management und Organisation der Handelshochschule Leipzig.

Dr. Peter Zencke

Dr. Peter Zencke seit 1993 ist Mitglied des Vorstands der SAP AG und leitete große Teile der Entwicklung von R/3, der mySAP Business Suite und den Industrielösungen. In den letzten vier Jahren hat die SAP-Lösung zur Pflege von Kundenbeziehungen (mySAP Customer Relationship Management) unter seiner Verantwortung eine führende Position im Markt erreicht. Zurzeit umfasst sein Verantwortungsbereich die Entwicklung der SAP-Anwendungsarchitektur und -plattform, die Koordination der weltweiten Forschungsaktivitäten und SAP-Labs-Entwicklungszentren. Er ist ebenfalls Mitglied des Product and Technology Board der SAP. Peter Zencke trat der SAP 1984 als promovierter Mathematiker und Ökonom bei.

Dr. Andreas E. Zielke

Dr. Andreas E. Zielke ist Director bei McKinsey in Berlin. Er studierte Wirtschaftsingenieurwesen in Berlin, Betriebswirtschaft in Chicago und schloss seine Promotion zum Dr. rer. pol an der Universität Dortmund ab. Als Leiter des europäischen Automotive & Assembly Sector befasst er sich mit der Neuordnung der Wertschöpfungskette in der Automobilindustrie. Schwerpunkte seiner Beratungstätigkeit sind die Entwicklung und Umsetzung von Strategien, die Erschließung von Wachstumspotenzialen und operative Leistungssteigerungen in allen Prozessen der Entstehung und Vermarktung von Automobilen.

Dr. Klaus Zumwinkel

Dr. Klaus Zumwinkel ist seit 1995 Vorsitzender des Vorstands der Deutsche Post World Net AG. Nach BWL-Studium an der Universität Münster und der Wharton Business School und anschließender Promotion startete er seine berufliche Laufbahn bei McKinsey, wo er zuletzt Mitglied der weltweiten Geschäftsführung war. Anschließend wechselte er in den Vorstand des Quelle-Konzerns und übernahm dort den Vorsitz, bevor er 1990 als Vorsitzender des Vorstands zur Deutsche Bundespost Postdienst kam und diese in die Privatisierung führte.

Stichwortverzeichnis